動物園学

村田浩一
楠田哲士 監訳

文永堂出版

Geoff Hosey
University of Bolton

Vicky Melfi
Paignton Zoo Environmental Park

Sheila Pankhurst
Anglia Ruskin University

Zoo Animals

Behaviour, Management, and Welfare

OXFORD
UNIVERSITY PRESS

Great Clarendon Street, Oxford OX2 6DP

Oxford University Press is a department of the University of Oxford.
It furthers the University's objective of excellence in research, scholarship,
and education by publishing worldwide in

Oxford New York

Auckland Cape Town Dar es Salaam Hong Kong Karachi
Kuala Lumpur Madrid Melbourne Mexico City Nairobi
New Delhi Shanghai Taipei Toronto

With offices in

Argentina Austria Brazil Chile Czech Republic France Greece
Guatemala Hungary Italy Japan Poland Portugal Singapore
South Korea Switzerland Thailand Turkey Ukraine Vietnam

Oxford is a registered trade mark of Oxford University Press
in the UK and in certain other countries

Published in the United States
by Oxford University Press Inc., New York

© Geoff Hosey, Vicky Melfi, and Sheila Pankhurst 2009

The moral rights of the authors have been asserted
Database right Oxford University Press (maker)

First published 2009

All rights reserved. No part of this publication may be reproduced,
stored in a retrieval system, or transmitted, in any form or by any means,
without the prior permission in writing of Oxford University Press,
or as expressly permitted by law, or under terms agreed with the appropriate
reprographics rights organization. Enquiries concerning reproduction
outside the scope of the above should be sent to the Rights Department,
Oxford University Press, at the address above

You must not circulate this book in any other binding or cover
and you must impose the same condition on any acquirer

British Library Cataloguing in Publication Data

Data available

Library of Congress Cataloging in Publication Data

Data available

Typeset by Graphicraft Limited, Hong Kong
Printed in Great Britain by
Antony Rowe, Chippenham, Wiltshire

ISBN: 978-0-19-923306-9

1 3 5 7 9 10 8 6 4 2

序　文

　本書は，近代動物園の働きや特性をより深く知りたいと考えている学生，動物園専門家，動物園水族館関係者，また一般市民など多くの方々にとって，長い間求められてきた本である．それ故に，本書の序文を書かせて頂き，出版できることは非常に光栄なことである．本書には，近代の動物園水族館を運営するにあたり必要である様々な分野の技術や知識を縮約した膨大な情報が含まれている．学び始めて間もない人には少々理解しにくい部分もあるかもしれない．本書では，さらに詳しく学びたい人のためにそれぞれのトピックについて総合的な文献リストも掲載している．

　動物園は，見世物としての古い動物園であるメナジェリーから21世紀の保全センターへと変化し躍進している．しかし，特に過去30年以上，動物園がどんなに迅速な変化を遂げてきたか，その変化に何が関係しているのかを皆は気がついていないかもしれない．第2章では，変化を遂げた現代の動物園の進化とその精神について簡潔に紹介している．また，野生動物を飼育することは倫理に反しないのか．といった，避けては通れない重要な問題についても述べている．動物の権利哲学を主張する多くの反動物園団体は，動物園には正当性がなく，道徳的に弁護の余地はないと訴える．第2章ではこういった最新の話題についても考え，さらに他の章では納得できる十分な情報を読者に提供し，近代動物園の役割について詳しく論じている．

　保全や教育は称賛に値する近代動物園のミッションであるが，実際には飼育環境や福祉への配慮が不十分な状態で動物を飼育している動物園は言い訳のしようがない．いずれの地域においても，不適切な動物園のコントロールは必要であり，これは全国と地域の動物園水族館協会やそのメンバーによって支持されている．動物園の法律とそれに伴う基準は非常に複雑で，これらの分野は近代動物園に影響する全ての他の法律分野とともに，第3章に分かりやすく述べている．それぞれの動物種の施設，栄養，獣医学的治療や看護の最適条件を調査し，理解し，そして伝えなければならないが，その重要かつ有効な手段は，飼育管理ガイドラインと個体記録が簡単に使いこなせて適切に保存されていることである．

　動物の行動についての知識は，「何故そのような行動をするのか」，「どのように個体同士で意思を伝え合っているのか」といった動物園や水族館での観察経験を十分に理解し楽しむために必要である．これらの内容は，第4章で詳しく述べている．また，飼育環境と野生環境の違いや，野生下では見られないか，頻繁には見られない飼育下での異常行動の状況についても述べている．飼育下でこのような行動をとることは実際には福祉が不十分であることを示し，何が良好な福祉であるのかを実証的観察に基づく活動や行動を評価する方法で理解しようと努めることが重要である．これは第7章で述べており，新しい考えや概念を生み出すような興味深い分野である．第8章では，野生下で見られるような行動パターンをシミュレーションし，飼育環境を改善できる方法の1つであるエンリッチメントの情報について述べている．しかし，エンリッチメントはうまく機能するのだろうか．この質問の答えは，注意深い行動観察とその詳細な分析によってのみ明らかになる．同章は，認識と現実のギャップについても触れている．例えば，野生下は最適条件と思われるが，実際には殺されたり，捕食されたり，病気に陥るため，ストレスの多い環境になっている可能性がある．

動物園や水族館には，優れた獣医学的治療や看護があり，動物園動物から得た多くの知識は，野生動物の処置へ応用することができる．現在，このような取組みは，域外保全プログラムの一部にもなっている．動物園での動物福祉は，野生下の同種よりも最良の獣医学的治療や看護が受けられる．これらの問題は，議論を呼び起こす非常に興味深い分野である．

　野生下の多くの動物，特に国立公園に生息している動物は，人間と一定の接触があるが，動物園動物は，より近く定期的に来園者と接触することになる．しかし，これは良いことなのか，それとも悪いことなのだろうか．第13章では，来園者が楽しい特別な体験をすることで，野生生物とその保全についてもっと学びたくなるようになるのが良いことなのかについて論じている．また，来園者が接触する機会が多いことは，動物によってはその福祉を危うくし得ることについても述べている．

　動物園は，学生の観察技術の研修や研究といった素晴らしい機会を提供する．種によっては，その生物学を野生下よりも飼育環境下で研究した方が至って簡単である．飼育下での研究の非常に重要な情報によって，われわれの知識や理解力を増やすことができる．第14章では，動物園での生物学的研究の幅広い可能性について述べている．その研究の多くは，野生下と飼育下の動物に役立てることができる．

　近代動物園の進化は，保全のために強い影響力があり，よりよい動物園となる可能性をもつ興味深いトピックである．動物園は，総合的な科学と多くの来園者に効果的なコミュニケーションを通して，様々な方法で保全を成功させることができる独特な位置にある．動物園の将来は，楽しみなことでもあるが，多くの課題も残っている．本書は，動物園の将来に向けて，多くの人に刺激を与え偉業を成し遂げる手助けとなる．そして，21世紀の保全組織としての可能性を発揮させ，動物園や水族館に役立つであろう．

Miranda Stevenson
英国およびアイルランド動物園水族館協会（BIAZA）会長
2008年4月

著者の紹介

Geoff Hosey は，ボルトン大学における生物学の主任講師を 2005 年に引退し，現在同大学の名誉教授に就任．長年，動物園動物，特に動物園の環境において動物の行動にどのような影響があるのかに興味をもつ．研究の仕事だけでなく，多くの大学生や大学院生の動物園動物の研究プロジェクトの監督を行った．また，BIAZA の準会員であり，BIAZA 研究グループのメンバーでもある．彼は全ての動物において強い関心をもっているが，キツネザル科，特にワオキツネザル（*Lemur catta*）に深い愛情をそそぐ．

Vicky Melfi は，ホイットニー野生生物保全トラスト（WWCT）のシニアリサーチオフィサーであり，ペイントン動物園環境公園，リビングコースト，ニュークエイ動物園に勤務している．彼女はスラウェシでフィールドワークもしている．彼女は 16 歳の時に動物園飼育員として勤務し，その経験や一般教育を経て，現在 WWCT において行動的ハズバンダリー・動物福祉グループを指揮している．教育や学生指導の一般的な仕事に従事している以外に，Vicky は積極的に BIAZA や EAZA，特にテナガザル TAG 議長，クロザル EEP コーディネーター，アビシニアコロブス ESB コーディネーターとして参加している．

Sheila Pankhurst は，ケンブリッジのアングリア・ラスキン大学の動物行動学の主任講師であり，BIAZA 研究グループのメンバーでもある．彼女はケンブリッジ大学の大学院生として，ベッドフォードシャー州のホィップスネイド野生動物公園で南米原産の齧歯類のマーラ *Dolichotis patagonum* の社会構造を調査する PhD 研究を行った．また，ロンドン動物学協会と共同でマーラの生態学や寄生虫学といったさらに進んだ研究を指揮し，動物園において多くの大学生の研究プロジェクトの指導もしている．彼女は幼少の頃から，全ての齧歯類に特別な関心をもっている．

序文と謝辞

本書は，動物園がどのように，そしてなぜ，動物を管理し維持するのかについて述べた教科書である．動物園は，動物に対していかに快適な施設，健康，そして適切な食餌を保障するという身体的要求を満たしているのか，また，ストレスから開放させ，そして動物本来の多くの行動を起こさせる機会を与えることで，いかにその精神的な要求を満たしているのかについても述べている．さらに，私たちは，動物園研究といったトピックについても考慮すべきであり，動物園生物学や，動物園の進化を理解するための動物園史に関する理論と実践を発展させることが非常に重要である．

動物園について書かれた素晴らしい本はいくつかあるが，動物の管理，行動，福祉といった現代の動物園の実践に活かすことができる全ての分野を網羅しているものはないだろう．本書は，その不満から執筆を決意したものである．また本書は，幅広い分野を提供しているが，理論的かつ容易に読める動物園学の教科書の1つで，動物園が効果的に作用し，現代社会の中でいかに役割を果たしているのかについて述べている．動物園生物学において，より良い研究がなされるようになってきたことや，類書では調査しきれていなかった膨大な研究論文が存在することを私たちは認識している．

私たち3名は，動物達に近づくことができる純粋な楽しみや，動物園にはその他にもいくつかの体験をする機会があることを知っている．本書において，それらをうまく捉えて，主題にて取り上げていこうと思う．私たち3名を合わせると，動物園で研究や仕事，そして学生たちの指導に50年以上携わっていることになる．このような経験と，動物園と大学が連携して得た知識を基に，私たち3名が本書を執筆するに値する力量あるグループになったと思う．

多方面に亘る本書の草稿に対し，建設的な（しばしば批判的な）意見をもつ多くの同業者がいることを幸運に思う．そして，本書は彼らの意見により限りなく向上した．本書に残された誤りや不十分な部分は彼らに責任はなく，私たち3名の責任である．本書の執筆にあたり，ご協力いただいた各施設の関係者の皆様に心より御礼申し上げる．Neil Bemment（ペイントン動物園環境公園），Wayne Boardman（アデレード動物園），Iain Brodie（アングリア・ラスキン大学），Julian Chapman（ペイントン動物園環境公園），Emma Creighton（チェスター大学），Danny de Man（EAZA），John Eddison（プリマス大学），Harriet Elson，Andrea Fidgett（チェスター動物園），Angela Glatston（ロッテルダム動物園），Sonya Hill（チェスター動物園），Kathy Knight（ホイットニー野生生物保全トラスト），Kirsten Pullen（ホイットニー野生生物保全トラスト），Pippa Rogerson（ケンブリッジ大学），Stephanie Sanderson（チェスター動物園），Vicky Sandilands（スコットランド農業大学），Ghislaine Sayers（ペイントン動物園環境公園），Andrew Smith（アングリア・ラスキン大学），Miranda Stevenson（BIAZA），Sarah Thomas（ブラックプール動物園），Deborah Wells（クイーンズ大学ベルファスト校）（アルファベット順）．そして，役立つ貴重なご意見を提供していただいたオックスフォード大学出版局の匿名評論家の方々，特に評論家A氏に厚く御礼申し上げる．

また，私たちが行き詰まった時，資料提供や援助してくださった方々に御礼申し上げる．特に，複雑な動物園動物の栄養と健康を理解するために，共に時間を費やしてくださったチェスター動物園のAndrea FidgettとStephanie Sanderson，そして動物園研究において貴重な統計学的情報を提供していただいたNicola Marples（ダブリンのトリニティー大学）に厚く御礼申し上げる．

本書に使用した全ての図は，著作権保持者を特定し，その許可を得るよう努めた．もし本書に使用した図に正しい許可を得ていないものがあれば，謝罪し，今後の改訂版で修正したい．論文中に使用

された原図を本書に使わせていただいた以下の出版社に厚く御礼申し上げたい.

- Applied Animal Behaviour Science に掲載されていた図 4-14, 図 4-16a, 図 4-16b, 図 6-21, 図 13-10, 図 13-16, 図 14-4 は Elsevier 社から提供.
- Zoo Biology に掲載されていた図 4-17b, 図 4-18b, 図 4-19, 図 4-21, 図 4-22, 図 4-23b, 図 4-29b, 図 13-2, 図 13-9, 図 13-13, 表 4-2, 表 4-4, 表 13-1 は John and Wiley & Sons 社から提供, Wiley-Liss 社（John and Wiley & Sons 社の小会社）の許可を得て転載.
- Folia Primatologica に掲載されていた図 6-6 は Karger AG から提供.
- Animal Welfare に掲載されていた図 4-20, 図 4-31a, 図 4-31b, 図 7-8, 図 8-7, 図 8-8a, 図 8-9a, 図 8-13, 表 4-3 は動物福祉大学連合から提供.
- World Zoo and Aquarium Conservation Strategy に掲載されていた図 14-6 と表 14-1 は世界動物園水族館協会（WAZA）から提供.
- Nature に掲載されていた図 4-27 は Macmillan Publishers 社から提供.
- Conservation Biology に掲載されていた図 6-5 は Wiley-Blackwell Publishing 社から提供.
- The Journal of Experimental Biology に掲載されていた図 6-1 と図 7-9 は The Company of Biologists 社から提供.
- Stevens and Hume（1995）による寛大な許可を得て複写した図 12-4 と図 12-5 は Cambridge University Press から提供.

また，以下の方々にも感謝を述べたい.
- 未発表の博士論文からの図 4-30b の使用を許可していただいた Frankie Kerridge（ボルトン大学）.
- BIAZA Research News の記事から図 14-3 の使用を許可していただいた Stuart Semple（ローハンプトン大学）.
- ICEE Proceedings と BIAZA 研究シンポジウムの Proceedings に使用されていた図の複写を許可していただいた Amy Plowman（BIAZA および ICEE）.
- 動物福祉法（1999）からの引用を許可していただいた Graham Franklin（オーストラリア地方自治・住宅・スポーツ省）.
- 図 1-3 と図 3-3 の使用を許可していただいた Neil Pratt（国連環境計画・生物多様性条約事務局）.
- ウェブサイト www.victorianlondon.org から画像（図 1-2, 図 2-1, 図 2-8）を寛大に提供していただいた Lee Jackson.
- 各々のロゴの複写（図 3-12）を許可していただいた Miranda Stevenson（BIAZA），Bart Hiddinga（EAZA），Deborah Martins（ARAZPA）.
- Shape of Enrichment と REEC のロゴ（図 8-3）の使用を許可していただいた Valerie Hare と Karen Worley.

また，多くの方々が寛大にも本書に使用する写真を提供してくださった．提供していただいた数多くの素晴らしい写真の中から，最終的に本書に使用する写真を選ぶことは実に困難なことであった．私たちは以下の方々に特に御礼申し上げる．Heidi Hellmuth と Jessie Cohen（スミソニアン国立動物園，ワシントン DC），Tibor Jäger と Amelia Terkel（動物学センター，イスラエル，テルアビブ・ラマトガン），Harriet Elson，Nadya Stavtseva（モスクワ動物園国際協力局），Johannes Els（カンゴー野生

動物園，南アフリカ共和国，オウツフールン），Christopher Stevens（ビクトリア動物園のウェリビーオープンレンジ動物園，オーストラリア），Nathalie Laurence と David Rolfe（ハウレッツ・ポートリム野生動物公園），Robyn Ingle-Jones（プレトリア動物園），Wolfgang Ludwig（ドレスデン動物園），Monika Ondrusova（オストラヴァ動物園），Leszek Solski と Rodoslaw Ratajszczak（ブロツラフ動物園），Olga Shilo（ノヴォシビルスク動物園），Joy Bond（ベルファストシティ動物園），Achim Johann（ライネ自然動物園），Natalie Cullen と Vickie Ledbrook（コルチェスター動物園），Diana Marlena Mohd Idris（シンガポール動物園），Hannah Buchanan-Smith（スターリン大学），Keith Morris（MRC），Georgia Mason（ゲルフ大学），Vicky Cooper（ボルトン大学），Douglas Sherriff（チェスター動物園），Sonya Hill（チェスター動物園），Julian Doberski（アングリア・ラスキン大学），Julian Chapman（ペイントン動物園環境公園），Mark Parkinson（ペイントン動物園環境公園），Kristen Pullen（ホイットニー野生生物保全トラスト），Ray Wiltshire（ペイントン動物園環境公園），Mel Gage（ブリストル動物園），Phil Gee（プリマス大学），Kathy Knight（ホイットニー野生生物保全トラスト），Barbara Zaleweska（ワルシャワ動物園），Andrew Bowkett（ホイットニー野生生物保全トラスト），Olivia Walter（BIAZA），Rachel McNabb と Richard Hezlep（アトランタ動物園），Cordula Galeffi と Samuel Furrer と Edi Day（チューリッヒ動物園），Karen Brewer（サウスレイクス野生動物公園），Gillian Davis（ペイントン動物園環境公園），Klaus Gille（ハーゲンベック動物公園），Jake Veasey（ウォーバーン・サファリパーク）．

Phil Knowling（ペイントン動物園環境公園）が快く描いてくださったイラストが本書にいくつか登場する．Christine Jackson（ドゥルシラス動物園）は表 5-7 において ARKS の資料を，Pierre Moisson（ミュルーズ動物園）は表 5-19 において SPARKS の資料を提供していただいた．David Price（プリマス大学）には，水族館の水質についての文献で協力していただいた．Miranda Stevenson（BIAZA 会長）には支援いただき，また本書の序文を執筆していただいた．多いに感謝したい．

最終期限まで手間をとらせた私たちに対して，寛大に対応していただいたオックスフォード大学出版局の Jonathan Crowe に非常に感謝している．また，本書の準備を通して，彼の激励と賢明な助言にも感謝する．ブリストル動物園は私たち 3 名が面会し本書を計画した中間地点の場所であり，会議に使用した図書館を準備していただいた Brian Carroll と Christophe Schwitzer に御礼申し上げる．

本書執筆中において，Susie，Julian，Jonathan の忍耐と支援と激励，Sheila の子供たち（Tabitha と Charlie）が動物園に来園してくれた熱意に感謝する．そして最後に，われわれの動物園研究に深く関わったキツネザル，マカクザル，マーラに感謝したい．彼らのような素晴らしい動物たちがいなければ，本書を満足に執筆することはできなかったであろう．

監訳者序文

　本書は，2009年にオックスフォード大学出版会から発刊された「Zoo animals - behavior, management, and welfare」の翻訳である．タイトルを直訳すれば「動物園動物―行動，管理および福祉」となるが，本書の邦題を出版社から相談された時，私はすぐに「動物園学」にして欲しいと申し出た．「動物園学」という名称にこだわったのには訳がある．私が動物園に就職した当時（約40年前），動物園は珍しい外国産の動物を飼育展示し，それをお客さんに楽しんで見てもらい，お昼になれば家族でお弁当を食べてもらう場というイメージがまだ強く残っていた．そのような動物園に対する印象は，中年以降の人たちの心の中に今も残っているはずだ．しかし，動物園で動物を飼育し治療しながら，海外動物園の最新情報を探っているうちに，これまで自分がもっていたイメージとは異なる世界的潮流があることを知った．その後海外の動物園を実際に巡って，展示飼育の技術や方法の違いに大きなカルチャーショックを受けた．少し真剣に将来の動物園について考えてみようと思った矢先に出会ったのが，「動物園学ことはじめ」（中川志郎著）であった．この本を読み，動物園学という学問もあり得るのか，と農学部獣医学科で家畜を対象とした学問に染まっていた私の目が開かれた．以来，動物園学という新たな学問体系もしくは領域を切り開きたいと願ってきた．大学へ転職してからは，動物園学の講座を開いて体系化の1歩を踏み出した．ところが，講義に適した教科書のないことが長年の悩みの種であった．その問題に応えてくれたのが本書である．この本を手にした時，表紙写真の美しさ（残念ながらこの翻訳書ではその写真を使用できなかったが）と副題（動物行動，管理および福祉）の明確さに感心した．抽象的に語られることの多かった動物園の意義や課題を具体的かつ詳細に示すことで，現在世界の動物園に求められている役割を明確にしていた．本書の翻訳が日本の動物園の発展にとって必ずや参考になると思い，多くの動物園関係者や研究者に協力を依頼して，今回の出版に至った．内容は英国やヨーロッパの動物観に偏った感はあるが，世界の動物園が目指しているひとつの方向性を知る上で貴重な情報源になると信じている．最後に，いずれ本書を凌ぐ日本発の動物園学の教科書が若い動物園関係者により編纂されることを期待している．

　　2011年7月

　　　　　　　　　　　　　　　　　　　　　　日本大学生物資源科学部／よこはま動物園ズーラシア
　　　　　　　　　　　　　　　　　　　　　　　　　　村田浩一

監　訳

村田浩一（日本大学生物資源科学部野生動物学研究室 / よこはま動物園ズーラシア）
楠田哲士（岐阜大学応用生物科学部動物繁殖学研究室）

翻　訳（五十音順，敬称略）　＊は編集者

足立　樹（西海国立公園九十九島動植物園）……………………………………………第9章4
有賀小百合（日本大学生物資源科学部野生動物学研究室）……………………第7章1〜3
＊伊東員義（元 東京動物園協会恩賜上野動物園）…………………………………………第2章
＊大橋民恵（市民ZOOネットワーク）……………………………第7章序論・4・5・まとめ以降
大平久子（獣医師 / 翻訳家）………………………………………………………………第3章
尾形光昭（横浜市繁殖センター）………………… 第9章1〜1.2・1.5〜2.2，第10章3.2〜3.4
小川裕子（東京動物園協会多摩動物公園）………… 第9章5〜7，第10章4〜7・まとめ以降
＊落合知美（市民Zooネットワーク / 京都大学霊長類研究所行動神経研究部門思考言語分野）……
　………………………………………………………第8章序論・1〜3・5・7・まとめ以降
金澤朋子（日本大学生物資源科学部野生動物学研究室）………………………………第8章4・6
木村順平（ソウル国立大学獣医学部）………………………………………第5章1〜3・5・6
＊楠田哲士（前掲）………………………………………………………………………………………
　………… 略語，第1章，第9章序論・1.3・1.4・2.3〜3・まとめ以降，第10章序論・1〜3.1
下川優紀（東京動物園協会多摩動物公園）………… 第9章5〜7，第10章4〜7・まとめ以降
＊高橋宏之（千葉市動物公園）………………………………………第6章3〜5，第13章2・4
＊高見一利（大阪市天王寺動植物公園事務所）………………… 第5章序論・4・7・まとめ以降
＊田中正之（京都市動物園）……………………………………………………………………第4章
冨田恭正（東京動物園協会）……………………… 第9章5〜7，第10章4〜7・まとめ以降
＊並木美砂子（帝京科学大学生命環境学部動物園動物学研究室）… 第6章序論・1・2・まとめ以降
＊浜　夏樹（神戸市環境保健研究所）………………………第11章序論・4.7〜6・まとめ以降
福井大祐（EnVision環境保全事務所）……………………………………………第11章1〜4.6
牧慎一郎（文部科学省科学技術・学術政策研究所客員研究官 / 元 市民ZOOネットワーク）………
　………………………………………………………………第13章序論・1・3・まとめ以降
松田綾乃（岐阜大学応用生物科学部動物繁殖学研究室）……………序文・著者の紹介・序文と謝辞
三谷雅純（兵庫県立大学自然・環境科学研究所）…………………………………第14章1〜8
＊村田浩一（前掲）……………………………………略語，第14章序論・まとめ以降，用語集
＊八代田真人（岐阜大学応用生物科学部動物栄養学研究室）……………………………第12章
綿貫宏史朗（市民ZOOネットワーク / 京都大学霊長類研究所行動神経研究部門思考言語分野）…
　………………………………………………………………………………………………第15章

目　次

コラムのリスト ……………………………………………………………………… xvii
略　語 …………………………………………………………………………………… xix

第1章　イントロダクション ……………………………………………………… 1
  1.1　誰のための本か ………………………………………………………………… 2
  1.2　情報源 ……………………………………………………………………………… 3
  1.3　"動物園"とは …………………………………………………………………… 3
  1.4　この本の内容 …………………………………………………………………… 5
  1.5　ネーミング ……………………………………………………………………… 13
  1.6　頭字語について ………………………………………………………………… 14

第2章　動物園の歴史と理念（哲学） …………………………………………… 15
  2.1　動物園とは何か ………………………………………………………………… 16
  2.2　古代のメナジェリーと王家 …………………………………………………… 18
  2.3　近代的な動物園への発展 ……………………………………………………… 20
  2.4　水族館の歴史 …………………………………………………………………… 39
  2.5　今日の動物園 …………………………………………………………………… 42
  2.6　動物園の理念（哲学）と倫理 ………………………………………………… 44

第3章　動物園を取り巻く法規制 ………………………………………………… 51
  3.1　法律と制定過程の紹介 ………………………………………………………… 52
  3.2　国際条約・協定・規則 ………………………………………………………… 53
  3.3　EUの動物園の法律 ……………………………………………………………… 59
  3.4　英国の動物園における法規制とガイドライン ……………………………… 61
  3.5　欧州以外の国の動物園に関する法律 ………………………………………… 70
  3.6　動物園協会：BIAZA, EAZA, AZA, ARAZPA, WAZA ……………………… 72

第4章　行　動 ……………………………………………………………………… 79
  4.1　一般的原理 ……………………………………………………………………… 80
  4.2　動物園における動物の行動 …………………………………………………… 96
  4.3　動物園環境に対する反応としての行動 ……………………………………… 98
  4.4　異常行動 ………………………………………………………………………… 113
  4.5　野生との比較 …………………………………………………………………… 121

第5章　動物の個体識別と記録管理 ……………………………………………… 130
  5.1　動物を知ることの大切さ ……………………………………………………… 131
  5.2　種とは何か．命名法と分類学 ………………………………………………… 132

5.3	個体識別	137
5.4	一時的な人為的個体識別法	147
5.5	永久的な人為的個体識別法	152
5.6	記録の保管：どんな情報が記録できるか，記録すべきか	154
5.7	動物園の記録管理システム	161

第6章　飼育施設と飼育管理　169
6.1	多くのニーズ	170
6.2	施設設計の進歩	183
6.3	出生から死亡までの飼育管理	204
6.4	施設や飼育管理が動物に与える影響を研究する	214
6.5	飼育施設と飼育管理に関するガイドライン	218

第7章　動物福祉　221
7.1	"動物福祉"とは	222
7.2	動物福祉科学	227
7.3	何が動物園動物の福祉を損なわせるのか	237
7.4	動物園動物の福祉を評価する指標	246
7.5	動物園動物に必要なこと	255

第8章　環境エンリッチメント　262
8.1	"エンリッチメント"とは	264
8.2	エンリッチメントという概念ができた経緯	264
8.3	エンリッチメントのねらいと目標	266
8.4	エンリッチメントの種類とその機能	270
8.5	エンリッチメントの評価	283
8.6	効果的なエンリッチメントとは	284
8.7	環境エンリッチメントの利点	290

第9章　飼育下繁殖　295
9.1	繁殖生物学	296
9.2	飼育下繁殖に関わる問題と制約	307
9.3	飼育下動物の繁殖状態のモニタリング	313
9.4	救いの手となる繁殖補助技術	317
9.5	子育てとその介助	320
9.6	繁殖数の人為操作	325
9.7	飼育下個体群の自立的維持に向けた取組み	328

第10章　保　全　344
10.1	"保全"とは何か，なぜ保全が必要か	345

10.2	生物多様性保全における動物園の役割	351
10.3	ノアの箱舟としての動物園	353
10.4	再導入	361
10.5	動物園でのその他の保全活動	366
10.6	生物多様性保全のために動物園はいかに有益か	374
10.7	保全と動物園，未来を見据えて	376

第11章　健　康　379

11.1	健康とは何か	380
11.2	動物園動物の健康に関するガイドラインと法制度	383
11.3	動物園動物の健康管理における動物園スタッフの役割	388
11.4	予防医学	392
11.5	動物園動物に重要な疾病	404
11.6	動物園動物における疾患の診断と治療	419

第12章　給餌と栄養　427

12.1	採餌生態	428
12.2	基本的な栄養の理論	437
12.3	動物園動物への給餌に関するガイドラインと法律	444
12.4	動物の栄養要求量の算出	449
12.5	飼料の調達	454
12.6	飼料の保管と調理	459
12.7	飼料の給与	461
12.8	栄養上の問題	468

第13章　人と動物の関係　476

13.1	動物園の来園者：来園者について知っておくべきこと	477
13.2	教育と意識向上	482
13.3	動物園の中の人間：動物園動物に与える影響	487
13.4	トレーニング	499

第14章　研　究　507

14.1	なぜ動物園での研究が重要なのか	508
14.2	"研究"とは何か	509
14.3	"動物園における研究"とは何か	510
14.4	動物園研究に見られる方法論上の問題	518
14.5	データ解析の問題	523
14.6	多くの動物園を対象にした研究	527
14.7	動物園における研究成果の普及	530
14.8	動物園研究が必要な理由とは何だろう	530

第 15 章　動物園が有意義なものであるために　535

15.1 評　価　536
15.2 コレクションのあるべき姿　538
15.3 動物園の持続可能性　539
15.4 動物園での職業　541

用語集　547
文　献　561
日本語索引　601
外国語を含む索引　620

コラムのリスト

Box 2.1	ゾウのジャンボ	24
Box 2.2	最後のリョコウバト	27
Box 2.3	ウィリー B，ローランドゴリラの話	30
Box 2.4	動物園の建築物と重要文化財建築物	32
Box 2.5	先駆的な園長やキューレーター（飼育展示課長）	34
Box 2.6	生態系展示	37
Box 2.7	"倫理"ってどういう意味	44
Box 2.8	功利主義，全体論と動物の権利	46
Box 3.1	欧州連合（EU）についての簡単な紹介	53
Box 3.2	英国内の各分離議会に権限を委譲されている動物園法	54
Box 3.3	英国で動物園ライセンス制度が実際にどのように機能しているか	62
Box 3.4	内務省の許可を必要とする研究作業	71
Box 4.1	Tinbergenの"4つのなぜ"	81
Box 4.2	行動の個体差：性格の影響	91
Box 4.3	同種個体の効果：フラミンゴの繁殖ディスプレイ	106
Box 4.4	常同行動と食肉類：なぜ常同行動の発現が種によって異なるのか	118
Box 4.5	動物園での行動と野生での行動の比較	123
Box 5.1	動物名の命名．正しいのは誰か	134
Box 5.2	各種動物における標準的な身体測定法	157
Box 5.3	DNA：採取から解析まで	160
Box 6.1	広さか複雑さか	187
Box 6.2	利用率評価	217
Box 7.1	痛み	229
Box 7.2	ストレス	233
Box 7.3	動物福祉の指標としてのコルチゾールの使用	249
Box 8.1	トレーニングはエンリッチメントなのか	281
Box 8.2	エンリッチメント計画表を使って実施する	287
Box 8.3	エンリッチメントは霊長類だけではない	292
Box 9.1	性決定と雌雄の生殖器形態の違い	303
Box 9.2	遺伝学用語の解説	311
Box 9.3	冷凍動物園	320
Box 9.4	人工哺育	326
Box 9.5	飼育下管理か飼育下繁殖か	328
Box 9.6	余剰動物	339
Box 9.7	ゾウの飼育下繁殖	341
Box 10.1	小さいものは美しい：ポリネシアマイマイ類を守る	348
Box 10.2	絶滅から救う．偶然か計画的か	355

Box 10.3	忘却から両生類を救う	357
Box 10.4	保全生物学におけるミトコンドリアDNAの利用	360
Box 10.5	欧州動物園水族館協会によるキャンペーン	371
Box 11.1	ボディーコンディションスコア	383
Box 11.2	動物園動物の歯科	393
Box 11.3	ワクチンはどのように働くか	396
Box 11.4	寄生虫の寄生率を評価するためのMcMaster浮遊法	400
Box 11.5	キリンの麻酔	423
Box 11.6	Immobilon®に関する備考	424
Box 12.1	植物の反撃	438
Box 12.2	生餌を給与する	446
Box 12.3	栄養要求量に関する米国学術研究会議の書籍	448
Box 12.4	動物園動物の栄養に関する歴史	450
Box 12.5	飼育係は動物園動物の飼料をなぜ細かく切るのか	462
Box 12.6	屠体の給与：生餌の代わりに肉食動物に何を給与するか	465
Box 13.1	動物園での来園者の行動と好み：アジアからの視点	480
Box 13.2	人と動物の関係の悪化が何をもたらすのか	499
Box 13.3	トレーニングを通して何を達成できるのか	503
Box 13.4	動物園でトレーニングを実施する際の注意事項	504
Box 14.1	動物園の個体群は"異常"なのか	516
Box 14.2	利用幅指数（SPI）	521
Box 14.3	いかに行動のデータを取るか	522
Box 14.4	動物園の雑誌	531
Box 14.5	動物園研究のマネージメントと協力	532

略　語

（用語解説の章も参照）

注：括弧内に UK または USA と記されているのは，法律が制定された国や政府機関の所属国等を表す．

AATA	Animal Transportation Association	動物輸送協会
AAZK	American Association of Zoo Keepers	米国動物園飼育技術者協会
AAZPA	American Association of Zoological Parks and Aquariums	米国動物園水族館協会（現在は AZA．下記参照．）
AAZV	American Association of Zoo Veterinarians	米国動物園獣医師協会
ABP	Animal By-Products Regulations 2005（UK）	動物副産物規則（2005 年）（英国）
ABS	Animal Behavior Society（USA）	動物行動学会（米国）
ABWAK	Association of British Wild Animal Keepers	英国野生動物飼育技術者協会
ACTH	adrenocorticotropic hormone	副腎皮質刺激ホルモン
ADF	acid detergent fibre	酸性デタージェント繊維
AHA	Animal Health Australia	オーストラリア動物衛生局
AI	artificial insemination	人工授精
AKAA	Animal Keepers Association of Africa	アフリカ飼育技術者協会
ALPZA	Latin-American Zoo and Aquarium Association	ラテンアメリカ動物園水族館協会
ANCMZA	Advanced National Certificate in the Management of Zoo Animals（UK）	動物園動物の管理に関する国家認証（英国）
ANOVA	analysis of variance	分散分析
APHIS	Animal and Plant Health Inspection Service	動植物検疫局（米国農務省の一部門）
APP	African Preservation Programmes	アフリカ保全計画
ARAZPA	Australasian Regional Association of Zoological Parks and Aquaria	オーストラリア地域動物園水族館協会
ARKS	Animal Record-Keeping System	個体記録管理システム
ART	assisted reproductive technology	生殖補助技術
ASAB	Association for the Study of Animal Behaviour（UK）	動物行動学会（英国）
ASG	Amphibian Specialist Group	両生類専門家グループ
ASZK	Australasian Society of Zoo Keeping	オーストラリア動物園飼育学会
AV	approved vet	認定獣医師
AWA	Animal Welfare Act of 1966, as amended（USA）；Animal Welfare Act 2006（UK）	動物福祉法（1966 年）改正法（米国），動物福祉法（2006 年）（英国）
AZA	Association of Zoos and Aquariums	米国動物園水族館協会（以前は AAZPA．前述の AAZPA 参照．1994 年に，American Association of Zoological Parks and Aquariums から American が除かれ，現名称に変更．）
BAP	Biodiversity Action Plan（UK）	生物多様性行動計画（英国）
BIAZA	British and Irish Association of Zoos and Aquariums	英国およびアイルランド動物園水族館協会

BMR	basal metabolic rate	基礎代謝（率）
BSE	bovine spongiform encephalopathy	牛海綿状脳症
BVA	British Veterinary Association	英国獣医師会
BVS	BSc in Veterinary Surgery	獣医学士
BVZS	British Veterinary Zoological Society	英国獣医動物学会
CAZA	Canadian Association of Zoos and Aquariums	カナダ動物園水族館協会
CAZG	Chinese Association of Zoological Gardens	中国動物園協会
CBD	1992 Convention on Biodiversity	生物の多様性に関する条約（生物多様性条約）（1992年採択）
CBP	captive breeding programme	飼育下繁殖計画
CBSG	Conservation Breeding Specialist Group	保全繁殖専門家グループ（以前は，飼育下繁殖専門家グループ，1994年に名称変更）
CCTV	closed-circuit television	クローズドサーキットテレビ，閉回路テレビ，有線テレビ
CHP	combined heat and power	コージェネレーション，熱電併給
CITES	1973 Convention on International Trade in Endangered Species of Wild Fauna and Flora	絶滅のおそれのある野生動植物の種の国際取引に関する条約，ワシントン条約，サイテス（1973年採択）
CNS	central nervous system	中枢神経系
CoPs	Conference of the Parties	締約国会議（国際条約や国際協定に署名した国を party という）
COSHH	Control of Substances Hazardous to Health	有害物質管理規則（英国の安全衛生規制に関連する）
COTES	Control of Trade in Endangered Species (Enforcement) Regulations 1997 (UK)	絶滅の危機に瀕する種の貿易管理に関する（実施）規則（1997年）（英国）
CP	conservation programme	保全計画
CPS	Crown Prosecution Service (UK)	検察局（英国）
CR	conditioned response	条件反応（条件反射）
CS	conditioned stimulus	条件刺激
CSF	cafeteria-style feeding	カフェテリア式給餌
CWD	chronic wasting disease	慢性消耗性疾患
DCMS	Department for Culture, Media and Sport (UK)	文化・メディア・スポーツ省（英国）
DE	digestible energy	可消化エネルギー
Defra	Department for Environment, Food and Rural Affairs (UK)	環境・食料・農村地域省（英国）
DESD	Decade of Education for Sustainable Development	持続可能な開発のための教育の10年
DfES	Department for Education and Science (UK)	教育科学省（英国）
DNA	deoxyribonucleic acid	デオキシリボ核酸
DTI	Department of Trade and Inductry (UK)	通商産業省（英国）
EAZA	European Association of Zoos and Aquaria	欧州動物園水族館協会
EAZWV	European Association of Zoo and Wildlife Veterinarians	欧州野生動物獣医師会

EC	European Community	欧州共同体（紛らわしいが，EU（下記参照）の一組織である欧州委員会 European Commission も EC と略されることがある）
ECAZA	European Community Association of Zoos and Aquaria	欧州動物園水族館協会（現在は EAZA, 上記参照）
EEKMA	European Elephant Keeper and Manager Association	欧州ゾウ飼育担当者・管理者協会
EEP	European Endangered species Programme	欧州絶滅危惧種計画（EEP は，ドイツ語 Europäisches Erhaltungszuchtprogramm の頭文字からきている）
EFA	essential fatty acid	必須脂肪酸
EFSA	European Food Safety Agency	欧州食品安全機関
EGZAC	European Group on Zoo Animal Contraception	欧州動物園動物避妊グループ
ELISA	enzyme-linked immunosorbent assay	酵素結合免疫吸着測定法
ENG	EAZA Nutrition Group	EAZA（上記参照）栄養学グループ（旧 EZNRG，下記参照）
ESB	European studbook	欧州血統登録
ESU	evolutionarily significant unit	進化的重要単位
EU	European Union	欧州連合
EZNRG	European Zoo Nutrition Research Group	欧州動物園栄養研究グループ（現 ENG, 上記参照）
FAA	food anticipatory activity	食物予期活動
FAO	United Nations Food and Agriculture Organization	国連食糧農業機関
FDA	Food and Drug Administration（USA）	食品医薬品局（米国）
FMD	foot and mouth disease	口蹄疫
FMR	field metabolic rate	フィールド代謝率
FSC	Forest Stewardship Certificate	森林管理認証
FSH	follicle-stimulating hormone	卵胞刺激ホルモン
GAS	general adaptation syndrome	全身性適応症候群，汎適応症候群
GE	gross energy	総エネルギー
GI (tract)	gastrointestinal（tract）	消化管
GnRH	gonadotropin-releasing hormone	性腺刺激ホルモン放出ホルモン
GRB	genetic resource bank	遺伝資源バンク
GSMP	global species management programme	世界種管理計画
HPA/G (axis)	hypothalamo-pituitary-adrenal/gonadal（axis）	視床下部 - 下垂体 - 副腎（軸），視床下部 - 下垂体 - 性腺（軸）
HSE	Health and Safety Executive（UK）	衛生安全委員会事務局（英国）
IATA	International Air Transport Association	国際航空運送協会
ICEE	International Conference on Environmental Education	国際環境教育会議
ICEE	International Conference on Environmental Enrichment	国際エンリッチメント会議
ICSI	intracytoplasmic sperm injection	細胞質内精子注入法

ICZ	International Congress on Zookeeping	動物園動物飼育に関する国際会議
ICZN	International Commission on Zoological Nomenclature	動物命名法国際審議会
ISAE	International Society for Applied Ethology	国際応用動物行動学会
ISIS	International Species Information System	国際種情報システム機構
ISO	International Organization for Standardization	国際標準化機構
IUCN	International Union for the Conservation of Nature and Natural Resources (World Conservation Union)	国際自然保護連合
IUDZG	International Union of Directors of Zoological Gardens	国際動物園長連盟
IVF	*in vitro* fertilization	体外受精
IZW	Leibniz Institute for Zoo and Wildlife Research	ライプニッツ動物園野生生物研究協会
JMSP	Joint Management of Species Programme	種共同管理計画
JNCC	Joint Nature Conservation Committee (UK)	自然保護共同委員会（英国）
LARs	IATA Live Animal Regulations	IATA（上記参照）の動物輸送規則
LH	luteinizing hormone	黄体形成ホルモン
MBA	Methods of Behavioural Assessment	行動評価法
MBD	metabolic bone disease	代謝性骨疾患
ME	metabolizable energy	代謝エネルギー
MHC	major histocompatibility complex	主要組織適合遺伝子複合体
MHSZ	Managing Health and Safety in Zoos	動物園における安全衛生管理
MSW	Mammal Species of the World	世界の哺乳類
mtDNA	mitochondrial DNA	ミトコンドリア DNA
MTRG	Marine Turtle Research Group	ウミガメ研究グループ
NAG	Nutrition Advisory Group	AZA（上記参照）の栄養学アドバイザリーグループ
NAP	National Academy Press	英国アカデミープレス
NDF	neutral detergent fibre	中性デタージェント繊維
NRC	National Research Council (USA)	米国学術研究会議
NSAID	non-steroidal anti-inflammatory drug	非ステロイド性抗炎症薬
OIE	Office International des Epizooties (World Organisation for Animal Health)	国際獣疫事務局
PAAZAB	African Association of Zoological Gardens and Aquaria	アフリカ動物園水族館協会（頭文字のPは以前の名称から残っている）
PETA	People for the Ethical Treatment of Animals	動物の倫理的扱いを求める人々の会
PFA	pre-feeding anticipation	給餌前予測
PhD	Doctor of Philosophy degree	博士号（学士号 BSc や修士号 MSc より上級の学位）
PIT	passive integrated transponder	受動統合型トランスポンダー
PMP	population management plan	個体群管理計画
POE	post-occupancy evaluation	居住後評価

PRL	prolactin	プロラクチン
PRT	positive reinforcement training	正の強化トレーニング
PSM	plant secondary metabolite	植物2次代謝産物
RAE	Research Assessment Exercise（UK）	研究評価事業（英国政府が研究機関に対して実施）
RCP	EAZA Regional Collection Plan	EAZA地域動物収集計画
RCVS	Royal College of Veterinary Surgeons（UK）	英国獣医師会
REEC	Regional Environmental Enrichment Conferences	環境エンリッチメント会議地域分会
RIA	radioimmunoassay	ラジオイムノアッセイ（放射免疫測定）
RSG	Reintroduction Specialist Group	再導入専門家グループ
RSPB	Royal Society for the Protection of Birds（UK）	英国鳥類保護協会
RSPCA	Royal Society for the Prevention of Cruelty to Animals（UK）	英国動物虐待防止協会
SAZARC	South-Asian Zoo Association for Regional Cooperation	南アジア地域協同動物園水族館協会
SDB	Self-directed behavior	自己指向性転位行動
SHEFC	Scottish Higher Education Funding Council	英国高等教育助成機関
SIB	self-injurious behavior	自傷行動
SPARKS	Single Population Analysis and Records Keeping System	単一個体群分析記録管理システム（SPARKSは血統登録管理システムである）
SPI	spread of participation index	利用幅指数
SPRG	Scottish Primate Research Group	スコットランド霊長類研究グループ
SSC	IUCN Species Survival Commission	IUCN種保存委員会
SRP	species recovery programme（UK）	種の再生基本計画（英国）
SSP	species survival plan	種保存計画
SSSMZP	Secretary of State's Standards of Modern Zoo Practice（UK）	新動物園飼育管理監督基準（英国）
SUZI	sub-zonal insemination	囲卵腔内精子注入法
SVL	snout-vent length	吻端から総排泄口までの長さ
SVS	State Veterinary Service	国立獣医サービス（英国では，2007年に新しい政府機関である動物衛生局に統合）
TAG	taxon advisory group	分類群専門家グループ
TB	tuberculosis	結核
TCF	Turtle Conservation Fund	カメ保全基金
TPR	temperature, pulse, and respiration	体温・脈拍・呼吸
TRAFFIC		TRAFFICは略語ではなく，組織の正式名称
TSE	transmissible spongiform encephalopathy	感染性海綿状脳症（例：BSE）
TWG	taxon working group（UK）	分類群ワーキンググループ（英国）
UFAW	Universities Federation for Animal Welfare	動物福祉大学連合

UNCED	United Nations Conference on Environment and Development	環境と開発に関する国連会議（国連環境開発会議，地球サミット）
UNEP	United Nations Environment Programme	国連環境計画
UNFCCC	United Nations Framework Convention on Climate Change	気候変動に関する国際連合枠組条約（気候変動枠組条約）
UR	unconditioned response	無条件反応
US	unconditioned stimulus	無条件刺激
USDA	US Department of Agriculture	米国農務省
UV	ultraviolet	紫外線
WAZA	World Association of Zoos and Aquariums	世界動物園水族館協会
WCC	AZA Wildlife Contraception Center	AZA 野生動物避妊センター
WCS	Wildlife Conservation Society	野生生物保全協会（本拠地ニューヨーク）
WIN	Wildlife Information Network	野生生物情報ネットワーク
WLCA	Wildlife and Countryside Act 1981（UK）	野生生物および田園地域に関する法律（1981 年）（英国）
WNV	West Nile virus	ウエストナイルウイルス
WWF	World Wide Fund for Nature	世界自然保護基金（現在は WWF の略称の方が知られている）
WZACS	World Zoo and Aquarium Conservation Strategy	世界動物園水族館保全戦略
WZCS	World Zoo Conservation Strategy	世界動物園保全戦略
ZIMS	Zoological Information Management System	動物学情報管理システム
ZLA	Zoo Licensing Act 1981（UK）	動物園ライセンス法（1981 年）（英国）
ZOO	Zoo Outreach Organisation	動物園支援組織
ZSL	Zoological Society of London	ロンドン動物学協会

第1章 イントロダクション

　世界中の"動物園"といわれる場所に，約1万種の動物が飼育されている（WAZA 2006）．全ての動物園の年間の入園者数は分からないが，少なくとも億の単位であることは確かである．そして約1,000の動物園は地方自治体か国の機関であり，動物園間の連携体制を発展させ，高い水準を確保する努力が払われている．動物園は，世界中で人気のあるレジャー施設で，1,000の認定動物園[1]だけでも毎年600万人以上もの入園者数がある（WAZA 2006）．北米では，プロ野球，バスケットボール，フットボールの試合の入場者数を合わせた数以上の人が動物園を訪れているといわれている．英国では，国民の4人に1人にあたる1,800万人以上が毎年認定動物園を訪れている（BIAZA 2007）．

　この数字をどう捉えるべきか．まず，私たち人間は，本物の生きたエキゾチックアニマル[2]を間近で見たいという欲求が非常に強いということを示している．世界中の動物園は，私たちの動物に対する心構えや知識を形成する影響力ももっている．そして，このことは，社会的関心をもたらし，福祉水準の向上や保全の推進への支持につながる．動物園は，これを十分発揮できる理想的な場所なのである．

　現代の動物園は，もはや人が動物を見るためにただ動物を飼育している場所ではない．現代動物園は，科学的に運営され，また国からも規制を受ける施設となり，自然界と私たちの関係にも重要な役割をもっている．多くの動物園は，4つのキーワードでその役割が表される．保全，教育，調査研究，レクリエーションである．これらの役割は，この20年ではっきり定義され，また同時に，動物のニーズと動物の最善の飼育管理方法についての知見が飛躍的に増加した．本書では，現代動物園の機能や働きの概要を説明するための多くの知見と，動物園でどのように動物を飼育管理し，なぜ動物園で飼育し，どのように動物に最善の福祉を保障する環境を与えようとしているのか，ということについて総合的に扱う．認定動物園では今，何が最善の方法で，それはどのような知識や科学的研究に裏付けられているのか，ということを紹介したい．

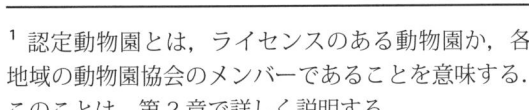

---

[1] 認定動物園とは，ライセンスのある動物園か，各地域の動物園協会のメンバーであることを意味する．このことは，第2章で詳しく説明する．

[2] エキゾチックアニマルとは，ここでははっきりとした定義をもっては使用していない．多くの動物園は，在来の動物を飼育し，なかにはそれを専門にしている動物園もある．何をエキゾチックと思うかは，あなたの出身地によっても異なるだろう．

1.1 誰のための本か

本書は誰のためのものなのか．動物園に関心のある人や動物園動物に興味のある人にとってこの本が役立つものになることを望んでいる．

私たちはこの本をつくるにあたり，特に2つの対象者を念頭に置いた．1つは，動物園の飼育担当者，獣医関係者[3]，学芸員，教育部門の担当者などの動物園関係者で，動物園や動物園に関連する問題の最新の知見を概説することが目的である．もちろん動物園関係者は，自身の専門分野に精通しているが，現代の動物園がいかにあるべきか，という様々な側面についてもっと知りたいことがあるのではないだろうか．もう1つの対象者は，大学のコースとして増えつつある動物園動物について学ぶ大学生や，今後動物園動物のことを勉強しようとしている学生である．動物園動物について考える授業は，過去10年の間に急増し，"動物管理学"，"動物行動学"，"動物福祉論"，"保全論"などの科目に見られるようになってきた．これらのコースの学生に，これまで動物園生物学を網羅する適切なレベルの手頃な教科書がなかった．言うまでもなく，動物園の哺乳動物についての膨大な文献を総合的にまとめた「Wild Mammals in Captivity（飼育下の野生動物）」(Kleiman et al. 1996) は最高傑作であるが，少しレベルが高かった．私たちはこの本の完全版をつくろうとしたのではなく，哺乳類，鳥類，爬虫両生類[4]，魚類，無脊椎動物を対象として，最低限の予備知識を幅広く身に付けられるようにしたかった．

このように様々な読者がいることから，本書のレベルを合わせることは容易ではなかった．動物園動物について学ぶ学生の中には，関連するコースや講義を履修している者，大学の学部を卒業した者，大学院の修士課程で勉強している者，博士課程で研究を始めた者など様々である．また，動物園関係者は，これらの学位をすでにもっている可能性もある．ほとんどの読者は生物学の基礎的な知識をもっていると思われる．また，本書で扱った生物学的トピックスのいくつかについても十分な知識をもっているかもしれないが，全ての分野について同じレベルではないかもしれない．そのため，全体として本書は学部2～3年生レベルになると思われるが，その構成や内容について，様々なレベルの人が勉強するのに，難しすぎず，偏りすぎないよう配慮したつもりである．

ほとんどの読者は，すでに生物学の基礎知識をもっていると思われるが，生物学は非常に広範囲の領域を占めており，たとえ専門の生物学者であっても，通常は全ての領域を熟知しているわけではない．そのため，各章にはその背景となる理論についても簡単に説明を加え，これまでの知識に関わらず，全ての読者が理解しやすいよう配慮した．

著者は，英国・アイルランドにおける動物園動物の管理制度のもとで働いており，その事情に詳しいため，本書全体としてその制度が主体になっている．しかし，他の視点についてもその特色を紹介するよう配慮し，またできる限り煩雑にならないよう心がけたつもりである．本書は世界中の読者，特に欧州の他の地域，北米，オーストラリアの読者に利用してもらえることを望んでいる．

---

[3] vets（訳者注：獣医関係者と訳した）という省略語は，本書では獣医師と獣医学者を示している．この単語は，北米では，少し異なる意味も含んでいる．

[4] 爬虫両生類（herps）とは，爬虫類と両生類を表し，一般用語として使われるようになっている．本書の他の章でも使っている．爬虫類と両生類の研究者を，爬虫両生類学者（herpetologist）といい，爬虫類と両生類の科学を，爬虫両生類学（herpetology）という．

1.2 情報源

今や動物園動物を対象にした多くの文献があるが，本書を作成するにあたり，私たちの知識には非常にギャップがあることを思い知らされた．動物園生物学の中には，実証的に全く研究されていない多くの分野があり，ほとんど研究されていない分野も多くある．これらの分野の中には，実験動物，家畜，伴侶動物，野生動物を対象とした研究を参照できる場合もあった．しかし，いつも心に留めておかなければいけないことは，動物園環境はこれらの動物の環境とは非常に異なっているということで，このような研究を参照する場合には注意しなければならない．私たちは，この知識のギャップを可能な限り明らかにし，将来の新たな研究の促進につながるよう望んでいる．

動物園に関する多くの文献があるが，それを入手するのは必ずしも簡単なことではない．動物園動物に関する実証的研究の多くは，「*Zoo Biology*」，「*Applied Animal Behaviour Science*」，「*Animal Welfare*」などのわずかな学術雑誌に掲載されているだけである．大学や一部の動物園の図書館では，これらの学術雑誌の論文を閲覧することができ，ウェブ上で論文の要約に無料でアクセスすることもできる．私たちは，学術文献の情報をできる限り使用するよう努めた．それは，ほとんどの図書館で比較的利用しやすいことと，審査体制があり信頼性のある情報だからである．しかし，審査制度はないが内容の充実した文献[5]もあり，それらの一部は実証的研究には基づいているものの，ケーススタディである場合が多い．

学術雑誌以外の文献情報の一部は，動物園関係者以外には（おそらく関係者でも）入手することが難しい．そのため，私たちもそのような情報ではなく，できる限り学術雑誌の文献を代用するようにした．本書でその文献を網羅できていない場合があるが，代わりに，先進的な理論や実践を示した重要な文献を集めるように努めた．そうすることにより，様々な種を十分に目立たせるようにしようとした．しかし，動物園動物の研究の大部分は哺乳類を対象にしたもので，さらに哺乳類の中でも霊長類を対象にしたものがほとんどである．

各章で紹介した研究や巻末の参考文献の一覧（各章に文献リストをつけるよりも利用しやすいのではないかと考え，巻末に集めた）の他に，各章では，さらなる情報源と適した書籍を紹介するようにした．ウェブサイトは日々更新され，アドレスが変わることもあるが，私たちができる最善策として，2008年4月時点で存在するサイトを提供し，そして本書をサポートしているオンラインリソースセンター（Online Resource Centre）へ読者を誘うことである．

各章の最後には，問題提起の項を加えており，読者が考えるきっかけになるよう，またそこにあげたいくつかの問題について議論が進むよう私たちは望んでいる．

1.3 "動物園"とは

"動物園"とはどういう意味か．一見おかしな質問のように思われるかもしれないが，ある種の用語の定義を質問し，うんちくを披露するような次元の話ではない．以降の章で述べるように，動物園での動物の行動の意味を解釈するのに，他の状況下における行動との違いを比較できることは非常に重要なことである．そのためには，動物園の環境と他の環境をいかに区別することができるのかを知る必要がある．さらに，動物園における動物の要求を理解するための研究や，動物園動物の最適な管理方法の中には実際にはまだ動物園で

---

[5] 動物園動物を対象とした審査体制のない雑誌の論文は，"グレーな文献"といわれることもある．その例として，BIAZA や EAZA などの動物園協会のニュースレターや英国動物園飼育技術者の雑誌「*Ratel*」など多岐に亘る（詳しい情報は Box 14.4 参照）．

実行されていないものがあるが，他の動物飼育施設では行われているものもある．繰り返しになるが，"動物園"とはどういう意味か，という質問の明確な答えを考える場合，動物園が他の施設とは異なるものであるという視点で認識していくとよい．

では一体，動物園とは何か．

英国政府は動物園に関する法律において，動物園を次のように定義している．

　　連続12か月間のうち7日間以上，入園料の有無に関わらず，市民が利用できる，展示目的（サーカスやペットショップではない）で野生動物を飼育している施設．〔動物園ライセンス法（Zoo Licensing Act, 1981）〕

サーカスやペットショップには他の法律があるため，この法律の対象外となっている．しかし，従来の動物園と同様に，水族館，チョウ園，サファリパークといった施設は対象となる．

もちろんこの定義は，法規制の枠組みの必要条件によって決定されるものであり，他の規制対象となる団体の扱いと何ら変わりはない．例えば，世界動物園水族館協会（WAZA）は，同協会が1993年に発行した「世界動物園保全戦略」（IUDZG/CBSG 1993）の中で，動物園の正式な定義は述べていないが，動物園の特徴として次の2点をあげている．

・動物園は，主に家畜化されていない野生動物のコレクションを，自然界よりも見やすく，そして研究しやすくするために，1種以上所有し管理する．
・動物園は，1年中とまではいかなくとも，少なくとも1年のうちの大部分，少なくともコレクションの一部を市民のために展示する．

これらの定義は分かりやすい．例えば，博物館や専門家の収集品，水族館やバードパーク（図1-1）といった施設の小動物のコレクションも含まれる．通常一般公開していないか，あるいは1年のうちの数日しか一般公開していないような，個人や大学のコレクションは完全に除かれる．

これは，本書で扱う動物園の概念である．本書で使用した"動物園"という単語には，水族館や他の野生動物を収集する公的施設も含んでいる．しかし，これらの意味で"動物園"という用語を使う一方で，本書で扱うべきことは，事実上，認

図1-1　チョウ園（a）や水族館（b）といった場所は，ほとんどの定義のなかで動物園として扱われている．これらの施設が公的な認定を受けている施設であれば，本書の内容に非常に近いものである．〔写真：(a) Geoff Hosey，(b) Sheila Pankhurst〕

定を受けた動物園・水族館に関することと，そこから得られた情報である．

1.4 この本の内容

本書では，動物園で動物を管理する方法（施設，飼育管理，健康，栄養，繁殖）や，動物園の環境下において動物が経験すること（行動，福祉，人との関係）について述べている．しかし，動物と人にとっての動物園という環境を完全に理解するためには，動物園の活動状況や，動物園の内外における種の保全あるいは生息地の保全への貢献度も考えるとよい．そのため，法律，保全（生息域内と生息域外の両方），飼育記録や調査研究に関する各章を加えている．

今日動物園は，動物や環境問題に対する意識向上とその教育に関して重要な役割を担っている．この役割については，動物とその環境に影響する点に限って簡単に紹介した．本書では，第2章で動物園の歴史について紹介しているが，それ以外の章では，現代の動物園に関する内容である．その内容は，現代の動物園における動物の健康，福祉，管理についてであり，過去の福祉対策や健康管理，あるいは飼育管理の欠陥については述べていない．

ここからは，各章の内容の概要を説明する．

1.4.1 動物園の歴史と理念（第2章）

野生動物を収集するということは，最近に始まったことではない．野生動物の収集の歴史は，古代中国の庭園や，中世ロンドン塔の王立動物園などの貴族のメナジェリーまで，多くの個人的コレクションとして記録が残っている．しかし，私たちが今知っている"近代"の動物園の形式になったのは，18世紀末から始まったものである．19世紀には，動物園の人気が非常に高まり，来園者に主に喜びと楽しみを提供する場所であった（たとえその動物園が科学的理念を追求するために創設されていたとしても）．

当時の動物園が教育的または科学的な役割，あるいは保全に対する役割をもっていたということは，あまり知られていない．しかし，19世紀の欧州にあった2つの主要な動物園（パリのジャルダン・デ・プラントと，ロンドン動物園，図1-2）は非常に科学的な機関であった．どのような場合であっても，動物園は，産業化，都市化が進む社会の中で，来園者に動物を身近に触れる機会を与えることによって，生物界に対する興味と意識を自然に向上させることができる．

動物園の歴史は，野生動物の飼育の発展の歴史でもある．そして，動物園の歴史には，社会と動物園双方の見方が変わりつつあることが映し出されている．この歴史は第2章でさらに詳しく紹介し，動物園の哲学と倫理の概要を示して締めくくっている．

1.4.2 動物園を取り巻く法規制（第3章）

他の多くの機関と同じことであるが，動物園も，法律に義務づけられた条件と様々なガイドラインや実施基準の規制の枠組みの中で運営されている（図1-3）．第3章では，主として英国内の動物園で適用されている法体制に焦点をあてて解説する．

英国内では，動物園に対する規制が厳しく，高水準の福祉と飼育管理が求められる．同様の法規制は，世界中の他の地域でも適用されているが，その適用範囲は様々である．本章では，このことについても触れている．

1.4.3 行動（第4章）

現代の動物園の飼育管理では，その動物に，野生でみられるような行動について，その機会を数多く与えようとしている．しかし，動物園の飼育環境は，野生環境とは全く異なっている．動物園の個体に対して，野生個体（図1-4）と同じように行動させようとする場合，動物園のどのような環境が野生とは違うのか，そしてこの違いがいかに行動に影響しているのかという点を，正確な方法で詳細に調べなければならない．

本章では，行動に影響する動物園のいくつかの

6　第1章　イントロダクション

図 1-2　ビクトリア時代後期のロンドン動物園のサル舎〔John Fletcher Porter（1980）の「London Pictorially Described」より）．（イラスト：Lee Jackson, www.victorianlondon.org）

図 1-3　国連の生物の多様性に関する条約（生物多様性条約，CBD）は，1992年にリオ・デ・ジャネイロで開かれた"地球サミット"の主要な成果の1つで，保全に対する動物園の役割に関して，多くの国の法律や国際法に影響を与えた．（イラスト：CBD事務局）

図 1-4　この若いマントヒヒ（*Papio hamadryas*）は，優位な個体に追いかけられているところで，服従の表情とその姿勢を見せている．野生個体や動物園飼育個体において，グループ内の社会的交流は，その行動の重要な要素の一部分である．（写真：Geoff Hosey）

特徴について解説している．行動学は，研究の重要性が高まっている一分野である．野生状態の行動が，その動物の行動の全ての評価基準であり，さらにそれがその行動の解釈基準として相応しいという考え方については，ここでは否定的な視点で述べている．

1.4.4　動物の個体識別と記録管理（第5章）

動物園動物の管理に必須の要素として，その動物を知ること（図 1-5）と，彼らの生活の中で何が起こっているのかを知ることである．例えば，過去の健康上の問題や獣医学的治療に関する知識は，動物の今後の健康管理において重要であり，血統や遺伝的関係に関する情報は飼育下繁殖計画を策定する際に必要となる．

ほとんどの動物園では，カードによる個体記録管理がなされなくなって久しい．個体記録は，コンピューターのデータベースで管理されるようになっている．これは，個々の動物園だけでなく，広く閲覧可能にし，全ての分類群[6]の動向が特定できるようになり始めている．これらの記録は，動物の日常管理において有用であるだけでなく，研究のための貴重なデータベースとなる．

動物園の記録を研究に活用することについては，本章に加え第14章でも詳細に述べる．

1.4.5　飼育施設と飼育管理（第6章）

動物園動物の飼育施設は，過去150年間で大きく様変わりした．少なくとも本書で主に焦点をあてている認定動物園では，コンクリートや鉄柵，針金でつくられた簡素な檻は今やほとんど見られなくなった．動物園の施設建築の昔の考え方には，動物にとって適した施設であるということよりも，来園者に見せることが重視されていたことがあった．現在では，動物園動物の飼育施設は，動物，市民，動物園スタッフのいずれにも配慮して，複合的な観点で設計される必要があると考えられている．本章では，これらの点を考慮して，今日動物園で見ることができる様々なタイプの施設を紹介する．

飼育管理に関する内容は，日々の動物の維持管理について取り上げる（図 1-6）．この分野は，実証的データよりも経験則が非常に大きく関与する．動物園での飼育管理に関する知見や技術については，他の章で紹介する．

1.4.6　動物福祉（第7章）

動物園における近年の変化は，もちろん単なる施設面の変化だけではない．動物の身体的かつ精神的な要求（図 1-7 参照）を詳しく理解することは，動物園にとっての優先事項である動物福祉につながる．ここでいう福祉とは，快適な施設で十分な飼料を与えるだけではなく，動物がもつそれ以上の要求を認識することである．今では福祉に関する問題の根底となる多くの理論がある．この

図 1-5　動物を知ることは，その個体の識別に必要なことである．耳標により，若いボンゴ（*Tragelaphus eurycerus*）を簡単に見分けることができる．（写真：ペイントン動物園環境公園）

---

[6] 分類群とは，分類学または分類における単位で，種，属，目など様々な区分を表す．動物分類学の分類体系については，第5章で簡単に説明する．

理論は，家畜や実験動物の福祉の分野で非常に発展してきた．そして，本章のテーマである動物園動物の福祉も大きく進歩している．

1.4.7 環境エンリッチメント（第8章）

エンリッチメントの概念は，動物園動物の行動と福祉の両方を兼ね備えている面もある．野生下で見せる行動と同様の行動を示すように動物園動物に仕向けることが重要であると思われている理由の1つは，もしもその動物にできないことがあれば，その福祉が危険なものになってしまうからだろう．エンリッチメントには，動物がもつ本来の全ての行動を発現するように（言い換えれば，その動物の行動を変えるように，図1-8参照），その機会を与えるようなギャップを埋める目的がある．そして，生理学などの動物の様々な生物学的側面を変えることにもなる．何を変えるべきなのかは議論すべき問題である．本章では，この問題について，主なエンリッチメントの種類を説明しながら考えていく．

1.4.8 飼育下繁殖（第9章）

動物園動物の繁殖は，その動物自身の権利として通常良いこととされている．繁殖自体が福祉で

図1-6 水族館では，水槽の掃除のために水中に入ることがあるが，この作業も飼育施設と飼育管理に関わる内容である．（写真：Andrew Bowkett）

図1-7 キリン（*Giraffa camelopardalis*）は，口を使った常同行動（舐めたり咬んだりを繰り返す行動）を示している．この行動は，生活面での福祉が最善ではないことの表れである．（写真：Vicky Melfi）

図1-8 摂餌・採食に多くの時間をかけるように計画されるエンリッチメントもある．（写真：Harriet Elson）

図 1-9　飼育下繁殖は現代の動物園の重要な機能の1つである．写真は，ギリシャリクガメの交尾の成功例だ．（写真：ワルシャワ動物園）

図 1-10　フタイロネコメガエル（*Phyllomedusa bicolor*）．本種は，まだ本格的な保全事業が行われていないが，皮膚からの分泌物に薬効があると考えられ，人間による採集圧が増している．両生類全体は，絶滅の大きな脅威にさらされている．（写真：Douglas Sherriff）

あり，また保全への貢献につながるという意味も含まれている．実際，多くの動物園動物の繁殖は計画的に管理されている（図 1-9）．このことは，持続的な動物園個体群として，高い遺伝的多様性を保ち，近親交配を減らすためでもある（計画的に行うことに対する批判を正当化する理由にもなるが，どの程度動物園がこの目標を達成するかは議論すべきところである）．

この計画的繁殖の一部には，様々な繁殖補助技術（例えば，体外受精や人工授精）や繁殖のモニタリング技術（例えば，超音波検査やホルモン分析）が使われることもある．本章では，これらの技術を解説するとともに，計画的繁殖において必然的に起こり得る余剰動物問題などについても考える．

1.4.9　保全（第 10 章）

動物園の成立以来，最も重要な動物園の変化の1つは，野生動物を展示するだけでなく，保全や教育の積極的な役割への転換である．狩猟や生息地の破壊によって，種を絶滅させてきた人間は，有史以前は，オーストラリア，マダガスカル，ア

メリカの大型の脊椎動物の絶滅に加担してきた．有史時代では，最初に注目された絶滅は，おそらく 18 世紀のドードー（*Raphus cucullatus*）とステラーカイギュウ（*Hydrodamalis gigas*）である．今や，生物種とその生息環境への脅威は広く知られるようになり，ほとんどの認定動物園は，最優先事項の1つに絶滅危惧種の保全を掲げている（図 1-10）．

本章では，動物園が存続可能な個体群を維持し（生息域外保全），野生への再導入を可能にし，さらに生息域内保全との関わりを増すために，何ができ，何をしているのかについて紹介する．また，どれくらいの種を動物園で維持できるのか，どの種を維持すべきなのか，ということを決める際に動物園が直面する問題点についても述べている．

1.4.10　健康（第 11 章）

動物園動物を管理するにあたり，主な要素として，その健康と良好な条件を確保する必要がある（図 1-11）．第 11 章では，このことについて述べる．

図 1-11 動物園動物の健康管理の中には，例えば，この写真はマーゲイ（*Felis wiedii*）の口腔衛生検査の様子であるが，このような予防対策も含まれる．（写真：コルチェスター動物園）

寄生虫や感染症による動物の健康への脅威もあるが，不適切な食餌など様々な飼育管理に起因していることもある．動物園動物の健康問題に関する知識のほとんどは，経験やケーススタディから得られるものである．本章では，疾病予防や治療の現状について紹介するとともに，動物の健康状態を良好に維持するための動物園獣医師や飼育担当者の役割について考える．

1.4.11 給餌と栄養（第12章）

健康管理と同様，動物園動物の栄養管理についても，経験やケーススタディが大いに重要となる．野生下における食餌内容についてはあまりよく知られていない．たとえ分かっていたとしても，動物園でそれを給与することが難しかったり，不可能だったりする場合もあるだろう．動物園動物の飼料設計には，栄養要求量や健康状態を考慮するほかに，さらに採食やその一連の行動は，野生下で動物が費やす時間の大部分を占めているため，可能ならその行動をも満たすように考えなければならない．

本章では，動物園動物の栄養に関係する生理学的および生態学的な基礎理論について概説する．そして，このことが，動物に適切で栄養的に的確な飼料を給与するために，動物園でいかに取り入れられているのか（図1-12）を紹介する．

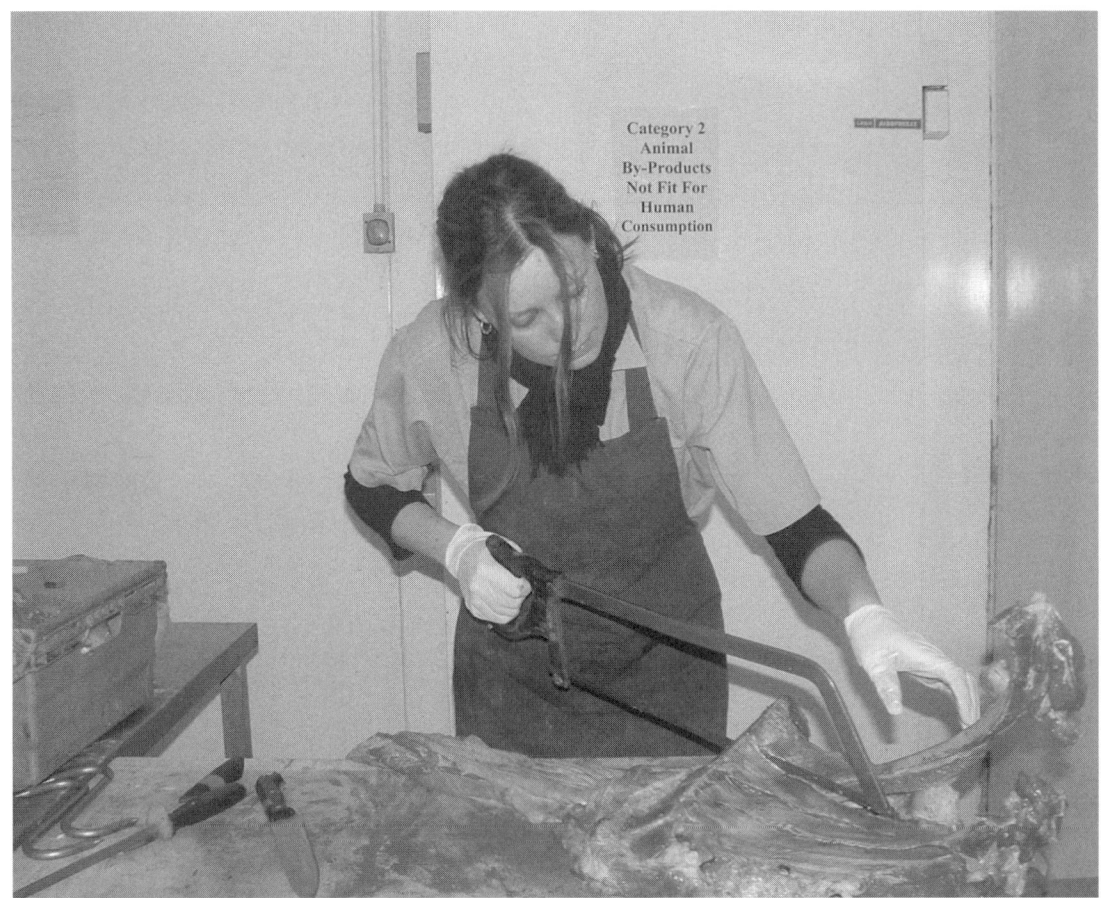

図 1-12 動物園動物に適切な飼料を与えようとする場合に考慮しなければならない唯一の検討事項として，栄養的にバランスの取れた飼料を給与するという点があげられる．（写真：コルチェスター動物園）

1.4.12 人と動物の関係（第 13 章）

動物園は，人と，人以外の動物[7]が非常に強い関係をもって接触する場所である（図 1-13）．しかしここで重要なことは，最近までその実証的な研究がなされてこなかったということである．来園者が何を求めているのか，動物園での経験から何を得ているのかを知ることは重要なことであり，また来園者の存在や行動が動物に何らかの影響を与えているのかどうかについても考えなければならない．飼育係などの動物園スタッフが動物の生活に重要な役割を果たしているのと同時に，動物の行動や福祉に影響を与えている可能性もある．本章では，来園者を教育するという動物園の役割とともに，これらの問題についても考える．

1.4.13 研究（第 14 章）

重要なことは，現代動物園の大きな変革と動物の管理や展示の方法は，科学的な調査研究の確固たる基盤の上に成り立っているということである．1960 年代まで，ほとんどの人は，動物園がその動物園動物のことをよく理解し，その正し

---

[7] 人も動物であることは分かっているが，回りくどい文章になるため，これ以降では"人以外の動物"を"動物"と記載する．

図1-13 動物園での人と動物の交流には様々な形態がある．この写真は，ジェンツーペンギン（*Pygoscelis papua*）が来園者の足をつついているところである．（写真：Sheila Pankhurst）

い飼育方法は経験則によるものであると思っていた．チューリッヒ動物園の園長 Heini Hediger らは，当初，動物の身体的な維持管理に関する基礎データよりも，動物園のその他の側面についての記録を行おうとしていた．しかし彼の著書は，計画的な科学データというよりもむしろ，その多くは個人の観察や経験に基づくものになっている．

今や動物園における科学的な調査研究は，重要な取組みの1つであり，なかでも特に，行動学（図1-14），栄養学，繁殖生物学，集団遺伝学の分野が重視されている．第14章では，動物園での調査研究の現状を分析するとともに，動物園の調査研究に携わろうとする場合に不安になることの多い方法論的な問題点についても考える．

1.4.14 動物園が有意義なものであるために（第15章）

最終章では，動物園の未来を見据え，そして変

図1-14 動物園動物の健康管理や飼育管理をよりよく行うためには，科学的な調査研究が基盤になる．写真は，大学生が卒業研究の一環として行動観察を行っているところである．（写真：Sheila Pankhurst）

図 1-15　動物園が取り組む次の挑戦は，環境への負荷を減らしていくことである．これはリサイクルのような持続可能な運営システムに近づけることによってなし遂げられるだろう．（写真：ペイントン動物園環境公園）

化する現代動物園の役割についてよく考えてみたい．気候変動やそれに関連する持続可能性といった問題はいまや大きな政治的検討課題である（図1-15参照）．動物園は保全組織であるだけでなく，広義には持続可能な組織ということにもなる．持続可能性という方針は，主要な動物園の日常の全ての業務に影響を与えている．本章では，動物園動物を扱う仕事を希望する，もしくはもうすでにその仕事をしている読者のために動物園界の職業に関する情報も提供する．

1.5　ネーミング

　本書の中には動物の種名や動物園名，団体名が多く登場する．それらの名前をあげる度に十分な説明をすると非常に煩雑な文章になるため，できる限りそうならないよう努めた．動物の学名は，どの種に関して述べているのかを正確に記すために重要である．チンパンジーがどんな動物かは誰もが知っているだろう．しかし，青いヤドクガエル（コバルトヤドクガエル，詳細はBox 10.3参照）と書いても皆その動物が分かるだろうか．そこで，各章で最初に言及する種については，それぞれの種の学名をつけ，2回目からは記していない．（種の学名は本書巻末の索引にも掲載している．）

　動物園の名称についても同様である．どこの動物園について述べているのか分かりにくい文章を避け，読者にとって満足のいく情報を提供するよう努めた．動物園名を記載する際，特にルールを決めたわけではないが，少し慎重に記載した．例えば，全ての読者がどこにブルックフィールド動物園があるのかを知っているわけではないが，読者がどこにシカゴがあるのかは知っていると想定し，"米国イリノイ州シカゴのブルックフィールド動物園"とは書かずに，"シカゴのブルックフィールド動物園"と記した．しかし，より明確にする場合には，都市名だけでなく，国名も併記した．

　専門用語を紹介する際も，煩雑になり過ぎないように配慮した．本文中で，重要であると思われた単語は，初出もしくは本文の適切な箇所でそれらの単語を説明あるいは定義するようにした．本

書の巻末には，多くの読者にあまり馴染みのないような，特に動物園界で使われている用語の一部を用語集として掲載した．この用語集は，索引とともに読者の助けになるだろう．

1.6 頭字語について

本書を利用しやすく読みやすくするために，不必要な業界用語は避けるようにした．しかし，動物園界には頭字語が非常に多く存在するため，動物園について述べる際に，それらの使用を避けることが難しい時がある．"EEPs"や"TAGs"をご存知ない人にとっては，まして"ZIMS"や"SPARKS"が何を表す言葉なのかは分からないだろう．そこで，読者に少しでも分かりやすく読んでいただくために，巻頭に略語のリストを掲載した．

第2章　動物園の歴史と理念（哲学）

Zoo（動物園）という言葉は野生動物を収集・飼育し，市民に公開するところを示すものとして世界中で一般的に使われている．200年前にはまだzooという言葉は存在していなかった．1800年より前は野生動物の収集物をメナジェリー（menageries）[1]と呼んでいた．その多くは個人所有の収集物であり，富裕層の娯楽のためであった．リージェントパークの動物園が開園してその言葉が使われ（ロンドン動物園，図2-1），それが広く使われるようになったのは19世紀であった[2]．現代においてzoo（動物園）という言葉は，"サファリパーク"や"ワイルドライフパーク"，"バイオパーク"の出現により，少なくとも世界のある地域では，人気を失っているように思われる．

この章では世界の動物園の歴史を追い，野生動物の飼育に対する市民の態度の変化も併せてみていく（図2-2は古代文明のメナジェリーからバイオパークそして今日の生態系動物園までの変遷を示している）．今日の動物園は多くの来園者を惹きつけるとともに議論や時には批判の対象にもなる．今日の社会では動物園はどんな役割があるのか．動物園が野生動物を飼育することは保全よりも他の理由でそれを受け入れることができるのか．動物園の歴史を概括しながら，この章では野生動物を飼育することに起因する，主に理念や倫理の問題について議論したい．

しかし，最初にお断りするが，動物園の歴史は大変長く，少なくとも4,000年は遡り，その年月を通じて動物園についての膨大な資料がある．ここに論じているものはそのほんの一部である．この章では南米の動物園（アステカによる野生動物飼育の豊かな歴史があり，これはインカにより縮小）やインド，ロシア，東欧の動物園については触れていない．この紙幅のなかでできる最善のことは各章の最後にさらに読んでおくべき参考書を掲げたことである．

この章の主な項目は下記のとおりである．

2.1　動物園とは何か
2.2　古代のメナジェリーと王家
2.3　近代的な動物園への発展
2.4　水族館の歴史
2.5　今日の動物園
2.6　動物園の理念（哲学）と倫理

動物園建築や動物飼育倫理などの特別な話題は本章を通じて，象徴的な動物園動物の個体や特別な時期を映し出す動物園の歴史のなかの話として，Box（コラム）に記してある．この動物のなかにはロンドン動物園でのアフリカゾウの"ジャンボ"や，米国のアトランタ動物園でのニシローランドゴリラの"ウィリーB"をあげている．また，Abraham Dee Bartlett, William ConwayやGerald Durrellのような影響のあった飼育課長や園長についても簡単に触れた．

---

[1] メナジェリーはフランス語のmenageに由来し，家族もしくは一緒に暮らす人々を意味する．この言葉は1500年以降から農場の管理もしくは家畜の一団に対してフランスで使われ，次第に野生動物の収集にも使われるようになった．

[2] Kisling（2001）は，クリフトン動物園（現在のブリストル動物園）を記述した印刷物に最初に使われたと言及している．しかし，この言葉は音楽堂でのロンドン動物園の歌"日曜日は動物園に行こう（Walking in the Zoo on Sunday）"として広まった．

図 2-1 ビクトリア後期のロンドン動物園の爬虫類館の絵は，連なった檻に動物を展示するメナジェリー様式を表している〔John Fletcher Porter（1890）の London Pictorially Described から〕（撮影：Lee Jackson, www.victorianlondon.org）.

2.1 動物園とは何か

この本の第1章では動物園がどのように定義されているか，また，この本の扱う範囲（これは主に認定動物園）について述べた[3]．そこで，本書では Norton らによる「Ethics on the Ark（箱舟の上での論理）」（1995）のなかで使われたものを動物園の定義とする．その動物園もしくは水族館の定義は次のようである．

　　米国動物園水族館協会により承認され，野生動物保全・科学的な研究・社会教育・展示のために，生きている動物の収集物をもっている専門的に管理された動物園

（上記の文章から米国を削除し，動物福祉に十分配慮することを追記したい．）

これとは対照的に，Baratay and Hardouin-Fugier はその著作「A History of Zoological Gardens in the West（西洋の動物園の歴史）」（2002）のなかで"動物と人の間での出合いを無理やり強いる場所"として，辛辣な定義を提唱している．しかし，この定義は農場，研究所，さらにエコツーリズムの場所を指す場合でも使うことができることを指摘したい．

---

[3] 第1章を少しとばした読者のために，認定動物園（accredited zoo）とは，英国・アイルランド動物園水族館協会（BIAZA）のような組織に加入し，野生動物保全・教育・動物福祉・飼育管理において高い水準を保っている動物園である．

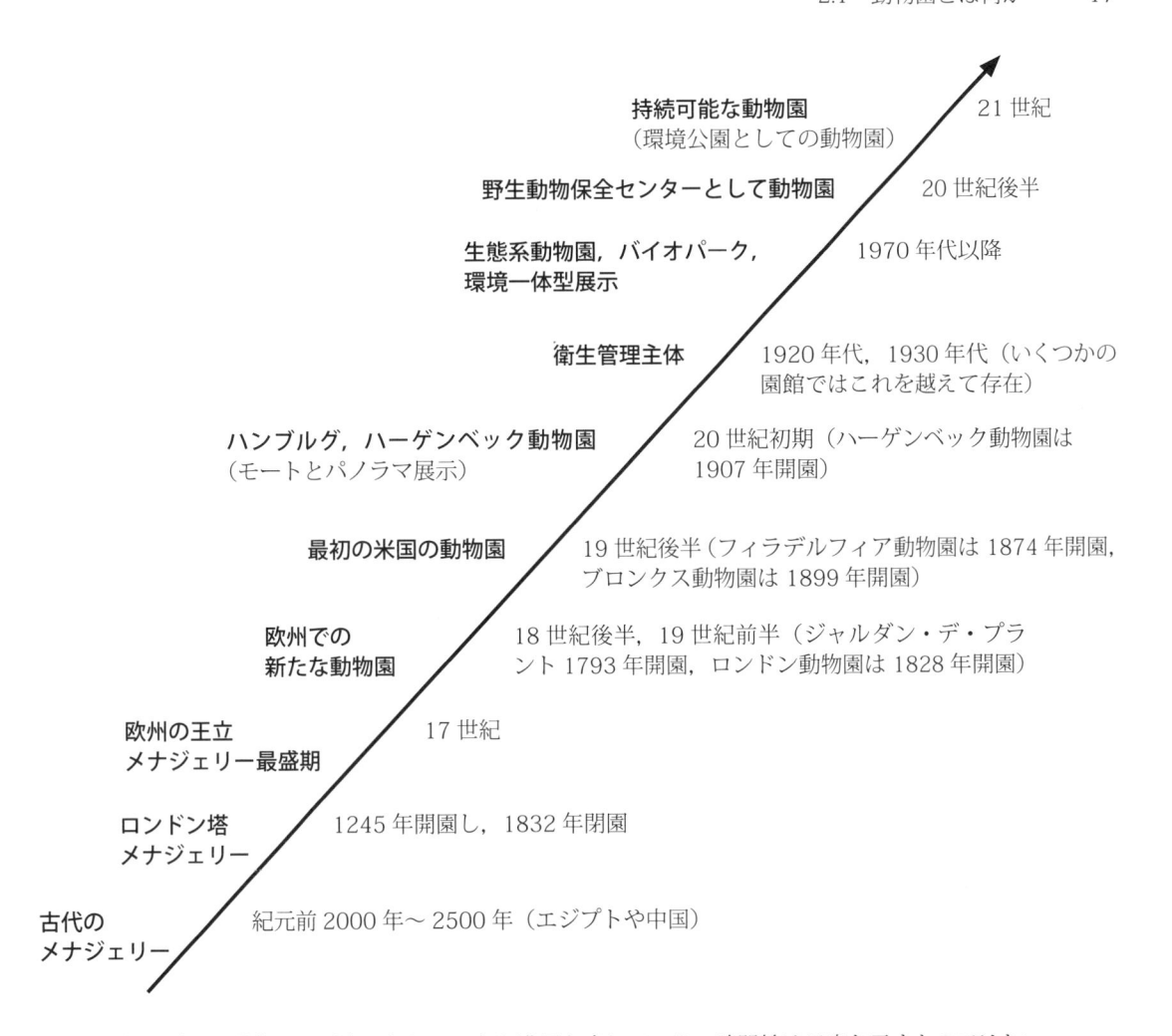

持続可能な動物園（環境公園としての動物園）	21 世紀
野生動物保全センターとして動物園	20 世紀後半
生態系動物園，バイオパーク，環境一体型展示	1970 年代以降
衛生管理主体	1920 年代，1930 年代（いくつかの園館ではこれを越えて存在）
ハンブルグ，ハーゲンベック動物園（モートとパノラマ展示）	20 世紀初期（ハーゲンベック動物園は 1907 年開園）
最初の米国の動物園	19 世紀後半（フィラデルフィア動物園は 1874 年開園，ブロンクス動物園は 1899 年開園）
欧州での新たな動物園	18 世紀後半，19 世紀前半（ジャルダン・デ・プラント 1793 年開園，ロンドン動物園は 1828 年開園）
欧州の王立メナジェリー最盛期	17 世紀
ロンドン塔メナジェリー	1245 年開園し，1832 年閉園
古代のメナジェリー	紀元前 2000 年～ 2500 年（エジプトや中国）

図 2-2　年代ごとに動物園の歴史のなかでの主な進展を表している．時間軸は尺度を示すものではない．

　動物園とは何か，良い動物園はどうあるべきかについては，もちろん大きく異なることである．この本の多くの読者はおそらく Norton et al. (1995) の定義を良い動物園がどうあるべきかの定義として認める傾向にあるだろう．そして，同時に米国，オーストラリア，欧州の多くの動物園がこの定義に当てはまるが，しかし，他の地域の動物園はこれらの水準に満たないことに気づくであろう．

米国動物園水族館協会（AZA）[4]はその会員のために適用すべき詳細な動物園もしくは水族館の定義を次のように用意している．

　形ばかりの収集物よりも，より代表的な飼育下の野生動物を専門的な職員の指示下で適切な飼育を行い，市民に美的に展示し，決められた期間に公開し，所有し，管理する恒久的な文化施設．さらに，展示，野生動物保全，教育的や科学的なやり方で地球上の生態系の

---

[4] 米国動物園水族館協会（AZA）は米国の動物園や水族館の承認機関でメリーランド州ワシントン DC に隣接した地域に本部がある．"A" は American の頭文字を採ったものではない．

保護を本業として進める施設，としても定義される．

この定義には暗に歴史的な役割を認め，動物園の文化的な重要性を許容し，また動物園に審美的な要素がある，あるべき，といった明白な興味深い認識を示すものがある．

2.2 古代のメナジェリーと王家

私たちが今日慣れ親しんでいる動物園の形は比較的最近の現象ではあるが，メナジェリーで野生動物を飼育することは長い歴史があり，少なくとも4,000年の古代から野生動物の収集物があったことは明白である．

2.2.1 古代のメナジェリー，エジプト，メソポタミア，ギリシャ，中国

エジプト

古代エジプトで野生動物を飼育する最初の記録は紀元前2500年前に遡る．メンフィス近くのサッカラ墳墓での絵や象形文字はエジプトでたくさんの種類のアンテロープが飼育されていただけでなく，ヒヒ[5]，ハイエナ，チーター，ツル，コウノトリやハヤブサも同様に飼育されていたことを示している（Lauer 1976）．古代エジプトそのほかの記録から，タットモーセ三世はエジプトのルクソール近くのカルナック寺院の庭園で野生動物を飼育していたことを示している（Strouhal 1992）し，紀元前1298年〜1235年にエジプトを統治したラムセス二世は，キリンや戦いに随行させたライオンを飼育していたことを読み取ることができる．

メソポタミア

チグリス川とユーフラテス川の間の地域（現代のイラクの国境付近）のメソポタミアでは紀元前2000年以前に王家によりライオンが飼育されていた記録がある．その他の野生動物の彫刻物として，アッシリア王家の館の壁にサル，ゾウ，アンテロープ類の彫刻が残されている（Kisling 2001）．最初の生態展示（ecosystem exhibit）は古代のメソポタミアにその例を見ることができる．アッシリアのセナチェリー王（704〜681 BC）（ネブカドネザル王がメディアの妃のために）はバビロンに有名な空中庭園をつくったと言われ，湿地の植物と動物の展示のために人工的な湿地環境を造営したとされる（Dalley 1993）（さらなる資料は2.3.5およびBox 2.6を参照のこと）．

中　国

周王朝期（C. 1000〜2000 BC）には動物を飼育する塀で囲まれた庭園が造営されていた．後の漢王朝（C. 200 BC〜）には私的なメナジェリーがあり，鳥類，クマ，トラなどが飼育されていたとされ，また大きな王朝の庭園の1つには複数のワニ，シカ，ゾウ，サイといった動物が含まれていた（Schafer 1968）とされる．

ギリシャ

古代ギリシャでは見世物のためと同時に学習や啓発のために野生動物が収集され飼育されていた．アリストテレス（384〜322 BC）を例にとると，私的なメナジェリーをもち，紀元前350年に最初の動物辞典，「The History of Animals（動物誌）」を著した．

2.2.2 ローマの闘技メナジェリー

ローマ人は多くの野生動物を飼育した．これは教育や観賞だけでなく，時に大規模な闘技場での虐殺のためであった．今日，ローマを訪れる人々は今でもコロシアムで人や野生動物を収容する大規模な地下施設を見ることができる．大型動物を地下の収容施設から闘技場のある地上に運ぶための高度な巻き上げ機，エレベーターの利用は考古学的な資料そのものである（図2-3）．

---

[5] 種の学名は種の特定が明確な場合にのみこの章では表記した．初期のメナジェリーで動物についての表記は詳細な記述がなく，単に"トラ"とか"ゾウ"とかである．

2.2 古代のメナジェリーと王家　19

図 2-3 写真から，古代ローマで動物を地下の収容施設からコロシアムの闘技場まで上げる昇降機や滑車装置の複雑な仕組みが分かる．（撮影：Geoff Hosey）

　Baratay and Hardouin-Fugier（2004）は，ローマ人が市民の娯楽のために大型野生動物を虐殺することは，軍用の厚皮動物により受けた被害への報復として，戦争中敵側から捕獲したゾウのような動物をその象徴として殺戮することから発展したことを示唆している．どんなものであろうと，コロシアムのような闘技場での大規模な殺戮は計り知れないものであった（Jennison 2005）．例えば，ローマの将校ポンペイは1回に20頭のゾウ，500〜600頭のライオンとその他おびただしい動物が殺戮された1回のショーに資金を提供したと記録されている（Kyle 2001）．ライオン500〜600頭の捕獲および輸送と飼育の手配には驚愕するものがあると同時に，コロシアムに到着するまでに何頭のライオンが犠牲になったかについても問わざるを得ない．

　市民の娯楽のための，人も含めた多大な動物の殺戮[6]により，このローマ時代に多くの野生動物が希少となり，地域的な個体群の消滅をも促した．ローマ人の，人と大型野生動物との闘技への欲求は，ヌビアのカバ，メソポタミアのライオン，現在のイラクのトラ，そして北アフリカのゾウ（現在のアフリカゾウはサハラ以南の動物）をそれぞれ消滅させたと信じられている．

　キケロなど幾人かは殺戮への反対を表明した．彼は，"槍により気高い野生動物を突き殺すことを文化的な人が見て何の楽しみがあるのか"と問いている（Shackleton-Bailey 2004, Letters to Friends' を参照）．

2.2.3 暗黒時代〜17世紀の王立メナジェリー

　暗黒時代や中世（5世紀のローマ帝国の崩壊〜1450年）にはどんな形にしろ，動物園の記録はほとんどない．例外的には野生動物の収集物はバグダット，カイロとイスタンブール（コンスタンチノープル）および中国の元，明王朝の庭園内にあった（Kisling 2001）．Kisling（2001）は西欧でシャルルマーニュ皇帝（AD742〜814）が彼の所領のいくつかで居住区の間に複数のゾウ，ライオン，クマやラクダなどの収集物を飼育していたと記録している．英国では，ヘンリー一世（征服者ウィリアムの息子）は父親がオックスフォードシアのウッドストックで始めたメナジェリー

---

[6] 今日では，市民の娯楽のためにたくさんの人々の生命をいとも簡単に消耗的に犠牲にできるということを想像することができない．このことは，歴史のうえでの異なった時代では，野生動物に対する非常に異なった態度を人々がもつことを浮き彫りにする．

（ここでは複数のライオン，ヒョウ，ヤマネコ，ラクダが集められていた）収集を拡大した．

13世紀，ローマ皇帝のフレデリック二世はこの数百年の間になかった新たな大規模な動物園を開園させた最初の人物であった．これはイタリアのパラモにあり，この収集物には複数のゾウ，1頭のキリン，複数のヒョウ，ラクダ，サルがいた．フレデリック二世は数冊の鳥や鷹狩りについての著作を記し，イタリアの他の3都市に恒久的な動物園を整備した．また，彼は欧州の各地の動物園の歴史にも関わりをもち，好んで他の諸侯，そのなかでも義理の兄弟であった英国のヘンリー三世には特に野生動物を寄贈した．3頭のヒョウがイタリアからヘンリー三世に送られ，この3頭は悪名高いロンドン塔の王立メナジェリーの最初の飼育動物となり，後にヘンリー三世の紋章となった（Keeling 1984）．イタリアではこの時期，多くの法王がバチカンで動物の収集物を保持していた．例えば，レオ十世（1475～1521）は複数のライオン，ヒョウ，熱帯産鳥類やその他の動物，ポルトガルの王から贈られた1頭のゾウを飼育していた．

17世紀の絶頂期ロンドン塔での動物収集物はその時代の典型的なものであった．つまり，野生動物の私的な収集物は主に王と貴族の娯楽のために飼育された．16世紀の後半までほとんどの欧州の王侯貴族は少なくとも1つの私的なメナジェリーを保有していた．これらのメナジェリーは市民には滅多に公開されず，王侯貴族の所有の象徴であり，動物舎はしばしば華美で凝ったものとなった．特筆すべき例外はオランダで，動物園は学びの場所として建てられ，入場料を取って一般市民に公開された．

欧州のこの時代の動物園は主に私的な王立収集物として存在し，18世紀まで200年以上これが続いた．王立動物園のなかで最も粋なものの1つはベルサイユにあったルイ十三世のもので，形式にのっとった左右対称の基本設計のもと，彫刻や装飾が施されたものであった．ベルサイユメナジェリーの多くの動物は不幸にもフランス革命の初期に労働階級に殺戮された．生き残ったわずかな動物は後に次の章に出てくるジャルダン・デ・プラントに移送された．

同時期に限られた貴族にだけ利用されたベルサイユの庭園と著しい対比を見せるのは，一般の市民が野生動物を見ることができた，町から町に移動する巡回サーカス展示であった．16世紀～18世紀にかけ，複数のゾウ，トラ，クマを含む野生動物を荷車に載せ欧州の町から村へ巡回した多くの記録がある（Baratay and Hardouin-Fugier 2004）．

2.3　近代的な動物園への発展

欧州では18世紀に入ってからも，動物園は飼育されている動物とその管理においてはあまり変化がなかったが，利用者においては変化があった．18世紀～19世紀にかけ次第に動物園は私用で富や力を誇示する王家のためのメナジェリーから公の場になっていった．この変化は，様々な欧州王家の統治の拡大が世界の遠隔地への旅行や探検からさらに野生動物を持ち帰らせることになり，市民に自然史への広範な興味をわかせた．19世紀までに近代的な動物園が誕生し，パリのジャルダン・デ・プラントとロンドンのリージェントパークがこの世界のリーダーとしての位置を張り合った．

2.3.1　18世紀と19世紀の欧州における新たな動物園

19世紀は探検と自然史の黄金時代と多くの人に評価されている．探検（特にチャールズ・ダーウィンのビーグル号）からの持ち帰った標本などは自然史博物館，動物園，植物園の急速な規模拡大とその重要性の認識をもたらした．

ジャルダン・デ・プラント，パリ

パリのジャルダン・デュ・ロイに新しく市民に公開されるメナジェリーが1793年に誕生した（フランス革命の間にジャルダン・デ・プラントと改名）．動物学分野[7]の新たな2つのポジショ

図 2-4 19世紀中期にジャルダン・デ・プラントで飼育されていた（a）チンパンジーと（b）インドサイの絵画はその時のパリでの飼育方法をよく示し，図 2-1 で見られるロンドンでの様子とそれほど違わない．

ンが与えられ，自然史博物館の一部門として運営された．パリ自然史博物館の研究者や管理者はこのメナジェリーの設立に関わらず，結局新たなメナジェリーの名前はジャルダン・デ・プラントとなった経緯があった．警察がパリの周辺に居住する旅行者から野生動物を押収し，博物館に搬送し，その所有権も博物館になった（図 2-4）．ジャルダン・デ・プラントの最初の園長は Étienne Geoffroy Saint-Hilaire で，その同僚で自然史博物館の教授が高名な Georges Cuvier で，植物と動物の詳細画で有名であった（Kisling 2001）．

しかし，1804 年以降，新たなメナジェリーで実際に日々の動物の管理の責任を与えられたのは Georges Cuvier の弟の Frédéric Cuvier（図 2-5）であった．1838 年まで 30 年以上に亘った彼の仕事である，市民に公開された国立動物園の学芸員もしくは科学についての管理監督者は，今までになかった職の 1 つであった（Burkhardt, 2001）．そこで，Frédéric Cuvier は世界中からジャルダン・デ・プラントに到着した野生動物の飼育管理の仕方を短期間の間に学ぶ必要があった．このことについて彼が書いた動物園のガイドブックには次のように書かれている．"何の記載もなく，ほとんど見たこともなく，何もかもやらなければならなかった．"

Frédéric Cuvier のもともとの専門は化学であり，実験室が化学者のためにあるように，メナジェリーは動物学のためにあるべきだという信条

---

[7] パリの自然史博物館における動物学分野の新しい職の 1 つは "昆虫と虫の職" という魅力的な名称であり，現在では，進化の対立理論の提唱者としてよく知られている Jean-Baptiste Lamarck が就いた．

図 2-5 Frédéric Cuvier はおそらく最初の国立動物園の学芸員で，19世紀の始めまで30年以上もこの職にあった．この間，彼はジャルダン・デ・プラントが科学的研究の中心になるようにした（Cassell, Popular Natural History からの絵画）．

は，メナジェリーは生きた動物を科学的に研究する場所であり，死亡動物は隣接の博物館で調査研究するといったように，ジャルダン・デ・プラントの急速な設立を良い方向に導くのに役立った（Burkhardt, 2001）．また彼は動物行動学の初期の開拓者でもあり，現在，動物福祉やエンリッチメントと呼んでいるものに強い興味を示していた．例えば彼が書いたアライグマの飼育を次に引用する．

　　十分に自由であるといえるのか，多様な環境が十分に用意されているのか，ある方法でその能力を発揮させることができるのかといった色々な状況下でアライグマを観察する必要がある．　　　　　　　（Burkhardt, 2001）

シェーンブルン動物園（ウィーン動物園）

18世紀に開園した，もう1つの注目に値する欧州の動物園は，フランツ・ステファン皇帝により1752年[8]に設立されたウィーンのシェーンブルン動物園で，現在も欧州で最も古い動物園として運営されている（図 2-6）．シェーンブルン動物園での野生動物の収集は18世紀以前の記録もしっかりしているが，これらは貴族王侯のメナジェリーであったことから私的なものであった．一方，ウィーン動物園は最初から市民に公開され，そのシェーンブルン動物園への入場料は創立から1918年まで無料であった．

ウィーン動物園は，当時の巡回メナジェリーからの野生動物の入手や，ジョセフ二世のアフリカや米国への探検で捕獲された野生動物による動物収集を徐々に行った．最初のゾウは1770年に到着．この展示がウィーンでの長く続くゾウの飼育の始まりであった．1906年，欧州における飼育下でのゾウの繁殖に初めて成功し，2001年に人工授精によるゾウ，アブの出産をみた．1924年に科学者であるオットー・アントニウスを園長に迎え，2002年には250周年を祝い，その年，革新的で新しい熱帯雨林展示施設がオープンした．

リージェントパーク，ロンドン

今日，リージェントパークにあるロンドン動物園はシンガポール港を開港したスタンフォード・ラッフルズの発案による．学問的な活動のためのセンターとしてのパリのジャルダン・デ・プラントの良い噂が広がることに刺激を受けて，ラッフルズはロンドンに新たな学術的な協会と動物園を設立するための趣意書をつくった．1826年5月に最初のロンドン動物学協会の評議委員会が開催された．動物園の開園はちょうど2年後の1928年であった．

動物園は市民の間で即座に評判となり（図 1-2 参照），訪問するべき流行の場所となった（Hancocks 2001）．音楽堂のグレート・バンスというアーティストによる"日曜日は動物園に行こう"の歌はヒットし，"zoo"という言葉は次

---

[8] 他の資料では1751年．

図 2-6 動物園の来園者が傍に立つケージは，ウィーン動物園の古い動物舎の1つである．以前このケージで飼育されていたチーター（*Acinonyx jubatus*）は今日では，屋外の大飼育施設に移され，現在，動物園はこのケージを来園者のために残している（写真：ウィーン動物園）．

第に市民に浸透した（Bostock 1993）．残念なことにラッフルズは彼の構想が実現することを見届けることができなかった．彼は脳卒中で1826年7月に45歳の誕生日に亡くなってしまった（Barrington-Johnson 2005）．

19世紀後半にはロンドン動物園はたくさんの新たな展示をつくり上げた（図2-8）．このなかには1849年に世界で初めての爬虫類館を，1853年には市民に公開する初めての水族館を，そして，1881年には最初の昆虫館の整備も含まれている（Hancocks 2001）．最初のこども動物園は1938年に公開された．さらにこの間の野生動物の飼育や繁殖の成功は目覚ましいものがあった[9]．1860年～1880年の記録は動物園で繁殖した種として，キリン，ブチハイエナ（*Crocuta crocuta*），ミズマメジカ（*Hyemoschus aquaticus*），オオスキンクの1種，ジャノメドリ（*Eurypyga helias*）などを記載している（Kisling 2001）．

この間，ロンドン動物園は世界のリーダーであり，世界中で多くの先例の模倣が生まれた．1907年にハンブルグのカール・ハーゲンベック動物園が開園するまでの間，ロンドン動物園は動物園整備の模範として，大きな前進をしてきた．

ロンドン動物園の影響は次の2つのカギとなる要因による．

---

[9] 英国産の飼育動物における動物園での繁殖は，最近なし得た成果ではない．ロンドン動物園は爬虫類館のオープンのすぐ後，1850年代に，ヨーロッパクサリヘビ（*Vipera berus*），ヨーロッパヤマカガシ（*Natrix natrix*），ヨーロッパナメラ（*Coronella austriaca*）の繁殖を成功させていた．

Box 2.1　ゾウのジャンボ

　David Hancocks は彼の著作「A Different Nature: The Paradoxical World of Zoos and their Uncertain Future（異質な自然：動物園の矛盾した世界とその不確かな未来）」(2001) の第1章にロンドン動物園で飼育されていた最初のゾウについて書いている．ジャンボと名付けられた若いアフリカゾウであった．エチオピアで捕獲され，動物業者を経由して1865年にロンドン動物園に来園した．日々の飼料は乾草やオオムギ，パン，ビスケット，ケーキであったと記録されており，大きな体躯に成長した（Preston 1983）．市民は少額の料金でジャンボに乗ることができ，ジャンボは人気者となり，来園者から愛されるゾウとなった．

　しかし，17年の飼育後，ジャンボは定期的に攻撃的な行動を見せ始め，扱いが難しくなった．1882年に動物園は Phineas T. Barnum（米国のバーナム・バイリーサーカス）から大金による譲渡の申し出を受け，ロンドン動物学協会の評議委員会は動物園がもはや制御できない動物を追いやる機会を得たことに安堵したのであった．ジャンボが売却される，それもこともあろうに米国のサーカスに売られるとのニュースは市民の激しい抗議運動を引き起こした（Barrington-Johnson 2005，図2-7参照），しかし，評議会はその契約を守り，ジャンボは米国に輸送された．この巨大なゾウは3年間バーナム・バイリーサーカスのスターであったが，貨物列車の事故で突然死したのであった．

　ジャンボの早すぎる死の以前にも，その名前は商品の大きさを象徴するものとなり，タバコからピーナッツバターの壜にいたるまでグランドサイズの商品を示すものとして一般的に使われた．ジャンボジェットで旅行する今日の旅行者は，よく親しんでいる航空機の名前が動物園のゾウの名前に由来するとはおそらく思いもよらないであろう．David Hancocks はこのこと

図 2-7　ジャンボがロンドン動物園により米国のバーナム・バイリーサーカスへ売却された時，その結果として生じた市民からの激しい抗議はこのような新聞の風刺画としても表現された．（図は www.historypicks.com）

を次のように指摘している（2001）．"私たちの言語のなかにこんなにも深く食い込んでいる動物の名前は他にはない．" Hancocks が思い起こすジャンボの話は，ジャンボは子どもの時に捕獲された動物であり，動物業者に渡り，動物園に到着し，不適切な飼料を与えられ，不自然な環境で見世物になり，来園者を背中に乗せ，ついには早死にしてしまった動物であると．Hancocks はジャンボの生活の記録を次のように締めくくっている．"ジャンボの展示は人々の最善と最悪の両方を浮き彫りにした．他の多くの動物園動物や動物園そのものと同じように，ジャンボは全ての好奇心，多くの虚栄心，幾人かの金銭欲を満足させた．"

　ジャンボの話には追記がある．ジャンボの骨格標本は最終的にニューヨークの米国自然史博物館に収容された．ジャンボの行動が予測不

Box 2.1　つづき

能で危険極まりなくなってから1世紀以上後になって，博物館の哺乳類学芸部長のRichard Van Gelderはジャンボの臼歯が通常萌出する位置よりも内側に成長していたことに気がついた（Van Gelder 1991）．この異常な歯の発達は疑いもなく，少なくともその1つの原因として，ジャンボが不適切で低栄養な飼料で飼育されたことにあるように考えられた．歯茎に埋没した臼歯からと思われる痛みがジャンボの攻撃的な行動や一貫性のない行動を引き起こした可能性が高いのである．

図 2-8　1896年におけるロンドン動物園のライオン舎の様子．この建物は大きさ234×50フィート（70×15m）で，暖房と換気装置があった．この動物舎はこの時代では大規模で，来園者は動物との間を広く隔てる人止柵越しに動物を見た．ビクトリア期の動物展示として進歩的なデザインとして見られた（撮影：Lee Jackson, www.victorianlondon.org）．

- 1つは科学原理に基づいた開園（これらは日々更新している）．
- 2つ目は形式張らない自然な景観を使って市民に公開された大規模公園のなかにつくられたこと．

ロンドン動物園を後援するロンドン動物学協会（ZSL）の事業概要のなかで，協会は世界のあらゆる場所から動物を単なる関心としてではなく，

科学的な研究の対象として収集するとしていた（Olney 1980）．ロンドン動物学協会のもう1つの目的は動物学と動物生理学の振興であった．当初，リージェントパークの動物園は1つの属の代表的な種に基づいた収集物で分類学展示を展開した．

2.3.2 Hagenbeckとハンブルグ動物園

ジャルダン・デ・プラントやロンドン動物園の後，動物園デザインの次の大きなステップは科学者や建築家によるものではなく，ドイツ人の動物業者，調教者でもあったCarl Hagenbeckによるものであった．Carl Hagenbeckは現在，自然な動物飼育施設のデザインで最もよく知られているが，その当時，彼は有能な動物収集家であり，動物業者として知られ，バーナム・バイリーサーカスも彼のたくさんいた顧客の1人であった（Rothfels 2002）．

Hagenbeckの構想は，自然な展示のイメージを基にした檻のない動物園であった（図2-9）．彼は，本物の地質学的形成を基にコンクリートとセメントの擬岩とモートで恒久的な動物公園を開発した．スイス人の彫刻家であるUrs Eggenschwylerと共同して，数々のパノラマと呼ばれる巡回展示を始めた（Hancocks 2001）．この動物公園はハンブルグ近くのステリンゲンに，1907年に開園し，開園直後からドイツの人々に支持され大成功であった．アフリカの動物が展示されている人工的な山の景観や北極の動物の極地パノラマを見ようと，来園者が殺到した（Rothfels 2002）．

Hagenbeckのパノラマはアフリカのサバンナ

図2-9 この古い写真はCarl Hagenbeckによりデザインされたハンブルグ動物園のパノラマ展示の1つ．Hagenbeckは動物と来園者とを隔てる手段として，ケージや鉄棒よりもモートを使った先駆者だった（写真：Archive Hagenbeck, ハンブルグ）．

Box 2.2 最後のリョコウバト

シンシナティ動物園は最後のリョコウバト（*Ectopistes migratorius*）の飼育で有名であった．この種は広く米国東部，カナダに広く分布したが，20世紀初頭までに絶滅した（図2-10）．リョコウバトの絶滅は10億羽にも達した．この鳥の歴史的な群れの大きさからみて，なおさら劇的である．Schorger（1973）はナチュラリストのJohn James Audubon（1785年〜1851年）の時代には米国の鳥の4羽のうちの1羽はリョコウバトであったと推定した．初期の入植者はこの鳥が頭上を通過するのに数時間がかかったと言い，またこの鳥の多さにより，空が暗くなったと話した（Kisling 2001）．

リョコウバトの初期の繁殖成功にも関わらず，シンシナティ動物園の個体群は1881年の20羽から1907年の3羽へと次第に少なくなっていった．最後のリョコウバトはマーサと呼ばれた雌で1914年に死亡した．これをもってこの種は絶滅した（Schorger 1973）．マーサの死体はワシントンのスミソニアン研究所に寄贈され，シンシナティ動物園は絶滅の恐れのある全ての種に対する記念碑としてマーサの鳥舎を保存している．

図2-10 この古い絵画はリョコウバト（一緒にいる後方のハトはカロライナキジバト）を表したものである．この絵が描かれている間にリョコウバトは絶滅した（絵：www.historypicks.com）．

や北極のような世界の地域の動物相を展示することで，分類学的な展示から決別する発端となった．しかし，HagenbeckとEggenschwylerの偉大な功績はおそらく，動物と来園者を隔てるのに柵や鉄棒に変わってモートや溝を使ったことにある．彼らの試みが，20世紀初頭から他の動物園に鉄棒を超えた動物園づくりの取っ掛かりを与えた．動物業者としてばかりでなく，動物取扱者，調教師として成功したHagenbeckは，モートをつくる前に，ライオンやトラが最大どれくらい跳躍できるかの値を注意深く見極めた．彼は後に，彼の動物園の動物について，次のように記載した．

　私は動物を狭く幽閉し，鉄棒の間から見るような状況で飼育・展示することを望んでいないし，できる限り最大の範囲で，ある場所から別の場所に動ける自由があるように展示したい． （Hagenbeck 1909）

2.3.3 最初の米国の動物園

欧州での発展が進む頃，米国では19世紀後半に最初の動物園がつくられた．教育と娯楽の使命をもったフィラデルフィア動物園が1874年に，

(a)

図 2-11 米国の動物園の初期の写真．(a) 1899 年，スミソニアン国立動物園でクマに餌を与える児童．(b) 19 世紀，ニューヨークのセントラル・パークのハイエナ（"笑うハイエナ"として公開）．〔写真：(a) スミソニアン国立動物園，(b) www.historypicks.com〕

また，シンシナティ動物園（Box 2.2 にはこの動物園で起きた，種の絶滅の話がある）が 1875 年に開園し，その他の市もこれに続いた．ブロンクス動物園[10] としてよく知られるニューヨーク動物学公園は 1899 年に開園した．

米国での動物園の歴史は欧州から遅れること 1 世紀以上である．米国には 19 世紀以前からサーカスがあり，巡回メナジェリーや野生動物の個人的なコレクションが存在したが，欧州にあった典型的な富と力をもった王家に連なるメナジェリーはなかった．北米の新しい動物園（図 2-11）は欧州の新たなメジャーな園館とは違って市民の施設であり，博物館や大学との連携は発展しなかった（Hanson 2002）．

米国の初期の動物公園は Hagenbeck の潮流に素早く乗り，自然を取り入れ，モートをめぐらした飼育場を整備した．これらの動物園はデンバー，セントルイス，シンシナティであった（Kisling 2001）．

---

[10] ブロンクス動物園の母体は野生生物保全協会（WCS）．

(b)

図 2-11 （つづき）

2.3.4 消毒の時代

1920 年代と 1930 年代にはいくつかの動物園で Hagenbeck に触発された自然的な展示に対して，近代的な展示で，しばしば必要最低限の飼育舎への抑圧的な動きが始まった．衛生観念のもと，動物舎は飼育される動物の要求よりも掃除のしやすさのための設計が主にされるようになった（Hancocks 2001)[11]．コンクリートの床でタイルの壁の無菌動物舎の傾向は 1960 年代や 1970 年代になっても持続していた．残念ながらこのタイプの動物舎は未だに多くの欧州の動物園に見られる（図 2-12 参照）．動物園デザインや管理ではこの期間を，時に消毒の時代もしくは衛生の時代と呼ぶ (Hancocks 2001)．Hancocks (2001) が指摘したように，最低必要条件として動物舎の多くに使われているタイルの壁，コンクリート床，板ガラスの観覧窓や鉄のドアは，衛生面だけでな

---

[11] Heini Hediger と William Conway は建築家を動物園のなかで最も危険な動物と呼んだ．

図 2-12 このタイル張りの室内飼育施設は，清掃をしやすくするために動物舎の衛生を優先してつくられた好例である．幼少期の動物の飼育管理には予防衛生と病気のリスクを排除することが，動物の健康と繁殖に繋がると考えられた．

Box 2.3　ウィリー B，ローランドゴリラの話

"1988 年 5 月の雨の日，ウィリー B と名付けられたローランドゴリラが 27 年目にして初めて屋外飼育施設への 1 歩を踏み出した."　Elizabeth Hanson (2002) は，ジョージア州アトランタ動物園により 1961 年に購入され，アフリカの野生から捕獲されたニシローランドゴリラ (*Gorilla gorilla gorilla*) の雄についての示唆に満ちた記事で，米国の動物園の歴史についての本の書き出しとした．ウィリー B はコンクリート床の室内飼育施設に収容された．それ以来，写真はこのゴリラが檻とタイルの壁のなかで，太りすぎている様子を示している（図 2-13a）．

27 年後の 1988 年，新たな自然を取り入れたゴリラ展示施設が整備され，動物園はアトランタ動物園に名前を変えた．ウィリー B は動物園に来てから初めて，屋外の木に囲まれた草の上に 1 歩を踏み出した（図 2-13b）．ウィリー B はその後 12 年間，動物園で他のゴリラとの群れづくりのなかに入り，父親となった．5 頭の子が成育し，その第 2 番目の雌は 1996 年に生まれ，アトランタオリンピックにちな

Box 2.3 つづき

(a) (b)

図 2-13 ウィリー B はジョージア州のアトランタ動物園で最もよく知られ，愛されたローランドゴリラ（*Gorilla gorilla* sp.）であった．2 枚の写真は，(a) タイル張りの室内飼育施設に 1 頭で収容されているもの，(b) 新たな自然な屋外飼育施設に移された後のもの．他のゴリラも段階的に新たな屋外飼育施設に収容され，ウィリー B は 5 頭の父親となった（写真：アトランタ動物園提供）．

み，オリンピアと名付けられた．彼は 2000 年に 41 歳で死亡し，動物園での追悼式には 7,000 人以上の市民が参加した．現在，ゴリラ飼育施設近くの特設庭園にウィリー B の大きな彫刻があり，園内で来園者を迎えている．Hanson は次のように言及している．"彼の生涯は衛生的な動物舎で覗き見された対象からゴリラとして行動する成熟したシルバーバックまでの旅であった．"

ウィリー B の話は，清掃のしやすいタイルの壁やコンクリートの床の無菌的な動物舎で衛生を前面に出した時代と，自然な生息地にいるような自然に配慮した新しいバイオパーク動物園の両方を内包している．Hanson は，ウィリー B が生存している間ずっと，米国や欧州などの動物園は飼育下の繁殖計画を支える個体の導入を野生から行ってきた，と指摘している．来園者はもはや鉄棒の後ろの動物を見たいとは思わないし，代わりに動物園はゴリラのような種の保全をさらに進める役割を果たし始めた．

く，"音の響く動物舎に耐え難いレベルで反響する" 鉄の扉が出す音によるストレスにも影響を及ぼしている．

ロシア生まれの建築家である Berthold Lubetkin（テクトングループの主要パートナー）は，1930 年代に多くの動物園が採用した，衛生面での，最低必要条件デザインの行きすぎの責めの一端を負わなければならない．この期間は形が機能の前に位置し，動物にとって必要なことが，建築の要求の前に，非常に粗末な 2 番目の位置を余儀なくされた．

ロンドン動物園の Lubetkin のペンギンプール

は，この時代の動物舎としておそらく最もよく知られている．このプールの完成は1934年で，オランダの建築技術者 Ove Arup や他の建築家の支援を得，1級の建築物として記載されている（Box 2-4，動物園の建築物についての情報）．しかし，この建築物はペンギンにとって決して良い動物舎ではなく，2004年により自然なプールの完成を待ってペンギンは移動し，そこでの繁殖は順調と報告されている（ロンドン動物学協会 2005）．

しかし，衛生時代の最悪の動物舎に対する市民の反応は，自然な景観のなかで動物の生態に添った動物を見るという現代の動物園の出現への脱皮を促進させたのかもしれないと指摘する価値はあろう．

2.3.5 生態系展示，バイオパーク，野生動物公園の出現

変化への弾み

1950年代〜1970年代，多くの欧州と米国の動物園は沈滞し，場合によっては退行していた．1960年代に環境保護運動が，1970年代には動物の権利運動が始まり，貧弱な動物園への市民の関心が高まり，かつ，動物園はもはや存在すべきでないとさえ言われた（Donahue and Trump 2006，「2.6.2 動物園反対キャンペーン」参照）．野生動物のテレビ番組の拡大は，無菌的で，デザインの悪い動物舎にいる動物と，自然的な展示のなかを自由に行動する同じ種の違いを否応でも見せ付けた．この同じ時期，人々は余暇の時間の過ごし方についてのいろいろな選択ができるようになった（Kisling 2001）．動物園は生き残りをかけ，

Box 2.4 動物園の建築物と重要文化財建築物

特に歴史のある中心的な都市の動物園は，古くて不適当な施設内で動物を無理して飼育管理しなければならない．もし，この施設に法的な保全措置がなされているならば，特別な許可なしに取壊しも実質的な改修もできないという困難な事態となる．例えば，英国では重要文化財建築物は建築学上の特別な，もしくは歴史的な観点から，重要な建物を含む．重要文化財建築物は建築学や歴史的な重要性からランクづけ（ⅠとⅡは最重要度に分類）され，付加的な計画の制限や保護の対象となる．重要文化財建築物の認定はその文化財の全体や一部の取り壊しができないばかりでなく，その特徴に影響を与える内側においても外観においてもその改修はできない．

ロンドン動物園はこの初期のコンクリート構造物が建築学的な特別な遺産ということから，特別な課題を背負い込んでいる．Lubetkinの有名なペンギンプールと同様に，ロンドン動物園には11か所の重要文化財があり，建物の基礎構造部分の最小限の改修にも特別な許可が要求される．これには1960年代に建てられた Hugh Casson のゾウ舎や1932年の Lubetkin が建築したラウンドハウスと呼ばれるゴリラ舎が含まれる（Barrington-Johnson 2005）．（ロンドン動物園建築遺産の詳細はロンドン動物学協会建築物にリンクしている www.zsl.org/info/about-us を参照）

ロンドン動物園の重要文化財建築物への制約は，本来動物のために整備された建物が現代の動物福祉や管理の基準に不適となり，それを満たす新たな施設に動物を移動することになる〔ゾウはダンスタブル近くのホイップスネード野生動物公園に移動し，ゴリラはロンドン動物園に新たに5.3百万ポンドをかけて2007年に建設されたゴリラの王国展示(Gorilla

Box 2.4 つづき

Kingdom Exhibit) での継続飼育となった］. 取り壊しや実質的な改修さえできない建物が動物園に残されるということは動物園が望む動物の飼育展示には不向きな施設が残存することとなる.

　ブリストル動物園でも同じ問題があり, キリン舎, 正門の建物, 南門がⅡ級重要文化財建築物に指定され, ウェストミッドランド州のダッドレイ動物園では 12 以上の Lubetkin と Tecton の建築物があり（図 2-14）, いずれもⅡ級重要文化財建築物に指定されている.

図 2-14　この初期のコンクリート構造は Berthold Lubetkin のテクトングループにより設計され, ダッドレイ動物園で長年ホッキョクグマの飼育に使用された（1960 年に撮影）. つい最近になって, この施設は動物の要求を満たすことができないものとされた. しかし多くのこのような施設が今もⅡ重要文化財建築物であるため, 取り壊しができないでいる（撮影：Geoff Hosey）.

テーマパークやアミューズメントパークからより身近なスポーツ施設までの広範なレクリエーション施設との競合に勝ち残らなければならなかった.

　動物園批判と来園者の減少に直面し, 20 世紀の後半には, 動物園は不確かな将来に立ち向かうことや, 閉園の可能性を探るなどの自己改革をする必要があった. 実際にいくつかの動物園は閉鎖となったし, 改革に立ち向かった動物園もあり, そこでは急激なプロセスをとり, かつ痛みを伴い, 生態系動物園, 野生動物公園, バイオパークへの転進を図った（Box 2.5, ニューヨー

Box 2.5 先駆的な園長やキューレーター（飼育展示課長）

ビクトリア期の最もよく知られたロンドン動物園長の1人はAbraham Bartlettで，1859年に最高責任者として指名された（同年，ダーウィンが種の起源を出版）．彼には年200ポンドというかなりの年収が支払われた（Blunt 1976）．彼は1897年に没するまで38年間勤めた（Vevers 1976）．この間，彼は世界中から送られてくる，今までに飼育管理の経験のない種の管理責任を果たし，適正な飼料や施設を開発しなければならなかった．

Bartlettは能力があり，優秀な園長であり（Barrington-Johnson 2005），この間多くの野生動物の飼育下における最初の繁殖をなし遂げた．また，広範で詳細な動物管理の記録を残し，死後に出版される2冊〔「Life Among Wild Beasts in the Zoo（動物園の野生動物の一生）」（1890），「Wild Animals in Captivity（飼育下の野生動物）」（1898）〕の基になった．

およそ1世紀後，セントルイス動物園の学芸員，William Conwayは1956年にブロンクス動物園の鳥類部長補として異動してきた（Hancocks 2001）．1962年にブロンクス動物園の園長に就任し，1966年にはニューヨーク動物学協会，後に1993年に野生生物保全協会（WCS）の統括園長となった．最終的に野生生物保全協会の会長に就任し，1999年退職した（図2-15）．

その他の先駆者のジャージー動物園のGerald Durrellとシカゴ，ブルックフィールド動物園のGeorge Rabbとともに，Conwayは動物園の中心的な役割を保全に置く活動の旗手であった．Conwayはブロンクス動物園を動物園が何を行うことができ，何をすべきか，何を進めるべきかを"暗闇の世界"，"世界の鳥"のような革新的で自然な展示を通して，実践的に示し，ブロンクス動物園を世界的にする責任を負った．しかし，Conwayの最大の貢献は現代の動物園の標準を設定したことであり，それはマダガスカルでの淡水魚保全プログラムからアフリカでの絶滅の恐れのある霊長類の個体群のモニタリングに及ぶ生息地の保全プロジェクトに動物園が重要な関与をすることであった．彼が退職した1999年までに野生生物保全協会は350以上の保全プログラムを52か国で推進していた．米国動物園水族館協会はこの年を記念して，Conwayの野生動物保全，特に動物園が生息域内における保全プロジェクトをどのように支援することができるかについての莫大な貢献を正当に評価し，保全科学のためのウィリアム・コンウェイ・チェアー（William Conway Chair）を創設した．

大西洋の対岸で20世紀に最も影響のあった動物園長の1人はチャネル諸島のジャージー

図2-15　William（Bill）Conway，元ニューヨーク動物学協会長および野生生物保全協会総裁．（写真：AZA）

Box 2.5 つづき

動物園の創始者である Gerald Durrell であった．「私の家族とその他の動物（My Family and Other Animals）」のようなベストセラー作家としてもよく知られ，ジャージー島の Les Augres Manor に世界的に有名な動物園を 1959 年に開園した．Conway と同様に Durrell は重要な視点として，保全と絶滅の恐れのある動物の飼育下での繁殖を捉えた．1963 年に彼は動物園を，新たな公益組織のジャージー野生生物保全トラストに合体させた．1970 年代には保全を担う若者の研修施設，国際訓練学校（International Training School）を創設した．今では 1,500 名を超える生徒がジャージー動物園での訓練や経験の恩恵に授かっている．

1995 年の Durrell の死でトラストはダレル野生生物保全トラストと改称し，未亡人である Lee により彼の仕事は継続されている．トラストの活動は特に島嶼固有*の多種多様な絶滅危惧種の保全も含み，モーリシャス島のユビナガガエル属の 1 種（Leptodactylus fallax）やアンティルイグアナ（Iguana delkicatissima）などの島嶼固有生物をはじめ幅広い野生生物の保全活動を展開している．

最後に Desmond Morris についても触れておかなければならない．彼はオックスフォード大学の Niko Tinbergen のもとで大学院生として研究に従事し，1959 年にロンドン動物園の哺乳類部長に指名された．彼は園長にはならなかったが（作家や放送の分野へ転身），ズータイムのようなテレビ番組や動物の行動についてのドキュメンタリーのプレゼンターとして動物園と動物の行動への市民の意識と正しい認識の増進に寄与した．

*島嶼固有生物は島や諸島に限定して分布する固有な種．例えば，アイアイ（Daubentonia madagascariensis）やキツネザルの仲間はマダガスカルの固有種で，世界のほかには分布していない．

クのブロンクス動物園の William Conway 園長やジャージー動物園の Gerald Durrell 園長のようなパイオニアとして動物園の基本方針に野生動物の保全をトップに掲げ前進を図った例を参照）．成功度合いにより変わるが，その過程で"zoo（動物園）"の名前を外したり，消したりした．例えば，ブロンクス動物園は 1990 年代のしばらくの間 "International Wildlife Conservation Park（国際野生生物保全公園）" としたが，今ではその苦心から抜け出し，広く親しまれた名前に戻した．

環境一体型展示（ランドスケープイマージョン）[12]

1970 年代，米国，シアトルのウッドランドパーク動物園は建築家の Jones と Jones を動物園の革新的な整備計画を策定するために雇用した．来園者と動物を同じ生息地のなかに引き入れようとする最初の試みで，環境一体型展示がここに出現した（Hancocks 2001）．動物園の来園者は，本物に似せた砂漠，サバンナ，熱帯雨林を見ながら公園を周回し，あたかも動物と熱帯雨林の植物（もしくは熱帯雨林植物のレプリカ）を体感するように，熱帯雨林のなかを通り抜けた．

---

[12] 環境一体型展示（ランドスケープイマージョン）は ZooLex のウェブサイト（www.zoolex.org）に定義されている．この言葉は来園者が知覚的に環境と一体化する自然のなかにいることを認識（錯覚）させる展示を示す．

より自然な展示への動きは，必ずしも最初から来園者，動物園職員に歓迎されたわけではなかった．1970年代になっても，例えば，ゴリラの展示場に生きた植栽を入れることは最初から失敗するもので，植栽はすぐにダメにされてしまうし，ゴリラは木から落ちて怪我をすると信じられていた（Hancocks 2001）．新しいゴリラの展示の先駆は1978年に公開の始まったシアトル，ウッドランドパーク動物園で，他の動物園がどのようにするべきかを示した．ゴリラを大きな木を含む自然植栽を施した大きな屋外飼育施設で安全に管理をすることができ，ゴリラと来園者もこの展示の恩恵を受けることができた（Hancocks 2001, Embury 1992 も参照）．

環境一体型展示（immersion exhibit，イマージョン展示）の概念は現在では他の動物園でも採用されているが，期待されているように急速には広がらなかった．Hancocks（2001）は環境一体型展示の例として，米国，ジョージア州，アトランタ動物園やオーストラリア，メルボルン動物園のゴリラ展示，フロリダ州，ディズニーアニマルキングダムのアフリカサバンナ展示を示している．その他にも，オランダ，アルンヘムのバーガーズ動物園（図2-16）やブリストル動物園のアザラシとペンギンの海岸展示，ペイントン動物園環境公園の砂漠館を好例としてみることができる．

生態展示とバイオパーク

生態展示は，1つの種，分類による動物種の展

図 2-16 オランダ，アルンヘムのバーガーズ動物園の来園者は環境一体型展示のなかを散策できる．この展示は来園者があたかも動物の自然な生息地に入りこんだように思うことができるように設計されている．（写真：Andrew Bowkett）

示や地域などよりも生態全体を表すように設計される（Box 2.6 参照）．特に米国では，生態の描写のなかに動物を展示することが好まれる傾向にあり，バイオパークとして知られ，このコンセプトはとりわけ，ワシントン DC，スミソニアン国立動物園長，Michael Robinson によって進められた．生態展示は相互関係にある全ての生物を表現するべきと Robinson（1996a, 1996b）は説明している．バイオパークや生態動物園のなかで，動物と同じように植物は展示に統合され，全体の目的は特別な生態系のなかでの生物間の相互依存を明確に示すことである．もちろん，相互関係にある全ての生物の真実を描くためには，捕食者と被捕食者を含むが，これを動物園の環境のなかで実現することは困難であり，おそらく可能になるのは無脊椎動物を餌とする自然採食が許されるのみであろう．

Hancocks（2001）はニューオリンズのオーデュボンパーク動物園のルイジアナ湿地の生態展示を好例として引用している．南ルイジアナの湿地に暮らす人々や動物，植物の展示が組み合わされている．この 2ha を超える場所にアメリカクロクマ，カメ，アライグマ，カワウソとワニがラクウショウと沼地の間に分散展示されている．欧

Box 2.6　生態系展示

生態系動物園もしくは生態系展示はその生態系のなかでの動物だけでなく，植物を含む生態全体をつくり出す，もしくは情報を用意する試みである．生態系は生き物と雨，岩，土壌といった無生物の環境からなる．生態展示の現代における例はスイスのチューリッヒ動物園のマソアラ熱帯展示である．これは温度，湿度と雨をできる限りマダガスカルの熱帯雨林の自然状態に合わせるように細かく管理している，温室の生態系である（図 2-17）．植物は展示に不可欠であり，単なる動物の背景ではない．

図 2-17　チューリッヒ動物園はマソアラ熱帯雨林ホールを 2003 年に公開．1 つの展示のなかに固有な動物相と植物相を一緒に配置し，同時にアプローチできるようにした．来園者はこの展示のなかで本当のマダガスカルでの体験ができる．

州のチューリッヒ動物園のマソアラ熱帯雨林展示は広く賞賛されている（図2-17, Box 2.6 参照）.11,000m^2 の温室生態展示は2003年に公開され,マダガスカルのマソアラ国立公園の種の多様性の理解を深め，国立公園の生息域内保全のために年10万ドル以上の基金づくりに貢献している（Bauert et al. 2007）.

米国の最初の生態動物園は動物園の名前のもとにオープンしたものではなかった（表2-1 参照）.アリゾナ・ソノラ砂漠博物館はアリゾナ州，ツーソンに1952年に公開され，ソノラ砂漠の植物や動物の生きた博物館になるように設定された．それぞれは特別な生息地と生態系全体情報を表記した展示とした（Kisling 2001）．このような技術革新は20世紀の後半，多くの動物園により広く取り入れられていった．

21世紀の動物園

それでは，動物園はこれからどのように進化するのか．21世紀の動物園の特徴は何か．この本の最終章，第15章でこれについて答えていきたい．持続可能な動物園の出現の兆しがすでにあり，少なくとも動物園の運営の全てにおいて持続可能性が焦点となる．しかし，これらの議論の前に動物園の理念（哲学），倫理や21世紀の始まりに

表2-1 動物園や水族館の歴史で主な最初の出来事

年	出来事	場所
1793/1828	科学施設の一部門としての動物園の最初の公開	国立自然史博物館の部門としての，フランス，パリ，ジャルダン・デ・プラント（1793）ロンドン動物学協会のもとの英国，ロンドン，リージェントパークのロンドン動物園（1828）
1847	オックスフォード英語辞典に"Zoo"の言葉が現れる	英国，ブリストル，クリフトン動物園とロンドン動物園の略称を参照
1849	最初の爬虫類館のオープン	英国，ロンドン動物園
1853	最初の公開水族館のオープン	英国，ロンドン動物園
1906	欧州での飼育下でのゾウ初繁殖	オーストリア，ウィーン，シェーンブルン動物園
1907	最初の動物園科学雑誌（Zoologica）	米国，ニューヨーク動物学協会で発行
1938	米国にオセアナリウム（海生哺乳類の展示）	米国，フロリダ，セントオーガスティン，マリンランド
1938	最初のこども動物園	英国，ロンドン動物園
1943	飼育下で最初のカモノハシ（Ornithorhynchus anatinus）の繁殖	オーストラリア，メルボルン近郊，ヒールスビルサンクチャリー
1952	米国で最初の生態動物園のオープン	アリゾナ州，ツーソン，アリゾナ・ソノラ砂漠博物館
1953	動物園での最初の夜行性動物舎	英国，ブリストル動物園，トワイライトワールド
1963	人工授精による飼育下でのジャイアントパンダの繁殖	中国，成都大熊猫繁殖研究基地
1978	最初の環境一体型展示	シアトル，ウッドランドパーク動物園のゴリラの世界
2001	飼育下における最初の人工授精によるゾウ（アブ）の出産	オーストリア，ウィーン，シェーンブルン動物園
2005	英国での飼育下におけるアイアイの初繁殖	英国，ブリストル動物園
2006	飼育下で繁殖したジャイアントパンダの最初の野生復帰	中国，臥龍大熊猫保護研究基地

現代の動物園はどんな役割を果たすのか，水族館の歴史を概括し，その歴史が動物園のそれとどのように違っているかを見てみる価値がある．

2.4 水族館の歴史

水族館の公開は動物園に比べて最近のことである（表2-2参照）．しかし鑑賞用の魚の飼育（池や人工の容器）はアジアを中心に数世紀に亘る歴史がある（Kisling 2001）．19世紀以降，ガラス水槽の製作が進み，鑑賞池の上部からだけでなく，側面から魚を鑑賞できるようになった（Hoage and Deiss 1966）．ロンドン動物園はこの新技術を取り込んだ最初の動物園で，1853年に"ビバリウム"とか"魚館"として知られた水族館を公開した．この公開のインパクトの大きさについてその日の新聞「The Literary Gazette」は次のように伝えた．

> 海の底の生きた展示や不可思議な生物そのものが展示された，優雅な水のなかのビバリウムがオープンしたことについて読者に伝えなければならない． (Kisling 2001)

この時の水槽には手動のポンプでエアレーションが行われ，この魚館は60種以上の魚類や200種以上の無脊椎動物が展示された（Barrington-Johnson 2005）．

この魚館は20世紀初頭まで続いたが，水槽のなかで海水魚や淡水魚を飼育する人気はその時までに衰えた．ロンドン動物園は新たな水族館を1924年につくり，また21世紀にロンドン動物学協会（ZSL）はロンドンの波止場地域に新たな野心的な水族館事業"ビオタ（Biota）"を整備する計画をもっている．

パリのジャルダン・デ・プラントが欧州に新たな他の動物園の公開を促進したのと同じ方法で，ロンドン動物園の魚館は英国や欧州の各地に新たな水族館の整備を導いた．これらのなかには1874年，イタリア，ナポリのStozione Zoologica Aquariumの一般公開があった．この水族館は19世紀につくられ，今も公開しているものの1つであり，生物学の多くの専門分野の研究を進める国際的に重要なセンターとなっている．またもう1つの水族館はサセックスのブライトンにあるもので，今もシーライフセンターとして公開している．

米国の最初の一般公開水族館はPhineas T. Barnum（サーカスの展示のためにロンドン動物園からアフリカゾウのジャンボを取得した）によりニューヨークの米国博物館の一部門として1856年にオープンした．米国での最初の海生哺乳類を展示する海洋水族館（oceanarium）[13]は1938年にオープンした（表2-2）．これはフロリダ，セントオーガスティンのマリンランドであった．この海生哺乳類公園は米国や欧州の都市や町に続いてつくられたが，公開後直ぐに閉館するものも散見された，例えばカリフォルニアの太平洋のマリンランド（Marineland of Pacific）は1954年にオープンし，1987年に閉館した．1970年代と1980年代は特に公開のために海生哺乳類を保持する施設（センター）が拡充したが，飼育下における海生哺乳類の福祉への懸念が増大し，英国のイルカ館（dolphinarium）や海洋水族館の数は近年減少をみた．他の地域ではその広がりは少ない．

海洋水族館の減少と対照的にこの20～30年間に水族館の著しい革新があった（図2-18）．そして，多くの印象的な新しい水族館，1984年カリフォルニアのモンテレー湾水族館，1990年，フランス，ブレストのオーシャンナポリスや，2002年英国のハルにディープが誕生した（表2-1，表2-2）．

---

[13] 海洋水族館（oceanarium）もしくは海生哺乳類公園はアザラシ，アシカ，ラッコのような海生哺乳類を飼育する．イルカ館（dolphinarium）は厳密に言えば，シャチを含むイルカ類を飼育する．

図 2-18 陸生の飼育動物展示の進展について述べてきたのと全く同じように，水棲動物の展示も進展した．オランダのアルンヘムのバーガース動物園での大水槽にその例を見ることができ，そこでは多様な魚類と海棲動物が展示されている．

表 2-2　欧州，北米，オーストラリアでの主な動物園と水族館の開園（館）年[*]

開園（館）年	園館名	国，都市
1245	タワーメナジェリー（1832年閉園）	英国，ロンドン
1800	エクセター・チェンジ（エクスチェンジ）（1828年閉園）	英国，ロンドン
1752	シェーンブルン動物園（ウィーン動物園）	オーストリア，ウィーン
1793	ジャルダン・デ・プラント	フランス，パリ
1828	ロンドン動物園〔ロンドン動物学協会（ZSL）の一部〕	英国，ロンドン
1830	ダブリン動物園	アイルランド，ダブリン
1835	ブリストル動物園	英国，ブリストル
1838	アルティス動物園	オランダ，アムステルダム
1843	アントワープ動物園	ベルギー，アントワープ
1844	ベルリン動物園	ドイツ，ベルリン
1858	ロッテルダム動物園	オランダ，ロッテルダム
1861	メルボルン動物園	オーストラリア，メルボルン

（つづく）

表 2-2　欧州，北米，オーストラリアでの主な動物園と水族館の開園（館）年[*]（つづき）

開園（館）年	園館名	国，都市
1864	モスクワ動物園	ロシア，モスクワ
1868	リンカーンパーク動物園	米国，シカゴ
1873	国立水族館	米国，ワシントンDC
1874	フィラデルフィア動物園	米国，フィラデルフィア
1889	スミソニアン国立動物園	米国，ワシントンDC
1899	ブロンクス動物園	米国，ニューヨーク
1907	ハーゲンベック動物園	ドイツ，ハンブルグ
1913	エジンバラ動物園（王立スコットランド動物園協会）	英国，エジンバラ
	バーガーズ動物園	オランダ．アルンヘム
1916	タロンガ動物園	オーストラリア，シドニー
1923	ペイントン動物園環境公園	英国，ペイントン
1928	ミュンヘン動物園	ドイツ，ミュンヘン
1931	チェスター動物園	英国，チェスター
	プラハ動物園	チェコ，プラハ
1934	ベルファスト動物園	英国，ベルファスト
	デュイスバーグ動物園	ドイツ，デュイスバーグ
1937	ダドレイ動物園	英国，ダドレイ
1956	プランケンデール動物園	ベルギー，メチェレン
1959	ジャージー動物園（ジャージー野生生物保全トラスト）	チャネル諸島
1963	コルチェスター動物園	英国，コルチェスター
	トワイクロス動物園	英国，トワイクロス
1964	シーワールド	米国，サンディエゴ
1970	バンクーバー動物園	カナダ，バンクーバー
1971	アペンヒュール霊長類公園	オランダ，アペンヒュール
1972	マウウェル動物公園	英国，ハンプシャー
1974	トロント動物園（リバーデール動物園として1894年〜1974年まで開園）	カナダ，トロント
1981	ボルチモア水族館	米国，ボルチモア
1984	モントレー湾水族館	米国，カリフォルニア
1986	ニモと友達の海（以前はリビングシー）	米国，オーランド
1998	国立海洋水族館	英国，プリマス
	ディズニーアニマルキングダム	米国，オーランド
	ブループラネット（水族館）	英国，エレズミア
2002	ディープ（水族館）	英国，ハル
2011	ビオタ！（シルバータウン・キーに2011年オープン予定のロンドン動物学協会の新しい水族館）	英国，ロンドン

[*]世界の動物園と水族館の年代順の詳細な一覧表を作成したKisling（2001）に加筆.

2.5 今日の動物園

現在の動物園を一般化して語ることはほとんど不可能である．動物園を肯定するかどうかは飼育下で野生動物を飼育することに対する考え方（事項でさらに触れる）やどんなタイプの動物園を想定するかによる．この尺度の一端にはジャージー野生生物保全トラストやチェスター動物園，ブロンクス動物園といった高い動物管理や福祉水準にあり，野生動物保全に本当に大きい貢献をしている園がある．その反対に，低い福祉水準のもと小さなケージに押し込められた動物が飼育される多くの愕然とする路傍動物園（roadside zoos）が世界の各地に存在する．

Hancocks（2001）によれば

> 動物園の歴史は矛盾に満ちている．大きく強い動物を管理しようと動物園をつくり，……最近では，野生動物保全に情熱をもつがために，動物園で働きたいという者が増えている．

動物園はたいへんよく親しまれ，広く浸透しており，それに対する様々な個人的感情から逃れることはできない．そこで，動物園とは何かではなく，現代の動物園の役割が何であるかである．

2.5.1 現代の動物園はその役割をどのように見ているか

今日，多くの組織で普通のことであるように，動物園もその立つべき使命を通じて役割や目的についての認識を明確に言葉として表している．これは動物園の目的をどのように考えているか，全体像を見比べ，目的を達成することによって得られる成果は何かを見極める．このような声明は印刷物として公表されるかウェブサイトでも公開される．多くは教育，保全，来園者に特別な経験を提供すること，などを満たすものとなっている．（もちろん，多くの国で動物園は保全や教育を明示する法的な義務を負っている．もしこれらが内包されていないのなら少し驚くべきことである．）典型的な例として北イングランドのチェスター動物園の使命を掲げる．

> 動物園の役割は，絶滅の恐れのある種の繁殖や適正な動物福祉，高品質の来園者サービス，レクリエーション，教育と科学により保全を進め，支援することである．

南西イングランドのペイントン動物園環境公園も同様に，教育や世界的な野生動物遺産の保全に貢献する科学的なチャリティ，動物や環境を多くの来園者が終生尊ぶことを鼓舞することとしている．

ロサンゼルス動物園はウェブサイトで"野生動物の養育と豊かな体験"を簡潔な見出しとして掲げている．

シドニーのタロンガ動物園は"野生動物や自然環境，保全を推進する挑戦，レクリエーション，科学的な取組みに対する有意義で緊急な関心をもち続ける"という使命をもっている（図2-19）．

多くの来園者を迎える中規模〜大規模な園館はかなりの動物を保有し，研究や生息域内保全を進めることができる資源を保有している．しかし，小規模な動物園でも同じような優先事項を共有できる．ケンブリッジシャー州のリントン動物園は家族で楽しむ日を設け，その時には保全や教育に重きを置いている（www.lintonzoo.com）．

全体的にみて，動物園は主な目的のなかに，絶滅の恐れのある種の保全と，人々が自然への興味や正しい認識をもつように助力することを内包させている．

多くの国において，動物園は国別や地域の協会に属している．これらの地域協会の目的や使命は，構成している園館同士の協働を推進することや，高い専門的な目的を標準化することなど様々である．しかし，優先事項は似かよっていて，保全，教育，福祉，研究をあげている．

英国とアイルランドの関連協会は英国・アイルランド動物園水族館協会（BIAZA）である（動物園協会についてのより詳しい動物園のための法や規制の枠組みに関する情報は第3章にある）．英国・アイルランド動物園水族館協会の使命は"会

図 2-19 テナガザルが腕渡り（ブラキエーション）[14] をすることができるような構造特性を備え，健康と福祉を増進する種特有の行動がとれる複雑で大型のテナガザル飼育施設．この飼育施設に沿って，タロンガ動物園は来園者にどのように動物園の保全活動に貢献できるかを情報提供し，種の保存の必要性を強調している．（写真：Julian Chapman）

員を代表し，良い動物園や水族館の価値を高める"とある．次の点について会員をリードし，支援する．
・自然を保全する助力をすることを人々に喚起する．
・効果的な共同保全プログラムに参画する．
・最高品質の環境教育，訓練，研究を行う．
・最高水準の動物管理や福祉を，動物園，水族館，野生で達成する．

米国で英国・アイルランド動物園水族館協会に匹敵するのが米国動物園水族館協会である．その使命も英国・アイルランド動物園水族館協会と同様であり，他の地域協会の物とも似通う．

ここで大方の現代的な動物園の見解をまとめると，"動物園はそれ自身，保全を行う機関，その収集物を通し，事例を増加し，同様に野生と関わる，そして，その収集物を教育や自然についての関心を高めるに使う"．もちろん，これに対し，多くの国の動物園が今，保全に関わることを明示する法的な責務をもつことに疑いの目を向ける反応がある．

しかし，もし入園料を払った来園者がじかに野生動物を見ることができないとしたら，動物園はそれでも存在できるか．スミソニアン国立動物園の Michael Robinson が動物園を基本的に次のように指摘している．

---

[14] 腕渡り，ブラキエーション（brachiation）はテナガザルでみられる木々の間を腕をスイングさせて渡っていく行動である．

見世物と娯楽の場所
この百年かそこらで研究，教育と保全機能を動物園の根茎に接木されたもの
(Robinson 1996a)

そして，これは動物園が存在するべきものか，動物を飼育下で管理することの倫理的な正当性はどんな状況のもとであるかどうかの理念的な疑問を起こさせる．

2.6 動物園の理念（哲学）と倫理

人のレクリエーションや楽しみのために飼育下で動物を管理することに動物園が関わるがゆえに，動物園はどのように倫理を扱い，その基本的な理念は何であるかが問われる（Box 2.7 倫理の意味するところの説明を参照）．例えば，飼育下で野生動物を管理する正当性にはいかなる根拠があるのか（図 2-20）．動物園は道徳的に弁解の余地はないという動物の権利を主張する人々に

Box 2.7　"倫理"ってどういう意味

道徳（モラル）と倫理はよく一緒に使われ，場合によってはあたかも同じ意味を示す．コンサイスオックスフォード辞典では例えば，倫理を"道徳に関わり，道徳的な問題を扱う，道徳的に正しい，高潔"と定義している（Sykes 1977）．しかし，本当に倫理と道徳は同じことであろうか．動物園での飼育下で野生動物を管理することの倫理や道徳を考える前に，これらの正確な意味を明確にする必要がある．

多くの人々は，動物園で，ペットとして，農場で，実験研究所で，飼育下での動物の管理についての道徳的な関わりに様々な考えを示す．例えば，ある人たちはイルカもしくはシャチを飼育することは悪いと信じているかもしれないが，家庭の居間で小さな水槽のなかで熱帯魚を飼育することは全く問題がないというかもしれない．英国の多くの人々は動物園の寝ているライオンに石を投げて起こすことは悪いことだが，世界の他の場所ではこの行為は冷ややかに見られるというより，良くぞやったということになるかもしれない．

一方，道徳の捉え方や意見は何が正しく，もしくは悪いかは，たぶんに個人的な見解であり，基本的な論点についての慎重な考慮に由来するかもしれない，もしくは，受け入れられるかどうかは単に"直感"に基づくのかもしれない（Straughan 2003）．Straughan が指摘するように，倫理は道徳より狭い概念であり，人々が道徳問題を議論する時の要旨を分析し，明らかにしようとする哲学の一分野を参考にする．ここには私たちがあることが正しく，他のことが間違っていることを信じる厳密な正当性が関わっている．

そこで，倫理のしっかりした記述は特別なグループの人々がその行動を規制することを決める．つまり，目標の追求において，適法であることと許容できることの間を明確にし，何が容認できないかについて見極めることで明確な基準となる（Flew 1979）．もちろん，異なる人々は異なる道徳的な見解をもつし，異なった方法で倫理的な決定をしようとする．このため，英国動物園フォーラムの勧告は，動物園は人々の個々に倫理的な決定をゆだねるのではなく，有効な倫理委員会を設置するように求めている．動物園フォーラムハンドブックは動物園の規模の如何にかかわらず，しかるべき倫理委員会やその委員の構成を含んだ設置の仕方についてのアドバイスを用意している．

図 2-20 ある人々が動物園で野生動物の飼育について反対を論じる時，(a) のような檻に動物が飼育されている先入観をもっている可能性がある．この檻は 1960 年代にロンドン動物園でウンピョウ（*Neofelis nebulosa*）が飼育されていたもので，スミソニアン国立動物園で 19 世紀の初期にオオヤマネコが飼育されていたもの（b）と比較して，明らかに大きな進展がない．この時代以後，動物園のデザインは大きく進化し，この写真のような例はもはや現代の良い動物園には存在しない過去の遺物であることを明確にしなければならない．〔写真：(a) Geoff Hosey，(b) スミソニアン国立動物園〕

対し，動物園長はどのように反論するのか．そして，保全は種や個体群全てに対してであり，福祉は個々の個体についてであるという倫理的な矛盾に対し，動物園はどのように対処するのか．

2.6.1 動物園は存在すべきか

哲学者，Dale Jamieson（1985; 1995）は"自由の推定（presumption for liberty）"があること，飼育下で動物を管理することで動物の自由を奪うことが道徳的に悪いと論じた．Stephen Bostock（1993）が指摘しているように，人にとっての自由の喪失は極めて特別で限定された状況下（法を犯した罰として収監されるような）でのみとしている．

Bostock（1993）は飼育下で野生動物を管理することを擁護できる 3 つの論点を次のように概括している．

- 飼育下で野生動物を管理することは人のために役に立つこと（教育，保全，レクリエーション，科学的な発見），ある場合には動物そのものに役に立つ（保全とは動物の個体群全体への利益であり，必ずしも飼育下で管理された個々の個体ではない）．
- 飼育下の野生動物は，後ろ向きの福祉は必要ではなく，野生でいる時よりも場合によってはより良い状態とする．
- 動物は人と同じように比較されないし，飼育の道徳について意味のある比較もしない．

この論点の最初の項は，動物は飼育下で管理されるべきかどうかについての広く実利に基づいたアプローチを示している（Box 2.8 功利主義の説明を参照）．後の 2 点は本質的に動物の権利にかかわる論点である．

動物の権利の見解：動物園は道徳的に弁解の余地はないのか？

Tom Regan は優れた米国の哲学者で，影響を及ぼす 2 冊の著者である．1 冊は「The case for Animal Rights（動物の権利の例）」（1983），もう 1 冊は Peter Singer との共著「Animal Rights and Human Obligations（動物の権利と人の義務）」（1976, 再版 1999）である．Regan（1995）は 3 つの倫理的な見解，功利主義，全体論，動物の

Box 2.8　功利主義，全体論と動物の権利

　動物園における動物の権利の影響を考える前に，この領域についての議論を進める時に著者や哲学者により使われている言葉やその姿勢について理解する必要がある．功利主義の背景にある理論は，私たちは個人の最も多くの人たちに最大の価値（もしくは利益）を生み出すように行動することであるとする（大雑把に言って，最小の痛みで最大の喜び）．功利主義者は動物の痛み（研究室での医学実験下のマウスやラットのような）は受容し，動物のコストより勝る人への利益（例えば，病気の治療薬）をもたらす（Appleby and Hughes 1997）．もちろん，このような場合における動物のコストを測ることは容易ではない．

　功利主義とは対照的に，動物の権利擁護者は一般に動物の権利は人のもつ権利と同等であるとし，ある動物の利益が他の利益を損なうことを決して容認しないことである．「Animal Liberation（動物の自由）」の著者，Peter Singer は功利主義的な見解の強い擁護者であり，著名な哲学者，Tom Regan は動物の権利の見解を主唱する．ある哲学者は漫然と動物のコストよりも人の利益に価値があるとし，Singer によって種差別（speciesism）とされた（Appleby and Hughes 1997）．

　動物の権利運動は比較的最近の現象である．この30～40年に色々な人権運動から生まれ，育まれてきた（国連総会が1948年に世界人権宣言を採択したこととは無関係）．大部分の動物福祉団体は，動物はある権利，もしくは資格を有しているとするが，それは人とは同等ではないとしている．

　この他にこの章で示した倫理的見解に全体論（holism）がある．この視点から，無生物的な岩，水や土壌などの対象も配慮に入れなければならないとし，全体としての生態系や生物の集まりは道徳的な検討をする時の要なのである．Regan（1995）はこの見方の具体例として，毛皮猟師の例をあげている．全体論は生態系の全体的な状態や持続性が保たれ，担保されているなら，猟師が毛皮のために野生動物を罠でとることを問題にしない．

権利（Box 2.8 参照）のどれが，動物園において道徳的に弁解の余地がないとするのかについて検討を行った．

　彼はこれらの3つの見解のどれもが道徳的に弁解の余地のないものとする鉄壁な論議の基にはできないという，驚くべき結論を得た．動物園はたいへん不鮮明と言及し（Regan 1995），Regan が強く支援する動物の権利の見解でさえも，一時期の間，飼育下で管理される動物に最良の利益をもたらすことができる（明らかに限られた）状況のもとでは，動物園に対して反論できないとしている．彼は，もしその動物が自然な生息環境に存在していたとすると，その動物は人に殺されるという具体例をあげている．

　この要約は動物園動物に関連する Regan の非常に簡単な説明であり，動物の権利に対する彼の見解の全体像を示していない．読者には動物園での野生動物の飼育の倫理についての本や環境関連の著作やこの章末に掲げた文献に眼を通すことを強く勧める．

動物園の他のジレンマ

　Regan やその他により支持された動物の権利の見解はもちろん，動物園に酷評的なものだけではない．その他は動物園が生態系の機能の不可欠な部分を果たしている小さな種を犠牲にして，大型の動物，特に哺乳類に偏った展示で生息地や生態系についての誤った，不完全なものを与えていることを論点としている（Hancocks 1995）．確か

図 2-21 人々が刺激を受け興奮する大型の動物ほど，カリスマ的大型動物[15]の概念をもたせるものはない．ワルシャワ動物園で撮影されたインドサイ（*Rhinoceros unicornis*）は動物園を訪れる多くの人々を引きつける種の典型である（写真：ワルシャワ動物園）．

にこの批判は的を射ているが，動物園は徐々にカリスマ的大型動物（charismatic megafauna，大型哺乳類）（図 2-21）だけでなく，自然界の典型をより反映する展示や絶滅の恐れのある種を目指している．この議論は第 10 章の保全で再度，深める．

動物園は決して単なる組織ではなく，倫理的な関連が，動物とのふれあいといった様々な広い業務範囲で起きてくるといった板ばさみに直面する．しかし，この本は動物園についてのものであり，そこで，他には動物園が求められるどんな倫理的な問題があるのかをあげる．動物園は，動物収集，動物輸送，動物廃棄の問題に直面する．例えば，動物園は動物を野生から導入すべきか．日常の管理手順においても福祉の問題は付きまとい，例えば日常の管理業務である動物の訓練も動物福祉の問題を内包する．

保全か福祉か，保全と福祉の対比

動物の近交を減らし，遺伝的な多様性を保つことを進める動物園動物の遺伝的な管理は，ある動物の不妊を行う，もしくはその繁殖群からの排除の必要があるかもしれない．このことは別の道徳的なジレンマとなる．つまり，動物園が保全の目標を達成しようとその焦点を移していく時，これらの目標が個々の動物個体に対する福祉の高水準の条項に抵触することになる（種と個体群の保

---

[15] カリスマ的大型動物（charismatic megafauna）は，トラ，パンダ，オオカミやゾウといった大型で人気がある，多くの場合哺乳類を指す．これらの動物はしばしば（必ずしもいつもそうではない）来園者が最も見たい種と考えられる．

全と個々の動物の必要とする福祉との間の緊張は第7章でさらに論議する）．この両者には激しい道徳についての議論があるが，この2つの主張の潜在的な衝突の問題が潜んでいる．Jamieson (1995)は，価値の衝突は野生動物管理に内包していると言ったが，これらの衝突はより良い決定をできないとか，どのような解決方法も見出せないことを意味していると言わざるを得ない．

動物園のための倫理的な指針（ガイドライン）

倫理的な様々な問題を解決する動物園に対する支援は，動物園フォーラムのような団体や地域の動物園協会からのものがある．例えば，英国・アイルランド動物園水族館協会は動物移動方針を出し，これは特に，動物収集，動物輸送，動物廃棄に対する良い処置法を示している．同様に米国動物園水族館協会は動物収集，動物廃棄，動物とのふれあいなどの方針を示している．

2.6.2 動物園反対（アンチ動物園）キャンペーン

米国や欧州の両方で1960年代，1970年代に動物園やその周辺で特別な関心をもつ新たな動物権利の世代や動物福祉組織が現れた．動物園動物の最初の対象となったのは海生哺乳類であった．飼育下のシャチ（*Orcinus orca*）やイルカ類が1970年代，1980年代そして1990年代に注目を集めた．最近ではゾウも取り上げられた．王立動物虐待防止協会（RSPCA）により委託された研究が英国で発表され（Clubb and Mason 2002)，動物園での飼育下のゾウに関連する健康や福祉の問題が注目を集めた（この研究の詳細と結果は第7章を参照）．

米国では動物の倫理的扱いを求める人々の会（PETA）や米国人道協会が，米国動物園水族館協会加盟園館からゾウを排除，移動させる運動に，地域の圧力グループと協同して焦点を当ててきた（Donahue and Trump 2006)．ゾウの飼育は小規模な飼育施設や小さな個体群で行うべきではなく，かつ，広大な土地に大きな群れ構成で行動できるサンクチュアリに送られるべきとした．もちろん，市民はゾウを見るためにここを訪問できないこととした．

欧州での同様なキャンペーンはボーン・フリー財団，野生愛護（Care for the Wild)，動物擁護者（Animal Defender）などのグループで行われた．動物園反対論者は全ての動物を動物園から排除すべきと論及している（McKenna et al. 1987参照）．英国では動物園チェックプログラム（ボーン・フリー財団）が1984年から始まり，"野生動物は野生で"のスローガンのもと，動物園をなくそうという運動をインターネットのサイトで展開している．そうは言っても，動物園を訪れる人々の全てが，野生で同じ動物を見るために旅行することはとてもできることではない．Bostock (1993)は何の問題や撹乱をすることなしに，数百万の人々，それに匹敵する数の人たちが野生を訪れることはとても無理と言及した．生きている動物を見るよりも野生動物の映像もしくは仮想展示を見るべきとした示唆には，Donahue and Trump (2006)は動物園での一定した高い来園者数は，動物園に代わるものとしてテレビ番組を望まないと反論している．

まとめ

- 野生動物の飼育収集の歴史は長く，少なくとも4000年以前に遡る．野生動物の初期の飼育記録はエジプト，メソポタミア，中国，ギリシャにある．
- 19世紀，欧州では科学協会がジャルダン・デ・プラントやロンドン動物園のような先進的な動物園を設立した．
- それと対照的に，20世紀，特に米国では公立による動物園の整備がなされた．
- 消毒の時代と呼ばれる20世紀初期の多くの動物園では消毒が容易で，衛生的なタイルの壁，滑らかなコンクリート床，鉄扉の動物舎を採用した．
- 20世紀中期以後の動物園の展示はより自然的な新たな世代の展示として，バイオパーク，生

態展示，環境一体型展示となり，一種だけの展示から自然環境のなかで，複数の動物種を展示するようになった．
- 20世紀後期，動物園は新世代の動物の権利，動物福祉団体からの組織的な反対運動に直面し始めた．
- 多くの動物園は動物の権利主張者からの批判に少なくとも部分的に反論し，保全組織として自らを自己改革した．
- 21世紀が始まり，優秀な動物園は保全の取組みを強調し，持続可能な組織や環境センターとして懸命な努力を続けている．

論考を深めるための話題と設問

1. どんな状況下で飼育下の野生動物を管理することを倫理的に容認するのか．
2. 動物園は現代社会のなかで必要か．
3. 西欧での消毒，衛生の動物園は何をもたらしたか．このようなやり方での飼育動物管理の良い点と悪い点は何か．
4. なぜ動物園は分類より生態を展示するのか．
5. 環境一体型展示は来園者にとっては良いが，動物にとってはそうでもないことについて論議する．
6. 動物園は誰が所有するべきか．最適な管理は国，市，もしくは公的な組織，私的な園としてなされるのか．
7. 路傍動物園（roadside zoos）について何がなされるべきか．英国・アイルランド動物園水族館協会や米国動物園水族館協会のような公的に認知された地域協会に属さない動物園は全て閉鎖すべきか．

さらに詳しく知るために

動物園の歴史

この関連については印刷物，様々なウェブサイトなど多くあるが，その全てが正しいかどうかに注意を払う必要がある．動物園の歴史に高い関心をもつ者はできる限り原著に当たることを強く勧める．

世界の動物園の歴史を詳細に検討するにはKislingの「Zoo and Aquarium History（動物園と水族館の歴史）」(2002) とBaratay and Hardouin-Fugierの「Zoo: A History of Zoological Gardens in the West（動物園：西欧の動物園の歴史）」(2004) の2冊を読むことを強く推薦する．Kislingはより世界的な観点から，アステカやインカなど本書ではスペースの問題で触れることができなかった世界の他地域での動物園の歴史を考察している．古代のエジプト，ギリシャ，ローマの収集動物記録について掘り下げて調査したい者のために，巻末に包括的な一覧表を掲げた．ローマ帝国時代の野生動物の飼育（殺戮）について学びたい場合は，Carcopino (1991) が古代ローマの日常生活の生き生きとした記事を，George Jennisonの古典（1931年に初版，2005年に再販され，今は新書となっている）「Animals for Show and Pleasure in Ancient Rome（古代ローマの見世物と娯楽のための動物）」に提供している．

別の包括的な動物園の歴史の解説として，「New Worlds（ニューワールド）」の編集者Hoage and Deiss (1996) が「New Animals: From Menagerie to Zoological Park in the Nineteenth Century（ニューアニマル：19世紀のメナジェリーから動物公園へ）」を出している．この本の数章は1989年にワシントン国立動物園で開かれた動物園の歴史シンポジウムの印刷物が基になっている．Elizabeth Hansonの「Animal Attractions: Nature on Display in American Zoos（アニマルアトラクション：米国の動物園での自然な展示）」(2002) 内の数世紀に亘る野生動物収集と動物園調査の興味深い章は価値のある記事である．もう1つの推薦書は，Nigel Rothfelsの「Savages and Beasts（野蛮人と野獣）」(2002) である．Rothfelsは近代的な動物園の誕生に及ぼしたHagenbeckの影響やHagenbeckとハンブルグ動物園の設立についての詳細な記録をしている．

「A Different Nature: The Paradoxical World of Zoos and Their Uncertain Future（異質な自然：動物園の矛盾した世界とその不確かな未来）」（2001）の序のなかで，David Hancocks は Stephen Bostock が彼の著作「Zoo and Animal Rights（動物園と動物の権利）」（1993）で行ったように，動物園の歴史についての良い概説をしている．短いが勧めるべき物として，ワシントン，スミソニアン国立動物園長 Michael Robinson によって書かれた Hoage and Deiss（1996）のための前書きに動物園の歴史の概括がある．

最後に，爬虫類学者でないにしろ，James Murphy の「Herpetological History of the Zoo and Aquarium World（動物園や水族館での爬虫類学の歴史）」（2007）は外せない．この高額な本は両生類爬虫類の一般的な多量な情報とともに，動物園や水族館の多くの歴史についても広範囲に対象としている．

動物園の理念（哲学）と倫理

基　礎

バイオテクノロジーと生物科学研究審議会（BBSRC）が発行した優れた小冊子のなかで Roger Straughan（2003）は道徳と倫理についての明確で簡潔な違いを説明し，動物の感覚性と種差別のようなトピックの要約をしている．この冊子は倫理，道徳性と動物バイオテクノロジーと表題が付けられてはいるが，多くの事項が広範な状況に関連づけられている．Straughan はまた"動物とは何か"の質問を突きつけ，動物をどのように見るかを最初に決めないで動物倫理を完全に考察することはできないと正に指摘している．この小冊子は無料でバイオテクノロジーと生物科学研究審議会のウェブサイトから PDF ファイルでダウンロードできる．www.bbsrc.ac.uk/organisation/policies/position/public_interest/animal_biotecnology.pdf

Armstrong and Botzler の「The Animal Ethics Reader（動物倫理読本）」（2002）も勧める．

動物園の理念と倫理についてさらに勧める文献

この関連には 4 冊がある．最初にまず，読みがいのあるものとして，Bryan Norton らが編集した「Ethics on the Ark: Zoos, Animal Welfare and Wildlife Conservation（箱舟の上の倫理：動物園，動物福祉と野生動物保全）」（1995）を勧める．Tom Regan や Dale Jamieson のような道徳哲学者の章が入っている（ただ索引がないのが玉に瑕であるが）．Singer や Regan によって編集された「Animal Rights and Human Obligations（動物の権利と人の責任）」（1976，1999 再版）はより読みがいがあり，是非勧めたい．この本のなかで James Rachels（1976）によって引用された動物園の実践についてはわずかであるが，すでに 50 年を経ている．グラスゴー動物園で仕事をした動物園人で哲学の学生であった Stephen Bostock は「Zoos and Animal Rights」（1993）のなかで動物園の歴史と理念についてより読みやすい記事を書いた．最後に．David Hancocks の思慮深く書かれた「A Different Nature: The Paradoxical World of Zoos and Their Uncertain Future」（2001）を勧める．

動物園政策

Jesse Danahue と Erik Trump の「The Politics of Zoos: Exotic Animals and Their Protectors（動物園の政策：野生動物とその保護者）」（2006）は米国動物園水族館協会（現在，AZA として知られる）の基礎的な政策伝記である．米国の動物園が 20 世紀後期，動物の権利や動物の福祉組織からの拡がる挑戦にどのように立ち向かってきたかを示す詳細で有益な見識を提示する本である．

第3章　動物園を取り巻く法規制

　動物園は，条約，指令，法律，手続き，方針，規則，勧告が複雑に絡み合った体制のもとで運営されている．この体制は，国際協定から，地域，国家，準国家（例えば，州）の法規制やガイドラインからなり，その範囲と影響力は，国や地域ごとに大きく異なる．本章で取り扱う内容の多くは欧州内，特に英国内の動物園の法体制に関するものであるが，他の多くの国々でも同様な運営体制が存在する．

　本章で取り扱う主題は，以下の通りである．

- 3.1　法律と制定過程の紹介
- 3.2　国際条約・協定・規則
- 3.3　EU の動物園の法律
- 3.4　英国の動物園における法規制とガイドライン
- 3.5　欧州以外の国の動物園に関する法律
- 3.6　動物園協会：BIAZA, EAZA, AZA, ARAZPA, WAZA

　主な国際保全条約や機関の概要（表 3-1）や英国内分離地域（スコットランド，ウェールズ，北アイルランド）の法規制の概要（Box 3.2）等の追加情報は，本章の表と Box に記載した．頭字語は，他の章と同様に初回表記時に解説を付けた（本書の冒頭にも記載）．

　法規制は常に変更されるため，本章で紹介する情報には，程なくして変更されるものもあるだろう．ウェブアドレス，国内外の機関名や略称が変更される可能性もある．本書執筆時点での情報は全て確認したが，あとは次の注意書きを残すことぐらいしかできない．本書に記載したオンラインの情報源は頻繁に見直しや変更が行われており，読者自身でこれらの事項，特に動物園の規則体制に関して最新情報を確認することを勧める．

3.1 法律と制定過程の紹介

　動物園の運営に影響する法律について考察する前に，まず一般の法律とその制定過程について簡潔に考察したい．
　法律とは，社会を統制するルールである．これらのルールは，市民の権利と責務を定めている．法規制は，人々が安全で平和に共生できることを保証し，良い行動を実践させるために必要である．ガイドラインや説得のみでは，動物園での良識のある福祉や安全予防措置の順守を確実にするには不十分な場合もある．
　しかし，法律は履行されて初めて効力を発揮できるもので，実行が困難なためほとんど履行されない"粗悪な法律"が過去にも，現在にも多数ある．

3.1.1 民事法および刑事法

　英語圏のほとんどの国では，"法"は民法[1]と刑法に分類されている．刑法の違反は懲役刑または罰金によって罰せられ，一旦有罪と証明されると刑事上の有罪判決を受ける．民法下での違反は罪の意識よりむしろ危害に対する責任を決定するもので，禁固刑には処されないものの，損害賠償金の支払いが課せられることがある．民法廷での責任は，刑法の"妥当な疑いを越える"という厳しい基準のもとではなく，"可能性との均衡"のうえで決定される（これは英国，米国，オーストラリア等の法律に言えることであるが，全ての国に当てはまることではない）．
　施行方法も，刑法と民法では異なる．刑法は，刑事訴訟を起こしている州の職員によって実行される．英国では，刑法は警察により実行され，イングランドとウェールズの執行機関は検察局（CPS）である〔検察局に相当するスコットランドの機関は法務局（Crown Office）で，北アイルランドでは，最高検察局（Public Prosecution Service）である〕．例えば，動物福祉法（Animal Welfare Act, 2006）の規定のもとで，英国の動物園が，刑事訴訟に直面することもある．民法上の違反は，事件に関わる個人や組織（被害者など）が民事法廷に訴訟を起こすことにより取締りが行われる．別な例としては，個人または機関が，動物園運営を管理する規制に対する違反があったと信じ，民事訴訟を起こす場合である．そのような民事訴訟は必ずしも動物園に対して直接起こされるというわけではなく，例えば地方議会といった第三者が，動物園が認可条件を順守しなかったにも関わらずその運営の継続を許したとして訴えられる可能性もある．

3.1.2 国際および国の立法制度

　動物園の運営を規定する法律には，大きく3つのレベル，すなわち国際レベル，地域（欧州内）レベル，国家レベルがある．米国やオーストラリア等では，準国家レベルで州または地方行政区の法律があり，また，英国地方政府の付随定款のように，国内法令を補う地方規制やライセンス協定が多くの国で設けられている（Cooper 2003）．動物園規制の枠組みは国によりかなり異なるが，Cooper（2003）は，多くの動物園法には共通する基本的な要素があると指摘している．その例としては，動物園の開園・運営を認可する条件（ライセンスや許可証等により），ライセンスや許可証が与えられる前に実施される動物園査察の過程，達成しなければならない最小限の基準などがあげられる．動物園はまた，一定の記録を残すことが法律により義務づけられていることが多い．
　世界の全ての国に拘束力がある国際法を制定する機関はなく，その代わりに，様々な国際機関（国際連合など）が条約や協定を提案し，各々の国が署名または"加盟"するかしないかを選択する．

---

[1] "民法"という用語は，今日広範囲に亘って使用されている一種の法制度を指す場合もある．また欧州大陸の法としても知られている民法制度は，主にローマ法に由来している．

しかし，このような条約が国内法令に組み込まれた後は，他の国家法と全く同様の拘束力を有する．

欧州連合（EU）は，欧州で全加盟国に拘束力がある法律を可決することができるが，これは提案されるEUの法律のカテゴリーによる．EUの法律には，3つの主要カテゴリーがある．

- ECの規制は，加盟国に直接拘束力を有する．
- ECの勧告は，加盟国に対して直接の拘束力はなく，施行に先立って国家の法律に組み込まれる必要がある．
- ECの決定は，加盟国に拘束力を有するが，範囲が制限されている（これらは，欧州委員会または閣議により決定される．Box 3.1にEUについて簡単に解説している）．

英国では，重要な法律は国法をもって制定される．補助的な法律制定もあり，これは議会で討議されないため，より迅速に改正できる．ECの勧告は，英国内で補助的な法律として執行されている〔本章の後半で考察している動物園ライセンス法（Zoo Licensing Act, 1981）を改正している2002年の規制[2]は，補助的な法律の良い例である〕．英国の法律には，国務大臣が変更および更新できる特定の基準を設け，執行されるものもある．また，本章で言及している英国法の全てが英国全土で行使できるというわけではない．Box 3.2には，北アイルランド，スコットランドとウェールズに権限を委譲された法律の詳細を記載している．

3.2 国際条約・協定・規則

動物園の運営に影響する国際条約の例としては，1973年の絶滅のおそれのある野生動植物の種の国際取引に関する条約（CITES）（国連，1973），1992年の生物多様性条約（CBD）（国連，1992）および欧州の野生動物と生息地の保全を扱うベルヌ条約があげられる〔動物園に影響を及ぼす保全条約および協定の総説はHolst and Dickie（2007）を参照〕．

上記以外にも動物園の運営にある程度影響を

---

[2] 動物園ライセンス法の改正法（イングランド・ウェールズ規制，2002），SI 2002/3080．

Box 3.1 欧州連合（EU）についての簡単な紹介

現在のEUは，フランス，西ドイツ，イタリア，ベルギー，オランダおよびルクセンブルクがローマ条約に署名し，1957年に欧州経済共同体（EEC）として生まれた．1967年以後，EECはECとして広く知られる欧州共同体（European CommunityまたはEuropean Communities）となった．英国は1973年にECに加盟した．1993年のマーストリヒト条約の締結後，ECはより広いEUの一部となった．紛らわしいことに，EUの一部である欧州委員会（European Commission，基本的に，EUの"行政事務"局である）もまた，省略形"EC"で表されることがある．EUの理事長は，6か月おきにその加盟国の間で交替する〔1999年に採用された欧州動物園指令（EC Zoos Directive）は，英国の前年のEU議長としての大きな功績であった〕．

現在のEUの基盤となった元のローマ条約には，動物福祉に関しての言及がなかった点は注目に値する．約40年後の条約の改訂により，1997年に，動物福祉に関するプロトコールが組み込まれているアムステルダム条約の署名に至った．

EUおよびEU法に関する詳しい情報は，http://europa.eu/ に掲載されている．

> **Box 3.2　英国内の各分離議会に権限を委譲されている動物園法**
>
> 　特にスコットランドと北アイルランド，また最近の法律に関してはウェールズも含め，これらの地域では英国や欧州の法律を各地域に合わせて変更したものが設けられていることが多い．1999年に，スコットランドは独自の議会が設けられ，同年，立法権はより制限されるが，ウェルシュ議会も創設された．
>
> 　動物園に関する英国の法律の中には，国際条約である絶滅のおそれのある野生動植物の種の国際取引に関する条約（CITES）（1973年，国連採択）に基づいて制定された法律など分離議会に委譲されないものもあるが，それ以外は委譲されているため，英国内でも異なる地方に属する動物園はその運営面でそれぞれに違った法律要件を満たさなければならない場合もある．例えば，動物福祉法（Animal Welfare Act, 2006）はイングランドとウェールズのみに適用され，スコットランドでは，動物の健康と福祉に関する法律（スコットランド）〔Animal Health and Welfare Act（Scotland），2006〕（詳細は www.scotland.gov.uk を参照）が独自に施行されている．分離議会に委譲されている法律は，その正式名称にその法律が適用される地方名が組み込まれている．ゆえに，動物園ライセンス法は英国内全域に及ぶものであり，その改正法（イングランド・ウェールズ規制）はイングランドおよびウェールズ地方にのみ適用される．
>
> 　実際には，委譲されている法律は英国全域で概してあまり違いはない．

及ぼす国際機関，基準およびガイドラインが各種多数存在し，その例としては，国連食糧農業機関（FAO），国際自然保護連合（IUCN），国連環境計画（UNEP）があげられる（表3-1にこれらの略称の全てを列記し，各国際機関または協定について簡潔に述べ，各ウェブサイトアドレスも紹介している）．

3.2.1　絶滅のおそれのある野生動植物の種の国際取引に関する条約（CITES）（1973年）

　絶滅のおそれのある野生動植物の種の国際取引に関する条約（CITES）は，1973年に米国ワシントンDCで開かれた80か国が参加した代表者会議で，保全を目的とした野生動物取引の規制について協議するために設立され，1975年に施行された．CITESに同意する国または州（"締約国"）は，CITESに"加盟した"とされ，それぞれの国家法によって条約を実行する義務を担う．

　CITESは重要な国際合意であるが，まず何よりも当機関は本来，保全法ではなく取引協定であるということである．例えば，絶滅の恐れの高い種の中には，ほとんど国際取引が行われていない種があるが，CITESのこれらの種への関わりは少ない．CITESの動物園への主な影響は，CITESにより絶滅危惧種として，あるいは絶滅の恐れのある種のカテゴリーの何れかに記載されている種の動物（または動物の一部や組織）の移動許可を受けなければならないことである．ただしCooper and Cooper（2007）により指摘されているように，CITESのもとでの起訴の場合，他の領域に関する違反を伴うことが多い（例えば野生動物の違法な輸送時の，動物の福祉や健康に関する法律に対する違反）．

　CITESの3つの附属書には，およそ5,000の動物種と28,000の植物種が記載されている（www.cites.org 参照）．これらの附属書は，2年ごとに開かれる締約国会議（CoPs）で改正および更新される．CITESの附属書Iでは，最もリスクが高いと考えられる種，すなわち，絶滅の恐れがあり，取引による影響を受ける可能性のある

表 3-1 主な国際保全機関および条約（アルファベット順）

略称	正式名称	役割	詳細
CBD	生物多様性条約 United Nations Convention on Biological Diversity 別称：Convention on Biodiversity	CBD は，1992 年にブラジルのリオデジャネイロで開催された"地球サミット"の主要な成果の1つ．	www.biodiv.org カナダ，モントリオール
CBSG	保全繁殖専門家グループ（IUCN の一部） Conservation Breeding Specialist Group 1994 年以前の旧称は，飼育下繁殖専門家グループ（Captive Breeding Specialist Group）	CBSG は，IUCN と動物園を繋ぐ目的で 1979 年に設立された．	www.cbsg.org/cbsg/ 米国ミネソタ州アップルバレー
CITES	絶滅のおそれのある野生動植物の種の国際取引に関する条約 Convention on International Trade in Endangered Species of Wild Fauna and Flora	CITES は，取引条約であり，保全条約ではない．CITES 事務局は，国連環境計画（UNEP）により国際的に管理されている．	www.cites.org スイス，ジュネーブ
FAO	国連食糧農業機関 Food and Agriculture Organization of the United Nations	FAO は，1945 年に設立され，"飢餓に打ち勝つ"という任務をもつ．農業，林業および漁場の現場の改善などがその責務である．FAO は，家畜の輸送や鳥インフルエンザ（H5N1）等の疾病への対応も行う．	www.fao.org イタリア，ローマ
IUCN	国際自然保護連合 International Union for the Conservation of Nature and Natural Resources 別称：World Conservation Union	IUCN は，野生動物保護および天然資源の持続的利用に関するガイドライン，方針の位置づけおよび声明（種の再導入に関するガイドライン等）を発行している．	www.iucn.org スイス，グランド
OIE	国際獣疫事務局 Office International des Epizooties（World Organisation for Animal Health）	OIE は 1924 年に設立され，OIE ウェブサイト，定期刊行物，その他刊行物により世界の動物の疾病を監視し，関連情報を普及に努めている．	www.oie.int フランス，パリ
SSC	種保存委員会（IUCN 内） Species Survival Commission	SSC は，保全問題に関して IUCN に（任意的に）助言する専門家のネットワーク．サンゴ礁魚グループやウマ科グループなど多数の専門グループがある．	www.iucn.org/themes/ssc/ スイス，グランド
TRAFFIC	TRAFFIC は，略称でなく，WWF と IUCN の共同プログラムの名称	TRAFFIC は，野生動植物の取引を監視し，保全に対するそのような取引の脅威を減らすために設けられている．CITES 事務局との密接な協力関係の元に運営されている．	www.traffic.org 英国，ケンブリッジ
UNEP	国連環境計画 United Nations Environment Programme	UNEP は 1972 年に設立され，"国連システム内の環境の声"と自称している．	www.unep.org ケニヤ，ナイロビ
WCMC	国連環境計画 - 世界自然保全モニタリングセンター United Nations Environment Programme World Conservation Monitoring Centre	UNEP-WCMC は，生物多様性の評価および UNEP の方針実施機関である．	www.unep-wcmc.org 英国，ケンブリッジ

（つづく）

表 3-1　主な国際保全機関および条約（アルファベット順）（つづき）

略称	正式名称	役割	詳細
WTO	世界貿易機関 World Trade Organization	WTOは，関税と貿易に関する一般協定（GATT）の後継機関として1995年に設立され，国家間取引の国際規則を取り扱う．	www.wto.org スイス，ジュネーブ
WWF	当初 "World Wildlife Fund"，後に "World Wide Fund for Nature"（世界自然保護基金）と呼ばれたWWFは，2000年以降，略称のみにより認識されるようになった	WWFは，種と生息地の保存を推進し，支援する独立野生動物保護機関および慈善団体である．1961年に英国で創立され，現在は主要な国際機関の1つである．	www.panda.org（英国WWFウェブサイト www.wwf.org.uk）

注：表中のウェブアドレスは本書刊行時のものであり，随時変更される可能性がある．いずれの機関も，その正式名称でオンライン検索することにより最新のウェブサイトが確認できる．

図 3-1 CITESの附属書Ⅰに記載されているホオアカトキ（*Geronticus eremita*）．（写真：Sheila Pankhurst）

種が扱われている．これらの種の取引が許可されるのは，特別な状況下に限られる．附属書Ⅰの種の例としては，類人猿〔ボノボまたはピグミーチンパンジー（*Pan paniscus*），チンパンジー（*Pan troglodytes*），ゴリラ（*Gorilla* spp.）およびオランウータン（*Pongo* spp.）〕，アジアゾウ（*Elephas maximus*），アフリカゾウ（*Loxodonta africana*）（ボツワナ，ナミビア，南アフリカおよびジンバブエのアフリカゾウは，附属書Ⅰではなく附属書Ⅱに記載されている）があげられる．附属書Ⅰに記載されている鳥類は，ホオアカトキ（*Geronticus eremita*，図3-1参照），また附属書Ⅰに記載されている注目すべき爬虫類種としては，コモドオオトカゲ（*Varanus komodoensis*）があげられる．CITESの附属書Ⅱには，現在絶滅の恐れはないが，取引が厳重に管理されない限り，絶滅の可能性のある種が記載されている．

EU内でのCITESの活動

CITESでは，EUは欧州の1つの州とみなされ，CITESは欧州共同体（EC）の規制〔Regulation（EC）No.338/97〕を介して実行されている．本規制は，全てのEUメンバー国に対して法的拘束力を有する[3]．各国内には，運営管理を行い，動物および

---

[3] 欧州では，CITESの法令は，民事法ではなく刑事法のもとで実行され，違反に対して懲役または罰金を科せられることもある．

その身体の一部の移動許可を発行する実務を行うCITES管理局が置かれている．また顧問的役割を担うCITES科学局も各国に置かれている．

CITESに関連する英国内の法律は，絶滅の危機にある種の取引管理（施行）規制〔COTES規制，Control of Trade in Endangered Species (Enforcement) Regulations 1997〕であり，本規制は絶滅の危機にある種の違法取引に対する処罰を強化するために2005年に改正された．

英国では，政府の環境・食料・農村地域省（Defra：Department for Environment, Food and Rural Affairs）がCITESの管理を行っており，CITESに記載されている動物（および動物の一部や組織）の移動許可を発行する責務を担っている．共同自然保護委員会（JNCC：Joint Nature Conservation Committee）[4]は，英国内のCITES科学局（動物相に関して）であり，顧問的役割をもつ．

EUはCITESに関しては事実上1つの州であるので，絶滅の危機にある種でもEU内の移動は比較的自由である（少なくとも本条約に関して）．しかし，CITES附属書（Appendix）または絶滅危惧種リストの中には，EU用に改正された箇所もある．これらは，CITESの4つのEUアネックス（Annex）として出されており，アネックスA，B，C，Dとして知られている．アネックスAには，CITES附属書Iの全種および附属書IIとIIIの種の中で，EUがより厳しい対策を採用している種が含まれる〔例えば，ナベコウ（*Ciconia nigra*）は，アネックスA種であるが（図3-2を参照），CITES附属書Iではなく附属書IIに記載されている〕．

EUの動物園が，アネックスAに記載されている動物の売買および移動の認可を受けるには，第10条証明書（Article 10 certificate）として知られる許可証が必要である（本章の末尾の「ウェブサイトとその他の情報源」に，EU内の動物取引に関する法律と必要書類について実用的な概

図3-2 欧州連合では，CITES法令に独自の附属書（アネックス）がある．ナベコウは，CITES附属書Iに記載されていないがアネックスA種に属する例である．（写真：© Robert Hardholt, www.iStockphoto.com）

要を掲載しているTRAFFICのウェブアドレスを記載した）．欧州の一部の動物園は第60条証明書（Article 60 certificate）〔旧"第30条証明書（Article 30 certificate）"〕を所有しており，これにより，アネックスA種の展示や，第60条証明書を所有するEUの動物園へのアネックスA種の移動が許可される（第60条のもとでの動物の移動に関して参考になる要約が，環境・食料・農村地域省のウェブサイトに記載されている．www.defra.gov.uk/wildlife-countryside/gwd/pdf/article60-briefnote.pdf）．

EUアネックスAおよびBに記載されている動物種の，輸送および収容施設に関する許可に必要な基準は最も低い（この法律によって移動する動物は，マイクロチップが必要）．アネックスAの動物で，野生捕獲ではなく飼育下で繁殖された動物〔第2世代（F2）の動物園動物〕は，状況によってはアネックスBへの移行が可能で，それにより，より簡単に輸送できるようになる．ただし，CITESの"飼育下で繁殖された"という定義を満たすのは，思うほど簡単ではなく，以下の基準を全て満たさなければならない．

・管理環境下で生まれた，または繁殖させた個体

---

[4] 共同自然保護委員会は，保全問題に関する英国政府の公式または法定顧問である（www.jncc.gov.uk参照）．

であること.
- 管理環境下での交尾行動（または，配偶子の移植）により生まれた個体であること.
- 繁殖動物は，CITES 決議 10.16（改正法）〔CITES Resolution Conf. 10.16（Rev.）〕に従って確立および維持されていること.

第 2 世代の生産

動物園が，飼育下で繁殖された（F2）アネックス A の動物をアネックス B として移動したい場合は，上記の基準の全てを満たすことを証明しなければならない．これには，国際種情報システム機構（ISIS：International Species Information System）（5.7.1 を参照）で維持管理されている記録等を参照してもよい．また，この法律のもとで移動される動物は，明確な個体識別（通常はマイクロチップ）がされていることが必要である.

3.2.2　生物多様性条約（CBD）（1992 年）

生物多様性条約（CBD：Convention on Biological Diversity 1992）もまた，動物園に影響する国際条約である（図 3-3 参照）である．1992 年にブラジルのリオデジャネイロで開催された国連"地球サミット"[5]で 150 名の政府首脳によって署名された生物多様性条約は，"持続可能な発展"の推進に尽力している．生物多様性条約は重要な条約であり，1999 年の欧州動物園指令（EC Zoos Directive）の国際的な統括条約である（次章参照）.

生物多様性条約の文面は *in-situ*（生息域内）および *ex-situ*（生息域外）での保全対策に言及し，本条約の第 9 条では特に以下が求められている.

> 各当事者は…生物多様性の構成要素に対して *ex-situ* での保全対策を導入し…植物，動物および微生物の *ex-situ* での保全を目的とした施設を，望ましくは本来の生息国で設立および維持すべきである…　　（EC 2006）

図 3-3　生物多様性条約は，1992 年リオデジャネイロで開催された"地球サミット"で 150 か国により調印された．生物多様性条約の狙いは，持続可能な発展を推進することである．（写真：CBD 事務局）

EU とその加盟国は欧州動物園指令を実行することで，動物園の保全活動が生物多様性条約に準じて行われていることを示すことができる.

3.2.3　国際航空運送協会（IATA）動物輸送規則（LARs）

CITES や生物多様性条約と同様に，国際航空運送協会（IATA：International Air Transport Association）への加入は任意である．国ではなく航空会社が，自ら国際航空運送協会の会員になること

---

[5] 1992 年リオで開催された"地球サミット"は，国連環境開発会議での世界のリーダーの会議であった．リオ会議では 2 つの主な国際合意，気候変動枠組み条約（Convention on Climate Change）および生物多様性条約が調印された.

を選択するが，加入後は，国際航空運送協会の動物輸送規則（LARs：Live Animal Regulations）（IATA 2007）を守らなければならない．これらの規則は，生きている動物が安全に，法に則り，良好な福祉水準下で輸送されることを確実にすることを目的としている．クレートの大きさや換気条件等の情報や詳細な仕様が記載されている動物輸送規則のコピーは，本あるいはCD-ROMとして入手できる（www.iata.org/index.htm 参照）．現在200以上の国際航空会社が国際航空運送協会に加入しており，動物輸送規則はEUで施行され，CITESや国際獣疫事務局（OIE：World Organization for Animal Health）[6]などの機関，また多くの国によって公式にも認められている．

生きている動物の国際輸送に関する詳しい手引きは，動物輸送協会（AATA：Animal Transportation Association）から入手可能である（www.aata-animaltransport.org 参照）．当協会は，国際航空運送協会と密接に働くボランティア機関である．生きている動物の輸送に関する動物輸送協会マニュアル（2007）には，動物園にとって非常に役立つ情報が記載されている．

3.2.4　その他の国際合意，ガイドラインおよび規則

Holst and Dickie は，2007年に発表した動物園に影響力を及ぼす国および国際的な規則についての総説の中で，"野生動物を保護し，それらの取引を規制することを唯一の目的とする条約や規則が数え切れないほど存在し，動物園が従わなければならない複雑な法的枠組みを形成している"と指摘している．本章でまだ触れていないが，"動物の衛生と疾病に関する国際的な規則と基準"，および"動物の野生への再導入に関するガイドライン"もまた重要な分野である．以下に，ごく簡単にその概要を，その詳細の検索情報と合わせて紹介する．

動物の衛生と疾病

国際獣疫事務局が基準を設定しており，動物の疾病の大発生防止と管理に関する重要な情報源として政府獣医機関により広く使用されている．国際獣疫事務局の刊行物には，陸生動物衛生規約（Terrestrial Animal Health Code）（年刊）および水生動物衛生規約（Aquatic Animal Health Code）などがある（www.oie.int/eng/en_index.htm 参照）．

野生への動物の再導入

1995年，国際自然保護連合（IUCN：World Conservation Union）により，野生の動植物の再導入に関する一連のガイドラインが承認された（IUCN種保存委員会，1998）．これらのガイドラインは今日もなお広く使用され，多くの分類群や種特有の再導入計画の基本をなしている（再導入に関する詳細は，第10章「保全」に記載．英国・アイルランド動物園水族館協会（BIAZA：British and Irish Association of Zoos and Aquariums）のウェブサイトには，IUCNの再導入に関するガイドラインの概要が掲載されている（www.biaza.org.uk/public/pages/conservation/reintro.asp 参照）．

本ガイドラインに記載されている主な基準の例は，以下の通りである．
- 再導入する種は，その地域に本来生息していたこと．
- 絶滅の原因が判明しており，現在は解消されていること．
- 適する生息地があること．
- 再導入は，注意深い監視が必要である．

3.3　EUの動物園の法律

EUの動物園運営の規定の主要部をなす法律は，1999年に発効された欧州動物園指令である．その他にもEUでは，動物の輸送と福祉，また死体処分問題（動物副産物関係の法律）等に関する規

---

[6] 略称"OIE"は，当機関のフランス語名 L'Office International des Epizooties に由来している．

則をはじめ，動物園に影響する様々な法律がある．

3.3.1　欧州動物園指令

　EU 会員国にとって，1999 年の欧州動物園指令（EC Zoos Directive）〔理事会指令（Council Directive 1999/22/EC）〕は，動物園について規定する欧州の法律の大きな前進であり，その結果，非常に低水準の動物園が閉鎖となった国もある．欧州動物園指令は，動物園のライセンスおよび査察，適切な記録管理，および動物の飼育管理基準に関する必要条件を打ち出している．また当指令では，動物園の教育と保全活動への積極的参加が求められている．飼育下繁殖や種再導入プログラムに直接関わっていない動物園は，保全関連の研究やトレーニングプログラムを行うか支援することによって，欧州動物園指令の保全活動条件を満たすことができる〔ただし，Rees（2005a）の指摘にあるように，これらの活動は全て生物多様性条約によりすでに関係機関に要求されている〕．

　なお，全ての EU 加盟国（スペインは，特筆すべき例外）が，欧州動物園指令を 2002 年 4 月までに自国の法律に取り込むという期限を守ったわけではない．

3.3.2　動物園運営を規定するその他の EU 法

輸送

　前述した国際航空運送協会（IATA）動物輸送規則（LARs）（3.2.3 を参照）は，EU 全域で施行されている．また加盟国は，輸送時の動物保護に関する理事会規則〔Council Regulation（EC）No.1/2005〕を直接順守する義務がある（これは，指令ではなく規則である）．本 EU 法は，英国では動物福祉（輸送時）（イングランド）令〔Welfare of Animals (Transport) (England) Order, 2006〕や，ウェールズ，スコットランドおよび北アイルランドの他の同様の法律により制定されている．

バライ指令[7]

　バライ指令（Balai Directive）は，EU 加盟国間での家畜以外の動物の輸送時の獣医学的検査および動物衛生について規定する EU 理事会指令〔EU Council Directive（92/65/EEC）〕の 1 つである．バライ指令は他の EU 法に該当しない動物を網羅する指令として 2002 年に承認され，生きた（野生）動物だけではなく，精液，卵子および受精卵についても規定している．

　最初のバライ指令（92/65/EEC）は，後に理事会指令（2004/68/EC）により改正された．

　バライ承認を得ることは，動物園獣医師と管理者にとって大掛かりな作業となる．しかし承認後は，他の承認された機関との間で動物を移動する手続きが簡素化される（図 3-4）．例えば現在，欧州でバライ承認を受けていない機関は，霊長類種の輸出入はできず，また霊長類以外の動物をバライ承認を受けていない動物園へ移動するには，事前に英国の国立獣医療サービス（SVS）[8]あるいは各国のそれに相当する機関の許可が必要となる．バライ承認を受けていない動物園または他の場所から受けた新しい動物は，承認された動物園に到着後 30 日間の隔離が必要となる．

　バライ指令の狙いは，動物園等の承認施設間で行われる，保全プログラムのような合法的な目的での動物の移動手続きを簡素化することであるが，実際には，"難しい獣医法"（Dollinger 2007）となっている．世界動物園水族館協会（WAZA）の常任理事 Peter Dollinger は，バライ指令について以下のように述べている．

　　時間制約のため，指令 92/65 は動物園団体と相談することなく短期間で準備された．なかでも特に英語版は，草案が不十分であったため不明瞭で紛らわしく，非実用的である．

---

[7] バライ（Balai）は，フランス語で箒（ほうき）を意味する．バライ指令は，他の EU 法で適用されない動物を "掃き集める" のである．

[8] 国立獣医療サービス（State Veterinary Service）は，2007 年に他の部門と合併し新しい政府機関，動物衛生局（Animal Health）となった（www.defra.gov.uk/animalhealth/index.htm 参照）．

3.4 英国の動物園における法規制とガイドライン　61

(a)

(b)

図 3-4　動物園間での（a）レッサーパンダ（*Ailurus fulgens*）や（b）ガビアル（*Gavialis gangeticus*）などの動物の移動は，欧州ではバライ指令によって管理され，"バライ承認を受けている"動物園は，より簡単な手続きで動物を交換することができる．（写真：(a) ペイントン動物園環境公園，(b) スミソニアン国立動物園）

(Dollinger 2007)

廃棄物管理

　動物園の運営に影響する EU 規制にはまた，動物副産物規則〔Animal By-Products Regulation (EC) No.1774/2002〕がある．これは英国の法律に移され，イングランド，ウェールズ，スコットランドおよびアイルランドで個別の法律として適用されている．EC 規制の背景にある意図は，動物副産物の利用法を制限することによって公衆および動物衛生を管理すること，特に，人の消費に適さない食品が食料供給網（フードサプライチェーン）

に入ることを防ぐことであった．しかし実際には，この法律は，死亡した動物を飼育下で給餌したい（例えば，死亡したヤギの肉をライオンやトラに与える）動物園を狼狽させる結果になった．少なくとも英国内では，動物副産物規則（2005 年）の規制 26.3（a）により，動物園では現在，飼育下で動物副産物を他の動物に与えるには，所在地方の動物衛生局の認可を必要とする．

　なお 2002 年に制定された EU 動物副産物規則は，本書の執筆時点では加盟国間で協議中であり，協議後には大幅に修正される可能性がある．

3.4　英国の動物園における法規制とガイドライン

　英国の動物園に影響力を与える最も重要な法律は，動物園ライセンス法（2002 年改正）であるが，この法が英国で動物園の運営法を管理する唯一の法律ではない．例えば動物福祉法は，動物衛生，公衆衛生，動物の輸送および他の多くの分野の法律と同じく，動物園に影響を与える．この項では，まず初めに動物園ライセンス法について，次に英国の動物園運営を規定する他の法律について述べる．

3.4.1　動物園ライセンス法（1981 年）

　英国では，欧州動物園指令は，改正された動物園ライセンス法の改正法〔イングランド・ウェールズ規制（HMSO，2002）〕により執行されている．動物園ライセンス法は，欧州動物園指令に約 18 年先立ち 1981 年に初めて成立したが，最近，特に動物園による保全と教育活動に関する欧州動物園指令の必要条件を反映させるために，更新，強化された（Kirkwood 2001a）．

　1981 年以降，英国の全動物園は，動物園ライセンス法のもとでライセンスが必要とされてきた（動物園ライセンス法全文のオンラインアクセスは，「ウェブサイトとその他の情報源」の項を参照．Box 3.3 には，英国で動物園ライセンス制度が実際にどのように機能するかの概要が示

> **Box 3.3　英国で動物園ライセンス制度が実際にどのように機能しているか**
>
> 　新しい動物園がライセンスを取得するための正規の条件は，動物園ライセンス法の改正法（イングランド・ウェールズ規制）（「ウェブサイトとその他の情報源」を参照）で定められている．また環境・食料・農村地域省から実用的な配布物がでており〔Circular（回覧）02/2003; www.defra.gov.uk/wildlife-countryside/gwd/govt-circular022003.pdf を参照〕，動物園のライセンス申請方法等の動物園ライセンス法のキーポイントが解説されている．
>
> 　ライセンス申請の少なくとも2か月前に，書面にて，新しい動物園を開く意図を，関連する地方自治体に通知しなければならない．この通知には，所在地，飼育しようとする動物種やその他様々な詳細，ならびに動物園が動物園ライセンス法に規定される保全対策をどのように実行するかについての声明を記載する．この情報の概要を，1地方紙と1全国紙で発表し，動物園の予定地に掲示しなければならない．地方自治体はその後，動物園査察官の報告を考慮し，その新しい動物園にライセンスを交付するかどうかを決定する．ライセンス交付後は，初回有効期間は4年である．以降のライセンス（通常は更新ライセンス）は，6年間有効となる．
>
> 　既存の動物園が動物園ライセンス法のもとでライセンス更新を申請するには，現在所有のライセンスの有効期限日の少なくとも6か月前に申請を行う．地方自治体は，手続きの簡単な更新を拒否するに十分な根拠があると信じる場合は，動物園に新しい許可を申請するように指示することができる．また特別な事態において，地方自治体は，ライセンス条件が守られない場合，一定期間一般公開しないよう，あるいは永久に閉鎖するよう動物園に要求する力もある．
>
> 　動物園査察官は，国務大臣が保管するリストから選出される．このリストは，2部に分かれており，最初の部分は，エキゾチックアニマルを扱う経験を有する獣医師が記載されており，後の部分は，動物園を査察したり，飼育下での野生動物の飼育に関してアドバイスをする能力があると（国務大臣によって）判断された者が記載されている（ブリストル動物園のウェブサイトには，動物園ライセンス法および動物園認可過程に関して非常によくまとまった概要が紹介されている：www.bristolzoo.org.uk/learning/facts/keepers）．
>
> 　動物園査察（最高で全2日かかる場合もある）の費用は通常，ライセンス機関によってまず支払われ，その後動物園に支払いが請求される．

されている）．動物園ライセンス法では，動物園は，家畜化されていない動物が飼育され，1年に7日間以上一般に公開されている場所と定義されている．ペットショップ〔ペット動物法（Pet Animals Act, 1951）によって認可される〕，サーカス〔芸をする動物に対する（規制）法（Performing Animals〔Regulation〕Act, 1925）で取り扱われる〕，また一般に公開されず個人的に所有している動物〔危険と記載されている外来種は，危険な野生動物に関する法（Dangerous Wild Animals Act, 1976）のもとで認可される〕は，動物園ライセンス法から除外されている[9]．

　これらが除外されているにも関わらず，動物園ライセンス法の及ぶ範囲は非常に広く，大きな動

---

[9] 危険な野生動物に関する法（Dangerous Wild Animals Act, 1976）は，危険と記載されている種のみに適用される（www.defra.gov.uk/wildlife-countryside/gwd/animallist.pdf を参照）．個人の所有で，危険と記載されていない外来種はこの法の範囲外であるが，現在は，動物福祉法に含まれている．

図 3-5 チョウ園は大規模の動物園内にあることが多いが、個々のコレクションとして存在するチョウ園もあり、英国では、これらのチョウ園は動物園ライセンス法のもとで動物園と定義される。(写真：© Vladimir Kondrachov, www.iStock.com)

物園から小さな水族館や野生動物公園まであらゆる施設がその対象となる（図3-5, Box 3.3も参照）．例えば，動物救護センターが少数のエキゾチックアニマルを収容し，1年のうち7日間一般公開している場合，法律のもとでは動物園とみなされる．

欧州動物園指令により，2002年に動物園ライセンス法が改正され，保全および教育に関する追加条件が組み込まれた．当法律の改正法の正式名称は，動物園ライセンス法（1981年）（改正法）（イングランドおよびウェールズ）規則（2002年）〔Zoo Licensing Act 1981（Amendment）（England and Wales）Regulations 2002〕であり，この法律は，2003年1月に英国で施行された．動物園ライセンス法は欧州動物園指令施行前にすでに存在していたため，当法のその後の改正法は補助的な法律の形をとり，議会では討議されていない．実際，欧州動物園指令の内容の多く，特に動物福祉の基準維持に関する部分は，1981年の法にすでに組み入れられていたものである．しかし，欧州動物園指令により，英国動物園の保全に関連した活動面を推進するよう，その必要条件が強化された．その結果現在は，英国の全ての動物園は，保全および研究活動に意欲的に携わっていること

を示さなければならない．英国の動物園はまた，保全問題に対する一般の認識と関心を高めることを目的とした教育プログラムへ積極的に関与していることも示さなければならない．

一見して，特にリソースの限られた小規模の動物園にとって，保全への活発な関与を要求するこれらの法律（図3-6）は重い負担に思われるかもしれない．しかしこれらは，動物園が掲げる目標および目的と一致しており，これらの法的要件の解釈や実施方法に関するガイドラインがあり，サポートも受けられる〔動物園フォーラム（Zoos Forum）や英国・アイルランド動物園水族館協会（BIAZA）等の機関から．3.6.1を参照〕．

動物園ライセンス法（改正法）には他に，動物園は適切な記録を残し（第5章参照），動物の脱出を防ぎ，動物と人にとって安全な環境を維持するという条件が記載されている（実際，当法のほとんどが，動物園での衛生と安全性に関するものである）．また，動物園の閉鎖や余剰動物の処分に関する規定も設けられている．このように，動物園ライセンス法は動物園を認可するための媒体のみならず，英国の動物園の運営体制を設定している．

動物園ライセンス法は，英国で動物園を運営するライセンスの授与，更新，撤回について定めた法律であるだけでなく（Box 3.3参照），動物園が定期的査察を受けることも義務づけている．"定期的"とは年1回であり，査察は所在地の地方自治体が行う．動物園ライセンスの6年の有効期間（既存の動物園対象）に，毎年行われる査察のうち2回は国務大臣査察（Defra 2004）で，国務大臣によって任命された1名または複数名の動物園専門査察官を同行しその援助のもとで地方自治体査察官により行われる（Kirkwood 2001b）．

ライセンスと査察の目的は，動物園が規定水準を満たして運営されることを確実にすることである．これらの基準を解説する様々なガイドラインがあるが，なかでも最も重要なのは，新動物園飼育管理監督基準（Secretary of State's Standards of

図 3-6 ペイントン動物園環境公園内の Reddish buff moth（*Acosmetia caliginosa*）の展示．このガは，英国原産の種で，ナチュラルイングランド（旧イングリッシュネイチャー）と共同で運営する保全プロジェクトの一部として飼育下繁殖が行われている．（写真：ペイントン動物園環境公園）

Modern Zoo Practice：SSSMZP）である（Defra 2004）．

3.4.2 新動物園飼育管理監督基準（SSSMZP）

確かに，信頼できる動物園には，すでに本章で論じた様々な法や指令の規定どおりに運営することを法律で義務づける必要はない．しかし，動物園ライセンス法のような法律には政府が何を動物園に期待しているかが詳細に記述されているので，飼育管理下のエキゾチックアニマルに関わる仕事に従事する者にとって，達成すべき基準とゴールが正確に分かる指標としても役立っている．動物園ライセンス法やその他の法律の解釈に役立つように，英国政府は，動物園社会の様々な側面に求められている基準を示すガイドラインを作成している．これらのガイドラインが新動物園飼育管理監督基準（SSSMZP, Defra 2004）であり，定期的に更新されている（本書執筆時は 2004 年 9 月版）．

これらのガイドラインの目的は，英国の動物園があらゆる活動面で達成すべき基準を定めることである．したがって新動物園飼育管理監督基準は，法律の解釈としての役目もあり，動物園の法律順守の査定基準を説明している．新動物園飼育管理監督基準で定めるものは，動物の飼育管理のいわゆる 5 原則に基づいている．この 5 原則は，もともと家畜の福祉に適用された 5 つの自由を参考にしたものである〔産業動物福祉審議会（Farm Animal Welfare Council, 1992），第 7 章「動物福祉」を参照〕．

1. 食物および水の給与：この原則は主に食物と水を与えるうえでの健康と衛生面に配慮するものであるが，動物の種，性別，年齢，繁殖状況等に応じた適切な質，量，種類の食物についても指定している．
2. 適切な居住環境の供与：この原則は，飼育環境の構造，飼育する動物種に適する環境，また動物の逃亡の可能性を最小にする配慮等について指定している．また，健康と安全への配慮（例えば電気機材の点検や壊れた囲いの修理）や衛生面（例えばゴミ処分やケージ掃除，図 3-7 参照）についても触れている．
3. 動物の健康管理の供与：この原則は，動物に施される医療レベル（図 3-8）および疾患予防に関するものである．また，他に健康を害するもの，例えば動物がお互いに傷つけあう可能性を少なくすること等についても述べている．また，動物とその健康状態について詳しく記録することの大切さを強調している．
4. 大半の正常な行動ができる機会の供与：この原則は，自然環境で見られるのと同様の行動を促す物理的および社会的環境の供与に関するものである．これを達成するには，動物園は動物の野生での行動についての最新知識に精通していることが肝心である．ガイドラインのこの部分には，飼育下繁殖の重要性と分類群を越えた交雑種の繁殖の回避についても述べられている．

図 3-7 動物に適切，安全，衛生的な環境を確実に提供することも，動物園の日常の飼育管理に欠かせない要素である．（写真：Christopher Stevens，ウェリビーオープンレンジ動物園）

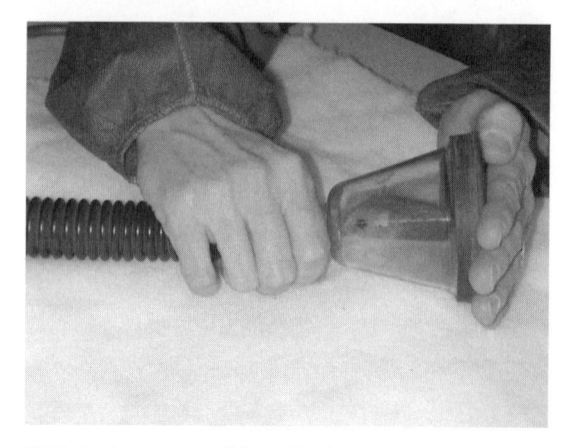

図 3-8 ヨーロッパヤマネ（*Muscardinus avellanarius*）のリリース前の健康チェックの様子．ヨーロッパヤマネは，飼育下繁殖および再導入プログラムの一環として英国動物園内で繁殖されている．（写真：ペイントン動物園環境公園）

5. 恐怖および苦痛からの保護：ここでもまた，適切な物理的および社会的環境の供与について指定している．また，動物園来園者への情報と，動物が人との接触を避けたい場合にそのようにできる施設の提供について記載されている．

これらの5つの原則は，動物飼育基準の中心基盤であるが，新動物園飼育管理監督基準もまた，以下に例をあげるような動物園管理の他の面に関する基準を設定している．
- 動物の輸送および移動
- 保全および教育対策
- 動物園内での市民の安全
- 記録の保管
- スタッフおよびトレーニング
- 公共施設

これらの追加の基準指定は主に動物飼育に関するものではないが，英国政府が動物園運営のあらゆる面でベストプラクティス（最良の実践策）と考えるものを，動物園に伝えることを目的としている．欧州動物園指令を理解する際に，なかでも特に動物園が保全および教育活動に従事するという条件に関して，参考となる附属書もいくつかあり，また，動物の取引，獣医療施設，動物接触域および動物のトレーニングに関する附属書もある．

新動物園飼育管理監督基準はまた，正規の倫理的審査手順を確立し，動物園で起こり得る倫理問題に対処し解決するよう求めている．

3.4.3 ベストプラクティスのガイドライン

英国の動物園は，新動物園飼育管理監督基準に加え動物園フォーラムや英国・アイルランド動物園水族館協会等からも，業務に関する諮問ガイドラインを得ることができる．

動物園フォーラム

動物園フォーラム（Zoos Forum）は，動物園管理，教育，獣医学および動物福祉の専門家による委員会である．1999年に英国政府によって整備され，政府および動物園コミュニティに対して，独立諮問機関の働きをしている．動物園フォーラムには，ライセンスシステムをモニターし改正や変更の必要性を政府に勧告することと，動物園の研究，教育および保全活動を奨励し支援するという2つの役割がある．また定期的に公開会議を開催し，フォーラムの活動年次報告を作成している．

動物園フォーラムは，その動物園支援活動として，継続発行されている「動物園フォーラムハンドブック（Zoos Forum Handbook）」（Defra 2007b）の章を担当してきた．ハンドブックの目的は，ベストプラクティスを実践することにより，いかにこれらの基準を達成し，法的要件を満たすかについて，新動物園飼育管理監督基準の記載内容よりも詳しいアドバイスを動物園に提供することである（図3-9）．

本書執筆時点で当ハンドブックに掲載されいる章は，倫理審査，保全，教育および研究，環境維持への取組み，獣医療，および動物福祉とその評価である．これらの章の付録には，福祉監査や動物頭数管理方針等がどのように設定されたかが，実在する動物園の実例により示されている．これらの文書は全て，環境・食料・農村地域省のウェブサイトからオンラインで入手

図 3-9 動物園の動物や来園者への配慮，来園者への販売品，またどのように環境に対する意識を促すか等のベストプラクティスの例：(a) ノドブチカワウソ（*Lutra maculicollis*）の体重測定訓練，(b) 販売品"Zoo-Poo（動物園の糞）"（写真：(a) カンゴー野生動物園，南アフリカ，(b) ペイントン動物園環境公園）

できる．（動物園フォーラムハンドブックは，現在 www.defra.gov.uk/wildlife-countryside/gwd/zoosforum/handbook/ に掲載されている．）

BIAZA ガイドライン

英国・アイルランド動物園水族館協会（BIAZA）は，米国動物園水族館協会（AZA：Association of Zoos and Aquarium），欧州動物園水族館協会（EAZA：European Association of Zoos and Aquarium），オーストラリア地域動物園水族館協会（ARAZPA：Australasian Regional Association of Zoological Parks and Aquaria）等の他の国および地域の動物園協会と同様に，英国の動物園にベストプラクティスに関するガイドラインとアドバイスを提供するもう1つの団体である（3.6を参照）．BIAZA は，様々な動物種の管理および飼育ガイドラインや，加盟動物園に対しては，動物取引から無脊椎動物の安楽死といった多岐に亘る事項に関する実施基準を発表している（これらの刊行物の詳細は，オンライン www.biaza.org.uk を参照）．

動物園のためのその他のガイドラインおよび情報源

環境・食料・農村地域省は，動物園ガイドラインを発行する唯一の英国政府機関ではない．例えば，課外学習マニフェスト（Learning Outside the Classroom Manifesto）（DfES 2006）によると，前英国教育雇用省（DfES）〔現児童学校家庭省（Department for Children, Schools and Families）〕が，動物園の教育活動を扱っている．英国野生動物飼育技術者協会（ABWAK：Association of British Wild Animal Keepers）はもう1つの情報源（www.abwak.co.uk 参照）で，広範囲の分類群の飼育管理ガイドラインを作成している．

3.4.4 英国の動物園運営法を定めるその他の法律

動物園ライセンス法（改正法）に加えて，動物園に影響する他の法律には，動物福祉，保全，動物衛生と病気，公衆衛生と安全（動物園スタッフおよび来園者），動物輸送，雇用，取引，建築規則，慈善事業法および信託法，データ保護法，廃棄物処理（動物副産物）および障害者差別に関する多

図 3-10 動物園は，例えば，障害者差別関連の法律など広範囲に亘る法規に従わなければならない．この写真は車椅子利用者がロッテルダム動物園で動物園体験を楽しむ様子を示している．（写真：Geoff Hosey）

岐に亘る分野の法規がある（Brooman and Legge 1997, Kirkwood 2001a, 図 3-10 参照）．銃器法でさえ動物園に適用される〔有害動物駆除目的でダーツ器材やライフルを使用する獣医師や飼育係は，銃器法（Firearms Acts, 1968 ～ 1997）によりライセンスが求められる〕．表 3-2 に，動物園ライセンス法以外の英国の動物園の運営を定める主な法の概要を示す．

英国の動物園の様々な側面で責務のある政府機関としては，環境・食料・農村地域省，児童学校家庭省（旧 DfES），通商産業省（DTI：Department for Trade and Industry），内務省および文化・メディア・スポーツ省（DCMS：Department of Culture, Media and Sport）などがあげられる．

環境・食料・農村地域省のウェブサイトは，英国で動物園運営を規定する法律の詳細を包括的に紹介している．

動物福祉法

動物園規制法の中心は依然，動物園ライセンス法（改正法）であるが，動物福祉法（民事法ではなく刑事法）は，環境・食料・農村地域省のウェブサイトで"動物福祉関連法規で，ここ 1 世紀の間で最も重要な改革"（Defra 2007a）と述べられている．動物福祉法は，2007 年にイングランドとウェールズで施行された．スコットランドのこの法に相当するのは，動物衛生と福祉に関する法律（Animal Health and Welfare Act, 2006）で，北アイルランドでは，動物の福祉法（北アイルランド）〔Welfare of Animals Act（Northern Ireland），1972〕である．

当法律は，虐待防止のみならず，動物の必要とする福祉条件が満たされるよう，動物の所有者や飼育者（動物園を含む）に法的要件（注意義務

表 3-2 英国の動物園に影響するその他の法律

分野	法，命令，規制	詳細
動物衛生および疾病	動物衛生法（2002年） Animal Health Act 2002	2002年の法は，特に口蹄疫（FMD）やBSEのなどの伝達性海綿状脳症（TSE）に取り組む政府の行使力を定めている．
	獣医薬規制（2005年） Veterinary Medicines Regulations 2005	ほとんどの動物用鎮痛薬は，その動物を診療し評価した獣医師にしか処方できない．
	薬の誤用に関する規制（1985年） Misuse of Drugs Regulations 1985	これらの規制は，モルヒネ等のオピオイドの使用も扱っている．
動物福祉	動物福祉法（イングランドおよびウェールズ）（2006年） Animal Welfare Act（England and Wales）2006	動物福祉法（2006年）は，産業動物および非産業動物を対象とした多くの動物福祉法の既存部分を総括したものである．
	獣医法（1966法） Veterinary Surgeons Act 1966 動物（科学的処置）法（1986年） Animals（Scientific Procedures）Act 1986	この法は侵襲的な研究を対象にしており，獣医学的および繁殖学的研究を実施している動物園に適用される．
建築物規制	建築基準法（1984年） Building Act 1984	
保全	野生動物および田園地域に関する法律（1981年） WLCA：Wildlife and Countryside Act 1981	WLCAは，ベルヌ条約（WLCAの詳細はオンラインhttp://jncc.gov.uk/ の3614ページ参照）等の欧州の保全規制を履行するものである．
障害に基づく差別	障害差別法（1995年） Disability Discrimination Act 1995	
雇用	データ保護法（1998年） Data Protection Act 1998	動物園は，データ保護法の規定に従って，職員，来園者およびボランティアの詳細な記録を保管する義務がある．研修学生や動物園で一時的に働く研究者にも適用される．
	雇用権利法（1996年） Employment Rights Act 1996	
銃器	銃器法（1968年～1997年） Firearms Acts 1968 to 1997	ダーツ器材やその他の銃器を使用する獣医師や飼育係は，ライセンスが必要である．
一般動物法	芸をする動物に対する（規制）法（1925年） Performing Animals（Regulation）Act 1925	この法は，動物をショー用に訓練する者または団体に対し，地方自治体への登録および査察を受けることを義務づけている．
一般環境保護法	環境保護法（1990年） Environmental Protection Act 1990	
	汚染規制（改正）法（1989年） Control of Pollution（Amendment）Act 1989	
衛生および安全	健康有害物質管理規則（2002年） COSHH：Control of Substances Hazardous to Health Regulations 2002 労働衛生安全法（1974年） Health and Safety at Work Act 1974	英国安全衛生庁から，2つの参考になるオンラインガイドが作成されている． (1)動物園の衛生および安全管理（Managing Health and Safety in Zoos）（www.hse.gov.uk/pubns/web15.pdf） (2) COSHH規制（www.hse.gov.uk/pubns/indg136.pdf）

（つづく）

表 3-2 英国の動物園に影響するその他の法律（つづき）

分野	法，命令，規制	詳細
研究	動物（科学的処置）法（1986 年） Animals (Scientific Procedures) Act 1986	動物（科学的処置）法に関する詳細は，Box 3.4 を参照.
取引	絶滅の危機に瀕する種の貿易管理に関する（施行）規則（1997 年） COTES：Control of Trade in Endangered Species (Enforcement) Regulations 1977	COTES は，CITES（3.2.1 を参照）を実行している英国の国内法である.
輸送	動物の福祉（輸送）（イングランド）令（2006 年） Welfare of Animals (Transport) (England) Order 2006	この令は，以前の 1997 年の令に代わるもので，輸送中の動物の保護に関して，国家法を欧州連合理事会規則）（EC）（No.1/2005）と同じ水準にするものである.
廃棄物の管理および処理（死体処理も含む）	廃棄物管理ライセンス規則（1994 年）（改正法） Waste Management Licensing Regulations 1994 (as amended)	
	有害廃棄物（イングランドおよびウェールズ）規則（2005 年） Hazardous Wastes (England and Wales) Regulations 2005	
	動物副産物規則（2005 年） Animal By-Products Regulations 2005	英国では，欧州連合動物副産物規制（EC，1774/2002 年）に対応するため，2005 年に国家法が制定された.

注：この記載は完全なものではなく，また，北アイルランド，スコットランドおよびウェールズの法律は異なっている場合もある（英国内で委譲されている法律に関する詳細は，Box 3.2 を参照).

を定めている．これらの福祉条件は，環境・食料・農村地域省（2008）により以下のようにまとめられている．
- 適切な環境（生きるための場所）
- 適切な食餌
- 正常な行動パターンを示せること
- 他の動物とともに，あるいは別に収容されること（該当時）
- 痛み，外傷，苦痛と病気から守られること

動物福祉法は，哺乳類だけでなく全ての脊椎動物を対象としており，環境・食料・農村地域省のウェブサイトにあるように，"他の種類の動物も痛みや苦痛を感じることが，将来科学的に証明される"（Defra 2008）ならば，今後，無脊椎動物も適用範囲に加えられる予定である．

動物園内での研究に関する法律

動物（科学的処置）法（1986 年）は，研究を行っている動物園に適用される．ただし Kirkwood（2001a）は，"当法のもとで動物園で研究が行われることは，あったとしてもわずかである"としている．Box 3.4 に，当法と，動物園が研究を実施する前に内務省に許可を得る必要があるかもしれない状況に関する情報を示す．

3.5 欧州以外の国の動物園に関する法律

本章に（実際，本書全体としても），欧州以外の全ての国の動物園に関する法律について詳しく述べることは不可能である．

次の 2 つの項では，動物園運営を規定する米国の法律，および米国と欧州以外の法律について簡単にその概要を述べる．

3.5.1 米国の動物園を規定する法律：概要

米国では，動物福祉法により，動物園ライセン

> **Box 3.4　内務省の許可を必要とする研究作業**
>
> 英国では，動物（科学的処置）法が侵襲的技法に対して適用される．この侵襲的技法は，"保護動物に痛み，苦痛，または持続的危害を生じる可能性のある全ての実験法および他の科学的手法"と定義されている．またここで言う保護動物とは，あらゆる生きている脊椎動物（人以外）と無脊椎動物1種〔マダコ（*Octopus vulgaris*）〕である．
>
> 保護動物種の侵襲的研究を行うにあたっては，それに先立って当法により内務省から許可を得ることが要求されている．動物園への適用例としては，通常放し飼いの動物を研究目的のために一時的にケージに収容する場合などである．たとえ動物園研究プロジェクトが観察のみであっても，動物の捕獲時やケージ収容にあたって苦痛を与える可能性がある．
>
> 動物園フォーラムは，特定の研究プロジェクトが許可を必要とするかどうかが不明確な場合は，内務省からのアドバイスを求めるよう動物園に忠告している．

スから，動物衛生，動物の購入，輸送，居住環境，取扱いと飼育管理に至る動物園活動等に関して規定されている（Vehrs 1996）．動物福祉法の順守の監視は，米国農務省の動植物検疫局（APHIS：Animal and Plant Health Inspection Service）の責任下に置かれており，動植物検疫局は，連邦獣医局（米国各州に獣医師1名が置かれ，動物園のライセンス申請の調査を担当している）を通して動物園と水族館へのライセンスの発行業務を行っている．動物福祉法の規定対象は哺乳類のみであり，また哺乳類の中でも対象外の種もある．産業動物，ラットとマウス，およびほとんどの一般的なコンパニオンアニマルは，当法の規定から除外される（Vehrs 1996）．

動物園の規制に関わる他の米政府機関は，食品医薬品局（FDA：Food and Drug Administration）と米国魚類野生生物局（US Fish and Wildlife Service，内務省）であり，後者は，CITESのような国際法の施行機関である．Fowler and Miller（1993）の包括的な書である「Zoo and Wild Animal Medicine（野生動物の医学）」の第3版には，米政府の各機関・庁のリストおよび現在の動物園関連の法律の概要が記載されている（この便利な概要は，全ての版に含まれているわけではない）．

北米の動物園ライセンスと法律に関しての詳細は，Grech（2004）が実用的なレビューをオンラインで提供しており，米国動物園水族館協会（AZA）のウェブサイトもまた，動物園の運営に影響する連邦法に関する情報を提供し，連邦規制基準等の他ウェブサイトへのリンクも紹介している．Gesualdi（2001）は，米国と同様に，カナダおよびメキシコの動物園ライセンスとその認定について調べている．

3.5.2　米国および欧州以外で動物園運営に関連する法律：概要

動物園支援機構（ZOO：Zoo Outreach Organisation）のウェブサイト（www.zooreach.org）には，東南アジア（図3-11）とオーストラリアの動物園の動物園法，基準およびガイドラインに関する実用的な情報が紹介されている．この地域では，特に国と地域のどちらが主となって動物園の規則を管理するのか等，動物園法への取組みが各国間で多種多様である．例えばインドでは，動物園ライセンスシステムは，動物園をその規模によって4つのカテゴリーに分けており，カテゴリーごとにそれぞれの必要条件を定めている（Cooper 2003）．

オーストラリアでは，動物園規制は，国よりも

図 3-11 東南アジアの動物園の運営の規制体系は，各国で大きな違いがある．これらの写真は東南アジア地域の２つの主要な動物園で撮影されたもので，(a) は，シンガポール動物園のカピバラ（*Hydrochaerus hydrochaeris*），(b) はインドネシアのラグナン動物園のシュマッツァー霊長類センターの入口である．（写真：(a) Diana Marlena，シンガポール動物園；(b) Vicky Melfi）

主に州の管轄下であり，動物園の動物衛生と動物福祉は州や地区ごとに異なっている．

カナダも同じく，動物園法には行政区間で著しい違いがある．特に近年オンタリオ州は，小さな路傍動物園を規制する法律がないと批評を浴びている（Dalgetty 2007）．

3.6 動物園協会：BIAZA，EAZA，AZA，ARAZPA，WAZA

単独で運営する動物園は少なく，ほとんどが国あるいは地域レベルの動物園協会に属している（図 3-12）．動物園協会は一般に，動物園運営に関わる法体制には含まれないが，その目的には，動物園社会の専門意識を高め，優れた実践を推進し，組織がお互いに保全，研究，教育という動物園の役割を実践できるよう協力することもあり，規制体系に含まれるとも考えられる．

国レベルの動物園協会で最も古いのは，1887 年に創立されたドイツの動物園長協会（Verband Deutscher Zoodirektoren）である．これを起点に，1935 年にバーゼルで開催された会議で国際動物園長連盟（IUDZG：International Union of Directors of Zoological Gardens）が設立された（EAZA 2003）．現在は，動物園長協会ではなく動物園協会が重視されている一方，活動の盛んな動物園飼育技術者団体も多くの国に存在する．

3.6.1 英国・アイルランド動物園水族館協会（BIAZA）

英国・アイルランド動物園水族館協会（BIAZA：British and Irish Association of Zoos and Aquarium）は，自ら動物園および水族館コミュニティを代表する専門機関とみなしており，英国およびアイルランドの動物園に登録を奨励している．BIAZA は 1966 年に設立され，以前は英国およびアイルランド動物園連合（Federation of Zoos of Great Britain and Ireland）として知られていた．

BIAZA の正式会員資格があるのは動物園および水族館であるが，準会員のカテゴリーもあり，動物園社会で事業活動する企業，動物園と連携している大学等の教育機関，また個人も登録できる．BIAZA は，年次研究シンポジウム等の会議を開催し，またガイドラインの発表，研究の推進，保全事業の管理を行う．BIAZA の狙いは，保全を推進し人々の自然界への関心を高め，動物園社会で高水準の動物飼育管理を達成することである．（BIAZA の使命と展望については，2.5.1 を参照．）

3.6 動物園協会：BIAZA, EAZA, AZA, ARAZPA, WAZA

図3-12 認定動物園とは，ライセンスを所有し，国または地域の動物園協会に属する動物園である．（写真：BIAZA, EAZA, ARAZPA）

またBIAZAは，動物園運営を規定する法律についての非常に役立つアドバイスを公表している．このアドバイスは，BIAZAウェブサイトおよびBIAZAの季刊誌Lifelinesの各号に掲載されている短いセクション「Legal Lines」で確認できる．

3.6.2 欧州動物園水族館協会（EAZA）

英国の動物園の多くは，欧州動物園水族館協会（EAZA：European Association of Zoos and Aquaria)にも加盟している．EAZAはEUの動物園を代表して1988年に設立され，当初European Community Association of Zoos and Aquaria（ECAZA）として知られていた．鉄のカーテンの倒壊後に東方に拡大し，EAZAはイスラエル，トルコ，2007年前期にはキプロスを含む欧州およびその近隣国に会員を有するようになった．

EAZAは本部をベルギーのアントワープに置き，現在34か国から300以上（本書執筆時）の動物園が登録されている．EAZAの使命は，地域との協力のもとでの野生生物の保全計画・調整，教育，特に環境教育の推進，国際レベル（例えば，国連，EUなど）の議論への積極的参加，および

欧州連合（EU）とその委員会への勧告，の4つの要素からなる．EAZA は，1985 年の最初の欧州絶滅危惧種計画（EEPs：European Endangered species Programmes）設立時の原点を尊重し，飼育下繁殖と地域の飼育下繁殖プログラムへの参画を重要視している[10]．

EAZA の会員となるには，動物園と水族館は厳しい認定プロセスを経なければならず，国際種情報システム機構（ISIS：International Species Information System）に登録し，個体記録管理システム（ARKS：Animal Record-Keeping System）で所有動物の管理をしなければならない（第5章参照）．EAZA 会員は，EAZA 基準および倫理規定にも従わなければならない．

EAZA は動物園運営に関する数種の方針文書と基準を作成し，欧州動物園指令の案出に尽力した．

3.6.3　オーストラリア地域動物園水族館協会（ARAZPA）

オーストラリア地域動物園水族館協会（ARAZPA：Australasian Regional Association of Zoological Parks and Aquaria）は 1990 年に設立され，オーストラリア，ニュージーランドおよび南太平洋全域で 70 以上の動物園および水族館を連繫している．本協会の掲げる使命は，"動物園と水族館の総体的な資源を利用して，自然環境の生物多様性を守ること"である（ARAZPA 2008）．

3.6.4　米国動物園水族館協会（AZA）

米国動物園水族館協会（AZA：Association of Zoos and Aquariums）は，現在 5,500 以上の会員で構成され，世界最大の動物園水族館協会であるとされている．ただしこの合計のうち，動物園会員はおよそわずか 250 で，他は個人会員である．AZA は，北米以外からも個人や動物園会員を受け入れるが，認定会員になれるのは米国とカナダの動物園のみである〔訳者注：原文情報の誤りと思われる．北米以外の動物園も認定を受けることは可能で，現在2機関 Ocean Park Corporation, Hong Kong（2013 年 3 月まで），Temaiken Foundation, Buenos Aires（2012 年 3 月まで）が認定を受けている（http://www.aza.org/current-accreditation-list/）〕．1924 年に American Association of Zoological Parks and Aquariums（AAZPA）として創立され，1994 年にその名称を American Zoo and Aquarium Association に変更すると同時に"AZA"の略称を適用した．現在は"American"を削除し，Association of Zoos and Aquariums としている．

AZA には動物園やその他の機関および個人のために様々な会員枠があり，また世界を視野に入れている．その使命は動物飼育管理，動物福祉，保全，教育および研究分野での向上を奨励し，自然界に対する敬意を促すことである．BIAZA や EAZA と同様に，AZA は会員の活動を支援し，専門性の高い基準を普及させることを目的とする方針，ガイドラインおよび活動基準を公表している．

3.6.5　世界動物園水族館協会（WAZA）

当初，国際動物園長連盟（IUDZG：Zoological International Union of Directors of Zoological Gardens）と呼ばれていたこの協会は，2000 年に名称を世界動物園水族館協会（WAZA：World Association of Zoos and Aquariums）と変更した．会員登録できるのは，動物園や水族館（地域の協会に属していることが条件），地域や国の様々な協会，また関連機関〔例えば国際種情報システム機構（ISIS）やライプニッツ動物園野生生物研究協会（IZW：Institute for Zoo and Wildlife Research）など〕である．

WAZA は，その使命を"世界の動物園，水族

---

[10] 欧州絶滅危惧種計画は，語源はドイツ語の Europäisches Erhaltungszuchtprogramm であるため，その略称は EESPs ではなく EEPs である．

館および同志の機関の，動物飼育管理，動物福祉，環境教育および世界的な保全活動を指導し，奨励し，支援すること"と掲げている（WAZA 2008）．

WAZAの最も知られている業績の1つは，動物園による野生生物保全事業に関する2つの重要な方策書を作成したことである．その1つは，世界動物園保全戦略（WZCS：World Zoo Conservation Strategy）（IUDZG/CBSG, 1993年）であり，これはIUCNの保全繁殖専門家グループ（CBSG：Captive Breeding Specialist Group）と，WAZAが以前の国際動物園長連盟（IUDZG）の名のもとに，1993年に共同で発表した．もう1つの方策書は，世界動物園水族館保全戦略（WZACS：World Zoo and Aquarium Conservation Strategy）（WAZA, 2005年）である．（WZCSおよびWZACSについては，第10章「保全」を参照．）WAZAはまた，繁殖制限や安楽死から動物園間の動物の移動に亘る様々な問題を対象にした倫理規定（WAZA，1999年）を設けた．

3.6.6 その他の動物園協会

国および地域の動物園協会

世界のその他の地域にも，上述したと同様な方法で，また同様な価値観で活動している動物園協会がある．以下はその例である．

- アフリカ動物園水族館協会（PAAZAB：African Association of Zoological Gardens and Aquaria）：旧称はPan-African Association of Zoological Gardens and Aquariaであり，略称の最初の"P"はこの旧称の名残（図3-13）．
- ラテンアメリカ動物園水族館協会（ALPZA：Latin-American Zoo and Aquarium Association）
- カナダ動物園水族館協会（CAZA：Canadian Association of Zoos and Aquariums）
- 南アジア地域協同動物園水族館協会（SAZARC：South-Asian Zoo Association for Regional Cooperation）

飼育技術者協会

動物園協会と同様に，世界中には様々な動物園

図3-13 伝統的な方法で食物を運ぶプレトリア動物園（南アフリカ）の飼育係．アフリカでは，動物園協会は，アフリカ動物園水族館協会（PAAZAB．（写真：Robyn Ingle-Jones，プレトリア動物園）

飼育技術者協会が存在する．英国では，英国野生動物飼育技術者協会（ABWAK：Association of British Wild Animal Keepers）が，協会雑誌「Ratel（ラーテル）」および他の刊行物（数種の分類群の飼育管理ガイドライン等）を発行している．またABWAKは，2つの分野で動物園活動に小額の補助金を提供している．

- 飼育下のエキゾチックアニマル，特にレッドデータリスト／CITESにあげられている分類群の飼育管理に関する知識または認識の向上を目的とするプロジェクト．
- 基本的に申請者が準備する英国内外のフィールド保全／教育プロジェクト．

ABWAKウェブサイト（www.abwak.co.uk）に，詳しい情報と連絡先が提供されている（また，英

国の動物園の飼育技術者職を探す足掛りとなるサイトである).

　北米で同様な役割を果たすのは，米国動物園飼育技術者協会（AAZK：American Association of Zoo Keepers）である．Enrichment Notebook（エンリッチメント手帳，2004）はAAZKの刊行物の1つで，現在の第3版は検索可能なCD-ROM版（詳しくはwww.aazk.org参照）が利用できる．またZoonotic Diseases（人獣共通感染症）のCD-ROMもAAZKから出されており，動物原性感染症の検索リストおよび消毒と衛生に関する実用的な情報が含まれている（AAZK 2005）．

　オーストラリアとニュージーランドでは，オーストラリア動物園飼育学会（ASZK：Australasian Society of Zoo Keeping）がある．アフリカには，アフリカ飼育技術者協会（AKAA：Animal Keepers Association of Africa）がある．欧州では，国の動物園飼育技術者協会のほかにも欧州ゾウ飼育担当者・管理者協会（EEKMA：European Elephant Keeper and Manager Association）等の様々な団体がある．

　2000年に，オハイオ州コロンバスで開かれた会議で動物園動物の飼育に関する国際会議（ICZ：International Congress on Zookeeping）の構想が生まれ，2003年に，オランダのアルフェンアーンライン，アビファウナで，初会議が開催された．2006年にはオーストラリアで第2回ICZ会議が開かれ，2009年はシアトルで開催予定である．ICZのウェブサイト（www.iczoo.org）には，世界中の主な国および地域の動物園飼育技術者協会が掲載されている．

まとめ

　動物園は，国際レベル，国家レベル，あるいは準国家レベルで施行される広い分野に亘る複雑な法や協定，ガイドラインにより規定されている．
- 全ての国に，特定の"動物園"法があるというわけではない．例えば米国では，動物園が従わなければならない主な法律は，動物福祉法である．
- 英国の動物園は動物園ライセンス法（改正法）によって管理されており，この法は1999年の欧州動物園指令（1999/22/EC）の必要条件を英国法に組み入れる役割をもつ．
- 動物園ライセンス法と欧州動物園指令は，動物園が運営許可（ライセンス）を受けるために果たさなければならない特定の義務を課している．
- EU諸国の動物園は，現在，教育と保全活動に活発に携わるという欧州動物園指令の必要条件を満たさなければならない．
- 政府ガイドライン「新動物園飼育管理監督基準」は，英国の動物園が，法律義務を理解しベストプラクティスを達成する参考になり，また顧問ハンドブックを出版している動物園フォーラム等の団体からの助言も受けられる．
- BIAZA，EAZA，ARAZPA，AZAおよびWAZA等の地域，国，また国際動物園協会もまた，ベストプラクティスを奨励し，動物園事業の連繋を目指している．

論考を深めるための話題と設問

1. 動物園ライセンス法で定義する英国の"動物園"は，広義すぎて非実用的ではないか．
2. BIAZA，EAZA，またAZA等の国または地域の協会会員登録は，任意のままにすべきか，それともライセンス取得の条件として，全ての動物園に義務づけるべきか．
3. 英国の全ての動物園に，保全および教育活動への取組みを法的に義務づけるべきか，それとも，小規模の動物園はこの条件を免除すべきか．
4. 動物園ライセンス法（改正法）の他に，英国の動物園の運営を規定する法律は何か．
5. 米国と欧州の動物園に関する法体制を比較対照してほしい．

さらに詳しく知るために

　動物園運営に関連する複雑な規制体系をさらに詳しく調べたい方には，Cooper and Cooper の「Introduction to Veterinary and Comparative Forensic Medicine（獣医学・比較法医学概論）」（2007）の第3章，「動物法の重要性と適用」が良い足掛りとなろう．また同書第4章「動物福祉」も参考になる．Margaret Cooper（動物法を専門とする弁護士）は，「International Zoo Yearbook」（2003）に，動物園法に関する非常に役に立つ概論を書いており，世界各国の動物園法の例が別表で記載されている．

　英国の動物福祉法についてさらに詳しく調べたい方には，Mike Radford の「Animal Welfare Law in Britain: Regulation and Responsibility（英国の動物福祉法：規制と責務）」（2001）を勧める．また Brooman and Legge の「Law Relating to Animals（動物に関する法律）」（1997）も推薦する．これには，動物園に関わる法律の項が設けられている（動物園史の短い概論もある）．英国で出版されているが，本書は動物に関する欧州および国際法を取り上げており，オーストラリアの動物福祉法についても記載されている．

　「Encyclopedia of the World's Zoos（世界の動物園百科）」（Bell，2001）の全3巻に，動物園法とライセンス取得過程について記載がある．James Kirkwood〔前ロンドン動物学協会（ZSL）主任獣医師で現動物福祉大学連合（Universities Federation for Animal Welfare）ディレクター〕は，英国の動物園法とライセンス取得過程について有用な概要を2つ掲載している（Kirkwood 2001a, 2001b）．他にも，アフリカの動物園の法律とライセンスの概要（Walker 2001）や北米の動物園のライセンスと認定制度（Gesualdi 2001）などが掲載されている．

ウェブサイトとその他の情報源

　以下に特に役に立つ思われるウェブサイトと他の情報源を紹介するが，公開されているウェブサイトアドレスやオンライン情報が不正確な場合もあるので，常時再確認することを勧める．本章で言及している重要な文書の中には，その全文を以下のウェブサイトからダウンロードできるものもある．

- 生物多様性条約：本条約の本文は www.cbd.int/convention/convention.shtml で閲覧できる．
- 欧州動物園指令（1999/22/EC）：欧州動物園指令の全文は http://eur-lex.europa.eu/pri/en/oj/dat/1999/l_094/l_09419990409en00240026.pdf で閲覧できる．
- 動物園ライセンス法（改正），および動物園ライセンス法改正法（イングランド・ウェールズ規制）：動物園ライセンス法の改正法の完全版（ⓒ Crown Copyright 2002）は，www.legislation.gov.uk/si/si2002/20023080.htm で閲覧できる．動物園ライセンス法（改正）のキーポイントの概要は環境・食料・農村地域省の www.defra.gov.uk/wildlife-countryside/gwd/govt-circular022003.pdf で閲覧できる〔Circular（回覧板）02/2003；ⓒ Crown Copyright 2003〕．
- 新動物園飼育管理監督基準（SSSMZP）：www.defra.gov.uk/wildlife-countryside/gwd/zooprac/index.htm には，英国の動物園に関する多くの有用な情報が掲載されており，SSSMZP についても情報提供している．

　英国の動物園ライセンスに関する法体制は，環境・食料・農村地域省を通して管理されており，環境・食料・農村地域省からオンラインあるいは郵送であらゆる情報が入手できる（郵送先：Global Wildlife Division, Defra, Zone 1/16L, Eagle Wing, Temple Quay House, 2 The Square, Temple Quay, BRISTOL, BS1 6EB）．動物園法の手引きお

およびSSSMZPの全文は，環境・食料・農村地域省から郵送またはオンラインで入手可能である（上記参照）．動物園フォーラムの会議や刊行物の詳細等も，同住所とウェブサイトから入手できる．

スコットランド政府のウェブサイト（www.scotland.gov.uk）は，スコットランドに委譲されている法律（例えば動物福祉法）の優れた情報源である．それに対応する北アイルランドおよびウェールズのウェブサイトは，www.northernireland.gov.ukとnew.wales.gov.ukである．

BIAZAに関する情報やその業務および会議については，郵送（BIAZA, Regents Park, London, NW1 4RY）またはオンライン（www.biaza.org.uk）で入手できる．同様に，EAZAとその業務に関する情報は，郵送（EAZA Executive Office, PO Box 20164, 1000 HD Amsterdam, The Netherlands）またはオンライン（www.eaza.net）で入手できる．AZAのアドレスは8403 Colesville Road, Suite 710, Silver Spring, MD 20910-3314, USAとwww.aza.orgである．ARAZPAの詳細はARAZPA, PO Box 20, Mosman, NSW 2088, Australiaとwww.arazpa.org.auから入手でき，WAZAのアドレスはPO Box 23, CH-3097 Liebefeld-Bern, Switzerlandとwww.waza.orgである．調べたい動物園協会がここで記載されていない場合は，世界の主要な動物園機関が全て網羅されている「Encyclopedia of the World's Zoos（世界の動物園百科）」（Bell 2001）を参照されたい．またWAZAウェブサイトに，他の動物園機関へのリンクもある．

TRAFFIC（WWFとIUCNの共同プログラム）は，EUに持ち込まれる，あるいはEU内での野生動物（および動物試料）の取引に必要な書類について実用的な概要を作成しており，www.eu-wildlifetrade.orgで閲覧できる．EU内での生物多様性条約の施行は，ECの出版物「The Convention on Biological Diversity: Implementation in the European Union（生物多様性条約：EUでの施行）」にまとめられている．これはオンラインhttp://ec.europa.eu/environment/biodiversity/international/pdf/brochure_en.pdfで閲覧できる．

動物福祉ユーログループ（Eurogroup for Animal Welfare）のウェブサイト（www.eurogroupanimalwelfare.org）には，加盟国での欧州動物園指令の実施をモニターする刊行物へのアクセスを提供している〔「Report on the Implementation of the EU Zoos Directive (Eurogroup for Animal Welfare 2006)（欧州連盟動物園指令の実施レポート（動物福祉ユーログループ，2006年）」〕，http://eurogroupforanimals.org/policy/pdf/zooreportdec2006.pdf）．

東南アジアの動物園を規制する法律に関しては，動物園支援機構のサイトwww.zooreach.org/ZooLegislation/ZooLegislation.htmに非常に実用的な情報が公開されている．

最後に，自然保護共同委員会のサイトで，野生動物及び田園地域に関する法律（1981年）について分かりやすく解説されており，英国内の動物園にとって役立つであろう（http://jncc.gov.uk/page-3614）．

第4章　行　動

　行動[1]の研究とは，動物が何をしているのか，なぜそうしているのかを理解しようとすることである．それは，動物がどのようにして資源（食物，身を隠す場所，繁殖相手など）を獲得し，危険（捕食者，競合者間の敵対的な行動など）を避けているかを理解することである．つまり，行動を理解することは，動物の生活史上の特徴を理解し，環境との相互作用を理解するうえで極めて重要なことなのだ．私たちは，動物がどのように行動しているかを見て，その健康や福祉の状態を解釈する．そのために動物を観察することは，動物園動物を飼育管理するうえで，重要な役割を担っている．

　長年に亘って，動物行動の研究といえば学習の研究が主だった．しかもかつては動物の行動研究の第1の意義は，人間の学習について知ることだった．しかし，この40〜50年の間に，進化的視点からの動物の行動研究は大きな進歩を遂げており，今や研究の重点は，動物自身が自然環境の中で生き残るうえで，当該の行動がどのような機能をもつかを理解することにある．現在では，かなりの量の理論や実験的証拠があり，私たちが動物の行動を理解する助けとなっている．

　この本では，紙幅から，読者がこの章を理解できる程度に，行動研究の理論的背景をごくかいつまんで説明することしかできない．行動研究については，現在多くの優れた"教科書"が手に入る（章末の「さらに詳しく知るために」参照）．この章で行動研究に興味をもった人には，それらの本を読むことでより多くの発見があるだろう．この章の主な目的は，動物園で生きていくことが動物の行動にどのような影響を与えるかを調べることであり，もし変化があったとしたら，その変化の解釈の仕方を知ることだ．このことは，応用面での利用につながる．つまり，行動についての知識が，動物の福祉を解釈する際に利用できるのだ（第7章）．また，動物の行動を修正することにも使える（第8章「環境エンリッチメント」と，第13章「人と動物の関係」）．

　この章は次のような項目で構成されている．

- 4.1　一般的原理
- 4.2　動物園における動物の行動
- 4.3　動物園環境に対する反応としての行動
- 4.4　異常行動
- 4.5　野生との比較

さらに，Box（コラム）では個別の事例を取り上げて，上記の問題を探っていくことにする．

---

[1] 動物行動学には，その下に数多くの学問分野が存在する．そのため読者は，"エソロジー"（広く，自然界での動物の行動研究を指す），"比較心理学"（全てではないが，大半は動物の学習についての研究），"行動生態学"（行動が生存のためにどのように機能しているかを調べる学問分野）といった用語を目にすることになるだろう．これらの名称は，異なる学問としての伝統をもち，異なる理論的なアプローチ法をもつことを示しているが，現在ではその区別はとても曖昧なものになっている．敵対行動は，"肉体的闘争を伴う状況"（Huntingford and Turner 1987）で起こる行動だが，結果としてそこには，攻撃行動も服従行動も含まれている．

4.1 一般的原理

最も基本的なレベルの説明では，行動とは環境内の刺激に対する動物の反応として記述される．刺激には，物理的環境の一部（例えば，光，温度，音）や，他の動物由来のもの（例えば化学的信号，姿勢や鳴き声による信号）が含まれる．もっと複雑なレベルの説明では，私たちは動物について以下のことを認識しなければならない．つまり，動物は目に見える識別可能な刺激がなくても行動を起こすし，外的な要因と同じく内的要因（例えば動機づけレベル，4.1.3 を参照）によっても行動を起こすのである．

動物に関する生物学の他の領域と同様に，大半の行動は適応的である．つまり，自然選択の過程を経て世代を超えて進化してきたものであり，個体がその環境において生存し，繁殖するために有利なように，個体が置かれた状況を変えるものである．このことが起こるためには，動物の行動に多様性があり，それが遺伝的な多様性を反映したものでなければならない（言い換えれば，個体間の行動の違いは，遺伝的な基盤をもつものでなければならない）．動物の学習で見られる違いのように，遺伝的基盤をもたないその他の違いは，進化しないからだ．このように，行動は遺伝的なプロセスを経て世代間で変化する．そのことが，当該の個体の適応度[2]を上げる全く新しい行動もしくは部分的に変容した行動の進化へとつながっていくのである．

しかし，実際には行動には多くの生物学的過程において違いが見られる．行動はしばしば極めて柔軟に変化する．個体の生涯の間でも劇的に変化することもある．個体の生涯の間に変化する行動は，遺伝的プロセスの結果ではなく，学習と呼ばれる過程（または経験）の結果とするのがふつうだ．このような行動の変化は，通常は次の世代に伝わらない．それがたとえ社会的学習という特殊な状況で起こったとしてもである（4.1.2 を参照）．

どうして動物はある決まった時に，決まったやり方で行動するのだろうか．動物の行動について，よく浮かぶ疑問である．この種の疑問に対する答えとしては，通常は因果的（または近接的）説明がなされる．そこで必要なものは，動物がどんな刺激に反応していたのかを認識することである．同時に，遺伝的な違い，ホルモン動態，動機づけのレベルといったその他の特徴についても認識する必要がある．それらの要因が，反応の起こりやすさ，反応の強さに影響するからだ．しかし，動物がどうしてある決まったやり方で行動するかを説明する方法としては，その行動の目的や，動物がそのような行動をすることが，しないことよりも進化してきた理由を探る方法もある．このような説明はしばしば機能的（または究極的）説明と呼ばれる．

自分が尋ねたい疑問がどんな種類のものかを知るのに便利な方法がある．Tinbergen の"4 つのなぜ"（Box 4.1 参照）を使うことだ．最初の"なぜ"には機能的な答えが必要で，その他の 3 つには主に因果的な答えが必要だと分かる．

4.1.1 行動レパートリー

行動は遺伝的基盤があれば進化すると言ったばかりであるが，この"遺伝的基盤"とは何を意味しているのだろうか．遺伝子とは，デオキシリボ核酸と呼ばれる物質が様々な組合せでつながったもので，これによって蛋白質の形成が促される．したがって，遺伝子が行動を"生み出す"というのは間違っている．しかし遺伝子が指示する蛋白質によって，神経系が形成され，機能する．蛋白質はまたホルモンになったり，その他の生理状態を開始させたり維持させたりする化学物質にな

---

[2] 適応度とは，特定の環境にその個体がどれほどうまく適応しているかを示す指標であり，通常はその個体が残す子のうち，繁殖可能な年齢まで生き残った数を尺度とする．

Box 4.1　Tinbergen の"4 つのなぜ"

　私たちが動物の行動についてもつ興味の中心は，一般論として，私たちが見ているような特定のやり方で，なぜ動物が行動するのかを理解しようとすることにあるだろう．しかしこの文脈では，"なぜ"という疑問が，いくつかの異なることを意味してしまう．そのため，私たちはそれぞれ異なる答えにたどり着くことになる．現代エソロジーの創設者の1人である Niko Tinbergen はこのことを認識し，4つの異なる"なぜ"を識別することで，動物の行動について異なる視点があることを教えてくれた．この"4つのなぜ"は今日まで続く，行動研究の枠組みとして用いられている（Tinbergen 1963）．

　われわれが抱く"なぜ"は，以下の4つのうちの1つについての疑問と考えられる．

1. その行動の機能は何か（機能のなぜ）：その行動が動物の適応度にどのように影響するのかを問う疑問である．つまり，その行動によって，動物は自然環境においてどのように生き残り，子どもを残すかを問うている．
2. その行動の原因は何か（因果のなぜ）：ある決まった時にその行動を示した動物に対して起こる即時的な影響を問う疑問である．これには個体の内的または外的な刺激や状態が関わっている．
3. その行動はどのように発達するのか（発達のなぜ）：個体の生活史において，特定の行動がいつ見られるようになるのか，個体が成熟するにつれてその行動が変化するとしたら，何がどのように影響するのかを問う疑問である．
4. その行動はどのように進化したのか（進化のなぜ）：行動の進化史を問う疑問である．つまり，その行動がどのような過程を経て今あるかたちになったのかを問うている．もちろん，行動が化石記録に残ることはほとんどない．そのため，その推測は通常は比較によって行われる．つまり，関連する種のうちで近縁なものを見比べたり，むしろ系統的に離れたものと見比べたりすることによって推測する．

　例えば，ジェネット（*Genetta genetta*）のような小型食肉類が，図 4-1 のように逆立ちして

図 4-1　ジェネットが逆立ち姿勢をとって会陰腺による臭いつけをしているところ．（写真：Geoff Hosey）

　大文字の"C"で始まる食肉類（Carnivore）は哺乳類の食肉目の動物である．食肉目には，キツネやオオカミを含むイヌ科，ライオンやトラを含むネコ科，クマなどの他の様々な種を含んでいる．

　小文字の"c"で始まる肉食動物（carnivore）は，他の動物の生肉を食べる動物のことである．すなわち，サメやヘビは肉食動物ではあるが，食肉類ではない．一方，ハイエナはどちらにも含まれる．

> **Box 4.1　つづき**
>
> いるのを見たとしよう．これは何をしているのだろうか．
>
> 　Tinbergen の 4 つのなぜを当てはめると，この行動をよりよく理解できるようになる．1 つめの"なぜ"の答えとして，その機能は臭いつけ（マーキング）であることが分かる．ジェネットは会陰腺から出る成分を木の幹などの基部に付けているのだ．この臭いを使ってジェネットは個体識別をし，その個体の生理的状態を知ることができる（Roeder 1980）．2 つめの"なぜ"の答えとして，数多くの刺激が臭いつけを引き起こす要因となることを私たちは知るだろう．例えば，ジェネットの会陰腺の臭いつけ行動の頻度は，攻撃的交渉の間，雄では増加するが，雌では減少する（Roeder 1983）．3 つめの"なぜ"に対する答えとして，臭いつけ行動の頻度は，若い個体では少なく，成長とともに増加することが分かっている（Roeder 1984）．最後に，4 つめの"なぜ"に対する答えとして，他のいくつかのジャコウネコ科の種でも同様に，臭いつけの際に逆立ち姿勢をとることを見出すことができる〔例えば，コビトマングース（*Helogale parvula*）やクシマンセ（*Crossarchus obscures*）〕（Ewer 1968）．このことによって，ジェネットが他の方法ではなく逆立ち姿勢をとって臭いつけをする理由を説明する時に，生活史との関連（例えば，地面よりも高い位置に臭いを付ける必要性など）を見出すことができる．

る．そのため，遺伝子は数多くの複雑な経路やシステムを経て行動に影響を与えているとは言えるだろう．しかし，動物の遺伝子型[3]が何であれ，上記のようにしてつくられた経路やシステムと，その動物が生活する環境との間で起こる相互作用の最終結果が，行動の表現型であることは，おそらく間違いないだろう．その相互作用の程度は，行動の機能や動物の生活史，その動物が生活する環境の複雑さなどによって様々だろう．

　次に，動物には行動のレパートリーがある．これは，前述のように遺伝的に媒介された行動に基づくものであり，進化の産物でもある．これらの行動の表出の程度は，動物の環境との経験による産物である学習によって，様々に変容する．ある特定の種の個体で見られる全ての種類の行動を目録としてまとめることができるはずだ．これをエソグラム（行動目録）と呼ぶ．このようなエソグラムは，実際にいくつかの種では出版されているし，不完全なエソグラム（最も頻繁に見られる行動だけの目録であったり，ある種類の行動だけの目録である場合など）でさえ，行動調査の出発点においては，通常は必要性の高いなものとなる．

　表 4-1 で示した例は，マーラ（*Dolichotis patagonum*）のエソグラムの一部である．個々の行動の単位は，他の観察者がそのエソグラムを使って正しくその行動を識別できるように記述されている．しばしばエソグラムには，その行動の様子を示す写真や絵が使われ，理解の助けとなっている．図 4-2 にはマーラの行動のうちのいくつかを示した．これらの写真によって表 4-1 に記された行動の理解が進み，実際に観察する際にはこの動物がそのように行動する様子を見ることになるだろ

---

[3] 遺伝子型とは，特定の特徴に関連してその個体に遺伝的につくり上げられたものであり，表現型とは観察者にその特徴がどのように見えるかを示している．もちろん，行動面での特徴は一般的には学習の影響を強く受けるため，その表現型は動物の生涯を通じて変化する．

表 4-1　マーラのエソグラムからの抜粋*

行　動	説　明
摂食	4足立ちで，またはしゃがんでうずくまる姿勢で草を食むこと．マーラの場合は，他の行為をしながら草を食べていることも多い．
臭いつけ	雄と雌では，臭いつけの仕方が異なる．雄は肛門を引きずるようにして前に進む（通常は地面にするが，雌の便の上からすることもある）．雌はその場で，肛門をゆするような動作をする．
糞食	マーラは自分の便を食べる糞食をする．これは頻繁に見られるわけではなく，ウサギ目の動物が日常的に行う行動とも違う．排泄後に再び食べられる便と正常に排泄される便との間には，質感やサイズの違いは見られない．糞食には頭を肛門へ近づける動作を伴う．これは雄に見られるペニスなめ行動と区別するのが難しいことが多い．
威嚇	雄-雄間でのみ見られる行動で，威嚇の際には，同種の相手個体と向き合い，頭を後ろに反らし，口をあけて歯を見せる．
追撃	すばやく，攻撃的に相手個体に向かって走っていく行動をいう．威嚇の後に見られることが多い．
咬む	相手個体に咬みつく行動．尻に咬みつくことが多い．ふつうは威嚇や追撃の後だけに見られる．

* Pankhurst (1998) からの引用.
注：このようなエソグラム中の行動の説明は，どの観察者がその動物を観察した時にも，同じ行動を識別できるように記述されているべきである．

図 4-2　マーラで見られる行動．(a) 臭いつけ，(b) 糞食，(c) 追撃．このような写真は観察者がエソグラムに記述する行動を説明するのに役立つ．〔写真：Sheila Pankhurst, Punkhurst (1998) より引用〕

う.

ある動物種の完全な行動レパートリーとは、その種に典型的な行動とみなすことができるだろう。これは、その種の個体が野生で行うような特徴を表現しているという意味である。動物園の動物がどの程度、種に典型的な行動を示すかは、その動物が暮らす環境の物理的または社会的な条件がその行動を起こす機会を提供できるかによって決まる。例えば、狩りをする動物が獲物を捕まえる行動は、ほとんどの動物園環境では実現不可能である。そうであっても、行動の多様性（つまり、広い範囲の様々な異なる行動）は、動物園環境が動物にどのくらい種に典型的な行動を見せる機会を与えられるかを示す、よい尺度と見ることができるだろう。この問題は動物福祉とも関連している。

4.1.2 学　習

動物がある状況において反応する仕方が、何らかの経験の後に比較的長期に亘って変化する時、その過程を学習とみなすことができる（Pearce 1997）。理論家の間では、伝統的に、明らかに質的に異なるいくつかの学習が定められている。しかし、それらはかつて思われていたよりも互いに類似しているとも言われている。その主なものは以下のとおりである。

- 馴化：一定の、または繰り返される刺激に対して反応性が下がること.
- 古典的条件づけ（パブロフ型条件づけとしても知られている）[4]：動物が既存の反応と新しい刺激との関連づけを学習すること（例えば、食べ物に関連した行動が、食べ物そのものだけではなく、食べ物と同時に提示された音に対して示されること）.
- オペラント条件づけ（道具的条件づけとしても知られている）[5]：動物が既存の刺激に対して、新しい反応を学習すること（例えば、食べ物を得るためにレバーを押す）.
- 刷り込み：若い個体が自身の種や性別、他個体との血縁関係について学習すること.

動物にとって学習が重要な点は、環境内の物体や事象間のパターンや関係性を検出できるようになることである。なかでも重要なのは連合学習である。これによって動物は、どの事象が確実に彼らにとって重要な結果を確実に知らせるかを学習する。連合学習は古典的条件づけでも、オペラント条件づけでも達成可能である。この他に、動物は物体間の違いを学習する（弁別学習）。動物の学習の証拠は増え続けている。移動経路、地形、カテゴリー、数字で表される量など、その他様々なことを学習できることが示されている。それらの証拠を合わせた、単なる連合形成以上の学習を必要とすることから、複合学習と呼ばれるものもある（Atkinson et al. 1996）。

連合学習は、動物園における動物の行動管理方法の基礎になっていることから、もう少し詳しく見ていくことにしよう。

連合学習

ある事象が別な事象と組み合わされた結果として動物の行動に変化が起こった時、連合学習が起こっている（Pearce 1997）。正確に言うならば、どんな事象が組み合わされるかは、ある程度はそこで起こる学習の種類によって変わる。しかし、一般的には2つの刺激が組み合わされる（古典的条件づけ）か、刺激と反応が組み合わされる（オペラント条件づけ）。

古典的条件づけでは、中立な刺激[6]〔これを条件刺激（conditioned stimulus：CS）と呼ぶ〕が、

---

[4] "パブロフ型"と言われるのは、ロシアの生理学者、Ivan Pavlov（1849～1936）の名に由来する。彼の有名な実験では、メトロノームの音を、食物を与えられることを知らせる信号として予期し、唾液を分泌するように犬を訓練した.

[5] オペラントと呼ばれる理由は、動物の学習によって、環境を操作（operate）する（つまり、変化させる）ことからである.

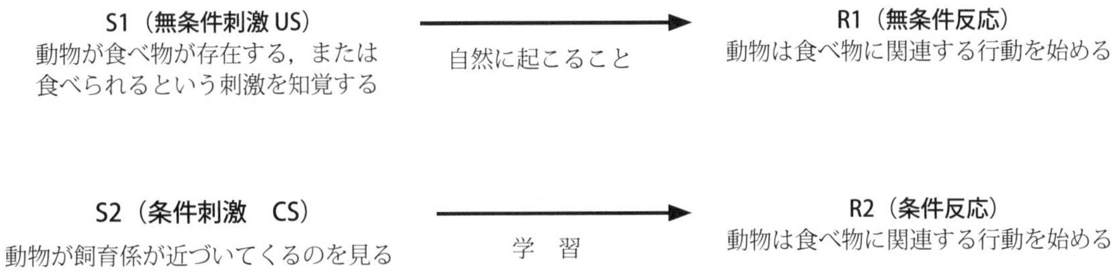

4.1 一般的原理

S1（無条件刺激 US）
動物が食べ物が存在する，または食べられるという刺激を知覚する

——自然に起こること——→

R1（無条件反応）
動物は食べ物に関連する行動を始める

S2（条件刺激　CS）
動物が飼育係が近づいてくるのを見る

——学　習——→

R2（条件反応）
動物は食べ物に関連する行動を始める

図 4-3　古典的条件づけの過程を簡単に表した図．動物は食物（S1）からの嗅覚的，視覚的，その他の刺激に対して自然に，唾液の分泌や，鼻をくんくんさせるといった食べ物に関連した行動をとる．やがて，動物は飼育係がやってくること（S2）が，後続する食物という刺激を知らせる信頼できる信号だということを学習するだろう．つまり，動物は S1 と S2 の連合をつくり上げるのだ．この後，動物は飼育係が近づいてくると，食べ物に関連した行動（R2）を見せるようになるだろう．これは，食べ物がある時に見せる自然な反応（R1）ととてもよく似ている．

自然界で生物学的に関連性のある刺激〔つまり無条件刺激（unconditioned stimulus：US）〕と組み合わされ，条件反応（conditioned response：CR）が生み出される．たいていの場合，これは生物学的に関連性のある刺激に対する通常の反応（unconditioned response：UR）に似ている．この CS-US 連合によって，動物は環境で起こる事象を知る．CS は US が来ることを知らせる信号となる．

　動物園の環境においては，動物はいつもこのような連合学習をしている（Young and Cipreste 2004）．見慣れた飼育係（キーパー）の姿が見える．食物調理室で何かをしている．その他様々な事象が動物に，この後何かが起こりそうだということを知らせる信号となる．古典的条件づけは，一部は動物の訓練にも用いられる．例えば獣医による日常の診断を受ける場合の手続きなどである（13.4 を参照）．図 4-3 では，この種の学習が起こる仕組みを図解している．

　オペラント条件づけは，報酬や罰を用いて，動物の行動を変える技術である（Pearce 1997）．そのため古典的条件づけと異なり，刺激ではなく反応（より正確に言うと，反応の結果）についての学習をする．学習は，動物が反応と強化子とを組み合わせることで達成される．強化子とは単純に，反応の生起確率を上げる事象のことで，どんなものでもよい．その強化子に反応が後続する時（例えば，食物報酬を与える），その強化子を正の強化子と呼ぶ．刺激を取り除くような場合（例えば，電気ショックを止める），負の強化子と呼ぶ．実験的，逸話的な証拠から，動物は強化子が与えられることを予期し，強化子ごとに異なる反応を学習すると考えられる．時には，強化子が無条件刺激として作用することになる．

　古典的条件づけの場合と同様に，動物園動物においては，オペラント条件づけも非意図的に，もしくは準意図的にいつでも起こっていると考えられる（例えば，動物が求められたことをしたことに対して飼育係が"報酬を与える"こと．またおそらく動物はある行動が観客の注意をひきつけることを学習しているだろうことなどである）．動物園，水族館，サーカスでは，動物ショーのた

---

[6] ここで"中立"というのは，単に，その刺激が動物が日常的に遭遇しているものではなく，そのため動物にとってなんら特別な意味をもたないと仮定できるものという意味である．例としては，ブザー音や，近づいてくるライトの灯りなどがあげられる．

図 4-4 動物は古典的条件づけ，オペラント条件づけの技術を用いて訓練され，この写真のバンドウイルカ（*Tursiops truncatus*）のように観衆の前でショーを行う．写真は L'Oceanografic Valencia のイルカショーの様子．（写真：Vicky Melfi）

めの正式な訓練法として，オペラント条件づけと古典的条件づけ，その両方の技術を長く使ってきた（図 4-4）．現在は，これらの技術は，主に正の強化トレーニング（positive reinforcement training：PRT）で用いられる．正の強化トレーニングでは，動物は訓練の結果として，自発的に獣医学的検査を受け，自ら進んで獣舎間を移動し，その他の飼育管理手続きを進んで受けるようになる．このことが達成される過程が図 4-5 で解説されている．この技術については，13.4 で詳しく説明する．

連合学習から離れる前に，刷り込みについても言及しておかねばならない．刷り込みは，メカニズム的には，ここまで考えてきた条件づけの一種と考えても差し支えない．しかし，通常は親子間の愛着形成の特殊な事例として説明されることが多い（親子刷り込み）．刷り込みは，子どもが自分が属する種と，その血縁者が誰であるかを学習できる時期があることを示している．また，その後の交尾相手の選択にもつながることを示している（性的刷り込み）．多くの動物，なかでも鳥類では，孵化直後，または誕生直後に特別な感受期があり，その時に刷り込みが最も起こりやすい．このため，人工哺育や，同種個体がいない環境で育てることは，適切に刷り込みがされなかった個体をつくってしまう危険がある．さらに悪い場合には，飼育係に刷り込まれた個体をつくってしまう場合もある[7]．例えば，小型のネコ科動物が同種個体のいない中で育つと，潜在的な交尾相手（異性）に対して顕著な攻撃性を示し，繁殖がうまくいかない（Mellen 1992）．

鳥類で，特に人工哺育が必要な場合には，同種

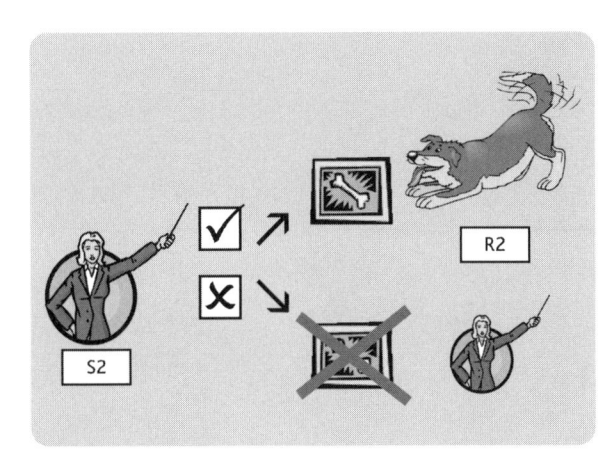

図 4-5 新しい行動の訓練は，指示（条件刺激，S2）と，すでにレパートリーとしてもっている行動（無条件反応，R1）との間に連合を形成することである．飼育係が指示を出した時に，動物が適切な行動（条件反応，R2）をすると期待する．動物が指示の後に正しく反応したら，報酬（食べ物）によって強化される．このことが，次に指示を受けた時に同様に正しく行動する確率を上げる．反対に，動物が適切な行動をしなかった時，強化子はもらえない（飼育係に無視されるか，または罰を受ける）．このことによって，次の機会に，指示の後に"間違った"行動をする確率は下がるだろう．時には，訓練に先だって，1次強化子（自然に反応の生起確率を上げるもの）と2次強化子（ブリッジと呼ばれることもある）を連合させておくこともある．例えば，動物に食べ物を与える時に笛を吹き，笛と食べ物の間の連合学習をさせておくことがある．この場合，動物は指示に続いて適切に反応した時，まず2次強化子（笛）で強化され，それに続いて報酬（食べ物）が与えられる．ちなみに，罰とは，必ずしも"有害なもの"に限らないことに注意．強化子の不在（つまり，タイムアウト，何も反応しない時間）も罰として機能する．

個体の模型を使うことで適切な刷り込みが成立させられるかもしれない．例えば，カナダヅル（*Grus canadensis*）（図 4-6 参照）はツルの形をした人形や，時にはツルの着ぐるみを来た人間にも刷り込まれる．それらの個体は，後に野生に戻された時に，野生のツルに対して適切に反応を連合することを学習する（Horwich 1989）．

その他の学習

すでに述べたように，多くの動物では単なる事象間の連合よりも，もっとずっと複雑なことを学習する能力が備わっている．しかし，このような能力は動物園環境ではあまり用いられてこなかったし，研究もされてこなかった．動物にかかわる仕事をする者なら，彼らの潜在能力に気がつくべきだろう．

"弁別学習"とは，動物が異なる種類の事物を区別する能力のことである．場合によっては，事物をそれぞれのカテゴリーに割り当てることも動物には可能である．これらの研究の多くは，ハト，ニワトリ，サルなどを対象として実験室環境で行われてきた．一方で動物園での研究といえばゾウとアシカくらいのものだった（図 4-7 参照）．ちなみに，アシカはゾウよりも少ない試行数で弁別学習をすることができる（Savage et al. 1994）．程度の問題はあるが，上記の動物は概念をもっているとみなしてよいだろう．ハトはこの"概念形成"が特に得意で（Herrnstein 1979），ゴリラはそれほどでもないという（Vonk and MacDonald

---

[7] 飼育係に刷り込みが起こった有名な例として，雌のジャイアントパンダ（*Ailuropoda melanoleuca*）のチチの例があげられる．チチは1960年代にロンドン動物園で飼育されていた．繁殖を期待して，モスクワ動物園から多大な費用をかけて雄のアンアンが連れて来られたが，うまくいかなかった．

図4-6 営巣するカナダヅル．飼育下で育てられた鳥は，ツル型の模型を経験していることが必要で，それによって適切に刷り込みが起こり，種としてのアイデンティティを獲得することができる．（写真：©Walter Spina, www.iStockphoto.com）

図4-7 弁別学習をテストする装置．ここではゲルディモンキー（*Callimico goeldii*）が使っている．サルは黒い箱のところへ行けば報酬を得られるが，白い箱のところではもらえない．（写真：ペイントン動物園環境公園）

2002).動物界全体における認知能力の分布は，私たちが予想していたよりもずっと複雑だという警告を，これらの結果は与えてくれている．

複雑な学習の別な例としては，時間や数，物体の配置される順序などで，動物はこれらのことを理解する能力がある．彼らは鏡に映った自分の姿を認識することができるし（自己鏡映像認知），ある範囲の認知地図をつくることもできる．これらの証拠は主に実験室動物から得られたものであるが，原理的に，動物園で調べなくてもよい理由はない．実際に，学習研究における動物園での比較研究の価値はかなり高まっている．

動物の学習に関する実験的研究の多くは，個体が経験の結果としてどのように学ぶかを明らかにしようとするものであった．しかし，最近の研究では多くの動物における社会的学習にも注目が集まり，意義が増している．ここで言う社会的学習とは，模倣[8]や刺激強調の過程を通して，他個体から効率的に学習することである．この有名な事例としては，アオガラ（*Cyanistes caeruleus*）が牛乳瓶のふたを開けることの学習（Fisher and Hinde 1949）や，ニホンザル（*Macaca fuscata*）が海水でイモを洗うことの学習（Kawai 1965）があげられる．どちらの場合も，動物は他個体がしていることをよく見ていた結果と考えられる．

社会的学習は文化の確立につながるもので，その最も有名な例の1つに，チンパンジー（*Pan troglodytes*）では地域個体群ごとに，その地域で見られる行動的伝統（例えば，シロアリ釣り，石器を使ったナッツ割りなど）が異なるという報告がある（Whiten et al. 1999）．社会的学習の研究も，動物園で行うのに適していると考えられる．動物園の"人工性"によって，動物に新しい行動を発明するチャンスを与えることができるのだ．1例として，ワオキツネザル（*Lemur catta*）の尻尾ひたしがある．これは英国のチェスター動物

図4-8 チェスター動物園のキツネザルの島にいるワオキツネザル．島を囲む水堀（モート）に尻尾を浸けているところ．キツネザルはこの後，尻尾にしみた水を飲む．この行動は，社会的学習によって集団内に広まったと考えられている．（写真：Goeff Hosey）

園にある，島型のコロニーに住む個体の間で見られる行動だ（Hosey et al. 1997，図4-8参照）．実際に，文化的伝統を実験的につくり上げた例がある．ペイントン動物園環境公園のアビシニアコロブス（*Colobus guereza*）で見られる行動で，ある集団では装置を押すことで食べ物を獲得することを学習し，その集団の個体はその傾向を示す．もう一方の集団では同じ装置を引くことで食べ物を獲得することを学習し，その集団の個体は装置を引いて食べる傾向を示した（Price and Caldwell 2007）．

4.1.3 動機づけ

個体が学習課題に含まれる特定の行動をしよう

---

[8] "模倣"とは，個体の運動パターンを別の個体がそのまま写し取ることである．"刺激強調"とは，動物の注意が（他個体が注意を向けている）特定の刺激にひきつけられる時に起こる．"文化"とは，ここでの文脈では，行動の変化が世代を超えて非遺伝的に受け継がれることをいう．

という気持ちは，その時どきで変わる．このことを私たちは実験的にも逸話的にも（また実際に個人的にも）知っている．個体間でも同様に見られるこのようなばらつきは，しばしば"動機づけ"と呼ばれる．動物がその行動をするかどうかという生起確率に影響を及ぼす，ある種の内的過程だと考えられている．過去には，動機づけの問題は，ある種の本能的要求や，特定の行動に活力を与えるエネルギー源に関連すると見なされることも多かった．この考えは直感的な訴求力はあるものの，反応性のばらつきについて知られていることを説明できないため，ほとんど見向きもされなかった．今では，動機づけは意思決定の過程として見られることが多く，その過程において動物は今するべき行動を優先させ，その優先度合いに応じて行動を切り替えていると考えられている．ホルモンのレベル，刺激の魅力，動物が最後にその特定の行動を行ってからの経過時間などが要因となり，これら全てが影響して行動の優先順位は決められている．

動物がしたい（動機づけレベルが高い）行動ができない時，どんなことが起こるだろうか．動物は欲求不満の状態になり，この状態が長く続くとしたら，その動物の福祉にとって負の影響がでるかもしれない（第7章を参照）．同様に，動物がしたいことが2つあって，それらが背反する行動である時．つまり，両方は同時にできない時にどんなことが起こるだろうか．例えば，新奇物は好奇心と恐怖を両方引き起こすが，これに対して接近と回避の両方への動機づけが高まった時，どうなるだろうか．結果として動機づけの葛藤が起こるだろう．もしこの状態が長く続くとしたら，動物福祉についての問題にもなり得る．短い期間なら，真空行動[9]や転移行動といった，通常は見られない行動を手がかりとして，私たちは動物の動機づけ状態を知ることができるだろう．しかし，欲求不満と葛藤状態が長期間続くと，異常行動を発現することになるだろう（この章の4.4を参照）．異常行動は過去に動物が福祉的に貧しい環境に置かれていたことを示し，彼らが現在もその貧しい福祉環境に苦しめられているという警鐘となる．このことは飼育動物管理における重要な領域であり，次の章でより詳しく考えることにする．

動物は刺激や事象に対してどのように反応するか．これはその動物の遺伝的構成と，それらの刺激や事象についての経験や学習，その両方の結果である．動物が変われば，これらの要素はどちらも変わるのだから，その動物たちの反応の仕方も互いに異なるといっても驚くにはあたらない．時には，個体による行動の仕方の違いが一貫していて，その違いは年齢や性別の違いによるものではないことがある．このことはBox 4.2でもっと深く探っていくことにしよう．

4.1.4 機能から見た行動の説明

機能から見た説明とは，行動がどのようにして動物の適応度を上げて進化したのか，言い換えれば，どのようにして行動が動物の生存の見込みを増し，繁殖成功を増していったのかを理解しようとする試みである．最も成功しているアプローチ法は，行動生態学[10]だ．この学問領域では，動物の生態学から行動の進化を調べようとしている．

行動生態学は多くの鍵となる概念が基になっている．その最も重要なものは以下のとおりである．
- 遺伝子中心的アプローチ：この枠組みでは，自然選択の影響は個体の身体ではなく，遺伝子に

---

[9] 真空行動は，適切な刺激がない時でも行われる行動である．一方，転移行動は，本来その行動をするべき刺激状況とは関係ないような場面で現れる行動である．

[10] 行動生態学は，初期には"社会生物学"と呼ばれていた．その名の由来は言うまでもなく，Edward Wilsonの古典的名著「Sociobiology: The New Synthesis（社会生物学：新たな統合）」(1975)である．30年経った今でも，読む価値のある本である．

Box 4.2　行動の個体差：性格の影響

　たいていの飼育係は，ある時期から，自分が世話をしている動物について話す時に，"攻撃的"とか，"用心深い"とか，"恥ずかしがり"といった，人間が互いの性格を説明するために使う言葉と同じような言葉を使うようになる．別の言い方をすると，彼らは個々の動物に性格的傾向があることを認めているのだ．しかし，動物の一貫した行動傾向を記述するのに"人格personality"〔"動物格（animality）[11]"といった方がよいのかもしれない〕という言葉を使うことはどこまで妥当なのだろうか．そして動物園環境において，動物の性格に関する知識はどれほど役に立つのだろうか．

　この章ではこれまでに，同じ種の動物の間でも行動に個体差があり，それが個体の経験の結果として現れたり，年齢や性別の違いから表されたりするかもしれないことを説明してきた．今や，動物界の様々な広い分類群において，安定して一貫した行動スタイルや気質傾向を記述する際に，"性格（personality）"という語を使用することは，多くの人に受け容れられつつある〔包括的な総説としてはGosling（2001）を参照〕．このような受容の背景には，動物の性格的傾向に強力な遺伝的基盤があることを示す，多くの研究からの注目すべき証拠がある．この証拠が出された動物種は，シジュウカラ（*Parus major*）〔例えばDingemanse et al.（2002）やVan Oers et al.（2004）の研究〕や，ベルベットモンキー（*Chlorocebus pygerythrus*）（Fairbanks et al. 2004）などがある．

　数多くの領域で，性格的傾向の理解と野生動物の飼育管理が密接に関連していることが示されている．例えば，攻撃性や活動レベルの高さといった傾向は，動物園環境には向いていないかもしれない．そのような傾向をもった動物は管理が難しく，飼育には適さないからだ（McDougall et al. 2006）．Carlstead et al.（1999a）は飼育下のクロサイ（*Diceros bicornis*）の性格的傾向[12]を観察し，全体的傾向として"優位"と分類される行動スコアが雄の繁殖成功と負の相関をしていることを発見した．さらに，雌でそのパートナーの雄に比べて相対的に"優位"であるほど，そのペアの繁殖成功率は高いことが分かった．

　チーター（*Acinonyx jubatus*）での研究もある．Wielebnowski（1999）は飼育下生まれの44頭の成熟個体の行動傾向の多様性を評価するため，観察者自身と飼育係が性格評定を行った．ここから3つの気質傾向が見出された．"緊張しやすさ－怖がり"，"興奮しやすさ－音声表出のしやすさ"，"攻撃性"である．これらによって，観察された行動の得点分布の69％が説明された（図4-9）．

　2人のオランダ人研究者，Hansen and

---

[11] "動物格（animality）"という語はGeoff Hoseyの造語である．彼は，2004年7月，エジンバラ動物園で開かれた動物の性格についての動物園研究のワークショップの場で，人以外の動物の性格を記述するための用語として初めて使用した．動物格という語は，2005年にスターリング大学で行われたシンポジウムのタイトルとしても使われた．そのタイトルは，「動物の性格，動物格！：行動の理解における性格と気質の重要性に関する国際シンポジウム」というものだった．

[12] Carlsteadの仕事は，行動評価法（the Methods of Behavioral Assessment：MBA）プロジェクトとして知られる，大規模計画の第1歩として行われた．北米の動物園をリードする12の園によって行われた，この機関横断的研究計画については，第14章「研究」で詳しく説明する．

Box 4.2 つづき

Møller（2001）はある提案を行った．彼らは，動物福祉は動物の必要性に環境を合わせることによって改善するのではなく，飼育下で飼っている動物を変える，もしくは選択することによって改善するという．そういう動物は，農場や実験施設，動物園によりうまく適応することができる．例えば彼らの研究では，毛皮農場で飼育されているミンク（*Mustela vision*）では，単に個体を選別するだけで，集団内の毛皮咬み行動を減らすことができ，特に負の影響も見られなかったとしている（Malmkvist and Hansen 2001）．しかし，飼育下での性格的傾向の修正は，それが意図的であったにせよなかったにせよ，その結果は最終的には野生への再導入の時に出ることになるだろう．

性格的傾向と野生への再導入後の生存率の関係を考えようとした研究は，わずか一握りほどの数しかない．有名な例として，Sam Bremner-Harrison らによる仕事を紹介する（Bremner-Harison et al. 2004）．彼女らは飼育下で育てられたスウィフトギツネ（*Vulpes velox*）が野生で生き残るための指標として，性格評価を用いた．この評価では，大胆さ－臆病さの評価に絞って調べた結果，明らかな差が見られた．大胆なキツネは，野生への放獣直後の期間に生き残る確率が低いことが分かったのだ．しかし，スウィフトギツネの短い期間での生存のためには，大胆さは有害な要素かもしれないが，Réale and Festa-Bianchet（2003）によると，オオツノヒツジ（*Ovis canadensis*）の場合には，大胆さは生存に有利に働くという．従順でない，または大胆と分類されたヒツジは，

図4-9 "緊張しやすい－怖がり" などの性格要素は，飼育係の評定によって得られる．こういった要素は，新奇物に対して近づくまでの時間（潜時）のような行動指標と相関があると考えられる．この写真は，チーターが新奇な交通標識（コーン）を与えられた時のものである．（写真：ペイントン動物園環境公園）

捕食者であるクーガの獲物になる確率が低かったのだ．

以上のことから，動物園動物の性格評価の価値について，安易な結論を導き出すことはできない．しかし，ますます明らかになっていることとして，動物の行動に見られる個体差は，一貫し，安定しており，遺伝によって受け継がれる．また，飼育下の野生動物の性格傾向は，彼らの福祉，飼育下繁殖，野生への再導入を考える際に無視できない問題となっている．

及ぼされることが強調される．
- 最適性．特定の行動をとる際には，利益とコストを伴うことを認識する．進化的に効率的な行動には，利益とコストの間のある種のトレードオフによって成り立つことを認識する必要がある．
- 行動の選択肢はいくらでもあることの認識．そのため，適応度を上げるという最終目標を達成するためには代替戦略もとることができる．

行動生態学は，この30年の間に急速に成長してきた学問領域である．またも残念だが，このテーマについてもごく簡単な概要を示すくらいのスペースしかない．そこで行動生態学について，最も重要なことを指摘しておく．行動生態学は，これまで謎であった多くの行動の進化について説明を与えることに大成功した．行動生態学によって，私たちは以前とは全く違う見方で動物の行動を見ることができるようになった．以下にその例をあげておく．

利他行動と協力

他者を助けること．このことは，他者の適応度を上げ，自身の適応度を下げることになりかねない．この行動を説明することは難解だが興味のそそられる問題だった．このような行動（警報音声，労働の分担，協同の狩り，病気や怪我をした集団の個体に食物を与えること，その他様々な行動がある，図4-10参照）は，その行動を行う個体のレベルで見れば利他的だが，遺伝子のレベルで見れば利己的と見ることもできる．そのため，この行動の進化のしかたをよりよく理解することができる．

少なくとも2通りの説明ができる．
- 血縁選択．つまり，血縁者に利他的に振舞うことによって，自身と同じ遺伝子のコピーをもった個体の適応度を上げることができる．これは血縁度に依存する〔元々はHamilton（1964）によって提唱された〕．
- 互恵性．つまり，次の機会に自分によい行為を返してくれるだろう相手に利他的に振舞うことである〔元々は，Trivers（1971）によって提

図4-10 ミーアキャット（*Suricata suricatta*）は社会的なマングースである．彼らはいくつかの家族からなる群れで生活し，遺伝的な血縁度は高い．彼らは様々な利他行動や協力行動を見せる．例えば，集団内のある個体が巣穴の外に出て歩哨を務め，危険が迫った時には警告を発して，集団の他の個体にそのことを知らせる．（写真：Sheila Pankhurst）

唱された〕．

これらの説明のおかげで，例えば，なぜ血縁集団の中で他個体を助ける行動がよく見られるのか，なぜある個体とはよく協力的に振舞うのに，他の個体にはそうでないのか，といった疑問を理解できるようになってきた．

食物を見つける

食物を見つけて処理することは，単純に食べられるものが見つかるまで探して，見つかればそれを食べるということとは異なる．動物は採食の間

中，決断を迫られている．そしてどのような決断をするかについては多くの制約がある．

では採食中の動物はどんな決断をしなければならないのだろうか．"最適性"概念を用いるならば，その答えは動物ができる（もしくは達成できる）最大のことではなく，最適のことだと分かるだろう．食べ物を見つけた場合で考えると，それを見つけるまで，または処理するまでに要したエネルギー量に対して，最もよい条件の食べ物の見返りというような意味になる．つまり，動物が迫られる決断とは本質的に経済学的なもので，ある特定の制約条件の中で，特定の通貨をできるだけ効率的に活用することである．通貨とは例えば採食効率や，動物が食物を集める効率，飢餓感を遅らせることのようなもののことである．制約条件とは例えば，特定の栄養素の1日の最低必要量や，動物の胃の物理的な大きさといったものである．

2種類の獲物をもっている動物のことを考えてみよう[13]．1つは小さいが，すぐに処理できる（つまり，"取扱い時間"が短い）．もう1つは大きいが，処理するのに多くの時間とエネルギーを要する．どちらの獲物を動物は選ぶべきだろうか．その答えは，最も"利益の多い"獲物を選ぶべき，である．それはつまり，基本となる取扱い時間当たりで最も多くのエネルギーが得られる獲物，ということだ．大きい獲物のほうが利益が大きいとしても，動物が小さな獲物に先に遭遇してしまったとしたらどうなるだろう．その小さな獲物を食べるべきだろうか．それともそれを無視してより大きな獲物を探すべきだろうか．その答えはこうなる．"その小さな獲物を捨てて，より大きな獲物を探した時に得られるだろう利益よりも，小さな獲物を今食べることによって得られる利益の方が大きい時にだけ，その小さな獲物を食べるべき．"

この動物が決断を下すべき環境を示すために（探索時間や取扱い時間，得られるエネルギーに関して）量的モデルをつくることができるだろう．他の決断（例えば"自分は今食べ物のあるここにとどまるべきだろうか．それとも捕食者につかまる危険を減らすためにエネルギーを費やしてでも立ち去るべきだろうか."）に迫られる時もあるだろう．これらの決断は，動物が考えて実行するような認知的な過程とは異なり，おそらくは"経験則"が適用されるものだろう．しかしここでの量的モデルは，本質的にそのような経験則についての予期を導く仮説となり，そのために行動と生態が進化によってどのように形成されてきたかを理解するための効果的な方法である．

配偶者選択

行動が適応度に直接影響を及ぼす場面の1つが，繁殖に関する決断に迫られた時だ．交尾行動にはただ単に配偶相手が必要なのではなく，可能な限り最もよい相手が必要だ．しかし，最もよい相手とは何を意味するだろうか．（子を守るために）最も強い戦士のことだろうか．それとも，最もたくさん食物を提供してくれる個体（おそらく良質ななわばりをもっている）のことだろうか．それとも，最も健康な個体のことだろうか（図4-11参照）．

Trivers（1972）は，進化的に最も重要なものが雄と雌とでは異なる場合が多く，そのことが雌雄間の利益衝突を生み出すということを初めて明らかにした学者の1人だ．最も基本的な形では，この利益衝突は，雄が数多くの精子をつくれる（つくるエネルギーがわずかで済む）ことに端を発している．雄が生涯の適応度を最大にするにはできるだけ多くの雌と交尾すればよいが，そうして生まれる子は世話をせずに見捨てるために，子を育てるコストは雌にかかってくる．一方雌は，雄に比べると少しの数の卵子しかつくらない（そのため製造コストは雄より大きい）．雌の適応度をできるだけ上げるためには，少ない数の子どもを世

---

[13] 動物の経済的決断に関して言えば，通貨は動物に作用するコストや利益であり，制約条件は動物ができることを制限する行動学的，生理学的メカニズムのことである．

図 4-11 インドクジャク（*Pavo cristatus*）の雄なぜこんなに華やかなのだろうか．最も妥当な説明とされているのが，雄の明るく色彩に富んだ羽は雌に向けられた信号となっているというものだ．その信号は，この雄が健康で，寄生虫も比較的ついていなくて，そのために交尾相手として優れていることを知らせている．（写真：Mark Parkinson）

話して，生き伸びさせなければならない．このように，配偶システムの進化は，ある意味では雌雄間の"軍拡競争"の様相を呈してくる．つまり，それぞれが自分のコストを最小限にして，相手の負担で自分の利益を最大にしようとするのだ．

この"軍拡競争"から，私たちの目には異なって見えるいくつかの配偶システムができあがった．

- 一夫一妻制（ペア型）：雄1個体と雌1個体のペア．特にこのタイプの配偶システムをとる種では，雄が雌や子を見捨てることは利益につながらない．雌だけでは子を育てることができないからだ（例えば，多くの鳥類がこのタイプ）．
- 一夫多妻制（単雄複雌型）：1個体の雄が多くの雌と交尾を独占する．特にこのタイプの配偶システムをとる種では，雌はほとんど雄の助け

なしに子を育てることができる（例えば，多くの哺乳類がこのタイプ．妊娠・授乳が雄の育子放棄を助長しているのだろう）．
- 一妻多夫制（単雌複雄型）：1個体の雌が複数の雄と交尾をする（このタイプの配偶システムはまれだが，熱帯地方の渉禽類であるアメリカレンカク（*Jacana spinosa*）など，いくつかの種で見られる）．
- 多夫多妻制（複雄複雌型，乱婚型）：雄も雌も複数の相手と交尾する．現代の分子生物学的技術によって，私たちが考えていたよりもずっと多くの種が，乱婚型であったことが分かってきた．表面的にはペア型だったり単雄複雌型に見えても，生まれてきた子の本当の父親や母親が誰なのかをDNAによって判定することができる．その結果，しばしば，その親は子を現に育

ている個体ではない場合がある．

攻撃や服従に関する信号や戦略の進化といった，動物の生活の別の側面を魅力的に説明する方法を，行動生態学は与えてくれる．もし読者がこの学問領域に興味をもったなら，Krebs and Davis（1993）やAlcock（2005）がよい教科書となるので，お勧めする．

4.2 動物園における動物の行動

これまでに4.1で簡単に見返してきた行動に関する一連の理論は，これから私たちが動物園で見た動物の行動は何なのか，彼らはなぜその行動をするのかといったことを解釈する際に助けとなるだろう．動物園動物の管理の大半は，行動を基礎にしている．それは彼らの福祉の解釈（第7章）から，繁殖集団の構成を決めること（第9章）にまで及んでいる．

しかし，理論を理解するだけでは十分ではない．私たちは動物がする行動について，基本的な記述情報も必要としている．この手の情報は野生では手に入らないことが多いが，動物園の研究においては，多くの種について私たちが知っていることの大半はこの種の情報である．私たちは，動物の飼育環境内の物理的あるいは社会的刺激に対して，動物園動物がどのように反応するかを詳しく見ることによって，この種の情報を手に入れることができる．時には，単に観察して，動物がしていたことの目録づくりをするだけでも手に入ることがある．

4.2.1 刺激と反応

物理的環境

動物が暮らす環境は時間的（例えば，昼夜の周期，月の満ち欠けの周期，季節など），空間的（例えば，動物の行動圏内の生息場所や微小生息場所*の違いなど）によって多様に異なっている．環境のこのような条件と関連した刺激を，動物は適切な反応をするために利用している．動物園の環境は，動物が野生で経験する空間的・時間的多様性の範囲に収まるかもしれないし，そうでないかもしれない．しかし，動物園の環境と自然環境との重なりが大きくなればなるほど，動物はその環境に適切な反応を見せてくれる．私たちはそう期待している．そして次に考えることは，動物たちにとってどんな刺激が最も重要なのかということだ．もしそれを知ることができたら，私たちは飼育下の動物たちによりよい環境を与えることができるだろう．

驚くべきことに，動物園動物の刺激感受性について調べられた研究はほとんどない．実験動物や家畜についての研究があるのにもかかわらずだ．例えば，実験装置を使用する手続きにおいて，またはその際に使用する器具が超音波を出す場合がある．超音波は人間の耳には聞こえないが，超音波が聞こえる動物もいる（Sales et al. 1999）．しかし，動物園内で超音波を出す音源となるものについては，事実上何も分かっていない．超音波は実験室で飼育される齧歯類にはストレスの元になり得る（Sales et al. 1999）．この問題は明らかに福祉にかかわる問題だ．

刺激に関する情報を動物園動物の管理や福祉の改善に利用した好例がある．Dickinson and Fa（1997）がジャージー動物園で行ったトゲオイグアナ（*Oplurus cuvieri*）の研究だ（図4-12 参照）．イグアナをはじめ，他の多くの爬虫類では，日光に含まれる紫外線（UV）からビタミンDを合成する．ビタミンDは適切に骨を発達させたり，きちんと孵化できる卵をつくるために必要な栄養素である．しかし，飼育下では紫外光の供給はいつもうまくいっているわけではない．Dickinson and Fa（1997）は，イグアナがふつうの白熱灯

---

*訳者注：対象とする生物の大きさや生活様式によって，生息場所の空間の大きさは異なる．微小な生物が生活する特有の環境諸条件を備えた微小な場所は，微小生息場所（microhabitat）と言われる（「岩波生物学辞典第4版」より）．

図 4-12 飼育下のトゲオイグアナは紫外線ライトに当てなければならない．しかし，イグアナは通常の白熱灯の下で暖まろうとする．紫外線ライトよりも暖かいからだ．（写真：Sheila Punkhurst）

の下で暖まるのを好むことから，この紫外線不足の問題が起こっていることを示した．紫外線ライトよりも白熱灯のほうが暖かいからである．この研究によって，この動物に十分な量の紫外線を当てたいと思ったら，紫外線と熱を発する光源を組み合わせることが推奨されるようになった．

社会環境

社会的刺激（例えば，同種の他個体からの刺激）も，適切な行動を導くためには重要である．野生に生きる全ての動物は，社会的文脈の中で生きているからだ．それはたとえ，伝統的には"単独生活者"と呼ばれる動物においても同様だ．ある個体からの社会的刺激が他の個体の行動に変化をもたらした時，一般的にはコミュニケーションが起こったと考えるだろう．多くの場合，その刺激は高度に"儀式化"（つまり，進化の過程で定型化[14]され，"磨き上げられた"）され，私たち人にさえ明らかな信号となっている．注意してほしいのは，なぜ動物が信号を発するのかという問いに対する因果的説明（例えば，内的なホルモンレベルの高まりと外的な雌の存在という条件の合致によって，雄は求愛信号を発する）と，機能的説明（例えば，色のような特定の感覚モダリティを雌が好むと，それによって雌を操作して交尾に持ち込むことができる．雄はそのような信号を進化させる）とは説明の水準が違うということだ．

動物間の社会的相互交渉（つまり，コミュニケーションの交換）の機会は，社会的集団の構造や組織構成（例えば，性・年齢クラスの数や種類，生息地内の個体のばらつき具合など）によって影響を受ける．これらのことは，次に進化過程の問題にもなる．動物園で管理されているどんな種においても，社会構造の範囲は野生で見られるものとは程度が異なるものであり，そのために社会行動も量的に－そしておそらく質的にも－野生とは異なるだろう．そのため，動物園環境が動物の福祉に影響を与えているかどうかの指標として，社会行動がしばしば用いられる（第7章参照）．また，動物の福祉を改善するために環境エンリッチメントを施し，その評価指標として社会行動の変化を利用することができる（第8章）．

---

[14] "定型化（stereotype）"という用語は，儀式化された行動が明らかに固定された形をとり，時には繰り返されることを表すためにここでは使用している．残念なことに，同じ用語がある種の異常行動（4.4.3 参照）を表すためにも使用される．この場合も同じく，固定された形をとり，繰り返される行動だが，儀式化された行動とは何ら共通点をもたない．

4.2.2 記述的研究

動物園動物の行動に関する研究の中には、基礎的なデータを集めることを目的としたものもある。そこでは、その動物は何をしているのか、行動の時間配分はどのようになっているのか、集団内で他個体とどのように関わっているのかといったことが調べられる。このような研究を一般に記述的研究と呼ぶ。そのような研究は動物の行動を定量的に記述しているためだ。しかし、最もよい研究方法とは、仮説を検証したり、科学的な疑問に答えたりするという点において、やはり適切な科学的慣習に従ったものだ。動物園で研究されている動物種の多くは、野生で体系的な研究が行われておらず、そのためにその動物の行動について新たな発見をする重要な機会を、動物園は提供していることになる（この点について、より詳しくは第14章「研究」で述べることにする）。

そのような研究は、情報不足を出発点としてとらえ、その動物の行動についてどんなことでもできるだけ多くのことを見出すことを目的としている。この種の研究の好例が Hutchins et al. (1991) によるアカキノボリカンガルー（*Dendrolagus matschieri*、図4-13参照）[15]の行動に関する記述的研究である。彼らは米国、シアトルのウッドランドパーク動物園で研究を行った。キノボリカンガルーは、希少性と樹上性のために観察が難しく、野生ではほとんど何も知られていなかった。Hutchins et al. (1991) は、すでに公表されていた研究成果と自分たちの観察結果を用いて、エソグラム（行動目録）をつくることから始めた。彼らは4頭のカンガルーを165時間に亘って観察し、彼らの社会的な相互交渉を定量化することに成功した（最も頻繁に行われたのは、接近と鼻同士の接触であった）。その結果、行動の雌雄間での量的な差を検出することができた。

その他の研究は、1つ以上の特定の行動に焦点

図4-13 このアカキノボリカンガルーのように、種によっては野生で観察することが難しく、その行動に関する知識の大半は動物園での研究に由来する。(写真：Geoff Hosey)

を当てたものである。これは、そのような研究が動物の管理に強い影響を与えるのと同様に、行動理論についても知らせてくれるので、重要なものとなるだろう。その例としては、Rolls et al. (1987) による研究がある。彼らは有蹄類各種において、空間的および時間的近接性をどのように維持しているのかを調べた。また、Berg (1983) では、ゾウの発声の物理的構造を分析し、発声と関連している文脈を調べた。Slocombe and Zuberbühler (2005) では、チンパンジーのグラント音声の指示的特徴を調べた。

4.3 動物園環境に対する反応としての行動

動物園での行動研究の多くは、その種についての基本的な情報を知るためだけにデザインされたものではなく、動物園の環境によって動物の行動がどのように変わるかというような、より応用的な目的によるものである。そのような研究は以下

---

[15] 樹上性の動物は彼らの一生のほとんどの時間を木の上で過ごす。

のような多くの理由から重要である．

- 実際の行動が，見られると期待するものから大幅に逸脱していた時，福祉問題についての警鐘となる（4.4参照）．
- 長期間に亘る飼育環境への適応によって，行動の多様性が失われていないことを確かめることができる．
- 活発で，野生で典型的に見られる行動を見せるための展示方法を見つけ出したり，一般の人々によい経験を提供できるようになったりする．
- 行動理論を検証するために動物園動物を利用する研究の妥当性を評価することができる．

このような応用的な行動研究の大半はこの20年ほどの間に始められたものである．しかし，そのほとんどは霊長類を対象にしたものだ（Melfi 2005）．霊長類以外の哺乳類，鳥類，爬虫両生類，魚類，無脊椎動物と進むにつれて，研究は少なくなり，ほとんどなくなっていく．

"動物園環境"に私たちはどういう意味をもたせようとしているのか．この問いから始めなければならない．行動に影響を与え得る変数は膨大にある．そのため，物理環境，社会環境，環境の変化の3つの副題に分けて考えていくと便利だろう．

4.3.1 物理環境

獣舎

物理環境の中でも潜在的に重要な変数の1つが，獣舎空間の絶対的な広さである．動物はそこで生活しなければならないからだ．動物園の獣舎はほとんどの場合，野生でその動物が占めている行動圏よりも小さい．少なくとも食肉類では，行動圏の大きさは，常同行動のような異常行動を予測できる重要な要素となる（Clubb and Mason 2003, Box 4.4参照）．このことは，制限された空間が常同行動を引き起こす因果的な要因となっているということを示唆している．では，制限された空間は行動にどんな影響を及ぼすのだろうか．

この問いに答える1つの方法は，異なる大きさの獣舎で飼育されている動物の行動を比較することだ．しかしこれは思っているよりも難しい．獣舎の大きさが違うということは，通常はそこにある設備も異なり，収容可能な社会集団の数や構成も違ってくるからだ．しかし，それでもなお比較を行った時には，私たちが予想していたように，動物の種類が違えばその影響も異なることが分かるだろう．例えば，タイリクオオカミ（*Canis lupus*）では小さい獣舎よりも大きな獣舎での方が休息に費やす時間が長い．その一方で，行動の多様性は獣舎の大きさではなく，群れの構成の方に関連しているように見える（Frézard and Le Pape 2003）．しかし，モウコノウマ（*Equus ferus prezewalskii*）では，獣舎の大きさが異なる集団の間で活動時間配分が有意に異なり，獣舎が小さいほど攻撃，グルーミング，ペーシング（往復歩行）の比率が高くなる（Hogan et al. 1988）．

利用可能な空間の絶対的な広さにかかわらず，空間の全ての部分を同じように利用することはなさそうだ．獣舎の中で一部の利用頻度は高いかと思えば，ほとんど利用しない部分もある．この好例が，Blasetti et al.（1988）によるイノシシ（*Sus scrofa*）の研究だ．これはローマ動物園で行われた研究で，動物の活動の約3分の2は，獣舎を（大きさで）9等分したうちの2つのエリアでしか行われていなかった．表4-2では，Dのエリアには泥や陰が豊富にあり，イノシシは睡眠や休息に利用していた．一方，Cのエリアは給餌に使われた．利用率が低いAとBのエリアは側道の隣にあり，G, H, Iのエリアは観客用通路に隣接していた．このように，獣舎の利用パターンは，一面では動物の自然な好みや行動の結果であるが，他の面では動物園環境の非自然性への反応を表している．

同様な結論はネコ科動物でも導ける．ペーシングは獣舎の縁でよく起こる．そこは動物にとって，人工的ななわばりの境界になるからだ．しかも，そこは飼育係や観客が近づいてくるのが見える場所でもある（Lyons et al. 1997, Mallapur et al. 2003）．大型類人猿でも同様だ．チンパンジーやオランウータンは獣舎の上層部を好み，ゴリラは

表 4-2 ローマ動物園のイノシシによる獣舎のエリアごとの利用率[*]

獣舎のエリア	成獣の利用率(%)	子の利用率(%)
A	2.8	3.3
B	3.1	5.3
C	21.8	29.65
D	44.75	35.75
E	6.1	6.1
F	4.2	5.6
G	7.85	9.3
H	3.3	2.45
I	6.1	2.55
合計	100.0	100.0

エリア C（給餌場所）とエリア D（泥と陰のエリア）の利用率が高いことに注目せよ.

[*] Blasetti et al.（1988）より引用. John Wiley & Sons Inc. の子会社 Wiley-Liss, Inc. の許可を得て再掲載.

床面を好む（Ross and Lukas 2006, Herbert and Bard 2000）. ギュンターヒルヤモリ（Phelsuma guentheri）でも同様だ. 垂直なガラス壁は避け, 隠れられる場所や陽のあたる場所を好む（Wheler and Fa 1995）.

ほとんどが霊長類の研究とはいえ, 今や一般的な合意が得られていることは, 空間の絶対的な広さは, 構造的な複雑さという点から見た空間の質ほどには重要ではないということだ. 例えば, 欧州の 41 の動物園において行われた, 様々な変数を用いたゴリラとオランウータンの調査結果から, 活動レベルが群れに含まれる個体の数と関連があった. 固定式の遊具, 可動式の遊具のどちらの存在とも関連が見られた. しかし, 獣舎の大きさや床面積とは関連がなかった（Wilson 1982）. 齧歯類や小型の霊長類を用いた実験室での研究からも, 獣舎の大きさよりも複雑さの方が重要だという同様の効果が示されている. 今や多くの動物園では, より自然に近い獣舎を目指す動きが, 獣舎の複雑さと絶対的広さの両方を増やす方向に向

いている（第 6 章参照）. そこでは比較が行われており, より自然に近い獣舎ほどより自然に近い行動が見られることが分かっている. 例として, 米国のアトランタ動物園で, Hoff et al.（1997）が行った研究をあげることにする. 屋外の自然に近い飼育施設でのゴリラの行動と, 屋内施設での行動との間に違いが見られた. 特に, 屋外では攻撃が減少し, 他の多くの個体でも同様で, 社会的行動も同様に減少した（図 4-14）.

この節を終える前に過密化について述べておきたい. 過密化とは多すぎる動物が小さすぎる空間を占有することである. 1960 年代のエソロジーの理論では, 過密化とストレスが引き起こす攻撃との間に単純相関を見出している（例えば, Desmond Morris 1969 を参照. 彼は人の攻撃性と動物園で閉じ込められている動物の攻撃性の間に共通点を見出した）. 何人かの研究者が, 動物園で飼育されている霊長類の攻撃性を研究してこの関係を確認しようとした. 例として, 英国のブリストル動物園でのアカゲザル（Macaca mulatta）の研究をあげておく. ここのサルはサル寺院と呼ばれる施設で飼育されていて, 攻撃の生起率が高かった（Waterhouse and Waterhouse 1971, 図 4-15）.

今では, 過密化と攻撃性の間に単純な関連はないことが分かっている. 初期の研究では, 物理的環境の変化よりも, 社会的変化の方がずっと大きな影響を与えることを示した（Southwick 1967）. 比較的最近の研究からは, グルーミングを増加させるといった, 行動面での緊張緩和メカニズムをとおして,（冬季に屋内に収容されるような場合の）過密化にうまく対応しているということが, チンパンジー（Pan troglodytes）（Neiuwenhuijson and de Waal 1982, de Waal 1989）, ボノボ（Pan paniscus）（Sannen et al. 2004）, アカゲザル（Judge and de Waal 1997）で明らかになっている.

食物の準備と提示

食物はほとんどの動物にとって, 行動を起こす強力な動機となる. そのため, 給餌の方法と

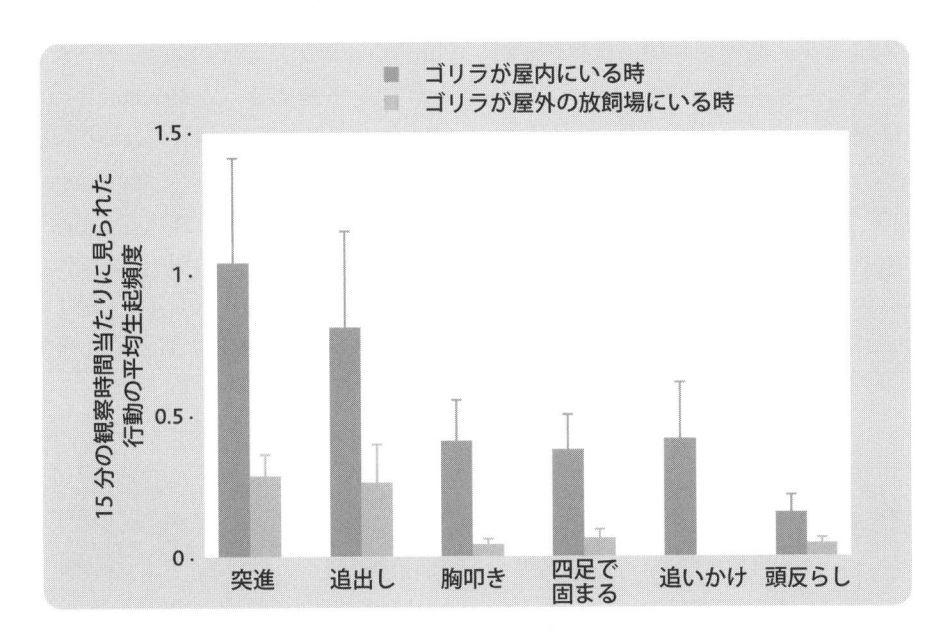

図 4-14　屋外放飼場にいる時と屋内にいる時のゴリラの攻撃的ディスプレイの頻度の比較．それぞれのディスプレイについて，観察された行動の頻度は屋外にいる時の方が有意に低い．(Hoff et al. 1997 より引用)

図 4-15　ブリストル動物園のサル寺院で飼育されているアカゲザル．写真は 1964 年に撮られたもので，この建造物は今では動物の飼育には使われていない．過密化が攻撃性に及ぼす効果を調べる初期の研究がここで行われた．(写真：Geoff Hosey)

タイミングによって，動物園動物の行動が変わると言われても驚きはしない．給餌のタイミングは，それを予期できるような動物の場合は行動に影響を与えることがある．例えば，攻撃的交渉の頻度が増加するといった影響が，チンパンジー（Bloomsmith and Lambeth 1995）とマントヒヒ（*Papio hamadryas*）（Wasserman and Cruikshank 1983）で見られている．また，オセロット（*Leopardus pardalis*）では常同的なペーシング（往復歩行）が増加する（Weller and Bennet 2001）．実験室での研究では，日常の給餌を実験的に遅らせた時に，ベニガオザル（*Macaca arctoides*）の不活発な待機姿勢，敵対行動，自己指向性行動や異常行動の生起確率が，予期された通常の給餌時間前の時間帯に増加した（図 4-16 参照，Waitt and Buchanan-Smith 2001）．さらに，通常の給餌時

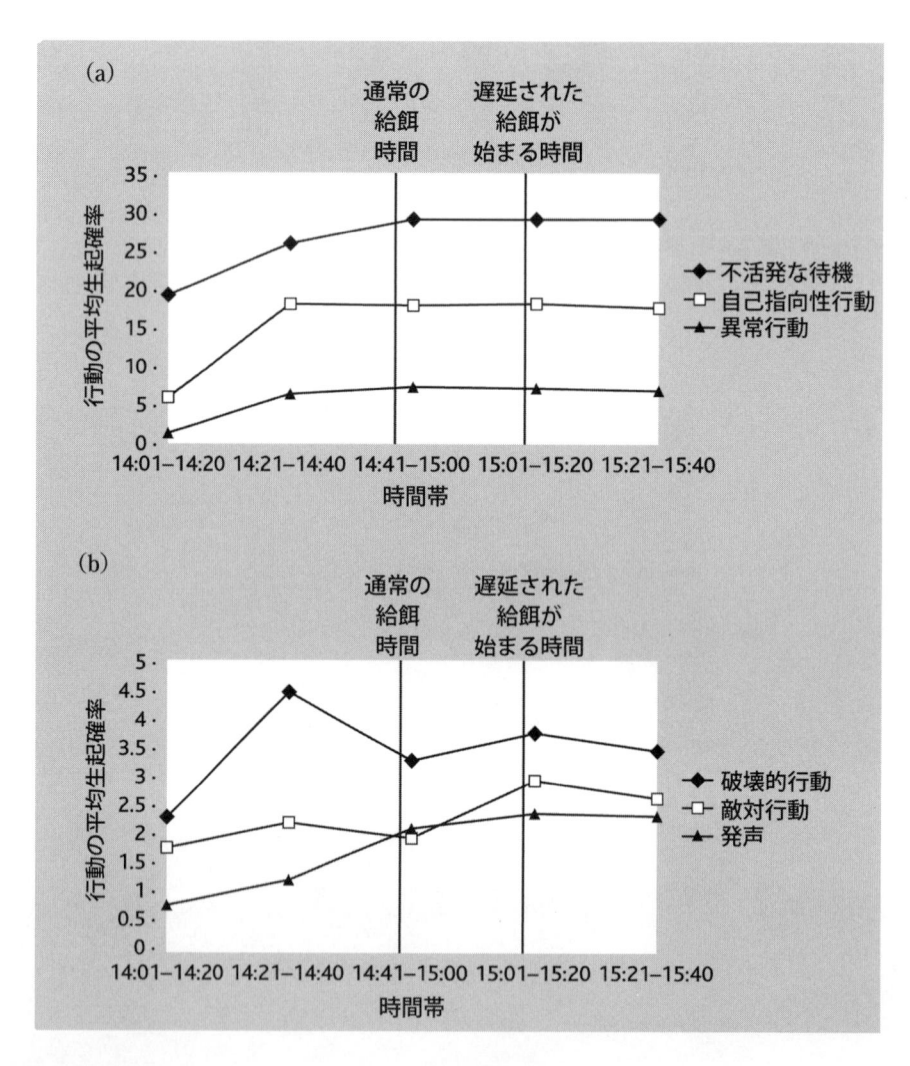

図 4-16　実験室で飼育されているベニガオザルにおける給餌の予期．(a) 不活発な待機姿勢，自己指向性行動，異常行動の生起率が，サルたちがふだん給餌されている時間が近づくにつれ増加している．その時間に給餌を受けないと，生起率は高いまま維持される．(b) 発声も通常の給餌時間前に高くなり，給餌が遅らされると高いレベルのまま維持される．しかし，破壊的行動や敵対行動は通常の給餌時間前に増えるが，いつも給餌される時間になると急激に減る．給餌が遅らされると，これら2種類の行動は再び増え始める（Waitt and Buchanan-Smith 2001 を改変して引用）．

間を，その動物本来の活動周期と一致させないようにした場合にも影響が表れる．例えば，ブラウンキツネザル（*Eulemur fulvus*）の給餌時間を午前中遅めの時間にした時，彼らの通常のカテメラル活性（周日行性）[16]のパターンが崩れた（Hosey 1989）．

行動は食物がどのように与えられるかによっても大きく変化する．例えば，霊長類の食物は，伝統的に果物や野菜を小さく切ったものが与えられている．通常はこれがよいやり方で，全ての個体に等分に行きわたると思われている．しかし，シシオザル（*Macaca silenus*）に食べ物を切らずに丸のまま与えてみたところ，優位個体による独占は起こらなかった．それどころか，個体あたりの採食時間は増えたのである（Smith et al. 1989）．ベンガルヤマネコ（*Felis bengalensis*）に対して，複数の場所に食べ物を隠して与えたところ，ペーシング（往復歩行）の時間は減少し，移動／探索行動が増加した（図4-17, Shepherdson et al. 1993）．もちろんこのことは，いくつかある採食エンリッチメントの基本であり，第8章で詳しく議論することにする．

動物園の通常作業

給餌以外には，動物園の通常作業が動物の行動に影響を与える可能性を調べた研究はほとんどない．そのため，動物園における動物の管理が行動に影響を与えるという例は，次にあげるようなわずかな例しかない．

- ペイントン動物園環境公園では，拡大中の一群のマントヒヒに対して，発情の身体的・行動的徴候に影響を与えない避妊薬を雌に与えた．その結果，雌の間で発情の頻度が増加しても，予想された敵対行動の頻度は増加しなかった（Plowman et al. 2005）．
- チェスター動物園のチンパンジーは，屋外飼育施設で建設作業が行われている間，1か月間屋内施設に収容された．この間，彼らは空間の制限に対応するように，攻撃の頻度を減少させた（Caws and Aureli 2003）．
- ジャージー動物園で放飼されているワタボウシタマリン（*Saguinus oedipus*）は，すぐそばの建設現場で作業員が働いている時，警戒を強めた（見上げたり，建設現場の方をじっと見たりしていた）（Price et al. 1991）．
- サンディエゴ動物園のジャイアントパンダ（*Ailuropoda melanoleuca*）は，騒音レベルが大きくなると，不安を増大させた（例えば，身体を引っ掻いたり，音声を発したり，出口のドアを操作したりした）（Owen et al. 2004）．
- 水族館で飼育されているアメリカザリガニ（*Procambarus clarkii*）は，反射壁付近に居ることを好む．ただし，優位個体のみの傾向である（May and Mercier 2006）．

4.3.2 社会的環境

社会的環境は他の生物で構成される環境のことである．これには人間も人間以外の動物も両方含まれる．その存在や行動が動物園動物の行動に影響を与えている．人間の影響については第13章で詳しく扱うので，ここではこれ以上の言及はしない．

同種個体

行動生物学の研究の大半は，同種個体が互いにどのように作用しあい，影響しあうかを理解しようとするものである．ここでは，同種個体間で自然に起こるような相互作用の仕方が，動物園環境によって変わってしまうような場合を考えることにする．この例として，育てられ方を取り上げる．人工哺育は，哺乳類でも鳥類でも，動物園では一般的に行われており，どのように人工哺育を行ったかを記した論文は数多くある〔例えば，「International Zoo Yearbook」を参照〕．しかし，育てられ方の違いが行動に与える影響を調べた研究はほとんどない．人工哺育の最も極端な形は，

---

[16] 活動のカテメラルパターン（周日行性）とは，昼夜を問わず活動が散発的に起こることである．

図4-17 (a) ベンガルヤマネコはしばしば不活発になったり，常同的なペーシングを見せる．（写真：Jessie Cohen，スミソニアン国立動物園）(b) この実験では，通常1日に1回与えられる食物の量を4等分して与えた．そのため，このヤマネコは特別に毎日4回食物を与えられた．1か月後，1日4回の給餌は飼育施設内に隠して与えられた．この結果，1日1回だけの時と比べて，1日4回給餌の時にはペーシングが減少し，移動/探索時間が増加した（＊で示している）．（Sheperdosn et al. 1993を改変して引用）

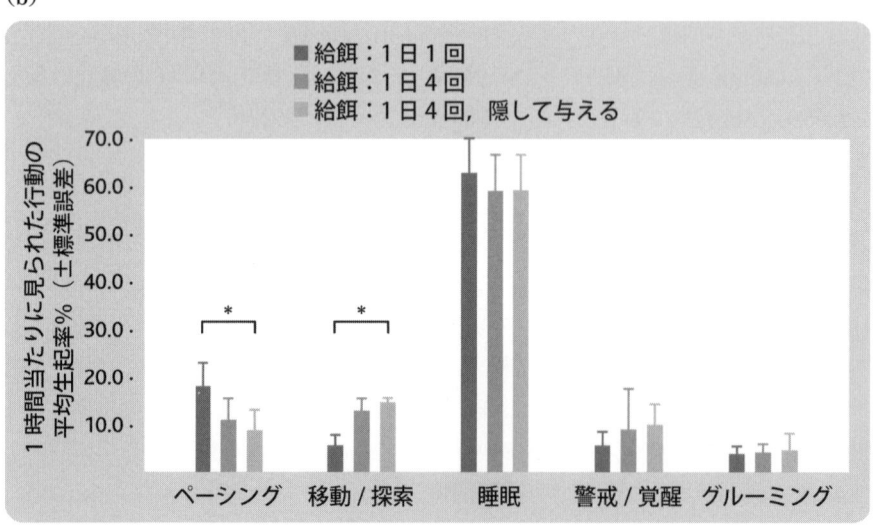

乳子（乳仔）期に社会的剥脱を伴う（同種他個体と接触する経験をもてない）もので，野生動物が動物園に着く前の動物業者などのところではこのような状況も起こり得る．例えば，サーカスや研究所から動物園に来たチンパンジーはたくさんいる．ペットとして一般家庭に飼われていた個体が動物園に来る場合もある．このようなチンパンジーたちは実に様々な発達履歴をもっている．このことは，大人としての社会的技能を獲得する時に影響するだろう．たとえそのうちのいくつかは回復可能だとしてもである（Martin 2005）．

動物園の環境が同一種内の行動に影響を及ぼす可能性のある場合がもう1つある．野生で通常見られるのとは異なる構成の群れを維持しようとする場合である．例えば，ニホンザルは通常，複雄複雌の群れで生活し，ある雄は交尾にさそい，他の雄は拒絶するなど，群れの中では雌が配偶ペアをつくるのに積極的な役割を果たす．しかし，カルガリー動物園のニホンザルの群れでは，雄が1頭しかおらず，1頭の雌が，他の全ての雌が交尾をするのを積極的に邪魔をするようになった（Rendall and Tayler 1991）．

野生とは異なる構成の動物園動物の研究として最もよい例は，雄だけのゴリラの群れを調べた研

究だろう．多くの動物園では，できるだけ自然に近い形（つまり，単雄複雌のハーレム型）で繁殖群を維持するために，雄が余ることになる．このような"単独雄"のグループは強い群れの結束を示す（図4-18参照）．この傾向は特に青年期の個体で顕著である（Stoinski et al. 2001）．この独身雄グループでは，シルバーバック（背中の毛の白い大人個体）もブラックバック（背中の毛の黒い青年期個体）も，繁殖群と比べると，攻撃の強さが違うことが報告されている（Pullen 2005）．

　群れの構成は，群れの大きさ，つまり群れを構成する個体の数と関連する．野生においては，群れの大きさは，多くの生態学的および行動学的なプロセスの結果である．そのうちのいくつかの要因は動物園環境ではそれほど重要ではないものだ（例えば，捕食者から逃れる必要性や，食物を探す必要性など）．結果的に，飼育下の群れの大きさは，野生よりもずっと柔軟に扱えるものだと期待できる．このことは多くの種で適用できるだろう（Price and Stoinski 2007）．しかし，多すぎる個体，または少なすぎる個体を1つの群れで維持することには，その動物たちの健康や行動に悪影響を与えることになりかねない．例えば，小型のネコ科動物は野生ではしばしば単独生活をする．そういう動物を同種個体と複数頭で飼うことによって，ストレスの増加や，繁殖率の低下を招くことになる恐れがある．逆に，マーモセット類[17]の繁殖成功は，群れのサイズが小さすぎ

図4-18 ニシローランドゴリラ（*Gorilla gorilla gorilla*）のシルバーバックの雄2頭．彼らは成功した独身雄グループの一員で，写真は社会的遊びをしているところ．（写真：Kirsten Pullen）

Box 4.3　同種個体の効果：フラミンゴの繁殖ディスプレイ

フラミンゴは極めて社会性の強い鳥で，繁殖期になると，100万羽にもなる群れをつくることがある．動物園でのフラミンゴの群れの大きさは，野生と比べるとごくごく小さなもので，このことが彼らの繁殖に悪影響を与えている．つまり，小さな群れでは繁殖はうまくいかないのである（図4-19, Stevens 1991, Pickering et al. 1992）．では，群れの大きさのどんな要素が，飼育下のフラミンゴの繁殖成功を促進するのだろうか．

ワシントンDCにある国立動物園のベニイロフラミンゴ（*Phoenicopterus ruber ruber*）の研究（Stevens 1991）によると，群れの大きさが18羽から21羽になると，群れの繁殖ディスプレイが48%増加し，このディスプレイへの同調性は100%増加した．マウンティング，交尾，および有精卵の産卵（この群れで初めて）も同じく増加した．その後数年のうちにさらに個体数を増やした結果，繁殖ディスプレイの活性はさらに高まった（Stevens and Pickett

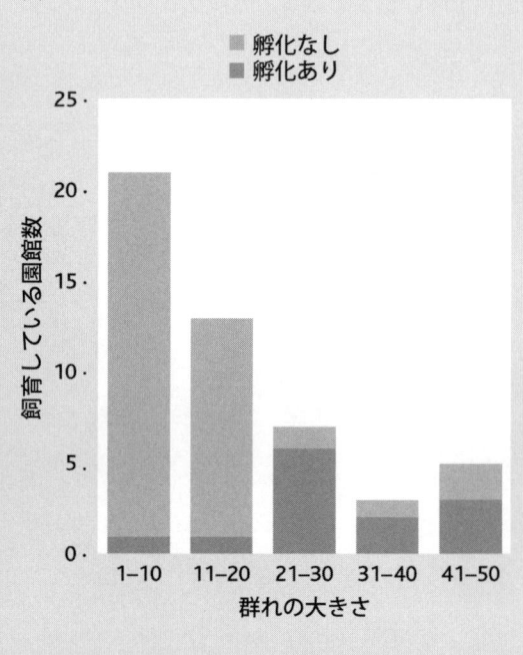

図4-19　(a) ベニイロフラミンゴ（*Phoenicopterus ruber*）の親と雛．（写真：オストラバ動物園）(b) 動物園でベニイロフラミンゴの繁殖が成功するかどうかは，群れの大きさによって決まる．これらのデータは1983年〜1988年にかけてのもので，21羽以上の群れで飼っている動物園のほとんどで雛が生まれている．その一方で，20羽以下の群れで飼っている園では，ほとんど繁殖に成功していない．

---

[17] ここでいうマーモセット類とは，マーモセットやタマリンの数多くある属の総称として用いている．

Box 4.3 つづき

1994).フラミンゴの繁殖には他にも重要な要因がありそうだが,最も重要なことの1つは,群れに十分な数の個体がいて,それらの個体が集団で繁殖ディスプレイをすることによって,十分な社会的刺激を生み出すことだ.同様の効果は,チリーフラミンゴ(*P. chilensis*)のような他のフラミンゴでも見られる(Farrell et al. 2000)

この例は,動物園動物にとって,適切な数の同種個体のいる社会的環境を与えることの重要性を強調している.

表 4-3 トラの行動別平均時間配分(飼育条件によって行動の比率が有意に異なっている)*

群 れ	ペーシング	転がり回る	フレーメン	遊 び
隣接個体なしのペア	4.67	0.15	0.19	0.36
隣接個体がいるペア	21.30	0.16	0.16	0.06
隣接個体がいる単独	23.91	0.31	0.56	0.62

注:隣接個体のいるトラはいないトラよりもペーシングの率が低い.単独飼育個体は転がり回ったり,フレーメン(臭いを嗅ぐ行動)をする率が高く,ペア飼育の個体よりも遊びの率も高い.
*データは De Rouke et al.(2005)より.

ると悪化する.これは,ヘルパーとして赤ん坊を育ててくれる個体数が少なくなるからだ(Price and Stoinski 2007).

最後に,単独飼育について述べる.動物園では様々な理由から,社会的な群れではなく,単独で動物を飼育する場合がある.このことが行動にどのような影響を及ぼすのかを調べた研究はほとんどない.社会的エンリッチメントの一形式として,実験室環境で単独飼育の霊長類をペアで飼うことが知られている程度だ.しかし少ないながらも研究は行われている.ペア飼育のトラ(*Panthera tigris*)と単独飼育のトラの行動を比較したところ,ペア飼育個体の方が,より自然に近い多様な行動を示すことが報告されている(De Rouck et al. 2005).この結果は,単独飼育は動物の行動に不利益をもたらすことを示唆している.単独飼育のトラは,転がり回ったり,1頭で物を使って遊んだりすることがペア飼育個体よりも多いが,これもおそらく社会的な交渉の機会が乏しいことを示しているのだろう.単独飼育のトラは,フレーメン行動(他個体の臭いを確かめる行動)をする時間がずっと多いことも,この解釈を支持している(表4-3参照).

他 種

動物園の動物は,その獣舎の中で他種と遭遇する場合がある.それは混合展示の一部としての他種かもしれないし,あるいは他の獣舎にいる他種の動物をただ見るだけかもしれない.場合によっては,何らかの方法で他種から発せられた刺激を検知するかもしれない.動物園での混合展示には長い歴史がある.一般的には,混合展示に用いられる動物種は,野生で同じ地域を生息地とする種で,(願わくば)捕食関係にないものの中から,相対的に適切なものが選ばれる.Pochon(1998),Young(1998),Ziegler(2002)など,多くの記述的報告を文献に見ることができる.しかし,定量的な研究はほとんど行われておらず,混合飼育された種がお互いにどのように振舞ったのかを

見ることができない．Popp（1984）は混合飼育されていた有蹄類の種間で起こる攻撃的交渉を調べたところ，系統的に離れた種の間で最も多くの攻撃的交渉が起こることを見出した．出産や交尾，新規個体（種）の導入などの出来事が主な引き金となって攻撃が起こった．このことから，雄の攻撃性（の抑制）は，混合展示成功のための主要な特徴と1つと考えられる．

　種ごとに異なる獣舎にいても，時には互いの存在に気がつくことがある．捕食者とその獲物となる動物は，同じ獣舎で飼われることはないが，互いの姿が見えるようならば，お互いの行動に影響を及ぼす可能性がある．Stanley and Aspey（1984）は，コロンバス動物園で飼育されていた5種の有蹄類の行動を調査した．その動物たちは，アフリカゾーンに飼育されていた．隣の獣舎（ドライモートで分離されていた）ではライオン（*Panthera leo*）が飼育されており，飼育施設の前まで出てくるとその姿が見えた．ライオンが見える時には，有蹄類たちは頭を下げている時間（例えば，採食，飲水，地面の臭いを嗅ぐといった行動に費やす時間）が少なくなり，警戒して辺りを見ている時間が増えた（図4-20）．

　このような状況が，獲物となる動物種（この研究では著者はそうみなしてはいないが）にとって，福祉に配慮しているといえるのかどうか．これは不明である．小型の霊長類〔ワタボウシタマリン（*Saguinus oedipus*）〕を対象にした実験室での研究では，捕食者の糞の臭いでさえ，サルたちを不安にさせるという結果を示した（Buchanan-Smith et al. 1993, 図4-21）．その一方で，タマリンは頭上を通過する鳥の模型に（警戒）反応を示す．同様な反応は，環境エンリッチメントの一環で見せている模型の鳥に対しても見られる（Moodie and Chamove 1990）．この問題に答えはまだ出ていない．

4.3.3　環境の変化

　動物園における管理や世話の規則はしばしば変更されることがあるが，このことが動物の行動に強い影響を与えるかもしれない．そういった変化は，動物の物理的，または社会的環境に影響を与えるだろう．この章でこれまで見てきたように，そのことで，すでに動物の行動には変化が引き起こされているかもしれない．このことに関する文献は，またも霊長類の研究がほとんどである．

獣舎の変更

　実験室での研究によると，ケージの移動は霊長類にとってストレスとなることが明らかにされている．例えば，Mitchell and Gomber（1976），Line et al.（1989a），Schaffner and Smith（2005）といった研究例がある．しかし，このことが動物園で飼育されている霊長類にどれほど当てはまるのか分からない（実験室と動物園の環境は多くの点で異なるからだ）．また，実のところ他の動物種に当てはまるのかも不明である．それまで住んでいた何もない獣舎から，新しい（やはり何もない）獣舎にヒョウを移した時，尿中コルチゾールレベルの上昇と，常同的なペーシング（往復歩行）の増加が見られた．これらの影響は，獣舎内に木の枝や隠れ場所を配置する対策によって，ある程度は軽減させることができる（Carlstead et al. 1993）．

　この最後の研究における獣舎移動の悪影響は，おそらく非自然的な獣舎の特徴だろう．実際，アトランタ動物園の2つあるゴリラの群れは，2つある自然的な飼育施設を日常的に交互に使っていた．このことはゴリラにとってのエンリッチメントの1つとして利用されている（Lukas et al. 2003）．このことを支持する証拠として，他の獣舎に移った後では，動物は採食時間を増やし，獣舎をより頻繁に利用し，自己指向性行動が減少する．このような操作（"活動を基盤とした管理法"と呼ばれる）は，他の種〔霊長類をはじめとして，マレーバク（*Tapirus indicus*），トラ，バビルサ（*Babyrousa babyrussa*）が含まれる〕を日常的に展示場間で移動させる時に用いられている（White et al., 2003）．飼育動物のエンリッチメント効果は，新しい獣舎の新奇性からではなく，前にその獣舎にいた動物が残していった刺激（例え

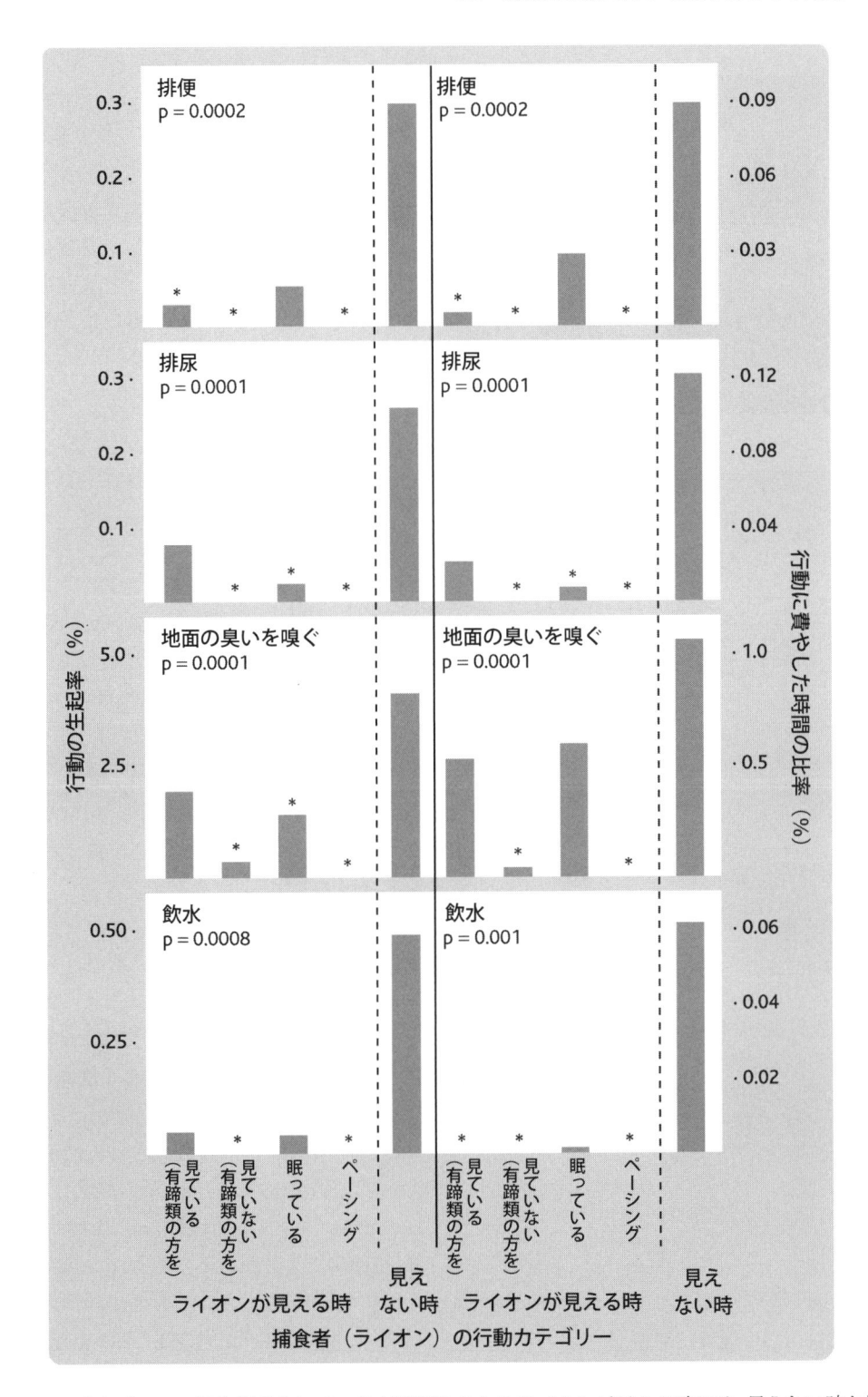

図 4-20 アフリカゾーンで混合飼育されている有蹄類たちからライオンが見える時には，見えない時と比べて，排便や排尿，地面の臭いを嗅ぐ，飲水，互いの臭いを嗅ぐといった行動に費やす時間が有意に少なくなった（＊で表してある）．このことは，たとえライオンが見えているが眠っている時でも同様であった．また，ライオンがペーシングをしている時には，上記の行動は全て中断された．（Stanley and Aspey, 1984 を改変して引用）

そこで見られる行動の変化は，野生で典型的に見られる行動が増加するという点から，効果があったものと解釈されることがふつうである．例えば，ロンドン動物園のハヌマンラングール（*Presbytis entellus*）の群れが自然的な飼育施設に移されたところ，採食と移動が増加し，居眠りをしているようにじっとしていることと他個体に対するグルーミング，攻撃行動が減少した（Little and Sommer 2002, 図 4-22 参照）．

このことをどのように解釈したらよいだろうか．額面どおりに受け取れば，エンリッチメントになっているように見える．しかし，この論文の著者らは警鐘を鳴らしている．つまり，新旧どちらの活動配分をとってみても，野生で見られるハヌマンラングールの活動配分の範囲内に収まるのだ（4.5 参照）．サンフランシスコ動物園のゴリラの研究結果はさらにあいまいである．ゴリラたちは古いコンクリートでできた洞穴のような獣舎から，新しい自然に近い獣舎に移った．その新しい獣舎でゴリラたちは糞食や吐き戻し/食べ直し（4.4 参照）は減らしたものの，自分を抱きしめる行動（図 4-23）が増え，遊びが減ってしまった．

群れ構成の変化

群れの個体構成は，すでに確立された群れに新しい個体が導入されたり，群れから個体が移動したりした時に起こる．または，新しい群れをつくっている時にも起こり得る．個体の導入に関する文献についても，その多くは霊長類の研究である．研究の種類は大きく分けて 2 つある．1 つは，実験室飼育の霊長類を使ったもので，例えば，Scruton and Herbert（1972），Williams and Abee（1988），Brent et al.（1997），Seres et al.（2000）などがある．もう 1 つは，成功した手法について記述されたもので，例えば Mayor（1984），Thomas et al.（1986），Humburger（1988）などがある．定量的データを扱った研究はそれほど多くはない．

以下の事例は，動物園で新規個体の導入が起こった状況を説明したものである．そこには様々なバリエーションが見られる．

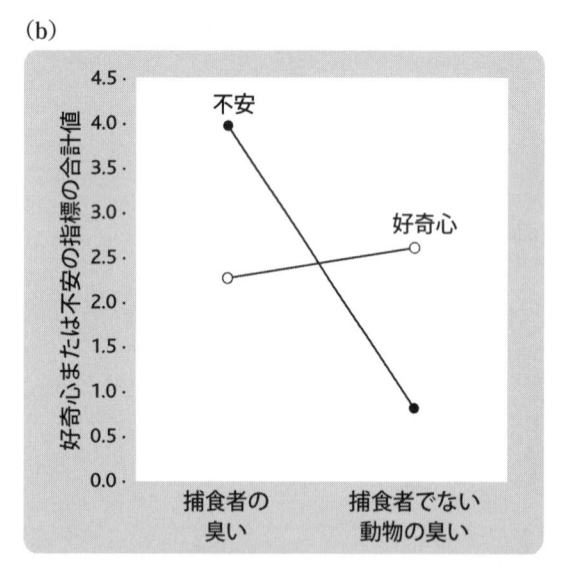

図 4-21 (a) ワタボウシタマリン（*Saguinus oedipus*）の写真．(b) 捕食者でない動物の糞の臭いに対しては，捕食者以上に好奇心を示したが，捕食者の糞の臭いに対しては強い不安を表す行動を示した．好奇心と不安の指標は，それぞれのカテゴリーに含まれる個々の行動の総和である．(Buchanan-Smith et al. 1993 を改変して引用．写真：Hannah Buchanan-Smith)

ば，臭いなど）によってもたらされるようだ．

動物園では自然に似せた獣舎をつくる傾向が高まっている．これに伴って，動物が（またも，ほとんどは霊長類だが）伝統的な檻から自然的な飼育施設へ（場合によっては放し飼いに）移された時に，動物の行動がどのように変わるかを見る機会がどんどん増えてきている．期待された通り，

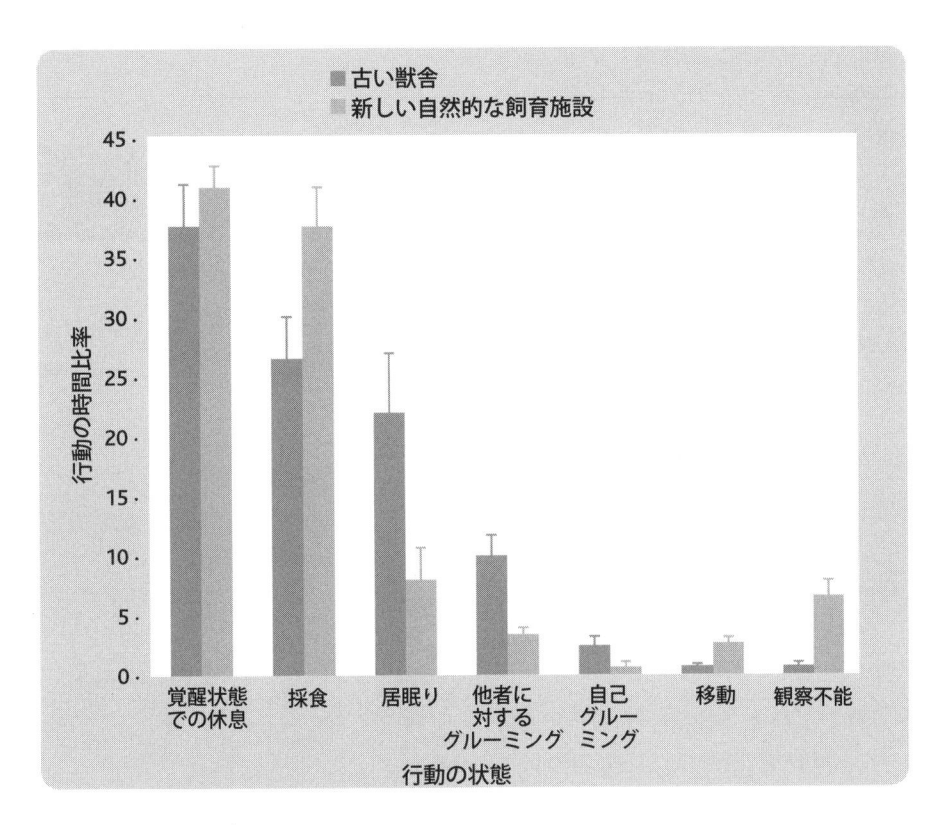

図 4-22 ハヌマンラングールが古い，伝統的な形の獣舎から，新しくできた自然的な飼育施設に移った時，その行動はこのエンリッチメントで狙ったように変化した．しかし，実際には，これら新旧の行動比率はどちらをとっても，野生のハヌマンラングールが示す行動比率から外れてはいない．（Little and Sommer 2002 を改変して引用）

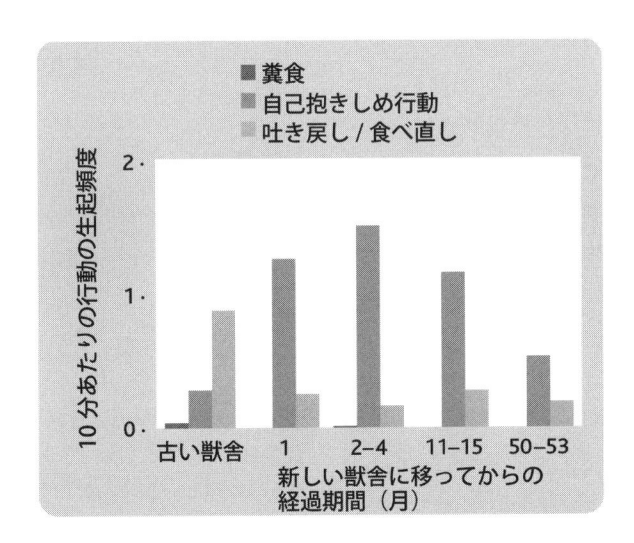

図 4-23 子のゴリラ 1 個体が古いコンクリート製の洞穴のような獣舎から新しい自然的な飼育施設に移動した．この時，いくつかのストレスと関連している行動（糞食や吐き戻し／食べ直し）は減ったものの，他のストレス関連行動（自己抱きしめ行動）が増えた．これは，行動に見られる変化の解釈が時には難しいことを示した例である．（Goerke et al. 1987 を改変して引用）

- テキサス州のヒューストン動物園とフォッシルリム野生生物センターでそれぞれ飼われていたタテガミオオカミ（*Chysocyon brachyurus*）の雄個体は，一度群れの個体から離された．その間に後者の群れでは残った雌が出産した．後に雄たちは段階的に再導入された．その最終段階では，雄たちは子どものオオカミに接触し，親和的な行動を示した（図 4-24, Bestelmeyer 1999）.
- アジアゾウ（*Elephas maximus*）の雌 3 頭が，他園のできあがった群れに導入された．そのうちの 2 頭は常同行動が増加したが，もう 1 頭は減少した．最終的には導入前のレベルに戻った．受け入れ先の群れのゾウでは，社会行動や操作/探索行動が増加した（Schmid et al. 2001）.
- 人工哺育で育てられたゴリラの乳幼子 5 個体が，ブロンクス動物園のできあがった群れに導入された．乳幼子たちはお互い寄り添いあう強い傾向が見られたが，その一方でシルバーバックに対しても同様な傾向を見せた（MaCann and Rothman 1999）.

動物たちが離された元いた群れの方ではどんなことが起こるだろうか．

- 屋内の実験施設で飼われていたキャンベルモンキー（*Cercopithecus campbelli*）の群れから，成雄 2 頭が出された．残った群れの個体の間では社会的交渉や遊びが増えたが，残った母方の個体，つまり特定の 1 個体の母親から生まれた直系の雌グループの個体に対して向けられる攻撃が増えた．この後，攻撃を受けた雌個体は群れから離された（Lemasson et al. 2005）.
- アトランタ動物園で，雄のキリン（*Giraffa camelopardalis*）1 頭が出された．残った雌 2 頭の行動を調査したところ，活動性が高まり，常同行動と個体間の接触が増えた．その一方，飼育施設の利用率は低下した（Tarou et al. 2000）.

どのような福祉的配慮があったかとは別に，上記のような研究から言えるのは，様々な種におけ

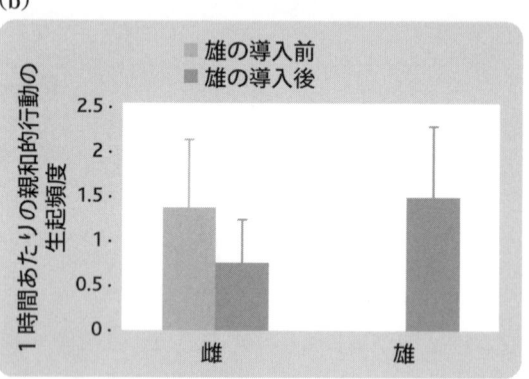

図 4-24 （a）タテガミオオカミ（写真：Ray Wiltshire）. （b）雄は徐々に 7〜12 週齢の子どものオオカミに出合わされ，やがて親和的な（友好的な）行動をその子どもに向かってするようになった（Bestelmeyer 1999 から引用）.

る社会的な行動の変化についての詳細なフィールド研究がまだまだ不足しているということだ．

4.3.4 これらの事例が教えてくれること

この章のこれまでの3つの節を読んでくると，"動物園の環境が行動にどのような影響を与えるのか"という問いに対する包括的な答えなどないと思うようになったことだろう．しかも，その答えは，私たちが見ているものがどんな種か，どんな行動か，動物園の環境のどんな部分かによって変わってくることにも気づいたのではないだろうか．おそらくそれは妥当な結論である．動物の生活史や適応能力の多様性を考えれば，そうでないとしたら，むしろそのことに驚くべきだろう．

しかし，正しいことを示せる一般的な論点がいくつかある．第1点目は，動物園の環境は実際に様々な種類の要素で構成されており，それらによって様々に行動が影響を受けるかもしれないということだ．例えば，獣舎のサイズによる動物の行動への影響のしかたに関心をもったとする．しかしこの時，獣舎が大きければそこに入る個体の数も多くなることを認識しておかなければならない．そのために与えられる食物をめぐる競合がより激しくなる可能性がある．しかし，その代わりに隠れ場所は多いかもしれない．だからこの状況では，攻撃のような行動は増加するだろうか，減少するだろうか，それとも現状が維持されるだろうか．この予測は簡単ではない．しかし，動物園環境の意味を理解し，動物がそれにどのように順応するのかを理解しようとしたら，そのようなアプローチの仕方をしなければならない．

2つ目の一般的論点は，動物園の動物は実際に十分なほどの行動の可塑性をもっており，動物園環境の要素が変わるような状況になっても，順応していくことができるということだ．なぜなら，その種が野生下で適応していかなければならない野生の環境の変異幅を考えたら，動物園環境の変化など変わらないか，むしろ小さいくらいだろう．そうでなければ，現代の動物園の環境が，野生での環境と実際それほど違わなくなっているかだ．

これは両方とも少しずつ当てはまるだろう．

どちらにしても，このことから以下のような2つの関連した問題が出てきた．これらの問題について，この章の残りの節で考えていくことにしよう．

1. 動物園の環境が，動物が対応できる変化の幅を越えているかどうかを，どうやって見分けることができるだろうか．動物が環境にうまく対処することが難しいということを示す指標として使えそうなのが，異常行動の発現だ．異常行動については次の節で考えることにする．そして，第7章でもう一度考えることにする．

2. 今見ている行動が，その動物の正常な可塑性の範囲内にあることを，どうやって見分けることができるだろうか．1つの方法は，野生での行動を見ることだ．このことはこの章の4.5で考えることにしよう．

4.4 異常行動

飼育下の動物は，見ている者にとってふつうではない，目的もないような行動を呈することがある．それはまるで"異常"と呼ばれてもしかたのないような行動で，このことは昔から知られていた．このような行動は，家畜では特によく知られている．例えば，ペーシング（pacing，往復歩行），はた織り行動（weaving），体ゆすり（rocking），頭振り（head-shaking），柵かじり（bar-biting），自傷行動（self-mutilation），羽つつき（feather-pecking），尾かじり（tail-biting），不適切な性行動や母性行動，不活性（inactivity），多動（hyperactivity）など．その他にも，いかにも奇妙な行動もある（Fraser and Brown 1990）．例にあげたこのような行動は，動物園界でも昔からよく知られている．古くは，Morris（1964）やMeyer-Hozapfel（1968）によって，数多くの例が記載されている．彼らの記載にはこの種の行動として，異常な攻撃性や，常同的な移動（直線運動や周回，8の字のパターンなど），自傷行動などが取り上げられている．

そのような研究が出されて以来，これらの行動の原因となっているものは何か，必然的に福祉の問題となるのか，その取扱いをどうするのがよいのか，といったことを調べるために多くの努力が払われた．幸いにも，獣舎や飼育管理技術の改善とともに，20〜30年前と比べると，現在の動物園動物における問題として，異常行動が取り上げられることは少なくなっている．

4.4.1 "異常行動"とは何か

私たちがある行動を"異常"と呼ぶ時，その正確な意味はなんだろうか．Meyer-Hozapfel（1968）の見解では，異常行動を，"動物が，自由で移動に制約のない（野生の）状況下では見られないか，あるとしてもまれな行動"としている．後年，この用語を用いた総説では，この行動をある意味で病的な状態（Erwin and Deni 1979）と表現している．Manson（1991）は，"異常行動"という用語が使われる場合に，2通りの意味があると指摘した．つまり，

- めったに見られないか，普通ではないこと，
- 明らかに機能を欠き，場合によってはその動物に有害であったりする場合で，その根底に何らかの病的な逸脱があり，その結果として表れている可能性があること．

彼女はこうも指摘する．たとえある行動が第1の意味で異常とみなされても，必ずしも第2の意味では異常であることを意味するわけではない．結局，この用語をうまく使いこなすには，絶対的な意味よりも相対的な意味で使う方がよいのだ．特に"まれな"行動という意味で使われる時には，何と比べてまれなのかを考える必要がある．"野生の状態と比べてまれ"というのが一般的な基準だ．その根拠として，このような行動は野生の個体群では通常見られないことがあげられる（ただし，問題もある．この章の4.5「野生との比較」を参照）．

ある行動がたとえ野生では見られないとしても，飼育下では比較的ふつうにみられる場合がある．また，その動物の健康問題との深刻な関連を考えなくてもよい場合がある．今ではこのような行動のことを，なかには"異常"とは呼ばずに"望ましくない"行動と呼ぶことが増えている．この例としては，ゴリラの吐き戻しと食べ直しがあげられる（Lukas 1999）．この行動はつまり，動物が随意に（反射としての嘔吐反応ではなく）胃から口へ，もしくは床などへ食べ物を戻し，それを再び食べることをいう（図4-25参照）．この行動は飼育下のゴリラの実に65％で見られる行動で，彼らの1日の活動時間の中でかなりの割合を占めている．そのため，あくまで相対的な意味でだが，飼育下のゴリラとしては"正常"とも言えるだろう．この行動は採食に費やすべき時間に代わって行われていると考えられ，一概に福祉状態の悪さを反映したものとはいえないかもしれない．"望ましくない"という言葉が使われるのは，"異常"という言葉に伴う悪いことだと決めつけを避けることができるからだ．

動物園で"異常行動"という用語が使われる時，そこには一見異なる種類の行動が数多く含まれている．それらの行動は，一般的には飼育下の環境の一部に対する反応とみなされている．Meyer-Holzapfel（1968）は以下のようなリストをあげている．

- 異常な逃避反応
- 食物の拒絶

図 4-25 ゴリラの吐き戻しと食べ直し．ゴリラの前の床に吐き戻した食べ物が見える．（写真：Sonya Hill）

- 異常な攻撃性
- 常同的な運動反応
- 自傷行動（図 4-26 参照）
- 性行動の異常
- 食欲の異常
- 無気力状態
- 母子関係の異常
- 乳幼子様行動の延長または退行

Erwin and Deni（1979）はこれらの"質的な"異常行動（つまり，常同行動や自咬のような野生で見られない形の行動）と，"量的な"異常行動（つまり，過剰な攻撃性や不活性状態などの，正常なレベルから逸脱して亢進したり，低下したりしたもの）を区別している．

これらの異常行動の多くは，もはや動物園に

図 4-27 写真のフサオマキザル（*Cebus apella*）は肩と脇腹の毛が禿げてしまっている．これは過剰グルーミングの結果である．この種の自傷行動はおそらく常同行動と見なされるべきだろう（写真：Geoff Hosey）

図 4-26 羽毛抜き（毛引き）は家禽でよく報告されているが，動物園で飼育されている鳥類でも見られる．写真はルリコンゴウインコ（*Ara ararauna*）．（写真：© Petra Jezkova, www.iStockphoto.com）

とって重要な問題とはみなされなくなってきている．それは今や動物園の環境がずっと改善され，動物の要求に適うものになってきていることが1つの理由である．ほかの理由としては，動物が示す行動に関する私たちの知識の程度が改善したことがあげられる．例えば，自傷行動〔SIB：sefl-injurious behaviour，時には自己損傷行動（self-mutilation）と呼ばれることもある，図 4-27〕を考えてみよう．霊長類では昔から見られている行動で，特にこの行動に走りやすいと考えられている．特にアカゲザルのコロニーのような実験施設の群れでは自傷行動が見られる率が高い（Novak 2003）．しかし，英国とアイルランドの動物園を調査した Hosey and Skyner（2007）によると，自傷行動は動物園で飼育されている様々な分類群の多様な霊長類で見られ，わずか 24 個体だけがめったに自傷行動を見せないことが分かった．そのサルたちは，約 15 年もの間，ずっと自傷行動を示していないという．

4.4.2　異常行動と福祉

異常行動が見られると，しばしば無批判的に，

動物が何らかの理由で苦しんでいると言われる. また, その福祉に問題がある, もしくはこれまでずっと問題があったのだと言われることがよくある. この話題については第7章でさらに詳しく掘り下げるが, 今の時点で言えることは, 異常行動は前述のような様々な形をとって現れる. それは, 動機づけにも, 生理状態にも, 発達にも, 環境にもそれぞれに関係がある. そしてそれらのことは個別に考慮すべき問題だということだ. 例えば常同行動は明らかに福祉問題と関連しているが, その関係がどのようなものかは明らかではない. Mason and Latham（2004）はいくつかの可能性について論じている. その論議には, 動物は"自分を豊かにする"性質があることや, 行動の繰り返しがその動物の福祉を改善することまで含まれている. 結局, 少なくとも常同行動については, 最も無難な仮定として以下のことが言えるだろう. つまり, 常同行動が見られることが, その動物の生活のある段階において, 最適な環境の水準以下に置かれていることを示している.

4.4.3 常同行動

動物園においては, 常同行動は, その他の異常行動に比べると, より高い関心が払われているといえるだろう. それは単に, それがあると目立つからで, それを見た来園者が動物のことを心配するからだ. しかし, この常同行動の根底にある原因についてはまだよく分かっていない. 分かっていることのほとんどは実験動物や家畜についての文献ばかりだ（図4-28 参照）.

常同行動はその特徴として, 繰り返し起こり, 固定化されていて, 明確な機能をもたないように見える行動パターンがあげられる（Mason 1991）. 動物の福祉水準が低い環境で常同行動がよく見られると言われている. しかし, 質の高い

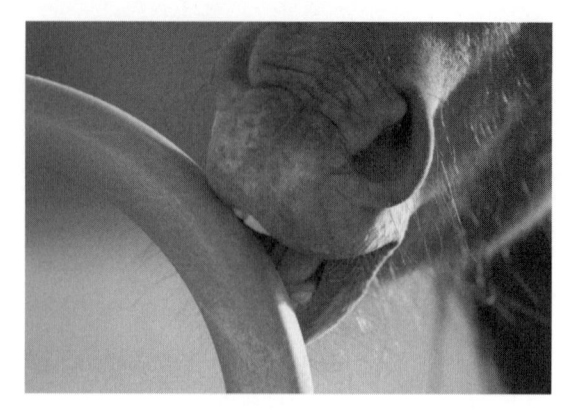

図4-28 柵かじりは異常行動の1つの例である. この写真は厩舎のウマの柵かじりの様子を示している（写真：Georgia Mason）

環境でさえ常同行動が見られることがある. その場合はつまり, その動物が過去に貧しい環境にさらされていたことを示していると考えられる（Mason 1991）. 常同行動はしばしば, 刺激の欠如と関係していると言われたり, ストレスとなる事象と関係していると言われたりする. その時常同行動は, 動物がその置かれている環境にうまく対処しようとしていることを表しているのかもしれない. しかし残念ながら, その証拠は期待するほどには明らかになっていない（Rushen 1993, Broom 1998, Mason and Latham 2004）.

最近の研究から, 常同行動と保続[18]との間の関連が示されている. つまり, 常同行動を呈する動物は一度誘発された行動を抑制することができないのではないかと考えられている（Garner and Mason 2002, Vickery and Mason 2005）. これは, 常同行動を生むような飼育環境は,（線条体[19]のような）脳構造が行動を組織化するその過程に影響を与え, その結果として常同行動が現れているのではないかという考え方である. このような脳からのアプローチの仕方は, ある動物には頻繁に

---

[18] 保続とは, 適切な刺激がない状態で, 動物の行為が継続することをいう.

[19] 線条体は大脳基底核の一部で, 灰白質（つまり, ニューロンか神経線維）の集合体である. 脳内の奥深くにあり, 運動の協調に重要な役割を果たしていると考えられている.

常同行動が現れる傾向があるのに，他の動物ではそれほどでもないのはなぜかといった疑問に説明を与えてくれるかもしれない．

最近の論文で Mason（2006）は，常同行動を，"欲求不満によって引き起こされる行動の繰り返しで，（環境に）うまく対処しようとする試みの繰り返し，もしくは中枢神経系（CNS）[20] の機能異常"とする定義を提案している．この定義では，その行動がどう見えるかよりもむしろ，あり得る因果的要因に重きを置いている．Mason はこの定義の中のはじめの要素（欲求不満によって引き起こされたという点，環境にうまく対処しようとする点）を，十分に適応できていないが，可逆的で，正常な動物が異常な環境に対する反応だとしている．一方，2番目の要素（中枢神経系の機能異常）の方は，動物が異常だということを意味している．

動物園動物は，様々な形で常同行動を表す．例えば，クマのペーシング（往復歩行，Wechsler 1991, Montaudouin and Le Pape 2005），ゾウの体揺らし（Wilson et al. 2004），キリン類[21] の柵なめのような口唇性の常同行動（Bashaw et al. 2001, 図1-7 参照）などである．この他にも繰り返される運動パターンがいくつもある．いくつかの研究では，動物園環境内で，上記のような常同行動と相関がみられるものを探している．セントルイス動物園の霊長類を対象とした研究では，現在の獣舎で計測可能などの変数よりも，養育された環境（特に人工哺育）が常同行動を引き起こす要因として最も重要であることが示された（Marriner and Drickamer 1994）．別な研究からも同様な結論が Mallapur and Choudhury（2003）の調査から得られている．彼らはインドの10の動物園で飼育されている霊長類11種の調査を行ったところ，乳幼子期の社会経験や必要な環境の欠如が異常行動の発現に関係していると考えられた．Martin（2002）は，英国の動物園で群れに戻されたチンパンジーの調査を行い，やはり同様な結論に到達した．実際，（母親から引き離されるなどした）母親の欠如と常同行動との関連については，今や十分な証拠がある（Latham and Mason 2008）．

しかしながら，獣舎も重要な変数である．例えば，エジンバラ動物園の11の獣舎で飼われている9種のネコ科動物を調査したところ，常同的なペーシングは獣舎の辺縁部で行われることが分かった．しかし，獣舎が大きければペーシングの程度が高くはならないことも分かった．給餌の頻度が1日おきだと，給餌されない日にペーシングをしていることも分かった（Lyons et al. 1997）．

社会的要因もまた重要な役割を果たしている．雌雄ペアのトラは，隣の獣舎にトラがいる時の方がいない時と比べて常同的なペーシングの頻度が高まった（De Rouck et al. 2005, 表4-3参照）．こういうことも言えそうだ．つまり，ある種の動物は他の種に比べて常同行動が発現しやすい．もしくは，ある特定の種類の常同行動が発現しやすい．例えば，有蹄類では特に口唇性の常同行動が出る可能性が高いが，このことは飼育下での給餌量の不足に関係していると思われる（Bergeron et al. 2006）．一方，食肉類では身体移動を伴う常同行動（"ペーシング"）が現れることが多い．これは欲求不満が高じて逃げ出そうとしているのかもしれない．それは，この行動の深刻さが野生での行動圏の広さとの間に相関が見られるからだ（Clubb and Vickery 2006, Box 4.4も参照のこと）．

これら全てのことは，動物園動物の管理に関して，どんなことを意味しているのだろうか．30年以上前，Boorer（1972）は以下のように結論づけている．常同行動はおそらくそれほど深刻な問題ではない．しかし，来園者にとってそれら

---

[20] CNS は中枢神経系（central nervous system）の頭文字を取った頭字語で，これは脳と脊髄で構成される．

[21] キリン類はキリン科の動物種のことで，キリンとオカピ（*Okapia johnstoni*）を含む．

Box 4.4　常同行動と食肉類：なぜ常同行動の発現が種によって異なるのか

ある特殊な事例を見て常同行動についての理解を深めることにしよう．それは食肉類についてのものである．食肉類は特に常同行動が発現しやすいと思われてきた．例えば，クマは身体移動性の常同行動であるペーシングを見せることが多い．また物乞い行動（図 4-29）を見せることも多い．Van Keulen-Kromhout（1978）は，十分な上のデータに基づいて，次の3種のクマでは高い確率で常同行動や物乞い行動が現れることを発見した．それは，ホッキョクグマ（*Ursus maritimus*），ヒグマ（*U. arctos*），ツキノワグマ（*U. thibetanus*）である．また，彼女は次のことも記している．物乞い行動と常同行動は逆方向の関係がある．ホッキョクグマとツキノワグマはヒグマよりも常同行動を示す傾向が高いが，ヒグマでは物乞い行動が他の2種よりも多い．

クマの常同行動に関する最近の記述を見ると，より詳しく記述することに重きが置かれ，その基盤となっている動機づけと行動との相関を見つけようとしている．Wechsler（1991）は，ホッキョクグマの身体移動を伴う常同行動を分析し，採食に関する行動（例えば，食べ物を探し，食べ物を処理する）ができない欲求不満が高じて常同行動が発現するのではないかという説を出した．Montauduoin and Le Pape（2004）は，ヒグマの常同的な歩行が食べ物を得る機会に関連しているという説を出した．Vickery

図 4-29　クマは飼育下では野生ではふつう見られないような行動をすることが多い．（写真：Vicky Melfi）

Box 4.4　つづき

and Mason（2004）では，マレーグマ（*Helarctos malayanus*）の方がクロクマ類よりも食べ物に関連した常同行動を示す傾向が高い．これらの証拠が示すことは，常同行動は，その動物が野生でそうするように適応してきた行動をできない時に現れるのではないかということだ．

この可能性を，Clubb and Mason（2003, 2007）は肉食性の哺乳類を対象にして，より徹底的に調べた．その結果，系統関係の統制（つまり，より近縁な種の間では，共通の進化的祖先の系譜に連なる種なのだから，なんらかの相関が見られるかもしれない．その確率のこと）をしたうえでも，飼育下で見られる常同的なペーシングの発現量は，その種の野生での行動圏の大きさで予測できることが分かった（図4-30）．

ホッキョクグマ（図4-30で"PB"で表されている）は（動物園では）特にうまくやっていけないように思える．おそらく，彼らの野生での行動圏はあまりにも広大で，どんなに物惜しみしない動物園であっても獣舎で野生の行動圏を再現することは不可能だからだ．この結果が意味することは，食肉類の常同行動は採食行動や狩猟行動が妨げられた結果現れたものではなく，欲求不満が高じて逃げ出そうとする試みだと解釈した方がよいということだ（Clubb and Vickery 2006）．動物園に関する限り，このメッセージは食肉類の獣舎デザインの改善に活かせそうだ．つまり，動物がより自然で行っているのに近い行動が取れるようにすればよいのだ．もう1つの結論としては，（例えばホッキョクグマのように）動物園で飼育するのには適さない動物がいるということだろう．

Clubb and Mason（2004）はより詳細な報告をしている．飼育環境は種によって様々な形で影響を与えるが，彼らが用いた比較分析の手法によって，その影響の仕方についての見識を与えてくれると期待される．願わくば，必要とされるデータが手に入ることで，異なる分類群にも適用できるようになるだろう．

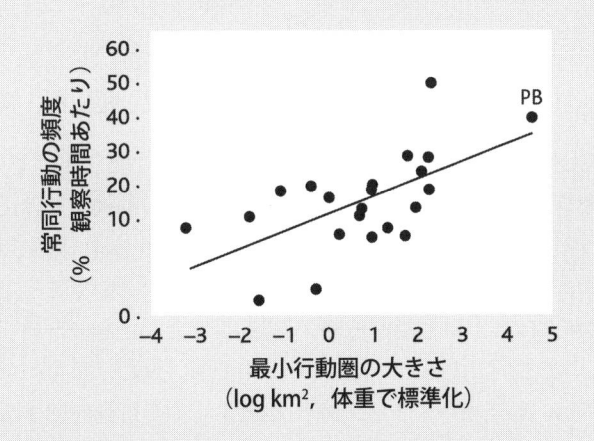

図4-30　食肉目の種で見られる常同行動の頻度を表したグラフ．行動圏の大きさを，体重で標準化したもの（通常体重の大きな動物ほど行動圏が大きいため）の対数値を横軸にとって散布図にしたもの．ホッキョクグマは"PB"とラベルがつけてある．（Clubb and Mason 2003より引用）

は動物の最もよいイメージを表したものでない以上，動物園が対処すべき問題である．この結論の後半部は疑問の余地のないほど確かことである．しかし，昔と比べて今では常同行動について多くのことが分かってきた．今では，常同行動が動物が低い福祉状態にあることを示すかもしれないことが分かっている．動物園動物の常同行動に対処しようとする努力には幅がある．一方ではそれをやめさせようとする努力（家畜では一般的な方法）があり，他方では何らかのエンリッチメントを施そうとする努力がある．家畜に関する文献から判断すると，動物に常同行動をすることをやめさせようとしてもうまくいかないことが多く，さらに福祉的に悪い結果になることさえあるようだ（Mason 1991）．キリンは，たとえいつもなめているところに苦味成分の化学物質を塗ったとしても，常同的になめる行動を減らすことはなかった．ただ別の場所をなめるようになっただけだったのだ（Tarou et al. 2003）．しかし，餌の中の食物繊維の量を増やせばキリンでの口唇性常同行動を減らすことができたのである（Baxter and Plowman 2001）．

ある種のエンリッチメント（第8章を参照）を施すことは，動物園動物が示す常同行動の量を減らすための一般的な方法となっている．例えば次のような例がある．

- チューリッヒ動物園のアムールトラ（*Panthera tigris altaica*）2頭に対して，採食用の箱を用意した．この箱の中の食べ物を得るには，動物が自ら開ける必要があった（Saskia and Schmidt 2002）．雌個体では箱があると常同的なペーシングが減少した．この傾向は雌が単独でいる時でも，雄とペアでいる時でも同じだった．雄の方は，雌とペアでいる時には常同的ペーシングが減少した．
- 他の研究では，雌のヒョウで常同行動が減少した．この事例では，まず鳥の体の一部を採食用のベルトに取り付けることから始め，鳥の音を追い求めるようにヒョウを訓練した（Markowitz et al. 1995）．

このような動物園での努力の多くは，"試行錯誤"的なものである．つまり，とりあえずやってみて，効果があるかどうかを見るのである．例えば，Parker et al.（2006）が発見した，マーウェル動物園におけるビクーナ（*Vicugna vicugna*）のつがいの常同行動を減らす試みを紹介しよう．給餌を分けて，採食場所の選択肢の数を増やしたところ，常同行動を実際に減らすことができた．しかし，常同行動が減ることを期待してさらに採食機会を増やしたことによって，反対の効果も生み出してしまった．

それでは環境エンリッチメントによって，どれくらい効果的に常同行動を減らすことができるだろうか．Swaisgood and Shepherdson（2005, 2006）が文献を調べたところによると，環境エンリッチメントが実際に適切な技術であることが分かった．エンリッチメントを行うことによって，53%の事例で常同行動の有意な減少がみられたのだ．しかし，多くの事例ではエンリッチメントの形式は，個々の動物の要求に特別に合わせたものだった．このことは，サンプルサイズや実験デザイン，分析方法を扱う方法論的な問題とともに問題を提起した．つまり上記の研究からは，異なる対処法の効果について一般的な結論はほとんどないということである．

4.4.4 鳥類，爬虫類，両生類，魚類

これまでに取り上げてきた異常行動の事例は全て哺乳綱の動物のものだった．これは他綱の動物（鳥類，爬虫類，両生類，魚類）では異常行動が見られないということではない．動物園での研究例がほとんどないというだけなのだ．しかしその中でも，鳥類は多くの点で前述した哺乳類の事例とよく似た行動を呈する．特にオウム類では身体移動に関する常同行動や口唇性の常同行動が発現しがちである．おそらくその基盤となっているメカニズムは哺乳類と同様のものだろう（Garner et al. 2003）．適切なエンリッチメントを施すことによって，これらの行動を軽減できることも哺乳類と同様である．例えば，単独飼育をや

めてペアで飼ったりすることで効果が見られる（Meehan et al. 2003）．また，エンリッチメントを加えることにより，採食や移動に費やす時間を延長することができる（Meehan et al. 2004）．

養育歴もまた常同行動の発現に影響を及ぼす．ハワイガラス（*Corvus hawaiiensis*）は，社会的に（群れで）育てられた時に比べて単独で隔離されて育てられると，常同行動の発現率が高くなる（Harvey et al. 2002）．

オウム類ではまた別な異常行動も報告されている．それは自傷的な毛引きで，常同行動とは異なる環境や遺伝的な相互関係があると見られている（Garner et al. 2006）．少なくとも，アカハラウロコインコ（*Pyrrhura perlata*）では，環境エンリッチメントによっては毛引きを減らすことはできないようだ（Van Hoek an King 1997）．

爬虫類や魚類における異常行動についての報告はこれまでほとんどない（両生類にいたっては1つもないようだ）．爬虫類は一般的に（おそらく誤解によって）飼育下環境にとても適応しやすいと認識されてきた（Warwick 1990）．さらに，哺乳類や鳥類に比べて，行動の複雑さがなく，行動の生起率も小さいと思われていることが多い．しかし，爬虫類も，ストレスへの反応と思われるような行動の変化を飼育下で示す．Warwick（1990）によって記載された爬虫類の行動は，大きく2種類に分けられる．

- 運動性の活動（例えば多動や，透明な境界に対する反応）：これはおそらく，逃避への志向性を表している．
- 活性不足／無気力，食欲不振：これはおそらく，ストレスのかかる状況が過ぎ去るのをじっと待つという戦略である．

これらの行動が，前述したような意味での常同行動となり得るのか，哺乳類や鳥類が示す異常行動とどの程度等価なものなのかは不明である．

最後に魚類にも触れておこう．最近では，魚類について厳密にどんな福祉的問題があるのかが議論されているが（Chandroo et al. 2004, Conte 2004, Ashley 2007），ストレスの指標としてど

図 4-31　水面を泳ぐウチワザメ（*Raja clavata*）．これはおそらくある種の常同行動であり，他の種のエイでも見られる．（写真：Geoff Hosey）

んな行動が使えるのかは不明である．水産養殖業界からの証拠によれば，魚類の福祉的問題は輸送，取扱い，在庫管理上の不適切な個体密度から持ち上がってきている（Ashley 2007）．そのため，同様な問題が動物園や水族館においても起こることに気づくべきである．魚類で想定される常同行動には，水槽内の個体密度が高い時にタイセイヨウオヒョウ（*Hippoglossus hippoglossus*）の示す垂直遊泳パターンや，水族館でエイが示す水面割り行動（Ashley 2007，図 4-31）がある．飼育環境がある魚において攻撃頻度の増加を招いたのではないかとされる証拠もある（Kelly and Magurran 2006）．しかし，一般的には動物園や水族館の環境が魚類の行動にどのような影響を及ぼすかは知られていない．

4.5　野生との比較

ある時から，動物園動物が暮らす獣舎は主にコンクリートと鉄柵でできたものになった．もはや動物が本来暮らす自然の環境とは似ても似つかない環境である．異常行動が起こることは，動物がそういった環境にうまく対処していくことの困難さを物語っている．20世紀の後半になって，動物園の環境をより自然に近づけようとする運動が起こった．その結果，動物の行動を操作できると

いう制約の中で，動物園の環境はより自然に近いものとなった（第2章参照）．このような発展の過程では，はじめは人の視点で見て良い環境にみえるものがつくられてきた．やがて野生状態で動物がどんな暮らしをしているのかといった知識が増えてくるにつれて，動物の視点が取り入れられるように発展してきた（Redshaw and Mallinson 1991）．

こういった動物園生物学の領域については，第6章「飼育施設と飼育管理」，第7章「動物福祉」，第8章「環境エンリッチメント」でより詳細に扱うことにする．この節では，"野生での行動は動物園での行動と比較するためのある種の基準として使える"という哲学について，その論理的な帰結はどうなるのかといったことを扱うことにする（Box 4.5を参照）．まさに，どのような基準を使うかをこの後で考えることにする．しかしその前に，そのような野生と動物園の比較結果の解釈の仕方について，注意事項をつくっておくことにしよう．

4.5.1 結果の解釈

野生と飼育下の行動比較には，それらの研究結果の解釈を妨げるような数多くの方法論的，技術的な問題があると言われている．特にVeasey et al.（1996a）は，以下の点をあげている．

- 動物園動物に比べて，野生動物には観察者の存在が，その行動に影響を及ぼしている可能性がある．
- 生物的な要因[22]と非生物的な要因の両方ともが野生での行動の量的，質的な変化を引き起こしている可能性がある．
- 多くの種が野生での生息数がごくわずか，もしくは絶滅していて，限られた数が飼育下で生息している．このような場合にターゲットとする行動がどれほど種を代表するものかという点が疑問である．
- サンプルサイズの小ささが原因となる問題がある．異なる亜種のデータや，場合によっては交雑種のデータをひとまとめにする必要がある．
- 動物園の個体群だけではその種を代表するものとはならない．1つの理由として，動物園での生存に有利な個体が，野生での生存に有利とは限らないことがあげられる．
- 個体内にも行動にかなりの変異がある．また，動物園の個体群間にもかなりの変異がある．
- 同じ行動尺度（実際に同じ人間が観察を行う等）を使っての比較がめったに行われない．

この批判に応えるために，同じ著者が野生のキリンと動物園のキリンの行動を比較した例がある．これによって，（観察者が異なるという）方法論的問題点が結果にどの程度影響を与えるのかを評価しようとした（Veasey et al. 1996b）．著者らは英国の4つの動物園でデータを集めた．日中は屋外放飼場でキリンの観察を行い，夜までの時間は屋内の獣舎で観察した．著者らはジンバブエの野生のキリンのデータを集めた．この調査（図4-34）では4つの異なるデータ収集の方法が用いられた．その結果，4つの別々の動物園の個体で，互いに異なっていたのは1つ，横臥行動だけだった．

野生個体の調査については，4つの異なるデータ収集方法を用いた結果，有意に異なる結果が出た．ある1つの方法による結果を動物園のサンプルの1つと比較すると，動物園のキリンは採食時間が短く，他のいくつかの行動でも野生個体との間に差が見られた．著者らは，動物園間で差が見られなかったのは，本当に差がなかったのではなく，おそらくサンプルサイズの小ささによる偶然の結果だろうと考えている．もし確信をもって答えを出す必要があるとしたら，その時には，野生と飼育下の行動比較のために前述の技術的な

---

[22] 生物的要因とは，生物に関連する要因（例えば他の動植物との相互作用など）であり，非生物的要因とは，環境内の無生物的（物理的・化学的）過程に関連する要因（例えば光，温度，気候など）のことである．

Box 4.5　動物園での行動と野生での行動の比較

　動物園での行動と野生での行動の比較を行った研究を探してみると，数多くの文献があることが分かる．ここでは2つの研究例を紹介する．この領域の研究への異なるタイプのアプローチの例を表していると思ってほしい．（さらなる事例としては，8.3.1にあげているので参照のこと．）

　Höhn et al.（2000）は，ドイツのノイヴィート動物園において，オオカンガルー（*Macropus giganteus*，図4-32a）の活動時間配分と敵対行動を，オーストラリアの野生個体の行動と比較した．同じ観察者が，同じ方法で，同じ行動指標について，2つの場所からデータを集めた．対象とした動物の群れの大きさは，飼育下と

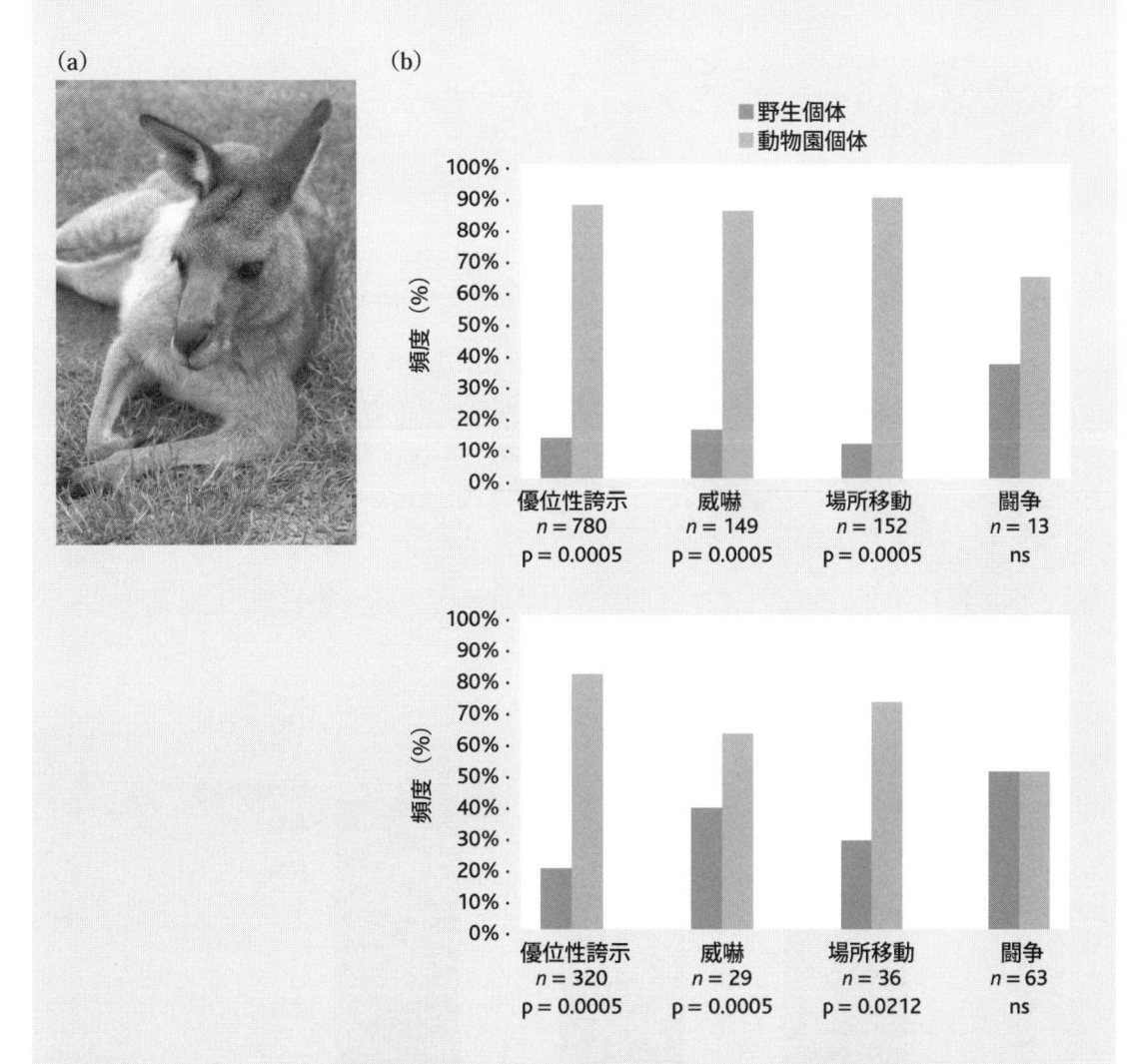

図4-32　(a) オオカンガルーの写真．（写真：© Sonia Schwantes, www.iStockphoto.com）(b) オオカンガルーの野生個体と動物園個体における攻撃行動の頻度（単位は%）．上のグラフは大型の雄の結果で，下のグラフは中型サイズの雄のもの．動物園の個体は，攻撃強度の低い項目（優位性誇示，威嚇，場所移動）は野生個体よりも頻度が高いが，深刻な攻撃（闘争）は野生個体と変わらない．"ns"は有意差なしということを表す．（Höhn et al. 2000を改変して引用）

Box 4.5 つづき

野生でほぼ同じ（動物園群で 56 頭，野生群で 57 頭）であり，動物園の獣舎は野生での生息地に似せた自然に近いものだった．

観察者は，行動によっては違いが見られたものの，2 つの条件でのこの動物の活動時間配分が特に変わらないことを見出した．しかし，敵対行動の生起頻度は，一貫して動物園のカンガルーの方が高かった．これは敵対行動の 4 つの指標のうち 3 つでそうだった（図 4-32b）．しかし，攻撃がエスカレートしていくことはそれほど多くなかったことから，カンガルーたちはダメージを伴うような闘争を避けるために，攻撃強度の低い交渉を数多く行っているのではないかと考えられた．

図 4-33 （a）エリマキキツネザルの写真．（写真：Geoff Hosey）
（b）エリマキキツネザルの活動時間配分．野生個体と 2 つの動物園のデータが並べて示されている．動物園飼育のキツネザルは，野生の個体に比べて，採食と移動に費やす時間が少なく，その代わりにグルーミングや社会的行動の時間が多い．(Kerridge 1996 を改変して引用)

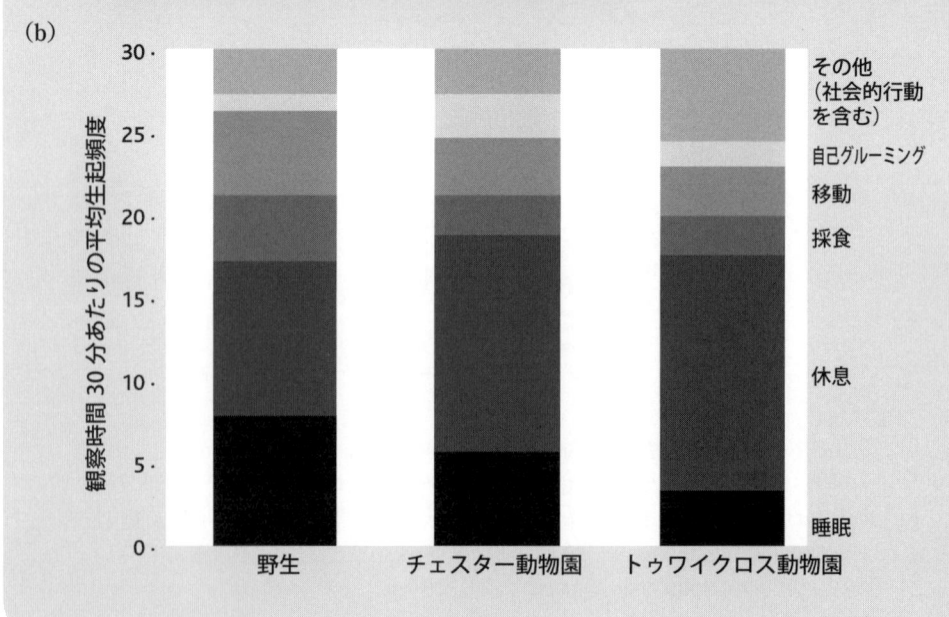

> **Box 4.5 つづき**
>
> もう１つの研究例を紹介しよう．Kerridge (2005) は，エリマキキツネザル (*Varecia variegata*, 図 4-33a) の活動時間配分に関する研究を行った．英国のいくつかの動物園とマダガスカルの野生個体から，データを集めた．ここでも同じ行動指標が用いられた．この研究の目的は，飼育下個体が野生個体とは異なる活動時間配分を示すかどうかを明らかにするために行われた．そしてもしそうならば，環境エンリッチメントによって野生個体が示す活動時間配分に今よりも一致するようにできるかどうかを調べるものだった．その結果，飼育下の個体は野生個体に比べて，グルーミングや社会的行動に時間を費やし，採食や移動の時間が短いことが分かった（図 4-33b）．食べ物の扱い方についても，飼育下の個体の方が種類が少なかった．環境エンリッチメント（細切れにした食べ物ではなく，野菜や果物を丸のまま与えること）を実施したところ，飼育下個体の採食時間が増加し，手指を使った食べ物を操作する種類も増加した．しかし，移動に費やす時間は変わらなかった．
>
> これら２つの研究は，野生と飼育下の比較研究についての特徴をよく表している．つまり，２つの条件で観察者が同じか，またはそうでないこと．特定の行動が比較のために選ばれていること．活動時間配分を使うのは共通の技法である．そして，比較に用いた以外の他の変数は，結果に重大な影響を与えないという前提のもとに研究を行っている．結果的に，動物園と野生の比較研究の結果をどのように解釈するかという問題は，注意をして扱うべきということになる．

問題点に注目すべきである．このことは明らかだろう．

4.5.2 野生と飼育下を比較する目的

野生での行動は，動物園での行動と比較し得る一種の基準だと前節で述べた．ただしその時に，その基準とは何かということは書かなかった．多くの比較において，前提とされている基準とは，福祉の最も生き届いた状態のことだ．そしてそれが意味することは，動物園動物と野生での同種個体との間には違いがあり，その違いは，動物園において福祉水準が低いもしくは損なわれているためだと解釈されるべきである．この考えは，農場の家畜の福祉問題を扱った文献で提起された．この考えをもつ多くの著者は，家畜の野生での祖先種の姿が，飼育動物の福祉を測るための基準を与えてくれると提案している（例えば，Fraser and Broom 1990 を参照）．このような考え方は，動物園界でも受け入れられるようになっている（Lindburg 1988 を参照）．

前提となる基準として福祉をもち出すことには，Veasey et al.（1996a）による批判もある．それは，単なる行動への現れが福祉を改善すると仮定しており，逆にその行動をできないことが福祉を減じると仮定しているためだ．これが実際に当てはまる場合というのが全く明らかになっていない．これは野生に生きる動物の福祉状態はでき得る限り最善ものだということを前提にしている．これもまた，真実ではないだろう．

これら全てのことは，動物園動物の福祉を評価するうえで，動物園と野生の比較に意味がないと言っているわけではない．ただ，比較結果から推論をする際に注意しなくてはいけないということだ．野生の行動には比較のための基準として用いる以外に別な利用法がある．それが保全の領域である．動物園動物が種に典型的な行動をもち続け

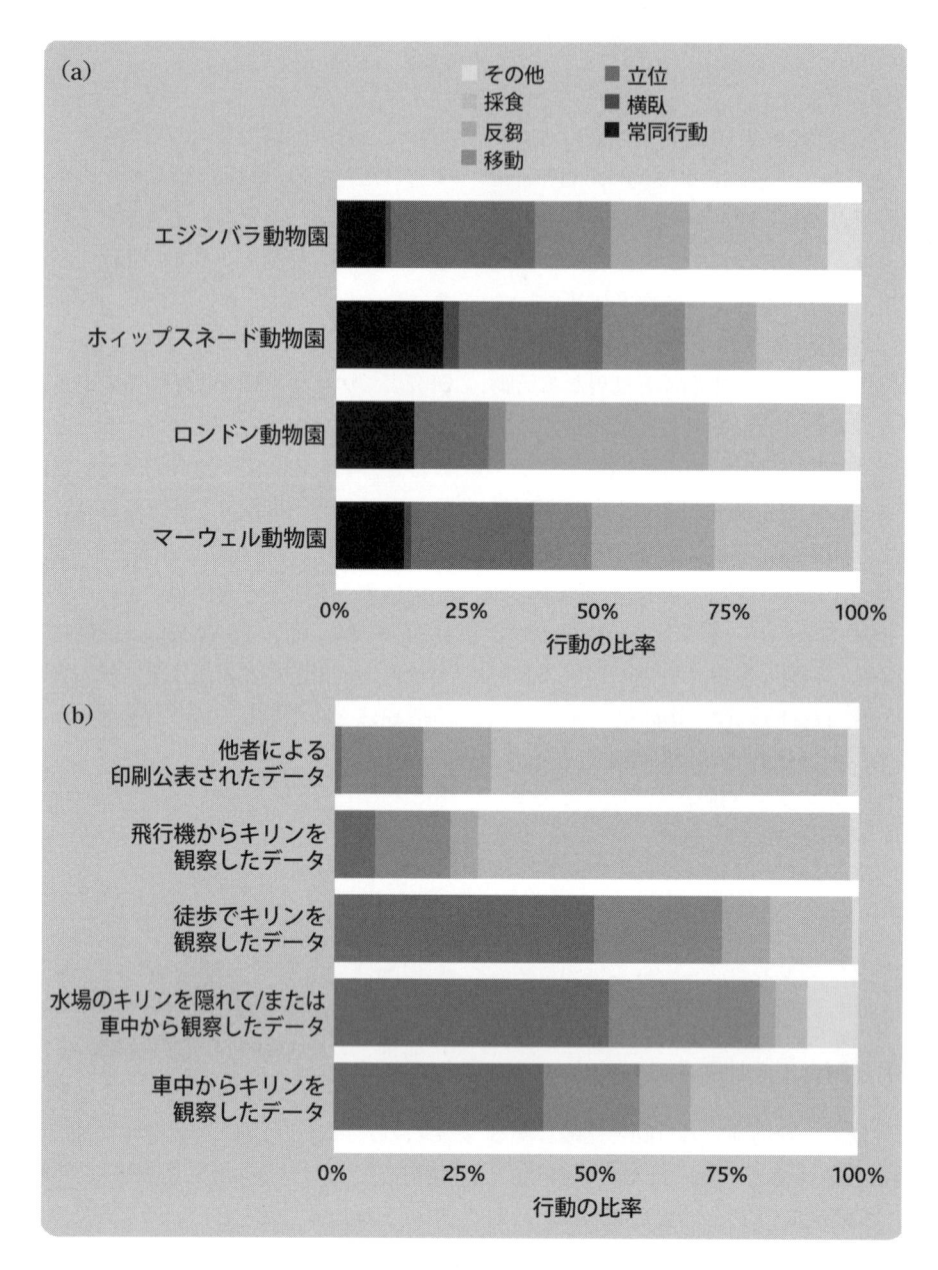

図4-34 (a) キリンの日中の活動時間配分の比較．4つの動物園の屋外放飼場で観察を行った．違いがありそうに見えるが，4園の間で実際に有意な差が見られたのは横臥行動だけだった．(b) 5つの異なる観察方法から得られたデータを元にした野生キリンの活動時間配分の比較．方法によって結果が大きく異なる．動物園のキリンとの比較でも，採用する方法によって結果が異なってしまう．(どちらの図も Veasey et al. 1996b を改変して引用)

ることに関心があるなら，特に動物のうちの一部が最終的には野生に戻されるという場合には，野生で同種個体がどのように振る舞うかということが，野生に戻される候補個体が何をできるようになるべきかを考える時の合理的モデルとなってくれるだろう．しかし，注意しておかなければいけないことは，方法論的な問題がここにもあるということだ．そのことはどんな比較においても強

調されるべきだろう．解釈の問題もある．それは潜在的な問題で，"野生"と言った時に，厳密に何を意味しているかはいつも明らかなわけではない．

4.5.3 "野生"とは何か

"野生"とは厳密には何だろうという疑問を前にして，最初に浮かぶのが，同じくらいにおかしな"動物園とは何だろう"という疑問だ．後者の問いは第1章でも出てきた．これは答える努力をすべき重要な疑問だ．それは，人間の活動は今や野生に生息する動物が暮らしている自然環境の大部分を変えてしまっているからだ．

野生と飼育下という異なる環境が，どのように行動に影響を与えるのか．その1例として，Chang et al.（1999）による動物園のマンドリル（*Mandrillus sphinx*）の研究を取り上げて考えてみよう．アトランタ動物園では，伝統的なタイル張りの壁や床と鉄格子に囲まれた屋内のケージに，小さなマンドリルの群れを飼育していた．著者らはここのマンドリルの行動を調査した．マンドリルはその後，大きな，自然的な屋外放飼場に移された．著者らは新しい放飼場でのマンドリルの行動を調査し，以前の結果と比較した．行動は新しい放飼場に移って変化した．採食時間，移動時間，（物陰に隠れて）見えなくなる時間がそれぞれ増加した．一方で，じっとしている時間，探索をする時間，遊びの時間，その他社会的交渉に費やす時間が減少した（表4-4）．望みとしては，もちろんこれらの変化によってマンドリルが野生の姿に近づくことだ．しかし残念ながら野生のマンドリルについて比較できるようなデータはなかった．しかし，飼育下ではあるが，生息国の自然な森を区切った地域で飼育されているマンドリルの研究が2つ発表されており，著者らはそのデータを対象として，比較を行った．先行研究のうち1つは随時，餌の供給が行われていたが，もう1つの研究では餌の供給は制限されていた．

表4-4 野生から飼育下まで連続的に存在する様々な状況におけるマンドリルの行動の比較[*]

環境	行動に費やす時間割合（%）			
	採食	移動	じっとしている	社会交渉
動物園飼育（生息域外）				
伝統的な獣舎/屋内	36	6	30	10
エンリッチメントされた伝統的な獣舎/屋内	52	—	—	20
自然的な飼育施設	66	7	12	6
生息国内の制約された環境				
給餌が制限	64	—	—	—
随時給餌	28	19	48	5
生息国内で制約のない環境				
随時給餌1	22	20	45	13
随時給餌2	29	25	39	—
給餌なし1	63	18	10	9
給餌なし2	47	21	22	10

注：移動の制約のない条件のデータはマンドリルとは別属のヒヒのデータである．これは野生のマンドリルのデータで利用可能なものがなかったため〔オリジナルのデータ情報についてはChang et al.（1999）を参照せよ〕．

[*] Chang et al.（1999）を改変して引用

アトランタ動物園のマンドリルは，新しい自然的な飼育施設に出された後，自然な森の中ではあるものの餌の供給が制限された方のマンドリルに似た行動パターンを示した．これは良い結果と言ってよいだろう．しかし，続いて私たちが考えるべきなのは，森を柵で囲んだ場所のマンドリルと，移動の制約を受けない野生のマンドリルとが，(もし違っているとしたら) どのように異なっているかということだ．

何十年も前に Bernstein (1967) によって指摘されたことだが，"自然な生息地"を考えるには，動物の生活史で必要とされることが全て行える空間があり，人間による撹乱がほとんどなく，その生息地に人間の影響がほとんど及ばない，そのような場所であるべきだ．野生動物の調査地としてよく知られている場所のうち，いったいどれだけの場所が上記の要件を満たすのかは不明である．比較的最近，Hosey (2005) は動物園の環境を，様々な種類の"野生"を含む，野生動物が住むその他の環境と区別する特徴を定義しようと試みている．動物園の環境は，動物を人間の存在に向かい合わせ，動物に時には限られた空間に生きることを要求し，動物の生活史を管理する，その程度によって主に特徴づけられると彼は指摘している．しかし，これら3つの特徴は動物園環境にしかないものではない．程度に多少の差はあっても，多くの"野生"環境でもそれらの特徴に合致する．繰り返して言うが，野生と飼育下の比較結果を解釈する際には，注意が必要だ．これは確かなことだ．

まとめ

- 行動は動物に関係するその他のことよりも，とりわけ関心を呼ぶ．それは，行動を見ることによって，動物が動物園の環境にどれほど影響を受けているかとか，動物福祉についての手がかりを得られるからである．
- 私たちが観察する行動は，その動物の遺伝的構成によって形づくられているものであるが，経験によっても変容する．このため行動はとても柔軟性に富む．
- 動物園は，動物の見せる行動についての記述的情報を集めるのに有利なところである．行動を詳細に観察することは，野生では通常極めて困難である．
- 動物園環境の何らかの要素によって動物の行動が変化する場合がある．物理的要素 (ケージの大きさや複雑さ，食べ物，動物園の日常的な飼育作業など) と社会的要素 (同種個体や異なる種の個体) のどちらもが行動の変化を起こし得る．しかし，この方面の知識については，特に霊長類以外の動物に関しては，まだまだ不十分である．
- 動物園の環境が飼育動物にとって最適なものでない時，その結果として異常行動が現れることがある．異常行動の解釈は簡単ではないが，現代の動物園にとってはそれほど大きな問題ではなくなっている．それは，現代的な獣舎設計や飼育管理システムによって，以前に利用可能だったものよりもはるかに良い環境が動物に与えられるようになったからだ．
- 動物園で見られる行動を解釈するうえで，その動物が野生でどのように行動しているかを判断基準として用いることは可能だ．しかし，それをあまり単純に適用することには注意が必要である．

論考を深めるための話題と設問

1. 動物園の動物を研究することで，動物の行動について何が分かるのか．
2. 飼育環境によって動物園の動物の行動が変容したという証拠にはどんなものがあるか．
3. "異常"という用語は，常同行動を記述する用語として適切か．
4. 動物園の動物の行動を，野生での同種の行動と比較することに意味はあるのか．
5. 動物は，動物園の環境に合わせて行動を変えることができるか．

6. 動物園の動物で見られる行動が，その種が野生で見せる行動と変わらなければ，飼育環境はその動物に何ら強い影響を与えていないと考えてもよいか．

さらに詳しく知るために

　動物の行動については数多くの良質な教科書がある．しかしその中には行動の機能的解釈に限定したものもある．全ての領域を上手に網羅している良書として，McFarlandの「Animal Behaviour: Psychobiology, Ethology and Evolution（動物の行動：心理生物学・エソロジー・進化）」（1999），Alcockの「Animal Behavior: An Evolutionary Approach（動物の行動：進化的アプローチ）」（2005），Manning and Dawkinsの「An Introduction to Animal Behaviour（動物行動学入門）」（1998）がある．動物の学習についても多くの良質な教科書があるが，出発点としてよいのはPearceの「Animal Learning and Cognition（動物の学習と認知）」（1997）（訳者注：1997年は第2版，2008年に第3版が出版された）だろう．行動生態学については，Krebs and Daviesの「An Introduction to Behavioural Ecology（行動生態学入門）」（1993）に詳しく説明されている．Alcock（2005）のような教科書ではこのテーマを最新の知識で取り扱っている．Carlstead（1996）は，動物園の環境が哺乳類の行動に及ぼす影響について網羅した総説を書いている．行動研究の方法についてきちんと紹介されているのは，Martin and Batesonの「Measuring Behaviour: An Introductory Guide」（2007）がある（訳者注：本書の初版の翻訳本として「行動研究入門－動物行動の観察から解析まで」が1990年に東海大学出版会より出版されている）．

　動物園動物の行動研究を実施するための特別な情報を得たい時に，最も良い情報源は英国・アイルランド動物園水族館協会の研究ガイドラインだろう．これはオンラインでwww.biaza.org.ukから入手可能である．現在，入手可能なガイドラインとしては，行動観察に関するもの（Wehnelt et al. 2003），来園者の研究に関するもの（Mitchell and Hosey 2005），調査や質問紙に関するもの（Plowman et al. 2006），動物園研究の統計に関するもの（Plowman 2006），パーソナリティのプロファイリング技法に関するもの（Pankhurst and Knight 2008）がある．

　第14章「研究」も参照のこと．

ウェブサイトとその他の情報源

　動物の行動についてもっと知りたいという人ならだれでも，動物行動研究連合（Association for the Study of Animal Behaviour：ASAB）のウェブサイト http://asab.nottingham.ac.uk や動物行動学会（Animal Behaviour Society：ABS）のウェブサイト www.animalbehavior.org を訪れるとよい．膨大な量の情報と，他の行動に関連するウェブサイトを知ることができる．国際応用動物行動学会（International Society for Applied Ethology：ISAE）は，飼育の影響や人との相互作用といった，動物の行動の応用的側面に関心がある人たちの要求を満たしてくれるだろう．ウェブサイトは www.applied-ethology.org で，関連する情報やリンクなどを知ることができる．

第 5 章　動物の個体識別と記録管理

　動物園では，健康状態をモニターしたり，動物福祉を向上させたり，保全活動に協力したり，調査研究を行ったりする際に，個々の動物を識別できるということが不可欠である．この章では，個々の飼育動物を識別する様々な方法の概要を説明するとともに，そのいくつかについては相対的な長所や短所についても論じる．動物が個体ごとに識別できれば，その記録の情報量は膨大になる．つまり，動物に関する幅広い記録を管理することも，動物を飼育管理するための重要な仕事の一部であるといえる．記録管理と聞けば，やや単調で面白味に欠けると感じるかもしれないが，飼育下にある動物を良好に維持するための基礎であり，動物園の動物について下すあらゆる判断に影響を及ぼす．したがってこの章では，記録を整理してアクセスしやすく管理する必要性や，そのための適切なシステムについて詳しく見ていく．そのシステムは，紙の記録カードから，個体記録管理システム（ARKS）と呼ばれるコンピュータープログラムやその関連プログラム，動物園における動物記録の方法に大きな改革をもたらすであろうインターネットベースの動物学情報管理システム（ZIMS）にまで亘っている．

　この章では，以下の項目について取り扱う．

```
5.1  動物を知ることの大切さ
5.2  種とは何か．命名法と分類学
5.3  個体識別
5.4  一時的な人為的個体識別法
5.5  永久的な人為的個体識別法
5.6  記録の管理：どんな情報が記録できるか，記録すべきか
5.7  動物園の記録管理システム
```

　さらに，いくつかの Box（コラム）では，学名や分子生物学的手法の利用，様々な種類の動物を計測するために用いられる標準的な単位の説明といった関連事項について，詳しく記載している．

5.1 動物を知ることの大切さ

動物の飼育管理の成功のカギはその動物について知ることにある．すなわち，朝食に何を食べ，どのような履歴をもち，どんな病歴があり，群れや飼育個体群の中で他の個体とどういった関係があるのか，など様々なことを知らなければならない．このようなことを知っていれば，日々の飼育管理や繁殖の可能性の推定といったような，長期的な管理計画に関する決定を行うことができる．飼育動物のことが個体単位で分からない，あるいは認識できないならば，観察が困難となり，健康・福祉状態の変化の徴候を見落とすことになりかねない．こういったことから，英国の全ての動物園では，個体識別ができる動物については個体単位で，そうでなければ個体群レベルでの記録を付け，適宜それを残し（Defra 2004，さらなる情報は5.6を参照のこと），いくつかの情報について詳説する年次報告書を発行することが法的に義務づけられている（表5-1）．

しかし，個体の識別と記録の管理は，少数の飼育動物に対してはそこそこ簡単ではあるが，飼育個体群やコレクションの個体数が大きくなればなるほど困難になってくるのは想像に難くない．例えば，英国のコルチェスター動物園は比較的規模の大きな園であるが，その年次報告書によると，2006年末の時点で271種3,445個体の動物を飼育している．この飼育数は記録を管理するにはとても大きな数である．けれど幸いにも，飼育動物の個体識別や詳細な記録管理のための多くの方法が確立されている．

個々の飼育動物について記録を管理することには2つの重要な理由がある．1つは動物の健康と福祉を保証するためで，もう1つは保全へ向けた取組みに必要な情報となるためである．その2つの理由それぞれについて，もう少し細かく見てみたいと思う．

5.1.1 健康と福祉のための動物記録

飼育動物の個体識別ができていれば，それぞれの個体における健康状態や福祉に関するチェックはより簡単なものとなる．したがって，個体識別されている動物の健康や福祉は，集団の中で病気や福祉の低下について極度の徴候を示さなければ気づかないような群れにいる動物に比べて，非常に高いであろう．多くの動物の記録を比較することにより，何が"正常"なのかを判断することができ，それによって，観察された変化がその動物の年齢，性別，あるいは種において普通に起こることかどうかを判断することも可能となる（5.6.6を参照）．

記録を残すことは生きた個体を輸送する際にも重要となる．輸送は病気が伝播するリスクを増すことになりかねないし，多くの種にとってストレスであることが分かっているからである（6.3.2を参照）．動物の健康，福祉，そして保全を考慮したうえで，野生動物の生体輸送に関する多くの法律や規制が整備されている（Cooper and Rosser 2002，第3章も参照のこと）．個々の動物に対して適切な記録が取られていれば，動物の移動を追跡することができ，さらに感染症の発生時には関係当局（英国では環境・食料・農村地域省，通称"Defra"）において，感染症の発生状況

表5-1 マナヅル（*Grus vipio*）を例とした年次報告書に規定する情報例

一般名	学名	2007年1月1日の個体群	入園	誕生	生後30日以内に死亡	死亡	出園	2007年12月31日の個体群
マナヅル	*Grus vipio*	2.1.1	0.2.1	0.0.2	0.0.1	1.0.0	0.1.0	1.2.3

個体群の構成を"雄，雌，性別不明"と要約する記載法は，動物園の記録での慣例となっている．例えば2.1.1は雄2，雌1，性別不明1を示す．

をマッピングしたり，感染を蔓延させ得る動物の輸送を禁止するなどの措置を講じることも可能となる．例えば，健康状態の良い動物と悪い動物を確実に隔離するために動物の輸送を制限することによって，感染症蔓延のリスクを低下させることができる．このことは，個体識別と適切な記録の管理が行われている家畜において，感染症の予防と蔓延制御が著しく進んでいることからも明らかである（Disney et al. 2001）．

5.1.2　保全のための動物記録

　動物記録を用いて生体の輸送を制限することは，野生個体群の保護のためにも必要である．繰り返しになるが，絶滅の危機にあるもしくはその恐れがあるとしてワシントン条約（CITES）（国連，1973）に記載された動物（3.2.1 参照）の輸送には，しかるべき許可とライセンスが必要となる．このことによって，絶滅が危惧される動物の，野生個体数の減少に拍車をかけ得る商業的取引を制限している．

　動物の飼育や移動の記録は飼育下繁殖計画の推進にも必要なものである．昨今では，野生由来の動物が飼育下繁殖計画に導入されることは滅多にないが，もしそうなった場合，その動物を適切な種あるいは亜種に分類することが必要となる（5.2 で詳説する）．飼育下で誕生した動物については，子の両親を容易に特定できることが，遺伝的分析や集団統計学的分析[1]（記録より導き出される）の精度を高め，その飼育個体群に対する管理方針の提言に役立つ．

　多くの園館で得られた情報を比較することにより，疫学[2]調査の実施が可能となり，これにより飼育下個体群における繁殖率や死亡率のみならず，疾病の発生・伝播の傾向を特定することができる．こういった研究の中には，クロアシイタチ（*Mustela nigripes*）に発生する腫瘍[3]の研究（Lair et al. 2002）や，ヨーロッパコウイカ（*Sepia officinalis*）の死亡率の研究（Sherrill et al. 2000）などが含まれる．このような研究の結果が動物飼育の現場にフィードバックされることにより，動物の健康や福祉を向上させ，飼育下個体群の保全にも貢献する．

5.2　種とは何か．命名法と分類学

　動物園動物について最初に同定すべきことの1つは，その動物が何であるかである．その動物が確実に適切な社会的および物理的環境で飼育され最適な餌が給与されるようにするためには，その動物がどの種に分類されるかを知る必要がある．その種の飼育下繁殖や保護へ貢献するためには，より正確にどの亜種に分類されるかまで判定する必要がある．それぞれの地方で使用されている動物名は様々で，知っている動物を連想すること以外あまり役に立たない．例えば，"red fox"（アカギツネ）や"grey fox"（ハイイロギツネ）という名前は，小型で犬のようなものについて言っていることが分かるが，もし，"flying lemur（飛ぶキツネザル：ヒヨケザルのこと）"と言っても，実際には lemur（キツネザル）のことを述べているわけではない（それに飛ぶ動物のことを述べているわけでもない）．ドイツでは red fox は Rotfuchs と呼ばれ，フランスでは renard と呼ばれるが，この動物は欧州，アジア，北米に住むので，その他にも同様にたくさんの名称があるに違いない．

　どの動物について語っているのか正確に知るために，学名制度（方式）が用いられる．これにより，各動物種がラテン語の表現形式による二命名法で，固有な種名を与えられている（ラテン語

---

[1] 集団統計学（人口統計学）とは，年齢，性別構成，出生率，死亡率などといった集団の特徴を説明するために用いられる用語である．

[2] 疫学とは集団における疾病の発生，流行および治療を研究することである．

[3] 新生物とは良性または悪性の腫瘍となる新しい細胞の成長を意味する．

よりむしろギリシャ語に由来している学名もあるが，ラテン語は広く第1言語として使われることはなくなっているので，学名として用いるのに適している）．この二命名法による種名は，分類体系，すなわち分類学により系統だてられており，単にそれがどの種であるのか示すだけでなく，その動物についてより多くのことを示している．分類学は，例えばその種の特殊性や変異性についての情報を提供してくれるし，他の種との進化学的関連性についても理解の助けとなる．

以下で二命名法や分類学についてより詳細に述べる．

5.2.1 二命名法

動物の（植物も同様）学名命名法の基礎は，各種の名称が2つの要素からなっていることで，このことから二命名法と呼ばれている．その1つはその動物の属を規定し（属名），他の1つは種を定める（種小名）．属名，種小名ともにあらゆる言語をもとに使えるが，ラテン語の表現形式で記載される．このようにして，イエネコは二命名法では *Felis catus* となり，*Felis* はラテン語で猫を意味し，*catus* は英語の猫（cat）のラテン語表現である．属名は語頭を大文字で記し，種小名は小文字で書き始める．動物の学名[4]は，常にイタリックで記す．手書きの場合は下線を引く．

この二命名法はリンネ[5]（Carolus Linnaeus，1707〜1778，図5-1）が，最初は植物の命名のために考案したが，後に動物名にも適用された．現代の動物命名法の始まりはリンネの「Systema Naturae」第10版であり，これは1758年に発行された．この年以前に使われたラテン名称は

図 5-1 カロラス・リンネ（1707〜1778）．動植物の分類法である二命名法を考案した．（www.historypicks.com より）

無効と見なされる．

この命名法を用いる場合，動物命名法国際審議会（ICZN）が厳格な規則を設け監督している．1つの重要な規則は先取権であり，最初に有効になった属名や種小名を用いなければならない．名称を有効とする根拠については，情報に基づいた議論で決まるが，その決定によって動物名が改名されることもある（Box 5.1を参照）．命名法の規則は学術的過ぎるように見えるが，使用される学名が系統的で，包括的で，明快で，世界中で理解できるものになるために必要なことである．

命名法がいかに用いられるか1例として，親

---

[4] ラテン語より学名と称した方がより適している．名称のうちラテン語でなく，古代ギリシャ語あるいはラテン語とギリシャ語の融合したものを用いているものもあるからである．例えば，飛翔できないキーウィは *Apteryx* という属名をもち，これはギリシャ語の接頭語で否定を意味する a- と翼を意味する "*pteryx*" からなっている．

[5] "Linnaeus" は正確には Karl von Linne であるが，ラテン語の彼の名前のほうがよく知られている．リンネは長年スウェーデンのウプサラ大学の教授として務め，ウプサラにある彼の家は，今でも訪問することができる．

Box 5.1　動物名の命名．正しいのは誰か

5.2.1 では，動物種の同定に用いられる二命名法の学名は，先取権規則のような分類法の規則により，変更されることがあると述べた．どうしてこのようなことが起こるのであろうか．

2つの異なる種だと思われていた動物が実は1種であることが分かった場合や，同種で亜種に分けられると思われていた動物が本来的に異なる種であるとみなすことが認められた場合，種名の変更が最も行われやすい．新たな根拠により属に名前をつけるほど十分な違いが認められない場合や，その属に含まれると考えられている種が2つ以上の属に属するとみなせるほど十分に異なっている場合に属名が変更され得る．しかし，これまでに述べた通り，このような決定は情報に基づく判定である．誰の決定が正しいのであろうか．

誰も正しくないというのが答えである．いや，むしろ特定の見解を支持するという多くの一致した意見によって，その見解が推し進められる．ある意味，種に二命名式の学名を与えるということは，その種の進化的関係についての仮説を組み立てることと似通っている．それゆえ，仮説を支持する証拠がどれだけあるかを基に学名の決定が行われる．

しかし，この場合，どの学名を使うべきであろうか．幸運にも通常は分類学の典拠と呼ばれるものによって一致した見解を参照することが可能であり，その種に対して現在認められる学名を使っているかどうか確認することができる．われわれは一貫して，この本で用いている動物名については広く認められている分類学の典拠を用いるように努めてきた．哺乳類では，最も広く用いられている典拠は Wilson and Reeder（2005）である．この本は1,300ページを超える大書であるが，幸いにもスミソニアン協会（Smithsonian Institution）が管理運営している Mammal Species of the World (MSW) というデータベースの基礎となっている（http://nmnhgoph.si.edu/msw/）．鳥についての同等の典拠は Sibley and Monroe（1990, 1993）であり，これもインターネット上でデータベースとして利用が可能である（www.ornitax.com/SM/Smorg/sm.html）．同様なインターネットデータベースが両生類（米国自然史博物館が管理運営している http://research.amnh.org/herpetology/amphibia/index.php）および爬虫類（www.reptile-database.org/）のために存在している．

しみのある動物園動物であるライオンについて簡単に考えてみよう．リンネはライオンを猫の仲間と考え二命名法で *Felis leo* と命名した．しかし，後にライオンはイエネコ，オセロット，ピューマや他の様々な小型ネコと異なる属に区別される程，十分に違いがあると科学者達は考えた．そこでまず *Leo* という別の属名が与えられたが，これは1816年に Oken が出版した図書の1070ページに由来している．しかし，ヒョウとトラがライオン同様，同じ属に属するべきということも多くの科学者は考えていた．この場合，最初に Oken がヒョウに用いた *Panthera* が有効な属名となる．というのは，Oken が彼の著書の1052ページに記したため，*Leo* よりも優先となるからである．このようなわけで，われわれは現在ライオンを *Leo leo* でなくて *Panthera leo* と称している．

リンネが二命名法を考案した時，種とは変化しない固定された存在と考えられていた．しかし，現在では，進化の過程で種は変化するということを知っている．その事例として同じ種でも異なった地域に生息している別々の個体群は，互いの形態[6]と行動に違いを生じるということがある．こ

れらの個体群は亜種とみなされ，他の亜種と区別するために，3つ目のラテン語名（三命名法による亜種名）が与えられる．この場合，元々の種の記載の基となった個体群は種名と同様に三命名法の亜種名が与えられる．話をライオンに戻せば，リンネの原記載は北アフリカのライオンを元にしているため，現在その個体群は *Panthera leo leo* と称されているが，アジアや他のアフリカのライオンは異なる亜種名となっている（例えばアジアのライオンは *Panthera leo persica*，東アフリカのライオンは *P. leo nubica*）．

5.2.2 分類学

ここで質問である．属および種とは実際に何を意味しているのであろう．この質問に答えるために多くの本がページを割いているが，明確な答えはない．最も一般的に用いられている種の定義はErnst Mayr（1942）の"生物種の概念"[7]にあり，そこには"種とは，他のグループと生殖隔離されており，その中で相互交配している自然個体群グループである"と記されている．この生殖隔離は，異なる地域に生息している（異所性），異なる形態を有する（例えばお互いに合致しあわない生殖器官），または交尾後のメカニズムによる〔例えば，染色体の形状や数が異なるため減数分裂を起こさず（9.1.1 参照），子孫を不妊にさせる〕，といったことの結果起こる現象である．

この定義は今でも有効である．少なくとも原則的には検証が可能であるからである．しかし，検証することはそれほど容易でなく，古生物学者にとってはあまり有効でない．実際には，形態の違い，生殖隔離，および分子レベルで集団がいかに異なるかを基にした判定が，類似しているが違いの認められる個体群に対して異なる種かまたは同種の亜種に過ぎないのかを決定するのに用いられている．類似している種が全て同じ属に属するのか，あるいは異なる属であると保証するに十分な違いがあるか否かを決定するために同様な判定が用いられる．ライオンの例に戻ろう．野生ではライオン，トラ，ヒョウおよびジャガーが生殖隔離されており，飼育下でまれに異種間交配で不妊の雑種が生まれることが分かっている．これらの種は外見は異なるように見え，生態や行動に違いを示すが，内部形態には共通性が多く見られる．これらの種が直近の共通祖先を有していることが，分子生物学的な証拠により示されており（Macdonald 2001），それゆえ，これらの動物は全て同じ属の *Panthera* に分類された．もう1つの大型ネコであるチーターは，これら4種との違いが4種の間で見られる違いより大きく，直近の祖先も異なる．ゆえに *Acinonyx* という異なる属に分類された．このように，属とは関連する種の単系統[8]集団と見なされる．

属も種も，あらゆる種が他の全ての種とどのように関係しているかを示す分類体系の中の階層である．分類体系は階層制になっていて，主な階層は高次から順に界，門，綱，目，科，属，種となっている．

再度ライオンを例にして，どのようにこの体系が機能しているか図5-2に示す．

何が属を決定するかという議論において見てきたように，動物を分類する場合にはその動物の進化の歴史が反映される．そのため，分類学は単に種の名前を教えてくれるだけでなく，その種と類縁関係にある動物が何か，（他のどの種が同じ属に属しているか），その種にどれ程，変異があるのか（何亜種が存在するか），そしてその種がどれ程独特であるか（同じグループに他に何種あるのか）についても教えてくれる．

---

[6] 形態とは生物の形，容貌，構造を意味する．
[7] 生物種の概念は，種は生殖隔離された集団であり，他の集団とは繁殖が不可能だという説である（Mayr, 1942）．この説はなかなか適用することができない．ゆえに，形態学的または遺伝学的指標が代わりによく用いられる．
[8] 単系統とは直近の共通祖先が1つであること．

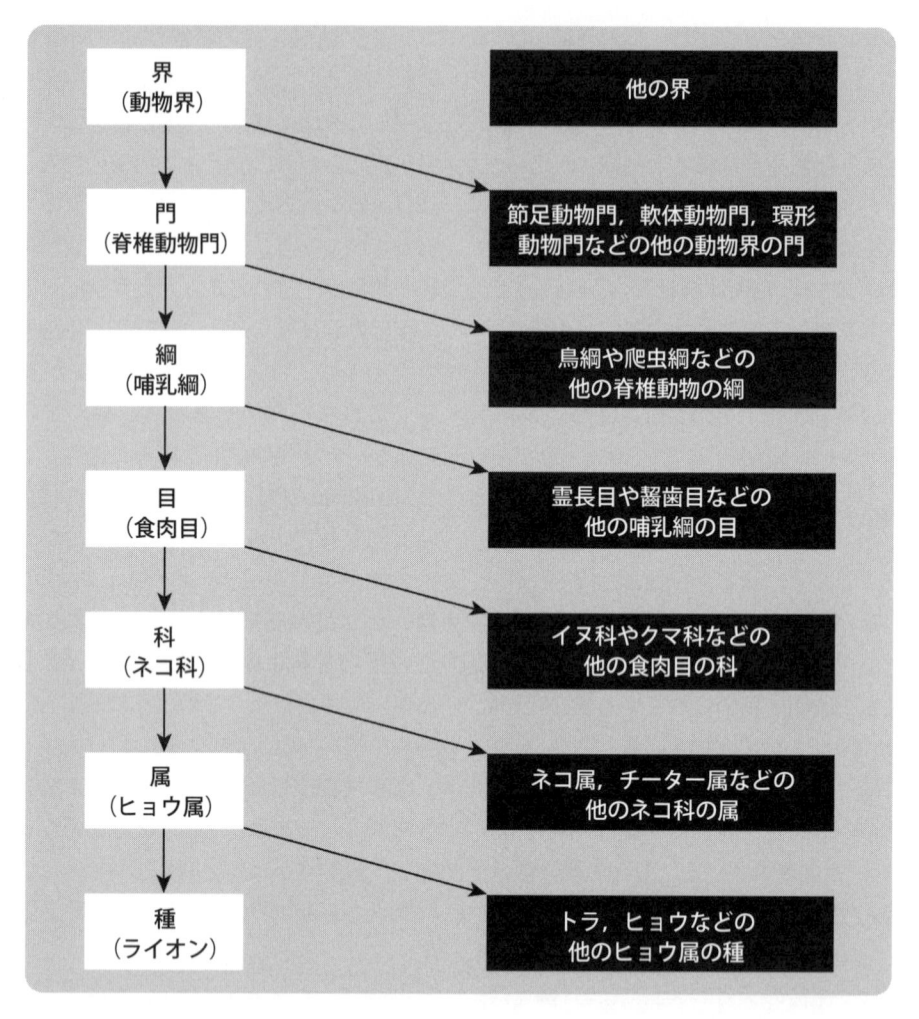

```
┌─────────────────────────────────────────────────┐
│   ┌─────────┐                                   │
│   │  界     │          ┌──────────────┐         │
│   │(動物界) │─────────▶│   他の界     │         │
│   └────┬────┘          └──────────────┘         │
│        ▼                                        │
│   ┌─────────┐          ┌──────────────────┐     │
│   │  門     │          │節足動物門，軟体動物門，環形│
│   │(脊椎動物門)│───────▶│動物門などの他の動物界の門│    │
│   └────┬────┘          └──────────────────┘     │
│        ▼                                        │
│   ┌─────────┐          ┌──────────────────┐     │
│   │  綱     │          │  鳥綱や爬虫綱などの│      │
│   │(哺乳綱) │─────────▶│  他の脊椎動物の綱 │      │
│   └────┬────┘          └──────────────────┘     │
│        ▼                                        │
│   ┌─────────┐          ┌──────────────────┐     │
│   │  目     │          │霊長目や齧歯目などの│      │
│   │(食肉目) │─────────▶│  他の哺乳綱の目  │       │
│   └────┬────┘          └──────────────────┘     │
│        ▼                                        │
│   ┌─────────┐          ┌──────────────────┐     │
│   │  科     │          │イヌ科やクマ科などの│      │
│   │(ネコ科) │─────────▶│  他の食肉目の科  │       │
│   └────┬────┘          └──────────────────┘     │
│        ▼                                        │
│   ┌─────────┐          ┌──────────────────┐     │
│   │  属     │          │ネコ属，チーター属などの│    │
│   │(ヒョウ属)│─────────▶│  他のネコ科の属  │      │
│   └────┬────┘          └──────────────────┘     │
│        ▼                                        │
│   ┌─────────┐          ┌──────────────────┐     │
│   │  種     │          │  トラ，ヒョウなどの│      │
│   │(ライオン)│─────────▶│  他のヒョウ属の種 │      │
│   └─────────┘          └──────────────────┘     │
└─────────────────────────────────────────────────┘
```

図 5-2 動物の分類は階層制を基にしている．その階層制の中では，綱，目，科などのそれぞれの階層が次の下の階層の動物を包含している．この図で階層を通してライオンの分類を追ってみることができ，また，ライオンが他の種とどのように関連しているかを理解できる．

5.2.3 動物園との関連性

分類法は様々な動物の進化上の系統を反映させるシステムであるが，このシステムが人為的なものであるということを強く認識しておく必要がある．門，綱および目は分類システムの中だけで機能している言葉で，自然界についての人類の知識を整理するために用いられているものである．動物がどの分類群に属するか決定するのは，情報に基づいた判断によるもので，知識が増し，技術が改善されれば変更されることもある．

動物園に最も影響を与えると考えられるのが，種および亜種レベルの決定である．社会的な群れをつくり繁殖を管理する際に，この決定が重要な要因となるからである．保護に関する緊急の判断を行う際に，種のレベルで扱うべきか，亜種のレベルで扱うべきかということが問題となるのは，その例である（第10章を参照）．このような理由で今日の動物園では，種のみならず，どの亜種に属するかも知っておく必要がある．そのためには，最新の分類情報を入手しておく必要がある（Box 5.1を参照）．

5.3 個体識別

個体識別法には多くの方法があるが，信頼性，習熟したスタッフがどれ程いるか，費用，動物にどれだけの影響を及ぼすかといった点で様々である．フィールドワーカーと動物園専門家との間での有意義な情報交換によって得られた方法もある．多くのフィールドワーカーは目的とする動物を見ることさえもできないことがあるので，種同定，場合によっては個体識別が可能な糞や巣を使った間接的な動物同定法にかなり依存している．逆に動物園で動物を見つけることはさほど問題ではないので，目に見える特徴などによる直接的識別法を使用することができる．

多くの個体識別法があるが，いずれの方法においても下記の基準をクリアーしていなければならない．

1. 選択した識別法により直接的もしくは間接的に生じる痛み，苦しみおよび行動変化は最小限に抑える必要がある．
2. 動物のハンドリングをしなくても済むように，離れた場所からでも識別可能でなければならない．
3. ハンドリングを繰り返すことがないように長期間持続する方法でなければならない．
4. 来園者に受け入れられる方法でなければならない（6.1.3 において，動物の飼養管理について来園者に周知させることの必要性について議論している）．

表5-2に様々な識別法をまとめている．次の2つの項でこれらの方法における利点と欠点について述べる．

5.3.1 自然に生じる特徴の利用

動物を観察する時に個体を特定できるような生まれつきのしるしや特徴に気づくことは多いが，これは個体識別の有効な手段となる．個体間で生まれつき生じる差異とは，すなわち被毛，羽毛あるいは皮膚の色やパターン，奇形（先天的あるいは後天的な脚の捻れや瘢痕といったような）を含む顔や身体の特徴や特色，サイズや行動などである．

目に見える特徴は，日常における明白で実際的な個体識別法である．しかし，この方法は個体間の違いをしっかり認識したり，特定の個体の特徴を認識する観察者のスキルに依存している．多くの飼育係（キーパー）はこの方法により人工的な識別法の必要なく担当している動物を認識できている．しかし，飼育係の識別能力は，彼らの経験や動物との親密度，またはその動物に関する他の要因や飼育場所にも依存する．例えば，グループの大きさが大きくなると，識別する特徴の数も多くなり，それらを認識することがだんだん困難になる．飼育場のタイプも同様に個体識別に影響を及ぼす．つまり，飼育場のタイプにより動物との距離ができて識別のしるしを確かめることが難しくなる（この場合，双眼鏡が有用であるが）．

様々な種で外見上の特徴が明らかであるが，このような種を観察した時，例えば図5-3のように，個体を識別することは必ずしも容易ではない．個体間の特徴の違いの程度は，個体の認識のしやすさに明らかに影響する．例えば，シマウマの縞によって彼らを識別しようとすると，お互いに非常に接近しているシマウマの群れを見ている場合には，難しいと感じるであろう．しかし，シマウマの特定の1か所のみに注目して，その場所の縞のパターンを他の個体と比較してみると，識別は少しやりやすくなる（図5-4を参照）．この方法が他の種，例えばオカピ（*Okapia johnstoni*，図5-4b）においても役に立つ．

実際に，例えば「フレッドはこのグループで1番大きい」といったように，選別によって個体識別を行うという外見の比較による方法が用いられることがある．この場合の問題点は，視野の中に複数の動物が同時にいなければならないことで，さらにサイズ，カラー，その他の特徴が比較できるように動物がお互いに接近している必要がある．こういう問題があるので，同じ飼育施設にいる他の個体がどのように見えるかといったことに

表 5-2 動物園動物の個体識別法の概要*

方 法	説明/位置	一時的または永久的	コメント	例
自然識別	例えば，被毛の色やパターン，身体的障害，大きさ	永久的**	廉価で簡単 熟練したスタッフの存在と動物間に明らかな差異があることが必要	オカピの縞模様（図5-4参照） トラの斑点
焼印	臀部（脇腹）や角	永久的	痛みを伴う	ヘビの凍結烙印（図5-15参照）
刺青	目，臀部周辺の皮膚または指の上	永久的**	痛みを伴う	マカクの臀部の胼胝
個体識別用の切り込み	耳，角，指	永久的**	潜在的に痛みを伴う	ヌーの角の切込み サイの耳介の穴 トカゲの断指
マイクロチップ，トランスポンダー	皮下への埋没	一時的	痛みを伴い鎮静が必要 皮下を移動する可能性がある	ヤマネからゾウまでの全ての動物（図5-3参照）
標識	タグや皮膚に取り付けたビーズ	一時的	潜在的に痛みを伴う 通常若い動物に装着	キューバイグアナのビーズ（図5-12参照） マーラの耳標（図5-11参照）
	動物に装着した足環や首輪	一時的	もつれる危険性がある	ワオキツネザルの首輪（図5-6参照） トリの足環（図5-9参照） ペンギンの翼帯（図5-10参照）
刈込	被毛，羽毛	一時的	距離があると可視困難	動物ではほとんど使用されない
着色	Ram pads，スプレー，ペイント，貼付けマーカー	一時的	他の動物に色移りする可能性がある 毒性のない材料であることを確認する必要がある	甲虫類でのペーパーナンバー（図10-6参照） カメ類でのスポット状の着色

*永久性の高い方法から順に並べてある．個体を識別する必要性とのバランスも考察している．
**加齢そして妊娠，新しい羽毛の成長，負傷などの要因により，識別の特徴は時間経過により変化する．この変化は特にカラフルな識別特徴や形に特徴のあるものの場合に顕著となる．

関係なく，それぞれの個体において個々に識別できる特徴も認識できる方が明らかに有利である．
より現実的な注意点としては，元来の特徴を使用することに限界があることを覚えておく必要がある．まず，動物の行動により，特徴の視認性が影響を受けることがある．例えば，指の欠損はその動物が物を掴むか，手を使った時にのみ見ることができる．また，動物が座ったり横になると識別のためのしるしや特徴が隠れてしまうことがある．また，自然なしるしや特徴は時の経過とともに変化することがある．例えば加齢により被毛の色が変わり，特に色が落ちたり灰色になったり斑状になったりすることがあり，そして動物の姿勢や行動も変化することがある．同様に，年齢や餌，社会的な位置や生殖的な地位によって動物の体重や大きさも時間とともに変化する．

図 5-3 動物界にはたくさんの配色とパターンが存在しているが，それらが必ずしも個体識別に役立つわけではない．例えば，これらのシマウマを見て，どれだけ個体識別ができるだろうか．（写真：Vicky Melfi）

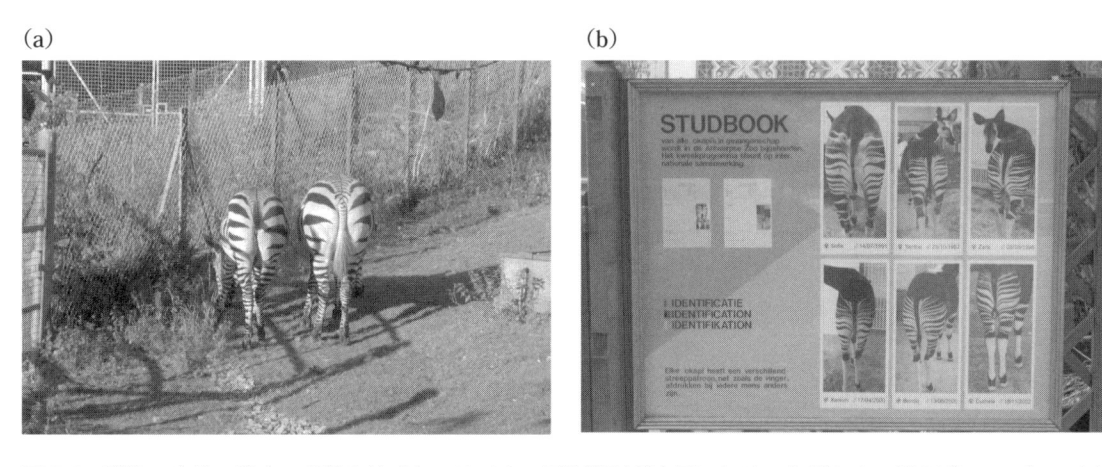

図 5-4 動物の身体の特定の部位を注意してみると，個体識別が容易になることがある．例えば，シマウマ（a）やオカピ（b）の臀部のパターンを見てみると，個体間の差がより容易に認識できる．〔写真：(a) ペイントン動物園環境公園，(b) Vicky Melfi〕

自然の特徴から多くの動物の個体識別ができるのは，その動物の飼育係のようにその動物に最も親密な少数の人々のみであろう．しかし，多くの場合，他の動物の飼育係，獣医師，研究者といった様々な人たちも個体識別する必要性が生じるが，こういう人たちは，自然の外見上の特徴を利用できるだけの時間と専門能力を必ずしももっているわけではない．このような状況であったり，前に概説したような限界のため，動物間の違いを直接観察する方法が十分あてにできないような場合，個体識別に人工的な手法を適用した方が満足の得られる結果が得られる．

5.3.2 人為的個体識別法の利用

多種多様な人為的方法が個体識別のために用いられている．足環[9]，首輪から刺青やトランスポンダー[10]まで，どの方法を選択するかは，通常その方法の効果や影響についての科学的評価よりは飼育係の経験や伝統によりなされることが多い．これは，この分野の研究がほとんどなされておらず，われわれの知識に限界があるからである．さらに，様々な方法を用いた際の，倫理および福祉に関する影響を考慮することも重要である．ある方法により識別がうまくいって，飼育係も動物の行動に影響がないと思うようなら，その方法は成功したものとみなされ，良い噂となって，その後他にも広まっていくであろう．

どの方法が適しているかを決定するには，相互に関係のあるいくつかの要因について考慮する必要がある．一時的な識別かそれとも永久的なものが必要か．どの程度の痛みや侵襲干渉まで許容できるのか．どんな情報を表す必要があり，それは視認できる方がよいか．目的とする動物にはこれまでどの方法がうまくいっているか．どの程度の信頼度が求められるか．といったようなことである．

これらについて順番に詳しく述べる．

一時的方法か永久的方法か

動物識別法の1つの目標はできるだけ永く持続することであり，そのためより永続する方法が一般的に一時的な方法より好まれるだろうと考えられがちである．しかし，状況によっては一時的方法が効果的であることもある．例えば，多頭飼育群の中で新生子を識別する必要がある場合には，色素でマーキングをするか，特定部分の被毛または羽毛を除去し，明確に区別できる被毛パターンをつくってモニターできるようにする．同様に，新しい集団に動物を移動した場合は，飼育係がその動物を認識できるようになるまで，視認可能なマークをつけておく．孵化中の卵の場合は，一時的に同定のために鉛筆で番号を記す．動物によっては識別マーカーを損傷さえしなければその生活様式が一時的な方法の寿命をのばすのに役立つことがある．イグアナの皮膚やリクガメの背甲への着色や甲虫へのマーカーの貼付けなどがその例である（図10-6を参照）．

意外にも，永久的であると考えられている個体識別法は少ない．通常，永久的な識別法は動物の身体に長い期間持続するような物理的な変更を加えることによってなされる．このような変化としては同定用の切り込み，烙印および刺青法などがあり，これらはミューティレーション（毀損法）と呼ばれることがある（5.5を参照）．対照的に一時的識別法では，被毛や皮膚，羽毛に着色したり，それらを切除するなどして動物の身体に一時的な物理的改変を施すか，あるいはタグやリング，

---

[9] 個体識別に用いる rings は米国では bands と表記される．

[10] トランスポンダーには電池が付属し情報を発信することのできるものと，電池が付属せず，読取り装置の必要なものとがある．動物園業界ではトランスポンダーやマイクロチップといった場合，電池の付属しないものをいう．より詳細は5.4.3にて述べる．

または首掛けのような標識によって外貌に変化を与えることによってなされる（5.4 を参照）．"マイクロチップ"として知られているトランスポンダーは眼に見ることができないが，動物の体内を移動して場所が分からなくなり，判読不可能となるか，親しい同種動物による毛繕いの際に外れ落ちてしまうこともあり，この方法は永久的とは考えにくい．

一時的な方法の持続性は実に様々である．運が良ければ動物の一生に亘って有効となる一時的識別法もあるが，時がたてば不明瞭になったり失われてしまったりしがちである．身体に障害を与える永久的方法はネガティブな概念があるので，標識をつける一時的方法を選択すべきと考える傾向が強い．しかし識別法のタイプと動物の福祉との関係は簡単ではない．一時的な方法であっても永久的な方法であっても，干渉や侵襲，および痛みを伴う可能性の程度は様々だからである．

干渉，侵襲および痛みの程度

個体の識別方法について一時的方法か永久的方法かを選択する時，下記の要因について考慮し，比較検討する必要がある．

1. 保定の必要性の程度：どのような個体識別を行う場合でも，識別の処置を行う際に動物を保定する必要があるが，それには時間と労力がかかり，動物にストレスを与えてしまう．
2. 識別処置時に生じる痛み：この痛みの程度はたいへん幅広く，足環の装着のように多少不快を与える程で，保定のストレスと比較すると無視できるものから，耳標装着のため耳介に穿孔する時や，焼絡時における超低温または超高温での皮膚の処置の時，断趾や皮下にマイクロチップを埋め込むために行う鎮静剤投与の時などに経験するかなりの痛みまで様々である．
3. 識別の持続性：すなわち，どれほどの期間で再度識別処置を行う必要が生じるかである．全ての一時的な個体識別方法は，まさに一時的なものであることを頭に入れておくべきである．いずれかの段階で，識別処置を再度一から行う必要があり，用いた方法の持続性によっては他の識別方法を適用する必要が生じることも考えておく必要がある．羽毛や被毛への着色や切除といった方法では識別の持続性は極めて低い．永く持続する方法が好まれるのは，動物を捕獲し，保定する必要性が最小限ですむからである．
4. 識別が動物の生活に及ぼす影響：これは最も答えるのが難しい問題で，この点について少し詳しく考えてみたい．

上記 4. における問題点は，識別マーカーが日々の生活の中で動物の行動や身体に影響を及ぼすか否かである．この種の研究のほとんどが実験動物や野生動物に対して行われており，全く予想外の影響も示されている．例えば，実験室で飼育されているキンカチョウ（*Taeniopygia guttata*）が他のキンカチョウの着色された足環に興味を示すようになり，雌が雄の赤い足環を好み，雄が雌の黒い足環を好んだ（Burley 1985）．面白いことにこのような色への興味は紫外線（UV）光が存在する実験室内でのみ見られた．UV 光が鳥類の知覚に根本的な役目を果たしていることが知られている（Hunt et al. 1997）．野鳥に関する他の研究から，致死率の上昇や繁殖率の低下などにより，鳥の生存を妨げる個体識別方法があることが示されている（Gauthier-Clerc and Le Maho 2001, Jackson and Wilson 2002 の総説を参照）．例えば，Culik et al.（1993）は翼帯を付けたアデリーペンギン（*Pygoscelis adeliae*）が翼帯のないペンギンに比して遊泳時に 24% 以上多くのエネルギーを費やすことを示している．

確かに，動物の個体識別法には問題を起こすもの，起こさないものがあるようである．足環は時には悪影響を及ぼすという報告もあるが，翼標識（ウイングタグ）[11]のような代わりの方法よりは良いという報告や，さらには動物に全く影響を及ぼさないと見なされているような報告もある（Kinkel 1989, Cresswell et al. 2007）．

同様に，個体識別法の哺乳類に対する影響についても賛否両論がある．例えば，ムース（*Alces alces*）の幼獣に用いられているイヤートランスミッター（耳に取り付ける発信機：電池により

情報を発信できるトランスポンダーの一種）は生存率を減少させるように考えられているが，実際には耳に標識を付けている幼獣と，個体識別していない幼獣との間に違いは認められなかった（Swenson et al. 1999）．とは言うものの，実験動物や野生動物における研究で，個体識別法が動物の生命に影響を及ぼすことが示されているので，考慮する必要がある．

しかしながら，飼育下環境がこのような問題を軽減すると考えられる．というのは，豊富な餌，獣医療および野生で遭遇する多くの困難からの解放により，飼育下ではより確実に生存できるからである．そのため，新しい個体識別法を試したり，既存の方法を改変するのに動物園動物は理想的であり，さらに野生動物に影響が最小限になるように識別法を改善することができる．動物園動物もまた，これらの知識と技術の発展を享受している．その1例がSimeone et al.(2002)の研究であるが，データロガーを野生で使用する前に飼育下のフンボルトペンギン（*Sphenicus humboldti*）に試した．

この項の冒頭で，個体識別を評価するための4つの異なる要因を確認した．それぞれの方法はこれらの判断基準でそれぞれ異なる評価が下されるため，総合的に効果を考慮しなくてはならない．例えば羽毛の切除は痛みを伴わないが，羽毛がすぐに伸びてくるため，頻繁に再捕獲を行わなくてはならず，その行為自体が動物のストレスになってしまう．また刺青法は，鎮痛薬によってある程度痛みを軽減することができても痛みを伴うものであるが，一度実施してしまえば，その動物が死ぬまで，個体識別の特徴となる．どの方法が最も適しているか決定する際には，動物の種差や個体差や飼育形態についても適切に考慮する必要がある．馴化あるはトレーニングされた動物では捕獲がさほどストレスにはならないので，痛みを伴わない方法を繰り返し実施するのが最適であろう．しかしながら，野生状態が強く残り，飼育係との関わりがストレスになるような動物では，一度の作業でことがすむ永久的識別法が理想的である．

表現情報

多くの場合，個体識別法は日々の飼育管理に必要な個々の動物の適切な情報を伝えることを目的としている．飼育係の各個体を見分けられる熟練度や知識に依存する動物の生まれつきの特徴とは異なり，人為的な個体識別方法は迅速かつ効果的に，その解釈法を知っている誰にでも情報を伝えることができる（「コード」の項を参照）．

飼育管理上は，動物を捕獲，保定することなく明瞭に認識できる個体識別法が最適である．技術の進歩によりすぐに解決されるかもしれないが，皮下埋没型のマイクロチップおよびトランスポンダーは，広く普及しているものの，まだその条件を満たしていない（5.4.3を参照）．実際に，多くの動物園で動物の個体識別に複数の方法を用いており，ふつうはトランスポンダーと，元来の特徴であれ人為的方法であれ視認可能な方法を組み合わせている．

ここで動物園来園者の印象についても述べておく必要がある．来園者は自然を模した飼育場を損なうような明るいオレンジ色の耳標，その他の視認性の高い識別マーカーをつけた動物を見てどう思うであろうか．この問題についての答えは分からないが，2つの解決策が存在する．1つ目はより視認性の低い識別標識を用いることである．この方法は，飼育係の近くに来ることが苦にならない動物でのみ効果的で，飼育係が遠くにいる動物には明らかに役に立たない．例をあげると，カメ類[12]の甲羅の下部に切り込みを入れることによ

---

[11] タグ付け（タギング）とは，動物にタグを装着することを言う．有蹄類で最も一般的であり，耳標（イヤータグ）が個体識別に用いられている．翼標識（ウイングタグ）も同様であるが，鳥の翼に固定して用いる．

[12] カメ類とはウミガメ，リクガメおよびテラピンなどの爬虫類をさす．

図 5-5 動物の写真を見せることにより，来園者に動物の生まれつきの特徴の違いを示すことができる．サンディエゴ動物園ではオランウータン（*Pongo* spp.）の写真を来園者に示し，観察する時に個体識別ができるようにしている（a, b, c ともに異なる個体である）．（写真：Vicky Melfi）

り識別が可能だが，飼育係がカメの甲羅に沿って触れる必要があるので，明らかに飼育係は動物にかなり近づかないといけない．

2つ目は動物園が識別標識を来園者のための教育や演出に取り込むことである．1例として来園者に各個体の写真（図5-5参照）を見せたり，各個体の模様の違いを明示することで，動物の生まれつきの特徴によって来園者自身で個体識別が可能であることを知らせることがある．別な方法として，動物園が識別に使用している人工的な方法に来園者の注意を向けることがある．例えばエジンバラ動物園のワオキツネザル（Lemur catta）の大きな群れの各個体にはそれぞれ違った色のネックレスがつけられているが，飼育場の横のポスターには，来園者向けに，この標識が個々のキツネザルの識別にどのように使われ，また個体同士がお互いどういう関係にあるかが示されている（図5-6）．

コード

識別標識によりもたらされる情報はコード化されていることがよくある．その一番簡単な方法は各個体に数字や文字のコードを割り当て，直接動物の身体に，あるいは間接的に標識に書き込む方法である．情報を動物に直接書く場合でも間接的に書く場合でも，用いるスペースは最小限にとどめるべきで，動物名や番号を身体全面に書き込むべきではない．

そのため，より小さいスペースにより多くの情報を盛り込むことができる様々なコード化システムが誕生した．色，数字，文字の組合せと身体の標識部位の関連づけが，必要な情報をもたらすためにしばしば用いられる．例えばある動物園では，耳標や翼帯を，雄では左に，雌では右につけるといったように，装着部位によって性別を表している．この種のコードはそれぞれの組織レベルに応じてしっかり決められていなければならない．個々の動物園レベルでは標識の位置で性別と

図5-6 慣れていないとワオキツネザルは全て同じに見えてしまう．しかし，識別が施してあれば個体識別が可能である．エジンバラ動物園のワオキツネザルの例では，異なる色のペンダントのついたネックレスをしている．（写真：Julian Chapman）

いったようなものを表すかもしれないが，国レベルでは他の識別条件が存在するかもしれない．英国では環境・食料・農村地域省が全てのウシ科動物[13]にIDコードをスタンプした耳標の装着を義務づけている．地域レベルでも，さらには世界レベルでも違ったやり方が取り入れられているかもしれない．例えば，国際自然保護連合（IUCN）の保全繁殖専門家グループ（CBSG）ではISOに準拠したトランスポンダーの使用が推奨されていて（CBSG 2004），トランスポンダーの挿入は決められた部位の皮下に行わなければならないとし

---

[13] ウシ科動物には牛，羊，山羊などの他にレイヨウ（アンテロープ）と集合的に称される動物も含まれる．

表 5-3 世界的に認められているトランスポンダーの埋没部位[*1]

分類群	場 所
魚類	背びれの基部または体腔内[*2]
両生類	体腔，組織用接着剤で創傷部を被う
爬虫類	
ヘビおよびトカゲ類	尾の基部の背側[*3]
カメ類	肩部背側
鳥類	胸筋または左側大腿
哺乳類	耳の後ろの基部または肩甲骨間の中心より左側

[*1] トランスポンダーは，入れ直しや読取りがしやすいよう利便性を高めるために，常に上記の部位の，身体の左側に埋入すべきである．
[*2] 体腔とは内臓が位置している体内の空間である．
[*3] 背側とは動物の上側を意味する．

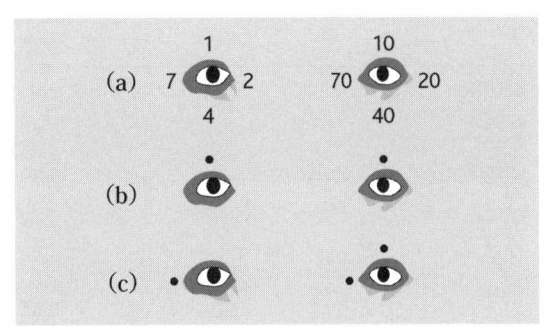

図 5-7 動物の個体識別番号などのコード化された情報についての一般的な方法は両眼の周りに2組の数字を配置することにより可能である．それぞれの眼には上下左右の4辺があるので，もし図（a）のように左眼の各辺の数字を1，2，4，7（眼の上を1として時計まわりに）と決め，右眼の数字を10，20，40，70と決めれば，154個体まで識別が可能となる．(b)，(c) で示されている動物のコード番号は何番になるか．

ている (Cooper and Rosser 2002, 表 5-3 を参照)．

個体識別のために，身体に改変が加えられる場合，単純なコードの組合せによって，多数の動物をそれぞれ識別できるようなナンバリング法がよく用いられる．例えば眼の周囲に刺青のスポットを入れる識別法が1例であるが，左眼の周囲のスポットが1，2，4，7の数字を表し，右眼の周囲が10，20，40，70の値を表すと，スポットの位置の組合せで154個体まで固有の番号を与えることができる（図 5-7 を参照）．

同じような法則が関節や指への刺青や指の切除，切り込み（ノッチング）を行う場合にも用いられる（5.5 を参照）．例えば，それぞれの指が数を表し，右から順に最初の指が1，次が2，その次が3，最後が4といったように，動物の4桁の識別番号は，はじめに右前肢，次に左前肢，次に左後肢そして最後に右後肢を読む．例えば動物の識別番号が3024で指切断法を用いる場合，右前肢の第3指を切断し（3），左前肢からは切断せず（0），左後肢の第2指を切断し（2），最後に右後肢の第4指（4）を切断する（図 5-8 を参照）．

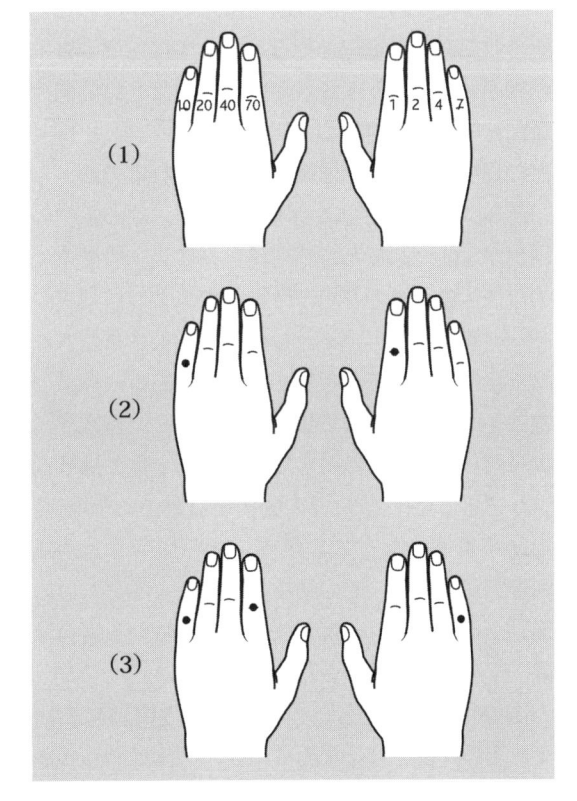

図 5-8 図 5-7 で示したコード化システムは，ここで示すように手足や指にも同様に適用可能である．

表 5-4 様々な脊椎動物に対する人為的個体識別法の適合性

方　法	魚　類	両生類	爬虫類	鳥　類	哺乳類
焼印法	✓		✓		✓
刺青法	✓		✓		✓
個体識別用の切り込み			✓		✓（耳や角の切込み）
マイクロチップ，トランスポンダー	✓	✓	✓	✓	✓
タグ				✓	✓
ビーズ	✓	✓	✓		
リング／バンド／首輪			✓	✓	✓
被毛・羽毛クリッピング	×		×	✓（ツメの切除）	✓
着色	×		✓	✓	✓

どの方法が目的とする動物に適しているか

　これまでにいろいろな要素を検討してきたが，方法を選択する際の最もよくある理由は慣例（伝承）である．その動物種で，以前から使用されていた方法で飼育係により動物に悪影響がないと判断された方法が選択される．表5-4に各種の脊椎動物の分類群で使用されている様々な人為的個体識別法の適用範囲をまとめている．

どの程度の安全性や信頼性が許容されるのか

　個体識別法が動物に適用されれば，その動物の同定が可能となると当然期待される．一般に永久的な個体識別法の方が一時的な方法より信頼度が高いと考えられている．しかし，選択された方法の安全性についても考慮する必要がある．標識の除去や改変，入れ替えが可能か．もし，答えがイエスならその動物の同定に関する安全性にはリスクがあることになり，その動物が盗難された場合，追跡不可能となってしまう．さらに，もし，識別標識が紛失し，その動物が個体による見た目の違いがほとんどない大きな群れの中にいる場合には，その動物の同定も難しいだろう．

　国際自然保護連合は全ての絶滅危惧種について，その動物を守るために，どの個体であるのか分かるように，できる限り各個体ごとに識別することを推奨している．エキゾチックアニマルは絶滅に瀕している種であろうとなかろうと，野生動物の取引では価値のある動物である．「National Geographic News」では世界中の動物園で動物の窃盗が増えていると報じている（2007年2月9日）．英国盗難動物登録所を運営するJohn Haywardは次のように述べている．

　もしエキゾチックアニマルが欲しければ，熱帯雨林まで行って探す必要はない．誰かの私的コレクションか動物園に盗みに入る方がよほど簡単である．

　これらの動物が見つかり押収されたとしても，確認可能な識別がなければ，その動物の所有権は簡単には示すことができない．時には，少なくとも英国内では，動物園から姿を消した動物と売りに出されている動物とが非公式ながら照合され無事返還されることがある．しかしながら，その動物が輸出されてしまうと，その動物の由来は不明瞭になってしまう．

　残念ながら，永久的方法であり，簡単には変更を加えることができないと考えられる識別方法でも必要度が高ければ改変が可能となってしまう．例えば，違法な取引きを行っている動物商がトランスポンダーのリーダーを購入して元のトランスポンダーを除去したり，新しいものに入れ替えてしまうこともできるし，焼印や刺青も元のしるしを偽るため損わせることができるといったように．このようなことが起きるので，かなりの動物

に対して2つ以上の識別法を適用することがある．

5.4 一時的な人為的個体識別法

　個々の動物を識別する方法は，動物の外観を変えるために何らかのものを一時的に取り付けることで行うものが多いが，これらのものを標識と呼んでいる．タグやビーズ，リング，首輪，首掛けといったようなものが含まれ，ごく一般的に動物の足や翼，フリッパー，耳，あるいは首の回りにつけられる．標識の有効性や使用法について，動物園界では酪農や野外生態学，コンパニオンアニマルの分野を参考にしている．通常，どこにどのような標識をつけるかは，利用している動物管理システムによってそれぞれの動物園ごとに定められている．しかし，前述のとおり（5.3.2を参照），いくつかの種では国ごとの，あるいは国際的な基準が存在する．トランスポンダーについてもこの項に含めた．というのは，動物の見た目に永久的な変化を与えない装着物と考えられるからである．（外見上の永久的な変化については，5.5で考察されている．）

　上記5.3で概説した枠組みに留意しながら，これらの様々な方法について，その長所と短所，およびそれに基づく適性について検討しよう．

5.4.1 リング，首輪，首掛け

　リング，首輪，首掛け（ネックレス）は，動物が単に身につけるだけでよいので，最も無害な標識である．もちろん，標識をしっかりと取り付けるために動物を捕獲し，保定する必要がある．

　リングは，以下のとおり主に4つのタイプが用いられている．

- クローズドリング（図5-9a）は，半永久的であり二度と取り外さない目的で，若い鳥の足に通して取り付ける．このリングは寿命が長いため好んで用いられるが，鳥が育って成鳥の大きさになった時に締め付けられることがないよう，十分な大きさのリングを用いるよう気をつける必要がある．また，鳥が負傷して脚が腫れても，リングが鳥舎の何かに引っかかっても，このリングは外すのが困難である．

- スプリットリング（図5-9b）は自由度があるので，どのような年齢の動物の脚にも装着できる．このリングは必ずしも取付けがしっかりしているわけではない．というのは，材質が何であるかによって，また適切に脚にフィットしているかどうかによって，噛んで外されたり，自然と外れ落ちたりすることがある．したがって，このリングは耐用年数までもたないことがあり，その場合は動物を再捕獲して別のリングを取り付ける必要が生じることもある．

- 金属リング（図5-9c）は，スプリットリングに似ているが，適切な部位にペンチ（リングプライヤーと呼ばれることもある）で取り付ける．リングを固定する時に動物の脚を傷つける可能性があるので，金属リングを用いる場合には熟練した飼育係が行う必要がある．金属リングは比較的耐久性が高いので，通常は寿命の長い種，例えばペンギンのフリッパーやツルの脚などに用いる．残念ながら，動物の動きにより金属は時とともにすり減る．金属が磨耗や亀裂によって鋭くなり，負傷する原因となることもある．

- 科学技術の進歩により，リングの製作に新たな材質が用いられるようになっている．例えば，ブリストル動物園とブリストル大学の共同デザインチームは，新たなシリコン製リング[14]を製作した．これは，特に簡単に装着できるようにデザインされたもので，ペンギンのフリッパーや鳥の翼に引き延ばして装着することができる．頑強な素材は極端な温度や動きに耐える

---

[14] 新たに開発されたこのシリコン製リングは，動物福祉大学連合（UFAW）の2006年野生動物福祉賞を受賞した．

図 5-9 様々なタイプのリングが動物の個体識別に用いられている．鳥類で最もよく用いられているが，コウモリでも用いられている．(a) クローズドリング：ハイイロペリカン（*Pelecanus crispus*）への装着を示す．(b) フレキシブルリング：インカアジサシ（*Larosterna inca*）への装着を示す．(c) 金属リング：シュモクドリ（*Scopus umbretta*）への装着を示す．〔写真：(a) ペイントン動物園環境公園，(b) Kirsten Pullen，(c) 匿名〕

ので，長持ちし，金属に見られるような劣化といった素材由来の短所もない．したがって，鳥の負傷も防ぐことができる（図 5-10）．

5.4.2 ビーズ，耳標

ビーズと耳標（イヤータグ）は，体に固定するために動物の皮膚を穿刺する必要がある．したがって熟練した飼育係が取り付けるべきである．

図 5-10 (a) ブリストル動物園は，ブリストル大学と共同でこのようなシリコン複合材の翼帯を考案した．この写真は，ブリストル動物園でケープペンギン（*Spheniscus demersus*）に装着しているところである．(b) この翼帯は，動物福祉大学連合（UFAW）の 2006 年野生動物福祉賞を受賞した．（写真：ブリストル動物園）

感染を防ぐために穿刺する部位を消毒薬で消毒し，可能な限り局所鎮痛薬を用いることが望ましい．実際には，鎮痛薬が効果を発揮するまでの時間の長さや，その処置によるストレスに見合う鎮痛作用が得られるかどうかを考え合わせる必要がある．

タグ

タグには様々な形，大きさ，色のものがある．タグは，通常は哺乳類，主として有蹄類の耳に用いられるが，鳥の翼やその他の動物の四肢に用いられることもある．哺乳類の場合，通常は若齢時に，時には1，2日齢で取り付けられるが，他の種類の動物ではどの年代で取り付けてもかまわない．もし動物が幼ければ，母親から攻撃される可能性についても注意が必要であり，保定や隔離，あるいは群れや母親から離す時間による影響も考慮する必要がある．太い血管や軟骨組織を避け，必要以上のダメージを防ぐために，タグを正しい位置に取り付けることも大切である．耳標が，耳に永久的な損傷をきたす場合があることが知られている．

耳標の取り付けは，耳を穿刺して貫通させるものなので，動物に痛みを伴うものと思われる．また耳標は，動物舎の設備に引っかかったり，社会的な行動の最中に，動物の耳を裂いてとれてしまうこともあるので（図 5-11），動物の日常生活に問題を引き起こすこともある．例えば，相性の良い動物と同居させたり，よく手入れされたフェンスを用いたり，動物舎内の突起物をなくしたりといったように，適切な施設と管理によって，この手の事故を最小限にできるだろう．それでもなお

図 5-11 個体識別のために 2 個の耳標がこのマーラ（*Dolichotis patagonum*）に装着されたが，耳を負傷していることに注目してほしい．互いの闘争行動の際に，タグが動物の耳から引きちぎられることがたまにある．（写真：Vicky Melfi）

耳標が外れたら，付けなおす必要がある．傷を伴うような個体識別法には，感染が起こり得るという問題点もある．米国の畜産農場では，耳標取り付け部位への寄生虫感染が大きな経済的問題として認識されており，牛の習性や福祉にも有害な影響をもたらしている（Byford et al. 1992）．このことから，様々な殺虫剤を染み込ませた耳標が開発されており，数々の成功を納めている（例えば，Anziani et al. 2000 を参照）．これは畜産分野での事例ではあるが，他の場面でも同様に，負傷部位を清潔に保ち感染しないように監視することがいかに重要であるかを示している．

英国では，全てのウシ科の動物に環境・食料・農村地域省の配布する耳標をつける必要があり，これが個体の監視や移動履歴の追跡を確実にする動物の"パスポート"の一部となっている．それぞれの動物には固有の番号が与えられており，この番号は園館を示す識別コードの後に個体固有のコードを組み合わせたものとなっている．それぞれの部分（表と裏，2つのタグに対して合計で4か所）に個体識別番号が刻印してある大きな黄色い耳標を，ウシ科の動物の両耳に取り付ける．

ビーズ

爬虫類や両生類の皮膚にピンを刺してビーズを留めることも，動物の個体識別法として行われている（例えば，Rodda et al. 1998）．色のついた足環を鳥類に用いる場合とほぼ同様に，様々な色のビーズの組合せによって，それぞれの個体のコードが示される（図 5-12）．鳥類が特定の色の足環をつけた個体を交尾相手に選ぶようになると先に述べたが（5.3.2 参照），爬虫類においてもビーズに対して似たような好みが生じる可能性がある．イグアナに色のついたビーズを用いる際には，いくつかの色，特に赤色は避けるべきだといわれている．というのは，成獣のイグアナがこの色に惹かれてビーズ装着部位の傷を悪化させることがあるためである．

図 5-12 爬虫類の個体識別は，一般に色のついたビーズを背の隆起に取り付けることで行う．この例では，緑色のビーズがキューバイグアナ（*Cyclura nubila*）の個体識別に用いられている．（写真：Vicky Melfi）

5.4.3　マイクロチップもしくはトランスポンダー

最も侵襲性の高い種類の標識が受動統合型トランスポンダー（PIT）で，"マイクロチップ"あるいは単に"トランスポンダー"（もしくは，たまに"PITタグ"）とも呼ばれている．これには固有の磁気コードが記録されており，利用できるコード番号の数は実質的には無限に近い．トランスポンダーは，皮下に挿入し，通常は組織接着剤か1，2針の縫合によって挿入部位を閉じる．技術の進歩によりヤマネのような小さな動物に対してもトランスポンダーを挿入することが可能になっている（例えば，Bertolino et al. 2001 参照，図 5-13）．

一般的に標識は，それぞれの個体を識別できるよう，外見上に明瞭な違いをもたらすことを目的としているが，それらと違ってトランスポンダーに記録されている固有の数字のコードは"リーダー"を用いないと確認することができない．リーダーは，手で握れる大きさの電池式の装置で，トランスポンダーの挿入部位に近づけると，その固有コードを表示する．さらには，能動型トランスポンダーというものもある．これは，内臓電池に

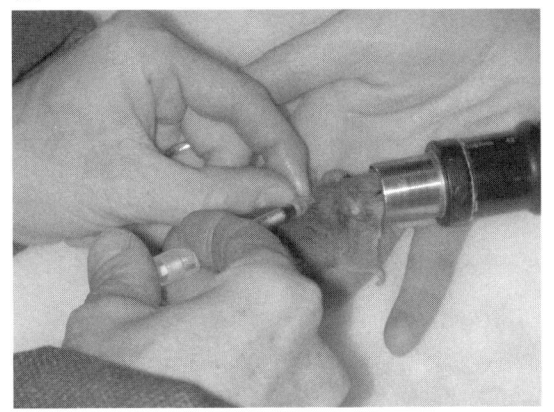

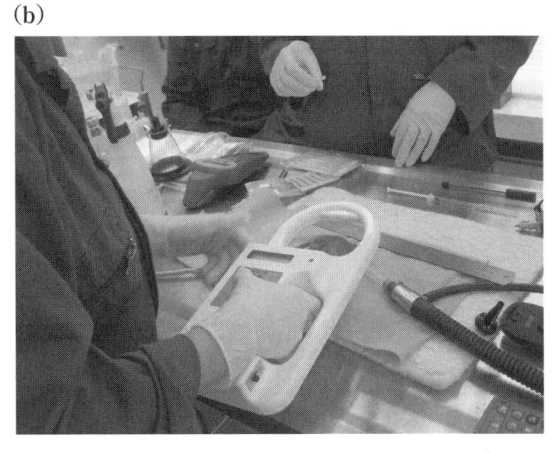

図 5-13 (a) このヨーロッパヤマネ（*Muscardinus avellanarius*）のように身体のサイズが小さな動物にも，トランスポンダーを利用することができる．正しく作動するか確認するために，全てのトランスポンダーをリーダー（b）で読み取ってみるべきである．（写真：ペイントン動物園環境公園）

より情報を発信することができるトランスポンダーで，挿入している動物から多少離れていても情報を受け取ることができるものである〔ラジオテレメトリー（無線遠隔測定法）と呼ばれる〕．1960年代より，このラジオテレメトリーシステムは動物の調査に有用であると考えられるようになり，野生動物や飼育下の動物の研究に用いられている（例えば，Essler and Folkjun 1961, Swain et al. 2003）．

トランスポンダーを用いるうえで不便な点は，挿入にあたってほとんどの動物に対して鎮静薬や麻酔薬を投与する必要があるということ（鎮静に関する詳細は11.6.3参照）や，"飼育係の手中"にない，あるいは飼育係のごく近くにいない動物の識別はできないといったことがあげられる．今のところ，トランスポンダーの番号を識別する必要がある場合でも，動物がリーダーの非常に近くにいる時（場合によってはリーダーが動物の皮膚に接している時），つまり飼育係の近くにいる時にしか使用できない．しかし，動物に付けたトランスポンダーをリーダーで読む際に読み取り可能な距離を延ばすために，トランスポンダーの技術は常に進歩している．例えば，家畜の牛では動物ごとに固有なトランスポンダーの番号によって各

個体の飼料摂取を調整することが，最近の開発で可能になっている．牛が牛房に入る時に，そのトランスポンダーが読み取られ，ホッパーから適切な量の飼料が供給されるようになっている（例えば，Sowell et al. 1998, Schwartkopf-Genswein et al. 1999）．しかし，残念ながらパドックにいる動物のトランスポンダーでも識別できるようなリーダーが開発されるのは，おそらくまだ少し先のことだろう．

現時点でさらに不便な点としては，複数の会社が，特定のリーダーでしか読み取ることができないトランスポンダーを製造していることである．このことは，実際問題として，1つの動物園で飼育している全ての動物のトランスポンダーを捜し出して読み取るために，いくつものリーダーが必要であることを意味する．しかしながら，繰り返すが，技術は進歩しており，最近では2種類以上のトランスポンダーを読み取ることができる"ユニバーサル"リーダーが開発されている．とは言うものの，なおも複数のリーダーが必要である．

最後にもう1つ不便な点をあげると，皮下に確実に固定されていてなくなるはずのないトランスポンダーが，実際は行方不明なってしまう場合

があることである．社会行動として毛繕いを行う動物は切開して間もない部位に強い関心を示すことが多いが，トランスポンダーは皮膚の表面に非常に近いところに位置しているため，毛繕いの際に外れ落ちてしまいかねない．また，時には（前述のとおり）体内を移動することもある．トランスポンダーを製造している会社の中には，挿入後に動物の皮膚と結合するようなコーティングを施したものをつくって，移動する可能性を減らそうとしているところもある．

トランスポンダーの利用には制約があるが，それを支える技術は絶えず進歩しており，他の一時的な識別方法より耐用年数や安全性において非常に優れている．そのため，トランスポンダーは通常，前述した耳標や足環のように見た目の違いをもたらす一時的個体識別法と併せて用いられる．

5.5 永久的な人為的個体識別法

各個体を同定するために用いられる，永久的で人工的な方法は身体にダメージを与え，動物の外貌を変化させるので，"ミューティレーション（毀損法）"とも呼ばれる．理論的には動物の身体に永久的な変化をつくることが，無期限に同定可能な唯一確かな方法である．しかしながら，このような手技が今まですでに述べた他の認証法よりも動物に痛みとストレスを与えるということを認識しなければならない．すでに述べた通り，トランスポンダーやリーダーの技術の発達に伴い，その能力は動物の外貌に永久的な変化をもたらす方法よりも，永続性の面からも信頼度の面からも進歩している．

永久識別法には，動物の身体の一部を取り除く方法と，目立つマークをつける方法との2つがある．識別の良し悪しは，その作業をいかに上手く実行できたかで決定される．一時的な方法と同様，永久的方法は離れた場所からでも見ることができ，他の個体のマークと明瞭に区別できることが重要である．その性格上，永久識別法は長く持続するが，残念ながら，明瞭さ，すなわち，効果は自然に視認可能な特徴同様に，時間経過とともに変化してしまう（5.3.1参照）．

5.5.1 動物の身体の一部を取り除く方法

身体の一部を少し除去することにより動物の外貌を変化させるにはいくつかの方法がある．最も一般的な方法は切り込み（ノッチング）または穴開け法と呼ばれる方法で動物の洞角，甲羅，鱗または耳に穴やマークをつける方法である．カメ類の腹甲，爬虫類の腹側鱗部にそった部位および哺乳類の耳に切り込みを入れることができる．切り込みマークの数と位置により動物の個体識別が可能となり，コード法を使用する場合もある（上述「コード」の項を参照）．

ヘビで用いられる別の方法は，鱗を除去し，その下にある筋肉を露出させる方法である（Ferner 1979）．腹側ではなく尾下の鱗[15]を除去することで，損傷のリスクが少なくなる．というのは，ヘビの腹部への貫通の危険性が減るからである．鱗は右側や左側を除去する．最初の尾下板の鱗は，排泄腔[16]の直ぐの隣となる．左右両側の2つ目の鱗が除去されていると，それはコードで2L2Rと表現される（図5-14）．しかし，この方法には多くの欠点がある．痛みを伴い開放創傷となり感染の危険がある．また，鱗の除去作業とマークの読取りに時間がかかり，また，もし鱗が徐々に再生し，または，他の損傷が生じマークと混同されるとマークが不明瞭となってしまう（Shine et al. 1988）．

最後の方法は指（趾）の一部を除去する方法である．一時的識別法として爪の切断がある（例えば，St Louis et al. 1989）が，より永久的な識別

---

[15] 腹板および尾下板の鱗はヘビの腹側にある大きな鱗である．

[16] 排泄腔とは爬虫類，鳥類および両生類において見られる尿生殖孔と肛門との共通の単一の開口部である．

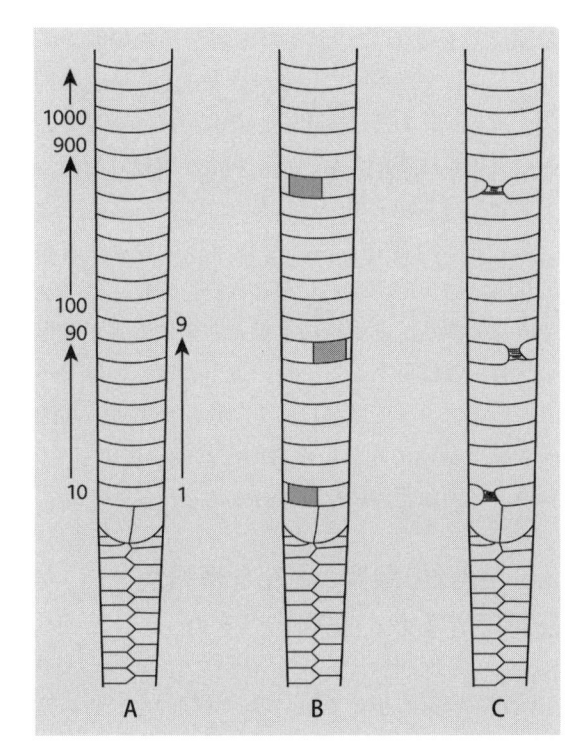

図 5-14　ヘビの個体識別法の1つで少数の鱗を除去する方法．特有のコードをつくることができる．この例では，(A) 数字コードが排泄腔の直前から始まるため，(B) のヘビではコード番号が819となる．(C) 鱗が治癒されていくと，このパターンは不明瞭となる．

法は指（趾）の全てあるいは一部を除去することである（図 5-8）．この方法は断指法（クリッピング）と呼ばれる．動物園ではあまり実施されないが，爬虫両生類の個体を識別するために，時々使われる．この方法は直感的には非常にストレスがかかりそうに思われるが，飼育場所が変わることによるストレスの方が断指法より大きいことが示されている．もちろん，いずれの行為も動物福祉に影響するということを意味しているのであろうが．

残念ながら，このような永久識別法も時とともに質が低下してくる．というのは，他の指も消失する可能性があり，切り込みも裂けてしまう場合があり，さらなるマークが洞角，甲羅そして耳に加わることがあるからである．例えば Davis and Ovaska（2001）はセイブセアカサラマンダー（*Plethodon vehiculum*）の指の再生が断指後35週後に起こることを見つけた[17]．このようなことの全てが，時とともにこれらのパターンを不明瞭にしたり，間違った解釈をさせたりすることになる．

5.5.2　焼印と刺青

焼印と刺青は動物の身体にしるしをつける永久識別法の2つの一般的な方法である．焼印は家畜で広く用いられている方法であるが，焼印と呼ばれる型の付いた金属を極度に高温または低温にして動物の皮膚に押し当てる方法である．高温焼印は皮膚の表層を焼き，被毛が生えないしるしとして視覚化できる瘢痕をつくることである．この方法は様々な動物に使用可能であり，例えば Winn et al.（2006）は医用焼灼器をヘビの焼印に使用している（図 5-15 を参照）．凍結烙印を実施するには烙印を施す場所の被毛を剃毛し，皮膚を露出させておく．凍結烙印により，動物の被毛の色素が破壊され，白毛が生えてきてこれがマークになる．これらのどの方法においても動物に疼痛反応がみられる（例えば，Watt and Stookey 1999）．凍結烙印は甲殻類，魚類，両生類，爬虫類，哺乳類などの多くの分類群において用いられている（例えば，Lewke and Stroud 1974, Fletcher et al. 1989, Berge 1990, Measey et al. 2001）．焼印・凍結烙印ともに，作業中および作業後に各種のストレス，疼痛関連行動がみられるが，高温焼印に比して凍結烙印の方が若干不快感や疼痛が少ないと思われる．ストレスや疼痛に関連した行動としては逃避反応，心拍数増加，発声

---

[17] 両生類においては全肢において指（趾）の再生能力がある．爬虫類，鳥類，哺乳類になく，なぜ両生類においてのみこの能力があるかは不明であるが，おそらくその発生過程に関連があるのだろう（Galis et al. 2003）．

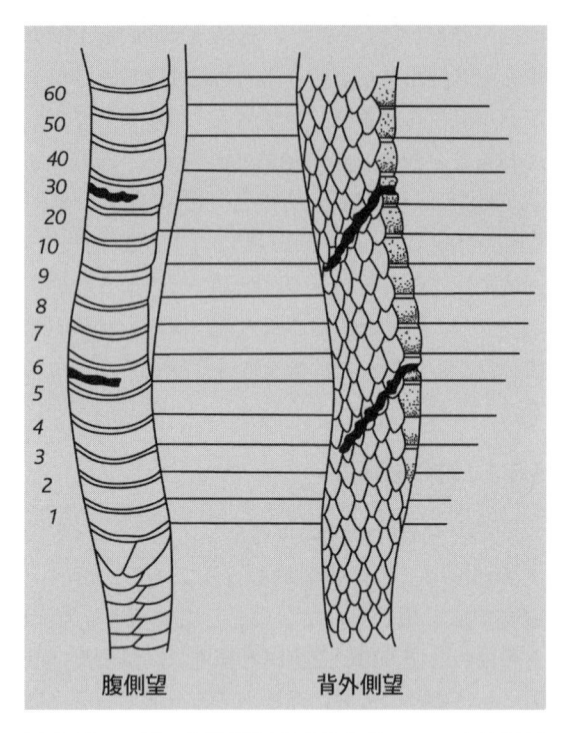

図 5-15 ヘビの個体識別をするもう 1 つの方法は焼印を鱗に施して，独特なマークをつける方法である．図から分かるように，総排泄腔から前方に向かい鱗に番号が与えられている．30番目と 6 番目の鱗に焼印が施されているので，この個体は36番と識別できる．（写真：「Herpetological Review」）

おび血中コルチゾール値の増加などがあげられる（Lay et al. 1992, Schwarzkopf-Genswein et al. 1997）．

　刺青法は注射によりインクを皮下に埋没させる方法である．刺青は動物の体の様々な部位に用いることができるが，種に応じて，また視認できるかどうかによって部位を決める．通常，刺青のドットパターンは，ドットの数と位置を動物同定のためのコードとして利用することで，視認可能な識別方法として用いられる（上述，「コード」の項と図 5-7 を参照）．刺青のドットは動物の眼の周りや指，または多くの旧世界ザルで見られる臀部の胼胝[18]のように，適した皮膚がある場所であればどこにでも施すことができる．他にも唇の内側，耳や身体の腹部側といった人目につきにくい場所も色素沈着が少ないため刺青を容易に認識しやすい場所なので用いられる．

　このような動物の身体にしるしをつける人為的な方法はその明瞭さが鍵となり，また，他の全ての永久識別法と同様に加齢とともに外貌が変化し，有用性は低下していく．低下の度合いはマークの位置によっては甚だしくなる．例えば，高齢の動物で普通に起こる皮膚の皺や弛みによって，刺青の判別が困難になる場合がある．

5.6　記録の保管：どんな情報が記録できるか，記録すべきか

　情報は収集しすぎて悪いことはないといわれてきたが，それは真実ではない．個々の動物に関する情報を可能な限りたくさん保管することは，個体もしくは集団のレベルで情報を解析することが可能となるので，確かに理想である．この解析は現時点でもいつか先の時点でもできるだろうが，これらの情報の全てを収集し，記録するには時間を要する．多くの大規模動物園では記録係がいて，彼らが責任をもって動物園の記録を管理しているが，ほとんどの場合時間がないことから，最低限各動物について記録すべきことを考慮する必要がある．

　英国の新動物園飼育管理監督基準（SSSMZP）事務局では下記のとおり提言している．

　各個体の記録について以下の内容を記さなければならない．

a）個体の分類および学名
b）由来（野生繁殖であるか飼育下繁殖であるか，親の特定，過去の移動履歴）
c）導入日，転出日および転出先
d）生年月日（あるいは推定生年月日）

---

[18] 臀部の胼胝は臀部の硬化したピンクの皮膚のことである．排卵前後に腫脹する．

e) 性別（いつ判明したか）
f) 明らかなマーキング（刺青，リング，トランスポンダー）
g) 医療情報（治療を実施した日や，その詳細な内容を含む）
h) 行動の特徴，成長記録
i) 死亡日，剖検記録
j) 逃亡記録　逃亡先，逃亡理由，人や物品への加害あるいはそれらによる負傷状況，再発防止策
k) 飼料

(Defra 2004)

各施設ごとの動物数リストあるいは飼育動物一覧表も毎年つくる必要がある．過去6年間の記録は動物園で保管され，動物園を管轄する当局が閲覧できるようにしておくことが必要とされる．

すなわち必要な情報は，生活史の特徴，日常の出来事，医療情報，日常の飼育，身体計測値にまとめることができる．

5.6.1 生活史の特徴

生活史の特徴とは，動物園動物の生活環において起こる出生，死亡，動物園間移動などといった大きな出来事のことである．当然必要とされる基本情報はいくつか存在するが，これらの出来事についてどれだけ詳細に記録するかは，主に用いられる記録管理システムによって決まる（5.7参照）．血統についての情報により飼育下個体群を遺伝的に管理することが可能となるので，動物が生まれたら親がどれなのか知っておくことが重要である．これは考えている程やさしいことではない．例えばもし集団内に複数の成熟雄がいた場合，父親がどれかを知ることは困難である．同様に，母親が分娩後，産子との関係をもたないような種では，どれが母親なのか識別困難である．子が産まれた日，他の動物園への移動日そして死亡日も記録すべきである．というのはその記録があれば，疾病の制御や商取引防止に必要となる動物の追跡作業が可能となるからである．また，これらの記録により飼育下個体群の集団統計解析も可能となる．例えば，飼育下でその種がどれほどの期間存続可能か，その個体群が自律的に持続可能か，あるいは繁殖していかないのかを計算することが可能となる（第9章参照）．1例として1987年〜1991年の間における米国の動物園でのチーター（*Acinonyx jubatus*）に関する記録の解析により，個体数が52頭から72頭に増加したことが分かり，さらに新生子の死亡率が，依然として非常に不安定ながら37%から28%に減少したことも判明した（Marke-Kraus and Grisham 1993）．

5.6.2 日常の出来事

動物の一生涯における意義あるイベントである生活史の特徴と異なり，日常の出来事とはその動物にとって重要であったりそれほどでもなかったりするような観察記録のことである．例えば動物がもし1日何も食べなかったらどうだろう．おそらく，その動物は病気なのだろう．あるいは繁殖期であるのかもしれないし，与えられた餌に興味がないのかもしれない．他のどこかで餌を見つけたのかもしれないし（例えば，肉食獣が飼育施設の中に入り込んだ動物を餌として捕まえたというように），他の何かによって飼育施設が占領されていたのかもしれない．あるいは飼育係が考えもしないようなことが起こったのかもしれない．日々起きる情報をより多く集めなければ，動物が餌を食べない事実が解決の必要な問題なのか，妥当な出来事によるものなのか知ることは不可能である．

日々に記録される情報は様々である．しかし，動物の外見の変化や異常行動については含まれるべきである．給餌が通常より遅れたり，来園客がいつもより遅く滞在したり，花火があったりなどといった通常の飼育と異なる出来事は，動物に将来的に影響する可能性があるので，全て記録しておくことが好ましい．これらの日々の出来事を後で見ることにより，どんな要因が動物の行動，健康そして繁殖に影響を及ぼすかを調査することができる．上述の例のように，因果関係が明らかなこともあれば，例えば何度も動物舎に入って来な

いことのある群れが，隣接する群れの行動に影響されていることがあるように，より複雑なこともある．

5.6.3　医療情報

収集した動物の健康に関する情報も記録すべきなのはいうまでもない．動物が健康でまた獣医学的なケアが問題なくなされたかどうかを確認するために，これらの情報を整理して検討することが最も重要である．医療記録は予防医学においても重要である（11.4 を参照）．つまり，どの動物あるいは種が健康上の問題があるか，動物園内のどの場所で疾病が多発するのか，そして疾病が動物園内で蔓延しているのかどうかの判断材料となる．他の記録管理同様，保存する医療情報の形式や詳細は使用する記録管理システムにより決定される（「動物医療記録管理システム（MedARKS）」の 5.7.4 参照）．

5.6.4　日常の飼育

日常の飼育に関する情報を保管しておくことは動物の行動や健康のパターンを調べる時に役立つ．これは行動と健康は関連しあっていることが多いためである．動物が飼われている飼育場，与えられる餌，日々の基本的な作業（給餌時に展示室を移動させるといったようなこと）については，ルーチンであり毎日ほとんど変化がない．つまり，飼育の記録は，新しい餌の導入や飼育場の改変といった，何らかの変化が起こるまで，通常は相当長い期間に亘って変更のない状態が続く．

5.6.5　身体計測値

収集，分析された体重や体長などの身体計測値は，計量生物学や形態計測学などに利用される．多くの分類群ごとに，通常用いられる標準的な計測法があり，そのいくつかは Box 5.2 に示した．

飼育場や運搬用ケージを確実に適切なサイズにするためにも，動物の身体計測値を把握することは必須である．さらに定期的に身体測定し，これらの計測値を得ることで動物の健康や福祉をモニターするための情報にもなる．例えば定期的な体重測定により食餌が適切かを評価する助けとなり，飼育係に健康状態や体重の増減を知らせることが可能となる．動物の体重が変動したかどうかを単に目測するよりも，重量計で測定する方が明らかにより正確である．英国ペイントン動物園環境公園の Andrew Fry 氏は，妊娠しているマーモセットを毎日体重計測することにより分娩日をより信頼性をもって予測できるとコメントしている．人工哺育においては経過が順調で新生子が成長していることが日々の体重測定により確認できる（9.5.3 参照）．野生動物においては餌が入手できたりできなかったりするため，体重が季節的に変動することがよく起こる．このような体重変化は性周期等の生理現象に影響する．したがって年間を通しての餌の質と量の変動を参考にして飼育管理方針を立てることが望ましい（第 12 章を参照）．

身体計測値は性判別や齢査定を実施するうえでも参考となる．多くの個体からデータが得られれば，成長曲線をつくることにより，年齢査定が可能となる．例えばワラビーの幼獣の誕生日は足長と体重を測定することにより推定可能である（Bach 1998）．鳥類と爬虫両生類は外部生殖器の観察による性判別が困難だが，形態計測によりそれが可能となる場合がある．特に鳥類では，形態計測値による性判別に関する文献が豊富に存在している．爬虫類の多くでは経験的に尾長により性判別が可能である．例えばヘビでは引っ込めたヘミペニス[19]があるため，雄の尾の方が雌より広く，またカメでは雄は雌より長い尾を有し，排泄腔が雌より下方に開口している（www.chelonia.org，図 5-18 参照）．

近年の DNA による性判別技術により（Box 5.3

---

[19] ヘミペニスはヘビやトカゲの一対の挿入用の生殖器で交尾期以外は体内に収納されている．

Box 5.2　各種動物における標準的な身体測定法

動物の身体測定を実施するにあたっては国際単位（SI unit）を用いるべきで，長さはmmまたはcmで，重量はgまたはkgで記録すべきである．定規や巻き尺，あるいは後から正確に計測できるように紐を使って長さを測定する．多くの鳥類のように小さい動物の場合は，より正確を期するためにノギスを用いる．

哺乳類

哺乳類では少なくとも下記の通り，4項目の標準計測値を記録する（図5-16a参照）．

- 全長：鼻端から第一尾椎の頭端までを測定する．可能であれば背骨が真っ直ぐになるよう，仰向けに動物を置くが，体を無理に伸ばしてはいけない．頭と鼻をまっすぐに伸ばして，背骨と一直線になるようにする．
- 尾長：尾を体に対して直角に曲げ，曲げた部分から最後尾椎の遠位端の距離を測定する．先端の被毛を含んではいけない．
- 後肢長：踵の後端から最も長い指の爪を除いた先端までを測定する．
- 耳長：耳の基部にあるV字型の切れ込み部位から耳介の最も遠位端までを計測する．

コウモリの場合に追加して計測される標準的な2項目を示す（図5-16参照）．

- 耳珠長：耳珠は，多くのコウモリ類の耳の基部から突出している葉状構造の部位である．その基部から先端までを測定する．
- 前腕長：翼をたたみ，手根関節外側部から肘関節外側部までを計測する．

鳥類

鳥類では少なくとも下記の通り，5項目の標準計測値を記録する（図5-17参照）．

- 全長：嘴の先端から最も長い尾羽の先端までの距離．
- 翼長：翼の屈曲部（訳者注："翼角"のこと）から最も長い初列風切羽の先端までの距離．翼のカーブを真っすぐにすることはできないので，翼の屈曲部から先端までを直線で測定する．
- 尾長：最も長い尾羽の先端から，正中部の羽毛が皮膚から現れる部位までの距離．
- 中足骨長（ふ蹠長）：脛骨と足根骨の間の関節部位から前側中央の近位端の関節部位までの距離．
- 嘴峰長：上嘴先端から前頭部の羽毛の基部までの直線距離を測定する．ろう膜（嘴と前頭部の間の滑らかで羽毛がない皮膚の部分）あるいはそれと同様の構造を有する鳥では，そのろう膜の前端から嘴の先端までを計測する．

両生類および爬虫類

両生類および爬虫類における標準的な計測部位は次の通りである．

- 頭胴長：全長と記されることもある．両生類，ヘビ*，トカゲ，ワニおよびムカシトカゲでは鼻の先端から排泄腔までを計測する．サンショウウオおよびアシナシイモリでは鼻の先端から尾の先端までの全長を計測する．
- カメ類における計測：他の種と異なり，背甲の幅と甲羅の高さ，腹甲の長さや幅などを測定する．

*注意：ヘビは人為的に引き伸ばすと弛緩している時よりかなり長くなる．それゆえ，ヘビはタオルやヘビ輸送用の袋のような表面の軟らかいものの上に置き，アクリル樹脂のような透明なものを用いて優しく押しつける．そして，ヘビの輪郭を先端の柔らかいペンでトレースする．次に紐を用いてその輪郭から長さを決定する．その他の手段として，奇抜な方法ではヘビをコピー機で複写するというものがある．この場合，とぐろを巻いている状態で行うのが望ましい．実物の長さとコピーの長さとでは，やや違いがあり，実物の約98%となることを頭に入れておくべきである（Chalmers 2006）．

Box 5.2　つづき

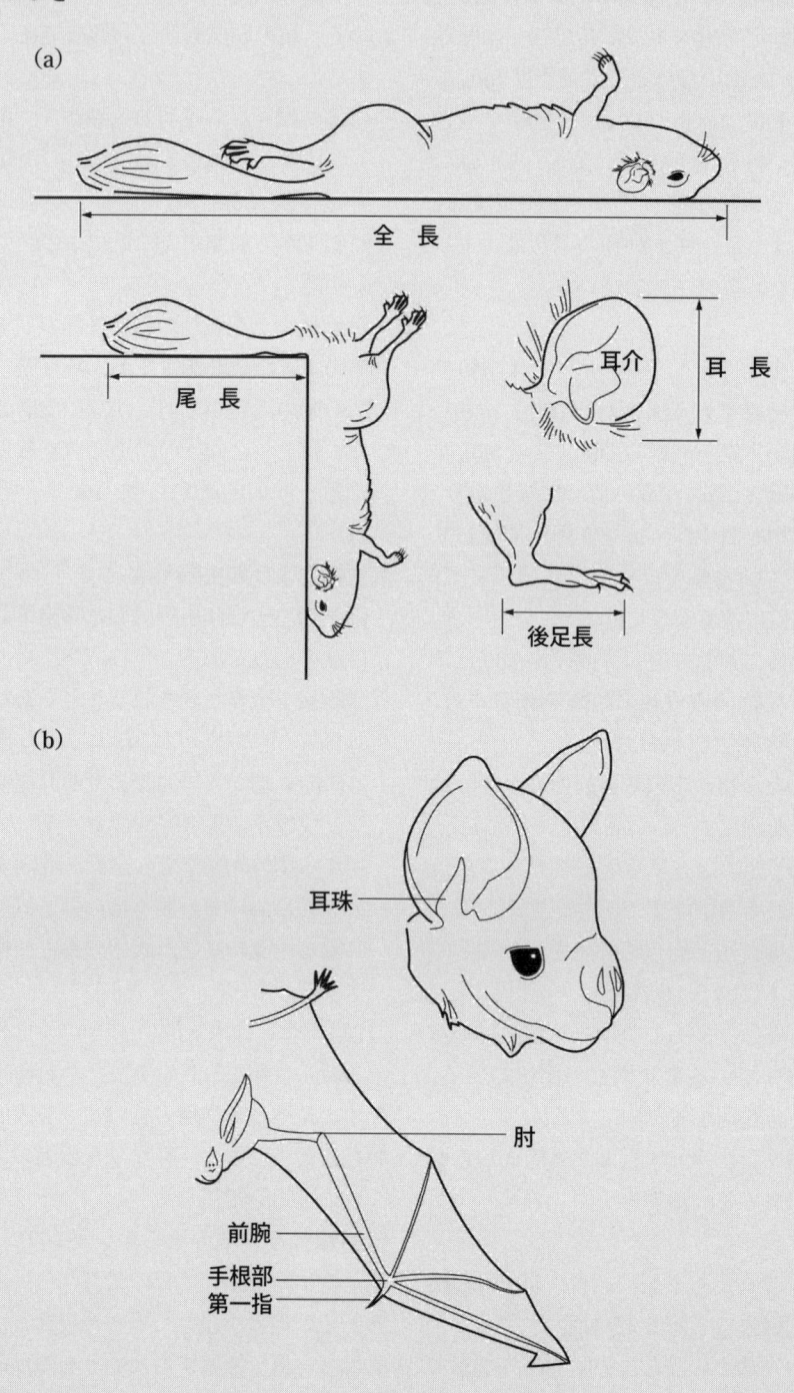

図5-16　(a) 哺乳類において記録される標準的な計測部位の図解，(b) コウモリ類においては2か所の部位が追加して計測される．

Box 5.2 つづき

(a)
全長
上嘴
初列風切羽
尾羽
尾長　中足骨長（ふ蹠長）

(b)
翼長

図 5-17 鳥類において記録される標準的な計測部位の図解

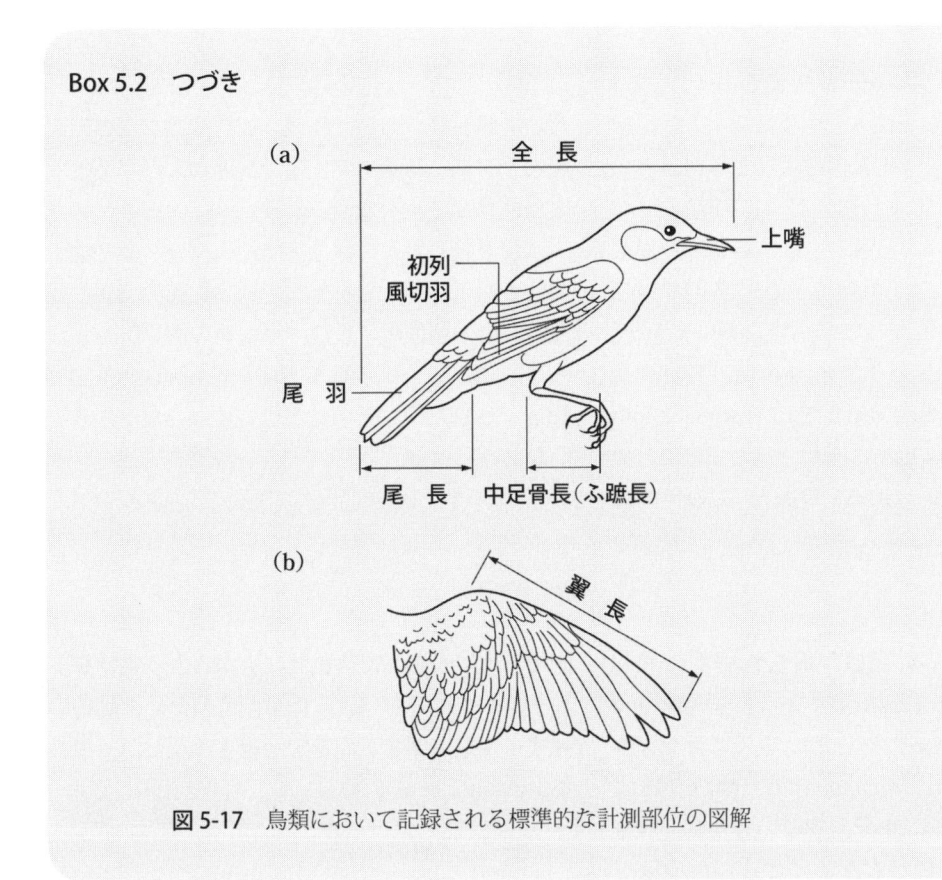

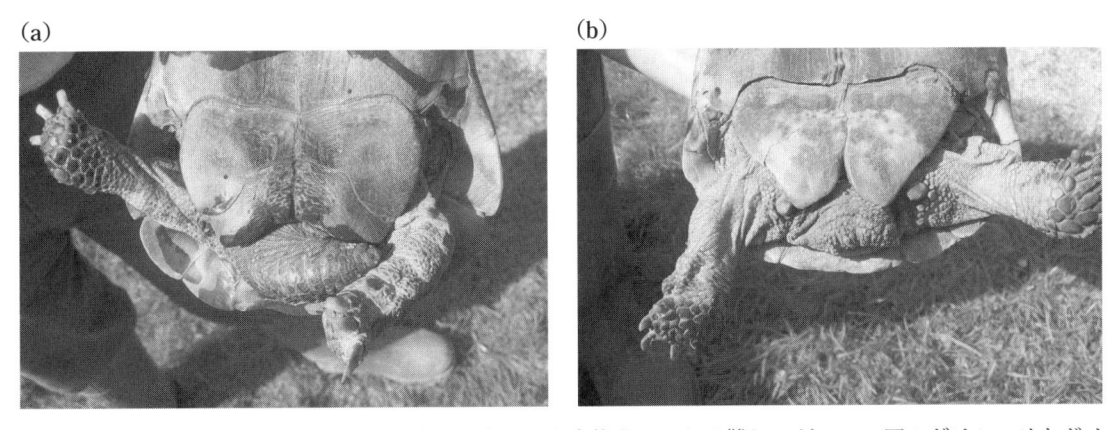

図 5-18 ウミガメの性判別を身体計測値で間違いなく実施することは難しいが，この図のギリシャリクガメ（*Testudo graeca*）のように，尾長，尾幅および尾における総排泄腔開口部の位置の比較により比較的信頼できる予測が可能である．一般的に雄（a）では雌（b）に比べて尾が長く総排泄腔が尾の下方に開口する．（写真：ペイントン動物園環境公園）

> **Box 5.3　DNA：採取から解析まで**
>
> 　近年の分子遺伝学の進歩はめざましい（Box10.4 参照）．その技術を用いれば，ほとんどの分類群に属する動物で様々な種類のサンプルによる個体の同定が可能であり，非侵襲的に採取することが可能である多くのサンプルを利用することができる（霊長類：Washio et al. 1989，イヌ科：Ortega et al. 2004，鳥類：Burka and Bruford1987, Taberlet and Bouvet 1991，爬虫両生類：Miller 2006，魚類 Lucentini et al. 2006 を参照）．この目的のために鰭，鱗，血液，唾液，総排泄腔および口腔内スワブ，精液，糞，尿，被毛および羽毛といったサンプルを使用できる．
>
> 　飼育下繁殖および保全生物学に役立つその他の分子遺伝学的な分析としては，種，亜種，品種，血統，有効個体数，性別（パンダの例：Durnin et al. 2007），餌（鰭脚類の例：Deagle and Tollit 2007）や，その他多数（Haig 1998）の例があげられる．

を参照），どの形態計測値が最も性判別に適しているかを確立できるようになった（Cerit and Avanus 2007）．絶滅に瀕しているズアカショウビン（*Todiramphus cinnamominus*）は雄が雌より小さいという性的二形を呈する．しかし，雌雄から得られる計測値がお互いにオーバーラップし，1つの計測値から性判別することができない．もし，嘴峰長，ふ蹠長，翼長ならびに体重の4つの計測値（Box 5.2 でこれらの計測について詳述されている）があれば判別分析[20]が 73％以上のケースで鳥の性別を正確に判定することが可能である（Kesler et al. 2006）．同様にアカオノスリ（*Buteo jamaicensis calurus*）においては翼長および体重を計測することで，鳥の性別が 98％以上の確率で予測できる（Donohue and Dufty 2006）．

　動物のサイズや体重はよく来園者の関心を引く．そのため，動物の体重測定を教育のデモンストレーションに取り入れる動物園もある．体重計の表示を大きなスクリーンに投影して見せるのが1つの方法である．そうすれば動物が体重計に上がると来園者が体重値を見ることができる．飼育施設の中に設置した体重計に上がるよう動物をトレーニングしておけば，体重測定のための動物の捕獲や保定に関する問題を回避することができる（Savastano et al. 2003）．

5.6.6　正常値の確立

　動物園動物の健康と福祉を効果的にモニターし，評価するためには，正常値を有していることが必要である．正常値とは，ある種において病的な状態にない同じ性別，年齢の，個体で観察される値の範囲を意味する．数年間またはいくつかの動物園において集約されたデータの解析が，当該パラメータの平均値，中央値，最頻値，および標準偏差の計算に役立つ．例えば，1986 年 6 月から 1992 年 4 月までの間の飼育下のアラビアオリックス（*Oryx leucory*）において記録されたデータが，性周期（22 日），妊娠期間（260 ± 5.5 日），分娩間隔（295 ± 42 日）および産子の平均体重（6.5 ± 0.7kg）といった様々な繁殖に関わるパラメータの計算に結びついた（Vié 1996）．

　これら正常値の信頼性はデータの量による．と

---

[20] 判別分析は多変量のうち，どれが最も物や動物を分類するのに効果的であるかを決定するのに用いる多変量解析法である．

いうのは，計算の元となる情報が多いほど，結果はより正確になるからである．したがって，動物園において得られるデータは1つの園の特定の動物のモニタリングにおいてのみならず，一般的な飼育下個体群や，あるいは他の園の特定の個体のモニタリングにも重要なのである．

5.7　動物園の記録管理システム

これまで見てきたように，記録管理の主な目的は，各個体や個体群をモニターするために，それらがもっている情報を利用することにある．したがって，各個体の健康や飼育状況を定期的に評価し高い基準で維持できるように情報の閲覧や分析を手助けする記録管理システムを用いなければならない．実際，新動物園飼育管理監督基準（Defra 2004）は，動物園の記録が容易に利用できるよう整理，保存するよう求めている．

記録は紙の形でも電子的にでも保存することができ，それぞれの方法に長所と短所が存在する．紙の方法は安価でローテクであり，情報の収集，記録に人を選ばない．しかし紙の記録はなくなりやすく，損傷しやすい．さらに，紙の記録管理システムでデータの照合や編成，保管を行うことは，コンピューターソフトが似たような仕事をいとも簡単に行うのに比べて，大変骨の折れる作業である．

しかしながら，コンピュータープログラムにも限界がある．紙の記録管理システムに代わるハイテクとして，コンピューターベースのシステムは運用と維持がより高価で，ソフトを用いるために特に教育されたスタッフを要する．とはいうものの，情報のリスト作成や検索，比較においては間違いなく最も簡単な手段であり，個体数が多い場合や施設間での比較を行う場合にはなおさらである（例えば"正常値"の計算について，5.6.6参照）．

このように，双方のシステムともに長所が存在するので，多くの動物園では紙ベースの記録管理システムと電子化されたシステムを組み合わせて利用している．例えば，日常の出来事は飼育係の作業場に置いてある紙の日誌に記し，生活史あるいは獣舎や飼育に関するデータといった記録する頻度が低い情報は電子化されたシステムに入力するといったように．紙の記録は後でいつでも電子化した形に変換することができる．

動物園の記録管理には，様々なコンピュータープログラムが利用できるが，ほとんどの動物園は国際種情報システム機構が作成したものを用いている．

5.7.1　国際種情報システム機構（ISIS）

国際種情報システム機構はUlysses Seal博士とDale Makeyによって1973年に設立された民間の非営利組織（NPO）である（Flesness 2003）．彼らは，動物園動物に関する記録のグローバルなデータベースが，長期的な保全目標を達成するために必要であると確信していた．このデータベースは，米国と欧州にある51園の記録からスタートした．現在では，6大陸70以上の国々の，およそ650の専門施設で飼育されている約10,000種，200万個体を超す動物のデータベースとなっている．国際種情報システム機構のソフトウェアを用いることにより，この機構の中央データベースに直ちにアップロードできるフォーマットで記録が保存される．グローバルなデータベースは，計り知れないほど貴重な資源である．なぜなら，各動物園の記録のバックアップをとっておくことで安全性が高まり，一方では動物園同士で情報の比較を行うことも可能になるからである．多くの様々な動物園で飼育されているたくさんの動物のデータが中央データベースで利用できる状態であれば，正常値を確立するという課題（5.6.6参照）もより簡単になる．これらのデータは，動物園での調査研究，特に疫学的研究や，飼育下繁殖や個体群管理の調査にとって貴重な資源である（例えばBoakes et al. 2006）．

国際種情報システム機構は情報を記録，分析するためのコンピュータープログラムをいくつか作成しているが，最も普及しているものが，個体記録管理システム（ARKS），単一個体群分析記録管

理システム（SPARKS），動物医療記録管理システム（MedARKS）である．それぞれについて，より詳しく見ていこう．

5.7.2 個体記録管理システム（ARKS）

個体記録管理システムは，5.6 でも説明したが，動物園動物に関するあらゆる種類の記録情報を管理するために作成されたコンピュータープログラムである．個体記録管理システムの印刷出力を表5-5 に掲載し，記録できる情報の種類を示す．

このシステムには，最低限必要とされる情報を管理するために，種名，出生日，出自，父親，母親といったいくつかの基本データ項目が設けられており，識別可能な個々の動物ごとにその項目に入力する必要がある．それ以外の付加項目もあるが，入力は任意であるため，記録係をはじめ情報を入力しようとする人の裁量にゆだねられている．これら付加項目の例としては，個体識別情報や繁殖メモ，日誌からの情報や獣舎についての情報など，つまり，将来的に役立ちそうで記録しておく価値があると記録係が感じるものは何でも含まれるだろう．英国では，管理することが必要とされる項目がいくつか法律によって定められているが（5.6 参照），すでに述べたとおり，できるだけ多くの情報を参照することが大切であり，それが動物に関する知識を著しく増加させ，飼育下での生活史の全容調査を可能にする．

1 個体のみに関する情報でも，ある 1 群に関する情報でも，個体記録管理システムからデータファイルとして出力したり，印刷したりすることができる．1 群の動物に関する情報を要求した場合，印刷出力は表 5-6 に例として示されるような規格の書式となる．

国際種情報システム機構のプログラムは，哺乳動物に関するデータの記録，分析を重視している傾向があった．しかし，他の分類群に対する補足的なプログラムが作成されており，この傾向は当てはまらなくなってきている．例えば，Laurie Bingaman Lackey が作成した EGGS[21] は，繁殖や飼育管理を目的として，産卵数や抱卵期間，受精率，孵化率，卵重，卵の寸法を記録するためのものである．

5.7.3 単一個体群分析記録管理システム（SPARKS）

単一個体群分析記録管理システムは，血統登録担当者が飼育下の小さな個体群の管理作業を容易に行えるように設計されたものである（第 9 章の「飼育下繁殖」を参照）．個体記録管理システムと同様に，識別可能な個々の動物ごとに，生活史と履歴に関する情報を蓄積するものだが，単一種に関する情報しか扱わない点が異なっている．単一個体群分析記録管理システムやその代わりとなる PM2000[22] を用いる目的は，基本的な集団統計学的分析手法や遺伝的分析手法によりこれらのデータを分析することである．集団統計学については，個体数，個体群変化率，性別年齢ピラミッド，繁殖率や死亡率といった指数が計算される．個体群の遺伝的健全性についても，近交度や遺伝的多様度という指標がその個体群全体に対して，また各個体に対しても，それぞれ計算される．単一個体群分析記録管理システムで計算された，いくつかの分析結果の出力を図 5-19 に示す．

これらのプログラムのすばらしい特徴は，将来性のあるペア形成を提案することができ，それにより生じる可能性のある子孫の遺伝的健全性も計算できることである．データの入力と分析を手助けするために様々なマニュアルやガイドラインが作成されている（Wilcken and Lee 1998, Wiese et al. 2003, ISIS 2004, Leus 2006）．

---

[21] EGGS は頭字語ではなく，プログラムの名前である．

[22] PM2000 は最近開発されたもので，単一個体群分析記録管理システムと比べて血統登録簿のデータに関するより徹底した分析を行うことができる．

表5-5 個体記録管理システムの印刷出力例*

Specimen Report   Print   Pedigree Report

International Species Information System   10 April 2008

Specimen JERSEY/R991

Names:

Taxonomic:	Common:	Family:	Order:
Paleosuchus palpebrosus	Dwarf caiman	Crocodylidae	Crocodylia

Birth Information:

Sex:	Birth Location:	Birth date:	Birth type:	Hybrid:	Rearing:
Male	UNKNOWN	????	Unknown	Not a hybrid	Unknown

Visits:

Date:	Acquisition:	Vendor/LocalID:	Reported by:	Disposition:	Recipient/LocalID:	Date:
7 May 1998	Loan In from	UNKNOWN	JERSEY/R991			

Measurements:

Date:	Measurement:	Value:	Units:	Comments:
7 May 1998	live animal weight	153.00	gram	at JERSEY
28 Aug 1998	live animal weight	280.00	gram	at JERSEY
11 Nov 1998	live animal weight	316.00	gram	at JERSEY
19 Mar 1999	live animal weight	328.00	gram	at JERSEY
7 May 1999	live animal weight	420.00	gram	at JERSEY
30 Jun 2000	live animal weight	817.00	gram	at JERSEY
30 Jun 2000	snout-vent length	300.0	millimeter	at JERSEY
30 Jun 2000	tail length	305.0	millimeter	at JERSEY
15 Aug 2001	snout-vent length	355.0	millimeter	at JERSEY
15 Aug 2001	tail length	335.0	millimeter	at JERSEY
15 Aug 2001	live animal weight	2.20	kilogram	at JERSEY

Special Information

Date:	Note:	Comments:
15 Aug 2001	Sex Modification Log	Old Date: 07 May 1998 Old Sex: Unknown New Date: 15 August 2001 New Sex: Male New Note: Sexed by manual eversion of penis. 28/03/06: sex confirmed by probing. at JERSEY

Sex Information:

Date:	Sex:	Comments:
15 Aug 2001	Male	Sexed by manual eversion of penis. 28/03/06: sex confirmed by probing. at JERSEY

Rearing Information:

Date:	Rearing:	Comments:
7 May 1998	Unknown	at JERSEY

Parents:

Date:	Parent type:	ID:	Location:	Comments:
7 May 1998	Sire	UNK	UNKNOWN	while at JERSEY
7 May 1998	Dam	UNK	UNKNOWN	while at JERSEY

*コビトカイマン（*Paleosuchus palpebrosus*）に関する印刷出力を示している．このシステムを利用している動物園では，多くの動物種について，ここに示したような基本的なデータ項目に関する情報が記録されている．

表5-6　飼育されている1群に関する個体記録管理システムの印刷出力例*

Report Start Date 07/04/2008	Taxon Report for Nasua nasua		Report End Date 07/04/2008

RTC2　*Nasua nasua*　　　　　　　　　　　　　　　　　　　　　　　　　　　　　　**Brown-nosed coati**

Date in	Acquisition - Vendor/local Id	Holder	Disposition - Recipient/local Id	Date out
20 Jan 2001	Donation from CHESTER-M00062	ALFRISTON		

Sex-Contraception	Female - Contraception Started	Birth type:	Captive Born
Hybrid status	Not a hybrid	Birth Location:	North of England Zoological Society
Enclosure		Birthdate-Age:	3 May 2000 - 7Y,11M,4D
Sire	M00016 at CHESTER	Dam	
Rearing:	Parent	House Name:	Angel
Transponder ID:	826098101447110 - Scruff		

RTC3　*Nasua nasua*　　　　　　　　　　　　　　　　　　　　　　　　　　　　　　**Brown-nosed coati**

Date in	Acquisition - Vendor/local Id	Holder	Disposition - Recipient/local Id	Date out
20 Jan 2001	Donation from CHESTER-M00067	ALFRISTON		

Sex-Contraception	Female -	Birth type:	Captive Born
Hybrid status	Not a hybrid	Birth Location:	North of England Zoological Society
Enclosure		Birthdate-Age:	5 May 2000 - 7Y,11M,2D
Sire	M00016 at CHESTER	Dam	
Rearing:	Parent	House Name:	Bebetto

RTC10　*Nasua nasua*　　　　　　　　　　　　　　　　　　　　　　　　　　　　　**Brown-nosed coati**

Date in	Acquisition - Vendor/local Id	Holder	Disposition - Recipient/local Id	Date out
19 May 2002	Birth	ALFRISTON		

Sex-Contraception	Female -	Birth type:	Captive Born
Hybrid status	Not a hybrid	Birth Location:	Drusillas Zoo Park
Enclosure		Birthdate-Age:	19 May 2002 - 5Y,10M,19D
Sire	RTC1 at ALFRISTON	Dam	RTC3 at ALFRISTON
Rearing:	Parent	House Name:	Red
Transponder ID:	826098101448231		

RTC11　*Nasua nasua*　　　　　　　　　　　　　　　　　　　　　　　　　　　　　**Brown-nosed coati**

Date in	Acquisition - Vendor/local Id	Holder	Disposition - Recipient/local Id	Date out
19 May 2002	Birth	ALFRISTON		

Sex-Contraception	Female -	Birth type:	Captive Born
Hybrid status	Not a hybrid	Birth Location:	Drusillas Zoo Park
Enclosure		Birthdate-Age:	19 May 2002 - 5Y,10M,19D
Sire	RTC1 at ALFRISTON	Dam	RTC3 at ALFRISTON
Rearing:	Parent	House Name:	Little Girl
Transponder ID:	826098101441059		

RTC12　*Nasua nasua*　　　　　　　　　　　　　　　　　　　　　　　　　　　　　**Brown-nosed coati**

Date in	Acquisition - Vendor/local Id	Holder	Disposition - Recipient/local Id	Date out
19 May 2002	Birth	ALFRISTON		

Sex-Contraception	Female -	Birth type:	Captive Born
Hybrid status	Not a hybrid	Birth Location:	Drusillas Zoo Park
Enclosure		Birthdate-Age:	19 May 2002 - 5Y,10M,19D
Sire	RTC1 at ALFRISTON	Dam	RTC3 at ALFRISTON
Rearing:	Parent	House Name:	Mandy
Transponder ID:	826098101442167		

（つづく）

*飼育されている1群に関する印刷出力は，通常標準的な書式に設定されている．ここでは英国のドゥルシラパークで飼育されているアカハナグマ（*Nasua nasua*）の飼育群を例として示している．

表 5-6　飼育されている 1 群に関する個体記録管理システムの印刷出力例（つづき）

Report Start Date 07/04/2008	Taxon Report for Nasua nasua		Report End Date 07/04/2008

RTC29　*Nasua nasua*　　　　　　　　　　　　　　　　　　　　　　　　　　　Brown-nosed coati

Date in	Acquisition - Vendor/local Id	Holder	Disposition - Recipient/local Id	Date out
25 Mar 2004	Birth	ALFRISTON		

- Sex-Contraception: Female -
- Hybrid status: Not a hybrid
- Enclosure:
- Sire: RTC1 at ALFRISTON
- Rearing: Parent
- Transponder ID: 826098101487141 - intra scapular
- Birth type: Captive Born
- Birth Location: Drusillas Zoo Park
- Birthdate-Age: 25 Mar 2004 - 4Y,0M,13D
- Dam: RTC3 at ALFRISTON
- House Name: Elsie

RTC30　*Nasua nasua*　　　　　　　　　　　　　　　　　　　　　　　　　　　Brown-nosed coati

Date in	Acquisition - Vendor/local Id	Holder	Disposition - Recipient/local Id	Date out
25 Mar 2004	Birth	ALFRISTON		

- Sex-Contraception: Male -
- Hybrid status: Not a hybrid
- Enclosure:
- Sire: RTC1 at ALFRISTON
- Rearing: Parent
- Transponder ID: 981000000257804 - intra scapular
- Birth type: Captive Born
- Birth Location: Drusillas Zoo Park
- Birthdate-Age: 25 Mar 2004 - 4Y,0M,13D
- Dam: RTC3 at ALFRISTON
- House Name: Mostin
- Transponder ID: 981000000438015 - intra scapular

RTC31　*Nasua nasua*　　　　　　　　　　　　　　　　　　　　　　　　　　　Brown-nosed coati

Date in	Acquisition - Vendor/local Id	Holder	Disposition - Recipient/local Id	Date out
25 Mar 2004	Birth	ALFRISTON		

- Sex-Contraception: Male -
- Hybrid status: Not a hybrid
- Enclosure:
- Sire: RTC1 at ALFRISTON
- Rearing: Parent
- Transponder ID: 981000000256413 - intra scapular
- Birth type: Captive Born
- Birth Location: Drusillas Zoo Park
- Birthdate-Age: 25 Mar 2004 - 4Y,0M,13D
- Dam: RTC3 at ALFRISTON
- House Name: Louis

5.7.4　動物医療記録管理システム（MedARKS）

　動物医療記録管理システムは，識別可能な個々の動物ごとの臨床や病理に関する情報を記録するために専用に設計されたものである．これらの情報がグローバルなデータベースで共有されることによって"正常値"の推算が容易になり，それによって動物園の管理者や獣医師が飼育動物の健康福祉を評価する手助けとなる．

5.7.5　動物学情報管理システム（ZIMS）

　これまで，全ての国際種情報システム機構のコンピューターソフトは，それぞれ独立して作動していたため，同じデータをそれぞれのプログラムに個別に入力する必要があった．つまり，例えばある動物が生まれた場合，その動物を飼育している動物園が個体記録管理システムに入力し，血統登録担当者も単一個体群分析記録管理システムに入力し，その動物をチェックしている獣医師も動物医療記録管理システムに入力することが必要であった．さらに困ったことに，もし動物が他の動物園に移動したら，新たに受け入れる動物園もその動物の全てのデータを個体記録管理システムに入力しなければならない．これは明らかに二度手間であるが，より心配なのは，入力ミスを生じる可能性が増加することである．データが様々なプログラムに再入力される度に，入力ミスによりその情報が他のプログラムの情報と一致しなくなる可能性が生じる．

　ありがたいことに，このような問題は，すぐに過去の心配事となりそうである．動物学情報システムは国際種情報システム機構によって設計された最新のコンピューターソフトであり，これまで

EAZA Quick Captive Population Assessment for Nomascus gabriellae in EAZA/European region.

Data used in assessment:

Data set:	
Author:	Pierre Moisson
Institution:	Mulhouse
Data Currentness	31st December 2004

EPMAG assessor: Vicky Melfi

Date: 14 December 2007

Age Pyramid EAZA population(graph)

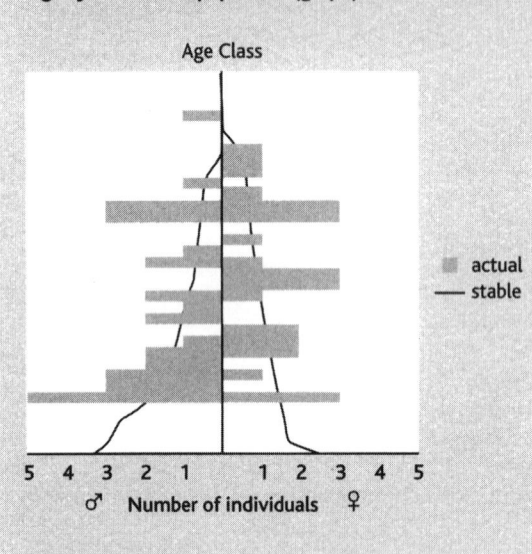

Age Class

♂ Number of individuals ♀

actual
stable

Demographic status of EAZA population

Population size	31.28.4 (63)
Number of institutions	18
No. births/year: 2006	Not complete
(no. of early deaths) 2005	Not complete
2004	1.1.1 (0.1)
2003	3.3.2 (0.1)
2002	4.2 (0.1)
No. births/y needed to sustain population at current number	2.8
No. deaths/year: 2006	Not complete
2005	Not complete
2004	0.1
2003	0.1
2002	1.1
No. individuals in other regions	
Other studbooks	

*At date of evaluation, includes all zoos in EUROPE.

Census EAZA population (graph)

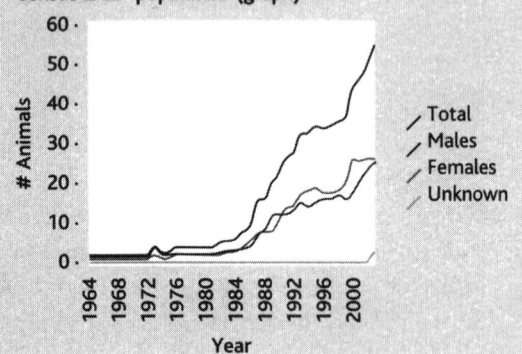

Total / Males / Females / Unknown

Genetic status of EAZA population

Number of founders (potential founders):	20
Percentage known pedigree:	93.4%
Current Gene Diversity:	95.2%
Founder genome equivalents	10.47 (29.66)
Average Mean Kinship:	0.0478
Average Inbreeding Coefficient:	0
No. founders in intl stubk not represented in EAZA population	

図 5-19 単一個体群分析記録管理システムにデータを入力し，コンピューターソフト PM2000 を用いて行った集団統計学的分析と遺伝的分析の概要．ここに示したのは，Pierre Moisson（ミュルーズ動物園）が管理しているキホオテナガザル（*Nomascus gabriellae*，訳者注：標準和名はない）欧州絶滅危惧種保存計画（EEP）のデータで，性別年齢ピラミッド，個体群動向，遺伝的指数の計算値に関するデータをまとめたものである．（これらのデータの解釈に役立つ追加情報を Box 9.2 に記載している．）

の全てのプログラムを，1つのグローバルなインターネットデータベースに統合したものである．これによって，情報をデータベースに1度しか入力する必要がなくなり，したがって入力ミスが生み出される可能性を直ちに減少させることができる．情報を必要とする動物園の専門スタッフは，これまでと同様に動物園の記録を閲覧することができるだけでなく，付け加えられた機能によって，個体群管理や疫学的分析のためのすばらしいデータ分析が可能となる．

まとめ

- 個々の動物を識別することは，動物園で飼育している動物にとって必要不可欠であり，識別することによってその動物をモニターし，情報を記録し，参照や分析が可能なかたちで記録を管理することができる．
- 記録管理は，少し退屈な作業だと感じるかもしれないが，動物園動物に関する知識を支えるものであり，動物の日常管理や飼育下個体群の中での長期的な扱いを決定する際に常に参考となるものである．
- 動物園で収集した記録の分析により，種の特徴やその繁殖や死亡，健康に関する知識をさらに深めるためのたくさんの情報を得ることができ，動物舎や飼育管理の体制にも効果をもたらす．手短にいえば，個体識別を可能にすることは極めて重要であり，識別された個体に関する適切な記録を残すことは，良好な動物管理を行うための礎となる．
- 動物園での記録管理には，いろいろなデータベース（個体記録管理システム，単一個体群分析記録管理システム，動物医療記録管理システム）が利用できる．インターネットによる新たなシステム（動物学情報管理システム）も現在開発中である．

論考を深めるための話題と設問

1. 自然のままの外見的特徴を用いて，どのように動物の個体識別を行うか．
2. 人為的な個体識別法の名前を4つあげ，それぞれの長所と短所を列挙しなさい．
3. 永久的な個体識別法を用いるべきだと思うか．その判断の理由を示しなさい．
4. 「ISIS」とは何か．また，それは動物園界に何をもたらすか．
5. 動物園動物の記録管理に用いられるコンピュータープログラムの名前を2つあげ，それぞれがどのような記録を管理するものであるか説明しなさい．
6. 飼育下個体群に関して，単一個体群分析記録管理システムによって導き出すことができる集団統計学的項目を2つ，遺伝学的項目を3つあげて，違いを述べなさい．

さらに詳しく知るために

この章で取り扱った題材のほとんどは，動物園界で実践されている方法[23]に，学術誌から得た論文を適切に参照して加え，まとめたものである．哺乳類について詳しく記載しているKleiman et al. による「*Wild Mammals in Captivity*（飼育下の野生動物）」（1996）以外には，読者に追加して紹介できるような情報源はない．英国・アイルランド動物園水族館協会（BIAZA）は現在，記録管理に関する一連のガイドラインを作成しており，近いうちに出版されることが期待される．

---

[23] 解説した動物のマーキング方法を並べてみると，例えば鳥類における翼帯や爬虫類における鱗除去などのように，ほとんど用いられていないものもある．しかしながら，それらの方法が現行の規定によって禁止されているわけではない．

ウェブサイトとその他の情報源

たくさんの業者が，動物のための個体識別タグを製造している．特に役に立つウェブサイトは，Dulton Rototags のサイト（www.dalton.co.uk）である．Dulton は，"ミニタグ"から"ジャンボタグ"まで，様々な品ぞろえのタグを製造している．これらは，多様な種に適しており，ウサギからアザラシに至る野生動物だけでなく，英国ではタグを装着する家畜に対しても広く用いられている〔例えば，Testa and Rothery（1992）参照〕．英国には他に Allflex（www.allflex.co.uk）や，Fearing（www.fearing.co.uk）といったタグ製造業者が存在する．これら 3 社全てのオンラインカタログには，タグの最適な装着法に関するアドバイスが掲載されている．米国では，Biomark（www.biomark.com）が動物個体識別用タグの販売業者として広く知られている．

国際種情報システム機構のウェブサイト（www.isis.org）は，様々な動物種を飼育している動物園の一覧表や，新しいソフトである動物学情報管理システム（ZIMS）の紹介などを含む，たくさんの情報を掲載している．

第 6 章　飼育施設と飼育管理

　本章では，動物園動物が暮らす施設と日々の飼育について取り扱う．飼育施設や飼育管理体制は，多数の当事者によるニーズを満たさなければならない．例えば，飼育動物自身，飼育係，そして来園者が主な当事者である．まず，それぞれの異なる当事者たちがどのようなことを要求しているのか，そしてその要求がどのように動物たちの飼育施設と飼育管理に関係しているのか，その概略を取り上げていく．動物園動物を展示する施設の建築様式は，時代とともに，そのスタイルに異なる流行りがあることは明らかだ．どのようにして異なる立場にある当事者たちのニーズに応えているかという点においては，非常に有名な飼育施設のスタイルの概要を説明し，それらの利点や欠点を論じる．適した飼育施設や飼育管理体制を発展させるためには，資金的な面や，動物それぞれの繁殖特性，持続可能な資源による建築資材の調達から，悪天候でも来園者が過ごしやすいかどうかといった点に至るまで，様々な要素のバランスをとらなければならない．

　本章では，動物園の飼育施設，飼育管理体制およびその実施に関する以下の主要事項を取り上げる．

6.1　多くのニーズ
6.2　施設設計の進歩
6.3　出生から死亡までの飼育管理
6.4　施設や飼育管理が動物に与える影響を研究する
6.5　飼育施設と飼育管理に関するガイドライン

　さらに，場所自体がもつ物理的な問題なのか，それとも動物にとってさらに重要な，空間の複雑さが問題なのかを考えるための詳細や，その場所がどのように利用されているかについての利用率評価（POE）における手法を説明するためのコラム（Box）も用意した．

6.1 多くのニーズ

展示施設のデザインと適切な飼育管理は，多くの当事者たちによる必要性やニーズから成り立って発展しているが，実際に施設をデザインし飼育体制を考えるうえで，主に以下の3つのグループがあることを念頭に置きたい．
1. 動物：よりよい福祉が保障され，持続可能な個体群であること
2. 飼育係：適切に動物の飼育ができること
3. 来園者：動物園に来ることを楽しみたい人たち，そして動物園側が保全や環境について知らせたい人たち

6.1.1 動物たちのニーズ

最低でも5つの自由を満たすような施設と飼育管理がなされるべきである（Webstar 1994, 第7章参照）．種によって，異なる環境ニッチを利用すべく進化してきているので，動物園のたくさんの種類の動物たちのニーズ全てに合うような"万能"ルールはありえないことになる．例えば，クロサイ（*Diceros bicornis*）とオニオオハシ（*Ramphastos toco*）の場合，見た目が明らかに違う種であるが，この2種はどちらも鉄蓄積症という同じような微量元素欠乏の問題をかかえている（12.8.1 参照）．しかし，ブタオザル（*Macaca nemestrina*）とベニガオザル（*Macaca arctoides*）の場合，外見は似ているが，エンリッチメント（視覚的な障壁）を導入することでブタオザルは攻撃性を高め，ベニガオザルの攻撃性は逆に低くなる（Erwin 1979, Estep and Baker 1991）．

残念ながら，動物園で飼育されている数多くの動物種が要求する施設や飼育管理についてほとんど分かっていない．つまり，動物園仲間の個人的な知識からという限定されたものであったり，似たような種類の動物に対して行われた施設づくりと飼育管理の知識を寄せ集めただけであったりするため，動物たちの基本的なニーズに合えばよいという希望的なものになりがちである．こうした背景をもとに，動物に対する十分なモニタリングが重要となる．そして，近い将来，詳細な研究が着手されることで，それぞれの種がもつ独自のニーズについてより深く理解できるような知識体系ができあがるだろう．しかし，対象としている種がなんであろうとも，そこには動物たちのニーズに影響を与える様々な共通要因がある．私たちはそれらを"個体差"として正しく扱わなければいけない．

個体差は，ある個体を別の個体から区別することのできる性質であり，生活する環境でどのように動物が機能しているのかを反映している．この差は，動物の年齢，性，繁殖上の位置，大きさや順位，さらには気質（気質や性格については Box 4.2を参照），健康度合（例えば，既往症など），過去の経験，その他の要因がその個体の個性を形づくっている．こうした特徴が動物の生物学的なニーズを決めているため，動物園における施設づくりと飼育管理の要素にも取り入れられるべきである．さらに，これらの特徴の多くは，動物の一生の間で移り変わるという点も忘れてはならない．ここでは，上記の特徴のうちいくつかが，どのように動物のニーズに影響するか，そして施設づくりと飼育管理のあり方がその特徴にいかに適応されていくかについてさらに詳しくみていきたい．

年　齢

多くの点で，高齢動物と幼獣に必要なことは似ている．なぜなら，両者は，ストレス要因をうまく対処することが難しいからである．しかし，その理由は両者で非常に異なる．高齢動物は，老化[1]が進みつつあり，一方幼獣は，まだ十分に発

---

[1] 老化とは，動物が成熟したのちに現れる，加齢のプロセスをさす．肉体的な機能低下やストレス処理能力の減退，加齢によって病気にかかりやすくなるといった特徴がみられる．

達していないため，どちらも攻撃されやすいと考えられる．ストレス要因をうまく回避できない動物は，病気やそれに関連する悪影響を招くようなリスク（この点は第7章で詳説する）の増加によって，それ相応の福祉を確保しなければならない．

老化の時期は，死亡率が上がり生殖機能が低下することにも関連する．加齢に関する研究では，動物においても低体温症（hypothermia）と高体温症（hyperthermia）[2]が高率に発生もしくは同時に起きていることが示され，身体的にも行動的にも体温をうまく調節できなくなるため，体の組織や内分泌機能が変化してしまう．例えば，高齢のネズミキツネザル（*Microcebus murinus*）は，自発的体温調節ができなくなったことを補うために，暖かい場所を探し回って体温調節をすることが観察されている（Aujardet et al. 2006）．また，高齢の動物たちはサルコペニア（Sarcopenia，筋肉減少症）[3]に罹患しているかもしれない（Colman et al. 2005）．

高齢の人の脳にみられる組織的変化のようなものが，他の哺乳類の脳にも認められる．このことは，加齢のプロセスが人と他の動物とで似ていることを示唆している（Dayan 1971）．したがって，記憶や学習といった認知機能の衰えは高齢の動物にもあるだろうと推察できる．加齢の研究によく使われるネズミキツネザル（例えば Picq 2007 参照）やアカゲザル（*Macaca mulatta*）（例えば Moore et al. 2006 参照）の研究でも，その研究結果はこのことを支持している．

若い動物も高齢の動物と同様，ストレス要因に弱いが，それは，肉体的にも行動上も成長の途上にあるためである．しかし，それらの影響は親からのケアを受けることで，ある程度軽減される種もいる．

大きさと社会的順位

大型の哺乳類や鳥類は，小型の哺乳類や鳥類に比べて長生きで，より多くのエネルギーを必要とする（図6-1）．大型の動物は，小型の動物

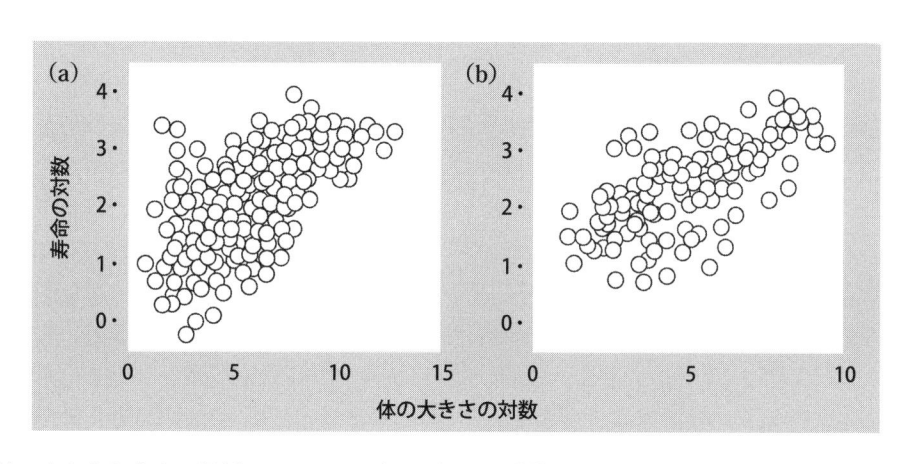

図6-1 体の大きさと寿命の関係．Speakman（2005）は，動物の大きさ（体重）と寿命の間に有意な相関があることを明らかにした．このことは（a）哺乳類（N = 639）と（b）鳥類（N = 381）でいえる．（Speakman 2005 より）

---

[2] 接頭辞の hyper- は，何か（ここでは体温を意味する thermia）が期待値あるいは通常値より過度であることを意味する．対照的に，hypo- は，何か（ここでも同様に体温のこと）が不完全あるいは通常値を下回ることを意味する．

[3] サルコペニアは，骨格筋量やその機能が減少することで，見た目にも徐々に虚弱となり，肉体的にも弱々しく，身体障害が増していく．

に比べると緩徐な代謝を行うためと考えられる．つまり，動物は大きくなると，よりたくさんのエネルギーが必要となるが，代謝比率は減少してエネルギーをより効率的に利用できるということである（Schmidt-Nielsen 1997, Speakman 2005, 12.2.1 参照）．しかし，このパターンには例外があることを忘れてはならない（Speakman 2005）．大型の動物は，体重当たりの体表面積は小さく，熱をゆっくりと吸収しゆっくりと失う．それに対し小型の動物は体積比の表面積は大きく，熱は急速に吸収され，そして急速に失われる（Schmidt-Nielsen 1997）．この関係によって，動物のサイズから生存期間，栄養要求，体温調節に必要な施設が分かる（例：電熱ランプ，6.2.3 参照）．動物のサイズは，彼らの要求する施設面積がある程度決定要因となるが，それらの詳細については 6.3.3 と Box 6.1 で論じる．

同じ種内では，大きな個体は優位な社会的地位を獲得し，それゆえ食べ物などを優先的に獲得できると考えられる．このことは，食べ物をどこに置いたらよいかといったような飼育管理における多くの場面で直接役立つ指標となる（12.7 参照）．また，優位な場合とそうでない場合との行動や生理的な違いが，繁殖成功や社会的ストレスに関連することを示している．これらは，かなり多様で複雑なメカニズムによって引き起こされるので，飼育下で社会的集団を管理していくうえで注意しなければならない．

そのよい例として，リカオン（*Lycaon pictus*）をあげてみよう．大半のリカオンの子は，優位な雄と雌の間に生まれる．その雄と雌のどちらもが，群れの他個体と比べるとホルモン値に明らかな違いがみられる．第2位の雌は優位な雌に比べ有意にエストロジェン値が高いため，妊娠の能力が抑制される．一方，優位な雄より下位の雄はテストステロン値のレベルが低く，その結果，交尾回数が少なくなり攻撃性も低下する．こうした，地位の低い個体に認められる繁殖成功率の低下というパターンは，他の動物種でも同様にみられ，少なくとも霊長類では社会的ストレスによる結果で

あることが示唆されている（Silk 1989）．しかし，リカオンの場合は，優位個体のコルチゾール値は下位個体に比べて高い（Creel et al. 1997）．

先行経験

どういうわけか，よろよろと歩くトラの子どもが，いつのまにかひどい殺し屋になる．どういうわけか，大きな足をしたワタリガラスのひよこが，いつのまにかアクロバット飛行をするようになる．どうやって赤ちゃん動物たちは完璧な動物になっていくのか？それは，幼獣や幼鳥が成熟して能力を得るからだともいえるし，あるいは何ができ，どう使うかを学習するからだ，ともいえるだろう．
(McCarthy 2005)

先行経験とは，動物が現在に至るまでの成長の過程で学び取ったこと全てを表す言葉である．多くの種にとって初期の経験はたいへんに重要で，生存の成功にもつながると考えられている（Box 9.4 参照）．

すでにわれわれは，動物たちの学習方法や，動物園における様々な出来事に対して，彼らがどのように学習していくものなのかを示してきた（4.1.2）．例えば，動物は，飼育係が餌をくれる存在であることを学習し，獣医師の存在を，捕まえられることや痛い注射をされることと結び付けている．そのため，ある動物の飼育下における先行経験は，その動物が飼育施設と飼育管理体制をどのように受け入れ，どのように反応するかに影響する．例えば，その動物は新しいものにどのように反応するのだろうか．怖がるのだろうか，それとも好奇心をもつのだろうか．非常に複雑な環境（環境エンリッチメントのような）に置かれている動物は，新しいものに対してより適応的になるという証拠がある（8.6.2 参照）．哺育方法や群れづくり，あるいは飼育施設と飼育管理の側面などに関する先行経験に関する詳細な記録を保管しておけば，飼育下の行動やニーズについて基本的な見識をもてるだろう．

外的環境要因

天気や日照量といった様々な環境要因もまた動

物の生態に圧力を加え，また，飼育下で必要なことに対しても影響を及ぼす．多くの種が，資源と気候の変化に適応するため季節的に行動パターンを進化させてきた（Oates 1989, Menzel 1991）．熱帯や温帯では，異なる要因によって特徴づけられている．例えば，熱帯の激しい降雨，温帯の短い日照時間など．そのため，野生と飼育下の同種が経験する季節の変化は異なることが多い．なぜなら，飼育下の野生動物は，気候や季節（彼らはその中で生存するために進化してきた）とは異なる環境の動物園で暮らすことになるからだ．さらに，飼育施設と飼育管理体制は，場合によっては季節に応じて変化させる必要が生じる．例えば，英国では冬季は日照時間が短くなることを私たちは知っているが，多くの飼育下動物にとって採食時間は短くなり，長時間，裏の寝室にしまいこまれることになる．

図 6-2　多くの動物園はテレビで注目されるようになってきている．そのため，多くの飼育係や動物園の職員は，1日の業務にメディア対応の時間を加えなければならない．（写真：ペイントン動物園環境公園）

動物たちのニーズのまとめ

　社会性のある動物を飼育している場合，施設と飼育管理体制はその種特有のニーズと個体それぞれのニーズのどちらも満たさなければならない．したがって，適切な施設と飼育管理体制は，5つの自由がその集団に保証され，その種に特有なニーズにも合致しているだけでなく，各個体のニーズも満たされるような多少の柔軟性も保たれる必要がある．そのためには，十分な知識をもったスタッフによる日々の観察はもちろん，生物学の知識と，飼育環境がどのように影響するのかを理解するしかない．

6.1.2　飼育係のニーズ

　飼育係[4]の基本的な役割は，担当動物のよりよい福祉を確保することにある．この最も基本的な点において，飼育係は動物の飼育，つまり給餌と給水，安全で清潔で豊かな環境を整えることに対して責任を負っている．また，飼育係は動物たちとの接近や接触といった日常的なものではない様々な活動にも関わっている．例えば，捕獲や保定，群れへの導入，トレーニング，医学的管理などである．また，来園者との対話や講演会のような機会を通して，動物たちのことを来園者に教えるという仕事もある．時には，メディアへの対応も行う（図 6-2）．

　飼育係は動物園の専門家集団の一員である．彼らは動物の飼育管理方法がこれまでの経験や優れた科学的知識で十分に裏打ちされたものになるよう一丸となって努力している．飼育管理方法については本章の後半で主に触れることになるが（6.3），他の章でも扱われている（「環境エンリッチメント」については第8章，「飼育下繁殖」については第9章，「給餌と栄養」については第12章）．本章では，飼育係の要求していることは何か，飼育係の仕事を支援するうえでどのような指標が役立つのかを考える．そうすることで，飼

---

[4] 動物園動物の毎日の飼育管理を職責とする人々は，"動物園飼育係（zookeeper）"や"世話係（caregiver）"と呼ばれるが，本章では単に"飼育係（keeper）"と記した．

育係の努力を後押しするステップが浮き彫りになるだろう．その結果，彼らが飼育する動物の福祉が進むことになるだろう．

有用性全般

　飼育施設のデザインや飼育管理のどんな些細なことでも，動物の毎日の飼育管理を容易にするか，そうでないかを左右する．例えば，スロープの一番低いところに排水口があれば，施設内の水はそこに流れ込むが，あちこちにあるとしたら，排水は分散してしまうだろう．そして本来なら別のところで使えるはずの時間を浪費してしまうことになる．こうした，飼育施設と飼育管理に対する"小さな"配慮が，飼育係や他の職員の日常的な責任をなし遂げるうえでの助けとなる．

　飼育係の立場からすれば，飼育作業には，次のような点が重要で影響あることといえる．

- 掃除しやすい飼育施設：ふかふかの寝藁が用意できる床面構造，自動清掃パドック，その動物にあったタイプの扉（蝶番式，横スライド式，降下式），排水溝が正しい位置にあることなどで可能となる．
- 職員が動物をどのように安全に移動させることができるかについての配慮：動物が施設内のどこにいようと，飼育係がたやすく動物が見えること，特に，動物を移動させようとしたり捕獲しようとしたりする時には極めて重要である．飼育係の死角に動物が入ってしまうような隠れ場があってはならない．それを避けるには，照明の工夫，練られたデザイン，のぞき窓，飼育場の中に置かれる備品の位置を注意深く考えることなどが必要である．
- 職員や，必要な場合は運搬車両などが容易に飼育場の中に入れること：飼育係や他の職員が飼育施設に具体的にどのように入れるのかの考慮が必要である．どの場所にも安全に入れるのか．大きなものを入れたり撤去したりできるのか．必要に応じて飼育係は安全に退避できるのか．エンリッチメントは展示施設にしっかりと加わっているのか．

　飼育施設のデザインがいかに飼育管理の助けとなるのかについては，6.2 でさらに詳しく述べるが，施設を利用するスタッフ全員が施設設計時のチームの一員となってこそ初めてなし遂げられることである（Coe 1999, 6.1.5 参照）．

　飼育施設のあるべき姿を考え，それを確実に実現していくことは，動物園の専門家たちが他の業務を果たすうえでの時間確保にもつながる．例えば，余計な作業にかかっていた時間が，より良いエンリッチメントの工夫や，ハズバンダリートレーニング，あるいは動物観察のための時間にあてることができるようになる．

職員のトレーニング

　どのような仕事でもそうであるが，訓練された職員は有利である．このことは，英国の人材認証機関（Investors in People）からも支持され推奨されている（図 6-3 を参照）．動物園では，職員の役割は広範で，飼料運搬から保全の専門家として，あるいは造園家から主任飼育係に至るまで，異なるスキルをもつことが求められる．"動物園における安全衛生管理（MHSZ）"は，衛生安全委員会事務局（HSE）によってまとめられたものである．動物園における安全衛生管理（HSE 2006）と"新動物園飼育管理監督基準（SSSMZP）"（Defra 2006）はどちらも，トレーニングの重要性について触れ，また，様々な政府発議がそのことを勧奨し推進している（例：Investors in People の基本構想）．本書は主に動物管理について取り上げているので，動物と関わる動物園職員のことについて述べていくことにする．

　近代動物園の発展とともに，その仕事に対する

INVESTOR IN PEOPLE

図 6-3　Investors in People は，動物園を含む全ての業種の職員トレーニングの推進を目的とした英国政府の人材認証機関である．

期待感から飼育係が想定している役割も変化し，彼らの質や経験から動物園側の飼育係に対する期待も変化してきた．どの動物園組織も，トレーニングを行う機会を提供している．英国とアイルランドにおいて，多くの飼育係は，英国・アイルランド動物園水族館協会（BIAZA）の動物園動物の管理に関する国家認証（ANCMZA）の取得が求められている．これは，2年間の実践的なオンザジョブ・トレーニングコースで，一連の業務を行いながら参加型研修会に出席するものである．また，希望によっては，飼育施設や飼育管理に関連する内容を含むコースも増設されている（「さらに詳しく知るために」の項を参照）．結果として，飼育係になるための競争率が上がり，以前に比べると，多くの飼育係に対して高い適性や，動物あるいは動物周辺に関する広い技能が求められるようになっていることは当然のことであろう．

6.1.3　来園者のニーズ

来園者のニーズに応えるためには，まず来園の動機を知る必要がある．世界中ではおよそ6億人に達する人々が動物園へ訪れるが（IUDZG/CBSG 1993，図6-4参照），驚くべきことに，どのような来園者が訪れるのか（年齢構成），なぜ動物園

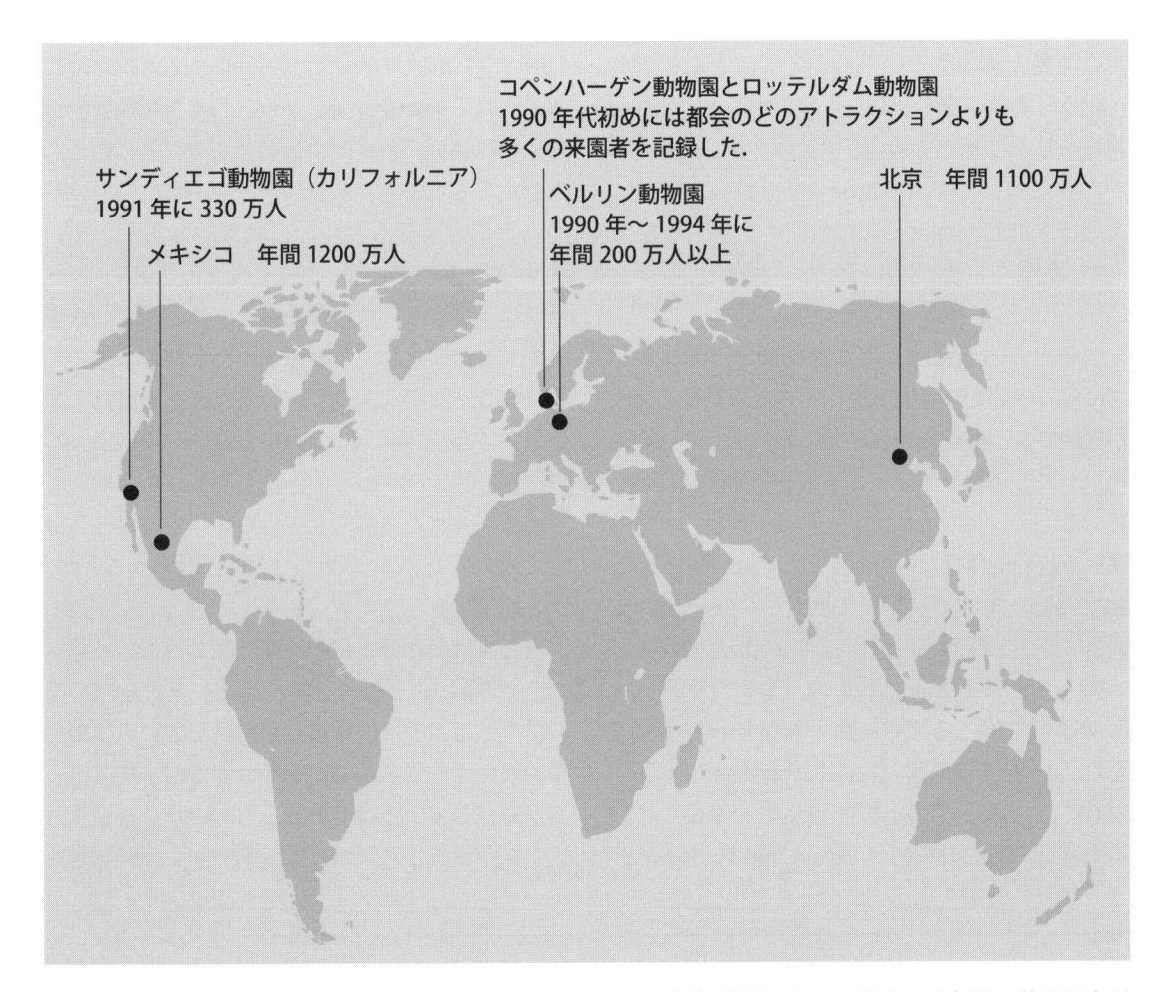

図6-4　動物園は，世界的にも最も多くの人が訪れる博物館（的）施設である．北米では年間1億人以上が動物園を訪れ，他の世界の動物園には年間にほぼ6億人が訪れている（Sunquist 1995，Kotler 1998）．図には，世界の来園者数の1990年以降のものをいくつか示している（van Linge 1992，Van der Berg et al. 1995，Ahackley 1996，AZA 1999）．

に来るのか（動機）に関する調査はほとんどなされていない．そうした調査の多くは，社会学者や環境心理学者によって行われてきた．その調査では，来園者が単独ではなくグループが多く，年齢構成では子どもたちが多いこと，家族連れがそのグループの中で最も目立つことなどが明らかとなっている（Cheek 1976, Morgan and Hodgkinson 1999, Turley 1999）．

来園者が動物園に来て何をするのかについては，第13章「人と動物の関係」で詳しくみることにする．本章では，来園動機について調べた研究について少し触れてみたい．これは来園者のニーズを理解するうえで役立つだろう．

Kellert（1979）による初期の研究では，米国おける動物園来園者の動機として子どもの教育（36％），家族や友人と楽しく過ごすこと（26％），動物を見ること（25％），野生を感じること（11％）があげられている．Wilson（1984）によると，人間は本来 biophilic（親生物的）[5]な存在であり，自然が好きで，その近くにいたいと望んでいるという．

この考え方からすると，動物園は，単に動植物に触れ緑豊かな場所で過ごすこと以外にも人々が経験できる可能性を秘めている．そうした自然を，全ての感覚で体験できる場を動物園は提供している．テレビのドキュメンタリー番組のような単なる視覚的体験だけではないのだ．したがって，動物園をエコツーリズム[6]の機会や "taster of the wild（野生を味わう）"（Mason 2000）の場として扱うことができる．しかし，エコツーリズムに関連して述べるなら，動物園が便利で安全で心地よい非日常の場（Beardsworth and Bryman 2001）として，こうした"野生"を準備していることは重要である．Morgan and Hodgkinson（1999）は，来園者の構成と動機を調べることが，必ずしも動物園という場がどういうところかを総括するのに役立つわけではないと指摘した．というのも，来園理由については，動物園の立地やどのような動物を見ることができるかなど，様々な動機が関わっているからだ．

それでもなお，来園の動機には何か一貫性があるように思われる．例えば，Andereck and Caldwell（1944）は，ノースカロライナ動物園の主な来園理由は教育とレクリエーションであり，これは Kellert（1979）の結果と一致している．同じように，Turley（1999）による英国での来園動機調査では，教育的な体験や保全の支援よりも，レクリエーションが主であった．たしかに，Turley（1999）が述べているように，動物園に来る人は，何かを理解しようとして博物館を訪れる人とは違い，基本的には動物を見て楽しむことを目的としている．それゆえ，来園者は"楽しみ，ぐっと引き付けられるのに効果的な舞台"での出来事を望んでいる（Beardsworth and Bryman 2001）．つまり，教育的機会を，ほとんどの来園者が"1日楽しんだ"と思うことと結びつけるのが大事だということになる（Brodey 1981）．コロンバス動物園の Emeritus 園長の主張である，「期待をもっている人々を教えるよりも，期待をもっている人々に楽しんでもらえばずっと彼らは学ぶものである」（Hanna 1996）ということが，よく理解できる．

もし来園者が第1に動物園で楽しみたいと思ったり，"楽しい1日"を過ごしたいと思っているのであれば，そこには彼らが期待している娯楽設備や良いサービスなどのいくつかの基本的なニーズが存在しているのである．もしこうした基本的ニーズが満たされなければ，動物園で経験できる

---

[5] バイオフィリア（biophilia）とは，人間が自然や自然物への愛着をもっているという概念である．Edward Wilson と Stephen Kellert により提起された，人間は自然と関わりたいという欲求があるという考え方である．

[6] エコツーリズム（ecotourism）は，自然や野生，あるいは文化遺産などに接しようとする点がその特徴である．大勢で行くツアーにみられるようなネガティブな面を避け，可能な限り責任ある持続可能な方法で行われるものである．

娯楽と教育の価値は低減するかもしれない.

　（軽食堂で）私たちを接客した若い女性は冷めた態度で食事も不味かったので，その午後，学生たちから会話が消えた．1500万ドルもの予算でつくり出された魅力的な展示は，この公園で最も若い職員のおかげで奪われた．　　　　　　　　　　　　　（Coe 1996）

　しかし，来園者が見に来るのは動物だ．Bitgood et al.（1988）は来園者が思う理想の展示とは大きくて活動的な動物，願わくば幼獣のいる自然的な飼育施設だ．これはずいぶん単純なことのように思えるが，その後の研究もそれを支持している．来園者は，檻のある伝統的な展示施設で動物を見ている時と，より緑の多い展示施設の動物たちを見ている場合とでその福祉の程度を比べようとする（Turkey 1999, Melfit et al. 2004a)[7]．また，屋外の展示施設ではタマリンがより活動的であるため，旧来のケージで飼育されているタマリンを見ている場合よりも，より長く動物を見て過ごす（Price et al. 1994）．また，チューリッヒ動物園の来園者は，大型動物を見ている時間がより長い（Ward et al. 1998，図6-5参照．しかし13.1.2では別の解釈もなされている.）

　動物園は来園者に何か魅力的な経験をさせることができる．Vining（2003）は，動物とのふれあいがどんなに魅力的で印象を持続させるかを示し，それが医学的なセラピー効果を生む可能性があること，そして動物の飼育についての態度を促進する可能性があることを示した．Fiedeldey（1994）は，健常な雰囲気の中では，たとえその人が実際に動物を見なくとも，痕跡を見て楽しめると指摘した．動物と間近に接した経験は実に価値あることだ．多くの動物園では，いくつかの種において間近に見ることのできる機会を用意している．例えば，ふれあい動物園や動物のハン

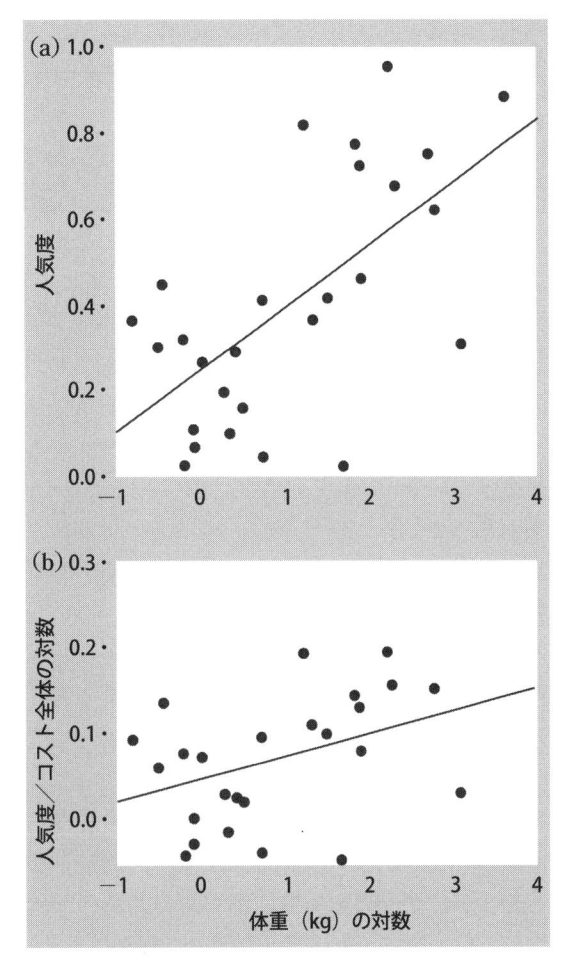

図6-5 大型動物は多くの来園者の目を引く．(a) 来園者による動物の人気の度合いと動物の大きさには正の相関がある．(b) 動物の大きさと飼育コストの間にも正の相関がある（Ward et al. 1998）．体の大きさが来園者の目を引くことや，その現象が動物園の中で起こっていることについて，13.1.2でより詳しく扱う．（Ward et al. 1998 より）

ドリングができる場所などである．シャイアン・マウンテン動物園は1歩先へ進んでおり，動物の管理と来園者の体験がどうあるべきかという考えに対して，"defining moment（その瞬間をくっきりと）"というコンセプトを打ち立てて

---

[7] しかし興味深いことに，Verderber et al.（1988）によると，年配の来園者の場合には，柵がなかったり，見えなくなるようなバリアがあったりすると心配になるようである．

る（Chastain 2006）．それは，間近に接することのできる貴重な機会を来園者に提供するものであり，動物園に来たからといって通常はそう簡単に体験できない内容である．この体験は，キリンの間近に接近することや，飼育係の手助けをして動物が展示場に出る前に餌を置くことなどである．

この"間近に出会う"体験に対する要望はとても大きく，例えばシドニーのタロンガ動物園や英国のペイントン動物園環境公園では，来園者が餌を購入して動物に与えることや，"1日飼育係体験"などを行っている．こうした状況では，動物たちはもはや単に見られるだけの存在ではなく，来園者と何らかの関わりをもつ存在として期待されることになる．こうした関わり合いが魅力的な教育的メッセージを提供することは間違いないだろう．しかし，いったいその教育的メッセージが何なのかという点については議論の分かれるところである（Bearsworth and Bryman 2000）．こうした議論のほとんどは空論である．なぜなら，来園者の動物に対する態度がどういうものかを知るための，そして何よりも，その"関わり合い"がどのように来園者の態度に影響を与えるのかについての実証的研究はほとんどないからである．Robinson（1989）によると，動物園で動物を見ることに結びついた有益な"メッセージ"は，その動物たちが自然的環境からかけ離れた場に置かれると失われてしまう．しかし，その飼育施設で生きた動物たちを使ってデモンストレーションを行うことでその損失は緩和される．例えば，アトランタ動物園では，カワウソのハズバンダリートレーニングは，来園者の体験に組み込まれるようになっている（Anderson et al. 2002）．来園者はそのトレーニングを見ることができると，その施設で長い時間過ごすことが観察されており，全体として動物や動物園に対してポジティブな態度をとることが認められている．

来園者の教育や気付きについては，再度第13章で扱おう．

6.1.4　他の関係者たち

ここまで，動物，飼育係および来園者それぞれのニーズが，どのように飼育施設や飼育管理方法と密接な関係があるかについて考えてきたが，他にも影響を与える可能性のある要因がいくつかある．

環境への負荷を弱め，持続可能性を促進すること

自然資源の多くが減少してきているため，私たちは皆，自らの生命を存続させるうえで，環境への負荷について考える必要がある．また，ビジネスがどう操作されるべきかについても，同様な考えをもつ必要がある．多くの動物園は，貴重な資源を守ることが必要であることを，一生懸命に伝えようとしている．そしてその最初のステップは，動物園運営のあり方にも当てはまるが，"言うだけでなく実行すること"なのである．

動物園が"環境にやさしく"なるにはたくさんの方法がある．他のビジネスのように，環境への負荷を少なくするやり方での環境保全的な取組みも可能である．国際的な認証，ISO14001[8]は，環境保全への取組みが実際になされているビジネスに対し，それを周知するために行われる．2006年，2つの英国・アイルランド動物園水族館協会の加盟動物園がISO14001の指定を受け，同年に5つの加盟動物園が新たに申請した（Stevenson 2008）．さらに55%を超える英国・アイルランド動物園水族館協会の加盟動物園が2006年に環境指針を作成し，英国・アイルランド動物園水族館協会も加盟園館が持続可能性に向けた様々な取組みが行えるように文書を発行した（Stevenson 2008）．

動物園が"環境に関わる"ことを可能にする機会は数多くあるが，その例は次のようなことがあげられる．

・資源の調達，効果的な利用，廃棄物処理は，動

---

[8] ISOとは国際標準化機構（International Standard Organization）のこと．

物園が環境への負荷を最小限にする方法で行うべきである．例えば，持続可能なエネルギーや生産物（太陽エネルギー，再生水，FSC 森林認証の木材など）を使うなど．
- これらの資源が賢く使われることを確実に進める（使用しない時はスイッチを切る，商品の包装を最小限にする，リサイクル品を活用するなど）．
- 可能なら，その土地で生産されたもの，あるいは他の土地のものでも環境が破壊されないようなフェアトレードもしくはオーガニックの製品を購入すること．

こうした持続可能性の問題については第 15 章でも扱う．

美しい植物，食べ物としての植物，有毒植物，自然な境界としての植物

本書は，動物園動物に関するものであるが，植物にも配慮しなくてはならない．なぜなら，動物の施設づくりと飼育管理，つまり展示から動物の飼育に至るまで植物は実に大きな役割を果たしているからだ．植物は，動物園では今や来園者になじみのある"自然的な"展示施設づくりの基礎となっている（Jacoson 1996, 6.2.1）．展示施設に植物を入れることで自然の複雑さ，移動や遊びの機会がつくられ，逃げ場にもなる．もし，展示されている動物の野生種と同所的な植物種が適切に選択されているならば，展示動物に対して生態学的に適切な景観をつくり出すことになり，これは来園者への教育プログラムや，生態展示の創出の手助けとなる．残念ながら，展示用に選ばれた植物は，動物本来の生息地では餌資源でもあるため，食べられてしまうことになる．

どの種類の植物を展示用に植栽するかを計画する際，初めからその機能を明確にするべきである．重要な疑問点である，動物園動物がそれらの植物を食べることは問題があるのか，という点に対して，どの植物学者に尋ねても，"問題がある"と答える．しかし，状況によっては，植物は，動物が展示施設で食べたり探したりできるために植えられるものもある．植物は保護しない限り，全て餌となる可能性がある．よって，植物は有害でない無毒のものを選ばなければならない．植物によっては，トゲや自分の身を守るための仕組みで動物の体を傷つけることがあり，またある種は不味かったり化学的な毒成分をもつことで病気を引き起こしたりするが，この 2 つは区別しなければならない（Box 12.1 参照）．植物のリストは，植物の毒性を知るうえで役立ち，展示に導入する前に常に参照する必要がある．例えば，英国・アイルランド動物園水族館協会は所属園館に呼びかけ，どの種の植物が展示動物に食べられ，長い目でみた時に，それが有害であるかどうかという調査を行った．このデータベースからは，バラエティに富む植物が植えられていること，そして同期間に 2 次的な効果があったかどうかが分かる（Plowman and Turner 2006）．鳥類と哺乳類ともに，植物食の動物たちが主体となっている展示で，植物を餌だけの目的で与えているところは実にわずかである．こうした状況では，動物がその展示施設の植物を食べる際の栄養学的価値とどの種類を食べるのかを考えることが大切になる（この問題は第 12 章の「給餌と栄養」のところで再度扱う）．

絶滅危惧種であったり，毒を含んでいたり，あるいは他の役割をもたせているなどの理由から，その植物が食べられてしまわないことを願う場合，守るための手段は様々である．例えば，柵の向こう側に置くなどがそうだが，これは動物と来園者を隔てている柵にもいえることだ（Frediani 2008）．動物から植物を守るうえで最もよく使われている方法は電柵であるが，物理的な柵も使われている．例えば，日陰など動物のシェルターのために植えられている大きな木には，地面から半分くらいは柵があって，動物がよじ登ることから守っている．あるいは，特殊な場合，自らの防御手段（これまで触れたように，トゲや毒性の化学物質によって）で自分を守っている．こうしたトゲのような物理的防御は，刺さったり傷ついたりする恐れから，動物に対しても来園者に対しても，そこに近づくことを躊躇させるものになる．

研究者を見えなくする

現在，研究は動物園の重要な役割であるため（第14章参照），研究者側からのニーズは，動物園における飼育施設のデザインに取り込まれるようになってきている．動物園の中には，飼育施設の中に研究対象である動物から研究者を隠せるような場所をつくっているところもある．高いところから観察できる場所で，"研究者だけのための"窓や有線テレビ（CCTV）カメラをつけるなどの工夫もしている．イリノイ州シカゴにあるリンカーンパークのレーゲンスタインセンターでは，研究者が全方向で見渡せるような，三角錐の窓枠を類人猿の展示施設内にとりつけている．一方，サンディエゴ動物園のパンダ館では，パンダたちのライブ映像を研究者と来園者向けに用意し，インターネットでも配信している．

動物の解剖学やロコモーション（動き）の研究も，展示施設のデザインによって容易にできる．例えば，ベルギーのプランケンデール動物園では，ボノボ（Pan paniscus）の陸上二足歩行ロコモーションの研究が，プレイルームの出入りに際して使う通路への強力なパネルの設置開発で実現した（D'Aout et al. 2001）．この通路にはスケールの入った升目の背景があり，CCTVカメラで記録することができる（図6-6参照）．

建築の規制：実際上うまく仕上げていくために

本章ですでに述べたように，全ての当事者のことを考慮に入れることは必要だが，展示をデザインしていくうえで最も重要な役割を担うのは建設者である．動物園の展示施設のデザインは，"オリジナル"な建物についての規制があるのと同様，環境に配慮し省エネを考慮する必要もある．英国の建築規制では，障害者のアクセスを確保できるよう園路の排水設備を十分に整備しなければならない．また，その展示は物理的な負荷に耐え得るものかどうかについても配慮しなければならない．例えば，ゾウの展示には十分な強度が確保されているだろうか．網の屋根は積雪に耐えるだろうか．どうやって50万人の来園者が展示場周辺を通り抜けられるか．そのガラスは本当に飛び散

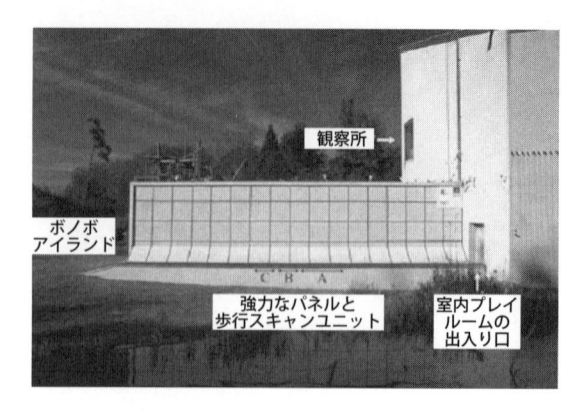

図6-6 研究者の要望が施設デザインに組み入れられているような展示場では，動物園動物の研究は非常に行いやすい．ベルギーのプランケンデール動物園のボノボの飼育施設には，室内と屋外を行き来するメイン通路がある．この単純な追加設備によって，ボノボのロコモーションに関する膨大な知見がもたらされている（例えば，D'Aout et al. 2001）．（写真：Folia Primatologica）

らないだろうか．

最も重要なことは，できあがった展示とその周囲の場所が，動物，職員，来園者にとって安全であることである．

安全衛生に対する配慮

飼育係，そしてもちろん動物園職員全てにとって，働いている時の健康と安全は最も重要である．英国の衛生安全委員会事務局は，職員，来園者，契約者，あるいはボランティアなどの入園者が園内で安全にいられるよう熟慮し確認するための段階を包括的な提言で示し，動物園管理者はそれを採用しなければならないとしている（HSE 2006）．新動物園飼育管理監督基準（Defra 2004）と同様，"動物園における安全衛生管理"は，特に関連する法律である「労働衛生安全法（1974年）」（表3-2参照）を動物園が順守すべき指針として示したものである．安全衛生が順守されているか否かは，動物園ライセンスの査察内容に加えられている（動物園ライセンスについての詳細は第3章を参照）．

動物園における安全衛生管理は，主には安全の

問題，健康の問題，そして緊急時の手続きを扱った3つの章で構成されている．これらは，全ての仕事に共通したこと（例えば，滑ってころぶ危険，仕事中の騒音，火災時の対応），動物に関する仕事と共通したこと（例えば，獣医学的処置に関連する安全上の問題，安全な動物の取扱い，人々が動物に触れること）であるが，動物園独自の問題（パドック内での大型車の走行や動物の脱出逃走時の安全）も含まれている．例えば，動物の逃走リスクを減じるうえで必要な予防策についても概説している．

- 重要な決断に際しては，その責任者と補助者を状況に応じて決めること．
- アラームを鳴らし，しかるべき担当者にできる限りすみやかにその事態を報告すること．
- 出入り口で連絡をとりあい，必要な場所に責任者を配置すること．
- 相応しい支援をできる限り速やかに受けられるよう，その建物から確実に離れるために，動物園内に人々を留めておくか避難させるかを決めること．
- 緊急時に大勢の人々を安全に誘導するための方向を指示すること．
- いろいろなタイプの動物に応じた捕獲方法．
- 無線，装備，車両，銃器などを使った捕獲計画のために，動物園の先輩職員や獣医師などと連携できる体制を組むこと．
- 誰が指揮官かを決めること．
- 動物園外に逃走した動物を捕獲することも含め，捕獲作業中の役割と責任について簡潔に命令すること．
- 逃走した動物の位置を特定するための調整．
- 捕獲作戦中，その動物を監視下におけるよう調整すること．その動物の位置が確認された際，その場所への担当職員の派遣を調整すること．
- 必要な捕獲用具の準備と確保（ネット，銃器や吹き矢など）．懐中電灯は夜間の逃走時に欠かせない重要な用具であり，しかるべき場所に設置しておくこと
- 必要なら警察など外部の緊急機関に通報すること．
- 捕獲作戦完了時に，関係者全員と外部関係組織に対して終了の手配を行うこと．

(HSE 2006)

他の職業と同様，動物園も安全衛生指針をもつべきである．動物園での活動一般に関わるような職員，ボランティア，来園者の危険性をリスクアセスメント[9]に基づいて評価するべきである（HSE 2006）．そして，これらの明らかにされた危険性全てが，最小で安全なレベルにまで達することを確実にしなければならない．また職員は，適切な経験や訓練を通して，彼らに期待されている仕事を遂行できるようにしておかなければならない．

安全衛生上の問題は，SSMZP（Defra 2004）でも扱われている．その基準11では，動物園での来園者の安全衛生についても触れられている．

6.1.5 全てのニーズを施設づくりと飼育管理に組み入れる

よりよい施設づくりと飼育管理とは，全ての当事者のニーズが確実に考慮されていることだ．したがって，そこに矛盾が生じた際には，解決策が考えられ，最終決定に向けた同意が必要となる．そのためには，あらゆる分野を巻き込んだチームが重要となる．なぜなら，

1. ほとんどの動物園で掲げられるミッションには，様々な人々に影響を与える価値観と目標が含まれている（2.5.1 参照）．
2. 動物園スタッフの多様なスキルや考え方に対する配慮が，それによって保証される．そのことによって，見落としが少なくなり，より多くの人々が一体感や責任感をもち，動物園全体の

---

[9] リスクアセスメントとは，潜在的な危険やそれが引き起こすリスクについて特定し評定し，どうしたらリスクが最小となるかその手段を明確にすることである．これはビジネスや工業生産に基本的に不可欠なことである．

部署を通じて発展的な協力へとつながる.
3. 多様な分野の専門家が参加したチームの利点はたくさんあるが，その視点や自分たちが何をすべきかを学ぶだけでなく，
4. 違った背景や視点をもつプロフェッショナルとの議論を通じてアイデアが湧いてくるものである（Coe 1999).

それでもなお，関心事にまつわる何がしかの葛藤は生じる．以下にこうした葛藤が起きるであろう状況の例をあげよう.
1. 来園者は，容易に動物を見たいと思う一方で，動物は隠れようとする.
2. 来園者は，広くて複雑な展示施設に動物がいてほしいと思っているが，飼育係はその展示施設で業務できるようにならなければならない.
3. 植物は展示施設の見た目をよくするものだが，動物はそれを食べることもある.

どのようによい施設づくりと飼育管理を通じて，これらの葛藤を解決できるのだろうか，以下にその可能な解決策を述べてみよう.
1. 来園者から見つめられることは，様々な方法によって制限できる．カモフラージュのための網，これは来園者に動物を見てもらいながら，動物のほうは隠れた気持ちになれる（Blaney and Wells 2004).
2. パドックや屋内展示施設が十分広ければ，動物が土や深い寝藁に排泄しても尿や糞があまり貯まらず，ある程度は自然浄化できる（例えば，Chamove et al. 1982 参照).
3. 植物の種類は，無毒でも，好みに合わないものを選び，あるいは動物が食べないよう，トゲなどで守られているようなものにするとよい（Wehnelt et al. 2006).

以上のことやその他の例については 6.2 で扱う.

ただ，葛藤を解決困難なままにしておいても，妥協案はそこから生まれることはない．この場合，直感的には動物のニーズに高い優先度を置くべきだというのが正しいかもしれない．というのも，動物園の目標の第1は，種の保全と彼らの福祉を実現することだからだ．しかし，最近では，来園者のニーズと動物のニーズのバランスに大きな変化が生じてきた（図6-7参照).だが，来園者のニーズが展示施設の設計に関わるようになり，やがて一般的には施設づくりや飼育管理にも関わるようになったらそれは問題なのだろうか．来園者は常に自然的な展示施設と活動的な動物（遊び，登り，食べている）を見たいと願い，それは良好な動物福祉の実現であると信じているのである（Melfi et al. 2004a).展示施設が審美的であることも，活発な動きが見られることも，動物が見えることも，その展示施設でエンリッチメントがなされているかどうかに関らず，動物福祉の指標として来園者は判断材料にしているのである（McPhee et al. 1998).

しかしながら，来園者は動物福祉を評価する訓練を受けているわけではないことを考慮しなくてはならない．どんな飼育施設や飼育管理の要素がよりよい福祉に結びついているか，あるいは自分が見たいと望むからそういう主張をしているのではないかなど，客観的にみると，来園者が純粋に思慮深いのかどうかは明確ではない．だから，来園者のニーズに合わせた展示施設の設計は，動物のニーズにとっては潜在的に危険をはらむばかりか，施設づくりと飼育管理に関係する他の当事者たちから積み上げられたニーズを揺るがしてしまうことにもなりかねない.

英国の動物園，そして世界の多くの動物園でもそうだが，基本的には，来園者からの入園料によって動物園の将来とその活動が確かなものになっていくと考えられる．来園者は自分たちは何が好きで，何を求め，動物園から何を期待されているかを知っている．すなわち，もっと来園者がこうした問題について学んで動物福祉や展示施設のデザイン，そして動物の行動に関する情報から判断できるようにすることが，動物園職員に課せられた仕事だともいえる．もしこのようなことが実現したら，来園者のニーズには動物福祉に関わる多くの要素が含まれるであろうし，その実現によって，動物，飼育係，そして来園者のニーズが重なり合

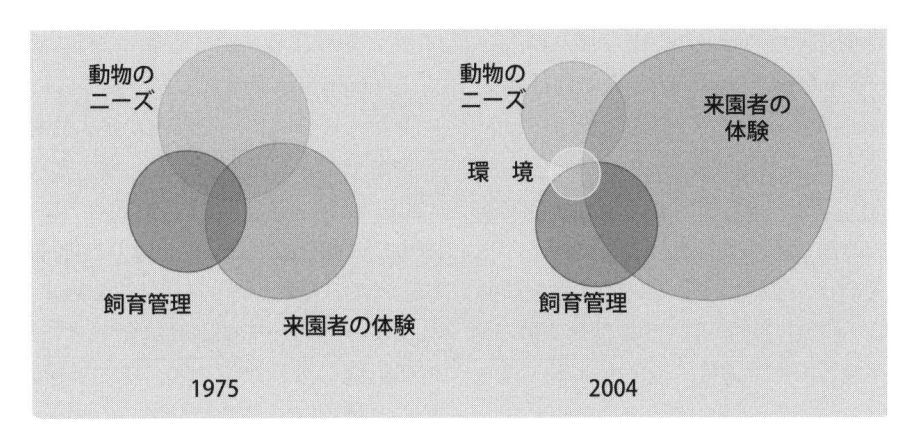

図 6-7 動物の展示をデザインする時には，主として3つの当事者のニーズに配慮するとよい．すなわち，動物園動物，動物園職員（通常は飼育係），そして来園者．Melfi et al.（2007）はこの3者の位置づけが時代とともに変わってきていることを指摘している．すなわち，デザインの様々な要素がどんな目的に沿っているものなのか，それについて概略的に表してみると，図のようになる．それぞれの図は，First Zoo Design Symposium（1975）と Sixth Zoo Design Symposium（2004）の要旨から作成したものである．特に，動物のニーズへの注目は減少し，来園者の体験を重視することが注目されている．さらに4つ目の当事者が含まれていることにも注目したい．"環境"という面が明確に浮上しつつある．（図：Whitley Wildlife Conservation Trust）

う領域ができるだろう．

6.2 施設設計の進歩

動物園の飼育施設のデザインには，ここ数十年大きな変化が表れている．それは，私たちの社会における動物の扱い方の変化と結びついているといえる（2.3 参照）．それはまた，デザインプロセスに来園者のニーズが大きく関与し影響していることを意味する（6.1.5 参照）．動物のニーズに対する今日の私たちの知識もまた以前より増しており，展示施設のデザインにその知識をうまく応用することも可能になってきた．もちろん，常にもっと学ぶべきことはあるわけで，自己満足するわけにはいかないが．

6.2.1 展示施設の機能の進化

この項では，展示施設の解説やデザインの方法を細かく述べるつもりはないが，この分野でよく使用される用語の概略について触れ，それぞれの利点について知るために比較を行う．

展示施設を表すのに，（建築の）ハードとソフト，第1・第2・第3世代，殺風景や複雑さなど，様々な用語が使われている．これらの用語はその尺度の程度によって変動する．例えば，殺風景な展示施設という場合，物や設備の配置がない，あるいはあっても非常に少ないという意味であるが，その中に物や設備が増えていけば，それは"複雑"ということになる．概念としてのこの"複雑さ"は，その動物が野生下で見せる行動を発現できる機会をもたらせるような物理的および心理的刺激を用意することを意味している（Hutchings et al. 1978, Odgen et al. 1993）．

自然的な展示施設

ハードで殺風景な第1世代の展示施設から，ソフトで複雑さを備えた第2世代，第3世代の展示施設が生み出されてきたのは明らかだ．この展示施設のデザインの進化は直感的に自然的な展示施設へつながった．すなわち，単純な意味での"緑は心地よい"から審美的に好まれる展示施設への変遷である．緑豊かな展示施設であるという印象を与えるために，さらに多く植樹し，柵や不

快な建造物は取り除かれる．ハードな展示施設を"自然的"にするため，展示施設のなかに複雑で自然の素材を加えることで修正がなされる（Coe 1989）．

Polakowski（1987）は，自然的な展示施設は3つの異なる方法でデザインされつくられると述べている．それは，動物による機能的利用を重視し，動物のニーズに合致するように変えられる．自然的な展示施設のあり方は，以下のように考えられる．

1. リアリスティック（写実的）：土地の形状と植物を含め，リアルな野生の生息環境を再構築すること．
2. モディファイ（改変的）：利用可能な本物の代用素材で野生の生息環境を模倣すること．例えば，その動物園で構築可能な異なる植生と地形．
3. ナチュラリスティック（自然的）：野生下における動物の生息環境の再現は試みられず，様式的に天然材料が用いられること．

この概念をもう少し進めていくと，イマージョン展示に行き着く．

約30年前，Jones et al.（1976）が，動物と来園者が同じような場所，しかし実際には隔てられてはいる，そういった状況を分かち合えるような場面をランドスケープイマージョンという用語で表した．イマージョンのねらいは，柵を隠し，まるでその動物の生息環境にいるかのような錯覚と驚きがもたらされるよう，動物のいる景観を来園者の場所まで連続させることである（Coe 1994）．例えば，シマウマの展示であれば，"来園者が動物園にいても，まるでアフリカのサバンナにいるかのように思え，匂いがし，そして感じられるような全体的なしつらえ"（Coe 1985）である．イマージョン展示（図6-8参照）では，教育的なサインから，宣伝，小物に至るまで，来園者の"アフリカ"体験を損なうようなことがあってはならない．

人と動物の接近

来園者と動物が接する度合いも展示施設によってかなり異なる．全ての展示施設は，動物と来園者が柵によって確実に隔てられるようになっているが，これは多くの理由からよい考えである．動物と来園者双方の安全ということだけでなく，1920年代の初めにはすでに表れていたウォークスルー（通り抜け）展示では，この隔離が，動物にとっては隠れ場所にもなり（Olney 1975），それによってこの形態が発展してきた．最近ではこの形態の展示が激増し，そこで展示される種類も多様になってきている（Kreger and mench 1995）．

ウォークスルー展示〔同様の水中版にスイムスルー（水中の通り抜け）展示がある〕では，来園者は動物のいる中に入れるようになっている．家畜を展示しているふれあい動物園，水族館のタッチコーナーとは異なり，ウォークスルー展示では実際には来園者と動物が触れ合うことはない．この動物と来園者の分離は，もし動物が放し飼いの状態で管理されているのなら，全く成り立たない．その場合，動物は展示場周辺に拘束されることなく，ある程度は自由に動き（飛び）回れる．もちろん，動物園としては動物たちを園外に放したいとは思わないので，それほど遠くへ出て行かないよう，適当な柵が設置されることになる（6.3を参照）．

これらの異なるタイプの展示には，それぞれ利点と欠点がある．その利点と欠点は，動物園に関係する人たちの異なるニーズを考えることによって理解することができる（このことは，すでに6.1で扱った）．複雑な構造をもつ施設は，単純構造の簡素な施設に比べると，動物のニーズに対してより効果的に対応できるという十分な実験的裏づけがある（Box 6.1と，第8章の「環境エンリッチメント」を参照）．例えば，"古い伝統的な"展示施設からより複雑な構造の"新しい自然的な"展示施設に移されたマンドリルの群れは，常同行動が減少し活動レベルが上昇した（Chang et al. 1999，4.5.3ではこの研究をより詳細に扱っている）．こうした行動上の変化は，飼育下マンドリルの行動が野生のヒヒにみられる行動に近づいて

6.2 施設設計の進歩　185

(a)

(b)

図 6-8 来園者の経験を増すために採用される技術の1つとして，来園者と展示動物の間のギャップを埋める手法がある．ここには，違ったバリアータイプが用いられ（図 6-12 参照），来園者と動物双方からの接近が可能となっている．(a) トロント動物園の丸太，(b・c) ビクトリア州のウェリビーオープンレンジ動物園のサファリジープ．どちらも，動物と来園者の間のバリアによって真っ二つに分けられている．（写真：Vicky Melfi）

(c)

図 6-8 つづき

おり，肯定的にとらえることができよう．

自然的でイマージョンな展示に対して動物園を取り巻く様々な人々が感じるインパクトは，若干輪郭がぼやけている．動物のニーズという点では，自然的な展示施設は，直接的であれ間接的であれ，動物の生活が機能的に成り立つ時にのみ良好であるとされる．植物が追加されたり，その構成が動物たち本来の生息地に近似していたり，または真似たりしているかどうかは，動物にとってはおそらくあまり問題ではない．それよりも動物にとっては，その植生が良い隠れ場所になるのか，登ることができるのか，ちょっとした食べ物になっているのかがより重要なのだ．展示を自然的にすることが，その施設をより複雑にするのではないかと考えるのは，常に重要だ．しかし，来園者のニーズは，少なくともある研究が示しているように，その展示施設の美しさ，つまり基本的に緑がどのくらいあるか，ということが，来園者の展示施設に対する好みに影響を与えている．しかもその緑の多さが動物福祉への視点に影響を与えているのである（図 6-9）．

自然的なイマージョン展示は，よく飼育係からも拘束的であると思われている．展示施設とその中の配置物が自然的なテーマと矛盾しないように配慮することが，かえって動物たちの興味に反してしまうことすらあるのである．つまり，非自然的でエンリッチメントに富んだものの方が，自然的に見えるものより豊かで安上がりであることが多々あるからである（第 8 章参照）．最近の展示施設の数例をみると，Beardsworth and Bryman (2001) が動物園の"ディズニー化"と表現したような状況が確かに認められる．それは，展示のテーマ性を意味している．こうした傾向，すなわち明らかに来園者の経験を強化するという傾向の利点は数多くある．しかし，そのテーマ展示に費やす資金が動物園の主たる目標（保全，教育，研究）を達成することに費やすことができるのかどうかは，そう遠くない時期に議論されることにな

Box 6.1　広さか複雑さか

　来園者は，飼育施設はより大きくあるべきだとよくいうが，施設のサイズはどのような点で価値があり，またどのくらいの大きさが必要なのだろう．動物の行動を制限したり，環境への不満を招いたり，あるいは密集してしまうようなことになれば，施設のサイズから動物福祉を損なうこともあるだろう（第7章参照）．どの動物であっても，どの程度の大きさが必要なのかを実験的に決めることは難しく，ある集団に対してどのくらいの広さを与えるべきであるのかも決めるのは難しい．野生下でのホームレンジやテリトリーが参考となって，その広さが飼育下でどのくらいの制限をもたらすのかを仮定するのは可能かもしれない（Clubb and Mason 2007）．一般的には，展示施設が小さければ小さいほど動物福祉は制限されるという仮定が支持されている．

　しかしこの種の分析は，実験的に確かめることが難しく，動物園の飼育施設がどのくらい大きくあるべきかという指針を必ずしも与えるものではない．より実践的なアプローチは，野生での行動が発現可能な十分な広さを用意することで，もっと重要なことは，相手との距離を置いたり快適さを求めたりする行動のような野生で見られる行動は，ストレスの発現を少なくするためにも必要である（Hediger 1995, Berkson et al. 1963）．飼育施設の広さは，動物の逃走距離よりも大きくあるべきなのは確かで，来園者や隣接施設の動物から侵害されない大きさが望ましい．実験動物の場合は，最適飼育面積に関する多くの研究がなされている（例えば，Line et al. 1989a, 1989b, 1990, 1991）．これらの研究の中には，広いからといって動物福祉の実現がなされるわけではないということを強調しているものもある（Woolverton et al. 1989, Crockett et al. 1993, 1993b, 1994）．すなわち，施設の広さが重要なのではなく，殺風景で簡素な場所であるなら，飼育下の霊長類の場合には，その場所の中身（つまり複雑さ）が重要である（Reinhardt et al. 1996）．この結論は多くの研究から支持され，飼育施設（動物園，実験動物施設，農場）内をより複雑にしていくことが，常同行動の減少など福祉の実現に関係する（Whitney and Wickings 1987, Chamove 1989, 第8章「環境エンリッチメント」を参照）．

　そのため，もし広さがある一定面積以下なら，飼育動物の福祉にただただ影響するばかりであるが，広さが一定面積以上あれば，施設に複雑さを与えることによって福祉の実現や行動の発現につなげることができる．実際には，動物園で飼育されている動物は用意された場所を十分利用しているとはいえず，ある決まった場所を好んでそこで多くの時間を過ごしていることを示した多くの研究がある（例えば，Ogden et al. 1993）．Wilson（1982）の研究によると，ゴリラ（*Gorilla gorilla*）とオランウータン（*Pongo pygmaeus*）の行動量測定において，飼育施設の広さよりも複雑さがより重要であることが示されている．しかし，Perkins（1992）はこの研究を追試し，広さと複雑さには高い相関があり，したがって広さも複雑さもが行動に影響すると考察している．おそらく飼育施設をデザインするうえでも，劇的な変化をもたらしている．今やどの施設も非常に複雑化されており，それに対して古い展示施設は広さや複雑さが一様である．

　複雑な飼育施設が福祉をより向上させるということは広く受け入れられ，このことは飼育施設をデザインする際に複雑さを採り入れようという動きにつながり，結果として広さと複雑さは一緒に考えられているように思われる（Perkins 1992）．結論として，動物園の施設づくりにおいては，複雑で，より行動を発現でき，適度な群れを飼育できるのが，良い施設であると考えられている（Mallinson 1995, Newberry 1995）．

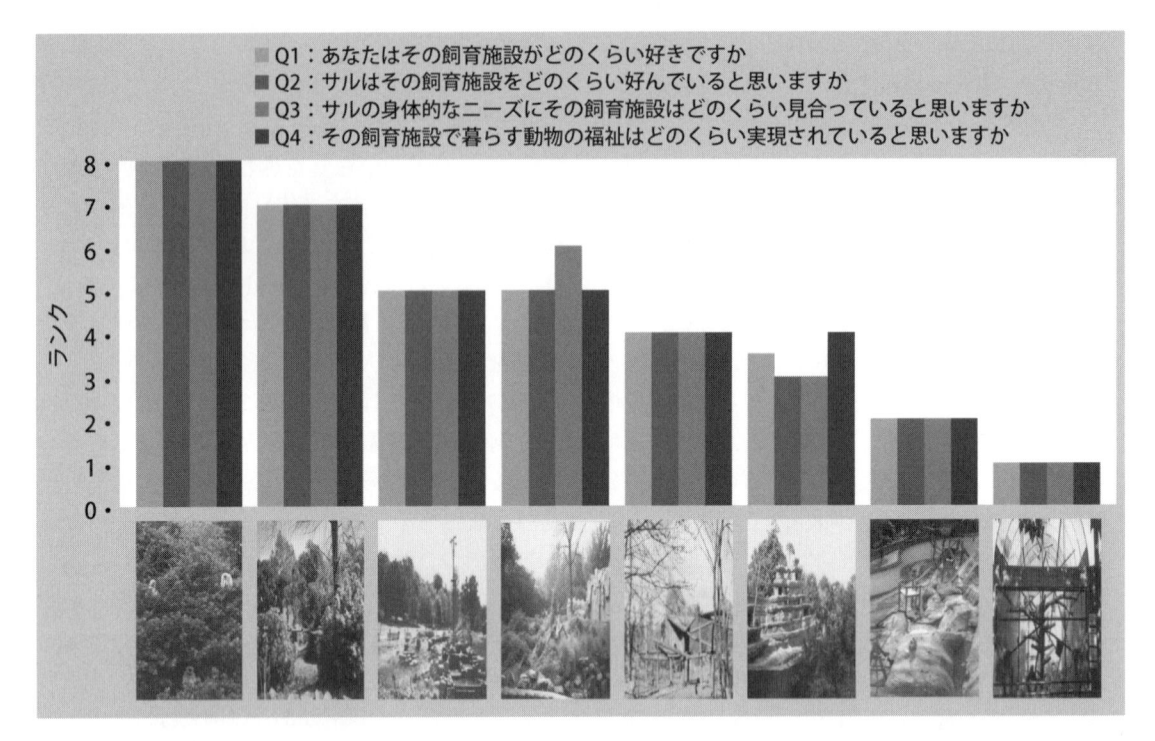

図 6-9 英国のペイントン動物園環境公園において，来園者の展示施設の受け止め方に関する調査が行われた．来園者に数枚の展示施設の写真を見せ，質問に沿って点数をつけるようにお願いした．このグラフに見るように，来園者は自然的な展示施設を好み，こうした展示施設が動物のニーズに最もよく合い，動物福祉がより実現されていると思っている．(写真：Vicky Melfi)

るのは確かだ．

　Jon Coe は，動物園の展示施設デザインに実に大きな影響を与え，当事者たちをデザインプロセスに巻き込んできたが，さらには，施設づくりと飼育管理を統合するようなアプローチのパイオニアでもある(Coe 1987, 2006)．"アクティビティ・ベースのデザイン"と呼ばれるそのアプローチにおいて，Coe (1997) は，動物園の展示施設を重要視すれば，動物たちが"自然な"行動を発現できる機会が用意されるであろうし，飼育係もエンリッチメントを用意でき飼育管理のトレーニングにもつながり，そして，両者が来園者の経験を高めて学習の可能性を増すことになる，と述べている．興味深いことに，このことはみな"(展示施設が) 動物の生息地の自然あるいは文化をまねたものであるか，機能重視の施設であるか，どちらにせよこの環境は動物，飼育係，来園者にとって適切な行動の機会をもたらしている"．しかし，図 6-10 にみるように，動物園に関わる全ての人々から同意を得るのは必ずしも容易ではない．

6.2.2　施設づくりの基本

　外国産であっても国産であっても，全ての動物の施設づくりには，基本的に必要なことがある．例えば，5 つの自由がきちんともたらされるような状態である（第 7 章参照）．SSAMZP（Defra 2004）の基準 2 と付表 8 はともに動物園が外国産動物の施設を建設する際に最小限必要なことを示している．施設づくりに必要なことは，他の重要文書やガイドラインにも十分記載されている（例えば，家畜種については Wathes and Charles 1994，実験動物については Poole 1999）．

　以下では，基本的に施設づくりに必要なことを考えたい．例えば，室温調節や水の供給，動物

図 6-10 学芸員と飼育係の考え方は常に一致しているわけではない.「まるで自然のジャングルかのような生息地展示をし,野生動物についてのメッセージを発しようとして,動物園は 40 万ドルも費やした.けれど,君は安っぽい遊び道具を置いてしまった」と展示部の Hafter B Green がクレームをつけた.「ゴリラにはそんな茂みよりもっと必要な物がある」と飼育係の Pollyanna Pett が答えた.「この赤いブーマーボールやカラフルな上り下りのためのケーブルは簡単に付け足せる.動物園はまず動物のためにあるといいながら,動物を無視するなら動物園なんかいらない!」
「いやいや,動物園はまず人々のためにあるんだ」と Green は切り返す.「来園者がいなければ動物園は意味がない」.(Coe 2006 より)(挿絵:Phil Knowling)

の安全確保,エキゾチックアニマルの種特異的なニーズなどである.飼養密度[10]の問題や,どのくらいのスペースがその動物に適しているのかについては 6.3.3 で扱う.また,展示施設の大きさと複雑さのどちらが重要かについては Box 6.1 で論じている.動物園動物の行動や生理に対する施設と飼育管理の影響に関する科学的研究がいくつかなされている(6.4 参照,Kleiman et al. 1996 も参照).しかし,残念ながら動物園では多種の動物を飼育しているため,施設と飼育管理体制や動物への影響に関する知識のほとんどは,逸話的な情報や飼育係の経験則からくるものである.本来はもっと客観的な情報源が用いられるべきである(例えば,新動物園飼育管理監督基準や 6.5 参照).

6.2.3 気候のコントロール

適度な気候を保つことは,良好な動物福祉を維持するのに必要なことであり,多くの種にとって繁殖の成功にも影響を与える.さらに,適切な気候コントロールは病気を防ぐうえでも大切なことである.例えば,Exner and Unshelm(1997)は,1 年に亘り外国産のネコ科動物の展示施設で観測された記録から,空気感染する細菌の濃度が温度条件に影響されることを示した.

展示施設内に存在するものへの動物の好みは,日内もしくは季節内で変化する.そのため,展示施設内の気候を他の要素とともに変化させるのは良い試みである(Defra 2004).

動物にとっての気候として必要な要素は,光,温度,相対湿度[11]と換気,ならびにそれらの相互関係である.

光

光は,強度(振幅)と波長からなる.異なる波長の光に曝露されることは,動物にとって重要である.例えば,適度な UV(紫外線)光源[12]の設置は,ある種の動物にとっては,健康と行動に欠かせない.

哺乳類(有袋類や齧歯類のうちの数種),鳥

---

[10] 飼養密度(stocking density)とは,ある与えられたエリアにいる動物の数を表すために使われる用語で,使えるスペースが同じであれば,動物の数が増えれば飼養密度も上がる.
[11] 相対湿度は,温度と大気中水分の結果である.いずれかの要因か,あるいは通気度の変化は,その場所の相対湿度を変化させる.

[12] 紫外線(UV)光は,紫色の光より超短波の光で,人間に見える可視光の中では最も短いものである.UV の波長は 10 〜 400nm で,太陽から地表面に届くほとんどの UV 放射線は 315 〜 400nm の波長で,UVA と呼ばれている.

類，爬虫類そして昆虫は，実際に人には見えないUVA（紫外線A波：400〜1,000nm）を見ることができ，果実や花や種子の模様，鳥の羽毛，あるいは尿の中が分かる（Winter et al. 2003）. そのため，UVを見ることのできるこれらの動物は，餌が熟しているかどうかや交尾可能かどうかを知るためのもう1つの情報チャンネルをもつことになる（例：Smith et al. 2002, Shi and Yokoyama 2003）.

例えば，ヒラタトカゲの1種（*Platysaurus broadleyi*）は，喉のUV反映レベルが，競争関係にある雄たちの間の信号となっている．つまり，最も派手な"UV喉"が最強の戦士の証しである（Whiting et al. 2006）. 加えてUVB（紫外線B波：320〜280nm）は，ビタミンDと同調しておりカルシウム代謝や繁殖機能を含め健康状態や行動と関連している（例えば，Cole and Townsend 1997, Regal 1980, 第12章「給餌と栄養」を参照）.

残念ながら，ほとんどの窓は全ての波長の光を入れることができないため，もし動物が戸外で自然光を浴びることができないなら，紫外線レベルは不十分な結果となる（図6-11参照）．こうした事例では動物の餌にビタミンDを添加するか，蛍光灯などの人工的な紫外線光源を設置する必要がある（Gehrmann et al 1991, Bernarid et al. 1989など）．多くの市販の紫外線灯があるが，UVレベルの設定が様々なため，常にそれを確認しておく必要がある．どれくらいの動物がUVを必要としているのかは分かっていない．さらに，Moyle（1989）は，その供給量について注意喚起している．例えば，野外から搬入された爬虫類なら，毎日30〜45分の日光浴で十分である．

光は物理的な特性だけでなく，時間による光分布（光周期）が動物の生活に様々な影響を与えている．この点はとても重要である．多くの種にとって，自然界で適応してきた光周期の日内または季節内変化を再現することが大切である．夜行性の種では，昼夜逆転（外が明るい時は室内を暗くする）を室内で行うことによって光周期の再現が可

図6-11 展示施設に光を届かせるのはなかなか難しい．というのも，様々な素材が光の浸透を妨げ，特に紫外線は届きにくい．このデュイスブルグ動物園のゾウの展示では，光がなるべく多く届くように工夫され，紫外線を浸透させるのに特注のポリマー素材が使われている．

能となる．

日長の変化は，繁殖シーズン，出産，渡りの開始や他の行動変化の引き金となる（繁殖のきっかけに関しては9.1.4も参照）．南半球に適応した動物を北半球で室内飼育する時には，季節に対応した行動変化は逆転する（逆もまた同様）．多くの動物たちは，飼育環境下での光コンディションを十分に快適であると感じているようだが，注意深く管理されたライティングシステムは，サーカディアン（概日）[13]と日中の季節的相違を無効にすることができる．行動や生理に影響し変化を引

き起こす要因は他にもたくさんあり，それは24時間の中で変化する．例えば多くのホルモン，例えばコルチゾールは，朝は夕方に比べ値が高くなる日内分泌パターンを示す．

温度

極端な温度は，凍傷や火傷といった有害な影響をもたらすばかりか，微妙な点でいえば福祉にも影響を及ぼす可能性がある．Rees（2004）によると，低温はアジアゾウの常同行動にも影響する．温度と常同行動との間には負の相関関係がある（最も寒い日の平均気温は9℃，暑い日は23.2℃であった）．しかし多くの動物にとって，極端な温度変化のないしっかりとした飼育施設があれば，この常同行動は回避できる．これは，間接的にシェルターの役目を果たし，さらには室温もコントロールできる．広い場所と水を温めるには，特殊な暖房システムが必要である．その周りに対する影響にも注意しなければならない（6.1.4参照）．温度の上げ下げは部分的に暖めたり冷やしたり，あるいは換気によっても可能である．部分的に暖める際は発熱ランプかホットロックによる．また，展示施設を低温に保ちたい場合には，その区域を冷蔵条件にすればよい．

種によっては温かい気候が適しているが，例えば新動物園飼育管理監督基準（Defra 2004）が推奨しているように，ほとんどの爬虫類は20～25℃に保つのがよく，リクガメやクロコダイルの類は26～32℃がよい．このような温かい温度条件下であれば，多くの病原菌が増殖するため，十分に注意を払う必要がある．

適切な湿度と換気

適切な湿度とは，空気の温度と湿気の結果によるが，それは多くの動物にとっての大変重要な環境条件といえる．例えば，アフリカのケヅメリクガメ（*Geochelone sulcata*）は，湿度が低い状態が維持されている場合（25.7～57.8%，30.6～74.8%）は，湿度が高い条件下（45～99%）と比較して甲高が明らかに高くなる（病気の時の状況を思い浮かべてみよ）（Wiesner and Iben 2003）．

動物園の動物に対する湿度の影響はほとんど研究されてこなかったため，新動物園飼育管理監督基準（Defra 2004）が広く勧めるように，爬虫類（50～80%）と両生類（65～95%）に対する湿度勾配を参考にするのがよいだろう．湿度勾配は，哺乳類にも大切である．ついでに，湿度不足は皮膚のトラブルを招き，逆に高湿度は病気の蔓延に関連するといわれている．

展示場に霧を吹きかけて湿度レベルを保つ方法はよく行われている．また，換気は空気の温度と水分を調整できるので，この温度勾配をつくるにはお勧めである．

6.2.4 安全

動物園では，動物も人間も安全でなければならない．動物の安全は，基本的に他の動物や人間からどれだけ離れているか，また逆に人間は動物からどれだけ離れているか，という飼育施設のデザインによって確保できる．このデザインには，施設周辺の緩衝領域の広さや人間（飼育係，来園者）にとっての接近のしやすさといった綿密な計画が関係する．展示施設のサイズは種により異なるため，緩衝帯や接近ポイントに使用される材質やその技術も決まってくる（境界柵については次節でより深く扱う）．

要求される安全確保のレベルは，その動物の能力次第でもあり（危険であるとか，攻撃的と考えられているとか），来園者の行動次第でもある（動物のいる空間を大事に思うのか，それともしてほしくない行動を明示した看板を無視するのか）．新動物園飼育管理監督基準（Defra 2004）の付表12は，法的に危険であると考えられる動

---

[13] サーカディアン（概日，circadian）とは，毎日決まったように見られる24時間以内に再起する行動的もしくは生理学的パターンを表す用語．

物全てのリストであり，それらのうちいくつかの種類に対して，新動物園飼育管理監督基準は特別な配慮を求めている．例えば，毒ヘビは逃走を防ぐためと，ヘビが職員や来園者に届いてしまうのを防ぐために頑丈な壁や天井つきの飼育場で飼育するなど．ほかの多くの種類でも，安全に展示され，そして安全度が高く保たれることを確実にする様々な方法が使われている．

どんな展示施設にも，考えられ得る最悪の状況のシナリオをもつこと，そしてそれが最小になるための施設づくりや飼育管理上の予防策をもつのが懸命である．危険動物を飼育展示する施設ではどこでも，危険を知らせる看板（来園者の目に触れるところと，そうでないところにも）を掲げ，それぞれ個別に施錠しておかなければならない．職員の仕事をする場所にはすぐに隠れられるところが必要で，展示施設への出し入れには決められた手順と職員の訓練がなされていなくてはならない．ほかの予防措置を確実にするのは，逃走の可能性を少しでも少なくするための二重扉[14]や展示施設に適度な緩衝地帯を設けることである．

6.2.5 境界柵

柵あるいは防護フェンスは，動物が展示施設から逃走することを防ぐためだけでなく，他の動物や人間が入り込むことを防ぐためにつくられている．これは直感的には逆のことのように思われるかもしれないが，例えば，水鳥の場合，夜間にキツネなどから捕食される恐れがあり，フェンスはそれらの侵入を防いでいる．同様に，餌を与えたり，たちの悪い行動をとる来園者がいた場合に動物に害が及ぶのを防ぐためにも動物との隔たりが必要となる．

人止め柵は，シンプルだが動物と来園者とを接近しやすくする効果的な方法でもある．その分，展示施設の防護柵と来園者との間の距離を増やすことができる．人止め柵は，電柵を使う場合にも，来園者が触れないようにすることが必須である．人止め柵には，例えば植栽や垣根，金属の棒など色々な素材が用いられている．

飼育施設の周囲には縦・横の柱材，針金や網，電柵（あるいは電線），堀（空堀であれ水堀であれ），窓（ガラス，アクリル，その組合せ），そして岩など様々な素材が使われている．どんな飼育施設のデザインにもいえることだが，次のことが考慮されて囲いの素材やタイプは決定される．

1. 隣（動物や来園者）が目に入ることがよいことかどうか，それによって完全な壁にするか部分的な柵にするか．
2. その動物が穴を掘ったり登ったりするのであれば，柵は動物によってどのくらいの高さや地中の深さが必要かが決まる．また，その柵に登るのを防ぐための屋根や障害物（例えば電気を使うなど）が必要かどうか．
3. 生まれた子どもは両親よりとても小さい場合が多いので，展示場から逃げてしまわないようにする．

表6-1は，よく使われている境界柵と，動物の側・飼育係の側・来園者の側から見たその長所と短所について概説したものである．

1本の電線から草やツタに似せた電線，あるいは電気の通うネットや床マットに至るまで，電気で遮蔽することは，多くの場合に有効である（図6-12参照）．電柵は，周囲の境界柵として使われるだけでなく，その飼育施設にある例えばダメージを与えてほしくない高木，あるいは逃走に有利なポイントへの接近を防ぐためにも使用される．どんな電柵も定期的に点検されることが必要で，バッテリーなどによる補完電源も用意しておくべきである．そして，電気が中断したり断線した場合にアラームシステムが作動するようにしておくことも必要だ．当然ではあるが，電柵は，動物がそれに触れたら電気ショックを受けるというものである．だいたいは，動物は地上にいてその電気

---

[14] 二重扉とは，動物を外界から隔て，扉と扉の間に空間を置く2つの扉の仕組みをいう．

のワイヤーに触れる．しかし，動物によっては，電柵を跳び越えて地面と接していない状況になることもある．このような場合は，柵の設置にアースが必要であり，それは例えば電線とアース線を交互に配置することで可能となる．

電柵は，捕食者（侵入者）がその飼育場に入ってくるのを防ぐうえではたいへん効果的であり，このことは新動物園飼育管理監督基準（Defra 2004）によっても推奨されている．同時に，来園者の安全への配慮がしっかりとなされることも大切である（例えば，HSE 2006）．電柵は，それがあるという意識が植え付けられていれば，近寄らないのでとても効果的である．電気ショックは，負の強化となり，それはある行動が繰り返されることを減少させる（このようなオペラント条件づけについては4.1.2を参照）．動物種によって電気ショックに対する行動は異なる．例えば，図6-13は，3種のサイがそれぞれどのような反応をみせるかを示したイラストである．たとえ経験則であるにしても，同じ境界柵の方法が全ての個体や種に合うわけではないようだ．

多くの場合，境界柵の方法には，1つの機能だけでなく，いくつかの組合せが用いられている．例えば，電柵は網の柵とともに使われることが多い．電柵は一番上，下，あるいは網全体に使われ，柵を乗り越えて逃走したり（例えば，レッサーパンダ），跳躍できない動物の場合には柵をよじ登ったり（例えば，ビントロング），柵を倒したりするのを防ぐ（例えば，ウマ科動物）．また，跳躍力のある動物の場合は，その柵に全く接触できないようにする（例えば，霊長類）．

電柵は，ドライモート（空堀）(ha-ha[15]，図6-14参照）やウェットモート（水堀）と合わせて使われる．例えば，まるで他種が同一場所に飼育されているかのように見せる展示場では，ドライモートの底に電柵が張り巡らされている．来園者からはまるでその異なる種類の動物たちが同じエリアにいるかのように見える．電柵は，使用する位置によって図6-15に示したようにその機能が決定する．

6.2.6　水

いずれの展示施設にも，それが水棲動物かそうでないかに関わらず，水は必要である（図6-16参照）．基本的に水は展示施設を掃除するのに使われ，また動物にとっては飲み水であり，泳ぐためのプールの水でもある．あるいは，境界柵としてや展示の美観のためということもある．水の用意に関わる手間や水族館の管理は，陸上動物の多くの種に対する水の供給とは比べられないほど大変なことである．しかし，掃除や安全のために水は必ず必要で，それに勝るものはない．

新動物園飼育管理監督基準（Defra 2004）は，動物の種類によっては，水を用意するに当たり専門家の助けが必要だということを強調している．例えば，爬虫類と両生類に与える全水量は全身が隠れるだけの量であるとされている．また，種によっては，その行動が水の有無と関係し，用意される水の量にも関係することが示されている．水場へは，動物が困難なく自由に出入りすることができるよう，ゆるやかな傾斜を必ず設けるべきである．実際，主に水中で過ごす動物は自由に泳げる水量が用意されるべきであるが，その陸地の部分もまた必要に応じて用意すべきである．

水質は重要で，またその水が開放系か閉鎖系[16]かによって異なった管理が必要となる．開放系では，飼育施設への給排水ともに，化学物質が有毒でないか刺激物はないか，そのモニタリングが必

---

[15] ha-ha とは，ある土地を区分けするほとんど見えない溝のことである．ha-ha の基本的なデザインには，スロープの傾きと，そこにつけ加えられる障壁がha-ha に隠されるかどうかによって，様々なバリエーションがある．

[16] 開放系とは，飼育施設に入った水が放流される仕組みをいい，逆に閉鎖系とは，同じ水をその施設内で何度も使う仕組みをいう．

表6-1 動物園の飼育施設に通常使われている様々な境界柵にみられる長所と短所

タイプ	長所 動物	長所 飼育係	長所 来園者
完全な壁*	高さによる安全確保 疾病伝播の防御	動物との分離 来園者からの投餌の防御	—
部分的な壁**	より使える空間を用意できる	動物の導入を助ける	限られた視界は動物の躍動を垣間見ることができる
柵	同上	柵が水平であろうと垂直であろうと飼育係は逃げやすい	—
ネットと網***	同上	どんな形でも対応できる	見えにくくするためにプラスチックでコーティングしたり色をぬることができる
電柵	学習により避けることができる	一時的なバリアを簡単につくることができる 安い	見た目が良い
ガラス	病気の感染を防ぐ ラミネートガラスは空調にも有利になる 二重ガラスは雑音を防げる	アクリルとガラスを使えば強度が増す	視界が良い
モート	動物によってはモートの中の水や物を利用できる．例えばそこに生えている植物を食べたり，ぬかるみを歩くなど	ウェットモートには他の生物（植物や魚類など）が生息することもある	"自然的な"眺めになる 異なる動物種の間の見えない障壁になる

* 素材：木製のパネル，煉瓦の壁，ガラスもしくはアクリル，植え込みなど
** 素材：金属の柱，電線，チェーン，溶接金網，ネットなど
*** 素材：金属，ナイロン，その両方
注記：動物園の飼育施設デザインに用いられるバリアには非常に様々なものがあるが，動物の逃走を防ぐことや来園者の接近を防ぐことなど多くの機能を満たしている．使用される素材は，その実用性と見た目の双方に影響する．

	短　所	
動　物	飼育係	来園者
もしぶつかったら負傷につながる 周囲を見回すことができない 動物同士のコミュニケーションに影響するかもしれない	動物を見ることができない	動物を見ることができない
—	—	たとえ新しい素材が"メッシュ"などのように少しは見えやすいものであっても視界を妨げる "自然的でない"と受け取られる 人間と動物のやりとりを遮らない
—	—	動物福祉に否定的にみられる 同上
絡まりやすい	プラスチックでコーティングされていても金属はさびる UPVC は長く日に当てられているともろくなる リスなどの害獣に食い破られる	—
見えにくいので負傷することがある その中で絡まってしまうことがある 絶対確実なバリアではない	例えば枝角や洞角，体毛などが触れても電気を感じない場合がある	触れて危険がないようよく知らせる必要がある
動物と来園者が接近しすぎる	常にきれいにするためにお金がかかる	もしガラスに傷がついたり，日光があたったり（反射），結露したりすると見えにくい
動物がモートに落ちて閉じ込められることがある 水が病気の感染をもたらすルートとなる可能性がある 広い場所が必要となり，たいていの場合動物が利用できない空間となる	ドライモート（空堀）は水浸しになることがある ウェットモート（水堀）は凍ることがある 動物や飼育施設に近づいても安全なようにしておく必要がある	来園者と動物の間の距離が離れるので，見えにくくなる

196　第6章　飼育施設と飼育管理

(a)

(b)

(c)

図 6-12 動物園で採用されている境界柵のタイプには，(a) 垂直柵，(b) 垂直に張られた針金，(c) 金網，(d) メッシュ，(e) 岩，(f) ガラス，(g) モートにはられた水，など様々なものがある．動物の安全を最優先に考えて選ばれる．例えば，(h) モートの水で溺れるのを防ぐために，なだらかな勾配をつけるかロープを張るなどによって，霊長類が水に滑り落ちるのを防いでいる．〔写真：(a) Achim Johannes, Natur Zoo, Rheine, (b～d,f,g) Vicky Melfi, (e) Leszek Solski, ロックロー動物園〕

6.2 施設設計の進歩　197

(d)

(e)

(f)

(g)

図 6-12　つづき

198　第6章　飼育施設と飼育管理

(h)

図 6-12　つづき

要で，動物への安全性や，その排水の人への安全性を確保しなければならない．種ごとの正確な水質チェックは給水に対して行われ，塩分，pH レベル，塩素に関するものだが，水棲の種に対しては，もっとたくさんの検査が必要である．新動物園飼育管理監督基準（Defra 2004）によると，水族館管理者は水について厳格で定期的な水質管理を，また現場の実験施設でもそれをすべきだと推奨されている．動物種によっては急激な水温変化もよくないため，水温チェックも必要である．

　水は，病気蔓延の非常に強力な媒体であるため，病原体が含まれるレベルを低く保つよう，そしてその繁殖を防ぐような水質保持の必要がある．開放系では，汚染された水の除去ときれいな水を置き換えることによってそれが達成される．しかし閉鎖系では，様々なフィルターが，よくない有機物や有害な老廃物を取り除くために使われ，その水質が高く保たれるようになっている．海棲の種を飼育する際には，特に水質が危うくなる．なぜなら，その動物は多くの窒素を排出し，それらが水中の他の化学物質と反応して有害物質の産出源となり，動物の健康を脅かすことになるからである．また，池や水槽を掃除する時には，殺菌後の

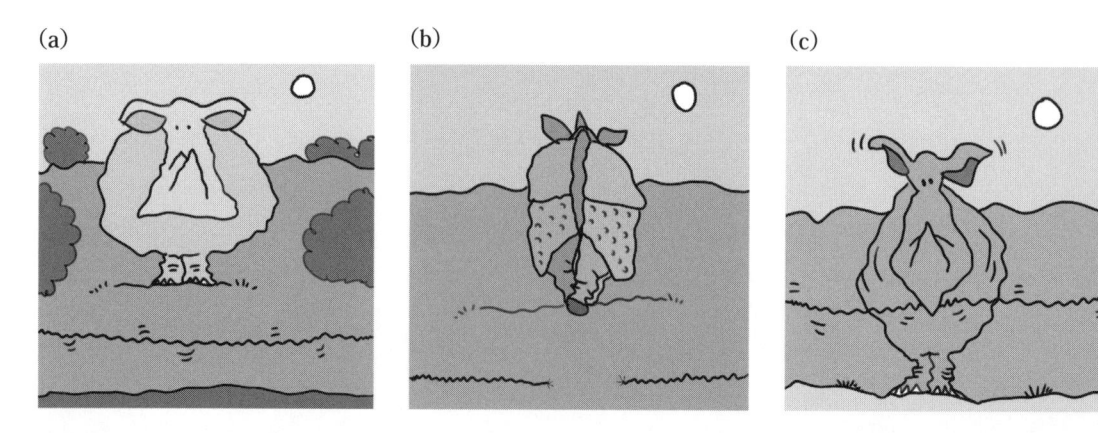

(a)　(b)　(c)

図 6-13　ペイントン動物園環境公園の Julian Chapman によると，電柵に近づき，電気ショックを受けたサイにおいて様々な反応が観察されている．このイラストのように，(a) シロサイは電気ショックを受けると，どの個体もその柵から退いたが，(b) アジア産のサイは，電気ショックを受けたにもかかわらず，その電柵を直接突き破る，(c) クロサイは，電気ショックを受けた後，動けなくなってしまうようで，その電柵に接したまま固まってしまう．（イラスト：Phil Knowling）

図 6-14 様々な種類の境界柵を組み合わせて使うこともよくある．特に ha-ha を使用する時はそうである．この２つの例では，動物は ha-ha 区画すなわちその傾斜やそこの植物を利用できる．そして，来園者側には標準的な垂直の柵（a）と切り立ったコンクリート壁（b）が用いられ，勾配がきついため動物の逃走は防ぐことができる．（写真：Julian Chapman）

図 6-15 電柵は様々な防止策として使われている．(a) オランダのアペンドールン霊長類公園では，バーバリーマカク（*Macaca sylvanus*）の展示施設の周りの岸壁の出っ張りに，逃走防止のために熱線が使われている．(b) ディズニーアニマルキングダムでは電柵がまるで細長い草のようにデザインされ，展示の一部として使われている．(c) 展示場内の植物を守るために電柵が使われている．〔写真：(a) Vicky Melfi，(b, c) Julian Chapman〕

図 6-16 水はどんな展示施設のデザインにも欠かせないものである．特に水棲種にとっては，その環境全体を水がつくり上げている．（写真：Vicky Melfi）

残渣を除去する必要がある．最終的に，開放系からの排水の方法も，飼育施設のデザインの考え方に加えておく必要がある．基本的に排水は，公共排水路からの病原体の伝播はなく，人の安全を侵すことがないのは確かであるが，環境への対策も順守しなければならない．

水の管理は複雑で，技術的にも高度なので，ここでは軽くしか触れてこなかった．新動物園飼育管理監督基準（Defra 2004）は水族館についての補遺を載せており，また，水族館管理に関する安全衛生ガイドラインも作成されている（HSE 2006）．水の酸素処理の必要性，様々なフィルターの使用，それらの信頼性，その他の情報を含め，この問題に関して扱った標準的なテキストとしては，Spotte（1992），Moe（1993），Boness（1996），Hemdal（2006），Adey and Loveland（2007）があげられる．

6.2.7 飼育管理を補助する施設づくり

ここまでは，それぞれの動物によって異なる特殊なニーズに合わせた基本的な施設づくりに必要なことを考えてきた．よりよい施設づくりにとって，もう1つ基本的なことは，施設構造の中に，飼育管理（動物の移動や保定，単に動物を分けること）を手助けするような面をどう取り込むかを考えることである．もし動物を保定する場合，分けておく場所が必要であるが，そこは常日頃その動物が使っていて，分けられることに恐怖を感じないようにしておくのがよい．また，その場所は，動物と飼育係が接触しにくい場所であるとよい．

なぜなら，飼育係が作業をしているその場所は，他の動物からは見えないほうがよいからだ．

適切につくられた施設は，その後のエンリッチメントも整備しやすくする．例えば，エンリッチメント素材をぶらさげることができるような頑丈な支柱や，将来もっと多くの物が付け足されることを想定した場所があって，その施設に新たに何かを運び込むこともできるような構造であるとよい（第8章参照）．

最後に，どのようなことが将来必要になるかを考えて，それを施設づくりのデザインの中に取り入れていくことが重要なのである．つまり，今は1ペアの動物がいるだけかもしれないが，そのペアがうまく繁殖すれば次期シーズンには1ダース以上の個体数になるかもしれない．逆に，そのペアの相性がよくない場合は，分けておく必要があるかもしれない．

6.2.8　施設の内装

動物園動物の展示におけるデザインや建築技術の進歩や専門知識の向上，そして動物のニーズが深く理解されるようになってきたことにより，動物園の飼育施設デザインのありかたが変わってきている．動物を飼育するうえでの基本は守りつつも，施設には適切な内装を備えることが非常に重要となっている．適切な内装によって，殺風景で簡素な飼育施設から，より複雑な施設へと変化してきた（Box 6.1 参照）．

基本的には，内装は，飼育施設の構造がいったん完成してから部分的な修正が加えられる．実にかなりの変化が美観的な面（来園者からの眺めなど）を含んで展示施設に施される．しかし，本章では動物のニーズの観点からのみ施設の内装について論じることにする．

表面素材

動物園の飼育施設において，表面素材の性質は，その施設の一般的なメンテナンス上重要であり，動物の行動や生物学的側面にも影響する．例えば，海鳥の排泄物には高濃度のアンモニアが含まれ，施設的なダメージが大きいため，新動物園飼育管理監督基準（Defra 2004）では，表面素材は耐久性があり，無毒で浸透性のない防水加工されたものを勧めている．環境によっては，小さなでこぼこの表面素材が爬虫類の脱皮を助けたり，くちばしを研いだり蹄を削って伸びすぎるのを防ぐのに役立つことがある（Defra 2004, Yates and Plowman 2004）．

同様に，動物によっては，柔らかな表面素材が適しており，ある行動の発現に欠かせないこともある．例えば，Meller et al.（2007）によると，アジアゾウ（*Elephas maximus*）をゴム加工した床で飼育したところ，"不快"を表す行動が減少したことに加え，立ったまま休む行動が増した．これは野生下での行動に似ているため，この行動変化は良いことだと考えられた．

畜産施設ではよくゴムマットを使用しているが，これは横になって眠る時の痛みや趾瘤症（図6-17のような潰瘍性の腫瘤症）を防ぐうえで役立ち，動物園では高齢で関節炎を患っている有蹄類にもかなり用いられている．

6.2.9　のぞき窓のある部屋

飼育施設の形状によって，動物はその使いかたを大きく変化させる．高さは多くの動物にとってとても大事で，その種特有の行動，移動したり飛ぼうとする反応，あるいは，周囲を見渡そうとするための行動などが発現する．高さのある施設には，止まり木や台をつけることが多いが，パドックにも小高い丘や土も用意するとよい．新動物園飼育管理監督基準（Defra 2004）によると，猛禽類のオリには周りを見渡せるような観察地点が用意されるべきだとされている．飼育場内の止まり木や台は，もしその動物が使えば肉体的運動に役立つと考えられるが，加えて，福祉にもかなっているとされる．例えば，動物園で飼育されているネコ科動物は，高い位置に行けるようになっている場合には，尿中コルチゾールのレベルが減少する〔ウンピョウ（*Neofelis nebulosa*），Shepherdson et al. 2004, チーター（*Acinonyx jubatus*），Wielebnowski et al. 2002〕．尿中コル

図 6-17 施設のデザインでは、見た目よりも材料や材質の選択の方が重大だ。このペンギンは研磨剤のような床面で足に小さな傷を負って感染しそれが拡がって趾瘤症となった。

チゾールのレベルの低下はストレスが少ないことの指標となり、福祉の実現を意味するとされている。しかし、コルチゾールとストレスの関係は複雑である（この問題については第7章を参照）。

プライバシー

動物たちに選択の余地があるなら、多くの動物は見られることから逃れようと、そのような場所を探し求めるということに、来園者の多くは気づいている。動物がなぜこのようなことをするのかについては、詳しくは第13章「人と動物の関係」で扱うが、展示施設にプライバシーを守る場所をつくることは設計上とても大事なことである。例えば、Herbert and Bard（2000）は、オランウータンがかなり広い場所で、しかもいろいろな配慮のされた展示施設で暮らしているにもかかわらず、展示施設の高い位置にある、観客から見えない小さなエリアを何度も探していることを明らかにした。プライバシーをどの程度求めるかは、種によって差があるが、人間嫌いと考えられている種にとっては、十分なプライバシー保護のための場を用意されていない場合に問題が起こるのは当然である〔フタイロタマリン（*Sagiunus bicolor bicolor*），Wormell et al. 1996 参照〕。その証拠の多くは経験則であるが、プライバシー保護は様々な方法で可能である。例えば、"見えるしかけの巣穴"（来園者から見えるようになっている）を出ることができるようにするとか、単純に人目を避けて"見られている感"を減少させるなど。植え込み、視線を遮るもの、展示施設にある岩の割れ目など、動物が身を隠せる場所を展示施設内に十分用意するのがよい。

来園者は動物を見たいので、動物が隠れてしまうことは来園者にとっては理想的ではない。そのため、動物に対する来園者からの"見られている感"を減少させるための方法が開発されている。例えば、Blaney and Wells（2004）は、ベルファスト動物園でゴリラを大勢の観客から隠すのに、カモフラージュのためのネットを使う方法を考案した。ゴリラには明らかに攻撃行動や常同行動が減ったが、来園者が動物を見るのに障害となったわけではない。ほかには、図6-18のように、チェスター動物園が採用しているが、来園者とマンドリルとのガラス越しの距離を接近させる機会を増やすために植物を配している。この植物を置いたあとではマンドリルのストレス関連の行動が減少したと、動物園は述べている。

親がいくつかの巣穴の間を子どもをつれて移動する場合、親のプライバシー保護が特別に必要になる。巣穴の移動は、人間や他の動物からの影響によるもので、頻繁な移動は結果的に子どもの生存率の低下につながることがある。しかし、Habib and Kumar（2007）は、インドオオカミ（*Canis lupus pallipes*）では、育子期に子どもをあちこちの巣穴に移動させており、それが自然な行動であることを示した。Laurenson（1993）も、野生のチーターの母親は、だいたい

図6-18 どんなに最大限の努力をして飼育施設をよくしたとしても，それぞれの当事者のニーズに遭遇して，なかなか成功しにくい場合がみられる．チェスター動物園では，来園者からのプレッシャーがマンドリルの行動に有害な影響を与えていた（a）．このプレッシャーは，来園者と展示窓の間にプランターを配置したことで減少させることができた（b）．（写真：チェスター動物園）

6.6日ごとに子どもを移動させることを観察している．Thomas and Powell（2006）は，他の要因と比較して，飼育下のリカオンは複数の巣穴を用意することが繁殖の成功につながることを述べている．経験則ではあるが，飼育下動物に対して複数の巣穴を用意することは，繁殖を促進させることにもなると思われる．例えば，ペイントン動物園環境公園のJulian Chapmanによると，レッサーパンダ（*Aolurus fulgens*），ビントロング（*Arctictis binturong*），タテガミオオカミ（*Chrysocyon brachyurus*）がそうだという．また，いくつかの育子行動は同種の他個体からも避けて行われる場合がある．例えば，スウェーデンのコルマンデン野生動物公園のバンドウイルカ（*Tursiops truncatus*）の授乳は単独で群れから離れた所で観察されている（観察事例の80%）（Mello et al., 2005）．

6.3　出生から死亡までの飼育管理

"飼育管理（husbandry）"とは，動物の世話をする義務を負った過程をいう用語で，多くの日常管理や，めったに起こらない出来事までを含んでいる．動物園動物を考える際に覚えておくべき最も重要なポイントは，動物園の職員は動物たちの命を預かっているということである．そして，第9章で述べるように，妊娠や成長過程で何がどのように，いつ多くの出来事が起きるのか，そして最終的にはいつどのように動物が死ぬのかを，動物園の職員が決定づけることになる．この節ではいくつかの一般的な飼育管理の実践を簡単に概観し，3つの主な当事者，つまり，動物，飼育係，来園者のニーズを満たすためにどのような飼育管理が必要なのかについて述べていく．

6.3.1　日常管理

飼育係は，効率的な清掃や給餌を通して，そして動物を観察することによって，動物の基本的な生存というニーズを満たしている．これらのうちのいくつかは，さらに第11章の「健康」と第12章の「給餌と栄養」でも詳細に述べる．ここでは，こうした業務を行うために，日常的に動物を展示場へ移動させるための飼育係にとってのニーズについて解説する．

多くの動物種に触れ合ったり，展示場の中へ入ったりすることは，飼育係にとって危険なこと

である．したがって，動物を移動させる場合には非常に注意を要する．動物の移動は，その動物の逃避距離圏内に入ったり，オペラント条件づけのテクニック（トレーニング）を使ったりするなどの様々な技術を用いることによって行われる．

人間が動物のほうへ歩いていく際，あまりに近付きすぎるまで（その地点までは人間が近づいていても動物は留まっている），その人間の存在に影響を受けていないように見えることがよくある．もし，その人間が歩き続ければ，その動物は最終的に人間を恐れて離れるだろう．そして，その時点でその人間は自分がその動物の逃避距離圏内（この空間に侵入することで動物は逃避する）に入ったことを知ることになる．逃避距離を理解することは，動物を動かすために非常に効果的である．しかし，これは穏やかにゆっくり実施する必要がある．なぜなら，動物の逃避距離圏内に急に侵入したりすると，動物だけでなく飼育係にとっても怪我をするもとになるからである．

合図や命令を与えることは，もしそれによって適切に動けば褒美をもらえると動物が学習することにもなる．このようにしてオペラント条件づけが完成するが，時には当事者が気づかないうちに条件づけができている場合もある．例えば，もし飼育係がある動物に舎内へ移動してもらいたければ，飼育係はその中に餌や動物がよく欲しがるものを置いておく．そして，動物がそこへ移動すれば，そうした餌は移動したことの正の褒美となる．これが正の強化トレーニング（PTR）である（13.4.1 と図 6-19 参照）．これは，飼育係が動物を動かす必要がある際に，動物が次の時に動く可能性を増すものである．それに対して，これまで飼育係がその動物の逃避距離圏内に入って，大声を出したり，あるいは物理的に動物を移動させていたとする．この場合は，動物は飼育係を避けるために中へ移動し，これは罰を与える方法になる．飼育係が動物を中へ入れる必要がある場合，その動物は外にいたいとは思わなくなるだろう．このように，ある程度のトレーニングは，ほぼ日常管理の中で行われていることになる．

6.3.2 めったに起こらない出来事

ある動物の一生の間に生じる意図された，あるいは意図されないめったに起こらない出来事はたくさんある．同時に，どんな要因が彼らに影響を与えているのかを理解する必要がある．さらに，こうした出来事のいくつかは，他の章で詳しく述べている．例えば，健康チェックや動物の個体識別（トランスポンダーやタグを用いた個体識別）の準備については第 11 章「健康」と第 5 章「動物の個体識別と記録管理」でそれぞれ取り扱う．ここでは，動物園内あるいは動物園間で別の場所へ動物を導入したり，移動したりすることについて取り上げる．

導　入

集団内への動物の移動や集団からの動物の移動は，野生の多くの社会集団でよく起こることである（例えば，Pusey and Packer 1987 参照）．このことは，特に血縁のある個体での繁殖や近親繁殖により子孫が生じるリスクを減らすために発達してきた．これらは飼育下においても避けなければならないものである．そこで，集団間での動物の移動の場合に推奨されることは，全ての動物において飼育下繁殖計画（第 9 章）の過程の一部として実施されることである．しかし，飼育下個体群において自然の移動を模倣することは，たとえ個体群の遺伝的管理や社会的な刺激を可能にしても，闘争や怪我によるリスクが付きまとう（Visalberghi and Anderson 1993）．そのため，繁殖の見込みのある動物の遺伝的な面でのメリットと同時に，集団間での動物の移動に当たって考慮すべきことは，特にその実施計画段階でたくさんある（Lees 1993，Norcup 2001）．

2 頭の動物（あるいは，新しい個体と 1 つの集団の間）が遺伝的によい相手だからといって，初めての導入の際に互いにうまくやっていけるという保証は全くない．実際，導入に備えて万一の際の緊急対応策をもつのは非常に賢明であり，慎重に進めていくべきである．例えば，導入されることになっている動物同士が一緒に寝る場所や備品

(a) (b)

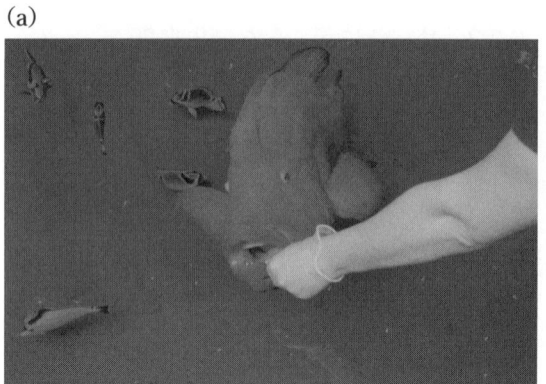

(c)

図6-19 全ての動物は学習する能力があり，学習を強化する原理は全ての動物に共通のものである．つまり，学習理論に基づくハズバンダリートレーニングは，動物園の全ての種で可能である．例：(a) 魚，(b) 爬虫類，(c) 鳥類，(d) 哺乳類．〔写真：(a) Phil Gee，(b) www.iStockphoto.com，(c) Jessie Cohen，スミソニアン国立動物園，(d) Vicky Melfi〕

(d)

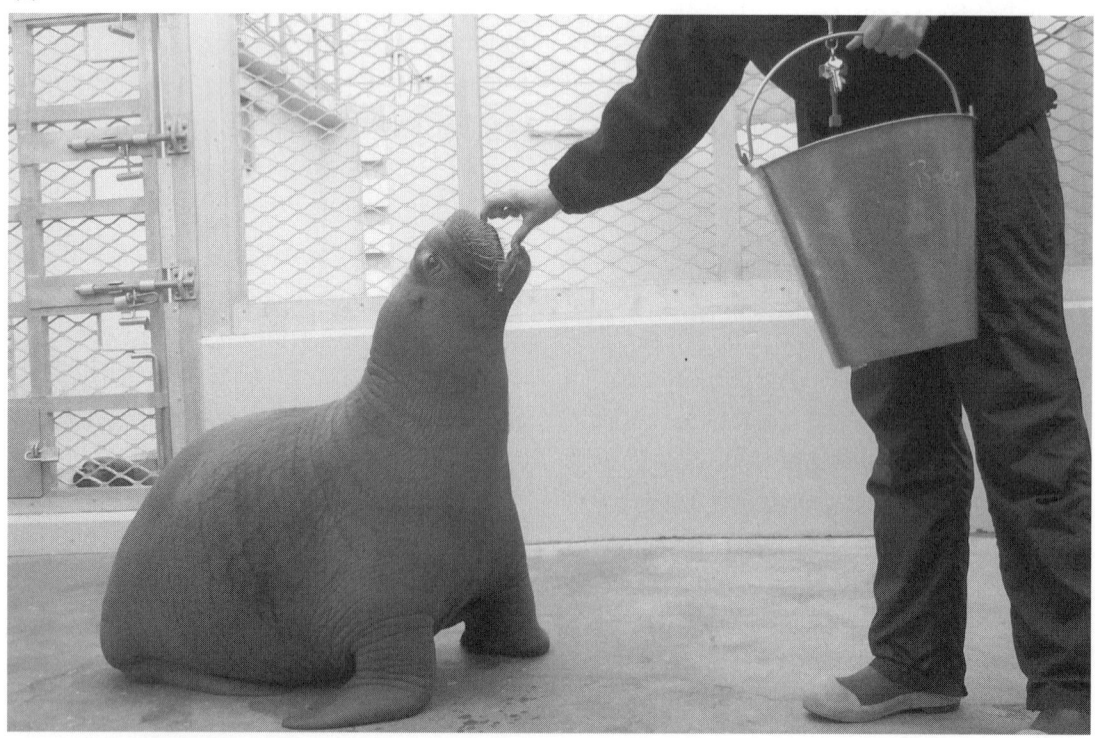

を共有したり，あるいは，お見合いや一時的な接触ができるようにしたり，場合によってはお互いを一緒にするなど，種にもよるが，導入前にその個体同士がお互いに親しくなれるような一連のステップがある．カンガルーネズミ（*Dipodomys heermanni*）は単独生活種であるが，もしペアになるかもしれない個体同士がお互いに長い期間，知覚的接触が保たれれば，そのペアの相性はよくなり繁殖の成功可能性も高まる（Thompson et al. 1995）．

興味深いことに（いつもそうなるとは限らないが），互いに持ち込まれたミーアキャット（*Suricata suricatta*）の雄2頭の臭いは，強い香りのある風邪症状の緩和薬（ヴィックスベポラップ）の使用によってかき消されることが報告されている（Lancaster News 2007）．この報告によると，闘争が全く観察されなかったため，強い香りがこうした闘争性の縄張り意識の強いことで知られる動物の導入を容易にするということであった．このような動物の自然なコミュニケーションの経路を覆い隠すという似たようなやり方は，ベルベットモンキー（*Cercopithecus aethiops sabaeus*）のペアリングの成功度を高めるために実験施設で用いられたことがある．Gerald et al.（2006）は，同居させた雄のベルベットモンキーは，相手の陰嚢が同じような色（淡色あるいは暗色）であった場合，互いの闘争性が高まったということを報告した．そして，例えば，暗淡色やその反対の異なる陰嚢色をもつ雄を一緒にすることで闘争を減らすことができたのである．

一時的な変更であれば，導入中は動物たちが互いに見える状態で行われるため，重要なのは，飼育施設の設計段階で，十分広い施設を建てることである．少なくとも，新規個体と先住個体とを仕切ることのできるエリアをつくるべきである．

動物園内および園間での移動

動物を移動する際に考慮すべきことは主に2つある．1つは生きている動物の輸送を規定する規則を順守することで，もう1つは動物を移動するに当たっての物理的な過程を考えることである．

動物園間での生体の輸送を規定する規則は，移動対象となる動物種やその実施場所にもよる．この内容については第3章で詳しく扱っている．しかし，実際には動物を移動する場合には，入念に計画され，その動物が逃走する危険を防ぎ，さらには福祉上予想される悪影響を減らすために必要な一連の段階を踏んでいる（図6-20参照）．

輸送の影響に関する動物福祉的研究の数は増加している．しかし，それらの多くは家畜が対象である（例えばThiermann and Badcock 2005）．動物の輸送は，海上輸送，陸上輸送，空輸のいずれであっても動物福祉に影響するということを，こうした研究の多くが実証している（Broom 2005, Norris 2005）．しかし，例えば豚の場合，輸送中にエンリッチメントを施すことで，輸送の悪影響のサインのいくつかを和らげることができる（Peeters and Geers 2006）．

こうした家畜の研究結果からも，動物園動物や他の野生動物に関する輸送もまた悪影響があるものと思われる．そして，限られた証拠ではあるが，それを裏づけるものがある．例えば，カニクイザル（*Macaca fascicularis*）は空輸中にストレス反応の高まりを示し，輸送後，新しい獣舎に入ってしばらくの間（1か月間以上もの間），輸送前の行動パターンに戻らなかった（Honess et al. 2004）．同様に，模擬的に輸送条件に置かれたトラ（*Panthera tigris*）では，輸送後3～6日間，糞中コルチゾールのピークが基底値よりも239%高く，基底レベルまで戻るのに約2週間かかっている（Dembiec et al. 2004）．こうした最近の研究では，輸送のいくつかの局面を事前に体験させることで輸送によるストレスの影響を減らすことができるということが示されている．それでもやはり，輸送前，輸送中，輸送後に生じる全てのことは，その動物のケアと福祉に最大限配慮して行われなければならない．

6.3.3 社会集団の管理

自然に生じる動物の社会集団と同じように，飼

208　第 6 章　飼育施設と飼育管理

(a)

(b)

(c)

(d)

図 6-20　動物の移動は手間のかかる仕事である．特に動物の大きさによっては，設備面であらゆる難しさが伴う．〔写真：(a, b, d) ペイントン動物園環境公園，(c) Leszec Solski, ロックロー動物園〕

育下でも社会集団を維持させることが，動物園の目指すべきゴールであるということは，一般的に受け入れられている（Hediger 1955, Hutchins et al. 1978）．しかし，これを達成するには，集団の構造や機能について理解すると同時に，集団に影響を与える要因とその過程を理解する必要がある．例えば，野生下での雄と雌は，成熟した後に，自分の生まれ育った群れを離れ，別の群れを見つけて加わることが定めとなっている．これは，近親交配のリスクを減らすためである．しかし，集団間の移動や，その他の社会的プロセスを飼育下でなし遂げるのには限界があり，そのために問題も生じてくる．事実，飼育下で動物本来の社会行動を発現させる適切な機会を与えてコントロールすることは，非常に問題が多い．なぜなら，そこで起こり得るいかなる過ちも，繁殖の失敗や死に至るまでの闘争につながるからである（Visalberghi and Anderson 1993）．群れから移動することのない動物が，闘争の標的になることもあるが，一方で，導入された血縁関係のない動物が闘争の的や原因になる可能性もある．例えば，クビワペッカリー（*Tayassu tajacu*）の大きな飼育下集団において，高頻度に子殺しが記録されている（Packard et al. 1990）．飼育下において闘争が観察される場合，新生子に攻撃するのは血縁関係のない雌で，また，新生子を守ろうとするのは血縁関係のある雌であった．クビワペッカリーは，野生下において大きな社会集団を形成するが，このことは，飼育下では，雌が闘争率の減少に関係しており，確かめる必要がありそうだ．

社会集団を管理することは，最重要課題の1つであると考えられることが多いが，飼育下で達成するには難しい課題である．このことは，大きな社会集団をもつ動物に限ったことではなく，単独生活種も同様に社会的な管理を行わなければならない．なぜなら，単独生活種は繁殖のために他個体と接触させる必要があり，否応なく他個体の近くに置かれるからである．機能不全に陥った社会集団は，本章の始めに述べた飼育管理における3つの主な当事者のいずれにとってもよくない結果をもたらす．

- 動物そのものがストレスや繁殖率の低下，免疫機能障害に陥るかもしれない．また異常行動や攻撃性が生じ，死に至る可能性もある．
- 飼育係は日常管理を行うことに困難を覚えるようになるかもしれない．なぜなら，その動物の何頭か，あるいは全てが展示場で正常な動きをしなくなるかもしれないからだ．
- 来園者は動物が争うのを見たくないが，積極的な社会的交流の様子は見たがっている．

自然な社会集団を維持するためには，動物園にとって制限要因が多い．その要因は，空間（もし空間が制限されれば，大きな集団は維持できず，したがって繁殖を進めたり，個体群を維持したりするうえで影響を被ることになるからである），個体（あるいは種）の相性（もし動物同士相性が合わず，お互いに闘争すれば，必要に応じてより小さい集団で維持していかなければならない），そして動物の入手可能性（種によっては飼育下個体数が少なく，そのためより大きな集団をつくりあげることができない）などである．また，社会集団の力関係は，動物の年齢や様々な行動によるものであれ，あるいは子どもが生まれるからであれ，時間とともに変化する．確かに Baker（2000）は，より年齢の高い雌（30〜44歳）のチンパンジー（*Pan troglodytes*）は攻撃性が少なく，若い雌（11〜22歳）ほど展示場を使うことがなく，一方，その反対が雄のチンパンジーの場合であったと指摘している．

本項の残りでは，動物園における社会集団の維持に関連した技術や過程のいくつかを見ていくことにする．

集団の大きさ，飼養密度

野生下で極めて大きな集団で生活している種もいるが，飼育下ではスペースに限りがあり，大きな集団をつくり出す試みは困難となる．スペースと集団の大きさの関係は，飼養密度という．これは，単位空間あたりの動物の数である．大きな集団に適切なスペースが与えられる限り，過密状態による影響を被ることはない．実際，多くの種

は大きな社会集団の中で繁栄している．ある研究によれば，大きな集団サイズがオランウータンの活動を著しく高めることにつながることを報告している（Wilson 1982）．また，チリーフラミンゴ（*Phoenicopterus chilensis*）は繁殖するために少なくとも40羽が必要で，ベニイロフラミンゴ（*Phoenicopterus ruber ruber*）では20羽以上の場合に繁殖の成功度が増すことが報告されている（Stevens 1991, Pickering at al. 1992）．

　飼養密度を注意深く観察することが必要であることは明らかである．なぜなら，過密状態は動物の福祉を危うくするからである．これは動物同士で資源を巡る競争が増えることによって生じ，動物にとって食べ物や隠れ家が全く，あるいはほとんど得られないことにつながる．給餌や資源供給の様々な方法によって，限界はあるが，この問題を乗り越えることができる（給餌に関する12.7を参照）．

　高まった社会的なプレッシャーを改善しようとしても，動物たちがお互いに自分たちの距離をおくことができないような場合に，過密状態は，その動物の生理や行動を変化させることになる．例えば，ペイントン動物園環境公園では，マントヒヒ（*Papio hamadryas hamadryas*）の大きな集団（5年以上の研究期間中，最大83頭，最小46頭）を，毎日の掃除のために屋外展示場（約35m×15m×13m）から，小さい非公開の屋内施設（3m³）へ移動させていた．自己指向性転位行動（displacement behaviours）の発現を指標にして測定したストレスが，この集団では飼養密度が高まったことにより有意に上昇した（Plowman et al. 2005, 図6-21に図示）．

　過密状態による社会的な問題，例えば闘争や常同行動が高い頻度で見られる場合には（de Waal 1889），エンリッチメントを施すことでそれを緩和することができる．先に述べたマントヒヒの集団は，小さな非公開施設の床一面に深く層をなすほど樹皮を堆積させることで，遊びの度合いが有意に増し，闘争が減った．

　最後に，飼養密度に比例して健康上のリスクも増加する（例えば，Goossens et al. 2005や第11章「健康」参照）．これは，潜在的な疾病保菌者が増えるからという理由だけでなく，個体間での接近度が増すとともに，大量の糞が出ることによって，その汚染が助長されるからである．これは陸水の両環境ともに同じことがいえる．

単性集団

　野生下の動物集団では，様々な異なる社会システムや集団構造がある（表9-1参照）．しかし，こうした自然な社会集団を飼育下で再現しようとすると，例えば，家族集団から生まれる子どもや，ハーレムから優位な個体によって排除される成熟雄のように，余剰動物が出てくる（Graham 1996）．動物の余剰に起因するこうした問題のいくつかは，Box 9.6でさらに論じることにする．

　余剰動物を防ぐための1つの方法は，単性集団をつくり，繁殖を制限することである．この1例として，ロドリゲスオオコウモリ（*Pteropus rodricensis*）の欧州繁殖計画では，個体群が大きくなりすぎないように，加盟園館に雄のみあるいは雌のみを飼育することを勧めている．同様に，ニシローランドゴリラ（*Gorilla gorilla gorilla*）では，繁殖集団は単独の成熟雄を含むハーレムからなる．そのため，雄が高齢になるとその集団の中に居場所がなくなる．欧州繁殖計画では加盟園館の何園かがこうしたゴリラの余剰雄の受け皿として，単身の雄の集団を飼育することを勧めている．

　単性集団は，ブラックバック，エリマキキツネザル，多くの爬虫類，群れを形成する鳥類などの様々な種でうまく管理されてきている．チーターでは，つがい相手となる雌に見せる雄集団を飼育管理することは，その繁殖成功の機会を高める可能性がある（Caro 1993）．

　しかし，雌雄別々の飼育下集団では問題も生じる．なぜなら，野生下では雌雄別々の集団を形成することはないからである．もしあったとしても，そうした集団は一時的なものか，あるいはその集団内の個体は近親関係にあるもののみを許容している〔例：ゴリラ（*Gorilla gorilla*），Pullen 2005参照〕．単身雄の集団では雄同士の闘争が特に懸

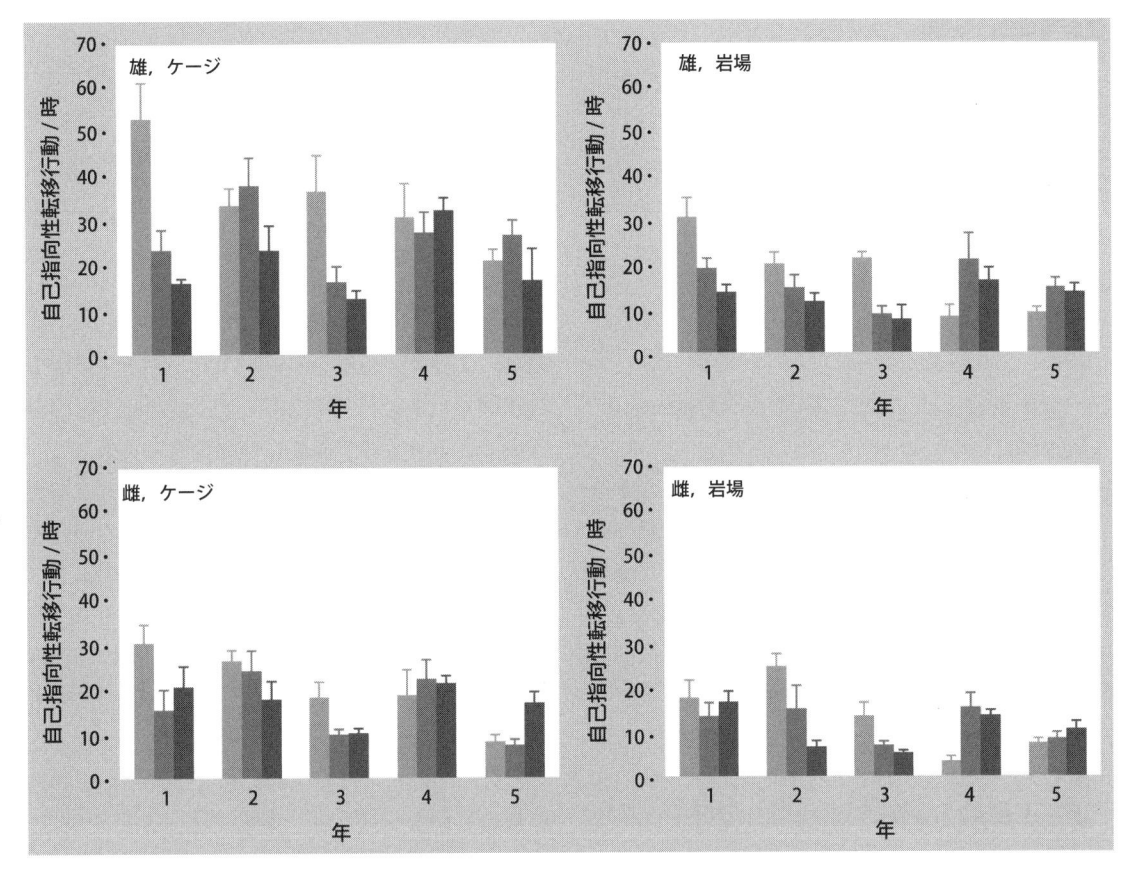

図 6-21 ペイントン動物園環境公園ではマントヒヒの大きな集団を管理するうえで，広い岩場の展示場から小さいケージの施設へ，展示場の清掃目的で移動させる必要がある．この移動によって集団の飼養密度が増加した際，自己指向性転移行動（SDB）の平均頻度が上昇することが観察された（Plowman et al. 2005）．自己指向性転位行動と福祉との関係については 4.4 で述べている（Plowman et al. 2005 より）．

念される．

残念ながら，全ての種で闘争の可能性を減らすために適用できる標準的なルールといったものはないように思われる．例えば，年齢や社会経験に大きな差がある場合，チンパンジーの雄同士において高い攻撃性が観察されている（Alford et al. 1995）．ベルベットモンキーの雄同士の導入のことについて前述したように，彩色の違いも闘争を増すことにつながる（Gerald et al. 2006）．こうした闘争の可能性を少しでも抑えるために提案される技術として，時間をかけて導入を進めること（上述参照）や，そうした動物がうまくやっていけるだろうという見込みを増すために行動上の特徴を一致させることがある（例：Kuhar et al. 2006）．

飼育下では単性集団が必ず必要になるが，特に，血縁関係のない個体，若齢個体の成熟，集団内外への動物の移動について考えた場合，こうした集団がいつも安定しているとは限らない（Mattews 1998, Asvestas and Reininger 1999, Fbregas 2007）．単身集団を危険にさらすかもしれない行動上の問題だけでなく，単性集団の中に若い個体がいないような展示は，来園者にとって魅力的ではないものになってしまう．したがって，多くの動物園は，雄集団のみを飼育することはないだろう．

混合種集団

多くの動物は野生下で様々な種とつながりをもっている．こうした関係は，野生下では捕食される恐れを減らし，採食の機会を向上させ，社会的な刺激を高め，さらに繁殖機能を高める，といった利点をもたらしている（No and Bshary 1997, Wolters and Zuberbuhler 2003, Griffin et al. 2005）．動物園で混合展示を行う利点として次のようなことがある．

1. 生き生きとした社会的刺激（Thomas and Maruska 1996）．
2. 展示場空間のより効果的な活用．同じような生態をもった動物，あるいは様々な生態の動物はより効果的に利用可能な空間を最大限に活用することができるからである（Dalton and Buchanan-Smith 2005）．
3. 質的により高い教育．生物地理学的に代表的な種を一緒に飼育したり，あるいは，生息環境は似ているが違う国にいる渉禽類のように，共通の特性をもつ動物を集めたりすることができる．

しかし，異種を混合飼育する場合には，ケアが必要である．ある同じような生息地内で異なった生態的ニッチ（生態的地位）をもつ種を選ぶことで，競合の可能性を減らすことができ，闘争も減らすことができる（Thomas and Maruska 1996）．例えば，マーモセット科のような自然界での同所種は多くの組合せで一緒に飼育されてきた〔例えば，ゲルディモンキー（*Callimico goeldii*）とピグミーマーモセット（*Callithrix pygmaea*）— Dalton and Buchanan-Smith 2005 参照〕．しかし，自然界で生じている関係は飼育下で働かない場合がある．あるいは，特別な飼育管理の配慮が必要となる．例えば，水鳥と哺乳類（シカや他の有蹄類）を一緒にするような場合，陸地の中に水鳥だけが利用できるようなエリアを与えるべきである．そうすれば，力の強い大型の種が陸地を使っても，水鳥たちは締め出されることがない．これは有蹄類をフェンスで仕切ることによって可能である（地面より 30cm 上— Defra 2004 参照）．

6.3.4 われわれはいつ干渉し，何をすべきか

動物園の飼育管理に関わる活動のいくつかには議論の余地がある．種の保全を行うメリットや，動物によりよい福祉を保証しようとするメリットを議論する人はわずかであるが，こうした目標を達成できるようにするための飼育管理技術については議論されることが多い．動物園関係者は飼育動物の暮らしにどの程度立ち入るべきなのか，ということがまさに議論の分かれるところのように思われる．これに関連することは様々なものがあり，安楽殺や避妊の実施といった余剰動物の管理（9.7.4 と Box 9.6 を参照），人工哺育を行うべきかどうか（Box 9.4），飼育下の状況に合わせるために意図的にせよ非意図的にせよ，どの程度動物を変えてしまうべきか，ということがあげられる．

ここまで見てきたように，飼育下動物の行動，形態，遺伝子は野生の同種に比べると世代ごとに変化し得る．ある動物の一生涯に起きる様々な飼育管理技術の多くは直接的あるいは間接的にその動物やその福祉に影響を与える．例えば，鳥の羽への物理的な改変である飛行抑制[17]の技術は，直接的に鳥を飛べなくさせるものであるが，あまりにも狭い展示場でも飛行は抑制される．

こうしたことを行うべきかどうか，いつ実施すべきか，どのように実行すべきか，ということが議論のテーマである．ある程度は，それらに異論があるかどうか，それらに賛成できるかどうかにかかっている．ここでは，異なる飼育管理技術を使うための枠組みを紹介する．その技術の利点や欠点，代替技術が何であるのか，そしてその影響が及ばないようなものは何か，といったことに配

---

[17] 飛行抑制（flight restraint）とは，鳥類を飛べなくさせる技術のことで，飼育施設や飼育管理の方法によって，あるいは外科的手法によって，一時的または恒久的になされるものである．

慮することが重要である．

飛行抑制の問題をより詳しく見ていくことにしよう．

飛行抑制

なぜわれわれは動物園で鳥が飛べないようにしておくことを望むのだろうか．1つの答えは，飼育下繁殖計画の一環として鳥類を保全したいということ，そして，鳥類が野生下で絶滅しつつあるのを防ぐためである．議論されているのは，飛ぶことができるほど十分な飼育場空間を鳥たちに提供することがいつも可能とは限らないということである．つまり，物理的な空間には限りがあるため，より大型の天井のある飼育場を建てるためには，それ相応の建設費が必要だということである．飼育場のタイプによっては飛行能力のある鳥を傷つけてしまいやすいという報告もある．

飼育下繁殖計画を通じて鳥類の絶滅を防ぐことは，ある種の鳥にとっては飛行抑制が潜在的に否定的な影響を及ぼすということ以上に重要になる，ということが主張されてきた．鳥は普段からどの程度飛ぶものなのか，言い換えれば，鳥はどの程度飛ぶ意欲があるのかというところに飛行抑制の影響についての議論の余地がある．以前の研究では，動物には活動の時間配分（activity budgets）の大部分を占める行動が不可欠で，それにはかなりの動機づけがあると考えられてきた（Bubier 1996）．しかし，Mason et al.（2001）は，動物が行動を示すのに意欲的であるのは比較的短い時間であることを示した．この問題は，適切な観察データがなければ解決することは難しい．

しかし，健全な動物に対して，例えば尾切りや去勢を故意に行うことや，飛行や繁殖といった本来の行動を抑えることは許しがたく，その福祉に反するという見解もある（第7章参照）．

この種の議論は，たいてい2つの段階に基づいてなされる．1つは，確実に記録され，解明された事実により得られた情報を用いることで，もう1つは，憶測や仮定，あるいは信念に基づく情報を用いることである．第7章で述べているように，客観性のある洞察を行うことは，異論の多い問題の感情的な要素を区別する際に重要である．飛行抑制を行うことが鳥類の福祉や保全に影響を与えるかどうかということに考慮する必要がある．これはもちろん，鳥の種や用いられる飛行抑制の方法にもよるだろう．

鳥が飛べなくなるようにするために用いられる方法は様々なものがある．どのくらい侵襲的であるのか，あるいは普遍的であるのか，という観点によってもその技術は異なる．翼の管理[18]には鳥のバランスを崩させることにより飛べなくさせる方法や，物理的に翼を使うことができないようにする方法がある（より一般的に用いられる施術については図6-22に図示した）．特に断翼（pinioning）は，飛行抑制の中で最も議論の分かれる方法である．切羽（クリッピング）は鳥のバランスを崩すために一方の翼から初列風切り羽を切る方法である．環状の革紐（ブレール）を使っても同じことができる．これは，片方の翼を肩越しに閉じたままにする方法である．

翼の管理には外科的な手法もあるが，その切除行為は，2006年の「動物福祉法」5（3）節における「治療目的以外に動物の繊細な組織や骨構造に干渉する施術」にあたると考えられる．しかし，この法律の中では，翼の管理に伴う外科的施術は，獣医師が行うか，以下のような厳格な規約に従うのであれば，保全活動上の観点から適用除外[19]を受けており，許可されている．

主な外科的方法は2つある．
- 断翼：技術的に様々なバリエーションがあるものの，実質的には翼先端部の指趾切断を行う方

---

[18] 翼の管理（wing management）とは，例えば，断翼や切羽のように，鳥類の翼を物理的に変えることによって飛行を制限することである．

[19] 切除術の禁止令に対する免責のうち，特に家畜牛の繁殖制御や，保全活動のために行う鳥類の翼タグ装着は，現在，委任立法によって再評価されつつある（法律に関する詳細は第3章参照）．

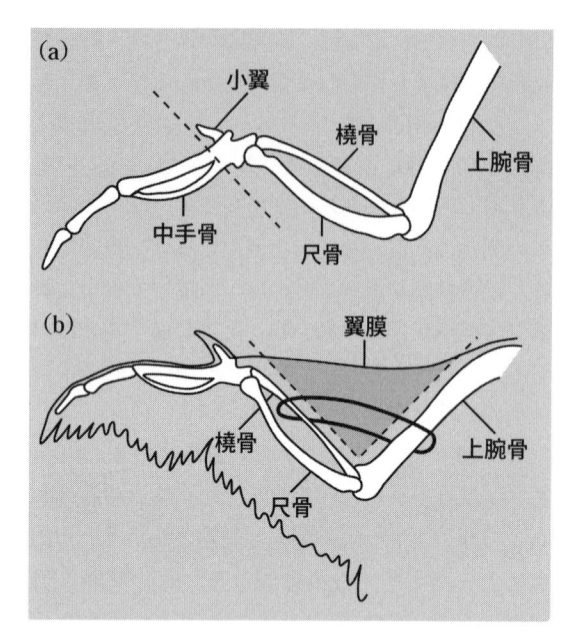

図6-22 飼育下における鳥類の飛行を抑制するために用いられる方法のうち，ここでは (a) 断翼と (b) 翼膜切除 の2つの外科的手法を示している．本質的には，全ての動物の行動を飼育下ではある程度抑制することになるということは忘れてはならないが，動物園では鳥類の飛行を抑制すべきかどうか，また，どの方法を用いるべきかということは，大いに議論の余地がある．

法である．農場内で行われるものでない限り，英国では合法である．
- 翼膜切除（patagiectomy）または腱切除（tendonectomy）：翼膜または手根関節の腱の全て，あるいは部分的な剥離によって翼の機能を失くす方法である．この方法は見た目には鳥の翼は損なわれているように見えない．

翼を制御する方法に加えて，飛行は次のような方法でも制限または抑制される．
- テザーリング（係留，tethering）：猛禽類で最もよく用いられる方法で，台や杭に繋ぎ止めておくために脚に革のストラップ（足革）を固定することによって鳥の行動を抑制する．
- 過剰給餌（overfeeding）：鳥は体重が重くなりすぎて飛ぶことができなくなる．
- 飼育場のデザイン：飼育場に離陸できるほど十

分なスペースや高さがなければ，大型鳥類の飛行を抑制することができる．

新動物園飼育管理監督基準（Defra 2004）によると，病気でない限り，係留した鳥は少なくとも週4回は飛ばすべきで，1年中係留したままにすべきでないとしている．また，フクロウ類やハゲワシ・コンドル類は係留せず，ケージ内で飛行訓練させることを推奨している（Defra 2004）．

鳥類の福祉や保全に関する飛行抑制の影響を具体的に調査する研究はほとんど行われてこなかった．Hesterman et al.（2001）は，様々な飛行抑制技術がどのように5つの自由に矛盾しているかを検討することによって，こうした技術に関する福祉の影響を評価した．表6-2はこうした議論のいくつかを概説したものである．しかし，研究データがないため，この技術の賛否についての議論のほとんどは，飼育係や管理者の経験則に基づいている．実際には，飛行抑制を行うかどうかを決定する必要がある多くの場面において，その判断を下すのに利用可能なデータがほとんどない．だからこそ，こうした問題が長期にわたる論議になるのである．

鳥類の飛行能力は，動物園において抑制すべきものなのだろうか．飛行が鳥類の行動レパートリーの基本的な部分であると考えれば，鳥類は飛行しなくしても生きていけるのだろうか．そして，どのような影響をもたらすのだろうか．これらは，飛行抑制などの飼育管理手法を使う際に，そのコストや利益を考慮する場合に向けられる質問である（費用対効果の分析については7.5.3で詳説する）．

6.4　施設や飼育管理が動物に与える影響を研究する

動物園に軸を置いた研究は，施設や飼育管理に関する事柄についての調査が多い．そして，それらの変化がその動物の生物学に影響を与えるかどうかということが動物園動物の健康状態を向上させることにつながり，また動物園の目標の実現

表 6-2 飛行抑制方法についての潜在的長所ならびに短所と最悪または最善の事例

方法	一時的/恒久的	長所	短所
狭い飼育場	一時的	翼を広げたり，羽繕いをしたりすることはできる	密集しスペースがないため，運動が制限される可能性がある
切羽（クリッピング）	一時的	施術しやすい	追いかけたり捕まえたりすることが繰り返されるためストレスを伴う 自傷行動の発生 水鳥における藻類増殖 生育中の羽が切断されると，極度の出血が起こる
過剰給餌	一時的	翼全部を広げたり羽繕いしたりすることができる	肥満に伴う健康上の問題
係留（テザーリング）[1]	一時的	飛ぶ機会を与えられる	スペースがないため，運動や行動が制約される
ブレーリング[2]	一時的	飛行能力はある	長期の筋萎縮（もとの状態には戻る），翼の成長障害
断翼[3]	恒久的		
翼膜切除	恒久的	翼が正常に見える	翼としての機能がなくなる 翼膜切除は治癒に時間がかかる
全ての方法に当てはまること		建築費をそれほどかけずに，また，ダイナミックな社会行動の営みを刺激する大きな社会集団[4]を展示場の中で容易に維持することができる．このことは，施設が原因で怪我をするリスクや，動物園周辺に在来でない種の逃走を減らせる．	体のバランスが悪くなって起こる怪我や，ケージ内での闘争を避けることが難しいために起こる怪我のリスクが増す．逃げる，止まり木に止まる，交尾するといった行動のいくつかが制約され，特に交尾の制限は繁殖機会の減少につながる[5]．

[1] フクロウ類やハゲワシ・コンドル類は係留すべきではない（Defra 2004）．
[2] もし，ブレール（環状の革紐）を 2 週間以上使用する場合は，翼の硬直を防ぐために交互につけるべきである（Ellis and Dien 1996）．
[3] 孵化後約 3 日齢で行うべきである（Hesterman et al. 2001 の総説）．
[4] Pickering et al.（1992）は，繁殖を確実に成功させるためには，チリーフラミンゴで最低 40 羽，ベニイロフラミンゴで最低 20 羽の群れをつくるべきであることを明らかにした．
[5] 飛行抑制したフラミンゴは繁殖の可能性が少なくなることがデータから指摘されている（Farrell et al. 2001）．
注：一時的な方法は便宜的なものである．つまり，もしその鳥の飼育条件が変われば，飛行抑制の判断は，改めて見直されるものである．一方，恒久的な方法は飛行抑制を維持するための捕獲や保定の回数を抑えられるものの，施術後の感染症の危険や，術中術後に痛みを伴う．

にも役立つことになる（Eisenberg and Kleiman 1977, Hutchings et al. 1978, Schaaf 1984, Kleiman 1992, 1994, Seidensticker and Doherty 1996）．第 14 章では，動物園においてどういった調査研究が必要とされているのかについて述べるが，ここでは，動物園動物の飼育施設や飼育管理を評価するために採用される様々なアプローチの中のいくつかに焦点をあて概説する．

6.4.1 ボトムアップかトップダウンか

飼育下動物の生物学に関する施設や飼育管理の影響を研究するために，2 つの異なったアプロー

チが用いられている．そして，これらは"ボトムアップ"と"トップダウン"と呼ぶのがふさわしい．主要なアプローチはボトムアップである．これは，その動物の生物学が修正されるまで，施設や飼育管理の日常業務に対するたたき台となるような変化を起こすことに基づいている．例えば，施設と飼育管理上の要素のいくつかは動物の常同行動に影響を与えているのではないかと考えられている．このケースでは，常同行動を減らす，またはなくすまで様々な施設や飼育管理に対して改良が加えられるだろう．このボトムアップ・アプローチは大部分の環境エンリッチメントに関する研究の基盤となっている（Chamove 1989）．

一方，トップダウン・アプローチは，飼育下動物の生物学にどの要因が影響を与えるのか，さらにどの程度影響するのかを明らかにしようとするものだ．この情報は飼育施設や飼育管理に対するその後の改良を加えるために使われている．上記の例でいえば，もし常同行動の原因を見つけようとして，その結果，常同行動が現れるのを減らす，またはなくすことができれば，トップダウン・アプローチは，遺伝，栄養，施設ならびに飼育管理といった様々な要因に関する情報を集めることができるだろう．そして，常同行動の発現には，どの要因が，またどのように影響しているのかを評価することができるだろう（Montaudouin and Le Pape 2005）．

2つのアプローチは，互いに補い合うことができる．なぜならトップダウン・アプローチは，飼育下動物の生物学に影響を与える要因を決定することができるからである．例えば，どの程度，こうした要因が動物に影響を与えているのかということについては，動物に変化が見られるまでその操作を行うことによって測定することができる．2つのアプローチは，同じような情報を示すが，ボトムアップ・アプローチはそれほど包括的ではない．なぜなら，その目標は，飼育下動物の生物学的な変化が起これば，あるいは起こる時にだけ達成されるからである．このように，その研究は施設や飼育管理に対する1つの改良が成功したあとに終了することになる．実際に，様々な施設や飼育管理の指標が飼育下動物の生物学に影響を与えている．一方，トップダウン・アプローチは，施設や飼育管理の要因がどれほど行動に影響を与えるのかについて深く理解することができる．しかし，このアプローチはより複雑で，実施するのに多くの時間を要するだろう．

6.4.2　単一動物園での研究と複数の動物園での研究

単一施設での研究（single-site studies）とは，1つの場所で実施される研究のことである．つまり，1つの動物園の飼育施設で行われるものである．通常，このスタイルの研究は，施設や飼育管理の変更の影響を評価するために，その変更前後で飼育下動物の生物学を比較するものである．施設や飼育管理の変化の影響を評価するために用いられる典型的な方法として，利用率評価（POE）がある（Box 6.2 参照）．

このアプローチの主な利点は，施設や飼育管理の要因がその展示場内にいる動物の行動にどのくらい影響を及ぼすのかを明らかにすることができるという点である．また，こうした研究は比較的安く迅速に，かつ容易に行うことができる．このような状況下において，余剰変数は，施設や飼育管理の変更前後に合致したような場合に，その結果と混同してはならない．順序効果や時間経過による効果は，例えば条件間のラテン方格法や無作為化を用いることで，デザインの修正によって減らすことができる（Lehner 1998）．残念なことに，単一施設での研究は通常，サンプルサイズの少なさを伴う．このことは副次集団がその集団内に存在していた場合に，さらに少ないものとなる（例えば，性や年齢層．研究におけるサンプルサイズの少なさへの対応に関する詳細は第14章を参照）．

単一施設での研究の短所は，施設や飼育管理の要因が他の場所（他の展示場や他の動物園）にいる動物にどのくらい影響を及ぼすのかについて考える場合には限界があるということである．そ

Box 6.2　利用率評価

　利用率評価とは，どれだけの人間がその環境を利用し，相互に作用しているのかを評価するために開発されたものである．動物園の場合の利用率評価は，異なる種がどのようにその展示場で行動し，その中の様々な資源を利用しているのかを評価する有益な手段となる．例えば，Chang et al.（1999）はマンドリル（*Mandrillus sphinx*）において，展示場を変更する前後でどのように利用したかを研究し，展示場の改修がマンドリルの行動に重要な変化をもたらすと判断した．つまり，展示場の改修によって，飼育下のマンドリルに野生下での行動と非常に近い行動がもたらされたのである（この研究に関する詳細は 4.5.3 参照）．同様に，利用率評価の技法は環境と動物の長期的な相互作用を調査することができる．したがって，環境エンリッチメントや改修を行った後，あるいは，展示場が新設であった場合，どのくらいの期間，刺激を与え続けることができるのかを評価できる．こうした情報は施設や飼育管理を変える最もよい時期を考える場合に重要である．

　1つの例として，ペイントン動物園環境公園のアカカワイノシシ（*Potamochoerus porcus*）の研究がある．アカカワイノシシが新しい展示場に導入された時からそこをメチャメチャにしたのは明らかであった．はじめ，灌木や樹々でかなり生い茂っていたが，あっという間にアカカワイノシシはこの植栽がほとんどなくなってしまうまで噛み砕き，地面を掘り返し，その中をあさり続けた．利用率評価は，3頭のアカカワイノシシが新しい展示場において最初の3か月間で，初めてそこに入った時より明らかに活動レベルが低下したことを立証するデータを示した（Dayrelll and Pullen 2003）．この情報は，飼育管理における変化をもたらした．それは広範囲に及ぶばらまき給餌（scatter feed）である．これは，展示場が新しく興味関心があった時期に観察されていたレベルまでアカカワイノシシの展示の利用状況を戻そうとするものであった（図 6-23）．

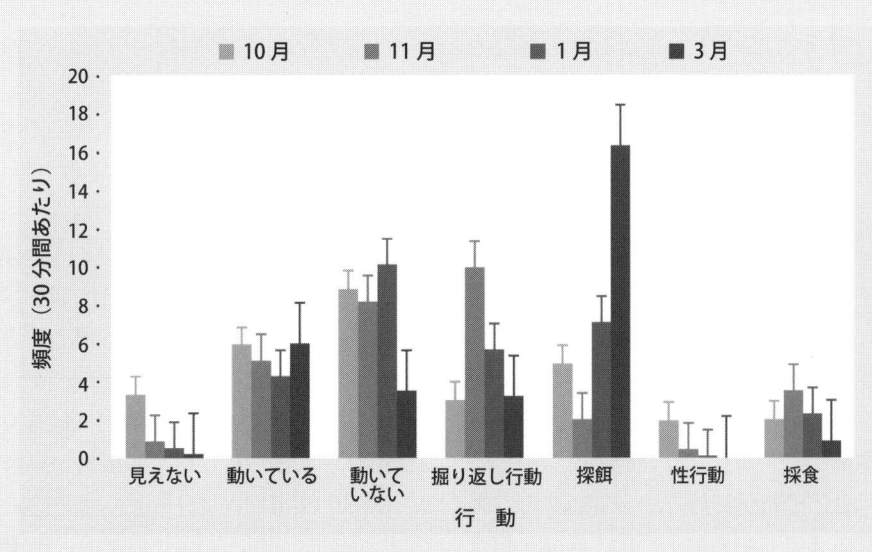

図 6-23　新しい展示場への導入後，初めの4か月間におけるペイントン動物園環境公園の3頭のアカカワイノシシによる展示場の利用度．10月にアカカワイノシシは初めての展示場に導入され，3月にばらまき給餌が行われるようになった．これにより，展示場の利用度が増加した．（Dayrell and Pullen 2003 より）

> **Box 6.2 つづき**
>
> 利用率評価は動物の行動あるいは展示場の利用がどのように変化したか，さらにはどれくらいの来園者や飼育係がそのエリアを利用することができるかを測定することができる．例えば，Wilson et al.（2003）は，サンディエゴ動物園の新しいジャイアントパンダの展示場を利用する来園者や飼育係がその展示場の変化を好ましいものと考えているということを明らかにした．

の結果自体は，他の個体や他の種に対して一般化することには役立たないが，このタイプの研究は他の状況で派生する問題を慎重に予測できる（Carlstead et al. 1991, Baker 1997）．ある動物園の餌の与え方や展示場の構造，来園者数を変えることによって，それらの影響を調査するための研究が行われている（McKenzie et al. 1986, Smith et al. 1989, Mitchell et al. 1991a）．

一方，複数の動物園での研究（multi-zoo studies）は，いくつかの動物園をまたいで1つの種を比較するものだが，施設や飼育管理の変更が意味するものをより多く調査する機会を与える．例えば，複雑な展示場で別の環境要因（例えば，丸太）を加えるのは，簡素な飼育施設の中に組み込む場合と比べてそれほど効果はないだろう．また，施設や飼育管理がどれほど繁殖成功率や活動レベル，展示場の利用に影響があるのかを評価するためにこの方法が用いられた研究もある（Ogden et al. 1993, Mellen 1994）．残念なことに複数の動物園での研究は，利点があるにも関わらずめったに実施されない．おそらく，単一施設での研究に比べ，多くの支援が必要となるからだろう（Mellen 1994）．より詳しくは第14章の「多くの動物園を対象にした研究」についての項で，調査の仕方や行動評価方法（MBA）の計画について説明する．これらは，行動，施設・飼育管理，死亡率，繁殖成功率といったことの関係を決定するのに非常に便利である（Kleiman 1994, Carlstead et al. 1999a, 1999b）．

6.5　飼育施設と飼育管理に関するガイドライン

動物園動物のための飼育施設ならびに飼育管理ガイドラインは，その包括範囲は異なるものの様々な機関によって編纂されている．英国では新動物園飼育管理監督基準（Defra 2004）が全ての動物園で参照されている．こうした勧告は，動物園ライセンスを得るために満たされていることが求められているからである（第3章参照）．また，動物園協会に関わらず，飼育施設と飼育管理のガイドラインを作成することは大部分の飼育下繁殖計画に必要なことである．しかし，こうしたガイドラインは驚くほど少なく，こうした記録の多くを集める書庫としての役割をもつ国際種情報システム機構（ISIS）は，2006年時点でわずかに24件ファイルされているだけである．

利用可能なガイドラインのいくつかについてはその質が懸念されるものもある．世界中でつくられるガイドラインの短期間での調査によれば，ガイドライン中にある全ての獣医部門の科学的根拠と比較して，飼育施設と飼育管理の推奨事項には19件のうち3件しか科学的根拠がみられなかった（Melfi et al. 2004a）．よい飼育施設と飼育管理のガイドラインというものは，事実に裏打ちされたものだということは明らかであるように思える．この事実とは，本質的に経験上のデータであり，一定の飼育施設と飼育管理の原理がなぜ用いられるべきなのかを実証するものである．し

がって，飼育施設や飼育管理の影響を調査する研究を奨励する必要があり，そのためには事実に基づいて，さらには動物にとって最良の状態を動物園が提供できるよう，飼育施設・飼育管理ガイドラインを作成することを，飼育下繁殖計画に関する文書に明記すべきである．

まとめ

- 飼育施設のデザインは，通常3つの主な当事者－すなわち，動物，飼育係，来園者－のニーズがどう最大に生かされるか，その妥協点である．もちろん，その他の関係者のニーズも考慮しつつだが．
- 動物の飼育管理の観点からすれば，飼育施設のデザインはまず，その施設づくりと飼育管理が動物を肉体的にも精神的にもよりよい刺激となるよう，全てのことがそこに向けられるべきである．
- 施設づくりと飼育管理は，飼育係が動物福祉を持続させ，もっと向上できるようなものであるべきである．
- 施設づくりと飼育管理には，来園者が楽しめるような体験を用意すべきである．来園者は動物園内を歩きながら何かを学びたいと期待している．
- これらの観点が全て含まれた飼育施設の例を図6-24に示す．

論考を深めるための話題と設問

1. 動物園の飼育施設のデザインに関わる主な3つの当事者とは誰か．その他にどのような当事者が考えられるか．

図6-24　もしあなたが本章の内容を理解されたなら，自分自身で世界レベルの展示場〔例えば，シンガポール動物園のマントヒヒ（*Papio hamadryas*）の展示場〕をデザインすることができるだろう．この展示場は彼らの故郷であるエチオピアの山岳地帯を忠実に模している．（写真：Nor Sham，シンガポール動物園）

2. 施設づくりと飼育管理には，どのような要因が動物のニーズに影響するだろうか．
3. 自然的な展示施設にはどのような利点と欠点があるか．
4. 動物の逃走を防ぐのにあなたならどんな方法を使うか．
5. 動物の社会集団を管理するのはなぜ難しいのか．
6. 飼育施設の広さと複雑さは，どちらが重要かについて，その意見と根拠を話し合ってみよう．
7. 動物の生物学的観点から，飼育施設と飼育管理が変化した場合の影響評価をあなたならどうするか．

さらに詳しく知るために

本章ですでに取り上げた内容のほとんどは，動物園界で働く人たちの経験則からきているが，その多くは公表されたもので，本文中の適所に引用している．

毎回述べているが，われわれが読者に紹介できる本はほんのわずかである．Kleiman et al.(1996) の「Wild Mammals in Captivity: Principles and Techniques（飼育下の野生動物：原理と技術）」は，動物園における哺乳類の飼育管理に関する情報に詳しい書である．

数多くの雑誌，特に「Applied Animal Behavioural Science」，「Zoo Biology」，「Animal Welfare」，「Aquarium Science」，「Conservation」には，施設づくりと飼育管理に関連した論文が掲載されている．さらに「International Zoo Yearbook」も様々な動物園からの施設づくりと飼育管理に関連したたくさんのケーススタディが掲載されている．

最後になるが，「Zoo Design Conferences」の報告書も読むに値する．これはホワイトリー野生生物保全トラスト（Whitley Wildlife Conservation Trust）から入手可能である．

ウェブサイトとその他の情報源

この章では，多くを新動物園飼育管理監督基準（Defra 2004）に因っている．それは下記サイトからダウンロードして読むことができる．
www.defra.gov.uk/woldlife-countryside/gwd/zooprac/omdex.htm

また，ZooLex のサイト（www.zoolex.org）も有用である．このサイトは，世界動物園水族館協会（WAZA）から認められており，広範囲に亘って動物園デザインの文献を扱い，また，数多くの世界中の動物園展示のケーススタディも取り上げている．

第7章　動物福祉

　全ての動物園は，実現したいと考えている種の保全や教育活動，または研究や使命にかかわらず，飼育動物たちに対して十分な福祉を保証すべきであると認識している．動物福祉とは，一般に個体が幸せであると主観的に感じる状態であると考えられており，この状態は身体的および精神的状態の両面により決まってくる．もちろん，私たちが動物たちの主観的な状態を十分に理解することは不可能であるため，客観的な指標を通じた動物の福祉の評価は揺らぎやすく，非常に難しい．この難しい問題に対する1つの回答は，動物たちがその一生において何を必要としているかを考え，それが満たされているかどうか，つまり高いレベルの福祉に達しているか，最悪の場合でも，福祉が損なわれていないか，を判断することである．

　動物の要求を理解し評価することは，異なる4つのアプローチによって押し進められてきた．彼らの心，身体，性質という観点から動物の要求を考える方法と，ある種の類推から考える方法である．後者の方法を用いることにより，例えば私たち人間が身体的なストレス反応を通して様々な情動状態を経験することができ，動物もまた人間と同じ生理的機能をもち合わせているとするならば，動物も人間と同様（もしくは類似した）感情を経験できる可能性があるということができる．

　この章では，福祉が損なわれているようないくつかの状況について再確認し，動物の要求と動物福祉の測定に使用されている客観的指標について整理する．また同時に動物園がどのように，その飼育の中で，動物たちの要求を満たすことができるか，動物たちに十分な福祉を提供することをどのようにして目指せばいいか，について考える．

　項目は以下のとおりである．

7.1　"動物福祉"とは
7.2　動物福祉科学
7.3　何が動物園動物の福祉を損なわせるのか
7.4　動物園動物の福祉を評価する指標
7.5　動物園動物に必要なこと

　Box（コラム）は，この分野（ストレス反応）についての理論的背景や福祉の評価に使用されている方法（コルチゾールを使った非侵襲的な方法），福祉の主観的な部分に影響する話題（通常の範囲を超える痛み）を含む，いくつかの関連する話題をより詳細に説明する．

7.1 "動物福祉"とは

　動物福祉科学とは，動物の生活の質に関する学問であり，動物飼育に関する他のどの分野よりも農学分野においてより多くの研究が着手されている．これにより，家畜の福祉に対する理解がより深まり，動物園のようなその他の状況で飼育されている動物にも適応が可能な一般原則を提示している．このような理由から，この章で引用しているほとんどの研究は，農業的価値のある動物の調査から派生している．

　動物福祉は，私たちがそれを良いあるいは悪いと判断するからとか，社会における特定の状況で動物の利用が容認あるいは非難されているからといって，変化しないということを認識しなければならない．動物福祉は動物の主観的状態のことであり，私たちや福祉の社会的見解とは関連のないものである．しかしながら，私たちの福祉の認識の仕方は，動物の扱い方，ひいては動物に与える状況に非常に大きな影響を与える．また，福祉がそれぞれの個体に特有なものであると認識する必要もある．したがって，異なる動物が同じ状況に曝されたとしても，福祉はその個体間で異なる可能性があり，実際，同じ個体であっても，その個体が得る福祉は時がたてば変わってしまうこともある．

7.1.1 全ては個体次第

　定義上，個体とは他者とは異なることであり，それはそれぞれ異なる世界を体験し，異なる要求をもっているということを意味している．近縁種にある個体同士でさえ，疾病，形態上の異常，行動病理などにおいて異なる反応を見せており，これらは遺伝的差異を反映していると言える．これまですでに，性別，年齢，社会的階級，ひいては個々の要求などの個体差が，私たちの提供するケージや飼育方法に，どのように影響を与えるのかということに関して検証してきた(6.1.1 参照)．次項ではまず，個性の違いというべき個体差の動物福祉に対する影響を取り上げ，次に，同種個体で共有される種差の動物福祉に対する影響を検証する．

個　性

　"個性"とは，様々な環境変化に対する動物の一貫した反応のことであり，動物の遺伝子構造と過去の経験とが統合されて生じるものである（Box 4.2 参照）．"個性"という用語は，動物に用いられる際に議論を巻き起こすことがあり，書き手によっては"行動的表現型"，"一連の行動形質"，"行動症状"，"適応様式"，"気質"などの代替用語が使用される．これら全ての用語は，どのように個体が環境に対して異なる反応を示すのかを定量化しようとしている．実際に，動物がそれぞれ異なる個性をもっているかのように振る舞うことを前提に，今現在この分野の研究は，なぜそれぞれの個体が同じ環境要因に対して異なる反応を示すのかということに関して，非常に良い見解を示している（Gosling 2001）．

　これは，動物の外因性刺激[1]および内因性刺激に対する異なる反応を裏付けるだろう．例えば，Capitanio（1999）は，実験室で飼育されているアカゲザル（*Macaca mulatta*）において，個性という側面が生物学的に妥当であると論証しており，個性と個体の行動とが相関関係をもっており，しかも初期評価がされてから，4年半も一貫した同じ結果を見せている．この研究では，"社会性"が高いと評価された個体は，他個体より多く親和関係をもっていた．その一方で，"自信"があると評価された個体は，攻撃行動をより多く示した．したがって，個性の測定は，動物福祉の科学的研究において必要な特色である客観性や再現性

---

[1] 外因性刺激とは動物の外部環境から生じる刺激のことであり，内因性刺激とは動物の体内で生じる刺激のことである．

を備えていると考えられる．

　まさにその本質から，動物の個性に関する知識は，それが環境中の様々な要因をどのように知覚し反応するのかを理解するうえでの手掛かりとなり，私たちはそれによって異なる状況下の福祉を評価できるようになるはずである．人では，個性の違いと健康状態に対する回復力や感受性との関連性が証明されており，これは動物にも同様に当てはまるようだ．例えば，Cavigelli et al.(2006)は，マウスに観察される新奇性恐怖症（neophobia[2]）の程度は，病変の発病および進行と関連があることを示し，そして最終的には動物の死と関連があると論証した．これはマウスの神経内分泌機能における根本的な違いに起因すると考えられ，その違い自身も，異なる気質と関連がある．自分の置かれている環境を盛んに探索する新しいもの好きな（neophilic）動物は，新奇性恐怖症（忌新症）の同種よりも死期が遅い傾向が強かった．

　エキゾチックアニマルにおける個性の違いは，スウィフトギツネ（*Vulpes velox*）のような再導入された動物に対しては，野生下での生存率の予測に役立ち（Bremner Harrison et al. 2004），チーター（*Acinonyx jubatus*）（Wielebnowski 1999，図7-1参照），ゴリラ（*Gorilla gorilla gorilla*）（Kuhar et al. 2006），クロサイ（*Diceros bicornis*）（Carlstead et al. 1999a, 1999b）などの種では，つがいの相性や飼育の管理体制の変化に対する個々の適応能力を評価するために利用されている．

種差

　動物園では，異なる環境条件に適応した多種多様な動物がおり，結果としてこれらの動物は見るからに異なっている．しかし，今まで見てきたように，それぞれの個体はその環境情報を違うもののように認知しているのにもかかわらず，たいてい同種の個体同士で共有する身体特性があり，その特性は他種個体とは異なる場合がある．このような特性は，動物の認知の仕方，ひいては刺激に対する動物の反応にも影響を与えている．

　この手の種差の好例としては聴覚感度があげられる．Voipio et al.（2006）は，ラットと人の聴覚感度における差を調整した際，ラットは人よりも敏感な聴覚をもっているということを発見した．この研究は，実験室におけるステンレス製ケージの定期洗浄を急いで行うことによって，90dBを超えた音量（ラットの感受性に負担をかける音量）が生じ，同時にこの音量は，人にとっても安全な労働環境とは言えないと論証している（HSE 2006）．しかし，慎重にポリカーボネート製ケージを扱うというような，日常的な飼育方法の些細な改善によって，日々の飼育手順から生じる音量を10〜15dBと大幅に減少させることができた．私たちは，動物園での騒音レベルと，それがどのように動物福祉に影響を与えるのかということについてはほとんど把握していない．

　種差の2つ目の例としては，常同行動があげられる．これまですでに，常同行動に関して検証し，多くの種における例をいくつか見てきた（4.4.3参照）．アメリカシマネズミ（*Rhabdomys pumilio*）（Schwaibold and Pillay 2001）とミンク（*Mustela vison*）（Jeppesen et al. 2004）という全く異なる種において，常同行動の傾向が遺伝するという証拠がある．

7.1.2 福祉に対する認識の変化

　動物福祉に対する人々の認識は，社会における動物の役割（有益か有害か）のほか，どのくらい馴染みの深いものか，どのくらい魅力を感じる

---

[2] 接尾語の-philia（〜を好むこと，〜に対する病的愛好）と-phobia（〜に対する恐怖症）は古代ギリシャが起源であり，この接尾語の前に言葉を付け足すことで，それぞれ，物事への親和性または嗜好，または物事への非合理的恐怖または忌避を示すようになる．したがって，neophilia（新しいもの好き）は新しい物または新しい状況へ惹かれることを，そして，neophobia（新奇性恐怖症または忌新症）はそれらへの忌避を意味している．

図7-1 個々の動物が相互にそして環境に対して反応する方法は，彼らの個性によって変化する．人以外の動物における個性の研究は，大部分が家畜に集中しているが，チーターのような野生動物を対象にしている研究もある（McKay 2003）．（写真：ペイントン動物園環境公園）

か，あるいはどのぐらい珍しいかなどのような要因によって変化する（Appleby 1999）．図7-2は，たった1種のウサギ（*Oryctolagus cuniculus*）が，社会でどのように受け止められているのかを例証しており，その認識は有害動物として蔑視されているものから，ペットとして共存するものにまで及んでいる．これらのウサギの命は，その役割が社会にどのように受け止められているのかによって大きく左右される．しかし，どの個体も同じようにこの世界を生きているため，それらは全く異なる動物福祉の度合いで対応されることになる．それに対し，動物園で飼育されている多くの種はカリスマ性があり，珍しく，魅力的であると考えられており，多くの人が彼らのことを"好いている"．そのため，人々はそれらの動物に対しては，結果として高い福祉水準を与えられる状況下で飼育されることを望んでいる（Appleby 1999）．

人々は，それぞれの個人的態度，感情，事実知識の差があるため動物福祉に対してもこのように異なる見解をもつ．しかしながら，異なる社会の構成員が動物福祉について共通の認識を共有する場合もある．なぜなら，これらの認識は文化や宗教を含む共通および共有の利益によって形づくられるためである（Boogaard et al. 2006, Doerfler and Peters 2006, Heleski and Zanella 2006, Signal and Taylor 2006）．人々が動物福祉に何を求めるかによって各自の動物に対する扱い方が異なるため，私たちの動物に対する見解は動物福祉に直接的な影響を与える．これは2つの経路で生じる．第1経路は法律の制定と施行，そして第2経路は消費者圧力である．英国ではその制定が1876年にさかのぼる動物福祉法は，

(a)

(b)

図 7-2　私たちが動物をどう受け止めるかによって，動物に課される状況や動物福祉への関心度が変化する．ウサギは家庭用ペット(a)または実験動物，有害動物(b)となり得る．これらの動物のうち，どの個体がより良い福祉を受けると考えられるだろうか．（写真：(a) Miroslava Arnaudova, www.iStockphot.com；(b) Rob Howarth, www.iStockphot.com）

社会的価値に応じて長年変化し続けている（Kohn 1994，第 3 章および 7.5.4 参照）．

"消費者圧力"とは，消費者が自分たちの認める製品のみを購入し続け，その信念を最後まで貫き通す時，社会的価値がどのように問題（この場合は動物福祉）に影響を与えるのかという概念である．これは，マスメディアの報道を通して促進および方向づけされる．農業分野において，この概念は"支払意思額"の原理と呼ばれている．すなわち，動物福祉を改善する農業システムの改良には費用がかかるので，消費者は情報を十分に得たうえで購買したり"改良された"農業システムで飼育された動物により多く投資したりすることで福祉の促進が可能となる．しかしながら，残念なことに人々の"支払意思額"はいつも社会的価値と一致する訳ではない．そのため，"社会的価値"がその製品は支持されるべきでないと示していたとしても，最も安価な製品が依然として人気製品となり続ける場合がある．Maria（2006）による調査では，多くの人が飼育方法の改善が必要であると感じている一方で，その考えがどの製品を買うかということに対して影響を与えないことが分かっている．このような状況においては，消費者は実際に状況改善のために圧力をかけることはないが，"次善の農業システム"の利用を継続的に支持している．

農業における研究と同様の方法による動物園での来園者（消費者）圧力の影響についての体系的な研究はなされていない．それにもかかわらず本書で飼育施設の設計の際に来園者のニーズに合う動物園を目指そうという動物園側の判断に関してすでに検証したように，いくつかの動物飼育の慣例は形成されているようだ（図 7-3 および図 6-7 参照）．それは，安楽殺のような管理手段としての様々な慣例を避けるという点にもよく表れている．安楽殺のような対策は良い福祉を保つための最適な行為であったとしても，メディアでは否定的に報道されてしまう．動物園における消費者圧力の効果が絶大なのは，動物園[3]が来園者の投資に強く依存しているためであろう．さらに，食品

(a)

(b)

図7-3 多くの動物園来園者が，多種多様でカリスマ性のある種を見ることに魅力を感じ，来園時にもそれらの種に時間を費やすことをふまえると，動物園にいるこれらの種の生活やこういった動物に対する福祉に関する研究が，他種よりも注目を浴びるようになるのは当然のことである．(写真：(a)，(b) はモスクワ動物園，(c) はウィーン動物園)

---

[3] 例えば，英国では多くの動物園が外部からの資金援助なしで，義援基金に依存している．

図 7-3 つづき

7.2 動物福祉科学

　科学では，客観的データを引き出すことのできる標準化され再現性のある方法を利用する．動物福祉分野の多くの研究者や専門家は，動物福祉をより深く理解しようとする際に科学原理に従おうとするが，それはこの方法で収集されたデータは有効性が高いと見なされるため，信頼できるからである．また，動物の状態に関する人間の見識のみを信頼して，動物福祉を解釈しようという試みも回避できる．しかしながら，福祉の主観評価は価値がないということではなく，とりわけ Wemesfelder（例 1999）による研究はこの研究方法の先駆けとなっており，いくつかの動物福祉に対する主観評価の生物学的な有効性を論証した．とはいうものの，動物福祉に対する多くの主観評価の有効性は未だに立証されていないため，これらのデータから生じた結果の実施は広く容認されていない．一方で，福祉の客観的測定法は一貫性があることが保証されている．そのため，この方法を利用することで，動物福祉は人間の動物に対する見解や私たちの生活における役割その他

や医薬品は必ず購入しなければならないと考えられているのに対し，多くの人がどうしても動物園に来園しなければならないとは考えにくい．そのため，来園しないと決めることはおそらく来園者にとっては苦労を伴わないが，動物園にとっては非常に大きな痛手となる．こうした理由から，動物園は来園者のニーズに合わせようと努力し，動物園に対する消費者圧力の行使を避けるのに躍起になるのである．

から影響を受けないという概念を維持することができる．

動物が何を必要としているのか，つまり高い動物福祉水準を保つために動物に何を与えるべきなのかを考える場合，以下の4つの一般的な研究方法が用いられ，以下のように称されている．

- 動物の心（animal minds）：動物が感情または意識をもつのか否かを考えること．
- 動物の体（animal bodies）：動物がその環境で成長および生存するための動物の能力を評価すること．
- 動物の性質（animal natures）：野生動物における行動域および行動量を考慮すること（例：Fraser and Matthews 1997，Appleby 1999）．
- 人間や他の動物との類似性：人間自身のニーズと他の動物の能力にみられる類似性を調査すること（例：Sherwin 2001）．

これらの研究方法は，互いに矛盾することも大幅に重複することもないが，私たちがのちに福祉を損なわせると思われる刺激について考慮する場合や福祉の評価指標を考慮する場合，この4つの方法を意識することは有効である（7.3および7.4参照）．

7.2.1 動物の心

動物は"幸せ"か．これは，動物福祉を考える際に非常に適切な質問のようだが，それは動物の刺激に反応する際に感じる情動によって，動物がその刺激をどのように認識し，その結果として動物福祉が向上または低下するのかを実証することができるからである．Box 7.1 は痛みの概念に関して記述しており，痛刺激から逃げ出すという生理的反応が嫌悪的な感情認識と一体となった時，痛みは福祉を損なわせると考えられている（Gregory 2004）．

動物の感情や心理の機能についてはあまりよく知られていない．それにはいくつかの理由がある．
1. 人間と同様に，動物の心は目で見てとれるものではなく，永遠に主観的なものであり続けるかもしれない．動物心理は，行動と認識力の適切な指標を収集することによって推測することができるが，概してこの分野は客観的かつ経験的評価と結び付かない．結果として，多くの動物福祉科学者は，動物の体には明らかに定量可能な測定法があるという点から（Duncan and Fraser 1997），動物の体の研究方法（7.2.2参照）によるデータ収集を好んで実施している．
2. 動物心理および感情は正しく理解されておらず（Midgley 1983, Welmesfelder 1999），同分野の研究もそれほど人気がない．これは，1つには全ての人が動物福祉を研究するが，異なる学問分野に分散しているためそれぞれ特有の専門用語を使っていることに起因しているのかもしれない．つまり，生物学者，社会学者，経済学者，心理学者，哲学者，マスメディア全てが，動物がどのように世界を感じ認識しているのかということについてそれぞれ意見があるが，各自の学問特有の専門用語を使っている．これと相まって，専門用語の中には異なる分野で異なる使われ方をしていたり，曖昧な表現で使われていたり，また同義語として考えられるため，そのように使われている場合がある．動物心理の研究に関する用語と，しばしばそこから派生する定義上の問題を生む用語には"affective（感情に関連すること）"，"cognitive（知識と情報処理に関連すること）"，"consciousness（自己認識）"，"sentience（感覚に関連すること）"などがある．
3. 比較的最近まで，動物心理に関する研究は科学的根拠がないと考えられていた．人以外の動物の感情がどこに起因するかという概念は，18世紀の啓蒙思潮の間に発達したが，それ以来ずっと争点となってきた（Duncan 2006）．この概念は20世紀には支持されなくなったが，その大きな理由は行動主義[4]の影響にある．以下は行動主義の創始者の1人である Watson（1928）からの引用で，行動主義の影響についてうまくまとめている．

　　行動主義者は中世の全ての概念を一掃した．感覚，認知，印象，欲望，そしてさら

Box 7.1　痛み

"動物の感じる痛みとは，実際の負傷や負傷の可能性によって起こる嫌悪感覚を体験することで，保護的な運動神経および自律神経反応を引き起こす．結果として，回避行動を学ばせ，時としてある種に特有の行動（社会的行動を含む）を修正させる"（Zimmerman 1986）.

このように，痛みは動物の学習過程の重要な一部分であると考えられている．動物の痛みは，人のそれと同様に苦痛と関連があるようだ（Rutherford 2002の総説）．痛みは身体および感情レベルの両方に影響を与えると考えられている．他の感覚システムと同様に，痛みにも生理学的基礎が根底にある．それぞれ特化した受容器（いわゆる"侵害受容器"）は，有害刺激からの温度の変化（温度受容器），圧力の変化（機械受容器），化学物質の変化（化学受容器）を検出する．これらの受容器から，反応を促すため神経を統合する中枢神経系（CNS）へと情報を伝達する過程は図7-4に示されており，"侵害受容"という．侵害受容は，本質的には嫌悪刺激に対する反射神経反応であり，痛みの認識を必ずしも伴うわけではない．

動物が実際に痛みを感知しているかどうかは，動物心理の研究と同様に複雑な問題である．痛みに関する知識の大半は，人の経験とその現象を理解することによって得られたものである．動物の感情を定量化することができないため，動物がどのように痛みを感じているのかを正しく理解するのは難しい．Flecknell and Molony（2003）は，動物特有の痛みを見逃さないためには人と動物では痛みに対する認識が違うことに留意すべきであると指摘している．動物が，人間の痛みに対する反応と類似した嫌悪刺激に対する行動反応をしばしば見せているのは間違いない（Weary et al. 2006の総説）．また，動物が痛みを感じる際には進化的な学習感覚を伴っており，これにより動物はすでに傷ついた身体部位にさらなる損傷が加わるのを軽減または回避することができ，回復する時間を稼ぐことができる．

痛みの認識は，知覚的および行動的影響によって異なる3要素に分類される.
1. 知覚的要素（すなわち侵害受容）で，刺激からの後退および回避を伴う．
2. 即座に現れる感情的帰結（激しい痛み）．
3. 長期に亘る感情的暗示（慢性的な痛み）．

これら3要素は，図7-5に示したように，脳の異なる領域で支配されているようだ（Price 2000）．

痛みはそれ自体が明らかに福祉の懸案事項であるが，それが空腹，脱水症状，社会的対立など不能化に関する問題につながる可能性もある．人における痛みは，"鎮痛剤，催眠術，薬効のない糖分の投与，その他の情動の利用，針治療のような刺激を利用する"など多様な方法を用いることで緩和することができる（Carlson 2007）．しかしながら，動物においては治療よりも予防がより適している．残念なことに動物園の全ての動物が様々な状況において痛みを経験している．例えば，疾病，飼育施設による怪我，同じ施設内の他個体からの負傷，運送，もしくは日常業務の遅れの取り戻しなどが原因とされ

---

[4] 行動主義とは，精神的事象を不可知のものと見なし，極端な場合はそうした精神的事象の存在自体を否定した科学分野である．これは行動主義者が観察可能な行動のみを研究することにつながり，動物を事実上ロボットと見なしその行動はオペラント条件づけの過程で生じる刺激によって方向づけられると考えていた．

Box 7.1 つづき

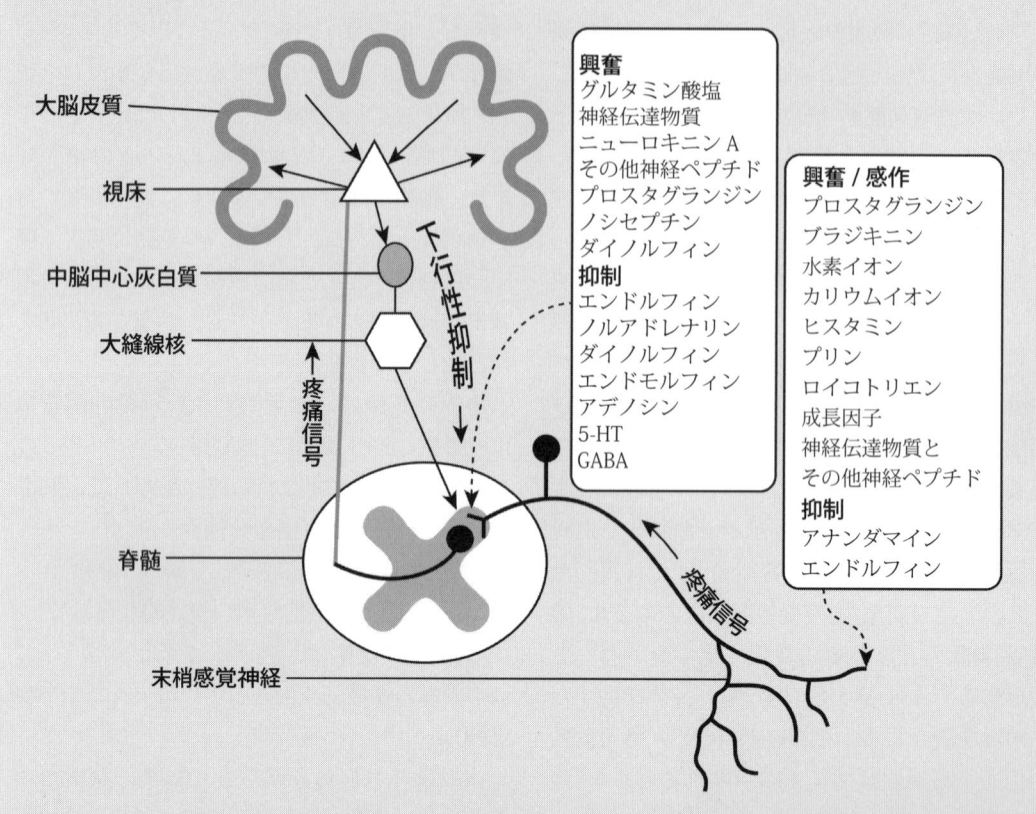

興奮
グルタミン酸塩
神経伝達物質
ニューロキニン A
その他神経ペプチド
プロスタグランジン
ノシセプチン
ダイノルフィン
抑制
エンドルフィン
ノルアドレナリン
ダイノルフィン
エンドモルフィン
アデノシン
5-HT
GABA

興奮/感作
プロスタグランジン
ブラジキニン
水素イオン
カリウムイオン
ヒスタミン
プリン
ロイコトリエン
成長因子
神経伝達物質と
その他神経ペプチド
抑制
アナンダマイン
エンドルフィン

大脳皮質
視床
中脳中心灰白質
大縫線核
脊髄
末梢感覚神経

疼痛信号
制御性下行
疼痛信号

図 7-4 有害刺激の情報は，3つの異なる侵害受容器，つまり化学受容器，温度受容器，機械受容器を通して感知される．これらの受容器のいずれかが刺激を感知した場合，その情報は知覚神経線維を通じて中枢神経系（CNS）へと伝達される．CNS は知覚神経から伝達された情報を統合し，運動神経線維を通じて反応を引き起こす．機械受容器からの情報は他の受容器よりも早く伝達されるが，それは機械受容器の線維が有髄である（つまり，神経線維の周りに髄鞘をもっている）ためである．

る．痛みが起きる可能性を減少させ，万が一痛みが生じた場合には，動物を少しでも快適にするために最善を尽くすことが最も重要である．

もちろん，これを実行するには痛みを確認する必要がある．それは 3 種類の方法のいずれか，すなわち全身の身体機能，生理的反応，または行動を測定することで確認できる（Weary et al. 2006）．

痛みの認識に関連して一般的に見られる行動には，以下のものがある．

- 異常な姿勢，足取り，速度，警戒行動．
- 発声—うめく，クンクン鳴く，キーキー鳴く，叫ぶ，うなる，シャーという声を出す，吠える．
- 移動あるいは触診の際に，攻撃や後退りをしたり身を引いたりする．
- 舐める，咬む，咀嚼する，ひっかく．
- 頻繁に姿勢を変える，そわそわする，転がる，身もだえする，蹴る，尾を振る．
- 呼吸パターンの乱れ，浅い呼吸，呼吸頻度の増加．
- 筋肉の緊張，震え，痙攣，ひきつけ，いきみ．
- うつ状態，不活発な動き，隠れる，動きなく横たわる，隠れる場所を探す，不眠（Gregory 2004）

Box 7.1　つづき

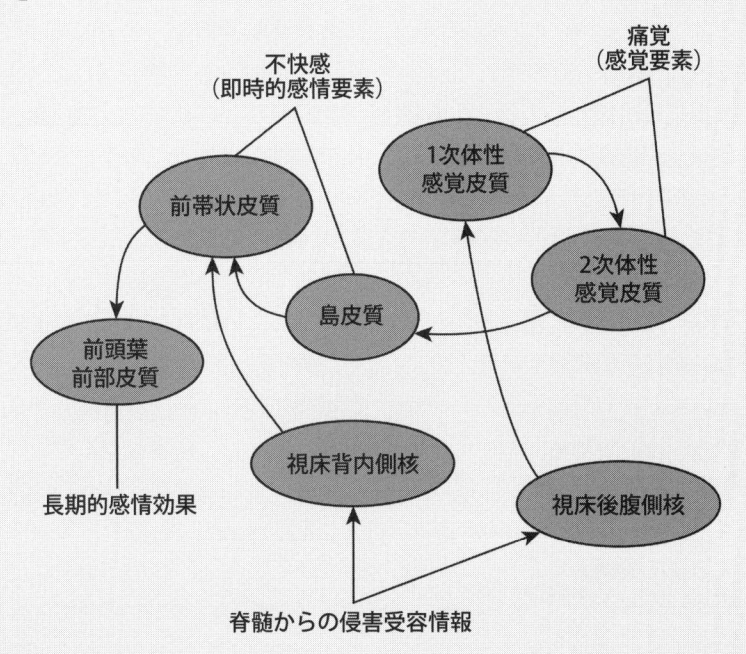

図 7-5　痛みの感覚は，脳の異なる領域を通じて伝達されており，その領域によって，痛みの経験が感覚的（瞬間的）なのか感情的（長期的）要素なのかを定めている．

　多くの種が痛みの結果として異なる行動を示しており，その行動は年齢や性別によって影響を受ける場合がある（Flecknell and Waterman-Paterson 2000）．これに加えて，動物園で飼育されている多くの種は痛みに対するいかなる徴候をも隠すように進化してきた．痛みの徴候を示すということは，捕食や社会的圧力の被害を受けやすくしてしまうからである．痛みの有無を計るための明瞭な方法の1つとしては，鎮痛剤（analgesic drug）[5]の投与があげられる．鎮痛剤を投与した後に痛みの指標が消えれば痛みが存在していたことになり，その痛みが今は緩和されたことを示す．

　例えば Sneddon（2003）は，以下の技術を利用して魚が痛みを感じることができると論証した．ニジマス（*Oncorhynchus mykiss*）は口唇に有害物質（酢酸 0.1ml）を注射された後，左右に体を揺さぶったり，水槽の底に敷いた砂利に口唇を擦りつけたりするなど，痛みに関連した行動を示した．そして，ニジマスが筋肉中にモルヒネ（モルヒネ硫酸塩 0.3g/ 滅菌生理食塩水 1ml）を注射された時には痛みに関連した行動が著しく減少した．

---

[5] analgesic drug（鎮痛剤）は，"painkillers（痛み止め）"としてより一般的に知られており，痛みを抑制するため用いられる化合物である．ギリシャ語由来の用語で，an- は "without（～がない）"を，algia は "pain（痛み）"を意味している．

には思考や感情といった全ての主観的な用語を，科学的な語彙集から排除した．

こういった考え方は，動物をロボットや"ブラックボックス"と見なし，動物の最も複雑な行動は一連の刺激反応の過程の結果として起こるもので，"考慮"の末でも"感情"による影響でもない（Skinner 1938）とする研究方法に現れている．Griffin（1992）は動物の感覚に関する問題を再び科学的に議論するのに貢献したが，多くの種にみられる非常に複雑な行動は，実に意識の現れであるという自らの強い確信を裏付ける証拠として動物の行動に関する広範囲の研究結果を示し，これを実現させた．近年になると，Burghardt（1995）がTinbergen（1963）の"動物行動学における4つの目的"（Box 4.1参照）は動物の主観的状態に関する調査を加えるまで展開されるべきであるとまで言っている．

意識に関する問題は未だに異論のあるところだが，動物に意識があることに納得しない研究者の中にも，万が一の場合に備えて疑わしい点は有利に解釈するべきだと示唆している（Barnard and Hurst 1996）．この概念は，本章で検証する第4の動物の研究方法，すなわち類似性による動物福祉の研究の基礎となっている．

これは，18世紀の啓蒙思潮および哲学者Jeremy Benthamの考え方に立ち戻る．1789年にBenthamが「問題は"論理的に考えることができるのか"でも"話すことができるのか"でもなく，"苦痛を感じることができるのか"である」と言明したことはよく知られている．

7.2.2 動物の体

動物はどのようにその環境に適応するのだろうか．"動物の体"を通して動物福祉をみる研究方法は，ホメオスタシスの概念を基礎としている．ホメオスタシスとは，動物が生存に必要な機能を保てるよう動物の体を安定状態（または均衡状態）に維持する過程をいう．例えば，動物のエネルギーの蓄えが減少した場合（内因性刺激[6]）には，空腹を誘発し，これによって動物が食物を見つける動機づけがされる．あるいは，空腹が環境内の食物の存在によって刺激された場合（外因性刺激）には，その結果動物は摂食する．ホメオスタシスが維持できない場合，あるいはホメオスタシスを維持するために行われる生理上または行動上の反応が動物に過度の負荷を与える場合には，動物福祉は損なわれ，動物は対応できなくなると考えられる．そして，結果としてその環境に効率的に適応することができなくなってしまう．したがって，もし動物が適切に反応し，その機能を容易に維持し続けていれば，動物が刺激に反応しただけでは福祉が損なわれたことの証拠にはならないということに留意することが重要である．刺激が動物の適切な機能を抑制する場合のみ，福祉が損なわれているといえる．

動物の心の研究とは異なり，動物の体の研究では動物の刺激に対する反応およびその後，動物がどう機能するかを体系的そして定量的に測定可能である．そのため，動物がその環境で機能できるような安らぎの状態，あるいは逆に苦痛の状態について研究するための様々な測定値を収集することができる．さらには状態を実験的に操作し，それが福祉にどのような影響を与えるのかを調査することも可能である．

この研究方法は，ストレスの概念を基礎としている．ストレスの概念はSelye（1973）がまとめあげたが，動物の外因性または内因性刺激（すなわちストレス因子）に対する反応をどのように解釈できるかを説明している（Box 7.2参照）．ストレスの概念では，ストレス因子の種類，ストレ

---

[6] 刺激は，体が処理するどんな情報をも表す．ホメオスタシスの観点から，刺激は体の内的変化（機械的受容器が感知する食後の胃の肥大化）や外的変化（温度受容器が感知する気温の上昇）から生じる．ストレスについて議論する際ホメオスタシスを制御しようとする変化を伴う刺激は，しばしばストレス因子と呼ばれる．

Box 7.2　ストレス

　体が効率よく機能するには，最適な状態（すなわち"安定状態"）というものがある．この状態から逸脱すると，動物の機能が低下し，命取りにもなりかねない．外因性（動物体外）または内因性（動物体内）の刺激が動物の体に圧力をかけ，安定状態から逸脱する原因をつくる．この時，その動物の体はストレスを受けていると考えられる．こうしたストレスは，様々な生体調節機構を刺激して体を安定状態に戻そうとする．この一連の過程がホメオスタシス，すなわち恒常性調整システムと称され，これによって体が安定状態に維持される．したがって，ストレスの生体内作用は動物が常に経験するものであって多くの場合は気づかれない．それは適切な恒常性制御は体を安定状態へと戻すためである．これは，ストレスがあるからといって必ずしも福祉の状態が悪いのではないことを意味している．したがって，ストレスという用語の使用を病変が確認された時のみ，つまり低い福祉水準を示した際のみにするべきであると提唱する者もいる．それは，この用語が動物関連の業務に従事する関係者が現場で使うストレスの意味だからである（Fraser et al. 1975）．生理学的および行動学的に測定したストレス指標の徴候を注意深く解釈することが重要であり，これはストレス反応そのものをより理解することで可能となる．

　Selye（1973）は，ストレス因子が，型にはまっているストレス反応（常に同じ反応），3段階のストレス反応（警告反応期，抵抗期，疲憊期という3段階からなる一連の反応），非特異性のストレス反応（ストレス因子の種類に関わらず生じる反応）を引き起こすと考え，これら反応をまとめて"汎適応症候群（GAS）"と称した．警告反応期は交感神経系[7]によって誘起され，"闘争・逃走"反応を引き起こす．この期間，動物は筋肉労作のため生理的に準備を行っている．優先すべき器官に血液を供給するよう血液供給が別ルートをたどり，エネルギーは代謝されて生命維持に必要な臓器から筋肉へと運ばれていく．警告反応期は無期限に維持できるものではないため，動物が相当なストレスにさらされて抵抗期へと移行できない場合，数時間～数日で死んでしまう．ストレス因子が継続している場合，動物は抵抗期に入り，移行することによりその状況でも機能が果たせるように適応していく．これは，行動的もしくは生理的過程の変化と受け止められる場合もある．抵抗期はグルココルチコイドの過剰産生とリンパ球数の減少が特徴であり，免疫機能障害を引き起こして動物は疾病に感染しやすくする．動物が適応できない，あるいはストレス因子が極度の場合，動物は疲憊期に入ることもある．この段階では動物の生物学的機能が損なわれ，もはやその環境には"適応"することができない．動物の生理学的機能が激しく損なわれると，動物は死んでしまう．

　ストレス因子の持続時間と強度，また動物がそれをどのように認識するのかによって，動物がストレス反応の3段階全てを経験するのか，それともいずれかの段階で留まるのかが決定づけられる（Dantzer 1994）．表7-1は，異なるストレス因子がどのように動物に影響を与え得るのか，またどの段階でそれらが有害とみなされ動物福祉の問題へとつながるのかを示している．基本的に，ストレス因子が動物の環境の中

---

[7] 交感神経系は神経系の1つであり，活動量の増加，心臓循環器系の速度増加，そして消化運動の低下などの効果がある．グルココルチコイドは副腎の外側（皮質）で産生されるステロイドホルモンで，通常は糖質代謝に関わっている．その中で最もよく知られているのはコルチゾールである．

Box 7.2 つづき

表 7-1 動物の生物学的機能に対するストレス因子の影響

ストレスの種類（強度）*	期間（GAS に従う）†	動物の状態‡	生物学的観測
無 害	警告（初期）	ユーストレス（体に有益なストレス）	短期的変化で，機能障害なし
嫌 悪	抵抗（持続）	過度のストレス	長期的変化で，機能障害あり
有 害	疲憊（長期）	極度の疲労	ストレス因子に適応できず，損害発生
極 度			死の可能性大

* Broom and Johnson（1993）
† Selye（1973）
‡ Ewbank（1985）

注：動物の生物学的機能に対するストレス因子の影響は，ストレス因子の種類，持続時間，強度によって決まる．上表は，汎適応症候群（GAS）のそれぞれの段階が，ストレスのその他の定義の仕方とどう関連するかを示している．つまり，ストレスが無害であるかどうかは，Ewbank（1985）によっては"ユーストレス（体に有益なストレス）"と言い表されている．

でその機能を低下させる場合，動物福祉が損なわれていると見なすことができる．

ス反応，個体差が動物福祉に影響を与えると認識されている（Ewbank 1985）．動物のストレス因子に対する反応の根底にある生理学的過程は，図7-6 に示したように，視床下部，下垂体，副腎皮質によって伝達され，これらはまとめて視床下部-下垂体-副腎（HPA）軸として知られている．ストレス因子による下垂体の刺激は副腎皮質刺激ホルモン（ACTH）の分泌を引き起こし，今度はそれがコルチコステロイド（すなわちコルチゾールとその代謝産物）を分泌するために副腎皮質を刺激する．したがって，これらはストレスを測定するための指標として非常に重要な役割を果たす（Box 7.3で詳細を記述）．これらの生理学的変化は，体を正常な状態に戻そうという生理上または行動上の反応を促進する．

7.2.3 動物の性質

動物福祉の3つ目の研究方法では，"正常な状態"や"野生"からの逸脱が福祉の低下を反映していると考えられている．そのため，野生の同種は福祉水準が高い例とされており，飼育下の同種の福祉を評価する際のひな型として用いられている．したがって，これはある種が一定の機能を果たした結果として進化を遂げた以上は，これらの機能を抑制することは当然福祉を損なっていることを示しており，この研究方法を採用する場合の多くは福祉を計る指標として行動を観察するため，飼育下の動物と野生下のそれとの行動の比較がなされる（4.5 および 8.3.1 参照）．行動制限は，動物が行動レパートリーの全てを行えない状況から生じると考えられている（7.3.2 参照）．

この方法を採用するには，いくつかの問題がある．Barnard and Hurst（1996）が指摘したように，多くの野生動物の福祉はそれ自体が低いと考えられる場合がある．実際，攻撃性や逃走反応のような行動パターンは，野生下で動物が高いストレ

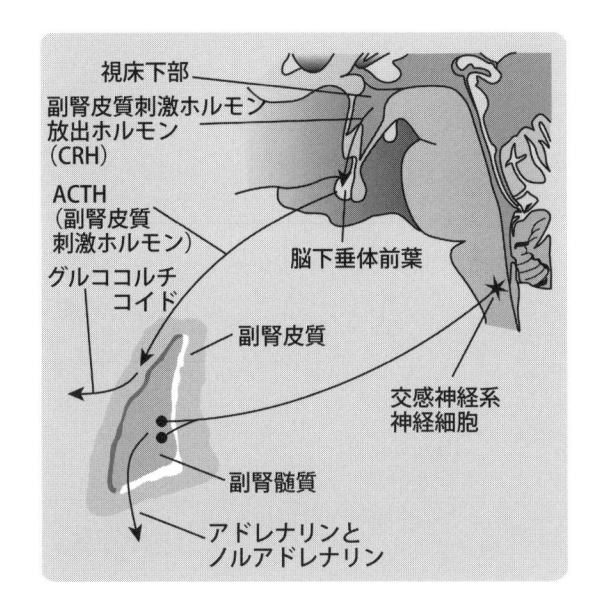

図 7-6 ストレス反応は，視床下部 - 下垂体 - 副腎（HPA）軸によって伝達される．視床下部は下垂体前葉にホルモン分泌を指示し，次にそのホルモンが副腎の外側（副腎皮質）に影響を与え，今度はグルココルチコイドを分泌させる．視床下部からの神経経路は副腎の内部（髄質）に影響を及ぼし，その反応としてカテコールアミンホルモン（アドレナリンおよびノルアドレナリン）を分泌する．HPG 軸との類似点に留意したい（図 9-5）．

に置かれた時に生じる(Spinka 2006)．そのため，実際には野生下で観測される行動のうちで飼育下動物も行うのが相応しいと考えられる行動のみを選択して，野生下と飼育下の動物のそれらを比較対象とする．また，野生下と飼育下動物の比較においてはいくつかの方法論的課題もある（Veasey et al. 1996a, 1996b，詳細は 4.5.1 を参照）．

時として，野生下の動物を形成する環境的な圧力と飼育下に置かれている動物が直面する環境的な圧力との間には有害とも言えるずれが生じることもある．歴史的な記録では，ここ数年動物園における繁殖率と生存率が改善されているとの記述があり（Kitchener and MacDonald 2004），これ

は飼育管理や飼育施設の改善（図 7-7，第 6 章参照）もしくは飼育条件への適応の結果であるとされる．飼育条件への適応を相殺した福祉の影響については 7.3.3 で考察する．

7.2.4　類似性から見る福祉

私たちのもつ人間および他動物に関する知識は，あまり情報を得ていない動物の機能（この場合は福祉）について推測する際に用いられることがある．この研究方法は，動物が苦痛を受ける可能性を立証する証拠がない場合でも受け得る苦痛の防止を期待して，動物に対しては"疑わしきは有利に解釈する"という姿勢で臨むべきであるとし，この考え方は強く支持されている．この方針の利用を支持する科学的証拠が非常に乏しいにもかかわらず，科学界においては依然として広く容認されている（Dol et al. 1999）．

この方針を徹底的に突き詰めて適用することは，人間と他の動物の生理的および行動的過程を比べ類似した機能が存在すると見なすことにつながる．しかしながら，軽卒に用いてしまうと擬人観[8]となってしまう．

7.2.5　研究方法の併用

これまで本節では動物福祉に関する 4 つの研究方法を別々に説明してきたが，1 つの研究方法のみを利用するべきではない．実際，1 つの研究方法のみに依存することには限界がある．皮肉なことに，動物福祉の分野に大きな影響を与えているのは動物体の研究であるにもかかわらず，実際には多くが動物福祉を理解するのに必要なのは動物心理の知識であることに賛同している．Rushen（2003）は，刺激に対する生理的および行動的反応の測定と同時に動物の主観的体験も加味しなければ，動物福祉の意義は失われてしまうと示唆している．Duncan（1993）もこの見解を支持し，"動物が健康でストレスがなく，体が元

---

[8] 擬人観とは，正当な生物学的根拠なくして，人の性質が動物にもあると考えることをいう．

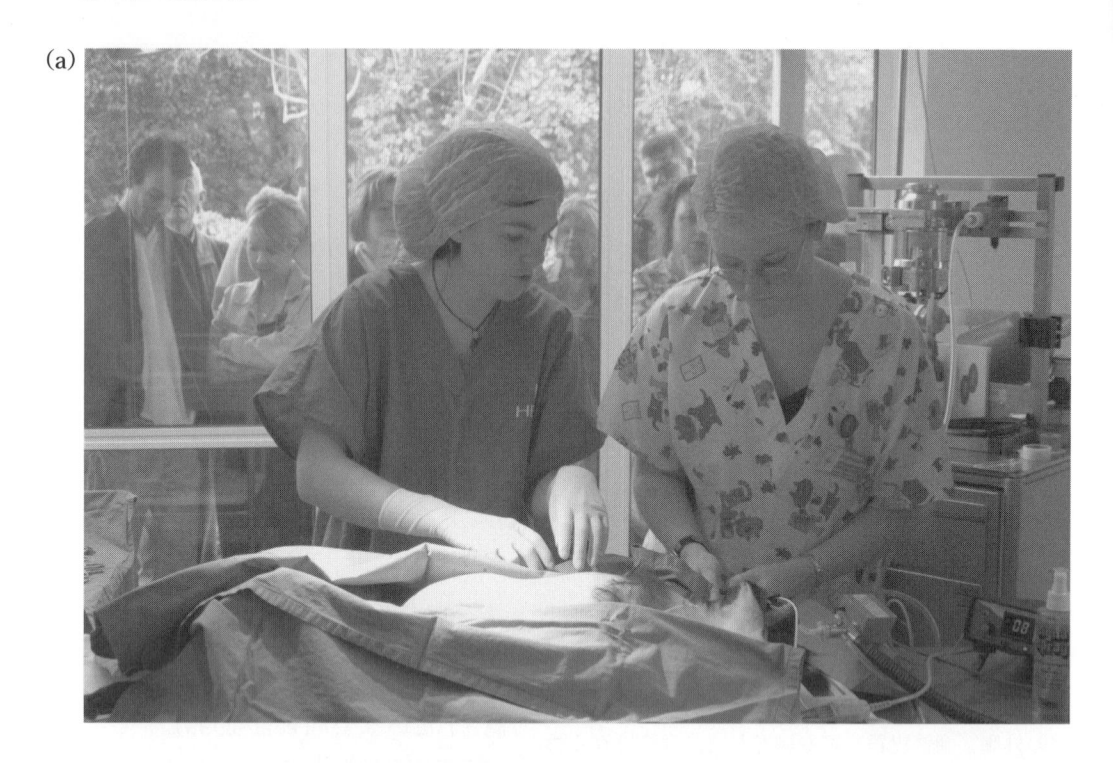

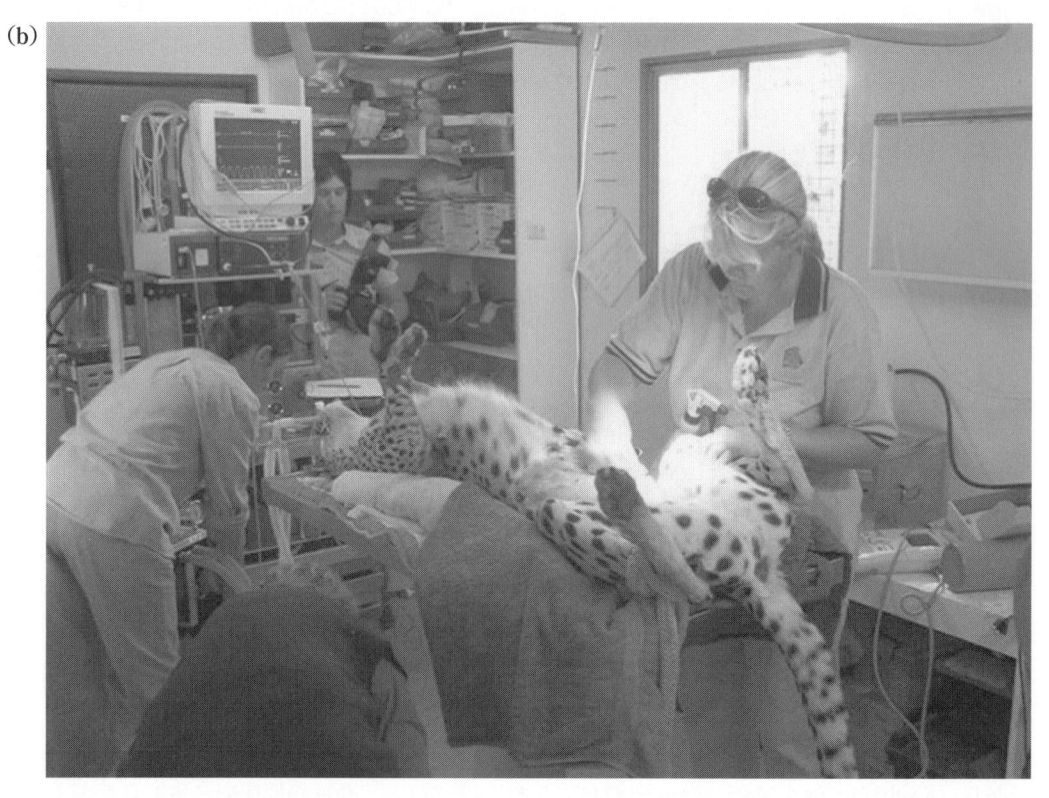

図 7-7 動物園の野生動物に対する医療の発達および動物の栄養要求量に対する深い理解が，動物園での死亡率の減少に大きな役割を果たしている．このことについては，第 11 章「健康」で詳しく述べている．〔写真：(a) Rob Cousins，ブリストル動物園（英国）；(b) Chris Steven，ウェリビーオープンレンジ動物園（カナダ・ビクトリア）〕

気であるということは，動物が良い福祉にあると判断するための必須条件でもなければ，それがあるからといって福祉が良いと判断するには十分ではない．福祉は，動物が何を感じているのか次第なのだ"と言明している．

さらに，個体の感情的なストレス因子の受け止め方は，ストレス反応がどのようにその福祉に影響を与えるのかということに影響を及ぼす（Dantzer 1994）．例えば，追跡する時（捕食者）や追跡される時（被食者）に必要となる身体運動は極限状態であり，高負荷で短期的なストレス因子の典型例とされる．しかし，ストレス因子に対してそれぞれが感情的にどう受け止めるかは，追跡する動物と追跡される動物とではかなり違った見方ができるだろう．

個体のストレス因子に対する認識を考慮する必要性は，本節を通して言及してきたが，残念ながらこの可変的なものを測定することは困難である．また，動物心理は非常に解釈が難しいため，私たちは動物のニーズが何であるかに関しての知識を，動物の性質をもとにして，また人間や他の動物との類似性を通して補足していく必要がある．

7.3 何が動物園動物の福祉を損なわせるのか

農場および実験の現場における動物福祉研究は，動物福祉の低下に関する様々な状況を特定することにつながり，その中でも，環境課題や行動制限の2つが特に重要とされる．

農場や実験室の動物ではそれほど大きな問題にはならないような課題が，動物園における動物管理では，さらなる課題を生じることとなる．例えば，保全や動物管理計画（運搬や導入など）への取組み，展示に関する要因（人と動物の交流および飼育状況など）があげられる．それにもかかわらず，これら全ての要因は，環境課題または行動制限の現れとして，もしくは動物の飼育下への適応の結果として説明することができる．

7.3.1 環境課題

"環境課題"という用語は，動物に過剰に刺激を与える，または刺激が少なすぎる環境における特性の有無を表すのに使われている．Morgan and Tromborg（2007）は，動物園動物は飼育下に特有の"動物を挑発し得る多くの環境課題を突き付けられている"と考察した．これらには，人工照明，大きな音や耳障りな音，刺激的な香り，隠れるスペースの減少などがあげられる．環境が飼育下か本来の生息地かに関わらず，もちろん動物は温度変化，食物調達，行動圏内における自分の位置確認，複雑な社会システム内での生存などの環境課題に適応するため進化している．多くの動物園が世界中からやってきた動物を飼育し，飼育下繁殖計画の一環として世界中に動物を輸送している事実を鑑みると，動物園の動物は少なくとも彼らにとって馴染みのない気候や日照時間，季節変化を体験する可能性が高い（第6章「飼育施設と飼育管理」で詳細に記述）．

環境課題と関連する多くの問題は互いに重複しているが，ここでは便宜上，コントロール不可もしくは予測不可となる環境変化，新奇性 対 不安心の2つの要因の観点から述べる．

コントロール不可もしくは予測不可となる環境変化

動物は，生息する環境内で自らの意のままにできなくなったり，生活における事象を予測できなくなったりした場合にフラストレーションを感じ，その福祉が損なわれてしまう．これは，検診のために捕獲されるというような嫌悪事象はもちろんのこと，動物にとって肯定的な事象（給餌など）にも当てはまる．状況のコントロールと予測可能性は，どういうわけか密接に関連している．コントロールは予測可能な環境において得ることができ，その一方で，予測可能な環境はコントロールできる状況によってつくられるからである（Bassett and Buchanan-Smith 2007）．

動物は，動物のとる行動が事象や状況の発生を決定づけるとみられる場合，コントロールを得る（Overmier et al. 1980）．実験用ラットがコント

ロールを有しない，もしくは電気ショックを予測できないような状況において実施した一連の実験において，実験ラットは高濃度の血漿中コルチコステロイド値，胃壁損傷，免疫機能低下など"ストレス関連"の症状を起こした（Weipkema and Koolhaas 1993）．電気ショックを予報する電球が光る，または車輪を回すことで電気ショックを中断もしくは停止させることができるラットは，電気ショックを全く受けない"コントロールできている"動物と同じように，ストレス関連の症状を見せなかった（図7-8参照）．

Bassett and Buchanan-Smith（2007）は，予測可能性を以下の2種類に区別した．
1. 時間的予測可能性，すなわち事象が定期的に発生するのか（つまり予測可能），もしくは不定期に発生するのか（予測不可）という観点に注視．
2. 合図による予測可能性，すなわち事象が発生する前に合図があるため予測可能となるということに着目．

後者の場合，合図の信頼性の範囲は合図の後に必ず事象が発生する場合からめったに発生しない場合と様々である．そして合図の信頼性の変動によって，事象の予測可能性が変化する．

動物福祉は，合図をしてから発生した事象が，動物にとって肯定的・否定的に関わらず，合図によって予測が可能となることによって大きく改善される．先述のラットの研究（Wiepkeme and Koolhaas 1993）は，嫌悪的な事象（電気ショック）の開始を知らせることが動物のストレス関連の症状を緩和させたことからこの見解を支持している．他の研究でも，エンリッチメントとなる事象に先立って子豚に合図を与えた時，そのエンリッチメントの効果はさらに大きな影響を及ぼすことが分かっている（遊びの増加と攻撃性の減少によって測定）（Dudink et al. 2006）．その一方で，動物園で飼育されている動物の中には給餌においての予測可能性がその動物の福祉にとって有害となることを示すこともあり，常同行動と関連づけられている（Carlstead 1998）．

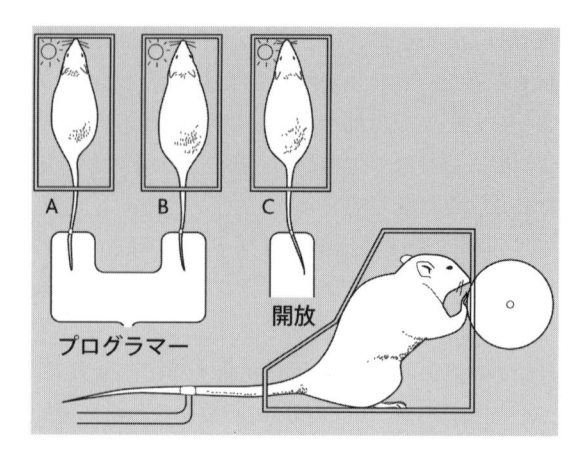

図7-8 ラットを同一の実験ケージ内に入れ，しっぽがケージの外に出るように配置する．箱Aおよび箱Bのラットのしっぽには微弱な電気ショックが当てられ，箱Cのラットは状況をコントロールできている動物で電気ショックを受けない．箱Aのラットは電気ショックの直前に電球が光るのを見ており，電気ショックが差し迫っている合図を得ている．一方，箱Bのラットは予測できない間隔で光る電球を見ているため，電気ショックと電球の発光の間に関連性を認識していない．電気ショックの前に合図（電球の発光）があるラットは，電気ショックを予測することができないラットと比較して，電気ショックに対する反応が減少した．のちの実験では，箱Aのラットは電球が発光するのを見た時にケージ前方に設置した車輪を回すことにより電気ショックを阻止または中断させることができるようにした（統制力の獲得：Wiepkema and Koolhaas 1993より）．

Bassett and Buchanan-Smith（2007）はこれらの論文を総説した後，給餌は予測可能性と福祉改善の間の肯定的な関係の例外である可能性を示唆した．給餌は時間的に予測できない間隔で供給されるべきとしながらも，給餌に先立っては信頼性の高い独特な合図を伴うべきであると提言した．今後より多くの研究を実施する必要があるのは明らかであり，それにより動物園での動物福祉における予測可能性とコントロールについて十分に理解を深めることができる．

新奇性 対 不安心

Wemelsfelder and Birke（1997）は，飼育下動物は新しいことを探索し経験する能力が減少す

るため，一般的に，野生種と比較すると刺激が少ないと提言している．挑戦の欠如は，動物福祉に負の影響を与えると考えられており，無関心や倦怠，行動異常などの進行を引き起こすようになると言われている（Stevenson 1983）．実際，エンリッチメント発展の早期段階ではこの問題に対応することを目的としており，動物の探索行動を刺激するために新奇性を与えることを基本としていた（8.6.2 参照）．しかし，新奇性に基づいたエンリッチメントは有効期間が非常に短く，動物が一度その道具に慣れてしまうとそれらに対する新奇性は失われ，探索心を喚起しなくなってしまう．

動物が新奇性を否定的に受け止めたら，つまりその動物が新しいもの嫌いであったらどうであろうか．この場合新奇性は動物を不安にさせるため福祉が損なわれると考えられるが，それでも新しい事象は肯定的な結果となり得るという証拠がいくつかある．Chamove and Moodie（1990）は，ワタボウシタマリン（Saguinus oedipus）のケージの上に捕食者である鳥類の影を飛ばし，短時間の強い刺激を喚起した．これはもちろん，野生においてタマリンが実際に捕食動物から受ける環境課題を模している．結果としてタマリンの異常行動は減少してより多くの社会的行動を示すようになり，Chamove and Moodie は模型による刺激がタマリンにとって有益であると結論づけた．Wiepkema and Koolhaas（1993）もまた，短時間の不安心が飼育下動物の警戒心を促進することによってそれが飼育下動物を刺激すると考えた．

とはいうものの，飼育環境にある動物にストレスやフラストレーションを意図的に与えることは大いに議論の余地があり（例えば，Roush et al. 1992 参照），場合によっては動物が野生で経験する摂餌の段取りを飼育下では模することができないことを意味している（例えば生きた獲物の提供など，12.3.1 参照）．もちろん私たちは，動物がその環境内で否定的な事象をどのように認識しているのかということについてはほとんど無知である．例えば，動物園の動物が直面する事象の中で動物にとって最も恐ろしいのは獣医師による処置であると考えるかもしれないが，Langkilde and Shine（2006）は，馴染みのないケージに移動させられたキバラミズトカゲ（Eulamprus heatwolei）は，指趾切り，採血，マイクロチップ挿入などの侵襲的処置を受けた時よりも大幅にコルチゾール濃度が上がることを発見した（図 7-9）．

とすると恐怖は，（キバラミズトカゲの例のように）新奇性の存在または不慣れな環境などによって引き起こされる可能性がある．新奇性恐怖症は，一般的に理にかなっており，潜在的に危険な環境条件や物体に対する本能的な警戒心である．例えば，野生の鳥類において珍しい獲物は有害である可能性があるため食べるのを避ける傾向があることが観察されている．ラットもまた，馴染みのない食物を警戒することは有名である[9]．残念なことに，動物園での飼育管理の中には意図せず新奇性恐怖症を誘引していることがある．例えば，匂いを意思疎通の主な手段とする種は匂いつけに非常に多くの時間を費やし，これにより他の動物に自分たちの貴重な情報を伝達する．これはおそらくその動物が生活する環境をより馴染み深くすることにつながる．しかし，汚れを取り除くために消毒剤や洗剤を日常的に使用することは疾病伝染の危険性を減少させるが，動物が付けた様々な嗅覚情報をも除去してしまい，結果としてそのケージへの馴染み深さを低下させて動物福祉を損なわせてしまうかもしれない（McCann et al. 2007）．

動物園の環境にはこの他にも環境課題があり，なかには私たちが気付いていながらも注意を払うことがない要素や，（上述の嗅覚による伝達手段

---

[9] 新しい食物に対する警戒心は，おそらく護身のための警戒行動の発達を裏付けている．警戒行動とは，テントウムシに見られるように警戒色やその他の目立った刺激を利用して不快さや毒性を現すことをいう．

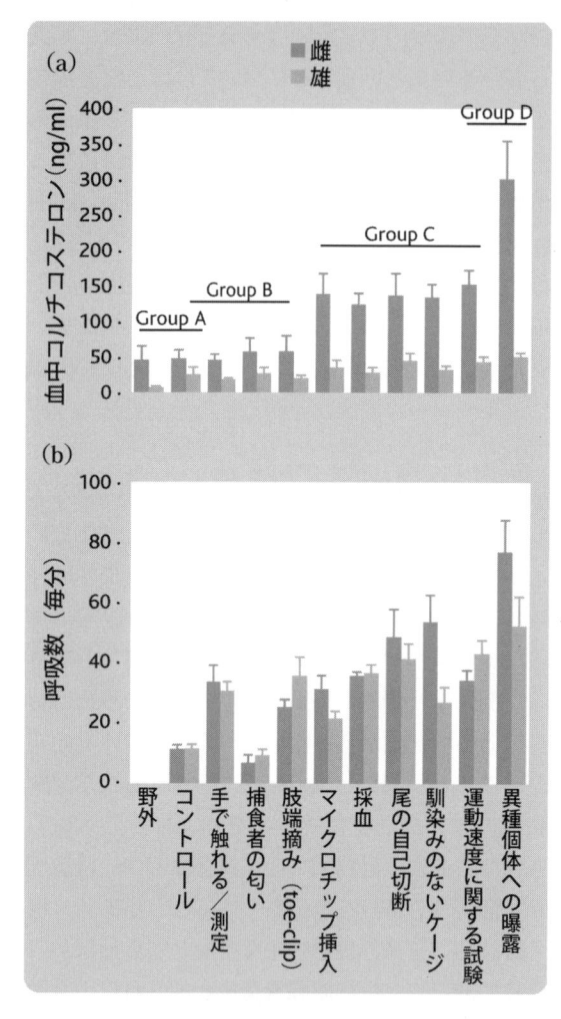

図7-9 キバラミズトカゲ20匹(雄10匹,雌10匹)が日常の異なる飼育工程にさらされた場合のストレス反応を測定した。各事象の1時間後に測定した血漿中コルチゾール値(ストレス反応の指標)は(a)に,動物の呼吸数は(b)に示した。飼育過程A,B,C,Dでは血漿中コルチゾール反応に有意差がみられた。コルチゾール値が最も増加したのは,トカゲが異種(すなわち他種のトカゲ)にさらされた時だった(Langkilde and Shine 2006).

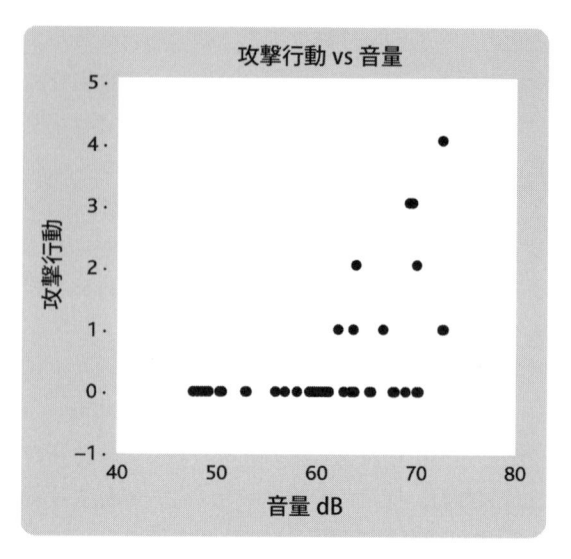

図7-10 ダブリン動物園に展示されているゴリラ(Gorilla gorilla)において,来園者がたてる音量の大きさ(デシベルdBで測定)は飼育されている雄のシルバーバックの攻撃行動と有意な正の相関がある(Keane and Marples 2003).

など)認識できていない要素もいくつかある。来園者や工事の音はともに動物園の動物の生活を明らかにかき乱すものである。図7-10に示したように,ダブリン動物園では,ゴリラの飼育施設の周りにいる来園者がたてる音はシルバーバックのゴリラの見せた攻撃性と正比例しており,この図から来園者が70dBを超える騒音を生じさせていることが分かる(Keane and Marples 2003). この音量は人にとっても有害であると考えられ,騒音がここまで大きくなると就業規則により耳栓の着用を義務づけられる[10]. 同様に,ホノルル動物園の敷地内の工事と音楽会による環境外乱は,ハワイミツスイの行動と糞便中のコルチコイド量を著しく変化させている(Shepherdson et al. 2004).

この他にも,騒音ほど目立たないにしても,動物に影響を与え得る要因がある。例えば,光の

---

[10] 労働者が身体的作用因子(騒音)にさらされる危険性に関する最低限の安全衛生条件であるEC指令2003/10/ECより.

弱い蛍光灯がチカチカしているのはホシムクドリ（*Sturnus vulgaris*）の配偶者選択に影響を与える（Evans et al. 2006）．私たちは，このような刺激が動物園にいる多くの動物にどれほど影響を与えるのかについてはほとんど認識していない．

しかしながら，全ての環境課題が否定的なわけではなく，動物にとって刺激を促す面もある．Meehan and Mench（2007）は，環境エンリッチメントが生み出す認識課題は飼育下動物にとって非常に有益であると提唱している．ただし，そのためには動物がその課題を克服するための手段，技術，力量をもっている必要があるということに注意しなければならない．

7.3.2 行動制限

Dawkins（1988）は，行動制限，すなわち動物が自然な行動を行えないということは，動物に苦痛を与える原因になると主張した．この研究方法の支持者であるRollin（1992）は，ある特定の行動は動物にとって先天的に備わっている福祉上の特権であると述べている．これは"鳥は飛ぶべき，魚は泳ぐべき"としてよく要約される見解である．

では，飼育下動物が全ての行動パターンを完全に行う妨げとなるものは何だろうか．これは一般的に，飼育され閉じ込められることによる直接的または間接的な影響によって生じ得るとされる．極端な例としては，鳥が飛ぶのを防ぐための翼の管理技術の使用（6.3.4参照），身体の拘束，繁殖を妨げるための避妊処置適用などがあげられる．身体の拘束は，通常は，一時的な措置であり，動物の健康診断のためや飼育体制における日常業務のための保定の際に生じる．例えば，伝統的なゾウの飼育方法には鎖でつなぐ（または柵につなぐ，図7-11参照）方法があるが，前足と対角線上の後ろ足一対を鎖でつながれるためゾウはだい

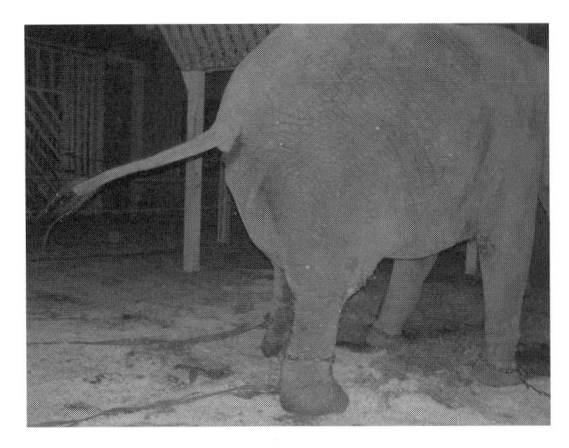

図7-11 動物園におけるゾウの飼育管理において，鎖でつなぐという手法は最近著しく減少している．しかしながら，この慣習はゾウの行動が予測できない時や写真のように雌が出産する時など飼育係がゾウに接近して作業する際に度々使用されている．（写真：撮影者匿名）

たい前後1歩ずつしか動くことができない．この方法でつながれた経験のあるサーカスのゾウは鎖でつなぐ代わりにパドック内に入れた際には，常同行動の度合いが大幅に減少した（Friend and Parker 1999）．

ゾウを鎖でつなぐことは極端な例ではあるが，これほどには目立たないにしても，動物が自然な行動を行う機会を与えられていないため行動制限が生じる飼育方法の側面は他にもある．例えば，逃避距離[11]とは動物がストレス因子から"安全な距離"をとることであるが，小さすぎる飼育施設の中ではその距離は極端に短くなる．ふれあい動物園の動物が来園者から十分に身を引くことができる場合，動物の好ましくない行動を表す度合いが減少した（Anderson et al. 2002）．給餌行動や採食行動の発現，期間，多様性を制限することは，飼育下動物の異常行動を発達させる主要な原因と考えられている（Rushen and Depassille

---

[11] 動物の逃避距離とは，動物が逃走するまでに潜在的危険に対してどの程度の距離があるか，その危険までの最短距離のことである．

1992).

なぜ行動制限は福祉を損なわせるのだろうか．言い換えると，なぜ自然な行動を行うことは動物福祉を促進することになるのであろうか．まぎれもなく動物が受ける恩恵は自然な行動を行う能力と関連しているようであり，逆に言えば動物が自然な行動を行えない場合には有害な結果が生じる．

なぜ自然な行動を行えるよう促進すべきなのか，に対する答えとして考えられる理由は，以下の事項が含まれる．

1. 動物は長い年月をかけてこれらの行動を行うよう進化しているため，それらの行動を行うよう非常に強く動機づけられている．したがって，それらの行動を阻害されるとフラストレーションを感じるのである（Stolba and Wood-Gush 1984, Shepherdson et al. 1993, Lutz and Novak 1995）．
2. これらの行動を実行することは，肯定的な感情上の経験，そして環境内ストレス因子に対する適応能力を高めるなどの長期的な利点と関連づけられている（Spinka 2006）．
3. "喪失感"が自然な行動の欠如によって生じ，"異常"行動がその穴を埋めてしまう（Anderson and Chamove 1984, Chamove 1988）．
4. 動物が自然な行動を行えない場合，認知的な刺激を差し控えてしまう（Reinhardt and Roberts 1997）．
5. 行動制限は，飼育下の動物に課せられる環境課題が動物に影響を与えており，動物がそういった課題に適応できていないことを示唆している（Hutchings et al. 1978b, Redshaw and Mallinson 1991）．

上記の理由は互いに矛盾するものではなく，項目によっては動物に何が起きているのかを部分的にしか説明していない可能性もあるため，その点に注意するべきである．例えば，動物が自然な行動を行えない部分を異常行動で埋めてしまう（上記第3項）というのはもっともらしく思われる．しかし，その穴を些細な行動または有益な行動が埋める可能性もあるという主張もなされている（Reinhardt and Roberts 1997）．

7.3.3 飼育環境への適応

動物が飼育下にある時，次の世代が動物園の新しい環境圧力に適応することは不可避であり，結果として飼育下における生活に適応していく（Frankham et al. 1986）．この過程を通して，動物園の動物の特性は間接的にそしてゆっくりと変化をとげ，また変化し続けていく．動物園においてよく繁殖する動物は，その遺伝子を次世代へと伝えていく．この過程が続いていく場合，次世代で不均衡なほどにさらに"適応した"動物は，適応していない動物と比較すると後続世代へと与える影響が大きくなる．当然のことながら，この過程が与える影響は世代が続いていくにつれて大きくなる．

動物が動物園の環境に適応している場合，これらの動物は飼育されている新しい環境要因に適応しているのだから良い福祉が与えられていると考えることはできるのだろうか．"獣性"の観点からすれば，飼育されている環境の結果生じるいかなる変化も動物福祉を損なう可能性がある要素として調査されるべきである．飼育されているという状況は，動物の特性を損なうからである．しかしながら，飼育環境への適応は通常は飼育下動物の福祉を改善すると考えられているため，これは非常に複雑な問題である．適応できない動物は生き残ることができない，もしくは生き残ったとしても動物にとって不利な状態で生き残る（そしておそらく福祉の著しい低下を伴う）ことになる．適応できた動物，すなわち家畜などは，一般的に繁殖活動を成功させ，飼育されている環境内のストレス因子に対するストレス反応を減少させている（Broom and Johnson 1993）．しかし，飼育下動物の福祉が改善される可能性を秘めている一方で，飼育されている動物全体の役割が後の再導入のための動物として集められている場合，動物がすっかり慣れてしまった飼育環境内での環境圧力は，野生下で経験するそれとは異なっているため，

短期的（動物が飼育下で生活している間）には動物の福祉は適応を通して改善されているが，長期的にみると（その動物が野生に再導入される場合は），福祉が損なわれる可能性がある.

保全の観点からみると，この副次的な家畜化には問題が潜んでいる．確かに，飼育下管理計画では，動物の遺伝子を維持するという点において（9.2.3 参照），飼育下でのいかなる適応をも減らそうと試みているが，必ずしも行動の変化を防げる訳ではない（10.5.6 参照）．適切な飼育やエンリッチメントがいくらかそれを軽減できるのにもかかわらずである．(Shepherdson 1994, 7.5 参照).

例えば，動物が日常的に人と接触し人に慣れる社会化の過程（Mellen and Ellis 1996, 図7-12参照）が，人と動物の関係に変化を生じさせることについて考察してみよう（第13章）．ここで，保全上の目標と福祉上の目標との間に潜在的な矛盾があることが分かる．社会化はたいてい再導入の成功率を低下させると考えられており，飼育下動物，特に再導入が計画されている動物では，社会化の影響を抑えるよう試みられている.

しかしながら，社会化の影響について調査している研究のいくつかは，動物が飼育下にいる間の社会化によって動物福祉を改善することができると示している．例えば，小型の野生ネコ科動物では，飼育者とのふれあいの増加によって生じる社会化が繁殖率の増加およびストレス反応の減少と関連があるとしている（Mellen 1991）．同様に，チーターにおいても繁殖の成功率と，日常の飼育行程における予測可能性および掃除や給餌体系の規則正しさとの間に正の相関を示している（McKay 2003）．しかしながら，人と動物の関係の変化に関する負の影響もある．例えば，人との過剰な接触は繁殖を妨げ，飼育者の怪我の危険性

も高まる（これについては第6章で詳細に記述）.

このような飼育下への適応は，動物の生物学上の機能に対してその他の影響もある．これには動物の形態，生理機能，遺伝的特徴への有害な影響が含まれ，ひいては動物の福祉にも悪い影響があると推定できる．例えば，近交弱勢[12]は飼育下にある個体群の後続世代によくみられる．これは，閉ざされた遺伝子の集合体が，たいていはごくわずかな創始個体[13]から構成されているのが原因である．近親交配は，一般的に福祉に対してほぼ必ず有害と見なされている．例えば北欧諸国の動物園では，近交弱勢がタイリクオオカミ（*Canis lupus*）およびオオヤマネコ（*Lynx lynx*）の寿命と負の相関を示した（Laikre 1999）．同様に Wielebnowski（1996）は，近縁関係にあるチーターが交配して生まれた子孫は近縁関係にないチーターから生まれた個体と比較して，死産や先天的障害をもって生まれてくるケースが多くみられることを発見した（近親交配を減らすための種の管理に関しては 9.2.2 で詳細に記述）.

また，形態的な変化も多くの種で見られており，飼育下の後続世代に生じている．これらの現象のいくつかに関しては O'Regan and Kitchener（2005）が総説しており，こうした変化は食餌不足，行動，年齢などの多種多様な要因に起因することを示している．多くの動物は野生下で暮らすよりも飼育下のほうが長生きするが，動物が飼育下で体験する形態上の変化の中には動物を野生に返した時に生存力を弱めるものもある．例えば，肉食動物は獲物を殺したり処理したりするのを困難に感じるかもしれない．飼育下のアメリカアリゲーター（*Alligator mississippiensis*）の頭は野生のアリゲーターのそれよりも広くなり，体はより強健になるが，顎は短くなってしまう（Erickson et al. 2003）．その一方で，ヒョウ（*Panthera*

---

[12] 近交弱勢とは，血縁関係にある個体が交配し生まれた子孫の遺伝的多様性が減少することである．両親により似かよった遺伝物質を与えられるためである.

[13] 創始個体（ファウンダー）とは，動物のある個体群の由来（起源）となった個体のことである．創始個体の数が少ない場合，遺伝的な多様性は低くなる可能性が高い.

図7-12 動物園の全ての動物は，管理方法が"傍観的"であろうと"手をかけた"ものであろうと，程度の差はあれ人との接触にさらされる．飼育者と動物との接触の典型例は，(a) 動物を飼育場から別の飼育場へ移動させる時，給餌の時，掃除の時などの日常工程の際にみられる．さらに深い交流は，(b) トレーニングや (c) エンリッチメントを与える際にも生じる．また，飼育者との接触は，(d) ペンギンのパレードでみられるようにその社会化への過程につながる．〔写真：(a), (b) Mel Gage，ブリストル動物園；(c) Emma Cattell, Howletts and Port Lympne 野生動物公園；(d) Achim Johannes, Rheine 自然動物園〕

pardus)，ライオン (*Panthera leo*)，トラ (*Panthera tigris*) の頭蓋骨はより大きくなるようだ (O'Regan 2001, Duckler 1998, 図7-13参照)．動物園で飼育されている肉食動物のこれらの形態上の変化の原因と影響は，未だ明らかではない．栄養条件が野生型の頭蓋骨から変形する原因である可能性は低い．その場合，頭蓋骨全体の大きさが大きくなると予測できるためである．経験的には，これらの変化は"使用不足"から生じるといわれている．それは，多くの飼育下の肉食動物は野生で直面する，生きるか死ぬかの状況の中で，大きな体の獲物を倒し，それを機械的に処理する必要がないからである（しかしエンリッチメントの中にはこれらの行動を刺激するよう狙ったものもある）．飼育下への適応に関連して内在するメリットとデメリットに対する実践的な解決方法の1つとし

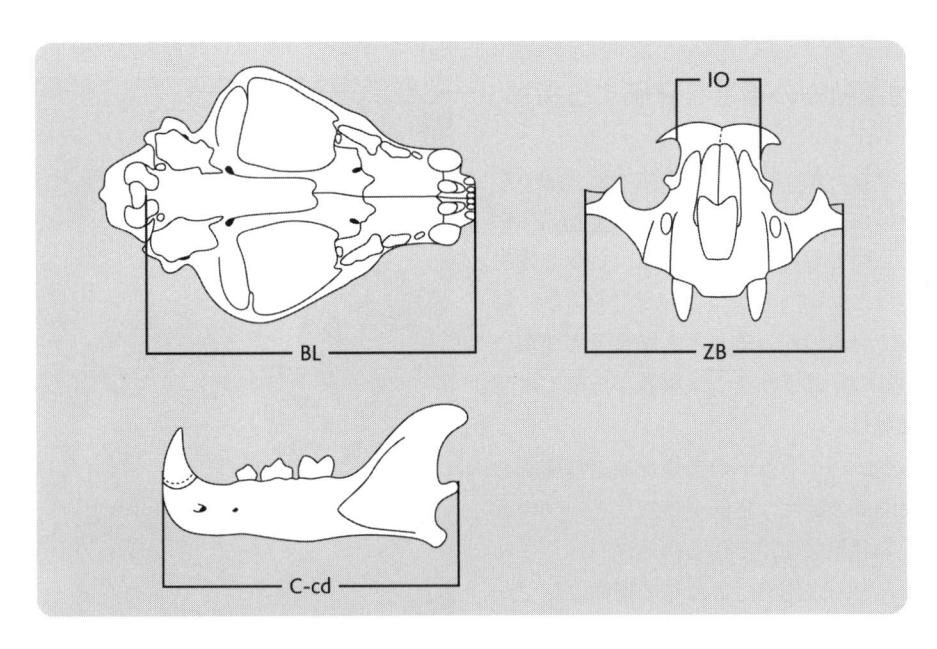

図 7-13 飼育下にあるライオンおよびヒョウの頭蓋骨に関する研究では,頭蓋の寸法の1つである頬骨幅(ZB)において,野生種の頭蓋骨から測定されたものと比較すると飼育下動物においては著しく大きいことが分かった(表 7-2 参照).(他の3か所の寸法測定では,有意差は見られなかった).(O'Regan 2001 より)

表 7-2 動物園の肉食動物および野生の肉食動物の頭蓋骨測定での頬骨幅(ZB)における有意差

種	性別	野生(N)	動物園(N)	野生 平均値	動物園 平均値	アルファ
ヒョウ	雄	19	5	135.0	137.0	0.6695
	雌	13	4	119.0	137.5	0.0312 *
ライオン	雄	11	8	223.0	249.5	0.0289 *
	雌	11	9	198.0	210	0.0365 *
ライオン	雄	6	5	233.5	261.5	0.0137 *

O'Regan 2001 より.
注:Mann-Whitney の U 検定結果によると,現代的に飼育されているライオンおよびヒョウとそれら野生種との間に差がみられた.
* < 0.05
N = 個体数

て,個々の動物をできる限り再導入用か飼育用のいずれかに分ける方法がある.この方法は実行される可能性が低いものの,いわば家畜化の程度に応じてある種の妥協を認めることが,自然な行動がある程度促進されながらも動物が飼育者と接触し続けることができる状況へと結びつく最も良い提案となり得る(Newberry, 1995).このような考えに立つと,野生での生活に必要とされる適応の利点と,飼育下での生活に対してよい働きをする可能性のある適応の利点の,どちらも享受することが可能となる.

7.4 動物園動物の福祉を評価する指標

多くの人々は，動物園の飼育施設の前を通った際に何が目に入ったかによって，動物園動物の福祉の状態を判断できると思っている．しかし通常その一瞬では，動物たちが環境の変化や行動の制限に苦しんでいるのか，それとも飼育下の環境に適応しているのかどうかを，来園者が正確に理解することは難しい．

動物の行動レパートリーの多様性や飼育施設の利用，社会関係の範囲，生活史特性など，動物園動物の福祉の評価に使用できる指標は，たくさんある．ほとんどの来園者はこれらの指標に気づかず，代わりに彼らが観察した動物の行動と飼育施設の見た目がきれいかどうかによって判断している（Melfi et al. 2004a，図 6-9 を参照）．動物の行動や飼育施設のスタイルと動物の福祉には複雑な関係がある．しかし，これらだけを用いて福祉を評価することは非常に不確かなことである．

動物園動物の福祉の評価に使用できる指標を確立することは容易ではない．いくつかの指標は動物が刺激に対して反応することを示すだけかもしれず，必ずしも動物の福祉の状態が変化したことを反映しているわけではない．同様に，行動面または生理面のどちらかで通常の機能から逸脱していたとしても，それが必ずしも彼らの苦しみを示しているわけではない（7.2 を参照）．それゆえ，動物福祉を評価する際に用いるいかなる指標も，まずはその有効性を証明することが不可欠である．有効性は一般的に主に2つの方法によって確立される．

- 動物は"ほぼ確実に"ストレスのかかる出来事や嫌悪刺激にさらされるが，その時にどの指標がいかに変化したかという記録をとる．この例としては，多くの人がストレスを引き起こすと指摘している動物の輸送時の指標測定がある（6.3.2 を参照）．
- あるいは，以前から動物福祉の正確なモニタリングに有効とされてきた他の指標と併用するこ

図 7-14 自己指向性転移行動（場合によっては，転移行動として紹介される）は社会的緊張のような不安な状態に関する信頼性の高い指標である．この写真では，マントヒヒが特徴的な自己指向性転移行動，すなわち，ひっかき行動とあくび行動を見せている．（写真：(a) Ray Wiltshire，(b) ペイントン動物園環境公園）

とによって，新しい指標が有効となる．例えばPlowman et al.（2005）は，マントヒヒ（*Papio hamadryas*）の群れ管理の変化が彼らの福祉の状態を反映するかどうかについての研究に関心をもち（図6-21を参照），自己指向性行動を測定した（図7-14を参照）．こうした行動の発現と頻度はすでに信頼し得る指標として確立していた．なぜなら，それまでの研究（例えば，Maestripieri et al. 2000）で，その他の行動と貧弱な福祉の薬理学的指標に関連があることが示されていたからである．

現在のところ，動物福祉の評価に使われている指標の大半は，動物の福祉が損なわれている際に観察されるものばかりである．これらのケースでは逆もまた真実であり，その指標が観察されなかったり，逆の変化があったりのどちらかによって，動物の福祉が損なわれていない状態であることを反映していると推測できる．しかしながら近年では，"良い福祉"の指標となるような生理状態や社会環境におかれている場合のデータによって，十分な福祉に関連したパラメーターの研究も進められている．例えば，Seltzer and Ziegler（2007）は，コモンマーモセット（*Callithrix jacchus*）の群れにおける福祉の社会的隔離の影響を推測するために，十分な福祉の状態に関連する2種類のホルモンであるオキシトシンとアルギニンバソプレッシン[14]の数値を測定した．

なぜたくさんの異なった指標のためのデータを集めることが必要であるのかというと，動物園の動物たちは多様な種によって構成されており，環境要因によって異なった反応を示すからである．この複雑さを説明するのは難しい．例えば，キリン（*Giraffa camelopardalis*）とオカピ（*Okapia johnstoni*）における常同的な口腔運動は様々な環境要因の組合せによって影響を受けることが分かっている（Bashaw et al. 2001）．したがって特に動物園環境において，動物の福祉の状態を推測しようとする場合は，どんな時でも複数の指標を使用することを強く推奨する．

最後に考慮すべき事項として，動物福祉を評価する際の時間の捉え方についての問題があげられる．7.3.3では，動物が飼育環境の変化に適応した場合に動物福祉に与える影響を，短期的および長期的の両面からとらえて考察することができると述べた．7.2.2で触れたように，動物の福祉に影響を及ぼす刺激の持続期間は，長期の場合と短期の場合の可能性があり，それが慢性的または急性的な反応を引き起こす．

表7-3は急性的または慢性的なストレス反応に関連する生理学的，行動的変化を示している．

7.4.1 生活史の変化と出来事

"動物体"的アプローチに従うなら，動物が環境に対応できない場合は，動物の福祉が著しく損なわれていると考えられ，意図したとおり動物を飼育環境に適応させることができなかったことを意味する．飼育環境に適応できている動物には本来の生息地と同様の身体機能を発揮することが期待できる．したがって成功のパラメーターとして，野生下と飼育下の比較がなされることになる．

一般的に，繁殖の実現と比較的長く生きることが動物飼育の成功だと考えられている．したがって，生殖能と寿命の測定は飼育下における動物の適応の指標として用いることができる．生殖能は様々な方法で計算した繁殖の成功率のことであり，より厳密な意味では，ある動物の子の数，もしくは子の生存数（一般的には30日以上とか1年以上，または成熟するまで），またはその動物自身で繁殖させることができた子の数として，示される．寿命はある動物の生存した長さとして測定され，いかにその動物がうまく生きることができたか，つまり飼育を成功させることができたか

---

[14] オキシトシンとアルギニンバソプレッシンの2つは，下垂体後葉から分泌されるペプチドホルモンである．両ホルモンは身体において多くの生理学的影響をもつにもかかわらず，脳内において，社会的作用と活発な社会行動の仲介に作用しているとも考えられている．

表 7-3 ストレスが短期間か長期間かどうかによって予測される徴候の概要[*]

	短期間に見られる徴候	長期間見られる徴候
行　動	闘争または逃走行動 "通常的な"行動の中断	攻撃行動 常同行動 無気力 自傷行動 防御行動
生物学的指標の総計	↑心拍数，呼吸数，体温	↓繁殖成功数，平均余命，成長率
内分泌機能	アドレナリン ノルアドレナリン アドレノコルチコイド プロラクチン	内因性オピオイド グルココルチコイド
神経／免疫機構	アドレナリン ドーパミン	免疫抑制 ↑疾患発生率
血液中の酵素／代謝産物	レニン（腎臓から分泌）	クレアチンキナーゼ（心臓から分泌）

[*] Broom and Johnson（1993）に加筆．
注：ストレスの影響はそのストレスがどのくらい長く継続するかによって変化する．短期間のストレッサーは急性のストレスに関連するが，その一方で長期に亘るストレスは慢性的な状態をもたらす．

についての指標として有効である．

　動物の福祉は，個体という観点から考えられるべきであるが，ある個体群の生活史特性を見ることにより，その個体群（その地域特有の環境条件を共有するため），もしくはその種全体（同種間で共有されるような差異をもつことから，環境に対応する能力を共有するため）を，どの程度維持させることができるかについての情報を得ることができる．こうした類型の分析は，特別な習性や環境に対して特徴的な要求をもち，これらの特徴が得られない場合は適応できず，個体群を維持できないと思われる動物を強調させる．同様に，こうした種類の分析方法を用いることにより，飼育の成功を促すためにはどのような飼育環境が修正でき，どのような環境を修正すべきであるのかを特定することができる．Clubb and Mason（2007）は，この分析方法を用いて飼育下の肉食動物が継代する能力について研究を行い，寿命の測定と常同行動の発現という点から，飼育下におけるこれら動物の福祉を評価した．彼らは，常同行動をしている比較的短命な動物は飼育環境に適応していなかったため，福祉状態が悪かったと考えた．

　動物の福祉を評価するために用いられるあらゆる指標と同様に，独立的に生活史の変化を用いることにも限界がある．個体の生殖能と寿命は多くの変化に影響を受けるが，これらは必ずしも福祉に関係があるわけではない．動物管理計画では，スペースの問題などから，動物に繁殖の機会を与えないという方針が採用されるのは，一般的なことである（9.7を参照）．同様に，動物は病気や社会的に負った傷，または安楽殺などによって死ぬかもしれない．それゆえ，たとえこうした変化しやすい状況を正確に分析するのに膨大な時間がかかったとしても，これらの指標を動物福祉を推し量る指標として用いる際には，動物の生活およびその飼育管理方法の詳細についても，考慮する必要がある．

7.4.2　生物学的過程

　動物福祉の評価に最も広く採用されているアプローチは動物の生物学的機能を観察する方法である．この方法は，その環境において，なぜその動物が継代，あるいは繁栄したかについて示すことができる．生物学的機能を支える生物学的過程は

たくさんあるが，ほとんどの動物福祉の研究では内分泌機能の分析が選択されている．なぜならホルモン，特にコルチゾールはストレス刺激による動物の反応を介在するからである（Box 7.3）．しかし免疫の活性化や神経系などの他の生物学的過程も，動物がその環境に対処する能力についての情報を示す．これらの生理学的指標は一般的に行動観察と併用して研究されている．

動物の生物学的機能の測定に用いられている方法は，信頼できる客観的な再現性のある実験データの集積という，一般的に標準化された手続きに従ったものである．こうした測定は動物間での比較が可能であり，簡単に精査することができる．これらは動物福祉の科学的研究にとって理想的であり，おそらくこの分野においてこれらの方法の利用が急増しているのはそのためであろう．歴史的に生理学的指標の測定は，通常，血液サンプリングや生体，もしくは動物の死後の検死において得られる情報を通してなど，ある程度の侵襲的な手続きを必要としてきた．動物福祉の観察自体が

Box 7.3　動物福祉の指標としてのコルチゾールの使用

長い間，コルチゾールとその代謝物の測定は副腎機能と，その結果として動物のストレス反応における情報を示す信頼性のある指標として認識されてきた（Box 7.2 を参照）．コルチゾールの非侵襲的評価は，ラッコ（*Enhydra lutris*）やアメリカアカシカ（*Cervus canadensis roosevelti*），ジェレヌク（*Litocranius caurina*）などの多種多様な野生動物において，糞のサンプリングによって行われてきた（Wasser et al. 2000 の総説）．その他の非侵襲的技術には尿（例えば，Brown and Wemmer 1995 によるゾウの例）や唾液（例えば，Kuhar et al. 2005 によるゴリラの例）がある．Davis et al.(2005)は，ジェフロイクモザル（*Ateles geoffroyi*）における来園者の影響についての研究の中で，福祉の指標にコルチゾールを用いるという動物園研究の 1 つの例を示した．彼らは，動物園に来園者がいない状況と比較すると，来園者数が多い場合はコルチゾールのレベルが高いことを発見した（図 13-10 を参照）．

コルチゾールは，ストレスを受けている間，視床下部 - 下垂体 - 副腎（軸）の活性が原因で大量に放出されるが，その他の生理学的機能にもかかわっている．ストレス反応に関するコルチゾールの上昇は，餌を食べた後や動物が活動している際にも起こるかもしれないし，その動物の群れの中での順位や性別，年齢にも影響を受ける可能性がある（Lane 2006）．さらにコルチゾールレベルの変化は，時間帯や季節のリズム，気温，湿度，その他，動物とその環境に関わるいくつかの要因によっても起こり得る（Mormede et al. 2007）．コルチゾール濃度を正確に判断するためには，非侵襲的サンプルが適切に取り扱われ，処理されることにも注意を払わなければならない．例えば，Millspaugh and Washburn（2003）は，グルココルチコイドは必ずしも糞中に均一に排出されているわけではなく，したがってサンプル中の偏りの可能性を排除するため，全ての排泄物を十分に混合し，その中からサンプルを取り出すべきであることを示した．

コルチゾールの産生とその濃度の測定に影響を及ぼす多くの要因があるにもかかわらず，コルチゾールは，今もなおストレスの測定，つまりは動物の福祉の指標として正確で有用であると認識されている．コルチゾールを福祉の指標として使用する場合には，その限界を考慮することを心に留め，同様に測定される動物福祉の指標の補完とするべきである（Millspaugh and Washburn 2004, Lane 2006）．

福祉を損なう，もしくは少なくとも悪化させるかもしれないようでは，データの集積の方法としては明らかに不都合がある．ありがたいことに技術の進歩はこの問題を改善することに大きな役割を果たしてきた．なぜなら，多くの生物学的過程は今や非侵襲的アプローチによって観察することができるからである．

　生物学的過程は生存のための根幹をなすものであり，刺激（時には"ストレス"や"環境の変化"と言われるもの）に対する動物の反応は必ずしも福祉の侵害を示すわけではない．これらは単に所定の恒常性維持機能を反映したものかもしれない．例えばグルココルチコイドは，ストレス反応の仲介をするのと同様に，代謝エネルギーとしても重要である．そういうわけで，間違ったパラメーターの変化は，それ自体が必ずしも動物の苦しみを反映しているわけではないため，動物福祉の反応におけるこれらの指標の解釈には注意が必要である．動物の福祉以外にも，時間帯や繁殖状況などの個体の差異などを含めた生物学的過程の変化に作用する要因は，他にもたくさん存在する．

　したがって動物福祉の測定方法として生物学的過程を用いることの意味は，他の指標の測定データとの組合せにある．これは，内分泌機能を測定してコルチゾール濃度がいかに変化するかということを，福祉を評価する他の指標と合わせて解釈するという考え方に例証されている．例えば，行動観察と非侵襲的なコルチゾールの観察データの集積は，ジャイアントパンダ（*Ailuropada melanoleuca*）（Liu et al. 2006, Powell et al. 2006）やウンピョウ（*Neofelis nebulosa*）（Wielebnowski et al. 2002），クロサイ（*Diceros bicornis*），シロサイ（*Ceratotherium simum*）（Carlstead and Brown 2005）などの動物園で飼育されている多くの動物たちの福祉を向上させてきた．

7.4.3　行　動

　動物の行動観察は非侵襲的であるために多くの動物福祉科学者から直感的に好ましいとされている方法である．行動の発現は動物福祉の調査のための4つの全てのアプローチに重複する動物福祉の評価尺度を示している．

- 社会的関係や問題解決行動，動物の学習の研究はいくつかの動物の心についての徴候を供給することができる．
- 異常行動の進行は，現在の環境において動物の生物学的過程がうまく機能しないことを示しているかもしれない．
- 野生下で見られるような行動が発現しないことは，本来の状態から変化していることを示している．
- 場合によっては，他の種から得られる知識や類推によって，行動の機能を解釈することを正当化することができる．

　長い間，動物園での常同行動は福祉が損なわれていることの1番の指標だと考えられてきた．例えば，動物園のヒメウォンバット（*Vombatus ursinus*）の常同行動の発現はその日々の採食時間量に影響することが発見された（Hogan and Tribe 2007）．これらの発見は行動の多様性を減らし，行動の制限を引き起こし得る（Golani et al. 1999）が，常同行動や他の異常行動の発現の解釈は，常にはっきりしているわけではない（常同行動についての話題は4.4.3でより掘り下げている）．行動が"正常"なのか"異常"なのかもまた単純なことではないことを，ここで言及すべきであろう．これについては8.3.2で議論されている．

　その他の動物福祉の基準を用いる場合と同様に，行動指標もまた，その解釈が正当であると確実にみなされるように実証されなければならない．Castellote and Fossa（2006）は，ベルーガ（*Delphinapterus leucas*）の水中での発声を福祉指標として使用することを正当化した．なぜなら，4頭のゼニガタアザラシ（*Phoca vitulina*）をその展示に導入した後と，新しい施設に空輸した後の両方で，発声の減少が観察されたからである．発声は他の種でも同様に動物福祉の代表的な指標となっている．

7.4.4 健康

　健康管理の欠如は，様々な理由，特に環境の変化への対応能力の限界という理由から動物福祉を悪化させ，行動の発現を制限し，苦痛を生じさせる原因になり得る．動物園動物の健康状態の評価にはいくつかの方法があり，"健康管理"について述べる第11章で議論されている（図7-15を参照）．

　動物の健康をチェックするために行われる日常的な動物の観察は，その動物や種の正常な状態についての知識を身につけるのに有効である．これらの"ノルマ"を怠ることは動物園の専門家として，健康管理や福祉を危険にさらす可能性への警告となる（5.6.6を参照）．観察できる情報には体重や状態，同種同士の関係，採食行動，そしてこれらの変化が含まれる．動物福祉に関する既往の情報は，検死分析からも得ることができる．検死では，その個体が生きていた時の状況と福祉の状態（11.4.8を参照），そしてそういった状態がどのようにその個体の身体機能に影響を及ぼしたかという貴重な情報を与えてくれる．これらの研究は動物が生きている間には不可能なことかもしれない．あるいは目に見える徴候がない場合には気づかないかもしれない．例えば，Kitchener and MacDonald（2004）は，多くの動物園の肉食動物の検死解剖の結果，最も長く生きた個体の背骨が重度に変形しており，その個体の生涯を通じて痛みを感じていただろうと推測した．これらのデータは，動物園の長寿動物たちの福祉が欠如し

(a)

図7-15 動物園において，高齢の肉食動物が骨格障害に苦しんだ結果は検死で証明された．こうした動物たちは，（老いていくことを避けられないにも関わらず）長期間に亘って与えられた運動具により，過剰な運動を強いられたと判断するのが賢明かもしれない．（写真：ワルシャワ動物園）

252　第7章　動物福祉

(b)

(c)

図7-15　つづき

ているかもしれないことと，寿命の長さがゴールではなく，むしろ生活の質を追求するべきだ，という議論を提示している．

7.4.5 動物への問いかけ

動物がどう感じているか，動物にとって動物福祉がどんな意味をもっているかを理解するためには，次のような問いかけが考えられる．
・その動物に自覚はあるか．
・その個体は，自身が苦しんでいることを認識したり，他の動物が苦しんでいることを理解したりしているか．
・その動物は過去の出来事を覚えているか，また将来の出来事を恐れているか．

すでに検証したとおり，これらの種類の質問に答えたり，動物の主観的な経験を推測したりすることは難しい．しかしながら，選好性試験は間接的ながらも動物がどう感じているかを知ることができると提唱されている方法である（Duncan 2005）．

選好性試験とはある動物に対して異なる素材を同時提示する試験である．動物が選んだものはより好ましく，したがって，欲していると仮定される．これにより私たちは，その環境から何を欲するかという点において，動物が彼ら自身のニーズをどのように自覚するかを解釈するためのメカニズムを知ることができる．動物の選好を十分に評価するためには，私たちが彼らの環境の複雑さと環境に対する要求を過小評価しないことが重要である．したがって私たちは，彼らが選び，私たちに示した彼らの好むものの中から，彼らに対して十分な選択肢を与えるべきである（Fraser and Matthews 1997）．選好性試験中に動物に提示した素材の数や妥当性はその結果の価値を決定する．単に2つの選択肢のうち，どちらを動物が選ぶかを知ることは，そのどちらの選択肢も動物が実際には"好き"ではない場合には，あまり意味のないことである．また，選んだ結果は以前の経験に影響されたものかもしれない．したがってある動物が新しい素材を選ぶことは，一時的に新しい素材を避けるか，それとも利用するかというその個体の傾向を反映しているだけかもしれない．

選好性試験はどのように動物の優先度が変化し，それが遺伝的な差異や繁殖状況，多くの様々な環境要因に影響を受けるかを究明するために広く利用されてきた．しかしながら，私たちはこうした研究における動物たちの選択を解釈するにあたっては慎重になるべきである．なぜなら，それらは必ずしも福祉を促進するわけではないかもしれないからである．例えば，動物たちは健康的であるかという点よりも，むしろ美味しいかどうかで食べ物を選ぶかもしれない．さらには，その動物の判断は長期的ではなく，短期的な生物学的機能を満たしているだけかもしれない（Ducan 1978）．それゆえ，選好性試験から得られる動物の要求についての洞察は，私たちの実験計画が認められているということでしかない．

動物園の動物たちは，野生でふるまうだろう行動を表現することを選んでいるように見える．Elson and Marples（2001）は，数種類のオウムが，もし，彼らの"自然な"食性を反映した様式で給餌された場合，鳥たちはそちらを好むことを発見した．彼らのケージで，皿での給餌と，別の給餌スタイルをとることができるようなエンリッチメント装置で餌を与えられたとしたら，オウムたちは，彼らの本来の特性である給餌行動をとることができるエンリッチメント装置を利用するだろう．それゆえ，キビタイヒスイインコ（*Psephotus chrysopterygius*）は，野生下で鞘や草本の先から種子を得る時のような操作的行動によって，種子が付着したつり下げられた枝を選択的に利用した．他方，主に地面の上で餌を食べるヒムネキキョウインコ（*Neophema splendida*）は地面の上におかれた採食トレイを選好する行動を見せた．これは，コントラフリーローディングといわれる8.6.3でより詳しく述べる現象の1例でもある．

選好性試験は動機づけの強さの試験であり，その素材を得たり，その行動を行ったりする動機の水準を反映する"労力"に対する動物の意欲を推

測できる．洗練された実験計画は，動物がその素材に到達するためにどのくらいの努力（時間と労力）を費やそうとするかを予測するために用いられてきた．こうした実験は動物のその素材に対する選好性の強さを測定し，行動経済理論の根拠となってきた．Dawkins（1983）はこの分野の第1人者であり，（経済理論における）人間の消費行動における選択と，動物の選択に類似点があると考えた．この方法は，その動物の選好性を解釈する方法となるが，異なった素材を1日のうちのいろいろな時間帯において与えられた場合と，一生のうちのいろいろな段階で与えられた場合の両方の場合においての選好性を見ることができる．

この理論には2つ重要な条件がある．動物に与える選択肢としての素材は，彼らの本来の性質を考慮し，彼らが望むようなものであるべきであるということと，バジェットの制約が選択肢に影響を受けるということである．"バジェット（budget）"という言葉には，繁殖状況や空腹のレベルなど，その動物が何を選択するかを決める場合の，要因的なニュアンスを含んでいる．ある動物に制約が与えられた時，私たちは最も重要な素材が選択されることを期待する．ここで選択された素材は必要不可欠なものであると考えられ，"非弾力的なもの"とされる．しかし選択に制約がない状況では，動物はむしろ贅沢，もしくは"弾力的なもの"を選択するかもしれない．

動物の選好の強さを測定するために開発された選好性試験には，さらに次のようないくつかのバリエーションがある．

1. 動物はその素材を得るための行動を学習するか．もし学習しないのであれば，その素材に対する好みを実証することは不十分であると考えられる．
2. 妨害試験では，動物とその素材との間にドアのようなものを置き，その動物がその素材を得るための障害を回避するために労力を費やすのにどれほど熱心に取り組むかを測定する．
3. 動物たちが素材を選択する際に，時間的な制約を設ける．つまりここでの仮説は，素材を得るための時間が減少するのに従って，動物は最も好きな素材，もしくは最も必要な素材を選ぶだろうというものである．
4. 嫌忌試験は，動物がその素材を得るために，電気ショックのような何か好きではないものを我慢する選択をするかどうかの研究である．

動物園動物におけるいくつかの選好性試験は，どんな食べ物，またはどんな収容場所が最も求められているかを測るために実施されてきた（例えばOgden et al.1993, Ludes and Anderson 1996を参照）．

最近では，動物園動物の動機を試すことのできる状況を構築する実験が行われている．例えば，Nicholls（2003）は，異なった素材が頂上に置かれたスロープを彼らに示すことによって，ヘルマンリクガメ（*Testudo hermmani*）の動機の強さを測定した．スロープの傾斜を変化させることによって，カメがその素材を得るために，どんな傾斜のスロープも上るということを発見できたし，カメが，小枝より砂のスロープをより早く上ったということも発見したのである（図7-16参照）．

図7-16 哺乳類や鳥類に関する選好性試験の研究はたくさんあるが，他の種についてはほとんどない．ペイントン動物園環境公園では，カメに異なる素材を与え，斜面を上って到達させることによって，カメの選好性を測定した．カメは好みの素材を得るために勾配の急な斜面を上ることを選んだ．（写真：ペイントン動物園環境公園）

7.4.6 認　知

　動物福祉にアプローチするうえで，"動物の心"を理解することができれば，私たちはこの分野の現在の傾向が，動物自身の感覚やその事柄に対して抱く感情に沿ったものであるかどうかが分かるだろう（Webster 2006）[15]．彼らの認知能力の範囲は心の理論や自己認識によって測定することができるが，この分野での研究は，動物が経験することのできる感情やそれが福祉に影響を及ぼす程度についてのさらなる理解をもたらすために進められてきた．

　Gregory（2004）は，動物の心の複雑さは，おそらく学習能力に起因したものだろうと示唆した．それゆえ単なる刺激反応関係を超えた学習能力は，高度な精神的過程とより優れた感情表現を示唆する潜在能力を暗示しているかもしれない．私たち自身，複雑な心と高度な学習能力をもつ動物であるため，動物の能力における差異を考える時に常に，知性の進化の頂点に霊長類を位置づける傾向にある．しかしながら，おもしろいことにより多くのデータを集積すると，多くの霊長類以外の動物は，人間以外の霊長類で観察されるものに匹敵するまたは超える認知能力をもつことが明らかになってきた．例えば，カリフォルニアアシカ（*Zalophus californianus*）は，逆転報酬随伴性課題を霊長類よりも早い速度で学習することが観察されている（Genty and Roeder 2006）．この課題では，カリフォルニアアシカは，選択を迫られた際に，もしより少ない量の魚を選んだとしたら，その報酬として，実際にはたくさんの量の魚を得ることができるということを学習することを求められる．これは遅延報酬に関する動物の理解を示唆する自己制御の実証である（図7-17）．

　動物の社会システムの複雑さと環境との相互作用もまた，認知能力の指標として用いられている．

図7-17 より多くの種の認知能力が調査され，その結果は，霊長類が"知性のピラミッドの頂点"であるという，長い間の意見に変化をもたらした．例えば，カリフォルニアアシカは，より多くの量の魚を報酬に得るために，少ない量の魚を選ぶとことを学習することができる．より多くの量を選べる場合にさえ，少ない量を選ぶ，というこの複雑な課題は，同じようにこの課題を課された人間以外の霊長類では達成されなかった．（Genty and Roeder 2006）

なぜならこれらの要因は両方とも平行して増加していく必要があるためである．例えばSimmonds（2006）は，クジラ類について利用できる文献を精査し，彼らに観察された行動が，高度な知的水準をもつという意見を裏付けるということを示した．これは彼らの苦痛を感じる能力をわずかに示唆している．同様に，Douglas-Hamilton et al.（2006）は，ゾウに見られる感情の変化と死についての一般的な認識と好奇心をもつことを主張するために，大規模な行動観察を用いた．この方法は動物福祉へのアプローチとして"動物の心"を提唱し，動物の心の存在の証拠としての動物の行動についての大量の事例を使ったGriffin（1992）に追従するかたちで行われたものである．

7.5　動物園動物に必要なこと

　動物園動物の福祉についての私たちの知識は，

---

[15] 心の理論では，ある個体が他の個体の精神的過程を知ることに言及する．自己認識は，自己を他の個体と区別して認識できることである．これらは両方とも高度な認知能力とされており，動物がこの能力をもつ程度については議論となっている．

動物の要求についての研究，そして彼らが飼育環境下でどのくらい妥協できるかという研究が多くなされており，この数年で飛躍的に進歩した．さらに実証済みの福祉の指標を適切にモニタリングすることにより，動物園環境において福祉を損なう可能性のある要因を特定し，こうした要因の影響を減らすための対策をとることが可能となった．

一般的に動物福祉科学の分野においては，知識の進歩は必ずしも十分な動物福祉を確保するための適切な取組みが実施されていることを示しているわけではない（Millman et al. 2004）．Dawkins（1997）は，この知識と実施の間の温度差は，動物福祉研究者や一般市民，政治家を含む多くの異なったグループが入り組んだ，異なった視点が原因だと示唆した．研究者は動物福祉に影響を及ぼす要因の根本となっている複雑な問題点を完全に正しく理解することに対してより多くの時間を必要とするが，その一方で市民は消費者圧力を通じた変化を促す自分たちのパワーを抑制しないし，政治家は，常に法規制の変化に協力的ではないのである（Dawkins 1997）．この基本に則ると，もし動物園においてもっと献身的な動物福祉の研究者が動物の研究をしていたら，もしより高い水準を求める"知識をもった"動物園の来園者からの継続的な外圧があったら，または，もし動物園動物の福祉を世界的規模で推進する法律や規制の強力な調和化が図られていたら，動物園動物の福祉は飛躍的に改善されたと主張してもいいかもしれない．

さらに実際的には，現在動物園で働いている人々の力量の及ぶ範囲で，ひととおりの対応が提案され，それが採用されたとしたら，動物福祉を大幅に改善することができるだろう．これらの研究には，動物が何を要求しているかを明らかにすることと動物福祉へのリスクを最小限にすること，福祉と動物園が目指す他の目的の間の対立をどのように解決するかを決めるための論理的かつ一貫性のある枠組みを用いること，私たちの動物福祉研究の知識を高め，どのようにそれを実現するのが一番適切か，そして最後に，こうした情報を法律の改正にいかし，その施行を支えるために用いることが含まれている．

7.5.1　5つの自由

5つの自由には，動物の基本的要求が含まれている．これが満たされていれば，動物たちは十分な水準の福祉を確保されているはずである（表7-4と図7-18を参照）．これらは本来，産業動物に対する最低限の水準の福祉を確保するための手段として考えられてきた．しかしその後，動物園の飼育動物であろうと，実験動物であろうと，ペッ

表7-4 Websterの5つの自由

自　由	対　策	相互参照
渇き，飢え，栄養不良からの自由	新鮮な水を入手する手段 栄養的にバランスのとれた食生活	第12章
不快からの自由	隠れる場所や快適な休憩場所など，適切な環境	第6章
痛み，傷害，病気からの自由	予防または迅速な診断と治療	第11章，第6章，Box 7.1
自然な行動を発現する自由	十分なスペース，適切な施設，その動物種に特有の社会構成	第4章，第8章，第11章
恐怖，抑圧からの自由	精神的な苦しみを避けることのできる状態の確保	7.3.1

注：5つの自由（Webster 1994）は，飼育下の動物を管理する際に達成すべき最低限の水準を示すものである．動物園では，5つの自由はこの本の他の章で解説されている最良の実践を通じて達成できる．

7.5 動物園動物に必要なこと 257

(a) (b)
(c) (d)
(e)

図 7-18 動物福祉の"5つの自由"は飼育下動物の管理という条件下で最良の実践がなされることによって，達成される．ここにその例を示している．(a) 渇き，飢え，栄養不良からの自由は，母親からその子どもに対して与えられている．(b) 不快からの自由は，ヨウジウオ（family Syngnathiade）に適切な環境を与えることによって達成されている．(c) 痛み，傷害，病気からの自由は，ハリモグラ（*Tachyglossus aculeatus*）の定期的な獣医学的チェックによって保障されている．(d) 恐怖や抑圧からの自由は，タテガミオオカミ（*Chrysocyon brachyurus*）に来園者から距離をとるのに十分な面積が与えられていることによって満たされている．(e) 自然な行動を発現する自由は，スマトラオランウータン（*Pongo abelii*）たちに，認知的エンリッチメントを提供することによって促進されている．〔写真：(a) (c) (d)：ペイントン動物園環境公園，(b)：ワルシャワ動物園，(e)：モスクワ動物園〕

トであろうと，あらゆる動物の福祉の評価において用いられるようになってきた（Webster 1994）．

動物福祉を考慮する際の適切な出発点として5つの自由が与えられているにもかかわらず，しばしば最低限の基準によって，知識の進歩や高い水準の福祉の促進が妨げられるという懸念がある（Koene and Duncan 2001）．これは最低限の基準が，時にそれを超えるためのものというより，むしろ目指す基準とされてしまう可能性があるからである．加えてそれらによって，十分な福祉の状態の徴候（行動の多様性の発現や心理的幸福などのような）を促進することを目指すのではなく，むしろ悲惨な状態の福祉（例えば，常同行動や体重減少）に関連する指標の変化の観察を阻むことがある．さらに Mench（1998）は，動物の幸福に注目せずに，動物の苦痛について継続して研究し，評価することは，最終的には福祉を大きく改善させることにつながるわけではないと主張した．本質的には動物福祉は，単に彼らの苦痛を取り除くことではなく，彼らに喜びをもたらすものであるべきである（Duncan 2006）．優れた動物園の動物福祉は，日常の管理の中で動物の毎日の生活を豊かにするための積極的な責務を通じて達成され，最初の段階では，福祉へのリスクが存在しないことを保障する1歩を踏み出すことによって導入される．それゆえ，目指すのは，動物を幸せにするために懸命に努力することであり，単に彼らが苦しんでいないことを保障することではないのである．

7.5.2 福祉のリスクを最小限にする

7.3において，私たちは動物園動物の福祉を損なうかもしれない要因について考えたが，ここでも触れておく．もし私たちがこうした要因を排除できるのであれば，動物福祉を損なうことによるリスクは減るだろう．つまり，私たちは，動物たちによい刺激となるのに十分な，かつ不安にさせない程度の環境的変化のある状況と，行動が制約されないことを保障する機会を提供できるはずだということを意味している．

ではどうしたらこれを実現できるのか．動物の一生を通して起こり得る出来事は，その動物のストレス因子の知覚に影響を及ぼす．しかし，ことさら飼育過程である幼少期に起こる出来事は，その動物の行動の発現と発達に，そしてストレス因子に対する認識において，著しく長期間に亘って重要な影響を与える．例えば複雑な野外環境で育てられた家畜用のニワトリは，成鳥になると，屋内で育てられたニワトリと異なった行動を見せる．彼らは適切なタイミングで短い緊張性の不動化[16]を示すことによって，かなりの恐怖を軽減している．そしてまたすぐに屋外環境を探索し利用するのである（Grigor et al. 1995）．

同様に，若齢期（生後124日以内）に豊かな環境を与えられたシロアシネズミ（*Peromyscus maniculatus*）は，一般的な環境で育てられた個体と比較して，より低い水準で常同行動を見せた．この影響は，シロアシネズミが一般的な環境に移されても成獣になるまで存続する（Hadley et al. 2006）．それゆえ，適切な生育環境を与えることは，ある動物がその環境において実際に相互作用をもっているということを証明するという点において，非常に重要である（9.5.1を参照）．

Carlstead（1996）は，飼育下の環境は動物たちが生きるために適応してきた野生の生息地と比べて，複雑さに乏しく，目新しさがなく，動物たちにとって工夫しづらいと述べている．動物園動物に選択肢を与えると，彼らはたいていその環境に工夫をこらすための手段としてそれらを受け入れる．ジャイアントパンダに対して，彼らの飼育場のもう片方の区域（屋内と屋外区域）を利用できるようにしたら，興奮的行動と尿内コルチゾー

---

[16] 緊張性の不動化とは，ある種（例：魚類，カエル類，トカゲ類，鳥類，ネズミ類，ウサギ類；Maser and Gallup 1974を参照のこと）に認められる自然状態での麻痺のことで，不快なストレッサーにさらされた時に起こる．

ルの両方の値が減少した（Owen et al. 2005）．ホッキョクグマ（*Ursus maritimus*）に同じ種類の選択肢を与えると，常同行動の減少と遊び行動の増加を引き起こす結果となった（Ross 2006）．

選択肢はエンリッチメントの枠組みにおいても提示することができる．なぜなら動物たちはそれを使うか使わないかを選べるからである．Sambrook and Buchanan-Smith（1997）は，エンリッチメントの効果は動物に対して与えられる工夫の可能性の量によって予測することができると主張する．この立場からすると，パズル餌箱は飼育環境への匂い付けよりも効果的だといえるだろう．なぜなら動物の行動は，匂い付けとそれが動物に与える工夫の可能性よりも，パズル餌箱に対してより作用を及ぼすことができるだろうからである．動物は，匂い付けに対しては，わずかな変化しか与えられないのに対し，餌箱に対しては，中を探り，餌を発見し，破壊し，匂いを付け，自分のものとして守り，無視することさえできる．Sambrook and Buchanan-Smith（1997）が認めているように，環境エンリッチメントの有効性に作用する複雑な要因は多く存在するが，それにも関わらず，この仮説はいくつかの環境エンリッチメントが他の方法よりもより効果的であることを示した研究の結果によって裏付けられている（8.6 参照）．

動物福祉のリスクを最小限にするためのその他のアプローチとして，福祉の監査の実行がある．本章ですでに検証したように，優れた動物園は，福祉の測定だけでなく，よりよい福祉を促進するために変化が必要かどうかなど，現在の飼育動物の管理が最適なものであるかどうかを評価することにも関心をもっている．通常は福祉の監査は，個体の動物についての獣医療と飼育管理の記録（例えば，健康障害の発生率や繁殖活動など）の見直しを基にしている．飼育管理のパラメーターもまた，福祉に影響のありそうな共通変数があるかどうかを見るために記録され，見直される．

例えば，チェスター動物園では，福祉の監査のことを"福祉に関する潜在的な課題の確認と行動のための仕組み"と表現している．チェスター動物園の福祉監査の過程は，様々な方法で動物園のスタッフによって定期的に取り組まれている．そしてその結果は，福祉対策の観察と測定に関連づけられる．これらの取組みには，飼育係（キーパー）が毎日行う全ての動物のチェックや前月の動物の出生や死亡，移動，飼育管理方法の変更，その他の進行中の飼育管理に関する課題について再確認するための，飼育係とキュレーター，その他の動物園スタッフ（獣医師や研究スタッフなど）間の毎月のミーティングを含む．

ロンドン動物学協会（ZSL）の福祉監査の過程では，動物の環境や管理方法の両方を対象とした課題のチェックリストを使用する．ZSL には動物園フォーラムハンドブック（Zoos Forum Handbook, Defra 2007b）における福祉の監査に基づいた部門がある．チェスター動物園と ZSL が使用している仕組みの詳細は，このハンドブックの4項の別表Iに示されている．

この本の他の章では，福祉を損なわないような状況を確保するために発展してきた，動物園での飼育管理の仕組みにおける非常に優れた事例がたくさん紹介されている．特に第6章「飼育施設と飼育管理」と第8章「環境エンリッチメント」と第12章「給餌と栄養」が該当する．

7.5.3 選択のジレンマ

残念なことに，優れた動物園においてさえ，直接的な飼育管理の結果（例えば健康チェックのために固定される場合など）や間接的な飼育管理の結果（例えば同種の動物から傷を受けた場合など）に関わらず，その動物の一生のいくつかの時点において，動物福祉を損なっていると思われる．個体の福祉と対立する種についての動物園の目標と目的，つまり適切な遺伝管理を確保するために，群れの間で動物を移動することを求めるような保全に対する取組みなども存在する．

このような現状の中で，その動物が生活する将来または現在の状況における相対的な"費用対効果"に基づいた決定が求められる．そしてこうし

た状況においても，特定の個体のためだけでなく，その施設の中で暮らす他の動物たちや飼育下個体群や種，さらには来園者への影響に対する費用対効果を考慮する必要がある．このようなジレンマを考慮する際のいわゆる通貨タームは，福祉の経験的な指標から動物園の来園者の潜在的な態度の変化に至るまで極めて変化しやすい．

費用対効果の分析に着手する際に生じるその他の考慮すべき点は，動物の福祉と"議論になっている話題"の影響が時間とともに変化するかもしれないことである．例えば正しい情報に基づいて議論がなされた場合には，生まれた群れからの移動の際の短期間のストレスは，その群れに居続け先住の成体との戦いによって傷を受けることによる損失コスト，または新しい群れで繁殖することによって生じる効果を上回ると結論するかもしれない．

動物園と野生での動物の生活は，費用と効果を示す複雑な出来事の連続だということができる．例えば動物園の動物は新しい病気にさらされる大きなリスクに直面するかもしれないが，獣医学的管理下におかれ，自分たちの環境に工夫をしたり，社会的な群れづくりをしたり，人間に接近したりすることに制限があるかもしれない．しかし捕食や飢えで苦しむこともない．こうした例をあげるときりがない．

7.5.4　最良の取組みを保障する

動物福祉についての私たちの理解が増進すれば，実質的に適切な動物福祉が促進されている状況を強制するために不可欠な法改正に対して情報を与えることができる．しかし動物福祉の法律は国家間で異なっている．例えば法律は米国とドイツの間で違うだけでなく，米国における各州とドイツの間にも違いがある．これは国家間で動物が法制度（第3章を参照）によって保護されているかいないかということと，保護の範囲が社会における動物の役割によって大部分で規定されているということを意味する．例えば英国では"特別な事情"がない限り，動物園動物に餌として生きた脊椎動物を与えることは受け入れられないが，その一方で，他の国では生きた魚類や脊椎動物を与えることは許容され，実行されている（Defra 2004）．"特別な事情"は頻繁には起こらないが，絶滅の危機に瀕する爬虫類が餌を食べないために死にそうになっている状況下で，どうしても生き餌を食べさせるという場合などが含まれる．

まとめ

- 適切な動物園動物の福祉を定義し，評価し，改善することは，科学的領域として追求されるべきである．
- 福祉へのアプローチには，動物の心，身体，性質の研究が含まれ，時には類推も利用される．
- 動物福祉についての現在の知識は，動物園で飼育されている種がかなり多様であり，時にはそれらの種に対する基本的な生物学的知識が不足していたり，それらの種の福祉の評価が困難であったりするため，かなり限られている．
- しかしながら，福祉が損なわれるかもしれない全ての動物と状況において，彼らの要求を明らかにすることは可能であり，それによって動物園は高い水準の動物福祉を積極的に維持するための努力をすることができる．
- 動物園の専門家は動物の世話をする義務があり，それゆえ動物たちが生まれてから死に至るまでの動物の福祉に責任がある．
- 訓練され経験を積んだスタッフによる動物の継続的な観察は，福祉が悲惨な状態である徴候を発見し，迅速に適切な改善行動を起こすために必要である．
- 飼育管理の状況は，動物が生存し，動物の行動と身体的な要求が満たされ，幸福が実現されるような環境を保障するために必要な最低水準を超えるものであるべきである．

論考を深めるための話題と設問

1. なぜ動物の福祉は科学としてアプローチされ

るべきなのか.
2. 動物福祉に使用される4つのアプローチとは.
3. どんな要因が動物園で飼育される動物の福祉を損なわせるのか.
4. 動物福祉を評価するのに使用されている主な指標をいくつかあげなさい.
5. ストレスに有益な面はあるか.
6. 5つの自由とは.
7. どうしたら,動物に対して十分な福祉を確保することを動物園の目的にできるか.

さらに詳しく知るために

　動物福祉を話題に取り上げている素晴らしい本はたくさんあるが,動物園または野生動物について特化しているものはほとんどない.要するにこうした本のほとんどは,主に産業動物や実験動物,コンパニオンアニマルに偏ったものである.そんな中で,動物福祉の原則および理論が適切に示され,福祉を損なわせる要因についての議論が含まれているような記載があるのは,Appleby and Hughes による「Animal Welfare（動物福祉）」（1997）である.次いで,Appleby の「What Should We Do About Animal Welfare?（動物福祉のためにすべきこと）」（1999）,Dolins の「Attitudes to Animal: View in Animal Welfare（動物への態度）」（1999）では,動物福祉についてより広い内容で,簡単に分かりやすく述べられている.動物福祉大学連合（UFAW）も福祉についての本をシリーズで出版している.その中で最も新しいものは,Fraser による「Understanding Animal Welfare（動物福祉への理解）」（2008）である.

　動物福祉の分野におけるより具体的な話題を扱っている専門的なものには,Mason and Rushen の「Stereotypic Animal Behaviour: Fundamental and Applications to Welfare（動物の常同行動：福祉の原理と応用）」（2006）や Moberg and Mench の「The Biology of Animal Stress: Basic Principles and Implications for Animal Welfare（動物のストレスの生物学：動物福祉のための基本原則と意義）」（2000），Flecknell and Waterman-Pearson の「Pain Management in Animals（動物の痛みを管理する）」（2000）があげられる.

　動物園動物の福祉を研究するために行われている調査については,以下の雑誌に見つけることができる.「Animal Welfare」,「Anthrozoos」,「Applied Animal Behavious Science」,「Journal of Applied Animal Welfare」,「Zoo Biology」.

ウェブサイトとその他の情報源

　動物福祉の分野を理解するには,上記であげた文献を使用する必要があるが,いくつかのウェブサイトでは,動物福祉の実施と評価に関する有用な情報を得ることができる.英国における動物福祉の実施に関する規制についての詳細は,政府のウェブサイト www.defra.gov.uk/animalh/welfare/default.htm に掲載されている.多くの地域レベルの動物園協会は,協会に加盟している動物園に対して要請する一般的な動物管理基準の詳細情報を提供している.

　最後に,必ずチェックするべきウェブサイトは,www.vet.ed.ac.uk/animalpain である.このサイトでは,動物の痛みについての優れた包括的な情報が提供されている.

第8章　環境エンリッチメント

ふだんから動物園に行ったり，動物園に関する本を読んだりする人なら，動物園が動物に刺激を与えるためにたくさんの努力をしていることに気がつくだろう．こうした努力は，一般的にエンリッチメントと呼ばれる．エンリッチメントには広い意味があるが，動物の体と心のより良い状態（fitness and well-being）のために環境に変化を与えること，という意味でよく使われる．エンリッチメントは，動物がもつ行動の多様性を刺激し，健康と福祉の向上を狙って行われている．

エンリッチメントの方法は様々だが，"採食エンリッチメント"などといったタイプ分けによる，分類や議論がされてきた．エンリッチメントの効果は，動物種，時には個体ごとに違うので一般化することが難しく，ある場所で成功してもそれが他で同じように成功するとは限らない（Maple and Finlay 1989）．つまり，一般的な飼育管理の中で，種特有の必要性を反映し，動物たちがそれを発現できるようにするためには，複数の変化が必要である．例えば，ばらまき給餌[1]は，多くの動物の飼育に取り入れられてきている（シシオザルの例は Mallapur et al. 2007 参照）．

一方，エンリッチメントを行うことで変化を与えたと思っても，その結果の行動には明確な変化が現れなかったという場合もある．例えば，Spinelli and Markowitz（1985）は，実験室や動物園で飼育している霊長類の飼育施設の広さや複雑さを変化させたが，その行動に有意な差は現れなかったと報告した．また，エンリッチメントそれぞれについての効果判定が，時間的に難しい場合もある．その際，動物の環境を豊かにするかもしれない変化（8.6 参照）を増やすために，いくつかの"経験則"を使うことができるだろう．近年，動物の飼育管理におけるこの分野は大きな成長を遂げており，ほとんどの動物園が，飼育管理体制や来園者用教育プログラムの中に，エンリッチメントを組み込んでいる（図8-1参照）．

この章では以下の内容を扱う．

- 8.1　"エンリッチメント"とは
- 8.2　エンリッチメントという概念ができた経緯
- 8.3　エンリッチメントのねらいと目標
- 8.4　エンリッチメントの種類とその機能
- 8.5　エンリッチメントの評価
- 8.6　効果的なエンリッチメントとは
- 8.7　環境エンリッチメントの利点

Box（コラム）では，エンリッチメントとトレーニングの関係や，エンリッチメント関連の組織，エンリッチメントを行った時の動物の反応など，この章に関係のあると思われる話題について扱う．

---

[1] ばらまき給餌とは，動物の飼育施設に1日分の餌，もしくはその一部をばらまくことである．この方法で給餌すると，動物の採食行動を引き出し，群れの中で一部の個体が餌を独占してしまうことを避けることができる．

第8章 環境エンリッチメント　263

(a)

No Lion' Around Here
To help George and Gracie keep active and alert, keepers installed a spring pull toy, with changeable scents and objects, like deer hides. It's so popular it's been broken twice!

(b)

Why do we tease our animals?

We want our animals to live as natural a life as possible. That's why we sometimes hide their food, or make it difficult to get at. Hiding a monkey's food is not cruel and it's certainly not teasing either!
In the wild, fruit does not come neatly chopped into a bowl! Instead an animal has to search for it's meals. For an intelligent animal like a monkey, a lemur or a serval this searching can take up a large part of every day.
If we didn't hide our animals' food or we didn't allow them to hunt for their supper, we wouldn't be allowing them to behave naturally - and that would be cruel!

(c)

PIONEER PLASTICS
— Anything's possible —

WE ARE PLEASED TO BE ASSOCIATED WITH THE NATIONAL ZOO AND THEIR ENRICHMENT PROGRAM

Contact us for your industrial plastic requirements
TEL: 012 541 6000　www.pioneerplastics.co.za
5 Potgieter Street, Rosslyn, Pretoria

(d)

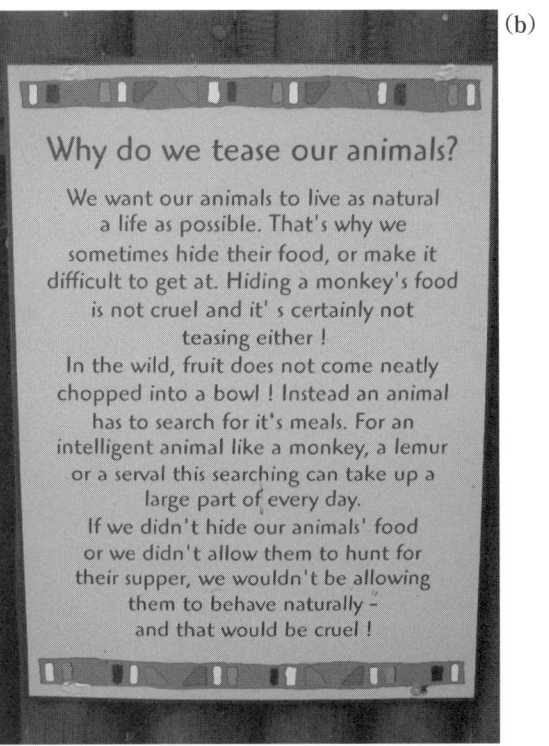

図 8-1 エンリッチメントを行う時は，動物の要求について来園者に教育し，スポンサーへ感謝し，エンリッチメント装置について説明する，絶好の機会である．(a) と (b) は，動物にエンリッチメントが必要な理由について説明した動物園の来園者用看板であり，(c) は，支援してくれた地方企業への謝辞が掲載してある．(d) 英国のハウレッツ動物園でライオンにボールを与えた時など，来園者にすぐに理解できるエンリッチメントや，良い意味で見ていて楽しいものもある．〔写真：(a), (b) Vicky Melfi, (c) Julian Doberski, (d) KNP/ハウレッツ動物園〕

8.1 "エンリッチメント"とは

　定義どおり，"エンリッチメントする（enriching）"という言葉は様々な状況で使われており，いくつかの動物園では飼育管理上の全ての変化を"エンリッチメント"と呼ぶ傾向がある．しかし，それで正しいのだろうか．例えば，注射をすることはエンリッチメントと考えてよいのだろうか．ワクチン注射によって動物が病気にかかる可能性は減り，健康と福祉は改善されるだろう．しかし，動物がパズル餌箱の方へ喜んで行き，それが全体的な福祉へ貢献することと比較すべきだろうか．この2つの方法は，どちらも福祉を実現するが，違う過程を経ている．こうした問題を解決するためにも，エンリッチメントの簡単な定義を明らかにする必要がある．また，なぜ微妙に異なる定義がたくさん存在するかについても説明する（Young 2003）．

　エンリッチメントは動物の生活や環境に多様な変化をもたらすので，良くない変化を無視して良い変化を比較することについては，より慎重にならなければならない．また，動物園で"ストレス"のある出来事を意図的につくるべきかという問題をも提起するものであるため，困難も伴う（これについては，第7章に詳しく論じた）．

8.2 エンリッチメントという概念ができた経緯

　飼育下動物の環境やその生活を高めることが有益だという考えは，1950年代よりHedigerによって行われてきた．しかし，これらについてはMarkowitzが行動エンジニアリング（行動工学）という言葉を用い，その後，行動エンリッチメントとして知られるようになるまで，本当に注目されることはなかった．Markowitzは，行動エンリッチメントによって動物園で飼育される動物の望ましい行動を刺激したり，活動性を高めたり，健康チェックが簡単になるだろうと言っている（Markowitz et al. 1978, Markowitz 1982）．彼は，動物は報酬を得るために仕事をやりたがっているとして，正の強化トレーニング（PRT）を取り入れることを推奨している．

　この方法はオペラント条件づけを基礎としており，動物にある行動を発現させるのに課題を用いるという方法である．オペラント条件づけは，褒美を与えることで行動を強化し，罰を与えることで反復を防ぐ（より詳しい説明は4.1.2参照）．もし，動物が要求した行動を行えば，すぐに褒美を与えることで，その後，動物がこれらの行動をする機会が増加する．

　Markowitzによって考案された課題の多くは，"目標"の行動（レバーを押すなど）の際に，事前に詰め込まれた褒美が与えられるという，機械的な装置を利用したものだった．Markowitzは，動物は仕事を行い褒美を得たいという欲求があるので，行動エンリッチメントにより望ましい行動が引き出されるだろうとしている．例えば，4頭のダイアナモンキー（*Cercopithecus diana*）の活動性を高めるために，飼育施設中を複雑に動いた後に餌を与えた（Markowitz et al. 1978）．サルたちはすぐにどのような行動をすれば餌が手に入れられるのかを学習し，より多くの餌を手に入れるために活発に活動するようになった．

　一見，この方法はとても合理的のようだが，この時には強い批判を受けた．主な反発は，動物の引き出された行動が"自然"ではないということだった．行動エンジニアリングから引き出された行動は人工的で，動物は自ら行う行動と環境との関係を理解していないとされた．この考え方は，行動的に豊かになっている動物の行動が，しばしば環境の文脈からは独立しており，異常に高い頻度で見られるという事実によっても支持された（Hutchings et al. 1978b）．しかし，行動が発現する割合は，褒美のスケジュール，つまり，課題達成後に動物に与えられる褒美の回数や割合によって決定され，オペラント条件づけにより設定された行動エンリッチメント装置の設定によるものである（Forthman-Quick 1984）．

もっと強い批判は，飼育下動物が報酬のために仕事をするとの断定は擬人化だということだった（Hutchings et al. 1978）．しかし，今では知られていることだが，飼育下動物はしばしば飼育施設内で資源が自由に利用できるにも関わらず，実際に仕事をして手に入れる（これはコントラフリーローディング[2]と言われる，8.6.3 参照）．行動エンリッチメントに対する議論の多くは，動物園の動物の行動を"人工的"にするものではなく，より自然的な代替手段を使ったエンリッチメントを求めたものだった．

この代替手段として Hutchings et al.（1978a, 1978b）によって提唱されたのが，環境エンリッチメントである．彼らは，動物園の動物は多様な望ましい行動を表現できる環境の中で，その種本来の行動を発現する機会を提供されるべきだと唱えた（図 8-2）．例えば，同じダイアナモンキーの群れでも，環境エンリッチメントとして飼育施設をより広く複雑にすれば，活動的になる．サルたちにとって，環境を探索し，何かを行うことは望ましい刺激であり，その結果活動性も高まると期待される．そのため，自然的な飼育施設と言われる，植生や構造物が複雑な環境づくりは，環境エンリッチメントを展開するうえで強制するものではないが不可欠であり，日常的なエンリッチメントの構造的基盤になるものである（6.2.1 参照）．

現在では，代替手段は特に自然に見える必要はないし，"最善の"飼育管理法を提供する万能薬でもないことは明らかである．例えば，広くて自然に見える飼育施設が必ずしも活動性を高めるものではないし（Spinelli and Markowitz 1985），給餌装置では，動物園で飼育されているクマの常同行動の改善に限界があるかもしれない〔アメリカクロクマ（*Ursus americanus*）については，Carlstead and Seidensticker 1991，Carlstead et al. 1991 を参照〕．行動エンリッチメントによる行動改善という機械主義的手法を支持すると，環境エンリッチメントに関わる感性に対する反感やどうしようもない嫌悪感による論争によって，論点が曇ってしまう．2 つの技術を，どのようにお互いに補足しあって利用するのが適当なのかは簡単である．例えばパズル餌箱を，広くて変化があり，複雑な飼育施設に設置することもできる．2 つの手法は，根本的な機能は同じようなものだが，その効果は大きく違っている（Box 8.1 参照）．

より最近の話では，David Shepherdson が冊子を発行したり，研究したり，2 年に 1 回国際エンリッチメント会議（ICEE）を開催して，動物園でのエンリッチメントの普及を精力的に行っている．第 1 回の国際会議は，1993 年にメトロワシントンパーク動物園（現在のオレゴン動物園）で開催された（Shepherdson 1998）．「The Shape of Enrichment」は ICEE の公式冊子であり，Karen Worley と Valerie Hare によって編集され，研究者や動物園の職員に実際に行われたエンリッチメントやその理論についての洞察を与えてくれる（図 8-3 はロゴマーク）．また近年，ペ

図 8-2 群れで泳げるだけの十分な水量のプールを与えるなど，動物が野生本来の行動を発現できる機会を提供する（写真：Living Coasts）．

---

[2] コントラフリーローディングとは，飼育施設内で自由に利用可能な資源であっても，動物は"働いて"得ることを選ぶという事象のこと．

図 8-3 (a) The Shape of Enrichment は環境エンリッチメントの実施を推奨するという役割を担う唯一の国際団体である．(b) この団体の分会として地域別環境エンリッチメント委員会が組織され，地域ごとの"草の根運動"を支援している．
〔(a) NPO 法人 The Shape of Enrichment Inc., (b) 環境エンリッチメント地域分会〕

イントン動物園環境公園の Julian Chapman が中心となって，環境エンリッチメント会議地域分会（REEC）が，エンリッチメントの草の根活動を支援している．英国とアイルランド，オーストラリア地域といったより小さいレベルでの地元の参加者を対象に，国際会議のない年に会議を行う地方委員会をつくっている．

8.3 エンリッチメントのねらいと目標

多くのエンリッチメントは，動物の行動になんらかの変化を起こすことを目的に行われる．この変化は，動物が心身ともに健康になるための種特有の行動を刺激したり予防したりする．問題は，こうした行動の，何がどのように，エンリッチメントの目標に関わっているか，いないかの同定である．実際，これらの行動（エンリッチメントを行うということに隠れてしまっているが）の多くが，相互に関係している．例えば，エンリッチメントの目的としてしばしば引用されるのは，活動性を高め，常同行動を減らすことで，野生本来の行動を発現させるということである〔例えば，ジャイアントパンダ（*Ailuropoda melanoleuca*）なら Liu et al. 2006 を参照〕．

つまり，エンリッチメントは何を目的に行うべきだろうか．エンリッチメントの行動的なねらいについて，以下のカテゴリーの中に見出すことができるかもしれない．

8.3.1 野生と同様の行動

多くのエンリッチメント研究では，その目的は，野生と同様の自然で正常な行動を発現させることであり，飼育下の行動を野生のそれにより近づけることである．野生と同様の行動とは，その動物種が野生で行い観察されている行動ととらえることができる．時々，"自然"な行動と"正常"な行動という言葉は同義語として使われ，これらの言葉の定義について研究の中で行われることはめったになく，無意味になってしまっている（"野生と同様の行動"についての定義とその構想の価値についての議論は，4.5 で扱っている）．

エンリッチメントの目標として，野生と同様の行動の発現を促進させるのはとても価値があり，理論的にも素晴らしいかもしれないが，実際にそれを達成することは非常に難しい．まず第 1 に，動物福祉に反する，野生から逸脱した飼育下の行動の比較が前提となる．しかし，この前提がいつも正しいとは限らないことを証明する，多くの理論的，方法論的理由がある（Veasey et al. 1996a, 4.5.2 参照）．

第 2 に，飼育下動物が野生と同様の行動を発

現するために，相違点の有無や何がそうさせているかについて調べるため，野生と飼育下の行動比較を行う必要がある．そうした研究例として，Kerridge（2005）がクロシロエリマキキツネザル（*Varecia variegarta*）で行った，生息地のマダガスカルの熱帯林と英国の動物園で，直接比較した調査がある（この研究の詳細については，Box 4.5 参照）．しかし，両方の調査地で種の行動を研究するというこの種の直接比較は，時間や金が必要であり，少なくとも野生の行動レパートリーに対する総合的知識が必要となる．そのため，ほとんど実行されないかもしれない．動物園で飼育されている多くの種のデータは不足しているため，野生と飼育下の直接比較ができないことも多いだろう．

代わりに，野生と飼育下での動物の行動発現を，より象徴的な形で比較することが可能である．この方法では，実際のデータを使わず，飼育下個体と野生個体の行動がどのように違うかについて固定的な仮定を使って特徴づけるというものである．例えば，飼育下動物の多くは，野生個体に比べて活動性が低く，異常行動が観察される（これについての議論は 4.4 に詳しく記した）．つまり，飼育下動物の活動性を高め，異常行動を減らすことを試みるというものである．

この比較方法は簡単で広く知られるようになったが，残念なことにあまりにも単純化されすぎていて，野生で動物がどのように暮らしているかについての間違った考えをつくってしまうこともある．いくつかの動物については，野生より飼育下の方が活動性は低いことは事実だが，直接比較を行っても 2 つの集団間の活動の時間配分に有意差がないこともある〔クロシロエリマキキツネザルについては Kerridge 2005 を参照．クロザル（*Macaca nigra*）については Melf and Feistner 2002 を参照〕．そのため，少なくとも，野生との近似がエンリッチメントを行うことで明らかになったら，対象となる行動のデータについては推測値でなく実際値を使うべきである．

8.3.2 望ましい行動と望ましくない行動

野生と同様の行動を促進することは，望ましい行動を促進し，望ましくない行動を抑制する婉曲手段となることもある．しかし，そうした刺激や予防が将来的に悪影響を及ぼすこともあるため，それぞれの行動がどのカテゴリーに当てはまるのかについて，注意深く考える必要があるだろう．例えば，索餌・採食行動を促進し，常同行動や自傷行動を改善することを目的としたエンリッチメント研究がたくさん行われている〔スナドリネコ（*Prionailurus vivierrinus*）は Shepherdson et al. 1997 を参照．チンパンジー（*Pan troglodytes*）は Baker 1997 を参照〕．しかし，私達はなぜ索餌・採食行動の増加を考えるべきなのだろうか．索餌・採食行動に費やす時間の直接比較を行うことなく，動物がこれらの行動にどれだけの時間を費やすべきか，どのように知ることができるのだろうか．

同様に，常同行動や自己指向性転位行動が出るのは，困難な環境で暮らしていくための適応行動とも考えられる（4.4 参照）．このような場合，動物福祉のためにこれらの行動の減少を図るべきだろうか．

8.3.3 活動性と行動の多様性

動物の活動性について，野生と飼育下の直接比較がほとんど不可能な場合でも，飼育下動物の活動性を高める取組みは頻繁に行われている．例えば，野生のライオンはほとんどの時間を休んで過ごすが，飼育下ではこの種においても，より活動性を高めるエンリッチメントが行われている（Powell 1995）．こうした流れの一部は，活動的な動物を見たいという来園者によって引き起こされているのかもしれない（図 8-4，6.1.3 参照）．確かに，野生に比べて飼育下での環境変化は，動物の行動に量的変化を引き起こす，つまり特定の行動の総量が大きく変化するようだ（Carlstead 1996）．

行動の定量的評価は，動物が 1 日にそれぞれ

図 8-4 来園者がなぜ動物が動いているところをみたいのかは明らかである．ウィーン動物園の (c) ライオン (*Panthera leo*) や (d) ゲェノンよりも，(b) チーター (*Acinonyx jubatus*) や (a) ブロツラフ動物園のナマケグマ (*Melursus ursinus*) が走っているところの方が面白い．〔写真：(a) Radaslav Rata，ブロツラフ動物園；(b) Radaslav Rata，ウィーン動物園；(c) Andrew Bowkett，ウィーン動物園；(d) Vicky Melfi，ウィーン動物園〕

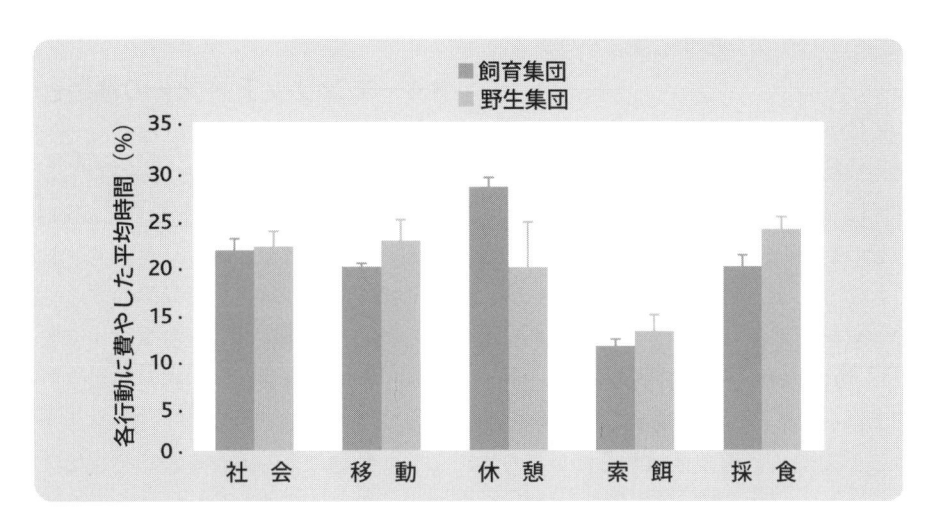

図8-5 野生と飼育下の動物で行動の差があるかを確認するため，クロザルの飼育集団（N = 8）と野生集団（N = 3）の行動の時間配分を比較したところ，有意差は見られなかった．（Melfi 2001 より）

の行動にどれだけの時間を費やすかといった行動の時間配分を明らかにすることで可能である（行動の時間配分についてのより詳しい情報は，14.4.1を参照）．しかし，野生と飼育下という集団間だけでなく，野生集団の中や飼育下集団の中でも環境の多様性が存在する（Hosey 2005）．例えば，行動の時間配分の多様性は，8つの飼育下集団より3つの野生集団の方がより高かったという調査もある（Melfi 2001, 8-5 参照）．これは，行動の時間配分は，集団間のわずかな差を直接反映するほど敏感なものでなく，行動は異なった飼育環境間に見られるわずかな違いがそれほど重要でないほど柔軟的であることを示している．重要なことは，それが野生集団に見られる多様性の範囲内に含まれるかどうかだろう．

行動の質的違い，つまり行動の種類の違いは，野生と飼育下の集団間の環境の違いから起こった結果だと考えられる．そのため，野生で観察されるのに飼育下では観察されない行動や，飼育下でしか観察されない行動もある．野生と飼育下においてこれらの特徴的行動を比較しようとしても，実際には限界がある．代案として，行動の多様性（動物が行う行動の種類の数）[3]が，野生と飼育下の行動の質的比較に対して何らかの示唆を与えてくれるだろう．

飼育下の動物が特定の行動を行えず，時間とともにその行動を失っていくことについては，昔から懸念されてきた（Frankham et al. 1986）．特に，動物が野生で生きていくために必要な行動を失うことについて，高い関心がもたれている（9.2.3参照）．動物がもはや野生で生き残る術をもたなくなれば，その損失は，長期的な保全活動で行われてきた努力もひどく妨げることになるだろう（Box 1991）．例えばBritt（1998）は，クロシロエリマキキツネザルが野生でできるだけ多くの食べ物を手に入れるため，両足を使って逆さまにぶら下がり，両手と口を使って餌を集めるのを観察した．しかし飼育下では，多くの動物たちは地面に置かれた皿から餌を食べるので，この餌の食べ方が観察されることはほとんどない．つまり，エリマキキツネザルにとっての適切なエンリッチメントは，野生で観察されるような餌を食べる体勢

---

[3] 行動の多様性とは，動物の行動のレパートリーのことであり，より正確には，ある時間内に観察された行動の数を数えた結果である．

の多様性や，その行動を発現する機会を与えることだと言える．

頻度としては少ないが，それを発現させるということが動物福祉においてとても重要となる行動もある．例えば，養殖ミンク（*Mustela vison*）では，泳ぐことはその動物の行動の時間配分において多くを占めるものではないが，泳ぐことのできるくらいの十分な水を与えるべきとしている（Mason et al. 2001）．そのため，その動物の行動レパートリーに含まれるそれぞれの行動全てが発現できる，ということに関する重要性は明らかであり，エンリッチメントはこれらの行動に働きかけるよう計画される．動物が種特異的な行動を発現できることは，来園者への教育としても重要であり，動物園に対する積極的な姿勢を刺激するという，付加価値的な利点も得られる（Forthman et al. 1992）．つまり，行動の多様性と種特異的な行動を促進させることは，ただ単に活動性を高めるというだけでなく，エンリッチメントの目標により合致したものとなるだろう．

行動エンリッチメントと環境エンリッチメントを比較すると，後者の方が，行動の多様性に刺激を与えるより良い方法だと言える．動物は，行動エンリッチメントやトレーニングと比べ，環境エンリッチメントに対し，より異なった行動による反応を示すことができる（Box 8.2 参照）．

行動の量的，質的変化を狙ってエンリッチメントを行うことで，身体的な健康，空間との調和，飼育施設の利用，繁殖の改善が期待できるだろう〔Chamove 1989, Shepherdson et al. 1993，キソデボウシインコ（*Amazona amazonica*）については，Millam et al. 1995 を参照〕．

8.4　エンリッチメントの種類とその機能

エンリッチメントには，様々な方法や形が存在する．エンリッチメントをその意味により分類することで，実際にエンリッチメントを実行しやすくなるし，期待される効果の"めやす"にもできるだろう．例えば，採食エンリッチメントといえば，索餌・採食行動の誘発を期待するものだということが分かる．しかし，エンリッチメントの多くが動物に多方面から影響をもたらすものなので，エンリッチメントをたった1つのカテゴリーに分類するのは難しいし，複数のカテゴリーにあてはまることも多い．例えばパズル餌箱は，操作が必要なことから空間エンリッチメントとも，認知エンリッチメントも考えられるし，採食エンリッチメントのようにも思える．

こうした場合，貢献する中で最も数の少ないエンリッチメントを最初に埋めてしまうといった優先度によってわけることができる．例えば，パズル餌箱の場合なら，採食エンリッチメントと比較して空間エンリッチメントがより少ないので，空間エンリッチメントに分類する，といった具合である．

エンリッチメントの分類について，以下にまとめた（図 8-6 参照）．

1. 採食エンリッチメント：食べ物に重きを置いたエンリッチメント．餌を新しい方法で与える，新しい種類の餌を与える，など．
2. 空間エンリッチメント：飼育環境の構築的な変化．長持ちするものや一時的なもの（パーチ[4]やジャングルジムなど），動物が自由に操作できるもの（床材や遊具など）の提供．
3. 感覚エンリッチメント：視覚，聴覚，嗅覚

---

[4] パーチ（perch）とは，ロープや枝，梁といった，動物がその上で休むことのできる構築物を指す言葉である．これらの構築物は，飼育環境をより複雑にし，利用空間を増やすことで飼育施設内をより機能的にする効果がある（図 8-2 参照）．また，保持するための筋力や関節の柔軟性といった運動の機会を増やし（LeVan et al. 2000 参照），他個体との社会的距離を取る時にも使われる（Appleby and Hughes 1991 参照）．

図 8-6 エンリッチメントの分類.（a）採食エンリッチメント：ドレスデン動物園でドール（*Cuon alpinus*）の群れに動物の死骸を与えたところ.（b）空間エンリッチメント：トロント動物園でアシカのプール内に構築物を設置した.（c）感覚エンリッチメント：コルチェスター動物園でフォッサ（*Cryptoprocta ferox*）が匂いに興味を示したところ.（d）社会的エンリッチメント：サウスレイクス野生動物公園でカンガルーの雄同士が種特異的行動であるボクシングをしているところ.（e）認知エンリッチメント：チンパンジー（*Pan troglodytes*）が人工アリ塚から道具を使って中身を取り出そうとしているところ.〔写真：（a）Wolfgang Ludwig，ドレスデン動物園，（b）Vicky Melfi，（c）コルチェスター動物園，（d）サウスレイクス野生動物公園，（e）オストラバ動物園〕

など，動物の感覚を刺激するもの（ガラスの反射光，おもちゃのガラガラ，血痕など）．
4. 社会的エンリッチメント：他の動物や人との関わりに着目したもの．De Rouck et al.（2005）は，トラ（*Panthera tigris*）はペア飼育の方が単独飼育より行動が多様化するので良いとしている．
5. 認知エンリッチメント：動物の知性を刺激する，異なった複雑さの問題解決が必要とされるものを環境に追加する．Meehan and Mench（2007）は，動物の認知技能は日常生活の中で"方向性を見つけたり，道具をつくったり，社会的な協力技術"が必要とされてこそ，やりがいのあるものになると報告している．

8.4.1 採食エンリッチメント

多くの動物種は1日の大半を，食べ物を探し，加工[5]し，食べる時間に費やしている．飼育環境下では，その作業の多くが飼育係（キーパー）の手で行われ，提供される餌に対し動物が行うべきことがほとんどないため，索餌行動や採食行動の機会が非常に少ない．

いくつかの研究により，飼育下動物は野生個体に比べ，食べ物に関した行動を行う時間が短く，行動の多様性も低いということが明らかになっている．この問題を解決するため，採食時間を延ばすことを目的とした多くの採食エンリッチメントが行われている．例えば，餌の獲得をより難しくする方法（餌を隠したり，パズル式にして餌を手に入れにくくするなど）や，餌のカロリーを低くして常に餌を探すようにする方法である．動物が食べ物を得ようとする意欲は高いので，エンリッチメントとして広く利用されている．そのため，採食エンリッチメントが最も簡単で，様々な種類があるのも当然のことである．

採食行動は，床材の中に餌を隠すだけで刺激される．動物たちは，飼育施設を隅々まで使い，活発になり，行動が多様になり，さらに喧嘩や異常行動が少なくなる．このような効果は，チンパンジー（Baker 1997）やアカゲザル（*Macaca mulatta*）（Lutz ahd Novak 1995），ノドジロオマキザル（*Cebus capucinus*）（Ludes-Fraulob and Anderson 1999）といった様々な霊長類で確認されている．餌台を設置すれば，さらに索餌行動ができる空間がうまれる〔アカゲザルについては Lutz ahd Novak 1995 を参照，リスザル（*Saimiri sciureus*）については Fekete et al. 2000 を参照〕．床材の利用は，動物の好みにより1日の中でも変わることがあるようだ．モルモット（*Cavia porcellus*）は，日中はおがくずの中で休息するのを好むが，夜間は紙クズを齧るのを好む（Kawakami et al. 2003）．ヤブイヌ（*Speothos venaticus*）は，積み重ねた丸太に餌を隠すと，飼育施設内を探索する時間が有意に長くなる（Ings et al. 1997b）．丸太を繰り返し利用すると，ヤブイヌはすぐ餌を見つけるようになり，時間の経過に従い探索行動は有意に減少する（図8-7）．

厩舎の馬用につくられた Equiball™（エクイボール）も，餌を手に入れるまでの時間を増やし，馬の常同行動を減少させる（Henderson and Waran 2001，図8-8）．Equiball™ は，馬に"突かれ"て地面を転がると，高カロリーの飼料が少しずつ出てくる仕掛けになっている．そのため，餌を手に入れようとする時間が増加する，より活発に動くようになる，という2つの効果を得ることができる．また，同様のボールは，幅広い動物の種類に合わせて，様々な形や大きさ，素材でつくることができる．そのため，地面での利用はもちろん，樹上生活の動物種では，餌を手に入れるために器用さが求められるものとなる．

また，食べ物を手に入れるために種特異的な行動が発現できる与え方が必要である．前節で述べ

---

[5] 加工（processing）は，動物が食べ物を手に入れるために行う行動を示す用語で，食べ物を扱う，食べられる部分を選ぶといった行動であり，必ずしも口に入れる必要はない．一方，索餌行動には食べ物の位置情報も含まれ，"ゆっくり動き，地面を見まわす"という行動も含まれる．

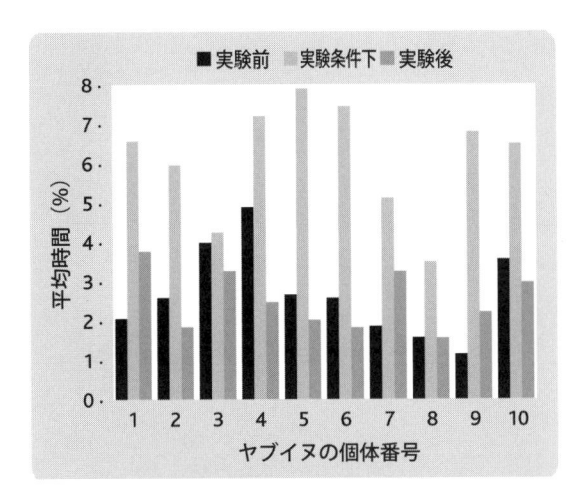

8.4 エンリッチメントの種類とその機能   273

図8-7 エジンバラ動物園で飼育するヤブイヌに，積み重ねた丸太に餌を隠して与えたところ，餌の探索にかける時間が有意に増加した．ヤブイヌの平均索餌時間の割合は，"通常"給餌条件（実験前および実験後）では2.7％だったが，丸太給餌条件（実験条件）下では6.1％に増加した．（Ings et al. 1997より）

たとおり，切った果物をただ地面に置いて給餌されていたエリマキキツネザルでは，異なる採食体勢を取ることができない．Britt（1998）は，動物園で飼育されているキツネザルの状況を改善するため，飼育場の天井から吊り下げる餌籠を使って餌を与えた．このエンリッチメントにより，キツネザルたちは飼育場を立体的に使い，野生と同様，餌を採る時にぶら下がる体勢を見せるようになった．さらに，このエンリッチメントを行うと，ぶら下がって食べる体勢での採食時間が増加し，野生と同様の値となった（野生25％，天井24％，吊り下げた餌籠30％，通常給餌もしくはばらまき給餌5％）．

　餌を予期せずに与える方法もまた，エンリッチメントと考えられる．給餌前予測（PFA：pre-feeding anticipation）[6]や餌を期待する行動（FAA：food anticipatory activity）は，常同行動を促

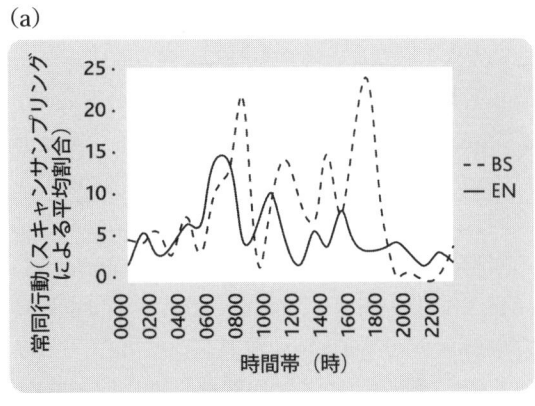

図8-8 （a）Equiball™を使う前（BS）は，厩舎の馬6個体で常同行動が1日5.27（±8.17）％観察され，給餌時間である8時と17時の2度，最も高い割合を示した．Equiball™を利用したところ（EN），6個体中5個体で常同行動が減少した．飼育環境や管理における変化の受入れ方の違いは，個体差によるものだろうと推測された．様々な給餌ボールが，動物園の動物に利用できると思われる．（b）シンガポール動物園のシマウマ（*Equus burchellii*）に与えた時の様子．〔（a）Henderson and Waran 2001より，（b）写真：Low Ai Ping，シンガポール動物園〕

進させる大きな要因の1つである（Howell et al. 1993，概要はMistlberger 1994，第7章参照）．もし，餌がもらえることを予期することが

---

[6] 給餌前予測（PFA）や餌を期待する行動（FAA）は餌を与える前に見られる行動であり，決まった給餌時間や視覚刺激，嗅覚刺激など様々な刺激により引き起こされる．

できなければ，給餌前予測行動の発達も阻害できるかもしれないと考えられる．確かに，チューリッヒ動物園のシロビタイキツネザル（*Eulemur albifrons*）やアラオトラジェントルキツネザル（*Hapalemur alaotrensis*）では，飼育場に餌箱を設置し，不規則に開いて給餌するようにしたところ，活発に移動する時間が増加した（Sommerfeld et al. 2006）．同様に，ロドリゲスオオコウモリ（*Pteropus rodricensis*）の群れに，ミルワームが不規則にばらまかれる給餌器を設置したところ，活動性が有意に増加し，攻撃行動の減少がみられた．これは，給餌器の使用が観察されなかった個体でさえ，同様の結果となった（O'Connor 2000，図8-9）．

動物園で飼育されている動物では，給餌を予想できないように様々な方法が試みられている．例えば，ブロンクス動物園では，ヤドクガエル[7]の餌としてくりぬいたココナッツに生餌（虫）を仕込んで不定期に与えることで，行動が活発になったと報告している（Hurme et al. 2003）．

エンリッチメントでは，意欲を高めるものとして食べ物を利用してしまいがちだが，エンリッチメントを行うことで動物が1日に必要とする量以上の食べ物（カロリー）を与え，その結果，肥満になってしまわないように注意しなければならない．一般に，どんな採食エンリッチメントでも，動物に配分される1日分の餌から利用するべきである．もし，エンリッチメントのために普段より多くの食べ物が必要となるのなら，低カロリーの物を選ぶべきである．野生の多くの動物種では，長い時間をかけて栄養価の低い食べ物を食べているので（第12章参照），これは野生と同様の状態をつくることになる．加工品のように濃縮された栄養的な豊かさはないが，新鮮な餌を与えることは，より"自然な"給餌方法だと考えられる．例えば，アフリカゾウ（*Loxodonta africana*）（Stoinski et al. 2000）やコモロオオコ

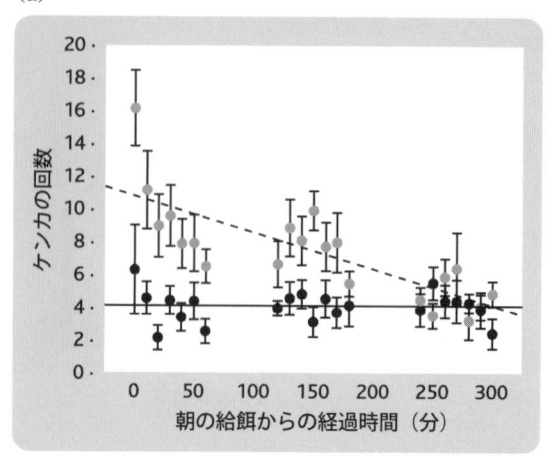

図8-9 ロドリゲスオオコウモリ同士のケンカの回数（平均±標準誤差）は，エンリッチメントなし条件では，朝の給餌後徐々に減っていく（灰色の丸印）．ミルワーム給餌器を利用した場合（黒色の丸印）は，給餌時間に関係なく常にケンカの回数は低いという結果となった．〔(a) O'Connor 2000より，(b) 写真：ペイントン動物園環境公園〕

---

[7] ヤドクガエルはヤドクガエル科に属する種で，"矢毒蛙"として知られている（Box 10.3参照）．

ウモリ（*Pteropus livingstonii*）（Masefield 1999）では，若葉を与えることで活動量が増加した．同様に，動物園で飼育されている肉食動物には，餌に死体を与えるとよい（Box 12.6）．

ある食べ物を扱うために形態が適応し，特別な給餌方法が必要な動物種もいる．例えば，コモンマーモセット（*Callithrix jacchus*）は他のマーモセットと同様，木の樹液を食べることがあり，木からゴムの液を得やすいよう，発達した櫛形の歯をしている（図8-10参照）．McGrew（1986）が最初に使い，その後 Roberts et al.（1999）が報告したように，実験室で飼育されているコモンマーモセットにゴム給餌器を与えると，常同的な徘徊行動や座る行動が減少する．このゴム給餌器を毎日与えても長時間の使用は見られなかったため，3日後からは行動の変化が観察されるだろうと思われる3時間だけ与えた．

ペイントン動物園環境公園では，ゾウ2頭にワラを入れた金檻を与えた（Melfi et al. 2004，未発表）．これは，低カロリーの餌を与えるというだけでなく，ゾウたちには鼻を器用に使ってこの装置から餌を取り出すことが求められる．毎日ワラを金檻に入れて与えたところ，図8-11にも示されるように2頭とも，索餌・採食割合が高いまま維持された．

8.4.2 空間エンリッチメント

よい飼育環境の設計とは，構造的に配慮されているというだけでなく，図8-12にも示されるように，梁や休憩台，池，パーチや物体を固定するアンカーなどにまで工夫が凝らされている．これらの設備の多くは長持ちするが，応用をきかせるために改修したり，動物が違った景色を楽しめるように場所を移したりすることが難しい．例えば池なら，水もしくはその他の物質を入れることしかできないし，せいぜい水もしくはその他の物質の中に食べ物の切れ端を混ぜるぐらいである．その他の方法としては，ロープや梁，枝を使ったパーチを，飼育施設内に新しく設置したり，場所を移動したりすることで，展示場の根本的"活性化"を図ることができる．例えば，フィラデルフィア動物園では，飼育しているメガネグマ（*Tremarctos ornatus*）の展示場にジャングルジムを設置したところ，行動が多様化し，飼育施設の利用が増加した（Renner and Lussier 2002）．

ある種の動物には隠れ家が必要だということは，実験室での研究によって広く知られている．例えば，実験室で飼育していたウサギを，エンリッチメントされた隠れ家のあるケージで飼育したところ，落ち着きのない行動や毛づくろい，檻を嚙む行動，臆病な行動が減少し，これは特に雄より雌で顕著だった（Hansen and Berthelsen 2000）．多くの動物園動物においても同様に隠れ家が必要で，飼育施設内には，より多くの隠れ家をつくる必要があるだろう．ワシントンにある国立動物園のベンガルヤマネコ（*Felis bengalensis*）では，ストレスの指標である尿中コルチゾールの値が高い時には，人目を避けるかのように飼育施設内の隠れ家で横になる姿が観察されている（Carlstead et al. 1993）．ネコ科の動物は，パーチと同様，隠れ家を与えることで，以前のエンリッチメントされていない飼育施設と比べて探索行動が増加し，常同行動が減少した．ウンピョウ（*Neofelis*

図8-10 ピグミーマーモセット（*Cebuella pygmaea*）にアカシアゴムを詰めたゴム給餌器を与えると，種特異的な採食行動がみられた．（写真：ペイントン動物園環境公園）

(a)

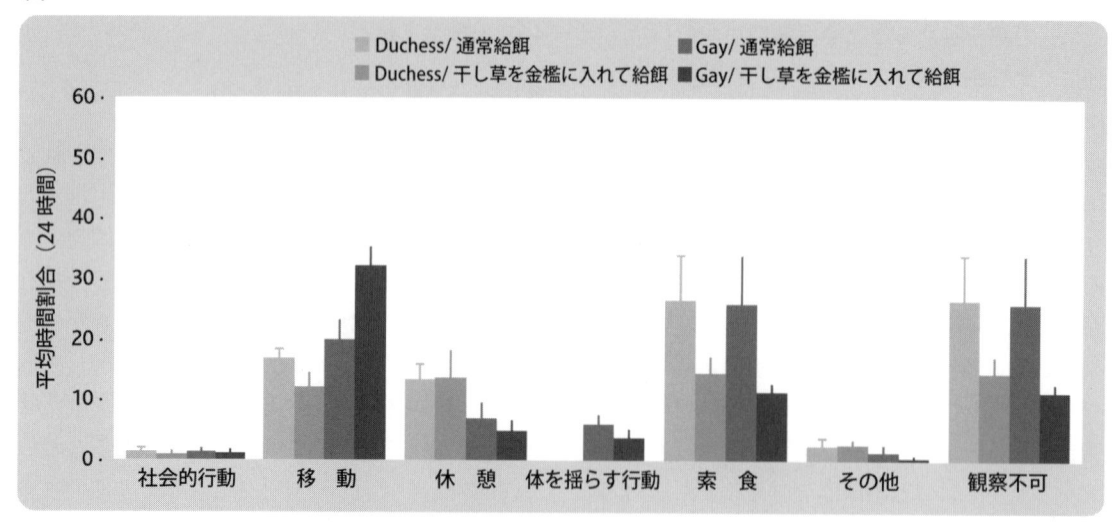

(b)

図 8-11 ペイントン動物園環境公園で飼育されている 2 頭のゾウ（Duchess と Gay）に，ワラなどを金檻に入れて与えると，通常条件と比べて採食行動が増加した．ゾウたちは，24 時間の活動の時間配分のうちの 50％を索餌採食行動に費やし，これは野生ゾウでの観察結果に匹敵する値だった（Shannon 2005）．（写真：Julian Chapman）

nebulosa）に隠れ家を与えたところ，糞中コルチゾール値が有意に低下したという結果も，こうした事実を支持するものだろう（Shepherdson 1994，図 8-13）．

他の動物種でも，隠れ家の重要性が明らかになっている．例えば Chamove（1989）は，コモンマーモセットとワタボウシタマリン（*Saguinus oedipus*）の群れは，覆いのない場所を避けるので，たとえ飼育場が広がったとしてもそこが広くてオープンな場所なら利用しない．しかし覆いをつけると，その空間をより広く使うようになったと報告している．

目隠しも，飼育施設内に隠れ家や守られた場所をつくる時によく用いられる．ニワトリの大きな群れ（80 〜 110 個体）において飼育場内を板で区切ったところ，休憩時間が有意に増加し，索餌時間が有意に減少した．しかし，採食行動自体には影響がなかった（Cornetto and Estevez 2001）．しかし目隠しの効果は，その動物種の特性によって，様々な結果となるようだ．例えば，ベニガオザル（*Macaca arctoides*）では，他の群れから見えなくすることで攻撃的な出会い行動が減少した（Estep and Baker 1991）が，ブタオザル（*Macaca nemestrina*）では増加した（Erwin 1979）．これらの霊長類の群れはどちらも単雄複雌群だが，2 つの群れ間での攻撃（つまり社会的緊張）の原因

図 8-12 (a)と(c)はスミソニアン国立動物園，(b)はディズニーアニマルキングダムの飼育施設．どちらも，動物の能力を引き出す構築物の代表例である．オランウータン（*Pongo pygmaeus*）やフクロテナガザル（*Hylobates syndactylus*）は，長い距離を移動するのにそれぞれの種特異的な移動技術を使っている．〔写真：(a) Mehgan Murphy，スミソニアン国立動物園，(b) Julian Chapman，(c) Jessie Cohen，スミソニアン国立動物園〕

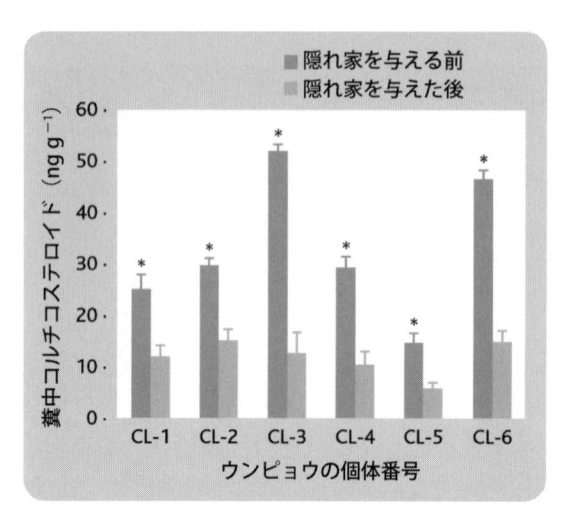

図 8-13 ウンピョウ（*Neofelis nebulosa*）にとって隠れ家は重要である．隠れ家を与える前は，ウンピョウ 6 頭全てが，高い糞中コルチゾール値と関連があると推測される行動的な異常を示していた．そこで飼育施設内に隠れ家をつくったところ，各個体の糞中コルチゾール値が有意に低下した．(Shepherdson et al. 2004)

が異なる．ブタオザルの群れでは雌間の争いを雄が仲裁するため，目隠しされることで雄が雌全員を監視できなくなって雌間の争いを止められなくなり，争いが増加した．しかしベニガオザルの群れでは，たいてい雄が雌に争いをしかけるため，目隠しは雌が雄から身を隠すのに役立ち，社会的な緊張や争いが減少した．

パーチの定性的特徴も，行動に影響を与える．Caine and O'Boyle Jr（1992）は，シロクチタマリン（*Saguinus labiatus*）では，飼育場内のパーチの方向により，遊びの種類や時間が変化すると報告した．垂直的なものは，水平的なものに比べてより遊びの多様性が広がり，追いかけっこやつかみ合い行動を誘発させた．

遊具は，エンリッチメントとして非常によく使われている．実験用マウスに使われるハンモックから，ブロイラー鶏へ与えるワラ俵，ゼニガタアザラシ用の新しい給餌方法や音楽など，使われている遊具の種類も幅広い（Grindrod and Cleaver 2001, Kells et al. 2001, Farlin and Baumans 2003）．一方で，これらの有効性は，動物の種類により全く異なる．例えば，すぐに興味を引いても，時間が経つと興味をなくしてしまうことも多い．実験施設で飼育されているチンパンジー 28 頭の群れでは，初めて倒木を与えた時は，1 日の 41.9 ％を木の利用行動に費やしたが，その後は 3.5 ％まで減少した（Maki and Bloomsmith 1989）．

反対に，氷のような単純な物が，行動の多様性を有意に増加させる場合もある．ニシアフリカコビトワニ（*Osteolaemus tetraspis*）は，氷と様々な方法で関わろうとし，環境の中で利用した（Melfi et al. 2004b）．エンリッチメント遊具の形や方法は限りなく，図 8-14 のように"廃品"とされる要らないものでも遊具になる．例えば，古いフィルムケースはミルワーム給餌箱として，ボール紙の筒は匂いつけとして使われる（Fry and Dobbs 2005）．

8.4.3　感覚エンリッチメント

私たち自身が"高い視覚能力"をもつ動物なので，他の動物たちが視力と同じように，もしくはその代わりに他の方法で環境情報を得ていることを忘れてしまいがちである．視覚や嗅覚，聴覚経路はどれも，動物間の情報伝達に重要な役割を果たし，動物園の中では，私たちが操作できる情報経路でもある（私たちは触覚情報の変更もできる）．工夫次第では，熱や湿度，電磁力を操作して，様々な飼育下動物の好みに合わせることもできる．例えば，ギュンターヒルヤモリ（*Phelsuma guentheri*）へは熱量（Wheler and Fa 1995），バンドウイルカ（*Tursiops truncatus*）へは人工藻（Edberg 2004）を与えることができるし，軟骨魚類[8]の視覚，化学受容（嗅覚と味覚を含む），機械刺激受容（聴覚と触覚を含む），電気受容と

---

[8] 軟骨魚類は板鰓亜綱に分類され，ガンギエイやエイ（エイ亜目 Batoidea），サメ（サメ亜目 Selachimorpha）などを指す．

図8-14 廃品？廃棄されるかもしれない物の多くは，エンリッチメント遊具として簡単に再利用できる．"使い終わった"フィルムケースは，ペイントン動物園環境公園の (a) ゲルディモンキー (*Callimico goeldii*) や (b) ミーアキャット (*Suricata suricatta*) でミルワーム給餌器となっている．(c) セントラルパーク動物園ではホッキョクグマ (*Ursus maritimus*) に大きな樽を与え，(d) デュイスブルグ動物園ではアマゾンカワイルカ (*Inia geoffrensis*) にホースを与えている．〔写真：(a)(b) Julian Chapman, (c) Kathy Knight, (d) Vicky Melfi〕

いう4つの感覚器全てに合わせることもできる (Smith 2006).

多くの動物園で感覚エンリッチメントが行われ，冊子「Shape of Enrichment」(8.2参照) にもたくさんの記事が掲載されているが，実験的に検証されたものはほとんどない．Clarke and King (2008), もしくは Farmer and Melfi (2008) による嗅覚エンリッチメントや聴覚エンリッチメントの情報があるぐらいである．

感覚エンリッチメントの1例は，鳥のさえずりというコンピュータ制御の聴覚情報を使ったものだろう (Markowitz et al. 1995). ヒョウの飼育施設に鳥のさえずりを不定期に流し，餌を見つけることができるかもしれないことを知らせると，調査終了時には，ヒョウはこの音が餌の存在を示すものであることを学んだ．ベルファスト動

物園では，クロアシネコ（*Felis nigripes*）に人工の香り2種（ナツメグとイヌハッカ）中1種と，餌であるウズラの体臭の，どちらかの香りを浸みこませた布を与えた（Wells and Egli 2004）．その結果，全ての匂いでネコたちの活動量は増加したが，ナツメグは，イヌハッカや餌の香りより影響が少なかった．

テレビは，視覚エンリッチメントとしてよく使われている．Bloomsmith and Lambeth（2000）は，実験室で飼育されているチンパンジーたちに，いくつかの異なる映像のビデオ（チンパンジー，他種の動物，人）を見せた．驚くことではないが，個別飼育のチンパンジーは群れ飼育個体より，個体差こそあれ，よりテレビを見る傾向があった．

感覚エンリッチメントを行う時は，動物に伝えようとしている情報が何か気がついていない可能性もあるので，注意が必要である．情報がもっている文脈をしっかりと知ることで，こうした不確実さは減少する．例えば，音声をテープで再生する（プレイバック[9]）時に伝わる内容について理解できているだろうか．O'Brien（2006）は，ダブリン動物園で飼育されているオニオオハシ（*Ramphastos toco*）に，同種の声を聞かせたが，行動への良い影響は限られていたと報告している．雄個体は，プレイバック実験を行った日は通常に比べて餌を食べなくなり，これはストレスの表れだと推測された．

同様に，嗅覚情報を与える時も，対象動物とサンプルとなる動物の関係（捕食者か，被食者か）について知るべきである．Buchanan-Smith et al.（1993）は，ワタボウシタマリンの不安行動は，捕食者の匂いと関連していたと報告している．同様の結果は，捕食者を目視でとらえた被食者でも観察されている．Stanley and Aspey（1984）は，アフリカ産有蹄類5頭において，アフリカライオンが見える時は，いくつかの異なった行動（横臥，採食，飲水，地面や他個体の匂いを嗅ぐ）に費やす時間が減少したと報告している（これらの研究については，4.3.2でより詳しく報告する）．

感覚エンリッチメントに糞や尿，脱皮の皮などの生物サンプルを使う際は，健康な動物から得られたものかを確かめ，病気の感染経路をつくらないよう注意が必要である．

8.4.4 社会的エンリッチメント

社会的エンリッチメントとしての可能性があるのは，人や他個体の存在（例えば図8-15参照），エンリッチメントとしての潜在的な人の行動（第13章でより詳しく議論する）だろう．時には，他種の存在（混合展示や複数種飼育）もエンリッチメントになる．ここでは，同種の社会的集団がエンリッチメントとして機能する方法について考えたい．

同居個体は，同種でも他種でも，最も明らかな社会的な関わりの源となるだろう．実際，同居個体は活発で予想できない刺激をもたらすので，飼

図8-15 ノボシビルスク動物園のマダライタチ（*Vormela peregusna*）のペア（写真：ノボシビルスク動物園）

---

[9] 動物に音（鳴き声，音楽，または他の音）を聞かせる研究はプレイバック実験，もしくは時に短くプレイバックと表現される．

Box 8.1　トレーニングはエンリッチメントなのか

　トレーニング，特にハズバンダリートレーニングが，多くの動物園で一般的となってきた（13.4参照）．オペラント条件づけの原理に則ったトレーニングとは，飼育係のコントロール下で飼育下動物が特定の行動をするという一連の行為で，飼育係は動物に合図や号令を出し，行動の発現を強化する．トレーニングには様々な利点があるが，エンリッチメントの1つの方法という考え方もある（例えばLaule and Desmond 1998を参照）．実際，オペラント条件づけは環境エンジニアリングの基礎であり，これは私たちがよく知り，今日実践しているエンリッチメントの先駆けとなったものである（Markowitz 1982, Mellen and MacPhee 2001）．しかし，エンリッチメントは，ハズバンダリートレーニングで観察されるものとは異なる作用と影響力をもつと考えられている．この論争は，"トレーニングはエンリッチメントである"という一見単純な発言が，いろいろな意味で解釈されてきたため，より複雑になっている．

　最も簡単なのは，初めに私たちがエンリッチメントで期待することを考え，トレーニングでそれを達成できるかどうかを考える方法だろう．本章で述べられているが，エンリッチメントは信じられないくらい幅広い概念である．通常，エンリッチメントを目指して環境変化を行う前には，まず目標（例えば，常同行動の減少といった効果など）を決め，その行動への影響が目標に到達したかについて評価するべきである．もし，環境変化が成功すれば，それはエンリッチメントと考えてよいだろう．単純に言えば，トレーニングはエンリッチメントとしての機能を果たす可能性がある．つまり，エンリッチメントやトレーニングを行うことで，同様の良い効果が得られるということである．

　残念ながら，これについて検証した研究は1つしかない（McCormick 2003）．ペイントン動物園環境公園の2頭のゾウを対象に，一般的なエンリッチメント（種子を仕込んだ丸太）の効果と，行動の多様性を引き出すハズバンダリートレーニングの効果を比較した研究である．種子を仕込んだ丸太は，行動の多様性を増加させたためエンリッチメントとみなすことができたが，トレーニングはその効果が見られず，エンリッチメントと考えることはできなかった．

　他にも，もしトレーニングとエンリッチメントの内在する機能が同じなら，どちらも動物へ類似した影響を与えるだろうと考えられる．しかし，エンリッチメントの研究データは多いが，トレーニングの効果について検証したものは今のところほとんどない．Hare and Sevenich (1999) は，エンリッチメントとトレーニングは，以下の4つの類似した機能を共有するだろうと考えている．

1. 行動を引き出す刺激
2. 行動が発現できるまたとない機会
3. それ自体への行動反応
4. 刺激と行動反応の連結

　しかし，トラのエンリッチメントとトレーニングでこれらの機能を比較すると，4つの機能は機能的に全く異なることが明らかになった（図8-16参照）．これにより，トレーニングとエンリッチメントが動物に類似した影響を与えるとは考えられないことが示唆された．

　トレーニングとエンリッチメントの類似点や相違点は，いろいろ考えられる．例えば，それらはどちらも動物の日常に変化を与え，認知能力を使う機会を与える．しかし，上手なトレーニングは全ての動物から同じ行動を引き出すが，エンリッチメントは同じ手法でも，種や個体によって，たとえ同じ個体でも，タイミングや時間や日によって，引き出す行動やタイミン

Box 8.1 つづき

グに大きな差がある.

現在は，トレーニング自体がエンリッチメント，という考えに対して，それを支持したり反証したりするデータが十分でない．しかし，そうしたことに関わらず，トレーニングは動物の飼育に重要な機能をもち，動物管理計画の一部となるべきものである (Forthman-Quick 1984, Reinhardt and Roberts 1997).

(a)

(b)

図 8-16 （a）ウィーン動物園で広く利用されているエンリッチメント遊具とトラ，（b）ブロンクス動物園でターゲットトレーニングをするトラ．それぞれ全く異なる動きをしているが，両方ともエンリッチメントだと考えて良いだろうか．〔写真：(a) ウィーン動物園，(b) Vicky Melfi〕

育下動物のエンリッチメントの中で，最も永続的で効果的なものの1つになると思われる．この事実は，多くの実験室での研究によって明らかにされており，おそらく動物園動物では，社会的な群れより他の何かと同居したほうが，よりまれなことが増えるだろうと思われる．しかし，常に動物が単独飼育されている動物実験の業界では，社会的飼育の重要性を示す証拠が多くある (Eaton et al. 1994). 例えば Reinhardt and Reinhardt (2000) は，社会的エンリッチメントは，飼育下霊長類の福祉に不可欠なものであり，たとえ極小のケージでも，同居個体の存在は極めて有益だろうと論じている (Reinhardt 1994a, 1995, 1998).

著しく制限された環境で，他の環境変化（遊具や装置など）が役に立たない場合でも，社会的エンリッチメントは常同行動を減少させる (Spring et al. 1997). Schapiro et al. (1997) は，社会的な飼育は，エンリッチメント遊具の効果も改善することを示唆している．しかし，社会的圧力が，資源の独占によるエンリッチメント遊具の平等な使用を妨げ，争いの原因となることがある．

社会的な飼育の効果は計り知れないが，その結果起こるストレスや怪我，病気などという無数の問題とも関連するために，実際の飼育に取り入れるには内在する難しさがある (Visalberghi and Anderson 1993). 社会的な飼育は，動物園においては"標準"のことなので，起こり得るどんな

有害な副作用も，飼育管理体制により減少させるような展開を図るべきである（第6章参照）．

8.4.5　認知エンリッチメント

　ある種類のエンリッチメントは，食べ物にたどり着くために複雑なルートをたどるなど，飼育下動物の知的チャレンジに働きかける．実際，この種のエンリッチメントは，広く多くの動物種の認知能力について，たくさんのことを教えてくれる〔アビシニアコロブス（*Colobus guereza kikuyensis*）の行動様式など，Price and Caldwell 2007を参照〕．エンリッチメント装置ではなかなか食べ物を手に入れることができないが，たいていの場合は，飼育施設内に手に入る別の食べ物があったり，動物がエンリッチメント装置を使う"必要"のないよう，通常の餌が確保されたりしている．

　どうせ食べ物が手に入るのに，なぜ動物たちは認知的に厳しい課題に挑戦しようとするのだろうか．コントラフリーローディングと呼ばれるこの現象については，8.6.3でより詳しく論じる．

　この種のエンリッチメントの1例は，パズル餌箱だろう．操作するのには器用さ（手や嘴，鼻を使う）が求められ，様々な動物種で使われている．いくつかの動物では，餌を手に入れるために道具を使うことが観察されており，こうしたことを利用して，エンリッチメント課題をより複雑なものに発展させることができる．例えば，ある霊長類や鳥類では，木の実を割るのに道具を使うことが観察されている．必要のない木の実を割るため，道具使用を利用した試みとしては，Visalberghi and Vitale（1990）の，木の実に大鋸屑を貼りつけたり，無毒の糊で覆ってより硬くし，フサオマキザル（*Cebus apella*）が木の実を開けにくくしたという例がある．認知エンリッチメント課題で，食べ物を利用すると，装置の利用可能性が増えるというだけでなく，食べ物を得るための種特異的行動を発現させる機会を与え，動物が食べ物を得ようとする時間を延長させるという効果がある．

　動物の認知研究のために特別な施設をつくっている動物園もある．ドイツのライプチヒ動物園では，2001年にウォルフガング・ケーラー霊長類研究センター（Wolfgang Köhler Primate Research Center）の開設を招致し，動物園に最先端の飼育施設を整え，本格的な研究対象として動物を飼育している（Pennisi 2001）．より最近では，スコットランドのエジンバラ動物園に同様のセンターが建設された（14.3.5参照）．

8.5　エンリッチメントの評価

　どんなエンリッチメントも機能しなかったという先行研究もある（Hare 2008）．このようなケースでは，対象となる生活や環境に与えた変化はエンリッチメントにならなかった，つまりエンリッチメントは失敗だったのでなく，与えた変化がエンリッチメントを構成しなかったと考えるのが正確だろう．つまり，動物の生活が豊かになる可能性のある全ての変化について，予想できる結果を考慮しながら行うことが不可欠である．

　エンリッチメントになったかどうかの有効性を判定するには，まず希望が達成されたかについて考える必要がある．つまり，エンリッチメントが本当にエンリッチメントになったか，期待した目標と合致したか，について測定する．実施したエンリッチメントは，直接的に行動変化をもたらしていなくても，動物に飼育施設での選択の可能性を広げ，飼育施設の複雑さが増加したかもしれない．これら両方とも，測定するのは非常に難しい．しかし，実施されるエンリッチメントの多くは，行動の変化を目指したものだし（8.3参照），目標は達成したか，動物の環境が豊かになったかについて評価するため，データを集める必要がある．場合によっては，エンリッチメントのために多様な目標を設定すると，その効果はより問題があることを証明する作業になるかもしれない．そうしたことも，エンリッチメントの比較をより複雑なものにしている（Newberry 1995）．

　以前は，エンリッチメントの多くが"試行錯誤"

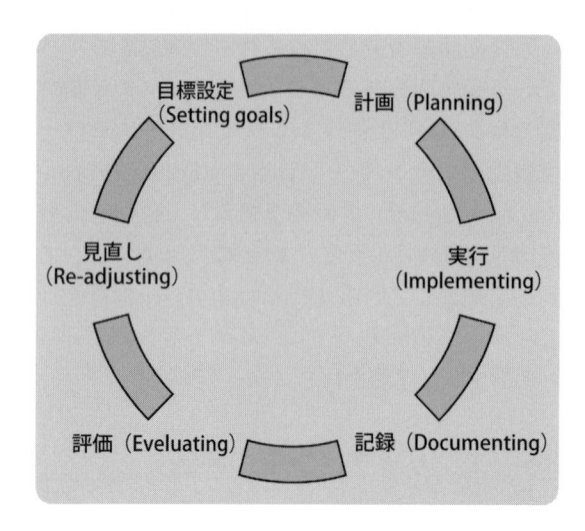

図 8-17 "SPIDER" とは，行動管理の変化を計画し，エンリッチメントやトレーニング，動物の飼育管理の改善を行う時の，それぞれの段階の頭字語である．それぞれの段階で必要なレベルが，動物園の必要性に合わなければならない（例えば Colahan and Breder 2003 を参照）．

を基本として行われ，飼育施設に刺激がやみくもに追加された．しかし，行動観察の結果なしで動物の環境に与える変化が良いのか悪いのかについて明らかにすることは難しいし，実際全く効果がない．いままでのエンリッチメントは，目的と合致しているかという適合性からというより，むしろエンリッチメントの可能性のあるものを膨大な量行うことから結果を得てきた．

　理想を言えば，体系的な評価方法が必要である．エンリッチメントの効果判定についての簡単な指針が，Plowman（2006）によって提案されている．ディズニーアニマルキングダムが開発した"SPIDER"という接頭語で表現される方法も（図8-17 参照），行動管理[10]の測定の有効性を決定するのに役に立つだろう．また，第 14 章の"研究"でもエンリッチメントの評価方法に触れたい．

8.6　効果的なエンリッチメントとは

　このような状況ではあるが，エンリッチメントをすることでなんらかの問題が起こったり，どれもが全て上手くいったりするわけでもない．例えば，採食エンリッチメントは常に，嗅覚や触覚，遊具のエンリッチメントといった他のタイプのものより効果的である（ウサギは Harris et al. 2001 参照，牛は Wilson et al. 2002 を参照）．このような理由から，計画表を使い，エンリッチメントプログラムの一環としてエンリッチメントを行うことが重要である（Box 8.2 参照）．

　以下の 3 つの検討事項を念頭に置けば，エンリッチメントが成功する可能性は高まり，問題も最小限に抑えられるだろう．

1. エンリッチメントを行う際は，動物およびそれを行う者の健康や安全を脅かすべきではない．つまり，全てのエンリッチメントで，疾病伝播のリスクを最小限にするための日常の衛生管理も行うべきである．
2. エンリッチメントを他の動物の飼育施設に応用する前に，その評価をすべきである．
3. 最後に，全てのエンリッチメントで動物が障害を負わないことを確認する必要がある．

8.6.1　独　占

　社会集団へのエンリッチメントは極めて効果的だが（Honess and Marin 2006），どんな資源であれ，社会的な状況へのエンリッチメントは争いを引き起こし，その程度は動物種の特性によるところが大きい．アトランタ動物園では，認知エンリッチメントとして，ペア飼育しているオランウータン（*Pongo pygmaeus*）にコンピュータに連結した操作棒を与えた．それは 2 頭の間で奪い合いになり，うち 1 頭がその使用を独占した．

---

[10] 行動管理（behavioural husbandry）とは，エンリッチメントやトレーニングなど，動物の行動に影響を与える飼育下動物の環境の変化を示すのに使われる言葉である．

独占した個体は，観察時間の48.9%をその使用時間に費やし，奪われた方は2.9%だった．

このエンリッチメントは，成功しすぎたとも考えられた．なぜなら，複雑さのレベルは絶えず上昇し，動物が慣れることがなかったからである．それは，操作棒を与えている間，その利用頻度は有意に減少しなかったという観察結果からも証明された．しかし残念ながら，その存在により攻撃や不安に関する行動が増加した（Tarou et al. 2004，図8-18）．そのため著者らは，これは個別飼育の個体にのみ使うべきだと提案している．

一方，ヨハネスブルク動物園のマントヒヒ（*Papio hamadryas hamadryas*）の群れでは，餌を詰めた小箱を成雄が独占し，他の個体は飼育施設内の他の場所を探すのみだった（Jones and Pillay 2004）．しかし，餌を詰めた大きな箱を与えると成雄は独占することができず，群れの他の個体も箱から餌を得ようとした．そのために，争いの頻度が増加した．

これら2つの例は，社会構造の違いがどのように作用するのか，どのような独占状況が争いを起こしたり，起こさなかったりするのかを示している．エンリッチメントを行うどの群れにおいても，社会構造がどのように作用するかを考えることは大切である．経験から言うと，群れの全ての個体に十分なエンリッチメントを与えるのが最善であり，時に動物が1つ以上集めたり，貯めたり，運んだりするなら，2つ以上与えるとよい．

8.6.2 新奇性と慣れ

その他の争点として，エンリッチメントの効果がどれだけ持続するかも影響するだろう．以前は，ほとんどのエンリッチメントの解釈は，その新奇性価値を基礎としてきたので，対象動物の興味や探索行動を刺激することを目的としてきた．しかし，エンリッチメントの基本が新奇性の利用では，大きな問題がある．というのも，1度知ったらもはや目新しいものではなくなってしまうからである．つまり，動物に与えるものが次々となくなり，与えるエンリッチメントはなくなってしまうだろ

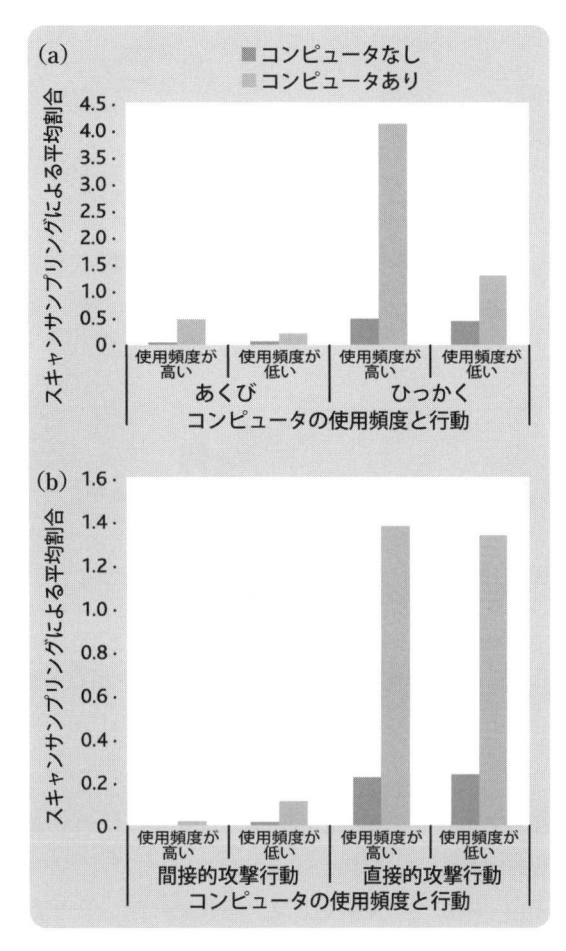

図8-18 オランウータンに，コンピュータプログラムに連結した操作棒を2頭が動かす必要のある，かなり複雑な認知エンリッチメントを行った．残念ながら，エンリッチメント導入後，(a) 不安に関わる行動割合の平均値，および (b) 攻撃的な行動割合の平均値が増加するという，明らかな結果に終わった．しかし，エンリッチメント導入後でさえ，これらの行動頻度は低かったことも記しておく．（Tarou et al. 2004）

う．

例えば，コモンマーモセットでは，餌を断続的に与えていたにもかかわらず，ミルワーム給餌器の使用は3時間でだんだん減少した（Vignes et al. 2001）．動物による給餌器の初期利用は，徘徊行動や座る行動の減少に関連していた．エンリッチメントを繰り返し与えたり，長期間飼育施設内に放置した場合，効果が減少し，本研究でも

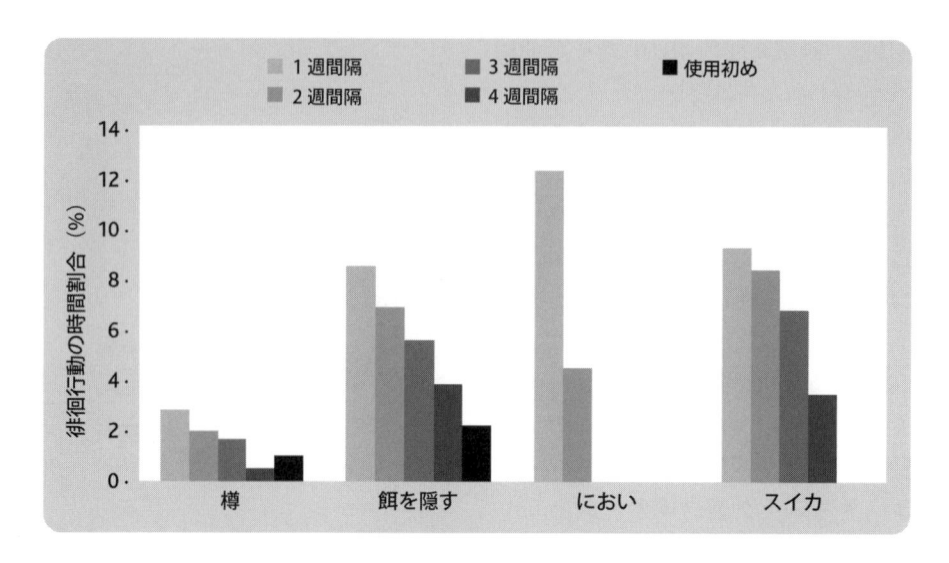

図 8-19 徘徊行動に費やす時間を減少させることを目的として，ペイントン動物園環境公園の2頭のスマトラトラに，様々なエンリッチメントを与えた．徘徊行動が増加したのは，エンリッチメントの効果が持続せず，トラが慣れてしまったためと考えられた．エンリッチメントを繰り返す間隔を1週，2週，3週，4週とあけたところ，徘徊行動に費やす割合が減少し，慣れを減少させたと思われる．（Plowman and Knowles 2003）

マーモセットの給餌器への興味の喪失は，他で観察されたものと同様の状況となった．これは，マーモセットが現状に満足しているために起こる可能性もあるが，むしろ慣れによるものだと考えられる（4.1.2 参照）．

慣れが起こる速さや程度は，様々であると考えられる．例えば，Brent and Stone（1996）は，実験室で飼われている単独飼育とペア飼育のチンパンジーに，程度が低くても効果が続くと思われる様々なエンリッチメントを，数か月継続して与え，観察を行った．与えたのは，テレビ（22.75か月），ボール（55.9 か月），鏡（25.9 か月）である．ペイントン動物園環境公園のスマトラトラは，食べ物に関するエンリッチメントに対し，とてもゆっくり慣れていった（Plowman and Knowles 2003）．慣れは，エンリッチメント遊具を3〜4週間おきに繰り返し与えることで改善され，徘徊行動の頻度を低いままに保ち，エンリッチメントを成功に導いた（図 8-19）．

もし，エンリッチメントが認知力をかきたて，高い動機づけ行動のはけ口となり，欲求行動[11]と完了行動の間の付随関係を提供し，時間をおいて再び与えられるなら，慣れは最小限にできると推測される．

8.6.3 コントラフリーローディング：褒美のために働きたい

実際，動物は褒美のために働きたいという姿勢を見せる．この行動は，もとは Markowitz（1982）により示されたものであり，この章の前半でも触れた．この概念は擬人化されていると考える研究者もいるが，それでもなお多くの研究で，褒美を手に入れるために動物は"働く"ことを厭わない，つまりなんらかの行動を起こすことが示されてい

---

[11] 欲求行動とは通常，目標探索行動と考えられ，一方，完了行動は目標へ向かうもの，目標に合わすものと考えられる．つまり，索餌行動は欲求行動，食べ物の処理や食べることは完了行動となる．

Box 8.2　エンリッチメント計画表を使って実施する

　全ての動物がほぼ毎日，さらに大切なのは，違うタイプのエンリッチメントを受けるようにするためには，エンリッチメントの実施にはかなり大きな組織が必要となる．様々な種類のエンリッチメント計画表は，何年もかけて発達させていく．これには，飼育係の使いやすさと，種の特性に配慮したエンリッチメントの異なる配置を動物に提供していることを確証するという，2つの主目的がある．

　飼育係に優しい計画表は，冷蔵庫のマグネットやチェック表のついた黒板や，時にはパソコンのソフトを使ってつくられている．全ての飼育係がずっと一緒に仕事をするわけではないので，計画表にはそれぞれの飼育係が，エンリッチメントが使われているか，それが十分か，といった情報を記録できるものが良い．

　エンリッチメントの効果について実験的に研究したり，動物が慣れた（つまりもはや興味をもたなくなった）時を決定できたりすればよいが，実際はたいてい時間や技術に限界があるので，いつもそうしたことができるわけではない．同様に，同じエンリッチメントが繰り返し使えなかったり，長期間維持できない新しいエンリッチメントなどは，エンリッチメントプログラムの効果に制限をつくってしまうだろう．そこでWojciechowski（2001）は，それぞれのエンリッチメントは，餌や新鮮な匂いなどを付け加えたり，2日目に移動させたりすることで，2日間は使用できると提案した．こうした行動は，エンリッチメントを飼育施設からちょうど取り外した時に，動物のエンリッチメントへの興味が続いているのが観察されることからも報

(a)

(b)

(c)

図 8-20　ペイントン動物園環境公園のクロザルでは，1日おきに異なるエンリッチメント，つまり2日間は同じエンリッチメントを行う2か月の計画表を使っている．エンリッチメントは，(a)ラグビーボールなどを操作するもの，(b)餌を金檻内の布袋に入れるなどの採食関係，(c)香草を詰めたコング（イヌ用遊具）などの匂い関係に分けた．（写真：ペイントン動物園環境公園）

> **Box 8.2　つづき**
>
> 告されている.
>
> 　簡単な実施方法は，実施するエンリッチメントの数々をカテゴリーに分類し，交代で行う方法である．例えば，ペイントン動物園環境公園では，エンリッチメントは採食，感覚，操作系に分類されている（Dobbs and Fry 2008）．この計画表では，霊長類は2日ごとに新しい種類のエンリッチメントを与えられ，2～3か月で一回りする（図8-20）.
>
> 　様々なエンリッチメント計画がつくられ，冊子「The Shape of Enrichment」や国際エンリッチメント会議要旨集，その他の雑誌やハンドブックで報告されている（例えば，Hooper and Newsome 2004, Neptune and Walz 2005）．

る．さらに驚くことに，動物は自由に手に入る食べ物があっても，食べ物のために"働く"ことが観察されている．つまり，自由に手に入る食べ物がある時でさえ，動物は食べ物を手に入れるためにエンリッチメント装置を使うことを選ぶのである（概要はInglis et al. 1997）．例えば，ハシブトインコ（*Rhynchopsitta pachyrhyncha*）やベニコンゴウインコ（*Ara chloroptera*），ショウジョウインコ（*Lotius garrulous*）は，たとえ餌皿の食べ物が得られる状況でも，餌を隠した丸太などのエンリッチメント装置から先に食べる（Coulton et al. 1997）．この鳥たちは，24時間以内にエンリッチメント装置の中身をからっぽにし，装置が利用できる間は，餌皿から餌を食べる割合は有意に減少した．

　この現象は，"コントラフリーローディング"と呼ばれ，飼育されている様々な動物種で見られ，提供された"自由"な食べ物の代わりに，与えられた食べ物エンリッチメント装置を使うという行動である．

　コントラフリーローディングで，多くの"認知"エンリッチメントやタスク指向エンリッチメントが成功してきた理由を説明できるかもしれない．エンリッチメントは，常に食物資源を使ったものではないので，動物が空腹だから食べ物に関わるエンリッチメントを利用するということは考えられない（しかし，使った餌が特に好きな物だから，動物がそれを手に入れようとするということはある）．コントラフリーローディングはまた，多くの食べ物を与える必要がない．例えば，実験室で単独飼育するアカゲザルにパズル餌箱を与えると，673秒で11.3個のサル用固形飼料を手に入れた．これは，32秒で29個の固形飼料を手に入れる"通常"の給餌方法より効率の悪いものだった（Reinhardt 1994a）．

　それでは，なぜ飼育下動物は食べ物ために"働く"ことを選ぶのだろうか．行動生態学では，この現象を説明しようと多くの研究が試みられてきた．説明できる内容は，以下のとおりである．

- その環境についての情報を得るために必要なこと（情報優位説[12]，Inglis and Ferguson 1986参照）．
- 動物が種特異的行動を発現できるため（餌皿から食べ物を取ることは，木の実を割るほど自然なことでない，Elson 2007参照）．
- 飼育環境には十分な刺激がなく行動が空虚にな

---

[12] 情報優位説とは，動物は身の回りの環境について学ぶことに高い意欲をもち，そのために環境についてできるだけたくさんの情報を得ようと行動する．こうしてエネルギーを費やして"働く"という説である（概要はInglis et al. 1997参照）．

りがちなので，動物は機会が与えられれば複雑な行動を行う（Chamove 1989）.

8.6.4　付随関係の提供

種特有の目標探索（欲求）行動や目標指向（完了）行動の発現を確立することは可能だし，動物が生きていくために不可欠な知識を得るという関係の強化にもなる（Misslin and Cigrang 1986）.例えば，動物は餌を探したい（欲求）のなら，草地の中をうろうろと歩き回るだろうし，虫を見つけて食べる（完了）という報酬を得るかもしれない．この2つの行動間の関係が付随関係であり，2つは因果関係にある．

付随関係は，動物に環境についての予測を与えるため，ある程度"制御"できるようになる．Shepherdson（1994）は，動物園の動物たちの生活からこの付随関係や"制御"が失われることで，動物たちの心の幸せに深刻な影響を及ぼすだろうと推察している．動物園でこの付随関係を維持するのは，時に難しい．というのも，動物たちは人から離れたい欲求があるがそれができず，食べ物を見つけたいが見つからないからである．環境制御ができない場合に動物福祉の悪化を示す多くの研究が行われてきた（概要は Bassett and Buchanan-Smith 2007）．例えば，ジャイアントパンダ（*Ailuropoda melanoleuca*）では，使いたい飼育施設の場所を決定できるようにしたところ，興奮行動がわずかに少なくなり，尿中コルチゾールの減少が見られた（Owen et al. 2005）．そのため，動物に選択肢を与え，環境を制御する機会を与えることは，定量化こそ難しいが，福祉的な利益をもたらすとされている（Chamove 1989, Shepherdson 1991, 7.5.2 参照）．

エンリッチメントは，飼育環境でこの付随関係を維持する理想的な方法を提供する．例えば，トラの飼育施設に匂いを付けると，褒美を得ようとする行動を発現する機会が提供される．トラは匂いから離れることもできるし，その匂いの上に自分の匂いをつけたり，匂いがついた場所を引っ掻いたり擦ったり，フレーメン[13]することもできる．

8.6.5　動物の動機

どんな行動でも行おうとする動物の動機（例えば，エンリッチメント装置を使おうとすることなど）は，種特異的な生物学的欲求や能力，個体差（年齢，性別，経歴，健康状態など），現在の状況（季節，時間帯など）など，膨大な要因により影響されるだろう（4.1.3 参照）．よいエンリッチメントは，これらの要因を考慮し，個体もしくは動物群に合わせて調整される．行動経済理論（つまり行動発現や資源獲得という動物の動機についての研究や定量化）やその他の手法により，行った行動型や資源の獲得という動物の動機について測定することができる（7.4.5 参照）．

動機が季節変化する典型的な例は，出産や求愛前だけに見られる巣づくりである．出産前の豚で，実験的な研究がされてきた．妊娠豚は，出産前にワラに対し高い嗜好性を示した．ワラを与えると，巣づくり行動や鼻で地面をあさる行動が有意に増加し，母親が子豚たちを押しつぶす危険が減少した（Thodberg et al. 1999）．

8.6.6　行動発現の機会を与える：動物を過小評価しない

今までによく考えられたエンリッチメントは，動物に自然な行動を発現する機会を与えることを示してきた．この場合，動物に対する私達の知識が欠けているのか，動物の飼育管理で基本としてきた私達の観察が望ましいものでなかったのかは分からないが，動物の潜在能力を過小評価しない

---

[13] フレーメン行動は，動物があくびをするように，上唇を巻きあげる行動である．この動きにより，口の中に空気を引きいれ，フェロモンなどの化学信号を感知できるヤコブソン器官や性フェロモン感知器官にさらす．

ことが重要である．例えば，変温[14]爬虫類は遊び行動をほとんど見せないと言われてきた．それにもかかわらず，ワシントンDCの国立動物園で，ナイルスッポン（*Trionyx triunguis*）にボールや棒，ホースなどの遊具を与えたところ，豊富で活発な遊びのような行動を行い，自傷行動が減少した（Burghardt et al. 1996）．

直感的に，動物が年をとればとるほど，エンリッチメントすることが難しくなると考えてしまうかもしれない．確かに，若い個体と比べれば敏捷性は失われているようだ．Swaisgood et al.（2001）は，成獣のジャイアントパンダは青年期の個体に比べ，エンリッチメントに対してほとんど反応を示さなかったが，採食エンリッチメントにはどちらもより大きい反応を示したことを明らかにした．Novak et al.（1993）は，実験室で群れ飼育されているアカゲザルでは，より年老いた雌の方が様々な遊具を扱うなど，エンリッチメントの使用は年齢に関係ないことを明らかにした．また，社会的な促進や回避がエンリッチメント使用に影響を及ぼしていることが観察され，年齢よりむしろ飼育方法がエンリッチメントの決定要因として大きいだろうと示唆した．しかし，Brent and Stone（1996）は，単独飼育とペア飼育のチンパンジーでは，エンリッチメント使用において飼育方法の違いに影響がなかったという反証を示している．

8.6.7 人

効果的なエンリッチメントを行うのに最大の障害物の1つが，人もしくは（より外交的には）組織内の人々の異なった要求や優先順位だろう．Hare et al.（2003）は，ジャイアントパンダに行った包括的エンリッチメント計画について記述し，主に"スタッフの時間や努力，組織の要求，利用できる資源，来園者の体験，調査手順"を考慮した結果，成功したと記述している（図8-21参照）．

8.7 環境エンリッチメントの利点

動物園では，行動を改善し行動の多様性を増やすという，鍵となる目標やゴールが注目されているが，エンリッチメントの効果を完全に正しく認識することについては，まだ十分な関心を受けていない．しかし，実験動物や家畜を対象により多くの整理された指数によって測定された研究が行われ，エンリッチメントによるその他多くの，より広範囲もしくは"間接的な"効果について注目が集まっている．

行動発現は神経活動によって決定されているので，もしエンリッチメントにより行動が改善したなら，脳や関係する神経経路にも影響を与えられたと推測するのが道理にかなっているだろう（Carlson 2007）．エンリッチメントが直接，形態学や発達，脳機能に影響を与え，その結果，行動に広がったのは興味深い（Van Praag et al. 2000）．神経細胞の新生[15]は，エンリッチメントを利用することで促進される．実験室で飼育されているウィスター系ラットの老齢個体（25か月齢）と若齢個体（2か月齢）にエンリッチメントを行ったところ，海馬の神経細胞の新生が増加した（Segovia et al. 2006）．海馬は，環境についての情報を"記号化"し，長期記憶として脳の他の部位に蓄えることに関与していることが明らかになっている．大脳皮質は，より"高度"な認知過程（例えば，問題解決や複雑な動きなど）に関わる脳部位であり，脳のその他の部分よりエンリッチメントに感受性が高いことが明らかになった（Diamond 2001）．神経細胞の多様な活動に関係する蛋白質のニューロトロフィンは，エン

---

[14] 変温動物（"冷血"と呼ばれることもある）は，体外からの熱を取り入れて体温を調節する．その他，体内での代謝過程によって体温を調節する動物は，恒温（もしくは"温血"）と呼ばれる．

[15] 神経細胞の新生とは，新しい神経細胞がつくり出されることである．

図 8-21 エンリッチメントは，入手できるものによって季節変化が反映される．また，単に来園者の動物への興味を高めたり，保全などの問題に絡めて，祝祭日に行う時もある．写真で示したものは，(a) クリスマスにコルチェスター動物園のエリマキキツネザル（*Varecia variegata*）に小包を与えたところと，(b), (c) ハロウィンにペイントン動物園環境公園のハリモグラ（*Tachyglossus aculeatus*）とケープタテガミヤマアラシ（*Hystrix africaeaustralis*）にカボチャを与えたところ．〔写真：(a) コルチェスター動物園，(b), (c) Gillian Davis〕

リッチメントを行ったラットの脳のいくつかの場所で増加し（Ickes et al. 2000），ニューロトロフィンの増加程度は，とりわけ視覚皮質可塑性（つまり，変化能力や柔軟性）で高まるのに関連していた．Prusky et al.（2000）は，エンリッチメント環境で飼育されたマウスは，エンリッチメントされていない環境で飼育されたマウスよりもより高い視力をもつことを示唆しており，実際そうである．

齧歯類においては，エンリッチメントにより学習や記憶が高まることが長年知られてきた（Hebb 1947）．より最近の研究では，エンリッチメントは脳の可塑性を増加させ，環境変化への適応を可能にし，同様に生涯を通じて学習や記憶に作用することを示している．例えば，Sneddon et al.（2000）は，エンリッチメント環境（増設空間，寝床の泥やワラ）で育った豚は，エンリッチメントされていない環境の豚より学習が早いことを明らかにした．これらの学習課題には，オペラント条件課題や迷路の解決などが含まれている．鉛汚染による学習欠損でも，エンリッチメントを行うことによる可逆性が認められた（Guilarte et al. 2003）．

エンリッチメントはまた，動物が環境に働きか

けることにも作用する．多くの研究で，エンリッチメント環境で育った動物の方が，恐怖の度合いが減少することが示されている（例えば Reed et al. 1993）．エンリッチメント環境で育ったキソデボウシインコは，通常の条件で育った個体よりも，新しい遊具により早く，より短い潜伏時間で働きかけることが示されている（Meehan and Mench 2002）．これらの結果により，研究者たちはエンリッチメント環境は飼育下動物の恐怖反応を改善するのに効果的だと示唆している．

さらに，エンリッチメントと関係する身体運動が，脳障害や老化の有害な影響からの回復に寄与することを示したものもある（Jones et al. 1998）．エンリッチメントを行うことで，外傷後の回復を助ける（Jadavji et al. 2006）．より好きな巣材を与えられたマウスは，傷口を"撹拌する"ことをほとんどしなかったという Coviello-McLaughlin and Starr（1997）の研究からも明らかなように，手術の必要な動物もエンリッチメントから恩恵を受ける．

エンリッチメントはまた，繁殖も進めるだろう．飼育されているキソデボウシインコの産卵率は，エンリッチメント環境では，より高い（Millam et al. 1995）．実際，飼育下動物における環境エンリッチメントの効果を示したものとして，Carlstesd and Shepherdson（1994）は，エンリッチメントの間接的な効果のいくつかに繁殖率の改善をあげている．これらは，ストレスの調節や社会的な刺激，身体的健康や精神的健康状態の変化といったことも含まれる．

今のところ，エンリッチメントの行動でない（間接的な）効果特定の研究の多くは，実験動物か家

Box 8.3　エンリッチメントは霊長類だけではない

霊長類を対象にしたエンリッチメントの査読付論文は多いが，その他多くの哺乳類や，哺乳類でない種については，実際よりもかなり少ない．これは残念なことだし，それゆえに私達は多様な動物種に対するエンリッチメントの効果について限られた知識しかないが，これが動物園で行われるエンリッチメントの多様性を正確に示しているわけではない（図8-22）．事実，エンリッチメントは，非常に頭の良いタコや一見動かないと思われるワニなど，たくさんの異なった動物種に対して行われている（Rehling 2001, Melfi et al. 2004b）．ある事例では，エンリッチメントにちょっとした改善をして，他の動物種での使用に合わせている．例えば，霊長類用につくられた複雑なパズル餌箱の多くは，同程度に認識能力の高いいくつかの鳥類にも理想的である（Helme et al. 2008）．

しかし，その他の種では，その動物本来の必要性や能力に合わせて特別に考えられたエンリッチメントを配置する必要がある．エンリッチメントの膨大な多様性については The Shape of Enrichment（www.shape.org）で報告されている（8.2参照）．

図8-22　多様なエンリッチメントが動物園や水族館で行われているが，それは必ずしも複雑なものではない．ワルシャワ動物園では，混合飼育の水槽に様々な種類の魚類が使うことのできる"植木鉢"が与えられている．（写真：ワルシャワ動物園）

畜で行われたもので，同様の効果がエンリッチメントされた動物園動物にも見られるかについては知られていない．しかし，エンリッチメントの効果について研究を続け，実験動物や家畜だけでなく動物園動物でも同様の効果があるということが発見されることを期待したい．

まとめ

- エンリッチメントとは，動物の環境に何らかの変化を与えることで，より良い結果を導きだし，福祉の改善に努めることである．
- エンリッチメントは，飼育下動物の心や体に刺激を与えることである．
- エンリッチメントの方法はとても様々で，その成功を種間や個体により一般化する必要はない．
- エンリッチメントを目的として動物の環境に変化を起こす時は，適切な観察をすべきである．
- エンリッチメントは，しばしば動的な環境をもたらし，動物は選択したり生活を制御できるようになる．しかし，明らかな行動変化が見られないなど，定量化は難しい．
- エンリッチメントは，動物にとって様々なレベルでとても有益なものであり，広く多様な飼育管理に組み込まれることで，動物福祉も向上することが科学的に証明されている．

論考を深めるための話題と設問

1. エンリッチメント概念の発展に寄与した人は誰か．
2. 行動エンリッチメントと環境エンリッチメントの違いは何か．
3. エンリッチメントの3つの目的とそれぞれの限界について述べよ．
4. エンリッチメントを分類する5つのカテゴリーとそれぞれの具体例を述べよ．
5. エンリッチメントの効果判定はなぜ重要なのか．
6. エンリッチメントをより効果的にすると期待できる3つの方法について議論せよ．
7. エンリッチメントの実施に関係していると思われる行動以外の効果は何か．

さらに詳しく知るために

環境エンリッチメントの背景や理論について書かれた様々な資料がある．Youngによる「Environmental Enrichment for Captive Animals（飼育下動物のための環境エンリッチメント）」(2003)は，最近の総合的にまとめられた本である．Markowitz's の「Behavioral Enrichment in the Zoo（動物園におけるエンリッチメント）」(1982)は少し古いが，未だ非常に価値のある本である．「Conference Proceedings of the International Conferences on Environmental Enrichment（国際エンリッチメント会議要旨集）」は，The Shape of Enrichment Inc. や環境エンリッチメント地域分会が開催する会議で購入することができる．第1回国際エンリッチメント会議の要旨集はShepherdsonによって編集され，「Second Nature: Environmental Enrichment for Captive Animals（第2の自然：飼育下動物のための環境エンリッチメント）」(1998)という本になっている．環境エンリッチメントの実施や，エンリッチメントの多様性，エンリッチメントの効果がある膨大な動物種についての情報は，季刊誌「The Shape of Enrichment」で得ることができる．これは，同名の団体から購入できる．

ウェブサイトとその他の情報源

The Shape of Enrichment Inc.（http://www.enrichment.org）は国際NPO組織で，エンリッチメントに関する季刊誌の発行や，トレーニングワークショップや国際会議，地域会議の開催などを行って，エンリッチメント実施の普及に努めている．Shapeのサブグループとして，環境エンリッチメント地域分会が組織され，国際

的活動を支える草の根運動を行っている（http://www.reec.info）．

第9章　飼育下繁殖

今日の動物園のほとんどの飼育個体は，野生から捕獲してきたものではなく，飼育下で繁殖した個体である．北米の認定動物園で飼育されている哺乳類の90％以上と鳥類のおよそ75％は，飼育下生まれである（Conway 1986b）．世界の動物園における飼育下生まれの個体数と，野生捕獲個体に対する飼育下繁殖個体の割合は，1971年～1981年の間に劇的に増加している〔Knowles（1985）により，数種の食肉目，奇蹄目[1]，霊長目の動物において報告されている〕．

動物園や水族館でエキゾチックアニマルを繁殖させるための経験や技術は，近年非常に進歩してきている．また，9.4で紹介するような人工繁殖技術を導入することによっても，飼育下での繁殖が進歩していることを強調しておく．多くの動物園は，種の飼育管理に関わる活動を，本章のタイトルでもある"飼育下繁殖（captive breeding）"または"飼育下繁殖計画（captive breeding programme）"と呼ぶことが多いが，慎重に検討すれば，動物園での個体群管理上，繁殖させるべき動物がいるのと同様に，繁殖させるべきではない多くの動物がいることも知っておかなければならない．しかし，おそらく全ての飼育下繁殖計画は，実際には個体数の増加を最終目標として始められ，実施されている．場合によっては，飼育下繁殖計画を含む全ての活動を表現するのに，例えば"飼育下管理（飼育下マネージメント，captive management）"のような言葉が適切かもしれない．

エキゾチックアニマルの繁殖生物学に関するデータは，わずかしかなく，たいていの繁殖生物学は，その対象が牛，マウス，鶏，猫などの家畜種と人を含む14種の動物に限られている（Wildt et al. 2003）．繁殖生物学的知見は，生理，内分泌，そして遺伝学的情報に基づく繁殖計画の基礎情報として，非常に参考になるが，ほとんどの情報は，動物園での野生動物の繁殖にそのまま応用できるわけではない．また，近縁種であっても繁殖生物学的な特徴はかなり違うため，分類群に基づいて一般化しにくく，例えば，人工授精（AI）のプロトコルは，その種ごとに確立しなければならない（Stone 2003）．

本章では，繁殖生物学的知見の理論を解説することから始め，動物園動物の繁殖に影響を与えるいくつかの環境要因について紹介する．また，どのような手法で繁殖させることができるのか，それをどのように判断するのか，どのようなことならできるのか，といった動物園技術者が利用できる情報と技術についても概説する．これらは，主な地域動物園協会の方針の下で進められる管理計画に基づいている．飼育下個体群を飼育下で自立的に維持できるようにするという目的を達成するための一般的な方法について紹介する．

本章では，次のテーマを取り上げていく．

9.1　繁殖生物学
9.2　飼育下繁殖に関わる問題と制約
9.3　飼育下動物の繁殖状態のモニタリング
9.4　救いの手となる繁殖補助技術
9.5　子育てとその介助
9.6　繁殖数の人為操作
9.7　飼育下個体群の自立的維持に向けた取組み

他の章と同様に，理論の裏づけなど関連する課題をコラム（Box）として紹介しているが，その他に人工哺育を行うかどうかや，余剰動物問題をどうするか，といった議論についても取り上げた．

---

[1] 奇蹄目とは，通常，奇数本の指をもつ有蹄類で，ウマ形亜目と有角亜目に分けられる．ウマ科は，ウマ形亜目の中で唯一現生種のいる科で，バク科とサイ科は有角亜目の中で現生種のいる科である．

9.1 繁殖生物学

絶滅危惧種の保全活動として，動物園における効果的な飼育管理には，繁殖生理学，内分泌学，遺伝学，集団生物学，生態学，行動学，獣医学および栄養学の知識を総合した多くの分野からのアプローチが必要となる．いくつかの分野に関する基本的な知識は，他章で概説している．ここでは，動物園における飼育管理と繁殖の基礎となる学説を紹介する．すでに述べたように，この知識の大部分は，一般的な家畜繁殖学から得られたものである．そして今や，動物園で飼育されている動物種の多様さと同じように，その繁殖生物学も多様なことが解明されつつある（Wildt et al. 2003）．繁殖過程は遺伝物質を次世代に伝えるために進化してきたので，まずこの点から，本章を始める．

9.1.1 遺伝学

遺伝学は，生物における遺伝性のある生体構造や生理および行動の様々な側面を対象としている．遺伝子とは，デオキシリボ核酸（DNA）の一部分である（図9-1参照）．遺伝子には蛋白質もしくは蛋白質の一部（ペプチドと呼ばれる）を合成するための情報が含まれている．蛋白質は体の大部分を構成している（例えば，組織を包むコラーゲンや筋肉を形成するアクチンとミオシン）．さらに，蛋白質は生物体の形成とその活動も担っている（例：酵素やホルモン）．そのため，個体の遺伝子セット（遺伝子型）は，その個体の表現型の形成と活動を司る指令と考えられる．1個の体細胞には少なくとも1つの全遺伝子セットが存在する．細胞内に存在するDNA鎖は1本のこともあるが，通常は複数で存在し，その数は種によって異なる．DNA鎖は通常は細長いが，細胞分裂時に各DNA鎖が娘細胞へと分離する時に巻き上げられて太く短くなり，顕微鏡で観察できる状態になる．これを染色体と呼ぶ．

細胞分裂は，細胞数の増加を伴うため，体組織や細胞の成長と置換を担う．体細胞分裂では

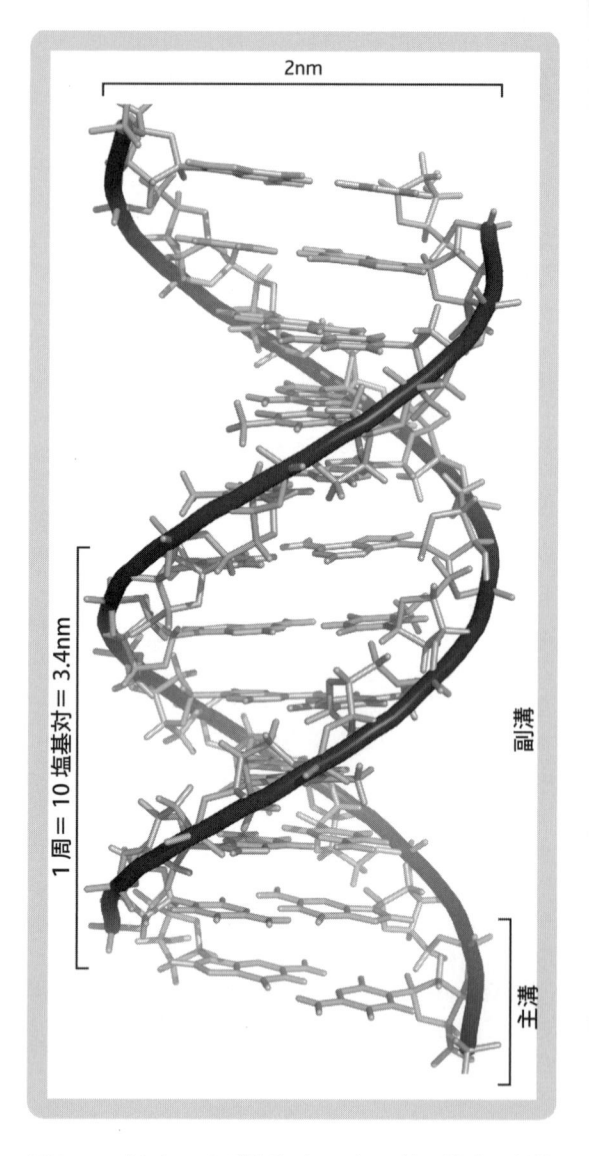

図9-1 デオキシリボ核酸（DNA）は体の構造と調節機能を形成する蛋白質の生産に関わるコード情報を含んでいる．この図から，DNA分子が二重らせん構造で，らせん構造内に遺伝暗号を構成する塩基を含んでいることが分かる．

DNAも一緒に複製されるため，娘細胞のDNA量は親細胞と同量である．ほとんどの有性生殖種（9.1.2参照）では，各細胞に2本の相同なDNA鎖（もちろん各遺伝子も2コピー）をもつ．それぞれは両親から1本を受け継いだものである（この状態を2倍体と呼ぶ）．体細胞分裂[2]では，

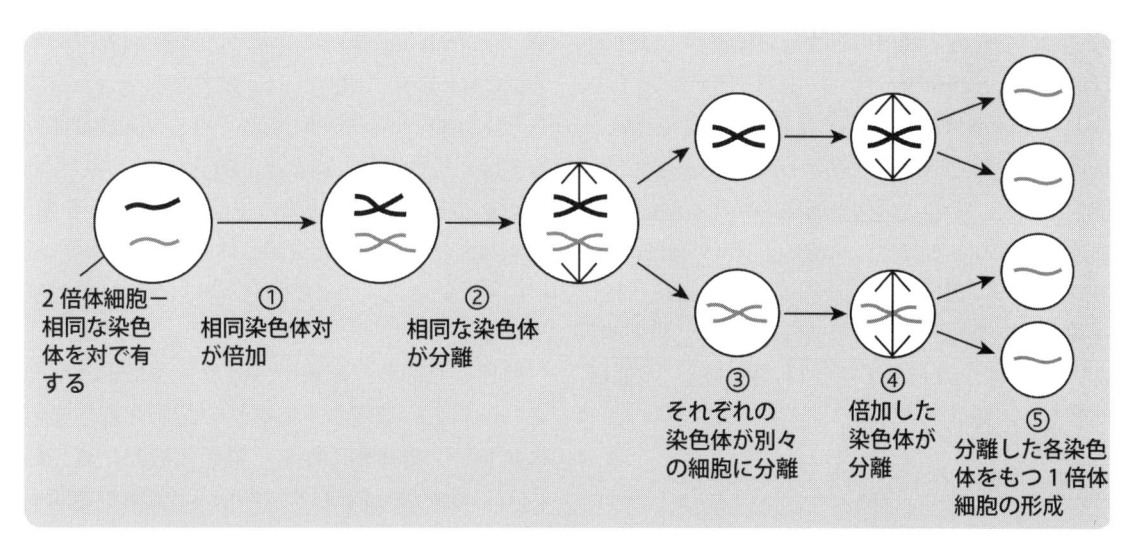

図 9-2 減数分裂の過程で，DNA 分子は太くて短い状態になるため，染色体として観察できる．父母から1本ずつ由来する染色体のペアは互いに分離し，別の娘細胞に分配される．その結果，娘細胞は親細胞の半分の遺伝子構成を有する．

分裂のたびに同じ遺伝物質をもつ細胞の数が2倍に増える．一方生殖細胞では，体細胞分裂ではなく減数分裂（図9-2に図示）が起こる．減数分裂では体細胞分裂とは異なり，2本の相同なDNA鎖はそれぞれ異なる娘細胞に分配されて，1本のDNA鎖をもつ細胞（1倍体）が形成される．

有性生殖では両親から1本ずつDNA鎖を受け継ぐため，2個の相同な遺伝子をもつ．この2つの遺伝子は，同一ではないかもしれない．同一であれば，ホモ接合と呼ばれる．しかし，遺伝子には通常いくつか変異が存在する．それらの変異をもつ遺伝子は，対立遺伝子と呼ばれる．そのため，ある個体は2つの異なる対立遺伝子をもつことがある（ヘテロ接合）．ヘテロ接合では，一方の対立遺伝子の効果がもう一方の対立遺伝子により隠されてしまうかもしれない．この場合，後者を優性対立遺伝子，前者を劣性対立遺伝子と呼ぶ．劣性遺伝子はホモ接合でなければ効果を発揮できない．例えば，猫や他の動物の毛色に見られるように，メラニン色素の合成に必要な酵素を産生できない遺伝子がホモ接合になると，皮膚や毛から色が抜けてアルビノが生まれる．

新たな対立遺伝子発生の本源は，減数分裂時の複製ミスなどDNAの構造変化による突然変異である．新規の対立遺伝子は生物の機能に正しくは負の影響を与えることで表現型に影響を与えることがある．そのため，新規の対立遺伝子は自然選択[3]の対象になる．自然選択により，新規対立遺伝子は個体群中で固定するか消失することになる．

進化時間を通じて，個体群[4]は個体群中の全ての対立遺伝子から構成される遺伝子プールと捉え

---

[2] 体細胞分裂では1つの細胞が2つの娘細胞に分裂し，さらに2娘細胞が4娘細胞，4娘細胞が…と分裂する．体細胞分裂により得られた各細胞の遺伝情報は同一である．一方，減数分裂では1細胞が2細胞に分裂するが，相同染色体がそれぞれ分離するため，各娘細胞の遺伝情報は異なる．

[3] 自然選択とは，野生動物の個体群で観察されるもので，適応的な動物がもつ遺伝子座は次世代に伝わる一方，適応的でない動物がもつ遺伝子座は次世代に伝わらない，という過程のことである（Box 9.2 参照）．

[4] 個体群とは，相互交配が可能な動物の1集団をいう．

ることができる．種内の異なる個体群間では，地理的隔離などが原因で互いに繁殖できない．そのうえ各個体群はわずかだが異なる環境に生息し，各個体群の対立遺伝子は異なる淘汰圧を受ける可能性がある．そのため同一種内の異なる個体群でさえ多少なりとも分化した遺伝子プールをもつ可能性がある．遺伝子プール内の多くの遺伝子は，複数の対立遺伝子を含んでいる（これを"多型的"という）．多型は遺伝子プール（個体群）の遺伝的多様性に寄与している．

9.1.2 生殖と性（セックス）

"生殖（reproduction）"と"性・セックス（sex）"は同じものではない．"生殖"は子孫を生み出す過程である．多くの脊椎動物にとって，生殖は有性生殖を意味する．有性生殖では2頭が出会い，そしてその2頭の"配偶子"（1倍体の生殖細胞）が受精を通じて出会い，"接合子"（1個の2倍体細胞）が形成される．"セックス"は一般的に繁殖行為に関して用いられる言葉であるが，生物学的に厳密に言えば，複数の供給源に由来する遺伝子をもつ新規個体の形成過程を意味する．雄の配偶子は"精子"と呼ばれ，精巣でつくられる（精子をつくる過程は"精子形成"と呼ばれる）．卵子[5]もしくは卵は，雌の生殖細胞であり，卵巣内でつくられる（"卵形成"と呼ばれる）．

哺乳類では，雌は卵子を継続的に生産するのではなく，季節的もしくは定期的に訪れる発情周期（oestrous cycle）[6]のサイクル中にのみ排卵する（9.1.4参照）．鳥類では，哺乳類と異なり，卵もしくは卵子が継続的に生産される（連続排卵）．雄では一旦性成熟に達すると精子が年間もしくは繁殖季節を通じて持続的に生産される．哺乳類，鳥類および大多数の爬虫類は体内で受精が起こるのに対し，ほとんどの魚類[7]と両生類は体外受精である．

前述した通り，配偶子は減数分裂により生産される．その過程で，相補性のある2本の染色体をもつ2倍体細胞から，染色体数が半減した1倍体細胞が形成される．2つの半数体細胞同士が受精すると，両親からほぼ同程度の遺伝因子を受け継いだ接合子（2倍体細胞）が誕生する（図9-3参照）．

雌雄同体種[8]では，DNAによって性が決定されない．魚類と腹足類における雌雄同体種は，一方の性として誕生[9]した後に反対の性へと性転換する（隣接的雌雄同体種[10]で見られる"雌雄異熟"）．しかし，これらの種では一時に両方の性が同時に機能することはない．これらの種において当初は雄として産まれ，その後に雌へ性転換する場合は"雄性先熟"と呼ばれる〔例：クラウンフィッシュ（*Amphiprin* spp.）〕．反対に，雌から雄へ性転換する場合は"雌性先熟"と呼ばれる（ベラ科に見られる）．一方，ミミズや腹足類[11]および魚類には同時的雌雄同体種も存在する．これらの種では雌雄双方の生殖器官をもち，自家受精が可能であ

---

[5] 繁殖補助技術に関する科学論文では，たいていの場合，"卵子"より"卵母細胞"という語を使う．卵母細胞とは，雌の配偶子もしくは卵子の発生における特定のステージを指す．

[6] oestrousは形容詞である．例えば，oestrous female（発情期の雌）もしくはoestrous cycle（発情周期）．一方，oestrousの2つ目のoを除くと名詞になる．例えば，oestrus occurs post-partum in this species（この種は，出産後に発情が起こる）．アメリカ英語の綴りではそれぞれ，estrousとestrusである．

[7] 魚類の中には体内で受精する種がある．特にサメ類の雄は，挿入器官〔交尾器（clasper）とも呼ばれ〕として機能する1対の鰭のようなものをもっている．

[8] 雌雄同体種は，雌雄の生殖器官をもつ．

[9] "誕生（born）"という用語は，卵生動物に対し用いるのには適していないが，ここでは文中の煩雑さを避けるため，広い意味で用いている．

[10] 隣接的雌雄同体種は，ある時には一方の性の生殖器官をもつが，別の時にはもう一方の性の生殖器官をもつ．同時的雌雄同体種は，同時に雌雄両方に機能できる．

[11] 腹足類は，巻貝やナメクジなど1個の殻をもつ種と全く殻をもたない種を含む．

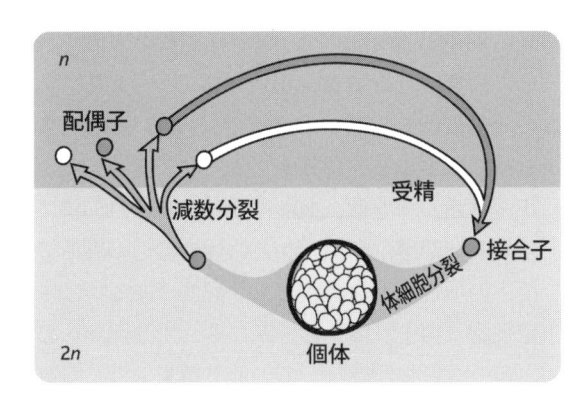

図9-3 雄（精子）と雌（卵，卵子）の配偶子は減数分裂により生産される．そのため，各配偶子は親細胞の半数の染色体を有する（半数体もしくはn）．雌性配偶子と雄性配偶子が出会い，受精した結果，新細胞（接合子）の遺伝子構成は各染色体の2つのコピーを有する（2倍体もしくは2n）．

図9-4 動物は有性生殖もしくは単為生殖により繁殖する．コモドオオトカゲはごく最近単為生殖を行う種のリストに加えられた．

るにも関わらず，滅多にそれは起こらない．

少数の脊椎動物〔例：ハシリトカゲ（Cnemidophorus spp.）〕や多くの無脊椎動物〔例：ミツバチ（Apis mellifera）〕では，無性生殖が可能である．無性生殖で生まれた子は，片親のコピーである．無性生殖には様々な方法があるが，動物で最も一般的なのは単為生殖[12]である．単為生殖では，母親由来の1個の1倍体配偶子が発生する．そのため，XY型の性決定機構をもつ動物では，単為生殖により雌が生まれる傾向がある．一方，ZW型では単為生殖により通常は雄が誕生する（詳細はBox 9.1参照）．

単為生殖にはいくつかの方法がある．例えば，"産雌単為生殖"では，単為生殖で生まれるのは雌ばかりで，交尾は観察されない〔例：アフリカケープミツバチ（Apis mellifera capensis）〕．一方，"偽受精"（"雌性発生"もしくは"精子依存型単為生殖"とも呼ばれる）では，卵子の活性化に精子が必要なため，交尾をする必要がある．しかし，遺伝するのは雌の染色体のみである（サラマンダーの数種は，この方法で繁殖する）．近年になって，単為生殖はコモドオオトカゲ（Varanus komodoensis）でも観察されている（Watts et al. 2006）．このトカゲは，以前は有性生殖のみを行うと考えられていたが，チェスター動物園とロンドン動物園での観察から，単為生殖が確認された．このトカゲのように島に生息し，雌雄の出会う機会が少ない種では，単為生殖により雄を生み出すことで有性生殖の機会が増える．そのため，単為生殖は有利とされている（図9-4参照）．有性生殖と無性生殖は，それぞれ異なるコストと利益をもつが，有性生殖は生物界に遍く広がっていることからも，"利益"の方が"コスト"より大きいに違いない．

動物によっては無性生殖と有性生殖を自在に使い分けられる種がいる（この戦略は"ヘテロガミー"と呼ばれる）．たいていは無脊椎動物であるが，コモドオオトカゲはこの戦略を用いる数少ない脊椎動物の1種である．

9.1.3 内分泌[13]

ホルモン系（内分泌系）とは，体内の主な2

---

[12] 単為生殖とは，未受精卵がそのまま新規個体へと発生する無性生殖法である．

[13] 内分泌学とは，ホルモンに関する研究あるいはそれがどのように作用しているのかの学問分野である．

つの制御機構のうちの1つである（もう1つは神経系）．内分泌腺から少量分泌される"ホルモン"とよばれる化学的伝達因子を放出し，血液を介して体内の他の場所に存在する標的組織へ運ばれ，その効果を発揮する．ホルモンは，化学構造により主に3つのタイプに分類される．

- ステロイドホルモン：性ホルモンであるテストステロンやエストロジェンのほか，コルチゾール（Box 7.3 参照）などのホルモンも含まれる．環状の炭素原子からできている．
- 蛋白ホルモン・ペプチドホルモン：例えば，オキシトシンは，交尾や出産の過程で多くの効果をもたらすホルモンである．
- アミン系ホルモン：アドレナリン（エピネフリン）など．

全てのホルモンは，化学構造に関わらず，通常特異的に作用する．それは，作用する標的組織が，特定のホルモンを認識するレセプターをもつためである．

繁殖を制御する内分泌系の中核は，視床下部-下垂体-性腺軸〔hypothalamo-pituitary-gonadal (HPG) axis〕であり，全ての脊椎動物にみられる（図9-5参照）．

- 視床下部は，体内での神経系と内分泌系をつないでいる．視床下部は脳の一部であり，性腺刺激ホルモン放出ホルモン（GnRH）などの放出ホルモンおよびその他の神経ホルモンを分泌する微細器官で，これは繁殖のために特に重要である．
- GnRHは，下垂体からのホルモン分泌を誘起する．下垂体は視床下部の下に位置する内分泌器官で，視床下部とは"下垂体柄"と呼ばれる構造でつながっている．下垂体は，神経性下垂体（下垂体後葉）と腺性下垂体（下垂体前葉）の2つに分けられる．これらは，発情周期を発現させる卵胞刺激ホルモン（FSH），多くの種で排卵の引き金となる黄体形成ホルモン（LH），乳の分泌に関わるプロラクチン（PRL）などを含む多くのホルモンを分泌する．
- 下垂体ホルモンは，血液によって運ばれ，特に生殖腺（精巣，卵巣）などの体内の他の場所で反応の引き金となる．また，配偶子あるいは生殖細胞（精子，卵）の生産にも，生殖腺からのホルモン産生が関与している．精巣でつくられる雄のステロイドホルモンは，アンドロジェンと総称され，テストステロンなどが含まれる．卵巣でつくられるステロイドホルモンは，エストラジオールなどを含むエストロジェンと，プロジェステロンなどを含むプロジェスチンが知られている（ちなみに，性ステロイドホルモンは，雌雄のいずれか一方に限られるものではない．例えば，テストステロンは，非常に低濃度ではあるが雌においても，雄と同様に分泌される）．

哺乳類の雌の発情周期[14]は，ホルモン変化に伴うものである．その発情周期は，FSHによって始まり，LHの影響によって排卵が起こる．この過程を図9-6に示す．

排卵された卵子が受精すると，さらなるホルモン変化が生じる．そのため，ホルモン動態のモニタリングによって，雌個体の発情周期，無発情，妊娠など，どのような状態にあるかが分かる（9.3.4参照）．繁殖に関わるホルモンの標準的な動態については，十分なデータがあるが，多くの野生動物ではそれが限られている〔Asa（1996）により概説されている〕．人やその他の霊長類では，排卵された卵子が受精しなかった場合，子宮内膜（子宮の内層）が剥がれ落ちる（月経）．これらの種では，発情周期を"月経周期"ということが多い．他の動物では，発情周期中に卵子が受

---

[14] 無発情とは，動物が発情周期を示さず，交尾を許容しない時期のことをいう．これは，発情周期の見られる時期と次に見られる時期までの間の期間や，あるいは妊娠中，泌乳中，病気，高齢期の場合もある．高齢個体ではほとんどの生理機能は低下する（6.1.1参照）．無発情の期間は，その動物が1年間に示す発情周期の回数によっても異なる．

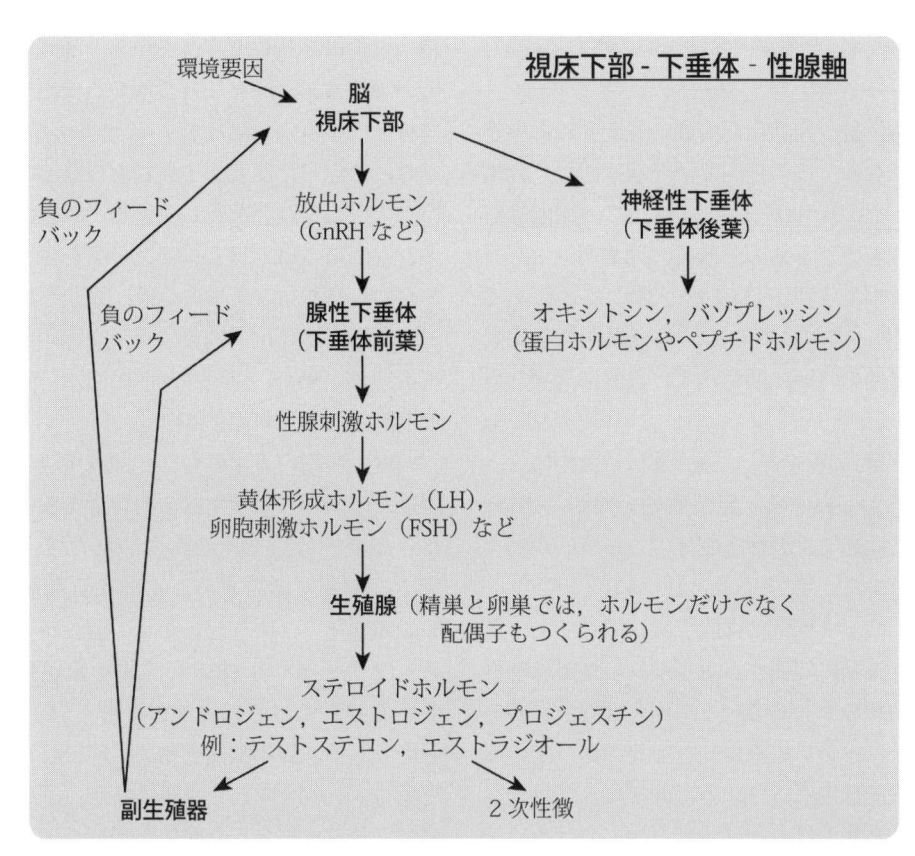

図 9-5 多くの内因性および外因性の要因が繁殖に影響する．視床下部 - 下垂体 - 性腺（HPG）軸は，繁殖に関わる発達と制御の中心であり，内分泌系と神経系を調節する．視床下部は，下垂体の前葉と後葉の両方におけるホルモン産生に関与する．これらのホルモンは精巣や卵巣などの体内の他の器官に影響を与え，それらの器官からのホルモン分泌が刺激される．

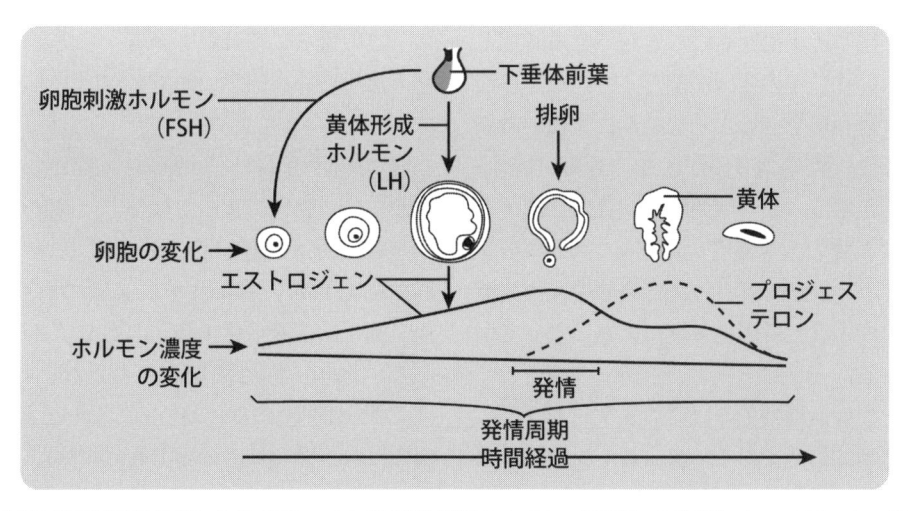

図 9-6 発情周期は卵胞形成から始まる．これは卵胞刺激ホルモン（FSH）の分泌によって起こり，卵胞を成熟させ，成熟卵胞はエストロジェンを分泌する．黄体形成ホルモン（LH）は排卵を誘起し，その後，黄体が形成され，黄体がプロジェステロンを分泌する．卵子が受精しなかった場合，黄体は退行し，プロジェステロン濃度は減少する．

精しなかった場合,子宮内膜は再吸収されるため,月経血は見られない.

通常雌個体は,発情周期の間の短期間にのみ性的に活発になる.この性的に活発な期間は"発情(heatまたはoestrus)"と呼ばれ,この期間は雌が交尾し妊娠できる期間である.発情期には,行動の変化や体の外見的な徴候を伴うことがある(9.3.1参照).これに対して,月経周期を示す動物では,周期の時期に関わらず,性的に活発な場合がある.

発情周期は,同種であっても,遺伝や食物によって,開始年齢が異なる.発情周期の開始時期は,野生個体に比べて,飼育下個体の方が早いかどうかは様々である.

ホルモンの化学構造が種間でほぼ同じであったとしても,繁殖に関係するホルモンの機能は動物の分類群の間で異なっている.例えば,数種のプロジェスチンが全ての脊椎動物で見つかっているが,その機能は異なっている.同様に,プロラクチンは,哺乳類の乳の分泌やハト類における"そ嚢乳"の分泌に関係するが,魚類では水分保持,トカゲ類でも繁殖関係以外(脱皮や尾の再生)の働きがある(Nelson 2000).

9.1.4 繁殖のきっかけ

動物が交尾して子孫をもつことができる時期というのは,いくつかの要因が関与している.環境資源を最大限利用できるような時期に繁殖の時期が一致すると,繁殖力(子が生存できる可能性)はさらに向上する.この時期的な一致は,環境要因(日長や食物の入手度合いなど),フェロモン(他の動物からの化学的信号),社会的相互作用などの多くの内因性・外因性メカニズムによって引き起こされる.

フェロモンは,種内でのコミュニケーションに使われる化学的信号である.フェロモンは,雄の蛾の触角にあるレセプターから,哺乳類の嗅粘膜にいたるまで,様々なところから検出される.ネコ科とウマ科の動物など,いくつかの哺乳類では,これに特化した器官,すなわち口蓋にある鋤鼻器(ヤコブソン器官)を有している.特徴的なフレーメン反応によってフェロモン分子を含む空気を口から取り込む.フェロモンは,尿などの中から検出される.この化学物質には,交尾相手の発見や選択,狩りやテリトリーの保守,回避行動など様々な機能がある(Wyatt 2003).

温度,食物の入手度合い,捕食圧などの環境要因は,その種の繁殖生物学的特徴を左右する.これらの要因は,多くの動物において,子を産み育てる期間に影響する.このような動物を"季節繁殖動物"という.しかし,霊長類,豚,マウス,ウサギなどの中には,"周年繁殖動物"のものもあり,これらの動物は1年を通して繁殖が可能である.周年繁殖動物は,連続した発情周期を示し,1年を通して交尾に備え,子孫を残すことができる.また,交配相手が近くにいる場合には,気候条件などの環境要因よりも,繁殖の正確なタイミングを決定することが非常に重要になる.ウサギ目[15],ネコ科およびラクダ(Lombardi 1998)などは誘起排卵動物(交尾排卵動物)で,交尾または挿入刺激が排卵を引き起こすことから,このように呼ばれている.したがって,雌は適当な雄がいれば,いつでも交尾できる状態にある.

発情周期の回数やその時期(季節性があるかどうか)は,動物によって様々で,何回かの発情周期をもつ動物(例えば"多発情"のネコ科やウシ科の動物)もいれば,年に2回の周期をもつ動物(例えば"発情休止期"のあるイヌ科の動物),あるいは年1回の周期しかもたない動物(例えば"単発情"の肉食動物のいくつかの種)もいる.実際には,多発情の動物でも,状態がよければ交

---

[15] ウサギ目は,ナキウサギ科(ナキウサギ)とウサギ科(ウサギとノウサギ)からなる哺乳類の目名である.後者には,絶滅の危険性の極めて高いスマトラウサギ(*Nesolagus netscheri*)なども含まれる.

Box 9.1　性決定と雌雄の生殖器形態の違い

性決定の様式は，分類群によって非常に多様である．個体が雌雄のどちらに発達するかは，種によって遺伝子や環境要因で決定される．ほぼ全ての哺乳類は2つのX染色体が融合することで雌が発生し，X染色体とY染色体が融合することで雄となる．哺乳類の卵子（卵）はX染色体のみを提供するが，精子はXおよびY染色体を提供する．この構造の変異型は多くの昆虫で見られる．例えば，バッタやゴキブリでは，雌は2つの染色体（XX）を常に保持しているが，雄は1つの染色体（XO）の欠損によって決定する．鳥類では，状況は変わり，雄が2つの性染色体（ZZと知られている）をもち，雌はZW性染色体を有する．アリゲーター，クロコダイル，カメ類および多くのトカゲを含む爬虫類が産卵する卵は，明らかな性染色体がない．これらの動物では，子の性別は受胎時ではなく，胚発生中の特別な時期に決定する．性決定をコントロールしているのは卵を保温している巣の温度である．いくつかの種（雌雄同体種）では，雄雌両方の生殖器を有するか，生涯の間に雌雄両方の機能をもつことができる（9.1.2参照）．

少なくとも哺乳類の両性間では，生殖腺または生殖器官が視覚的に明らかに異なっている．脊椎動物の卵巣は常に体内に存在し，ほとんどの哺乳類の精巣は陰嚢と呼ばれる体の外にある体腔の小袋内に存在する．例外的な哺乳類として，精巣が体内にある停留睾丸（潜在精巣）動物が知られている（例：ゾウ）．鳥類，爬虫類，両生類および魚類の精巣は通常体内にある．

ほとんどの哺乳類の雄はペニスをもっているが，ほとんどの鳥類と卵を産む哺乳類"単孔類"にはなく，"クロアカ（総排泄控）"をもっている．ハクチョウ，アヒル，ガチョウおよびダチョウはペニスを有する．また，ワニ類とカメ類もペニスを有しているが，ヘビやトカゲ類は2つのヘミペニスをもっている．しかし，交尾には常に1つのヘミペニスしか使わない（図9-7参照）．ムカシトカゲ（図9-8）は，ニュージーランド固有のトカゲで，現在も2種が現存しており，ムカシトカゲ（*Sphenodon puntatus*）とギュンタームカシトカゲ（*Sphenodon guntheri*）は実際，生殖器をもたず，交尾時には単純に互いの総排泄控を押し付け合う．

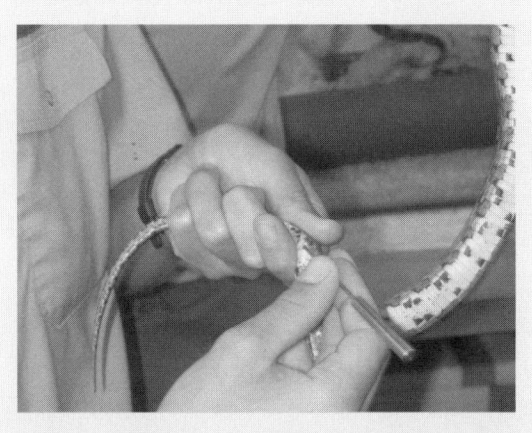

図9-7　動物の性は，2次性徴がなかったり，体の外側に生殖器がないことがあるため，見てすぐに分かるものではない．侵襲的ではあるが，一般的なヘビの性判別の1つとしてプローブを用いる．この技術は訓練された技術者のみが行うべきである．（写真：ペイントン動物園環境公園）

図9-8　動物の繁殖には様々な方法があるため，動物によってその交尾様式も異なっている．ムカシトカゲ（*Sphenodon punctatus*）は外見的な生殖器をもたない動物で，総排泄腔を互いに押し付け合うことによって配偶子の交換を行う．（写真：Geoff Hosey）

尾と妊娠を繰り返すため，複数回の発情周期を示すことはまれである．しかし，この多発情動物の戦略では，最初の周期で妊娠しなかった雌に，すぐに次の繁殖の機会を与えることができる．

　季節繁殖動物では，当然のことながら，繁殖活動はその環境の季節すなわち通常は日長（光周期）に伴って起こる．季節繁殖動物が光周期を通してその環境変化に同期化するメカニズムは，メラトニン[16]というホルモンの放出によって調節されている．ウマ科動物などの長日繁殖動物は，春と夏の日照時間の長い時期に発情期に入り，羊，山羊，シカなどの短日繁殖動物は秋と冬の日照期間の短い時期に発情期に入る（本章の冒頭で述べたように，この分野の知見は，よく知られている家畜から得られたものがほとんどである）．短日繁殖動物では，日照時間が短くなると，メラトニンが高濃度になり繁殖期に入るが，長日繁殖動物ではこの時期に繁殖は抑制される．メラトニンの効果は，日照時間が長くなると減少するため，長日繁殖動物では繁殖活動が活発になり，短日繁殖動物では繁殖活動が終了する．しかし，このメカニズムには，明らかに他の様々な要因が関係しているため，少なくとも家畜では，人工的に日照時間を変えただけでは繁殖を操作することはできない（Dooly and Pineda 2003）．

9.1.5 "群れ"の構造と機能および配偶システム

　様々な種の群れの規模と構成は，多くの要因によって決められている．その要因として，生息環境や捕食圧, 資源の利用可能性などがあげられる．動物の生存率は，生息環境に適応した時に最適となる．このことが動物における多様な社会性の発達を可能にした．例えば，家族（繁殖可能な両親とその子孫）の形成は，協同での狩りやなわばりの防衛そして協同での育子[17]などを有利にする．

　実際，群れの規模と構成は，繁殖戦略，採食と餌探索の戦略，コミュニケーション方法，社会行動，育子および社会性の学習などに大きな影響を与える．動物社会の例として，両親と子からなる家族単位，単独雄，複数雌のハーレムなどがあげられる．

　配偶システムについては，4.1.4 で，一夫一妻制（雌雄ペア），一夫多妻制（1 頭の雄と多数の雌），一妻多夫制（1 頭の雌と多数の雄）[18]，そして乱婚型（多数の雌雄間での繁殖）を取り上げた．各配偶システムの代表例を表 9-1 に示す．

　これらの配偶システムの名称には，人間の視点が反映されている．しかし，ある配偶システムに分類される種が，その配偶システムの長所と短所から予想されるような行動を必ずしもとるとは限らない．このことが，多くの動物園における飼育管理を少なからず混乱させる場合がある．例えば，鳥類の 90% と哺乳類の 3% は，一繁殖期もしくは生涯に亘り同じ相手とつがいを形成するという野外での観察結果から，一夫一妻制とされている．しかし，ヨーロッパカヤクグリ（*Prunella modularis*）など複数の鳥類の研究では，DNA を用いた親子判定の結果，つがい外交尾による子

---

[16] メラトニンは，全ての動物のほか，藻類にも存在する．脊椎動物では，脳の底部にある松果体から血液中に分泌される．メラトニンは暗期に分泌されるため，分泌量は 1 日のうちの暗期と明期の割合に依存している（Arendt and Skene 2005）．これは，概日リズムや季節的リズムによる多くの生理的パターンや行動パターンに対応している（例えば，日常的あるいは季節的な毛の成長，毛色や行動の変化など）．また，両生類では，皮膚色の変化など，他の機能とも関係している可能性がある（Filadelfi and Castrucci 1996）．

[17] 協同繁殖とは，両親以外の個体が育子に参加した場合のことである（Stacey and Koenig 1990, Soloman and French 2007）．

[18] 乱婚とは，単に複数の相手と交尾することを意味し，一夫多妻と一妻多夫が含まれる．

表 9-1 配偶システムのまとめ

配偶システム	雄の数	雌の数	例	飼育管理上の影響
一夫一妻制	1	1	テナガザル，ハクチョウ，ビーバー，マーラ（Dolichotis patagonum）	相性の良い繁殖相手の選定や繁殖子の移動が必要
複婚型				
一夫多妻制	1	>2	ライオン，シマウマなどのウマ類	雄の潜在的余剰
一妻多夫制	>2	1	カンガルーネズミ（Antechinus spp.），数種の海鳥，レンカク，パイプフィッシュ	雌の潜在的余剰
多夫多妻制	>2	>2	アカギツネ（Vulpes vulpes），キツツキ（Melanerpes formicivorus），ゼブラシクリッド（Pseudotropheus zebra）などの数種の魚類	過密状況と闘争の回避が必要．繁殖子の親子関係の特定が困難
乱婚型	群れ内の不特定雄	群れ内の不特定雌	チンパンジー（Pan spp.），ミナミヤマクイ（Microcavia australis，小型の齧歯類）	繁殖子の親子関係の特定が困難

注：野生動物には様々な配偶システムが存在し，飼育管理に影響を及ぼしている．リストには観察される主な配偶システムとそれを採用している動物および飼育管理における問題点を示している．

が，つがいの子の数よりも多いことが明らかにされている（Davis 1992）．他の鳥類や哺乳類でも同様の結果が報告されており，これらの種では一夫一妻というよりは，雌雄ともに"略奪婚"もしくはつがい外交尾[19]を行っていると考えられている．彼らの配偶システムは"社会的一夫一妻制"と呼ばれていたが，結果的には，必ずしも忠実ではなく，"遺伝的一夫一妻制"ではなかった．実際には一夫一妻制の種のうち 90% もの種が，"社会的一夫一妻制"を意味するにすぎないことが示唆されている〔鳥類については，Westneat and Stewart (2003) により総説されている．図 9-9 参照〕．

また，他の配偶システム内の繁殖の機会も，はっきりとは分かっていない．ある状況では，繁殖が同種の他の個体から抑制されることがある．例えば，コモンマーモセット（Callithrix jacchus）やビーバー（Castor fiber）のような風変わりな協同繁殖を行う種は，フェロモンの分泌により他の雌の妊娠を抑制する．同様に，多くの社会性のある種では，優位な雌雄のみが繁殖に関わることが多く〔例：タイリクオオカミ（Canis lupus）〕，優位性を行動で誇示することによりこのメカニズムが保たれている．優位性は，個体の大きさや健康状態と相関する（Peterson et al. 2002）．一夫一妻制ではない種における個体間の競争は激しいものである．一夫多妻では，雄同士の競争が激しく，一妻多夫では雌同士の競争が激しくなる．結果として，競争の激しい性では，体長や装飾（性的二形）および体色（性的二色性）が，他方の性とは驚くほど異なったものに進化していることがある（性差に関するさらなる情報は Box 9.2 参照）．このような形態的な差異は繁殖における魅力を増すのかもしれない．また，競争に有利なのかもしれない．そして結果的に，なわばりを拡大し繁殖の機会が増える可能性がある（図 9-10 参照）．

一方，"優位性"を誇示せず，異なる"形質"を使って同種の他個体と差をつける性的戦略を

---

[19] つがい外交尾はめったに観察されないが，DNA 解析により，つがい外交尾がいかに頻繁に起きているかを知ることができるようになった．

図 9-9 ペンギン類〔写真はマカロニペンギン（*Eudyptes chrysolophus*）〕は，社会的一夫一妻種の1つである．社会的一夫一妻制は繁殖のためにペアを形成するが，必ずしも貞節ではなく，婚外交尾も行う．（写真：Living Coasts）

採る種もいる．例えば，オランウータン（*Pongo pygmaeus*）の雄は，雌の生息するなわばりを保護することで繁殖の機会を得る．オランウータンの雄は，2次性徴[20]として大きく発達したフランジ（頬のひだ）をもち，この性的二形の形質を誇示することでなわばりを守っている．彼らはこの競争によってなわばりを得るしかないため，ある雄が特別大きくなく他の雄に勝てない場合には，その雄に繁殖の機会はない．そこで，このような雄は，体が小さく，まるで"雌のような"体形を利用した代替戦略を採る．彼らは他の雄のなわばりに侵入しても目立たないため，なわばりの中で暮らす雌を略奪できる可能性がある（Scharmann and van Hooff 1986）．

9.1.6 育子

育子を担当する性とその育子期間は，種によって大きく異なる．育子によって，親密な親子関係が形成され，子の生存率が高まる〔例えば，人以外の霊長類については Maestripieri（2001）を，有蹄類については Lamb and Hwang（1982）を参照〕．両親は，自身の適応度を通じて子の生存力を高める．親の適応度は遺伝するため，結果的に子の生存率を左右する（例えば，大柄な親からは生存率の高い大きな子どもが生まれる）．

出生直後の保護の仕方も分類群によって大きく異なる．胎生動物の子は，片親の体内で発達する（たいていの場合は雌であるが，これは全ての種ではない．タツノオトシゴは，雄が腹腔表面より子を出産する）．胎生は，生存力が高くなる発生後期に出産する戦略である．単孔類〔カモノハシ（*Ornithorhynchus anatinus*），ハリモグラ類（*Tachyglossus* spp.）とミユビハリモグラ類（*Zaglossus* spp.）〕を除く哺乳類は胎生である．これと対照をなすのが卵生である．卵生の場合，胎生と同程度に子を保護するためには，巣を保護する必要がある．鳥類は例外なく卵生であるが，爬虫類や両生類そして魚類は，種によって様々である（例えば，カエルは卵生であるが，いくつかの無足目などの両生類では子を出産する）．

胎生種では，妊娠中の子の健康状態は，両親の影響を受ける．例えば，霊長目やラットでは，親へのストレスが子の記憶力や学習能力の発達を著しく損なわせる（Egliston et al. 2007）．さらに，子の精神発達や行動およびストレス応答にも長期間に亘り影響を与えることになる（Austin et al.

---

[20] 2次性徴（生殖器などの1次性徴と混同してはいけない）とは，雌雄を区別できる形質のことで，一方の性に特徴的な体長，体色，模様，あるいは体格などのことをいう．

図 9-10 性的二形とは,異性間の形態的な違いに用いられる言葉である.性的二形として一般的なのは体色と体サイズの違いである.雄の体は雌に比べてよりカラフルで大きい場合が多い.マンドリル（*Mandrillus sphinx*）の雄（a）は雌（b）に比べて非常にカラフルである.〔写真：(a) Tibor Jäger, Ramat Gan, (b) Ray Wiltshire〕

2005).

胎生種では,親離れの時期が種によってかなり異なる.大半の種は,幼獣の特徴として,親への依存期間がある.幼獣は成獣に比べて格段に多くの時間を社会的な遊びに費やし,1日のうちの10%以上にも及ぶ（Bekoff and Byers 1998）.精神的・肉体的適応は,この行動を通じて身につけられる.

比較認知研究から,認知の開始時期は種によって異なることが示されている.例えば,対象不変性や対象認知（たとえ視覚がなくとも）,自己存在の知覚は,多くの種にとって生存に必須と考えられている[21].対象不変性が獲得される年齢やその獲得度合いは種によって異なる（図9-11）.

9.2 飼育下繁殖に関わる問題と制約

前節で概観したように,繁殖と繁殖戦略は種によって大きく異なる.また,多くの要因が繁殖の成否に影響を及ぼす.そのため,動物園での繁殖が容易ではなく,また単純ではないとしても驚くことではない（ただし,一部の種ではそれが可能である）.

動物園で飼育されている多くの動物について,

---

[21] 例えば,ある猫がネズミを追いかけ,そのネズミが密生した植物の中に隠れた場合,たとえ猫にネズミが見えないとしても,猫にはネズミがそこにまだいることが分かっているし,どこにネズミが再び現れるかを予想することもできる.

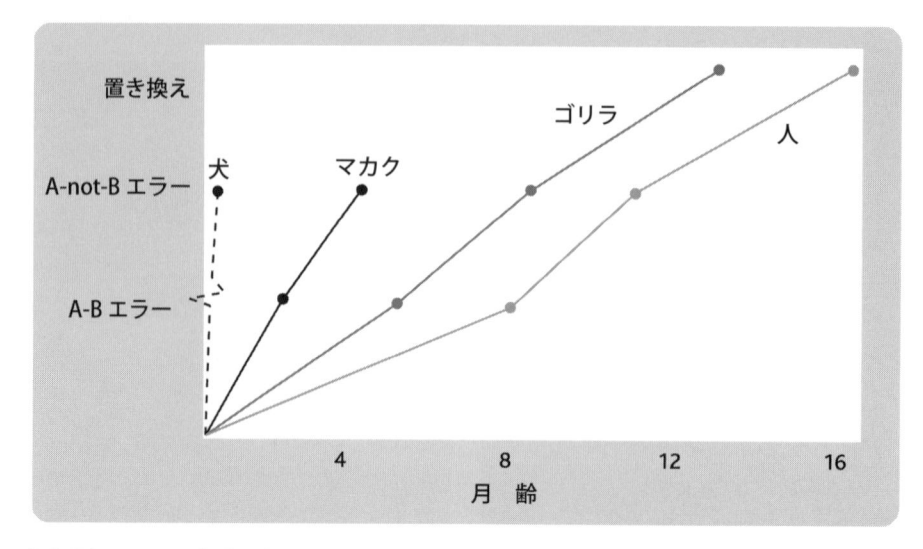

図 9-11 発達過程における物体認知とエラーについて，異なる 4 種（犬，マカク，ゴリラ，人）での速度と年齢を比較した．年齢や速度は異なるものの全ての霊長類で"物の永続性"を獲得できる一方，犬は決してこの段階に達することはない．(Gomez 2005 より)
(訳者注：心理学者であるピアジェの"物の永続性"について調べた実験．"A-B エラー"は物体を隠した時にそれを理解できるか，"A-not-B エラー"は物体を隠して移動させた時に理解できるか，"置き換え"は物体を隠し見えないところで移動させた時に理解できるかを示す．)

その繁殖メカニズムや繁殖に影響を及ぼす要因の基礎情報が不足している．では，多様な動物を収集しそれを管理するために動物園はどうすべきなのだろうか．

以降の項では，飼育管理に必須となる主要な論点を説明する．その論点は，繁殖のための同居方法，遺伝学的に必須な近親交配を減らすこと，遺伝的多様性を最大限に保つこと，交尾でき育子ができる行動能力をもった個体の必要性についてである．ストレスの影響や，健康，そして繁殖における栄養などの要因については，第 7 章「動物福祉」，第 11 章「健康」，第 12 章「給餌と栄養」で取り上げたので，ここでは触れていない．

9.2.1 繁殖に向けた同居

繁殖を目的に動物園で動物を同居させるために，複数のアプローチがある．動物園がまず選択すべきことは，野外と同様に適切な社会群を維持することである．動物園内で群れを維持するための飼育法や管理法はすでに確立されているが，さらなる開発も可能である（第 6 章参照）．

この方法は社会性のある群れで暮らし，両親と同じ群れに残るような種には効果的である．しかし，多くの動物種はこのような群れで暮らすことはない．例えば，単独生活を行う種，離合集散[22]する種，雌だけもしくは雄だけで群れを形成する種がいる．安定的な社会群をもつ種であっても，動物園内の群れの間で自然と移住が起きる．群れ間の移住は，近親交配の進行を妨ぐために必須である．数多くの動物種をうまく飼育管理するには，動物の同居における難題を克服する必要があり，そのために多くの人的介入を要する．この難題は

---

[22] 離合集散グループは，チンパンジー（Pan troglodytes）などの多くの種で見られる（Lehmann and Boesch 2004）．このグループでは，メンバーは固定しておらず，グループ間でメンバーの行き来がある．

6.3.2 と 6.3.3 で扱う．この難題には，導入時に予想される個体間の緊張関係の管理と個体群内の順位の確立および餌をめぐる闘争の管理などが含まれる．もちろん，これらの難題は全て，人工授精（AI）のような人工繁殖技術を用いることにより取り除くことができる（9.4.1 参照）．しかし，多くの動物園では，自然繁殖が好んで行われている．

雌雄をスムーズに導入する飼育管理法については，一定の基準が提唱されている．しかし繁殖の成否は，より複雑な要因に影響を受ける．種，性，年齢および遺伝的表現型が適切な個体同士が一緒にされたにもかかわらず交尾しない状況は，動物園ではよくあることである．これは，特にチーターや古くはオウムなどで問題になっていた．これらの種では，各個体が繁殖相手に極端な嗜好性を示す場合があり，もし周囲の相手が自分の好みに合わなければ繁殖しない．

これらの動物は，何に基づいて自分の繁殖相手を決めているのだろうか．性淘汰理論については，手短に考察済みである．性淘汰理論では，多くの種で同性間に繁殖相手の獲得をめぐる競争があり，競争を通じて体サイズや武器，飾りおよび体色などの形質が発達して適応度が高くなるか，適応度のシグナルとなる形質に違いが生じるとされる．この形質が相対する性にとって魅力になり，繁殖相手としていっそう選択されやすくなる（性的二形や性的二色性については 9.1.5 参照）．

最近になって，繁殖相手の選択は主要組織適合遺伝子複合体（major histocompatibility complex：MHC）[23] に影響を受けている可能性があることが明らかにされた．MHC とは密接に連鎖した遺伝子群である（Boehm and Zufall 2006）．無顎類（ヤツメウナギとその近縁種）以外の全ての脊椎動物で見つかっていて，その全てにおいて同様の働きをする．MHC 遺伝子の組合せは個体間

図 9-12 嗅覚はネコ科の多くの種を含む，多くの種において，コミュニケーションの重用な手段である．嗅覚により匂いを残した動物について多くの情報を得ることが可能である．

で異なる．そして細菌のような侵入分子を認識できる生体分子を生産する．細菌などの侵入分子は，自己とは異なるペプチド構成をもつため，侵入分子の認識が可能となる．近縁個体間では非近縁個体間に比べて，MHC 遺伝子が類似している．体外の MHC 産物（例：尿や汗）が検出可能な種では，他個体の遺伝的構成，出自，近縁度の情報を得ることができる．これは臭いを頼りに行われ，それに特化した細胞が鼻腔内に存在することが多い（Boehm and Zufall 2006）（図 9-12 参照）．非近縁個体（非常に異なる MHC をもつ）を認識できるということは，潜在的に近親交配を減らすことにつながる．また相手が非近縁個体であるということは，その相手が適切な繁殖相手であることも示しているのである．

9.2.2 遺伝学的なゴール

動物園個体群の管理における中心課題は，飼育下個体群内の近親交配の防止と遺伝的多様性の維持である．性的組換えに由来する遺伝的な変異は進化的適応の素材となる．遺伝暗号上のわずかな

---

[23] 主要組織適合遺伝子複合体（MHC）とは，たいていの脊椎動物がもつ連鎖遺伝子群である．MHC は免疫システムで重要な働きをもつだけでなく，配偶者選択などの他の分野にも重要な働きをもつ．

変異でさえ，生存率が異なる表現型を生み出すことができる．これこそが集団中の遺伝的多様性を導く．しかし，小集団では近縁個体間で繁殖することが多いため，個体間で多くの遺伝子を共有するようになり，集団内では劣性遺伝子のホモ接合が増える．劣性遺伝子は，優性遺伝子による効果の隠蔽がなくなると，動物の表現型に有害な影響を与える可能性が高まる．

残念なことに，複数の動物園が国際的に連携しても動物園の個体群サイズは極めて小さい．大半の飼育管理計画では，有効集団サイズ（N_E = 実際に繁殖に参加し，子孫を残すことに寄与する動物の個体数）が100頭以下である（飼育下繁殖計画で用いられる遺伝学的用語についてはBox 9.2を参照）．このことは，近親交配による問題を起きやすくするとともに，集団中の遺伝的多様性が減少する可能性を高める．

遺伝的多様性の減少は，飼育下個体群が野外環境へ適応できる可能性を減少させ，さらに再導入後の生存率も減少させるため，飼育下繁殖個体群の長期的な保全活動のゴールを遠のかせる可能性がある．近交弱勢[24]の有害な影響は，いくつかの飼育下個体群においてすでに目に見えるものとなっている．その影響には以下のようなものがある．

1. 繁殖力の低下：遺伝的疾患，リッターサイズ（一腹産子数）の減少，生存精子率の低下
2. 繁殖数の減少：出産率の低下，新生子死亡率の増加
3. 適応度の減少：成長率の低下，成体サイズの矮小化，免疫機能の低下

現在，動物園の管理計画に参加している遺伝学者と繁殖生物学者は，"近親交配が進行している大部分の個体群において，遺伝学的・人口学的に有害な問題が知らぬ間に起き，絶滅の危険性が高まっている"と考えている．野生動物の飼育下個体群から得られる多くの事例は，この主張を支持する．

- 飼育下ガゼル〔ドルカスガゼル（*Gazella dorcas*），ダマガゼル（*Gazella dama*），エドミガゼル（*Gazella cuvieri*）〕における精液量の減少，精子活性の低下（Gomendio et al. 2000）
- 近親交配が進行した小サイズの飼育集団において，遺伝子プールに寄与できる野生個体が存在しないアモイトラ（*Panthera tigris amoyensis*）の繁殖上の問題と幼子生存率の低下（Xu et al. 2007）．

ところで，近親交配は野生個体群，特に島に生息する種でも起こる．このような種では，島内の1個体群内のみに繁殖の機会が限られているため，その子孫は次第に島固有の環境に特化していくようになる（Leck 1980）．

多くの飼育管理計画は，遺伝的多様性の消失と近親交配を防止することに重点を置き，理論遺伝学的観点から行われている．広く受け入れられているプログラムは，個体群動態学的に安定な集団において200年間に亘り90％（大規模個体群においては95％）の遺伝的多様性を維持するというものである（Soulé et al. 1980）．この目標の到達には，多くの要因，とりわけ種ごとの生活史特性や動物管理法（特定の個体の移動とペアリング）が関係する．そのため，平均血縁度[25]の適した繁殖ペアを組んだり，低い近交係数をもつ子孫が得られそうな繁殖ペアを組むために，遺伝学的計算が用いられる（Box 9.2参照）．

9.2.3 行動能力

繁殖において，遺伝的な側面だけから飼育管理

---

[24] 近交弱勢は，通常，近親交配と表現される．近交弱勢は近縁な2個体が繁殖して子孫を残した場合に起こる．この際に，劣性遺伝子のホモ接合が通常より多く生じる．近縁な個体間では多くの遺伝子が共有されているため，ホモ接合が起こる．

[25] 平均血縁度とは，集団内の遺伝的関係に対して用いられる値である．平均血縁度の低い個体（0に近い）は，値が高い個体に比べて集団内に近縁な個体が少なく，平均血縁度が0の個体は集団内に血縁個体がいないことを意味する．

Box 9.2　遺伝学用語の解説

　個体群遺伝学とは，"4つの進化的要因（自然選択，遺伝的浮動，突然変異，遺伝子流動）の影響下における対立遺伝子頻度の分布と変化"に関する学問で，近年になりこの分野の知識とその応用が大幅に進んでいる（Frankham et al. 2002）.

　"自然選択"は，適応した個体の対立遺伝子が次世代へと伝わる一方で，適応的でない個体の遺伝子は次世代に伝わらないプロセスである．適応個体は，生存力や繁殖力および育子能力などが高いと考えられる．このプロセスはしばしば"適者生存"と呼ばれる．自然選択は，ある時点の環境要因に大きく影響されるため，時が変われば適応的な遺伝子座の組合せも変わるかもしれない．

　対照的に，遺伝（遺伝子座）的浮動とは，次世代の対立遺伝子頻度が環境要因によらず確率的に変化することである．飼育下個体群との関係では，少数個体が飼育集団のファウンダー（創始個体）となった場合に遺伝的浮動が起こる．いわゆる"創始者効果"である．この場合，もともと創始個体がいた集団内では頻度の低かった対立遺伝子が，新たな集団では広く集団中に分布するようになる．つまり，ファウンダーのもつ対立遺伝子は元の集団では一般的でも代表的なものでないかもしれないが，複数の近縁個体がファウンダーになることで，その目立たなかった対立遺伝子が新規集団内では広く分布することになる．同様に"ボトルネック効果"とは，ある大集団のサイズが急激に縮小した時に起こる．この集団サイズの縮小が，ランダムに起こるとすれば，その結果として生じる小集団における対立遺伝子頻度は，元の集団とは大きく異なる．このタイプの遺伝的浮動は，種の存続に有害な影響を与える．なぜなら，ボトルネック効果を経験した集団では，遺伝的多様性や環境適応能力が非常に限られたものになるからである．野生および飼育下のチーター（$Acinonyx\ jubatus$）の脆弱性は，遺伝的浮動の影響に関する典型的な例である（O'Berin et al. 1985）.

　突然変異とは，その名の通り，動物の遺伝的情報を変化させる．この変化は，動物の生存にとって良い場合もあれば悪い場合もあり，中立的であることもある．そのため突然変異は，自然選択と遺伝的浮動の両方の素材となる．突然変異は様々な原因（紫外線や放射線照射に伴う複製ミスやウイルスの影響による複製ミス）により起こる．

　遺伝子流動とは，動物集団の移出入に伴う対立遺伝子頻度が影響を受ける過程である．

　これら4つの進化的要因が相互に排他的なものではなく，協働して集団の遺伝的側面を形成していることは容易に理解できる．

　これらの4つの要因に関する研究によって，動物界で観察される多くの遺伝学的基礎現象の知識が普及するようになり，現在のように遺伝的管理に特化した飼育管理が動物園に普及するようになった．遺伝的多様性の最大化と近親交配の防止は，多くの飼育管理計画の基本原則である．遺伝的多様性の最大化と近親交配の防止が達成できれば，飼育集団は環境変化に対処できる能力をもつようになり（その個体群は野生へ再導入しても適応できる），野生集団と変わらなくなるだろう（創始者効果，遺伝的浮動，遺伝子流動が限られる）．そして近親交配による有害形質の影響も受けなくなるだろう（7.3.3参照）.

　では，どうやって動物園において先述したこの基本原則を達成するのか．そのためには，繁殖ペアを形成する際，同様の平均血縁度[25]をもつ個体同士をペアにするだけでなく，その子孫が低い近交係数（r）をもつペアを形成する必要がある．この計算は，5.7.3で紹介したコ

Box 9.2 つづき

ンピューターソフトSPARKSとPM2000を使ってできる．

集団中の個体間の血縁度合は平均血縁度として計算できる．ある動物の平均血縁度がゼロもしくは限りなくゼロに近いということは，その個体が集団内の他個体がもたない対立遺伝子をもつこと（つまり，集団中の他個体とは近縁ではないこと）を意味し，平均血縁度の高い個体は，集団内の多くの個体と近縁であることを意味する．

近交係数とは，"類縁の度合い"として知られ，個体間で共有する対立遺伝子の構成に基づき算出される．例えば，近交係数が0.5ということは，半分の遺伝子座を個体間で共有していることを意味する．この値は親子間のものである．一方，近交係数が0.25ということは個体間で対立遺伝子の1/4を共有しており，祖父母と孫の間の値となる．

平均血縁度を調和させることと近親交配の防止を確立することは，想像以上に難しい．なぜなら，近縁な個体ほど類似した平均血縁度をもつようになり，そのペアの子孫の近交係数が高くなってしまうためである．

しかしこの難問が解決できても，遺伝学的に適切な動物たちは，別のグループ，別々の動物園，そして別の国にいるかもしれない．このような場合には，遺伝学的に適切な動物を繁殖用に集めなければならない．

計画を策定すると，その遺伝子とは対照的に"動物"自身の大切さを無視することになる．行動能力とは，ある個体が与えられた状況下で適切な行動を発揮できる能力を表すために使われる言葉である．例えば，ペアリングさせた場合や配偶相手に求愛行動を示した場合などの刺激に反応して適切な行動を示すかどうか，私たちは，その動物の行動的な有能さに期待することがある（図9-13参照）．同様に，出産後や孵化後に親として必要な行動をとるかどうかを期待する（それがその種本来の特性なら）．

Frankham et al.（1986）は，飼育動物における行動能力の欠如は，遺伝子の変化によって引き起こされる可能性があることを示唆している．したがって，その種の長期の保全戦略の一環として，行動能力を保存する必要性についても認識する必

図9-13 相性がよく交尾を試みようとするペアでも，その体勢を合わせるまでには，ある程度の熟練を要する．例えば，このクロサイ（*Diceros bicornis*）の雄の場合，右側へ体勢を変える必要があるかもしれない．（写真：ペイントン動物園環境公園）

要がある．これは，遺伝子を保全することと同じくらい重要なことである．この目標を達成する方法の1つとして，環境エンリッチメントの実施があげられる(Shepherdson 1994)(第8章参照)．

しかし，次の点に注意が必要である．その動物が交尾をしない，あるいは親としての行動を示さないからといって，必ずしも行動能力がないとはいえない．刺激が適切なものであるように見えても，期待する行動を示さない正当な理由は他にあるかもしれない．繁殖行動を示さない動物は，選ばれた相手が気に入らず，単に配偶者選択を反映しているのかもしれない．また，親としての行動の欠如は，その子の問題を反映していることもある（例えば，子の体調がよくない場合や奇形がある場合で，基本的に元気がなく健康ではない個体でみられる）．このような場合は，親にとっては，その子を育てる生物学的優位性は全くない．

9.3 飼育下動物の繁殖状態のモニタリング

飼育下個体の繁殖生理学的な状態をモニタリングすることは，様々な理由から重要なことである．特に，予期せぬ望まない出産や，準備ができていない状況での出産を避けることは，飼育管理上重要である．また，その繁殖状態をモニタリングすることは，次のようなことを決める際の情報としても重要となる．

- 交配目的での同居を行う場合．同居させた個体の交尾の可能性を高めるためには，その正確なタイミングを図ることが不可欠である．また，攻撃的になる可能性の高い個体を，互いに接近させる期間を短くすることも可能となる（多くの動物において，雌雄を同居させることは容易ではない．）
- 施設や飼育管理を変える必要がある場合．例えば，妊娠中や授乳中の個体の飼料を増やす場合（第12章参照）や，出産前や産卵前に巣の材料を準備する場合．
- その動物の採食量や糞の状態，行動などの観察記録を解釈する場合．健康状態や福祉上の点で変化する現象を，繁殖生理学的な状態に伴う変化と区別することは非常に重要である．
- 繁殖計画を実行する場合．動物園が特定の個体を繁殖させたい（あるいは繁殖させない）場合に必要かもしれない．

モニタリングすべき多くの繁殖生理ステージがあるが，まず調べなければならない状態は，性成熟に達しているかどうかである．繁殖生理状態は，外見的に目立つ徴候（2次性徴など）の観察，非侵襲的な方法（糞サンプルの分析など）や侵襲的な方法（血中ホルモン動態など）によって決めることができる．繁殖生理状態を確認する方法は，分類群によって異なるため，先の3つの方法が様々な種でそれぞれに使われている．例えば，多くの哺乳類で，性成熟，発情，妊娠，出産を知るために，外見的な徴候を指標とすることができる．

多くの個体群や疫学的研究からのデータ分析は，性成熟の開始，妊娠期間，孵卵期間（すなわち，計画的な出産日あるいは孵化日の予測），出産間隔，リッターサイズやクラッチサイズなどの繁殖生理に関するタイミングや期間を適切に予測することを可能にする（記録の利用法については，第5章参照）．

9.3.1 外部徴候

繁殖生理状態を知るために，外部徴候をモニタリングする方法は，高度な機器を使用せず，低コストで，非侵襲的である．この方法は，日常，動物を観察することによってできる方法で，何が見られたかといった，有効な記録を残す方法である．2次性徴は，モニタリングするための目に見える最も明らかなサインで，図9-14に示したように，種によっては非常によく目立つものである．2次性徴の発達は，性成熟の開始を示すもので，長年に亘るこれらの特徴の変化から，その動物がいつ交尾できる状態になるかを知ることができる．

野生動物の雄や飼育下でも適切なスケジュールで給餌された雄は，多くの種に共通して，その体重の増加が交尾期を示す指標になる．よく調査さ

図9-14 2次性徴は性に特有の特徴である（したがって，私たちが動物の性を決定する際の手助けになる）が，これは異性に対して情報をはっきり表に示すのにも役立っている．例えば，(a)クロザル（*Macaca nigra*）の雌は，性皮を誇示することで，繁殖生理状態をはっきりと表す．同性に対しては，例えば，(b)アジアゾウ（*Elephas maximus*）の雄の長い牙は，健康状態の良さを表し，他の雄との争いを避けるのに役立っている．〔写真：(a) Vicky Melfi，(b) Sheila Pankhurst〕

れた例として，リスザル（*Saimiri* sp.）の雄で観察される肥満現象があり，繁殖季節中の雄の体重は，繁殖季節前の体重と比べて20％以上増加する（Boinski 1987）．繁殖期の雄は絶食状態になる可能性があるため，それにむけて体重を増加させている．また，テストステロンやコルチゾールといったホルモン値は繁殖期中増加し，季節的な変化が見られる（Schiml et al 1996）．

乳腺をもつ哺乳動物の雌では，非常に目立つ2次性徴を示す．なかには，陰部の性的腫脹が起こる動物があり，これは排卵時に腫脹し，繁殖生理状態を表すよい指標になる．したがって，陰部の性的腫脹が起こった時が交尾できる状態であり，この周期的な腫脹が見られなくなった場合には，おそらく妊娠したことを示している．哺乳動物の繁殖生理状態を反映するその他のサインとして，外陰部の外見上の変化，外陰部からの出血，乳腺や乳頭の発達などがあげられる．このような外見上の変化は，発情に伴うホルモン変化に一致して見られる場合がある．例えば，マレーバク（*Tapirus indicus*）の雌は，外陰部の腫脹がみられる時期がプロジェステロン値の低い発情期で，交尾できる状態にあることを表している（Kusuda et al 2007）．

繁殖生理のステージごとに，様々な行動変化がみられる．繁殖に関わる明確な行動変化には，求愛ディスプレー（図9-15），攻撃性の増加，資源をめぐる争い，食欲の変化，交尾やそれに伴う行動などがある．

9.3.2 侵襲的モニタリング法と非侵襲的モニタリング法

多くの動物種では，繁殖生理状態に伴う明らかな外見的徴候が見当たらないか，あるいは管理方法を決定する場合の確実な情報源になるとは考えられていない．これは，例えば爬虫類や両生類，魚類など多くの動物種の雌雄を判別すること自体が難しいことを考えれば当然のことである．つまり，これらの種を飼育管理した時の繁殖生理状態に関する情報は，ホルモン動態や生殖腺の状態を分析

図9-15 求愛行動の始まりなど，明らかな行動の変化は，繁殖生理状態の変化に伴っていることもある．写真は，ダイサギ（*Ardea alba*）のペアで，巣の上で互いにディスプレイ中である．これは求愛行動の一種である．（写真：©Mark Kostich, www.istockphoto.com）

したり，複数頭を同居させた場合に何が起こるかということを観察することによって知ることができる．

非侵襲的な方法は，第1に動物への悪影響が少ないため，この方法を選ぶことは，侵襲的な方法以上に，多くの利点がある．侵襲的とは，皮膚の損傷や体腔内への進入が必要な方法，その動物に混乱を与えるような方法に使われる言葉である．最悪の場合，侵襲的な方法は，動物を捕獲して不動化してから，その生理状態（それは苦痛な生理状態の可能性がある）を観察する必要があり，その後その動物のグループに戻される．動物の繁殖生理状態を調べるために行われる侵襲的な方法には，採血，精液採取，開腹がある．

侵襲的な方法による影響は，ハズバンダリートレーニングの技術を使って大きく減らすことが可能であり（13.4参照），また痛みを伴う可能性がある場合には鎮痛剤を使うこともある．侵襲的な

方法に対するハズバンダリートレーニングは、まずその動物が飼育担当者や獣医師に近づく訓練を必要とする。そして、動物園スタッフは、その動物がある場所にとどまり、あるいは群れの中で最小限の影響の中で、必要な行為を行うことができる。例えば、採血のために腕を差し出したり、スメア検査のために生殖器を向けたりする訓練を行うことができる。ハズバンダリートレーニングを使うことにより、動物への混乱をより少なくすることができ、総合的かつ信頼性のあるモニタリングが可能になる。

もう1つの方法として、動物の繁殖生理状態は、非侵襲的な方法を使って調べることができる。この方法には、9.3.1で述べたような外見的に分かりやすい徴候の観察（Asa 1996参照）、糞や尿の分析による性ホルモンのモニタリング、超音波検査（9.3.3参照）がある。なお超音波検査は、動物の体腔内に器具を挿入しなければならない侵襲的な方法と、器具を動物の皮膚にあてる非侵襲的な方法の2通りがある。

9.3.3　超音波検査

超音波検査は、高周波の音波を出すプローブを使用して行われる。関連部位でプローブを移動させることで、器官等の構造物表面から音波が反射され、その反射波を受けて画像化するものである（図9-16）。例えば、イルカでは、プローブを体表からあてることができるが、動物によっては、より高い伝導性を得るために、毛を刈ったり、あるいは皮膚にジェルを塗る必要がある。また、動物によっては経腟または経直腸でプローブを体内に挿入しなければならない場合もある。例えば、ゾウやサイは、超音波検査中、立った状態でいるよう訓練することもできる（Hildebrandt et al 2006参照）。大型のネコ科動物では検査前に麻酔が、鳥類では保定が必要となる。

超音波画像は、対象物の長さと幅で構築される2次元（2D）像、深さが加わり立体的な3次元（3D）像、さらに一定時間中の複数の立体像が得られる4次元（4D）像として記録することができる。4次元像とは対象物の動画のことで、対象物の動きを観察することが可能になる。

動物園動物での超音波検査は、主に、性判別（例：雌雄同形のペンギン）、妊娠のモニタリング、繁殖補助技術（例：人工授精）、疾患の検査などに使われている。多くの野生動物の飼育管理に超音波検査技術を取り入れることで、その繁殖や繁殖上の問題解決の促進につながる。超音波検査技術は、大型動物を繁殖学的に調べる場合の素晴らしい方法であり、標準的な手法になっている（Hildebrandt et al 2006）。

9.3.4　性ホルモンのモニタリング

繁殖におけるホルモンの重要性については、Box 9.1と9.1.3で述べている。歴史的には、内分泌（ホルモン）機能は血液サンプルを使って測定しモニタリングされてきたが、これには通常、動物を侵襲的に捕獲する方法が取られていた。それに対して、9.3.2で述べたように、ハズバンダリートレーニングは、これを改善することができる。非侵襲的な性ホルモンのモニタリング方法は、新しいものではないが〔尿を使った人の妊娠検査は、1920年代に遡る（Cowie 1948）〕、飼育下の野生動物へ応用されたのは比較的最近のことで、1980年代後半からである（Pickard 2003）。

現在では、ステロイドホルモン代謝物の濃度を、尿、糞、唾液、汗を使って、ラジオイムノアッセイ法や酵素免疫測定法（EIA, ELISA）によって測定することが可能となっている〔哺乳類についてはAsa（1996）に概説されている〕。これらの方法による非侵襲的なホルモンモニタリングは、コルチゾールを例にあげて、コラム7.3に述べている。この原理は、性ステロイドホルモンをモニタリングする場合も同様である。

野生動物における性ホルモンの非侵襲的モニタリングに関する研究は、動物の飼育管理を向上させるだけでなく、その種の飼育管理に影響を及ぼしている問題の本質を導き出すことにも有用である。例えば、北米地域の動物園のゾウでは、雌アジアゾウの17%と雌アフリカゾウの26%に、卵

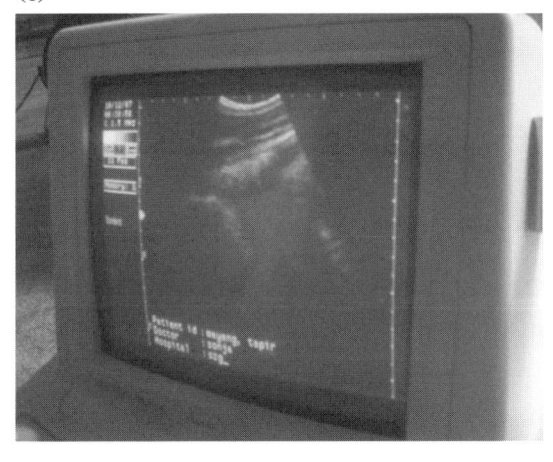

図 9-16 動物園スタッフの安全を確保するために，シンガポール動物園では，雌のマレーバクは，(a) 検査前に枠場に入れ，(b) 経皮での超音波検査が行われる．(c) 成長している子の画像を確認でき，妊娠経過を観察することができる．(写真：シンガポール動物園)

巣活動の停止が起こっていることが明らかになった（Brown 2000）．

9.4 救いの手となる繁殖補助技術

動物園では，繁殖補助技術（assisted reproductive technologies：ART）として，人工授精（artificial insemination：AI），体外受精（in vitro fertilization：IVF）および胚移植（embryo transfer）の3つが主に利用されている〔野生動物の飼育管理における繁殖補助技術の詳細については，Loskutoff（2003）を参照〕．繁殖補助技術の利用には異種の代理母が必要な場合もあり，いくつかの異なる種から選択することができる．例えば，異種間の胚移植では，野生種から得た受精卵を近縁の家畜種の子宮に移植し妊娠させることがある．

動物園では，異種の代理母による育子（9.5.3参照）といった繁殖技術も利用されている．クローニング（正確には"核移植"といわれる）は，現在，家畜の繁殖管理に広く利用されているが，飼育管理下の野生動物[26]ではまれである（Critser et al. 2003）．

9.4.1 人工授精

人工授精を行う前には，精液を採取する必要がある．精液の採取は，電気射精法やマッサージ法（マッサージ法は，大型哺乳類よりも鳥類に行うのが最も簡単で安全），生殖器官の代わりとなるものを取り付けた"ダミー"の雌（偽牝台）や"自発的射精"〔例えば，鷹匠は，特別な方法により性的に刷り込んだ鳥に，自発的に交尾するよう訓練する（Hammerstrom 1970）〕などの様々な方法がある．哺乳類では，動物が死んでから精巣を低温に保つことで，少なくとも24時間以内は生存精子を得ることができる．この方法は，遺伝学的に価値のある希少種が予期せぬ事態で死亡した場合に有効である．精子（精液）は一度採取すれば，直ちに使用することも，将来利用するために冷凍（低温保存[27]）することも可能である．

生存精子を得ることは人工授精の成功への第1歩に過ぎない．雌の繁殖サイクルの適期に，雌の生殖器の適所に精子を注入しなければならない．さらに，人工授精のプロトコールは分類群間や近縁種間でさえ異なるため，受精を成立させるためには種特有の人工授精法が必要となる．

Wishart（2001）は，鳥類において精液の低温保存と人工授精に関する有用な報告をしている．中国動物園協会（GAZG）と国際自然保護連合（IUCN）の保全繁殖専門家グループ（CBSG）が協働したジャイアントパンダ（*Ailuropoda melanoleuca*）の飼育下繁殖に関するワークショップは，パンダの精液の冷却と低温保存のよりよい方法の開発につながっている（Wildt et al. 2003に報告されている）．

9.4.2 体外受精

体外受精（in vitro fertilization：IVF）[28]とは，母親の体内で起こる受精（哺乳類や鳥類）に対して，実験室やクリニックでの培養により胚を作出することをいう．

現在では，1つの精子を卵子内に注入する体外受精法が確立されている．この技術を"顕微授精法"という．哺乳類で初めて産子が作出されたのはウサギやマウスなどの実験動物で，精子を卵子の透明帯と細胞質の間（囲卵腔）に注入する"囲卵腔内精子注入法（sub-zonal insemination：SUZI）"によるものであった（Mann 1988）．現在では，精子を卵子の細胞質内へ注入する"細胞質内精子注入法（intracytoplasmic sperm injection：ICSI）"（図9-17参照）が開発され，この方法が最も一般的に行われている．ICSIによって，人を含む数種類の霊長類で産子が得られている（Loskutoff 2003参照）．

9.4.3 胚移植

体外受精または体内での受精（in vivo fertilization）によって得られた哺乳類の野生種の胚を，他種へ胚移植して妊娠に成功した例がいくつかある．例えばPope（2000）は，絶滅危惧種のステップヤマネコ（*Felis silvestris ornata*）とリビアヤマネコ（*Felis silvestris lybica*）の胚を，代理母としての猫に移植し，産子を得ている．その他の動物園動物において，代理母を用いた成功例は，ガウル（牛），ボンゴ（エランド），グランドシマウマおよびモウコノウマ（馬）が報告されている（カッコ内は代理母の動物）．

---

[26] 野生動物でクローニングまたは核移植を利用した1例として，Lanza et al.（2000）の報告があり，野生牛の1種であるガウル（*Bos gaurus*）のクローン子牛の作出に成功している．これは，核移植と，出産のために家畜牛への胚移植によって達成されたものである．しかし，子牛は他の多くのクローン動物と同様に，出生後数日で死亡している．

[27] 精子の低温保存（凍結保存）は，家畜の繁殖や人の生殖医療に広く利用されているが，野生動物では完全には確立されていない．例えば，急速冷凍における精液の耐凍性は近縁種間でさえ異なる（Donoghue et al. 2003）．

[28] in vitroという言葉は，"試験管内"を意味し，"実験室で人工的に"胚を作出することをいう．

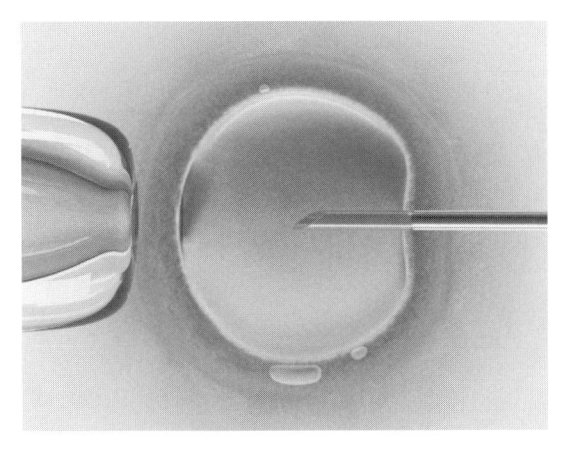

図 9-17 写真は細胞質内精子注入法（ICSI）を示している．ICSI は 1992 年にベルギーで開発された技術である．卵子をピペットで保持し，細い針を使って 1 つの精子を卵子内へ注入することで受精を成立させることができる．ICSI は精子数が非常に少ない場合や精子の運動性が非常に悪い場合に用いる繁殖補助技術（ART）として特に有効である．（写真：© Kiyoshi Takase, www.iStockphoto.com）

しかし，Loskutoff（2003）は，野生種から家畜種への胚移植の試みに多くの失敗をしている．また，ほとんどの野生動物には代理母として適当な家畜種が存在しないため，少なくとも現時点では，絶滅危惧種の胚移植は，動物園で行われる繁殖補助技術としては限界があることが指摘されている．

9.4.4 動物園における繁殖補助技術利用のメリットとデメリット

繁殖補助技術のメリット

人工授精などの繁殖技術は動物園にとって，以下のように多くの利点がある．

- 動物園間で動物を移動することに比べて，精子や胚は安価に容易に安全に輸送可能で，動物にも鎮静の必要がなく，捕獲や輸送を避けられるため，動物福祉にもかなう．
- 繁殖補助技術の利用は，交配目的での雌雄同居時における闘争や負傷のリスクを避けることができる．
- 相性の悪い個体間や自然繁殖に身体的な障害のある場合にも繁殖の機会を与えることができる．
- 1 頭の雌から得られる産子数の調整が可能である．
- 動物を輸送することなく，生息域内と生息域外との間で遺伝資源を交換できる．
- 精液中の病原体の検査や移植前に胚の選別を行うことにより，親から子への疾病伝播のリスクを減らすことができる．胚の選別により，発達異常を避けることもできる場合がある．
- クローニングや核移植を行うことで，遺伝的に貴重な動物から同一の産子を複数得ることができる．
- 胚移植と代理母を用いることでも，貴重な雌から産子を得ることができる．本法は個体数を急速に増やせる可能性がある（Loskutoff 2003）．
- 精子のフローサイトメトリーや，移植前に欲しい性別の胚を選別することで，産子の性比をコントロールすることができる．例えば，これによって，動物園で雄の余剰問題が解決される（ほとんどの動物園では，雄を群れに導入すると闘争が起こるため，"単独飼育用パドック"をもっている）．

繁殖補助技術のデメリット

動物園の飼育管理下で繁殖補助技術を利用することは，未だ技術の改善と発展の段階にあり，非常に多くの動物種で技術開発が必要である．以下に繁殖補助技術の利用における 2 つの注意点を示す．

1. 同じ種や同じ分類群であっても，繁殖補助技術の成否は安定していない（例えば，ICSI はウシ科動物ではその有効性が明らかにされていない）．
2. 繁殖補助技術は，死産や染色体異常などの問題，自然発生的な流産率の高さに関連がある．Losktoff（2003）は，これらの繁殖補助技術の成功例と失敗例を調査し，野生動物においてはさらなる有効なプロトコールの開発に向けた研究が必要であることを忠告している．また，精子の凍結 - 融解処置への耐性は近縁種でさえ大きく異

> **Box 9.3　冷凍動物園**
>
> 　冷凍動物園を多くの人が訪れることはないだろう．動植物の遺伝資源を超低温で冷凍することは，技術的に可能な方法で，多くの飼育下個体をもたずに種の多様性を保全することに貢献できる．いわゆる冷凍動物園と呼ばれる本質は，特に絶滅危惧種の精子，卵子および胚を保存することにあり，この技術によって将来の繁殖計画において遺伝子の多様性の維持に貢献できる(Holt et al. 2003)．配偶子や胚の保存は，"遺伝資源バンク(genetic resource banks：GRB)"としても知られており，動物園やその他の組織の努力により遺伝資源バンクが設立され，すでに50年以上が経過している．
>
> 　配偶子（およびその他の資源）を超低温（一般的に−196℃または−321°F）で冷凍することを，低温保存（凍結保存）という．精子の低温保存法は50年以上前に開発され，この方法はSir Alan Parkesといった先駆者たちによって低温生物学という新たな分野に導かれた(Watoson and Holt 2001)．近年，この分野の技術進歩は目覚しいが，脊椎動物の卵や卵母細胞（あるいは，それが成熟した卵子），胚は，精子に比べて凍結保存が非常に難しく，その有効な低温保存は未だ課題である．
>
> 　冷凍箱舟計画は2003年に設立され，絶滅危惧種の配偶子や胚の収集，保存およびそのDNAの保存が世界的に取り組まれている(www.Forzenark.org)．近年，英国のノッティンガム大学が調整役となり，冷凍箱舟計画の共同会員として，ロンドン国立自然史博物館，ロンドン動物学協会(ZSL)，オーストラリアのメルボルンにあるモナッシュ大学，その他にも世界中の多くの大学，動物園協会，保全団体が含まれている．
>
> 　低温保存した配偶子は生きた動物と遺伝的には同等と考えることができ，生体の繁殖において世代に亘って起こり得る遺伝的な損失に脅かされることなく，長い年月に亘り貴重な遺伝資源を提供できるようになる．

なるため，よりよい低温保存法を適用しなければならない(Donoghue et al. 2003)(Box 9.3参照)．

9.5　子育てとその介助

　この章の前段では，繁殖に関わる生理と行動，なかでも特に交尾行動や妊娠に焦点を当てて述べてきた．このセクションでは子育て（図9-18参照）について考え，どのようにすれば飼育下で孵化または誕生した動物の成育率を高めることができるかについて検討する．適した施設があることによって，哺乳類であれば無事に出産することができ，鳥類ならば卵を産み守って無事に雛を孵すことができる．

　動物園動物の子育てに関して，飼育係（キーパー）が介添えの必要性を感じるのには多くの理由があるだろう．通常，親による子育てになんらかの不安がある時に介添えし，それによって成育率を高めることができるだろう．介添え哺育は子を群れに残したまま飼育係が哺育を手伝う場合と，子を群れから離して行う場合がある．つまり産室や営巣場所には子を取り上げられるような場所を予備的につくることが必要だということである．

　もちろん多くの種，特に両生類，魚類，爬虫類の場合，親による子育ては極端に限られており，場合によっては親による子育てがない種も存在する．卵を産みつけた後，親はその場を離れ，子が生き残るかは子自身の生存能力にかかっている．動物園ではこのような種のほうが，親の哺育を必

9.5 子育てとその介助 *321*

よる十分な世話を必要とする動物種がその恩恵を受けずに成育するのはたいへんなことである．飼育係による完全人工哺育や介添え哺育の成果は様々である（Box 9.4 参照）．

9.5.1 繁殖の成功

動物園は飼育動物の子育てがうまくいくように環境を整える必要がある．様々な種や状況に応じた最善の条件を特定することはなかなか難しいが，動物が繁殖するうえでの3段階の繁殖ステージ（妊娠前，妊娠中，育子期）において，ふさわしい飼育環境をそれぞれ検討することで，よりよい飼育条件が見つけられるだろう．

動物が必要としているものは様々な角度から判断できる．その概略は7.2に示した（図9-19 参照）．子育て中優先されるのは，親が子を育てられるかどうかに関わってくる要因であり，それは親子の健康管理（飼養管理を含む），飼育環境，飼育技術である．動物園は動物が繁殖するうえでの3段階の繁殖ステージに必要なものを動物の行動から読み取り，適切な飼育環境を整えられるようにするべきである．また，動物園という環境につくられた人工的な自然は動物にとって適しているとは限らず，正常な繁殖行動の発現を妨げている可能性があることを認識しておく必要もある．

現在，一般的に動物の妊娠や営巣を成功させた情報は経験の過程で蓄積したデータではなく，"伝統"や"口伝"をベースとした逸話的になった飼育係の直感などの情報で示されることが多い．こういった飼育技術の中には，経験上のサポートではなく，ほとんど感覚のようなものもあり，親や同居動物（同種，異種）による食害を防ぐために子や卵を取り上げるタイミングを計る技術は，多くの場合がその例といえよう．また，様々な種，個体において，交尾，産卵，出産時にプライバシーを保つ環境が必要なのかはまだ議論の余地があるだろう．動物園動物は夜間の出産が多いとよく言われ，少なくとも来園者がいる時間帯は出産しないことが多く，それによって出産は"静かな"環境を必要としていると思われがちである．野生

図 9-18 動物界では親が子を育てる割合はまちまちだが，通常多くの哺乳類や鳥類は子育てをするのに時間や労力を注ぎ込むものである．（a）バビルサ（*Babyrousa babyrussa*），（b）シュバシコウ（*Ciconia ciconia*）．〔写真：(a) South Lakes Wild Animal Park，(b) Andrew Bowkett〕

要とする種より，子の生存率を高めることができる．なぜなら，適した飼料や環境を与えてやれば繁殖可能な成体まで育つからである．しかし親に

動物も夜に出産することが多いが、これは捕食圧に関係があるといわれている（Rowland et al. 1984).

騒音に特に敏感だと思われる動物には、日常作業手順（例：飼育係が清掃のため動物舎に入ったり、観覧通路から動物を観察したりする時間）を、産卵、分娩時期には短くする必要がある。どの動物種が騒音の影響をどの程度受けやすいかはあまり研究されていないが、この問題は飼育下の環境において繁殖の成功に大いに影響を与えると考えられる（7.3.1、図9-20参照）。また妊娠中、授乳中の動物に必要な飼料の量（12.4参照）や種ごとの適切な巣材や巣台の構造といったデータもある。

9.5.2　介添え哺育

ある環境では子を親か群れから取り上げることなく介添え哺育することができる。子の離乳を促すために餌を細かく刻むといった通常の飼育作業に少し手を加えるといったシンプルな介添え哺育もある。

あるいはもっと目覚ましい介添え哺育は、直接その親による哺育に参加することである。例えば飼育係が子に足りない餌を与える、親に子育て教育をほどこす、直接子に触れることなく、子の健康チェックを行うなどである（Desmond and Laule 1994）。"介添え哺育"は子を群れから取り上げることなしに、子の生存率を高める。

9.5.3　親や群れから子を取り上げての人工哺育・人工育雛

子を親から取り上げることは最後の手段と考える人が多く、親か子の生存が危ぶまれた時のみ行われることが多い。それは飼育施設や飼育方法が自然哺育に合っていなかったり、子が虚弱だったり、また親の子育て能力が低かったりした場合である。例えば、Buckanoff et al.（2006）によると、ポト（*Perodicticus potto*）という種の新生子の死亡率が非常に高いのは母親の行動に問題があることが多く、人工哺育の試みがなされている（図

図 9-19　動物園の動物たちは繁殖に成功する機会に恵まれている．(a) ジャワラングール（*Trachypithecus auratus*）、(b) タンチョウ（*Grus japonensis*）〔写真：(a) Joy Bond、ベルファスト動物園、(b) ペイントン動物園環境公園〕

9.5 子育てとその介助　323

(a)

(b)

(c)

図 9-20 適した環境で飼育されている動物たちは生来の繁殖本能が目覚める．(a) 適した巣の環境により繁殖に成功したスミレコンゴウインコ（*Anodorhynchus hyacinthinus*），(b) モニター観察によりプライバシーを重視した環境で親が子育てをする確率を上げたインドライオン（*Panthera leo persica*），(c) プーズー（*Pudo pudo*）の子が隠れることができるように，背の高い草が生い茂った飼育場所．（写真：ペイントン動物園環境公園）

9-21).すでに述べられているように,親が子を育てるのに必要な飼育施設や手法を明らかにし,まとめる試みがいくつかある.動物園の規模により違いはあるが,それは別に驚くことではなく,動物園が飼育下繁殖に取り組んでいる種は実に多くある.

一方,親から子を取り上げて育てるのも繁殖計画の一部であるという動物園もある.人工哺育す

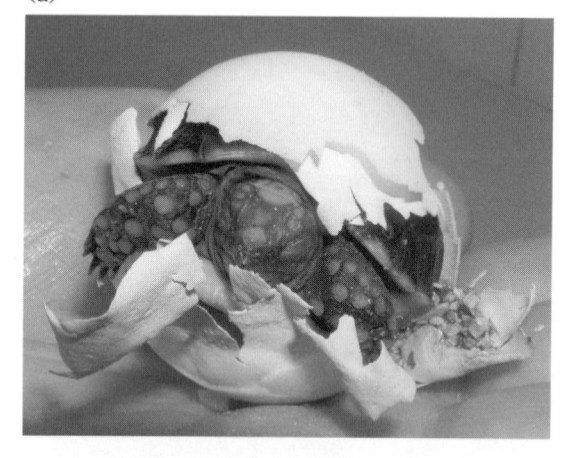

図 9-21 多くの鳥類や爬虫類では,人工孵卵や人工育雛はその繁殖を成功させる最も一般的な方法となっているが,哺乳類の人工哺育の是非には議論の余地があり,多くの動物園の専門家は人工哺育をやるべきかやらざるべきかで意見が分かれる.いくつかの種では,その手法はほとんど受け入れられていない.〔写真:(a),(b) ペイントン動物園環境公園;(c) Dave Rolfe,ハウレッツ〕

る根拠の多くは産子数の増加のためということである．9.6.1で複数のクラッチをとることや出産間隔を短くすることについて述べるが，これは飼育個体群を増加させる有効な方法である．これらのテクニックは両方とも子を親から離して育てる必要がある．

いつから，そしてどれだけ長く子を親から離すか，ということはいろいろなケースがあり，その目的による．もし最初から人工哺育[29]にするつもりで子を取り上げた時は，哺育期間中，子は親からは離されている．しかし，子もしくは親の状態が悪い時にそれを助けるための手段として，すぐに子を戻せるのであれば子を取り上げることもする．鳥から採卵し，人工孵卵させた後，親に雛を戻すこともある．同様に出産時の問題をすばやく解決し，飼育係の介入が最小限であれば，子を短期間で親に戻すこともできる．確かに人工哺育の成功例の記録でも子を親に戻すことができることを示している（Abello el al. 2007）．しかし，人工哺育した子の群れ入りに成功した要因は様々あり，群れのサイズや構成，動物舎の構造，個体の性格等が関係する．

子を親から取り上げる時は，だれがどこで育てるか，また子の発育具合（例えば，子はまだミルクを必要としているか，離乳しているかなど）を見て哺育方針を決定するべきである．代理母は同じ種，別種または人間（多くは飼育係）がつとめることができる．例えば鶏は，古くから狩猟鳥やガンカモ類の卵を孵化させ雛を育ててきた（Sutherland et al. 2004）．

動物を親から離して育てることは，動物園業界の内外で議論をまき起こす話題である．例えばベルリン動物園で育子放棄されたため人工哺育されたホッキョクグマのクヌートは，そのカリスマ的な人気が引き起こした議論やメディアの注目をこ

えさせられる例である．実際，鳥類，爬虫類の飼育個体数の増加を容易にする人工孵化の有用性が論争になることは少なく，多くは動物園動物，特に哺乳類の人工哺育をするべきか否かに絞られる[30]．

人工哺育に関するコストと利益の要約をBox 9.4に示した．

9.6 繁殖数の人為操作

飼育管理計画はその種の長期的計画や目標を見据えるために個体群動態や遺伝的分析を活用して注意深く計画される．飼育下個体群確立の計画にはその種の個体群サイズを増加させるのか，減少させるのか，それとも一定数で安定させるのかが含まれる（Box 9.5参照）．個体群サイズの変更には様々なメカニズムを含むが，それは次の項で述べる．個体群サイズを変更する際には，必ず飼育管理計画の遺伝的目標を考慮に入れた手段が必要である．9.2.2で述べたように，可能な限り遺伝的多様性を保持し，近親交配を避けることを目指している．個体群サイズを変更する際にはその種を飼育している全ての動物園間との調整が必要で，飼育下繁殖計画の一部としてその種別調整者がまとめることが多い（9.7.2，9.7.3参照）．

9.6.1 繁殖数を増やす

"繁殖数"は生まれた子孫の数である．比較的簡単に繁殖数を増やす方法は2つある．産卵する種は"ダブルクラッチ[31]"と称する方法であり，哺乳類は出産間隔[32]を短くしたり，初産年齢を下げたりする方法である．

ダブルクラッチ

繁殖期に2クラッチ以上産む種がある．ダブルクラッチとはその種がもう1クラッチの産卵

---

[29] 人工哺育とは人間，通常は飼育係が親になるケースのことである．その個体を育て上げる責任を負うことになる．仮親として人間または他の動物が親代わりになることもある．

[30] 人工哺育（人工育雛）の有名な例であるカリフォルニアコンドルに関して，のちに悪影響を及ぼすことがあるか否かに関して議論されたことがある（10.4.5，図10-14参照）．

Box 9.4 人工哺育

動物園が人工哺育をすることの是非はよく議論されるところである．多くの意見は哺乳類の人工哺育，特に人工哺育による個体への影響に関する議論である（例：Ryan et al. 2002）．人工哺育に関して報告された文献は実際の哺育の方法論が記されたものが大半を占めている〔例：Lemm et al.（2005）のイグアナに関する文献〕．本書では多くのトピックを述べてきたが，この件に関しては，種によって事情が異なる．野生下では親からあまり面倒をみられることのない両生類，爬虫類，鳥類の多くの種に対して人工で育てることが一般的であるのは議論の余地がない．人工哺育には悪影響がでることもある．生存能力*，すなわち子が将来生き残っていくために必要な能力や行動は，親に育てられている期間に獲得するものが多いからである．

子を親から引き離して人工で育てる理由は大きく分けて3つのパターンがある．1つ目はまだ親の世話が必要なころに育子放棄され，人工で育てなければ死亡してしまう場合．2つ目は個体群サイズを自然繁殖と比べてより早く大きくしたい時に，子を取り上げることにより，次の繁殖が促される種に適用する場合（ダブルクラッチ）．3つ目は飼育係の技術向上のためである．人工哺育の手順を習得するには，それなりのトレーニングが必要なのである．

また，かつては来園者の興味を引くためという理由で人工哺育されていた動物もいたが，それは人工哺育に踏み切る理由として最近では少なくなってきている．

なぜ人工哺育は悪だと考えられるのか．多くの動物は人工哺育中すくすくと育っているように見えるが，多くの哺乳類やある種の動物にとって親子の絆が断裂していることが悪影響を及ぼす（Cirulli et al. 2003）．人工哺育の結果，群れとコミュニケーションがとれなくなったり，同種と同じ行動ができなくなったりする個体が観察されることがあるが，これは将来に亘る問題となる．長期間の群れ生活を経験することにより，その個体群の中で繁殖に参加できるようになる可能性もあるからである（Martin 2005）．人工哺育・人工育雛による弊害は，育てた人間を同種と認識してしまうインプリンティング（刷り込み）によるものが多い．この弊害は育てる人間が隠れてパペット等を使用するといった人工哺育・人工育雛過程の工夫により軽減されることもある（Valutis and Marzuluff 1999，図10-14参照）．

もし動物園が親から育子放棄された子を人工哺育しなかったらどうなるだろうか．その答えは簡単である．痛みや苦しみの限界である"自然死"を与えるよりも，安楽殺処分にする方がましである．

---

*生存能力はBox（1991）によって定義された．環境に適応し，餌を見つけ，捕食動物から逃れ，休息場を見つける能力のことである．

---

[31] ダブルクラッチ（補充卵）とは1クラッチ目の卵の一部または全てを採取して人工孵卵し，鳥が産み足すことを期待することである．

[32] 出産間隔とは出産日から次の出産日までの間の日数である．

をしてくれることを想定し，動物園にとっては繁殖数が2倍になる希望をもたせるものである．例えば，Woolcock（2000）は英国のパラダイスパークにおけるミヤマオウム（Nestor natabilis）の繁殖成功例を述べているが，この成功は採卵による産卵数の増加によるものである．このケースでは1羽の雌が12週間で22個もの卵を産み，この個体の潜在的な繁殖能力を高め，個体群サイズの成長を早めた．

出産間隔の短縮

確証データはないものの，野生に比べて動物園における哺乳類の出産間隔は短く，初産も早くなるといわれている．動物にとって出産間隔が短くなり，初産が早くなるということは繁殖率と繁殖数を増やすことになると一般的に考えられる．近年この動物種の生活史の変化が及ぼす影響が研究されている．

Cock（2007）は動物園で飼育されているオランウータンの様々な生活史の特色を述べており，野生のオランウータンと比べて初産が早くなり，出産間隔が短くなることを発見し，死亡率が高いため寿命が短いことも分かった．この件に関してはデータが少ないため，この結果が，動物を飼育することで生活史を変化させていることを示唆しているのか，あるいはオランウータンが例外的なのかは不明である．研究すべき領域がたくさんあることだけは間違いない．

9.6.2 繁殖数を減らす

この項では動物園での繁殖数を減らすことに関して述べる．Box 9.5でアウトラインを述べたが，多くの飼育管理計画にはその種の個体群サイズの増加を止める場合，一定数に保つ場合，減らしていく場合等が含まれる．

繁殖数を減らすには様々な方法があるが，一番シンプルな方法は雌雄を分けて単性飼育する方法である．この方法はいくつかの種でとられており，例としてロドリゲスオオコウモリ（Pteropus rodricensis）やアカエリマキキツネザル（Varecia rubra）がある．

別のシンプルかつコントロールしやすい方法は"繁殖後選抜淘汰[33]"である．この方法は飼育管理計画にのっとって，通常に繁殖させたのち，選抜淘汰するものである．どちらの方法もシンプルで簡単に実施できる．子の淘汰よりも単性飼育のほうが，個体を健康に飼育するうえでは問題があることが多い．それは単性飼育個体群というものが，多くの場合その種の自然な社会とはかけ離れているからである．逆に動物は繁殖することによって，本来の行動を自然に呼び起こすため，成獣の正常な行動という視点からみれば"繁殖後選抜淘汰"は理想のツールになり得る．

繁殖数を減らすための他の方法としては，避妊法がある．様々なタイプの避妊法が状況に応じて利用される．例えば受精卵の着床を妨げる等である．雌雄ともに繁殖学に基づき実施され，確実に子は生まれない．その他，物理的に雌雄分離してしまう方法，外科的手法，ホルモン処理により内分泌機能を操作する方法がある．最も一般的な方法を表9-2に要約した．いうまでもなく将来繁殖させたい個体の場合には，一時的な避妊方法を選択するべきである．また効果的な避妊法としては生殖器官の（部分的）切除，性ホルモンのコントロール，着床阻害，成熟を遅らせる，鳥の場合は卵の生存率を減らす（これは卵を発生させないようにする方法である）等である．

9.6.3 性比の操作

Box 9.1に記したように，性決定に関しては，遺伝的構造や内分泌機構の他にも様々な要因がある．群れの性比を決定する要因がどのように影響しているか記したデータは非常に少ないが，栄養，

---

[33] "繁殖後選抜淘汰"は繁殖管理計画の一環で，繁殖制限はかけないが，個体群サイズをキープするためにその個体群の個体を淘汰（安楽殺）することである．

Box 9.5 飼育下管理か飼育下繁殖か

動物園は，常に適切な飼育下繁殖あるいは繁殖制限によって飼育個体群が管理されている状態にあるべきである．ここまで，動物園は動物を収容するのに利用できるスペースが限られており，また，それにもかかわらず，自立した個体群が維持されるには多くの個体数が必要である，といったことなどについて述べてきた．

世界の動物園は 2000 種の脊椎動物を飼育管理して保全の手助けをする必要があるといわれてきたが（Soule et al. 1986），細かな分類を対象とした，より最近の推定では，北米の動物園で 141 種の鳥類（Sheppard 1995）と 16 種のヘビ（Quinn and Quinn 1993）の個体群を自立して維持できるスペースしかないといわれている．このような状況だからこそ，各地域の動物園協会（例えば，欧州動物園水族館協会−9.7.1 参照）が連携して種の優先順位をつけ，どの種を安定的に維持管理し，個体数を増やすべきか，もしくは減らすべきかを決めていく必要がある（9.7.3 参照）．

どうして動物を飼育下で管理し，繁殖させる必要があるのか，という疑問に対する答えは，一般に以下の通りである．

1. "箱舟の原理"によると，飼育下の動物は，絶滅の危機にある種の"セーフティネット（保険）としての個体群"を意味している．飼育下個体群の長期的な目標は，飼育下個体群を野生生息地に再導入して野生絶滅の危険を緩和することと，他施設で飼育を始める際に分譲することで，野生への捕獲圧を減らすことである．
2. 動物を繁殖させることは，求愛や子育てを含む彼らのあらゆる行動レパートリーを発現させる機会を提供してくれる．
3. 動物の子が市民に与える魅力はとても強力であり，さらなる入園者増が期待できる．

個体群の密度，母親の社会的地位といった要因が性比に重要な影響を及ぼすことを論証した論文はいくつかある（例：Kilner 1998, Loeske et al. 1999）．

繁殖補助技術は子の性比を操作することができる．まず性が決まっている体外受精胚を直接選別して着床させる．次に人工授精，体外受精に利用する精液を最初から雌雄で分けておき，雄だけ，雌だけの胚を得る．フローサイトメトリー法は哺乳類の精液の X 染色体をもつ精液と Y 染色体をもつ精液に分離することができる方法である．X 染色体のほうが Y 染色体より大きく，X 染色体をもつ精子は Y 染色体をもつ精子より若干重いため分離が可能なのである．精液のフローサイトメトリー法は，現在家畜生産に幅広く活用されている（畜産業界では雄牛より雌牛を増やしたい−Johnson 2000 参照）．しかし野生動物の繁殖では，まだあまり利用されていない．

9.7 飼育下個体群の自立的維持に向けた取組み

ある飼育下個体群において，出産数と死亡数のバランスが保たれており，総個体数が増加もしくは安定している時，その個体群は自立して維持されているとみなすことができる．つまりそれは，外部から補強する必要がないということである．残念なことに，Magin et al.（1994）は，絶滅の危機にある全ての哺乳類の 34% を世界中の動物園で保持してはいるものの，自立して維持できる個体群とみなすことができるのは，その内の半分（17%）だけであると推定している．また，他の分析（WRI 1992）によれば，現在，飼育管理計画にリストアップされている 274 種のうち，

表9-2 避妊方法の早見表*

方　法	性別	可逆性（持続性）	効目がでるまでの時間	外科手術の有無	行動上の影響	備考
物理的に分ける						
単性飼育	両方	有	すぐ	無	異常な社会的グループになるため闘争の可能性あり	繁殖のため短期間，雌群に成雄を入れることも可能
外科手法						
パイプカット	雄	無	すぐ	有	なし（現在までの事例では）	群れの全ての雄に施術しなければ出産率を低下させることはできないが，メインの種雄に施せば繁殖数を減らすことが可能
去勢	雄	無	すぐ	有	性成熟前に施術すれば雄間の闘争を減らせることもあり	パイプカットと同じ
卵管結紮	雌	無	すぐ	有	通常の性成熟と行動	特別な外科技術が必要（鍵穴手術）．開腹手術のため術後の経過観察が必要
卵巣摘出/子宮摘出	雌	無	すぐ	有	性周期がなくなる	開腹手術のため術後の経過観察が必要
ホルモン処理						
GnRH（性腺刺激ホルモン放出ホルモン）インプラント（例：デスロレリン）	雄	有（インプラントは約2年効果あり）．体内で分解され取り出すことは不可能	個体差あり．数か月要する	有	テストステロンレベルが下がることで性成熟が遅れる．性成熟している雄個体から闘争心をなくすことは期待できない（去勢に似る）	妊娠中の雌に使用すると流産を誘発する．ほか知られている禁忌事項なし．埋め込み間隔，時期の検討が必要
	雌	一度，ホルモンレベルが閾値まで低下すると，正常な妊娠機能は低下する（デポプロベーラ参照）	3週間かかる	有	性成熟を遅らせる．繁殖季節に合わせることができる．インプラント挿入後，すぐに発情を誘発し，効果持続期間中生理不順になることもある	
プロジェスチンのインプラント（例：メレンゲストロール酢酸エステル，インプラノン，ノルプラント-黄体ホルモン避妊薬）	雌	有（約2年効果持続）．発情開始前なら除去可能	2週間	有	繁殖行動を示す個体もいるが，避妊失敗を暗示するものではない	妊娠中，授乳中も使用可能．注：毛づくろいにより脱落の可能性あり

（つづく）

表 9-2 避妊方法の早見表*（つづき）

方　法	性別	可逆性 （持続性）	効目が でるまで の時間	外科 手術の 有無	行動上の影響	備考
プロジェスチンの経口投与（エストロジェンの併用あり・なし）	雌	有．1〜2週間で正常にもどる	1〜2週間	無	プロジェスチンを連続的に使用すると，発情徴候が見られなくなる．1週間分のプラシーボ薬（偽薬）の投与により発情徴候を誘発する	妊娠中，授乳中も使用可能
プロジェスチンの注射による投与〔例：デポプロベーラ（合成黄体ホルモン）〕	雌	有．ほとんど2〜3か月で正常に戻るが，通常な性周期に回復するまで2年かかることもある．	2週間	無	性周期不順	短期間の避妊に有効．注：連続投与により正常な機能がいつ回復するかを予測することが困難

*Sanderson（2005）より．
注：避妊にはここで要約したように様々な方法がある．大きく分けて，雄と雌を同居させず繁殖させない方法，生殖器の機能を外科手術で損なう方法，ホルモンのコントロールにより性ホルモンの機能障害を起こさせて繁殖に失敗させる方法である．

26 種だけしか飼育下で自立して維持されていないとしている．これらの論文は，動物園では絶滅の危機にある動物種を，今のところはいくらか有しているが，これらが自立して維持され得る個体群とはいえず，将来に亘って動物園で保有し続けられる保証がないことを示唆している．

この最終項では，動物園でどの種が維持されるべきかを決める方法について考える．動物園で飼育されている種の飼育管理を支える基盤は，どこの地域の動物園水族館協会でも状況がよく似ており，飼育管理計画の様々なレベルを管理している分類群専門家グループ（TAG）によるサポートを受けている．これらの飼育管理計画の最終目標は，ある種の個体数を意図的にコントロールできるようにすることであり，個体数が自立して維持されるためにはそれ相応の技術と労力を要する（Box 9.5 参照）．

9.7.1 種は動物園で維持されるべきか

飼育管理計画は，欧州動物園水族館協会（EAZA），米国動物園水族館協会（AZA），オーストラリア地域動物園水族館協会（ARAZPA）などの地域の動物園協会（第 3 章参照）を通して，地域ごとに適切に管理されているが，地域間あるいは国際的な管理計画，すなわち，世界種管理計画（GSMP）は，世界動物園水族館協会（WAZA）によってつくられ，調整を図りながら進められている．

各地域の動物園協会の中には，分類群専門家グループを組織する専門家が，どの動物がその地域の動物園で飼育されるべきか見直し，評価し，推奨している．分類群専門家グループのメンバーには，会長，会長代理，管理計画の調整者，遺伝学や栄養学，獣医学の研究に関するアドバイザーとして招かれた専門家が含まれている．欧州動物園水族館協会の場合，最近では 41 の各分類群専門家グループがある．これらの分類群専門家グループのそれぞれが抱えている種数はよく変わる．哺乳類と鳥類は，各分類群専門家グループが目，科，さらには遺伝子レベルにおいて細分化したり（例

えば，"シカ"や"サイチョウ")，逆に集約したりすることもある(例えば，"海生哺乳類")．鳥類，哺乳類以外のグループとして，"陸生無脊椎動物"，"魚類・水生無脊椎動物"，"爬虫両生類"を担う3つの分類群専門家グループがある．

地域動物収集計画

分類群専門家グループの主な役割は，彼らが収集することにした動物種について管理し，最終的に動物園に推薦するか否かを決める地域動物収集計画（RCP）[34]をつくり上げ，進めることである．

1つの例として，Wilkinson（2000）は，欧州動物園水族館協会のオウム分類群専門家グループの活動についての概観を示している．彼は，絶滅危惧種もしくは絶滅寸前種と分類される130種のオウム類のうち，わずか一握りの種の飼育管理計画しか欧州動物園水族館協会にはなく，地域間の動物園協会が連携して進める国際血統登録にいたっては5種についてしか管理されていない，ということに着目している．分類群専門家グループは，①現在の飼育個体数に限らない潜在的な個体収容力，②保全，研究，教育，あるいは展示する価値，③その分類群のもつ生まれもっての特性，④個体群が管理され自立して維持できる可能性，などに関する多くの情報を集め，検討する．利用できる空間，繁殖成功の前歴，遺伝的要素（例えば，遺伝的多様性，個体群の近交係数）といった様々な要因も検討の結果に影響し得る．

これらの情報に基づく検討の結果，主に以下の3つのうちいずれかの決定が下される．①その種のための飼育管理計画を策定して管理する．②その種を段階的に飼育対象から外していく．③もう少し情報を集めてから判断する．どの種においても決定に至る過程は複雑である．それは同じ分類群専門家グループ内の他種の情報，検討状況も関係する事情があるからである．例えば，テナガザル類は全ての種が絶滅の危機に瀕していると考えられているが（Geissmann 2007），動物園でテナガザルを展示する空間が限られている時，ある地域の動物園が，ある1種のテナガザルを飼育対象にしようと決定する際には，他種のテナガザルの検討状況についても踏まえる必要がある．

この工程を容易にするために，いくつかの分類群専門家グループが，ある種を地域の動物収集計画に含めるべきかどうかを決める際に一貫性や論理性を保つのに役立つ意思決定の樹状図を発展させてきた．分類群専門家グループがある種を動物園で飼育管理すべきではないと助言する最も一般的な理由は，スペースが限られていること，他種の方がより絶滅に近いこと，の2つである．また，もし，ある種の飼育下個体数がとても少なく，野生個体からの供給が必要であるならば，特別な事情がない限り，その飼育管理は勧められないだろう．飼育下個体群の補充のために野生から動物をもってくるのは最終手段として行われることはあるが，簡単に行うべきではない．

一度ある種をその地域の動物園で維持すべきだと決めれば，その種が地域の飼育管理計画に則って管理されることは理にかなう．

9.7.2 飼育管理のレベル

種の飼育管理は多くの動物園間の調整が必要であり，個々の動物園だけでなし遂げられるものではない（図9-22）．繁殖目的の動物交換を含めて，メタ個体群[35]動態や飼育個体群の遺伝的管理という概念は，動物園間の連携に支えられており，これは，大規模で複雑な事業である．

世界中の地域動物園協会ごとに管理計画の表現方法は様々であるが，その根源的な目標やメカニズムは非常によく似ている．表9-3に，3つの地域の動物園協会（欧州動物園水族館協会，米国動

---

[34] 地域動物収集計画（RCP）とは，どの種を飼育し，どのようにそれらを管理すべきかをメンバーの施設に知らせるために，欧州動物園水族館協会や米国動物園水族館協会のような地域の動物園協会によって立てられる計画である．また地域動物収集計画は，飼育すべきではない種，あるいは飼育しない方がのぞましい種についても特定する．

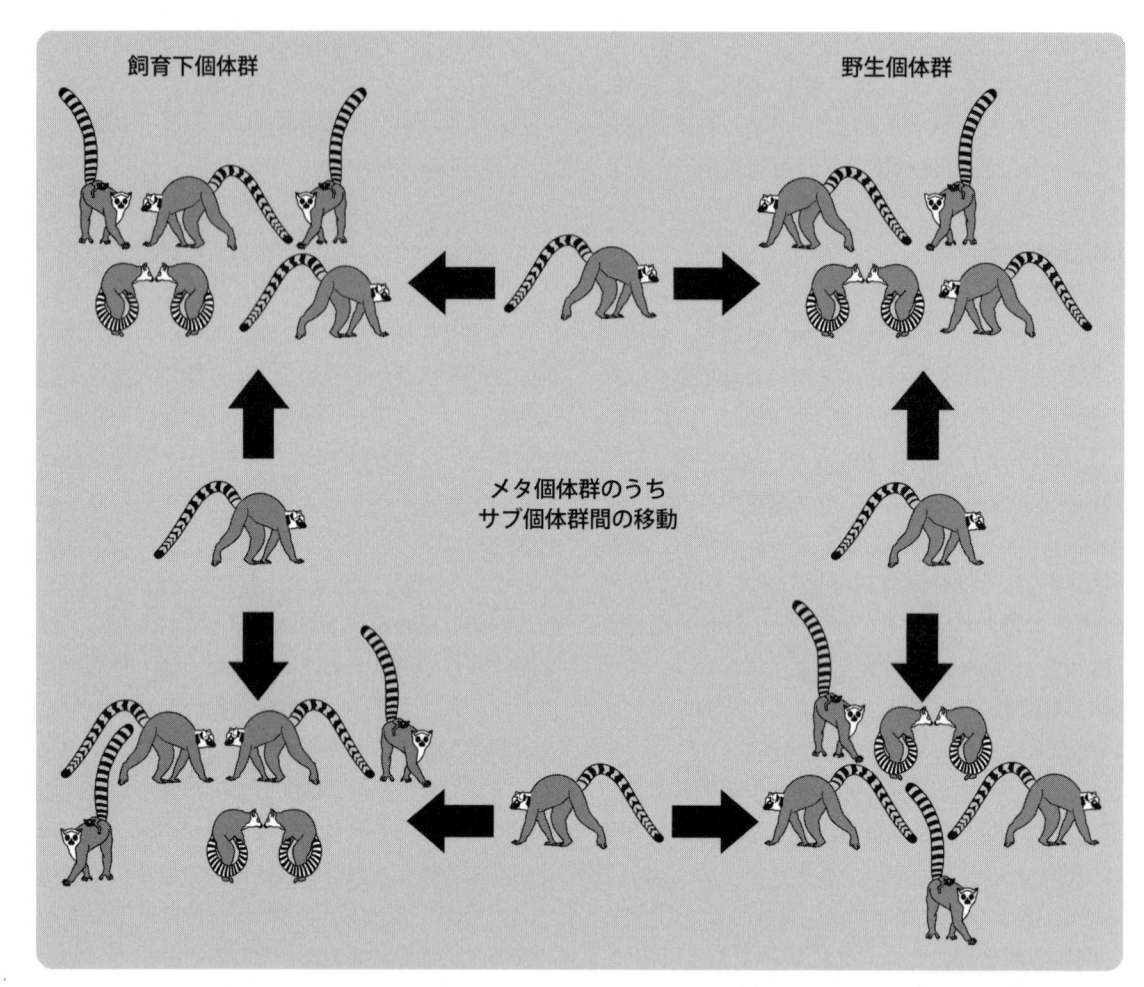

図 9-22 メタ個体群内は，いくつかの繁殖用サブ個体群があって，その間を個体が時々動ける状況を示している．これはまさに，どうやって飼育管理計画が実行されるかを示している．すなわち，1つの繁殖個体群が個々の動物園を示していて，サブ個体群もしくは動物園間での動物の移動を通して，そのメカニズムに従いながら地域の管理計画が実行される．

物園水族館協会，オーストラリア地域動物園水族館協会）にある主要な飼育管理計画の概要を示す．

これらのプログラムを描くのに使われる名前や頭文字は，困惑するほどバラエティーに富んでいる．例えば，欧州絶滅危惧種計画（EEP）[36]，欧州動物園水族館協会の管轄する地域の欧州血統登録（ESB），種保存計画（SSP），米国動物園水族館協会やオーストラリア地域動物園水族館協会の管轄

---

[35] メタ個体群という言葉は，いくつかの手段でつながった補完的な個体群のコレクションもしくはネットワークを意味している．補完的な個体群内のつながりとは，ある動物園個体群から同じ地域の別の個体群へ移入したり移出したりする，というものである．この結果，各動物園の間で動物の移動があるならば，地域内の個体群は野生個体群も含めた，より大きなメタ個体群の中のサブ個体群であるとみなすことができる（図9-22参照）．

[36] EEPは欧州絶滅危惧種計画（European Endangered species Programmes）の略である．なぜ，EESPではなくEEPかといえば，頭文字がドイツ語のEuropäisches Erhaltungszuchtprogramm からとったものだからである．

表 9-3 米国動物園水族館協会，オーストラリア地域動物園水族館協会，欧州動物園水族館協会における飼育管理計画の概要

	米国動物園水族館協会 1924 年設立		オーストラリア地域動物園水族館協会 1991 年設立		欧州動物園水族館協会 1988 年設立	
分類群専門家グループ	46		16		40	
飼育下繁殖計画	種保存計画：111	個体群管理計画：324	保全計画：33	個体群管理計画：56	欧州絶滅危惧種計画：165	欧州血統登録：161
開始年	1981 年	1994 年			1988 年	
関係者	種別調整者および種別委員会	個体群管理者／血統登録者			種別調整者および種別委員会	血統登録者
収集データ：出生／死亡／移動	✓	✓	✓	✓	✓	✓
分析データ	✓	✓	✓	✓	✓	✓
血統登録	✓	✓	✓	✓	✓	✓
移動と繁殖への提言	✓	(✓)	✓	✓	✓	(✓)
長期管理計画	✓	(✓)	✓	✓	✓	(✓)
飼育施設と飼育手法のガイドライン	✓		✓	✓	✓	
域内保全とのリンク	(✓)		✓	(✓)	(✓)	

注：ここに示されているように，オーストラリア（オーストラリア地域動物園水族館協会），欧州（欧州動物園水族館協会），米国（米国動物園水族館協会）における 3 つの地域動物園協会で実行される飼育管理計画の手法には多くの類似点がある．

する地域〔オーストラリア地域動物園水族館協会も保全計画（CP）をもっている〕の個体群管理計画（PMP），その他，世界のどこにでもある簡単な管理計画や保護計画などである．

基本的な頭字語のいくつかを表 9-4 に示す．

英国・アイルランド動物園水族館協会（BIAZA）内の保全管理

2006 年に英国・アイルランド動物園水族館協会内で英国とアイルランド内での飼育管理と保全活動をより良く進めるために，主要組織の再編成が行われ，次いで，それに似た作業が欧州本土でも行われた．種共同管理計画（JMSP）や英国・アイルランド動物園水族館協会専門家グループはなくなり，哺乳類，鳥類，陸生無脊椎動物，爬虫類，両生類，水生生物，植物といった 7 つの広範囲の分類群ワーキンググループ（TWG）[37] に置き換えられた（これらの集団の組織図は図 9-23 に記載）．

---

[37] 分類群ワーキンググループ（TWG）は特別な分類群（例えば，陸生無脊椎動物）の飼育管理や保全を調整し，計画する，英国の動物園が中心となっている専門家グループである．分類群ワーキンググループは 2006 年に英国の分類群専門家グループに代わり，これらのグループの注目は欧州動物園水族館協会の分類群専門家グループにより近くなった．

表9-4 動物園や保全活動の中で使われているいくつかの基本的な頭字語のまとめ

頭字語	正式名	運営地域	他の情報
CBSG	保全繁殖専門家グループ	世界中，IUCNによって運営	以前の"飼育繁殖専門家グループ"
CP	保全計画	オーストラリア地域動物園水族館協会	オーストラリア地域動物園水族館協会は個体群管理計画も調整
IUCN	国際自然保護連合	世界中	"World Conservation Union"としてよく知られる
RSG	再導入専門家グループ	世界中，IUCNのSSCにより運営	IUCNのSSC専門家グループの1つ
SSC	IUCN種保存委員会	世界中，IUCNによって運営	IUCNの絶滅危惧種に関するレッドリストを作成
WZCS	世界動物園保全戦略（1993）	世界中の認定動物園	WZO，IUDZG，CBSG/IUCN/SSCによる共同戦略としてつくられた
WZACS	世界動物園水族館保全戦略（2005）	世界中の認定動物園	「Building a Future for Wildlife（野生生物の未来のために）」というタイトルでIUCN，CBSG，SSCによって出版された

注：動物園の内外で行われている保全戦略や保全計画に関連する頭字語のリストである．米国動物園水族館協会のウェブサイト www.aza.org を参照．

分類群ワーキンググループの主な目的は，飼育スタッフの知識・成長・トレーニングの促進，生息域内保全の支援あるいは積極的な実行，情報の普及，欧州動物園水族館協会内の他の同様のグループとの協同作業を行うことである．

欧州動物園水族館協会内の保全管理

欧州動物園水族館協会が進める飼育管理計画は，推進体制がそれぞれに異なり，欧州動物園水族館協会の強いリーダーシップのもとに進められるものもあれば，より柔軟なものもある．その中で，欧州絶滅危惧種計画は最もしっかりと進められる飼育管理計画である．各欧州絶滅危惧種計画は種別調整者や血統登録管理者（この2つのポジションは同一人物が兼任することもある）をもち，彼らは栄養学，調査研究，獣医学，教育などの様々な分野の専門家である種別委員や種別アドバイザーの協力を受ける．このように彼らは分類群専門家グループのようであるが，一連の分類群というよりもある1種に専念する．

欧州動物園水族館協会のメンバーである動物園や欧州絶滅危惧種計画によってプログラムが進められている種を有している動物園の中には，直ちにその管理計画への参加や協力を要請されることがある．毎年，血統登録書がつくられ，それは欧州動物園水族館協会のメンバーである動物園で有している飼育個体の一覧を提供するとともに，その年に起こった出生，死亡，移動を明確にする．血統登録書に書かれている情報に基づいて遺伝学的，個体群統計学的な分析がなされ，全ての欧州絶滅危惧種計画メンバーに，その個体を繁殖させることに問題ないか，あるいは繁殖のために他の動物園に移動すべきか，というような助言が行われる．

一方，欧州血統登録には，それほど強制力がなく，種ごとの飼育下個体数の増減状況を把握するレベルの管理計画である[38]．各欧州血統登録の血

---

[38] 新たな種において国際血統登録を始める際には，世界動物園水族館協会と国際自然保護連合種保存委員会の承認を得る必要がある．世界種管理計画は，ある種の生息域内保全と生息域外保全の両面において，より統合的に行うことを目的に最近開始されたものである．

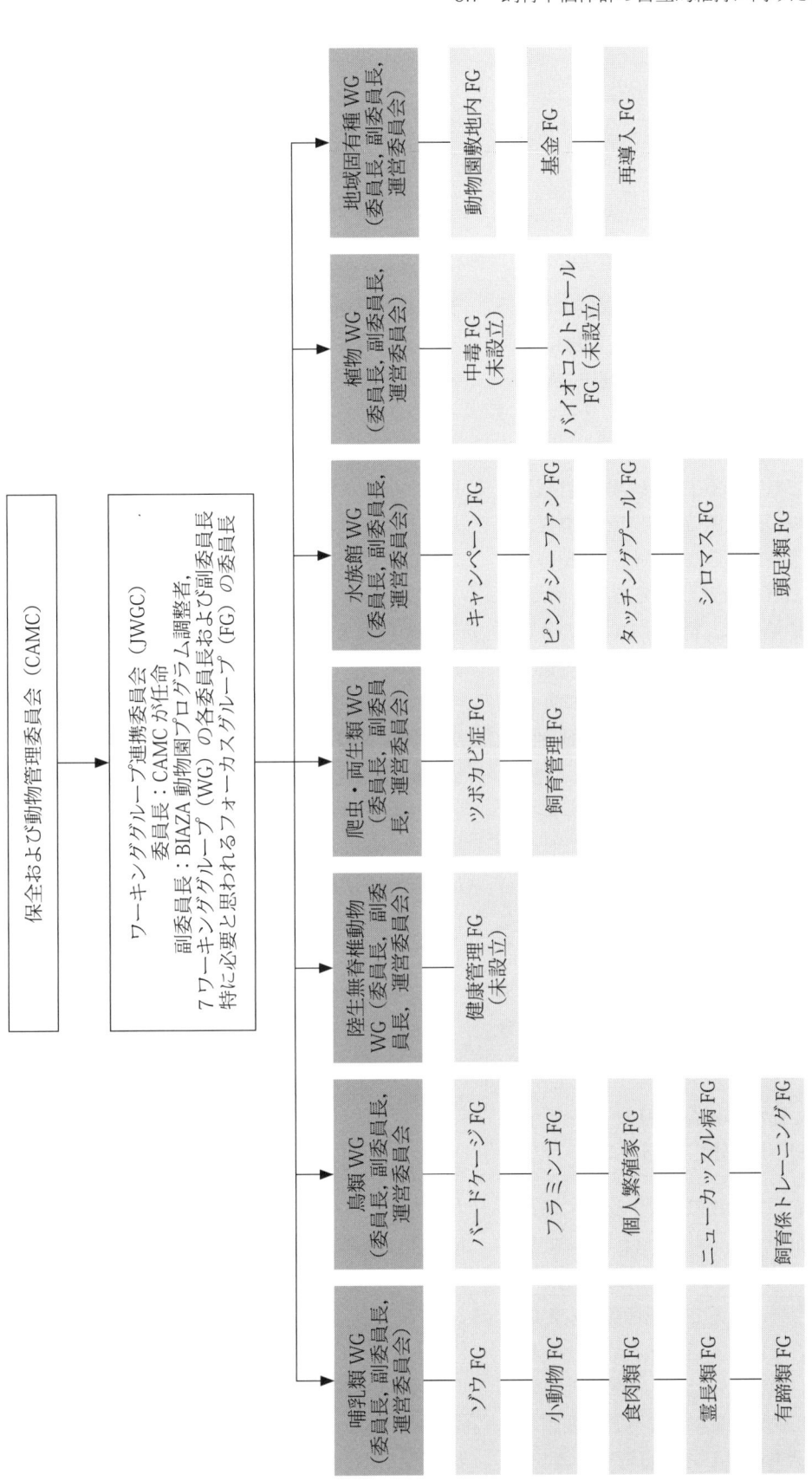

9.7 飼育下個体群の自立的維持に向けた取組み　335

```
保全および動物管理委員会 (CAMC)
    │
    ▼
ワーキンググループ連携委員会 (JWGC)
委員長：BIAZA 動物園プログラム調整者，
副委員長：CAMC が任命
7ワーキンググループ (WG) の各委員長および副委員長，
特に必要と思われるフォーカスグループ (FG) の委員長
```

哺乳類WG (委員長, 副委員長, 運営委員会)	鳥類WG (委員長, 副委員長, 運営委員会)	陸生無脊椎動物WG (委員長, 副委員長, 運営委員会)	爬虫・両生類WG (委員長, 副委員長, 運営委員会)	水族館WG (委員長, 副委員長, 運営委員会)	植物WG (委員長, 副委員長, 運営委員会)	地域固有種WG (委員長, 副委員長, 運営委員会)
ゾウ FG	バードケージ FG	健康管理 FG (未設立)	ツボカビ症 FG	キャンペーン FG	中毒 FG (未設立)	動物園敷地内 FG
小動物 FG	フラミンゴ FG		飼育管理 FG	ピンクシーファン FG	バイオコントロール FG (未設立)	基金 FG
食肉類 FG	個人繁殖家 FG			タッチングプール FG		再導入 FG
霊長類 FG	ニューカッスル病 FG			シロマス FG		
有蹄類 FG	飼育係トレーニング FG			頭足類 FG		

図 9-23 ここには英国・アイルランド動物園水族館協会 (BIAZA) の保全および動物管理委員会の組織構造が示されている。この委員会にはそれぞれの分類群ごとに専門の7つのワーキンググループを含む。この構造は現在見直しをしているところである。(図：BIAZA)

統登録者は，動物を他の動物園と交換すべきかについて助言でき，彼らの助言は欧州絶滅危惧種計画の種別調整者からの推奨と同様，参加する動物園をしばるものではない．

最終的に，いくつかの種では定期的に調査をしながらプログラムが管理されるが，誰かがある種に対して特別に関心をもち管理計画を立ち上げる必要性を感じなければ，プログラムは始まりようもなく，血統登録など進むこともないのである．

他地域の動物園協会における種の管理について

表9-3は，米国動物園水族館協会，オーストラリア地域動物園水族館協会，欧州動物園水族館協会によって実行されている主な種の管理計画の概要である．各地域の動物園協会間で分類群専門家グループの数に違いがある．それは，分類群専門家グループの構成が様々だからである．例えば，米国動物園水族館協会は，最も多い46の分類群専門家グループをもっている．これは，分類群を細分化して専門家グループを組織する傾向があるからである．一方，オーストラリア地域動物園水族館協会は，最も少なく，16グループしかない．

他地域の動物園協会も概ね同じような組織である．しかし，他の動物園協会の中にはまだ比較的若い団体もあり，米国や欧州の動物園協会で見られるような組織レベル，管理レベルに達していないところもある．例えば，アフリカ動物園水族館協会（PAAZAB）は1991年にアフリカ保全計画（APP）を始めたばかりで，現在20種の血統登録書を管理するようになったところである．

9.7.3 種ごとに異なる寿命・リッターサイズと，それに伴う出生・死亡のバランス

ある個体群において動物の数が一定数に保たれる安定した個体群をつくるためには，1年で生まれる動物の数と1年で死亡する動物の数が同じでなければならない．一方で，個体数を安定的に増やしていくことを目指すのであれば，出生数が死亡数を超えなければならない．1年でどれだけの動物が生まれて死ぬかに影響を与える要因はたくさんあるが，きちんとした飼育管理計画では，

これらの要因のいくつかを獣舎構造や飼育管理手法などの改善によってコントロールできる（9.7.4参照）．採用すべき手法は，血統登録書のデータ分析によってある程度決まってくる．これまでの個体群動態を見ることによって，その種の年次出生，死亡割合を予測することができる．例えば，欧州絶滅危惧種計画におけるクロザル（スラウェシマカク，*Macaca nigra*）の繁殖率と死亡率（図9-24）を見ると，この30年あまり，個体群における繁殖率が死亡率を上回っていることが分かる．これらのデータは，動物の数だけを考えれば，この種が成長する安定した個体群として維持され得るということを説明している．しかしこの情報だけでは，その個体群の遺伝的価値まで評価することはできない．

遺伝的多様性が高く近親交配の少ない，自立した個体群となるように管理するうえで，その動物の寿命，出産間隔，産子数など，ライフサイクルに関する種ごとの特質が深く関係する．飼育下個体群を通じて情報収集できた良い例として，Marker-Karus（1997）やBlomqvist（1995）によって提示された，過去30年における飼育下のチーターとユキヒョウの個体数変動に関してまとめたデータがある．この間，1961年にはユキヒョウの管理計画に10の動物園が参加していたが，1992年には160園館となり，その98%が飼育下生まれとなった（Blomqvist 1995）．

短命で産子数の多い種は，寿命が長く産子数の少ない種に比べると，遺伝的な管理が難しい．Morton（1990）は，前者のタイプである昆虫のチョウなどでは，遺伝的多様性を維持する必要性の有無が，保全を進めるうえでの唯一の不明な点だとさえ述べている．なぜなら，これらの種は環境変化に非常に敏感で，野外での環境変化が遺伝的変化にも影響するほどだからである．

9.7.4 飼育管理においてとられる一般的な戦略

動物を飼育管理する時にとられる戦略には様々なものがある．時には，分類群専門家グループが動物園に対して，最も適切な戦略を推奨するかも

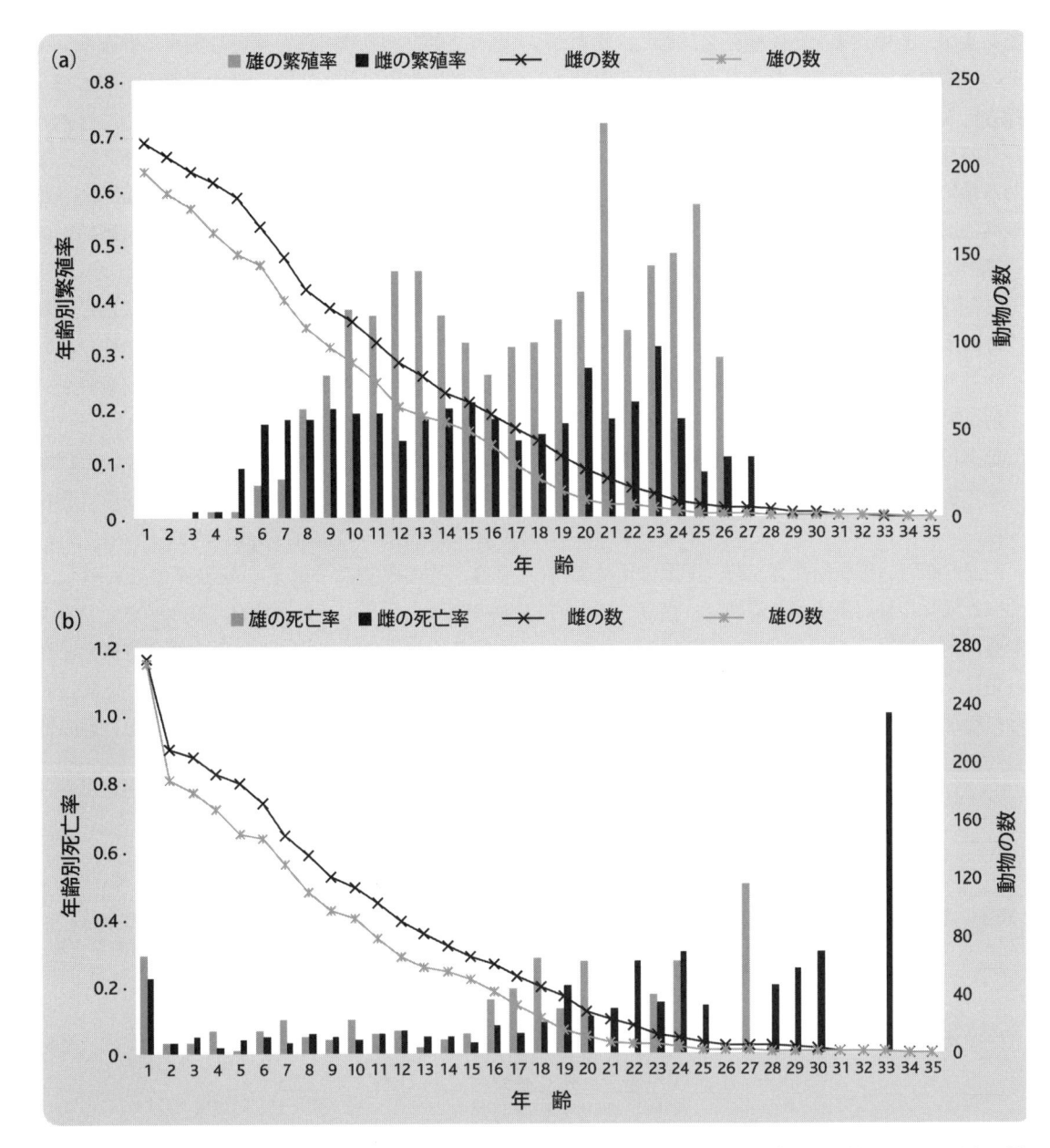

図 9-24 欧州で飼育しているクロザルの血統登録書において，飼育開始以来のデータ分析による，過去の繁殖率，死亡率を示している．これらのグラフから，(a) 雌が雄よりも若い年齢で繁殖を開始し，20代後半まで続くということが読み取れる．また，死亡率のデータ (b) から，0〜1歳で1つの死亡率のピークがあり，その後は年をとるにつれて死亡率が高くなることが読み取れる．

しれない．既存の飼育管理計画においても推奨され得る戦略が示されているだろう．しかし多くの場合，分類群専門家グループも，地域的に組織された管理計画も，動物園に対してある特定の種を繁殖させるべきか否かを推奨はするものの，最終的な決定は動物園に委ねられる．戦略は，種の特性（例えば，歴史的特性，繁殖生物学など）によって決定されるだけでなく，その動物園の運営などにも関わる法的，倫理的な枠組みによっても決まる．管理戦略が決定され，採用されることは重要

であるが，その効果を随時検証し，もし，それがその目的を達成できないならば，代わりの戦略を探されなければならない．

そのうえで，どの戦略を選ぶのか．どうやってある種にとって最適な戦略を決めるのだろうか．戦略は以下のように分類できる．

- 動物に繁殖の機会を提供したり，人工繁殖技術によって繁殖の成功を助けたりすることで，飼育個体数を増加させることを目的とする場合．
- 単性だけで飼育したり，異なる性別の個体移動を制限したり，避妊したり，"繁殖と間引き"を実行したりすることで，飼育下個体群の大きさを維持もしくは減らすことを目的とする場合．

最適な飼育管理戦略を選ぶ時，記憶に留めておくべき様々な検討事項があるので，表9-5に要約する．

特に，それらを繁殖させるべきか否か，また，それを達成するためにどの戦略を採用すべきかといった動物園動物の飼育管理に関する問題は，飼育管理に実際に関っている動物園業界内部よりも外部の人々の関心を引く．これは，1つには動物の子が"かわいい"と見なされ，それゆえに，多くの関心を引くからである．またそれだけでなく，子を増やさないようにすることや余剰動物に対する扱い（Box 9.6 参照）が否定的にとられやすいことも理由となっている．管理手法として安楽殺を選択することへの人々の理解は，種や地域によってかなり異なる（動物園動物の安楽殺がいくつかの国では合法的でさえない）．

もし，動物園動物が繁殖しないなら，それは動物園が動物を適切に管理していないから（それゆえに動物たちの福祉が危ぶまれている），もしくは，その動物たちはその種の保全に貢献していないという考え方も一般的になってきているようである．長い間，動物園はその使命や保全に対するアプローチを種の保存の1つだと公言してきた（Tudge 1992）．動物園は，動物を生息域外

表9-5 様々な飼育管理戦略に影響を与えている検討事項の概要

	健　康	行　動	法　律	倫　理
繁殖の許可	早すぎる出産や出産間隔が人為的に短くならないように注意する必要がある	―	―	スペースがないほどの多くの動物を生み出す結果となる可能性がある
単性の集団	―	潜在的な攻撃性，社会的な関わりあいが欠如，自然な繁殖行動を発現する機会が減少する	―	"不自然"と思われるかもしれない
避妊	有害な副作用の可能性がある　たとえ避妊が一時的のつもりでもその後繁殖できないかもしれない	有害な副作用の可能性がある	薬の使用には許可が必要なものがあり，全てが入手可能とは限らない	中絶に反対する考えをもつ人々や団体がある
繁殖と間引き	―	―	安楽殺は法律によって制限される，ドイツのいくつかの州では非合法である	中絶に反対する考えをもつ人々や団体がある

注：1つの戦略で全てを解決できる理想的なものはない．潜在的な健康への被害から倫理的な正当性に言及する議論まで，その制限要因は戦略ごとに異なる．

Box 9.6　余剰動物

　動物はスペースが不足すると余剰となり，これは死亡率の低さや無制限な繁殖により悪化し得る．スペース不足は他種の飼育管理の優先度が高いと考えられた時に生じる．飼育管理計画を実行する効果の大きい動物が，どのようなタイプであるかを考えることで，限られたスペースにおいて真に余剰となっている動物が何かを見極めることもできる．

　飼育管理計画に含めるほど優先される動物というのは，その個体群において他個体と関係がなく（すなわち，血縁関係の低い），性別と年齢のピラミッドで示される統計学的に安定した個体群の形成に寄与できる性別と年齢で（図5-19参照），繁殖も活発にでき，健康で，行動学的にも完璧なものである．

　本来，余剰動物は，より良い管理計画によって避けられるか，さもなければ安楽殺してでも避けるべきであろう（Glatston 1998）．1年で必要とされる出生数を計算し，余剰を避けるように産まれる子の数を確定するための措置（単性飼育したり，避妊したりする：9.6.2参照）をとることは，感覚的には理にかなっていてシンプルな考えに思える．しかしこれはあまりに単純すぎる考え方である．実際には事故が起きることもあるだろうし，また，それだけでなく子がいつもうまい具合に生まれるとは限らないからである．例えば，雄の余剰は，ハーレム，すなわち，1頭の雄を複数頭の雌と飼育する場合，多くの種でよく問題となる．なぜなら，飼育個体群では雄より雌が必要とされるからである．繁殖を制限することは，若い個体のいる集団の数を制限し，その結果，彼らは若く繁殖能力のある個体との積極的な社会的かかわり合いを失うことになるだろう．

　その代わりとして，余剰動物の間引きもしくは安楽殺という手段がある．一般には繁殖と間引きの計画の一部として実行されるものである．これは，その動物の繁殖が許されている状況において用いられるが，集団サイズを一定に保つために，数個体が間引かれる．間引かれる動物の選び方は様々であり，ある程度彼らの生活史の特徴による．例えば，自然に両親のもとを離れる時期や群れから別れて移動する時期にあわせて間引くことは適当であろう．その他，より高齢の個体，なかでもすでに繁殖に貢献し，個体群に多くの遺伝子を残した個体や，あるいは環境上の課題にうまく対応できない個体などを間引きの対象に選ぶことも適切な方法だろう．特に後者のような高齢個体の場合は，動物福祉の観点からも間引かれてきた（7.3.3参照）．この方法は，繁殖行動の完全なレパートリーを動物に発現させ，飼育管理計画に貢献できる健康な個体を選択でき，十分な血縁を保てる．しかし管理ツールとしての安楽殺に対する一般の認識やメディアの報道は，残念ながら否定的で，動物の福祉や保全の目標達成という理由に関わらず，また，どんなに動物の利益になるものであっても，動物園にこの方法をとらないよう圧力をかけている（表9-5参照）．

個体群という安全地帯にかくまい，繁殖させ，本来の生息地が適切な状況になった時，野生に放すことで彼らを守ることができるという意味で，ノアの箱舟（10.3参照）に例えられることは多くの動物園の専門家に広く普及している（Durrell 1976, Mathews et al. 2005）．このアプローチは，Conway（1996b）や他の人々によって，とても明快な理論になったことは良いのだが，次の展開を促すうえで支障をきたしている．実際にもし動物園が先を見越して効果的に生物多様性を守

るならば，動物園は個体群の維持だけでなく，もっと広い観点から保全のための努力が必要とされているのである（例として Hutchins and Wiese 1991，第 10 章参照）．

不幸なことに，動物園によっては地域の管理計画による調整もモニタリングもされないままに繁殖し生き続ける，多くの飼育動物がいる．こういった状況は，繁殖させるかどうかといった助言は意味をもたず，どの飼育管理戦略が採用されるべきかといったレベルには到底たどりつかない．これでは，動物園が動物をなるがままに生かし，その結果，繁殖したりしなかったりして，増えてしまった場合には，やがて新しい部屋が必要になるといったシナリオを導いてしまう．まさに，予防手段に失敗し余剰動物の問題を生み出す状況である．

まとめ

- 野生動物の繁殖生物学については，まだ多くのことを学ばなければならないが，ここに集められたデータは，複雑な繁殖現象のほんの一部の基本的な知識である．動物園動物の飼育管理に関するどのトピックスもそうだが，動物園で飼育する動物種の多様さから考えても，私たちの知識の不足は明らかである．
- 私たちの知識との差は明白であるが，多くの動物園は，他分野で開発された方法を改良して応用することで，繁殖を成功させている．例えば，ゾウの場合，内分泌や行動に関するデータの収集と分析，様々な繁殖補助技術の実施，状況によっては育子介助などにより，飼育下のゾウを飼育下個体だけでその数を維持していこうとする努力が行われている（Box 9.7 参照）．これらの全ての努力は，ゾウの繁殖に関する知見を増やし，また飼育下個体群の福祉と飼育管理の向上にもつながっている（Stevenson and Walter 2002）．
- 動物園で飼育されるその他の絶滅危惧種においても，同様の取り組みによって，多くの種の管理技術が向上しているが，さらなる努力が必要である．安全策を講じておくことで，本来の生息地がなくなったとしても，絶滅を食い止められるようにしておきたい．

さらに詳しく知るために

本書のいくつかの章では，本文中で引用したもの以外に入手できる情報は非常に少ないが，動物の繁殖学，遺伝学，飼育管理については，学術書や専門書，一般書が豊富に出版されている．そのため，ここでは多くの文献リストは示さずに，本章で述べたいくつかの主なトピックスに関する重要な図書だけを紹介しておく．できる限り，野生動物や動物園を中心に扱った本を紹介するようにした．

遺伝学と飼育下個体群管理

Frankham et al. の「Introduction to Conservation Genetics」(2002) は，遺伝子の保全に対する飼育下個体群の管理方法の決定に必要な全ての理論を提供している（訳者注：本書の翻訳本として「保全遺伝学入門」が 2007 年に文一総合出版より出版されている）．これが少し難しければ，Frankham et al. の「A Primer of Conservation Genetics（保全遺伝学入門）」(2004) を勧める．

繁殖と避妊

Holt et al. の「Reproductive Science and Integrated Conservation（繁殖科学と統合的保全）」(2003) は，野生動物の繁殖の概要を包括的に述べた書である．Asa and Porton の「Wildlife Contraception: Issues, Methods and Applications（野生動物の避妊：論点，方法，適用）」(2005) は，野生動物における繁殖制限のためにその方法とその影響について書かれたものである．

動物園での飼育下繁殖

Colin Tudge の「Last Animals at the Zoo: How Mass Extinction can be Stopped」(1992) は，飼育下繁殖計画の背景にある概念を広く普及させた書である（訳者注：本書の翻訳本として「動物たちの箱船―動物園と種の保存」が 1996 年に朝日

Box 9.7　ゾウの飼育下繁殖

　動物園で飼育されているゾウは，動物福祉と保全の観点から非常に注目されている（例：Clubb and Mason 2002, Hutchins 2006）．動物園におけるゾウの保全に関して，近年，アフリカゾウ（*Loxodonta africana*）とアジアゾウ（*Elephas maximus*）の飼育下繁殖計画は維持できなくなってきている．実際に，アジアゾウの飼育管理計画の中で集められたデータの分析から，年間2％の割合で減少していることが示されている（Faust et al. 2006）．

　この傾向を変え，飼育下個体群を持続可能な状態にするために，繁殖数を増やす必要がある．現在，様々な技術が取り入れられ，なぜ動物園のゾウの繁殖がうまくいかないのかについての調査や，繁殖を促進させるための研究が行われている．ゾウの様々な繁殖ステージを判断するために，例えば，雌では排卵や出産の予測，雄では成熟とマストについての内分泌学的な研究が行われている（Cooper et al. 1990, Brown and Wemmer 1995）．ホルモン動態と超音波検査のデータから，飼育下個体の多くが卵巣周期を示していないことが明らかとなっている．これは，アジアゾウにおいて，回答のあった49の動物園のうち14％，アフリカゾウでは，回答のあった62の動物園のうち29％にも及んだ（Brown et al. 2004）．

　ゾウの繁殖をより確実に行うために，社会的な要因についても調べられ，順位制の中での階級などが卵巣周期に影響を与えることが確認されている（Freeman et al. 2004）．

　しかし，明るい話もあり，雌の生殖器官に関する初期の研究（Balke et al. 1988）が人工授精技術の開発に使われ，その技術の確立は人工授精ベビーの誕生によって証明されている（図9-25 a,b,c 参照）．

342　第9章　飼育下繁殖

Box 9.7　つづき

(b)

(c)

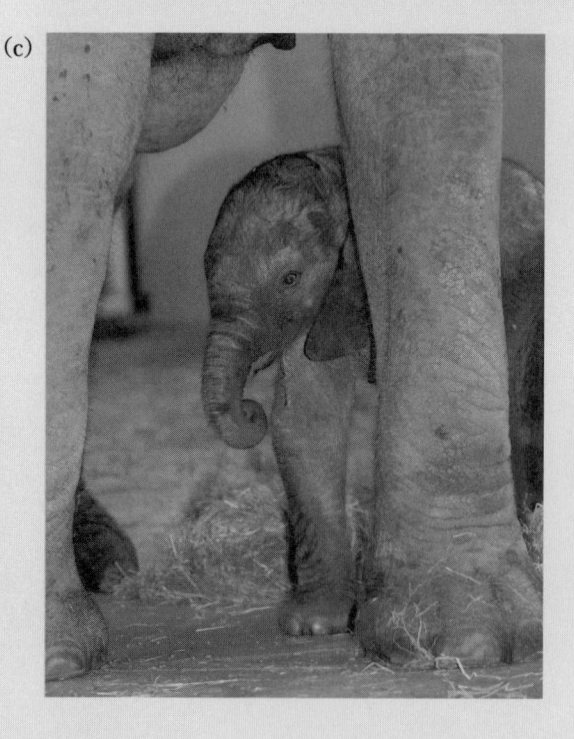

図 9-25　動物園のゾウは，動物園だけでは個体数を維持していくことができない．しかし，(a) 人工授精や (b) 超音波検査（胎子の成長を観察できる）などの技術を使った繁殖生理状態の積極的なモニタリングにより，この傾向を変えていこうとする努力が行われている．そして，(c) 全てがうまくいけば，出産の成功につながる．この写真は，コルチェスター動物園での成功例である．（写真：コルチェスター動物園）

新聞社より出版されている）．他の多くの雑誌等でも飼育下繁殖に関するテーマが特集されている（例：「International Zoo Yearbook」，「Conservation Biology」）．

一般的なテキスト

Kleiman et al. の「Wild Mammals in Captivity（飼育下の野生動物）」（1996）は，本章の内容の多くを哺乳類の分類ごとに網羅している．Norton et al. の「Ethics on the Ark（箱舟の倫理）」（1995）は，動物園動物の飼育管理によってもたらされる多くの論議についてまとめている．

ウェブサイトとその他の情報源

本章の内容をより詳細に理解したいなら，おそらく上記のテキストが適切である．一方，ウェブサイトでは，実際の動物の管理計画がどのように行われているのか，ということについて多くの情報を得ることができる．

多くの動物園協会（米国動物園水族館協会，欧州動物園水族館協会など）のウェブサイトでは，協会が行っている飼育管理計画の詳細やその他の様々な情報を紹介している．米国動物園水族館協会の避妊アドバイザリーグループである野生動物避妊センター（WCC）は，非常によいウェブサイト（www.stlzoo.org/animals/sciencereserch/contraceptioncenter）である．

欧州では，新たに欧州動物園動物避妊グループ（EGZAC）とよばれるEU動物園避妊アドバイザリーグループが設立中である．欧州動物園動物避妊グループの目的は，欧州の動物園から避妊に関する事例の情報収集を行い，EU内で長期に亘ってそれを利用できるようにし，これらの情報を米国動物園水族館協会のWCCのデータベースと統合させることである．

冷凍箱舟計画のウェブサイト（www.frozenark.org）については本章ですでに紹介したが，このサイトは，"なぜDNAなのか"や凍結細胞・組織の生存性について，非常に簡潔に解説されている．

第 10 章　保　全

　絶滅危惧種の保全は，今や，英国・アイルランド動物園水族館協会（BIAZA），欧州動物園水族館協会（EAZA），米国動物園水族館協会（AZA），オーストラリア地域動物園水族館協会（ARAZPA）などに認可された動物園の主要な目的となっている（第3章参照）（もちろん，世界中には多くの非公認の動物園があり，保全計画に参加しているところもあれば，参加していないところもある）．

　この20～30年の間に，動物園の保全の役割は，動物園自身によっても，また新しくできた国際条約や国内法などの外圧によっても，非常に重視されるようになってきている．一般市民にとっては，動物園が保全に注目していることは，特に希少種の繁殖の成功を紹介する動物園のサイン・ラベルや，また動物園が保全を最優先し，その保全活動を目立たせたウェブサイトやパンフレットからも知ることができるだろう．動物園が保全に積極的に関わることの重要性が増してきていることは，飼育する動物種数が減少し，多くの動物園間での連携が図られるようになり，野生から捕獲する個体も大きく減少していることとも関連している．動物園は，野外での保全プロジェクトにも参画し，動物園の外で，本来の生息地での野生動物の保全を支援し，連携するようになってきている．20年前あるいは10年前に比べると，これらは全て，科学的知見に基づいて計画される保全手法と平行して行われている．本章では，次のことについて述べていく．

10.1　"保全" とは何か，なぜ保全が必要か
10.2　生物多様性保全における動物園の役割
10.3　ノアの箱舟としての動物園
10.4　再導入
10.5　動物園でのその他の保全活動
10.6　生物多様性保全のために動物園はいかに有益か
10.7　保全と動物園，未来を見据えて

　本章のBox（コラム）では，欧州動物園水族館協会の保全キャンペーンや絶滅の危機に瀕したポリネシアマイマイの保全活動などのトピックスやケーススタディを紹介する．

10.1 "保全"とは何か，なぜ保全が必要か

"conservation（保全）"という言葉は，様々な分野や状況で使われ，例えば，博物館で芸術品を復元することや，取り壊される歴史的建造物を守ること，という意味でも使われている．コンサベーショニストとは，生物や環境に関する分野においては，"自然資源の合理的かつ慎重な利用を提唱する者・実践する者"と通常定義されている（Hunter 1995）．この定義には，資源の持続可能な利用を達成するためには，人間が介入して管理することが必要であるという考え方が含まれている．

コンサベーショニストの中では，"conservation（保全）"と"preservation（保存）"を区別する場合もある．preservation とは最小限の管理で，可能な限り元の状態に保つこと，という意味がある．実際，多くのコンサベーショニストは，"プリザベーショニスト"という言葉をネガティブな意味で使っている．しかし，微妙な違いはあるものの，preservation はコンサベーショニストが積極的に活動する中で実際に行っていることである．

Mace et al.（2007）は，conservation を"野生動植物の生息地やそこに生息する動植物種を存続させること"と定義している．動物園が主導する保全の成否を測る際に常に心に留めておかなければならないことであり，動物園が世界動物園水族館保全戦略（WZACS）（WAZA 2005）の中で定義していることともほぼ同じである（10.2.2 参照）．世界動物園水族館保全戦略では，保全の定義を"可能な限り，自然の生態系と生息地の中で長期的に種の個体群を守ること"としている．

保全を支える科学は，保全生物学である．保全生物学は，生物学を大いに基盤としているが，それ以外の分野も含む"地球の生物学的多様性を維持する応用科学"である（Hunter 1995）．

10.1.1 生物多様性

生物の保全と無生物（本や建物など）の保全をはっきり区別するため，今日，"保全"と"生物多様性（biodiversity）[1]"という語をともに用いることが多い．生物多様性の定義は，"ある地域の遺伝子，種，生態系の全体"である（WRI/MGN/UNEP/FAO/UNESCO 1992）．

生物多様性とは，様々な動植物種の多様性，その種を構成し適応性（例：変化する環境や進化する病気などへの適応）を与える遺伝子の多様性，そしてその動植物種が生息する群集や群落の多様性に関係している．本章の中で，"保全"という言葉は，生物多様性の保全という意味で用いている．さらに，本書では動物園を取り扱っているため，特に，動物の多様性の保全という意味で使用している．

10.1.2 なぜ保全が必要か

保全生物学（10.1 参照）は，生物多様性の維持に関わる学問分野である．今やよく知られているように，生物多様性は，環境に対する人間活動の影響により危機的な状況にさらされている（Wilson 1988, Reaka-Kudka et al. 1996）[2]．動物の生息場所への人間の圧力（建造，農業，観光，不当な破壊行為）は，史上類を見ないほどに，生息地を喪失させている．生息地の破壊や狩猟は，

---

[1] 生物多様性（biodiversity）は，生物学的多様性（biological diversity）の省略語である．1986 年にワシントン DC で開催されたフォーラム（生物多様性フォーラム）のタイトルとして，米国の科学者 Walter Rosen によって初めて使われた．その後，このフォーラムの報告は，E.O. Wilson の著書「BioDiversity」（1988 年）にまとめられている．

生物多様性とは，狭義では，あらゆる生き物（"life"を意味するギリシャ語の"bios"からきている）の多様さを意味する言葉である．

[2] Reaka-Kudka et al. の「BioBiversity Ⅱ：Understanding and Protecting our Natural Resources」は，Wilson（1988）の続編として 1996 年に出版されている．

すでに多くの種を絶滅させ，20年後にはさらに多くの種が絶滅しているだろう．危機的な状況にあるのは，陸上の生息圏だけではない．汚染や灌漑により湖沼や河川が，乱獲や海洋汚染により海生生物が危機的な状況にある（Jenkins 2003）．また，侵略的外来生物や外国産生物の移入は，故意であろうと偶然であろうと，種の絶滅，特に島嶼固有種[3]の絶滅の大きな要因となっている．気候変動（地球温暖化）は，陸上・海洋生息圏にさらなる脅威となっている．Thomas et al.（2004）は，温暖化により，2050年には15～37%の種が絶滅していると予測する．

William Conway（世界保全協会前会長，ブロンクス動物園園長）は，"私たちは絶滅の時代に生きている"と述べている（Conway 2007）．しかし，この絶滅の規模とはどのくらいのものなのか．もちろん，絶滅とは，自然の進化過程の一部であり，かつて存在した種のほとんどが今や絶滅している．現代の絶滅の危機に関しては，慎重に取り扱わなければならない．まず，地質時代における種の多くは，後に異なる種へ進化したように，完全に絶滅したわけではない．

次に，私たちが今経験している，種の絶滅速度は，進化の過程で起こった絶滅よりも格段に速いことは明らかである．人間活動の始まる以前の絶滅速度（すなわち，自然な絶滅速度）は，発見されている種で1年間に約3種，そして多くの種が未発見であると考えるなら1年間に約25種と推定されている（Magin et al. 1994）．1600年（記録が入手できる最初の年）以降，490種以上の動物（大部分は軟体動物，哺乳類，鳥類）が絶滅したことが知られている．無脊椎動物を含めれば（歴史的記録がほとんどない），推定18,000種となり，全ての種（科学技術のない時代を含めると）のうち14万種が，1600年以降に絶滅している（Magin et al. 1994）．鳥類と哺乳類だけを考えても，1600年以降の推定絶滅種数は，哺乳類4種，鳥類9種で，実際に知られている絶滅は哺乳類60種，鳥類122種に及ぶ．

最近のリスト（Baillie et al. 2004）では，784の絶滅種（脊椎動物338種，無脊椎動物359種，植物86種，原生生物[4]1種）と，さらに飼育下では生き残っているが野生では絶滅している60種（脊椎動物22種，無脊椎動物14種，植物24種）が掲載されている．

絶滅リストには，ドードー（*Raphus cucullatus*，最後の報告は1662年），オオウミガラス（*Pinguinus impennis*，最後の生存確認は1952年），クアッガ（*Equus quagga quagga*，図10-1，1883年にアムステルダム動物園で最後の個体が死亡），リョコウバト（*Ectopistes migratorius*，1914年にシンシナティ動物園の最後の個体が死亡，Box 2.2参照），フクロオオカミ（*Thylacinus cynocephalus*，図10-2参照）などのよく知られた種が記載されている．また，ポリネシアマイマイ類48種（Box 10.1参照）や*Haplochromis*属のシクリッド[5]30種など，ほとんど知られていないような多くの種もあげられている．

1984年～2004年までのわずか20年間に，両生類7種と鳥類3種が絶滅し（Baillie et al. 2004），さらに5種の動物〔ワイオミングヒキガエル（*Bufo baxteri*），ハワイガラス（*Corvus hawaiiensis*），アラゴスホウカンチョウ（*Crax mitu*），グアムクイナ（*Gallirallus owstoni*），シ

---

[3] 固有種（endemic species）とは，どこにでも見られるという種ではないものをいう．モーリシャスバト（10.5.4参照）のような島嶼固有種（Island endemics）は，わずか1～2か所に生息が限られているため，絶滅の危険度が特に高い場合が多い．島嶼に生息する種の遺伝的多様性は低いことが多く，このことも絶滅の危険性が高くなる要因である．

[4] 原生生物は，ほとんどが単細胞生物であるが，多細胞のものもいる．原生生物は，動物のようなものもいれば（例：原生動物），植物のようなものもいる（藻類）．動物，植物，菌類のカテゴリーには当てはまらない生命体である．

[5] *Haplochromis*属の絶滅したシクリッドの多くは，ビクトリア湖に生息していたが，放流されたナイルパーチ（*Lates niloticus*）により大量に捕食された．

10.1 "保全"とは何か，なぜ保全が必要か　347

図 10-1 クアッガのスケッチ．1870 年代後半までは野生状態で生き残っていたと思われるが，1883 年に最後の個体がアムステルダム動物園で死亡し，現在はアムステルダムの動物学博物館に保管されている．最近では，クアッガは，バーチェルサバンナシマウマ（以前は *Equus burchelli* とされていたが，現在は *Equus quagga burchelli* とする方がおそらく正しい）と同種であるとの証拠が示されている．（写真：www.historypicks.com）

図 10-2 フクロオオカミ．この大型の肉食性有袋類は，オーストラリア大陸ではおそらく 2000 年前に絶滅しているが（おそらく人間活動によって），タスマニア島では，狩猟によって絶滅する 20 世紀初頭までは生き残っていた．最後の個体は，1936 年にホバート動物園で死亡した．

Box 10.1　小さいものは美しい：ポリネシアマイマイ類を守る

　野生動物の保全について話す時，たいていの人はジャイアントパンダやトラやゾウ，そしてその他にも大きくてカリスマ性のある動物について考えてしまう．しかし，小さな生物種こそ重要で，見落とされがちな小さな生物を守ることにも多くの努力が払われている．

　そのよい例として，ポリネシアマイマイ類がある．巻き貝をもつ陸生の小さなマイマイで，通常20mm以下の大きさである（図10-3）．太平洋にあるフランス領のポリネシア諸島に生息し，ガラパゴスの動物とよく似て，放熱に適応したことにより100種以上に進化を遂げた動物である．

　しかし，この小さなマイマイは，多くの種が絶滅の危機にさらされている．これらの頂点に立つヤマヒタチオビ（*Euglandina rosea*）という肉食性のマイマイが，農業有害動物である移入種のアフリカマイマイ（*Achatina fulica*）を駆除する試みとして，1970年代にポリネシアへ持ち込まれた．不幸にも，ヤマヒタチオビは，ポリネシアマイマイを好んで捕食することが分かり，さらにポリネシアマイマイの繁殖が遅いため（胎生であるため），その数が減少した．モーレア島では1980年代後半までに，多くのポリネシアマイマイが絶滅した（Murray et al. 1988）．今世紀の初めまでには，61種のポリネシアマイマイのうち，56種がソサエティ諸島（タヒチ島やモーレア島などからなる）の至るところで絶滅した．これも，ヤマヒタチ

図10-3　ポリネシアマイマイ属の多くの種と同じく，*Partula rosea* もフランス領ポリネシアの生息地で絶滅の危機に瀕している（IUCNによって絶滅危惧ⅠA類に指定されている）．その原因は，肉食性のマイマイが導入され，ターゲットとした有害動物のアフリカマイマイではなく，不幸にも *P. rosea* が好んで捕食されたことによる．（写真：Doug Sherriff）

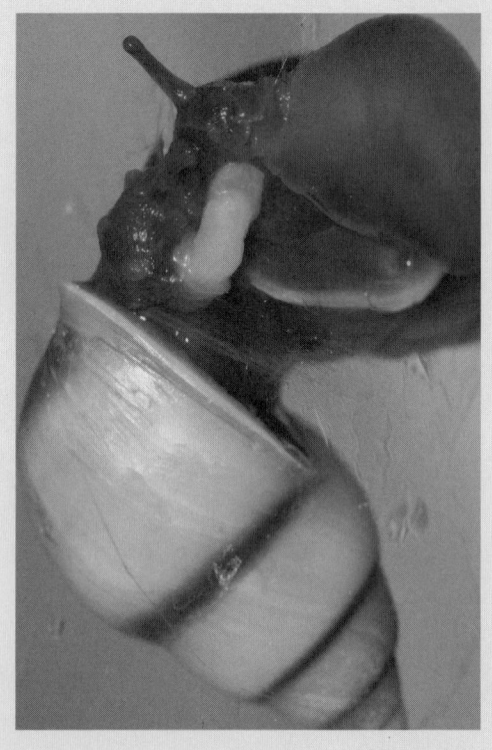

図10-4　*Partula faba* の交尾行動．本種の存続の最後の望みであった飼育下繁殖計画が成功し，現在はその計画のもとで管理されている．本種は野生では絶滅している．（写真：Doug Sherriff）

Box 10.1 つづき

オビによる捕食が主な原因である（Coote and Loeve 2003）.

　幸いにも，1994年以降，ロンドン動物学協会（ZSL）が調整する飼育下繁殖計画（ポリネシアマイマイ保全計画）があり，飼育下繁殖（15の世界の動物園で飼育されている25種，図10-4）とマイマイ生息地での野外調査が行われている．動物園で繁殖させた *Partula taeniata* を王立植物園キューガーデンのパームハウス内におけるポリネシアの植栽地へ放した例では，野生での生活に必要な行動を見せている（Pearce-Kelly et al. 1995）.

　この種がすでに絶滅したモーレア島でも，それ以降，数回に亘り囲われた敷地内にリリースされている（Coote et al. 2004）．残念ながら，ヤマヒタチオビはまだこの場所に残っており，ポリネシアマイマイを好んで捕食する状況にあるが，将来，この囲われた敷地内は再導入されたポリネシアマイマイの保護区になるかもしれない．

ロオリックス（*Oryx dammah*）〕が，飼育下には生存しているが，野生では絶滅している（図10-5）．

　人間が生み出した絶滅は増加しているのか．その答えは，Yesである（Magin et al. 1994）．2015年までに消失すると予測される生物種は2〜25%である．しかし，今世紀の終わりには世界の生物種の3分の2が消失しそうである（Raven 2002）．Balmford et al.（1996）は，今の絶滅は通常より1桁速い速度で進んでいることを指摘している．

　動物園には陸生哺乳類が中心に集められているが，Ceballos et al.（2005）は，全ての生物種の約4分の1が絶滅の危機にあると述べている．今まだ現存している絶滅危惧種に注目しなければならない．IUCN（World Conservation Union）

(a)

図10-5 野生で絶滅し，飼育下繁殖の成功により生き残った3種．本来の生息地への再導入は，3種ともに試みられている．(a) ハワイガラス：最後の野生個体は2002年に死亡した．(b) グアムクイナ：ミナミオオガシラ（*Boiga irregularis*）の移入により捕食され，1980年代には野生では確認されていない．(c) シロオリックス：1980年代の乱獲によりおそらく絶滅した．〔写真：(a) 米国魚類野生生物局，(b) スミソニアン国立動物園，(c) Tibor Jäger，テルアビブ動物学センター（イスラエル，ラマトガン）〕

350　第10章　保　全

(b)

(c)

図10-5　つづき

図10-6 絶滅危惧種であるFrégate island giant beetle（*Polposipus herculaneus*）は，セイシェル列島の1つの島の固有種で，導入されたネズミに捕食され，急激に数を減らしている．現在，IUCNによって絶滅危惧ⅠA類に指定され，生息域内（ネズミの駆除）と生息域外（飼育下繁殖）での保全が取り組まれている．（写真：Sheila Pankhurst）

の2007年版の絶滅危惧種のレッドリスト[6]には，危機にある5,742種の脊椎動物と，1,601種の昆虫類（図10-6）・軟体動物が掲載され，これらの種はIUCNによって，"絶滅危惧Ⅱ類（vulnerable）"，"絶滅危惧ⅠB類（endangered）"，"絶滅危惧ⅠA類（critically endangered）"に指定されている．

もちろんこれらの指定は，野生での状況について十分知られている種についてだけである．陸上の脊椎動物の多くの知られた種が，絶滅の危機の評価を受けているが，無脊椎動物についてはほとんど評価されていない（100万種以上の知られている種のうちの4,000種未満）．しかし，これは，その種の存続のために積極的な保全対策を必要とする種の膨大なリストである．これらの種の多くは，生息域内保全（*in situ* conservation）[7]が試みられている．

本章では，この保全の取組みに動物園がどのような役割を果たすことができるのか，ということに焦点をあてた．

10.2 生物多様性保全における動物園の役割

動物園は，次の4つの役割を果たすことができる．

- 保全教育と保全活動
- 保全の科学と実践に有益な調査
- 絶滅危惧種の飼育下個体群の維持（可能な場合はこれらの個体を野生へ戻す再導入）
- 生息域内保全事業への支援と実質的な関与

これらの保全の役割と活動は，2つの戦略文書「World Zoo Conservation Strategy（世界動物園保全戦略）」（IUDZG/CBSG 1993）と，その改訂版である「World Zoo and Aquarium Conservation Strategy（世界動物園水族館保全戦略）」（WAZA 2005）の中で定義されている．これらの2つの戦略については，10.2.2で詳説するが，まず生

---

[6] IUCN種保存委員会（SSC）は，絶滅危惧種のレッドリストからそのデータベースを作成し，このリストは，少なくとも2年ごとに更新されている．IUCN種保存委員会のレッドリストは，流通している多くのレッドデータブックと混同しないようにしなければならない．後者は，絶滅危惧種の国別または地域別の評価であり，通常，動物または植物の特定のグループを扱ったものである（例：欧州のチョウ類レッドデータブック）．

[7] 生息域内保全（*in situ* conservation）という語は，その種を動物園ではなく，本来の生息地内で保全することという意味に使われ，生息域外保全（*ex situ* conservation）とは，動物園内で行われる保全に使われる．これらの用語の由来は，10.2.1で詳細に説明している．

息域内保全と生息域外保全の概念について説明する．

10.2.1　生息域外保全と生息域内保全

　生物多様性を保持するのに最適な場所は，もちろん動植物が生きている自然の生息環境であり，これが生息域内保全である．しかし，多くの絶滅危惧種の中には，様々な理由から，生息域内保全が現実的な選択肢でない種がいることも事実である．これらの絶滅危惧種を全く保護できない場合には，自然の生息環境から離して，動物園や野生生物公園で守ることができる．これが，生息域外保全（*ex situ* conservation）である[8]．現代の動物園には，統合的な戦略の一環として，生息域外保全と生息域内保全の両方に関与することが求められている．

　生物多様性保全に関わる用語である"生息域外"と"生息域内"は，1992年にリオ・デ・ジャネイロで開催された地球サミット[9]で採択された国際的な保全に関する条約である，生物多様性条約（CBD）（UN 1992）の中に記されている．

　生物多様性条約は，生息域外保全に関するいくつかの非常に具体的な提言をしている．この提言は，動物園の最重要課題の1つとして，保全を推進するための原動力となっている．地球サミットと生物多様性条約は，動物園の法規制に関連して第3章でも述べているが，以下に再度この条約の第9条を記しておく．

　　締約国は，可能な限り，かつ，適当な場合には，主として生息域内における措置を補完するため，次のことを行う．
　(a) 生物多様性の構成要素について生息域外保全のための措置をとること．この措置は，生物多様性の構成要素の原産国において行うことが望ましい．
　(b) 植物，動物および微生物の生息域外保全および研究のための施設を設置し，維持すること．その設置および維持は，遺伝資源の原産国において行うことが望ましい．

　また，生物多様性条約の第9条には，生息域外保全に関するこれら以外の措置についても記されている．このことは，世界動物園水族館保全戦略（WAZA 2005）の中に詳しく述べられている（10.2.2 参照）．

　欧州内では，EU が，生物多様性条約第9条の"動物の生息域外保全および研究のための施設を設置し，維持すること"を果たすために動物園に注目している．生物多様性条約は，"動物園指令（EC Zoos Directive 1999）"に対して，推進力と方向性を与え，さらに，英国の"動物園ライセンス法の改正法（イングランド・ウェールズ規制，2002）"により，"動物園ライセンス法（Zoo Licensing Act, 1981）"が改正されるという，英国動物園の法律にまで影響が及んだ（第3章参照）．

10.2.2　世界動物園水族館保全戦略（WZACS）

　最新の"世界動物園水族館保全戦略（WZACS）"は，「Building a Future for Wildlife（野生生物の未来のために）」（WAZA 2005）というタイトルで2005年に発行されている．WZACS は，世界動物園機構（現 WAZA）と IUCN 種保存委員会（SSC）の飼育下繁殖専門家グループ（CBSG）との共同事業であった，前回の"世界動物園保

---

[8] *in situ* と *ex situ* の実際の使用については，動物園界では議論が分かれている．例えば，原産国の自然保護区内にいる動物であっても，その保護区がフェンスで囲まれている場合や隣接区域への移動が制限されている場合は，*in situ* とは考えられないかもしれない．

[9] いわゆるリオ地球サミットは，正式には"環境と開発に関する国連会議（UNCED）"と呼ばれ，1992年にブラジルのリオ・デ・ジャネイロで開催された．リオ地球サミットは，"生物の多様性に関する条約（CBD）"とは別に，もう1つ"気候変動に関する国際連合枠組条約（UNFCCC）"を発表している．よく知られている京都議定書は，この UNFCCC の追加事項を示したものである．

全戦略（WZCS）"（IUDZG and CBSG/IUCN/SSC 1993）を基につくられたものである[10].

今やWZCSは，WZACSに取って代わられたが，この最初の動物園保全戦略はいかにつくられ，その目標が何であったかを見ておく必要がある．WZCSは，動物園が保全にどのように関与できるか，そして動物園が保全という目標を達成するためにいかにその方針と手順をつくり上げるかを確認することが目的であった．WZCSのもう1つの目的は，動物園が保全に尽力しているという認識を向上させること，そしてそれを支援することを，関係当局や関係機関に示すことにあった．

WZCSは，動物園が生息域内外での統合的な絶滅危惧種の保全計画や，保全に関わる調査研究への取り組み，またそれを行うための施設の提供，そして保全の重要性について国民の意識や政治的な認識をもっと高めることを通して，"世界保全戦略[11]"の目的を支援すべきであるとしている．これらは，多くの動物園がすでに取り組んでいる活動であるが，それをWZCSとして文書化したことで，動物園の保全活動に対する評価基準を事実上説明したことになった（Wheater 1995）．

WZCSからWZACSへ

WZCSは，動物園が行うべき保全の理論と実際について，それらの要点をまとめたものである．その後継であるWZACSは，実際にはその戦略の新バージョンではなく，この戦略の目標である保全を達成するための方策と基準をさらに詳述したものである．動物園が果たすべき役割の各分野において，WZACSは，その展望と支援情報を与え，動物園が進むべき方向に対する一連の提言を示したものである．

WZACSの重要な点は，保全の優先事項を達成するために，様々な活動や様々な機関を連携させ，統合的な保全（10.5.4参照）を支援することにある．

10.2.3 保全の要

動物園が生息域外保全に対して明確な義務を負うように規制の枠組みが変わったのと同時期に，動物園は，生息域内での活動にもその参画や支援を求められるようになってきた．2004年にロンドンで，生息域内保全の要としての動物園の役割に関するシンポジウムが，ロンドン動物学協会（ZSL）とニューヨークの野生生物保全協会（WCS）の主催で行われている．

この会議（"保全の要"を掲げ，5大陸からの参加者があった）の成果の1つとして，"動物園と水族館の全ての活動は，生息域内保全の総合的な目標達成に貢献することを考え計画されるべきである．"といったように，具体的に動物園の保全に関わる挑戦がリスト化された．言い換えると，動物園は，生息域外での活動を，統合的な戦略の一部としてのみ行うべきで，本来の生息地での種の保全に最終的には繋げるということである（統合的な保全の概念と実際の活動方法については，10.5.4に詳述する）．

このシンポジウムの報告書は，2007年に書籍として「Zoos in the 21st Century: Catalysts for Conservation?（21世紀の動物園：保全の要?）」（Zimmerman et al. 2007）というタイトルで出版されている．この本に書かれた重要な点や提言のいくつかは，10.7で述べる．

10.3 ノアの箱舟としての動物園

動物園の保全の役割は，理論と実践の両面において定義されつつある．おそらく20年程前から，絶滅危惧種の飼育下繁殖個体群を維持することが，動物園の保全の役割の主な要素として認識されるようになった．この考えから，動物園は，現代のノアの箱舟とされ，自然が安全な状態に復元

---

[10] 多くの略語に混乱したり，WZACSからWZCSを思い出すのに苦労した読者は，本書冒頭の略語リストを参照してほしい．

[11] "世界保全戦略"は，IUCNが1980年に発行したもので，世界諸国の生態学的に健全な発展を唱えている．

されるまで，種を絶滅から守り安全に飼育する場所であると認識されている．ノアの箱舟としての取組みは，今もなお重要であるが，これは動物園が関わるべき多くの重要な保全活動の1つでしかない．

10.3.1 保全を支える飼育下繁殖

野生で絶滅した種を動物園個体群として維持した有名な成功例がある．モウコノウマ（*Equus ferus przewalskii*）[12]（図10-7）やシフゾウ（*Elaphurus davidianus*）での成功は，現代の標準的な計画による成功例ではないが（Box 10.2参照），これらの成功例は，動物園が種を絶滅から守るためのノアの箱舟としての可能性を示している．

動物園でどのくらいの数の種を守ることができるのか，そして飼育下繁殖の基礎理論を公式化すること，すなわち分断化した小個体群をいかに管理するのか，といった保全の役割を数値化する多くの取組みが，1970年代〜1980年代の間になされている（例えば，Foose 1980, Mace 1986を参照）．

WZCS（IUDZG・CBSG/IUCN/SSC 1993）に，飼育下個体群は，いくつかの種では，遺伝子プールを維持する重要な役目を果たし，そのため飼育下繁殖は，危機的な絶滅危惧種の個体群を管理するための唯一の選択肢であると記されている．動物園の遺伝子プールとしての役割は，野生個体群を補うことであり，あるいは完全に新しい個体群を構築することにある（例えば，再導入によって）．この役割を果たすためには，動物園個体群と野生個体群の間で双方の遺伝子プールを協調的に管理しておかなければならない．

動物園がこれらの遺伝子プールをいかに管理しているかということについては，第9章で詳しく述べている．ここでは，特に，動物園がどれくらいの種数を守ることができ，動物園がどのよう

図10-7 モウコノウマ（*Equus ferus przewalskii*）はモンゴル野生馬としても知られている．モウコノウマは1960年代に野生で絶滅している．第2次世界大戦後に，飼育下繁殖計画が始められ，多くの個体の増殖に成功し，その一部は1990年代にモンゴルへ再導入されている．（写真：©Hien Nguyen, www.iStockphoto.com）

にその種を選択するのかという観点で，さらに詳しく見ていくことにする．

10.3.2 動物園で保全できる種の数はどれくらいか

本章の初めに，野生下の脊椎動物5,742種と，昆虫および軟体動物1,601種が絶滅の危機に瀕しているというIUCNの見解を示した．動物園の飼育下繁殖により，このうちの何種を絶滅から救うことができるだろうか．

世界中の動物園のうち約1,000園が共同繁殖計画に参加する見込みがあり，これらの園館は動物のために推定約50万か所の飼育スペースを有していると考えられている（Seal 1991）．これらの飼育スペースのうち動物飼育にとって快適に利用できる環境は限られているにもかかわらず，これは飼育スペースとして妥当な数値の1つであると思われる．しかし，これで十分だろうか．

---

[12] モウコノウマの命名については議論が分かれており，*Equus caballus przewalskii* とする場合もあれば，*Equus ferus przelwalskii* とされる場合もある．この議論とは関係ないが，野生馬である本種は，動物園での飼育下繁殖により絶滅から救われた動物である．

Box 10.2　絶滅から救う．偶然か計画的か

　野生では絶滅した種でも，飼育下では生き残っている種がある．一番有名な動物は，シフゾウ（図 10-8）で，もともと中国中央部の沼沢地に生息していたが，野生では2000～3000年前に絶滅したと考えられている（Whitehead 1972）．Père Armand David がシフゾウを発見したのは，西洋科学の時代で，北京にあった皇帝の狩猟場（南苑）内で飼育されていたものである．このシフゾウの群れは，19世紀の終わりの洪水によって南苑の囲いが崩壊し，洪水に飲み込まれ，また最後の数頭は1900年に起こった北清事変（義和団の乱）の間に殺され，全滅した．しかし，幸いにも，ベッドフォード公爵が邸宅ウォバーン・アビーの敷地内でシフゾウの小さな群れを所有していた．このシフゾウの窮地に気がついた公爵は，自身の荘園と欧州の動物園から18頭を集めて飼育していたのである．この18頭が今日生き残っている全てのシフゾウのファウンダーとなっている．

　シフゾウは，飼育下でよく繁殖し，1980年代初頭には約1,000頭にまで増え（Cherfas 1984），多くの動物園に分けられている．また，1980年代までに，中国では野生への再導入が始められるまでになっている．まず，Beijing Milu Park（1985年），次に Dafeng Natural Reserve（1986年）へ導入され，その後も群れは拡大している（Hu and Jiang 2002）．

　驚くことに，1947年～2000年までの間に生まれた2,042頭の記録の分析から，近親交配の影響が比較的少ないことが示されている（Sternicki et al. 2003）．これは，野生で絶滅し動物園で飼育され，最終的にもともとの生息地へ再導入された，ほぼパーフェクトな事例である．しかし，振り返ってみると，いくつかの幸運が重なっただけである．1つのファウンダーとなる群れをつくることができたこと，そしてその群れをつくる構想をもった人がいたこと，さらにその子孫に近親交配の問題がなかったこと．

　クアッガ，リョコウバト，フクロオオカミなどは，動物園に最後の個体が生き残っていたが，不運にも絶滅してしまった．

図 10-8　シフゾウは西洋科学に知られるはるか昔に野生では絶滅してしまった．少数の飼育下個体が現代の個体群の祖先で，近年になり中国で再導入されている．（写真：Geoff Hosey）

残念だが，答えはおそらく No で，希少種の飼育下個体群の維持には，単純に動物を一緒にして繁殖を待つだけに必要な数以上の頭数が必要となる．第9章で解説したように，たいていの場合，飼育下個体群は小さく分断されている．そのため，遺伝的多様性の維持と近親交配の回避は，現実的な問題である．WZCS と WZACS に要約されているように，飼育下繁殖のゴールは野外個体群がもつ遺伝的多様性の 90% を 100〜200 年間維持することとなっている（Soule et al. 1986）．これを実行するためには，各動物種に有効な飼育集団サイズが 200〜250 頭必要となる．

この場合，100% 有効活用されたとして，上述の飼育スペースは約 2,000 種に提供可能なスペースとなる（Seal 1991）．もちろん，種が異なれば必要とする飼育スペースの量と質は異なる．そのため，利用可能かつ需要を満たすスペースは，まず"目"もしくは"科"のレベルで評価したほうがよい．例えば，北米の動物園の調査では，この調査に回答した 44 動物園の飼育下繁殖計画に 16 種のヘビを収容可能であることが示されている（Quinn and Qinn 1993）．鳥類における同様の調査では，可能な長期飼育管理計画は 141 種以下であった（Sheppard 1995）．

より積極的な考え方として，絶滅の恐れのある両生類について WAZA を代表する 1,200 の動物園がそれぞれ 5 種類の飼育下個体群を維持すれば，動物園は脊椎動物の特定グループ全体を保護する組織になり得るというものがある（Dickie et al. 2007）（動物園で両生類を保護する方法についてのさらなる情報は Box 10.3 参照）．

ただしこの手の調査では，達成可能な最小量しか把握できない．一方で，繁殖計画の対象ではない動物が使用している飼育スペースの再配置や，国際的な繁殖計画に参画していない多くの小さな動物園に繁殖計画への参加を推奨することで，より多くの飼育スペースが利用できると WZCS は指摘する．また WZCS は，全ての種が 100 年間も動物園を占有する必要はなく，最も絶滅の恐れのある種のみで，持続可能かつ大規模な生息域外個体群を維持する必要がある一方，絶滅の恐れの少ない種では小さな飼育下個体群は野外個体群の予備として役立つとしている．

10.3.3　どの種を保全すべきなのか

全ての絶滅の恐れのある生物に対して，持続可能な個体群を維持するために必要な飼育スペースを与えることはできない．そのため，保全の明確な優先順位づけが必要となる．WZACS ではこの優先順位づけを補助する目的で，いくつかの基準をリストアップしている．

・野生個体群はどの程度危険か
・分類学上どの程度特徴的か
・対象種はその地域に本来生息する種か
・飼育法が確立し，かつ成功しているか
・すでに飼育下個体群が存在しているか
・フラッグシップ種となり得るか
・教育的，研究的な付加価値をもつか

これらの優先順位は，IUCN と動物園専門家グループにより設定されている（第9章参照）．

これとは異なる見解が Balmford et al.（1996）により提唱されている．彼らは，現在の繁殖計画が大型の哺乳類に偏っていることを指摘し，より現実的なアプローチとして，維持管理費が安く飼育スペースも少ない，そして来園者になじみのある小型種に集中すべきであると提案している．

しかし，現在の動物園におけるカリスマ的大型動物[13]への志向は，Cardillo et al.（2005）により支持されている．彼らの研究は，絶滅のリスクが体重 3kg 以上の動物たちで極めて高いことを示しており，予想よりも早く大型哺乳類の多様性が失われることを示唆するものである．

---

[13] カリスマ的大型動物とは，一般的な動物とは不釣り合いに大きい脊椎動物のことで，ジャイアントパンダやホッキョクグマ，トラそしてゾウが含まれる．99.99% の動物はこれに含まれない．

Box 10.3 忘却から両生類を救う

　両生類の全科が絶滅の危険にさらされている．最近の調査では世界中の両生類の32%に当たる1,856種が絶滅の危機に瀕しており，168種が過去20年間に絶滅したかもしれないことが示唆されている（Stuart et al. 2004）．

　両生類における大きな問題はツボカビの感染と地球温暖化に伴う，ツボカビ感染の悪化である（Punds et al. 2006）．しかし両生類は，生息地の消失や開発といった他の脅威にもさらされている．そして，両生類の分布域が狭いということもまた危険要素の1つである（Sodhi et al. 2008，図10-9参照）．

　両生類を守るために動物園に何ができるのだろうか．両生類は比較的小さく，低い維持コストで高い繁殖率を得ることができる．しかも，飼育下における行動的な問題もほとんどない．これら全ては，動物園が両生類の保全に有益な存在になり得ることを意味する（Bloxam and Tonge 1995）．IUCN種保存委員会の両生類専門家グループ（ASG）は両生類に関する保全行動計画をすでに立てている（Gascon et al. 2007，www.amphibian.org からオンラインで

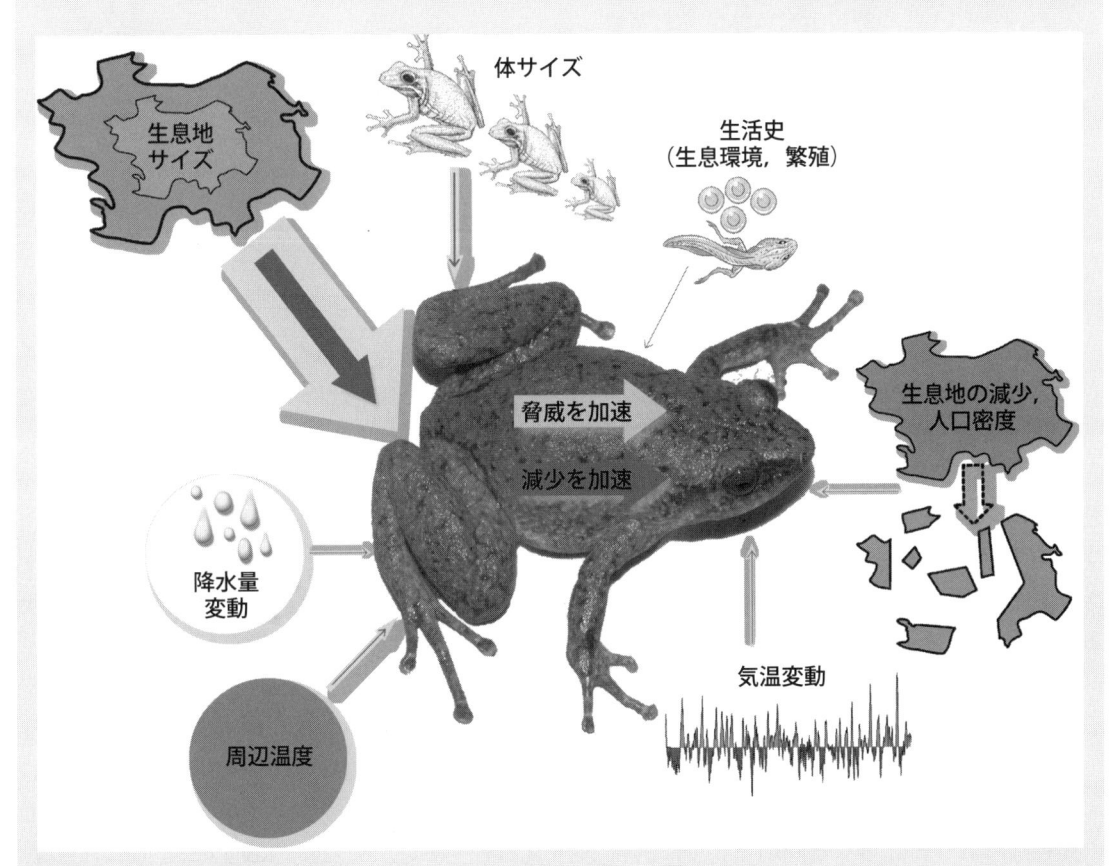

図10-9　最近の研究から，多くの両生類が絶滅の瀬戸際に立たされていることが明らかとなっている．両生類には複数の脅威が存在し，大規模な生態学的変化（図中の明矢印）およびその変化により生息環境で生存できなくなること（図中の暗矢印）が含まれる．変化した環境では彼らの生活史形質のいくつかは適応できなくなってしまう．矢印の幅は変異幅をもつ生存リスクの量を示している．例えば生息地の縮小は，他の環境変数や生活史変数に比べ，リスクと減少に関する優れた予測指標となる．

> **Box 10.3　つづく**
>
> 入手可能).そこには,複数の動物園で達成された飼育下繁殖も含まれている.最近 ASG は,できる限り多くの両生類の域外保全活動を行う"両生類の箱舟"を組織するために WAZA と協力している.さらに ASG は 2008 年をカエル年と位置づけている(Box 10.5 参照).
>
> 　コバルトヤドクガエル(*Dendrobates azureus*,図 10-10)の 1 例を見てみよう.この種は南米のスリナムの少数の隔離された地域に固有の種で,そこでは絶滅の危機に瀕している.米国動物園水族館協会の 20 の動物園において,第 1 世代が飼育下で 175 匹を繁殖した.そして 20 匹中 14 匹の野生由来個体は今も繁殖している(www.amphibiaweb.org).このカエルの血統台帳は欧州動物園水族館協会で作成され,欧州の動物園も飼育下繁殖に取り組んでいる.
>
> **図 10-10**　コバルトヤドクガエル(*Dendrobates azureus*)は,飼育下繁殖の取組みによって,現在まで生き残っている両生類の 1 種である.
>
> うまくいけば手遅れになる前に,この手の共同した活動により,さらに多くの両生類を保護できるだろう.

　動物園は,一般の人の関心を集めることができるフラッグシップ種〔ゴールデンライオンタマリン(*Leontopithecus rosalia*)やゴリラ(*Gorilla* spp.)が頻繁に引用される〕に集中すべきであるという考えも存在する(Hutchins et al. 1995).フラッグシップ種は,世間の支援を得ることができ,生息域内保全への基金を生み出すこともできるからである.そして,この基金はフラッグシップ種以外の多くの種に利益をもたらすこともできる.

10.3.4　種か亜種か

　動物園におけるさらなる問題として,飼育下繁殖計画の分類学的レベルをどこに置くべきかということがある.Mace(2004)が指摘したように,分類学と保全は相俟って進展する.多くの保全計画の基本は生物種[14]のリストである(例えば,IUCN レッドリスト).しかし,分類単位として種を選択した場合,多くの場合,種の定義を適用することが簡単ではないため,私たちは着目している種の構成単位を決定しなければならない(より詳細な議論は第 5 章参照).

　地球上の全種数に関するわれわれの知識が不足している(おそらく 700 〜 1,500 万種以上のうち,170 万種しか把握できていない.Mace(2004)参照)のみならず,私たちの種に対する考え方も変わりやすい.例えば,Roca et al.(2001)は,アフリカゾウは森林棲の *Loxodonta cyclotis* とサ

---

[14] 種の一般的な定義は他の集団と生殖的に隔離され,かつ他の集団とは繁殖できない集団のことである(Mayr 1942).この定義はたいてい適用が難しいため,形態的特徴もしくは遺伝的特徴が代わりに用いられる.

図 10-11 動物の分類は時とともに変化する（5.2.2 参照）．そのため，以前は同一種とされていた種の中に異なる種が含まれることがある．このような分類が原因となって，交雑個体が生み出される．写真は，1980 年代に撮影されたアカエリマキキツネザルとクロシロエリマキキツネザルの交雑個体である．現在では両者はそれぞれ別種（*Varecia rubra* と *V. variegata*）とされ，交雑が起きないように管理されている．

バンナ棲の *Loxodonta africana* の 2 種として扱うべきであるという遺伝学的証拠を示した[15]．同様に，多くの種はそれぞれが亜種とみなすのに十分なほど特徴があり，地理的に分離した（異所性）個体群から構成されている．

亜種が異なる場合，それらを互いに別々の飼育下個体群として維持すべきだろうか．約 30 年前まで，動物園では異なる亜種同士が日常的に交雑させられていた．例えば，図 10-11 は，1980 年代のある動物園におけるクロシロエリマキキツネザルとアカエリマキキツネザルの交雑個体である．当時これらは同種の別亜種と考えられていたが，現在では *Varecia variegata* と *Varecia rubra* の独立した 2 種と考えられている（Vasey and Tattersall 2002）．幸なことに，ここ 25 年間，動物園ではこの 2 種を別々の個体群として維持している．しかしこの例は，分類レベルにおける優先順位づけの難しさを物語っている．

現代の分子生物学的技術は，進化的に明瞭に異なった個体群の把握を手助けする（Wayne et al. 1994）．例えば，リカオン（*Lycaon pictus*）は，アフリカ南部と東部の個体は外見が互いに似て

---

[15] ホッキョクグマの種分類もかつて議論がなされた．ホッキョクグマとヒグマの mtDNA の解析から，ヒグマの一部の個体群は同種の他の個体群よりホッキョクグマに近縁であることが示された（Waits et al. 1998）．この結果はホッキョクグマが独立種なのかという疑問を生じさせるものであった．

Box 10.4　保全生物学におけるミトコンドリア DNA の利用

　ミトコンドリア DNA（mtDNA）は，その名が示すように，細胞中のミトコンドリアから見つかる．この DNA は簡素で短い環状 DNA で，核 DNA とは以下の2点で大きく異なっている．
1. 減数分裂ではなく体細胞分裂を経て複製する．そのため，核ゲノムで組換え時に起こる遺伝的な混合が起こらない．そのため，mtDNA の遺伝様式は必然的にクローン性で，親から子へ不変的に遺伝する．
2. mtDNA は通常，卵子や卵を通して母系遺伝する（精子は mtDNA の遺伝には寄与しない．一方で，核 DNA については受精を通して遺伝する）．

　mtDNA は母系遺伝するが，変異を起こさずに遺伝するわけではない．保全生物学者にとって特に有用な mtDNA の性質として，核 DNA に比べて突然変異率が高いことがあげられる．このことは少なくとも哺乳類において，核 DNA と比較して集団間の塩基分化率が早いことを意味している（Cronin 1993）．

　保全遺伝学者は異なる動物から mtDNA を探索し，それらがどの程度異なっているかを確かめることができる．このことにより，別種か同一種内の個体群間かという分類学的類縁性を推定することができる．

　最近のほとんどの保全生物学の教科書では保全活動をサポートするために，mtDNA と核ゲノム両方の使用に関する情報を掲載してあるだろう．

いるが，mtDNA の塩基配列に基づくとこれらの個体群は別亜種とするのに十分なほど異なっている．飼育下繁殖と再導入計画においては，この2つの個体群は分けておくべきであると推奨されている（Wayne et al. 1994）．

　一方，スマトラサイ（*Dicerorhinus sumatrensis*）について，マレーシア西部，スマトラおよびボルネオの異所的個体群に関する mtDNA の解析では，これらの個体群の違いはわずかであり，本種の適切な保全単位は，地域個体群ではなく，種とすべきであることが明らかとなっている（Amato et al. 1995）（mtDNA の解析に関する詳細は Box 10.4 を参照）．

　この2つの例は，種分類の決定において，分子生物学的証拠を初期段階で用いるのではなく，保全を目的として重要な個体群を決定するために用いるべきであることを示している．この考えは進化的重要単位（ESU）[16] という概念の基礎となる．この概念は，種以下の保全単位を適切に定義することを補助するために，Ryder（1986）により最初に定義されたものである．進化的重要単位の定義は，"異なる手法により得られたデータが一致し，有意に適応的な変異を示す個体群" とされている．言い換えれば，伝統的な分類学よりも，同一種内の異なる個体群間の遺伝的多様性のほうが保全活動上の決定にとって，適切な基準となる．

　分子生物学的情報が非常に貴重なものであることは明らかである．複数の著者が，分子生物学的基準に基づき進化的重要単位を定義してきた．例えば，Moritz（1994）は進化的重要単位を "mtDNA の複数の遺伝子が相互に単系統[17] であり，核遺伝子の対立遺伝子頻度が有意に異なる個体群" と

---

[16] 保全目的の場合，進化的重要単位（ESU）は保全管理の最小単位となる個体群と定義できる．進化的重要単位の利点は，種分類の難しさを回避できることにある．

[17] 単系統とは共通祖先から進化した分類群を指す．

定義している.

今日，多くの著者は進化的重要単位の定義において，生態学的データと分子学的データは同等に重要なものであるとしている (Crandall et al. 2000, Fraser and Bernatchez 2001).

10.4 再導入

多くの飼育下繁殖計画の重要な目的の1つは，最終的に，種を野生に戻す再導入である．しかしながら，すでに見てきたように，動物園で飼育されている全ての種が再導入される予定のあるプログラムの一部というわけではない．さらには，再導入を含む飼育下繁殖計画のもとに管理される個体群であっても，全ての個体が再導入されるわけではない（第9章参照）．満足できる再導入の基準さえまだできていないという理由のために，多くの種において再導入の見通しが立っておらず，その実現が遠い将来になるかもしれないということは，指摘しておく価値があるだろう（10.4.3参照）．このような訳で，動物園で生まれた個体が再導入に成功する数は実際かなり少ないが，なかには，将来他種においても見通しが明るくなるような注目すべき成功がある．WZCSとWZACSのどちらでも強調されているが，再導入において重要なことは，動物園が他の保全団体と協力しながら進める必要があるということである．

10.4.1 "再導入"とは

もちろん，人間活動によって新しい生息地へ動かされてきた動物（植物も）の長い歴史がある．"再導入"を通して，実際に私たちは何をしようとしているのか．

1987年，IUCNは人間活動によって生じる3つの異なるタイプの転位について定義した．これらは，保全団体に一般的に受け入れられている定義である．

- 導入：人間活動によって，歴史的に知られている行動圏の外への意図的もしくは突発的な散布.
- 再導入：人間活動もしくは自然災害の結果として，昔，ある場所から一度消えた，もしくは根絶した生物を，その場所に戻す意図的な移動.
- 補強：本来の生息地における，ある種の植物や動物の個体数を立て直すことを目的とした移動.

(Stuart 1991)

これらのうち，"導入"は，絶対に避けなければならない．例えば多くの島固有の鳥は，本来その島にない植物が人間によって持ち込まれたことにより，島の植物相が変化したために絶滅の危機もしくは絶滅に追い込まれてしまった（Halliday 1978）．動物園や保全団体が関心をもっているのは再導入と補強である．

10.4.2 再導入の必要がどれほどあるのか

保全に関わるほとんどの個人や団体は，絶滅危惧種の個体群が生息地で最良の状態で維持されることに異を唱えることはないであろう．これには生息地の保全と管理が必要であるが，他の種にも利益となるし，再導入を伴う飼育下繁殖にかかるコストと比べても高くつくものではない．さらには，野生のある場所から他の場所への動物の移動は，飼育下繁殖個体を用いた再導入によって野生個体群を確立させることよりも成功する確率が高い（Stanley Price 1991）.

それでは一体なぜ再導入をする必要があるのか．概括すれば，IUCN種保存委員会の活動計画において1992年の終わりまでに再導入が推奨されたのは68種のみであり，その内，飼育下繁殖も推奨されたのは45種に過ぎない（Wilson and Stanley Price 1994）．また，IUCN種保存委員会の再導入専門家グループ（RSG）のデータベースには，これまでに149種がリストアップされているが，その内，再導入が提案されている鳥類と哺乳類は121種である（Wilson and Stanley Price 1994）.

これは多い数字には見えないが，なぜこれほど少ないのだろうか．その答えはすでに述べたよう

に，再導入を満たす基準が満たされないからである（10.4.3 参照）．それにもかかわらず，公共への高い普及啓発効果という副産物があるという理由，また，種によっては他の方法では生き延びることができないという理由で，見込みのある再導入には相応の価値があると考えられている．今後，生息地の回復や遺伝子技術の利用によって，再導入に関する見通しは明るくなるかもしれない．

10.4.3　再導入の基準

自立的に維持できる絶滅危惧種の個体群を，一度絶滅した地域で新たに確立させることは容易ではなく，再導入が実現可能かどうかを判断するうえで，多くの一般的な基準が利用されてきた．これらの基準は，Kleiman et al. (1994) によって十分に議論されているものであり，その基準には以下のような事項が含まれている．

1. 野生個体群の大きさや遺伝的多様性を増加させる必要があること．
2. 再導入に利用できる，適切なストック（個体群等）があること．
3. すでに存在している野生個体群に対する脅威がなくなっていること．
4. 本来の種の減少要因が取り除かれていること．
5. かつてその種が行動圏としていた区域（再導入予定地）に，十分な広さの守られ得る生息可能な場所があること．
6. 再導入を予定している場所に同種がいないこと，あるいは，補強を予定している場所の個体数がわずかであること．
7. 地域住民による負の影響が大きくないこと．
8. 再導入に地域共同体のサポートがあること．
9. 関係のある政府，非政府組織からのサポートがあること．
10. 関係法令や規則に従って再導入を進めること．
11. 再導入の技術を熟知していること．
12. 対象となる種の十分な生物学的知識を有していること．
13. 再導入のための十分な資源（個体群）があること．

1995 年に IUCN は，SSC の再導入専門家グループ（3.2.4 参照）によってつくられた再導入ガイドラインを承認した．それは，IUCN のウェブサイトで見ることができる（「ウェブサイトとその他の情報源」参照）．

10.4.4　動物園がどのように再導入に関わるか

もちろん再導入に使われる動物は動物園から来るとは限らず，実際，飼育下生まれでさえないこともあるかもしれない．動物園動物はどの程度まで再導入プロジェクトに関わるのだろうか．その答えはわれわれが想像しているよりも少ない．Beck et al. の調査によると，129 の再導入プロジェクトのうち，76 は動物園で繁殖した動物もしくはその子孫を使ったものである．これは最小で 20,849 個体（1,958 の哺乳類，8,271 の鳥類，10,620 の爬虫類・両生類）が関わり，筆者が指摘しているように，3 つもしくは 4 つの主要な動物園のコレクションを合わせた数に匹敵する．これは決して多いようには見えないかもしれないが，少なくとも 100 年間はその種の遺伝的多様性を 90% 維持することが，飼育下繁殖計画の目的であるということを覚えておく必要がある．このことの前提となるのが，再導入プロジェクトは多くの種において将来必ず実現されるというわけではない，ということである．今のところ，再導入プログラムのあるいくつかの種は，その種の行動圏内の他地域に十分な野生のストック（個体群）があり，それらの多くは，たいていが絶滅寸前というわけではない．しかし，将来もそうであるとは限らない．

10.4.5　再導入プロジェクトの例

いくつかの再導入プロジェクトは特によく知られるようになった．再導入個体の集中的なモニタリングのため，あるいは，その種が"フラッグシップ種"と見なされてきたためである．"フラッグシップ種"を守ることの意義は，その種のみを守

ること以上に，より幅広い保全活動としての重要性がある．以下に，特によく知られ，保全の指標として再導入の効果を説明する文書によく引用される，3つの例をあげる．

ゴールデンライオンタマリン

おそらく最もよく知られているのが，ゴールデンライオンタマリン（*Leontopithecus rosalia*，図10-12）をブラジルの大西洋岸の熱帯雨林に戻した再導入プログラムである（Kleiman et al. 1986, Stoinski et al. 1997）．この小型の霊長類は，野生と飼育下で絶滅の危機に瀕していた（1980年代には死亡率が出生率を上回っていた）．そして保全プログラムの最初のステップは，飼育管理計画のどこに間違いがあるかを確認し，それを修正することだった．その結果，リオデジャネイロの霊長類センターの協力を得て，自己存続可能な飼育個体群がワシントンDCのスミソニアン国立動物園や他の動物園に出来上がった．

再導入が試みられる前に，隠れた餌の探し方や移動のための自然物の使い方を学ぶプレリリーストレーニングプログラムが実行された．その後，タマリンをリリースサイトの植物の周りにつくられたケージに慣れさせた．

リリースの最初の一群として1984年に14頭が放されたが，うまく暮らしていくことができず，1年後には11頭が死亡もしくは排除された（Stoinski et al. 1997）．これを受けて，トレーニングプログラムが改良され，特に，リリース後のトレーニングを強化し，より成功する再導入に導いた（1995年までに，169頭が再導入され，野生で23%が生存している）．

アラビアオリックス

ゴールデンライオンタマリンの例では，絶滅の危機にありながら，まだ現存している野生個体群のいるところに飼育下繁殖した個体を補強した．一方，アラビアオリックス（*Oryx leucoryx*，図10-13）は野生絶滅したところに再導入されたという点でゴールデンライオンタマリンの例とわずかに異なる．これは個体がすでに存在しない場所に野生個体群を確立させるプログラムであった．

この種は，1972年までに野生で一度絶滅したが，その前に飼育個体群が確立された．再導入は，1982年にオマーンで予備実験に成功し，次いで1984年にも再び成功し，1995年10月までに，16,000km^{2}を超える保護区を用いて，約280頭を数える独立した個体群への成長に導いた（Spalton et al. 1999）．不幸なことに，最初の場所での主な絶滅要因だった乱獲が1996年に再開され，1998年9月までに138頭に減り，さらに雌は28頭だけになってしまった．そのため，

図10-12 ゴールデンライオンタマリンはよく知られている再導入プログラムの1つとして注目されてきた．スミソニアン国立動物園で始まった，成功した飼育下繁殖計画が飼育下個体群の増加と，その後のブラジル大西洋沿岸における熱帯雨林への再導入へと導いた．（写真：Jessie Cohen，スミソニアン国立動物園）

図 10-13 アラビアオリックスは，野生では 1972 年に絶滅したが，その後オマーンと，最近ではサウジアラビアで再導入が試みられている．（写真：Geoff Hosey）

残っている個体をできるだけ多く捕獲し，飼育下に収容した．

オリックスにおける同様の再導入がサウジアラビアでも実行され，これはより多くの成功をもたらした（Ostrowski et al. 1998）．

カリフォルニアコンドル

また，わずかに違うケースとしてカリフォルニアコンドル（*Gymnogyps californianus*，図 10-14）の例がある．野生で放っておけば絶滅する運命にあると見られていた，最後に残った野生個体を，種を存続させるために飼育下にもってきたものである．

この種は何年間も希少種として認識されていたが，1985 年までには総野生個体数がわずか 15 羽となってしまった（Toone and Wallace 1994）．1986 年〜 1987 年の間に，野生に生存していた全てのコンドルをロサンゼルス動物園とサンディエゴワイルドアニマルパークの飼育下に持ち込んだ．1994 年までに，49 羽のコンドルがこの 2 つの動物園で生育し，1992 年に野生へのリリースが始められた．しかし，なかには頭上の電力ケーブルにぶつかる個体がいたり，残留銃弾を食べて鉛中毒になったりする個体がいるため，野生下の死亡率は懸案事項となっている（Meretsky et al. 2000）．そのため，野生個体群の生存能力ははっきりしないままである．

この章の始めに述べたように，これらの 3 つの例は，再導入の成功事例としてよく引用される．そして，飼育下繁殖動物の段階的な再導入が，動物園の保全活動において目指すものであるという印象を得るのはたやすい．しかし，現実には再導入の成功事例はわずかしかなく，その技術は保全の取組みにおいて普遍化したものではない（Stanley Price and Fa 2007）．今，より重要なことは，野生個体群と飼育下個体群の統合された管理である（10.5.4 参照）．

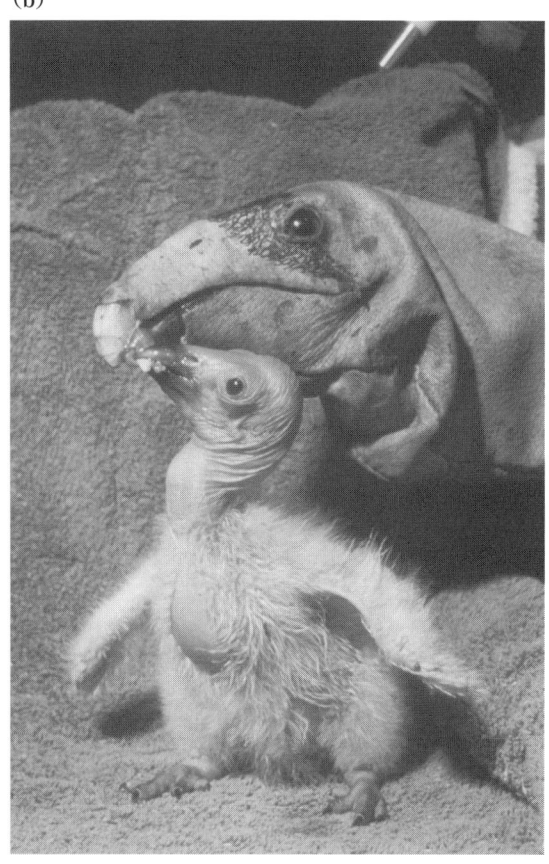

図10-14 極めて希少なカリフォルニアコンドル（a）を守る試み．飼育下繁殖によって，雛の複雑な人工育雛手法の確立をもたらした．正しく刷り込みさせ，その正しい種を認識させるように，コンドルの成鳥の頭の形をしたパペットによって雛に給餌をしている（b）．（写真：（a）Scott Frier Ⓒ 米国魚類野生生物局，（b）Ron Garrison Ⓒ 米国魚類野生生物局）

10.4.6　再導入にお金をかける価値はあるのか

　ゴールデンライオンタマリンプロジェクトは，とてもよく知られており，絶滅危惧種の保全の認識を高めるのを助けてきたが，それは相当な費用のかかる事業である．再導入したタマリン1頭を生存させるのに，22,000USドルかかる（Kleiman et al. 1991）．動物園での維持費〔飼育係（キーパー）の時間，餌，獣医学的なケア，獣舎など〕は1頭を1年間飼育するのに総額約1,657ドルとなり，再導入の費用も加えると1,989ドルである．

　飼育下繁殖や再導入は明らかに，少なくともタマリンでは，お金のかかる活動である．Balmford et al.（1995）によると，大型種の生息域内保全は飼育下繁殖よりも比較的安く，良好な個体数の増加が見られ，特定の種だけでなく生態系全体を保全するうえでの助けとなる付加的な利益をもっている．しかし，私たちは，タマリンプロジェクトの例における費用がおそらく典型的なものではなく，特に在来種（10.5.5参照）の再導入プロジェクトのような他の多くのプロジェクトは少ない費用ですむということを心にとどめておくべきである．さらに言えば，飼育下繁殖と生息域内保全を二者択一の選択肢として見ることは誤った方向に導くだろう．なぜなら，多くの場合，両方が必要

で，種によっては生息域内保全が単に1つの選択肢にはならないかもしれないからである．

10.5 動物園でのその他の保全活動

10.5.1 教育と普及啓発

WZACSでは，毎年世界中で数億人の人々，それも野生動物と触れ合うことがほとんどない都市に住む人々が動物園を利用していることに注目している[18]．

　今日，より多くの人々が都市に住むようになり，野生動植物と実際に接する機会を失っている．（WAZA 2005に引用されたAttenborough 2004より）

おそらく，人々は動物に多少なりとも関心があるから動物園にやってくるのであって，だからこそ動物園は保全の問題について啓発したり情報提供したりするのに適しているのである．啓発や情報提供は，展示施設のデザインや解説板，キーパートーク，双方向性の高い教育プログラム，動物ショーなどの機会をうまく捉えてこそ，なし得るものである．これらの機能があるからこそ，生息域外保全の観点からは個体群を維持する優先度が低い動物であっても，優先度の高い動物と同じように個体を維持することが重要になるのである[19]．保全のためのメッセージを伝えたり，来園者に動物を介した貴重な体験をしてもらううえでは，保全上の優先度が高い動物種よりも，むしろそうではない種を飼育した方が効果的である場合もある．

動物園で教育活動を成功させるには，プログラムごとに対象者を適確に設定するとともに，動物園に対して否定的な大衆意見に対しても配慮しなければならない（Whitehead 1995）．動物園教育の効果は不明確さを残しており，まずは飼育動物を大切に管理している様を示すことが，動物園で保全教育を進めるうえで重要である（第13章「人と動物の関係」において詳述）．

10.5.2 調査研究

長い間，動物園の動物を用いた研究は解剖学と分類学が中心であった．しかし，動物園の動物は，行動学，遺伝学，そして生理学など様々な研究を通して，希少野生動物の生息域内，域外の保全に貢献できる可能性をもっている（Ryder and Feinstner 1995）．WZACSにおいても研究の重要性が強調されている．動物園は自らのもつ貴重な資源を活用して独自の研究計画を立案し，研究を実行に移し，データベースの構築に役立て，研究成果を普及させることが重要である．

欧州では，1999年のEC動物園長会議において，動物園が保全のゴールを目指すうえでの最低条件を示し，研究の推進が最低条件を満たすための1つの方法であると提言した（第3章参照）．疑う余地もなく，この約10年で欧州の動物園における研究事例は大幅に増加した．しかし，EC動物園長会議で示された，研究の推進という最低条件をどれだけ満たしてきたかと言えば，何を研究としてみなすかによって，その答えは変わってくるだろう．Rees（2005b）によれば，動物園における研究のほとんど（例えば行動学，環境エンリッチメントに関する研究等）が，直接的には保全に関係がある訳ではないうえ，英国の動物園

---

[18] 英国・アイルランド動物園水族館協会，欧州動物園水族館協会，米国動物園水族館協会そしてオーストラリア地域動物園水族館協会などの動物園協会に加盟している世界中の多くの動物園は，毎年少なくとも6億人もの来園者を迎えている．国連環境計画代表のAchim Steinerが言うように，動物園は"明日の保全を温める者"として限りない可能性を秘めている（Steiner 2007）．

[19] ミーアキャット（*Sricata sricatta*）は動物園でとても人気がありながら，保全対象として重要度がそれほど高くない種の例として有名である．ミーアキャットは南アフリカの野生生息地で危機に瀕しているとは考えられていないが，彼らは高い社会性が特徴の展示効果の高い魅力的な種であるし，健康管理上の問題もほとんどない．

において研究記録であるとしているものでも，外部からは本来の研究としてはみなされていない．

　研究を進めるうえでの最低条件は，研究材料が少ない小さな動物園であっても満たされていなければならず，ましてや大動物園においてはしっかりとした独自の研究セクションが備わっている，というような外部から期待されているものと，動物園自身の視点は明らかに異なる（Thomas 2005, Wehnelt and Wilkinson 2005）．行動学に関する研究の重要性はますます高まっており（Shepherdson 1994, Wielebnowski 1998, Festa-Bianchet and Apollonio 2003, Swaisgood 2007），これは再導入の候補になり得る飼育下個体に本来の多様な行動を維持させるというような目的に限ったものではない．

10.5.3 持続可能性

　WZACSの第8章では，持続可能性と，動物園が自らつける環境への足跡（負荷）をいかに縮減できるか（すべきか）について述べられている．持続可能性と保全とは，必ずしも同義ではないが，動物園が保全のための機関として真剣に取り組むうえで，動物園が自然資源の枯渇に手を貸していると見られることがないよう（WAZA 2005），持続可能性ということについても責任をもって管理されている組織であり続けなければならない．"持続可能な動物園"については，本書の最終章で詳しく述べるが（第15章参照），英国やその他の国において，多くの動物園がISO14001を取得することは，もはや特別なことではなくなっている[20]．

10.5.4 統合された保全

　これまで，私たちは動物園における生物多様性保全の役割は，教育，研究，飼育下繁殖であると考えてきた．実際，これらは動物園が係わる保全活動領域として都合がよい．例えば，動物園では"教育"というツールを用いて，保全の必要性や金銭的な支援の必要性についての啓発や，動物に関する情報提供を行ってきた．動物園での教育は，その目的に応じて多くの手法が備わっている．また，多くの動物園は，飼育下の個体を用いた研究に合わせて，フィールドにおける動物の研究にも関わっている．このように動物園において色々な角度から取り組まれる保全活動が統合されていること，また，動物園以外の団体が進める保全活動もともに統合されることによって，組織的な取組みが実現する．

　保全への統合的なアプローチ[21]はWZACSのメインテーマになっている．WZACSでは動物園の内部的統合と対外的統合を区別している．内部的統合による保全活動は，動物を飼育することと，来園者に楽しくてためになる経験を提供することだけでなく，保全に貢献する様々な動物園外での活動にリンクさせることも含む．ここでいうリンクとは，動物園の運営における持続可能性をも含み得る．動物園が関係している生息域内保全地域に由来する商品の販売や，飼育下やフィールドにおける研究や保全活動に取り組む人々を紹介することなども重要なリンクである．対外的統合による保全活動は，動物園以外の保全に取り組む他団体とのリンクを形成させるようなことである．フィールドでの保全を進める団体，野生生息数の

---

[20] ISO14001は1996年に発行された，最もよく知られる環境管理標準（ISO14000シリーズ）であり，国際標準化機構（ISO）によってつくられた．

[21] 保全に対する統合的なアプローチはもはや新しいものではない．10年以上も前の本「Creative Conservation: Interactive Management of Wild and Captive Animals（創造的保全：野生下と飼育下の双方向な動物管理）」（Olney et al. 1994）の中で，世界中の動物園や保全機関の代表らは，絶滅の危機にある種を管理する，統合的なアプローチの必要性をすでに訴えていた．

調査を支援する団体，生息域内保全を財政的に支援する団体などとのリンク，統合である．もちろん全ての動物園が全てのことに取り組めるということはあり得ない．しかし，保全の目標に到達するうえで，その動物園にある資源を最も有効に活用できるのはどのような取組みか，という視点で考えれば，その答えは得られるであろう．

2，3の例をあげてみよう．

英国のチェスター動物園では中国，フィリピン，ナイジェリア，モーリシャスを含む，多くの国での保全プログラムをもっている．どのプログラムにおいても地域や国際的な保全に取り組む機関と連携している．そのいくつかは大学やその地域の動物園とも連携している．

イングランド南東部にあるマーウェル動物園はマーウェル保全トラストの一組織として成り立っている．このトラストはマーウェルコンサベーションも含んでおり，アフリカの動物に焦点をあてた多くの国際的な保全活動を進めている．例えば，マーウェルジンバブエトラストは1997年に設立され，ジンバブエ公園・野生動物オーソリティやその他のNGOと連携してジンバブエにおけるサイの保全を支援している．

マーウェルコンサベーションは飼育下繁殖させたシロオリックスとアダックスをチュニジアと，さらに最近ではモロッコへ再導入するプロジェクトに深く参画している（Woodfine et al. 2005）．オリックスの保全プログラムはマーウェル動物園をはじめ，動物園における飼育下繁殖と生息地における保全手法の融合によって進められている．飼育下繁殖させ，生息地に再導入した個体群の生存を保障し，生態系を保護するところまでが統合的に捉えられなければならないからである．

ジンバブエにおけるマーウェル動物園の活動はもう1つの英国の動物園，ペイントン動物園環境公園との協同でも進められている．両園はジンバブエにあるダンバリフィールドステーション（図10-15）においてサイ，チーター，ダイカーの保全管理に協同して参画している．

最後にジャージー動物園の例を紹介しよう．ジャージー動物園は極めて優れた先進的な保全活動センターとして国際的な評価を得ている[22]．ジャージー動物園はデュレル野生生物保全トラストの一組織であり，保全に対する理念は動物園のあらゆる組織の隅々まで浸透している．モーリシャスバト（*Columba meyeri*, 図10-16）はジャージー動物園における飼育下繁殖によって救われた，数ある絶滅危惧種の1つである．

モーリシャスバトは，1991年には10羽しか残っておらず，ドードーと同じ道を歩むことは避けられないと思われていた．1977年，飼育下繁殖の取組みがジャージー動物園で始まった．同時に，野生個体がほとんど生き残っていなかった生息地を保全する取組みも進められた．飼育下繁殖が成功してからは再導入が進められ，現在，モーリシャスバトの野生個体数は350羽程度に回復している．IUCNのレッドリストにおいてもCRからENに格下げされている（「ウェブサイトとその他の情報源」を参照）．

もはやモーリシャスバトは飼育下繁殖計画を進めなくても，維持することが可能であろう．しかし，そのことは同時に絶滅させることも容易であることを意味している．現在，モーリシャスバトの飼育下個体群は2つの目的で増殖されている．1つは将来モーリシャス島で危機があった場合の保険である．もう1つは，島の生態系や島に生

---

[22] ジャージー動物園のように，世界をリードする動物園の多くは動物園自身を，第1に保全の機関として捉えており，動物園が保全を進める大きな傘の下にある一組織にすぎないと考えている．ニューヨークのブロンクス動物園は野生生物保全協会の一部署であり，英国でもマーウェル動物園はマーウェル保全トラストの傘下になっている．ペイントン動物園環境公園，リビングコースト，そしてニューキー動物園は，どれもホワイトリー野生生物保全トラストの一部である．このトラストはスラプトンリー自然保護区をも所有している．

(a)

(b)

図 10-15 ジンバブエのダンバリフィールドステーション (a) はマーウェル保全トラストとホワイトリー野生生物保全トラストの連携によって生息域内保全プログラムが進められているところであり，ブルーダイカー（*Cephalophus monticola*）(b) などの種をはじめ，地域の野生生物保全のために多くの人々が働いている．（写真：ホワイトリー野生生物保全トラスト）

図 10-16 モーリシャスバトはジャージー動物園の先導的働きによって，飼育下繁殖計画の成果を野生への再導入に還元できた代表例である．（写真：ペイントン動物園環境公園）

息する生物の個体群がいかに簡単に滅びてしまうかを，毎年ジャージー動物園に訪れるたくさんの人々に忘れないでいてもらうためのシンボルとしてである．

モーリシャスバトに関する取組みは，ジャージー動物園を中心としたデュレル野生生物保全トラストによって進められている，数ある保全活動プログラムを代表するものである．トラストのウェブサイトによれば，モンセラートムクドリモドキ（*Icterus dominicensis oberi*），モーリシャスチョウゲンボウ（*Falco punctatus*），カンムリシロムク（*Leucopsar rothschildy*），ベトナムキジ（*Lophura hatinhensis*）の他，多くの鳥類の保全活動が進められている．また，哺乳類についてはオ

ミミアシナガマウス（*Hypogeomys antimena*），アイアイ（*Daubentonia madagascariensis*），アラオトラジェントルキツネザルが，両生類についてはコバルトヤドクガエル（*Dendrobates azureus*），トリニダードコオイガエル（*Colostethus trinitatis*）について取り組まれている（詳細はwww.durrellwildlife.org/ 参照）．また，ジャージー動物園近郊の在来種の保全にも取り組んでおり，キタリス（*Sciurus vulgaris*）やジャージーヤチネズミ（*Clethrionomys glareolus caesarius*）を保全している．

多くの小さな動物園では，ジャージー動物園のようなレベルでの活動をすることは困難である．けれども，たとえ最小の動物園であっても，他の動物園と連携すれば生息域内保全において力を発揮することができる．動物園は大きくなくてもいろいろな形で保全に貢献できるのである．市民への普及啓発や財政的支援など，その動物園にあった方法があるはずである．また，現在は動物園間の連携した取組みも盛んになっている．欧州動物園水族館協会が進めるサイを守るキャンペーンが良い例である（Box 10.5 参照）．

10.5.5 在来種の保全

どの動物種の保全プロジェクトを進めるかについて，動物園は分類学的な視点から決めることがあるとともに，時には生息地との距離，すなわち遠く海外の種よりも身近な在来種，という視点で保全対象の優先種を選ぶことがある．ニワカナヘビ（*Lacerta agilis*），ウズラクイナ（*Crex crex*）[23]，コオロギの一種（*Grillus* spp. フタホシコオロギが含まれる属）などは，シマウマやトラのように来園者へ強いアピールができる動物ではないかもしれない．しかし，これらの在来種（この場合，英国にとっての在来種という意味であるが）は比較的小さなスペースで飼育可能であるとともに，

---

[23] ウズラクイナは茶色い色をした中型の鳥である．茂った草地を好み，背景に上手く溶け込むので，どこにいるかは姿よりも鳴き声で分かることが多い．

Box 10.5　欧州動物園水族館協会によるキャンペーン

　なんらかの保全プロジェクトに対する財政的な支援は，動物園が国際的な保全の取組みに対して貢献するうえで重要である．ここ何年間か，欧州動物園水族館協会は特にキーとなる保全プロジェクトに対して，基金を創設し，集まった額で，支援するキャンペーンを展開してきた．欧州動物園水族館協会加盟の動物園はそのために特別なイベントや活動を実施したり，展示を工夫したりしてきた．2002年～2003年と2003年～2004年にかけて，キャンペーンはロシア，インドネシア，タイ，インドで取り組まれている，トラを保全するための9つの異なるプロジェクトに対して財政支援を行った．この支援は2004年～2005年の"シェルショック"と呼ばれるカメ類を保全するキャンペーンに引き継がれた．このキャンペーンはカメ類が危機的な状況に置かれていることに対して市民の理解を深めること，最も絶滅の危機にある36種のうちの数種について飼育下繁殖を進めること，保全活動のために15万ユーロを支援することを目指したものである．

　2005年～2006年のキャンペーンは"セーブ・ザ・ライノ"である．このキャンペーンもやはり，サイの個体群が危機に瀕していることに対して市民の理解を深めること，サイが生息する国における保全プロジェクトを財政支援するための基金を創設するためのもので，35万ユーロを目指した．さらに，キャンペーンは2006年～2007年の"欧州動物園水族館協会マダガスカルキャンペーン"（図10-17参照）や，

図10-17　欧州動物園水族館協会は2006年～2007年にかけてマダガスカルキャンペーンを実施した．欧州動物園水族館協会加盟の動物園は来園者にマダガスカルの野生動物保全の重要性を訴えるとともに，生息地の保全活動を支援するための募金活動を展開した．写真はオランダのアペルドールン霊長類公園の様子．（写真：Sheila Pankhurst）

Box 10.5　つづき

2008年の米国動物園水族館協会や他の地域動物園協会と欧州動物園水族館協会が連携した"国際カエル年"(www.yearofthefrog.org/ 参照)へと引き継がれた．

このように欧州動物園水族館協会は保全のキャンペーンを進める具体的な種を定め，基金創設とともに普及啓発等の他の活動をあわせて行ってきた．例えば"シェルショック"キャンペーンでは，119の欧州動物園水族館協会会員組織と13の非会員組織によって進められた．中国動物園協会（CAZG）がこの中に含まれていることは特筆すべきことである．中国動物園協会が"シェルショック"への参加を決めたことや，彼ら独自の長期的なカメ類保全の取組み"ケアシェル"キャンペーンの背景には，世界中の非常に多くのカメ類を，食用や薬用として日常的に殺してきたことがある．

"シェルショック"で集められた資金は，最終的には37万ユーロにのぼり，当初目標にしていた15万ユーロの倍以上が集められた．カメ保全基金（TCF）やウミガメ研究グループ（MTRG）によれば，"シェルショック"の基金はカンボジアやベトナムからフィリピンに至るまで，広く世界で進められているたくさんのカメ類生息域内保全プロジェクトに分配されているとのことである．

"シェルショック"をはじめ，欧州動物園水族館協会が行ってきたキャンペーンの詳細は，www.eaza.net に掲載されている．

当然地域の気候に適合している．例えば，チェスター動物園とマーウェル動物園では，ニワカナヘビを累代飼育し，コロニーを維持しており（図10-18参照），両動物園から英国国内の生息地にうまく再導入されている．

図10-18　ニワカナヘビはいくつかの動物園で飼育下繁殖に成功し，その後，野生への再導入にも成功した英国の在来種の代表例である．（写真：ⓒ Karel Broz, www.iStockphoto.com）

ベッドフォードシャー州にあるホィップスネード野生動物公園では，王立鳥類保護協会（RSPB）や英国自然保護機構と連携して，2002年からウズラクイナの雛を育て，英国国内に放鳥する取組みを進めてきた．これらの渡り鳥はアフリカから繁殖のために英国へ渡ってくるが，近年の英国国内における農業システムの変化などによって，健全な個体群の維持が困難になっていた．この共同プロジェクトには，最初の部分においてチェスター動物園も参画している．ドイツから創始個体を導入しているが，ホィップスネードに入れる前に検疫をチェスター動物園が行っているのである．この取組みは成果が出始めており，ケンブリッジシャー州にある王立鳥類保護協会のニーンウォッシュズ保護地で放した鳥のうち，少なくとも1羽はアフリカへの3,000kmの渡りに成功し，さらに放鳥地へ戻ってきている．

ロンドン動物園[24]における飼育下繁殖計画は1991年のヨーロッパクロコオロギ（*Gryllus campestris*，図10-19）によって確立された．

図 10-19 英国で絶滅の恐れのある昆虫類の1種であるコオロギの仲間（*Grillus* spp.）は，14,000匹以上もの飼育下繁殖個体が野生に放されている．（写真：ⓒ Maks Dezman, www.iStockphoto.com）

この種は英国生物多様性行動計画（BAD）の"endangered"としてリストされ，生息地はサセックス州のたった1か所だけになっていた．現在では，14,000匹の放虫により，新たに3か所でコロニーが形成されている．計画の目標は2010年までに，自ら持続可能な野生個体群を確立することである．

コオロギの飼育下繁殖のようなプロジェクトに要する経費は，ガゼルやマーモセットなど，大型動物の飼育下繁殖や野生復帰のプロジェクトに要する経費と比べてはるかに少なくすむ．また，同じ国や地域の中では生息域外保全と生息域内保全の統合は容易であるし，動物園がある地域に生息する種を繁殖させ生息地に戻すような取組みはもっと容易である．英国やアイルランドでの，このような率先した活動を支援するために，今では英国・アイルランド動物園水族館協会には哺乳類ワーキンググループなどの分類群ごとのワーキンググループと同じ地位で，在来種ワーキンググループがある．

10.5.6　行動の"保全"

動物園がこれまで取り組んできた少数個体群管理は，ほとんどが遺伝的な見地から計画が策定されており，遺伝的多様性を維持し，近親交配を避けるように考えられている（第9章参照）．一方で動物の行動は先天的な遺伝子変異だけに影響される訳ではなく，その動物が生きていく過程において経験する"学習"によっても影響を受けることを忘れてはならない．しかるに，行動の多様性が維持されること，野生で生き残っていくために必要な行動が飼育下個体群においても失われないようにすることが重要となる（Lyles and May 1987, May and Lyles 1987, Festa-Bianchet and Apollonio 2003）．

ここで問題となることは，驚くほど急速に起こり得る家畜化[25]という問題を避けることである（Price 1984）．例えば，家畜化されたギンギツネ（*Vulpes vulpes*）はしつけがしやすいように，よく馴れ攻撃性の低い個体が選抜されている．意図的な選抜のもとで30世代程も経ると，キツネは普通に世代を重ねたものと比べて，生理的（血清中コレステロールが低値），遺伝的な変異や明らかな行動の違いが見られるようになる（Harri et al. 2003, Lindbrg et al. 2005）．このような選抜は動物園動物にとって不必要なだけでなく，後々のコストにさえなる，避けるべき問題である．このような選抜は，例えば，すぐに保全の対象にはなりえない，展示のために飼育される一般的な種には，良い手法としてみなされてきた．特にクラシックな種（品種）の表現型を維持するうえでは有用とされてきた（Frankham et al. 1986）．

行動の多様性を維持することは，特に野生への再導入が図られる動物にとって重要であるが，野

---

[24] ロンドン動物園とホィップスネード野生動物公園は，ともにロンドン動物学協会（ZSL）の傘下にある．ロンドン動物学協会の保全活動に関するより詳しい情報は，ウェブサイト（http://www.zsl.org/field-conservation/）を参照のこと．

[25] 家畜化とは，遺伝的な育種と育成方法の変更が組み合わさって，動物の個体群が飼育下の環境に適合してしまうことにまで及ぶ．

生で生き残れるための潜在的な能力が個体に残されているか否かは，飼育下繁殖計画を評価するうえでも重要な判断基準になっていなければならない (Shepherdson 1994)．というのは，多くの保全対象となる種にとって，再導入というステップは，遠い未来のステップであり，実際に野生に戻される個体は現段階では生まれてさえいない，ということが普通なのである．環境エンリッチメントや環境馴化訓練が，野生に戻す個体を用意するうえでの手法となっている．このようなことは野生で生き残るために行動する能力を，野生に戻される個体が持ち合わせていることを確かめるために行われる (Wielebnowski 1998)．私たちは，ゴールデンライオンタマリンがどのような再導入前馴化プログラムを経験すれば，隠された食べ物を探したり，自然物を利用したりできるようになるかを，すでに見てきた．

トレーニングにおいて身につけなければならない，特に重要な行動としてあげられるのが，外敵を避けようとする行動である．再導入に失敗した例をみると，外敵を避けようとする行動が備わっていなかったことが，その最も多い原因となっている (Griffin et al. 2000)．ただ，この手のトレーニングというのは，外敵の模型，モデルをなにか不快な刺激とともに与えてみるような古典的な条件づけで上手くいく．例えば，ブラジルのベロオリゾンテ動物園で人工孵化させたアメリカレア (*Rhea americana*) が外敵に出くわした時に，適切な行動ができるようトレーニングしたのも，この方法であった (Azeved and Young 2006)．

動物の気性というものが，再導入の成功にいかに影響するかということを，私たちはますます重要視するようになっている (McDougall et al. 2006, Watters and Meehan 2007)．1例として，Bremner-Harrison et al. (2004) は，飼育下繁殖したスウィフトギツネ (*Vulpes velox*, 図10-20) を野生に放した時，大胆な性格の個体は用心深い性格の個体に比べて，6か月以内に死亡する確率が高いことを示した．大胆な性格の個体は飼育下での成長過程において，恐怖心を植え付けられることなく育ち，新しい物をみつけると寄っていってしまうようになったのかもしれない．

このような条件づけ手法を用いて，行動の多様性を維持する場合でも，直ちに野生に放される予定のない動物の場合では，その目指す行動というものが，餌探し，外敵からの避難，生息環境の中での位置確認など（第4章参照），特別で具体的な行動にはならず，もっと一般的な行動にとどまっている．動物園は，飼育動物がより多様な行動を身につけられるよう，より積極的な管理が求められるのかもしれない (Rabin 2003)．

10.6　生物多様性保全のために動物園はいかに有益か

"保全"を定義するのは諸君であるが，その最終的に目指すところは，世界中の生態系において個体群が自立して維持されることにある．多くの種がこのゴールに到達するための道のりは測り知れないほど遠いが，今もそれを目指して多くの取組みが行われている．統合された保全の理想（10.5.4 参照）には，動物園が世界中の多様な生息環境や種を守るために他の機関と様々な連携を組んでいる状況が映る．

"生物多様性保全のために動物園がいかに有益か"この質問に対する答えは，その対象となる動物園と，何が有益の尺度か，ということによるだろう．あまり満足させられる答えにはなっていないかもしれないが，"動物園"という言葉は，あまりに広いものを含んでしまい，生物多様性保全に対する動物園の成果などを1つの尺度で測ることなど不可能に近いのである．保全に対して最も優良な動物園がどのような成果を上げているかを見ること，他の動物園を同じレベルに引き上げるために何ができるかを考えることが1つのアプローチになるかもしれない．10.5.4 で紹介したモーリシャスバトを守るためのジャージー動物園の取組みを今一度思い出してみよう．この例を見るかぎり，ジャージー動物園のような動物園が生物多様性保全のために役に立たないとか，明確

図 10-20　スウィフトギツネの性格は，彼らが再導入されたのち，生き残れるかどうかを予測する指標となる．大胆な性格の個体は用心深い性格の個体に比べて，再導入後 6 か月間生き残れない確率が高かった．（写真：Sheilia Pankhurst）

な貢献をしていないなどというような議論にはならないだろう．もちろん，全ての動物園がジャージー動物園と同じである訳はないが，多くの近代的な動物園は統合的な保全の同じゴールを目指してはいる．

モーリシャスバトの例から分かるように，動物園での飼育下繁殖の取組みだけでは種の保全は完結しない．動物園は生息環境や生態系における保全活動においても役割を果たさなければならない．しかし，どれだけ貢献できているか，という疑問に対して答えることは容易ではない．保全活動の一種としてみなされる活動があまりに多様であり，そのうえ，効果を明確に説明することがとても難しいからである．Miller et al.（2004）は動物園が取り組んでいる保全活動が，本当にその動物園の使命をなし遂げるために取り組まれているかどうかを問う 8 つの質問をあげている．質問には，"その動物園には機能的な保全のための部署が設置されているか"や"展示において保全活動を説明したり奨励したりしているか"というものが含まれている．このようなアプローチは価値あるものだが，質問によって得られた回答は定量的でないため，異なる活動，異なる動物園の比較は難しい．

さらに最近では，動物園の効果を定量的に評価することも試みられている．ある研究（Leader-Williams et al. 2007）では，1992 年〜1993 年頃の動物園と 2003 年の動物園を比較し，10 年

間でどのような絶滅危惧種の繁殖計画に参画してきたか（計画を増やしてきたか），どれだけ多くの分類群に属する生物種の繁殖計画に参画したか（未だ哺乳類への取組みが多い），その動物園がどこにあるか（ほとんどの動物園は富裕国にある）などを調べた．また，英国・アイルランド動物園水族館協会に加盟している動物園の運営も調べてみたところ，寄附金による運営をしている動物園は民間企業経営の動物園や公営の動物園に比べて教育スタッフを多く抱え，企業研究が進んでおり，多くの来園者を迎えているうえ，生息域内保全活動にも活発に参画していることが分かった．彼らはこれらの調査研究から，多くの動物園が未だWZACSの掲げる保全の理念を満たせていないことを結論づけた．

このような研究結果はあるものの，やはり動物園が取り組んでいる様々な活動を定量的に比較することは難しい．特に，教育的展示のような効果の測定が困難な活動と，（ある種の生息数の変化など）保全上の測定可能な効果との関連性のように，その関係が拡散しやすいような場合には比較は困難である．Mace et al.（2007）は，このような簡単な方程式を用いて，効果を定量化する試みを行った．

全体的効果＝計画の重要性×計画の大きさ
　　　　　　×計画の効果

ありがたいことに，彼らはこれらの変数を定量化できるような基準も示し，試験的な分析として英国の動物園で取り組まれている41のプロジェクトを方程式に当てはめ，効果（値）を算出している．計算によれば，生息地へ直接的に働きかける保全プロジェクトが，教育的なプロジェクトやトレーニングプログラムなど，他の活動よりも驚くほど効果（値）が高いことが示された．また，効果（値）と相関が高いのは，どれだけ長い間プロジェクトが続くかではなく，どれだけ基金が集められるか，であったことも示された．

このような分析は，動物園が保全対象とする種や計画の優先順位を決定したり，取り組んでいる活動を評価したりするうえでのツールになり得る．ただ当面は，動物園が取り組む保全活動は不完全なものであり，その効果もいまだはっきりしないものだと言わざるを得ないだろう．

10.7　保全と動物園，未来を見据えて

20年前，動物園が保全に貢献するうえで最も重要なことは，将来に向けて絶滅危惧種を繁殖させて個体群を維持することであると考えられていた．もちろん今でも飼育下繁殖は重要な仕事である．しかし，それは統合的な保全に動物園が参画している中での，ほんの一部の仕事に過ぎなくなってきており，より力を入れるべきパートは生息域内保全に関わる仕事にシフトしつつある．かつては"保全に取り組む動物園"であったのが，多くの動物園がいわば"動物園を運営する保全機関"へと様変わりしている（Zimmermann and Wilkinson 2007）．この考え方はWZCSやWZACSにおける"動物園は保全センターであれ"という考えと一致している．

動物園はいかにはたらくか．この疑問は2004年にロンドンで開かれた"保全の要"シンポジウムにおいて投げかけられ（Zimmermann et al. 2007，10.2.3も参照），動物園が保全センターになるための資質として以下の3点が結論づけられた．

1. 来園者と決定権者の行動に変化をもたらすこと：将来動物園は，来園者に感動を提供することに貪欲に取り組んで保全への関心を高めさせるとともに，その効果の検証を繰り返すこと，あるいは，動物の管理や福祉に対する最高レベルの水準を動物園自体が定義すること，地域に根ざした保全に取り組むこと，そして，人と生物多様性の関係を強化することなどにより，来園者と決定権者（市民，行政，経営者等の動物園の運営について方向性を定める人々）の行動に変化をもたらしていかなければならない．
2. 動物園内での生息域外保全と生息域内保全の活動を連携させること：基金を募るキャンペーン，小個体群管理のための専門知識の提供，展

示の開発と並行して生息域内保全プログラムも開発すること，そして展示と野外を分かりやすく関連づけることなど，生息域外保全と生息域内保全の活動を連携させるために，動物園ができることは山ほどある．
3. 生息域内保全に直接的な貢献をすること：直接的な生息域内保全についても，独自の保全プロジェクトを走らせるもよし，生息域内保全のための基金を立ち上げるもよし，こちらもできることはたくさんある．

これまで見てきたように，多くの動物園がすでに"動物園を運営する保全機関"としての道を歩み始めている．3つの結論は，将来，動物園が担う保全の役割を具体化していくうえでの骨子となるものであろう．

まとめ

- 動物園の役割，動物園が優先的に取り組むことは，この200年間で大幅に変化してきた．現在は，保全に対して功績を上げることこそが優先事項になっている．
- 短期的に見れば，飼育下繁殖個体群を管理すること（生息域外保全）が多くの種において必要になっており，これらは野生で危機的な状況にある個体群への補強や，すでに絶滅してしまった場合に再導入する新たな個体群として活用が図られるものである．
- 動物園が保全に対してどのように取り組んでいくべきかは，"世界動物園水族館保全戦略（WZACS）"（WAZA 2005），およびその前身である"世界動物園保全戦略（WZCS）"（IUDZG/CBSG 1993）において詳しく述べられている．WZCSもWZACSも動物園内での保全と動物園外での保全を統合したアプローチの重要性を強調している．
- WZACSでは，生息域内保全が最終的なゴールであるとしている．多くの動物園は野外での保全活動のような直接的な活動か基金創設のような間接的な活動の，少なくともどちらかでの形で参画している．
- 北アフリカにシロオリックスを野生復帰させたように，動物園で生まれた動物を野生に戻すような特筆すべき成功事例が積み上げられつつある．

論考を深めるための話題と設問

1. 生物多様性保全において動物園はどれだけ有益だと思うか．
2. 動物園はどのように優先すべき飼育種を決めるべきか．
3. 絶滅の危機に瀕していないような種や飼育下繁殖計画に上っていないような種について，動物園が飼育下繁殖させることが許されるとすれば，それはどのような条件が必要か．
4. "もし動物園がなかったら，今つくるしかなかっただろう．"この意見に対し，あなたはどの程度まで賛成か．また，それはなぜか．
5. 動物園による保全活動を生息域内と生息域外に区分することに，どれだけの価値があると思うか．あなたには動物園による保全活動を捉えるための，もっと相応しい言葉が考えつくか．

さらに詳しく知るために

本書が発行されるより15年も前に，動物園における保全の役割について著した「Last Animals at the Zoo」（Colin Tudge 1992）が出版されている（訳者注：本書の翻訳本として「動物たちの箱船―動物園と種の保存」が1996年に朝日新聞社より出版されている）．この本を読めば，絶滅の危機に瀕した動物種の飼育下繁殖に関する多くの知識を得ることができる．また，時を経ても色あせず，今なお広く読まれている1冊として，「Creative Conservation: Interactive Management of Wild and Captive Animals（創造的保全：野生下と飼育下の双方向な動物管理）」（Olney et al. 1994）がある．動物の行動と保全の関連に興味のある諸君には，「Animal Behaviour and Wildlife

Conservation（動物の行動と野生生物保全）」（Festa-Bianchet and Apollonio 2003）を勧める．また，野外で保全活動に取り組む人々が動物園のあるべき姿について話し合うなら，「Zoos in the 21st Century: Catalysts for Conservation?（21世紀の動物園：保全の要？）」（Zimmermann et al. 2007)を勧める．決して読みやすい本ではないが，とても考えさせられる1冊である．

ウェブサイトとその他の情報源

世界動物園水族館保全戦略（WZACS）は「Building a Future for Wildlife（野生生物の未来のために）」としてWAZAから2005年に発行され，現在もアクセスできるし，読むこともできる．WAZAのウェブサイト（www.waza.org）からダウンロードでき，動物園が生物多様性保全の大きな活動主体としてどれだけ期待されているかを，今後読み深めていくうえでの良い1歩となる資料である．

保全活動は，時にスピーディーに状況が動くし，その結果がいつでも学術論文として発表される訳でもないので，インターネットの活用はとても有意義である．個々の動物園のウェブサイトや英国・アイルランド動物園水族館協会，欧州動物園水族館協会，米国動物園水族館協会など，各地域の動物園協会のウェブサイトを見ることは，現在動物園が取り組んでいる保全活動について調べることができる良い方法である．

IUCNのウェブサイト（www.iucn.org）にも，検索可能なレッドデータリストなど，多くの情報が掲載されている．

第11章　健　康

　良い動物園は動物の飼育において肉体的および精神的な健康を考慮している．心理的な健康についてはすでに動物福祉の章（第7章）で述べたとおりである．この章では動物園動物における肉体的な健康のモニタリングと維持への挑戦に大きく焦点を当てるつもりである．もちろん，健康と福祉はオーバーラップすることが考えられ，そして飼育下の動物における疾病の徴候（高度な寄生虫感染による負荷のようなもの）は福祉の指標としてしばしば用いられる．しかしながら，全ての疾病が幸福度を低下させるわけではなく，良性の脂肪腫のようないくつかの重要度の低い健康問題はいかなる痛みや苦しみも引き起こさないだろう．

　栄養も健康状態を良く保つために重要な役割を果たしている．代謝性骨疾患や血色素症（ヘモクロマトーシス）などの栄養性疾患がこの章において端的に述べられている．健康と栄養の関係についてのさらに詳細な説明は，動物園動物の栄養の他の側面とともに，次章（第12章）で取り上げる．

　この程度のボリュームの教科書で，単独にたった1章で，動物園獣医師にとって実用的に十分詳細な動物園動物の健康の全側面を網羅することは不可能であろう．その代わりに，この章の目的は，動物園における主な動物の健康管理に関する概略を獣医師でない方々に分かりやすい言葉で伝えることである．動物園獣医師，飼育係（キーパー），看護師によりよく使用されるいくつかのキーとなるテキスト〔特に現在第6版（2007）が刊行されている Fowler and Miller の「Zoo and Wildlife Medicine（野生動物の医学）」〕がこの章の終わりの「さらに詳しく知るために」に掲載されている．多くの動物園獣医師は，書棚のどこかに，Fowler and Miller の書を持っている．環境・食料・農村地域省（Defra）のような組織のウェブサイトも，動物園動物の疾病，特に人獣共通感染症や知っておくべき疾病に関して多くの有益な情報を与えてくれる．

　われわれがこの章で考察しようとしている重要な項目は下記のとおりである．

11.1　健康とは何か
11.2　動物園動物の健康に関するガイドラインと法制度
11.3　動物園動物の健康管理における動物園スタッフの役割
11.4　予防医学
11.5　動物園動物に重要な疾病
11.6　動物園動物における疾患の診断と治療

　動物園動物の健康における特別な論題の簡単な説明がこの章全体に亘り囲み記事（Box）で記されている．これらのコラムには動物園動物の歯科医療への挑戦やキリンの麻酔，さらにワクチンがいかに効果を示すかについてを含んでいる．

11.1 健康とは何か

飼育されている野生動物の健康の評価は必ずしもたやすくはない．病気の徴候や怪我ですら，外部からは確認できないかもしれないし，健康状態の正確な診断は，免疫機能を調べるための血液検査（図11-2）のような侵襲的な検査（図11-1）によって初めて明らかになるかもしれない．繁殖が成功しない場合，基礎疾患があるかもしれないし，また個体間の関係がうまく行かないことが原因かもしれない（第9章参照）．体重の変化は，病気の徴候かもしれない〔例：ネコ科の野生動物（Storms et al. 2003），オトメインコ（*Lathamus discolor*）（Gartrell et al., 2003）〕が，繁殖期に伴う変化や脂肪蓄積の季節的変化など様々な理由でも起こり得る．

動物園動物の健康管理には，動物の飼育管理に慣れた知識のあるスタッフによる日常的なモニタリングが最低限必要である．飼育係と飼育管理者は，種ごとの生活史生態[1]（性成熟年齢など）を理解していなければならず，再発する病気の全てと他の問題であっても同定するために現状を詳細に記録しておかねばならない．英国の全ての動物園は，病気や怪我の動物を迅速に治療するため，資格を与えられた経験豊かな獣医師によるサポートを受け，患者の隔離と診療のための施設を備えることが法律で規定されている．理想的な予防医学（preventive medicine）[2]として，衛生，衛生動物[3]管理，検疫，ワクチン接種（11.4参照）などがあり，動物園動物の健康管理の大変重要な部分を占める．なぜなら，飼育下野生動物では，病気

図11-1　獣医師がチーター（*Acinonyx jubatus*）の病気を引き起こしている原因を診断するために内視鏡検査を実施している．南アフリカのカンゴ野生動物公園にて．大型野生動物の疾病の診断と治療には，多くの挑戦が必要になるため，予防医学の実践が最も重要である．（写真：カンゴ野生動物公園）

を予防することの方が後で治療を成功させることよりもはるかに容易であるからである．

健康管理において，適切な飼料管理と必要に応じた暖房や照明などの適切な飼育環境（第6章参照）を含む飼育管理は重要である．広い意味では，病気とストレスのリスクを最小限に抑えるために，来園者と動物の関わりを含む飼育管理も含

---

[1] 生活史生態とは，離乳あるいは巣立ち時期，繁殖開始年齢，産子数や新生子の大きさ，繁殖可能年齢，寿命，加齢などの種ごとの特徴を指す．鳥の場合，例えば，クラッチサイズ，抱卵が失敗に終わった時の再営巣率も含まれる．これらのキーとなる成熟および繁殖に関わる特徴についての知識は，飼育下繁殖計画を立てるうえで重要となる．

[2] "preventive medicine"と"preventative medicine"は，同じ用語であり，どちらも使える．Preventiveは，米国や多くの成書で，より一般的に用いられ，好まれる傾向にある（現在では，英国やBBCも"preventative medicine"より，こちらを用いるようになっている）．

[3] 衛生動物とは，飼育動物の衛生に害を及ぼすあるいはその性質をもっている有害動物として定義される．

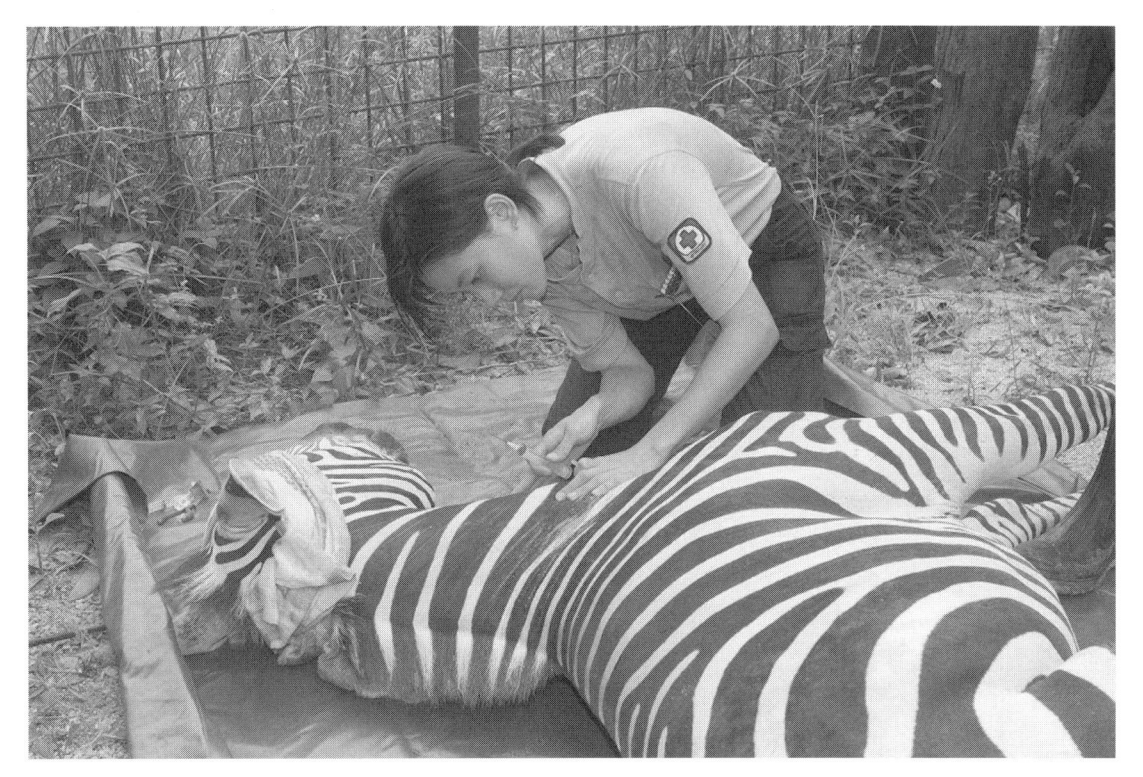

図11-2 飼育下の野生動物からの採血は，通常，鎮静か麻酔を必要とする．シンガポール動物園におけるシマウマ（*Equus burchellii*）の例を示す．大型野生動物の捕獲，保定および麻酔は，動物側および飼育係と獣医師側の双方に危険を伴う．したがって，ほとんどの動物園では，日常的には採血は行っておらず，何らかの処置が必要な際にのみ実施することになる（例えば，他の理由で麻酔が必要となった時など）．（写真：William Nai，シンガポール動物園）

まれる．飼育管理が効果的に機能するために，飼育係，獣医師，管理者およびサポートスタッフの間でその方法について責任をもって共有しておかなければならない．

11.1.1 動物園動物の健康をどのように評価するか

中小の動物園でも，1,000個体以上の動物を所有しているかもしれない．"担当者"として日常的に動物に携わる飼育係が動物の病気の可能性を報告するのに最も適している．健康あるいは福祉に関連した問題を評価するための指標を表11-1にまとめて示した．行動（Dawkins 2003），ボディーコンディション，歩様，体重の変化あるいは，単に何か"普段と違う"という（明らかに主観的な）感覚（図11-3）を含む．動物の観察を通じて評価できる病的状態の指標について，「Zoos Forum Handbook（動物園フォーラムハンドブック）」（Defra 2007）の第4章では，多くのパラメータとこれらの解釈の方法を記載した便利な表を示し，より詳しく解説されている．

獣医師と飼育係が一様に直面する問題として，通常，種ごとに何が"正常"なのかという，確実ですぐ分かる基準がないことがあげられる．つまり，正常な状態を理解するには，経験に委ねられ，体重や生理学的あるいは健康状態を示すパラメータと同様に，動物の行動が指標となる．動物園において，通常，体温・心拍数・呼吸数（TPR）を定期的にモニタリングすることは，あまり行われていない．しかしながら，ボディーコンディショ

表 11-1 病気を発見するための外部指標

外部徴候	備考
食欲不振や飲水拒絶	採食量や飲水量の低下は群れ飼育の動物ではモニタリングが困難な場合がある.
発咳, 発作, 疝痛, ふらつき, 群れから離れる, などの行動変化	行動変化に気づくために, 飼育係は, "正常"な行動を理解していなければならない.
排便と排尿の変化	下痢や濁った尿などは病気の徴候である可能性がある（しかし, 餌の急な変化に起因する場合もある）.
姿勢と歩様	病気の動物は, 身体を丸めたり, 立とうとしなかったり, 歩様の変化を示す可能性がある.
皮膚, 被毛や全身の外観の変化	発赤や腫脹を示す皮膚領域は, 炎症を示す. 被毛は, つやがなければならない. 脱毛領域は, 疥癬や白癬などの病気の可能性がある.
嘔吐	全ての動物が嘔吐するわけではない（例えば, ウマ類は嘔吐できない）.
疼痛症状	痛みの評価方法について, より詳しくは第7章を参照.
粘膜の色調と外観	粘膜（口腔内など）は, ピンク色でなければならない. 蒼白の場合は貧血, 青い場合は血液中の酸素濃度が低下している可能性がある.
体温・心拍数・呼吸数（TPR）	呼吸数や心拍数の増加, 体温の上昇（発熱）は, 病気の徴候かもしれない.

図 11-3 野生動物の病気は,（動物園でも自然環境でも）いつも表出するとは限らない. 病気を発見するためには, 動物の飼育管理に関する知識と何か普段とは異なる状態を判断できる豊富な経験をもち備えた飼育係が必要である. 例えば, この写真のドール（*Cuon alpinus*）の行動のように, 身体を丸めている, あるいは群れ集団から離れている動物は, 潜在的に何らかの病気に罹患しているかもしれない.（写真：ドレスデン動物園）

ンスコア（Box 11.1 参照）や歩様スコアのような健康のモニタリング方法を動物園で活用することができる. 畜産農家で広く使われている健康状態のスコアリング（例：Russel 1984）は, 様々な動物園動物で応用できる. 歩様スコアは, 歩様の力強さや勢いに加えて, 動物の動作の割合, 方向や範囲などの観察も評価に含まれる. なぜか曲がって歩くという指標は, 例えば, 低い歩調, あるいは足がつまづく, よろめくという歩行を含む可能性がある.

11.1.2 なぜ, 動物園動物が健康を害することがあるのか

動物園動物は, 自然界の野生動物が直面する健康リスクからはワクチン接種や適切な飼料管理などによって守られている. しかし, 動物は全て最後には死亡するし, 動物園動物の一生のなかでいつか病気になることは避けられない. 病気によっては, 同種や野生動物（外来種または在来種）との接触, あるいはクマネズミやハツカネズミなどの衛生動物, 飼育係や来園者によって拡がるかも

> **Box 11.1 ボディーコンディションスコア**
>
> ボディーコンディションスコアとは，動物の栄養状態およびエネルギー状態の一指標として身体の一般状態を評価する方法である（Miller and Hickling 1990）．このスコアリングは，従来から家畜管理のために用いられてきたが，動物園動物の健康評価にも役立つ．ボディーコンディションスコアは，視診あるいは触診によって診断できる．Russel（1984）は，一般的に家畜で用いられるスコアリング方法を紹介しており，それは家畜管理者が動物の脊椎に沿って付着する脂肪量を評価して判断される．家畜管理者（あるいは動物園飼育係）は，動物の状態を評価後，スコアを記録する．例えば，スコア1は脊椎が突出しており，脂肪がほとんどない状態，また，スコア5は脊椎周囲に脂肪層が蓄積し，関節が識別できない状態を示す．
>
> ボディーコンディションスコアは，主観的に評価されるが，同じ飼育係あるいは家畜管理者が同じ動物で規則的かつ長期的に記録すれば役立つ指標となる．環境・食料・農村地域省のウェブサイト（www.defra.gov.uk）は，牛におけるボディーコンディションスコアについて，イラストを示して詳細な情報を紹介している．これらの方法は，他のウシ科動物にも適用しやすく，スコアリングの一般原則は，他の分類群にもそのまま応用できる．

しれない．動物によっては，特に，新しい群れ集団に新規導入した時あるいは繁殖期に同種との闘争によって怪我をするかもしれない．自然界の動物と同様に，哺乳類と鳥類の雌は，それぞれ分娩や産卵時の合併症が発生する可能性がある．時々（例えば，動物が堀に転落するなど）飼育施設の不備によって，あるいは捕獲や輸送に伴い，怪我（外傷や創傷）が発生する．飼料の問題は，健康障害につながることがあり，有毒植物などの不適切な飼料を与えられた場合には中毒に陥る．

飼育施設の不備に起因して発生する動物園動物の健康障害に関する研究論文は，ほとんど見当たらない．来園者[4]が意図的または非意図的に動物園動物に及ぼす被害の種類や程度についてもほとんど分かっていない．動物園動物の健康について，この分野の総合的な研究を行い，データを集める必要がある．ただ，ゴミや食料品を事故的または故意に与えられた場合に発生した動物園動物の健康障害に関する逸話に富んだ報告は数多くある．例えば，チンパンジーにジュースの缶やビール瓶を与えたり，ペンギンに棒つきキャンディーや硬貨を与えた例がある．

希少種または絶滅危惧種では，飼育下個体群における遺伝的多様性が低くなり，近親交配や遺伝的異常のリスクが増えてくるという特別な問題を動物園は抱えている（野生でも個体群によっては同様な問題がある）．動物園動物の遺伝的疾病については，11.5.2で述べる．

11.2 動物園動物の健康に関するガイドラインと法制度

本書ですでに指摘してきたように，自然界に生きる野生動物は，苦痛，病気，ストレスや飢えに

---

[4] Heini Hediger の著書「Wild Animals in Captivity（飼育下の野生動物）」（1950）の中で，動物園来園者による卑劣な行動，例えば，ピンをリンゴに入れてゾウに与えるなどの遺憾な事例が数多く記録されている．本書は，悲しいことに，動物に害を与える少数の動物園来園者について"何も新しいことではない"と紹介している．

さらされている．動物園は，これらの動物の生命を病気や苦痛から解放できる保障はなく，法制度がこれを保障することもできない．しかし，動物園は，動物を効果的にモニタリングし，臨床的あるいは病理学的（pathological）[5]な問題を迅速かつ適切に解決することを保障でき，それが責任である．

11.2.1 英国の動物園動物の健康と獣医学的ケアに関する法制度

動物園の運営を管理している英国の法制度は，第3章ですでにある程度詳しく述べてきたので，本項では，動物園動物の健康に関する法制度の概要のみを簡単に紹介する．動物園ライセンス法（Zoo Licensing Act, 1981）では，動物の健康については，"動物の健康の"記録を残すことを保全施設としての動物園に要求していること以外には，詳しくは取り扱っていない．本法律は，動物園は，"健康，福祉，人と動物の安全"について，検証しなければならず，エキゾチックアニマル臨床に十分な経験を積んだ獣医師を動物の健康に関わる特殊検査のために確保しなければならない，と規定している．

英国の動物園に対して，新動物園飼育管理監督基準（SSSMZP）（Defra 2004：3.4.2を参照）の3項で，"動物の健康管理規定"を設け，動物園における健康管理と獣医診療施設に関連した数多くの勧告を出している．これらは，日常的な動物の観察（表11-2参照），施設の大きさと設計，獣医学的ケア，病気の動物の隔離と封じ込め，衛生と病気のコントロール，鳥類における断翼などの専門技術（第6章参照）のような分野について言及している．新動物園飼育管理監督基準の他の項でも，動物園動物の健康管理に関係した内容として，5項で恐怖や苦痛からの保護に関する規定，また6項で生きた動物の輸送と移動について説明している．

「動物園フォーラムハンドブック」（Defra 2007b）では，新動物園飼育管理監督基準が推奨する動物園における獣医療サービスのための指針が示され，"ライセンスを得た動物園において最小限よりもずっと高いレベルの獣医学的ケアを実践する"ための選択肢について検討されている．

動物の健康管理のため，飼育係による全ての動物の日常的な健康チェックに加え，新動物園飼育管理監督基準の補遺Vでは，資格を受けた獣医師が緊急時以外にも動物園を頻繁に訪問することを推奨している．大型動物園では1週間に1回，中型動物園では2週間に1回，大型の鳥類飼育施設では1か月に1回，獣医師の定期的な訪問を受けるべきとされている．また，小型の鳥類飼育施設や大型水族館では2か月に1回，小型

表11-2 英国の動物園[*]において動物のモニタリングのために最低限守るべき基準

3.1	全ての動物の状態，健康および行動について，その管理に直接従事する者が少なくとも1日2回はチェックすべきである．
3.2	問題を示す全ての動物は，不幸にも苦痛，病気や怪我を被っていないかどうかを完全に評価しなければならない．速やかに対処し，治療を受けられる場所を備えていなければならない．
3.3	動物に直接従事する者が処方食変更の指示，実施した健康診断，普段と異なる行動，活動やその他の問題全て，および治療などについて，記録を毎日作成しなければならない．

[*]新動物園飼育管理監督基準（Defra 2004）
注：新動物園飼育管理監督基準は，英国の動物園において，動物の健康と福祉に関して，日常的な動物の観察のために最低限守るべき基準を示している．

---

[5] "patho"の語源は，"病気"を意味する．したがって，"pathology（病理学）"は，病気の研究であり，pathogen（病原体）は，病気を引き起こす因子である．病原体には，細菌，ウイルス，真菌や原虫などの他の微生物が含まれる．牛海綿状脳症（BSE）や他の海綿状脳症を引き起こすプリオンは，微生物ではなく，病原性蛋白である．

動物園，爬虫類専門展示施設や中型水族館では1年に4回，獣医師による定期的な訪問と検査を行うことを新動物園飼育管理監督基準で推奨している．

英国内の動物園全ては，規模にかかわらず，専用の診療室を含む動物の検査と治療のための診療施設を現場で適切に運営維持することを求められている（獣医診療施設に関して，新動物園飼育管理監督基準の補遺Ⅴに最低限守るべき事項が規定されている，図11-4参照）．また，水棲動物を飼育する英国の水族館と動物園では，病気の動物を隔離するための水槽を現場に備えておくべきであると新動物園飼育管理監督基準は推奨している．

動物園動物の健康：英国の他の法制度

英国の動物園は，国家レベルあるいはEUレベルで定める動物の健康に関する特別な法制度に従わなければならない．例えば，ECには，牛海綿状脳症（BSE）や慢性消耗性疾患（CWD）のような伝達性海綿状脳症（TSE）の動物をモニタリングするための特別な法制度[6]がある（11.5.4参照）．この中で，2歳以上の死亡個体について，伝達性海綿状脳症のための検査を実施しなければならない，と定められている．実際には，多くの動物園は，この注意を怠っており，法律で規定されていない場合ですら，伝達性海綿状脳症の検査のためにウシ科とネコ科の病理材料を送付している．

動物園は，農家や他の動物の飼い主と同様に，動物が届出伝染病に罹患した場合には法的に報告する義務がある（11.5.3参照）ことが動物衛生法（Animal Health Act，1981年制定，2002年改訂）で定められている．動物園で獣医学あるいは他の動物の健康に関する研究が実施される場合には，動物法（科学的利用に関する）〔Animals (Scientific Procedures) Act，1986〕が適用される（Box 3.4）．英国で動物園動物の健康管理規定に関係する他の法律として，動物福祉法（Animal

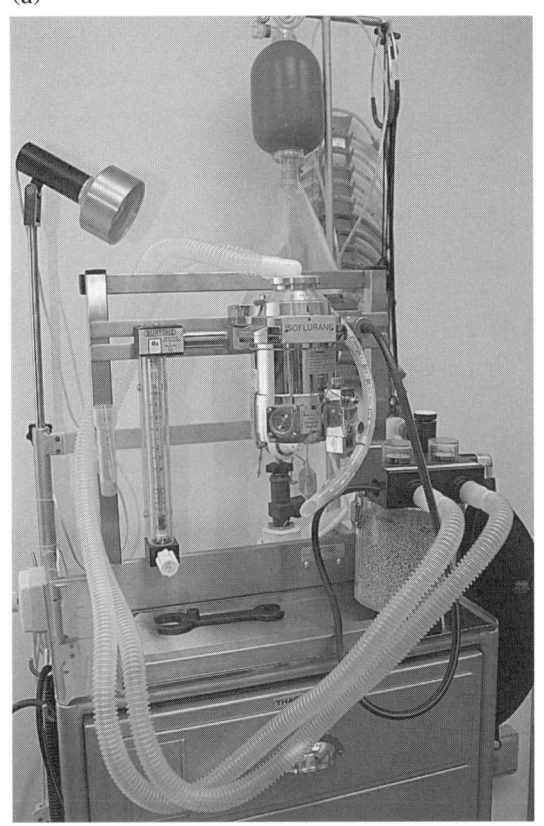

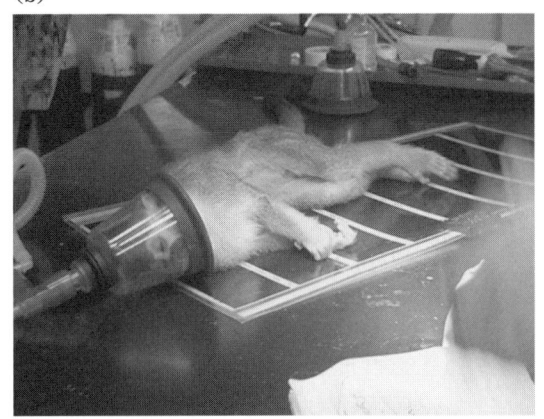

図11-4 (a) 動物園内の動物病院の麻酔装置，(b) 別の動物園でリスザル（*Saimiri sciureus*）に使用されている麻酔装置．英国では，動物園で動物診療施設を含む動物の健康管理設備を現場で運営維持することを法的に求めている．〔写真：(a) ペイントン動物園環境公園，(b) Mel Gage，ブリストル動物園〕

---

[6] ECの法制度は，伝達性海綿状脳症の予防，コントロールおよび根絶のための規定を2001年にNo.999として制定した．

Welfare Act, 2006）がある（第3章, 第7章参照）．「動物園フォーラムハンドブック」（Defra 2007b）第6章の補遺Iに掲載されている，英国の動物園と関係する獣医療を管理するための主な法制度のリストが役立つ．

11.2.2 動物園動物の健康に関する英国以外の法制度

動物園動物の健康管理：欧州の法制度

第3章で解説したように，EUの全ての加盟国は，EC動物園指令（EC Zoos Directive, 1999）[7]に従う．これは，動物園に"予防医学，治療学および栄養学の質の高いプログラム"を求めている．動物の輸送中の保護に関するEC規程（EC Regulations）は，動物園動物にも適用される．EC議会規程〔Council Regulations（EC），2005年1月〕では，以下のように述べられている．

> 動物の輸送に当たっては，計画性をもって実施しなければならない．また，怪我や不必要な苦痛から保護された状態で輸送しなければならない．

この部分が健康と福祉のどちらに該当するか，線引きが難しいが，実際には，動物園動物の輸送には，特に，ある動物園から他園館へ移す前に実施する健康診断など獣医学的技術がかなり必要となる（図11-5）．

バライ指令

バライ指令（1992年）[8]は，本書の中ですでに解説してきたので（3.3.2参照），ここでは簡単に要点を述べる．指令は，欧州諸国間あるいはEU加盟国と第三国の間における野生動物の輸送について，獣医学的スクリーニング検査や健康面でも管理している．"バライ指令の認可を得た"動物園は，健康に関するサーベイランス計画（毎年審査される）の立案や認承獣医師（AV）による医療サービスへの登録の確認など確実な運営を求められる．第3章で見てきたように，バライ指令の認可を得るためには，獣医スタッフによる相当な活動が課される．一度，バライ指令の認可が得

図11-5 （例えば，飼育下繁殖計画の一環としての）動物の移動は，複雑な業務となる．動物園は，動物輸送，衛生や動物福祉について管理する広範囲の様々な法制度に従わなければならない．動物輸送に関するEC規程では，例えば，輸送前の動物の獣医学的スクリーニング検査が求められる．写真は，オカピ（*Okapia johnstoni*）を輸送箱に収容しているところである．（写真：Mel Gage，ブリストル動物園）

---

[7] 動物園の野生動物の飼育管理に関連したECによる指令（1999年/22/EC）

[8] EEC議会指令92/65（1992年7月13日制定）は，動物の健康指針について規定しており，動物の取引を管理している．一方，動物，精子，卵や胚の輸入については，特別な地域ルールとしてEEC議会指令（90/425）の附属書A（I）に規定されている．

られれば，他の認可を得た施設との間でより簡単な動物移動が許可される（Dollinger 2007 も参照）．

バライ指令の附属書Aには，多くの感染症が記載されているが，英国では通常は発生しない感染症（例えば，豚コレラ，狂犬病，炭疽）もかなり多く含まれている．また，そこに記載されている感染症は，哺乳類と鳥類の感染症であることも留意しておく必要がある．現時点では，本指令に（ミツバチを除き）他の分類群の感染症は含まれていない．

動物園動物の健康管理：EU 以外の法制度

欧州以外では，実態は様々である．米国では，動物園動物の健康について，1966 年に制定された動物福祉法（Animal Welfare Act，1996：AWA）に大きく依存して規定されている．動物福祉法は，動物の購入，輸送，飼育施設の設計，ハンドリングや飼育管理と同様に，動物園動物の獣医学的治療に関する内容も規定している（Vehrs 1996）．Spelman（1999）が言及している通り，動物福祉法は，ライセンスを得た（動物園を含む）動物飼育施設が実施すべき衛生動物の防除計画に対する規程も含んでいる．第 3 章でも述べたが，動物福祉法は，限られた哺乳類のみについて規定しており，他の分類群については対象としていない．つまり，家畜，ラットとマウス，最も一般的なコンパニオンアニマルは，本法の条項からは除外されている（Vehrs 1996）．

オーストラリアでは，6 つの州と 2 つの特別地域の政府が動物の健康と福祉に関する法制度を定め，大きな責任を果たしている．オーストラリア動物衛生局（AHA）は，国，州と特別地域が設立した非営利の公社であり，疾病サーベイランスなどの動物の健康に関連した活動を調整している．オーストラリア動物衛生局のウェブサイトには，動物園動物の健康を含む一般的な動物の健康に関する役立つ情報が豊富に掲載されている．

11.2.3 動物園動物の健康に関するガイドラインと他の情報源

「動物園フォーラムハンドブック」（Defra 2007b）の第 6 章では，"獣医療サービス"の項が解説されているが，情報の多くは，動物園獣医師に対する仕事の進め方ではなく，動物園管理者に対して推奨される動物の健康管理の基準に関するものである．欧州動物園水族館協会（EAZA），米国動物園水族館協会（AZA）やオーストラリア地域動物園水族館協会（ARAZPA）のような動物園組織は，飼育動物の獣医学的ケアのために，独自の基準を設定している．

欧州絶滅危惧種計画（EEPs）や（米国における）種保存計画（SSPs）が作成している飼育管理ガイドラインは，通常，健康管理の項を設けている．また，動物園獣医師は，欧州野生動物獣医師会（EAZWV）のような地域組織の集会や会議資料にアクセスできる．欧州野生動物獣医師会は，1996 年に設立された（www.eazwv.org）．また，米国動物園獣医師協会（AAZV）も同様で，そのウェブサイト（www.aazv.org）は，役立つ情報を提供している．この 2 組織は共同で，動物園獣医師にとって重要な学術雑誌「*Journal of Zoo and Wildlife Medicine*」を発行している．英国内では，英国獣医動物学会（BVZS）が 1961 年に設立されており，英国獣医師会（BVA）の一部となっている．

これらの組織は，定期的に，ガイドライン，ニュースレター，学術雑誌や学術集会のプロシーディングのような形で情報を発信している．また，環境・食料・農村地域省のウェブサイト（www.defra.gov.uk/animalh/index.htm.）では，動物の病気について数多くの役立つ情報を掲載している．人獣共通感染症や届出伝染病に関する情報も含まれおり，本書では，11.5.3 でより詳しく述べる．

エキゾチックアニマルの健康管理に関する他のガイドラインは，検索可能なウェブサイトを含む多くの情報源からオンライン入手が可能で

ある．例えば，Intute[9] Health and Life Sciences のウェブサイトには，獣医学関連のページがある（www.intute.ac.uk/healthandlifesciences/veterinary）．このサービスは，以前は Biome，獣医学のウェブサイトは VetGate として知られていた．他にも，野生生物情報ネットワーク（Wildlife Information Network：WIN）が提供するオンラインの情報源は，大変役立つ．

　本組織は，獣医学に基づいた慈善事業として，世界中の野生動物の専門家および意思決定者のために，野生と飼育下の野生動物の健康管理や新興感染症に関する情報を提供することを任務としている．　　　　　　（WIN 2008）

　その検索可能なオンライン百科事典は，Wildpro と呼ばれ，動物の健康に関する情報源への数多くの便利なリンクを含んでいる．

11.3　動物園動物の健康管理における動物園スタッフの役割

　動物園における動物の健康管理は，獣医師，飼育係や動物園動物栄養士などの他のスタッフと責任を共有して行う（図 11-6）．動物園獣医師の役割は，多岐に亘り，飼育管理，栄養学，法制度，電子記録管理，統計学や保全遺伝学などを含む広範囲の知識をもち備えておかねばならない．これは，多くの飼育係にも同じく当てはまり，特に予防医学や保定，さらに病気や怪我の動物のハンドリングのような分野では，動物園獣医師チームとともに動物の健康管理上の責任を果たさなければならない．動物園内では，獣医師と飼育係は，動物園の規模や活動の範囲によるが，以下に示す動物の健康管理に関する事項について，全てではないかもしれないが，大部分に対して責任を負うことになる．

- 動物の性判別を含む個体識別
- バイオセキュリティー[10]を含む予防医学
- 病気の診断
- 飼料と栄養
- 保定や麻酔を含む病気や怪我の動物の治療
- 病理検査と死体の処理
- 個体数管理や飼育下繁殖計画を進めるための繁殖管理
- 獣医師，飼育係や学生などのトレーニング
- 動物移動に関連する健康診断と事務手続き
- 逃走した動物の再捕獲
- 生息域内保全活動を含む，野生動物保全活動とフィールドワークへの協力
- 公衆衛生と安全（例えば，人獣共通感染症あるいは銃や危険薬物の使用など，動物園スタッフや来園者の健康と安全に関する一般的な問題は，第 6 章でより詳しく解説している）．

　これらのトピックについては，本章の以下の項でより詳しく解説していく．また，「動物園フォーラムハンドブック」（Defra 2007b）の第 6 章では，"獣医療サービス"と題して，獣医スタッフが関わる主な分野について解説しているので参照していただきたい．ここには，動物園動物の病気の診断に関する最新知識と有能な動物園獣医師が求められる主な技術について，リストが掲載されている．

　動物園動物の健康管理は，家畜や小動物臨床とは，（要求される技術は重複することもかなり多いが）主に 3 つの分野で異なる．第 1 に，動物園では，予防医学が非常に重要である．なぜならば，病気や怪我の野生動物の治療は，特に困難を伴い，経費もかかるため，そうなる前に予防する方がはるかに容易だからである．家畜臨床でも大体同じことが言えるが，小動物臨床では，いくらか異なり，普通，定期的なワクチン接種，駆虫やノミ駆除などの予防よりも，飼い主が病気や怪我のペットに気づいてから，獣医師は動物の診察が

---

[9] Intute は，多くの英国の大学と提携組織によって運営されている施設である．

[10] バイオセキュリティーとは，簡単にいうと，病気の発生と蔓延を防ぐための対策のことである．

図11-6 動物園における動物の健康管理は，飼育係，獣医師およびサポートスタッフで責任を共有して行っている．この写真は，オーストラリアのメルボルン郊外にあるウェリビーオープンレンジ動物園で飼育係と獣医スタッフのチームがモウコノウマ（*Equus ferus przewalskii*）を鎮静下で検査と治療を行っているところである．（写真：Chris Stevens，ウェリビーオープンレンジ動物園）

始まる．

第2に，動物園獣医師は，捕獲，保定や治療面で，飼育係の協力にかなり頼ることになり，また，静脈穿刺[11]など獣医学的な軽処置を実施するため，飼育係をトレーニングする必要がある．これは，小動物臨床では，普通当てはまらないが，産業動物の獣医師や農場管理者には同様なことが言えるだろう．

最後に，動物園のみが動物の死亡後その死亡原因を確実に調べることになり，病理解剖や病理組織検査を実施している．

11.3.1 動物園獣医スタッフ

動物園動物の健康管理のための努力は，（例えば，家畜などの）他の飼育動物と同様に求められるが，動物園獣医師は，産業動物や小動物の獣医師が診たことのない珍しい病気や健康上の問題によく遭遇する．また，産業動物や小動物の獣医師よりも，"ゆりかごから墓場まで"，さらにはその後のこと，すなわち，動物の誕生から死亡後まで診ていくことになる（図11-7）．

英国では，園内に獣医スタッフを常駐させてい

---

[11] 静脈穿刺とは，注射針とシリンジを用いて静脈から採血を行うことである．

図11-7　南アフリカのカンゴ野生動物公園で卵から孵化しているクロコダイル．動物園獣医師は，動物の"ゆりかごから墓場まで"だけではなく，誕生前あるいは死亡後にも関わることが普通である．動物の誕生前には，母体の繁殖に関連した状態のモニタリングも含まれる．動物の死亡後には，獣医チームは，病理解剖学的検査を実施する責任を負う．(写真：カンゴ野生動物公園)

る動物園は少ない．中小動物園や野生動物公園では，動物の診療のため，エキゾチックアニマル診療にある程度熟練した獣医師を外部から雇っている．しかし，より大きな動物園では，動物の健康管理のため，1人以上の常勤または非常勤の獣医外科医，動物看護師，時には，病理学者[12]や栄養士で構成されるチームをもっている所もある．例えば，米国のミズーリ州にあるセントルイス動物園[13]は，6つの研究棟，放射線施設，外科手術室や検疫施設棟からなる動物病院複合施設を備えている．セントルイス動物園の獣医スタッフチームには，セントルイス動物園内で働く常勤の栄養士と内分泌学の専門家が含まれており，そのチームは他の中小動物園のサポートも行っている．

また，動物園獣医師は，新しい薬物治療，新しく安全な麻酔方法や新しい診断方法の開発のような研究分野にも積極的に関わっている．正常値について，飼育下の多くのエキゾチックアニマルに完全で役立つ情報は少ないため，正常値に関する基本的なデータの収集ですら役立ち，例えば，剖検記録などのデータの収集や管理は，動物園の多くの獣医スタッフの役割となっている(もちろん，この情報は，より広く普及させない限り，役立つものにはならないため，動物園獣医師は，論文を作成して適当な学術雑誌に投稿することもある)．

11.3.2　飼育下繁殖計画における獣医師の役割

動物園獣医師は，普通，英国・アイルランド動物園水族館協会（BIAZA），欧州動物園水族館協会，米国動物園水族館協会や世界動物園水族館協会（WAZA）などのような機関（第3章参照）を通じて，国内および国際的なレベルで飼育下繁殖に主導的に関わっている．獣医師は，分類群ワーキンググループ（TWGs）や分類群専門家グループ（TAGs），血統登録管理者や欧州絶滅危惧種計画（EEP）や米国の種保存計画（SSPs）のような繁殖計画の関係者に助言をする役割もある．

獣医学的サポートが飼育下繁殖計画の成功に貢献した良い例として，獣医師がオーストラリアに生息する絶滅危惧種ヒガシシマバンディクート（*Perameles gunnii*）の回復計画に関わった事例が紹介されている（Seebeck and Booth 1996）．

11.3.3　動物園動物の輸送のための獣医学的検疫過程

動物園獣医師は，動物の健康管理だけではなく，(例えば，繁殖計画の一環として) 動物園間の動物輸送の準備にも関わっている．例えば，英国では，動物を海外に輸出する際，環境・食料・農

---

[12] 病理学者の仕事には，死因を解明するための剖検診断がある．動物の組織，血液，糞便，尿および唾液を用いて，診断のための検査を行う．

[13] セントルイス動物園は，米国内の動物園をリードする動物園の1つとして広く知られ，11,000個体以上の動物を飼育している．動物園が最初につくられた時，ミズーリ州の法律では，"動物園は永遠に無償"と定められ，今日まで入園料無料が続いている．

図11-8 図11-6と同様に，この写真は，動物園における動物の健康管理を成功させるために必要なチームワークを示している．コルチェスター動物園で飼育係と獣医スタッフが協力して麻酔をかけたトラを飼育施設から動物病院に移動させているところである（右端にトラの尾が見える）．（写真：コルチェスター動物園）

村地域省によって認可された輸出許可証を受けなければならず，この許可証は，動物の輸送日に地域の環境・食料・農村地域省の獣医検疫官のサインが必要となる．たとえ，動物をバライ指令の認可を受けた動物園から導入および搬出する場合でも，さらに獣医師による認可とサインが必要となる（11.2.2と第3章参照）．輸送時に獣医師による記入が必要な他の書類として，医学的記録が含まれる．

動物園獣医師もまた，飼育係と同様に，動物輸送時には捕獲にも携わる（図11-8）．

11.3.4 動物園外での野生動物保護管理のための獣医学的サポート

動物園獣医師（および他の動物園スタッフ）が生息域内で野生動物の保護管理や保全プロジェクトに関わる機会がますます増えてきている[14]．例えば，米国の動物園病理学者の1人が，アジアにおけるハゲワシの個体数の激減と家畜における非ステロイド性抗炎症剤（NSAID）ジクロフェナ

---

[14] ニューヨークにある野生生物保全協会（WCS）は，フィールドの獣医師のために役立つ多くの情報に加え，動物園獣医師だけではなく，獣医師が野生動物保護管理と保全のために果たせるさらに多くの役割について事例を示している〔野生生物保全協会のウェブサイト www.wcs.org の"Wildlife Health（野生動物の健康）"の項の"Resource and Technical Pages（資源と技術のページ）"を参照〕．

クの広範囲に及ぶ使用との関連性を最初に発見した調査チームの一員として携わっていた（Oaks et al. 2004）．世界中の数多くの動物園の飼育係と獣医師がより低毒性の代替となる非ステロイド性抗炎症剤のメロキシカムの試験を行うため，施設と近縁の飼育鳥類を提供し，絶滅の危機に瀕しているアジアのハゲワシ類に及ぼすジクロフェナクの脅威を解決しようと協力してきた（Swan et al. 2006）．

ロンドン動物学協会（ZSL）の獣医師は，ナチュラルイングランド（旧称イングリッシュネイチャー）によって運営されている種の再生基本計画（SRPs）の一環として，飼育下繁殖個体を自然界に放野する前に行う様々な健康診断の実施に携わっている．例えば，ヨーロッパヤマネ（*Muscardinus avellanarius*）を放獣する前に必ず結核（TB）の検査を行っている（図11-9）．また，飼育下繁殖のヨーロッパクロコオロギ（*Gryllus campestris*）では原虫[15]の検査（Pearce-Kelly et al. 1998），カラフトキリギリス（*Decticus verrucivorus*）では病原性真菌のスクリーニング検査が行われている（Cunningham et al. 1997）．

11.4　予防医学

動物園では，野生動物の病気の診断と治療を成功させることは，特に挑戦的となるため，予防医学とケアは非常に重要な役割を占める．中小の動物園から大動物園まで全ての動物園で，基本的な健康診断から検疫，ワクチン接種，足・嘴・歯のケア，剖検診断に至るまで予防医学を大なり小なり実践している．もっとも，動物園の飼育管理も予防医学の一部を担っている．適切な飼料，衛生，衛生動物と寄生虫のコントロールや施設の設計管理などは，病気の予防において，ワクチン接種や日常の健康診断と全く同様に重要である．

これらの手段の全ては，一般的に，バイオセキュリティーという．これは，飼育係が動物園に感染症を持ち込むリスクを低減させるため，職場に着いたら，清潔な作業服と靴に交換させるといった単純なことも含まれる（環境・食料・農村地域省のウェブサイトは，バイオセキュリティーの手段について，さらに詳しい情報を特集している．この情報は，家畜農家を対象としているが，多くは動物園にも当てはまる）．

11.4.1　健康診断

動物園動物の健康を日常的にモニタリングするために必要な事項については，すでに本章で述べてきた（表11-2参照）．しかし，まだ十分に述べてこなかった動物園動物の健康をスクリーニングするための1つの分野として，歯科衛生がある．Box 11.2に，動物園動物の歯科に関するいくつかの事項について概要を示した．

図11-9　英国のいくつかの動物園では，ヨーロッパヤマネを自然界の選択地に再導入する保全計画の一環として，飼育下繁殖に取り組んでいる．放野前には，結核のような感染症や消化管内寄生虫についてスクリーニング検査を実施している．この写真は，ヨーロッパヤマネの日常的な健康モニタリングの一環として麻酔下で体重測定を行っているところである．（写真：ペイントン動物園環境公園）

---

[15] 原虫とは，寄生生活と自由生活の形態を含む単細胞生物である．

Box 11.2 動物園動物の歯科

歯は，身体に必要なもの，また大型野生動物を扱ううえで潜在的な危険性があるという理由だけではなく，非常に変化に富んだ大きさや構造を示すため，歯のケアは，動物園動物の管理において特別な課題となる．例えば，野生動物歯科外科医は，チンパンジーの臼歯からゾウやセイウチの牙まで治療することを求められる（Glatt et al. 2008）．また，例えば Wiggs and Lobprise（1997）は，トラのような大型食肉類の犬歯の根管治療のため，3〜6インチ（7.6〜15.2cm）のドリル先の使用，厚皮動物の歯科には，大ハンマーや工業用パワードリルを用いることを提案している．大型動物の臼歯（小臼歯と大臼歯）の抜歯は，頬切開術が必要となる．すなわち，口腔内からの抜歯ではなく，顔面に切開を施し，口腔外から患歯にアプローチする．

動物園動物の歯科疾患の診断は，動物が検査のため口を開けるようトレーニングされていない限り，容易ではない．歯科疾患の動物では，体重減少，冷たい水を飲まない，口から食べ物を落とす，あるいは柔らかい餌のみ選んで食べる，といった徴候が認められる．口腔内は，出血が見られ，不快な臭いを発するかもしれない．飼育下野生動物の日常的な口腔内検査は容易ではないため，動物園動物を何らかの理由で麻酔する時は必ず，完全な歯科検査を実施すべきで

(a)

図 11-10 ゾウの牙は，切歯が伸びたものである．写真は，コルチェスター動物園における飼育個体ジャンボの牙の手術の様子を示している．このように，飼育下ゾウの歯科治療はよく実施されている．写真(b)には，治療に成功した牙がはっきりと見える．（写真：コルチェスター動物園）

Box 11.2 つづき

ある（Wiggs and Lobprise 1997，図 11-10）．

Braswell（1991）は，ゾウの牙や臼歯の疾患，あるいはカンガルーやワラビーのような飼育下カンガルー類に比較的よく見られる"カンガルー病"のようなエキゾチックアニマルの主な口腔疾患のいくつかについて，要約している（Canfield and Cunningham 1993 も参照）．カンガルー類の歯肉疾患の初期症状は，普通，抗生物質で治療されるが，正確には壊死杆菌症といわれる"カンガルー病"は，発症すると治療が難しい（Lewis et al. 1989）．

動物園動物の歯科に関する参考資料

Glatt et al.（2008）は，「International Zoo Yearbook（国際動物園年鑑）」に，米国動物園水族館協会加盟園館の調査に基づく動物園動物の歯科疾患と治療に関する有益な総説を載せている．「A Colour Atlas of Veterinary Dentistry and Oral Surgery（獣医歯科と口腔外科カラーアトラス）」（Kertesz 1993）は，野生動物のための獣医歯科について，視覚的に詳細を学べる数少ない文献の1つである（Peter Kretesz 博士は，動物と人の歯科医であり，動物園や野生動物公園のための出張歯科診療を行うため，1985年に ZOODENT International を設立した）．「Veterinary Dentistry: Principles and Practice（獣医歯科：基礎と臨床）」（Wiggs and Lobprise 1997）のエキゾチックアニマルの歯科疾患と治療の章も参考になる．

(b)

図 11-10 つづき

11.4.2 検 疫

予防医学は，新規導入動物の注意深い選択および一定期間の検疫[16]や隔離飼育から始まる．検疫期間は，種，輸入国，あるいはバライ指令の認可を受けた動物園同士の動物の移動かどうか（3.3.2参照）などによって，かなり異なってくる．例えば，英国内でバライ指令の認可を受けていない動物園では，ウマ類は，通常，到着後最短30日間，霊長類は，主に結核（TB）感染後，ツベルクリン検査で陽性反応を示すまでの期間を考慮して，通常60～90日間の検疫を必要とする．

英国内に霊長類，コウモリ類と食肉類（犬，猫とフェレットは，異なる法令で規制されるため除く）を移動する場合には全ての動物は，1974年に制定された狂犬病法（2004年改定）により6か月間の検疫を受けなければならない．この法律は，バライ指令のような他の法令よりも優先される（本書執筆の時点で，狂犬病法は再検討されており，将来的には検疫期間が変更されるかもしれない）．鳥類と爬虫類は，健康なウサギ目（カイウサギとノウサギ）や齧歯類のような他の哺乳類と同様に，狂犬病法による規制からは除外されている．英国の狂犬病検疫に関する詳しい最新情報は，環境・食料・農村地域省のウェブサイトから入手できる．

検疫の目的は，新着動物からの動物園動物（またはスタッフ）への感染症の伝播[17]を予防するだけではない．検疫では，その期間中に動物園スタッフが健康指標，食欲や行動の基準を評価することが可能である．ある場所から別の場所に移された動物は，輸送に伴いストレスを受けやすい．このため，輸送は，あらゆる潜在的疾患の臨床症状[18]を発現させる引き金となり，病気が発見されやすくなる．検疫期間は，動物を輸送から回復させ，潜在的なストレスとなり得る新たな社会的グループや施設への導入前に，新たな飼育環境と飼育管理に順応させることにもなる．

動物園動物の検疫について，Hinshaw et al. (1996) が現在では地域によってやや古くなっているが，役立つ情報を要約している（近々発刊が予定されている Kleiman et al. による「Wild Mammals in Captivity（飼育下の野生動物）」の最新版が待ち遠しい）．Dollinger (2007) が書いたバライ指令の総説にも，それに関連した動物園の検疫手順について情報が載せられている．

11.4.3 ワクチン接種

ワクチンは，動物園獣医師でも使用可能であるが，動物園の野生動物のために特別に開発されたワクチン製品がほとんど（まだ）ない．このため，ワクチンは，動物園ではそれほど普及しているわけではない．動物園獣医師が動物にワクチンを接種する場合，元々は産業動物や小動物のために開発されたワクチンで"間に合わせ"なければならず，家畜・ペットのデータから接種量を推定する必要がある．ワクチン接種後に動物の血清学的[19]反応をモニタリングすることで，その効果をより正確に評価できる．Box 11.3 に示すように，ワクチンがどのように作用するか，また"生"ワクチンが不活化ワクチン以上に野生動物に及ぼすリスクの考察について，簡単に説明する．

---

[16] 検疫という言葉は，ラテン語で40日間という意味に由来する．

[17] 感染症の伝播は，"垂直感染"（例えば，典型的には妊娠中に母親から子へ）および"水平感染"（例えば，ある動物から同居している，あるいは近くの飼育施設の別の動物へ）によって起こる．

[18] 臨床症状とは，発疹のような，病気を示す客観的な病状のことである．一方，徴候とは，人が主治医に伝える体調（例えば，ずっと疲れを感じる，あるいはおなかが痛い）であるため，主観的である．動物は，臨床症状は示しても，獣医師に徴候は知らせてはくれない．

[19] "血清学的"とは，血液成分である血清を用いることを意味する．血清学的検査とは，単に，血清を用いて実施する診断検査である．

Box 11.3　ワクチンはどのように働くか

ワクチンには，病原体（非感染性）由来の抗原と呼ばれる物質が用いられる．抗原を接種すると，動物の免疫系が刺激応答され，その病原体による自然感染に耐えるようになる．ワクチン接種が効果的に働けば，病気を予防できるが，必ずしもそうとは限らない（言い換えれば，ワクチン接種した場合でも本格的な発症ではないにせよ，病原体に感染する可能性がある）．

ワクチンには，生ワクチンと不活化ワクチンの2つのタイプがある．生ワクチンは，病原体を弱毒化または変性させ，野外株よりも病原性を低くした弱毒株を使用しているが，接種された動物に免疫応答を引き起こす．しかし，生ワクチンの問題として，接種された哺乳類で流産を引き起こしたり，予防しようとした病気を発症させたりすることが報告されている．飼育下のハイイロギツネ（*Urocyon cinereoargenteus*）がワクチン誘発性の犬ジステンパーを発症して死亡した例がある（Halbrooks et al. 1981）．他にも，生ワクチンが野生動物でジステンパーを引き起こした例として，リカオン（*Lycaon pictus*）（McCormick 1983），レッサーパンダ（*Ailurus fulgens*）（Bush et al. 1976）やクロアシイタチ（*Mustela nigripes*）（Pearson 1977）が報告されている．

不活化ワクチンは，より安全である（保存性も高い）が，効果が低い場合がある．誘導される免疫反応の有効期間が短く，一定間隔で追加接種が必要となる．近年，従来から用いられてきたワクチンの欠点を改善するため，リコンビナントDNAや蛋白工学のようなバイオテクノロジーを用いて製造された"第2世代ワクチン"が出てきている．

ワクチンには，経口接種するものもあるが，動物のワクチンは，皮下または筋肉内に接種するものがほとんどである．（図11-11）したがって，通常，動物の捕獲および保定が必要となる．ワクチン接種前に，獣医師は，その（捕獲と保定を含めた）リスクが病気に罹患するリスクよりも大きくないかどうか，評価しなければならない．これは，病気の重篤度および病気をコントロールする方法が他にあるかどうかによる．ワクチネーションプログラムが安全で効果的に実施されるためには，獣医師は，（例えば，動物の血清学的反応をモニタリングすることによって）ワクチンが機能しているかどうかを判断し，病気に対する予防効果がどれくらいの期間持続するかを知っていなければならない．

動物園でより広く使用されているワクチンには，狂犬病（英国内では発生がない），犬ジステンパー（いくつかの種で報告されているジステ

図11-11　ワクチン接種は，生ワクチンに関連した潜在的リスクのため，動物園で広く実施されているわけではないが，動物園で実践可能な予防医学の1つである．現在では，猫の不活化ワクチンがライオンやトラのような大型ネコ科動物で標準的に用いられている．この写真は，イスラエルのラマトガン動物園でライオンの赤ちゃんに定期的なワクチン接種を行っている様子である．（写真：Tibor jäger，動物園センター，テルアビブ）

ンパー生ワクチンに関連したリスクの解説について，Box 11.3 参照），大型類人猿のポリオ，破傷風および麻疹，ウマ類とバク類の破傷風に対するものがある．馬脳炎の流行地では，動物園のウマ類にもワクチン接種を行っている．Hinshaw et al.（1996）は，動物園動物のためのワクチン接種について，より詳細な情報を出している．

11.4.4 衛生（公衆衛生）と施設管理

　動物園の飼育施設において，質の高い衛生管理を実践するため，（日常的な"糞掃除"のような）適切な飼育作業と，切り札としての消毒が重要である．様々な種類の消毒薬や市販の洗浄剤が使用されているにもかかわらず，病原体を死滅させる効果や消毒薬の動物園環境に対する潜在的な危険性に関する成書や研究論文は驚くほど少ない．

　飼育下ネコ科動物は，フェノール系消毒薬の不適切使用によって中毒を起こす可能性がある（Hinshaw et al. 1996）．また，飼育施設の清浄時に，漂白剤（次亜塩素酸ナトリウム）を不適切に使用すると毒性があるという，経験的な証拠がある．飼育係の多くは，消毒薬の希釈率や使用方法について，製造会社が出している文献情報に頼るしかないが，入手可能なデータは，動物園ではなく，農場における使用に基づくものが多い．

　英国では，届出伝染病をコントロールするための獣医学領域の消毒薬として，臨床試験を合格し，環境・食料・農村地域省で承認を受けた製品を掲載したリストが作成されている．このリストの作成は，1978年に制定された動物疾病法（承認消毒薬の項）の下で運営されている．最新の承認消毒薬のリストは，製造業者と販売業者のそれぞれのリストとともに，環境・食料・農村地域省のウェブサイトからオンライン入手が可能である．

　飼育施設の清浄方法の中には，病気の発生リスクをむしろ増加させてしまう場合がある（図11-12）．例えば，高圧洗浄は，糞成分を含んだきめ細かな霧を発生させ，広範囲に拡散させてしまう．新動物園飼育管理監督基準（Defra 2004）は，"動物の排泄物に対する，高圧洗浄の使用による健康リスクを最小限にとどめなければならない"と特別に提言している．また，コンクリート床が過度に湿っている場合は，特にゾウのような種で足の障害を引き起こす要因となり得る．

11.4.5 衛生動物対策

　衛生動物には，餌や巣箱のような飼育環境を巡って飼育動物と競合したり，病気を媒介したりする種が含まれる．動物園の衛生動物には，ゴキブリ，ハト，カモメ，サギ類，ハツカネズミやドブネズミなどの齧歯類といった，病気を媒介する全ての動物があげられる．例えば，北米において，ゴキブリがオポッサムの糞便から肉胞子虫属（*Sarcocystis*，オウム類[20]のような鳥類で病気を引き起こす寄生性原虫）を媒介する例が報告されている（Lamberski 2003）．齧歯類は，クロアシマダニ（*Ixodes scapularis*）のようなダニ類を介して飼育下のシカ類にライム病のような病気（Williams et al. 2002）や霊長類にレプトスピラ症を媒介したり，また，飼料をサルモネラ属菌に汚染させたりする．ハツカネズミやドブネズミは，さらに *Toxoplasma gondii* のような寄生虫の中間宿主にもなる．バルチモア動物園で行った，オグロプレーリードッグ（*Cynomys ludovicianus*）の死亡率に関する遡り調査によると，剖検を行った動物の24%が寄生線虫 *Calodium hepaticum* によって引き起こされる肝毛細線虫症に罹患していた（Landolfi et al. 2003）．本研究の著者は，動物園内の野生ドブネズミが病気の保有動物になっている可能性を指摘している．

　北米の動物園では，ドブネズミのような齧歯類は，病気の保有者となるだけではなく，ヘビ，アライグマやオポッサムのように，飼育鳥類の卵や雛を直接的に捕食する（Lamberski 2003）．また，

---

[20] オウム類とは，オウム目に属するオウム，コンゴウインコやヒインコなどの鳥類である．

図11-12 飼育施設の高圧洗浄は，便利かつ質の高い衛生につながる一方で，糞成分や他のゴミを広範囲に拡散させる可能性があることも事実である．病気の発生リスクを減らすため，（ほうきで掃いたり，スコップですくって一輪車で運んだり）従来から行われてきた飼育施設の清掃方法の方が推奨される場合も多い．（写真：Sheila Pankhurst）

野鳥は，止まり木や餌容器の糞便汚染を介して，クラミジア症やサルモネラ症などの病気を拡散させる．衛生動物を効果的にコントロールするためには，（ハツカネズミやドブネズミの展示場への，特に餌場への進入を防ぐなど）施設の強度や構造，積極的な衛生動物対策や調理室の適切な衛生が重要である〔Spelman（1999）による動物園における有害動物対策の総説が役に立つ〕．飼育動物の環境エンリッチメントの一環として，餌をまき散らして与えることは，野生齧歯類を誘引させる要因となる．齧歯類をコントロールする目的で毒餌が使用されるが，対象としていない動物が摂取するリスクがある．このため，設置場所を慎重に選ぶか，毒餌入り罠を使用するなどリスクを最小限にする必要がある．Lamberski（2003）は，鳥類飼育施設の衛生動物対策として，餌と水を入れる容器を地面から離す，施設下面に沿ってヘビ，ネズミ類や他の小型哺乳類の侵入を防ぐ目の細かい金網を張る，野生哺乳類や野鳥の侵入を防ぐ電気柵を設置する，などを提唱している．

動物園は，また齧歯類の個体数をコントロールする際に倫理的ジレンマに直面することになる．遅効性の抗凝血性殺鼠剤の使用は，非人道的な衛生動物対策の方法と見なされている（Mason and Littin 2003）．このような殺鼠剤の使用は，動物園が一般に普及啓発する動物福祉に障害となってしまう．適切に使用されれば，スナップトラップや感電殺ワナは，齧歯類を瞬時に人道的に殺処分できるが，動物園の中には，最近，衛生動物対策として生物学的方法を用いている所もある．例え

ば，オランダのアーネムにあるブルガー動物園では，衛生動物の生物学的な対策方法を，熱帯雨林の展示"Bush"に取り入れている（Veltman and van Zanden 2000）．Bauert et al.（2007）は，チューリッヒ動物園のマサオラ熱帯雨林園について，最初の3年間の運営を評価するため，衛生動物対策の方法を調査している．

11.4.6 寄生虫対策

寄生虫対策は，動物園における予防医学において非常に重要な役割を果たす．食肉類の回虫のように，多くの寄生虫は，飼育個体群に一度入り込むと根絶が難しく，慢性的な健康障害を引き起こす可能性がある（Hinshaw et al. 1996）．寄生虫は，次の2つのグループに分類できる．

- 外部寄生虫：宿主動物の体表に寄生する．
- 内部寄生虫：宿主動物の胃消化管あるいは体内組織に寄生する．

主な外部寄生虫には，ハエ，シラミ，マダニ類，ノミやダニがある．全ての外部寄生虫が目で確認できるわけではなく，その識別に顕微鏡検査が必要な種類もある．

おそらく，動物園獣医師にとって，より大きな関心があるのは，深刻な健康障害を引き起こし，時には致死的となる内部寄生虫の方であろう．内部寄生虫の大部分は，蠕虫類[21]と原虫類である．動物園獣医師が扱わなければならない蠕虫類の属として，鞭虫属（Trichuris），Syngamus属（気管開嘴虫），回虫属（Ascaridia）がある．動物園獣医師が問題にする原虫類には，Toxoplasma gondii とコクシジウム属（Coccidia）がある．

例えば，Trichuris trichiura は，よく鞭虫と呼ばれる蠕虫類の種で，普通に認められる．これは，主要な人獣共通感染症で世界中の人口の約1/4がこの寄生虫に感染していると考えられている．軽度の感染は，無症状であることが多いが，感染がコントロールされない場合には，貧血や成長不良を起こす可能性がある．

動物園動物の消化管内蠕虫類は，動物の糞便内寄生虫卵あるいは虫体の検出によって診断できる．糞便材料における寄生虫卵を検出し，定量化するため，数多くの異なる方法があるが，1つの方法だけで全タイプの寄生虫卵を確実に検出することはできない．Box 11.4 に，一般的に用いられる虫卵検出プロトコールである McMaster 浮遊法の詳細を示す．これは，糞便内の寄生虫卵数を測定することで，消化管内寄生虫の寄生率を評価するために用いられる方法である．また，沈殿法や濾過法，あるいは牧草に付着する幼虫数測定[22]のような寄生率を評価するための他の方法を併用するべきである．方法は何を見るかによって選択される．

しかし，全ての内部寄生虫が消化管内に寄生するわけではない．蠕虫類と吸虫類は，心臓，肺や肝臓のような器官内に寄生するものもあり，生体において寄生を診断する場合には，組織サンプルの採材のような侵襲的検査が必要になるかもしれない．

動物園において，動物を適切に飼育管理するため，寄生虫の感染リスクを最小限に抑える，あるいは寄生虫の生活環を絶つ（"なんじの敵を知りなさい"，あるいは少なくとも生活環の一部を知る必要がある）などの方法を用いる．また，蠕虫類は，駆虫薬[23]でも治療することができる．これは，接触した寄生虫を破壊したり，麻痺させたりする．

動物園では，駆虫薬を様々な方法で投与している．例えば，局所投与，飼料に混ぜて与える，あ

---

[21] 蠕虫類という用語は，消化管や時には他の器官に寄生する多細胞性寄生虫の属を指す．蠕虫類は，吸虫類，条虫類や線虫類を含む．

[22] 多くの蠕虫類では，有蹄類が採食に使う草地上で，宿主動物の体外に排出された幼虫の時期に感染が成立する．一定量の牧草を裁断して水ですすぎ，一連の網目の大きさのふるいにかけて大きさの異なる幼虫を検出することができる．

Box 11.4 寄生虫の寄生率を評価するための McMaster 浮遊法

消化管内の寄生虫卵は，宿主動物の糞便内に排出されるため，顕微鏡下で数を数えたり，同定したりすることができる（図11-13）．結果は，糞便1g当たりの推定虫卵数（EPG）で示される．同様に，個々の動物あるいは群れの寄生度を推測することもできる．寄生虫卵数を算定することにより，感染の広がり（群れあるいは個体群当たりの感染個体数）および大きさ（感染動物の体内における感染の重篤度）を知ることができる．

糞便内虫卵数の一般的な測定方法として，McMaster計算盤という特別な計算室付きスライドガラスを用い，一定量の食塩水に浮遊させた虫卵数を数えて算定する（本法では，虫卵を食塩水の表面に浮かせるため，"浮遊法"とも呼ばれる）．以下に，McMaster計算盤を用いた糞便内寄生虫卵数の算定方法について，概要を示す．さらに詳細な情報が必要であれば，寄生虫の臨床あるいは診断学の良書，また英国農業・漁業・食料省（MAFF）の「Manual of Veterinary Parasitological Techniques（獣医寄生虫学技術マニュアル）」（1986）を参照して頂きたい．Garcia（1999）は，浮遊法の利点と欠点について，他の寄生虫卵数の算定方法と比較して総説を書いている．

本手技を行う場合は，使い捨てのラテックス手袋を装着し，糞便材料を取り扱ううえでの一般的な衛生に留意しなければならない．

第1段階：糞便サンプルの収集

糞便サンプルは，排泄後なるべく早く採取する．早朝が採取に適している場合が多い．糞粒を滅菌容器に移し，（分かれば）個体ID，採取時間，日付，場所を記入しておく．糞便サンプルは，分析まで48時間は冷蔵保存が可能である．それ以上の保存は，寄生虫卵が孵化するため，推奨できない．この場合には，虫卵数の評価結果が歪んでしまう．また，サンプルを冷凍保存すると，寄生虫卵によっては破壊され，同定が困難になってしまうため，普通は行わない．

第2段階：サンプルの準備

約20g（おおまかにはウサギの糞10粒分または大さじ1杯分）の糞便材料を皿に移す．

サンプルを金属製フォークでつぶして混ぜ，糞粒を混和する．寄生虫卵は，均一に排出され

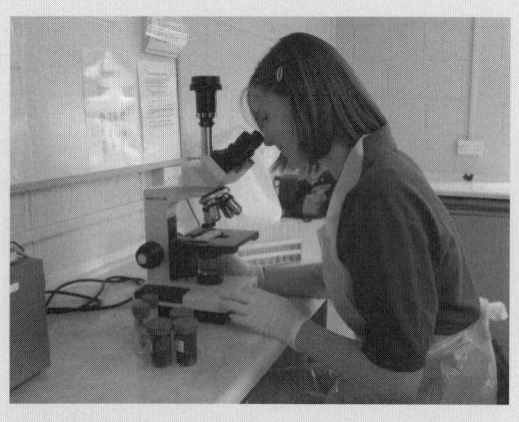

図11-13 消化管内の寄生虫卵について評価するため，顕微鏡を用いて糞便サンプルを検査している．臨床検査は，動物園の健康管理に欠かせない重要な仕事である．サンプルは，専門ラボに送られる場合もあるが，大型動物園の多くは，臨床検査室を自前でもっている．（写真：ペイントン動物園環境公園）

---

[23] 駆虫薬は，回虫のような消化管内寄生虫に感染している動物を治療するための薬である．Oramec®，Ivomec®やAcarexx®の商品名で販売されているイベルメクチンとPanacur（パナキュア）®の商品名で販売されているフェンベンダゾールが動物園で一般的に使用されている駆虫薬である．イベルメクチンは，外部寄生虫にも効果が認められるが，条虫や吸虫には効果がない．

Box 11.4　つづき

ないことも多く，1つの糞粒が数多くの寄生虫卵を含んだり，全く含まなかったりすることがある．数個の糞粒を混ぜ合わせることで全体の虫卵数をより適切に算定することができる．）

次いで，3g（茶さじ1杯）の糞便材料を（約0.15～0.25mmのふるい目の）プラスチック製茶こしでふるいにかける．

45mlの飽和食塩水（370gの塩化ナトリウムを1リットルの温湯に溶解）を採り，糞便材料の上にゆっくりと注ぐ．茶こし上のサンプルを小さなスプーンで混ぜて濾し出す．容器に抽出された濾液を回収する．

第3段階：McMaster 計算盤を用いた虫卵数算定

濾液をパスツールピペットで吸って，McMaster 計算盤の2室に注入して満たす．

虫卵が計算室表面に浮遊してくるまで60秒間待つ．

複式顕微鏡（10倍，40倍，100倍）を用いて，両方の計算室区画内の壊れていない虫卵を全て数える．

糞便材料1g当たりの虫卵数は，2つの区画の虫卵数の合計に50をかけて算出する（例えば，合計10個の虫卵が認められた場合，虫卵数は500となる．すなわち，糞便1g中に500個の虫卵が存在するということになる．）

虫卵数は，0から重度の感染動物では5,000 EPG まで様々である．

第4段階：虫卵の同定

観察された虫卵について，適切な資料を参考にして（可能であれば）属，あるいは科のレベルまで同定する．

るいは，口にシリンジをくわえさせて与える（図11-14），などの方法がある．駆虫薬の使用に関連した問題の1つとして，反復投与後に寄生虫が薬物耐性を示す場合がある．2つ目は，動物園獣医師が入手可能な駆虫薬は，普通は動物園動物よりも家畜で試験と認可を受けたものであるという問題である．

さらに，動物園獣医師と飼育係は，社会性をもつ（群れ）動物の各個体に適切な投与量の駆虫薬を確実に与えることも課題となる．動物園で飼育されているアビシニアコロブス（*Colobus guereza kikuyuensis*）における鞭虫 *Trichuris trichiura* 感染の長期的研究によると，個体ごとの投薬は，全個体の飼料に混ぜて群れに投薬することよりも，平均虫卵数を明らかに減少させる結果となった（Caine and Melfi 2005）．

11.4.7　足のケア

足のケアは，動物園で特に有蹄類において重要

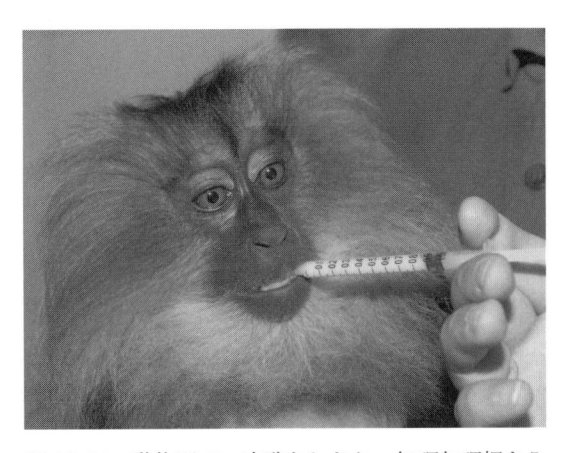

図11-14　動物園で，麻酔をしたり，無理矢理押さえつけなくても，経口薬を許容するようにトレーニングされている動物もいる．この写真は，イスラエルのラマトガン動物園でシシオザル（*Macaca silenus*）に経口薬を与えているところである．（写真：Tibor jäger, テルアビブの動物園センター）

な予防医学である．

蹄の過成長は，シマウマやキリン（図 11-15）からサイやゾウに及ぶ種における一般的な問題であり，しばしば不適切な飼育施設の床や遺伝的要因，そして銅の欠乏にも起因している．有蹄類の蹄は真皮と呼ばれる足の一部からなり，動物の生涯を通して成長し続ける．正常な場合，蹄の成長は動物が動き回るにつれて磨り減るが，時には過成長が起こる．偶数の蹄をもつ有蹄類（偶蹄目）においては，蹄の過長はそれぞれの蹄の 2 本の爪に対する体重の負重が不均衡となり，このことが（蹄の病気あるいは栄養不良を起こすのと同じように）破行を引き起こす．同様な過長蹄の問題が，ウマ類やサイなどの奇数の蹄をもつ有蹄類（奇蹄目）にも起こり得る．

英国のペイントン動物園環境公園のハートマンヤマシマウマ（*Equus zebra hartmannae*）における過長蹄に関する研究において，Yates and Plowman（2004）はシマウマがパドックで歩いたり，小走りに走ったりする時間がたったの8%以下であったことを見出した．移動に費やした時間のうち90%以上が芝生の上であった．シマウマの蹄が研磨効果のある地面に持続的に接していることで磨り減っているという状況ではなかった．さらに運動をさせるために，餌と飼育施設のレイアウトの変更が動物の体重を減少させ，運動量を多くし，蹄の磨り減り方を正常化させた．

ゾウにおいては，Csuti et al.（2001）が，蹄の問題は，飼育下における最も一般的な健康管理上の問題であり，ゾウの生涯におけるある段階に

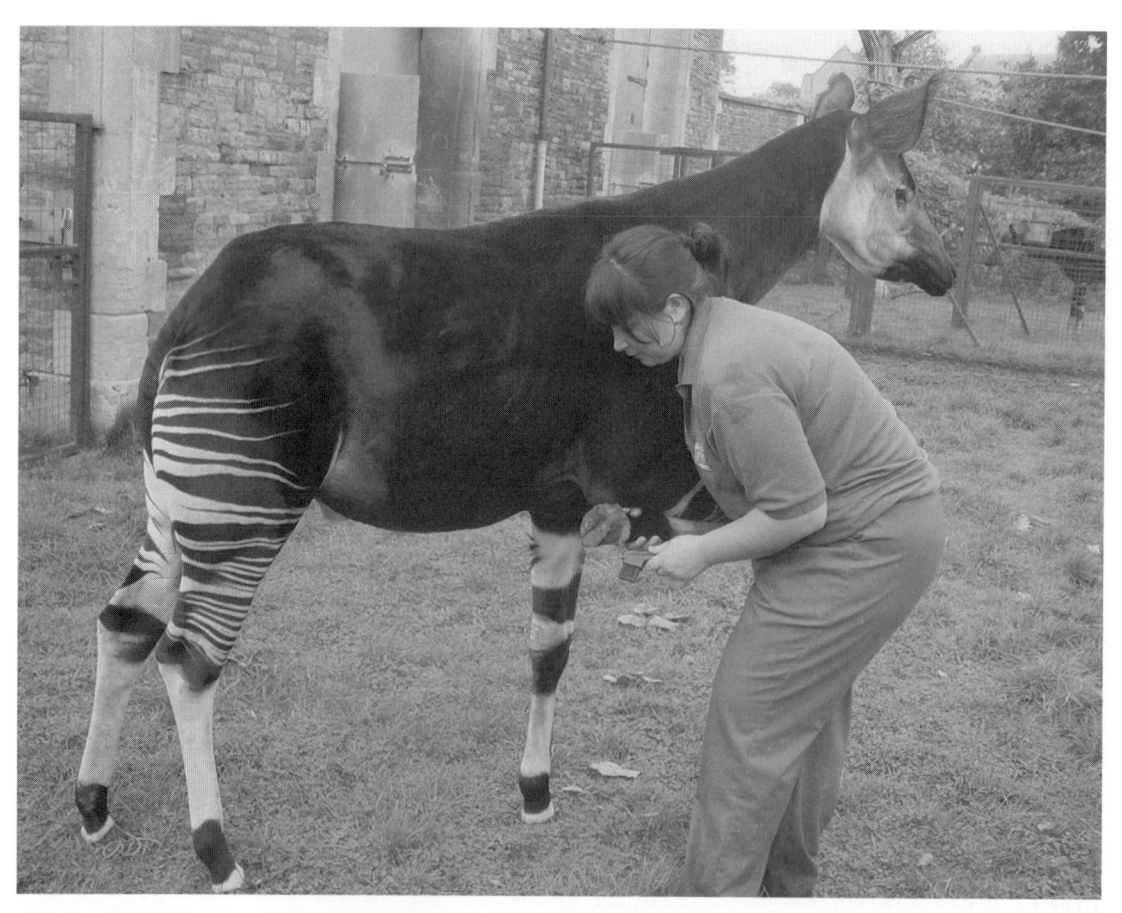

図 11-15　定期的なチェックでの予防管理と，もし必要ならば蹄のトリミングは，動物園の有蹄類の足の問題のコントロールにとって非常に重要なことである．

おいては50%のゾウに認められると示唆している．アフリカゾウ（*Loxodonta africana*）とアジアゾウ（*Elaphus maximus*）では爪の数が異なっている[24]が，両種ともに明らかに同じ足の構造をしており，角質のパッドが足底を保護している（図11-16）．両種ともに飼育下では同様な足の問題に悩まされていると思われるが，Schmidt（2003）はこれらの問題はアフリカゾウよりもアジアゾウの方に多いことを示唆している．最も一般的な問題は，足底，爪，角質のひび割れ，過長蹄，傷そして膿瘍である．足のひび割れと傷は，特にもしゾウが自身の糞便の上に立つことを避けられないのであれば病原体の侵入を許すかもしれない．通常，これらの問題は治療可能であるが，無効に終わったり，重症な場合は死亡したりもする（Schmidt 2003）．

運動の機会が少なく，コンクリートのような硬い構造物の上で主に飼育されているゾウは足の問題を引き起こしやすい．総括的な教科書である「The Elephant's Foot（ゾウの足）」で，Csuti（2001）は足の問題を最小限にするためには，動物園のゾウは運動の機会を多く与えられるべきで，多様な構造物（砂，泥，芝やその他）を有する飼育施設で飼育されるべきであると推奨している．

11.4.8　死後検査

なぜ動物が死亡したのかを解明することは予防医学の一端を担う．例えば，死因は感染症かもしれず，このことは明らかに飼育している他の動物の健康に密接に関係する．長期間に亘る解剖の記録は個々の動物園だけでなくもっと幅広い動物園界において，健康における趨勢に有益なデータを与える．

例えば，Hope and Deem（2006）は1982年〜2002年までの間の30の米国動物園水族館協会加盟動物園における197頭のジャガー（*Panthera onca*）の獣医学的記録を解析した．彼らは一般的な疾病の原因を決定し，筋肉骨格系の疾患が飼育下の雄のジャガーの最も一般的な死因であることを突き止めた．彼らは飼育下におけるジャガーの管理方法を推奨するために，彼ら自身の研究から得られたデータを用いることができた．

英国では新動物園飼育管理監督基準（Defra

図11-16　飼育下のゾウは特に足底や爪におけるひび割れといった足の問題を引き起こしやすい．これは足の感染を引き起こしやすくし，予防が治療に勝る．この写真はワシントンDCのスミソニアン国立動物園から提供された写真で，飼育係がゾウの爪にやすりをかけているところである．（写真：スミソニアン国立動物園）

---

[24] アフリカゾウは前肢に4つ，後肢に3つの爪をもっており，一方アジアゾウは（通常）前肢に5つ，後肢に4つの爪をもっている（Csuti et al. 2001）．

表 11-3　死後検査*

3.15　動物園で飼っていた全ての種の解剖を行うために，動物園内かあるいは適当な距離にそれができる施設がなければならない．

3.16　死亡した動物は感染症を伝播するリスクを最小限にする方法で取り扱われなければならない．

3.17　動物園で死亡した動物は獣医師のアドバイスに従って解剖されなければならない．診断と健康のモニタリングのための材料が研究室での検査のために適切に採取されなければならない．

*新動物園飼育管理監督基準（Defra 2004）
　新動物園飼育管理監督基準は英国の動物園に対して解剖に関して次のような推奨を行っている．

2004）が動物園動物の解剖のための特別な推奨を行っている．これらの推奨事項は表 11-3 に記載されている．

11.4.9　餌

もし動物園が栄養士を雇ったならば，常に獣医師のチームの一部として働くことになる．つまり動物に適切な餌をとらせることが予防医学に重要な役割を果たすということを保証することである（第 12 章参照）．健康に関する動物園動物の餌の鍵となる側面は，正しい種類の食物を使い，正しい量で，正しい栄養を与えることである．

11.4.10　展示デザイン

動物園獣医師は，飼育係と同様に，新しい展示場の設計に携わるように求められ，展示場のデザインに関して安全性と福祉において建設的なアドバイスが求められる．貧相なデザインの展示場は怪我を引き起こすかあるいは疾病[25]を広げることになる（例えば，排水施設が不十分であるなど）．新動物園飼育管理監督基準は展示場に関して健康に関連した多くの推奨を行っている．それには，例えば，「動物を閉じ込めるために設置される水堀や空堀については，動物がそこに落ちた際に逃げ戻る方法が用意されていなければならない（Defra 2004）．」などである．

動物が多くの種の動物との混合展示で飼育されるべきかどうかの決断は，特にもし怪我や疾病が広がる恐れがある場合には，獣医師の助言が必要である．

11.5　動物園動物に重要な疾病

各動物園で，その地理的条件や飼育している動物種によって重要な疾病も異なってくるだろう．これら重要な疾病は施設ごとで大きく変わるし，時によっても変わってくる．例えば口蹄疫（FMD）は，2001 年の大流行の時には英国では動物園にとって最重要であった．しかし，これを書いている段階においては，ブルータング（反芻動物に感染する疾病）が特に重要である．

健康リスク評価は，どの動物園がどの疾病が重要であり，飼育動物の健康ケアの計画設計に欠かせないかを決定するための基準を与える．重要な疾病のリストを作成する際，動物園獣医師は，列記された疾病の罹患率や死亡率の双方と流行の傾向を考慮しなければならない．後者は，大部分は，飼育されている種と疾病の以前の傾向が基礎となるであろう．

しかしながら全ての動物園にとって，動物園獣医師が診断し治療する疾病は 4 つの項目の下で考慮され得る．ここで扱う最初の 3 つのカテゴリーは，
1. 感染症
2. 退行性疾患
3. 遺伝的疾患

4 番目のカテゴリーは栄養疾患である．これらは

---

[25] 疾病の幅広い定義は "有機体が感染し特徴的な症状を引き起こしていることで，正常な生理機能が悪化している状態" である〔Collins Concise English Dictionary（コリンズコンサイス英語辞典）〕．

ここでは端的に述べるのみとし，次章（第12章）で詳説する．

11.5.1 感染症

感染症は，細菌，ウイルス，真菌あるいは寄生虫により引き起こされる疾患で，通常，動物から他の動物へ伝播する．例えばプリオン[26]のような蛋白質に加えて，疾病を引き起こす微生物は，"病原体"あるいは"感染因子"と呼ばれている．疾病の臨床的な徴候[27]は，病原体それ自身によってか，その産物（例えば，大腸菌O157：H7のような細菌が産生する毒素）によって引き起こされるか，あるいはこれら双方に対する動物の応答によって引き起こされる．

感染症は，通常（しかしいつもとは限らない）動物の間や人の間で"伝染"し，あるいは回されるため，時に伝染病とも呼ばれている．例えば，結核や狂犬病，そして口蹄疫などがある．感染症は，餌や飲み水，あるいは飛沫，媒介物[28]を介してあるいは直接的な肉体的接触により広がる．

細菌性疾患

動物園における重要な疾患となり得る主要な細菌性疾患には，サルモネラ症，赤痢，炭疽，結核（TB），エルシニア症，クロストリジウム症，そしてカンピロバクター症がある．これらの疾患の名前は，通常感染因子の名前を反映している．例えば，サルモネラ症は，サルモネラという細菌のなかのいくつかの種の感染により引き起こされる疾病の名前であり，赤痢は赤痢菌により引き起こされる．

上述の全ての疾患は人獣共通感染症であり，人に感染し得る．表11-4に動物園動物における重要な疾患をいくつかリストアップしている．

サルモネラ症

サルモネラは動物の健康管理の見地から2つの問題を提示している．1つ目には，サルモネラ菌は宿主の体外（例えば汚染された食品上やその中）で生活し増殖するという点において普通ではない．2つ目には，動物は無症状媒介者となり得る．

疾患を引き起こすサルモネラ（*Salmonella*）の種類は非常に多い（Ketz-Riley 2003）が，全てのサルモネラ属菌が全ての宿主に感染するわけではない．例えば人におけるチフス熱は *S. typhosa* により引き起こされ，人以外のサルにおける疾患としては自然発生しない．しかし *S. enteriditis* と *S. enterocolitis* は，下痢を起こしている脊椎動物全般において病原体としてよく分離され，重症化することもある．敗血症がサルモネラ属菌による感染を複雑化させていて，死亡させる可能性もある．

爬虫類においては多くのサルモネラ菌が病原性を有しており，サルモネラ症はペットとして動物園外で飼育されている外来の爬虫類における問題として報告が増加している．例えば全てのカメ類[29]はサルモネラ感染症に感受性を有しており，多くの爬虫類はサルモネラ属菌の無症状媒介者である（Raphael 2003，図11-17）．

赤 痢

サルモネラと同様，赤痢は世界各地に分布しており，主な感染ルートは糞口感染である．カンピ

---

[26] プリオンは微生物ではなく疾病を引き起こす蛋白性の感染因子あるいは病原体である．プリオンはいかなる遺伝的材料（DNAあるいはRNA）も含んでいない．

[27] "臨床的疾患"とは，発熱，皮膚発疹，体重減少などの明らかに認められる症状であり，一方，"不顕性疾患"とは感知される臨床症状がないものである．多くの疾患は症状が明らかになる前にある期間の不顕性状態を取り得る．例えば，糖尿病や関節炎のように．

[28] 媒介物はある個体から別の個体へ病気を広げることのできる無生物の物体のことである．人の間では，貨幣，タオルあるいはコップが媒介物になり得る．動物園では汚染されたバケツや餌皿，あるいは飼育者の長靴が媒介物になり得る．

[29] カメ類（Chelonid）はカメ目（陸ガメ，水棲ガメ）の爬虫類のことである．

表 11-4 重要な疾患：動物園動物における一般的なあるいは重要な感染性疾患

疾患名	原因病原体	分布	感染ルート	症状	感受性のある分類群
炭疽*	Bacillusu anthracis, 細菌	全世界（英国，欧州ではまれ，温暖な地域では多い）	感染死体，芽胞の摂取（さらなる詳細については，de Vos 2003 を参照）	反芻動物では前駆症状なしに急死．その他の分類群では顔面，喉そして頸部の浮腫を含む症状あり	哺乳類（動物園内では特に食肉目の動物），偶発的に鳥類，例えばダチョウ
アスペルギルス症	Aspergillus spp., 真菌	全世界	吸引	通常は死後診断（しばしばストレスや免疫不全状態の動物が日和見感染）	鳥類ではしばしば発生する
鳥インフルエンザ（11.5.4 を参照）	A型インフルエンザ	全世界	糞便との直接接触，飛沫	かなり多様で無症状もある．しばしば呼吸器疾患の臨床症状	鳥類，しかし人を含めた哺乳類への感染もあり得る．水禽がウイルスの媒介者であろう
カンピロバクター症	Campylobacter spp., 細菌	全世界（英国，欧州ではまれ，温暖な地域では多い）カンピロバクター症の事例は全世界的に急速に増加している	水経感染（ミルクの介在もあり）		幅広い哺乳類，特にウシ科，そして鳥類
カンジダ症	Candida spp., 真菌	全世界	Candida spp. は腸内の正常細菌叢．腸内の通常の細菌叢が崩れた際に疾患が起こる	通常は胃消化管に生着している．感染した鳥類は体重減少や嘔吐を示す	鳥類，哺乳類（しばしば日和見感染で抗生物質治療期間に起こる）
クラミジア症/クラミドフィラ症	Chlamydia や Chlamydophila spp.（クラミジア科の分類群の変更については Flammer 2003 の情報を参照）	全世界	感染した動物（無症状媒介者であるかもしれない）との密接な接触，飛沫感染，汚染された媒介物，媒介昆虫	体重減少，無気力，下痢や呼吸器症状も見られる（クラミジア症の臨床症状は幅広い）	動物園ではクラミジア症は鳥類において最も一般的であるが，脊椎動物，無脊椎動物と幅広い分類群に発生し得る（Flammer 2003）
クロストリジウム症（テタヌスの項も参照）	Clostridium spp., 細菌，特に C. perfringens	全世界	糞便	通常は腸炎（下痢，赤痢）．いくつかの疾患では急死の原因となる．	ほとんどの哺乳類と鳥類（いくつかの種の爬虫類から分離されているが疾患を引き起こしているかは明らかでない）
大腸菌症	Escherichia coli, 細菌（多くの血清型が存在するがそのうちのほんの少数が病原性を有する）	全世界（E. coli は哺乳類と鳥類の消化管における正常細菌叢である）	糞便（特に食料品の糞便汚染）	腸疾患（下痢，赤痢）	哺乳類，特に反芻動物，そして鳥類．
クリプトスポリジウム症	Cryptosporidium parvum, 極微な寄生虫		特に糞便の直接接触．汚染された食品や水の摂取		反芻動物

(つづく)

表 11-4　重要な疾患：動物園動物における一般的なあるいは重要な感染性疾患（つづき）

疾患名	原因病原体	分布	感染ルート	症　状	感受性のある分類群
馬脳脊髄炎*	いくつかの株，ウイルス		蚊や他の吸血昆虫（鳥類や小型哺乳類が宿主となる）		ウマ類
鼻疽*	Burkholderia mallei，細菌				ウマ類（鼻疽が撲滅された英国には存在しない）
肝炎（ウイルス性）	様々な型の肝炎がある．例えばA型肝炎		飼育下のサルが人からA型肝炎を受け取る．他の型の肝炎は糞便や汚染された食品を通して感染する	無気力，黄疸，嘔吐，しかし無症状もあり得，致死的な場合（肝不全の結果として）もある	霊長類
ヘルペスウイルス（霊長類のヘルペスウイルスBについては11.5.1を参照）	多くのヘルペスウイルス	全世界	性交を含む直接接触，飛沫感染	無症状媒介者から重篤な疾患，死亡まで非常に多様	哺乳類と鳥類
レプトスピラ症	Leptosrira spp.，細菌	全世界	感染した動物の尿，胎盤液あるいはミルクとの直接あるいは非直接的な接触（Bolin 2003）	臨床症状は多様で，発熱や嘔吐，下痢，死亡を含む	ほとんどの哺乳類
リステリア症	Listeria monocytogenes，細菌	全世界	汚染された食品の摂取	流産，幼獣では髄膜炎	多くの哺乳類．全ての霊長類は感染に対して感受性であることが明らか
ライム病	Lyme borreliosis				シカ（ダニを介する）
麻疹	ルベオラウイルス（モルビリウイルス）		麻疹は人からサルへ感染する人原性人獣共通感染症である	皮疹，発熱．致死的であることもある	大型類人猿（Hastings et al. 1991参照，野生のマウンテンゴリラにおける麻疹の診断と治療の説明を参照）
ミコバクテリウム症（結核の項のM. tuberculosisの記載も参照）	Mycobacterium spp.，細菌，例えば鳥類におけるM. avium	全世界	通常は経口感染，吸入の場合もある	通常は慢性疾患	鳥類，哺乳類
ペスト	Yersinia pestis，細菌	アジア，アフリカ，アメリカの一部	齧歯類やそれらに規制するノミによる伝播	ペストには3つの主要な臨床形態がある．横痃，敗血症，肺炎（これらそれぞれの疾病型の詳細な症状についてはWilliams 2003を参照）	哺乳類の幅広い種

（つづく）

表 11-4 重要な疾患：動物園動物における一般的なあるいは重要な感染性疾患（つづき）

疾患名	原因病原体	分布	感染ルート	症状	感受性のある分類群
ポックスウイルス	サル痘やラクダ痘その他のようなポックスウイルス（Greenwood 2003 を参照）	全世界	直接接触．咬傷や擦過傷	皮膚病（外傷や腫瘍）．致死的であり得る	哺乳類，鳥類，爬虫類（さらなる情報は Greenwood 2003 を参照）
狂犬病*	*Lyssavirus* spp.（いくつかのリッサウイルス感染による疾患は古典的な狂犬病と区別ができない．Calle 2003）	オーストラリアと南極を除く全世界．"古典的"な狂犬病は英国にはない．しかし英国のコウモリ類はコウモリリッサウイルスを有している	感染動物による咬傷．まれに引っかき傷にもよる		ネコ科やイヌ科を含む多くの脊椎動物．翼手目(コウモリ)も
白癬菌症	*Microsporum* spp./ *Trichophyton* spp.，真菌感染	全世界	感染動物や媒介者との直接接触	脱毛，皮膚の肥厚，掻痒	イヌ科や他の食肉目を含む多くの脊椎動物，翼手目（コウモリ）
サルモネラ症	*Salmonella* spp.，細菌，例えば，*S. enteriditis*（2,000 以上の血清型が分類されている）	全世界	通常経口感染，時に吸入感染（例えば汚染された羽毛の汚れ）．垂直感染(成鳥から卵へ)も起こり得る	症状は，軽度の腸炎から重篤な下痢，敗血症そして時には死亡	多くの哺乳類，鳥類，爬虫類
ザルコシスト症	*Sarcosystis* spp.，通常は *S. falcatula*，原虫	北米	糞便（オポッサムだけが現在知られている宿主．Lamberski 2003）	多様．感染した鳥類は肺炎を示す	鳥類，特にオウム類
赤痢症	*Shigella* spp.（グラム陰性桿菌）	全世界	サルモネラ症と同様に感染ルートは糞口感染	下痢から重篤な血が混じった赤痢（ある動物では無症状媒介者）	全ての霊長類が感受性あり．例えば新しい社会への導入など特にストレスを受けている期間
テタヌス	*Clostridium tetani*	全世界	芽胞が体表の傷から進入	硬直と間代性痙攣．致死的．	シカ類のような反芻動物
結核*（*Mycobacterium tuberculosis* 以外の *Mycobacterium* spp. は "ミコバクテリウム症" の項を参照	*Mycobacterium tuberculosisi*，細菌	全世界	感染した人との密接な接触（特に咳や痰を介した飛沫感染）		霊長類，ゾウ，その他いくつかの哺乳類．その他の *Mycobacterium* spp. は幅広い脊椎動物に感染する
ウエストナイルウイルス (WNV)（11.5.4 を参照）	ウエストナイルウイルスはフラビウイルス科のアルボウイルスである（いくつかの教科書ではウエストナイルウイルスはフラビウイルスとされている (Travis 2007)	欧州，アフリカ，アジア，中東そして 1999 年から北米でも	吸血昆虫（例えば蚊，スナバエ．Travis 2007 参照）	通常は死後解剖にて診断	鳥類（人と馬を含むいくつかの哺乳類が，感染している昆虫により刺された場合に感受性がある）

（つづく）

11.5 動物園動物に重要な疾病　409

表11-4　重要な疾患：動物園動物における一般的なあるいは重要な感染性疾患（つづき）

疾患名	原因病原体	分布	感染ルート	症状	感受性のある分類群
エルシニア症	Yersinia spp., 特に Y. pseudotuberculosis と Y. enterocolitica, 細菌（Y. pestis はペストの病原体）	Y. pseudotuberculosis は全世界的に見られる	汚染された食料品（糞便による汚染）．ゴキブリなどの昆虫が伝播の重要な媒介者かもしれない	無頓着，衰弱．48時間以内には死亡も起こり得る．臨床的な前駆症状なしに急死する場合もある	動物園における哺乳類や多くの鳥類，数種の爬虫類と魚類．新世界ザルと数種の鳥類が特に抵抗力が低い（Allchurch 2003）

*は英国における届出伝染病であることを示している〔届出伝染病とは1981年に策定された動物衛生法（Animal Health Act）の88章に規定されている名前である．全ての届出伝染病が人獣共通感染症であるわけではない〕．いくつかの届出伝染病の発生は，法律により実際に警察に届け出なければならない．実際には環境・食料・農村地域省に届け出られなければならない．

注：このリストでは鉤虫，鞭虫，肺虫や吸虫などといった内部寄生虫による非常に多くの疾患を完全には網羅していない．動物園および野生の動物のこれらの疾患の詳しい情報についてはFowler and Miller（1999 2003, 2007）を参照せよ．

図11-17　このヘビのような爬虫類はサルモネラの無症状媒介者になり得，人獣共通感染症で，人においては重篤な病気になったり死亡したりする．爬虫類を取り扱う前後に手指を完全に洗うなど良識のある衛生的な予防策で病気の伝播の危険性を低減させることができる．

ロバクターとともに動物園のサル類から頻繁に分離される病原体であり，疾病も通常，急性の胃消化管感染としてサル類に発生する．

人以外のサルにおいて最もよく検出される赤痢属菌は，S. flexneri である（Ketz-Riley 2003）．

結核

人以外のサルは結核（TB）に対して非常に感受性が高い．結核は Mycobacterium 属の細菌による感染症に与えられた総称的な名称である（Mikota 2007）．結核もまた人獣共通感染症である．

ゾウも結核の双方の株に感受性があるが，特に人型に対する感受性が高い．1990年代の米国の飼育下のゾウにおける結核の多くの症例が発症したことで，動物園動物と野生動物のための結核に関するワーキンググループ（National Tuberculosis Working Group for Zoo and Wildlife Species）が立ち上がり，1997年に「Guidelines for the Control of TB in Elephant（ゾウの結核抑制のためのガイドライン）」を作成した（Mikota 2007, Mikota et al. 2000）．これらのガイドラインは，米国動植物健康検査サービス（US Animal and Plant Health Inspection Service：APHIS）のウェブサイトからダウンロードでき，ゾウにおける結核の診断や治療の知識が増すにつれて2000年に改訂され，さらに2003年にも改訂されている．

ゾウの結核に関してはさらに，2005年にフロリダ州オーランドで開催されたゾウ結核調査研究会（Elephant Tuberculosis Research Workshop）のプロシーディングがすばらしい出発点となっている．この研究会のプロシーディングはElephant Care International のウェブサイトを通してアク

第 11 章 健康

セスでき，現在の結核ガイドラインにもリンクできる．

ウイルス性疾患

動物園動物において発生するウイルス性疾患には，狂犬病，ヘルペス，そしてポックスウイルスにより引き起こされる様々な疾患が含まれる（表11-4 を参照）．（ウエストナイルウイルスはこの章の 11.5.4 で詳細に扱う）．

狂犬病

狂犬病は，リッサウイルス属に属するウイルスによる感染によって引き起こされる哺乳類の疾病のための通俗的な名称である（Calle 2003）．いったん狂犬病の臨床症状が現れたら，ほぼ全てが死に至る．全世界的に，狂犬病は重篤な人獣共通感染症であり，年間に 1,000 人に 10 人の割合で死亡している．潜伏期間が長い（数週間～数か月）こととともに，人の生活への危険度が大きいため，多くの国が厳重な狂犬病の検疫法を用いている．例えば，英国では狂犬病に対する検疫期間は 6 か月である（検疫制度の詳細については 11.4.2 を参照）．

北米の動物園では，野生動物に狂犬病の感染が確認されている．オランダのロッテルダム動物園で通り抜け展示場で飼育されていたフルーツコウモリでのリッサウイルス感染が報告されている（Mensink and Schafternaar 1998）．

欧州では，4 人が 1977 年から起こったコウモリのリッサウイルスで死亡している（Fooks et al. 2003）．

ポックスウイルス感染

ポックスウイルス感染は全身の皮膚疾患と皮膚腫瘍を引き起こす（Greenwood 2003，図 11-18）．ポックスウイルス感染症は哺乳類（例えば，アザラシ痘）や鳥類（例えば鳥痘）で発生し，いくつかの種，例えばオランウータン（*Pongo* spp.）やマーモセット類[30]では致死的である．ポッ

図 11-18 動物園動物では多くの異なるポックスウイルスが疾病を引き起こす（例えば牛痘，羊痘など）．このハイイロアザラシ（*Halichoerus grypus*）はポックスウイルスの感染を受けて醜い瘤を形成しているが，通常はこれらの動物においては良性な感染である．

クスウイルスに似た感染症が飼育下のクロコダイルでも報告されているが，いわゆる魚類におけるカルポックスはヘルペスウイルスによって起こる．

ヘルペスウイルス

ヘルペス B（時には"サルヘルペス"と呼ばれる）はマカク属に属するサルに認められる人獣共通感染症である．アカゲザル（*Macaca mulatta*）などのサルにおける臨床症状は全く穏やかであることが多いが，この病気は人においては致死的な脳炎を引き起こす重篤な人獣共通感染症である（Fowler and Miller 2003, Richman 2007）．感染しているサルは無症状（Richman 2007）で，ウイルスは近縁な単純ヘルペスウイルス（HSV）との区別が困難であるため，病気の診断は困難である．

ヘルペス B ウイルスはバイオセーフティレベル 4 病原体（最も高いレベル）に分類されており，それゆえ，その培養には特別な隔離施設が

---

[30] マーモセット科は小型の新世界ザルである．マーモセット科（あるいはより正しくは現在ではマーモセット亜科）にはマーモセットとタマリンが含まれる．

必要である．例えば英国では現在たった1か所しかレベル4施設がなく，Control of Substances Hazardous to Health (COSHH，健康有害物質規則) のもとでヘルペスBに感染した動物が殺処分されている．

Richman (2007) はゾウにおいて新しく認められた疾患について，ゾウの内皮親和性ヘルペスウイルス (EEHV) として報告している．これは致死的になり得る．ヘルペスウイルスはカメにおいて重要な病原体でもあり，感染した動物の致死率は高い (Johnson et al. 2005)．

真菌性疾患

動物園における健康上の問題を引き起こす真菌性病原体にはアスペルギルス，カンジダ，クリプトコッカスそしてミューモシスティスが含まれる (表11-4参照)．細菌性疾患と同様，疾患の名称は通常感染因子の名前を反映している．カンジダはカンジダ症を引き起こし，アスペルギルスはアスペルギルス症を引き起こすなど．真菌性疾患，特にカンジダ症は，しばしば全身性の病気，免疫抑制，あるいは長期に亘る抗生物質投与に起因する (Duncan 2003)．アスペルギルス症は飼育下の鳥類において重篤な問題となり得る．例えば，Flach et al (1990) は，1964年〜1988年までのエジンバラ動物園でのジェンツーペンギン (Pygosceli papua) において最も一般的な死因がアスペルギルス症であったと報告している．

白癬

白癬 (皮膚糸状菌症) は皮膚の真菌疾患であり，人獣共通感染症でもある．この感染因子は人以外のサルでは *Microsporum* と *Trichophyton* spp. であり，人では *Epydermophyton* である (Duncan 2003)．動物園動物の間では，ネコ科とイヌ科が特に白癬菌感染に感受性がある．

寄生虫感染

動物園動物における寄生虫の制御についてはすでに11.4.6で論じた．動物園動物における外部寄生虫によって引き起こされる疾患にはウシバエや疥癬 (あるいはヒゼンダニ) などがあり，内部寄生虫ではトキソプラズマ症やトリマラリアなどがある．

ウシバエ

ウシバエあるいは皮膚バエ症は集中的な撲滅キャンペーンにより英国ではまれとなった．しかし世界の他の国々では依然一般的である．ウシバエは宿主動物の皮膚に産卵する．卵が孵化し，幼虫が動物の体内に入り巣をつくる．数か月間宿主の皮下に留まる (後に腫瘤やハエ瘤として通常動物の頚部に見られる)．全世界的に多くの異なる種類のウシバエが存在する．英国でも *Hypoderma* 属に属する2種が見つかっている．

ウシバエに感染したウシ科の動物はイベルメクチンのような薬剤を局所投与して治療できる．

疥癬 (ヒゼンダニ)

疥癬はダニ *Sarcoptes scabiei* によって起こり，そのダニが産卵のために宿主の皮膚に巣をつくり，疥癬を引き起こす．疥癬は有蹄類で最も一般的であるが，霊長類を含む幅広い哺乳類で発生し得る．この寄生虫の感染はイベルメクチンの局所投与や経口投与で治療できる．

トキソプラズマ症

人を含むほとんどの脊椎動物は，コクシジウム[31]である *Toxoplasma gondii* による感染に対して感受性がある (Wolfe 2003)．しかし感染した動物は無症状か軽度の症状しか呈さず，感受性は寄生体の株と分類群の双方によりかなり変異がある．例えば，オーストラリアの有袋類と新世界ザルは，トキソプラズマ症に高い感受性を有しているが，一方旧世界ザル，牛，馬は比較的この疾患に抵抗性がある．

イエネコは，野良かペットかにかかわらず，トキソプラズマの終宿主である．トキソプラズマ症は妊娠中では流死産を起こし得る．羊や山羊では胎子の重要な死因である．人は妊娠の最初3分

---

[31] コクシジウムは原虫であり，小さく，単細胞生物である．

の1の期間における感染では致死的である（Wolfe 2003）．

トリマラリア

　Culex spp. の蚊により媒介されるトリマラリアは動物園や野生動物公園で屋外展示されているペンギンの主要な死因となっている（Graczk et al. 1995, 図11-19）．この疾患の感染微生物は寄生虫の一種である *Plasmodium relictum* であり，程度は少ないが，*P. elongatum* もある．ペンギンの自然生息地では，蚊はまれであり，もし蚊がいたとしても限られた地域であるためトリマラリアは野生のペンギンにとっては重要な疾患とはなっていない．

　トリマラリアはペンギンの疾患であるばかりではなく，その他の分類群の鳥類，特に外国産のハヤブサにおいても発生している（Redig and Ackermann 2000）．プリマキンやメフロキンのような抗マラリア薬により蚊が主に発生する季節に予防的に治療することが可能である．トリマラリアに対する新しいDNAをベースにしたワクチンが，最初の1回の投与で結果が保証されたが，現在では毎年1回の追加投与が求められている（Cranfield et al. 2000）．

11.5.2　変性，遺伝的そして栄養性疾患

変性疾患

　関節炎や慢性の腎臓疾患のような変性疾患は，ネコ科，イヌ科（例えばRothschild et al. 2001を参照），クマ科，霊長類そして反雛動物と，多くの動物園の飼育動物を象徴する全ての動物において一般的である．これらの疾患はしばしば年齢に関連しており，クマのような動物が野生で生きるよりもかなり長生きしているがために，動物園の飼育動物で特に問題となっている．

　他の健康問題として，歯の問題（歯が磨り減り，そのために動物がもはや効果的に餌を取れない）や糖尿病や関節炎があり，高齢の動物にみられる．これらは大部分が飼育下の疾患である．糖尿病や関節炎，不正に磨り減った歯を有する野生動物はもはや生き残れないだろう．

遺伝的疾患と健康問題

　希少であるがゆえに，いくつかの希少種の動物園個体群は小さく，遺伝子プールも限られている．血統登録書（第9章参照）は近親交配を制限しているが，遺伝的異常が動物園動物では生じている（Leipold 1980）．例えば，動物園におけるクロシロエリマキキツネザル（*Varecia variegata variegata*）では先天性の異常が報告されており，それには脊椎弯曲症[32]や骨格異常が含まれている（Benirschke et al. 1981）．タイリクオオカミやシンリンオオカミ（*Canis lupus*）においては遺伝性の盲目が近親交配に関連して認められている（Laikure and Ryman 1991）．

栄養性疾患

　飼育下の全ての動物は，強力な免疫システムを獲得するために，そして肥満や歯の衰退を避けるために，適正な餌を与えられる必要がある．動

図11-19　これらのフンボルトペンギン（*Spheniscus humboldti*）のように屋外展示されているペンギンは蚊が媒介するトリマラリアに感染しやすい．これは，重篤で，時には死に至る動物園飼育鳥類の病気である．ペンギンばかりではなく，幅広い鳥類に起こる．（写真：Sheila Pankhurst）

---

[32] 脊椎弯曲症は，脊柱の曲がりである．

物園動物における一般的な栄養に関する健康問題は，骨代謝性疾患，血色素症（ヘモクロマトーシス），削痩，あるいはもっと一般的には肥満を含んでいる．これらの栄養性の問題を第12章でもっと詳細に考察する．

11.5.3 動物原性人獣共通感染症，人原性人獣共通感染症，届出伝染病

動物園動物は人からいくつかの疾患を受け取り，またその逆もある．人から動物へ感染する疾患は人原性人獣共通感染症として知られている（Ott-Joslin 1993）．一方，動物から人へ感染する疾患は動物原性人獣共通感染症（あるいは動物原性感染症）である．後者は前者よりももっと多く存在するが，これは一部には人から動物への感染についてまだあまりよく分かっていないことが理由である．Schwabe（1984）は，少なくとも類人猿[33]は，ほとんどとは言わずとも，多くの人の疾患に対して感受性があるだろうと示唆している（図 11-20）．

人と動物の双方において非常に類似した病原性を示す疾患は同等人獣共通感染症と呼ばれている．表 11-5 に人から動物に感染し得るいくつかの主要な疾患（人獣共通感染症）をリストアップした．

人獣共通感染症の伝播は感染動物との直接接触や病原体の経口摂取や吸引，あるいは蚊などの昆虫に刺されることで起こる．動物園動物で生じている人獣共通感染症で最も多く報告されているケースは，来園者によるものよりも，日々動物と密接に肉体的に接触している動物園の職員によるものである．良い衛生管理は，人獣共通感染症に対する最も重要な制御法である（例えば，動物を取り扱った後はよく手洗いをする）．

図 11-20 オランダのアペンドールン霊長類公園のこれらのローランドゴリラは健康である．しかし全ての大型類人猿は人に感染する疾患に感受性がある．人から動物へ感染する可能性がある疾患は人原性人獣共通感染症として知られている．それらには例えば麻疹や結核が含まれる（写真：Sheila Pankhurst）．

届出伝染病

届出伝染病とは，（英国では）法律により警察に届け出ないといけない疾患である．実際には，環境・食料・農村地域省に届けなければならない．英国内における届出伝染病は動物衛生法（Animal Health Act, 1981）の 88 項に記載されている．これらのうち全てではないが，いくつかは，人獣共通感染症である．英国で届出伝染病の管理に責任をもっている政府機関は動物衛生局と

---

[33] 類人猿という言葉はむしろ今や現代的ではない（霊長類という分類はどんどん変化してきている）．つまりそれは，チンパンジー，テナガザル，ゴリラやオランウータンなどの尻尾のない，人に類した猿人のことを言い表している．現在の分類ではチンパンジー，ゴリラおよびオランウータンだけが人に類するヒト科に入れられている．

表 11-5　動物園動物における主要な人獣共通感染症

疾患 / 原因病原体	感染ルート	宿主動物	人における疾患について
炭疽*/Bacillus anthracis, 細菌	芽胞の吸入．感染動物（あるいは動物の毛皮）との直接接触(de Vos 2003 参照)	多くの動物種（主に草食哺乳類，時に鳥類）．英国においては炭疽感染はまれ	炭疽は人ではまれな疾患．疾患の最も一般的な型は皮膚炭疽であり，感染した動物やそれらの毛皮との接触に集約する．この型の疾患は抗生物質で速やかに治療できる
鳥インフルエンザ(AI)*/influenza A viruses 11.5.4 参照	この本の執筆中に，ほとんど全ての人の鳥インフルエンザの症例が感染した鳥類との直接接触や感染鳥の糞便との接触の結果として起こっている	鳥類，特に鶏，イエネコ．鳥インフルエンザの症例はアジアの動物園において野生ネコ類（トラやヒョウ）で報告されている	執筆している時点では，人におけるほとんど全ての症例が人と感染鶏との密接な接触の後に報告されている．しかし鳥インフルエンザに関する状況は急速に変化している（環境・食料・農村地域省のウェブサイトと英国・アイルランド動物園水族館協会のウェブサイトの双方がその現状をアップデートしている）
牛海綿状脳症（BSE）*/プリオン（蛋白質）	感染肉の消費	ウシ類	クロイツフェルトヤコブ（vCJD）（人型）と動物園動物の間の関係は何も立証されていない
ブルセラ症*/Brucella spp., 細菌性	感染動物から得られたミルクなどの乳製品の消費	ウシ類，特に牛，頻度は低いがシカ類や他の哺乳類	
カンピロバクター症/Campylobacter spp., 細菌	水系感染（ミルクを含む）	幅広い哺乳類，特にウシ類，そして鳥類	人においては通常重篤な食中毒として起こる．人におけるカンピロバクター症の事例は近年著しく増加している
クリプトスポリジウム症/Cryptospridium parvum, 顕微的寄生虫	特に糞便との直接接触，汚染された水や食物の摂取	反芻動物	人における感染では通常下痢が起こる．疾患はかなり重篤で，免疫不全患者では死に至ることもある
馬脳脊髄炎*/数種の株，ウイルス性	蚊やサシバエ	鳥類と小型哺乳類が宿主．蚊やサシバエが人や馬に伝播させる．	この疾患は蚊媒介性疾患である．馬と人の間での直接的な感染はない
Escherichia coli/ 数多くの株，細菌	糞便	動物，特にウシ類の腸管に見られる	O157 はベロトキシンという毒素を産生し，人では重篤な病気を引き起こし，死亡することもある
鼻疽*/Burkholderia mallei, 細菌	外傷	ウマ類	この疾患は英国からは排除されている．しかし世界の他の地域，特に中東と中国では重篤な人獣共通感染症として今もある
ハンタウイルス肺症候群（HPS）	空気感染．感染した齧歯類の尿，唾液あるいは糞便から飛散したウイルスの飛沫吸引	齧歯類	英国と北米では非常にまれ．しかし症例はしばしば致死的
肝炎（ウイルス性）	体液との直接接触	霊長類	発熱，食欲不振，黄疸を引き起こす
ヘルペス B/ ウイルス（サルヘルペス）11.5.1 を参照	感染動物による咬傷	マカク属のサル類	ヘルペス B は人においては致死的脳炎を起こす
包虫症/Ecchinococcus spp., ぜん虫（条虫類）	寄生虫卵の摂取	羊を介してイヌ類（例えば犬やキツネが生肉を与えられた場合）	黄疸を含む多様な症状．時には嚢胞が破裂して死に至ることもある
レプトスピラ症/Leptospira spp., 細菌	感染尿と皮膚や傷あるいは粘膜面との接触	ほとんどの哺乳類，しかし特にラットやマウスなどの齧歯類との関連が深い	レプトスピラ症に対する死菌ワクチンが米国とその他のいくつかの国では動物用（例えばふれあい動物園などの動物）として利用できる
リステリア症/Listeia monocytogenes, 細菌	摂取	多くの動物，特に反芻動物	発熱，悪心，下痢，致死的であることもある

（つづく）

表 11-5 動物園動物における主要な人獣共通感染症（つづき）

疾患 / 原因病原体	感染ルート	宿主動物	人における疾患についての記述
ライム病（ライム・ボレリア症）/ Borellia, 細菌		シカ（ダニを介する）	
サル痘 / オルソウイルス群に属するウイルス	感染動物との直接接触	テナガザル，チンパンジーそしてオランウータンなどの霊長類	人における天然痘に類似した症状を引き起こす．人における治療にはチドフォビルが効果的
ペスト / Yersinia pestis, 細菌	ノミ，吸引，感染動物との接触	齧歯類（特にラット）のような哺乳類，犬，猫も．	ペストは欧州では主要な疾患ではないが，中南米や東南アジアそして南アフリカではいまだに発生している
クラミジア症 / Chlamydophila pscittaci（以前は Chlamydia pscittaci），細菌**	飛沫感染，糞や羽のダストの吸引，直接接触	オウム類，ハト，鶏，水禽	飼育下のオウム類，ハトそして水禽にみられる C. pscittaci は Chlamydophila/Chlamydia 細菌による人獣共通感染症の原因として数多く報告されているが，他の種でも人獣共通感染症になり得る
Q 熱 / Coxiella brunetti	飛沫感染，ミルクを介することもある	ウシ類	
狂犬病* / Lyssavirus spp., ウイルス	噛み傷（あるいはもっとまれな場合には引っ掻き傷）を通して感染動物の唾液	ネコ類，イヌ類を含む数多くの脊椎動物	人では致死的（狂犬病は年間に世界中で 1％の人が感染している）
リフトバレー熱 / ウイルス*		ウシ類	まれに致死的
白癬 / Micosporum spp., Trichophyton spp., そして Epidermophyton spp., 真菌感染	感染した動物や媒介者との直接接触	幅広い脊椎動物，特にイヌ類とその他食肉目，また翼手目（コウモリ）も	真菌感染によって起こる最も一般的な人獣共通感染症．めったに重症にはならず，通常治療が容易
サルモネラ症 / Salmonella spp., 細菌	汚染された職員や汚染物の表面，感染した動物やその糞便との直接接触	多くの哺乳類，鳥類そして爬虫類	非常に一般的な食中毒の原因
赤痢 / Shigella spp., 細菌	糞口感染（サルモネラと類似）		サルモネラ症と応用に食中毒（急性胃消化管感染）
回虫症 / Toxocara spp., 寄生虫（回虫）	感染動物との直接接触	イヌ類，ネコ類	
トキソプラズマ症 / Toxoplasma gondii, 原虫	摂取（オーサイトの）	哺乳類，特に猫，鳥類も	妊娠中に感染すると重症．流産や死産を起こす
結核* / Mycobacterium tuberculosis, 細菌	吸引（特に咳や痰からの体液の飛沫）	霊長類，他の動物ではあまり一般的でない	人における結核は，薬剤耐性菌の広がりのために関心が増している
ウエストナイルウイルス	蚊あるいはその他の刺虫	鳥類とウマ類	感染した蚊により広がる
エルシニア症 / Yersinia spp., 細菌，特に Y. enterocoritica と Y. pseudotuberculosis	ミルクを含む汚染された食品	Y. pseudotuberculosis は哺乳類，鳥類，爬虫類そして魚類（多くの種が無症状媒介者であることが明らか）に広がっている	

*は英国における届出伝染病であることを示している〔届出伝染病とは 1981 年に策定された動物衛生法（Animal Health Act）の 88 章に規定されている名前である．全ての届出伝染病が人獣共通感染症というわけではない〕．いくつかの届出伝染病の発生は，法律により実際に警察に届け出なければならない．環境・食料・農村地域省にも届け出られなければならない．

**Chlamydia と Chlamydophila にはいくつかの細菌が含まれる．これらは動物においてクラミジア症あるいはクラミドフィラ症と呼ばれる疾患を引き起こす（Flammer 2003 参照）．

注：この表は動物園動物の主要な人獣共通感染症（人に伝染し得る疾患）をリストアップしたものである．環境・食料・農村地域省のウェブサイトの動物の健康に関するページでは，国際獣疫事務局（OIE）（www.oie.int）のページと同様に，多くの有益な情報，特に届出伝染病に関しての情報が提供されている（www.defra.gov.uk/animalh/disease/ を参照）．

呼ばれており，2007年に設立されている．動物衛生局は前身の国立獣医サービス（SVS）を含むいくつかの団体からなっている．公的には，動物衛生局は"動物の健康と福祉に関する政府の政策を通達する"ことに責任をもっている機関である（www.defra.gov.uk/animalhealth/）．

英国内の届出伝染病の例として炭疽やブルータングそして鳥インフルエンザ（"バードフルー"）が含まれる．環境・食料・農村地域省のウェブサイトにこれらの疾患を要約した有益な表がある（www.defra.gov.uk/animal/disease/notifiable/index.htm）．

図11-21 クーズーは伝達性海綿状脳症に感受性のある動物園で飼育されている多くのウシ科の1種である．（写真：© John Picture, www.iStockphoto.com）

11.5.4 5つのヘッドライン的疾患

5つの非常に異なる家畜あるいは野生動物における疾患が，最近数年に亘り多く新聞報道されている．これら5つとは下記のとおりである．
- 牛海綿状脳症（BSE）
- 口蹄疫（FMD）
- ウエストナイルウイルス（WNV）
- 鳥インフルエンザ（AIあるいは"バードフルー"）
- 両生類におけるツボカビ

牛海綿状脳症と他の伝達性海綿状脳症

牛海綿状脳症は比較的最近の疾患である．それは1986年に最初に英国の牛で診断された（Spraker 2003）．そしてそれは羊のスクレイピーかあるいは牛海綿状脳症に感染した他の牛のいずれかのプリオン[34]を含む肉や骨粉を牛が摂取した結果により起こるとされてきた．外国産の他の動物も牛海綿状脳症に接触し，そしてその疾患はエランド（*Taurotragus oryx*）（Fleetwood and Furley 1990）やクーズー（*Tragelaphus strepsiceros*, 図11-21），そしてアラビアオリックス（*Oryx leucoryx*）などの動物園飼育種で報告されている．

牛海綿状脳症は人以外の動物において報告されてきた伝達性海綿状脳症だけではない．チーターなどのネコ類も猫海綿状脳症（FSE）のプリオンに接触する可能性があり（Kirkwood and Cunningham 1994），それは牛海綿状脳症の流行に沿っているように思われる．羊と山羊のスクレイピー，そしてシカ類の慢性消耗性疾患（CWD）もまたプリオン病である（Spraker 2003，牛海綿状脳症以外の動物のプリオン病の総説はSigursdon and Muller 2003を参照）．

牛海綿状脳症や慢性消耗性疾患のようなプリオン病は運動失調，痴呆，麻痺，消耗し，そして最終的には死亡する．

口蹄疫

口蹄疫は有蹄類の高伝染性のウイルス疾患で，主に，直接接触（例えば，衣類や車など）により広がる．普通は致死的ではないが，この疾患では衰弱し，発熱，倦怠感そして感染動物の口に特徴的な水胞（囊胞）が形成される．この疾患は家畜（羊，牛，豚）を思い起こすが，シカやラクダ類，そしてゾウを含む野生動物や動物園動物にも感染し得る．

英国内では，口蹄疫は届出伝染病である．英国

---

[34] プリオン病は，しばしば，死後解剖において皮質と小脳に空胞をもつ海面様の外観が見られるため，"海綿状脳症"と呼ばれる．

には通常口蹄疫は存在しないが，2001年における流行により，感染した家畜の殺処分や，感染が疑わしい動物種の厳重な移動制限などの制御法を課すことになった．2001年の口蹄疫の流行以来，環境・食料・農村地域省は口蹄疫などの疾患を網羅したエキゾチックアニマルの疾患の一般的な危機管理計画を作成した（環境・食料・農村地域省のウェブサイトで閲覧できる）．この文書は，年に1回更新され，生物安全性の基準に関してのガイダンスを与えると同様に，動物園動物にふさわしい緊急的なワクチネーションの計画を設定している．

ウエストナイルウイルス

ウエストナイルウイルスは1999年に重大ニュースとなり，最初に米国で分離された．ウイルスは人獣共通で，ニューヨークのブロンクス動物園で多くの鳥類が死亡した後に病理学者により同定された（Steele et al. 2000）．ウエストナイルウイルスは，蚊やその他の刺し虫などの節足動物により多くは媒介されるが，感染動物との直接接触や，感染動物の組織との直接接触でも伝播する（Travis 2007）．この疾患は，アジア，アフリカ，南欧で何十年も前から知られていたが，1999年以前には米国の動物で分離されたことはなかった．

人[35]と幅広い脊椎動物（しかし特に鳥類とウマ類）がウエストナイルウイルスに対して感受性があり，死に至る脳炎を引き起こす可能性がある．動物園動物の間では，ウエストナイルウイルスの症例はホッキョクオオカミ（*Canis lupus*）からトナカイ（*Rangifer tarandus*）まで報告されている（Travis 2007）．

この文章を書いている現在において，ウエストナイルウイルスに対する2種類のワクチンが利用できるようになっており，さらに新しいワクチンが開発中である．この疾患の予防法には蚊の成虫や幼虫の殺虫剤の散布などがある（Travis 2007）．

鳥インフルエンザ

鳥インフルエンザ（バードフルー）は人インフルエンザに非常によく似たインフルエンザウイルスにより引き起こされる鳥類の感染症である．この疾患は鳥類（彼ら自身は病気にはならないが，糞便を介してウイルスを家禽や他の飼育鳥に伝播させる．特にカモなどの水禽類）により運ばれる（図11-22）．鳥インフルエンザは，飼育している鳥類への危険性ばかりではなく，ウイルスがネズミや豚，サル，そしてフェレットからトラやヒョウなどのネコ類に至る幅広い哺乳類にも感染する可能性があることから，動物園においては重要である．例えば，2004年にはタイの私立の動物園で，感染した鶏肉がトラに与えられ，45頭が死亡した（Amosin et al. 2006）．

鳥インフルエンザの異なる株が，"低病原性（LPAI）"あるいは"高病原性（HPAI）"として分類されている．鳥インフルエンザの現在の流行（2003年以降）は，H_5N_1株によるもので，伝染力も病原性も強く，鶏やカモなどの家禽が最初の臨床症状を呈してから24時間以内に死亡している．

鳥インフルエンザに関する情報はすぐに時代遅れになる．そのために指導者は現状を案内している環境・食料・農村地域省のようなウェブサイトを参照しなければならない．動物園界では，英国・アイルランド動物園水族館協会と欧州動物園水族館協会のウェブサイトが動物園展示物への鳥インフルエンザによる現在の危険度に関する情報を出している．欧州動物園水族館協会はメンバーに対して，展示鳥類へのワクチン接種の許可を求めることを推奨している．英国・アイルランド動物園水族館協会メンバーは適正な生物安全性と獣医学的な調査基準についてのアドバイスと同様に，い

---

[35] 1999年以降，700人以上の人がウエストナイルウイルスにより死亡したと米国で報告されている（Travis 2007）．

図11-22 鳥インフルエンザは野鳥によって飼育鳥へ伝播する疾患である．野鳥を動物園の施設に近づけさせないようにすることが，その伝播を阻止する重要な予防策である．しかしこれは写真のクロハクチョウ（*Cygnus atratus*）のように屋外展示場で飼育されている場合においては非常に困難である．（写真：ワルシャワ動物園）

かに動物園職員や利用者の危険性を低減するかについてのアドバイスも与えられている．米国動物園水族館協会はメンバーに対して鳥インフルエンザのモニタリングと予防に関する詳細なガイドラインを作成し流通させている．鳥インフルエンザに関する最新情報を提供している他のウェブサイトには欧州食安全局（European Food Safety Authority：FESA）がある．欧州食安全局の役割の一部には"鳥インフルエンザの動物への健康と福祉の面に対して，欧州の危機管理者に客観的科学的アドバイスを与えること"がある（EFSA 2008）．

現在のEUの鳥インフルエンザに関する法律はEC Directive 2005/94EEC[36]で施行されている．この指令は，流行が発生した際に取る制御方法と同様に，野鳥における鳥インフルエンザのモニタリングと調査などのエリアも網羅している．英国では，このEUの法律が，Avian Influenza and Influenza of Avian Origin in Mammals (England) (No 2) Order 2006〔鳥インフルエンザと哺乳類における鳥由来インフルエンザ（イングランド）(No.2)〕に関する指令2006」とAvian Influenza (Vaccination) (England) Regulations 2006〔鳥インフルエンザ（ワクチネーション）（イングランド）法2006〕により強化されている（ウェールズとスコットランドはこの法律の彼ら自身のバージョンをもっている）．

鳥インフルエンザに対する動物園における危機管理計画には，相談と協議，適正な制御法の決断，そして動物園動物への感染に関しての公衆の認識をいかに取り扱うかを考慮することが含まれるだろう．

両生類のツボカビ

ツボカビ症あるいはツボカビは，世界中の野生の両生類の個体群の減少に大きく影響している真菌性疾患である（図11-23）．その真菌あるいは病原体である*Batrachochytrium dendrobatidis*はツボカビ属に属し，最近まで脊椎動物では発見されていなかった新しい属であると思われる（Crawshaw 2003）．感染は無尾目（カエルとヒキガエル）において皮膚の問題（皮膚のびらんから潰瘍）を引き起こし，死亡率が高い．

しかしなぜ，主に野生の両生類において主に問

---

[36] 共同体における協議会指令2005/94/ECは鳥インフルエンザの制御と指令92/40/EECを取り消すことを示している．

図11-23 このイエアマガエル（*Litoria caerulea*）のような両生類の野生個体群は，ツボカビ症と呼ばれる真菌による感染のリスクが高いと思われる．世界動物園水族館協会は，両生類に対する最近起こっている脅威を人類史上最大の種保全への挑戦であると言っている．

題となっているこの時に，真菌が動物園や水族館で特別な関心を集めているのだろうか．2006年には世界動物園水族館協会は以下のように表明した．

両生類の絶滅の危機への対応は，人類史上最も大きな種保全への挑戦である．もし世界的な動物園共同体が即座に，前例のない規模で反応しなければ，脊椎動物の多くの綱を失うことになるだろうことは明らかである．この保全への挑戦は，われわれ，生息地外共同体が特に強調できるところである．以前にはそのような大規模な職務を多くの動物園，水族館が託されたことはなかった．これは，全ての動物園そして水族館にとって，その経営規模に関わらず，実質的な保全への貢献と，われわれの共同体が広く信頼のおける効果的な保全パートナーであることを認めさせる機会である．もしわれわれがこの状況を受け入れ，保てば，共同体は世界動物園水族館保全戦略に定義している最も基本的な保全指令を成功させることになるだろう．われわれの全体的なビジョンは，両生類の多様性維持を世界的に継続することである．

Zippel（2005）は，科学的な論文や動物園での報告，そして種の情報にリンクした，両生類に狙いを定めた動物園での研究や保全活動の，有益かつ包括的な総説をウェブサイト上で提供している．例えば，英国では，ロンドン動物学協会（ZSL）が，新しく両生類の保全センターを建設した．このプロジェクトには，ロンドン動物園での新しい展示とともに，ツボカビ症のような両生類の疾患に対するさらなる研究発展のための研究施設の整備も含まれる．

11.6 動物園動物における疾患の診断と治療

本章の始めに，疾患の診断が動物園獣医師の鍵となる技術であることを示した．本質的には動物園獣医師の仕事は，データを集め，問題を突き止め，取り得る行動（治療計画，疾患の制御と予防方法）を決めることにある．

発熱や呼吸促迫といった病気の臨床症状は特定の疾患に特徴的であることはまれである．診断は通常，ある特徴を基本にして行われ，獣医師はしばしば，特定の疾患の初期診断を決定するために病理学者に手助けをお願いする必要がある．一度疾患が診断されれば，治療方針は，状態が慢性的[37]であるかどうか，そして即座の獣医学的介入がその動物に最も重要であるかどうかにより，変わるだろう．

11.6.1 治療すべきかしないべきか

捕獲，保定そして麻酔は野生動物にとって全てがストレスとなる行為であり，どのような状

---

[37] 慢性的な状態とは長期間に亘り継続しているものであり，長期の管理計画が必要となるかもしれない．例えば，糖尿病など．急性疾患は重症あるいは侵襲的な疾病となり，しばしば急速に死亡する場合もある．

況であっても獣医師は治療することとしないことの対価と利益を測らねばならない．皮膚表面の傷をもつ動物は，もし，選択できる方法が捕獲と全身麻酔しかない場合は，治療を施さずに自然治癒に任せるほうがよい．獣医学的治療は動物の繁殖状態に逆効果を与えるかもしれず，あるいは個体が治療のために集団から取り除かれた後に戻された場合に闘争を引き起こすことになるかもしれない．獣医師は，動物の回復の長期的展望と比べて介在と治療の現実性を考慮し，これらの要因を基に福祉の評価をしなければならないだろう．

捕獲や薬剤の注射が福祉面で望まれない場合や獣医師や飼育係の怪我が考えられる場合には，餌や飲み水を使った投薬が1つの方法となる．安楽殺もまた1つの方法である（このことは第7章で論議する）．

11.6.2 疼痛の管理

人以外の動物における疼痛の評価の問題は第7章で議論する．それが適応的であるがゆえに，つまり防御的機能を有するために，疼痛が発生する．疼痛は動物に対して，有害な刺激とそうでない刺激を区別する役目を果たし，動物に有害な刺激を避けさせる．疼痛は，回復を遅らせるかもしれない活動をも抑制する．例えば傷付いた脚を動かすことでさらに悪くなることを止めさせたりすることによって．

われわれは飼育している動物の疼痛や苦痛を緩和する倫理的な責任を有していることを広く受け入れている．獣医師は，倫理的側面からだけではなく，疼痛が行動における変化（例えば，興奮や動物が自身に傷を負わせるような行動）や筋肉の痙攣，嘔吐や心臓へのダメージのリスクといった，重篤な肉体的に不利益な結果をもたらすために，疼痛を制御するように配慮する．

疼痛の除去，すなわち疼痛を軽減する薬や処置を鎮痛という．飼育下動物の疼痛を除去するいくつかの一般的に使用される鎮痛剤と，鎮痛剤を使用しない処置を表11-6にまとめた．

鎮痛剤は経口的に，局所的に，あるいは注射により投与される．注射により投与される薬は動物を捕獲したり保定したりする必要がない場合がある．時に筋肉内注射は銃を用いて，離れた場所から投与することができる．鎮痛剤を処方する前に，獣医師は動物の年齢や状態，疼痛の明らかな場所と重篤度，動物がショックを起こしていないかどうか，脱水していないかどうか，そして，副作用の可能性がないかを考慮する．鎮痛剤には特定の動物に対して毒性があるが，他の分類群の動物に対する使用が安全な場合がある．一方妊娠中の動

表11-6　動物園動物のための鎮痛法

獣医師が使用する鎮痛剤	疼痛制御のその他の方法
麻薬．例：モルヒネ	気晴らし(野生動物では簡単ではない)
非ステロイド性抗炎症薬（NSAIDS）．例：カープロフェン〔英国ではRimadyl（リマダイル）®という商品として販売されている〕	暖める，あるいは冷やす（これもまた野生動物では簡単ではない）
α2作動薬．例えばメデトミジン〔英国ではDomitor（ドミトール)®という商品として販売されている〕	骨折の不動化
局所麻酔薬．例えばリグノカイン〔英国ではLidocaine（リドカイン)®という商品として販売されている〕	皮下電気神経刺激法（TENS）
神経弛緩性鎮痛薬．例えばエトルフィン（M99®として販売されている）（この薬剤は鎮静剤と鎮痛剤の効果を併せもっており，鎮痛効果は麻薬である）	お灸

注：この表は動物園動物における疼痛を和らげるためのいくつかの，より一般的な方法をリストアップしただけのものである．

物に副作用がある薬もある．動物園動物に対して使用される最も一般的な鎮痛剤は非ステロイド性抗炎症剤であり，これは鎮痛作用と同様に，有益な抗炎症作用と解熱作用[38]を有している．

可能な場合，獣医師は予め鎮痛剤を与えることがある．これは疼痛の制御においてしばしばより効果的であるからである（言い換えれば，獣医師は，動物が疼痛を訴える前に鎮痛剤の投与を行おうとするのである）．これは常に外科的手術に適応されるべきである．獣医師は1種類以上の，異なる分類の鎮痛剤を投与することがある．複数の形状の鎮痛剤の投与は，たった1種の薬や，たった1種のタイプの薬を用いるよりも，効果的であることが多い．

鎮痛剤の法規制と制御

動物に対する鎮痛剤の使用は，獣医薬事規則（Veterinary Medicines Regulations, 2005）のもとで，英国内で厳重にコントロールされている．ほとんどの鎮痛剤は，動物を診て評価する1人の獣医師により処方されている．

モルヒネなどの麻薬もまた，薬の誤用に関する規則（Misuse of Drugs Regulations, 1985）によりその使用が規定されている．

11.6.3 保定と麻酔

飼育係と獣医師あるいは看護師の健康管理の役割の大部分は動物の保定[39]，あるいは獣医学的処置のための検査，あるいはその両方である．物理的保定は通常，獣医師よりも飼育係の責任である．そのための2つの実際的な根拠がある．1つ目は，飼育係の方が個々の動物のケアに関してよく"知っている"と思われ，動物がどのように反応するかをより予測できるということである．2つ目は獣医師に傷を負わせることになれば仕事ができなくなり意味がなくなるということである．

野生動物の保定と麻酔は，動物に対しても，飼育係に対しても，また獣医師に対しても危険であり，ストレスを与えるものである．特に，ゾウやサイ（図11-24），キリン（図11-25）といった大型動物における不動化では，複雑な結果を招く可能性がある．動物園が動物を麻酔する前に克服しなければならない1つ目の障壁は正確な体重を知る努力であり，その結果正確な麻酔薬量を用いることができるのである．これはゾウやキリンなどの動物においては，言うがやすし，行うが難しであるが，工業用の重量計（通常，車の重量を測定するために使用される）を使用することができる．重量計を飼育施設の一部，例えば動物が通るのに慣れている扉のような場所の床面に設置することが可能である．

採血や皮膚の掻剝，点眼などの医学的処置のストレスを軽減するために動物の調教が広く行われるようになってきた．例えば英国のペイントン動物園環境公園のNeil Bemmentは，同園で飼育されているアフリカゾウの眼科疾患を継続して治療するために，飼育係が点眼液をゾウに処方しやすいようにするように，正の強化（6.3.1を参照）によるトレーニングがなされている．この種のゾウに対する獣医学的処置のトレーニングは，他の動物園や他の動物種に対しても用いられており，動物に対する獣医学的処置のストレスと飼育係や獣医師の潜在的な健康や安全のリスクを軽減する手助けとなっている〔潜在的に危険度の高い薬であるImmobilon（イモビロン）®の使用による動物園従事者へのリスクに関する要約はBox 11.6を参照〕．

反芻動物は麻酔中に，第一胃（胃の最初の部屋）の内容物の吐き戻しを誤嚥するというような問題を起こす傾向がある．このリスクを低減するために，麻酔された反芻動物は，横臥よりも胸骨位[40]（図11-26）に置かれる方が良く，頭を上げ，鼻が下げられている方が良い（Flach 2003）．

---

[38] 解熱剤は上昇した体温を下げるという，発熱を抑えるものである．

[39] 保定とは，動物を制御することである．これは物理的（例えば，スクイージングケージの使用），化学的，心理的な方法を含む．

図 11-24 イスラエルのラマトガン動物園のクロサイ（*Diceros bicornis*）が獣医的処置の前に鎮痛剤を銃で投薬された．このクロサイは，薬がきいて倒れた時に傷を負うリスクを軽減するためにサポートされている．（写真：Tibor Jäger，テルアビブ動物園センター）

11.6.4 医療と自己医療

Lozano（1998）が指摘したように，野生動物による餌の選択には，寄生虫の感染を防御する，あるいは少なくとも寄生虫の影響を低減させることを助けるために進化したと思われるものもある．野生動物は，寄生虫による潜在的な感染源となるかもしれない餌の種類や採食地を積極的に回避するのと同様に，疾患を予防するあるいは治療目的で植物や鉱物（あるいは土）を捜し求めて食べている．これは自己医療として知られている（Glander 1994）．

飼育下のチンパンジーに葉っぱを飲み込ませる実験研究において，Huffman and Hirata（2004）は，剛毛[41]のある葉（野生のチンパンジーは消化管から寄生虫をひっかけ，追い出すために食べている）の使用は，一部において社会的関心をもたらした．見識ある動物園では，薬効をもつかもしれないいくつかのハーブ類のような幅広い植物種を与え，動物たちに自己医療の機会を与えている〔霊長類の展示場内にある，ハーブと薬効のある植物の一覧については Cousins（2006）を参照のこと〕．

---

[40] 胸骨位とは動物が胸骨あるいは胸部の骨を地面に着けて横たわっている状態で，通常四肢は体の下にあるが，体は常にその上に位置している．

[41] 剛毛とは，堅く密生した毛で覆われていることを意味する．

Box 11.5 キリンの麻酔

飼育下におけるキリンの麻酔は歴史的には，高い死亡率を伴っている（Volgelnest and Ralph 1997, Bush 1993）．頚部の筋肉の痙攣が麻酔からの覚醒の過程で起こり得る．キリンは麻酔中に胃内容物を吐き戻し，吸引してしまう可能性もあるため，麻酔の2～3日前から絶食することが推奨されている（Bush 2003）．しかしこれを実行することは餌を与えないという福祉上の問題が絡むため，論議を要する．

危険を最小限にするためには，頭部を胃の高さ以上に上げ，鼻を下に向けた状態を保つべきである（図11-25）．すなわち，不動化されている間，飼育係やスタッフがキリンの頭に近寄れるようにキャットウォークなどの高さのある場所が必要である．Bush（2003）は長い板や梯子を用い，筋肉の痙攣の危険性を低減するために10～15分ごとに頚部の角度に注意するよう示唆している．一度横臥すると目隠しや耳栓をして，光や物音などの外部刺激の影響を少なくし，ストレスを最小限にする．

キリンが麻酔から覚醒する時は，立ち上がる際に動物を安定させるように肩の周りにロープを施す（Bushはロープの両端に3人ずつ居ることを推奨している）．

図11-25 キリンの麻酔は動物園獣医師にとって相当な挑戦である．様々な問題の危険性を低減するため，頭部を胃よりも高い高さで維持することが推奨されている（Bush 2003）．この写真では，オーストラリアのメルボルン近郊のウェリビーオープンレンジ動物園の飼育係や獣医のスタッフのチームが，麻酔されたキリンの監視と処置を一緒に行っている．（写真：Chris Stevens，ウェリビーオープンレンジ動物園）

> **Box 11.6　Immobilon®に関する備考**
>
> Immobilon®（M99™）は麻薬であるエトルフィンとアセプロマジンを含む強力な薬である．それはウマ類やウシ類のような動物を不動化するために動物園で用いられている．しかし，もし粘膜面や皮膚の傷口にかかった場合，すぐに洗い流さなければ，人に対して致死的である．この薬は，解毒剤〔Narcan（ナルカン）®：ナロキソンの総称的な名前である〕を用意し，助手がいかなる事故においてもこの薬を処方できるように準備している場合にのみ使用すべきである．

図 11-26　オランダのロッテルダム動物園のブラックバック（*Antilope cervicapa*）の群れ．一番右の雌は胸骨位を示している．この個体は，わき腹を地面につけているのではなく，胸骨を地面につけて横たわっている．（写真：Julian Doberski）

まとめ

・動物園動物の健康管理は複雑な話題である．大規模な動物園は，500 種類以上の 10,000 個体にも及ぶ動物を飼育しているかもしれないし，それぞれが異なる疾患と健康問題に影響され得るだろう．

・予防医学は動物園動物にとって非常に重要である．飼育下で疾患をもった，あるいは傷ついた

動物を治療するのは簡単なことではなく，まずは治療の必要性を回避するように努力することが重要である．
- 問題となる疾患は症例によって異なり，収集されている動物種と場所ごとの危険因子によっている．
- 動物園獣医師は，もし捕獲と保定のリスクが介入と治療の利益を上回る場合には，時には疾病に罹患もしくは負傷した動物を治療しない決断をするかもしれない．
- エキゾチック動物のために開発されている薬やワクチンは家畜やペットのために開発されているものに比べて非常に少ない．動物園獣医師にはこの面においても特有の挑戦的治療が求められる．
- 動物園獣医師と飼育係は時には大型動物を取り扱わなければならないという局面に直面する．歯科，傷の治療そして麻酔は，キリンやサイ，ゾウなどの大型動物を取り扱う際には大きな問題となる．

論考を深めるための話題と設問

1. 動物園獣医師の役割は，どのような点において家畜やペットの獣医師の役割と異なるのか．
2. 動物園動物の健康において，なぜ予防的ケアが特に重要なのか．
3. どのような状況のもとで，動物園従事者は疾患を抱えたあるいは傷ついた動物を捕獲せず，治療しないことを決定するのか．
4. 動物園において関心を寄せられる主な重要な細菌性疾患は何か．
5. 動物園において関心を寄せられる主な人獣共通感染症はなにか．
6. 飼育下のゾウにおける足の問題が発生するのを予防するには何ができるか．

さらに詳しく知るために

　最初に，真っ先に，Fowler and Miller の「Zoo and Wild Animal Medicine：Current Therapy（野生動物の医学：最新の治療）」[42] が野生動物における疾患の予防，診断そして治療に関する実質的な情報を与えてくれる．今では第 6 版（Fowler and Miller 2007）のこの書籍は，英国，米国，オーストラリア地域，そしてそれらの国を超えて，エキゾチック動物に関する疾患と医療の情報の最初の参考書として重要視されている．それは魚類を含む異なる分類群における疾患の診断と治療のための包括的なガイドを与えてくれ，栄養学や医療技術を施すための動物のトレーニングや保定や麻酔といった項目を網羅している．この書籍は獣医師により獣医師のために書かれているので，使用されているいくつかの用語は獣医的な教育なしには読みづらいだろう．しかし辞典が獣医師ではない読者に有益であり，その使用は，これだけの長編で重厚な書籍にはすでに付加されるものである．

　もし，Fowler and Miller の著書を購入する場合，どの版を得なければならないかを調べないといけない．書籍の内容と成り立ちは 1 版 1 版で非常に顕著に（熟考されて）異なっている．例えば，第 3 版（Fowler and Miller 1993）は動物園に関する法規の有益な要約が含まれているが，これは後の版からは消えており，野生動物医学の分類を基本にした説明に戻っている．

　一般向けの動物の健康に関して推奨される本は Sainsbury の「Animal Health（動物の健康）」(1989) である．この本は家畜の健康に関するもので，特に動物園動物の健康や医学は網羅していないが，飼育下の動物の健康管理の一般的な原則を有益で読みやすく説明している．家畜における

---

[42] Foller and Miller の著書は高価であり，その古書は手に入れにくいが，この書籍の印税は動物研究のために寄附され著者や編者のものにはならない．

分かりやすい疾患の表（人獣共通感染症を含む）とともに代謝性疾患や異なる型の疾患についての章がある．そのほかに獣医師ではない読者が読みやすい書籍にBowden and Masterの「Textbook of Veterinary Medical Nursing（獣医療看護学）」（2003）がある．獣医的な診断手順や感染症への導入に関する分かりやすく読みやすい説明を求める読者には，この書籍は優れている．Sainsburyの書籍と同様，この教科書は動物園スタッフを対象にしたものではないが，にもかかわらず獣医療についての多くの有益で一般的な情報が載っている．

ウェブサイトとその他の情報源

英国内の動物園（そして本来はさらに野生）のために環境・食料・農村地域省のウェブサイト（www.defra.gov.uk）には動物の健康管理に関する有益な情報がある．これには，届出伝染病や野鳥の鳥インフルエンザの発生に関する現在の状況への更新などの話題に関する情報と同様に現在の法規のガイドラインが含まれている．

英国・アイルランド動物園水族館協会（www.biaza.org.uk）と欧州動物園水族館協会（www.eaza.org）のウェブサイトは動物園の動物の健康の問題についての良い情報源でもある．北米の動物園にとっては，米国動物園水族館協会のウェブサイト（www.aza.org/AnMgt/AnimalHealth/を参照）と米国動物園獣医師協会（www.aazv.org）が，様々なガイドラインや報告とのリンクにより，動物園動物の健康管理と検疫法などに関する問題についての情報を与えている．オーストラリアにおける幅広い動物の健康問題に関する情報，特に感染症に関する情報は，オーストラリア動物衛生局のウェブサイト（www.animalhealthautralia.com.au/）に見つけることができる．

第12章　給餌と栄養

スーパーマーケットで買ってきたドッグフードやキャットフードを動物に与えている人は，動物園の動物に給餌することもその延長にあると思っているだろう．残念ながら，動物園動物に給餌することはドッグフードやキャットフードで動物を飼うこととは全く違う．第1に，われわれは野生動物の食物をほとんど知らないので，多くの動物ではどんな餌を与えたらよいのかが全く分かっていない．しかし，仮にある動物が野生で何を食べているかを知っていたとしても，動物園ではそれと同じ食物を用意できないかもしれない．それは必要な餌が手に入らないか，またはその動物が野生で食べている形では餌を給与することが，そもそも実現不可能か（合法だとしても生きた脊椎動物のような場合もある）のどちらかによる．

この問題は，野生動物の食物を正確に再現するのではなく，野生動物が得ていると考えられる栄養素を給与することを目的にすれば，大部分は解決できる（Dierenfeld 1997a）．この考え方は重要である．なぜなら，栄養[1]は基本的な健康だけでなく，心身の発達，繁殖，死亡率そして感情といった動物の生活史の様々な場面にも深く影響しているからだ．

しかし，これには単に餌を与えるという以上の意味が存在する．野生動物の多くは食物を探索し，処理することに多くの時間を費やす．飼育下の動物に野生下と同様にふるまう機会を与えることは，動物園での飼育管理にとって重要である．この章では，以下のトピックについて考える．

12.1　採餌生態
12.2　基本的な栄養の理論
12.3　動物園動物への給餌に関するガイドラインと法律
12.4　動物の栄養要求量の算出
12.5　飼料の調達
12.6　飼料の保管と調理
12.7　飼料の給与
12.8　栄養上の問題

まず，動物園がどのようにして動物の栄養要求に適切に対応しているかを述べる前に，違う種類の動物がどのように食物およびその中に含まれる必須の栄養素を得ているかをある程度知っておく必要がある．そこで，この章の最初の2つの項では，採餌生態と基本的な栄養理論を概観する．読者が肉食動物（carnivore），草食動物（herbivore），反芻動物（ruminant）などの用語に通じ，かつその消化器官の形態と機能に十分な基礎知識をもっているなら，12.1と12.2をとばし，12.3以降で述べた動物園動物のための実際的な飼料設計の話題に直接移ってもよいだろう．

動物園動物の飼料と栄養の小史などの特別な話題は，本章を通じてBox（コラム）の中で述べた．例えば，Box 12.5では，食物を細かく切らなくても野生動物は困らないのに，動物園の飼育係（キーパー）はなぜ餌を細かく切るのか，ということについて述べている．また，その他のBoxでは食草に対する植物の化学的防御について述べたり，いくつかの動物種の栄養要求量について具体的な情報が掲載されている資料を紹介している．

---

[1] 栄養とは，エネルギーの供給やその他の代謝要求を満たすために，生物が栄養素を体内に取り込み，吸収する過程と定義される．

12.1 採餌生態

　野生動物は食物を探し，処理し，そしてそれを食べる必要がある．野生動物はこれらのことを，他の生物が存在する環境の中で行わなければならない．これらの生物の中には，その動物の食物になるものもいれば，同じ食物をめぐる競争者になるものもいるだろう．彼らを食物として食べようとする捕食者もいるだろうし，食物を通しては何ら関わりのない生物もいるだろう．こうした不測の事態に対処するために，動物は形態的，生理的および行動的に適応するよう進化してきた．動物園動物の多くはこの生態学的背景からはずれているが，それでも動物園での給餌体制によって野生と同様の満足を与えるためには，こうした適応についてある程度知っておくことが重要である．

12.1.1 採餌の分類

　動物の食物の種類をあらわす用語はたくさんある．最も馴染み深い用語は，非常に広い意味をもつ，他の動物を食べる動物を表す"肉食動物（carnivore）[2]"という言葉，あるいは植物を食べる動物を表す"草食動物（herbivore）"である．"雑食動物（omnivore）"は植物と動物の両方を食べる動物を表している．これらの用語は意味が広すぎていつも有効とはいえないので，それぞれのカテゴリーの中でより特殊化した食物を表すために，さらに意味を限定した言葉を用

図 12-1　コアラ（*Phascolarctus cinereus*）は葉食動物の1例である．つまり，葉を食べることに特化した草食動物だ．コアラの食物のほとんどはユーカリの葉である．（写真：© pxlar8, www.iStockphoto.com）

いることもある．例えば，魚を食べる肉食動物は"魚食動物（piscivore）"と呼ばれている．また，陸生の節足動物を食べるものは"昆虫食動物（insectivore）"と呼ばれている．草食動物のうち果実を食べる，あるいは葉を食べる動物は，"果実食動物（frugivore）"および"葉食動物（folivore）"と呼べるかもしれない（図 12-1 参照）．

　こうした分類方法は明らかに際限がない．例えば，ガラゴ[3]（ブッシュベイビー）やマーモセットのような動物は，食物の内容の多くが植物滲出液であるため，最近では"滲出液食動物（gummivores）"と呼ばれることが多い（Nash 1986）．オサガメ（*Dermochelys coriacea*）は，ク

---

[2] 他の動物を食べる動物を意味する"肉食動物（carnivore）"は，分類学上の用語である"食肉目（Carnivora）"とよく混同される．食肉目（Carnivora）は，ライオンやトラのような肉を食べる動物だけでなく，植物を食べるジャイアントパンダや雑食動物であるアナグマも含む哺乳類の分類学上の"目"を示している．頭文字が小文字か大文字か，つまり"c"か"C"かには注意が必要だ．これには大きな違いがある．すなわち，タランチュラ（クモ）やサメ，ヘビは頭文字が小文字の carnivore であって，大文字の Carnivora ではない．

[3] ガラゴ，またはブッシュベイビーは，ガラゴ科に属する夜行性の小型霊長類．マーモセットは小型の新世界ザルでマーモセット属（*Callithrix*）に属している．ただし，ゲルディマーモセットは例外〔訳者注：ゲルディモンキー属（*Calloimico*）である〕．

ラゲを食べるため"クラゲ食動物（medusivores）"と呼ばれることもある（例えば Pierce 2005 参照）．

ここでは多少注意しながら"肉食動物"や"草食動物"のような用語を全ての動物分類群に対してあてはめることにする．Klasing（1998）は，著書「Comparative Avian Nutrition（鳥類比較栄養学）」の中で，食物の大半が動物由来である鳥を表すために"動物食動物（faunivore）"という用語を用いており，これをさらに肉食動物と魚食動物に分類している．彼は，用語集の中に，"軟体動物食動物（molluscivore）"や"プランクトン食動物（planktonivore）"のような言葉も付け加えている．鳥類の栄養に関する科学文献の中では，"穀物食動物（granivore）"という用語が広く用いられている．これは，非常に多くの種が穀物食動物または穀物を食べている鳥類だからではなく，鶏や鶉のような産業的に重要な穀物食動物の栄養要求量[4]が広く研究されてきたからである．

スペシャリスト採食者およびジェネラリスト採食者

この分類の名称から分かるように，ある種の動物は他の動物より食性が広い．そのため，摂食という点からみて，非常に限られた範囲の食物しか食べないスペシャリストと，非常に広範囲の食物を食べるジェネラリストを考えることができる．これらの言葉は絶対的というよりは相対的な意味で捉えるべきだろう．例えば，ライオン（*Panthera leo*）は，体重が 190〜550 kg の範囲内の動物を捕食するが，350 kg 程度の動物を餌として好む（Hayward and Keeley 2005）．この点で，ライオンはスペシャリストである．しかし，彼らはタケを食べるパンダ（ジャイアントパンダおよびレッサーパンダのいずれも）よりはジェネラリストである（Gittleman 1994，Wei et al. 1999）．同様の意味で，腐肉や鳥類，小型哺乳類，ミミズ，その他の無脊椎動物および果実をたべるアカギツネ（*Vulpes vulpes*）に比べればライオンはよりスペシャリストといえる（Doncaster et al. 1990）．

全てのヘビは肉食動物である．つまりヘビの食物は全て他の動物である．しかし，やはり彼らもスペシャリストでありジェネラリストでもある．例えば，卵を食べるスペシャリストとして 2 系統のヘビがいる．これらのヘビ〔タマゴヘビ属（*Dasypeltis*）に属するアフリカ産のヘビは例外〕は，歯と毒のいずれももっていないが，脊椎骨から伸びた突起で摂取した卵を突き刺し，破砕することができる．オーストラリアキールバックスネーク（*Tropidonophis mairii*）はカエルをハンティングするスペシャリストである．一方，ミナミオオガシラ（*Boiga irregularis*）[5]などのヘビはジェネラリストであり，小型哺乳類，カエル，トカゲ，鳥類，および鳥卵を食べる．

給餌方法

食物を得る方法によって動物を分類することもできる．例えば，水の中に浮遊する小さい食物片を濾過する動物は，浮遊採食者または濾過採食者と呼ばれている．このような採食方法をもつ動物（カイメン，二枚貝[6]，その他の水生無脊椎動物）は，たいてい水槽の中で見ることができる．しか

---

[4] 栄養要求量と栄養必要量という言葉は，どちらも区別なく使われることが多いが，少なくともいくつかの教科書では違う意味があるとされている．栄養要求量という言葉は通常，量的かつ質的に測定された極めて特定の要求量を指す．例えば，米国学術研究会議（National Research Council：NRC）からは，家畜の栄養要求量に関する書籍が出版されている．一方，栄養必要量という言葉は広い意味で使われることが多く，必ずしも具体的な分析が行われている必要はない．

[5] ミナミオオガシラは，グアム島で，おそらく最もよく知られている有害種である．この動物はグアム島にいつのまにか侵入した（訳者注：船荷などに紛れて侵入したと言われている）．ジェネラリスト捕食者であるため，島に在来の動物相，特に鳥類に壊滅的な影響を与えている．

[6] 二枚貝は，二枚貝綱 に属する二枚貝軟体動物である．この動物群にはホタテ貝およびハマグリのような種が含まれる．

図12-2 脊椎動物の濾過採食者であるチリーフラミンゴ（*Phoenicopterus chilensis*）．無脊椎動物には濾過採食者が多数いるが，この方法で採餌する脊椎動物は比較的少ない．（写真：Sheila Pankhurst）

し，脊椎動物にもこの方法で採餌をするものがおり，フラミンゴはその代表である（図12-2）．

　肉食動物のほとんどは捕食者である．狩りをし，わなを仕掛け，待ち伏せをする．しかし，他の誰かの獲物を食べることもあるし，死体を探すこともある〔腐肉食者（scavengers）〕．あるいは他の誰かの獲物を盗むこともある〔盗食寄生者（kleptoparasites）〕．草食動物には地表面に生えた植物を食べる動物〔グレーザー（grazers）〕と低木や高木を食べる動物〔ブラウザー（browsers）〕がいる．どのケースでも，それぞれの動物は形態的な特殊性を進化させてきた．たいていは，口の中や周囲（歯の形や嘴の形の違い[7]など），または食物を飲み込む前に処理する（例えば，噛む，裂く，砕くなど）ための前肢（爪，つかむことのできる指など）が進化している（図12-3）．

12.1.2　消化管の形態と機能

　全ての脊椎動物には胃腸管〔gastrointestinal (GI) tract〕または消化管（digestive tract）があり，これには酵素やその他の物質を消化管に放出する器官や腺がつながっている（Stevens and Hume 1995）．しかし，消化管の形態には分類群間や分類群内でさえもかなりの変異が存在し，それはある動物が肉食動物か草食動物かどうかによって違い，また食物を得る方法によっても違う．全ての脊椎動物種の消化管が同じ構成単位でできているわけではない．Stevens and Hume（1995）は，分類群が違う動物の消化管は，"前腸（foregut）"，"中腸（midgut）"および"後腸（hindgut）[8]"などの大まかな機能上の項目によって比較するのが最も適切であることを示唆している（これは消化管の各部位の発生学的起源も反映している）．

　無脊椎動物の全てに消化管があるわけではないが，消化をするために脊椎動物の消化管と機能的に同等なものを備えている．例えば，コオロギやバッタには，食物を一時的に貯蔵できるそ嚢を備えたチューブ状の管と，食物を磨り潰す砂嚢がある．昆虫には小腸（ここで栄養素の吸収が起こる）と肛門もある．しかし，動物園動物の圧倒的多数は脊椎動物であるため，本項の残りは脊椎動物の消化管について述べる．

　脊椎動物の消化管は，長いチューブの一端に

---

[7] Klasing（1998）は，鳥類の採餌法，例えば，齧る（多くのカモ科など）から掘る（キツツキなど），餌を得るために嘴を泥や砂などに突っ込むなどの探る〔ダイシャクシギ（*Numenius arquata*）など〕方法までの違いを広範なリストにして紹介している．

[8] "小腸"および"大腸"という用語は誤解を招く恐れがある．脊椎動物の中にはこれらの消化管の分節が同じ直径であるものもいるからだ（Stevens and Hume 1995）．"中腸"および"後腸"という用語は，これらの分節を主要な機能に基づいて区別している．

12.1 採餌生態 431

(a) (b) (c) (d)

図 12-3 鳥類の嘴の形には様々な種類があり，特殊化している．例えば，ホオアカトキ（*Geronticus eremita*）は探査型の嘴をしている（a）．魚食性のインカアジサシ（*Larosterna inca*）は刺すのに適した形の嘴をしている（b）．モモイロペリカン（*Pelecanus onocrotalus*）の嘴は非常に大きな袋状の形をしており，魚を捕まえ，貯めておくのに適している（c）．ズアカカンムリウズラ（*Callipepla gambelii*）は種子を食べるのに適した小さな嘴をしている．（写真：Sheila Pankhurst）

1つの膨らみ，すなわち胃がついただけの，極めて単純な形をしている（胃と呼ぶべきものがない魚もいる）．構造は単純だが，雑食動物であるアメリカクロクマ（*Ursus americanus*）では，胃と肛門の間に比較的長い小腸を形成するため中腸と後腸が一体化している（図 12-4）．一般に，肉食動物は短くて単純な消化管をしており，草食動物はかなり長い消化管をしている．特に反芻動物は最も複雑な消化システムを備えている（図 12-5，反芻動物の消化システムの詳細については後述する）．

アメリカクロクマ
体長：125cm

図 12-4 この図は，雑食動物であるアメリカクロクマの比較的単純な消化管を示している．（Stevens and Hume 1995 から許可を得て転載）

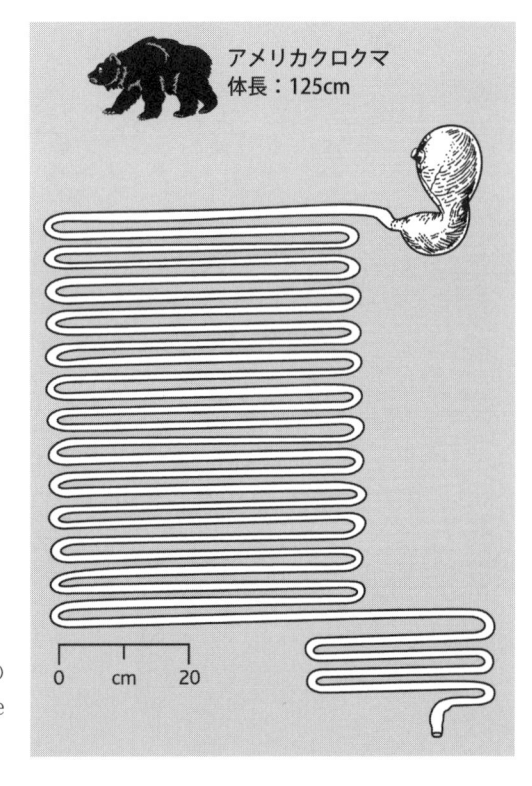

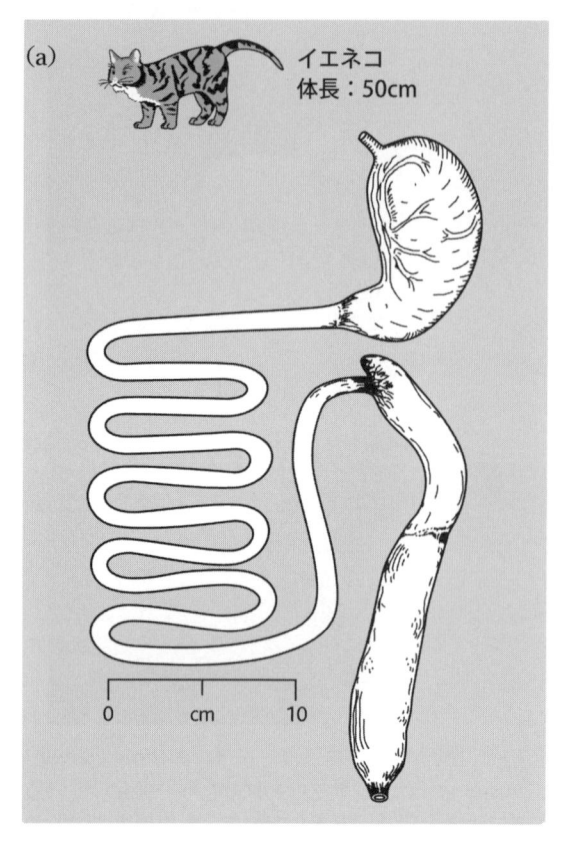

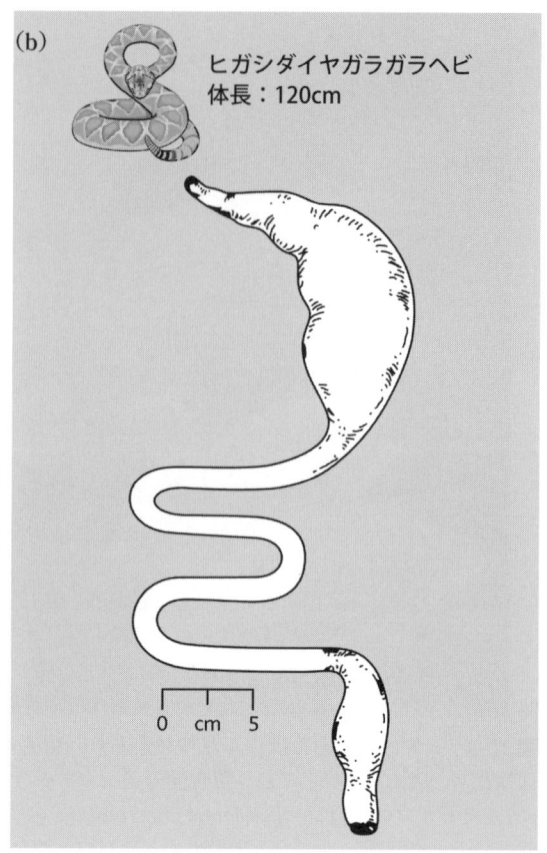

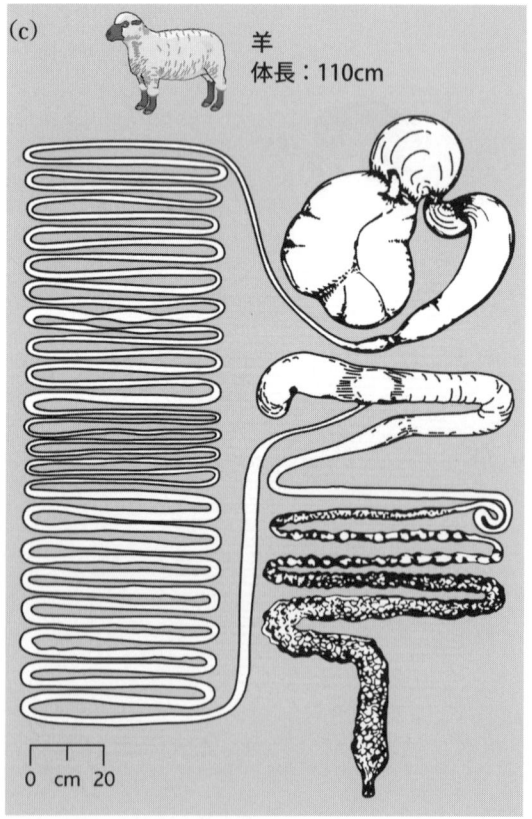

図 12-5 （a）イエネコ（*Felis catus*），（b）肉食の爬虫類であるヒガシダイヤガラガラヘビ（*Crotalus adamanteus*），および（c）羊の消化管．肉食動物であるイエネコとヘビは，反芻動物である羊よりもかなり短くて，単純な消化管をしている．（Stevens and Hume 1995 から許可を得て転載）

肉食動物と草食動物で，消化管の構造と長さが違う理由はなんだろうか．この問いに答えるためには，消化のプロセス，特に植物の細胞壁によって構成される粗剛な物質を分解するという草食動物が直面する問題に注目する必要がある[9]．

消化

動物が食物として摂取した巨大分子は，消化の過程でより小さな分子に分解される．消化中に起こる食物の分解は，酵素の加水分解反応，すなわち消化酵素の存在下で水が大きな分子を解体することによって起こる．小さな分子は吸収され，エネルギーや成長，組織の修復のために利用される．

消化の機械的および化学的プロセスは，これらを調節している神経系および内分泌系のメカニズムと同様によく知られている．しかし，このような話題は本書の目的ではないので，読者はSchmidt-Nielsen (1997) や Willmer et al. (2000) が著した生理学の優れた教科書を参考にしてほしい．ただし，ここではセルロース消化の問題については簡単に触れておく．

セルロースの問題

セルロースは植物の構造（例えば，細胞壁）に広く利用されている巨大分子の炭水化物である．そのため，動物のエネルギー源として最も幅広く利用できる潜在性をもっている．しかし，いくつかの理由から，セルロースを消化するための酵素（セルラーゼ）を進化させた動物はほとんどいない．では，植物体を食物とする動物はどのように生き延びてきたのだろうか．

多くの草食動物にとって，その答えは消化管内に住む共生[10]微生物に依存することである．これらの微生物は動物体の外で独立して生存することはできないだろうし，動物も自身の消化プロセスだけでは植物体からエネルギーを取り出すことができないだろう．

消化管内に生息する微生物の一般的な名称は消化管微生物[11]である．これらの微生物はセルロースを消化して単糖類を生産するだけではなく（デンプン消化の場合には単糖をつくる），揮発性脂肪酸を生産することもできる．このプロセスは発酵と呼ばれることが多い．食物中の粗剛な植物体を処理する消化管内発酵の例は，脊椎動物に広く認められる．例えば，キジ目の多くの鳥類（gallinaceous[12]）だけでなく，ラマ（*Llama glama*），グリーンイグアナ（*Iguana iguana*，図 12-6）およびアオウミガメ（*Chelonia mydas*）などの様々な動物で，植物質の食物を微生物発酵している．

おそらく，進化によって生み出された最も複雑だが，効率的な共生関係は反芻動物（吐き戻した食物を咀嚼する動物）に認められる．反芻動物は全て偶蹄目[13]（有蹄類，または蹄のある哺乳類の1つのグループ）のメンバーであり，大部分は反芻亜目に属している．ただし，ラクダとラマは例外の1つで核脚亜目のラクダ科に属している（MacDonald 2001）．

---

[9] 果実の細胞壁は，葉や茎，その他の植物体ほど粗剛ではなく，消化中に酵素によって簡単に破壊できる．このため，果実採食者が植物（果実）を消化することはブラウザーやグレーザーが直面する問題ほど難しくない．

[10] 共生とは2種またはそれ以上の種が，相互依存なしには生きることのできない構造的および生理的に密接な関係をさす．

[11] 全ての動物は消化管微生物をもつが，その程度には大きな違いがある．これは，分類群によってエネルギーや栄養素の供給を消化管発酵にたよる程度が違うことによるものである．

[12] gallinaceous（鶏のようなという意味）は，キジ，ヤマウズラ，ライチョウ，ウズラのような鳥のことで，キジ目に属している．彼らは通常，地上で採餌する鳥で，多くの種は狩猟用の鳥である．

[13] 哺乳類の分類は日進月歩で変わっている．伝統的な動物の分類は分子生物学的な解析に基づく新たな知見によって変更されている．例えば，クジラやイルカ（クジラ目）は，他の哺乳類に比べてシカや牛のような偶蹄類により近いとされている（例えば，Springer and de Jong 2001 を参照）．

図 12-6　グリーンイグアナ は消化管内に発酵槽をもつ動物の1例である．つまり消化管微生物による発酵を利用して摂取した植物を分解する動物である．（写真：© Stephanie Rousseau, www.iStockphoto.com）

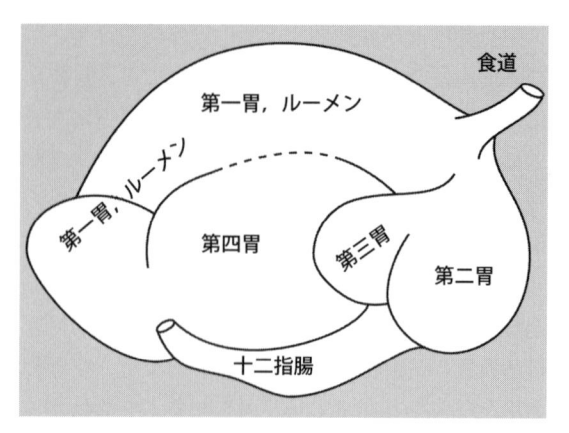

図 12-7　典型的な反芻動物における房状の胃の基本構造を示した．胃室の1つルーメン（第一胃）は摂取した植物を微生物発酵させる主な場所である．（図：Geoff Hosey）

反芻動物の胃

　反芻動物の胃は，複数の房が加えられたことによってより複雑になっている（図12-7参照）．その1つであるルーメン（反芻動物の第一胃）は特に大きく，また多くの微生物群の住処でもある（反芻動物でない動物は単房の胃なので単胃動物と呼ばれることもある．例えば，クマ，齧歯類，豚そして人がこれにあたる）．これらの微生物は発酵層と呼ぶべきものの中に住んでいる．この発酵層は温度が37～40℃付近に維持され，重炭酸塩を大量に含む宿主動物の唾液によってpHの変動が緩衝されている．

　反芻動物はたいてい食物を素早く食べ，あまり咀嚼しないまま飲み込む．ルーメンが満杯に近くなると，休息をとり，あまり咀嚼を受けていない食物をもっと咀嚼するために口の中に戻すプロセス，すなわち反芻を始める．こうして咀嚼された食物は嚥下され，ルーメンの底部に沈み，ここで食物はルーメン微生物によって揮発性脂肪酸（大部分は酢酸，プロピオン酸および酪酸）に分解される．重要なことは，この微生物群が宿主も利用可能なアミノ酸とビタミンB群を合成することである（12.2.2参照）．つまり，反芻動物は微生物群からセルロースの分解産物以上のものを受け取っているのである．

前腸および後腸発酵動物

　消化管内発酵に依存する草食動物の栄養要求量と消化能力を考えるには，それらを"前腸発酵動物"と"後腸発酵動物"に区別することが有効である．言い換えると消化管内で発酵が起きる場所はどこかを考えるということである．反芻動物では，この場所はルーメンであり，胃の一部にあたり，それゆえ前腸にある（大雑把に定義すると前腸とは，口から胃までの消化管を指す）．反芻動物以外の哺乳類の中で，ナマケモノ，ラングールモンキーおよびカンガルーは，数区画に分割された大きな胃でセルロースの微生物発酵をする．そのため，これらの動物も前腸発酵動物である．

　その他の哺乳類（特に齧歯類，ウサギ類，およびウマ類）では，盲腸発酵が起こる．他の動物と同様に，摂取した植物は消化管を通るが，盲腸[14]

---

[14] 盲腸は小腸から大腸に移行する場所にある大きな憩室（開口部が1つしかない嚢）である．人にもあるが，時に虫垂炎などの問題を起こす．

に到達すると，そこに生息する微生物によって消化される．そのため，これらの動物は，盲腸発酵を行う哺乳類以外の草食動物（例としてグリーンイグアナと家禽を先に述べた）と一緒に，後腸発酵動物に分類されている．

植物の発酵が起こる主な場所が，草食動物の消化管内のどこに位置するかは，栄養素の吸収にとって重要な意味をもっている（Oftedal et al. 1996）．栄養素の大部分は中腸で吸収される．そのため後腸発酵動物には不利な点があるように思える．それは，摂取した食物が消化管内の主な栄養吸収場所を通過したあとに，セルロースが分解されるからだ．数ある分類群の中で，盲腸発酵を行ういくつかの草食動物（例えば，多くのウサギ類と齧歯類）は，栄養素をもう一度取り出すために糞を再摂取する．食糞[15]と呼ばれるこの戦略は，消化産物を余すことなく吸収し，またウサギなどの種の栄養に重要な役割を果たしている（Hörnicke 1981）．

前腸発酵は中腸での栄養素の吸収が可能なので，栄養素の取込み効率を改善する食糞のような戦略が必要ではない．それなのに，なぜこんなにも後腸または盲腸発酵動物が多いのだろうか．反芻は非常に効率的である反面，食物が消化管を通過するのに時間がかかる．馬やサイあるいはゾウのように非常に大型の草食動物にとって最良の戦略は，摂取量を高め，それをすばやく処理することであり，これは消化管がより単純であることによって達成できる．この戦略は後腸の発酵効率が相対的に低くても，栄養素の正味摂取量を最大にすることができる（MacDonald 2001）．

これら2つの採食戦略（図12-8）の違いは，結果として反芻が，ある大きさの範囲の動物にのみ有効であることを示している．最大の反芻動物はキリンで，その体重の上限は1,200kgであるが，一方，最大の後腸発酵動物の体重は数tに及ぶ〔例えば，サイは体重が2t以上になるし，アフリカゾウ（*Loxodonta africana*）の大きな雄は6t以上の体重がある〕．

12.1.3　食物の選択：動物には"栄養の見識"があるのか

当然のことながら，ある種が草食動物か肉食動物か，またどのようなタイプの草食動物か肉食動物かを知っていたとしても，そのことが飼育している動物の飼料設計にいつも役に立つとは限らない．スペシャリストおよびジェネラリストの両者に言えることだが，広い意味で"樹葉（browse）"（訳者注：browseとは樹木や灌木の葉，芽および小枝などの部位をまとめて表す用語だが，煩雑さを避けるため以降では訳語を樹葉とした）または"果実"に当てはまる食物を偶然みつけたとして，たとえその動物種がそれを食べるのに適応していたとしても，単純にその食物を食べるわけではない．大部分の動物は，食べるものに対して極めて選択的である．特に好む食物[16]を探し，選ぶ一方で，間違いなく食べられそうなものでも拒絶する．

野生動物の仕事は，自らの栄養要求量を全て満たすことである．しかしながら，たとえどんな動

---

[15] 食糞，または糞を食べる行動は，飼育下のウサギ目，齧歯目，あるいは哺乳類だけでみられることではない．哺乳類では，コアラ（Osawa et al. 1993）からワオキツネザル（Fish et al. 2007）まで，哺乳類以外の動物ではコーラルリーフフィッシュ（Robertson 1982），孵化直後のグリーンイグアナ（Troyer 1984a, 1984b），および穴居性のサンショウウオ（Fenolio et al. 2006）の1種でも食糞が報告されている．

[16] 食物の処理には時間とエネルギーがかかる．そのため動物はある食物を食べるか食べないかを決定する時に，時間とエネルギーのことを考えなければならない．しかし，"決定"という言葉には，意識的または意図的な選択という意味が含まれていないことに注意すべきである．動物は，採食やその他の行動を，単純に"親指の法則（経験則）"という概念に基づいて決定するよう進化してきた．つまり，生得的行動と学習の産物であり，意識的な活動が必ずしも必要ではないのである．

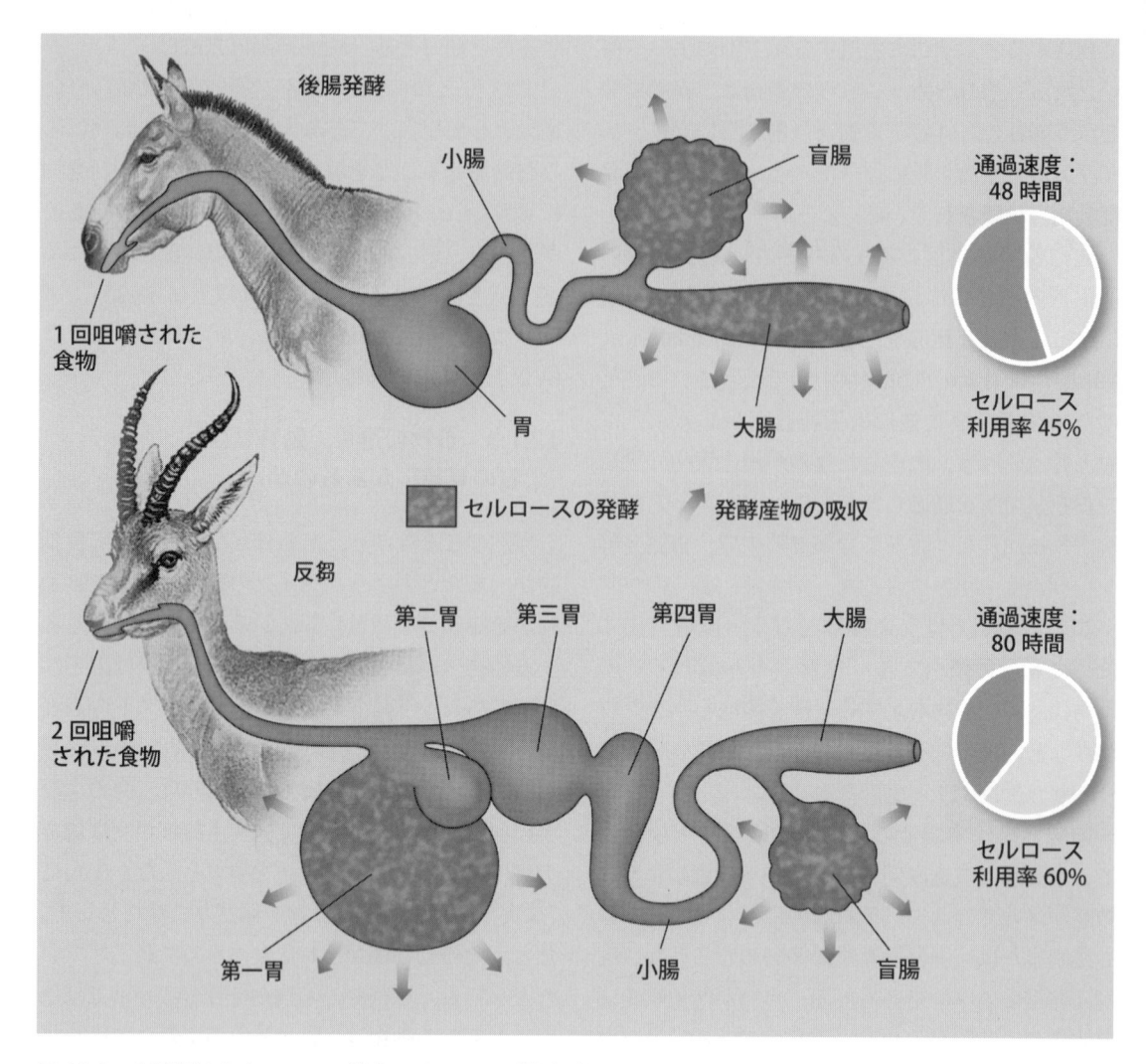

図 12-8 有蹄類のセルロースの消化には，2 つの戦略がある．モウコノウマ（*Equus ferus przewalskii*）などのウマ類は，消化管内での飼料の処理速度が速いが，セルロースの利用率は低い．一方，ガゼルなどの反芻動物は，消化効率が高いが，飼料の処理速度は遅い．（MacDonald 2001 から許可を得て転載）

物でも，細胞レベルでは要求量はほとんど同じである（Moore et al. 2005）．つまり，食物選択の違いというものは，栄養素を得るための進化的戦略の違いである．

動物はどのように食物を選ぶのか

動物は生まれつき栄養の見識をもっている可能性がある．つまり，見つけた食物の栄養的な質の違いを検出し，バランスのとれた食物を選択している可能性がある．この仮説は euphagia と呼ばれている（Moore et al. 2005）．しかし，この見解を否定する選択採食の例はたくさんある．例えば，飼育下のフサオマキザル（*Cebus apella*）は，サル用固形飼料（monkey chow）よりもバラエティに富んだ食物を好んで選び，たとえサル用の餌が高エネルギーで，完全にバランスのとれたものであっても変わらない（Addessi et al. 2005）．われわれが見ても，サル用の餌がそれほど魅力的だとは思えないので，嗜好性は食物選択の重要な要素の 1 つだろうと考えられる．しかし，嗜好性は動物に食物の何を伝えているのだろう．

1つの可能性として"hedyphagia 仮説"（Moore et al. 2005）と呼ばれるものがある．この仮説は，栄養価の高い食物はおいしくて，栄養価の低いまたは毒のある食物はおいしくないと判断できるように動物は進化してきたというものだ．このアイデアは直感に訴えるものがあるが，動物が感覚的な手がかりによって食物中の質の高い栄養素を検出する生得的な能力をもっているという証拠はない（Moore et al. 2005）．例えば，ブルーダイカー（*Cephalophus monticola*）およびシロハラダイカー（*C. leucogaster*）による食物選択の実験では，これらの動物は野生下での食物を大きさや形，化学的成分などの特徴よりも色で選択していることが示されている（Molloy and Hart 2002）．

euphagia および hedyphagia 仮説のいずれにおいても大きな問題は，食物選択を生得的な能力とみなしてしまうことによって，動物が新しい食物に遭遇した時，あるいは何かを食べたあとに（吐き気のような）悪い影響を受けた場合に，動物が柔軟に対応することを考慮できなくなることである．野生下であれ，飼育下であれ，食物に対する嗜好と嫌悪の発達には学習が大きな役割を果たしていることは，あらゆる証拠が示している．また，多くの草食動物は，限られた種類の食物で栄養要求が満たせる場合でも，種類豊富な食物を求めるが，これも学習で説明できる（Provenza 1996）．

草食に対する植物の防御

植物はだまって食べられているわけではない[17]．動物に食べられることが必ずしも植物にとって利益になるとはいえない．そのため，多くの植物が動物から食べられることを阻止するように構造的および化学的な進化を遂げてきた．構造的な進化には，針や棘なども含まれると考えられる．目にはみえないものとして化学的防御もある．これには様々な植物性2次代謝産物（PSMs）[18]が該当する．この物質は通常の代謝産物または1次代謝産物から合成されるので，そう呼ばれている．2次代謝産物は植物を不味く，時には有毒にするように作用し，動物が植物から重要な栄養素を取り出せないようにすることもある．

2次代謝産物は野生動物が簡単には避けられないぐらい遍在しており（Moore et al. 2005），また動物園でも2次代謝産物を含む粗飼料[19]や樹葉を全く給餌しないことはできない．このため，動物園が目標とすべきことは，動物に給餌する粗飼料や樹葉にどの種類の2次代謝産物が含まれている可能性があるか，これらの物質の影響は何かを理解することであり，さらに草食動物の飼料中に含まれる2次代謝産物の量を安全範囲内に抑えておくことである．2次代謝産物に関するさらなる情報は Box 12.1 に示した．

12.2 基本的な栄養の理論

なぜ動物は食物を必要とするのだろうか．全ての生物は，自身の細胞と代謝機構を機能させるために，そして成長や繁殖などの生活史を全うするためにエネルギーを必要とする．動物は，このエネルギーを植物（図 12-10）や他の動物を食べることで得ている．正しい専門用語ではこれを"従属栄養"と呼び，他の有機物[20]を消費することで成長に必要な炭素を得る生物を意味している（これに対して，植物は無機物から炭素やエネルギーを得ることが可能で"独立栄養"と呼ばれて

---

[17] 植物も，例えば，動物によって種子を散布してもらう必要がある場合，あるいは発芽プロセスを開始するために動物に消化してもらう必要がある場合には，食べられることに意味がある．

[18] 最もよく知られた植物性2次代謝産物はタバコの中にあるニコチンである．

[19] 粗飼料は，草本からつくられたあらゆる種類の飼料を示す包括的な用語であり，乾草，ワラおよびサイレージなどがある．

[20] 有機物という言葉は，炭素を基礎とした化合物を示しており，多くの場合，酸素と水素も含んでいる．これらの化合物は必ずしも生命活動の結果として生成されたものではない．

Box 12.1　植物の反撃

2次代謝産物と呼ばれる植物の化学的防御物質の大半は，以下の3つのカテゴリーのどれかに属している（Harbone 1991）．フェノール化合物（例えば，アントシアニンおよびタンニン），含窒素化合物（アルカロイドなど），テルペノイド（またはイソプレノイド）．例えば，イネ科植物に比べて樹葉のほうがタンニン含量は多いというように，量は異なるが世界中のほぼ全ての植物にタンニンは含まれている．特にオークの樹皮や堅果は（量は減るがオークの葉でも）タンニンの含量が多い．

たいてい，これらの物質は苦い味がするので，動物が食べるのをためらうように作用する．実際，自らの存在を誇示する植物もある．例えば，植物組織が損傷を受けた時に苦味物質を放出するのである．多くの草食動物はこれらの化合物を分解（解毒）できる．そのため摂取量には限界があるものの，その植物を食べることができる．草食哺乳類がこれらの化合物を解毒するスピードは動物の体の大きさと関係がある．小さい動物は大きい動物より迅速に解毒ができる．一方で，体重が大きいほど体重当たりの代謝要求量は減少する．そのため，代謝要求量を満たそうとすると，小型の哺乳類は大型の哺乳類よりも単位体重当たりの2次代謝産物摂取量が多くなってしまう（Freeland 1991）．

英国では，動物園動物に対して安全に樹葉を給与するという困難な問題を解決するために（図12-9），ペイントン動物園環境公園の研究者たちが多くの動物園の飼育係に対して，どの樹種の葉を動物に給与しているかを調査し，樹葉のデータベースを構築した．驚くには値しないことだろうが，広大な敷地をもつ野生動物公園では多様かつ多量の樹葉を動物に給与していた．調査に回答のあった動物園の中で，動物園動物に最も一般的に給与している樹種はヤナギ属（*Salix* spp.）であり，中毒または病気の症状はほとんど報告されていない．

樹葉データベースのCD-ROMは英国・アイルランド動物園水族館協会（BIAZA）で購入できる．また小額の料金で英国・アイルランド動物園水族館協会のウェブサイトからも注文できる．

図12-9　キリンはブラウザーである．エセックス州にあるコルチェスター動物園では，キリンの飼料と栄養についての教育を受けた一般会員は，キリンに樹葉を給与することができる．（写真：Sheila Pankhurst）

いる）．

エネルギーを供給する化合物は，たいてい炭水化物か脂肪であるが，蛋白質の場合もある．これらの物質が摂取されると，その構成単位まで分解され（消化プロセス），単糖（デンプンのような炭水化物から得られる），短鎖脂肪酸（セルロースのような繊維性炭水化物の分解から得られる），長鎖脂肪酸（脂肪から得られる）およびアミノ酸（蛋白質から得られる）になる．このような構成成分は体内に吸収することができ，成長や代謝に利用される．こうした分子の酸化によって動物はエネルギー要求量の大半を満たしている．

図 12-10 オランダのアペルドールン霊長類公園で，放し飼いにされているボリビアリスザル（*Saimiri boliviensis*）．この写真のように，リスザルは植物の間を移動，探索しながら果実，花および昆虫を食べる．（写真：Sheila Pankhurst）

図 12-11 オランダのロッテルダム動物園で飼育されているアジアゾウ（*Elephas maximus*）．排尿中に体から失われるエネルギーがある．（写真：Sheila Pankhurst）

一般に，動物は特定の炭水化物，脂肪または蛋白質を要求することはない．つまりどの成分も同じように要求する．しかし，動物の食物中に供給されていなければならないという意味では，有機分子および化学元素のいずれにも必須となる特定の物質が存在する．というのも，通常これらの物質は酵素の構成要素として必要であり，たとえそれらが有機物であったとしても，動物は自分自身で合成できない場合があるからだ．そういうわけで，動物は基本的なエネルギーの供給以上のものや，それに加えて特定の栄養素を要求しているといえる．

12.2.1 エネルギーと代謝

動物は，生理的プロセスを機能させるために，また活動し行動するために，そして成長し繁殖するためにエネルギーを必要とする．エネルギーは，食物として動物の体内に入り，生理的および行動的プロセスに利用され，体内から失われる．エネルギーのいくらかは尿として失われ（図 12-11），それ以上に（決して吸収されることなく）糞として失われる．

もし食物の摂取量がエネルギーの利用量を上回った場合には，余剰分はふつう脂肪として蓄積される．反対に，もし食物の摂取量がエネルギーの消費量を下回ったならば，蓄積した脂肪を代謝して貯蔵エネルギーを放出する．そのため，動物をエネルギーフローシステムとして考えることができる（図 12-12）．原則としてこれらのエネルギー値は測定可能であり，また動物のエネルギー収支[21]は1つの式として表せる．

$$C = P + R + U + F \text{（図 12-12 を参照）}$$

この収支で，Pは動物が成長に利用可能な全てのエネルギーを表す．もしこの値がゼロならば，動物は維持量を供給されていると考えられる．つ

---

[21] 動物のエネルギー収支とは，（食物から）動物の体内に入ったエネルギー量を，動物から出たエネルギー量（例えば，動物からの熱損失，および尿中や糞中へのエネルギー損失）と比較したものである．

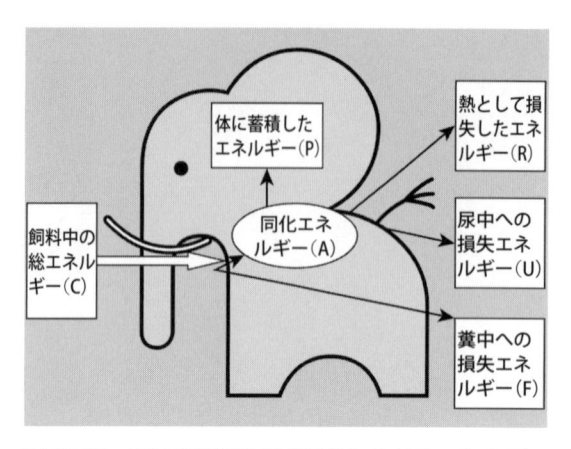

図 12-12 図は典型的な脊椎動物におけるエネルギーフローを示している．$C = P + R + U + F$ という式は動物のエネルギー収支を表している．（図：Geoff Hosey）

まり，動物に入るエネルギーの量は，動物から出て行くエネルギーの量と等しいことを示している．図12-12に示されているA（同化エネルギー）は，動物が摂取したエネルギーのうち自分のために有効に利用できる部分を表している．Aの値は，動物が摂取した食物の種類に応じて大きく変動する．このため，例えば草食動物では，たいていA：C比が低い（およそ57%であり，これは草食動物の食物に含まれるエネルギーの半分をわずかに超えるエネルギーしか吸収できないことを意味している）．これは植物の細胞壁を構成するセルロースを消化するのが困難だからである（12.1.2を参照）．一方，動物の体にはセルロースがないので，肉食動物は草食動物のように長く，複雑な消化管をもたなくとも，食物中のエネルギーのおよそ80%を吸収できる．

動物が利用するエネルギーの比率は，代謝率として知られており，これは単位時間当たりのエネルギー代謝量のことである．厳密には，基礎代謝率として測定されている（つまり実際に生命活動を維持するために必要とされる最低限のエネルギー利用量を表す）．しかし，ほとんどの動物ではこの値を測定することが不可能である．なぜなら，極めて限られた条件下でしか測定できないか

らである（訳者注：基礎代謝率は，動物を数日間絶食し，飼料摂取に伴う熱増加や身体活動および体温調節に要するエネルギー消費がない状態で測定する）．その代わりに，ほとんどの動物では標準代謝率を測定する．これはある温度における休息時または絶食時の代謝を示している．多くの動物種の代謝率を全般的に測定すると，大型の動物は小型の動物より代謝率が高いことが分かる．しかし，動物の単位体重当たりの標準代謝率でみると，小型の動物は大型の動物よりも代謝率が高いことが分かる．動物の代謝率を理解すること，もしくは，少なくともこの情報がどこにあるかを知っておくことは，動物園動物の飼料設計において極めて重要である．飼料中にどの栄養素が含まれているかだけでなく，どの程度飼料を給与すればよいのかということを，動物園は知っておく必要がある．

12.2.2　特定の栄養要求

動物が要求する栄養の中には，成長および代謝機構の構築と維持のために，飼料中に必要不可欠である特別な元素や化合物が存在する．このような必須物質の第1グループは，ビタミンやアミノ酸などの有機化合物である．第2グループは多くのミネラルなどの特定元素で，少量しか要求されない．多くの場合，ごく微量しか要求されない．

必須有機化合物

蛋白質は，動物体の重要な構成要素である．動物体の構造を形成するだけでなく，酵素や生理的プロセスに必要ないくつかの化合物（例えば，数種のホルモン）も蛋白質である．動物は，食物中の植物体蛋白質もしくは動物体蛋白質を消化することによって得たアミノ酸から自分自身の蛋白質をつくる．

ほとんどの蛋白質は20個の共通のアミノ酸から構成されるが，このうち動物はおよそ半分のアミノ酸を他のアミノ酸から合成できる．これらのアミノ酸は，"非必須アミノ酸（可欠アミノ酸）"と呼ばれる．しかし，これは重要でないという意

味ではなく，食物中になくてもよいという意味である．非必須アミノ酸は，（実験動物のラットの場合）グリシン，アラニン，セリン，アスパラギン，アスパラギン酸，グルタミン酸，プロリン，グルタミン，チロシン，システインである．一方，他の 10 個のアミノ酸は必須である．つまり動物は自身でそれらを合成できないため，食物の一部として摂取しなければならない．リジン，トリプトファン，ヒスチジン，フェニルアラニン，ロイシン，イソロイシン，スレオニン，メチオニン，バリンおよびアルギニンが必須アミノ酸である（Schmidt-Nielsen 1997）（訳者注：必須アミノ酸の種類は動物によって異なる）．

同様に，哺乳類の食物中には必須脂肪酸（EFAs）が必要である（哺乳類はこの物質を合成できない）．現在では，脂肪酸は 2 つの主要カテゴリーのいずれかに分類される．飽和脂肪酸または不飽和脂肪酸のどちらかである．不飽和脂肪酸は，さらに一価不飽和脂肪酸または多価不飽和脂肪酸に分類できる．われわれが必須脂肪酸と呼ぶものは，多価不飽和脂肪酸であるアルファリノレイン酸（α-リノレイン酸）およびリノール酸[22]である（McDonald et al. 2002）．飼料の中では，アマニ油やナタネ油のようないわゆる油実類がアルファリノレイン酸のよい供給源として知られている．アルファリノレイン酸は魚脂にも多く含まれている（サケやサバのような油を多く含む魚を，私たちの食事のメニューに加えるように勧める理由はここにある)[23]．

ビタミン

ビタミンおよびそれに関連する化合物の多くは，要求量がわずかな有機化合物ではあるが，補酵素として体内の代謝に重要な役割を果たしている（McDowell 1989）．いくつかのビタミン（おそらく最も有名なのはビタミン C で，その欠乏は壊血病の原因となる)[24]は，食事に含まれていないと人体に劇的な影響を及ぼすためよく知られている．しかし，人以外の動物種にとってビタミンがどれくらい重要かはあまり分かっていない．ビタミンは 20 世紀にようやく発見され単離された．病気自体（壊血病やベリベリなど）は古くから知られていたにも関わらず，その病気が食物中に特定のビタミンを欠くことによって起こる欠乏症であるという概念は比較的新しいものである．

化学的にみると，ビタミンは様々なグループに属している．数種のビタミンを自分で合成できる動物もいるが，食物中に必要とする動物もいる．例えば，両生類，爬虫類，大部分の鳥類，および大部分の哺乳類はビタミン C（アスコルビン酸）を合成できる．しかし，霊長類，数種の果実食性コウモリ，モルモット，硬骨魚類および多くの無脊椎動物はビタミン C を合成できない（McDowell 1989, 図 12-13）．同様に，反芻動物では食物中にビタミン B 群のうちいくつかがなくてもよく，これらはルーメン内に生息する微生物叢によって合成される．

ビタミンは水溶性および脂溶性に分類されることがある．ビタミン C のような水溶性ビタミンは体内で余ると，排泄されるだけである．一方，脂溶性ビタミン（A，D，E および K）は体脂肪中に蓄積され，摂取量が過剰な場合，肝臓中で中毒レベルにまで増加する可能性がある．

ビタミン D は，カルシウムの吸収と代謝に関わるため脊椎動物には必須である（このためビタ

---

[22] 人の栄養学の教科書では，たいてい"オメガ-6 系（n-6）"および"オメガ-3 系（n-3）"の脂肪族に言及している．オメガ-3 系脂肪酸はアルファリノレイン酸に，オメガ-6 系の脂肪酸はリノレン酸に由来する．

[23] McDonald et al.（2002）の著書の第 3 章には脂質（脂肪を含む）に関する詳細な解説があり，その化学的構造にも触れられている．

[24] 壊血病は人だけの病気ではなく，ビタミン C を合成できない全ての動物で発症する可能性がある．例えば，飼育下のカピバラでも壊血病が報告されている（Cueto et al. 2000）．

図 12-13 このナマズのように、硬骨魚類はビタミンCを合成できないため、ビタミンCは食物から得なければならない。数種の果実食性コウモリ、モルモットおよび多くの無脊椎動物はビタミンCを合成できない。（写真：Barbara Zaleweska，ワルシャワ動物園）

図 12-14 カルシウムとリンは脊椎動物の骨と歯の発達にとって重要である。これらのミネラルは多くの無脊椎動物にとっても重要である。この写真のアフリカマイマイ（*Achatina* sp.）のように、特にカタツムリなどの軟体動物では、殻の形成にリン酸カルシウムが必要である。（写真：© Kevin Lindeque, www.iStockphoto.com）

ミンDはカルシフェロールと呼ばれる）。この脂溶性ビタミンは、食物から摂取しなければならないだけでなく、太陽光を浴びることで体内で生成されるという点が特徴的である。自然光を十分に浴びていない動物園動物は、ビタミンD欠乏になる可能性があり、結果的にカルシウム代謝に影響を及ぼす（12.8.2 参照）。

ミネラル

動物の体のほとんど（重さでおよそ96%）は酸素（O），水素（H），炭素（C）および窒素（N）で構成されている．というのも、これらの元素は水と大部分の有機分子体の主構成要素だからである。残りの4%は、主なものから順番にいうとカルシウム（Ca），リン（P），カリウム（K），硫黄（S），ナトリウム（Na），塩素（Cl）そしてマグネシウム（Mg）である（Schmidt-Nielsen 1997）。

この6元素は"主要元素"[25]，または主要栄養素、あるいは主要ミネラル（時にはマクロミネラル）と呼ばれることがある。体内にはさらに12以上の元素があり、多くは酵素の一部として存在する。

このため代謝機能に必要であるが、ごく微量でよい。これらの元素は微量元素として知られ、"ミクロミネラル"と呼ばれることもある（McDowell 1992）。微量元素は生物の体内で合成することができないため、全ての代謝要求量を飼料から摂取しなければならない。

動物体内でのミネラルは主に、骨や歯、殻および鳥類の卵殻のような骨格構造として機能している。ミネラルはその他に、酵素やホルモンの構成要素および体内の浸透圧恒常性を維持するための電解質として機能する（McDowell 1992, 図12-14）。ふつうの生活に必要とされるミネラルを表12-1に示した。ただし、これらのミネラルが体内で果たしている役割には不明な部分がまだ多く、また知識の多くは実験動物、家畜および伴侶動物から得られたものであり、野生動物のものではないことを考慮すべきである。

健康問題は、こうしたミネラルの過剰と欠乏のいずれでも起こり得るので（12.8.2 参照）、可能ならば、動物園動物に給与する飼料の中にこれら

---

[25] 全てのミネラルが元素のまま存在しているわけではない。化合物である塩として存在するミネラルも多い。

表 12-1 必須ミネラル

ミネラル	略号	代謝機能
主要ミネラル		
カルシウム	Ca	骨の主要なミネラル．体内のカルシウム代謝はリンの吸収と代謝に密接に関係している．
塩素	Cl	ナトリウムと化合して，いわゆる塩（NaCl）を形成する．ナトリウムと塩素のどちらも体内の浸透圧の恒常性に不可欠である．
マグネシウム	Mg	歯および骨の形成から酵素機能まで，体内で様々な役割を果たす．
リン	P	骨の主要なミネラル．通常，カルシウムと関連して考える必要がある．
カリウム	K	（細胞内の）浸透圧のバランスを取る．血液に酸素と二酸化炭素を運搬する．
ナトリウム	Na	塩素の項目を参照．体内の浸透圧調節に重要，特に細胞外液．神経インパルスの伝達．
硫黄	S	アミノ酸であるメチオニン，シスチンおよびシステインの構成成分．骨，腱および軟骨の重要な構成成分．
微量ミネラル		
クロム	Cr	インスリン活性とグルコース代謝に重要．
コバルト	Co	ビタミン B_{12} の主要構成成分．製造したビタミン B_{12} は反芻動物の飼料に必須．
銅	Cu	成長，血球の形成に関与．*過剰な場合には中毒症状を示す．モリブデンと関連して考える必要がある．
フッ素	F	歯の発達に必要．*過剰になると極めて有毒．
ヨウ素	I	甲状腺ホルモンであるチロキシンとトリヨードチロニンの構成成分．
鉄	Fe	血中で酸素を運搬する（鉄はヘモグロビンに不可欠な構成成分である）．また，その他の生化学的反応のカギとなる．
マンガン	Mn	酵素の機能．骨の成長に関与．
モリブデン	Mo	酵素の機能に関与．過剰な場合には中毒症状を示す．銅の代謝と密接に関係している（モリブデンと銅は体内で拮抗作用を示す）．
セレン	Se	抗酸化作用をもつ（ビタミンEと密接に関係している）．過剰な場合には中毒症状を示す．
亜鉛	Zn	酵素の機能に関与．亜鉛欠乏は体内でのDNA，RNAおよび蛋白質合成に影響を及ぼす．

*全てのミネラルは体内において欠乏および過剰のいずれの場合でも，問題を引き起こす可能性がある．毒性については，いくつかのミネラル（例えば，フッ素，モリブデンおよびセレン）で，他のミネラルより詳しく分かっている．
注：このリストは標準的な生体プロセスにとって主に必要なミネラルを扱っており，全てを網羅したリストではない．ホウ素（B）やリチウム（Li）のような微量元素を必要とする動物種もいる．詳しくはMcDowell（1992）を参照．

の元素がどれだけ含まれているかを知る必要がある．例えば，昆虫食の鳥類や爬虫類，哺乳類の一般的な餌であるコオロギやショウジョウバエのような昆虫は，銅（Cu），鉄（Fe），マグネシウム（Mg），リン（P）および亜鉛（Zn）の要求量（家畜の要求量を基準とした場合）を満たすことができる．しかしミールワーム（訳者注：ゴミムシダマシの幼虫）やワックスワーム（訳者注：メイガ科の蛾の幼虫）などではマンガン（Mn）が不足している（Barker et al. 1998，図 12-15）．脊椎動物ではカルシウムとリンの欠乏は，くる病や骨軟化症のような骨の代謝異常を引き起こすことがある．

ある特定のミネラルの飼料中含量が分かっていたとしても，その摂取量が動物の要求量を満たし

図 12-15 コオロギを食べるヒョウモントカゲモドキ（*Eublepharis macularius*）．コオロギなどの昆虫は，脊椎動物のマグネシウム，リンおよび亜鉛などのいくつかのミネラル要求を満たすと考えられている．しかし，ミールワームやワックスワームを与えると脊椎動物はマンガン欠乏に陥る（Barker et al. 1998）．（写真：© Cathy Keifer, www.iStockphoto.com）

ているかどうか予測できないことがある．ミネラルは生体利用効率[26]の変動が大きく，ミネラルの化学的形態に影響される．また，他のミネラルによって吸収が阻害されるなど様々な要因にも影響される．このため飼料中のミネラルどうしの相互作用を考えなくてはならない．なぜなら，これらの物質は体内で単独で作用することはまれであり，あるミネラルの吸収は他のミネラルの存在（または不在）に影響されると考えられるからだ．

異なるミネラルどうしの関係およびその比は，成長や健康にとって飼料中の絶対量と同様に重要か，あるいはそれ以上に重要である（McDowell 1992）．体内におけるカルシウムとリンの関係を例にあげると，飼料中にカルシウムが十分にあったとしても，飼料にリンが過剰に含まれていれば，動物はカルシウム欠乏に陥る可能性がある．動物園動物にカルシウム（Ca）とリン（P）の比

が正しい飼料を確実に給与することは，動物園の栄養士にとって大事な問題である．多くの哺乳類にとって推奨される Ca：P 比は 1：1 から 2：1 の間にある（骨中の比は 2：1 よりやや上である）．鳥類では，この飼料中の推奨比はおそらくより高く設定するべきだが，家禽を除くとデータが不十分である（Klasing 1998）．また，Klasing（1998）は小型の鳥類は大型の鳥類よりも産卵のために必要とするカルシウムの割合がより多くなると指摘している．これは 2 つの理由による．1 つ目の理由は，小型鳥類は相対的に大きい卵を産むことであり，2 つ目の理由は，小さい卵は相対的に卵殻が大きいことである．カルシウムのサプリメントなしに動物園動物の飼料中 Ca：P 比を適正にすることは難しいこともある．例えば，チモシーのように広く利用されているイネ科牧草の乾草は，マメ科牧草の乾草に比べてカルシウム含量がとても低い．同様に穀物飼料もカルシウム含量が低い（McDowell 2003）．

銅（Cu）とモリブデン（Mo）のように拮抗作用を示すミネラルもある．Mo の飼料中含量が高い場合，体内への Cu 蓄積が制限される．例として，Cu の欠乏は放牧反芻家畜に消耗性疾患をもたらす恐れがあり，これは"ソルトシック"と呼ばれることもある（McDowell 1992）．

12.3 動物園動物への給餌に関するガイドラインと法律

第 3 章では，動物園，特に英国の動物園に対する全体的な規制の枠組みについて見てきた．この項では，飼料と水の供給に関する主な法律だけでなく，動物園動物の栄養に関する法律以外のガイドラインおよびその他の情報について概観する．一方で，多くの国では動物園動物への飼料給与に関する法律は，最低限の要求を満たしている

---

[26] 生体利用効率とは，生体内の生理作用に対して有効な栄養素の比率を意味する．数種のミネラルの生体利用効率は，ミネラル間の拮抗作用によって低減されることがある．つまり，あるミネラルの存在が他のミネラルの吸収や利用を阻害する．

にすぎないことに注目すべきである．つまり，飼料と水を摂取できるようにして，動物を飢えさせてはならないということである．優れた動物園は，単に十分な飼料や水を与えるというレベルを超えて，最適な栄養を与えることを考えている．

12.3.1　動物園動物の給餌と栄養に関する英国の法律

第3章で述べたように，英国で動物園の活動を規制した最初の法律は動物園ライセンス法〔Zoo Licensing Act（ZLA），1981〕であり，その後，動物園ライセンス法の改正法（イングランド・ウェールズ規制，2002），によって改正されている．動物園ライセンス法それ自体には動物園動物の栄養に関して多くのことが述べられているわけではない．しかし，イングランドでは，この法律に基づいて動物園にライセンスを与える検査官には，新動物園飼育管理監督基準（Secretary of State's Standard of Modern Zoo Practice：SSSMZP）を考慮に入れるように求めている（Defra 2004）．これには，動物園動物への給餌に関する具体的な提言がたくさん盛り込まれている．

SSSMZPに関する条項の第2項に定められた動物園動物に対するケア（世話や配慮）と福祉（ウェルフェア）に関する5つの原則の冒頭は，飼料と水の給与に関係している．ここには，飼料の給与に関して英国の動物園に望まれる具体的な基準がいくつか記載されている[27]．例えば，2.1.1項には，次のように書かれている．

　飼料は適切な方法で給与されなければならない．その種にとって栄養価，量，質が満たされ，バラエティに富むものでなければならない．また，その動物の状態，サイズ，生理，繁殖および健康状態にとって適切でなければならない．
　　　　　　　　　　　　（Defra 2004）

第2項にあるその他の提言では，飼料と水を給与する際の健康と衛生が取り上げられている．ここには，"飼料の調理および給水は設計と建築が適切で，かつ隔離された場所で行われるべきであり，それ以外の目的に使用してはいけない"（Defra 2004）ということが書かれている．

SSSMZPは，"栄養のあらゆる局面で獣医師およびその他の専門家のアドバイスを受けて，それに従わなければならない"と述べている．英国ではほとんどの動物園で獣医師が栄養面のアドバイスをしており，組織内に常勤の栄養士を雇っている動物園は（執筆当時で）1つ（イングランド北部のチェスター動物園）しかなかった（北米の動物園はわずかに良くて，多くの主要な動物園には常勤の栄養士がいる）．

動物園動物の給餌方法に影響を及ぼす英国の法律には，これ以外にも欧州動物副産物規則（European Animal By-Products Regulation：EC）No. 1774/2002に基づくものがある．例えば，イングランドでこれに該当する国家規制として動物副産物規則〔Animal By-Products（ABP）Regulations，2005〕がある．第3章ではこの法律に関してさらに詳しく述べており，インターネット上の情報源も示してある（多くはDefraのウェブサイトによる）．

生餌の給与

英国では，生きている脊椎動物や頭足動物を他の動物に給与することは違法である．しかし，バッタ，コオロギおよびミールワームのような無脊椎動物を生きたまま給与することは認められている（Defra 2004）．英国以外の国で，生餌の給与を規制しているところはない（Box 12.2参照）．

12.3.2　動物園動物の給餌と栄養に関する英国以外の国の法律

米国では，動物園に対するライセンス契約書の

---

[27] 英国の法律では，来園者が動物園動物に給餌することを禁じている．一方，SSSMZPに関する条項には，"来園者が自由に給餌することは禁止すべきである"と書かれている．

Box 12.2　生餌を給与する

　英国以外の国では，動物園動物に生きた脊椎動物を給与することを明確に禁じた法律はない．しかし，実際には生きた脊椎動物を給与している動物園が多いわけではない．生きた魚の給与は，この一般的に守られているルールの数少ない例外の1つである．米国，オーストラリア，アジアおよび欧州本土の動物園では，生きた魚を日常的に給与している所もある（スナドリネコのような種はその例である）．シンガポールの動物園では，ホッキョクグマがプールに飛び込んで魚を追いかけ捕獲する様子を，来園者が水面下の観察ギャラリーからみることができる．

　餌となる魚を追いかけて捕まえるという状況が，捕食動物にとって有益であることを証明する研究が実施されてきた（Shepherdson et al 1993）．めずらしい例ではあるが，大型の脊椎動物が生きたまま動物園動物に与えられていることもある（少なくとも中国の1つの動物園では，生きている山羊，鶏，時には牛が大型肉食動物にいまだ日常的に給与されている．この行為はまだ中国の全土の動物園で禁止されているわけではない）．

　野生の動物は生きた動物を捕獲し，食べている．では動物園でなぜそれが許されないのか．英国の動物園来園者に対するアンケート結果では，生きた無脊椎動物を給与することに対しては，動物を展示していない時も，展示している時でも，反対意見は少ない．一方，生きた脊椎動物を与えることに対してはもっと配慮すべきだという結果が示されている（Ings et al. 1997a）．英国内でも，動物園動物に脊椎動物を生きたまま与えることを禁じた決定に対しては，その倫理に関して様々な論争が起きている．これらの論争の多くは，捕食者および被食者となり得る動物双方の福祉を懸念したものである．餌となる可能性のある動物に対してまず懸念されているのは，動物園の飼育場の中では野生のように捕食者から逃げることができないことである．初めのうちは被食者は隠れたり，捕食者をかわすことができるかもしれない．しかし，動物園の飼育場には限りがあるため，最終的に捕獲され，殺されるまで，どの回避行動も被食者の潜在的なストレス状態を引き伸ばしているにすぎないだろう．捕食者による追跡が長引くことは被食者の福祉を著しく侵害しているという十分な証拠もある（Bateson and Bradshaw 1997）．言うまでもないことだが，動物園育ちの捕食者は，野生で育った捕食者と比べて被食者を上手に仕留められないだろう．そのため，野生に比べて，展示場に放された被食者をなかなか捕獲できず，かつ仕留められないままに終わる大きなリスクを負っている可能性がある．

　生餌を給与することは，捕食者の福祉に対しても潜在的なリスクをもたらす．被食者が生き延びようとすれば，蹴ったり，噛んだりすることによって捕食者を傷つける可能性もある（例えば，Frye 1992を参照）．飼育している（価値ある）動物の健康と幸福を長期間維持したいのならば，生餌を給与することによって日常的に危険を抱えることはむしろ道理に反しているだろう．

　ただし，生きた動物を給与することが明らかに利益になる場合や，潜在的なコストを上回る利益がある場合は例外である．分かりやすい例としては，野生への再導入プログラムの一環として捕食者となり得る動物を一人前にするために，また野生にリリースする前のトレーニングとして生餌を与えることがある．しかし，再導入プログラムの一環だとしても生きた脊椎動物を餌として給与することに対しては代わりとなる案が存在する．このうちの1つが屠体の給与である．詳細はBox 12.6で検討する．

もとで，動物福祉法〔Animal Welfare Act（AWA），1996〕が，飼料と水の給与に関する最低限の基準を定めている．しかし，動物福祉法は哺乳類の一部の種に適用されているにすぎず，全ての動物分類群に適用されているわけではない（Vehrs 1996，Gesualdi 2001，第3章）．

オーストラリアでは州や地域によって法的な規制は異なるが，現在の動物福祉（動物保護）法では，一般に動物を人道的に扱い，世話を怠らないように定めている．飼料と水の給与をより具体的に取り上げた規制をもつ地域もある．例えば，オーストラリア北部地域の動物福祉法（Animal Welfare Act, 1999）の第8節の冒頭には次のように書かれている．

(1) 動物を管理している者は動物に，飼料，水および隠れ家を与えなければならない
　(a) それは適切かつ十分なもので，また
　(b) 提供するものにとって無理なく実行可能なもの

12.3.3 動物園動物の栄養に関するガイドラインおよびその他の情報源

動物園は，法令の要求に対応することに加えて，法的拘束力のないガイドラインや栄養と飼料給与に関するそれ以外の情報にも注意を払っている．米国動物園水族館協会（AZA）の会員は，種保存計画（SSPs）の栄養の項を経由して，オンライン上から飼料給与プロトコルを利用できる．米国動物園水族館協会は，1994年に独自の栄養アドバイザリーグループ（NAG）を立ち上げ，組織化している（Dierenfeld 2005）．

栄養アドバイザリーグループは飼育マニュアルの中で飼料と栄養に関する情報の標準化を目的とした1つの書式を提案している（詳細はFidgett 2005を参照）．栄養アドバイザリーグループは飼育下の野生動物の栄養に関する技術書も作成しており，これはwww.nagonline.netからアクセスできる．例として，ファクトシート014には，「Fruit Bats: Nutrition and Dietary Husbandry〔フルーツバット（オオコウモリ）：栄養と飼料の管理〕」というタイトルがついている（Dempsey 2004）．ファクトシート006では，動物園で飼育している有蹄類に給与する乾草とペレット飼料の評価がされている（Lintzenich and Ward 1997）．

この他に栄養アドバイザリーグループが米国動物園水族館協会の会員に対して提供している有益なサービスとして，キノボリカンガルーからコモドオオトカゲ（*Varanus komodoensis*）まで各動物種の栄養に関するアドバイザーの最新リストがある（これも栄養アドバイザリーグループのウェブサイトから利用できる）．これらのアドバイザーは分類群専門家グループ（TAG）や種保存計画の関係者から選ばれている．動物園の栄養士である場合もあるが，特定の種や分類群に精通した上級の飼育係や学芸員であることが多い．

さらに有用な情報源としては，米国科学アカデミー（US National Academy of Sciences）の米国学術研究会議（NRC）が出版している栄養要求に関する一連の書籍がある（Box 12.3）．

欧州で，北米の米国動物園水族館協会と同等の組織は，欧州動物園水族館協会（EAZA）である．動物園動物の栄養に関する情報は，現在EAZA栄養グループ（Nutrition Group：ENG）と呼ばれる所から得ることができる．この組織は，1999年にロッテルダムで開催された会議の場で欧州動物園栄養研究グループ（European Zoo Nutrition Research Group：EZNRG）として活動を開始した．欧州動物園水族館協会は特定の動物種に対する飼料表を作成したり，配布したりはしていない．しかし，米国動物園水族館協会と同様に，飼養管理マニュアルの中で栄養に関する情報を提供している．そのため欧州動物園水族館協会の会員である動物園が，新しく導入した動物に給餌するためにどうしたらよいかを知りたければ，まず，分類群アドバイザリーグループの最新のマニュアルを開くのがよいだろう．ウェブサイトwww.eaza.netにも動物園動物の栄養に関する多くの役立つ情報がある．このウェブサイトは2008年初めに大幅に改訂され，更新されている．欧州動物園水族館

Box 12.3　栄養要求量に関する米国学術研究会議の書籍

十分に理解されていたとは言えないが，飼育動物の飼料に含まれる脂肪，蛋白質および炭水化物などの主要栄養素が重要であることは19世紀から認識されていた．しかし，一連の必須栄養素に関して詳しいことが分かり，かつその知識が広く利用されるようになったのは比較的最近のことである（Oftedal and Allen 1996）．それでもわれわれの知識はまだかなり不足している．各動物種の栄養要求量に関する重要な情報源の1つとして，米国科学アカデミーの米国学術研究会議が出版している一連の書籍がある．

「Nutrient Requirements of Dairy Cattle（乳牛の栄養要求量）」（初版は1945年で，2001年に第7版が出版された）は，生育ステージの違う動物の栄養要求量を推定し，表として示すとともに，飼料に関する詳細な情報も提供している．米国学術研究会議のガイドラインは米国アカデミープレス（National Academy Press：NAP）により米国内で出版されている．米国アカデミープレスは，オンライン上で参考となる多くの情報を無料で提供している（www.nap.eduのページの各出版タイトルにある"Free resources"の項を参照のこと）．この他に米国学術研究会議のガイドラインには，「Nutrient Requirements of Swine（豚の栄養要求量）」（1998），「Nutrient Requirements of Mink and Foxes（ミンクおよびキツネの栄養要求量）」（1982），また「Nutrient Requirements of Cats and Dogs（猫および犬の栄養要求量）」（2006）がある〔訳者注：日本でもほぼ同様のものを（独）農業・食品産業技術総合研究機構が編集している．現在のところ，「日本飼養標準」乳牛（2006年版），肉用牛（2008年版），豚（2005年版）および家禽（2004年版）がある．また，飼料に関しては日本標準飼料成分表（2009年版）がある．これらは，中央畜産会のウェブサイト http://jlia.lin.gr.jp/ から購入できる．この他に，JRA競争馬総合研究所からは軽種馬飼養標準（2004年版）が出版されている〕．

これらの書籍は家畜，毛皮用動物，および伴侶動物が対象ではあるが，飼育下野生動物の栄養にも関係している内容が多い．一方で，十分に注意すべきこともある．米国学術研究会議のガイドラインには野生動物の飼育には関係のない情報がたくさんある．通常，家畜の栄養は短期間で最大の生産性を達成することを基本にしており，長期間の健康を考慮していることはまれである．農家で飼育されているほとんどの家畜は，繁殖用に維持されているものでない限り，若齢で屠殺される．しかし，動物園動物の栄養の目標は，生涯を健康にすごし，かつ繁殖させることである．そのため，動物園動物の類縁にあたる家畜の情報を基にして飼料を与えると，動物園動物を肥満にしてしまうような問題をもたらすことになりかねない（12.8.2参照）．

協会のウェブサイトからENGのニュースレターや会議の抄録にもリンクが貼られている．

当然のことながら，動物園は自分たちが飼育している動物の飼料表の配布や普及に慎重なことがある．場所が違えば飼料も違う可能性がある（例えば，セレン欠乏のように放牧ではミネラル不足が起こる地域もある）．汎用的な飼料ならば，同じ分類群に属する動物にも適用できるだろうという思い込みには危険が伴う．サルの例をあげると，旧世界ザルと新世界ザルではビタミンDの要求がかなり違う．ビタミンDには2つの形態がある．D_2（エルゴカルシフェロール）とD_3（コ

レカルシフェロール）である．旧世界ザルはどちらのタイプのビタミンDも利用できるが，新世界ザルはビタミンD_3しか利用できない（Hunt et al. 1967）．そのため動物園は，市販の霊長類用飼料にどちらのタイプのビタミンDが添加されているかを知っておく必要がある．

12.4 動物の栄養要求量の算出

動物各個体の栄養要求量が，その生理，行動，代謝および形態によって決まることはすでに述べてきた（12.2.2）．栄養要求量は動物のライフサイクルの中で固定的なものではなく，年齢，活動レベル，健康状態や繁殖状況によって変わるものと考えられる．例えば，換羽をしている鳥は，その時に栄養の補給が必要だろうし，雌鳥には産卵前に栄養を追加する必要がある．同じ種内でも，性別が違えば栄養要求量は違う可能性がある．哺乳類の雌では，妊娠期間中や特に泌乳中は，多くの種で栄養要求量が急激に増加すると考えられるので，飼料の補給が必要である（哺乳類の繁殖に関わるエネルギー要求量については，Gittleman and Thompson 1998 の総説を参照）．

動物園動物に与える飼料[28]は，動物の一般的なエネルギー要求量または代謝要求量と特定の栄養要求量の両方を満たさなければならない．言い換えると，動物の栄養要求量を満たすために，動物園は全体でどれぐらいの飼料を給与するかということと，飼料の栄養組成をどうするか，またはどうすべきかを計算する必要がある．実際には，動物の基本的な栄養要求量から考え始めるのが簡単で（例えば10%の蛋白質が必要など），次にこれらの要求量に見合う飼料給与量を計算する．もちろん，口でいうほど簡単な仕事ではない．飼育下の野生動物の飼料を設計することは複雑な仕事であり，多くの要因を考慮しなければならない．

Crissey（2005）は動物種や飼育条件が違っても適用できる便利な栄養情報を発表している．これは栄養要求量や飼料の量のような要因だけでなく，動物の健康状態やあらゆる管理上の制約も考慮に入れている（訳者注：動物園動物の栄養に関わる要因を栄養要求量，飼料摂取量，飼育管理および健康状態の4つに大別し，さらにそれぞれの要因の中にある諸要素の関連性を図示したもの）．しかし，Crisseyのツールを用いたとしても，野生動物の基本的な栄養要求量に関する十分な情報，特に微量元素の要求量についての情報が動物園にはないという問題は残されている．この問題は 12.4.4 で再び触れる．

動物園動物の栄養が明確な科学的調査の対象になったのは比較的最近のことである．例えば，米国動物園水族館協会が，栄養学を"科学的なアドバイスを要する専門領域"としてはじめて認めたのは 1994 年のことである（Dierenfeld 1997a, Box 12.4 に動物園動物の栄養に関する小史を載せている）．これは動物園の長い歴史の中でも驚くべきことだろう．しかし，過去を振り返れば，多くの動物園動物が，現在では不適切だと言える飼料によってかなり長い間飼育管理されてきた．それでも動物は死ななかったし，少なくとも非常に多くの動物が死ぬようなことはなかった．そのため動物園が飼料の見直しを考えるような状況に追い込まれることはなかったと，Oftedal and Allen（1996）は指摘している．

現在でも，優れた動物園でさえ，動物に給与している飼料は科学的というよりは慣行的なものによって決められている．また，「Zoos Forum Handbook（動物園フォーラムハンドブック）」（Defra 2007b）は，食餌の浮動（dietary drift）が起こる，すなわち飼育係によって飼料の内容が時間をかけて徐々に変更されていく可能性がある（いつも良い方向に変わるわけではない）と警告

---

[28] 飼料（diet）と栄養（nutrition）は同じものではない．"飼料"という言葉は，動物に与える通常食を示す場合もあるし，医療上の理由で利用する制限食を示す場合もあり，文脈によって若干違った意味をもつ．

Box 12.4　動物園動物の栄養に関する歴史

　飼料中のカルシウムやリンなどのミネラルの重要性は，20世紀初頭まで，広く知られていなかったか，あるいは重要だとはみなされていなかった（Ammerman and Goodrich 1983）．ビタミンは20世紀まで"発見"されていなかったし，今日でも，多くの動物種の必須栄養素に関する知識はかなり不足している．

　飼育動物にくる病などの病気が発生したことによって，動物園動物の健康維持に関わる栄養の役割を研究するきっかけが生まれた．例えば，1930年代には，フィラデルフィア動物園でオマキザルを放し飼いにして，飼料を自分で選べるようにした．この成果として，ペンシルバニア大学のEllen Corson-White博士が発表した推奨飼料は，動物が選択した食べ物と，動物の栄養要求量を組み合わせてつくられている（Corson-White 1932, Dierenfeld 1997a）．

　1960年代には，スイスにあるバーゼル動物園のHans Wackernagel博士が，様々なエキゾチックアニマル分類群用に一連の配合ペレットを作製し，これら加工飼料の栄養成分に関する詳しい情報を提供した．しかし，米国や欧州では1970年代および1980年代に至るまで，専門の栄養士を雇用することはなかった．

している．このハンドブックは，飼料を定期的に点検するように勧告しており，動物に適切な飼料を給与するために，飼育係や獣医師は栄養士の点検を受けることを勧めている．

12.4.1　飼料給与量を計算する

　動物園で，ある個体のおおまかなエネルギー要求量を計算するためには，まずその個体の体重を知っておかなければならない（なぜその必要があるのか手短に述べよう）．動物園動物の体重を測ることは思っているほど簡単ではなく，特にゾウやキリンでは難しい．もちろん，体重計に乗る訓練ができる動物もいる（図12-16）．多くの動物園では，飼育施設の裏側，たいていは出入口付近にある低い台の中に体重計が備え付けてある．そのため動物はこの台の上に乗ることに馴れてくる（サンディエゴ動物園のウェブサイトには，ゾウの体重を測るために，カリフォルニア高速パトロール隊が使う持ち運び可能なトラック用スケールを利用していると書かれている）．

　動物園は，動物の体重を知ることの他に，動物が基礎代謝を維持するためにどの程度エネルギーを要求するかを知っておく必要がある．動物のエネルギー要求量に関連して頻繁に用いる用語には，代謝エネルギー（metabolizable energy：ME）と呼ばれるものがある．紛らわしいが，代謝エネルギーは飼料のエネルギー含量を示すものであり

図12-16　シンガポール動物園で，体重測定のために体重計に乗るトレーニングをしているアルダブラゾウガメ（*Geochelone gigantea*）．動物のおおよそのエネルギー要求量を求め，それによってどの程度飼料を給与するかを決めるためには，動物の体重を知ることが第1段階として欠くことができない．（写真：Diana Marlena，シンガポール動物園）．

〔総エネルギー（gross energy：GE）および可消化エネルギー（digestible energy：DE）も同様〕，動物のエネルギー要求量を示すものではない．

エネルギー要求量に関しては，以下の用語を用いる．

- 総エネルギー：飼料中の全エネルギー（訳者注：飼料を完全燃焼させた時に得られる熱エネルギー）．
- 可消化エネルギー：総エネルギーから糞中に損失したエネルギーを差し引いたもの．
- 代謝エネルギー：可消化エネルギーから尿および消化によって生産されたガスのエネルギーを差し引いたもの．

すなわち，代謝エネルギーは動物の代謝要求をみたすために利用可能なエネルギーといえる．このエネルギーは動物の基礎代謝，または基礎代謝率（BMR）に，活動のためのエネルギー，成長および体温調節のためのエネルギー，さらにその他の行為に必要なエネルギー（鳥類や爬虫類の産卵など，例えば Klasing 1998 を参照）を加えたエネルギーである．

基礎代謝率は多くの哺乳類や鳥類（例えばRobbins 1993 を参照），およびその他のあらゆる動物分類群で測定されてきた．この値は体重と非常に密接な関係がある．鳥類の基礎代謝率は，サイズが同じ哺乳類に比べて高い．一方，爬虫類の基礎代謝率は同じサイズの哺乳類に比べて低い．

動物の体重が分かったら，公表されている質量固有基礎代謝率（mass-specific BMR）式（Robbins 1993 参照）を用いて，その動物の1日当たりの最小エネルギー要求量を計算できる（ただし，これらの式の詳細と有効性にはかなり議論があることには注意すること）．基礎代謝率はスタート地点であることはいうまでもなく，これに加え，動物は走ったり，飛んだりといった活動のためのエネルギーを必要とする．こうした活動は，基礎代謝率の5～10倍のエネルギーを費やす可能性がある．

Zootrition™ というパッケージソフトウェア（12.4.3 参照）には，いくつかの式から基礎代謝率を求めるモジュールがある．ユーザーは，その動物種に最も合っていると思う式を自分で選ぶことができる．Zootrition™ では，フィールド代謝率（field metabolic rate：FMR），あるいは生存し活動するために必要なエネルギー量を，活動レベルやライフステージに応じて求められる．しかし，現実的には，動物園が新たな動物を迎えいれる時には，飼料表や少なくとも基本的な飼料の情報が一緒に付いてくるのがふつうである．

実際にどれぐらいの飼料を給与するかは，活動量の評価や，動物が1頭だけか，あるいは社会的な群れとして飼われており他の動物が飼料を食べてしまわないかによっても影響される．爬虫類・両生類および魚類などの動物群に対して，動物園は受身的な給餌をすることがよくある．つまり，計算した給餌量よりも少し多めに給与して，どのぐらい残ったかによって1日ごとに給与量を調節している．恒温動物のエネルギー要求量は，外気温によって変わる．これらの動物は，体温を維持しなければならないため，気温が低いとより多くの飼料を必要とする．推定エネルギー要求量というのは，あくまで推定値である．体重を測定すること（理想的には直接測定することだが，不可能ならばボディーコンディションスコアのような代替法を用いる，Box 11.1 参照）も重要だし，もし動物の体重が減りすぎたり，増えすぎたりした場合には，飼料の給与量を調節することも重要である．

しかし，本章でこれまで見てきたように，ある動物に給与する飼料内容の全てが，その動物のエネルギー要求量に見合うように利用されているとは限らない．どんな飼料も可消化物と不消化物および消化管内で発酵によって分解される物質によって構成されている．この3つの構成要素の相対的な割合が，飼料から得られる利用可能なエネルギー量を決めている．

12.2 で論じたように，可消化物には炭水化物，脂肪および蛋白質がある．発酵可能な物質は，動物自身では分解できないが，消化管内の共生微生物によって分解され，反芻動物ではそれが顕著で

ある．これらの物質には植物の細胞壁に由来するセルロースなどの物質がある．最後にいくつかの化合物（例えばリグニン）は，消化管内では分解されることがなく，エネルギー源として利用できない．この物質はただ消化管を通過し，糞中に排泄される．

では，個々の飼料中に可消化物がどの程度含まれているかを飼育係はどのようにして知ればよいのだろうか．また，給与した飼料を動物が残した場合，栄養摂取量を正確に測ることができるのだろうか．Oftedal and Allen（1996）は，"給与した飼料"と"摂取した飼料"にわけて，この問題をうまく解説している．

12.4.2 飼料中の栄養含量はどうやって測定するか

飼料中の可消化物量がどれぐらいあるかは，消化試験，つまり飼料給与量を正確に測定し，さらに残餌と糞量を計量し，分析することで分かる（The BIAZA Research Guidelines on Nutrition を参照．本書執筆時点で近刊予定になっている．これらの分析方法が記載されている）（訳者注：日本国内では，例えば石橋晃監修による「新編 動物栄養試験法（2001）」が参考になる）．

イネ科草本の乾草やその他の粗飼料などの飼料栄養含量を定量するには，実験室での分析が必要である．一般分析としては，飼料中の粗蛋白質，灰分，脂肪および繊維含量が測定され，これは乾物[29]中（つまり，水分がない状態での飼料重量）の割合で示される．表12-2では，飼料栄養含量の基本的な分析に用いられる用語を簡単に説明した．

このように，タイプの違う研究（消化試験と，実験室での飼料中栄養成分の分析）は，飼料をどれぐらい給与すればよいか，またどの飼料ならば必要な栄養素を全て供給できるかということを，判断する時に役に立つ．しかし，いずれの研究も実行するには手間と時間がかかる．例えば，自家配合したシードミックス（seed mix）を給与した鳥の飼料摂取量を測定する場合，それぞれの種子の重量を測る前に，配合中からそれぞれの堅果や種子を分ける手間があり，さらにその後，飼育場の中から食べ残した種子を拾い，分別して，計量するというかなり手間のかかる仕事が待っている．実験室での栄養分析も比較的費用がかかり，定期的に全ての粗飼料を採取したり，また飼料中のビタミンやミネラル含量を詳細に分析したいと望む動物園では，栄養分析用の費用があっという間に莫大になるだろう．

幸い，現在ではこうした種類の情報の多くがコンピュータデータベースに提供されており，動物園も利用することができる．これらのデータベースの中で最もよく知られており，かつ欧州や米国で最も広汎に用いられているものがZootrition™である．

12.4.3 Zootrition™：動物園用の飼料分析ソフトウェア

Zootrition™ は Ellen Dierenfeld 博士によって開発された栄養パッケージソフトウェアおよびデータベースである．彼女は動物園動物栄養学の第一人者で，現在はミズーリ州にあるセントルイス動物園に本拠を置いている．Dierenfeld 博士は，以前は野生生物保全協会（WCS）およびブロンクス動物園に所属していた．Zootrition™ の開発と利用は世界動物園水族館協会（WAZA）が支援している．

Zootrition™ は，動物園用に開発され[30]，動物に給与する飼料の栄養成分を正確に求めることを支援するパッケージソフトウェアである．

---

[29] 飼料によって水分含量は異なるので，栄養価は一般的には水分を除いた乾物（dry matter）を基準にして表す．

[30] 欧州動物園水族館協会の調査委員会は，2001年にプラハで開催した会議で，欧州動物園水族館協会の会員である動物園に向けて，標準的な飼料分析ソフトウェアとしてZootrition™を採用することを公式に表明した．

表12-2 栄養分析用語

成分または飼料画分	栄養用語の説明
粗蛋白質 crude protein	全ての蛋白質はおよそ16%の窒素を含んでいるので，基本的に飼料の蛋白質含量は窒素（N）含量を分析することで求められる．ただし，蛋白質ではない形のNも飼料中には存在する．そのため，飼料のN含量を分析することで得られた値は，真の蛋白質ではなく，粗蛋白質と呼ばれている．
灰分 ash	飼料中の有機物以外の成分（例えば，カルシウム，リン，銅，鉄およびその他のミネラル）．秤取した飼料を非常に高温で加熱（燃焼）させることによって全ての炭素を除去し，定量する．灰分はこの工程のあとに残ったものである．
脂肪 fat	飼料中の脂肪含量は粗脂肪として定量される．これはエーテルなどの溶媒に可溶な全ての物質を表す．また，総脂質として定量されることもある．これには酸加水分解を利用したいくつかの抽出法があり，樹脂やロウを除いた脂質として表される．
中性デタージェント繊維 neutral detergent fibre（NDF）	飼料中の全ての不溶性繊維を表す（セルロース，ヘミセルロースおよびリグニンが含まれる）．"デタージェント"とは，飼料中の不溶性繊維をその他の物質から分離するために用いる化学物質のことである．総食物繊維とは，食物中にある全ての繊維含量（可溶性と不溶性）のことであり，消化管内発酵がほとんどない動物に対してはより有効な指標である．
酸性デタージェント繊維 acid detergent fibre（ADF）	中性デタージェント繊維からヘミセルロースを差し引いたものとして表される．動物種によってどの程度分解できるかは異なる．デタージェントと同様に，酸は不消化繊維を分離するために用いられている．

注意：一般的な栄養分析法および動物の栄養素についての詳細は，McDonald et al. 著の「Animal Nutrition（動物の栄養）」（2002）を参考にすることを勧める．

Zootrition™には，ミールワーム，コオロギおよびマウスなどの餌となる動物も含め2,500種以上の飼料の栄養成分値がデータベースとして登録されているので，これによって飼料の栄養成分を正確に求めることができる．このデータベースにより，個別の飼料の栄養成分を比較でき，さらに現在の飼料あるいは新たに設計した飼料の栄養成分を計算することができる．

Zootrition™に関する詳しい情報はセントルイス動物園のウェブサイト www.stlzoo.org/animals/animalfoodnutritioncenter/zootrition にある．

12.4.4 動物に必要な栄養素量を計算する

動物園がZootrition™などのデータベースを利用できたとしても，野生動物の正確な飼料要求量に関する情報は不足している．本章の最初で触れたように，牛，馬，豚，猫，犬および鶏などの家畜化された動物と非常に限られた野生動物，例えばオジロジカ（*Odocoileus virginianus*）のような動物（例として，Thompson et al. 1973, 図12-17を参照）では，栄養要求量がかなり詳細に定量されている．しかし，例えば馬とバクでは栄養要求量はどれぐらい似ているのだろう．

基準となる栄養要求量のデータが不足しているという状況は，哺乳類よりも鳥類の方が深刻である．鳥類の栄養要求量に関するほぼ全てのデータは，穀物食の家禽種（特に鶏）の研究から得られたものである．家禽は，肉食のコウノトリ類や捕食性の鳥[31]，果実食や花蜜食，真性の草食鳥類の

---

[31] 捕食性の鳥類，またはその他の肉食性の鳥類にとっては，穀物食性の鶏よりも猫の方がより適当な栄養モデルになるかもしれない．

図 12-17 野生動物の中でオジロジカは，栄養要求量が詳細に定量されている非常に珍しい例である．一般に，動物園では牛，羊，山羊および馬などの家畜のために開発された栄養モデルを利用しなければならない．（写真：© Paul Tessier, www.iStockphoto.com）

ような，穀物食以外の鳥類の適切な栄養モデルにはならない（Klasing 1998）．

データが少ないという問題は，哺乳類でも鳥類でもない脊椎動物ではさらに重大である．魚類の場合，養殖業から得られた栄養要求量のデータがある程度利用できるが，ほとんどの爬虫類と両生類には基準となる栄養要求量のデータが事実上存在しない．

たとえ非常に限られた範囲の動物種であったとしても，野生動物の食物の研究があれば，動物園が適切な飼料を開発するための価値ある指針になる．しかし一方で，こうした研究のなかには注意して扱わなければならないものもある．というのは一季節だけのデータに基づいている可能性があるからだ．食物の供給量に大きな季節変動があるとすればこのデータはあまり有効とはいえない．

栽培種の果実や野菜の栄養含量は，野生種のものの基準にはならないという問題もある．野生のイチジクを食べている動物に栽培種のイチジクを給与する例を考えてみよう．ベリーズのメキシコクロホエザル（*Alouatta pigra*）が摂取した食物を研究した Silver et al.（2000）によれば，野生のイチジクのカルシウム含量は栽培種のイチジクの7倍以上高い可能性があることが示されている．同様の結果が，パナマで実施されたコウモリの飼料選好実験でも報告されている（Wendeln et al. 2000）．

12.5 飼料の調達

動物園動物に給餌するための理論的背景を概観したので，実際的なことを考えてみよう．動物園は動物に給与する飼料をどこで手に入れるのか，また外部から飼料を調達する時に動物園の管理者や飼育係が主に考慮しなければならないことはなんだろうか．

12.5.1 飼料はどこからやって来るのか

動物園動物が食べる飼料は主に3つのカテゴリーに分類される．一般的な順に列挙すると，

- 生産物[32]：果実や野菜，肉，魚，乳製品のような食物，缶詰もしくは冷凍食品
- 市販飼料：ペレット状の飼料や濃厚飼料，配合飼料（例えば，鳥用のシードミックス）
- 樹葉：牧草や乾草以外の植物体（例えば，ヤナギの枝や葉）

生産物

生産物は一般的に，人間の食品の卸売業者から手に入れる．そのため，通常これは"人間の食用に適している"ものと考えられ，われわれがスーパーマーケットで購入する食品と同等に健康や安全に対する厳しい規制が敷かれている．

理想的には，飼育している動物の栄養要求量を計算し，それに応じて適切な生産物を卸売業者から購入するのが望ましい．しかし，多かれ少なかれ，動物に給与する飼料の中に余剰生産物を混ぜている動物園もある．余剰生産物とは，卸売業者やスーパーマーケットが1日の営業の終わりや

---

[32] 飼料に用いられる生産物およびその他の食材を表す用語は国によって違う．Zootrition™ では米国の用語を利用しているが，これは必ずしも英国やその他の国の飼育係になじみのある言葉ではない．

週末に無料でくれるもののことである．この余剰生産物を利用することで動物園はかなりのコスト削減ができるし，限られた動物園の予算を他に回すことも可能になる．一方で，余剰の食品を利用する時には注意が必要である．このような生産物は人間の食用には適しているが，ある種の余剰食品には動物にとって理想的とは言えないものがあるだろうし，動物の最適な栄養要求量に合わせるのにふさわしくない恐れもある．例えば，多くのスーパーマーケットではパン製品が余り，これは容易に手に入るが，一般的にそれらは，ほとんどの動物園動物にとっては理想的な飼料ではない．

市販飼料

動物園は動物用飼料の専門業者から飼料を購入することもある．例えば，畜産農家やペット産業に飼料を供給するような業者である．Mazuri Zoo Foods®やNutrazu®のように動物園動物の飼料を専門に扱う企業もある．これらの業者から仕入れる飼料は，特殊飼料か，または特別に加工された飼料あるいは配合飼料のいずれかである．

動物園が購入する特殊な飼料の中には生餌（例えば，コオロギやミールワームのような無脊椎動物）や花蜜などの飼料もある．配合飼料とは，飼料原料を混合したもの（シードミックスのような）や原料を組み合わせてペレット状に加工したもののことである．後者は，濃厚飼料と呼ばれることが多いが，ナッツ（nuts），ビスケット（biscuits），ドライダイエット（dry diets），またはチャウ（chow）と様々な呼ばれ方をする．これらの配合飼料では使われている原料が全て分かっているので，飼料の栄養成分を計算するのが簡単である．つまり，もし動物に市販の飼料だけを給与したならば，動物園はその動物の栄養摂取（蛋白質，ビタミン，ミネラルなど）に関する情報を簡単に得ることができると考えられる．

濃厚飼料を使うことのもう1つの利点は，非栄養成分を配合飼料に加えることができることだ．例えば，ペレットの中に消化率を改善するために，粗飼料を添加することができるだろうし，駆虫剤[33]を添加することもできるかもしれない．このような薬を配合飼料に添加すれば，寄生虫を駆除するのに動物を捕獲する必要がなくなる．

樹葉

動物園の敷地は動物の飼料の大きな供給源である．動物園の飼育施設は，グレーザーやブラウザーが要求量を満たせるだけの植物を食べられるように設計するのが理想的である．しかし，樹葉は園内の他の場所から集めた植物や動物園外から持ってきた植物（例えば，樹木を剪定する必要がある地元の公園から）でも補給することができる．十分な量の樹葉を見つけることは，大きな野生動物公園よりも都会の小さな動物園では一層困難な問題となる．いくつかのスペシャリスト採食者にとって樹葉の供給は，さらに難しい問題となる．タケを食べるジャイアントパンダ（*Ailuropoda melanoleuca*）やユーカリの葉を食べるコアラ（*Phascolarctos cinereus*）のような動物は，地元では供給できない植物を必要とする（図12-18参照）．

たとえ動物園が樹葉を簡単に調達できるとしても，樹葉の適切な給与量を知ることは難しい．飼育係のノートには，1頭1日当たり2～3本の樹葉がついた枝を給与したと記録されているかもしれない．しかし，これは各枝につき食べることのできる部位がどのぐらいあったかを記録しているわけではない．大きな枝になると計量するのも簡単ではない．また，重量であろうと容積であろうと，動物が利用できる植物体（葉，小枝，および樹皮）の量を表しているわけではない．ヘラジカ（*Alces alces*）の採食行動を詳細に研究したClauss et al.（2003）は，切断面における枝の直径は，その枝にある葉や利用可能な小枝の量と高い相関関係があると述べている．この相関は9つの樹種にあてはまり，この中にはヤナギ，ハシ

---

[33] 駆虫剤は，回虫や条虫のような寄生虫を駆除するための薬である．蠕虫という言葉は，消化管にいる寄生虫に対して用いることが多い．

図12-18　ジャイアントパンダは，タケを主体とした食物に適応したスペシャリスト採食者である．ジャイアントパンダに1年を通してタケを与えることのできる動物園はほとんどない．そのため，栄養的に等価な植物で代用しなければならない．（写真：© Klass Lingbeek-van Kranen, www.iStockphoto.com）

バミおよびオークのように動物によく給与される樹種もある．

12.5.2　その他の留意点

動物園は適切な飼料の供給源を見つけることだけでなく，外部から飼料を調達する時にも考慮しなければらないことがある．例えば，飼料の栄養成分，バイオセキュリティー[34]，供給の季節的変動，および動物園動物の給餌に関する倫理的問題などである．

飼料中の栄養成分の変動

地元の納入業者から仕入れた生産物と，動物のもともとの生息地にある同じ生産物の栄養成分は違う可能性が高い．植物性飼料の栄養成分は種や品種（図12-19），植物が生育した気候や季節，土壌および果実，葉，シュート（訳者注：葉身，葉鞘および茎に分化する前の器官）の大きさや齢によっても異なるだろう．植物では同一個体内のある部位と別の部位でも栄養成分が異なる．例を

あげると，若いイネ科草本のシュートは，古い茎よりも栄養価が高い．

幸いなことに，農学[35]の研究や，牛や羊のような家畜の経済的重要性のおかげで，われわれは放牧家畜の生理だけでなく，穀物や粗飼料の違いが家畜の発達，成長および繁殖に及ぼす影響について多くを知っている．イネ科草本やその近縁の作物はだいたい似ているように思えるが，放牧家畜の研究から，生草と，乾草やワラ[36]のような粗飼料では栄養成分にかなりの違いがあることが分かっている．貯蔵飼料には発酵飼料であるサイレージや，乾草よりは水分含量が高いが，サイレージよりは水分含量が低い半発酵飼料であるヘイレージがある〔訳者注：一般に，乾草は水分含量が15％以下．サイレージは，水分含量により高水分サイレージ（水分含量80％以上），中水分サイレージ（水分含量60〜80％）および低水分サイレージ（ヘイレージ：水分含量60％以下）に分類する〕．

サプリメント

動物の栄養要求量を計算することと，動物の飼料中にこれらの栄養素を正確に反映させることは，全く別のことである．飼料の栄養価を慎重に計算したとしても，飼料にビタミンやミネラルのようなサプリメントを加えなければならないことがある．例えば，代謝性骨疾患のリスクを軽減するため，爬虫類に給与する生鮮飼料にカルシウムパウダーを振りかけることがよくある（12.8.1「栄養疾患」を参照）．

市販飼料には，ビタミンやミネラルが添加してあるので，利用価値が高い．これならば，タブレット状のようなサプリメントを投薬する時に起こりがちな問題を回避できる．サプリメントは，コオロギのような飼料として用いる無脊椎動物にも添加することができる．多くの飼料業者がエキゾ

---

[34] バイオセキュリティーとは，疾病の感染を防ぐための対策を表す言葉である．
[35] 農学分野で，穀類と作物を対象とする分野を作物学（agronomy）と呼ぶ．
[36] 乾草（hay）は乾燥させたイネ科草本からつくる．ワラ（straw）は小麦や大麦のような穀物の茎部を乾燥させたものである．

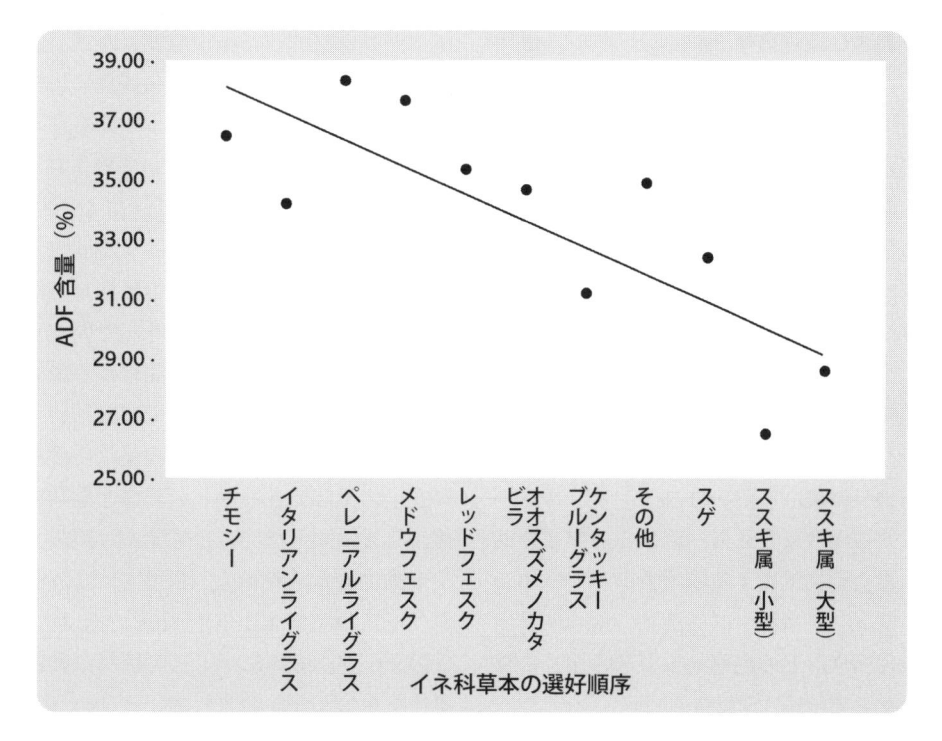

図12-19 この散布図は，英国およびイスラエルの動物園におけるシマウマの食草時の選好性を示している．イネ科草本およびその他の植物中の酸性デタージェント繊維（ADF）含量とシマウマの選好性には有意な相関がある．この研究では，シマウマはADF含量が低いイネ科草本を好むことが示されている．（Armstrong and Marples 2005から許可を得て転載）

チックアニマルの飼料として，カルシウムを強化した"ガットローデド（gut‐loaded）"（訳者注：生餌となる動物の生体中のビタミンやミネラル含量を高めたという意味）のコオロギやバッタを提供している．

バイオセキュリティーと動物の健康

飼料調達には，動物が食べる飼料の安全性を確保するというプロセスが含まれている．動物園が購入する多くの飼料では，このプロセスは不必要である．というのも，生産物は"人間の食用に適した"ものだからであり，厳格な衛生基準を満たしているからである．しかし，"人間の食用に適した"という御旗のない飼料では，動物園に納入する時にそれらのバイオセキュリティーが損なわれていないことを確認しなければならない．

動物園にとって飼料の調達から調理までの全ての段階で，レベルの高いバイオセキュリティーを維持することの重要性は強調してもしたりない．つまり，多くの飼料は信頼できる卸売業者から購入せよということである．信頼できる業者とは，高い基準に見合う貯蔵法や輸送法をもち，そのため動物園に到着する前に飼料を劣化させたり，汚染させたりすることのない業者のことである．信頼できる納入業者を利用した場合でも，バイオセキュリティー上の過失による悪影響を減らすために動物園が取ることのできる追加的な措置がある．例えば，多くの内部寄生虫や外部寄生虫は凍結すると生存できないので，飼料を凍結することは，肉やその副産物から動物に寄生虫が寄生する可能性を減らすことができる（例として，Deardorff and Throm 1988を参照）．飼育係や飼料の調理に関わるその他のスタッフは，針金の切れ端や乾草梱包用のヒモのような，非生物学的汚染にも気を配る必要がある．

輸送コストおよび環境負荷

"フードマイル"という言葉は，食料をその生産地から消費地に輸送するためにどの程度エネルギーが必要かを表す指標として最近よく用いられている．例えば，英国の動物園の場合，地元の果樹園から納入したリンゴやナシのフードマイルは，アフリカから空輸したパイナップルのフードマイルに比べてはるかに低いが，これらの果実の栄養成分に実質的な違いはないだろう．

動物園を持続性や環境に責任ある組織としたいならば，飼料の輸送コストも熟慮する必要がある．タケやユーカリの葉，あるいはパイナップルやバナナを輸入する場合でさえも，総フードマイルは高くなり，また動物園による環境負荷やカーボンフットプリント（訳者注：ある活動のために排出された二酸化炭素などの温室効果ガスの量）にも悪影響をもたらす（第15章参照）．

飼料供給の季節的変動

温帯地域では落葉樹の葉は冬に落ちてしまうので，夏以外の季節に，動物園動物に十分な樹葉を供給することは非常に難しい．樹葉を凍結して保存することを試みている動物園もあるが，非常に大きな冷凍庫のスペースが必要であり，エネルギーの消費量が大きくなる選択でもある（そのうえ，嗜好性にも影響する恐れがある）．その他の代替法として，冬季用の飼料に樹葉のサイレージをつくるというものもある．これは，樹葉を凍結することに比べ安価であり，チューリッヒ動物園でここ数年実施されている（Hatt and Clauss 2001）．

英国ベッドフォードシャー州にあるウォバーンサファリパークでは，冬季用の貯蔵飼料として凍結した樹葉と樹葉サイレージの両方を利用している．このサファリパーク内にある樹木から生葉を収穫し，密閉できる袋に詰めて，圧縮，梱包して凍結する．サイレージ用の葉は切断し，密閉できる容器に圧縮して詰める（J. S. Veasey 私信）．さらに，近年ウォバーンでは園内の草食動物に良質な樹葉を十分に供給するために，10,000本以上の苗木を植えている．この中には，園内のキリンにストリップ放牧（輪換放牧）方式で直接，樹葉を採食させるために，頻繁な採食に耐性のある成長の早い樹木を植えるという活動も含まれている（訳者注：放牧地をいくつかの牧区に分割し，1つの牧区の植物を食べ終えたら，次の牧区に移動し，その間に植物の再生をはかる放牧方式を輪換放牧と呼ぶ．このうち牧区の区切り方が帯状であるものをストリップ放牧と呼んでいる）．

英国では夏季でも樹葉が簡単に手に入るわけではなく，特に都会の動物園では難しい．とりわけ問題なのは，どのタイプの樹葉ならばある動物種に安全に給与できるかということを動物園の飼育係が十分に知らないことである．英国・アイルランド動物園水族館協会（BIAZA）には樹葉のデータベースがあり，CD-ROMの形で提供されている．このデータベースには，どの樹葉が動物に対して毒性をもつかが記載されている（Box 12.1）．環境・食料・農村地域省（Defra，英国）は，英国内の有毒植物および菌類に関する総合的なガイドブックを出版している（Cooper and Johnson 1998）．

餌動物を調達する際の倫理的配慮

ある動物の飼料として他の動物を調達する場合，動物園には飼料となる動物の生産（生命）や死が，その動物の福祉を損なうことがないように世話をする義務がある（Spencer and Spencer 2006, Box 12.2「生餌を給与する」を参照）．

動物副産物規則（Animal By-Products Regulations, 2005）が施行される以前は，英国では動物園が，一部の動物種を他の動物の飼料として飼育することが一般的に行われていた．例えば，鶏の卵を孵化させ，雛を飼育することは，他の動物用の飼料として用いることができるだけでなく，来園者に卵の孵化と鶏のライフサイクルについて教える機会が得られるため，有益であると考えられていた．このようなケースでは，動物園は飼料用として鶏（または他の動物）を飼育する直接的な責任を負っていたし，高いレベルの福祉を維持することもできた．

英国以外の動物園では今でも，大型有蹄類の一部は展示用として繁殖，飼育する一方で，"余分"

な動物は肉食動物の飼料として用いている所がある．この場合でも，動物園はこれらの動物の福祉と人道的な処分に対して直接的な責任がある．

英国の法的な枠組では，脊椎動物を生きたまま給与することが禁じられているが，無脊椎動物を生きたまま給与することは可能だし，実際に行われている．動物園で最も一般的に給与されている無脊椎動物はコオロギ，バッタ，ミールワームおよびミジンコだ．これらの種の多くは，動物園が（専門の繁殖業者から）生きたまま購入して，その後すぐに餌として給与しているが，動物園の中には自分たちで飼育している所もあるだろう．動物園は，これらの動物の福祉が生涯を通じて不当に損なわれないように世話をする義務がある．

無脊椎動物の福祉を調査した研究はほとんどみあたらない．このため，無脊椎動物がどのように生理的または心理的刺激（もし，実際に，彼らが刺激を知覚するとして）を知覚しているかは全く分からない．しかし，無脊椎動物はある種の毒や有害な刺激，例えば極端な温度や光のような刺激を避けることは知られている（Sherwin 2001）．そのため，餌として給与されるまでの期間は，5つの自由（five freedoms，第7章参照）を満たすように適切な条件を，これらの動物に与える必要がある．つまり，温度と湿度が適切に保たれた場所で十分な食料，水およびシェルター（隠れる場所）を与えるべきである．

12.6 飼料の保管と調理

動物園が，購入した飼料をすぐに使うことはまれで，飼料によって保存期間は異なる．新鮮な生産物では数時間程度だろうし，乾燥または冷凍した飼料では数か月間保存されることもある．飼料を保存している間，動物園は飼料を新鮮で，味がよく，安全に保ち，かつ栄養価を大幅に損失しないようにしなければならない．

12.6.1 飼料の汚染を避ける

保管中および調理中に飼料の汚染を防止し，病気を媒介するリスクを減少させる措置は，良好な飼育管理の一部といえるだろう（図12-20）．これは飼育係個人の衛生状態（手を洗う，動物園の外で作業着を着ないなど）から飼料を調理する場所と道具を徹底的かつ定期的に洗浄することまで，全てが含まれている．

これら全ては当然のことのように思えるが，このような対策が良好なバイオセキュリティーを維持するために必要不可欠な要素であり，また，動物の健康と同様に飼育係やその他の雇用者の健康にとっても重要である．

動物園は，ラット，マウスおよびゴキブリのような有害種[37]や害虫を飼料の保管場所や調理場から排除する対策を講じる必要がある．動物園における有害生物の駆除は，すでに健康に関する章（第11章）でやや詳しく論じてきた．しかし，

図12-20 動物園動物のために色とりどりの新鮮な飼料を準備しているペイントン動物園環境公園の飼育係．（写真：ペイントン動物園環境公園）

ここで動物と同様，植物も病気を媒介する点を指摘しておく．植物にも毒性がある（Box 12.1）．例えば，ヤコブボロギク（*Senecio jacobaea*）は，多くの脊椎動物に対して毒性を示すアルカロイド化合物を含んでいる．

飼料の調理と保管に関わる有害生物の駆除は，いくつものステップを経て達成できる．これら全てのステップが，他の飼育動物に対する有害生物の影響を減らすことになる．多くの有害生物は日和見主義者で，そのため手に入りやすい餌を利用するということを思い出そう．そこで動物園は，有害生物を魅力的な飼料やその他の資源に，できる限り近づけないようにする必要がある．これはフタがしっかり閉まる飼料コンテナを使い，飼料保管庫と飼料調理場所の扉をきちんと閉め，飼料を"安全でない"場所に残さないことで簡単に達成できる（例えば，給餌の前に飼料を調理している場合，害虫が簡単に入り込まないようにバケツを開けたままにしておかないなどである）．

12.6.2 飼料の味と栄養価を保持する

飼料の味と栄養価は，保存状態に大きく影響される．幸いなことに，食品科学工学は非常に洗練された学問領域であり，食品の良好な衛生状態や食品が腐敗していくプロセスについて非常に多くのことを教えてくれる（食品の保存と腐敗については膨大な文献がある．これらの多くは人間用の食品についての文献であるが，大部分とは言えないにしても動物用の飼料の調理と保存にも当てはまる）．

飼料の腐敗過程は複雑で，飼料の種類や保存されている状況に応じて異なる．Heldman（2003）は飼料の調理と保存および時間の経過に伴う飼料の劣化について，有益な情報を提供してくれている．一般に，飼料中の有害な微生物は，暖かく，湿気がある条件でより急激に増殖する．そのため飼料の最適な保存条件は，ある程度低温で乾燥していることである．新鮮な飼料は最も腐敗しやすく，極端な光，熱，水分にさらされたり，細菌や糸状菌のような微生物に汚染されることによって，変性や腐敗は劇的に進行する．一般的には，1〜4℃（34〜40 ℉）付近の温度で冷蔵庫に飼料を保存することが最適とされている．この温度以下では，新鮮な果実や野菜は凍結してしまうだろうし，質感や味も変わってしまうものと思われる．この温度以上では，細菌のような微生物がかなり急激に増殖してしまう．

動物園でも冷凍庫は飼料保存のために幅広く利用しており，特に肉や魚の保存ではよく利用する．動物園では，飼料は通常−18℃（0 ℉）以下で保存される．いくつかの資料によれば，魚では腐敗と栄養素の損失を抑えるために，より低い温度（−28℃，−19 ℉）が望ましいとされている（例えば，Heldman 2003）．冷凍した飼料は給与前に完全に解凍すること，また飼料は凍結，解凍したら再凍結しないことに留意すべきである．冷凍した魚は，冷水や流水に浸して解凍するのではなく，冷蔵庫で一晩かけて解凍すべきである．これによって可溶性栄養素の損失（浸出）を防ぐことができる（Whitaker 1999）．

冷凍した魚を飼料に用いることは動物の健康に対して特定のリスクを与える．解凍の間に酵素（チアミナーゼ）が活性化するからだ．慎重に魚を解凍しても，チアミン（ビタミンB_1）の分解と損失は防げない．これは魚食性の動物の飼料中にチアミンを添加する必要があることを意味している．つまり，ビタミンE（これも保存中に失われる）と同様に，神経性疾患の発症リスクを抑制するため，飼料として冷凍した魚を給与している魚食動物にはサプリメントとしてチアミンを定期的に給与する必要がある（Geraci 1986）．

保管と調理によって給与する飼料の栄養含量が変わってしまうことがある．つまり，期待している栄養素を動物が摂取できない可能性がある．他

---

[37] 有害種とは，望まれない場所に出現した種（植物または動物）を単に意味している．

図12-21 ワルシャワ動物園のホオジロカンムリヅル（*Balearica regulorum*）．そばには，ツルの飼料を食べようとしているドバトがいる．有害鳥類によるこうした接近は，例え舎内であっても完全に避けることはできない．しかも，ハト，ラットおよびマウスのような有害種は動物園動物に病気を移す可能性がある．（写真：Barbara Zaleweska，ワルシャワ動物園）

の栄養素と比べて，ビタミンは特に安定性が低く，やがて活性を失う．高温にさらされた場合には，それが顕著である．例えば，ビタミンCは，6か月かそれ以上保存すればたいてい飼料中から完全になくなる（Klasing 1998）．一方で，大半のビタミンは製造に費用がかからないので，サプリメントとして給与するのにそれほどコストがかからないというメリットがある．

飼料の質の低下を避けるために，動物園では，飼料の調理から摂取までの時間差をできるだけ短くする必要がある．調理後にバケツやコンテナに飼料を残すと，乾燥しやすく，ビタミンのような栄養素の損失が起こり，また細菌や有害生物による汚染の可能性が高くなると考えられる．同様に，給与しようと思っていた動物に飼料を与える前に，ラット，ハト，カモメ，またはサギのような動物に食べられてしまう危険性もある（図12-21）．

12.7 飼料の給与

適切な飼料を調達し，保存したら，次は動物に給与することになる．当り前のことかもしれないが，動物園動物に飼料を食べてほしいと思うならば，飼料を食べやすくする工夫をしなければならない（Box 12.5）．

12.7.1 飼料の利用のしやすさと利用性

同種の個体間にも多くの差異があり（例えば，年齢，社会的順位，健康状態，および知性），こうした差は個体間で飼料を手に入れる能力の違いに影響する．全ての動物が飼育場のあるゆる場所

Box 12.5　飼育係は動物園動物の飼料をなぜ細かく切るのか

　飼育係の多くは，動物の飼料を細かく切ることに1日の多くの時間を費やしてしまうことを嘆いているだろう．そもそも，野生動物は食物に近づき，食べる時に，このような助けは受けないのに，なぜ動物園では飼料を細かく切らねばならないのだろうか．

　いくつかの動物種では，選び食いをさけるため，飼料を混ぜられるように細かく切る必要がある．そうすることで，栄養的にバランスのとれた飼料を摂取させることができる（12.7.2参照）．同様に，社会的な群れとして飼育している動物に給餌する場合には飼料を細かく切らないと，優位個体が好きな飼料を優先的に食べてしまい，劣位個体は栄養的にバランスのとれた飼料を摂取できないと心配する飼育係もいるだろう．実際には，Plowman et al. (2008)の研究によると，クロザル（*Macaca nigra*）とアカエリマキキツネザル（*Varecia rubra*）に，細かく切った飼料とそれと同じ飼料をそのまま給与した場合，個体の総飼料摂取量には差がなかったことが示されている．

　動物園の多くの動物種に対して，飼料を切ったり，皮をむいたりするのは慣習にすぎないだろう．この本ですでに述べてきたように，動物園の飼育施設や飼育管理の多くは研究の成果によって決められてきたものではなく，ほとんどは伝統的にそうなっているにすぎない．これが非常に有効なこともあるが，全く無意味なこともある．飼料をそのまま動物に給与することが，エンリッチメントを向上させることは実証されている．これは飼料を適切に処理し，手に入れることが認知活動や肉体活動に刺激を与えるからである（例えば，Smith et al. 1989参照）．付け加えると，飼料を細かく切ったり，皮をむいたりすると，飼料は乾燥しやすく，栄養素，特にビタミンを失いやすい（Lamikanra et al. 2005）．飼料を細かく切ることによって，細菌やその他の汚染にさらされる表面積を増やすことにもなる．

　さて，動物園は飼料を細かく切ったり，皮をむいたりするべきだろうか．妥当な理由がある場合にのみそうするべきである．そうでなければ，飼料をそのまま与えられたほうが，動物にとっては得るものが大きいだろう．

で，あるいは複雑な給餌装置から飼料を得ることができるわけではないだろう．社会的な群れとして飼育している動物の各個体が，栄養的に過不足のない飼料を摂取できるようにするためには，群れ内の個体差を考慮した飼料の給与方法が必要である．各個体がどのように空間を利用し，また飼育場の中を動き回ることができるかを理解することで，飼育係は個体ごとまたは動物の群れごとに違った飼料の給与法を取ることができる．例として，複数の動物種の混合展示では，飼料の要求が異なる動物を同じ場所で飼育していることになる．動物が好む場所や，ある動物は侵入することができ，他の動物は侵入できない場所を考慮することで，同じ環境の中でも違う飼料を給与することができる．

　飼育下の野生動物への給餌方法として最も利用されている方式は，カフェテリア式給餌（cafeteria-style feeding：CSF）である（Marqués et al. 2001）．これは，いろいろな飼料を給与し（例えば，新鮮な果実と野菜を混ぜたもの），動物が自分で食べるものを選べるようにした方式である〔カフェテリア式給餌の対極にあるのが，完全飼料式給餌（complete feed-style feeding）である．これは，基本的には動物の栄養要求量に合わせて調製した飼料を給与する方式で，動物は飼料を選ぶことができない〕．しかし，12.1.3でみたよう

に，動物は必ずしも栄養の見識をもっているわけではないため，カフェテリア式給餌方式で自由に飼料を選択できる場合，バランスのとれた飼料を食べるとはかぎらない．

イネ科草本，その他の植生，果樹などのような植物が飼育場の中に生えている場合には，動物はそれらを自由に食べることができる．このような例では，動物が飼料を利用できないことが問題ではなく，むしろその反対である．すなわち，動物がこれらの植物に近づけないように制限する必要があるということである．これは景観上の理由（見栄えのする樹木や灌木を維持すること），または有毒かもしれない植物の摂取を制限するためである（Box 12.1 参照）．

動物にどれくらいの頻度で給餌するか

多くの動物園動物は1日1回または2回給餌される（図12-22）．しかし，野生下の動物は1日の大半を採食に費やすことが多いため，少なくともいくつかの動物種では，給餌をより頻繁にした方が"良さそう"だとか，1日を通して少量の飼料を多回給餌するのがエンリッチメントに有効であるという認識が広まっている（第8章参照）．

12.7.2 摂取量

動物がどの飼料を好み，どの飼料を嫌うかを知ることは重要である．なぜなら，動物がどの飼料を最初に選んで食べ，どの飼料が優位な動物に独占されてしまうかを判断できるからだ．また，大量の飼料を給与した場合，動物は好きな飼料だけを選び，好きではない飼料を残す．栄養的にバランスのとれた飼料を給与するために多くの労力を割いている飼育係や栄養士にとって，これは非常に苛立たしいことだ．

"飼料の偏食"を解決する1つの方法は，1日の中で限られた種類の飼料を給与することだ．そうすることで，動物はある特定の飼料しか食べる

図12-22 イスラエルのテルアビブにあるラマトガン動物園で，飼料用のボウルから餌を食べるオオアリクイ（*Myrmecophaga tridactyla*）．野生のオオアリクイは，アリやシロアリのような動物を採餌しながら1日の大半を過ごす．動物園では，昆虫だけでなく，缶詰のキャットフードやフルーツのようなものが混ざった粥状の飼料も食べる．（写真：Tibor Jäger，動物園センター，テルアビブ）．

ことができないだろうし，実際にそれを食べるしかない（または，空腹になる）．例えば，ヨハネスブルク動物園では，ある日の給餌では多量のリンゴを与え，オレンジは与えない．翌日は，オレンジを与えるが，リンゴは給与しないようにしている（ICEE 2007）．

この方法に代わるものとして，違う種類の飼料を一緒に混ぜて給与するという方法がある．そうすることで，動物は給餌された飼料を簡単に選び食いすることができなくなる．この飼料混合法は，チェスター動物園のロドリゲスオオコウモリ（*Pteropus rodricensis*）の群れで導入されている．ある給餌方式がコウモリの健康に対して有害な影響を及ぼす（Sanderson et al. 2004）ことが明らかになって以降用いられてきた．以下は，その概要である．もともと，このコウモリには，飼料中に蛋白質を添加するために霊長類用のペレットを混ぜて，飼料をすり潰した状態で給与していた．また，コウモリに採食エンリッチメントを提供するため，果実の大きな塊を釘に刺して給与していた．採食エンリッチメントが成功したように思えたし，果実とペレットの"粥状"の飼料を給与するのに比べて見栄えもよかったので，飼育係はコウモリに給餌する際に霊長類用の飼料を果実と分けて与えた．しかし，乾燥ペレットをコウモリは摂取しなかったので，飼育係はペレットの給与量を減らした．

次の繁殖期に，ロドリゲスオオコウモリのコロニーの死亡率が増加し，なかでも前年に泌乳していた雌コウモリの死亡率が不均衡に高かった．動物園の獣医師と栄養士による調査から，エンリッチメントを意図して行った給餌方式は，実質的にコウモリが栄養的に不足した飼料を選ぶような結果をもたらし，その影響が特に泌乳していた雌コウモリに強く表れたことが明らかとなった（同時にオオコウモリは栄養の見識をもっていないことも示された．12.1.3を参照）．チェスター動物園がオオコウモリへの給餌方法を元通りにし，果実と霊長類用のペレットを混ぜて給与したところ，死亡率は低下し，コウモリの個体群は回復した．

飼料の給与方式は給与飼料の栄養成分にも影響を及ぼす．飼料が風雨にさらされると（例えば，フタなしのバケツに飼料を入れたままにしておく），栄養分が失われていくことはすでに述べた．飼料を地面に直接撒いた場合も，飼育場の土に飼料が直接触れることにより栄養価が変化していく．また，動物は飼料と一緒に土を摂取してしまう可能性があり，特に飼料（および土）が湿っている時にはその可能性がさらに高くなる．一例をあげると，鉄分が豊富な土が飼料に付着すると，鉄分の摂取量は増加する可能性がある（McCormick et al. 2006）．もし飼料中の鉄分が不足しているならば鉄分摂取量の変化は価値のあることかもしれないが，そうでなければある種の動物にとってはヘモクロマトーシス[38]の危険を負わせることになる（12.8.1参照）．同様に，水槽やニップルフィーダーに錆びたパイプから給水すると，動物園動物（および家畜）の鉄分摂取量は増加する可能性がある．

屠体の給与

コウノトリ，タカ，ライオンおよびトラのような肉食の動物園動物に肉だけを給与するのでは不十分だといえる．捕食動物には，血液，消化管，臓器，脂肪および骨を含む動物体全てを給与する必要がある（Box 12.6）．これは，肉食動物の栄養要求を満たし，また歯の健康を維持する両方の点から重要である．例えば，肉食または魚食の鳥類および哺乳類に，軟組織だけを給与し，骨を給与しないとカルシウム不足になる恐れがある（Howard and Allen 2007）．

---

[38] ヘモクロマトーシスは，鉄蓄積症を意味する正式な学術用語である（訳者注：血色素症とも呼ばれる．鉄の代謝異常により肝臓や膵臓などの臓器に鉄が蓄積し，臓器の機能障害をもたらす病気）．

Box 12.6 屠体の給与：生餌の代わりに肉食動物に何を給与するか

12.3で述べたように，コウノトリ，タカ，ライオン，トラ，およびヘビのような肉食（または魚食）の動物園動物に生きた脊椎動物を餌として給与することは，英国では違法である．世界の他の地域でも，動物園でこのような生餌の給与が日常的に行われているわけではない（Box 12.2参照）．

では，その代わりになるものは何だろうか．生きた動物の代替物として明らかなのは，肉（つまり，死んだ動物の体の全体または一部）である．しかし，この"肉"には様々な形があり得る．動物園動物に給与する肉の形として，1つには死んだ動物，違う言い方をすると原型を保ったままの動物体もしくは動物体全体，がある．これは一般には"屠体（carcass）"または"全体（whole prey）"給与と呼ばれている（図12-23）．もう1つには，（市販のドッグフードやキャットフードのような）穀物などの肉以外の原料が含まれる"肉製品"の給与がある．

動物園動物に形態の違う肉を給与することの利点と欠点については，議論が重ねられている．問題の中心となるのは，栄養価や動物の健康に及ぼす影響，来園者が屠体の給与を容認できるかである．肉食動物に給与する飼料の栄養含量の点からみると，一般に野生の肉食動物は，捕食した動物の筋肉だけでなく，それ以外の部位も食べることが分かっている．捕食した動物の血液，消化管，臓器，骨および毛/羽毛を食べ，栄養的な恩恵を得ていると考えられる．動物園の肉食動物に屠体を給与することを勧めるのは，このような理由による．屠体を給与すれば，これら筋肉以外の部位も動物に与えることができるからだ．しかし，大部分の肉食動物の栄養要求量は全て，肉製品を給与することでも充たすことができる．こうした製品は，ビタミンやミネラルなどの必要な栄養素を全て含むように特別に配合されているからだ（ただし，特にビ

図12-23 これらの写真は動物園動物が餌となる動物の屠体もしくは体全体を食べているところを撮影したものである．(a)ミーアキャット（*Suricata suricatta*）は，死んだ雛を食べている．その横には採食エンリッチメントのためにボール紙がおいてある．(b)英国のコルチェスター動物園で，死んだラットを食べているツリーボア（*Corallus* sp.）．〔写真：(a)ペイントン動物園環境公園，(b)コルチェスター動物園〕

Box 12.6　つづき

タミンは，屠体を保存している間に損失する可能性がある）．実際，配合飼料を給与した時に動物の栄養摂取量をモニターすることは，天然由来の飼料の栄養価を定量しようとするより簡単である．天然由来の飼料は，多くの点で違いがあり，そのため栄養組成も異なるからである．

　別の点から考えると，屠体は飼料として好ましくないかもしれない．脂肪含量が高すぎるし，屠体は病気を媒介するかもしれない．例えば，寄生虫の感染がある．屠体の給与が関係しているといわれている健康上のリスクには，骨によって消化管が詰まって便秘になったり，閉塞したり，または消化管に穴があいたりすることがある．しかし，こうした潜在的な健康上の被害は，経験的な証拠から判断して発生することはないだろう（Houts 1999）．世界各地の動物園を対象にした最近の調査では，市販の飼料を給与した場合と比べても，屠体を給与することが肉食動物の健康上のリスクを高めることはないと報告されている（Knight 2006）．さらに，屠体や骨付き肉の給与（図12-24）は動物園の肉食動物の健康に寄与しているというデータも存在する．例えば，筋肉やボディコンディション，および口腔衛生を改善したことが報告されている（Fitch and Fagan 1982, Bond and Lindburg 1990, Houts 1999）．

　同様に，屠体を給与することにより攻撃的な行動が増加するという懸念（たった1つか2

図12-24　屠体を給与できなくても，骨付きの肉を給与することは，肉だけまたは肉製品を給与する場合よりも，動物の健康にとって有益である．この写真は，イスラエルのテルアビブにあるラマトガン動物園で，子どものライオン（*Panthera leo*）と雄のライオンが骨付き肉を食べている所を撮影したもの．（写真：Tibor Jäger, 動物園センター，テルアビブ）

Box 12.6 つづき

つの屠体を肉食動物の群れに給与した場合）にも確固たる科学的証拠はない．オオカミ（Houts 1999, Ziegler 1995）やヤブイヌ（MacDonald 1996）では，屠体を給与したことで社会的な結束が強固になったという事例もある．Bond and Lindburg（1990）の研究では，屠体を給与したことで飼育下のチーターの食欲が改善したことが示されている．このチーターは，市販の飼料を給与した時に見せる行動に比べ，屠体を給与した場合には長い間採食し，種特異的な所有行動を示した．その他の研究でも，屠体の給与や骨付き肉を与えることにより，自然な採食行動および食物を処理する行動が起こり，常同行動の発現を減少できたことが示されている（Carlstead 1998, McPhee 2002, Bashaw et al. 2003）．

これらのデータは，肉食動物に対して動物園は，屠体（少なくとも骨付き肉）を給与するべきであることを示唆している．しかし，世界各地の動物園を対象にした調査では，肉食動物に給与する肉の形態は地域によりかなり違いがあることが示されている（Knight et al. 2005, 図 12-25）．米国の動物園では，市販の"食肉"が主に使われているが，一方，世界のその他の地域では屠体が給与されている．これまでの研究成果は，屠体の給与は動物の健康に悪影響を及ぼすことはなく，行動表現の点からは良いものであることを示している．では，なぜこの給与方法が動物園では普及しないのだろうか．

その理由として，屠体に比べて市販の飼料の方が飼料中の栄養含量をより正確にモニターしやすいため，市販の飼料を選択している可能性がある．また，飼料の調達，保存および調理などの物流や規制が地域により異なるので，こうしたことが屠体を給与することを妨げている可能性も指摘されている．しかし，動物園が肉食動物に屠体を給与するかどうかを決めるカギと考えられるのは，来園者がそれをどう受け止めているかである．

英国，ベルギー，オーストラリアおよびニュージーランドの動物園の来園者を対象にした調査では，動物が屠体を食べている所を見ることには反対していないことが示されている（Melfi and Knight 2008）．私たちは米国の動物園来園者の意識に関するデータが報告されることを興味深く待っている．米国の動物園で屠体を給与する比率が低いのは，一般の人々がこの方法に反対している（または反対だと考えている）ためではないだろうか．

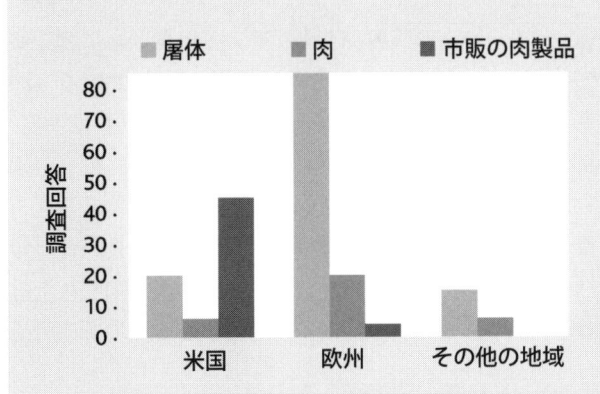

図 12-25 この図は，屠体（死んだ餌動物全体），肉および市販の肉製品の給与割合の地域による違いを示している．（Knight et al. 2005 より）

12.7.3 給餌のその他の効果

多くの場合，動物園動物に給餌することの効果は，単に栄養素を与えること以上の意味がある．どのように飼料を給与するかによるが，給餌は動物の管理を助け，健康を改善し，精神や肉体の動きを活発にする．また，来園者の教育にも大きな効果をもたらす．例えば，1日の終わりに飼料を給与すると，飼育場間の動物の移動が楽になるかもしれない．特に夜間は動物を飼育舎の中に入れておきたいと飼育係が望むならば，屋外の飼育場から屋内の飼育場へ動物を移動させることができる．

エンリッチメントを考慮した給餌の方法はたくさんある．第8章で述べたように，動物園動物に導入する多くのエンリッチメントの中で，第1の目標となるのは，動物が採食にかける時間を延ばすことである．そうすることで，動物の活動時間配分（activity budget）が同種の野生個体に非常に近づいていく．特に野鳥では，食物を得ることが活動の中心であり，渡り鳥ではない種類（留鳥）では，冬季間は1日の80％以上を採餌についやすことがある（Klasing 1998）．動物園にとって，飼育下の鳥類でこの活動レベルを再現するのは難しい問題である．しかし，採食エンリッチメントを利用することで，解決法を見出す手掛かりにはなるかもしれない（例えば，Vargas-Ashby and Pankhurst 2007 参照）．

最後に，来園者を引きつけるために動物園では給餌時間を至るところに設けていることについていくつか述べておく．ほとんどの動物園では，ある動物に給餌しようとする時に，来園者に向けて必ず宣伝する．そうすることで，普段は隠れている動物を見せたり，普段見ることのできない行動を見せたり，給餌時間中に教育的なプレゼンテーションを行うことができるので動物のことをもっと学んだり，あるいはこれらの全てを，多くの来園者に対して提供できるのである．

12.8 栄養上の問題

動物園動物は，誤ってゴミを食べてしまうことから，来園者によって故意に不適切な飼料を与えられたり，肥満や栄養失調に至るまで，様々な栄養上の問題に悩まされる可能性がある．ビタミンやミネラルの不足は健康的な問題を引き起こす可能性があるが，これらが飼料中に過剰にある場合でも同様の問題が起きる．グレーザーよりもブラウザーに分類される動物種〔例えば，ヘラジカ，キリン，バクおよびクロサイ（*Diceros bicornis*）〕は，飼育や繁殖が難しいとみなされており，また飼料に関係する栄養疾患に罹りやすいようである（Clauss and Dierenfeld 2007）．

栄養疾患については第11章で簡単に述べてきたが，ここでは多くの動物園において懸案事項となっている飼料に関係した2つの疾患，つまり代謝性骨疾患と鉄蓄積症についてより詳しく見ることにする．

12.8.1 栄養疾患

代謝性骨疾患

Ullrey（2003）が指摘しているように，"代謝性骨疾患（MBD）"という用語は，1つの疾患を指すものとして使われることが多いが，実際には，動物の代謝がうまくいっていない時に起こるいくつかの骨疾患[39]や骨障害を指している（図12-26）．骨は密度やミネラルを失い（骨減少症，重症例では骨粗鬆症[40]の場合もある）あるいは軟化（くる病や骨軟化症）する可能性がある．

くる病は，大腿骨や上腕骨のように長い骨が弯曲するのが特徴で，おそらく最もよく知られた骨の障害であり，多くの動物分類群で発生する可能

---

[39] 代謝性骨疾患によって影響を受けるのは骨だけではない．例えば，淡水性のカメは甲羅の発達時に代謝性骨疾患になることがある（Hatt 2007）．

[40] 骨粗鬆症にかかると，文字通り，骨が穴だらけになる．骨密度が著しく減少した状態である．

図 12-26　グリーンイグアナ（*Iguana iguana*）などの爬虫類は，カルシウムを適切に代謝するためにUVB波が必要である．成長の初期に飼料が不十分だと，代謝性骨障害が起こり，その結果，写真のように尻尾はずっと変形したままになる．（写真：Sheila Pankhurst）

性がある．実際には，くる病と骨軟化症は本質的に同じ病気である．"くる病"という言葉は，一般にまだ造骨が行われている若い動物に対して用いられる．いずれの疾病も基本的にはビタミンDの不足が関係しているが，飼料中のカルシウムやリンが不足している場合にも発症することがある．

ここで述べている全ての代謝性骨疾患は，栄養欠乏や飼料不足の結果として起こるものだが，いくつかのケースでは疾病に遺伝的要素が関係する．動物園の獣医師や栄養士にとって骨の障害は頭の痛い問題である．というのは，骨の損傷はたいてい回復せず，時には致命的だからだ．例えば，Fidgett and Dierenfeld（2007）は，コウノトリでは，飼料中のカルシウムが不足すると甚急性の代謝性骨疾患を発症する可能性を報告している．

体内におけるビタミンD_3，紫外線B波（UVB），カルシウムおよびリンの関係は複雑である．多くのエキゾチックアニマルは，体内でビタミンD_3を合成する能力がなく，飼料中のビタミンが不足するとくる病などの骨の障害を起こすことがある．グリーンイグアナのような爬虫類を含むその他の動物では，カルシウムを適切に代謝するためにUVB波の供給源が必要である（McWilliams 2005a）．コモドオオトカゲ（*Varanus komodoensis*）の例をあげると，動物園内の屋内飼育場で飼育されている個体のビタミンD_3のレベルは，野生下や屋外飼育場に出入りできる展示場で飼育されている個体に比べ有意に低かった（Gillespie et al. 2001）．この研究は，UVランプや日光を直接浴びる，あるいは紫外線を透過する天窓を導入するような改善策を取ることで，屋内飼育個体のビタミンD_3レベルを野外個体と同程度まで引き上げられることを示している．

「International Zoo Yearbook」の39巻にカルシウムの恒常性に関して役立つ2つの論文が掲載されており，トカゲおよび淡水性のカメに対して，それぞれ推奨される飼料給与法と照明法が述べられている（McWilliams 2005a, 2005b）．また，EAZAの栄養アドバイザリーグループ（Nutrition Advisory Group）も，「Vitamin D and Ultraviolet Radiation: Meeting Lighting Needs for Captive Animals（ビタミンDおよび紫外線照射：飼育動物の光要求を満たす）」というタイトルのファクトシートを提供している（Bernard 1997）．

鉄蓄積症

鉄蓄積症またはヘモクロマトーシス（血色素症）は，体組織，特に多いのは肝臓（腎臓や心臓のような他の器官も影響を受ける可能性がある）に鉄が沈着することに付随して起きる病状に対して用いられる言葉である．鉄蓄積症は，人では遺伝的な根拠があることが知られており，遺伝的感受性は多くのエキゾチックアニマルでも明らかになっている〔例えば，キュウカンチョウ（*Gracula religiosa*），Mete et al. 2003 参照〕．哺乳類では，多くの霊長類（キツネザル属など，Spelman et al. 1989 参照）がヘモクロマトーシスに罹りやすい．また，クロサイおよびスマトラサイ（*Didermocerus sumatrensis*）は，鉄蓄積症に罹患しやすい（Dierenfeld et al. 2005，図12-27）．ただし，クロサイでは臨床的な徴候なしにヘモジデローシス（血鉄症）[41]が発症することがある．鉄蓄積症は，動物園で飼育されている

図12-27 樹葉を十分に給与することは，クロサイの健康にとって極めて重要である（Clauss and Hatt 2006）．（写真：Kirsten Pullen）

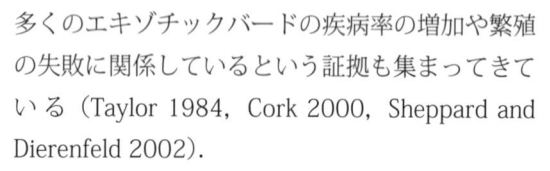

図12-28 オオハシ科とサイチョウ科（この写真のサイチョウなど）およびその近縁の鳥は，ヘモクロマトーシス（血色素症）または鉄蓄積症に最も罹りやすいグループである．（写真：ペイントン動物園環境公園）

多くのエキゾチックバードの疾病率の増加や繁殖の失敗に関係しているという証拠も集まってきている（Taylor 1984, Cork 2000, Sheppard and Dierenfeld 2002）．

特に肝臓への鉄の蓄積は，グレーザーというよりはブラウザーであるサイ類で問題視されている（Clauss and Hatt 2006）．野生のクロサイは樹葉を主に採食しているが，飼育下ではグレーザーとして管理されがちで，高エネルギーの濃厚飼料を補助飼料として給与される．クロサイに餌を食べさせ過ぎると鉄蓄積の原因となり，また肥満を招くことがある．飼料として樹葉と十分な量の粗飼料を給与することは，飼育下のこれらの動物の健康にとって極めて重要である（Clauss and Hatt 2006）．

ヘモクロマトーシスの発症は，飼育下のサイチョウ（(*Buceros rhinoceros*，図12-28），オオハシ，チョウハシとその近縁種で確認されている．この病気は，飼育下ではキュウカンチョウ，フウキンチョウ，およびゴクラクチョウでいくつかの例が確認されているが，野生個体では確認されていない（Klasing 1998）．かなり不可解なことに，果実は一般的に鉄分が少ないのに，罹患しやすい多くの鳥類は果実食性である．しかし，アスコルビン酸（ビタミンC）の摂取量の増加によって，体の鉄吸収能力は高まる．そのため，柑橘系の果実やビタミンC含量の高い飼料は，鉄蓄積症に罹りやすい鳥には必ずしも勧められないし，別に給与するべきである（Sheppard and Dierenfeld 2002）．

12.8.2 栄養障害

栄養に関係する2つの主な障害は，肥満と栄養失調である．栄養失調は飼料そのものの不足のせいではなく，むしろ飼料中の栄養素の欠乏または不足が原因である．

様々な栄養素の欠乏が病気を引き起こすが，特にビタミンが欠乏すると病気になることが多い．

栄養失調

栄養失調は飼料中のある特定の栄養素（または

---

[41] ヘモジデローシス（血鉄症）は体内に鉄が蓄積することを意味している．この徴候としてヘモクロマトーシスが起きるが，病理学的影響は現れないこともある．

栄養素群）が不足することによって起きる．つまり動物の飼料総摂取量が十分であるとしても，（ビタミンやミネラルのような）必須成分が欠乏しているということである．ほぼ全ての主要ミネラルとビタミンは，飼料中で欠乏すると健康問題の原因となる（また過剰に含まれている時も問題である，以下参照）．ここではいくつかの限られた例を選んで示す．

ビタミンおよびミネラル欠乏，またそれらが成長や健康に及ぼす影響に関する一般的な情報は，哺乳類ならば McDowell（1989, 1992, 2003），また鳥類ならば Klasing（1998）の著書を参考にするとよい．McDonald et al.（2002）の著書の第5章にもビタミンとミネラルについての有益な解説があり，さらにビタミン欠乏による障害が表として要約されている．哺乳類や鳥類以外の動物群のビタミンやミネラルに関する情報は入手するのが難しく，文献が散在する状況だが，Fowler and Miller（特に Fowler and Miller 1999 参照）を最初に読むとよい．

ビタミン欠乏

動物園で特に懸念されているのは，ビタミン A，C および E の欠乏である．ビタミン A は免疫システムの機能に貢献するので重要である．このビタミンが欠乏すると動物は感染症により罹りやすくなる可能性がある．いくつかの研究では，ビタミン A 欠乏の徴候が現れる前に感染症によって死亡することがあると報告されている（例えば，家禽では Sklan et al. 1994 を参照）．

ビタミン C の欠乏は人以外の霊長類で問題となる．特に市販の飼料を長期間保存している場合には，保存開始から数か月以上経過すると飼料中のビタミン C レベルが著しく低下するからである（Lamikanra et al. 2005）．

ビタミン E は細胞膜の機能に重要な役割を果たすと考えられている．本章ですでに見てきたように，飼料となる魚に含まれているビタミン E は，保存している間にすぐになくなってしまう．このため，魚食性の哺乳類や鳥類には，日常的にサプリメントとしてビタミン E を（チアミンまたはビタミン B_1 と一緒に）与えることが多い．ビタミン E サプリメント（注射または飼料への添加による）は，飼育下のエキゾチックアニマルを捕獲したり，保定したりする前に与えることもある．これは捕獲性筋障害（capture myopathy）[42]を抑制しようとするためだが，この方法が有効であることを支持する証拠と支持しない証拠の両方がある（例えば，Graffam et al. 1995 参照）．

ミネラル欠乏

ミネラル欠乏は，第11章で論じてきた懸念すべき病気に似ており，動物によってその症状は様々である．例えば，ある地域では，土壌中のミネラル組成の影響で牧草中のセレンが不足するのでそこの草を食べている動物はセレン[43]欠乏になる可能性がある．この影響はかなり局所的であるが，蹄の成長やその他の健康面に大きな影響を及ぼす．

ミネラルとその他の栄養素の相互関係によって事態は一層複雑になる．例えば，セレンは体内で抗酸化物としてビタミン E と協働して作用するし，また，ある程度ならこれら2つの物質は相補的に働くことができる（McDowell 2003）．そのため，ビタミン E を十分に摂取している動物は，飼料中のセレンレベルが非常に低い場合でも問題ないし，その逆でも同じことが言える．

動物はミネラル不足の徴候をいつも明らかに示すわけではなく，その他の疾患や障害の徴候がそれと似ていることもある．"消耗性疾患" とか "消耗症候群" と呼ばれているもの（動物がある期間中に進行性の体重低下を示すこと）は，ミネラル

---

[42] 筋障害（ミオパシー）とは筋肉中に乳酸が蓄積することである．捕獲性筋障害は，多くの動物群で報告されており，捕獲後に即死に近い症例から，数週間後に死亡する症例まである．

[43] ミネラルであるセレンは，欠乏の場合でも，過剰の場合でも動物の健康に問題を起こすことがある．セレンの毒性により動物は脱毛したり，蹄を損傷することがある（McDowell 2003）．

欠乏と関連している可能性があるが，病原菌による可能性もある．骨や枝角を食べるような行動は，飼料中のカルシウムが不足していることを示しているかもしれない．ミネラル不足になった動物は異食症[44]を呈することがある．これは家畜では，通常飼料中にないものを食べることを示す言葉である（例として，Golub et al. 1990 を参照）．

穀物主体の飼料で飼育している鳥類では，亜鉛欠乏は珍しくなく，成長や産卵に悪影響を及ぼすことがある（Klasing 1998）．例えば，アヒルの亜鉛欠乏は，脚の水かきに皮膚炎を発症させたり，換羽後の新しい羽装をボロボロにしてしまう可能性がある（McDowell 1992）．

毒 性

栄養不足によって起こる健康上の問題と同様に，特定の栄養素や物質の過剰摂取は疾病や障害をもたらし，ある場合には死亡することもある．12.1.3 と Box 12.1 で概説したように，多くの植物種はそれを食べたり，食べようとする動物にとって有毒である．亜鉛中毒は，飼育下の鳥類が自分のケージの亜鉛メッキされた針金をかじる例で報告されている（オウムでは死亡例がある．Howard 1992 参照）．

肥 満

飼育係や獣医師は，動物園動物の体重を同種の野生個体の体重と比較して健康状態の指標にすることがある（例えば，Terranova and Coffman 1997 参照）．例をあげると，Schwitzer and Kaumanns（2001）は，欧州の 13 の動物園から 43 頭のエリマキキツネザルをサンプルとして調査し，46％ の個体が肥満であることを報告している．

一般に，動物園では動物の肥満は栄養失調よりも大きな栄養上の問題である．これには様々な理由がある．

- 英国の法的枠組みでは，動物園は動物に飼料を与えないでおくことは認められていない（これは SSSZMP に定められている．12.3.1 参照）．そのため大半の動物園動物は栄養面において比較的高水準にある．

- 飼育下では，野生で暮らすよりも活動する機会が少ないと考えられ，また飼料を与えすぎると運動をする動機も低下するものと思われる．

- 群れ内で優位な個体が，他の個体より多くの飼料を得やすい場合，この優位個体は肥満になる可能性がある．劣位の個体が十分な飼料を摂取できるように，動物園では群れで飼育している動物に余分に飼料を給与しているだろう．しかし，その結果，優位個体は必要以上の飼料量を摂取することになり，肥満になる（逆もまた真である．劣位個体は十分に飼料を得られないかもしれず，体調を崩す可能性がある）．

- 動物園動物を肥満にするもう 1 つの要因として，高エネルギーの市販飼料を給与していることがあげられる．家畜用に開発された飼料は，"高生産" または増体を良くする目的で配合されており，動物園動物には適当ではないと思われる．

- 動物園で給与する飼料は，動物が野生下でうまく対処しているような季節的変化がない．多くの動物は，冬の前に脂肪を蓄積するように生理的に適応している．しかし，冬でも飼料の供給量を減らさなければ，動物の体重は増えすぎる可能性がある．

- 最後に，誤ったペットの飼い主が，ペットに餌をやりすぎることと同じように，飼育係は動物に飼料を給与しすぎている可能性もある．

肥満は，繁殖率の低下や四肢に障害を起こすような健康上の問題の誘因ともなるので，動物園では問題視されている．例えば，インドサイ（*Rhinoceros unicornis*）では，肥満が肢の障害のような健康問題と関連していることが明らかにさ

---

[44] 人の異食症は，石炭から石鹸まで，食べ物以外のものを摂取する行為を意味する．しかし，特定の食物成分を欲求する場合を意味することもある．

れている（Clauss et al. 2005）．飼育下の霊長類〔例えば，オランウータン（*Pongo pygmaeus*），Dierenfeld 1997b 参照〕では，肥満が糖尿病の発症に関係している．

繁殖障害

栄養不足は繁殖に深刻な影響を与える可能性がある．前項でみたように，鉄蓄積症は動物園にいるエキゾチックバードの繁殖の失敗を助長する要因であると言われている（Taylor 1984, Cork 2000, Sheppard and Dierenfeld 2002）．また，第9章で見たように，母体の栄養状態のような要因が子どもの性比に重大な影響を及ぼすこともある（例えば，Kilner 1998 参照）．飼料を与え過ぎると脊椎動物では胎子が大きく育ち，その結果，分娩時や産卵時に健康上の問題を招くことがある．

ミネラルやビタミン不足の多くは繁殖に悪影響を及ぼすことが証明されてきている．例えば，家畜ではビタミンAの欠乏が胎子の先天性異常を起こすことがあり，また家禽では銅の欠乏が産卵や"孵化率"の低下を招くことがある（McDonald et al. 2002）．エキゾチックアニマルでは栄養欠乏が繁殖に及ぼす影響はあまり知られていない．しかし，栄養状態が悪いと繁殖に悪影響をもたらすことを示すデータが多数報告されている（Allen and Ullrey 2004, Howard and Allen 2007 の総説を参照）．

例えば，Howard and Allen（2007）は，野生ネコ科動物では，精液の質に栄養的な要因が影響することを検証しており，飼料が不足すると繁殖が失敗するという循環的な関係を指摘している．これは Swason et al.（2003）が飼育下の南米原産のネコ科動物を研究した結果によっても明らかにされている．この研究では，ラテンアメリカにある44の動物園で飼育されている8種のネコ科動物〔オセロット（*Leopardus pardalis*）やジャガー（*Panthera onca*）など〕から185頭の成雄を調査し，わずか1/3程度の個体しか栄養的に十分な飼料が与えられておらず，たった20%の雄しか"繁殖実績のある個体"として認められなかったことが示されている．

鳥類では，Fidgett and Dierenfeld（2007）が最近の総説で，コウノトリ科のミネラルと栄養について述べており，これら肉食性鳥類を飼育下で繁殖させるカギは，栄養的な要因のようだと結論している．

歯の障害

不適切な飼料の給与は，栄養的な疾病や障害の危険を引き起こすのと同様に，動物園動物の口腔衛生にも重大な影響を及ぼす可能性がある．飼料の硬さは歯垢の形成速度に影響し，飼料の大部分が柔らかい食物の場合，硬い食物の場合より歯垢が形成されやすくなると考えられる（Braswell 1991）．これは，屠体や骨付き肉よりも精肉または市販の肉を加工した飼料を食べている肉食動物で特に問題になる恐れがある．

歯を失ったり，その他の歯の疾患を抱えている高齢の動物に対しては，それにふさわしい飼料を給与する必要があるかもしれない．

まとめ

- 動物園における"飼育動物への給餌"の目的は，最適な栄養分を与えることである．
- 動物園動物への給餌と栄養を規定する法律は，動物園が動物に十分な飼料と水を給与することを求めている．しかし，ほとんどの国では最適な飼料を与えることに関しては法的な枠組の中に定められているわけではない（英国内では，SSSMZPが動物園動物の給餌と栄養に関して極めて具体的な推奨値を定めている）．
- 動物園では，飼育している全ての動物に対して野生で食べる物と全く同じものを給与することはできない．しかし，野生で食べる物と同等の栄養含量に合わせようとすることはできる．
- 動物の具体的な栄養要求に関する知識の多くは，牛，羊，家禽，猫および犬などの家畜での知見に基づいている．しかし，これらの栄養モデルは必ずしも動物園動物に対して適しているわけではない．

- 動物に最適な栄養分を与える飼料を設計するために，動物園では多くのガイドラインやツールを利用することが現在では可能になってきている．これらのツールの中で最も重要なものが，栄養パッケージソフトウェアとデータベースであるZootrition™である．
- 栄養は，動物の健康，心身の発達，繁殖および死亡率のような生活史の様々な側面にも大きな影響を及ぼす可能性がある．
- 動物園では，栄養失調よりも肥満が深刻な問題である（法律によって，動物園は動物に十分な飼料を与えなければならない）．動物園で特に懸念されている栄養疾患は，代謝性骨障害，鉄蓄積症およびヘモクロマトーシスである．

論考を深めるための話題と設問

1. 動物には"栄養の見識"があるのだろうか．
2. Zootrition™とは何か．また，動物の健康と福祉を改善するために動物園はこれをどのように利用できるだろうか．
3. 動物園の動物でみられる栄養上の主な問題および栄養障害は何か．また，これらの発生を防ぐために動物園はどんな手段をとることができるか．
4. "飼育下の動物への給餌"という点で，肉食動物と草食動物のどちらのグループが，動物園にとってより難しいか．

さらに詳しく知るために

　動物の栄養の基本原理についてもっと学習したい人には，現在第6版が出版されているMcDonald et al. による「Animal Nutrition（動物の栄養）」（2002）を勧める．この本の大半は哺乳類の家畜について述べているが，栄養素や消化について役立つ一般的な知識をたくさん与えてくれる．また，各章のタイトルは，「乾草」，「人工乾燥した粗飼料」，「ワラおよびモミ殻」のようにつけられている．その他の優れた一般的教科書としては，現在第5版であるPond et al. の「Basic Animal Nutrition and Feeding（動物の栄養の基礎と給餌）」（2005）がある．本章で用いた消化管の構造図は，全てStevens and Hume（1995）から転載した．彼らの著書「Comparative Physiology of the Vertebrate Digestive System（脊椎動物の消化システムの比較生理学）」は，全ての脊椎動物群を網羅した消化生理に関する情報源として非常に役に立つ．

　エジンバラ動物園は1999年に「Nutrition of Wild and Captive Wild Animals（野生動物と飼育下野生動物の栄養）」というシンポジウムを主催した．この会議で基調講演者を務めたのが当時，野生生物保全協会およびブロンクス動物園に所属していたEllen Dierenfeld博士で，動物園動物の栄養科学の発展に対する歴史的展望について講演した．彼女の講演は，「Proceedings of the Nutrition Society（栄養学会講演要旨集）」に論文として掲載されている（Dierenfeld 1997a）．このコピーを手に入れておくことは非常に価値があり，特に包括的な引用文献リストは重要である．

　その後の論文で，Ellen Dierenfeld（2005）は，動物園動物の栄養に関する情報の世界的な普及を総説し，また過去30～40年に亘る動物園生物学の研究分野として栄養分野における国家的および国際的に重要な進展の一覧をまとめている．

　1999年にオランダで開催された第1回欧州動物園栄養会議（the first European Zoo Nutrition Conference）の講演要旨集は，「Zoo Animal Nutrition（動物園動物の栄養）」という本として出版されている（Nijboer and Hatt 2000）．「Zoo Animal Nutrition」は，2003年と2006年にそれぞれ第2巻と第3巻が出版されており，筆頭編集者はAndrea Fidgett博士である（Fidgett et al. 2003, 2006）．このすばらしい本には，動物園動物の栄養に関連する幅広い内容の研究論文と総説が掲載されている．

　Devra Kleimanと彼女の同僚が編集した良質かつ具体的な本である「Wild Mammals in Captivity（飼育下の野生動物）」は，動物園にいる哺乳類の

栄養に5章をさいて解説している（Kleiman et al. 1996）．哺乳類以外の動物群を扱ったお勧めの教科書は，Klasing（1989）による「Comparative Avian Nutrition（鳥類比較栄養学）」，Robbins（1993）の「Wildlife Feeding and Nutrition（野生生物の給餌と栄養）」，Lovell（1998）の「Nutrition and Feeding of Fish（魚類の栄養と給餌）」および（これも魚類に関してだが）Halver and Hardy（2002）による「Fish Nutrition（魚類の栄養）」がある．

Fowler and Millerの著書の数版では，広範囲の動物群（魚類も含む）に亘って，栄養に関連する疾病や障害を細かく解説している．例えば，第4版と第6版（Fowler and Miller 1999, 2007）には，飼育下の野生動物の飼料中に様々なビタミンおよびミネラルが欠乏することで生じる健康への影響が，非常に詳細に記述されている．

最後に，「International Zoo Yearbook」の3つの巻は動物園動物の栄養を主要テーマとして扱っている．第6巻（1966年発行），第16巻（1976年発行）および第39巻（2005年発行）である．

ウェブサイトとその他の情報源

動物園動物の栄養に関するガイドラインとその他の情報源については，すでに12.3.3で詳しく論じてきた．欧州動物園水族館協会のウェブサイト（www.eaza.net）にある栄養のページは，最初に立ち寄るには特に勧められるものだ．

こうしたガイドラインとZootrition™などのデータベースに加え，米国科学アカデミー（US National Academy of Sciences）の米国学術研究会議（National Research Council：NRC）による一連の書籍も情報源として広く利用されている．米国学術研究会議の書籍は動物園だけでなく，畜産農家，実験動物の管理者およびペットフード産業を対象にしている（訳者注：むしろ家畜，実験動物およびペットが対象で，動物園はこれらの情報を参考にして動物園動物への給餌を組み立てている）．米国学術研究会議の栄養要求量に関する書籍の情報はBox 12.3に詳しく述べた．

米国では，米国農務省（US Department of Agriculture：USDA）が，人間の広範な食品の栄養価を検索できる大規模なデータベースを作成しており，これはオンライン（www.ars.usda.gov）で利用できる．

最後に，比較栄養学会（Comparative Nutrition Society）のウェブサイト（www.cnsweb.org）では，学会大会の講演要旨集が閲覧できる（この学会の関心は多岐に亘り，全ての動物群の栄養，生理，および生化学にまで及んでいる）．

第 13 章　人と動物の関係

　動物園には,動物だけでなく多くの人間もいる.多くの人間が動物園で働いていて,人間は動物園環境における定常的な存在となっている.一方,建設業者,メンテナンス技師などの人たちは,一時的な存在であるが動物に対する騒乱の原因となっている.さらに,動物園を通り過ぎる数多くの公衆がいる.このように人間は,動物園動物が住む環境の重要な一部を構成しており,動物の行動とその福祉になんらかの影響を与えている.この影響は,ポジティブだったり,ニュートラルだったりすることもあれば,ネガティブで動物の福祉に有害になったりすることもある.そのため,人間による影響の大きさと種類を測定することが必要となる.また逆に,動物が人間に何らかの影響を与えることもあるだろう.これは,人間と動物とが互いの行動に影響を与えるような"コンタクトゾーン"といえるようなものを考えることができる.

　このようなケースについて,Estep and Hetts（1992）が用いた"インタラクション（interaction）"（コミュニケーションの一種として,ある個人や個体により実施された,相手の行動に影響を与える行動）という語を使って,一般的に"人と動物の関係"ということができる.このような"関係"は,動物園にとって,動物とその保全に対する公衆の知識と関心を高めると同時に,公衆に楽しい経験を与えるためにも用いられる.動物と人間の互いの経験が極力ポジティブになるような動物園環境を創造することが理想的である.

　本章では,動物と人間がこの"コンタクトゾーン"で互いに影響を及ぼしあう点について考察する.以下のような話題を取り上げる.

> 13.1 　動物園の来園者：来園者について知っておくべきこと
> 13.2 　教育と意識向上
> 13.3 　動物園の中の人間：動物園動物に与える影響
> 13.4 　トレーニング

　本章では,動物園での人間と動物の関係だけでなく,より広く,人々の動物園経験に対する影響についても論じている.

　また,来園者,飼育係（キーパー）,動物との接点に関連する話題は,本章内の Box（コラム）に記述している.

13.1 動物園の来園者：来園者について知っておくべきこと

動物園がその目的にかなう運営を成功させるために，動物園の来園者というものが根本的に重要であることは明らかである．来園者は，動物園が実施する教育のターゲットであり，究極的には動物園が行う保全活動に対する主要な財源提供者でもある．そのため，動物園では，来園者への魅力の最大化を模索し，動物福祉，教育，野生動物保全といった動物園の目的をかなえつつ，来園者に楽しい経験を提供することが期待される．

13.1.1 誰が動物園を訪れるのか

1990年代の初めには，世界中で年間6億1,900万人が動物園を訪れていると推測されている（IUDZG/CBSG 1993，図13-1）．動物園と競合する他の多くのアトラクションに比べても驚異的な数字である．

競合に直面しながらも，動物園は決して負けてはいない（Turley 1999）．実際，英国と米国では，これまで数十年，動物園の来園者が増加している（Davey 2007）[1]．「The Manifesto for Zoos（動物園のためのマニフェスト）」によれば，英国では現在，毎年1,400万人が動物園，水族館，野

図13-1 テルアビブ動物園を訪れる車列の写真．動物園は，レクリエーションや教育の場として世界中で人気が高く，また，野生動物の保全施設としても機能している．（写真：Tibor Jäger，テルアビブ動物学センター，ラマトガン，イスラエル）

---

[1] ただし，Daveyの分析には，1960年代に比べて動物園の来園者数が若干減少しているというものもある．

生動物公園を訪問しており，これは 1,520 万人が訪れるプロサッカーの試合に匹敵する．チェスター動物園の来園者数（1,060,433 人）だけで，ストーンヘンジ（677,378 人）やセントポール大聖堂（837,894 人）のような他の有名なアトラクションを凌いでいる（2001 年英国観光統計より，www.staruk.org.uk）．また，このような数字が見られるのは，英国だけではない．コペンハーゲンとロッテルダムの動物園には，1990 年代前半を通じて，その街の他の全ての都市型アトラクションよりも多くの来園者が訪れている（Mason 2000）．

そこで，来園者とはどのような人で，動物園で何をするのか，来園者が動物園での経験をどのように考えているのかといった点について考察してみたい．ただし，これらの質問に答えるための情報は，それほど多くはない．なぜなら，このような研究は，限られた範囲にしか回付されない未発表のレポートが多く，より広く，博物館の一種として動物園[2]を扱う研究（例えば Bitgood 2002 参照）に埋もれており，動物園というよりも博物館関係の文献の中で扱われるため，どのような情報があるかを位置づけることが難しい．

これらの研究からは，来園者の全体的なパターンは明らかにできない．また，一般的に動物園の来園者を定義づける特徴は見られない．ただし，この結果は勇気づけられる結果ともいえよう．なぜなら，社会のあらゆる人々が動物園を訪問し，その人々が動物と動物の保全に関するメッセージを受け取っているということを意味しているからだ．また，人々は多様な目的で動物園を訪れており，動物を見ることのみが目的の全てというわけではない（6.1.3 で詳述）．例えば，ある人にとっては動物園を訪れることが社会的なイベント（Morgan and Hodgkinson 1999）であり，動物の観察よりも会話に多くの時間が費やされるかもしれない．また，生きた動物に遭遇する経験が感情的なイベントともなり得る人もいる（Myers et al. 2004）[3]．

13.1.2 来園者は動物園で何をしているのか

来園者が動物園で何をしているかという質問に対しては，来園者の行動や発話についてのいくつもの調査があるが，残念ながら実際に答えが分かっているわけではない（Davey 2006a）．これまでの研究において，おおよそ一貫して見られる結果は，人々が展示の観察に費やす時間が顕著に少ないということである．

Marcellini and Jenssen（1988）による研究では，ワシントン DC の国立動物園において，爬虫類館に来園した約 600 人の観察が行われた．彼らは，爬虫類館の来館者を追跡し，それぞれの展示での観察時間を記録した．その結果，爬虫類館での来館者の平均滞在時間は，たったの 14.7 分であり，そのうち展示の観察に費やされたのは 8.1 分であった．同じ研究では，動物の種類によって観察時間に明らかな差があり，ワニ類の観察時間が最も長く，両生類で最も短かったことが示されている（図 13-2）．実際，人々の観察時間を決定づけていたのは，主に動物の相対的な大きさであった．

大きな動物が小さな動物に比べて魅力的で人気があるという関係は，人気をどのように測定するかにもよるが，他の動物園での他の種類の動物でも観察されている（Ward et al. 1998）．Ward et al.（1998）の研究では，展示の前で 10 秒以上を観察に費やした来園者の比率を測定することによって人気を調べた．一方，Balmford et al. の研究（Balmford et al. 1996, Balmford 2000）では，展示の前を通過した人のうち，単に通り過ぎるのでなく実際に観察を行った人の比率を測定し

---

[2] 実際，動物園は博物館の一種であり，その展示物が生きていることだけが他の博物館と異なるといわれる（Mason 2000）.

[3] 野生動物との接触の感情的な側面は，Wilson（1984）のバイオフィリア仮説，つまり，人間が生命を志向する固有の傾向をもつという仮説で述べられている．

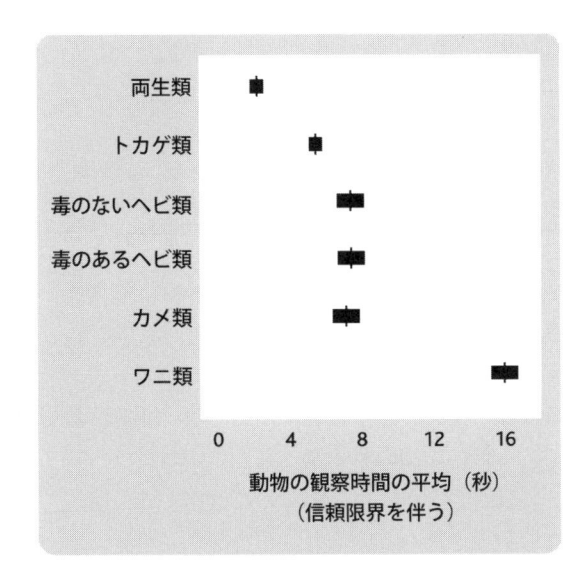

図13-2 ワシントンDCのスミソニアン国立動物園において，爬虫類館の来館者は，ワニ類のように体の大きな種を見る時間が最も多く，両生類のように小さな動物を見る時間が最も少なかった．（Marcellni and Jensen 1988 より）

たが，人気と動物の体の大きさとの関係は見出されなかった．

ブラジルのレシフェ動物園で行われた最近の研究では，多くの哺乳類展示の人気と展示の特徴（その種が外国産か国内産かなど）との間には，特段の関係が見出されなかった（da Silva and da Silva 2007）．ここでいえることは，人気を呼ぶ展示の要素が何であるか正確には分かっていないということである．

施設前での来園者の滞在時間に影響する他の要素としては，動物の見やすさがある．ジョージア州のアトランタ動物園では，自然的な飼育施設においてトラが見えにくいという不平が来園者から出てくる．そのため，トラがいそうな場所を来園者に示すサインが掲示されたが，それでもなお，一般に来園者はサインを活用せず，読みもせず，トラが見えないと考えて通り過ぎてしまう（Bashaw and Maple 2001）．

展示がより活動的で，より観客を巻き込んだものであれば，来園者の滞在時間は増加すると考えられる．例えば，アトランタ動物園のカワウソ舎では，来園者が受動的に観察している時よりも，動物のトレーニングを行っている時に来園者の滞在時間が多くなった（Anderson et al. 2003）．人々は，活動的な動物を見ることを特に好むようだ．同様の結果は，小型のネコ科動物（Margulis et al. 2003）や放し飼いのタマリン（Price et al. 2003）でも観察されている．

13.1.3 動物園の来園者は動物をどのように理解しているのか

来園者の観察や動物園での滞在時間の測定によって有意義な情報が得られるが，来園者の認知，態度，経験の質を理解するためには，通常，観察によるアプローチよりも，質問票ベースのアプローチが必要とされる．この種のアプローチは，人々の動物園動物に対する一般的な認識を調べるためや，福祉，教育，保全についての様々な取組みが人々の態度をポジティブに変化させているか否かを評価するために用いられている．

動物園動物に対する公衆の認識を測定する最も早期の取組みの1つが，Rhoads and Goldworthy（1979）による研究である．この研究では，被験者は3つの異なる設定の中にいる動物の絵に対して，自由，幸福，孤独，尊厳，親しみ，自然さといった点について形容詞で評価づけることを要求される．その結果，動物種を通じて，半自然環境の動物園や自然環境の中にいる動物よりも，檻の中の動物の絵に対してネガティブな評価が見られた．なお，被験者は心理学専攻の1年生の学生[4]であること，本物の動物ではなく絵を用いた評価であったことから，この結果は動物園の来園者全体に単純に一般化できるものではない．また，Finlay et al.（1988）による研究でも，同様の被験者集団で同様の方法論を用い，同様の結果を得

---

[4] 心理学の学生は日常的に心理学研究の被験者となっており，他の人々よりも特性が把握されている．

Box 13.1　動物園での来園者の行動と好み：アジアからの視点

動物園での人間行動の研究や，人間の行動が動物の行動や福祉に与える影響に関する研究の多くは，欧州，北米および豪州で行われたものである．世界の中でも地域によって来園者の文化的な違いがあり，それらの違いが，来園者の動物への認識や動物に対する行動に影響する．この観点からの動物園生物学の研究はとても少ないが，アジアの動物園来園者について欧米との相違を示すいくつかの調査がある．

最初の例は，インドの8つの動物園において，シシオザル（*Macaca silenus*）の来園者影響を調べた Mallapur et al.（2005）の研究である．この研究では，来園者がいる時に異常行動や攻撃性が増加し，来園者からのストレスを受けているという，欧米での動物園のマカク類で見られたものと同様の結果が得られている．さらに，これらの行動の増加が，欧米と比して大きく，異常行動への影響が，短期で20％以上，長期で30％増加した．著者の指摘によれば，インドの動物園では，野生動物の保全や動物福祉について啓発するプログラムが少なく，結果として，動物が来園者によるいたずら（叫ぶ，いじめる，餌を与える，物理的に傷つける等）を受けることが多いという．この点は，今後の研究の進展が期待される．

2番目の例は，中国からのものである．Davey（2006b）は，北京動物園のマンドリル（*Mandrillus sphinx*）舎で，観察時間の測定によって来園者の関心を調査した．その結果，簡素な動物舎を自然に近いものに改装したところ，来園者がその動物舎でより多くの時間を過ごすようになったことが観察された．北京動物園は（おそらく他の中国の動物園でも），古いコンクリートの動物舎を自然に近いものに改修する長期的な取組みを行っているところであり，勇気づけられる結果だといえよう．

最後の例は，Puan and Zakaria（2007）による，動物園の役割をどのように認識しているかに関して，3つのマレーシアの動物園（国立動物園，マラッカ動物園，タイピン動物園）の来園者に対して実施した質問票調査である．その結果，回答者の多く（80％）は，動物園と同じ州に住んでいる人で，家族で動物を見る目的で動物園を訪れていた．また，回答者の多くは，動物園の野生動物保全の役割に対して理解があり，好意的であるという勇気づけられる結果であった．

ている．

これに対して，Reade and Waran（1996）は，動物園内で来園者へのインタビューを実施し，比較対象として街角の人々へのインタビューも実施している．その結果，一般人には動物園動物に対するネガティブな認識（例えば，動物が退屈している，悲しいといったもの）がみられた一方，来園者の場合は，よりポジティブな態度をもっていることが分かった．このケースから，近年の自然的な飼育施設のトレンドにおいて，動物園動物や動物園に対する人々の認識がポジティブに変化することが期待できる．動物舎の前で来園者が過ごす時間が短くても，来園者は，自然的な飼育施設やエンリッチメントが施された動物舎を好ましいと評価している（Wolf and Tymitz 1981, Tofield et al. 2003）．これは，たとえ実際に最良の福祉が与えられていることに否定的な意見をもっている人であっても，自然的な飼育施設にいる動物こそが最も良好な福祉を得ていると推測するようだ（Melfi et al. 2004a）．このケースでは，インタビューされた人々が好んだのは，活動的なトラを見ることであった．トラが野生で過ごしているの

ではないことを受け入れたうえで，トラが活動的であることが良好な福祉を示していると考えたのだ．

13.1.4 動物園の取組みは来園者の態度を変えるのか

近年の動物園が提供してきた自然的な飼育施設は，来園者に対し，動物の福祉や動物の自然さに対するポジティブな視点を促進することが期待される（Coe 1985）．前項で記述してきたような研究は，実際にそのようなケースがあることを示している．しかし，動物の飼育下で与えられるその他の変化も，人々の認識に影響を与えることから，これを把握することが必要である．もちろん，動物の福祉の改善につながるような変化が，来園者によってポジティブに評価されることが望まれる．しかし，このような考え方が認知されているわけではない．

McPhee et al.（1998）は，4種類の展示の前にいる来園者にインタビューすることによって，来園者の態度に対する環境エンリッチメント（environmental enrichment）の効果を調査した．その展示とは，植栽等のない簡素な屋外のホッキョクグマ（*Ursus maritimus*）舎，植栽を入れた屋外のトラ舎，伝統的な屋外の檻型オオヤマネコ（*Lynx* spp.）舎，スナドリネコ（*Prionailurus viverrinus*）の屋内型のイマージョン展示である．それぞれの動物舎には，自然物（例えば，木）を置く，人工物（例えば，青いプラスチックの樽）を置く，何も置かない，という状況をそれぞれつくった．この研究では，エンリッチメントの目的で置かれた人工物が，来園者に動物園と動物に対するネガティブな認識を導くという推定について調査した．その結果，動物舎のタイプに関わらず，エンリッチメントの種類の違いは来園者の態度にほとんど影響を与えないこと，来園者はエンリッチメントのために置かれた物の機能と重要性を理解していることが分かった．

一方で，Davey et al.（2005）による北京動物園での研究では，エンリッチメントが施された動物舎を見ることによって，来園者が行動を変化させることが示された．簡素なマンドリル舎に対し，より自然に近いアイテムを加えるエンリッチメントを行ったケースにおいて，エンリッチメントを施す前の動物舎と比べて，来園者が立ち止まって観察する時間が増加した．

同様に，Blaney and Wells（2004）は，ゴリラ（*Gorilla* spp.）舎にカモフラージュのためのネット（来園者からのストレスを減少させるために設置）を加えたことによって，動物とその動物舎に対する来園者の認識が改善することを示した．

全ての種類のエンリッチメントが，すぐに公衆に受け入れられるわけではない．仮に動物園が飼育動物に対してその種に特異的な行動（species-typical behaviour）の発現機会を提供することを原則として重視するなら，動物園にいる肉食動物には生きた獲物を狩る機会が与えられるべきということになるが，公衆はこのことをどのようにとらえるのだろうか．エジンバラ動物園での来園者へのインタビュー調査（Ings et al. 1997a）によれば，公衆，少なくとも動物園の来園者は，予想されたほどにはこのアイデアに反対ではないよう

表13-1 エジンバラ動物園での来園者インタビューにおいて，動物園の動物に生き餌を与えるというアイデアに対して賛成した人の比率

給餌のタイプ	展示場にて	バックヤードにて	χ^2（自由度1）
トカゲに生きた虫を与える	96%（192人）	100%（200人）	4.04, $p<0.05$
ペンギンに生きた魚を与える	72%（144人）	84.5%（169人）	9.18, $p<0.01$
チーターに生きたウサギを与える	32%（64人）	62.5%（125人）	37.32, $p<0.001$

括弧の数字は，実際の回答人数を表す．

だ（表 13-1）．特にこの餌やりが非公開で行われるのであれば．もちろん，現在，英国では生きたままの脊椎動物を餌として与えることは違法である（第 12 章参照）．

13.2 教育と意識向上

動物について公衆を教育することと，公衆の意識向上や保全への支援は，現代の動物園の使命の基本である．したがって，われわれはいかにうまく動物園がこれを達成するかを正当に尋ねることができる．このような文脈において，"教育"とは動物を見，看板を読むことからくるある種の受動的な知識の獲得を意味する（図 13-3）．そして，これはしばしば非公式の学習（informal learning）と呼ばれる．しかし，ますます動物園

図 13-3 いかに動物園が情報を提供し，受動的な学習体験を創造しているかを示す好ましい事例は，情報サインの提供を通してである．これは，全ての年齢層の来園者の関心を引き出すことができる．（写真：Sheila Pankhurst）

図 13-4 動物園における能動的な学習は来園者に詳しいガイドを提供することによって達成することができる．このケースでは，オランダにあるアペンドールン霊長類公園で，動物についての情報が訓練を受けたガイドにより，大学生のグループに向けて提供されている．（写真：Sheila Pankhurst）

はキーパートークやデモンストレーションといったことから学校や大学への訪問や短期コースに至るまで，より組織的な教育形式を活用している（図13-4）．そして，これら全ては公式学習（formal learning）と呼ぶことができる．

教育部門は今や動物園で広がりを見せている（Woollard 1998）．そして，動物園教育担当者は，講演，ボランティアトレーニング，出張授業といった様々な活動に取り組んでいる（Woollard 1999）．

この20年間に動物園が導入した教育活動や構想の全てを調査することは，この本の範疇外であるが，どんなインパクトをこうした教育活動がもっているのか，特に，人々の保全の知識や態度について簡単に述べてみよう．

13.2.1　動物園における非公式の学習

Kreger and Mench（1995）は人々が動物を見るのが実際かなり動機づけされており，また，動物園によって提供される相互作用の機会（例えば，ショー，デモンストレーション，こども動物園など）は人々の教育や保全意識に対する深い影響があると指摘している（図13-5）．この場合，動物園の経験の全てではないが，人々の知識や知見に等しく貢献しているということができる．しかし，全般的に経験が重要であるといえる．

人々は展示から何かを受動的に学ぶのだろうか．13.1.2で述べたような短い観察時間のことを考え合わせると，もし，人々が何かを学んでいるとすれば，われわれはおそらく驚くであろ

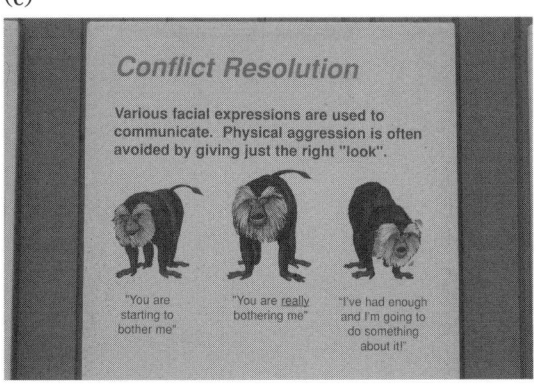

図13-5 動物園の看板にはかなりいろいろなものがある．ここでは，ニューヨークのブロンクス動物園（a），トロント動物園（b&c），日本モンキーセンター（d）のものを示す．伝えようとする情報の観点や，また，その描き方も様々である．動物の基本的な自然誌について来園者に知らせるためにデザインされたサインを説明する事例である．（写真：Vicky Melfi）

う．これはフィラデルフィア動物園での3頭のクマの展示におけるAltman（1998）の来園者行動に関する研究によって論証された．会話の話題は大部分はクマについてというよりもむしろ，人間中心のものだった．ただ唯一ホッキョクグマの活動が増した場合にはクマについての話題が増えたが，他のクマ〔ナマケグマ（*Melursus ursinus*）やメガネグマ（*Tremarctos ornatus*）〕の活動が増した時にはそうならなかった．

もちろん，このような研究で実際に何が測定されているのかについての信頼性の問題が常に残る．

13.2.2　動物園での公式学習

大部分の動物園は，一般来園者（例えば，キーパートークや動物への大接近などによって）や，学校や大学といった団体来園者に対して，体系的な教育の機会を提供している（図13-6）．英国・アイルランドでは，76万人の生徒が英国・アイルランド動物園水族館協会（BIAZA）加盟園館の教育サービスを利用しており，そのうち40万人が公式の授業として受講している（BIAZA発表の数字）．

学校や大学の訪問では生きた動物や動物の一部（例えば，毛皮や骨格）を使った"ふれあい"の時間がある．また，教師はこうした時間を滞在時間の中でも最も貴重な時間であると評価している（Woollard 2001）．子どもの頃の動物園での体験は大人になった際の環境への肯定的な態度を養うのに重要であると幅広く考えられている（Holzer and Scott 1997）．このことは，学校単位での訪問の価値を強調するものである．しか

図13-6　学校単位の訪問は，動物園の役割やその働きについて学ぶ機会を子どもたちに与える．しかし，それだけではなく，飼育している動物や自然環境に関連する幅広い問題について学ぶ機会も提供する．（写真：Sheila Pankhurst）．

し，ロンドン動物園を学校単位で訪れた子どもたちと，家族グループとの間での会話の内容の比較では，両者の間になんら違いがなかったことが分かった．このことは，学校が動物園の教育的可能性を完全には利用できていないことを示している（Tunnicliffe et al. 1997）．

キーパートークのようなあまりシステム化されていないイベントについてはどうだろうか（図13-7）．来園者が活き活きとした動物を見るのを好むことを考えれば，キーパートークに伴ってみられる動物の動きがあれば，来園者が展示場で過ごす時間はより長くなるはずである（13.1.2参照）．これもまた教育的機会を増やすことになるのだろうか．

Broad（1996）は，動物園の保全の取組みに対する理解や絶滅危惧種に関する人々の知識を高めるために，様々な教育メディア（ガイドブック，看板，キーパートーク）の相対的な効力を評価するべく，ジャージー動物園においてアンケートに基づいた研究を行った．Broadは，われわれが期待したとおり，キーパートークが3つの中で最も効果的だったことを発見した．回答者の大部分が高等教育を受けており，より高い社会経済集団の1つに属していることを考えれば，こうした結果は他の動物園や国でどのくらい適用可能かは分からない．

タコマにあるポイントデファイアンス動物園における同様の研究では，伝統的な展示やインター

図13-7 キーパートークは来園者にとって飼育係に会ったり，質問したりする機会を与える（a），動物を活かしながらの説明（b），動物の"素顔"を伝え，どんなことが動物にできるのかを提示（c），これらは皆，来園者の心に残るものである．こうした方法は来園者の教育に貢献し，来園者にいつまでも消えない記憶を残す（6.1.3参照）．〔写真：(a) Vicky Melf，(b) サウスレイクス野生動物公園，(c) Geoff Hosey〕

プリテーションをしている中でウンピョウを見ている来園者を比較している．ちなみにこのインタープリテーションは，ウンピョウの展示場を巡りながら，来園者の質問に答えるというものである（Povey and Rios 2002）．インタープリテーションを受けた来園者は動物を観察する時間がより長くなり，伝統的な展示を見るだけの来園者よりも，より知識を求める傾向があった．

13.2.3　動物園は保全の知識や意識を向上できるか

　動物園は一般的に動物や自然について公衆を教育する重要な役割があるが，特に保全教育の役割が重要である．"保全教育"という言葉は，"環境教育と持続可能性のための教育に基礎をおくもの"と定義できる（WAZA 2005）．

　動物園は，飼育下の動物を十分に活かし，また，域外・域内保全に関わることによって効果的な保全教育に取り組むのに非常に適した場所である（Whitehead 1995, Sterling et al. 2007）．これは保全問題に関する意識向上にも影響を与え，それだけでなく，飼育下動物と野生下にある同種との結びつきを示すものでもある．それによって効果的に動物園は魅力的で楽しめる保全センターになるのである（Tribe and Booth 2003）．しかし，どのように効果的に動物園はそれを達成することができるのだろうか．

　動物園を訪れた時のちょっとした活動や，動物に出会ったり，動物についての情報を得たりすることによって，来園者がより保全志向になるということを，われわれはある程度期待している．そして，少なくとも部分的にはその通りだと思われる．例えば，米国バルティモアにある国立水族館の来園者の保全に対する知識，態度，行動が，動物園の到着時と出発時，さらには6〜8週間後に測定されている（Adelman et al. 2000）．この研究の結果は水族館への訪問の後，保全に対する知識や理解が高く持続されているということを示唆している．しかし，保全に関連した活動を開始するまでには至らなかった．ブロンクス動物園の新しい"コンゴ・ゴリラの森"展示では，来園者は中へ入るにあたって追加料金を払わなければならないが，ここには300頭を越える動物が本物そっくりのアフリカ熱帯雨林の中にいるだけでなく，双方向的な自然解説パネルやディスプレイのある展示施設もある．広範囲なモニタリングや来園者に対する質問は，展示を巡った後に保全についての知識や感心が高まったことを明らかにした（Hayward and Rothenberg 2004）．

　その他の研究では，若干異なる結果が報告されているものもある．いくつかの英国の動物園で，入園と退園の際に来園者の態度や知識について調査したところ，1つを除いてどの調査においても両者の間に違いは見られなかった．その1つとは，退園時に来園者は，どのような違いが保全に影響を及ぼすのかについてより多くの考えをもっていたというものである（Balmford et al. 2007）．この結果は，保全についての事実に基づいた教育だけでは十分ではないという示唆と一致している．人々は自分たちが個人的に何ができるのかを知りたがっているのだ（Gwynne 2007, Sterling et al. 2007）．

　環境についての来園者の知識や意識を高めようと他にも多くの方法がとられてきた．例えば，ジョージア州のアトランタ動物園では，ブッシュミート（野生動物肉）の危機（bushmeat crisis）に関する展示がウィリーB保全センター[5]に設置された．この展示は生きている動物，死んだ動物，伐採エリア，狩猟に関連した写真や文章で構成されている．死んだ動物の写真はショッキングなものであるが，これらについて尋ねられた来園者の97%は，動物園が大人の来園者にこうした展示を見せたことは望ましいと考えていた．来園者の83%はブッシュミートの取引について聞いたこ

---

[5] ウィリーB.は，ジョージア州にあるアトランタ動物園で約40年生きた有名なゴリラである（Box 2.3参照）．

とがなく，この展示は来園者の意識を高めたが，保全に関連した知識は展示によって増えなかった (Stoinski et al. 2002).

知識の向上と意識の向上とは別のものである．さらに行動の変化をもたらすものはもちろん全く異なる何かがある．それを測定することは非常に難しいことである．というのも，人々は保全に向けた行動のちょっとした変化を動物園で受けた教育の結果だと認識していないかもしれないからだ．カリフォルニア州のモントレー湾水族館では，上述したように，もし，来園者が実際に行えるような活動コースが提示され，そして，それが来園者のライフスタイルと一致しているなら，保全教育は最も成功を収めるということを明らかにした．例えば，来園者はモントレー湾水族館で"シーフード・ウォッチ"というポケットガイドを手にすることができる．このポケットガイドにはレストランやお店で買える持続可能なシーフードの一覧が載っている．また，"海洋同盟カード（Ocean Allies Card）"も手に入れることができる．これには来園者が参加できる保全組織がリストアップされている．来園者は保全組織に参加するということよりも，自分たちの食の習慣が変わることの方により関心が向けられたのである（Yalowitz 2004).

動物園の教育的な影響は，米国動物園水族館協会（AZA）の3年間に亘るプロジェクトによって調査された（Falk et al. 2007）．その結果は，米国動物園水族館協会のウェブサイトからダウンロードできる．このプロジェクトの間，著者らは文献を多数収集し，米国動物園水族館協会の様々な施設で公開フォーラムを開き，来園者にインタビューした．この研究は動物園や水族館への訪問が，実際に，意識や自然との結びつき感を高めると同時に，保全についての知識を推進し，保全に関心をもつことにつながることを明らかにした．しかしながら，来園者は期待された以上に生態学的な知識をもってやって来るというケースもある．したがって，動物園は来園者の現時点での価値や態度を支援し強化してきた．しかし，最終的にわれわれは，人々が第一義的に，教育されに来るというよりもむしろ家族で1日楽しく過ごそうと動物を見に動物園にやって来るということを認識する必要がある．たとえもし聞かれたとしても，来園者は動物園というところは，保全について人々を教育していくところだと考える (Reading and Milller 2007).

最後に，動物園がとる教育戦略は，子どもたちあるいは一般の来園者をターゲットにしているということに留意しなければならない．しかし，最も適したターゲットとはいえないかもしれない．例えば，Conway（2007）は，態度や活動に影響を与えることを期待して，政策立案者をよりターゲットにすべきであると強く勧めている．Conwayは次のように指摘している．"今日の子どもたちは意思決定者ではない．何十億もの子どもたちが産まれ，そしてさらに多くの野生動物たちが失われてしまう".

13.3　動物園の中の人間：動物園動物に与える影響

次に，動物園の中にいる人間の存在が動物にどのような影響を及ぼすのかという論点に移るとしよう．すでに指摘したように，動物園動物が暮らす環境の中で，人間は重要な一部分を構成している．ここでいう人間とは，日々訪れる来園者や動物園内で働く人々であり，度合いは異なるが，動物にとっては見慣れた存在になっている．そこで，動物がこれらの人間から影響を受けているのか，またどのような影響を受けているのかということが問われてくる．

13.3.1　来園者

動物園動物が人間をどのように認識しているかについて特定を試みた最初の1人は，Heini Hedigerである[6]．彼の実証は不確かではあるが，現代の動物園生物学の基礎の形成に貢献した．Hediger（1965）は，動物が人間を認識する方法として，以下の5つの方法を指摘した．

- 敵として（すなわち，避けるべきものとして）
- 餌として
- 共生者として（すなわち，共通の目標を目指すパートナーとして）
- 無意味なものとして（すなわち，無視すべき背景の一部として）
- 同種のものとして（例えば，ライバルや生殖のパートナー，問題の原因となるものとして）

動物による人間への認識は，種によっても，これまでの人間との関わりによっても，そして関係する人々によっても影響されることは明らかである（他にも変数はあるだろう）．これらの要素のうち，動物の福祉に最も影響を与えるのは，人間を敵として認識する時であろう．ただし，このことを明らかにするためには，系統的な研究が必要とされる．

来園者は動物園動物に影響を与えるのか

第1の疑問は，来園者が動物の行動に影響を与えているかどうかである（図13-8）．つまりそれは，動物が来園者をHedigerの言う"無意味なもの"として認識しているかどうかということである．しかし，多くの研究において，来園者の数やその活動が動物の行動上の変化に関係することが示されている．例えば，動物園の霊長類は，少数で活動的でない来園者グループがいる時よりも，大人数で活動的な来園者グループがいる時の方が活発に檻内を動き回り，来園者に向けた行動をより多く起こすことを示した初期の研究がある（Hosey Druck 1987）．ただし，Mitchell et al.（1992b）は，この結果に対して，より活動的な動物がより多くのインタラクティブな来園者を惹きつけた結果だと説明している．

そこで，Hosey（2000）は，動物園動物と来園者との関係について，"来園者影響仮説"と"来園者魅了仮説"という2つの説明があることを述べた．動物園の霊長類での研究結果の多くは，来園者影響仮説を支持するが，一方で，来園者魅了仮説を支持する証拠もある．Margulis et al.（2003）の研究によれば，小型ネコ類が活動的な時に来園者は魅了されるが，一方で，一般にネコ類は来園者から影響を受けていないことが示された．この論文で指摘されているように，この2つの現象は相互の影響をもち，お互いが独立な現象ではないものと考えられる．

動物に対する来園者のネガティブな影響

来園者が動物の行動に影響を与えるとすれば，われわれはその影響の本質を知る必要がある．来園者は動物園の環境の重要な要素であり，より多くの来園者を魅了することによってのみ，動物園は使命を果たし，その狙いを達成することができる．その来園者が動物の行動を変化させるならば，どのように変化させるのかを知ることが必要である．

来園者からの影響に関する研究の多くは霊長

図13-8 動物園の来園者は，飼育動物に対して様々な行動を見せる．(a) 手すりを登ったり，動物の気を惹こうとする．(b) 動物にちょっかいを出す．写真はペットの犬による．(c) 立ってまたは座って受動的に動物を見る．〔写真：(a) Sheila Pankhurst，(b, c) Geoff Hosey〕

---

[6] Heini Hediger（1908-1992）は，チューリッヒ動物園の園長を長く務め，長きに亘って動物園動物を観察した人物であり，現代の動物園生物学の創始者の1人とされる．

(b)

(c)

図 13-8　つづき

類で行われたものであり，その影響が一般にネガティブなものであることを指摘したものが圧倒的に多い．すなわち，動物園の来園者の存在は，通常，ストレス応答を伴った行動を引き起こす．このため，来園者に公開する時間の延長は，動物の福祉に対して悪影響を起こすリスクがある．

この点に関する文献は，Hosey（2000）によって総説されている．エジンバラ動物園で初期に行われた研究（Chamove et al. 1988）によれば，ダイアナモンキー（*Cercopithecus diana*），ワタボウシタマリン（*Saguinus oedipus*），ワオキツネザル（*Lemur catta*）という3種の霊長類において，来園者がいる時に敵対行動（agonistic behaviour）が増加し，親和行動が減少するという結果が得られている（図13-9）．ロッテルダム動物園のワタボウシタマリンでの展示下と非展示下を比較した報告（Glastton et al. 1984）や，米国サクラメント動物園のゴールデンマンガベイ（*Cercocebus galeritus chrysogaster*）での研究（Mitchell et al. 1991a）でも同様の結果が得られている．後者の研究では，来園者が多い動物舎と少ない動物舎の間を引っ越したマンガベイの行動の変化が観察されている．

より最近の研究でも同様の影響が広く観察されている．例えば，ベルファスト動物園のゴリラ（*Gorilla gorilla*）では，来園者の少ない冬よりも来園者の多い夏において，仲間への攻撃性や異常行動が多く観察されている（Wells 2005）．チェスター動物園のオランウータン（*Pongo* spp.）では，騒がしい来園者の影響によって，紙袋を頭に被ろうとする行動が観察されている（Birke 2002）．インドの動物園のシシオザル（*Macaca silenus*）では，来園者を前にした時，異常行動が20%増加した（Mallapur et al. 2005）．

これらの行動学的な研究では，来園者の存在によって動物がストレスを受けていると推論している．ストレスの行動学的な指標は，常同行動のような異常行動（stereotypy，第4章，第7章参照）の増加，ケージ内での仲間への攻撃や人間に対する攻撃の増加，活動の増加（不活発な状態の減少

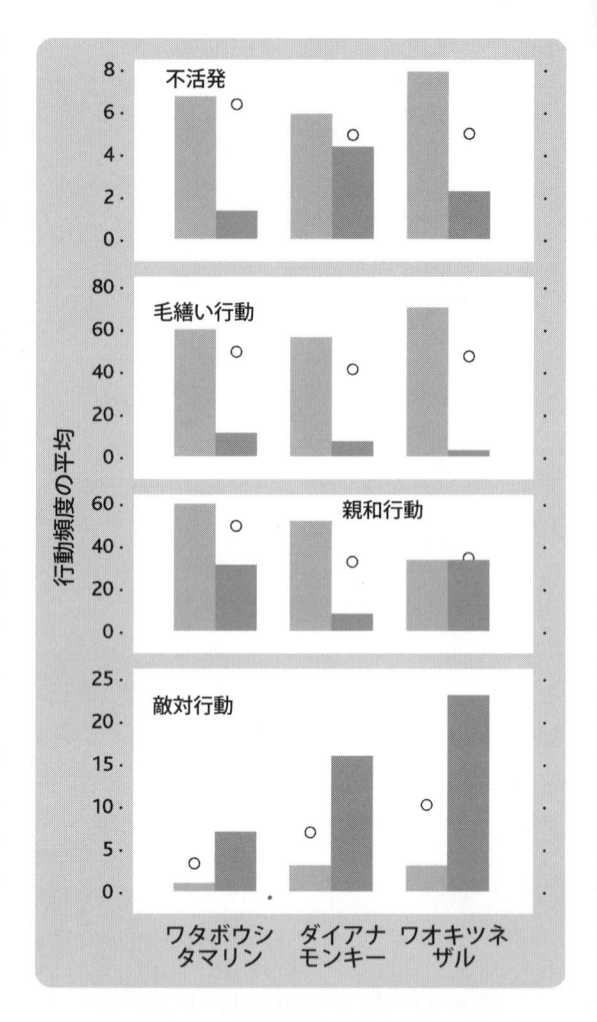

図13-9 エジンバラ動物園の3種の霊長類で観察された4種類の行動の頻度（10秒間隔での観察結果）を示したもの．薄いバーは来園者がいない時，濃いバーは来園者がいる時，丸印は来園者がしゃがんで動物には頭だけが見えている時である．来園者がしゃがんでいる時の動物の行動変化は，来園者がいない時に比べるとあまりはっきりしない．（Chamove et al. 1988）

によって測定されることもある）[7]，時に毛繕いのような親和行動の減少を含む．しかし，様々な研究を比較してみると，来園者に対する行動的な反応は，霊長類のグループによって様々で，一貫性がないことが分かる．また，同じ種であっても，人間に対する反応は個体によって異なる（Hosey 2008, Kuhar 2008）．これは，ストレッサー（ス

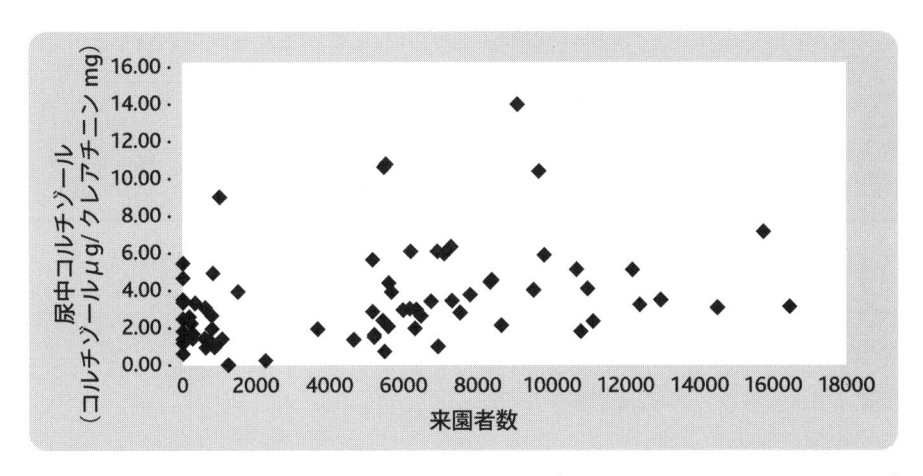

図13-10 チェスター動物園のクモザル群について尿中コルチゾールの平均レベルと来園者数をプロットしたもの．この研究では，英国での口蹄疫の流行により動物園が閉園した時期があったため，来園者のいない状況のデータも得られている．コルチゾールの排出と来園者数との相関は有意であった．（Davis et al. 2005）

トレスの元）に反応した動物の行動変化そのものが，檻内の広さや複雑さ，種の違い，来園者の行動などいくつかの変数に影響されているからだろう．例えば，Wood（1998）は，ロサンゼルス動物園のチンパンジー（*Pan troglodytes*）の来園者への反応と，来園者集団の大きさや与えられた環境エンリッチメントの新しさとの間に実に複雑な相互関係を見出した．動物と人間との間に生じた相互関係の歴史が，結果として動物の反応に影響を与えている可能性もある（Hosey 2000）．

もちろん，行動からストレスを推論することには注意が必要である（第7章参照）．代わりのアプローチとしては生理学的な測定があるが，こちらの方がより動物福祉の直接的な測定方法だろう．Davis et al.（2005）は，チェスター動物園において，来園者数とストレス応答との相関を調べるために，ジェフロイクモザル（*Ateles geoffroyi rufiventris*）の尿中コルチゾールの測定を行った．2001年の英国での口蹄疫の流行により一時閉園があったため，この研究では来園者がいない状況を得ることができたのだが，調査の結果，来園者が多い時に尿中コルチゾールが有意に上昇し，動物にとって来園者が実際にストレスを与えていることが示された（図13-10）．

来園者からのストレスの影響を減らすことができるか

来園者が動物園動物にストレスを与えているとしたら，そのストレスの影響を減らす方法が問われてくる．先述のChamove et al.（1988）の研究によれば，3種の霊長類展示で動物が受ける脅威を減らすには，来園者が立って見るよりしゃがんで見ることが望ましいことになる．実際，来園者がいない時に比べれば行動に影響が見られるものの，しゃがんで見ることで動物の行動への影響に対する削減効果が見られた．このことから，同様の効果が得られるよう来園者通路を低い位置に設けた動物舎をデザインすればよいことが分かる．

既存の動物舎においても，来園者の視線を隠す目隠し（図13-11）や避難場所を加えることによっ

---

[7] 活動的な状態（activity）と不活発な状態（inactivity）は，それぞれが他の行動を含む場合や含まない場合があるため，必ずしも相反的ではない．

図 13-11 飼育動物に対する来園者からのプレッシャーを減らす試みの実施は一般的ではないが，このケースでは，動物から来園者の存在を隠す試みとして，遮蔽物が設置された．（写真：Sheila Pankhurst）

て，来園者からの影響を減らすことができる．ベルファスト動物園のゴリラ舎では，来園者の視線の影響を減らすため，カモフラージュネットの遮蔽が設置された（Blaney and Wells 2004）．その結果，遮蔽がなかった時に比べて，ゴリラの仲間に対する攻撃行動や常同行動の減少が見られた．さらに，この遮蔽は来園者からもポジティブな評価を受けた．来園者は，ゴリラがよりエキサイティングに，かつ攻撃性が少なく見えたと評価した（Keanu and Marbles 2003）．ダブリン動物園のゴリラでの同様の研究では，遮蔽物の設置は，来園者側の通路にカーペットを敷くこと（騒音を減少させるため）や静かにするよう指示する観客へのサインの設置に比べて，動物のストレス行動の減少に効果的であった．

来園者の行動を変化させるためのサインの使用（図 13-12）は，これまで十分に評価されてきたとはいえないが，Krotochvil & Shwammer（1997）による水族館での研究例がある．彼らは，ウィーンにあるシェーンブルン動物園において，来園者が水槽のガラス面を叩く回数を減らそうとした．このようなガラス叩きは，音圧レベルを上げて，魚を驚かしたり，回避行動を引き起こす．そうしたことを減らそうと，彼らは3つの異なった言い方をしているサインを設置した（図 13-13）．

1. ガラスを叩くと魚が死んでしまいます（サイン①）．
2. 頭のおかしな人だけがガラスを叩きます（サイン②）．
3. ガラスを叩かないでください（サイン③）．

このうち2番目のサインが最も効果的であり，ガラス叩きはサインがない時に比べて10%以下に減少した．また，3番目のサインが最も効果が低かった．

来園者からのストレスの影響を減少させるより積極的な方法は，人間とのポジティブな関係を促進することによって，動物の人間に対する認識を改善させることである．これはどのように実現できるのであろうか．

1つの方法は，正の強化トレーニング（positive reinforcement training）である（詳細は 13.4.1 参照）．ペイントン動物園環境公園での研究によれば，アビシニアコロブス（*Colobus guereza*）と来園者との相互の行動は，サルが口腔検査のトレーニングを受けた後，有意に減少した（Melfi and Thomas 2005）．

来園者が動物へのエンリッチメントとなることは可能か

来園者が動物園動物のエンリッチメントになっているという考え方は，Desmond Morris（1964）が初めてであろう．彼は，動物園動物が多くの時間を退屈に過ごしており，来園者はその単調な環境を変化させるための歓迎すべきものだと考えた．残念ながら，この考えを支持する証拠は少ない．メキシコシティ動物園のサバンナモンキー（*Cercopithecus aethiops sabaeus*）での研究（Fa 1989）では，閉園日に比べて開園日における敵対行動の増加は見出されなかった．そのかわり，来園者に餌をねだることに多くの時間を費やしていた．この結果からは，来園者からストレスを受けているというよりも，エンリッチメントになっている可能性がある．同様に，チェスター動物園のチンパンジーは，明らかに食物が投げられることを期待した一連の行動を，好んで長時間行って

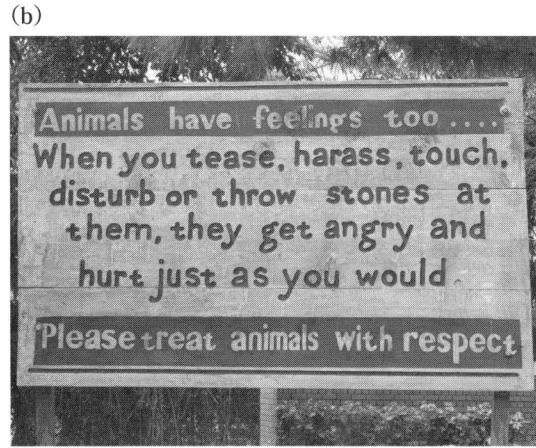

図 13-12　動物園内に掲示されるサインは，来園者への教育というだけでなく，時に来園者の行動を変化させようとするものである．例えば，動物をいじめたり，餌を与えたりしないよう来園者を制止するサインがある．写真のサインは，（a）オランダ・アーヘンのバーガーズ動物園，（b）ウガンダのエンテベ動物園，（c）インドネシアのラグナン動物園シュミッツァー霊長類センター．〔写真：（a）Sheila Pankhurst，（b,c）Vicky Melfi〕

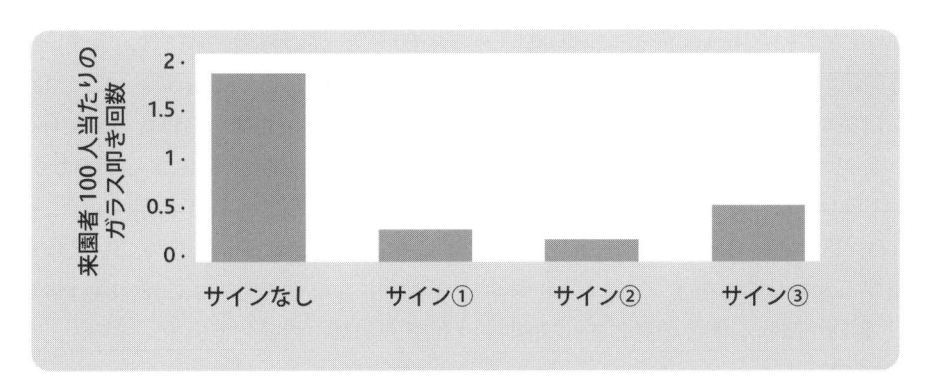

図 13-13　ウィーン・シェーンブルン動物園の水族館でのサインによる来園者のガラス叩き減少効果．単に叩かないよう指示するサインよりも，ガラス叩きをする人は"おかしな人"だとほのめかすサインの方が効果的であった．（Kratochvil and Schwammer 1997 を一部改変）

いた（Cook and Hosey 1995）．

霊長類以外の研究例では，アデレード動物園のテンジクバタン（*Cacatua tenuirostris*）[8]は，来園者の少ない静かな日に，来園者と関係をもとうとして大きな努力を払っていた（Nimon and Dalzio 1992）．このことは，鳥が人間を刺激として認識していることを示している．

1970年代に，Markowitzによって始められたエンリッチメントの取組みは，オペラント条件づけの技法を用いて動物の行動を形成するものであるが，これには来園者が関わるようなものもあった．例えば，ポートランド動物園のテナガザルのために設置された装置は，来園者が装置にコインを入れると，それを知らせるライトが点灯し，ここでテナガザルがレバーを押すとケージの反対側から餌が与えられるというものであった（Markowitz and Woodworth 1978）．この装置は，テナガザルの活動レベルと動物園の収入とを向上させ，動物の来園者に対するポジティブな反応を引き出すと考えられる．

しかし，これらの研究から，来園者の存在がエンリッチメントになっているといえるだろうか．Fa（1989）は，来園者による餌やりによって，動物が食べ過ぎになり，長期的には健康や繁殖に悪い結果をもたらすと指摘している．彼はまた，食物に直結したサルの行動が，社会的行動のような他の行動を代償することも指摘している．同様に，Markowitzが用いたようなテクニックは，一般に"行動エンジニアリング（行動工学）"と呼ばれるが，自然な行動ではなく人工的な行動を促進していると批判されている（Hutchings et al. 1978）．これらの行動の変化がエンリッチメントの結果であるか否かは，どのようなエンリッチメントを実施するかに依存するだろう（第8章参照）．人間と動物が関わる機会を通じて，来園者が動物園動物に対してエンリッチメントになるような状況もあるだろう（次項参照）．しかし，これに関する研究はほとんどない．

無関係なものとしての来園者

本章は，動物が人間をどのように認識しているかというHediger（1965）の議論から始めたが，彼のカテゴリーの1つは，人間を無関係で無視すべき単なる背景として考えているというものであった．これを支持する証拠はあるのだろうか．

近年まで，動物園動物が来園者に慣れてしまった（つまり，動物が人間に慣れて，人間の存在に対して反応しなくなった）という考え方が広く受け入れられていた．しかし，これが真か否かを述べるだけのデータはほとんどない．これまで見てきたとおり，霊長類が来園者を無視していないことは確かであるが，他の種類の動物ではどうだろうか．

アイルランドのフォタ野生動物公園での研究（O'Donovan et al. 1993）によれば，チーター（*Acinonyx jubatus*）のグループの行動には，来園者の存在に反応した有意な変化は見られなかった．シカゴのブルックフィールド動物園でのより新しい研究（Margulis et al. 2003）では，春季および夏季に7つの動物舎にいる6種のネコ科動物の行動を記録したところ，前述したとおり，ネコ類が活発な時に来園者が魅了されたことを観察したが，来園者の存在がネコ類の行動に与える有意な影響を見出せなかった．他のネコ科での研究でも，来園者に関連した常同行動の変化は見られたものの，ネコ科の動物には，霊長類のような来園者への反応は観察されなかった（Mallapur and Chelan 2002, Sellner and Ha 2005）（図13-14）．

霊長類では来園者に対する明らかな反応が見られるのに対して，なぜネコ科ではこれが見られないのだろうか．Margulis et al.（2003）は，ある動物による他の動物への反応性は分類群に特異的だと単純に指摘している．さらに，来園者自身が霊長類であり，サルや類人猿と多くのコミュニケーションシグナルを共有していることもあげら

---

[8] テンジクバタン類（Corellas）はオーストラリアに生息するオウム（コカトゥー，cockatoo）の1グループである．

図13-14 全ての動物が来園者からネガティブな影響を受けるわけではないようだ．写真のペイントン動物園環境公園のライオンに見られるように，ネコ科動物では霊長類のように来園者を嫌悪した反応を示すことは少ないようだ．（写真：ペイントン動物園環境公園）

れる．しかし，種による違いを考慮してもなお，動物の人間への反応に個体差があるという証拠も増えてきている．この点は13.3.3で検討する．

種を超えたコミュニケーション

これまで見てきたケースでは，動物園動物に対する来園者の影響は，逆にいえば，ある種の行動が他の種の存在や行動によって変化を受けることを基礎として推論されてきたが，種の間のコミュニケーションについて実験を行ったわけではない．動物が人間を区別できるという魅力的な洞察を与え得る研究はあるが，そのシグナルそのものの研究は少ない．

Mitchell et al.（1992a）によるサクラメント動物園でのゴールデンマンガベイでの研究が好例だ．この研究では，手すりに登る，滑る，寄りかかる，叫ぶ，ソフトドリンクの氷を投げる，飛び跳ねる，表情をつくるなど，サルが怖がるよ うな多くの行動を来園者が行っていることが示された．このような"ハラスメント"にあたる行動は，女性よりも男性によって数多く行われていた．また男性は，雌よりも雄のマンガベイに対して，より多くのハラスメントを行っていた．逆に，雄のサルは，来園者を威嚇することが雌よりも多く，その威嚇の多くを男性の来園者に向けていた．（動物が人間にどのような反応をとるかというHedigerのカテゴリーは，逆方向にも適用できるようだ）．

他の霊長類を用いた研究としては，Cook and Hosey（1995）によるチェスター動物園での研究があり，この研究ではチンパンジーと人間との間でシグナルが交わされていることが観察された．ここでも，男性来園者はその行動を雄のチンパンジーに向ける傾向が見られたが，ハラスメントはあまり見られず，チンパンジーの行動の多くは餌をねだる行動として説明がつくものであった．人間と動物の間の一連の行動が見られており，それは一般的に先行するチンパンジーの行動に影響された来園者の行動であった．

人間と人間以外の霊長類の間では，形態学的な類似やシグナルの類似があるため，他の種と比べれば多くのシグナルの交換をしていると予測される．例えば，ふれあい動物園（petting zoo）の羊や山羊は，人間に対して攻撃行動や回避行動を見せる（Anderson et al. 2002）が，マンガベイの例で見られたような同種のライバルとしてというよりも，捕食者や危険な存在として人間を認識している可能性がある．

13.3.2 人間による騒音

動物園において見慣れない人間は来園者ばかりではない．施設建設を行う人，メンテナンスを行う人，配達業者などは，飼育場の前での存在というよりも，引き起こした騒音が動物の注意を引くだろう．

動物に対する騒音の影響の研究も著しく少ない．研究例としては，ワシントンDCのスミソニアン国立動物園で，隣接する檻の取壊し工事が行

われた際,2頭のジャイアントパンダ(*Ailuropoda melanoleuca*)の行動とコルチゾールの排出変化を調べたものがある(Powell et al. 2006). 取り壊し工事が続いている間,研究者が"落ち着きがない(restless)"と特徴づけた行動が2頭ともに観察され,併せてコルチゾール排出の増加も見られた. ただし,コルチゾール排出については,変動の個体差が大きいため,工事の影響といえない可能性もある.

同様の研究としては,ハワイのホノルル動物園において,日常のメンテナンス作業が行われた日と行われなかった日で,2種のハワイミツスイ〔アカハワイミツスイ(*Himatione sanguinea*)とハワイミツスイ(*Hemignathus virens*)〕の行動と糞中のコルチゾールとを調べたものがある(Shepherdson et al. 2004). 研究の期間中,イブニングコンサート,メンテナンス作業で檻に入る人々,屋根で作業する人々,機械のノイズといった様々な騒音が発生した. 特段何も起こらなかった日に比べて,コンサートや機械のノイズが発生した日には,糞中のコルチゾールのレベルが有意に上昇した. また,それらの騒音は,採餌行動や止まり木の移動といった行動の減少など,行動の変化にも関係が見られた.

最後の例としては,英国マーウェル動物園での2つのグループのクロシロエリマキキツネザル(*Varecia variegata*)の観察がある(Hutching & Mitchell 2003). 2つのグループのうち片方は展示されているグループ,もう一方は展示されていないが,車,売店,ミニチュア列車の駅といった,動物からは見えないところからの騒音を受けるグループである. 後者のグループでは,におい嗅ぎ,マーキング,歩行,警戒行動が高いレベルで見られ,展示グループでは,これらの行動が同様の高い頻度に近づいたのは,来園者密度が高くなる午後であった.

13.3.3 飼育係

動物の飼育係に対する認識は,来園者に対するものとは全く異なっている. 飼育係は,特定の動物と長期かつ緊密に接触しているため,動物とより恒常的な関係を築くことができる(図13-15).

この文脈での"関係(relationship)"とは,2個体が互いの行動の結果に対して,高い確率で予測できるような相互の関係を築くということ,言い換えれば,互いにしたいことが分かるようになるということである. このような関係には様々な質のものがあるが,最もポジティブな関係としては,人間と動物間に"絆"や"愛着"が形成される(Estep and Hetts 1992). このような人間と動物の絆の主な特徴は,個々の人間と動物の関わりが双方向的かつ継続的であり,双方の集団の幸福を増進することとされる(Russow 2002). も

図13-15 飼育係は,一般来園者に比べて,より長く,より親密に動物と接している. そのため,飼育係と動物との間には恒常的な関係が構築されている. (写真:Julian Chapman)

ちもん，関係には質の低いものもあるだろう．相互関係の質や，最終的には動物と飼育者との間の関係は，飼育技術の本質的な要素である．飼育技術とは，動物を管理したり，世話をしたりする技術のことである．

動物は人間の個人を見分けることができるか

動物が個々の人間を見分けることができるということは，ペットオーナー，農夫，動物園の飼育係，科学者，あるいは動物と長期に亘って過ごしてきた人には経験的に知られていることである．しかし，実験的な証拠は少ない．

実験的研究では，Davis（2002）は，選好性試験（preference testing），オペラント条件づけ（operant conditioning），馴化（habiuation）といったテクニックを用いて，ラット，鶏，ラマ，ウサギ，羊，牛，アザラシ，エミュー，レア，ペンギン，ミツバチが人間の個人を見分けることを示した．家畜に関する文献では，これまでに動物を扱った経験に基づき，動物が人間を見分けることを示す多くの研究がある（例えば，de Passille et al. 1996, Bivin et al. 1998）．同様の結果は，爬虫類（Bowers and Burghardt 1992）やタコ（Mather 1992）などでも見られている．

人と動物の関係の研究からは，どのケースでも，動物が個々の人間を識別することが示されている．

人と動物の関係の影響

再び言えば，動物園において人と動物の関係を調べた研究は驚くほど少ない．しかし，農学分野の研究では，飼育者は家畜との間で様々な質の関係を形成しているという多くの証拠がある．それらの関係の質は，動物の繁殖と福祉の両方に影響を及ぼす（図13-16）．

関連する文献の多くは，Hemsworth（2003）とBoivin et al.（2003）により総説されている．牛，豚，鶏で行われた研究によれば，動物を軽く叩く，なでる，話しかける，そしてゆっくり行動するといったポジティブな行動によって，飼育者が動物と良い関係を築くことを示した．一方，平手打ちする，殴る，叫ぶ，速い動きをするといったネガティブな関わりは，動物の人間に対する恐れを増加させた．ストレスを与えることは，結果として動物の福祉にも悪影響を与え，生産性（例えば，産乳量）を減少させることにもなる．

飼育者と動物の関係の質を決定する最も強力な要素は，個人の態度とパーソナリティの特徴であり，飼育者の行動に対する動物の恐れの反応がフィードバックされ，飼育者の態度を強化することになる．

近年，動物実験を行う人にも，人と動物の関係を理解することの重要性に対する認識が広がっている．もちろん，この重要性の一部は，人と動物の関係が動物実験の結果に対して説明のつかない変数となることへの懸念からきている（14.4.2参照）．しかし，実験者と動物の間の関係は悪影響だけでなく，有益な効果をもたらすことが示され

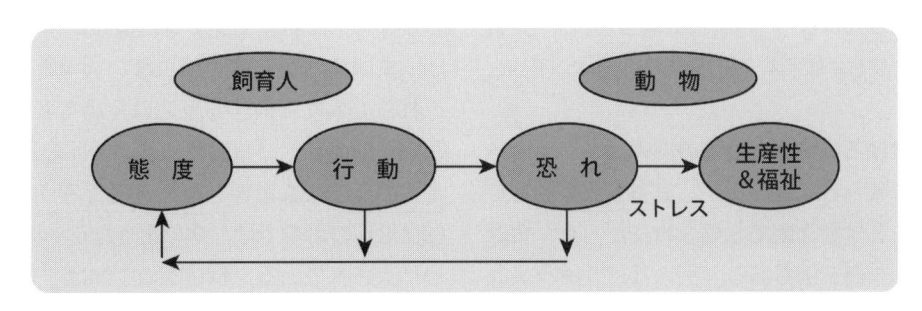

図13-16 Hemsworthが提唱した家畜における人と動物の関係のモデルによれば，動物に対する飼育者の態度が飼育者の動物に対する行動に影響を与え，その行動が動物がもつ人間への恐れの気持ちを増減させ，この恐れが飼育者の態度にフィードバックされるとともに，動物の生産性にも影響を与える．（Hemsworth 2003）

図13-17 飼育者からポジティブな関わりを受けている実験室のベニガオザル（*Macaca arctoides*）は，日常の実験室での作業にあまり不安をもたず，飼育者にも友好的である．（写真：Keith Morris）

ている〔例えば，実験室のラットでのDewsbury（1992）の研究など〕．

事実，実験動物での研究結果は，家畜での結果とよく似ている．例えば，実験室でのベニガオザルでの研究（Waitt et al. 2002）では，飼育者と動物の関係の質が動物の行動に影響を及ぼすことが示されている．飼育者から親しみをもたれているベニガオザルは，日常の実験室作業の間，飼育者からより多くのポジティブな行動を受けることになる（図13-17）．そして，結果として，それらの作業にあまり不安を感じず，飼育者からより多くの餌を受け取ることになる．同様に，霊長類センターにおいて飼育者がチンパンジーとより多くの時間を過ごした時，動物同士の毛繕いが多く，異常行動が少なくなり，観察者に対する行動も"概ね攻撃的"から"概ね好意的"に変化した（Baker 2004）．

動物園における飼育係と動物の関係

研究例は限られてはいるが，家畜や実験動物で見られたことは動物園でも見られるだろう．実際にそのような研究例もある．例えば，サクラメント動物園のゴールデンマンガベイでは，飼育係への威嚇に比べて，観客への威嚇が有意に多いことが観察されている（Mitchell et al. 1991b）．さらに，成雄のマンガベイは，隣のケージの霊長類に対しても，飼育係と同程度の威嚇を向けていた（なお，成雌と若いサルは，隣のケージへの威嚇が多かった）．このことから，サルは飼育係のことを見慣れた同じ種の動物として扱っていることが推測される．

家畜と同様に動物園においても，福祉の向上に影響するような飼育方法の違いによって，動物と人との関係も違ってくるのだろうか．これに関する研究は少ないが，Mellon（1991）の研究では，動物園の小型ネコ科動物の繁殖成功の一貫性のなさについて調査するため，8つの動物園で15の変数の測定が行われた．その結果，飼育係がそのネコ科動物に話しかけたり，関わりをもつのに時間をかけている場合に，繁殖の成功率が高いことが分かった（Box 13.2参照）．

また，家畜や実験動物において，動物の管理とハンドリングは，飼育係としてのスキルの影響を受けるが，例えば，ペイントン動物園環境公園のクロサイ（*Diceros bicornis*）と飼育係とのポジティブな関係は，飼育係の指示に対する動物の反応の短い潜時（latency），つまり素早い反応をもたらした（Ward and Melfi 2004）．

見慣れた人間と見慣れない人間の組合せ

農学分野の文献においては，動物と飼育者の間に形成された関係の質が非常に重要であり，究極的には，これが両者（少なくとも動物）の行動，動物の福祉や生活史に影響を与えることが知られている．研究例は少数であるが，同じことが動物園でもいえると予想できるだろう．

しかし，これまで見てきたように，動物園動物は，来園する多くの見慣れない人々とも遭遇し，それらの人々に対する反応は極めて多様である．動物が形成している飼育係との関係の質は，来園者への反応にも影響を与えるのだろうか．Hosey（2008）の研究では，次のようなケースがあることが示されている．動物園の動物は"来園者"という一般化されたグループとの関係を構築する．このことが，飼育係との関係に関連して，動物の飼育係と来園者との両方への反応に影響を与え

> **Box 13.2　人と動物の関係の悪化が何をもたらすのか**
>
> 　飼育係と動物との関係や両者の良好な関係がもたらすものについて十分に理解されているわけではないが，小さく無害そうな動物であっても，飼育係にダメージを与えられることを，飼育係はよく認識している．そのため，動物との関係の構築が安全な業務の実施のために必要とされる．
>
> 　このことは，特にゾウのように大きな動物で重要となる．ゾウに関しては，動物の福祉のためだけでなく，安全上の理由からもトレーニングが重要である．ゾウの大きさのため，トレーニングを成功させるためには罰の要素が必要となるが（Veasey 2006），罰を与えることが飼育係との関係を壊すことにならないだろうか．
>
> 　くり返すが，この質問への答えも未だよく分かっていない．ゾウによる飼育係への攻撃が起これば，時に命に関わるが，Gore et al.（2006）は，文献調査により，1998年～2003年に発生した飼育係や来園者に対する122件のゾウ関連事故の詳細を分析した．動物が痛みを患っているとか，雄ゾウがマスト期にあるといった明らかな特徴は，少数のケースにしか当てはまらなかった．同様に，飼育係の未熟さや飼育係がその時行っていた作業という要素も，少数のケースにしか当てはまらなかった．ほとんどの攻撃は雌ゾウで起こっていたが，これは動物園では雄よりも雌を多く飼育しているからかもしれない．20歳以上の雌が特に危険なグループという示唆が得られたが，それまでゾウが攻撃性を見せていなかったことから，飼育係は攻撃に注意を払っていなかった．
>
> 　Gore et al. の研究（2006）では，攻撃の起こりやすさには，動物関連，管理関連，飼育係関連の多くの要素が影響しており，どれか1つの要素で明確に説明することはできなかった．このような研究はまれであるが，飼育係と動物の関係やその福祉への（動物だけでなく飼育係にとっての）影響について適切に理解するうえで重要な研究である．

る．飼育者と良質（ポジティブ）な関係を築いている家畜は，人間を恐れず，人間に信頼感をもつが，一方，ネガティブな関係を築いている家畜は，人間を恐れ，接触を避ける（Waiblinger et al. 2006）．これらの中間的な関係をもつ場合は，動物の恐れは少ないが，人間への接触は避け続ける．これを動物園に適用し，動物が遭遇する2種類の人間のタイプ（見慣れた人間か見慣れない人間か）で図示すれば，図13-18のような特徴が得られる（Hosey 2008）．

　このような人と動物の関係への視点が，今後の研究で支持されるなら（まだ研究されていないが），それは飼育係との関係だけでなく，来園者と動物園動物との関係の改善にも貢献することだろう．この観点からの研究としては，既述のペイントン動物園環境公園のコロブスでの研究（Melfi and Thomas 2005）をあげることができる．口腔検査を行うようトレーニング（13.4参照）された個体は，トレーニングの後，来園者に向けた行動を減少させた．また，正の強化トレーニングは，飼育係と動物との関係の質を向上させると広く考えられ（Bassett et al. 2003, McKinley et al. 2003），このようなトレーニングの動物園での使用は，動物が来園者に過敏に反応しないようになるという追加的な利益をもたらすだろう．

13.4　トレーニング

　もちろん，治療や日常的な獣医学的処置，他施設への輸送，その他の目的のために，飼育下動物

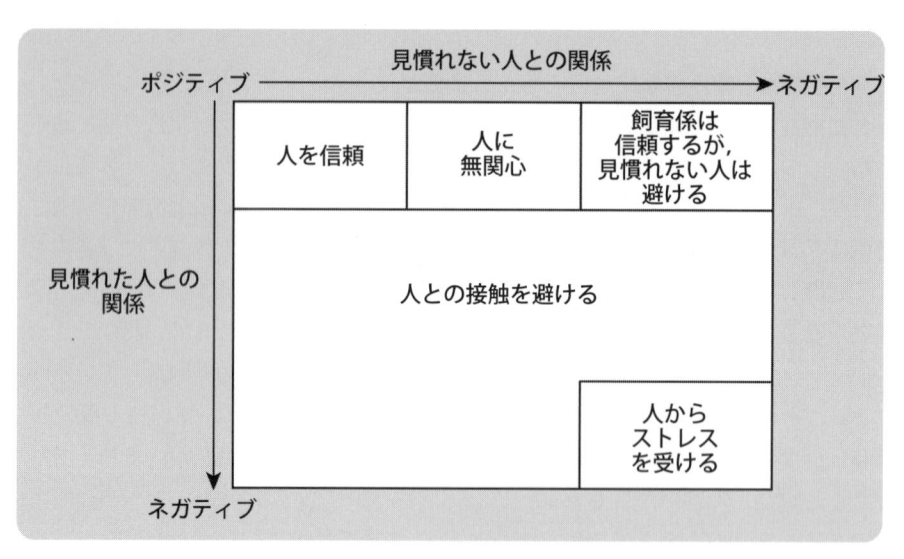

図 13-18 動物園の動物が飼育係（見慣れた人）との特別な関係を構築し，一方，来園者のように見慣れない人との一般化された関係を構築しているなら，それらの関係の質が，ポジティブかネガティブかによって，人の存在に対する動物の反応を予測できる．動物にとっての最良のシナリオは，見慣れた人と見慣れない人の両方との間にポジティブな関係をもつことであるのは明らかである．（Hosey 2008をもとに作成）

の全ては時に保定をする必要がある．家畜や実験動物の研究によれば，このような保定は一般的に動物にとってストレスになる．

ハンドリングに伴うストレスは，様々なやり方で減らすことができる．最もシンプルな方法はハンドリング中は穏やかで静かにすることである．もし，ハンドリングを（軽く叩く，なでる，といったような）肯定的な結果に直接結びつけられれば，これは時間をかけることで動物たちが感じる恐れや嫌悪の程度を減らすことができる（LeNeindre et al. 1996）．ハンドリングを，悪いものではなく，無害なものであるということをその経験を通して効果的に動物は学習する．このようにして，13.3.3 で述べたように肯定的で中立的な関係を動物と飼育者との間に構築することができる（Hemsworth 2003, Waiblinger et al. 2006）．動物園動物の直接的なハンドリングは通常はできない．なぜなら，直接的なハンドリングは動物園で飼育される多くの動物種にとって，飼育係と動物双方に潜在的に危険であるからだ．動物園動物にとって過度のハンドリングや人間の前に姿をさら

しすぎることは，その種の行動や繁殖に有害な影響があるということに配慮する必要がある（第6章参照）．

このハンドリングの効果はおそらくトレーニングの最も簡単な形の1つである．われわれ人間が，動物が何を学ぶのかを判断する際に，トレーニングを行うことがある（Mellen and Ellis 1996）．第4章で説明したとおり，学習（learning）は将来繰り返されるであろう行動の可能性をある出来事が増加したり減らしたりする時に生じる．動物園において，われわれは動物の環境を常に操作しており，したがって，将来動物がどのような行動を行うのかに影響を与えている．これは毎日の飼育管理の中で自然に起こる．時には，"受動的トレーニング"と呼ばれる．というのは，トレーナーによってあらかじめ動物が起こす行動が決められているわけではないからである．しかし，動物が人間の活動から何かを学習した結果として起こるものである．動物園動物は，自分たちの環境について持続的に学習している．例えば，ある動物は鍵の音と飼育係が近づいていることとを結び

付けて学習する場合がある．あるいは，餌を載せた一輪車を押してくる飼育係の姿を見たことと餌の時間とを関連付けている（Young and Cipreste 2004）．

動物が行動を変えるより公式的なアプローチ，"能動的トレーニング"は，動物の環境や人と動物の関係を適切に，計画的に変えることを通して，望まれる行動を引き出すことによって達成することができる．例えば，もしわれわれがある動物に夜室内に入ってほしいと望めば，全ての飼育係が夕方，動物に食べ物を確実に見せ，室内に餌を置くというところから始めるだろう．動物はあっという間に，餌を得ようとして室内に入ることを学習する．

13.4.1　正の強化トレーニング

動物が学習するものを人間がコントロールするには多くのやり方がある．少なくともその環境に影響を与えることによって，動物が日々刺激を受ける．この学習理論の基本的な考え方は第4章で説明しているが，こうした基本原理を理解することによって，動物園動物の行動修正に応用することができる（例えば，Ramirez 1999, Pryor 2002, Laule et al. 2003）．動物園の動物をトレーニングするのに最もよく使われる方法は，オペラント条件づけのテクニックである．これは，単純にある行動を強化することで，将来その行動が繰り返される可能性を増すものであり，正の強化トレーニング（positive reinforcement training：PRT）として知られている．しかし，もし，ある行動が無視されたり，罰せられたりすると，その行動が起きる可能性は少なくなる．この分野で有名な経験豊かなトレーナーであるSteve Martinは"成功するまで動物を気分よくさせること"という．それは，"もしあなたが適した行動をとっているなら，罰するのではなくむしろほうびをあげることで動物を強化するだけでよい"ということである．

トレーニングに内在する複雑さの程度は異なる．トレーニングの最も単純なやり方の1つは，あなたが今後もう一度見たい行動をとらえることである．つまり，動物にしてもらいたい行動を見た時は，それを強化すればよいのである．もし，あなたが見たいその行動が，現在飼育している動物の行動パターンにない場合には，その行動が少しずつできるように強化を図ることである．その過程は，"シェイピング"と呼ばれる（図13-19）．トレーナーが望む動物の行動上のほんのわずかな変化であっても，強化することができる．反対に，もしあなたが現れてきつつある行動をやめさせたかったり，その動物に望む行動が現れなかった場合，あなたは強化を抑えることで罰

図 13-19　アビシニアコロブスにおける開口行動のシェイピング．これにより，捕獲したり，保定したり，群れからサルを分けることなく歯のチェックを行うことができる．第1段階として，ステーショニング（つまり，指定した場所に留まること）をすれば，ほうびを与える．次にターゲット（ここでは，木製のスプーン）にタッチすればほうびを与える．最後に，動物にブドウを示し，口をあけたら，望む行動がなされたことになる．それぞれの行動にはコロブスが理解できる合図が必要で，常に一貫して合図を送ることが重要である．トレーニングの間やトレーニング後にも，言葉による指示を与える．（写真：Vicky Melfi）

するか，その反対の行動を強化すればよい．

　強化子や罰というものは本質的にその動物の好みによっていろいろなものがある．強化子は動物が好きで，そのために"動く"ようなものがよい．当然のことながら，餌は強化子としてよく用いられる．しかし，ある動物にとってはその動物が好むもの（例えばオモチャ）を与えたり，単に爪研ぎを与えられるだけで，同じように動く場合がある．同様に"罰"は動物が避けると思われる何かである．言葉では罰というが，罰は必ずしも痛みを伴うものではない．単に"タイムアウト"であってもよい．つまり，多くの動物にとって，注目されなくなることは避けようとするものである．しかし，動物によってこれが強化子になるかもしれない．

　トレーニングを実施できるようにするには，その個体の繊細さを理解することが必要である．というのも，種と同様に，個体差もトレーニングに影響するからである．例えば，ブロンクス動物園では，タマリン類（ライオンタマリンを除く）は，マーモセットやハイイロティティ（*Callicebus* spp.），シロガオサキ（*Pithecia pithecia*）といった他の南米の種に比べ，短期間でトレーナーに近づいたり，行動を学習することが分かった（Savastano et al. 2003）．ペイントン動物園環境公園のマーモセット類をトレーニングする際にも同様な結果が得られている（Jago et al. 2006）．

　多くのトレーナーがホイッスルやクリッカーといった2次強化子あるいは条件強化子（動物の日常生活にはない音や合図）を用いている．これらは動物に正しい反応ができ，1次強化子（ほうび）がもらえるということを伝えている．繰り返すが，この背景となる理論については第4章で説明されている（特に図4-5を参照）．しかし，2次強化子は強化しようと思っている行動の後に一貫して，正当に，そして迅速に使用された時にのみ効果的である．

13.4.2　動物をトレーニングすべきか

　動物園動物をトレーニングするべきか否か，ということは議論の的である．それぞれの側でトレーニングの実践に関係する潜在的な利点や問題点について議論されている．そのいくつかを表13-2に示した．しかし，動物園動物においてトレーニングの影響を評価した実証的研究はほとんどなく，こうしたデータベースの多くは，経験則に基づくものである（例えば，Desmond and Laule 1994）．

　飼育管理や保全・再導入，研究，プレゼンテーション，教育といった多くの理由のために動物の行動を動物園ではトレーニングによって変えてきた（Box 13.3）．どの分野においても，トレーニングの適用は十分な能力のあるスタッフによって，また，必要性や目指すべき行動が認識された際にのみなされるべきである．何点かの注意事項もあり，これに関しては，Box 13.4で詳述する．

　どの種をトレーニングすべきかについては境界はない．つまり，霊長類から鰭脚類，ワニからクジラまで，他にも動物園で飼育されている種のほとんどでトレーニングの成功例が報告さ

表13-2 動物園動物をトレーニングすることに賛成または反対する意見のいくつか

長　所	短　所
1）飼育管理を容易にする．	1）動物園動物の家畜化が進む．
2）動物の健康や福祉を向上させる．	2）あまりにも侵襲的すぎる場合がある．（例）超音波検査
3）飼育環境を豊かにする．	3）トレーニングにより動物の行動を変えてしまう．
4）人と動物の関係をよくする．	a）動物の保全価値を減らす．
5）動物の繁殖成功を高める．	b）動物と人の関係を高める．
	c）動物と動物の関係に影響を与える．

Box 13.3 トレーニングを通して何を達成できるのか

歴史的に，動物をトレーニングする目標は，パフォーマンスで人々を楽しめるようにするというものであった．今日では，来園者の態度が変化し，動物が"ちっちゃな人間"のように演じたり，芸をしたりするように訓練されるといった多くの"伝統的な"動物のパフォーマンスは，今日の文化ではあまり受け入れられず，しかもその動物に対して適切とは言い難い固定的な見方を植えつけてしまう．

Anderson et al.（2003）は，ハズバンダリートレーニングの様子を見せながら，何が起こっているのかを来園者にインタープリターが説明すること（それこそがパフォーマンス）は，動物園の認識を向上させ，動物に対するより深い見識を与えていることを明らかにした．それによって，来園者が動物園により長時間滞在することも分かった．動物が本来もっている可能性に焦点をあてたり，保全あるいは環境に対するメッセージを示すプレゼンテーションが，多くの動物園で今やあたりまえになっている．Lukas et al.（1998）は，動物園におけるトレーニングの様子はオペラント条件づけ理論の原理を生徒に教える際に非常に有効であることも指摘している．

飼育管理の目的のために様々なトレーニングのやり方が実践されている．直観的にいえば，ある動物から血液サンプルをとろうとする際に，自ら進んで腕を突き出すようであれば，力ずくで捕まえたり抑えたりするよりも，ストレスは少ないだろう．実際，このケースはまさに良い例である．Reinhardt（2003）は，実験室で飼育されているアカゲザル（*Macaca mulatte*）6頭のコルチゾール濃度が，トレーニングされた時と比べ，されていなかった時に明らかに高かったことを示している（表 13-3 参照）．

同じような結果がボンゴ（*Tragelaphus euryceros*）でも述べられている．箱の中に 20 分間拘束された際に，トレーニングされたボンゴでは，トレーニングされておらずハンドリングされることに慣れていない反芻動物の野生種や，さらには家畜牛と比べても著しくコルチゾール濃度が低かった（Grandin 2000）．トレーニングは，例えば，アビシニアコロブスに駆虫剤を与えるといったような（Melfi and Poyser 2000），群れの中にいる個体を治療することにも用いられてきた．また，インドサイ（*Rhinoceros unicornis*, Schaffer et al. 2005）やゴリラ（*Gorilla gorilla gorilla*, Brown and Loskutoff 1998）への人工授精（artificial insemination）を容易にしたり，ジャイアントパンダに親としての育子法を教えたり（Zhang et al. 2000）といったことにもトレーニングが使われてきた．

オペラント条件づけの技術は，特に再導入のような保全目標を達成する目的でも使われている．

表 13-3 従来の保定法で血液を採取した場合と，トレーニングされて，"協力的に"血液採取を行った場合とを比較した実験室で飼育されている 6 頭のアカゲザルにおける平均コルチゾール濃度

血液採取法	平均コルチゾール濃度 第 1 回目	平均コルチゾール濃度 第 2 回目	有意差
従来の方法	$20.1 \pm 4.5\,\mu\mathrm{g/dl}$	$33.8 \pm 5.3\,\mu\mathrm{g/dl}$	$p < 0.001$
トレーニングされた場合	$19.6 \pm 3.0\,\mu\mathrm{g/dl}$	$22.3 \pm 5.0\,\mu\mathrm{g/dl}$	$p < 0.1$

出典：Reinhardt（2003）のデータより

Box 13.4　動物園でトレーニングを実施する際の注意事項

　トレーニングは，多くの動物園で幅広く実施されるようになったが，トレーニングを実施されている行動以外には，その動物の行動や生物学への影響を図るために特になされた研究はほとんどない．われわれはマーモセット類に様々な作業を行えるようトレーニングするためにどれくらい多くのやり方がなされているのか（Savastano et al. 2003），あるいはどの行動がトレーニングされているのかを記録してきた．しかし，トレーニングの過程がどれほど個体や社会集団の力関係に影響を及ぼしているのかについてはほとんど理解していない．これは必ずしもトレーニングは避けるべきもの，あるいは有意義な効果をもっているものだということを意味しているわけではない．しかし，言いたいのは，トレーニングの結果の全てを高く評価し，それゆえこうした結果を引き出すためにさらに励むべきだということではない．

　重要なのは，この調査は動物園動物をトレーニングするうえでの利点と欠点を調べ，検証するためになされているということである．Melfi and Thomas（2005）はハズバンダリートレーニングがアビシニアコロブスの活動の時間配分（activity budget）や社会行動を大きく変えるわけではないことを示した．しかし，これはコロブスがトレーニングを受けている間の人との関わり合いの頻度に影響する．図 13-20 はトレーニングの過程が進行すれば，人との関わり合いが少なくなっていくということを表している（13.3.3 も参照）．すなわちトレーニングは計画された以外の行動にも明らかに影響を及ぼしているといえる．

　動物園で実施されるトレーニングの大部分は，飼育管理の目的にかなったものであり，治療などの行為は怖くないものだということを動物に学習させようする．このことは，代替的手法が危険であるような場合に特に有用である．例えば，定位置にいるように動物をトレー

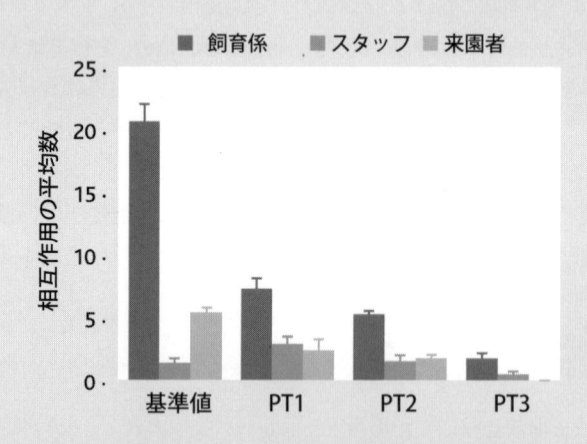

図 13-20　不動化させずにアビシニアコロブスの口腔検査を行うことを目指したペイントン動物園環境公園におけるトレーニング・プログラム．このプログラムは動物の行動に関してほとんど影響がなかった．しかし，来園者であろうと，動物園スタッフであろうと，コロブスが人間とどのように接するのかに大きな影響を与えた．スタッフであろうと来園者であろうと，人間に対するコロブス主体の関わり合いの頻度はトレーニングが始まった後，有意に減少した．基準値はトレーニング開始前の期間を表している．トレーニング開始から 1 か月間（PT1），次の 1 か月間（PT2），さらにその後 1 か月間（PT3）データを収集した．（Melfi and Thomas 2005 より）

Box 13.4 つづき

ニングすること（つまり，特定の場所で動かないように留まらせていること）で，物理的・化学的抑制をする必要がなくなる（Wardzynski et al. 2005）。"望まない"行動を改善することもまた，ある場合において試みられている。Bloomsmith et al.（2007）は，オペラント条件づけの手法は，常同行動や霊長類の自傷行動（self-injurious behaviours）を抑えるのに用いることができると述べている。

その他にも，霊長類において社会的状況に適応させるためにトレーニングが行われてきた。例えば，社会的に高低のランクづけがなされているマカクで，社会的な関わり合いをより少なくしたり，高めたりするようにトレーニングされた例がある（Shapiro et al. 2003）。また優位な雄のチンパンジーが，自分の周りでグループの他の個体が自由に餌を食べている間，じっとしているようにトレーニングされた例もある（Bloomsmith et al. 1994）。これらの状況下で，その動物にトレーニングがどのような影響を与えるのかを明らかにすることが非常に重要である。トレーニングは動物の行動を変えることができる。しかし，もしその環境刺激や動物本来の行動の動機づけが変わらなければ，その動物にとっては"やってみたい"という行動と，トレーニングされて行う行動との間にフラストレーションがたまることになるだろう（動機づけについての詳細は4.1.3を参照）。もしこれが事実であれば，物理的な障壁が以前，動物の常同行動を止めるために用いられてきたのとほとんど同じように，トレーニングが表に表れる行動に対する精神的な障壁となっているとも考えられる。

れている。例えば，ジャイアントパンダは展示場内で動かすためのトレーニングがされてきた（Bloomsmith et al. 2003）。また，アルダブラゾウガメ（*Geochelone gigantea*）は採血する間，立っているようにトレーニングが行われた（Weiss and Wilson 2003）。

まとめ

- 世界中の動物園には非常に多くの人々が訪れ，その来園者層は全ての年代である。観客の多くは，楽しみのためや動物を見るために動物園を訪れており，一般に動物園に対しては好意的だ。
- 動物園は，サインのような非公式の方法とキーパートークのような公式の方法の両方によって，来園者を教育し，その態度を変えさせようとしている。しかし，その態度や行動の変化は限定的なものののようだ。
- 動物園の来園者は動物の行動に影響を与えており，また，動物にストレスを与えていることを示す研究結果がある。一方，動物によっては，全く影響を受けず，人間の存在がエンリッチメントになることもあるようだ。
- 対照的に，飼育係は，動物と親密な関係を構築している。ただし，飼育係と動物との関係に関する研究は少ない。
- 動物のトレーニングは，日常の飼育管理におけるストレスをより少なくすることができ，人間との関係にも有益な効果を及ぼす。

論考を深めるための話題と設問

1. 動物園は，来園者にどのような教育的メッセージを伝えるべきか。
2. 動物園は，デモンストレーションやディスプレイのために動物を用いるべきか否か。

3. "動物園が動物をトレーニングしてショーに用いる時，その動物はもう野生の世界の代表者とはいえない"という言説は本当だろうか．また，このことは問題となるだろうか．
4. 飼育係が動物園の動物と親密な関係をもつならば，そのことは日々の飼育作業の助けもしくは妨げになるだろうか．
5. 動物園は，来園者から動物がよく見えるようにするべきか．それとも，動物が来園者から隠れる機会を提供するべきか．

さらに詳しく知るために

Heini Hedigerの書（例えば，Hediger 1955, 1970）は，今では長く絶版になっているが，人間と動物園動物の複雑な関係について解説したものとして，現在も読むに値する．動物園環境における動物の学習やトレーニングの役割については，Mellen and Ellis（1996）が良い解説を提供している．

ウェブサイトとその他の情報源

人と動物の関係に関する研究についてさらに関心をもつ方には，この分野の研究を行っている学会として国際人間動物関係学会（International Society for Anthrozoology, http://www.isaz.net/）があり，同学会では各種の会議の開催や雑誌「*Anthrozoös*」の発行を行っている．

動物園において人と動物の関係の研究を実施する方は，Mitchell and Hosey（2005）による研究ガイドラインをご覧いただきたい．同ガイドラインは，BIAZAのウェブサイト（http://www.biaza.org.uk/）で公開されている．

トレーニングに関する専門知識をつけたい方には，動物行動管理同盟〔Animal Behaviour Management Alliance（AMBA），http://theabma.org/〕が情報提供やメンバーへの協力を行っている．

動物園教育は，現在，広範かつ革新的な研究分野となっており，この分野の研究成果を見るには国際動物園教育者協会（International Zoo Educators Association, http://www.izea.net/index.htm）のウェブサイトが適当である．同サイトでは，ニュースや情報の提供のほか，協会の発行する雑誌へのオンラインアクセスも可能である．

第14章　研　究

　研究とは，新しい何かを発見することである．同時にそれは，問題を解決していくことでもある．動物園研究は，科学の限界を押し広げる重要な，そして新しい情報をもたらし得るものだが，同時にそれは，動物園の抱える日常的な問題を解決する最も適した方策を見出してくれるものでもある．動物園研究は，動物それ自体を対象とするだけではない．研究は，収入に結びつく企画といった動物園の経済的側面に関するデータを蓄積することであったり，動物園が動物園間で協力しあって地域における種の多様性維持の可能性を探ることであったりもする．事実，動物園研究は，物理学や化学といった側面から，心理学や社会学，あるいはそれ以上の側面まで，幅広い問題をカバーしている．しかし，この本は動物園そのものより

も，動物園動物のことを記述するのが目的なので，本章では動物園によって，あるいは動物園で行われている生物学や飼育動物の行動研究にテーマを絞ることにする．

　動物園動物の研究には，他の生物学分野には見られないような特殊事情がある．それは方法論上の問題としての交絡変数の問題[1]であったり，サンプルサイズの小ささであったり，データを取る際に，本当は考慮しなければいけないデータの独立性であったりする．それは方法論上の問題であるから，当然，動物の権利にも広く関心を払わなければならない．動物園研究の別の側面では，実験動物や家畜，あるいは野生動物とも類似した問題が生じ得る．

　この章では，次のようなポイントで考察する．

14.1　なぜ動物園での研究が重要なのか
14.2　"研究"とは何か
14.3　"動物園における研究"とは何か
14.4　動物園研究に見られる方法論上の問題
14.5　データ解析の問題
14.6　多くの動物園を対象にした研究
14.7　動物園における研究成果の普及
14.8　動物園研究が必要な理由とは何だろう

　Box（コラム）では，動物園研究に伴ういくつかの概念と方法論の課題を扱っている．

　この章では，ほとんどの学生が研究として行っており，そして，サンプリングやデータ分析上の特殊な問題点がある動物行動学を，まず扱う．この章が，動物園研究の理解と解釈のためのフレームワークを与え，動物園という環境で研究を遂行する能力をみがくための基礎を提供することは間違いない．

---

[1] 交絡変数とは，例えば極端に悪い天候の時期とか，来園者の大幅な増加といった，測りきれないが，それでも間違いなく結果に影響を与える様々な要因を指す．

14.1 なぜ動物園での研究が重要なのか

どのような科学的訓練においても，研究は，たいてい"基礎"（時にはまた"純粋な"とか"基盤の"と呼ばれることもあるが）と位置づけられ，理論や知識自体の前進を促し，またその研究が特定の問題を解決するためにデザインされるか，よりよく実行するために"応用"される．これらはいずれも，動物園がおかれている状況を大きく改善する．

動物園の環境は，動物研究にとってはユニークなものである．野生と違って，調査者が動物に近づくことは，比較的簡単にできる（図14-1）．そのため，野生状態ではデータを集めることが難しい動物でも，動物園動物だと容易に集められる．Frans de Waal（1982）は，オランダのアーネム動物園のチンパンジー研究に関連して，動物園研究の利点をコメントしている．動物園で調査すれば，外国産の動物種のデータを集める場合でも，野生動物のフィールドワークに比べ，驚くほど経費がかからない．また動物園動物の調査で得られる結果は，野生状態で暮らす動物の生物学にも役に立つ洞察を導き得るのである．

その好例が，最近公表されたものにある．コモドオオトカゲ（*Varanus komodoensis*）が有性のみならず無性でも，つまり単為生殖によって繁殖できることが発見されたのである（第9章を参照）．この研究は動物園の獣医師と大学の研究者が共同でなしとげ，その成果は雑誌「*Nature*」に掲載された（Watts et al. 2006）．単為生殖は脊椎動物にはまれにしか見られず，しかも，本種についての報告はなかった．この発見は，絶滅が危惧されている本種の飼育法にも示唆を与えている．というのは，無性状態で繁殖を続ければ，遺伝的な多様性は減少していくものだからである．Hutchins（2001）も，動物園を基盤にした調査について，野生状態では情報収集が難しいシャチ（*Orcinus orca*）の繁殖生理について，基礎生物学的な光を灯すと述べている．

もう一度，野生とは異なる条件を述べると，動物園では単純な観察を超えた操作というものが可能であろうし，実験的なアプローチも可能になるかもしれない．動物園という環境は，実験室とは異なる．多くの場合，動物園動物は，実験室よりもずっと自然状態に近い集団や展示施設で生活している．そのため，動物園動物からは，実験室で得られるよりもずっと生物学的に妥当なデータが得られる．そして，飼育下にいるとは思えないような多くの事実を伝えてくれる．この事実に加えて，動物園には様々な興味深い動物がいる．多くの動物は，まだ詳細な報告がないままだし，また多くの動物は絶滅の危機にある．多くの人が，基本的に動物園は，生物学研究に適した場所だということに同意してくれるだろう．

仮にそれが設立の第1の目的でなかったとしても，実際のところ，動物園は生物学に関わる研究に長い歴史をもっている（Hutchins 2001）．例えば，ロンドン動物園は設立にあたって，"有効な目的への応用として，もしくは科学的研究に役立つように…動物を収集する"としていた．大西洋の反対側では，ニューヨーク動物学協会が

図14-1 動物園では，他では研究の難しい多くの動物種に，調査者が接近できる．ここでは，ある学生がカワウソの展示施設で音声データを集めている．（写真：ホイットニー野生生物保全トラスト）

1916年に熱帯研究部門を設立し，また1966年には動物行動学研究所を設立している．

　動物園で応用研究をするというのは，どういうことだろう．科学的研究の方法論の応用から動物園が受ける恩恵とは，動物福祉や栄養，健康，その他もろもろの動物の生命に影響を与えるであろうことだ．このことから，問題の原因となっているであろう可能性に対して仮説[2]を用意し，どの解釈が最もありそうかを決定できるようにデータを集めてみる，そのことを計画的にやってみることが大切だ．この経験に根ざした知のアプローチは，"とりあえずやってみる"式のアプローチより，格段に有効である．なぜなら，ただのお話に終わらないこの方法だと，研究成果が他にも適用可能であるからだ．さらに，動物園の動物管理チームが起こった問題を解決する，あるいは緩和するための計画決定にも使えるかもしれない．例えば，あるエンリッチメントが有効かどうか．どれくらいの食物量なら消化できるだろうか．このような応用研究は，動物園管理において必要不可欠である．

14.2　"研究"とは何か

　"研究"とは何かという疑問に答えることは，はじめに考えていたほど簡単なことではない．どのような研究が大学や他の高等教育機関で評価[3]されるかについて，英国政府の採用している定義では，"知識や理解を得るために行うオリジナリティーの高い調査"とされている．これは世界動物園水族館保全戦略（WZACS）の，"動物園や水族館の研究は，その運営を改善し，また（動物学の基礎と応用に関わる）科学の発展を助けるため，新しい知識をもたらすことを目的としなければならない"という記述（WAZA 2005）とほぼ同様である．

　この内，論争になりそうな定義というものはないが，ただし，動物園に寄せられた意見では，研究は動物園の仲間内で行う気楽なものというより，より厳格な行いだと解釈できる．その意味で，研究に対する定義は大切だ．例えば，この問題を動物園として解釈する目的でまとめられた「Zoos Forum Handbook（動物園フォーラムハンドブック）」（Defra 2007b）では，統計的な目的のために，ただ情報を集め参照することだけが研究に必要なことではないと述べている．しかし，例えばRees（2008b）は，動物園の業務として行う飼育係（キーパー）の業務記録は研究ではないと批判している．

　これは，技術論的には，たぶん正しいのだろう．しかし，ただ蓄えられてきた記録であっても，統計学上の分析がほどこされれば，十分，研究に使えるデータ[4]となることがある（第5章参照）．多くの小規模な動物園や水族館にとって，これは研究に貢献する現実的な方法であり，新しい知識を紡ぎ出すもう1つの分析法であると言えるし，また，そうあらねばならない（図14-2）．例えば，Whitford and Young（2004）は10年間に及び，絶滅危惧鳥類について飼育下ではどのような傾向が見られるのか，英国を代表する10か所の動物園の飼育記録を分析してみた．すると，動物園で飼育されているIUCNレッドリスト[5]に記載された種は，種数のパーセントで見た時にも，種数そのものでも増加していることが明らかになった．

---

[2] 仮説というのは，何を観察したかを説明する，ある種の作業仮説のことだ．集めたデータは，その仮説を支持するか，さもなければ，それが間違っていることを示すだろう．

[3] これは，英国，スコットランド，ウエールズ，北アイルランド王国の高等教育助成委員会が定期的に行っている研究評価事業（RAE）である．

[4] "データ（data）"という英語は複数形であることを忘れないこと．

[5] IUCNレッドリストについては，第10章にもう少し詳しく書かれている．

図 14-2 ペンギンは動物園で最も人気があり，長い飼育の経験がある．このことは，よりよい飼育条件を研究し得る長期に亘るデータベースが存在することを意味する．（写真：サウスレイクス野生動物公園）

Pizzi（2004）は，エジンバラ動物園で死亡した1,000羽以上のペンギンについて，90年以上に亘り記録された剖検記録を分析し，いくつかの可能性を特定した．Pizzi（2004）は，アスペルギルス感染，つまり真菌性の肺炎（気嚢の病気）が最も大きな死亡原因となっており（ペンギン死亡の38%），雄の死亡率は雌の2倍であることを明らかにした．

14.3 "動物園における研究"とは何か

このことをもっとよく考えてみるためには，たぶん柔軟な定義と研究の見通しが重要だろう．飼育下であれ野生状態であれ，その環境や動物自体をよく知り，われわれの知識や理解を増やす活動は，全て"動物園研究"とみなすべきだろう．それなら，動物園研究の特徴とは何だろうか．

14.3.1 何のための動物園研究か

上に述べたように，世界動物園水族館保全戦略（WZACS）では，動物園研究の役割とは，動物園を助け，研究者の研究を完成させることだとしている（WAZA 2005）．このことは，研究は動物園の今後の運営方針を立てるために，言い換えれば，知識を増やし，その他具体的なこと，例えば繁殖や保全，動物福祉などに役立つものであることが必要であり，大学やその他の研究者の比較生物学的な研究を容易にする必要がある（飼育による過度の干渉や動物福祉を引き下げること，さらに法律に違反することがないように考慮したうえで，動物への接近を助け，あるいは生物学的なサンプルを提供するなど）ことを意味する．このことを他の面から言い直せば，多くの動物園で行われる研究は応用されるべきだ．つまり，飼育動物を管理するうえでよりよい方法をとり得るような，研究成果から導かれる計画である．しかしながら，研究それ自体のための知識の前進もまた可能であり，奨励されて当然である．

14.3.2 どれぐらい動物園では研究が行われているのか

研究を受け入れることは，動物園における保全戦略を考える時には重要である（第10章参照）．実際，英国では，動物園は法によって研究を受け入れなければならず[6]，特に，研究は動物園での保全という目標をなし遂げるために手助けとなっている．そのため，現実にどの程度の研究が行われているのか，そしてそれは保全上の，あるいは動物園運営上の戦略や"指令"に従うという意味で増えているのか，などが問題となる．

ただ，この質問に答えることは簡単ではない．というのは，動物園の多くの研究は学生（例えば，学部学生や大学院生の研究など）やボランティアによって行われているからである．例をあげれば，チェスター動物園では，1年間に200人もの調査者（彼らの多くは学部学生である）を受け入れているし，ペイントン動物園環境公園では，たいてい40～50名の学生を受け入れている．このことはよいトレーニングの機会を学生に与えてお

---

[6] この要求は EC Zoos Directive 1999/22/EC による（第3章を見よ）．

り，結果として，動物園側にもデータ集積やその他の見返りを及ぼしている．しかし，このような研究が査読付きの学術誌に掲載されることはまれである（14.7 を参照）．したがって，動物園での研究は，実際に行われているより過小評価されがちである．

動物園でどれくらいの研究が行われているかを見積もる別の方法は，直接，当事者に聞いてみることだ．しかし，ここでもまた過小評価が問題となる．つまり，前の章で見てきたように数値の分析だけを問題にしがちであり，また異なる組織から学生や専門家が来て分析をしてしまうので，多くの動物園では，動物園自身の研究例だとは見なしていないからである．大学の研究者は必ずしも動物園の協力を必要とせず，その点でもまた，研究のための努力は動物園側には知られないままであることがある．

動物園の研究を調査した例もある．Finlay and Maple（1986）の最も初期の調査では，かれらの質問票に答えた米国の 120 の動物園や水族館を分析している．70% は，最近になってそのような調査を受け入れており，46% は研究プログラムを拡張する意向があった．しかしながら，その内のたった 27% に研究委員会，あるいは研究部門があるにすぎず，研究ガイドラインは，さらに少ない 21% が整えているにすぎなかった．たいていの調査は規模の大きな動物園で行われるだけであり，多くの調査は行動，もしくは繁殖生物学について行われており，さらに多くは，霊長類以外の哺乳類を対象にして行われている．研究参画できない動物園や水族館は，往々にして"資金の補償がない状態"であったり，"資金がないために，しっかり訓練を受けたスタッフが不在である"ことを重要な理由としている．それでもなお，研究活動は高度なレベルにある．

12 年後にもう一度アンケートを取ってみると（回答を寄せた動物園と水族館 123 の園館の内，88%），研究活動は増えていた（Stoinski et al. 1998）．しかし，多くは最初のアンケートに寄せたものと同じ情報であった．それゆえ，研究活動が認められるのは大規模な動物園や水族館のみであり，その他の施設では資金の欠乏や専門のスタッフがいないことが，研究ができない主な理由としてあがっていた．しかし，今回アンケートに答えた動物園の 64% では，自前のガイドラインをもち，90% では研究委員会，あるいは研究部局を，（もしくはその両方を）そなえていた．筆者の意見では，動物園や水族館で"研究がなされており，それは申し分のないレベルにある"．"しかし，まだ大多数の園館では専属の研究スタッフは雇えないし，1986 年の報告の段階で，調査研究が拡大傾向にあると答えた園館はほとんどなかったということから，まだまだ改善の余地はある"としている．

57 の欧州の動物園から回答を得た Nogge（1997）による広域調査では，73% が調査研究を受け入れており，多くは動物行動学（プロジェクトの 3% 以上），繁殖（15.5%），保全（12.4%），そして獣医学（12.4%）であった．しかしながら，Stoinski et al.（1998）が行った同じような広域調査では，英国の状況も欧州全域の状況も，そしてそのほかの地域でさえ状況は明らかではないので，どのような傾向があるのかを指摘することは難しいとされた．われわれに言えることは，過去 10 年間，調査研究の結果では，英国・アイルランド動物園水族館協会（BIAZA, Box 14.5 参照）の仕事量は飛躍的に伸び，英国・アイルランド動物園水族館協会のカバーする地域では，研究に対する動物園の努力が相当なものになっている（大きくなっている？）ことを示唆している．

14.3.3　動物園ではどのような種類の研究がされているのか

先に述べたように，動物園では様々な学問分野の調査研究ができ，その一部は社会科学にも及んでいる．生物学ではほとんど全ての分野が調査の対象となっている．表 14-1 には，そのトピックとそれらのカバーする範囲を並べてある．

一般的には，全体は大きく 3 つのカテゴリーに分けられる．

表 14-1　動物園での調査研究の範囲*

トピックス	解剖学および形態学	生物地理学	生態学	教育	行動学	遺伝学	栄養学	生理学	個体群生物学	社会科学	系統学と分類学	獣医学
加齢	○		○		○	○	○	○	○			○
動物福祉	○		○		○	○	○	○	○			○
行動			○		○	○		○	○			○
生物材料の保存		○				○				○	○	○
バイオテクノロジー	○					○		○				○
避妊	○				○			○				○
飼料研究	○		○		○		○	○	○			○
病気	○	○	○		○	○		○	○			○
飼養	○		○		○		○	○	○			○
環境エンリッチメント	○		○		○			○	○			○
飼育	○				○		○	○	○			○
個体識別	○				○	○					○	
生活史	○	○	○		○	○		○	○			○
個体群管理		○	○		○	○		○	○		○	○
繁殖	○		○		○	○		○	○			○
分類	○	○			○	○		○			○	
観客研究				○	○					○		

*世界動物園水族館保全戦略による（WAZA 2005）．
注：左端の列には，ほとんどの研究トピックスが網羅されている．○は，研究に見られた主要なテーマを示す．

- 行動学や生理学，遺伝学，栄養学，動物福祉，野生動物医学，その他の基礎と応用の研究．
- 野外調査に基盤をおいた保全研究．
- 動物園そのものの研究．動物園の役割や運営の手順がいかに改善され得るかといったことを研究する．

これらは全て探ることが可能だし，また現に探られつつあるのだが，それでもわれわれは，動物園における調査研究が，現実的にどの方向を向いているのかと問うてみたい．

先に引用した米国の動物園と水族館に対する2つのアンケート調査は，主な研究分野を聞いている．1998年のアンケート（Stoinski et al. 1998）では，よくテーマに選ばれる分野は，行動（回答のあった内の85%），繁殖（75%），観客研究（67%），そして飼育（66%）だ．このような情報を得るもう1つの方法は，主要な学術誌を調べてみることだ．Kleiman（1992）は，1982年～1990年まで学術誌の「Zoo Biology」を調べ，公表された論文の28.4%は行動に関するものであること，その他には管理（26.2%），繁殖（19.6%），生物医学（18.2%），遺伝学（5.1%），そして栄養（2.6%）と続くことを見出した．同じ時期，同一の雑誌から，彼女は応用研究は増えているけれども基礎研

究は減っていることを見出した．

　類似の分析は Hosey（1997）にも見られ，1991 年〜 1994 年に発行された「*Zoo Biology*」に掲載された論文の内，43% は行動に関するものであり，そのおよそ 40% は応用研究ではなかった．

　行動研究は，Semple（2002）が行った Zoo Federation（現在の英国・アイルランド動物園水族館協会）のデータベースを調べた結果でも主流を占めていた．この調査結果では，行動と環境に関する研究が卓越している．一方，栄養（4.5%）や遺伝（0.9%）といった研究課題は有意に低かった（図 14-3）．

　これらの結論は，米国で行われた調査とは必ずしも一致しない．それについては多くの理由が考えられる．1 つ目は，「*Zoo Biology*」は，いくつもある動物園研究を印刷公表する雑誌の 1 つにすぎないということである（Box 14.4）．2 つ目に，その調査がどのカテゴリーで行われたかは，しばしば関係者の間で一致しないことがある点をあげなければならない．例えば，あるエンリッチメントの研究は，行動とも，動物福祉とも，飼育の問題とも取れるからである．3 つ目に，多くの動物園研究は，査読付きの雑誌に公表されることがないという点があげられる．例えば，Semple（2002）の広範な調査は多くの学生による研究を含んでいた．この広範調査で，Stoinski et al.（1998）は，動物園側が"身内の"印刷物や学会の講演要旨集に載せたがると述べている（この点については，14.7 で振り返る）．

　さらに別の疑問がある．それは研究をするうえで最も人気のある分類群は何かということだ．Stoinski et al.（1998）の広範な調査では，哺乳類が最も人気が高いことが分かった．回答者の 63% は食肉類の，50% は有蹄類の，41% は大型類人猿の，そして 47% はその他の霊長類の研究に参加していた．鳥類（回答者の 53%）や爬虫類（50%），両生類（21%），魚類（26%）はあまり人気がなかった．研究活動の量的側面はあまり正確には分からない．結局，食肉類の研究をする動物園は，それぞれを 1 つのプロジェクトと数えるだろうが，鳥類の計画という場合，多くの

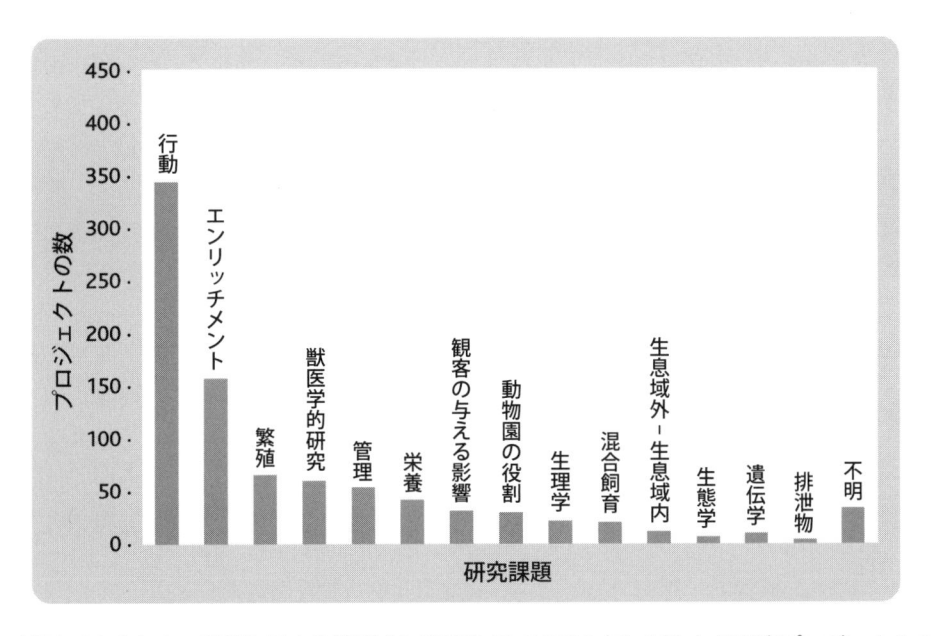

図 14-3　英国・アイルランド動物園水族館協会加盟動物園で 2002 年に行われた研究プロジェクト 904 例のカバーする分野．動物の行動とエンリッチメントに人気があることが分かる．（Semple 2002）

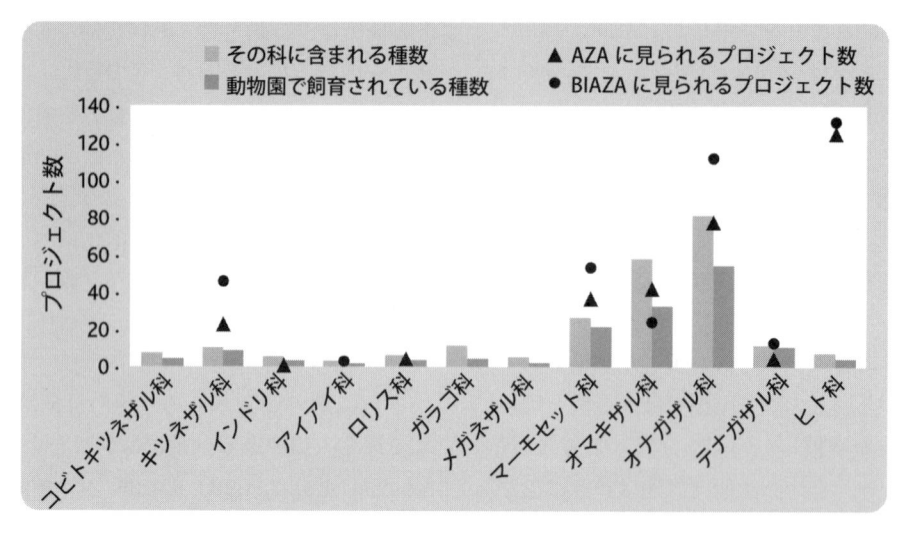

図 14-4　米国動物園水族館協会（AZA）と英国・アイルランド動物園水族館協会（BIAZA）による 706 の霊長類に関する研究プロジェクトの集計図で，大型類人猿（Hominidae）に関するプロジェクトは，他の科に比べて，格段に多いことが分かる．南米の霊長類（Cebidae）やテナガザル（Hylobatidae）に関するプロジェクトは，種数から予想されるよりもずっと少ない（Melfi 2005 による）．

プロジェクトを 1 つに数えるのではなかろうか．しかし，他の分類群に比べて種数の少ない分類群を考えるならば，大型類人猿の研究は特筆すべきかもしれない．

英国・アイルランド動物園水族館協会と米国動物園水族館協会（AZA）の研究データベース（Box 14.5）で霊長類の研究プロジェクトを調べた Melfi（2005）の調査でも同様の結果が出ている．類人猿[7]に関係のあるプロジェクトは，米国でも，英国やアイルランドでも，不釣り合いなぐらい多かった（図 14-4）．今，ここで言える結論めいた意見は，様々な分類群が研究対象になるということだ．つまり，まだ十分に研究されていない分類群は多い．

14.3.4　誰が動物園で研究をしているのか

14.3.2 で述べた米国の広範調査では，研究を受け入れたところが来園者の多い大規模な動物園や水族館に限られている．欧州の動物園でも同様のことが言えそうだ．研究を行うにはお金が必要であり，また研究上の技術に訓練を積んだ調査員がいなければならない．このことは，規模の小さな施設へ出かけていって研究をする場合にも基本的に当てはまる．

上記の理由や，またその他の理由から，多くの動物園は，互いに，あるいはその他の施設，例えば大学とか自然保全団体との協力関係によって研究を行っている．それはもちろん，動物園に興味をもつ，先進的に協力を行っている高等教育機関にも言えることだ．不幸なことに，そのような機関はまだほとんど存在しない．というのは，（生理学や解剖学は動物園で研究してきた長い歴史があるのだが）大学で研究する行動学の研究者は，動物園では"質のよい科学"を行えるとは信じていないからである．

雑誌「Animal Behaviour」に 1993 年〜 1994

---

[7] 類人猿は人のような響きをもつ用語であるが，最近の DNA 分析では，類人猿は（オランウータン科ではなく），われわれ人と同じ科であるヒト科に再分類されるようになった．

年にかけて掲載された 344 の研究例を見ると，163 の研究では飼育下の動物を扱っていた．しかし，動物園での研究は，わずか 3 例にすぎなかった（Hosey 1997）．なぜ動物行動を研究する研究者が動物園を避けるのかは，たぶん，動物園動物が自然個体群ではないこと，機能的な行動理論[8]が動物園では検証できないこと，そして，動物園では，数多くの方法論的な困難が伴っている（Hosey 1997）ためだと考えられる．第 6 章〜第 9 章を読んできた読者には，これらの問題が必ずしも真実ではないと思ってもらいたい．このことは，さらに Box 14.1 で詳しく触れる．

2 つ目の異議に関して，ここでは動物園において機能的理論を検討した例をあげよう．Cooper and Hosey（2003）は，英国の動物園で飼育されている多くのキツネザルで，雌は交尾相手にどのような好みをもっているかを調べるために人為的に色を操作した写真を使って実験を行った（図14-5）．このような実験は莫大な資金が必要であり，さらに野生状態では難しいものだ．

実際のところ，この 3 つの異議の内の 3 番目（方法論的難しさ）は，14.4 で見たのと同じように，動物園研究では，現実的な問題となっていない．

大学に活動拠点のある心理学者や生物学者は，動物園研究から多くの利益を得ている（Maroldo 1978, Moran and Sorensen 1984）．彼らは，他の場所でならとんでもないお金が必要な外国産の動物種にも接近でき，その結果，彼らの調査が希少種の保全を進めるというとても大切な仕事にもなり得る．事実，大学と動物園は，互いに研究を進めるうえで相互補完を強めつつある（図14-6）．そしてこれは，ここで記す価値のあることだと思うが，動物園を利用した行動研究以外の研究，例えば獣医学の，あるいは動物の健康に関連した研究が，毎年，科学雑誌に数多く掲載されている．

図 14-5 ある雌のカッショクキツネザル（*Eulemur fulvus*）が，実験ボックスの覗き穴から雄のカッショクキツネザルの写真を見ているところ．この研究では，雌は明るい毛色の雄を好むかどうかを確かめようとしている．（写真：Vicky Cooper）

14.3.5 動物園の研究部門

調査研究が円滑に行えるよう，専門的な科学者を雇う動物園が増えつつある．野外での保全や，その他，14.3.3 で考えてみた数え切れない程の研究課題をカバーするために，この研究活動は，動物園という組織の底辺を広げつつある．それゆえ，個々の動物園は研究計画を優先させるようになってきている．このことは，動物のコレクション，スタッフの興味や専門技術，他の組織やフィールドとの関係，現実的かつ経済的に準備できること，全体的な優先順位，そしてその他の多くに影

---

[8] 機能的理論では，特定の行動が進化したのはなぜかを説明しようとする（第 4 章を参照）．

Box 14.1　動物園の個体群は"異常"なのか

われわれが外国産の動物種に興味をもっている，あるいは動物行動学などの理論的問題に興味をもっているとしてみよう．そして，その研究を動物園でするとして，動物園という環境は普通ではないのだから，出てきた結果には価値がない，あるいは，少なくともその結果は疑ってかかるべきものとみなすべきだろうか．

これは答えの難しい質問だ．解剖学や生理学では長い伝統があるが，解剖学や生理学には，飼育下であるか否かは問題ではないと見る傾向がある．しかしながら，例えば動物園のトラの頭蓋骨は，野生のトラに比較すると異なっている．それはたぶん，食物が異なるうえ，よくグルーミングをしあうことが関係しているのだろう（Ducider 1998）．しかし，行動にはもっと変化が見られるはずだ（第4章を参照．"通常"の行動からの逸脱とは，どのようなことかについて詳しく書いてある）．したがって，最悪の場合，動物園動物は飼育施設という自然にはないものに囲まれ，普通では見られない性や年齢構成の社会で生活し，異常な行動を示しているだろうし，さらには人間との相互交渉が認められるだろうから，行動データは疑いの目で見られることになる．せめて，動物園研究の意義が，半野生状態に設定された多様な環境下で，様々な方法により動物を探究することであることを示したい．その研究は，自然条件下では制限を受けたり，また標準化もしくは単純化された実験条件下では悪影響を受けたりするような行動や生態に対して，ユニークな洞察を与えることができるかもしれない．

おそらく，現時点で最も理想的で現実的な回答は，動物園の飼育展示施設は，過去20年で大いに自然状態に近づき，いくつかの研究では，飼育施設に囲まれた動物でも，野生状態のものと変わらなくなっているというものだ（第4章，第7章，第8章を参照）．われわれはまた，動物園の環境が行動に悪影響を与えているという誤解（第4章）に対しては，公平に取ったデータを示すことができる．したがって，今やいろいろな実験デザインがつくれるようになってきたと言えるのだ．

最後に，現在では真に"自然な"個体群というものが，様々な人間活動から，多くの種で消え失せていること（Hosey 2005）を指摘しておかねばならない．そのため，けっして動物園だけが動物の行動に変化をもたらしたった1つの場所というわけではなくなったのだ．動物園での研究をどんどん進めようと呼びかけたい．動物園環境に関しては，可能なかぎり文献を通して情報を広げ，得られた結果を適切に解釈して利用するようにしたい．

響している．

動物園がコーディネートする調査は，大学の学生によって実行され，それはまた若い科学者のトレーニングに役立っている．研究の実際的なトレーニングは，データが取れ，研究を行うことのできる他の動物園スタッフにも用意されている．動物園と大学の研究者交流は増えている．大学が動物園に研究拠点を置く部局をつくっているし，動物園も大学の研究資金を獲得するようになっている．あるいは単純に，互いに指導のチャンスを広げている．

例えば，アントワープ王立動物学協会は，大学とパートナーシップをむすび，研究・保全センター（Centre for Research and Conservation）（フランドル地方政府から研究費を受けている動物園基盤の研究チーム）を通じて研究活動の調整を行っている．そして，この協会は，2006年に欧州動物園水族館協会の"ベストリサーチ賞"を受けた．

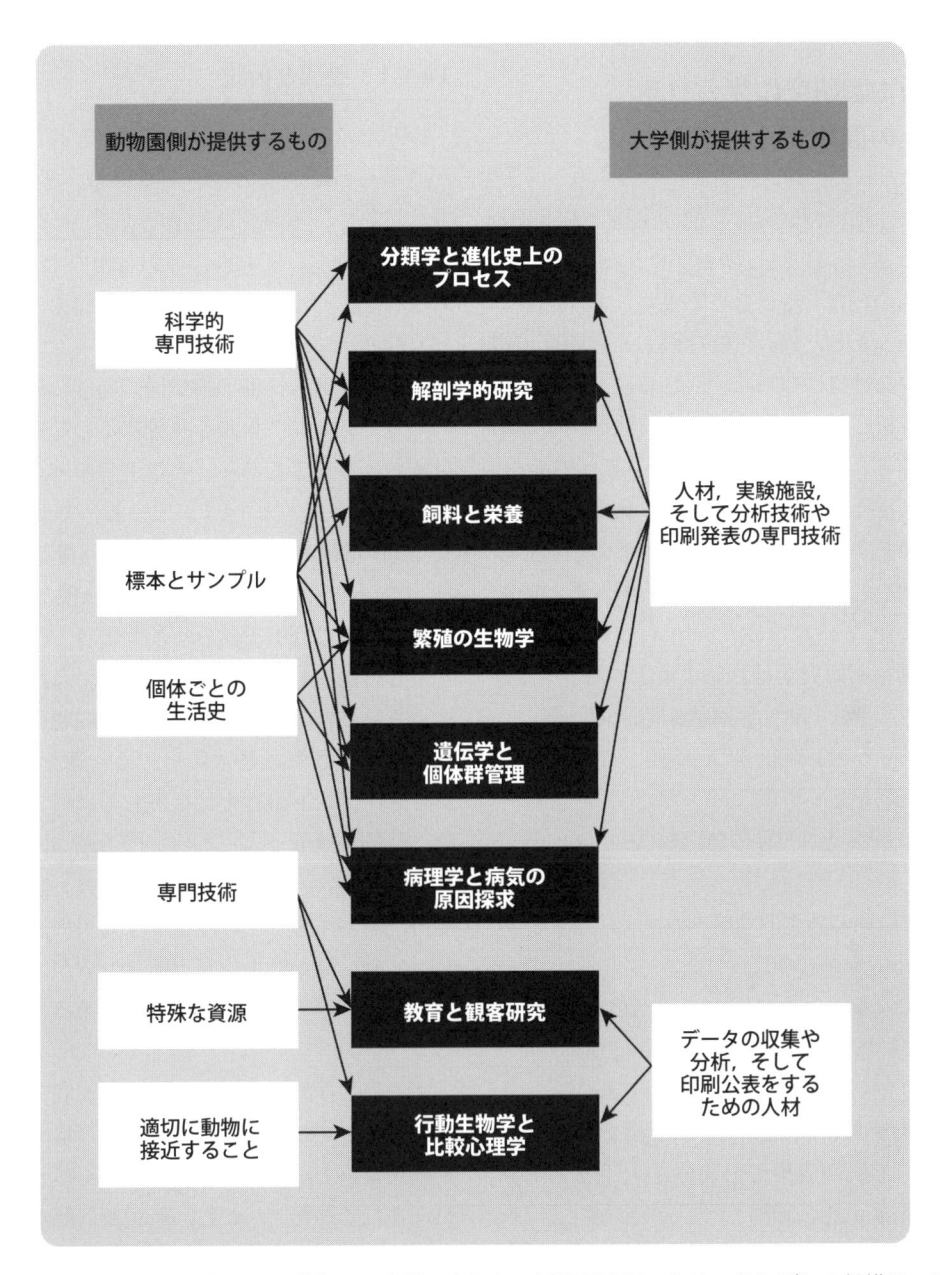

図 14-6 動物園における研究では，動物園と大学双方からの援助が大切である．それぞれの組織は，異なった専門技術，知識，そして資源を提供できる．

英国では，スコットランドの4つの大学（アベルティ，エジンバラ，セント・アンドリュース，スターリング）とエジンバラ動物園の協力で，特定の目的をもったセンター（人類進化研究連合センター）をエジンバラ動物園内に設立した．このセンターには，スコットランド高等教育資金協議会（SHEFC）が160万ポンドを提供している．スコットランド霊長類研究グループ（SPRG）の霊長類研究者は，このセンターを霊長類の行動研究に利用することができる．

このような活動や協力関係が動物園での研究をさらに発展させていく．

14.4　動物園研究に見られる方法論上の問題

　基本的に，動物園研究は，他の生物学的研究と何ら変わるところはない．調査プロジェクトでは，変量や計測の定義をはっきりさせることが必要だし，しっかりとした検証可能な仮説や問題点が提示されていなければならない．さらに，データを集めたり分析したりするうえでの方法を明瞭にすることが重要だ．このような配慮があってなお，動物園という環境は研究を行う人に躊躇させてしまうことがある．本項と次の項で，その主なものを取り上げ，どうすれば解決できるのかについて考えてみよう．

　今から動物園研究をはじめようという人には，英国・アイルランド動物園水族館協会のいろいろな調査ガイドラインが役立つ．現在，このガイドラインが網羅している点は，

- 計画の立案と行動の観察（Wehnelt et al. 2003）
- 動物園で取れる典型的なデータ・セットの統計解析（Plowman 2006）
- ストレスのモニタリング（Smith 2004）
- 来園者の影響（Mitchell and Hosey 2005）
- 質問票のつくり方（Plowman et al. 2006）
- 行動の解釈（Pankhurst and Knight 2008）
- 動物園での研究成果の公表物を入手する方法（Pankhurst et al. 2008）

これらはいずれも英国・アイルランド動物園水族館協会のウェブサイトから，無料でダウンロードできる．

　これに加えて，行動研究に興味をもっている人ならば皆，Martin and Bateson（2007）のような指針を参考にするべきだろう．

14.4.1　疑問と仮説

　いかなる研究も，検討するべきどのような仮説が立てられているのかを明確にし，その仮説は，今注目している研究を理論化するための知識と効果的に関係づけておかなければならない[9]．これがないと，せっかく調査しても，結果の解釈は難しくなる．

　動物園研究も，他の科学研究同様に仮説検証型の研究であるが，仮説を検証するのが難しい研究計画というものもある．その1つの例がエンリッチメント研究（図14-7）である．なぜなら，いくつもの異なった仮説が提起され得るからである．エンリッチメントは，野生状態で見られる多様な行動の回復を試みる．つまり，ステレオタイプな行動や動物があまり動かないとかいったこと，さらに別の理由から，特定の問題行動が減少すれば達成されたと言える（第8章を参照）．エンリッチメントの理由になるものは何でも，理論的に目的が達成できたと信じ得る理由になり得るし，その研究の仮説を受け入れるものとなり得る．他方，当初予想していたような効果に達していたとしても，確かにエンリッチメントがエンリッチメントたり得ているのかを見きわめるのは困難だろう．

　別の仮説検証が難しい分野は，質問票や動物の記録の分析である．たいていこれらは，日常的な動物園業務であればあるほど，かくべつ疑問なく処理されてきた．しかし，仮説が何か理論に結びつく場合にのみ，統計的な分析が用いられる．

行動研究における疑問

　動物園での行動研究における4種類の"なぜ"（Box 4.1参照）とは，特定の種の行動の機能，原因，発達，そして進化の問題である．しかしながら，しばしば見られるのは，野生状態にある動物よりも応用面が強いことと，動物園という環境が行動

---

[9] 統計的な仮説，つまり帰無仮説（H_0）や二者択一の仮説（H_1）は，この役目を満たすものではないことに注意せよ．なぜなら，それらは効果を予想するだけで，その研究の根本的な理由とは何の関係もないからだ．

図 14-7 エンリッチメントは，学部学生にとって人気のあるトピックである．実際，供給されているエンリッチメントをモニターしたり，その効果を測るのは意味がある（8.6 を参照）．全ての研究計画はそうなのだが，ここでも仮説検証型の研究であることが求められる．例えば，ポールの先端に餌を結びつけることは，トラにとって，本当に活動性の増大に結びつくのかといったことである．（写真：サウスレイクス野生動物公園）

に影響を与えている可能性を考慮しなければならないことである．"動物園環境"というものが，檻の大きさ，集団のサイズ，集団の構成，給餌の時間など，多くの変動要因によって変化するものであることを理解しておくことは重要である．このようなことは様々な面から行動にも影響を及ぼす．たいていの動物園では，これらの変動要因を変化させることは困難なので，研究では，このことを説明する行動調査という配慮が必要となる．より詳しいアドバイスは，英国・アイルランド動物園水族館協会の調査ガイドラインに掲載されている（「さらに詳しく知るために」の項を参照）．

多くの動物園で行動研究に見られる質問の例．
・動物は，どのように時間を過ごしているのか
・動物は，檻の中をどのように利用しているのか

このような疑問は，疑問そのものに直接答えることだけが目的ではなく，動物が動物園環境といかに折り合いをつけているかといった，付随する問題に答えてくれることを期待しているのだ．

最初の疑問に対する答えはというと，データは，しばしば活動時間配分[10]（図 4-33 と図 4-34 参照）をつくるために集められるものだということをあげておく．このために，ある動物の行動はデータを集める際，少数の行動カテゴリーにまとめられることになる．この行動カテゴリーとは，たいていの場合，"休息"や"移動"，"採食"，"社会行動"，"睡眠"，そして"視界をはずれる"といったところであるが，もし，例えば動物が，一見，この行動カテゴリーに当てはまるが，しかし実態としては，隠された別の行動を取っているなら，別のカテゴリーを追加することも可能だ．集めるデータは，定まった観察時間の中で，一定の行動カテゴリーの出現頻度や継続時間である．それは 1 日あたりで見た妥当な時間のサンプルであることが望ましい．そして結果としては，動物がそれぞれの行動にどれぐらいの時間を費やしたかが明らか

---

[10] 活動時間配分（activity budget）とは，ある動物がある活動を示した時間の割合を示す．

になる．それはまた，個体間での違いであったり，動物園間での違いであったり，動物園と野生状態の違いを検討することであったりする．このような個々の解釈が試みられることを望みたい．

2番目の疑問，動物はどのようにケージの中を利用しているかに答えるため，われわれは，ある動物がケージの中の各区画をどのように使うのかを知らなければならない．原理的には，体の大きさに応じて，各部分を均等に使ってほしい．しかし，たぶん驚くであろうが，多くの動物園動物は，使える空間を均等には利用していないのだ．そのようなケースでは，ケージの空間デザインがその種には合っていないとか，ケージの中に，何かその動物を引きつけるものがあるとか，避けたがっているとかといったことがあるのかもしれない．しかしながら，単純にその動物がケージの中でどこをどれぐらい使ったかでは十分な情報ではない．観察者にとって異なる領域であると思えるのなら，動物にとっても異なる場所であり，もし動物がランダムに動くのなら，広い場所は，狭い場所よりもよく使うはずだ（図14-8）．

ケージの中の空間利用を調べる指標に，利用幅指数（SPI）がある．利用幅指数とは，利用頻度の観察値を，広さによって異なるケージ各部分の利用頻度の期待値と比較したものである．SPIの計算では，与えられる指数は0〜1の間の値を取る．0は各部分を均等に使っている，言いかえればケージを最大限に活用している場合であり，1は一部分しか使っていない，つまり利用可能な空間の極端な利用の偏りを示す．動物園動物への利用幅指数の計算方法は，Plowman（2003）（Box 14.2）が解説している．

14.4.2 データを集めること

もう一度確認しておくが，動物園研究をする時，データを集める方法は，基本的に他の生物学研究

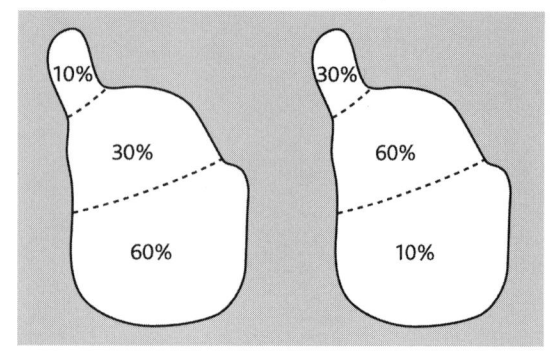

図14-8 行動観察のためにケージの中をいくつかに分ける方法を取ることにしよう．その動物が狭い範囲で全体の10%の時間を過ごしたとしてもさほど驚かないが，全体の30%もの時間を過ごしたとなると話は違う．たぶん，そのゾーンの中に何か興味を引きつけるものがあるのだろう．同様に，広い範囲で全体の10%しか過ごさないのなら，その動物は何かを避けたがっていると考えられる．利用幅指数（SPI）は，動物がケージの中でどのように空間利用しているのかを判断する助けとなる．

と何も変わらない．考えなければならないことは，特に行動研究だと，データの形式と量，そして採取のタイミングである（Box 14.3参照）．さらには，従属変数や独立変数[11]も定義しておかなければならない．

動物園研究に特有の問題とは，調査者が，自分自身でコントロールできる余地が少なく，変数は混乱しがちな点である．このことは，複数のケージで飼育されている動物や，場合によっては複数の動物園で飼育されている動物からデータを取るといった場合，特に起こる．そのような場合，1つの集団の動物を研究しようとして取った結果の解釈にも難しさはある．混乱した変数のことはおいておいても，あなたが測った独立変数によって変化した事実は，どうやったら知ることができるのだろうか

例をあげる．ケージの大きさが行動にどのよう

---

[11] 独立変数には，ケージの大きさとかエンリッチメントがあるかないかといった操作可能な，または比較できる変数があたる．独立変数は，行動や生理学的な何かの値，あるいはこれと同様の従属変数を変化させる値である．

Box 14.2 利用幅指数（SPI）

利用幅指数を使って，動物の利用可能な空間の利用状況を計測した研究がいくつかある．例えば Traylor-Holzer and Fritz（1985）は，霊長類センターのチンパンジー集団に応用した．彼らは，成熟個体の示す SPI 値は 0.32～0.15 である（指数が 0 の時は空間を均等に，1 の時はその内の 1 か所だけを使用したことを示す）が，一方，未成熟個体では 0.28～0.49 であることを示した．未成熟個体の方が，空間をより広く使ったことを表している．Shepherdson et al.（1993）は利用幅指数を利用して，飼育施設の中にあるプールに生きた魚を入れておいた方が，スナドリネコ（Felis viverrina）の空間の利用場所が増加することを示した（利用幅指数は，魚を放すまでの 0.84 に対して 0.4）．

本文で述べたように，実際の動物園の飼育施設は，物理学的にせよ生物学的にせよ，均等な大きさの空間から成り立っているわけではない．そこで Plowman（2003）は指数を変更して，次のような式に直した．

$$\text{SPI} = \frac{\Sigma |f_0 - f_e|}{2(N - f_{e\,\min})}$$

f_0 は，空間の観察区画の中で観察された回数（つまり，その空間にいた頻度）を，f_e は，各空間の面積から計算し，動物が均等に空間を使うとした場合の観察頻度の期待値を示す．N は全ての空間にいる観察頻度を合わせた値である．そして，$f_{e\,\min}$ は，最も小さな区画で観察されるであろう期待値のことである．結果として，利用幅指数の値は，ほぼ 0（最もよく使う）から 1（全く使わない）になる．

な影響を引き起こすかという問題を考えよう．この問題を解決するデータを集めるには，少なくとも 2 つの動物集団が必要であるが，その時は，単にケージの大きさが異なるといった問題だけでなく，集団の大きさや構成（雄，雌，亜成獣，幼獣，成獣などの数），質的に異なった飼育施設（堀があるかどうか，手前に草が生えているか，室内か，野外かなど），飼育と給餌の方法が異なっている点などが問題となる．その時，答えというものがあり得るだろうか．

よい実験計画では，問題を可能な限り減らせるような（例えば，可能な限り，ぴったりの集団にそろえる）配慮があるものだが，小規模の研究プロジェクトでも，いくつかの問題点を知らせることは可能である．もっと大きな規模の研究では，複数の動物園を対象としたアプローチでより多くの独立変数が計測可能なものとなるに違いない（14.6 を参照）．

14.4.3 現実性

動物園研究では，いわゆる実験デザインと言われるものがどれほど練られたものであったとしても，動物園には，通常の生物学研究が行われている場所とは異なる，現実的な問題がいくつか存在する．このような違いのほとんどは，操作が加えられた実験対象（通常は動物である）や人間（必ずしも調査者を意味しない）による他の影響（野外とはやや異なるもの）に起因している．無理からぬことだが，多くの動物園では調査のためだけに動物に何か操作を加えることを嫌がるものだ．通常は，調査に対して意味があり，合法的[12]で，極端に動物の邪魔にならないのなら，設備を整えてくれるだろう．

"操作"という言葉を，われわれは，動物のケージに装置を加えたり，ケージの大きさを変えたり，付属品を与えたりといった，実験室の研究ではおなじみなっている一連の手続きの意味で使ってい

Box 14.3　いかに行動のデータを取るか

　行動を調べる時，われわれはつい，個々の個体が示す行動を全て記録しておきたいという誘惑に駆られる．しかし，それは不可能だ．記録するのは，われわれが記録した事柄の内，意味のある結果だけにとどめておこう．これはつまり，サンプルは選ばなければならないということを意味する．そして他の生物学上のサンプル（例えばそれは，糞や血液，生理学上の種々の計測データ）に比べると，行動記録のサンプルを取るという場合には新しい試みをしてみることができる．というのは，行動というものは刻々と変化し，それでいて日々，あるいは季節ごとに移り変わるパターンを見せるからである．ここではごく簡単に導入部分を述べるだけなので，実際に行動研究をやってみたいと思う読者は，詳しい資料を参考にしてほしい．特に，Altmann（1974）や Plowman（2006），Martin and Bateson（2007）の文献が勧められる．

　最も詳しくデータの取れるサンプリング法は"連続サンプリング法"である．これは，それぞれの行動が実際に起こった時間の長さや頻度を，ある決まった時間に亘って記録しておくというものだ．通常，特定の行動が起こる全てを観察することを意味し，それぞれの動物個体の行動を計測することも含まれる．さらに，例えば相互交渉の場面などでは，行動の移り変わりを観察することが含まれる．しかし，連続サンプリング法は過度の精神的集中が求められ，時間がかかりがちである．そのため調査者は，連続サンプリング法に変わって時間サンプリング法を使うことが多い．

　"時間サンプリング法"は，起こった時にはいつでも記録するというサンプリング法に変わって，特定の行動が起こった時だけ，あるいはある決まった時間（それはつまり，サンプリング時間とか，一連のサンプリング時間の中での時間幅ということである）にだけ記録する方法である．この方法では，サンプリング時間幅の50％以上を占める行動の記録（"優先行動サンプリング"）や，あるサンプリング時間幅に占めた行動の記録を類型化（"全時間幅サンプリング"）しておくこともある．どちらか選べるなら，その行動がサンプリングの時間中に起こった時に（頻度やどれぐらいの時間かが無視できるなら），起こったことを記録しておく方法（1-0 サンプリング）や，出来事が起こった時に記録する（もし対象が動物1個体なら"瞬間サンプリング"，もし対象が複数の個体なら"スキャン・サンプリング"）がある．時間サンプリング法は，連続サンプリング法のように精神を過度に集中させることなく多くのデータを取ることができる．また，短い時間起こる行動（例えば，かみつき，つつき，におい付けなどの"出来事"）にではなく，長く続く行動（例えば睡眠や休息，採食のような"状態"）の記録に向いている．

　これらの方法は，どのようなデータが必要か，いかに実際の頻度や時間長に近似することが必要なのかによって，それぞれ長所と短所がある（Tyler 1979）．

---

[12] 動物の調査に関する主な法律は，英国では，1986年に制定された動物（科学的処置）法〔Animals (Scientific Procedures) Act〕である．この法律は，動物園よりも研究所や大学と関わりが深いが，動物園で行われるいくつかの研究では，この法に基づく自園の規則が必要である．3.4.4 と Box 3.4 に詳しく解説がある．

る．そのような操作は，動物園でもおなじみである．多くの場合は，飼育やエンリッチメントの一環として行われる．動物園とよい関係を築くためにも，研究者は，いつ操作が行われていて，また操作で可能になることがあるのかどうかといったことは，知っておくべきだ．

　直接，調査に関与していない動物園関係者がどんな研究がなされているかを知っておくことは，どのような調査計画であっても，その計画段階でのもう1つの重要な要素となる．時には，動物が移動されたり（複数の動物園間でということさえある），ケージが変更されたり，その他，多くの飼育関連の変更が，研究進行上で生じる．もちろん多くの動物園では，関係している研究の立案段階で調査の妨げになることは避けようとしているのだが．動物園研究がしたいと思っている調査者にとって，（もしあるのなら）動物園の研究部門同様に，動物園の飼育係ともよい関係を築いていくことは大切だ．なぜなら，彼らこそ問題を最小のものにとどめてくれる存在だからである．研究者側は，動物園の健康管理や安全な手続き（第3章参照），そして倫理的なガイドラインに責任をもっているのだといった全てのことに対して，よく自覚するべきである[13]．

　もう1つ，最後に残った問題はここで述べる価値がある．動物園で行われる研究は，通常，チャンスのある時を見計らって行われるものである．あるいは，別の人物が，別の機会に企画した，小さな計画の雑多な寄せ集めであったり，異なった調査体制の下で行われている．もし飼育係がデータを集めるのであれば，たいていデータの収集は飼育係の仕事の都合に合わせて行われる．そしてそれは，もう一度言うが，サンプリング法に対する挑戦そのものである．そこで取ったデータの妥当性は，どのように考えたらよいのだろうか．幸運なことに，たいていの場合，特に普通に観察される行動では，別のサンプリング法を取ったとしても，通常は，統計的な有意差はない（Margulis and Westhus 2008）．つまり，動物園や大学のスケジュールで制約されたとしても，貴重なデータを捨て去る必要はない．

14.4.4 すでに公表されている情報

　これまで見てきたように，動物園の日常業務で記録保存された，たくさんの情報がある．多くの動物園が同じコンピューター・データベースを使っており，それらは許可を受ければ閲覧可能である．その他，血統登録台帳や国際種情報システム機構（ISIS）のデータベースがある．まず，こういったデータベースを参照してみることは，動物の健康や人口学，遺伝学といった分野の研究に勧められる．

14.5　データ解析の問題

　データ解析や統計学の教科書は，普通，研究者に実験デザインの管理[14]能力があると仮定しており，また，多くの項目を含んでいるものである．よく知られた統計手法の多くは，データを集める時も，この流儀に沿ってデザインされている．したがって，正規分布を仮定したテスト，例えば条件の間の違いを見る分散分析（ANOVA）やピア

---

[13] 調査が倫理ガイドラインに従って行われ，（認可を受けた動物園では）動物園で行われる全ての作業が倫理的に行われるように倫理委員会を設けることが大切である．行動研究の倫理ガイドラインは，動物行動学会（英国）（Association for the Study of Animal Behaviour：ASAB）と動物行動協会（Animal Behaviour Society：ASS）が定期的に発行しており，ウェブサイトでも公開されている．第3章には，さらに詳しい倫理ガイドラインの情報が載っている．

[14] 科学的探求の場で認められる管理制限は，実験方法が受け入れられないとか，それによって，実験的操作がなされておらず，どのようなことが行われてきたかが分からないような一連のテーマに対して行われる．

ソン（Pearson）の相関（変数間の関係性を検出するためのr）などは，実験生物学で広く使われている．ただし，検定を行う対象が正規分布であること，間隔尺度もしくは比尺度であること，互いに独立であること，等分散[15]であることの諸点には注意しなければならない．これらは動物園で取るデータにも当てはまることであろうか．

多くの動物園研究とは，このような条件に合致したりしなかったりする行動のデータを集めたものである．データが互いに独立であるなら，正規分布していないデータでも，Kruskal-Wallis（ANOVAに同等のノンパラメトリック）やSpearmanのテスト（ノンパラメトリックの相関分析）などで解析可能である．ここでわれわれが注意しなければならないことは，動物園で集めたデータに独立性がない可能性である．独立性が保証されないと，これらの分析法は使えないからである．多くの動物園であることなのだが，われわれはまた，動物の個体数が少ないこと（時には，ただの1個体であることもある）にも対応しなければならない．この条件では分析が不適当なものとなる．

しかし，この問題にいかに対応するかという前に，もっと大切なことがあることを思い出してみよう．それはわれわれ自身の疑問の性質であり，検証する時の仮説である．本質的には，少数の調査対象，時にはたった1つの対象であっても，何も悪いことはない．この疑問への回答が全てである．例えば，もし特定の動物が異常な行動をするのはなぜかとか，どうすればそれを少なくできるのかといった疑問に回答を見つけようとする時に，サンプルサイズは問題ではない．実際，Kuhar（2006）が指摘しているが，推論に基づく統計解析は，調査をする人がある個体群など動物全体から導かれた問題に取り組む時に役に立つのであって，われわれが飼っている動物とか動物園の動物について何かを言いたい時に，統計処理

はたぶん必要ない．

動物の野外研究でも，また心理学研究でも，独立性が見られないとかサンプルサイズが小さすぎるといったことはよく見られることを心に留めておこう．もし，およそでよいのなら，何の問題もない．大切なことは，実験デザインや統計処理では，これまで議論してきたようなことを考慮すれば，必要な解答を用意し得るということだ．極端なことを言えば，1つか2つの統計的規則を破れば，それでよいのかもしれない．その規則違反は，もしわれわれが自分の報告に正直になり，実験デザインや統計処理が結果にどのような影響を及ぼすのか論議を試みるのであれば，調査を投げ出すよりは，ずっとましだろう（Kuhar 2006）．このジレンマを解決する方法の1つは，統計学的に有意であるということよりも生物学的に有意であることの方が，われわれには大切であると実感することだ．例をあげよう．ある個体のステレオタイプな行動が0%から15%に上がったなら，それは生物学的には大いに意味がありそうである．しかし，一方が0では，統計的には検討できないだろう．

この独立性のなさと小さなサンプルサイズという問題に，今こそ目を向けよう．

14.5.1 データの独立性の欠如

われわれは，あるデータの値が，他のいずれにも影響を与えていなければ，データは独立であると考える．しかし，動物園研究で見られる3つの一般的な状況では，このことは成り立たないようだ．その状況とは，時間サンプリングの場合，同一の施設内の動物を使う場合，そして活動の時間配分（activity budget）の組立てを行う場合の3つである．

1. 時間サンプリング（Box 14.3を参照）：行動データを集める時には便利な方法である．もしサンプリング時間が短い間に集中している

---

[15] 等分散とは，サンプルの分散に，有意な差が認められないことをいう．

図 14-9 あなたが，このレッサーパンダの行動を時間サンプリングで取っているとしてみよう．10分たったとして，このレッサーパンダは何をしているだろうか．（写真：Geoff Hosey）

のなら（つまり，サンプリング間隔が短いのなら），一連の行動時間が推定できてしまう．ごく短時間なら，その間の行動を見逃すことはないだろう．ところが運の悪いことに，データには自己相関[16]が見られる危険性が高いのである．木のてっぺんで眠っているレッサーパンダ（*Ailurus fulgens*）の行動をカウントしている場面を想像してみよう（図14-9）．10分後に次のデータを取るとすると，レッサーパンダはその時，まだ眠っている可能性が高い．そうでないとすれば，短い時間の内に（例えば地面においた皿からものを食べるなど）行動を変化させたと考えられる．最もよい解決法は，原則として，動物が他の行動に移れるような十分な時間をとって次のサンプリングをすることである．しかし，それをすれば，ごく短時間の内に起こる行動は記録できないし，通常は行動の継続時間が計算できなくなる．しかし，もしそれで大切なことが補えるのなら，時間サンプリングよりもずっとよい方法だ．

2. 同じ飼育施設内の動物を使う：同じ飼育施設内にいる動物たちは，同じ時間に同じ行動を取るだろう．というのは，結局，同じ刺激に反応しているからだ（図14-10）．例えば，動物たちは決まった時間に給餌され，同じ時間に観客がやってくる．ただし，動物たちはまた，相互関係によって互いに影響を与え合っている．どちらにせよ，いずれの動物個体をサンプリングしたとしても，独立性はない．簡単な解決法をあげておこう．異なった個体から，別々の時間にサンプリングするのだ．もしそれができないのであれば，他の多くの動物園で研究を繰り返さない限り，サンプルサイズは小さくなってしまうが，個体ごとではなく飼育施設をサンプリング単位とすることだ（14.5.2参照）．もう一度確認するが，このような解決法は，あなたの調査する際の疑問にぴったり沿ったものであるはずだ．調査によっては個体間を結びつけることが大切であるし，例えば，集団の社会交渉を観察している時のように，たいていは，動物たちの独立性のなさこそ，まさにあなたが調べたいことだろう．

3. 活動時間配分の組立て（第4章参照）：活動時間配分は，動物が様々な活動に，どのように時間を割り振っているかを知るうえでたいへん有用である．しかし，それぞれ別の活動時間配分を統計的に比較したい時には問題もある．というのは，活動というものは，互いに独立したものではないからである．例えば，定義上，活動時間配分は動物がすごす時間の百分率で表されるので，もしある行動の割合が増えたなら，その他の行動割合は必然的に減るものである．この問題を回避する行動データの取り方とは，動物の行動を全て取ることを止め，代わりに，1つか2つの鍵となる行動の変化に注目してみればよい．あるいは，データ概念に独立性を要求していないG-testなど，（通常の正規分

---

[16] 自己相関とは，ある時点でのサンプル値が，次のサンプル値に影響を与えていることをいう．

図 14-10 この動物たちの行動を互いに独立したものとする時，あなたは，彼らが他個体と互いの行動に影響を与えていないと言い切ることができるだろうか．右端のジェレヌク（*Litocranius walleri*）はとなりの個体がすでに採食をしているから，食べようとしているのだろうか．（写真：Geoff Hosey）

布を仮定した，あるいはノンパラメトリックなANOVAを使うよりも）活動時間配分が比較しやすい統計手法を使うことだ．

G-test の使用を含む独立性の問題については，Plowman（2006）にさらに詳しい情報がある．

14.5.2 小さなサンプルサイズ

小さすぎるサンプルサイズという問題は，動物園ではよく起こる事態だ．小さなサンプルサイズの問題は，（希少動物であったり，体が大きすぎたり，普段から小さな集団で暮らしていたりという理由で）その動物しかいないとか，（エンリッチメントを加えるなど）何か操作に効果が認められるかどうかを調査していて，その操作が飼育施設内のある遊具に対してだけ行われたとかいった場合に起こり得る．

指摘しておきたいが，上記のことはそれ自体が問題ではない．もし個体群レベルで，あるいは分類群レベルで類推したいというのなら，生態学的な有効性[17]に問題が生じるだろう．しかし，多くの動物園における研究とは，普遍的なことを調べるというより，何か特別なことを調べるものだ．

---

[17] 生態学的な有効性は，サンプルが，個体群の現実にどこまで一致するかにかかっている．

データを分析する時には，何か統計的な問題が起こるかもしれない．小さなサンプルサイズでは（つまり N が小さい時は），サンプルが統計的な仮定（例えば正規分布や等分散性など）を満たしていない場合は，普通は検定ができない．しかし，どのような場合も，小さな N では，統計的にはあまり力はないのだ．このことは，実際のところ，データにはっきりした傾向が認められない限り，試みた統計処理には，あまり意味がないことを示している．

妥当な経験則によると，もし集団に 8 個体かそれ以上の比較できる動物がいれば，標準的なパラメトリック検定やノンパラメトリック検定は十分に使える．それ以上にサンプルサイズが小さければ，代わりとなる最適な方法として randomization test（無作為化検定）[18]がある（Besag and Clifford 1989, Manly 1998, Todman and Dugard 2001）[19]．避けなければいけないのは，サンプルサイズを大きくしようとして同じ個体からばかりデータを集めるという単純な間違いである．そのようなやり方はまちがいの元だ．というのは，それぞれの動物からは，ただ 1 つの平均値とか中央値とかを求める必要があり，そうでない場合でも，データ・サンプリングで繰り返し求める場合には異なった視点からデータを集めなければならない．同一の個体ばかりからデータを集めてしまうと，偽の反復[20]が引き起こされる．このことは Kuhar（2006）に詳しい議論がある．

randomization test は，2 つ，3 つのデータの集まりから特定のパターンを見出すような確率を求めるようにデザインされている．例えば，採食の時，何かエンリッチメントを与えれば，ある動物の行動が増えるかどうかを調べているとしよう．この疑問に答えるには，まずベースラインとなる（つまりエンリッチメントを与える前の）データを 20 日間と，操作をした（つまりエンリッチメントを与えてからの）データを 20 日間取る必要がある．randomization test とは，40 通りの数値（つまり，ベースラインのデータ 20 と操作をしてからのデータ 20）から，いく通りの異なった組合せができ，その全ての組合せから，ベースラインで小さな数値が求められる，あるいは操作をした後で大きな数値が求められる確率はどれほどかを問うものである．この分析では特定のデータ分布を仮定しないが，無作為な計算を含む実験デザインをしなければならない．この方法は，有効な観察値間で，操作の配分を無作為に変えてみることによって（訳者注：目的とする確率が）求められる．

動物園での調査で行った randomization test については，Plowman（2006）に詳しい．

14.6 多くの動物園を対象にした研究

調査をする内に感じる動物園動物に対する多くの疑問は，単独の動物園研究では回答が得られない．この疑問に対する回答は，複数の動物園を横断的に調べることによって得られる．複数の動物園での研究（Multi-zoo studies）は，サンプルサイズが大きくなるという以上に多くの利点をもたらす．すなわち，多くの異なる因子がどのような

---

[18] 順列テストとも呼ばれる randomization test（無作為化検定）では，検定するのと同じデータを，全ての場合に従ってランダムに組み合わせたものと比較し，有効性を計算する．全ての可能な組合せをランダムに混ぜ合わせ，比べることで，特定のパターンが取る確率が分かる．

[19] Todman and Dugard's（2001）の randomization test について書いた本は，この検定がどのように行われるかを，例をあげて示した役に立つ CD が付いている．

[20] 偽の反復実験とは，普通，データを取る時に独立性が認められないことを言う．例えば，50 回チーターの歩幅を計っても，それはサンプルサイズ 50 を意味しない．正しいサンプルサイズ(n)は 1（頭のチーター）である．

効果を引き出すのかという視点をわれわれにもたらすのだ．それは，われわれがただ1つの動物園に固執していれば，交絡因子として扱っていたものである．さらに，複数の動物園で調査をしてはじめて，われわれが興味をもっている現象の発現率（例えば，どれだけ特定の行動や，寄生虫の被害や，異常な摂食が広がっているのかなど）を知ることができるし，その動物園では，何か通常とは異なることがあるかどうかを確かめることができる．

もちろん，複数の動物園での研究には限界もある．動物園というものは多様なので，研究に当たって，人は様々な変化をあいまいにしがちである．また，多くの動物園で得た動物データをプールしておくため，ここでも，再度，独立性の欠如という問題にぶつかる（Kuhar 2006）．なぜなら，同じ檻に入っている動物は，別の飼育施設や違う動物園にいる動物と比べて，共通性が高いからである．世界中に散らばった多くの動物園を訪れるという行為は，現実的に（そして経済的にも）難しい．さらに，多くの異なる動物園から協力を得て研究することは，あなたが居る地方動物園だけで研究を行うよりも挑戦的で，時間を浪費しフラストレーションもたまるだろう．もちろん，このプロセスは，関係のある動物園協会の協力が得られればずっと楽になる．例えば，英国やアイルランドでは，英国・アイルランド動物園水族館協会の研究グループの調査を通して，複数の動物園での実現性が高く，意義ある研究を支援している（Box 14.5を参照）．

複数の動物園で調査するのには，いくつかの方法がある．たいていは質問票を用いた広域調査であり，現在の状態や昔の記録を知ろうとするものだ．広域調査は飼育法の問題点を洗いざらい調べる時にはよく用いられるが，調査のデザインがまずいことが多く，順調な結論を導くことは少ない（Mellen 1994）．しかし，うまくやれば短時間で有益なデータがもたらされる．このことを示すよい例が，Pickering et al.（1992）の行った，飼育下フラミンゴの繁殖成功度に及ぼす要因を広域調査で調べたものである（Box 4.3参照）．彼らは，チリーフラミンゴ（*Phoenicopterus chilensis*）とベニイロフラミンゴ（*P. ruber ruber*）の集団サイズ，産卵や子育ての様子に関して，英国とアイルランドの44の動物園から情報を得た．彼らは，大きな集団ほど繁殖に成功しやすいことを見出し，繁殖を確実なものにするためには，チリーフラミンゴで最低40羽，ベニイロフラミンゴで最低20羽の集団サイズが必要なこと，そしてこれらの鳥でも混み合うことがないだけのスペースが必要であることを明らかにした．

もう1つ，複数の動物園で調査をする方法は，個々の動物園を自分で訪れ，データを集めてみることである．行動を調査するためには，普通，この方法しかない．量的な行動のデータは，動物園の日常の仕事をこなしたうえで集めるのは困難だし，広域調査で，もしくは，質問票を使って集めるのは不可能だからだ．

Perkins（1992）の調べた，オランウータン（*Pongo pygmaeus*，図14-11）の活動に及ぼす要因の研究を例にあげよう．彼女は，米国の動物園9園をまわり，14の飼育展示施設で29個体を調べた．そして彼女自身が計った異なる環境変量から，重回帰[21]分析によって要因を特定した．この動物にとっては，何か動くものがたくさんある広い飼育展示施設で，社会的交渉が頻繁に起こるような環境であれば，最も好ましいという結論を得た．多くの人は，自身の経験からだが，そんなことはとっくに知っていると言いたがるものだ．しかし，実際のところ，そのような人は支持する厳密な実験データを何ももっていない．そのため，何も知らないに等しい．このケースでは，多くの動物園から得たデータは，通常，ただ1つの動物園では得られないものだと言える．

---

[21] 重回帰とは，多くの独立変数の内，例えば活動性といった従属変数を最もうまく説明するものはどれかということを特定する統計的な技術である．

図 14-11 多くの異なった動物園でのオランウータンの行動観察（"複数の動物園での研究"と呼ばれている）から，オランウータンは，多くの動かせるものを入れた広い飼育展示施設で，仲間同士互いに交渉しあえる環境を好むことが示された．（写真：Ray Wiltshire）

図 14-12 クロサイは，飼育下で最も繁殖が難しい種として，米国にある複数の動物園で，研究の対象に選ばれている．（写真：Ray Wiltshire）

　最後に，複数の動物園で調査することが，どれほど成功するのかを示すために，米国の動物園でCarlstead et al.（1999a; 1999b）が行ったクロサイ（*Diceros bicornis*，図 14-12）の研究を示しておこう．これは行動評価法（MBA）プロジェクトの一環で，もともとは 12 の先駆的な米国の動物園に属する研究者によって立案されたものだ．個々の動物園という枠を越えて，動物の行動や繁殖成功度を評価するために，この企画は用意された．この方法によって，行動評価法が形づくられ，個体の違い（つまり，"パーソナリティ"，Box 4.2 参照）と飼育に関する管理体制の両方から，繁殖成功や死亡，行動，動物福祉に影響する要因を，動物園を越えて特定できるようになった．このプロジェクトでは，種類にクロサイが選ばれた．というのは，クロサイは飼育下繁殖が難しかったからである．そのようなプロジェクトでは，単一の動物園研究では難しいものがあるだろうし，（訳者注：質問票などの）広域調査では，十分な情報が集まらないだろう．繁殖の記録や飼育係の見た動物個体の性質，飼育展示施設の計測，そして行動など，複数の動物園での研究データから，最も相性の良いサイのペアは強引な雌と従順な雄の組合せで，広い飼育展示施設でほとんどコンクリートの壁がないような時に一番繁殖すると結論づけられた．

14.7 動物園における研究成果の普及

どんなに優れた研究でも，人々の役に立って初めて大きな価値をもつ．動物園における研究では，動物園で働く人々の役に立つことも大事だが，他分野の研究者や興味をもってくれる人たちにも貢献することが必要だ．さて，どうやって．

最も重要な方法は，査読制度の整った学術誌に公表することである．動物園での研究を印刷公表している多くの雑誌が存在する．このような雑誌に公表すれば，良いことがあるものだ．それは，研究の質が保証されるということである．また，研究結果を知りたがっている人にも，印刷公表することによってそれが可能となる．しかしながら，本質的なことだが，そのような査読付きの雑誌[22]では，研究に対して高度に生態学的有効性を求めている．そして，多くの動物園の仕事をこなしながらでは，それは難しい．その結果，動物園で行った多くの研究は，いわゆる"中間雑誌"，つまり，査読のない雑誌で，たいてい動物園関係者向けの定期刊行物，あるいは個々の動物園が出している国内向けの雑誌に公表されることになる（Box 14.4参照）．このような公表の仕方は，動物園コミュニティー内部では有用だろうが，部外者が知ることはとても難しい．世界動物園水族館保全戦略（WZACS）もこの難しさを認識しており（WAZA 2005），動物園に対して，可能であれば査読付きの雑誌に投稿するように強く勧めている．

最終的には，研究というものは，それに適した媒体で公表されるべきものだし，そう心がけておかないといけない．英国・アイルランド動物園水族館協会は，動物園での研究をいかに公表するべきかのガイドラインをつくっている．そこには，公表に適した雑誌がリストになっている（Pankhurst et al. 2008）．

動物園における多くの研究は，学会で発表され，討議される．学会は，英国・アイルランド動物園水族館協会や欧州動物園水族館協会（EAZA），米国動物園水族館協会により定期的に開催されている．同じくライプニッツ動物園野生生物研究協会（IZW）（Box 14.5参照）のような組織も開催している．この学会活動の詳細は，それぞれのウェブサイトに載っている．学会で発表することは，研究内容を知ってもらうよい機会だ．議論のための材料が提供できるし，他の方法では気づいてくれなかったような人まで振り向かせることができる．

14.8 動物園研究が必要な理由とは何だろう

動物園生物学分野の研究が今なお必要なわけを簡単に考察して，この章の締めくくりにしよう．いくつかの章では，"…については，ほとんど分かっていない"という言葉を頻繁に使うことに気づくかもしれない．この章では，これからの研究方向を示すことで，この言葉に代えようと思う．

一般的な，しかし，非常に重要な2点を優先させて議論を始めよう．まず，動物園で行われる研究は，保全の視点が必要だということである．すでに見てきたように，その法律がどれくらい有効かは議論の余地があるのだが，英国を含む多くの欧州の国々では，今日，動物園研究を進める時には常に，保全を考慮しなければならないと法律で定められている．どのようにすれば，これが可能だろうか．1つ明白な方法は，域外保全の研究をすることだ．それは，生息地での個体群の保全にフィードバックされ，また保全に必要な情報を与えることができる．動物園が専門家として貢献できる分野に，小さく分断された個体群をいかに管理するかという問題もある（Wharton 2007）．

---

[22] 査読付きの雑誌とは，質や科学的価値を保つために，利害関係のない専門家によって厳密な審査をしてもらい，その審査を通った論文だけが印刷公表される雑誌のことである．

Box 14.4　動物園の雑誌

動物園に関係した初期の雑誌には，ニューヨーク動物園協会が 1907 年〜1973 年まで発行した「*Zoologica*」がある（Kisling 2001）．ただし，これは現在，発行されていない．英国では，ロンドン動物学協会が 1960 年以来，毎年，「*International Zoo Yearbook*（国際動物園年鑑）」を出している．「*Zoo Biology*」は 1982 年に初めて出版され，現在でも，動物園での研究を扱う主な査読雑誌として出版され続けている．欧州では，「*Der Zoologische Garten*」が，主にドイツでの動物園動物のマネージメントに関する論文を出している．その他にも，よく動物園動物の研究を扱う雑誌がある．ここでは特に，「*Animal Welfare*」，「*Applied Animal Behaviour Science*」，「*International Journal of Primatology*」をあげておく．獣医学や動物園動物の健康に関連した雑誌は多く出版されており，例えば，「*Journal of Zoo and Wildlife Medicine*」，「*Journal of the American Veterinary Medical Association*」，「*Journal of Parasitology*」，「*Journal of Veterinary Medical Science*」などがある．

「*International Zoo News*」は，査読システムはないが，手に入りやすい雑誌だというメリットがある．この出版物の論文やバックナンバーはオンラインで自由に入手できるからである．その他，保全に関連した印刷物としては，「*Dodo*」というジャージー野生生物保護トラストの雑誌があるが，この雑誌は自前のウェブサイトをもっていないので入手しにくい．

もちろん，諸々の動物園協会は，当初から独自のニュースレターを発行している．そのような雑誌の中で，米国動物園水族館協会の「*Communiqué*」や米国動物園獣医師協会（American Association of Zoo Veterinavians：AAZV）の「*Journal of Zoo Animal Medicine*」は，最も注目すべきものである．欧州では，英国・アイルランド動物園水族館協会と欧州動物園水族館協会が，ともにニュースレターを発行している．英国・アイルランド動物園水族館協会研究グループは，毎月，動物園における調査のニュースを要約して発行しており，同協会のウェブサイトで入手可能である．

動物園飼育係もまた，独自の雑誌をもっている．例えば，英国では，英国動物園野生動物飼育係協会（ABWAK）が「*Ratel*」という雑誌を発行している．このような雑誌は，しばしば"中間雑誌"と呼ばれることがある．そのような雑誌は査読制度を取っていないが，それでも，動物園における研究やその他の活動に役立つ記事が掲載されているからである．

2つめに，哺乳類以外の種を扱う研究には，これから取り組まなくてはいけないという方向性を示そう．この本の作成段階で，哺乳類を扱った例に比べ，無脊椎動物，魚類，爬虫類，両生類，そして鳥類に関する，適当な例をあげることに苦慮した．

以下のリストは，われわれが考える，これから研究を進めなければならない動物園生物学分野の一覧である．

- 標識やマイクロチップや足環が，どのように動物の行動や生理，動物福祉に影響を与えているのか．このことは動物園動物だけでなく，野生動物の研究にも言えることだ．
- 動物園の動物たちは，飼育に対して学習するのか．また，それをどのように証明するのか．
- 北方の動物園の季節性が，熱帯の動物たちの行動や生理にどのように影響するのか．
- （超音波を含む）音や光，湿度，そして温度など，

> **Box 14.5　動物園研究のマネージメントと協力**
>
> 　動物園研究の達成は調査者個人の能力に負うところもあるが，コーディネーションへの努力があれば，ずっと効率よくできる．すでに誰かが行った努力は避けることができるし，多くの文献などから得られる知識を統合できる．さらに，研究を実行していくうえで必要な品物が手に入らないなど，支援の必要な問題も解決できるかもしれない．
>
> 　英国とアイルランドでは，英国・アイルランド動物園水族館協会研究グループが調整の役目を担っている．このグループでは，現在進行中の研究プロジェクトに関する情報を印刷物として出版し，年に1回，動物園においてシンポジウムを企画している．その要旨集は英国・アイルランド動物園水族館協会が発行し，さらに英国・アイルランド動物園水族館協会のウェブサイトで内容を見ることができる．本研究グループは，また，（それは複数の動物園での研究も増やすようにしているのだが）調査計画の内からいくつかを支援し，様々な分野の動物園での研究を志す人に対して，一連のガイドラインを出版している．
>
> 　研究は欧州動物園水族館協会でも支援している．欧州動物園水族館協会は，ポーランドのポズナン動物園とベルリンにあるライプニッツ動物園野生生物研究協会が交互に開催する研究集会に賛同している．ライプニッツ動物園野生生物研究協会は，野生動物と動物園動物の行動，進化生物学，野生動物疾病，繁殖に関わる研究をしている．欧州動物園水族館協会とライプニッツ動物園野生生物研究協会では，研究成果の印刷物を公表し，動物園と野生動物研究の定期的な研究集会を催している．欧州動物園水族館協会は現在，分類群専門家グループ（TAG）が研究テーマを選び，彼らに関係のある種とそれに関わる研究記録の保存を勧めていて，そのための研究戦略を準備している．このことは，将来，研究者が最初に研究対象種の分類群専門家グループと連絡をとり，誰がその種の先行研究を行っているのかを知らなければいけないことを意味している．
>
> 　北米では，米国動物園水族館協会（AZA）が年次の，さらに，地域別の研究集会を開催している．研究集会の要旨集は印刷公表されており，いちばん新しいもの（2004年から）は，米国動物園水族館協会のウェブサイトから入手可能である．米国動物園水族館協会にはまた，研究プロジェクトのデータベースがあるのだが，残念ながら，これは米国動物園水族館協会のメンバーにしか公表されていない．

様々な環境の物理的刺激に対する動物の好みや反応には，どのようなものがあるのか．
- 種によって，飼育場所のプライバシーや高さなどに対する要求が変わるのか．
- 空間の質は，広さよりも重要かどうか（最近の情報は，たいてい霊長類から得られたものである）．
- 給餌のタイミングはどうあるべきか．また，給餌の仕方は動物に影響を与えるのか．
- 動物の集団構成や大きさは，行動や福祉に影響を与えるのか．
- 混合展示した時に，ある種と他種との相互関係（交渉）は，どうなるのか．
- 動物は，飼育施設の変化に対してどう応答するのか．
- 鳥類や哺乳類で見られる（常同行動のような）異常行動と同様な行動は，魚類や爬虫類，両生類でも見られるのか．
- 動物園動物に対する選好性試験は，動物福祉を実現するために適切な情報を与えてくれるの

か.
- 哺乳類以外の動物は，動物園の観客をどう思っているのか.
- 絶滅危惧種を含む飼育下繁殖を考える時に，最適な飼育条件とはどのようなものだろうか.
- 動物園での記録を分析すれば，歯の萌出様式，妊娠期間，一腹子数など，様々な種の生活史のどのようなことが見出せるだろうか.

最後に，もう一度繰り返し指摘しておくが，動物園は，野生状態では研究が難しく，ほとんど何も分かっていないような種の，基礎的な生物学について研究できるすばらしい場所である.

そのような例として，2007年版IUCNレッドリストで保全の必要性が見直されるか，初めて対象とされた5種を取り上げ，1998年からの10年間に科学論文のタイトルに登場した回数を数え上げてみよう.
- ニシローランドゴリラ（*Gorilla gorilla gorilla*）：537回
- マレーグマ（*Helarctos malayanus*）：23回
- マダラハゲワシ（*Gyps rueppelli*）：全く見られない
- インドガビアル（*Gavialis gangeticus*）：5回
- バンガイカーディナルフィッシュ（*Pterapogon kauderni*）：26回

もしこれらの論文を見てマダラハゲワシやインドガビアルを研究したくなったら，すぐに国際種情報システム機構（ISIS）（5.7.1章を見よ）で検索し，どこの動物園にこれらの動物がいるのかを確かめてみてほしい.

まとめ

- 動物園における研究では，飼育下動物をどのように管理するかという応用と，生物学に関する基礎の部分を対象にできる.
- 動物園における研究例は増え続けているが，選ばれる課題には（行動と繁殖の分野に）偏りがある．また，分類群にも同じことが言える（食肉類や霊長類など）.
- 動物園における研究は，動物園の研究部門か動物園に雇用された研究者個人が行うことが増えてきた.
- 動物園における実験計画では，通常，サンプルサイズが小さいとか，データの独立性が保証されていないといったことから生じる難しさがある．ただし，全ての疑問や仮説に問題があるわけではない.
- 複数の動物園を研究対象にすることで，問題のいくつかは避けることができる．そして，1つの動物園における研究では答えが得られない問題にも，解決を与えることができる.
- 動物園で行った研究の成果は学術誌上で公表され，学会で討議されるべきものである．しかし，それよりももっと大切なことは，誰でもがデータを入手できることである.

論考を深めるための話題と設問

1. 動物園で動物の行動を研究する時に避けられないサンプリングや分析の難しさとは何だろうか.
2. 動物園での研究で軽んじられてきた分野には，どのようなものがあるだろうか．それは，なぜだろうか.
3. 動物園で実施可能な行動研究の意義について議論してみよう.
4. 複数の動物園を対象として行う研究の長所と短所には，どのようなものがあるだろうか.
5. "個体数が少ないことが，動物園研究では障害とならない"という断定について議論せよ.

さらに詳しく知るために

生物学研究の一般的な原理は，Barnard et al. の「Asking Questions in Biology: Design, Analysis and Presentation in Practical Work（生物学の質問：研究のデザイン，分析，発表）」（1993）に載っている．動物園での行動研究に興味をもつ人は，研究を始める前にまずMartin and Bateson

の「Measuring Behaviour: An Introductory Guide」(2007)（訳者注：本書の初版が翻訳本「行動研究入門－動物行動の観察から解析まで」として1990年に東海大学出版会より出版されている）やLehnerの「Handbook of Ethological Methods（行動生物学の方法ハンドブック）」(1998)などの良い参考書を読むべきである．

動物園研究に必要な統計学を学びたいなら，Kuhar（2006）を勧めておく．

その他，この章の中で，もっと知りたい人のための読み物を紹介している．

ウェブサイトとその他の情報源

動物園研究を行う実際の方法は，英国・アイルランド動物園水族館協会の出している種々のガイドラインにその記載がある（Wehnelt et al. 2003，Smith 2004，Mitchell and Hosey 2005，Plowman 2006，Plowman et al. 2006，Pankhurst and Knight 2008）．これらは皆，www.biaza.org.ukで読むことができる．この一連のガイドラインは，動物園での研究を公表する時にも役に立つ（Pankhurst et al. 2008）．「BIAZA Research Conference Proceedings（英国・アイルランド動物園水族館協会研究集会要旨集）」や定期的に発行されている研究のためのニュースレターは，このウェブサイトから入手可能である．

動物園での行動研究に興味をもつ人は誰でも，どのような動物園研究ができるのか，また，どのような応用技術が適用可能なのか，などの問題について，ウェブサイトを探っておくべきである．なぜなら，興味をもつ人はまず，研究を行うに当たって許可申請をしなければならないからだ．

第 15 章　動物園が有意義なものであるために

　多くの動物園が出口の横に"お楽しみいただけましたか"というサインを掲示しているのと同様に，私たちも読者の皆さんに，この本を読んで楽しみ，役立てていただけることを願っている．動物園，特に動物園のエデュケーター（教育関係職員）は，動物園への訪問がとても印象的なものであって欲しいという願い，さらに来園者に自分たちの考えを理解してもらいたいという強い希望をもっている．私たちは，この本（またはその一部）を読まれた皆さんに，今後，より賢明な立場から動物園を見ていただきたいと願っている．皆さんには，動物園が取り組んでいることや，動物園の内部からの視点と外部からの視点の相違，そして現在の動物園が動物園として存続するために対処しなければならない多くの複雑な問題等をよく理解してもらいたい．私たちは，動物の取扱いや動物福祉において求められる基準を満たさない，あるいは保全・教育・研究へ寄与できていない，とても健全とは言えない動物園があるという事実をまず認識しなければならない．しかし，欧州や，米国，オーストラリア（さらにそれ以外の国々）における動物園協会の認定動物園は，動物園の水準を向上していくこと[1]や，職員が自らの仕事を常に改善できるような支援を行うことに対する責任をもつべきであると私たちは考えている．

　この最終章では巻頭で紹介したテーマのうちいくつかを再考し，使命の中に掲げているような理想の動物園像と実際の動物園の姿がどれほど一致しているかを検討してみたいと思う（図15-1）．第 1 章でも述べたとおり，動物園の役割は 4 つのキーワード，すなわち保全，教育，研究，そしてレクリエーションという言葉でよく表現される．しかし動物園は，自身の定めた目標を達成していく中で，その成果をどれほど正しく評価できるのだろうか．

　この章では，保全，教育，研究といった分野において，動物園が自らの影響力をどの程度自己批判的に評価できるかを考えてみようと思う．この評価方法により，動物園で飼育される多種多様な動物たちやその飼育管理法に対してどのように影響を与えるのだろうか．また，序盤の章で簡単に触れただけであったが，持続可能性という話題にも立ち返ってみたい．最後に，動物園で働くということに興味をもっている（あるいは既存の動物園での職業をさらに発展させたいと考えている）読者のために，動物園業界での職業訓練や就業のチャンスについての項も用意した．

　この最終章の構成は，上記の理由で，次のとおりとした．

15.1　評　価
15.2　コレクションのあるべき姿
15.3　動物園の持続可能性
15.4　動物園での職業

---

[1] 将来的に実現可能な動物園の認定制度についての考察は Hatchwell et al. (2007) を参照のこと．この認定制度では，動物園は初期段階での登録が認められ，そこから段階的に認定基準を高めていくことにより支援を受けることを可能とする"1 歩ずつ"構想を推進している．

図15-1 実際の動物園の姿は，使命の中に掲げているような理想の動物園像とどれほど一致しているだろうか．動物園や水族館の綱領にはしばしば，保全や教育が主要な役割として登場しており，多くの動物園では教育プログラムの一環として動物との"ふれあい"の機会を提供している．ここで示したように，水族館を訪れた子どもたちは，ヒトデやその他の海生無脊椎動物について知ることができる．（写真：© Tammy Bryngelson, www.iStockphoto.com）

15.1 評　価

　動物園はおそらく，レクリエーション，すなわちどれほど楽しい時間を提供できたかという点に関する評価を最も得意としているであろう（図15-2）．"入園料収入"は動物園が来園者の期待に応えられているかどうかを示す大変説得力のある尺度となる．特に，来園者が楽しく過ごすことが保全や動物福祉といった別のメッセージを伝えることの助けとなるならば，動物園がそれを願うことは本質的に間違ったことではない．

　動物園は，収入面で来園者に大きく依存しており，それは日々のランニングコストを賄うだけでなく，生息域外・域内両方の保全活動の支えとなっていることも確かである．レクリエーションが低俗なものとみなされ，価値のある目的とされることが好まれない状況の中で，動物園に対して保全・教育・研究の重視を強いるあまり，結果として動

図15-2 もし，楽しい時間を提供することを通して，絶滅危惧種や保全といったメッセージを来園者に理解してもらうことにつながるのであれば，動物園がそれを宣伝材料として用いるのには何も問題はない．〔写真：(a) ワルシャワ動物園，(b) Sheila Pankhurst〕

物園には存在価値はあるが退屈なところで，訪ねようと思われなくなってしまう危険性もある．多くの博物館はその苦い経験からすでに認識していることだが，目録を作成したり骨董品・化石

あるいは昆虫標本を保存したりするだけでは，学芸員を自力で雇用し続けるのは難しい．つまり，世界動物園水族館保全戦略（WAZACS）（WAZA 2005）に掲げている，動物園での福祉やエンリッチメントといったその他の価値ある分野の活動や研究に対する人々の注意が失われてしまう危険性すらあるのだ．

近年，Conway（2003），Miller et al.（2004），Balmford et al.（2007），そしてMace et al.（2007）などによる研究で，保全や教育における目標達成での観点から動物園・水族館の業績に対する評価が試みられてきた．これらのような研究にいくぶんか後押しされ，動物園では徐々に自己評価が進展し，そして目標達成度を明確に評価することの重要性を認識するようになってきた．第4回国際環境教育会議（ICEE）[2]（2007）では，例えば，会議で提言された4つの主要な勧告のうち2つが，動物園で適切な基準をどのように設定し，利用するかということ，そしてその基準と比較して活動の評価をどのように行うかということに関するものであった．つい最近では，欧州動物園水族館協会（EAZA）の教育基準（EAZA 2008）において，加盟園の動物園教育プログラムの有効性について評価することが要求されている．

国や地域の動物園協会から認可された動物園も，しばしば，当該加盟協会から，自己評価の作業に着手するよう求められる．協会関連での1例をあげると，カナダ動物園水族館協会（CAZA）は，その加盟園に対し，"カナダ国内の動物園や水族館における自己評価や現場での調査，専門家からの評価を通して，作業評価基準を制定し，維持し，向上させること"を要求している．例えば2006年にパナマで開催された国際両生類域外保全ワークショップでの報告書（Zippel et al. 2006）のような，最近の動物園から発表された保全戦略書には，詳細に記された行動計画と，計画目標の達成度を評価するという必要条件の両方が記載されている．

第10章でも触れたとおり，動物園が誤った評価を行うという危険性もある．動物園が与える影響力や生産性（飼育下繁殖プログラムに記載された希少種の数や野生再導入の成功例など）を評価するよりも，投入資本（収入，支出，雇用人数）を評定し公表する方が効果的のように思え，かつおそらくずっと簡単なのである（Mace et al. 2007を参照のこと）．しかし動物園業界はこの危険性に気付いていない．2004年のCatalysts for Conservation（保全の先駆け）シンポジウムへ向けた準備期間中に，例えば動物園の専門家たちは，動物園保全プログラムの成果を評価すべく，自主的調査グループである動物園評価グループ（Zoo Measures Group）に属する保全生物学の第一人者らと共同で調査を行った（Leader-Williams et al. 2007）．このグループの結論は，本シンポジウムの発表論文のいくつかに引用され，後に「Zoos in the 21st Century: Catalysts for Conservation?（21世紀の動物園：保全の要？）」（Zimmerman et al. 2007）の多くの章に掲載された．動物園が自らの保全活動をより効果的に評価するための様々なツールが現在利用可能であることも，第10章で述べたとおりである．Mace et al.（2007）が提案したように，評価計画法の重要視は21世紀における動物園のコレクションのあるべき姿に変化を及ぼす可能性がある．このことについては次節の主題として扱う．

しかし，動物園におけるコレクションの変貌を

---

[2] ややこしいことに，ICEEという頭字語は多数の団体が用いている．動物園界でのICEEは多くの場合，国際環境教育会議（International Conference of Environmental Education）あるいは国際エンリッチメント会議（International Conference on Environmental Enrichment）のいずれかを指す．前者はUNESCOやUNEPの協賛による主要な政府間の会議であり，10年に1度開催される（初回はジョージア州Tblisiで1977年に開催）．後者はエンリッチメントや動物福祉に焦点を当てた国際会議で，隔年に開催される（初回は1993年）．

見ていく前に，動物園の機能に関する別の側面への評価について考えたい．第 7 章で述べたように，評価の 1 例として，動物福祉をめぐる潜在的な問題を評価するための詳細な仕組みと作業過程，およびその実行方法に関して記述した福祉の監査システムがある．英国の 2 つの動物園が採用したこのシステムは，当面の問題を解決するための手段ではなく，計画的に実施するためのものだとされている．さらに，現代社会における動物園のより幅広い役割という観点からは，英国の 9 つの動物園における最近の試みとして，英国・アイルランド動物園水族館協会（BIAZA）との共同作業で動物園のマニフェスト（The Manifesto for Zoos）が作成されている（Regan et al. 2005）．これは，動物園の保全の分野における活動を評価するだけでなく，より幅広く"公益"への貢献も評価するという野心的な試みである．このマニフェストは，例えば，動物園のもつ経済的な生産性や，地域再生手段としての動物園の役割まで網羅している．この試行の成果は，多くの動物園業界が関心をもち，現在では，オーストラリアの多くの動物園が同様のマニフェストを発行するために協働している（Hatchwell et al. 2007）．

15.2 コレクションのあるべき姿

動物園を訪問しても，来園者は期待していたもの全てを見ることができないのと同様に，この本でも，読者は欲しい情報全てを得ることはできなかったかもしれない．もちろん，私たちはその逆もまた真実であること，すなわち読者の皆さんが本書の第 1 章から第 14 章までを読み進めるうちに，予期せずに何らかの興味ある情報を得たことを願っている．

この本の中でも解説したように，動物園のコレクションは哺乳類と鳥類に偏りが生じている（飼育種類数だけで見るならば，サンゴ類などの海生動物やその他の無脊椎動物がコレクションの大部分を占めていると言うこともできるが）．この傾向のとおり，本書で扱った実例や引用の大部分は哺乳類に関するものであり，続いて鳥類，それから爬虫類や両生類である．お気づきのとおりこの本での魚類[3]の登場はごくわずかである（図15-3）．これは，編者が意図的に選択したわけではない．われわれは，例えば爬虫両生類に対する

図 15-3 動物園の大部分は哺乳類と鳥類を扱うものだという認識があるが，動物園や水族館の総飼育種類数という点では，魚類やサンゴ類などの海生動物はその大部分を占めることになる．〔写真：(a) © Kristian Sekulic, www.iStockphoto.com, (b) ワルシャワ動物園〕

---

[3] この本の第 2 版が出る場合は，魚類と水族館について少なくとも 1 章分は充てようと意図している．

エンリッチメントや健康, 栄養学, そして水族館での魚類の取り扱い方に関する論文を探す努力はしたが, 適当な査読論文はごくわずかしか見つからなかった.

動物園における分類学的アプローチの場合よりもむしろ, あるテーマに沿ったアプローチの場合に同様のことが言える. 動物園に関する文献では, 動物行動学的な情報に偏りがあり, そして本書でも概ね同様の状態である.

しかしながら, 本書の前章で見てきたように, 動物園界は進化しており, 急速な発展を遂げている分野もある. 現在の動物園は, 絶滅危惧種の飼育・維持により重きをおいて取り組んでいる. 飼育下繁殖計画の対象種として管理されている哺乳類以外の種は, 1992年〜1993年と2003年の間で3倍以上に増えた. けれども, 両生類, 魚類, 無脊椎動物などの分類群は, 未だに展示動物として代表的とはいえない状態である (Leader-Williams et al. 2007). しかし, 英国のハルに開館したザ・ディープ[4] (図15-4) のような新しい水族館の成功例は, 来館者の多数が魚類やその他の海生生物を見に来館していることを示唆し, 市民がお金を払ってでも見に行きたいと思う動物は必ずしも動物園の展示の中心をなしている哺乳類や鳥類ばかりではないことを証明している. Balmford et al. (1996) による, ロンドン動物園での一連の来園者調査では, 園内の附属の水族館や爬虫類館が最も人気のある展示施設であることが分かった.

では, 今後, 動物園に起こりそうな変化は何であろうか. 来園者のための計画という観点からは, 現在, 欧州動物園水族館協会に加盟している少なくとも15の動物園が園内にホテルをもっており, これが今後の流行になりそうである. 家族連れはしばしばテーマパークや複合型レジャー施設で週末, あるいはもっと長い期間を過ごすが, なぜ動

図15-4 水族館に関して, 当初の目標の全部を本書で取り上げることはできなかったが, 英国のザ・ディープやフランスのオセアノポリスといった新しい水族館の成功例によって, 市民が魚類を見るために来館して楽しんでいることは明らかにできたと思う. (写真: © Frank Boellmann, www.iStockphoto.com)

物園ではそうならないのだろうか. 未来の動物園は, 動物のコレクションと並行して, 自然史ディスカバリー・センターや, あるいは素晴らしい野生動物映画が上映されるアイマックスシアターをもつようになるかもしれない.

15.3 動物園の持続可能性

英国は, 2005年〜2014年までの10年間における, 「持続可能な開発のための教育の10年 (Decade of Educations for Sustainable Development : DESD)」を宣言した. 動物園は,

---

[4] ザ・ディープが開館した2002年当時, この水族館の初年度来館者数は20万人と予測されていた. 蓋を開けてみると, はじめの5か月だけで50万人以上の来館者が訪れた (Garner 2002).

自身が，持続可能性に関する社会教育に率先して貢献する立場にあるという見方を強めている．「Zoo Forum Handbook（動物園フォーラムハンドブック）」では，"英国の動物園における持続可能性への構想"という項目に1章を割き，それには教育に関する内容も含まれている（Defra 2007b を参照のこと）．しかし，動物園業というものはそれ自体が持続可能なものなのだろうか．もしそうでないとすれば，動物園は持続可能であるために何ができるのだろうか．

持続可能性という概念は，動物園の多くの異なる段階にあてはまるものである．経済的な持続可能性という点で考えると，動物園は50年も100年もの間，有料入園者を魅了し続けることができるのか，ということを意味するかもしれない．しかし昨今の"持続可能性"という言葉は，多くの場合地球環境の持続可能性のことを指し，非常に重要な環境問題として地球温暖化が議論されている．例えば現在，多くの大企業[5]が約束しているように，動物園も"カーボンニュートラル"な組織となるよう取り組むことは可能であろうか．

動物園は確かに，その方向へ進みつつある．例えば，北米のインディアナポリス動物園は，新しいウェブサイト（www.mycarbonpledge.com）を2008年から配信し，そこで各家庭が地球環境に対して責任をもち持続可能な生活に取り組むよう訴えている．イングランド北部のチェスター動物園は"多様で，繁栄し，持続可能な自然界"を園の綱領および理念に定め，ニュージーランドのオークランド動物園は"持続可能性ツアー"を実施したり，地元企業に対して二酸化炭素排出量削減のための指導を行ったりしている．

もう1つ特筆すべきは，第10章で述べたとおり，英国の多数の動物園が ISO 14001 を取得していることである．これは国際的に広く認められている環境管理基準であり，それぞれの動物園の手腕が問われるところである．

15.3.1 展示動物維持のための持続可能性

優れた動物園は，その園の飼育動物コレクションが持続可能であるように奮闘している．それは，野生捕獲個体を導入しコレクションを維持することではなく，むしろ野生動物保護のための繁殖拠点であろうということを意味する．認定動物園はすでに，野生捕獲された展示動物の数を削減することに多大な労力を払ってきた．そして英国・アイルランド動物園水族館協会，欧州動物園水族館協会，米国動物園水族館協会（AZA），オーストラリア地域動物園水族館協会（ARAZPA）に加盟する動物園の次の目標は，飼育展示個体の自家繁殖による維持管理である（Conwey 2007）．

15.3.2 動物園の日常業務の持続可能性

持続可能な動物園とはどのようなものだろうか．個々の動物園レベルで見ると，10年またはそれ以上に持続可能な動物園は，以下にあげるような特徴の全てではないにしても，いくつかをもち合わせていることが想像できる．

- 野生で持続可能な個体数を保っている種でない限り，野生捕獲個体を調達しない方針．
- 来園者と飼育動物のための食材および飼料は地産のもの〔20マイル（32km）以内，最大でも50マイル（80km）以内〕を用いる．
- 再生可能で地産のエネルギーを用いる．
- 高水準の断熱と床冷暖房システムによるエネルギー効率の良い建造物．
- 雨水や"雑排水"のトイレや灌漑用水への利用．
- ハイブリッドカーの駐車料金割引．
- 公共交通機関利用キャンペーンや自転車用駐輪場の設置．
- 建造物に地産の資材や持続可能な供給源からの木材をより多く使用する（図 15-5）．

---

[5] 英国の小売業者 Mark and Spencer は，2012年までにカーボンニュートラルな企業となるという目標を定めた．

図 15-5 この写真で示している巨大な建築物は，英国ハンプシャーにあるマーウェル動物園（マーウェル保全トラストの1部署）の保全教育センターであり，頻繁に利用されている．このセンターは，適切な管理が施された森林からの木材や低公害の塗料などの環境に配慮した資材によって建設され，様々な省エネ・節水の工夫がなされている．（写真：Sheila Pankhurst）

- 園内のギフトショップでは地元で製造された（あるいはフェアトレードの）諸製品を販売する．
- 園内にリサイクルセンターを1棟かそれ以上設置する．
- 動物やその生息地に関する情報だけでなく，持続可能性についての情報も掲示する．

実際のところ，これらの目標のうちほぼ全てを，欧州の動物園の少なくとも1か所が実現している．オランダのアペンドールン霊長類公園では，例えば，ハイブリッドカーに対し駐車料金を無料にするサービスを提供している．英国のリビング・レインフォレストでは，独自にバイオ燃料ボイラーをもち，地元で生産された（そしてカーボンニュートラルな）ウッドチップで稼動させている．アムステルダムのアルティス動物園は，洗練された熱電気複合利用（CHP）システムを稼動させている．エジンバラ動物園では，ヨシ濾床（人工湿地）システムで汚水の濾過を行っている．ドイツのケルン動物園は，展示場のサインに持続可能性との関連性についても記載している．遠く離れてオーストラリアのパース動物園は，再生可能エネルギーについての展示を行っているが，これはグリッド接続された太陽光発電設備や小型の風力発電のデモンストレーションを備えた大規模な環境プログラムの一貫である．

そして2006年から，英国・アイルランド動物園水族館協会は加盟動物園を対象に，持続可能性への取組みに対して，年に1回，授賞を行っている．

15.4 動物園での職業

動物園における仕事は，多くの人が最初にイメージするよりもずっと多様である．飼育係や

キュレーターはもちろんであるが，研究員や教育スタッフ，保全担当者やその他のサポートスタッフといった職業も存在する．

以下では，本書で述べてきた動物園の主な仕事のうちいくつかを概観してみようと思う．

15.4.1 動物園飼育係

今日では大学卒業者あるいは大学院修了者が飼育係（キーパー）として就業する場合が多いようである．もし動物園飼育係を志すのであれば，動物の世話やハンドリングに対して高い関心があることと，もし可能ならばある程度の経験も必要となってくる．この経験には，例えば，アニマルシェルターでのボランティア経験などが含まれるであろう（図15-6）．

英国野生動物飼育技術者協会（Association of British Wild Animal Keepers：ABWAK）や米国動物園飼育技術者協会（American Association of Zoo Keepers：AAZK）などの飼育技術者協会のウェブサイトは，動物園飼育係への就業に興味をもった諸君のスタートに最適である（米国動物園飼育技術者協会のウェブサイトは職業として動物園の動物飼育を行うことに関して役立つページを用意している．www.aazk.org/zoo_career.php）．

15.4.2 動物園獣医師

動物園獣医師（図15-7）になるためには長い時間を要する．一般に，英国の獣医学科に入学した学生は，フルタイムでの教育課程を5～6年受けることとなる．現在では，生物科学分野で学士号を取得している者を対象に，上級獣医学コース（通常4年で修了）を提供している大学もある．

その後の選択肢として，専門獣医師として業務を行うために取得すべき資格に，獣医学士号（BSc in Veterinary Surgery：BVS）がある．英国では，獣医業を営むために必要な資格であるBvetMEdあるいはVetMBを保持する以前に，英国獣医師会（RCVS，メンバーには名前の後に"MRCVS"

図15-6 もし動物園で飼育係として働くことを希望するのであれば，アニマルシェルターでのボランティアなど，関連する経験で得た知識や技術を発揮することが重要である．これらの写真が示しているのは，(a) マヌルネコ（*Otocolobus manul*）の子を抱える英国ハウレッツ動物園の飼育係Ben Warrenと，(b) 人工哺育のアカリス（*Sciurus vulgaris*）を背中に乗せるワルシャワ動物園の飼育係．〔写真：(a) Dave Rolfe，ハウレッツ動物園，(b) Barbara Zaleweska，ワルシャワ動物園〕

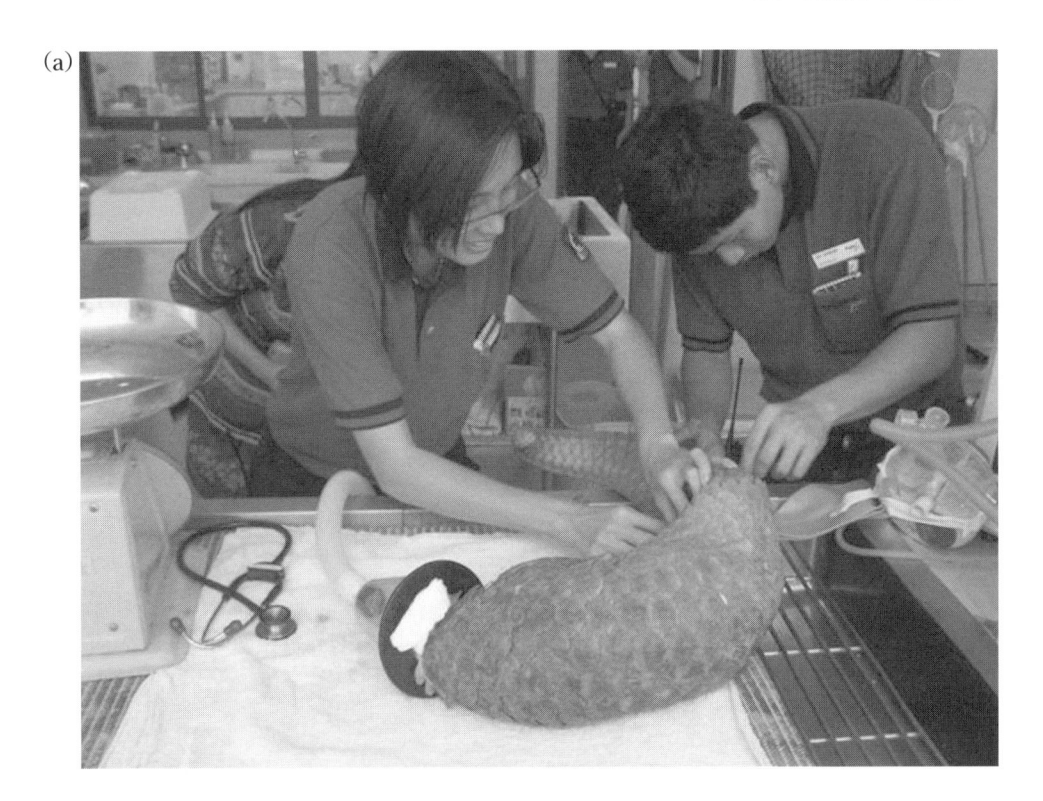

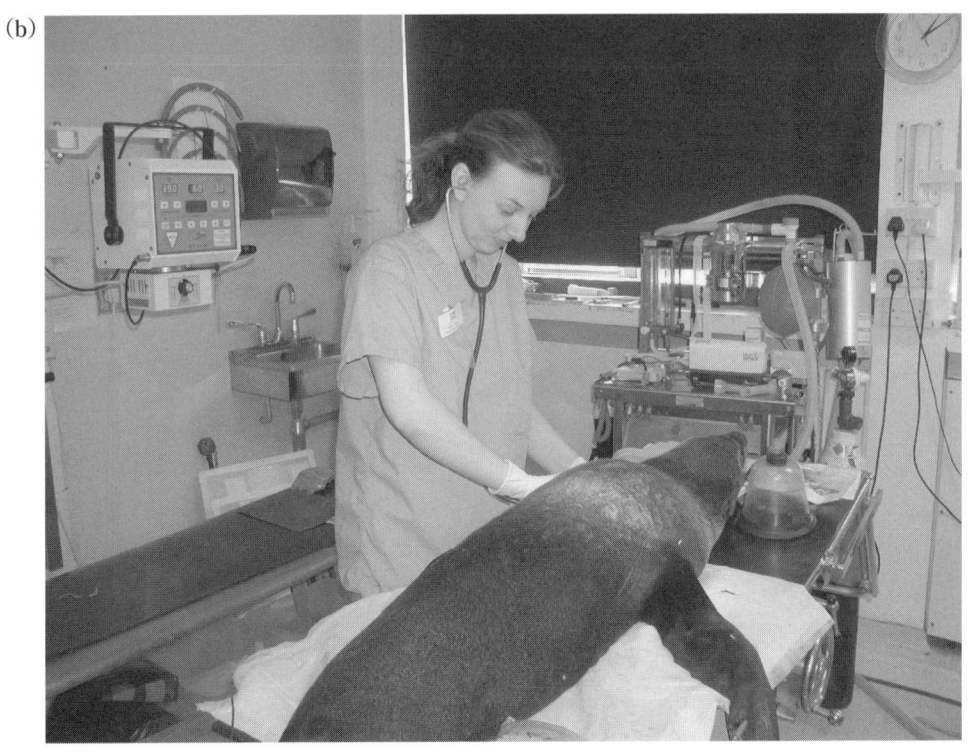

図15-7 動物園獣医師として働くことはとてもやりがいがある．典型的な中規模の動物園では，300種以上の約1,000頭にも及ぶ動物が飼育されている．写真で示しているのは，シンガポール動物園と，ブリストル動物園の獣医師がそれぞれ，センザンコウ（a）と幼獣のオットセイ（b）を診察している様子である．〔写真：（a）Biswajit Guha, シンガポール動物園，（b）Mel Gage, ブリストル動物園〕

の称号をつける資格が与えられる）のメンバーであることが法律で義務づけられている（詳細はwww.rcvs.org.ukを参照）．

もちろん，獣医師としての資格を得ることは，動物園で野生動物を相手にして仕事をするための第1段階に過ぎない．資格を得た獣医師に対し，英国獣医師会は大学院修了証書と，動物福祉科学や倫理，法律に関する卒後教育を行っている．

15.4.3 動物園看護師

この本の執筆時には，英国において動物園で野生動物の看護師として働くために必要な特別な資格は設けられていない．ただし，ロンドン動物学協会（ZSL）はしばしば，動物看護師やその実習生を対象に，夏期職業体験や職業紹介を行っている．詳細は，www.zsl.orgを参照のこと．

まとめ

- 動物園は現在，保全や教育の役割を宣言するだけでは不十分であることを理解している．すなわち，そのような分野における業績を，明確な目標に対して評価することが必要なのである．
- 保全活動の中心となるよう努力するだけでなく，多くの優れた動物園は持続可能性を約束し，有効な環境管理の実践を主導できるような組織でありたいと願っている．
- コレクションのあるべき姿は変化を続けているが，現在，絶滅危惧種の飼育下繁殖，特に哺乳類や鳥類以外の分類群に属する種がより重要視されている．

論考を深めるための話題と設問

1. 動物園が"完全に持続可能な組織"となることを阻んでいる実務上の障害にはどのようなものがあるか．
2. 動物園の飼育動物に関して，なぜ哺乳類の種類数が減少し，他の分類群の動物が増加しているのか．
3. 動物園は教育プログラムの効果をどのように評価できるのか．
4. 劣悪な動物園の抱える問題を解決するために，優れた動物園はどの程度まで責任をもてるのか．
5. 動物園が，収入の評価を行うだけでなく，保全プログラムの効果をどのように評価し発展させてゆくことができるのか議論せよ．

さらに詳しく知るために

本書の第1章～第14章では，「さらに詳しく知るために」の項で，テーマに沿った提案や，法律からエンリッチメントに至るまで動物園の様々な側面のさらなる情報源について詳説してきた．この章では，いくらか異なる内容にしたいと考え，われわれを惹きつけ，やる気を起こさせ，情報を与え，楽しませてくれた，動物園に関する本や論文の中からいくつかを推薦したいと思う．

何よりもまず，強く推薦したいのが，Colin Tudgeにより思慮深くまとめられた著書である「Last Animals at the Zoo」（1992）である（訳者注：本書の翻訳本として「動物たちの箱船―動物園と種の保存」が1996年に朝日新聞社より出版されている）．この本にはHow Mass Extinction can be Stopped（どうすれば大量絶滅を防げるか）というサブタイトルも付けられており，現代の動物園における保全の役割に関して分かりやすく事例をあげながら紹介している．

楽しく読むことができ，推薦したい本の2冊目は，Gerald Durrellの「The Stationary Ark（積みすぎた箱舟）」（1976）で，ジャージー動物園の創設に関する記述である．最近この本を読み返してみたところ（最初に出版されたのが30年以上前であるため），現代の動物園がどのように機能すべきかという提案の中に見られるDurrellの先見の明には大変感銘を受けた．この「The Stationary Ark」の中で，例えば，動物園の動物には"適切な食生活（それは動物にとって魅力のある食餌であり，飼育する側からみれば栄養

図 15-8 これはベッドフォードシャーにあるウォバーンサファリパークのロスチャイルドキリン（*Giraffa camela rothschildi*）の群れの写真で，前列中央にいるのがこの群れで生まれたキリンの幼獣である．いろいろな意味で，この写真は優れた動物園がどういうものであるかを具現している．様々な年齢層の個体が群れの中で暮らし飼育下での繁殖が順調であること，そして屋外の広大な飼育施設を備えた場所で飼育されていることが分かる．（写真：Jake Veasey）

学的に過不足のない餌であること）"や"退屈からの最大限の解放（ケージ内に十分な設備を用意すること）"を提供しなければならないと Durrell は論じている．これら全てが，5つの自由〔Farm Animal Welfare Council（家畜福祉協議会）1992〕より約15年も先行し，「Secretary of State's Standards of Modern Zoo Practice (SSSMZP)（新動物園飼育管理監督基準に関わる概説）」（英国）初版より25年も前に発表されている．

Douglas Adams and Mark Carwardine は「Last Chance to See（最後の観察チャンス）」(1991) を共同執筆し，同名のBBCラジオシリーズももっていた．「Last Chance to See」は Adams and Carwardine による，絶滅の危機に瀕した動物を野生で観察する試みを記述したものである．「Hitchhiker's Guide to the Galaxy（銀河ヒッチハイク・ガイド）」などの著書でよく知られる

Adams（1952～2001）は，熱心な環境学者であり活動家であった．彼と彼の共同執筆者であったMark Carwardineは，その著書である「Last Chance to See」から，Paola Cavalieriと倫理哲学者Peter Singerによる「The Great Ape Project（大型類人猿の権利宣言）」（1994）という別の本への一連の流れに貢献した．この「The Great Ape Project」は，1993年には，彼らの平等な道徳的人権を訴えるキャンペーンとして実現した．

Susan McCarthyの「Becoming a Tiger: How Baby Animals Learn to Live in the Wild（トラになれ：幼獣はどうやって野生について学ぶのか）」（2005）は，動物がどのように学習していくのかについて，ふんだんに散りばめられた経験と事例によって大変読む価値のある記述がなされている．情報を得るためや，娯楽としても拾い読みを進めていくことのできる本である．

Yann Martelの「Life of Pi（パイの物語）」（2001）は2002年にブッカー賞を受賞している．この本のヒーローであるPiは，父親がインドにある動物園の飼育係として働いている．彼は後に船の難破から生還するが，Richard Parkerと名づけられたベンガルトラと一緒に227日間も海で過ごしていたのだった．想像に難いことだが，Piの（Martelの），父親の動物園動物に対する考え方は，一読の価値があるものである（ポンディチェリの植物園に動物園は併設されてないが，このフィクション作品の中に登場する多くの場所が実在する）．

Matthew Hatchwellらの著書「Zoos in the 21st Century: Catalysts for Conservation?（21世紀の動物園：保全の要？）」の中の「Conclusion: future of zoos（結論：動物園の未来）」と題した章（Hatchwell et al. 2007）も紹介したいと思う．それから，Nicole Mazurは彼女の著書「After the Ark?（方舟の後）」（2001）を，「Sailing into unknown waters（未知なる海への航海）」という思慮に富んだ章で結んでいる．

そして最後に，大事なものを1つ残していたのだが，21世紀の動物園がもつ役割について説得力があり先見の明がある展望を示した，Bill Conway（2003, 2007）の論文と著書の1章を推薦してこの本を終えたいと思う．

用語集

安楽殺	例えば病気や重症を負った動物を人道的に殺すこと.
域外保全	本来の生息地外で動物を保全すること. 例えば動物園における保全. (域内保全も参照)
域内保全	動物本来の生息地つまり野生の中で行う保全. (域外保全も参照)
異型接合的（ヘテロ接合的）	ある遺伝子座が異なる対立遺伝子で構成されている状態. (同型接合的も参照)
異常行動	異常もしくは病的でまれな行動.
異食症	人では，例えば石炭や石鹸のような非食品を口にすることに対してよく使われるが，特定の食品成分に対する欲求も意味している.
維持量	動物に入ったエネルギー量と動物から出て行ったエネルギー量が同一であることを意味する.
一妻多夫制	通常は哺乳類の配偶システムを指す. 1個体の雌が繁殖期に複数の雄と交配もしくは番形成すること. 一妻多夫制である種の例としては，レンカク（水禽類）や数種のカエルがあげられる. (一夫多妻制も参照)
5つの基準	動物の飼育と管理に関する5つの基本原則で，英国閣内相による新動物園飼育管理監督基準（SSSMZP）の根幹をなすものである. その"5つの基準"は動物福祉における"5つの自由"に由来している.
5つの自由	1992年に英国の家畜福祉委員会によって確立された動物福祉の基準. 例えば，1番目の自由は，飢餓や渇きからの自由であり，3番目の自由は，痛みや傷害や病気からの自由である.
一夫一妻制	雌雄それぞれ1個体の組合せ，特に雌1頭では子を育てることが難しいため，雄の分散が有利とならない種に見られる（例：多くの鳥類). 社会的一夫一妻制と遺伝的一夫一妻制を区別する必要がある（社会的一夫一妻制では，雄がいつも雌の産んだ全て，もしくは一部の子の父親とは限らない). 〔多婚性（複婚性），乱婚性も参照〕
一夫多妻制	1匹の雄が複数の雌と交配すること. 特に子育てに雄の力をほとんど必要としない種に認められる（例：妊娠と授乳期間中に関与しない多くの哺乳類).
遺伝子型	ある個体の遺伝子構造.
遺伝子の多様性	広い意味では，ある集団における様々な遺伝的特徴の数を指す. このような遺伝的特徴は，遺伝子，染色体またはゲノム総体の特徴でもある（もしくは遺伝子を構成する塩基の多様性をも示す).
遺伝子プール	ある種の集団がもつ遺伝子の総体.
予防医学	動物（または人間）医学における1分野で，病気の発生を防ぐ. 動物園では，一般健康診断，検疫，飼育施設の衛生のような措置も予防医学の範疇に含まれる.
イマージョン展示（ランドスケープ・イマージョン）	来園者側にも景観要素が含まれている展示. そのため，来園者は動物の生息地にいるような感覚を得る（例：熱帯雨林の通り抜け展示).
因果関係（近因）	行動の解釈すなわちその行動の直接的要因，例えば刺激，動機変化，ホルモン値を探る試み. (機能的も参照)
牛海綿状脳症	伝達性海綿状脳症（TSE）の1種で，牛の脳や脊髄に変性（スポンジ状の変化）をもたらす.

栄養失調	必ずしも餌量が少ないためではなく，単一もしくは複数の栄養素の欠乏による．
栄養素	組織の生存や成長に必要な物質．
栄養の見識（正常摂食）	出会った食べ物の栄養価を感知してバランスの良い餌を選択することができる動物の能力．
栄養物摂取	組織内に栄養素を取り入れ吸収する過程であり，エネルギー供給と他の代謝要求を満たすためのもの．
栄養面	栄養レベル．高い栄養面をもつ動物は，十分にある食べ物の中から素早く良質な餌を見つけて摂取する．動物園の状況下では，このことがしばしば肥満のような問題に発展する．
栄養要求性，栄養必要性	特定の成分または化合物で，動物の成長に必要な全てを満たすために餌に含まれている必要があり，さらに代謝機構の構築と維持に必要とされる．
疫学（伝染病学）	集団内における病気の発生，有病率，治療などに関する研究．
エキゾチックアニマル	広い意味をもつ用語であるが，一般的には家畜化された動物ではなく野生動物を指す（つまり，猫，犬そして牛などはエキゾチックとは呼ばない）．エキゾチックアニマルであるか否かは，人間の見解や住んでいる国によって異なる（すなわち，ラクダは英国においてエキゾチックとみなされるが，エジプトではそうではないだろう）．
エソグラム	ある特定の種もしくは動物の群れで観察される行動のリストで説明付きのもの．
エンリッチメント	肉体的健康と精神的福祉の向上を推進するために行われる動物の環境改善．（環境エンリッチメントも参照）
欧州絶滅危惧種計画（EEP）	動物園のような場所で絶滅危惧種を繁殖させるための管理計画・方針．欧州では，欧州絶滅危惧種計画によって遂行され，北米では，種保存計画（SSP）によって遂行される．
オウム類	オウム目に属する鳥類で，オウム，インコ，ローリーのような鳥を指す．
オペラント条件づけ	"道具的条件づけ"を見よ．
飼い葉（まぐさ）	干草，藁，サイレージ等の草からつくられた餌を指す一般用語．
外部寄生虫	宿主の体外に生息する寄生虫（例：ノミやダニ）．（内部寄生虫も参照）
海洋水族館	アザラシ，アシカ，イルカなどを飼育展示する海洋動物公園であり，魚類や珊瑚または他の海洋生物も扱うことがある．（ドルフィナリウムも参照）
外因性刺激	動物を取り巻く環境に生じる刺激．（内因性刺激も参照）
学習	動物の状況反応に対してほぼ永続的変化を及ぼすような経験をした際に生じる作用．
活動時間配分	動物がその行動もしくは活動に費やす時間割合の量的表現．表もしくはヒストグラムで表すことができる（図 4-33 を参照）．
カフェテリア式給餌（CSF）	様々な食品（例：各種の新鮮果実や野菜）が提供され，動物が自由に摂食できるようになっている状態．（完全食給餌も参照）
カメ類	Chelonia（カメ）目に属する爬虫類で，リクガメや水生のカメのこと．
カリスマ的大型動物	トラ，パンダ，オオカミそしてゾウのように，一般的に強いアピール度をもっている動物．ほとんどが哺乳類である．これらの動物はしばしば（常にとは言えないが）動物園来園者が最も見たい種であると考えられる．
感覚性（知覚力）	外部環境を知覚し反応する能力で，警戒に対する認知状態を指す（感覚性は，しばしば意識を意味するが，刺激を感知し反応する能力は，意識を必要としない）．感覚性に対する最適で最も単純な定義の 1 つは，"感覚のこと"（Webster 2006）であり，この用語は動物の痛みや苦しみの知覚に対する能力との関連でよく使われる．

環境エンリッチメント	多様で健全な行動発現を目的とした動物の生活環境における種特異的な機会の提供.
環境への課題	動物に対して過剰刺激もしくは低刺激として働く環境中の小物の存在または不在.
感情（意識）	自己の精神的または身体的な動き．Dowkins（2006）は，「感情とは，思考や記憶や感覚などを即時的に認識している広範な状態を指す」と定義している.
感染症	通常（いつもとは限らないが），動物と動物の間，人と人の間もしくは動物と人の間で伝播または伝達する病気.
完全食給餌	動物の栄養要求に合致した加工食品を提供すること（動物側に選択の余地はない）．（カフェテリア式給餌も参照）
伝達性海綿状脳症（TSE）	プリオンに起因する病気で，牛海綿状脳症（BSE）や慢性消耗病（CWD）がこれに当たる.
感染媒介物	病気を個体から他個体へ拡散させる無生物の物体．動物園では，汚染されたバケツや餌箱または飼育係の長靴などが媒介物になる.
簡素な飼育施設	物（遊び道具）や設備が全く，もしくはわずかしかない飼育施設.
乾物	水分を除いた食餌の重量.
擬似複製	一般的に，標本点が独立的でないデータに対して用いられる語.
キジ類（鶏様）	キジ目に属すキジ，イワシャコ，ライチョウ，ウズラなどの鳥類．一般に地上採餌性の鳥たちで猟鳥として狩猟される.
擬人化	人間の特質を動物に当てはめること（生物学的な証拠がない場合に用いる）.
基礎代謝	生命現象の維持に必要な最低限のエネルギー量．（代謝速度も参照）
機能的（究極要因）	行動に対する説明，つまりその行動がなぜ，またいかにして進化してきたのかを特定する試み.
逆転照明スケジュール	夜間には照明し，昼間には暗くした状態を維持するスケジュールで，夜行性動物（暗くなると活動する種）を展示する時に使用する.
給餌前予測	給餌前の動物に観察される行動の発現であり，概日的な要因，視覚刺激，臭いなどの様々な引き金によって生じ得る.
急性病態（急性疾患）	しばしば急激に現れてくる深刻な，または進行性の病態．（慢性症状も参照）
強化因子	特定反応の確率を高める現象．（正の強化子も参照）
共生	2つまたはそれ以上の種が構造的に，また生理学的に密接に関わり合っていることで，関係性がない独立した状態では生存不能であることを意味している.
切り込み	個体識別のために，動物の角，殻，鱗または耳に注意深く穴を開けたり標識を入れる方法.
キリン類	キリン科の仲間で，現存する中ではキリン科とオカピ科で構成される.
近因	"因果関係"を見よ.
近交弱勢	近親交配で産まれた子の遺伝的多様性が失われる状態．両親が類似した遺伝構成をもつために起こる.
近親交配	遺伝的に近縁関係にある動物同士が交配すること.
緊張性の不動化	ある種（例：魚類，カエル類，トカゲ類，鳥類，ネズミ類，ウサギ類；Maser and Gallup 1974 を参照）に認められる自然状態での麻痺のことで，不快なストレッサーに晒された時に起こる.
鎖保定（チェーニング）	ゾウを保定する方法．ゾウが前後に1歩程度動けるように，鎖を用いて前肢と後肢とを対角線で結ぶ.

駆虫剤	回虫のような消化管内寄生虫に感染した動物を治療するために用いる薬剤.
血色素症	鉄沈着症.
血統登録書	種の繁殖計画（通常は絶滅危惧種）に関わる全個体のコンピューター化されたデータベース. 血統登録書による管理の目的は, 近親交配を減らすことである.
嫌忌試験	動物が目的物を獲得するために望ましくない状況（例えば電気ショックのようなもの）を意図的に選択するか否かを調べるための試験.
検死	死亡動物の検査または死亡動物から採取された組織の検査（文字どおり"死後"を意味する）. しばしば口語的に剖検を意味する言葉として使われる.
原生動物	単細胞生物で寄生世代や自由生活世代をもつ.
硬骨魚類	骨質をもつ魚.（軟骨魚類, 板鰓類も参照）
公式学習	スケジュールに基づいた経験学習, 例えば飼育係の解説, 実演, または短期講習など.（非公式の学習も参照）
恒常性	動物の体を安定状態（もしくは平衡状態）に保つ作用であり, 生存に必要な機能を維持する.
行動管理	飼育下動物の環境における変化で, 行動によい影響を与える（例：エンリッチメントやトレーニング）.
行動経済理論	本書の文脈では, 例えば"需要の弾力性"のような経済理論の原理を, 動物行動へ外挿することを意味している.
行動工学（行動エンリッチメント）	報酬目的の行動を起こさせることで動物の活動性を高める方法.
行動主義（ビヘイビアリズム）	不可知で, たとえ存在が否定されたとしても極端な表現形として心的現象を捉える科学的研究分野. 行動主義は, 行動学者が観察可能な行動のみを研究するように導き, 効率的な機械のような動物観をもたらした. すなわち, 動物行動がオペラント条件づけの過程を経た刺激によるというもの.
行動制限	動物の行動レパートリーの発現が抑制されること.
行動生態学	なぜどのようにして個々の行動が進化してきたのか, またその行動がどのように個体の適応度に影響を与えているのかを研究するための学問.
行動適正	与えられた状況において適正行動を発現できる動物の能力.
行動の多様性	個々の動物が示す行動の量や変化の程度.
厚皮動物	かなり厚い皮膚をもった非反芻の有蹄動物, 例えばサイ, カバ, ゾウなどを指す. 分類学用語としては使われなくなっている.
剛毛の	太くて硬い毛で被われていること.
交絡変数	動物の行動研究において, その結果に影響を与える変数もしくは要因であるが, 制御は不能（例：天候もしくは予想外の病気の発生）.
功利主義	最大多数の最大幸福（有用性）のために行動すべきであるという考え方.
功利主義者	実用性（別の言葉では, いかに有用であるか）を価値基準とする人間. 功利主義者にとって動物の苦痛は, 人間の利益が動物に与える負荷（例：癌治療薬開発のための動物実験）を上回るものであれば正当化できる.
コクシジウム寄生虫	原生動物の寄生虫（微小な単細胞生物）.
心の理論	ある個体が他個体の心理作用をどのように知るのかについて言及する理論.
固執	適当な刺激の不在状況における動物の際限ない活動持続.
古典的条件づけ（パブロフの条件づけ）	動物が, 既存の反応に伴い新たな刺激も一緒に記憶するという学習の一形態（例：食物関連行動が餌のみならず同時に聞かされていた音に対しても起きる）（参照：道具的条件づけ）.

コルチコステロイド（副腎皮質ステロイド）	ステロイドホルモンの一種で副腎皮質から分泌される（例：コルチゾール）．
コルチゾール	副腎皮質から分泌されるコルチコステロイドホルモンの一種で，生体のストレス反応に関与している（循環コルチゾール値の測定は，しばしばストレス評価のために用いられる）．
混合展示	1種以上の動物をともに展示している施設．
コントラフリーローディング	飼育下の動物が，たとえ努力せずに餌を食べられる状態であっても，採餌のため積極的に活動すること．
再導入	有史以後，人間活動や自然災害によって絶滅または根絶された生物を，元の生息域の一部へ意図的に移動させること．
殺菌の時代	1920年代以降，動物園の飼育施設が動物のためではなく，清掃の容易さを基本として設計された時代．この消毒のための（しばしば作業量を最小限に抑えたい人のための）傾向は，コンクリート床のケージやタイル張りの壁などに見られるように，1960年代〜1970年代までしつこく続いた．
雑食動物	植物質と動物質を摂取する動物（参照：肉食動物，草食動物）
サル用固形飼料	サル類に完全でバランスの良い食事を与えるために調製された餌．
飼育下繁殖計画	飼育下の絶滅危惧種のための繁殖管理計画で，国や地域の動物園間の協力によって行われる．飼育下繁殖計画の例としては，欧州の欧州絶滅危惧種計画（European Endangered species Programmes：EEP）や北米の種保存計画（Species Survival Plans：SSP）がある．
飼育管理ガイドライン（飼育管理マニュアル）	動物もしくは種に対する日常的管理，例えば餌や飼育スペースの必要性などに関する手引き．
飼養密度	特定場所もしくは空間面積で飼育されている動物の数．
時間の予測性	定期的に供給（予測可能）もしくは異なる時間に供給（予測不可能）される現象に対して使われる語．
刺激	動物の行動に適切な変更をもたらすことのできる環境の変化．刺激は，物理的環境（例：光，温度，音など），内的環境（例：ホルモン値の変化），または他の動物からの信号〔例：態度，誇示（ディスプレー），フェロモン〕における特性でもある．
刺激の強化	学習の一形態で，他の動物による当該刺激への注目から関係性を学ぶこと．
自己指向性行動	動物が自らの体を直接対象とした行動で，ひっかき行動や体揺すり行動などのことを指す．
自己治療	野生動物が，動物園または自然生息地において自らの病状を抑えるために，意図的に植物や他の物質（例：土壌またはミネラル）を摂取すること．
自己認識	自己を他個体と区別して認識できること（心の理論に基づくと，自己認識は高度な認知能力と見なされており，この能力を動物がどの程度まで有しているのかは議論対象となっている）．
自傷行動	自らの体を損傷する行動（例：自咬症）．過度の毛抜きや羽抜きをこの行動に含める研究者もいる．
自然的な飼育施設	適切な土地造成や植栽により動物本来の生息地の模倣を試みた飼育施設．
持続可能性	長期に亘る生態系もしくは農林水産生態系の生存可能性．この用語は，崩壊することなく無期限に存続する系を意味している．1987年，「環境と開発に関する世界委員会（World Commission on Environment and Development）」は，以下の概念を提示した（ブルントラント報告として出版）．すなわち「持続的開発とは，将来の世代が必要とするであろうことを損なうことなく，現代における必要性を満たしていくことである」．

実証的研究	文献報告によるのではなく観察に基づいて行われる研究（データは，例えば，動物行動の観察や実験結果の解析から得られる）．
死亡率	病気によって死亡する割合．
社会化	動物が日常的に人間と相互関係をもち親しくなること．分かりやすく簡明な定義は，人間と「仲良くなることを学ぶこと」である．
習慣	動物が一定または繰り返される刺激に対して反応を低減させる学習過程．
集団遺伝学	集団内の対立遺伝子頻度の変異に関する研究．その頻度変異は，自然選択，遺伝的浮動，突然変異そして遺伝子流動などの結果である．
受精率（受胎能力）	生物の事実上の繁殖成績で，通常，生存能力のある子の数で評価される（出生率という用語は受精率とほぼ同義的であり，この2つの用語は互換性がある）．
出生率	"受精率"を見よ．
受動統合型トランスポンダー	固有の磁気記号をもつマイクロチップで，通常，動物の皮下に注入されて個体認識に利用する．
種特異行動	ある特定種の野生行動を特徴づける行動のレパートリー．
種の偏見	オーストラリアの哲学者であるピーター・シンガーによりつくられた用語で，人間の人以外の動物に対する優先性を意味する．
種保存計画（SSP）	Species Survival Plan．北米の動物園における飼育下繁殖計画．
寿命	動物が生存する年限の長さ（いかによく動物を生存させたかの指標にもなる）．
消化	動物が食べ物として摂取した高分子が消化管の中でより小さな分子に分解される過程．
象徴種（旗艦種）	大衆の興味を引き付ける種で，それゆえに大衆からの援助や基金も生み出すことができる種．
常同行動	繰り返される変化のない行動で，欲求不満（フラストレーション），環境への適応，または中枢神経系の機能不全の結果で生じることがある．
静脈穿刺	針もしくは注射針を用いた静脈からの採血．
消耗性疾患（消耗性症候群）	ある期間中に動物が進行性の体重低下を示す病気．
食餌の浮動	飼育係によって餌内容が時間をかけて徐々に変わっていくこと（いつも好い方向とは限らない）．
食肉類	哺乳綱の中の1つの目（食肉目）．ライオンやトラのような肉食動物が含まれるが，植物食性のパンダや雑食性のアナグマなどもこの仲間である．
植物性2次代謝産物（PSM）	植物中に生成される嫌な味，毒もしくは動物が栄養素として吸収できない物質．PSMは，通常の産物もしくは1次代謝物から合成されるという意味である．
進化的重要単位（ESU）	保全目的のために明確に区分された個体群．すなわち，保全管理のための最小単位．ESUに対する考え方の有用性は，保全対象種を選択することの難しさを迂回できる点にある．
新奇性恐怖（新しいもの嫌い）	新奇の物体もしくは新たな状況に対する誘引状況に対する忌避．
新奇選好（新しいもの好き）	新奇の物体もしくは新たな状況に対する誘引．（新奇性恐怖も参照）
真空行動	たとえ最適刺激がなくても遂行される行動．
人工授精（AI）	1個体もしくは複数の雄から採取した精液を，カテーテルを用いて雌の腟もしくは他の生殖器官に注入する繁殖技術の1つ．
人口統計	性・年齢構成，出産・死亡率のような集団（個体群）の特徴．

人獣共通感染症（人と動物の共通感染症）	anthropozoonotic disease. 人間から人間以外の動物に感染する病気.
人獣共通感染症（動物と人の共通感染症）	zoonosis. 人以外の動物から人へ感染する病気.
侵襲的処置	身体の"侵害"を伴う獣医学的（医学的）処置. 例えば採血.
身体状態評点	動物の一般的な身体状態を測定もしくはスコア化する主観的な方法. 栄養状態や活力の指標となる. 外観もしくは触診によって判断される（例：脊椎棘突起をおおう脂肪量の推定）.
水産増殖	水生植物や水生動物（例：魚類）の養殖および栽培.
ズートリション	栄養学のソフトウエアとデータベース.
刷り込み	幼獣が自らの属す種, 性同一性, または他個体との関係性を認識する学習過程.
生活史特性	種の特性, すなわち離乳や巣立ちの年齢, 繁殖開始年齢, 子の数や大きさ, 生殖可能な寿命, 成体の生存率, 老化など. 鳥類では, 例えばクラッチ・サイズ（一腹卵数）と産卵失敗後の再営巣率の両方が生活史特性の例となる.
生殖能	繁殖能力の程度（しばしば配偶子の生産数の多少を指す）.
生態系展示（生態系動物園）	単一の動物種または群れを分類群もしくは系統別に見せるだけではなく, 生態系全体を見せるために設計された展示もしくは動物園（数名の筆者はバイオパークと同義的に使っている）.
生体利用効率	生体内の生理作用に有効な栄養比率. 数種のミネラルの生体利用率は, 他のミネラルの反作用によって低減される. つまり, ある物質の存在で, 取り込みや利用が阻害される.
正の強化訓練（PRT）	オペラント条件づけの手法を用いて行われるもので, 訓練士の思い通りの行動を動物が表した場合に報償が与えられる.
正の強化子	要求された反応に与えられる報酬（例：餌の供給）（参照：負の強化子）
セルロース	炭水化物の巨大分子で植物組織に広く認められる（例：細胞壁）.
選好性試験	動物のある物に対する好みを測定する試験（例：異なる食品に対する試験）.
潜時（潜伏時間）	刺激もしくはある現象に対して反応が起こるまでの時間差. 例えば, 新たな物体が動物のケージに入れられ, それに対して3分後に初めて動物接近したとすると, "新たな物体に対する潜時"は3分となる.
染色体	遺伝子や他の分子を含んでいるDNAの構造体. 核を有する動物細胞には, 染色体が対をなして細胞核の中に存在している（例えば人では, 通常46本の染色体が各体細胞の中にあるが, それらは23対で構成されている）.
全体論	道徳的配慮について議論する場合, 生態系全体すなわち岩や水や土などの無生命も含めた倫理的視点を考慮に入れる必要がある.
蠕虫	多細胞の寄生虫に属する種群で消化管内に生息するが他の部位にも認められることがある. 蠕虫には, 吸虫, 条虫, 線虫の仲間が含まれる.
総合的保全	優先事項を解決するために異なる活動団体や異なる政府機関が協働して行う保全.
創始者	集団の元（起源）になった個体.
草食動物（植食動物）	植物質を食べる動物.（肉食動物, 雑食動物も参照）
第一胃	反芻動物の第1番目の（通常最も大きな）胃袋で, 摂取された食物の微生物発酵が最初に行われる場所.

体外受精（IVF）	研究室もしくは病院内での培養による胚の産出（参照：体内受精）．
代謝エネルギー（ME）	動物に摂取される飼料のエネルギー含有量．動物の代謝要求を満たすために必要なエネルギー量の目安．
代謝速度	ある特定の時間内に動物が消費する代謝エネルギー（例：時間あたりのエネルギー代謝）．
第10条の認可	Article 10 certificate．「絶滅のおそれのある野生動植物の種の国際取引に関する条約（CITES）」施行に関するEU法の附属書Aに掲載されている動物種の販売もしくは移動を公認するために，EU内の動物園による承認が必要な許可．
第60条の認可	Article 60 certificate．動物園が附属書A掲載種を展示もしくはEU内の他動物園へ移動することに対して与えられる許可〔以前は"第30条の認可（Article 30 certificate）"と呼ばれていたもの〕．受け入れ側の動物園も第60条の認可を得ていることを条件とする．
胎生	発育した子の姿で産出されることを意味する
体内での受精	母体内での胚の産出（哺乳類や鳥類での例）．（体外受精も参照）
第二世代	動物園動物の第二世代すなわち飼育下で生まれた動物のこと．
対立遺伝子（アリル）	対になっている遺伝子．有性生殖で生まれた個体では，1つの対立遺伝子（もしくは遺伝子のコピー）の一方は父親から他方は母親から受け継いでいる．このような対立した1つの遺伝子は，ある形質（毛色など）の決定に関与している．またいくつかの形質に関わる遺伝子は，多くの異なる遺伝子対もしくは対立遺伝子としても機能する．厳密には「染色体上の単一遺伝子座（場所）として認められる遺伝子の対立的関係」と定義される．
多婚性（複婚性）	雌雄どちらかの性の1個体が，別の性の多個体と交配する配偶システムを指す一般的用語．一夫多妻制と一妻多夫制の両者を意味する（参照：一夫一妻制，乱交性）．
ダブルクラッチ（補充卵）	1回に産まれた卵の全部もしくはいくつかを取り上げて人工孵化に移し，鳥に2回目の産卵を促す．その結果，繁殖の生産量を2倍にすることができる．
単胃の	単一の胃袋をもつ非反芻動物（例：クマ，人）．
断翼	飛行抑制の一種で，翼先端の中手骨を切断する．
畜産業	stockmanship．動物を飼育し管理する技術．
超音波	人間の可聴域よりも高い波長の音で約20kHz（20,000サイクル／秒）を超える．
超音波検査	超音波診断は，医学関連の画像診断技術であり，短波もしくは超音波を用いて体内の一部を画像化する．
鎮痛薬	痛みを緩和する薬剤．
つなぎ止め	"鎖保定"を見よ．
翼の管理	"飛行抑制"を見よ．
停留睾丸（潜伏睾丸）	哺乳類の精巣が陰嚢内ではなく腹腔内に位置していること．
適応度	動物がどの程度環境に順応しているかの指標．適応度は，通常，ある個体の子の数（性成熟まで生き延びた子の数）によって評価される．
敵対行動	動物間の闘争や対立などの状況で起こる行動．攻撃的もしくは服従的な行動を含む．
転位行動	ある刺激に対して起きた行動であるが，その刺激とは無関係に見える行動．
動機づけの強さの試験	選好性試験の一種で，資源獲得もしくは行動遂行に対する動機レベルを反映した動物の"作業"欲求を推測するもの．

道具的条件づけ（オペラント条件づけ）	眼前にある刺激に対して新たな反応性を獲得する学習過程（例：餌を得るためにレバーを押す行動）（参照：古典的条件づけ）．
同型接合的	ある遺伝子座が同じ対立遺伝子で構成されている状態（参照：異型接合的）．
同種	conspecific．同種の他個体．
逃避距離	動物が不快な刺激（例：人）の接近を認めない距離間隔で，通常，それ以上接近されると逃亡する．
動物衛生局	Animal Health．2007年に設立された英国の政府機関．州の獣医部局や他の関連組織を統括する．
動物園	動物園に対する1つの定義は，様々な種の野生動物（たいていの場合）のコレクションであり，それが1年のかなりの期間公開されていることである．動物園の定義は広範であり，それは国の法律や一般的利用形態の両者に関わっている．
動物の権利	動物の権利運動家は，一般的に動物の権利は人と同等であると主張し，動物の権益を他の利益のために犠牲とすることを認めていない（言い換えれば，人間は人以外の動物を自分たちだけの目的のために利用すべきではないとしている）．
通り抜け展示	来園者と動物が障壁によって分離されていない展示．
届出伝染病，法定伝染病	関連機関に報告義務がある病気．英国では，届出伝染病は警察署に報告する義務がある．実際には，環境食糧農林省にも通知する必要がある．英国の例では，狂犬病，炭疽，口蹄疫（FMD）がそれに当たる．
ドルフィナリウム	厳密な意味では，シャチ（*Orcinus orca*）を含むイルカ類だけを飼育する施設．（海洋水族館も参照）
内因性刺激	動物の体内から生じてくる刺激（参照：外因性刺激）．
内部寄生虫	宿主体内に生息している寄生虫（例：条虫）（参照：外部寄生虫）．
軟骨魚類	骨格が骨組織ではなく軟骨組織で構築されている魚類．Elasmobranchii（板鰓亜綱）は，ガンギエイ，エイそしてサメ（参照：硬骨魚類）を含む亜綱の分類群である．
肉食動物	他の動物を捕食する動物（例：トラ，サメ，ワシ）（参照：草食動物，雑食動物）．
二枚貝（弁鰓類）	2枚の貝殻をもつ軟体動物で弁鰓綱に属す（例：ホタテ貝やハマグリ）．
二名法	2つの名すなわち属名と種名とで構成される学名．属名の頭文字は常に大文字で始まり，種名は小文字で表記される．両者はイタリック体で表記される（手書きの場合は下線で示す）．例えば，ライオンを二名法で記す場合は *Panthera leo* となる．二名法による生物名表記法は，18世紀にカルロス・リンネによって開発された．
認可獣医師	動物園ライセンス法では，当該地域もしくは国の権威者によって選ばれた認可獣医師（AV）で，動物園査察等の責任を負うことのできる登録獣医師のことである．
認知	動物が情報を感知，処理そして記憶する過程のこと．認知とは，大まかに言えば，動物が感覚を通じて情報を入手し，その情報を処理および保持し，それに基づいて行動する回路の全てを含んでいる．
認定動物園	認可された国もしくは地域の動物園協会（例：BIAZA，EAZA，AZA，ARAZPSなど）に加盟している動物園．
農学（農耕学）	作物生産に関わる科学研究（土壌研究を含む）．
胚移植	野生哺乳類から得られた胚を別種に移植し繁殖させること．
バイオセキュリティー	病気の発生や蔓延を低減させる処置．

バイオパーク	生態系が表現された中で動物が飼育されている動物園展示（例：熱帯雨林の環境や砂漠の環境）．
吐き戻し／再摂食	飼育下のゴリラに見られる行動で，随意的に胃の食事内容を口へ戻し，または床面に吐いて再度飲み込むこと．
爬虫両生類学	爬虫類と両生類を研究する学問（一般的に"両爬"として知られている）．
放し飼い	様々な意味で使われる用語であるが，一般的には動物の移動が制限されないことを指す．しかし，実際には，どこかの地点で制限が加わる．
ha-ha（擁壁付きモート）	2つの場所，例えば動物と来園者との場所を分離する溝．
パブロフの条件づけ	"古典的条件づけ"を見よ．
バライ指令	Balai Directive. EU加盟国による非家畜動物の移動を管理するヨーロッパ委員会指令（92/65/EEC）（balaiとはフランス語で箒を意味する．この指令は他のEU法で網羅できない動物を「掃き集める」）．
ばらまき給餌	動物の1日分の餌もしくはその一部を，飼育展示室内にばらまく給餌方法．
繁殖と間引き	動物は繁殖させるが，個体群サイズを一定に保つため選択的に群れの中の個体を淘汰していく管理戦略．
板鰓類	"軟骨魚類"を見よ．
反芻動物	有蹄類の動物で"反芻する"（消化された食べ物の一部を逆流させる）．反芻動物の胃は，室に分かれている．
反応／応答	環境中のある現象（刺激物）によって刺激された際に動物が見せる行動．
非公式の学習	正式な指導によらず知識を得ること（例：動物解説板を見て学ぶ）（参照：公式学習）．
飛行抑制（翼処置）	鳥の飛行を抑制するための翼に対する身体的処置．
表現型	個体の遺伝子型と環境との相互作用により形成されたもの．この用語で，個体の姿形と行動の意味を上手く説明することができる．
病原体	病気を起こす物質で，例えば細菌，ウイルス，真菌，その他原虫のような微生物のこと．牛海綿状脳症（BSE）や伝達性海綿状脳症（TSE）の原因となるプリオンは病原性蛋白である．
標識	動物を外観から個体識別ができるように装着されたタグ，ビーズ，リング，首輪，ネックレスなどのようなもの．
病理解剖	死因究明のための死後検査．
病理学	病気を研究する学問．
微量元素（痕跡元素）	体内の元素で，多くは酵素の一部をなしており，代謝機能に必須ではあるが，極めて微量．
伏臥姿勢	哺乳類が地面に胸骨部を当てて伏せている姿勢で，通常，脚は体の下に入っているが，体は未だ立位を保っている．
福祉の監査	福祉向上のために変化が必要か否かを判断することを目的とした動物記録や管理条件の体系的な点検．
附属書Ⅰ掲載種	「絶滅のおそれのある野生動植物の種の国際取引に関する条約（CITES）」の附属書Ⅰに掲載されている種．CITESには4つの附属書があり，附属書Ⅰ掲載種は最も絶滅の危機にある種とされている．

附属書A掲載種	EU（ヨーロッパ連合）の「絶滅のおそれのある野生動植物の種の国際取引に関する条約（CITES）」にある4つの附属書の内，1番目にリストアップされている種．附属書Aには，CITESの附属書Ⅰに掲載されている全種とともに附属書ⅡとⅢの掲載種が含まれており，それらはEUがCITES以上に重要視しているものである．
負の強化子	刺激除去に関る強化因子で，例えば電気ショックからの逃避（参照：正の強化子）．
プリオン	微生物のような病原体ではなく蛋白質によって起こる病気．プリオンは遺伝子物質を含んでいない．
ふれあい動物園	主に家畜や飼い慣らされた動物を置いている場所で，来園者が身近に触れることができる．
ふれあい広場（タッチプール）	特に水族館などで来園者が動物に直接触れることのできる場．
フレーメン	ある種に認められる行動で，空気中の嗅覚刺激物質を口の中に取り入れ，口蓋にある特別な受容体（鋤鼻器官）へ送り込む．この行動は，通常，口を軽く開け上唇を縮めることでつくられる特徴的な表情を伴う．
分類群	分類学もしくは系統分類における単位で，種，属，目または他の様々な分類区分に対して用いられる．
分類群専門家集団（TAG）	ある特定の分類群に専門知識を有する飼育係，学芸員，血統登録担当者などによって構成される集団（例：ペンギン類専門家集団または両生類専門家集団）．分類群専門家集団は，飼育および保全に関する課題に取り組んでいる．
糞食	糞を食べること．
分類学	植物や動物を分類する体系．
ヘモジデリン沈着症	体組織における鉄沈着量の増加（病原性ではなく良性）．
ベルン協定	Berne Convention．1972年の「欧州野生生物および自然生息環境の保全に関する協定」で，1982年に発効した．
返済意志の方針	情報に基づいた購入や"改善された"システム下で飼育されている家畜により多くの支出を行うことで，消費者に動物福祉の大切さを働きかける方針．
妨害試験	障害物を設置した実験．例えば，扉や急勾配の傾斜路などを動物と目的物の間に置き，その動物が目的物獲得のために障害物を乗り越える努力を評価する．
捕獲ミオパシー（筋障害）	捕獲中もしくは捕獲後に生じる筋肉中への乳酸の蓄積で，硬直や麻痺を起こし，死に至る場合もある．捕獲ミオパシーは広範な動物種で報告されており，即死に近いものから，数週間後に死亡する症例がある．
歩行評点	動物が歩行する速度，方向，範囲，強さや勢いなどを計るための主観的評価法．
ホルモン分析	あるホルモンが試料中に存在するか否かを判定もしくはその量を測定する方法．
マーモセット科	小型の新世界ザルの仲間．Callitrichidae科のサル類であるが，現段階で最も正しい表記ではCallitrichinae亜科のサル類で，マーモッセトやタマリンの仲間を含む．
慢性症状	長期間続いている状態で，長年月の管理を必要とする（例：糖尿病）（参照：急性病態）．
慢性消耗病（CWD）	伝達性海綿状脳症（TSE）の一種で，ヘラジカやエルクのようなシカの仲間に感染し，脳に小さな病変をもたらす．
無制限の，自由な	自由に摂取できること．通常，餌や水を自由に摂取できる状態で，欲しいものを動物が選択できることを意味する．
無痛覚	痛みのない状態．

メタ個体群	何らかの形で関係している小集団の集まり，またはネットワーク．小集団は，通常，集団間の移入や移出によってつながり合っている．このことから，異なる動物園で飼育されている動物たちの集まりを，大きなメタ個体群の中の小集団として考えることができる．その場合，もし動物の移動があるなら，野生集団も対象として加えることができる．
メナジェリー	フランス語の menage に由来する語で，世帯もしくは一緒に生活している人々の一団を意味する．Menagerie という単語は，16世紀前半からフランスで用いられ，農場もしくは家畜の管理からしだいに野生動物のコレクションという意味でも使われるようになった．
盲腸	消化管に存在する大きい憩室（片側のみが開口している袋状組織）．小腸が大腸へと移行する部位に存在する．人では痕跡として認められるが，しばしば虫垂炎のような問題を起こす残存組織でもある．
有害生物	望まれない場所に現れた種（植物や動物）．
有機の	炭素を基礎にした化合物であるが，通常，酸素と水も含む．このような化合物は，生命活動に必須とは限らない（この用語は農業システムに対しても使われる）．
誘起排卵動物	雄との交尾刺激で雌から卵子が放出される性質をもつ動物．
有効個体数	ある個体群において繁殖もしくは子の出産に寄与している動物の数．
有蹄類	以前，有蹄目として分類されていた動物の仲間．有蹄類は蹄をもつ哺乳類で，現在は，奇蹄目（馬，バク，サイの仲間ような奇数の蹄をもつ動物群）や偶蹄目（牛，シカ，キリンのような偶数の蹄をもつ動物群）を含むいくつかの目で構成される．
予測信号	ある現象の信号が先行するため予測できることを意味する．
烙印	動物の皮膚面への高熱または超低温処理による標識．
乱婚性	雌雄ともに複数の配偶者をもつ配偶システム（参照：一夫一妻制，多婚性）．
卵生の	卵を産出することを意味する（参照：胎生）．
ランダム化試験	並べかえ検定とも呼ばれ，統計検定量を算出し，全群を通して同じデータを繰り返しランダム化して得られた結果と比較する．
罹患率	病気の発生率または病気になった動物の数．
両爬	一般的に爬虫類と両生類を指す用語．
利用幅指数（SPI）	動物の大きさに対応してつくられた飼育施設内の利用頻度を，期待値と観察値の間で比較検討する方法で，動物の施設活用の指標となる．
利用率評価（POE）	動物が自らの環境（例：飼育スペース）をどれだけ利用しているかを評価する方法．
臨床	病気の動物に対する検査や治療．
臨床徴候	発疹や腫脹のような病気もしくは傷害における外見上の徴候．
倫理	道徳に比べてより狭義の概念であるが，しばしば同義的に用いられる．厳密な意味で倫理とは，道徳的問題を論ずる時に人々が用いる論拠を明らかにし分析する哲学の一分野である．
類人猿	この用語は現在は使われていない（霊長類の分類方法が変わったため）．"ヒト様類人猿"，つまりチンパンジー，テナガザル，ゴリラ，オランウータンという尻尾のない霊長類のことを指す．最近の分類学では，テナガザルの仲間を除いたチンパンジー，ゴリラおよびオランウータンを，人と一緒にヒト科に分類している．

他の有用な用語

この用語集は全てを網羅したものではない．他の有用な用語集を以下に記す．

Alock (2005) 'Animal Behavior'
動物行動（Alock 著，2005 年）に掲載の用語集
　本著の最後に掲載された用語集は基本的に動物行動に関するものであるが，配偶システムや繁殖に関連する基礎的用語も補っている．

The National Human Genome Research Institute (NHGRI) 'Taking Glossary of Genetic Terms'
国立ヒトゲノム研究所（NHGRI）「遺伝学的用語集」
　オンライン上で入手可：www.genome.gov/10002096
　科学的背景を持たない人でも遺伝学的研究の用語や概念を理解できるように構成された用語集．

The Smithsonian National Zoological Park 'Great Apes & Other Primates'
スミソニアン国立動物公園「大型類人猿と他の霊長類」に関する用語集
　オンライン上で入手可：http://nationalzoo.si.edu/Animals/Primates/glossary.cfm

文 献

AATA (Animal Transport Association) (2007) AATA Manual for the Transportation of Live Animals (2nd edn), Houston, TX: AATA.
AAZK (American Association of Zoo Keepers) (2004) Enrichment Notebook (CD-ROM format) (3rd edn), Topeka, KS: AAZK.
AAZK (American Association of Zoo Keepers) (2005) Zoonotic Diseases (CD-ROM format) (3rd edn), Topeka, KS: AAZK.
Abello, M. T., Colell, M., and Martin, M. (2007) 'Integration of one hand-reared cherry-crowned mangabey Cercocebus torquatus torquatus and two hand-reared drills Mandrillus leucophaeus into their respective family groups at Barcelona Zoo', International Zoo Yearbook, 41: 156-65.
Abeyesinghe, S. M., Nicol, C. J., Hartnell, S. J., and Wathes, C. M. (2005) 'Can domestic fowl, Gallus gallus domesticus, show self-control?', Animal Behaviour, 70: 1-11.
Adams, D. and Carwardine, M. (1991) Last Chance to See, London: Pan Books.
Addessi, E., Stammati, M., Sabbatini, G., and Visalberghi, E. (2005) 'How tufted capuchin monkeys (Cebus apella) rank monkey chow in relation to other foods', Animal Welfare, 14: 215-22.
Adelman, L. M., Falk, J. H., and James, S. (2000) 'Impact of National Aquarium in Baltimore on visitors' conservation attitudes, behavior and knowledge', Curator, 43: 33-61.
Adey, W. and Loveland, K. (2007) Dynamic Aquaria: Building Living Ecosystems, San Diego, CA: Academic Press.
Alcock, J. (2005) Animal Behavior: An Evolutionary Approach (8th edn), Sunderland, MA: Sinauer Associates.
Alford, P. L., Bloomsmith, M. A., Keeling, M. E., and Beck, T. F. (1995) 'Wounding aggression during the formation and maintenance of captive, multimale chimpanzee groups', Zoo Biology, 14: 347-59.
Allchurch, A. F. (2003) 'Yersiniosis in all taxa' in M. E. Fowler and R. E. Miller (eds), Zoo and Wild Animal Medicine (5th edn), Philadelphia, PA: Saunders (Elsevier), pp. 724-27.
Allen, M. E. and Ullrey, D. E. (2004) 'Relationships among nutrition and reproduction and relevance for wild animals', Zoo Biology, 23: 475-87.
Altman, J. D. (1998) 'Animal activity and visitor learning at the zoo', Anthrozoös, 11: 12-21.
Altmann, J. (1974) 'Observational study of behaviour: sampling methods', Behaviour, 49: 227-67.
Amato, G., Wharton, D., Zainuddin, Z. Z., and Powell, J. R. (1995) 'Assessment of conservation units for the Sumatran rhinoceros (Dicerorhinus sumatrensis)', Zoo Biology, 14: 395-402.
Ammerman, C. B. and Goodrich, R. D. (1983) 'Advances in mineral nutrition in ruminants', Journal of Animal Science (Supplement), 57: 519-33.
Amosin, A., Payungporn, S., Theamboonlers, A., Thanawongnuwech, R., Suradhat, S., Pariyothorn, N., Tantilertcharoen, R., Damrongwantanapokin, S., Buranathai, C., Chaisingh, A., Songserm., T., and Poovorawan, Y. (2006) 'Genetic characterization of H_5N_1 influenza A viruses isolated from zoo tigers in Thailand', Virology, 344: 480-91.
Andereck, K. L. and Caldwell, L. L. (1994) 'Variable selection in tourism market segmentation models', Journal of Travel Research, 33: 40-6.
Anderson, J. and Chamove, A. (1984) 'Allowing captive primates to forage' in Universities Federation for Animal Welfare (UFAW), Standards in Laboratory Animal Management, Wheathampsted: UFAW, pp. 253-356.
Anderson, U. S., Benne, M., Bloomsmith, M., and Maple, T. (2002) 'Retreat space and human visitor density moderate undesirable behaviour in petting zoo animals', Journal of Applied Animal Welfare Science, 5: 125-37.
Anderson, U. S., Kelling, A. S., Pressley-Keough, R., Bloomsmith, M. A., and Maple, T. L. (2003) 'Enhancing the zoo visitor's experience by public animal training and oral interpretation at an otter exhibit', Environment and Behaviour, 35: 826-41.
Anziani, O., Zimmermann, G., Guglielmone, A., Forchieri, M., and Volpogni, M. (2000) 'Evaluation of insecticide ear tags containing ethion for control of pyrethroid-resistant Haematobia irritans (L.) on dairy cattle', Veterinary Parasitology, 91: 147-51.
Appleby, M. C. (1999) What Should We Do About Animal Welfare?, Oxford: Blackwell Science.
Appleby, M. C. and Hughes, B. O. (1991) 'Welfare of laying hens in cages and alternative systems: environmental, physical and behavioural apsects', Journal of Wild Poultry Science, 47: 109-28.
Appleby, M. C. and Hughes, B. O. (1997) Animal Welfare, Wallingford, Oxon: CABI Publishing.
Arendt, J. and Skene, D. J. (2005) 'Melatonin as a chronobiotic', Sleep Medicine Reviews, 9: 25-39.
ARAZPA (Australasian Regional Association of Zoological Parks and Aquaria) (2008) 'About ARAZPA', available online at http:// www.arazpa.org.au/About-Us/default.aspx (accessed April 2008).
Armstrong, S. (2004) 'A taste for grass: do zebra (Equus burchelli) have a preference for individual grass species?' in C. McDonald (ed.), Proceedings of the Sixth Annual BIAZA Research Meeting, 8-9 July, Edinburgh Zoo, Edinburgh, pp. 43-5.
Armstrong, S. and Botzler, R. (2003) The Animal Ethics Reader, London: Routledge.
Armstrong, S. and Marples, N. (2005) 'Do captive plains zebra (E. burchelli) have a preference for individual grass species?' in T. P. Meehan and M. E. Allen (eds), Proceedings of the Fourth European Zoo Nutrition Conference, 20-23

January, Leipzig Zoo, EAZA.
Asa, C. S. (1996) 'Reproductive physiology' in D. G. Kleiman, M. Allen, K. Thompson, and S. Lumpkin (eds), Wild Mammals in Captivity: Principles and Techniques, Chicago, IL: University of Chicago Press, pp. 390-417.
Asa, C. S. and Porton, I. J. (2005) Wildlife Contraception: Issues, Methods and Applications, Baltimore, MD: John Hopkins University Press.
Ashley, P. J. (2007) 'Fish welfare: current issues in aquaculture', Applied Animal Behaviour Science, 104: 199-235.
Asvestas, C. and Reininger, M. (1999) 'Forming a bachelor group of long-tailed macaques (Macaca fascicularis)', Laboratory Primate Newsletter, 38: 14.
Atkinson, R. L., Atkinson, R. C., Smith, E. E., Bem, D. J., and Nolen-Hoeksema, S. (1996) Hilgard's Introduction to Psychology (12th edn), London: Harcourt Brace.
Aujard, F., Seguy, M., Terrien, J., Botalla, R., Blanc, S., and Perret, M. (2006) 'Behavioral thermoregulation in a non-human primate: effects of age and photoperiod on temperature selection', Experimental Gerontology, 41: 784-92.
Austin, M., Leader, L., and Reilly, N. (2005) 'Prenatal stress, the hypothalamic-pituitaryadrenal axis, and fetel and infant neurobehaviour', Early Human Development, 81: 917-26.
AZA (American Association of Zoos and Aquariums) (1999) The Collective Impact of America's Zoos and Aquariums, Silver Spring, MD: AZA.
Bach, C. (1998) Birth Date Determination in Australasian Marsupials, Taronga Zoo, Sydney: ARAZPA.
Baillie, J. M., Hilton-Taylor, C., and Stuart, S. N. (2004) IUCN Red List of Threatened Species: A Global Species Assessment, Gland: IUCN.
Baker, K. C. (1997) 'Straw and forage material ameliorate abnormal behaviour in adult chimpanzees', Zoo Biology, 16: 225-36.
Baker, K. C. (2000) 'Advanced age influences chimpanzee behavior in small social groups', Zoo Biology, 19: 111-19.
Baker, K. C. (2004) 'Benefits of positive human interaction for socially housed chimpanzees', Animal Welfare, 13: 239-45.
Balke, J. M. E., Barker, I. K., Hackenberger, M. K., McManamon, R., and Boever, W. J. (1988) 'Reproductive anatomy of three nulliparous female Asian elephants: the development of artificial breeding techniques', Zoo Biology, 7: 99-113.
Balmford, A. (2000) 'Separating fact from artefact in analyses of zoo visitor preferences', Conservation Biology, 14: 1193-5.
Balmford, A., Leader-Williams, N., and Green, M. J. B. (1995) 'Parks or arks: where to preserve threatened mammals?', Biodiversity and Conservation, 4: 595-607.
Balmford, A., Mace, G. M., and Leader-Williams, N. (1996) 'Designing the ark: setting priorities for captive breeding', Conservation Biology, 10: 719-27.
Balmford, A., Leader-Williams, N., Mace, G. M., Manica, A., Walter, O., West, C., and Zimmermann, A. (2007) 'Message received? Quantifying the impact of informal conservation education on adults visiting UK zoos' in A. Zimmermann, M. Hatchwell, L. Dickie, and C. West (eds), Zoos in the 21st Century: Catalysts for Conservation?, Cambridge: Cambridge University Press, pp. 120-36.
Baratay, E. and Hardouin-Fugier, E. (2004) Zoo: A History of Zoological Gardens in the West, London: Reaktion Books.
Barker, D., Fitzpatrick, M. P., and Dierenfeld, E. S. (1998) 'Nutrient composition of selected whole invertebrates', Zoo Biology, 17: 123-34.
Barnard, C. and Hurst, J. (1996) 'Welfare by design: the natural selection of welfare criteria', Animal Welfare, 56: 405-33.
Barnard, C., Gilbert, F., and McGregor, P. (1993) Asking Questions in Biology: Design, Analysis and Presentation in Practical Work, Upper Saddle River, NJ: Prentice Hall.
Barr, S., Laming, P. R., Dick, J. T. A., and Elwood, R. W. (2008) 'Nociception or pain in a decapod crustacean?', Animal Behaviour, 75: 745-51.
Barrington-Johnson, J. (2005) The Zoo: The Story of London Zoo, London: Robert Hale.
Bartlett, A. D. (1890) Life Among Wild Beasts in the Zoo, London: Chapman & Hall.
Bartlett, A. D. (1898) Wild Animals in Captivity, London: Chapman & Hall.
Bashaw, M. J. and Maple, T. L. (2001) 'Signs fail to increase zoo visitors' ability to see tigers', Curator, 44: 297-304.
Bashaw, M. J., Tarou, L. R., Maki, T. S., and Maple, T. L. (2001) 'A survey assessment of variables related to stereotypy in captive giraffe and okapi', Applied Animal Behaviour Science, 73(3): 235-47.
Bashaw, M. J., Bloomsmith, M. A., Marr, M. J., and Maple, T. L. (2003) 'To hunt or not to hunt? A feeding enrichment experiment with captive large felids', Zoo Biology, 22(2): 189-98.
Bassett, L. and Buchanan-Smith, H. M. (2007) 'Effects of predictability on the welfare of captive animals', Applied Animal Behaviour Science, Conservation, Enrichment and Animal Behaviour, 102: 223-45.
Bassett, L., Buchanan-Smith, H. M., McKinley, J., and Smith, T. E. (2003) 'Effects of training on stress-related behaviour of the common marmoset (Callithrix jacchus) in relation to coping with routine husbandry procedures', Journal of Applied Animal Welfare Science, 6: 221-33.
Bateson, P. and Bradshaw, E. (1997) 'Physiological effects of hunting red deer (Cervus elaphus)', Proceedings of the Royal Society (Series B: Biological Sciences), 264: 1707-14.
Bauert, M. R., Furrer, S. C., Zingg, R., and Steinmetz, H. W. (2007) 'Three years of experience running the Masoala Rainforest ecosystem at Zurich Zoo, Switzerland', International Zoo Yearbook, 41: 203-16.

Baxter, E. and Plowman, A. B. (2001) 'The effect of increasing dietary fibre on feeding, rumination and oral stereotypies in captive giraffes (*Giraffa camelopardalis*)', Animal Welfare, 10: 281-90.

Beardsworth, A. and Bryman, A. E. (2001) 'The wild animal in late modernity: the case of the Disneyization of zoos', Tourist Studies, 1: 83-104.

Beck, B. B., Rapaport, L. G., Stanley-Price, M. R., and Wilson, A. C. (1994) 'Reintroduction of captive born animals' in P. J. S. Olney, G. M. Mace, and A. T. C. Feistner (eds), Creative Conservation: Interactive Management of Wild and Captive Animals, London: Chapman & Hall, pp. 265-86.

Beckoff, M. and Byers, J. (1998) Animal Play: Evolutionary, Comparative and Ecological Perspectives, Cambridge: Cambridge University Press.

Bell, C. E. (ed.) (2001) Encyclopedia of the World's Zoos, Chicago, IL/London: Fitzroy Dearborn.

Benirschke, K., Kumamoto, A. T., and Bogart, M. H. (1981) 'Congenital anomalies in Lemur variegatus', Journal of Medical Primatology, 10: 38-45.

Bennett, P. (2001) 'Establishing animal germplasm resource banks for wildlife conservation: genetic, population and evolutionary aspects' in P. Watson and W. Holt (eds), Cryobanking the Genetic Resource: Wildlife Conservation for the Future?, London: Taylor & Francis, pp. 47-67.

Berg, J. K. (1983) 'Vocalizations and associated behaviours of the African elephant (*Loxodonta africana*) in captivity', Zeitschrift fur Tierpsychologie, 63: 63-79.

Berge, G. M. (1990) 'Freeze branding of Atlantic halibut', Aquaculture, 89: 383-6.

Bergeron, R., Badnell-Waters, A., Lambton, S., and Mason, G. (2006) 'Stereotypic oral behaviour in captive ungulates: foraging, diet and gastrointestinal function' in G. J. Mason (ed.), Stereotypic Animal Behaviour: Fundamentals and Applications to Welfare, Wallingford, Oxon: CABI Publishing, pp. 19-57.

Berkson, G., Mason, W., and Saxon, S. (1963) 'Situation and stimulus effect on stereotyped behaviours of chimpanzees', Journal of Comparative Physiological Psychology, 56: 786-92.

Bernard, J. B. (1997) Vitamin D and Ultraviolet Radiation: Meeting Lighting Needs for Captive Animals, EAZA Nutrition Advisory Group (NAG) Fact Sheet 002 (July 1997), available online at http://www.nagonline.net/ Technical%20Papers/ NAGFS00297VitDJONIFEB24,2002MODIFIED.pdf.

Bernard, J. B., Watkins, B., and Ullrey, D. (1989) 'Manifestations of vitamin D deficiency in chicks reared under different artificial lighting regimes', Zoo Biology, 8: 349-55.

Bernstein, I. S. (1967) 'Defining the natural habitat' in D. Starck, R. Schneider, and H.-J. Kuhn (eds), Progress in Primatology, Stuttgart: Fischer, pp. 177-9.

Bertolino, S., Viano, C., and Currado, I. (2001) 'Population dynamics, breeding patterns and spatial use of the garden dormouse (*Eliomys quercinus*) in an Alpine habitat', Journal of Zoology, 253: 513-21.

Besag, J. and Clifford, P. (1989) 'Generalized Monte Carlo significance tests', Biometrika, 76: 633-42.

Bestelmeyer, S. V. (1999) 'Behavioural changes associated with introductions of male maned wolves (*Chrysocyon brachyurus*) to females with pups', Zoo Biology, 18: 189-97.

BIAZA (British and Irish Association of Zoos and Aquariums) (2007) Working Together for Wildlife, London: BIAZA.

Birke, L. (2002) 'Effects of browse, human visitors and noise on the behaviour of captive orang-utans', Animal Welfare, 11: 189-202.

Bitgood, S. (2002) 'Environmental psychology in museums, zoos and other exhibition centres' in R. B. Bechtel and A. Churchman (eds), Handbook of Environmental Psychology, New York, NY: John Wiley & Sons, pp. 461-80.

Bitgood, S., Patterson, D., and Benefield, A. (1988) 'Exhibit design and visitor behavior: empirical relationships', Environment and Behavior, 20: 474-91.

Blaney, E. C. and Wells, D. L. (2004) 'The influence of a camouflage net barrier on the behaviour, welfare and public perceptions of zoo-housed gorillas', Animal Welfare, 13: 111-18.

Blasetti, A., Boltani, L., Riviello, M. C., and Visalberghi, E. (1988) 'Activity budgets and use of enclosed space by wild boars (*Sus scrofa*) in captivity', Zoo Biology, 7: 69-79.

Blomqvist, L. (1995) 'Three decades of snow leopards Panthera uncia in captivity', International Zoo Yearbook, 34: 178-85.

Bloomsmith, M. A. and Lambeth, S. P. (1995) 'Effects of predictable versus unpredictable feeding schedules on chimpanzee behavior', Applied Animal Behaviour Science, 44: 65-74.

Bloomsmith, M. A. and Lambeth, S. P. (2000) 'Videotapes as enrichment for captive chimpanzees (*Pan troglodytes*)', Zoo Biology, 19: 541-51.

Bloomsmith, M. A., Laule, G. E., Alford, P. L., and Thurston, R. H. (1994) 'Using training to moderate chimpanzee aggression during feeding', Zoo Biology, 13: 557-66.

Bloomsmith, M. A., Stone, A. M., and Laule, G. E. (1998) 'Positive reinforcement training to enhance the voluntary movement of group-housed chimpanzees within their enclosures', Zoo Biology, 17: 333-41.

Bloomsmith, M. A., Jones, M. L., Snyder, R. J., Singer, R. A., Gardner, W. A., Liu, S. C., and Maple, T. L. (2003) 'Positive reinforcement training to elicit voluntary movement of two giant pandas throughout their enclosure', Zoo Biology, 22: 323-34.

Bloomsmith, M. A., Marr, M. J., and Maple, T. L. (2007) 'Addressing non-human primate behavioral problems through the application of operant conditioning: is the human treatment approach a useful model?', Applied Animal Behaviour Science: Conservation, Enrichment and Animal Behaviour, 102: 205-22.

Bloxam, Q. M. C. and Tonge, S. J. (1995) 'Amphibians: suitable candidates for breeding-release programmes', Biodiversity and Conservation, 4: 636-44.
Blunt, W. (1976) The Ark in the Park: The Zoo in the Nineteenth Century, London: Hamish Hamilton.
Boakes, E. H., Wang, J., and Amos, W. (2006) 'An investigation of inbreeding depression and purging in captive pedigreed populations', Heredity, 98: 172-82.
Boehm, T. and Zufall, F. (2006) 'MHC peptides and the sensory evaluation of genotype', Trends in Neurosciences, 29: 100-7.
Boinski, S. (1987) 'Mating patterns in squirrel monkeys (Saimiri oerstedi)', Behavioral Ecology and Sociobiology, 21: 13-21.
Boinski, S., Gross, T. S., and Davis, J. K. (1999) 'Terrestrial predator alarm vocalizations are a valid monitor of stress in captive brown capuchins (Cebus apella)', Zoo Biology, 18: 295-312.
Boivin, X., Garel, J. P., Mante, A., and Le Neindre, P. (1998) 'Beef calves react differently to different handlers according to the test situation and their previous interactions with their caretaker', Applied Animal Behaviour Science, 55: 245-57.
Boivin, X., Lensink, J., Tallet, C., and Veissier, I. (2003) 'Stockmanship and farm animal welfare', Animal Welfare, 12: 479-92.
Bolin, C. A. (2003) 'Leptospirosis' in M. E. Fowler and R. E. Miller (eds), Zoo and Wild Animal Medicine (5th edn), Philadelphia, PA: Saunders (Elsevier), pp. 699-702.
Bond, J. C. and Lindburg, D. G. (1990) 'Carcass feeding of captive cheetahs (Acinonyx jubatus): the effects of a naturalistic breeding program on oral health and psychological well-being', Applied Animal Behaviour Science, 26: 373-82.
Boness, D. (1996) 'Water quality management in aquatic mammal exhibits' in D. Kleiman, M. Allen, K. Thompson, and S. Lumpkin (eds), Wild Mammals in Captivity, Chicago, IL: University of Chicago Press, pp. 231-42.
Boogaard, B. K., Oosting, S. J., and Bock, B. B. (2006) 'Elements of societal perception of farm animal welfare: a quantitative study in the Netherlands', Livestock Science, 104: 13-22.
Boorer, M. (1972) 'Some aspects of stereotyped patterns of movement exhibited by zoo animals', International Zoo Yearbook, 12: 164-8.
Bostock, S. St. C. (1993) Zoos and Animal Rights, London: Routledge.
Bowden, C. and Masters, J. (2003) Textbook of Veterinary Medical Nursing, New York, NY/Edinburgh: Butterworth-Heinemann.
Bowers, B. B. and Burghardt, G. M. (1992) 'The scientist and the snake: relationships with reptiles' in H. Davis and D. Balfour (eds), The Inevitable Bond: Examining Scientist.Animal Interactions, Cambridge: Cambridge University Press, pp. 250-63.
Box, H. (1991) 'Training for life after release: simian primates as examples', Symposium of the Zoological Society of London, 62: 111-23.
Braswell, L. D. (1991) 'Exotic animal dentistry', Compendium on Continuing Education for the Practicing Veterinarian, 13: 1229-33.
Bremner-Harrison, S., Prodohl, P. A., and Elwood, R. (2004) 'Behavioural trait assessment as a release criterion: boldness predicts early death in a reintroduction programme of captive-bred swift fox (Vulpes velox)', Animal Conservation, 7: 313-20.
Brent, L. and Stone, A. M. (1996) 'Long-term use of televisions, balls, and mirrors as enrichment for paired and singly caged chimpanzees', American Journal of Primatology, 39: 139-45.
Brent, L., Kessel, A. L., and Barrera, H. (1997) 'Evaluation of introduction procedures in captive chimpanzees', Zoo Biology, 16: 335-42.
Britt, A. (1998) 'Encouraging natural feeding behaviour in captive bred black and white ruffed lemurs (Varecia variegata v.)', Zoo Biology, 17: 379-92.
Broad, G. (1996) 'Visitor profile and evaluation of informal education at Jersey Zoo', Dodo: Journal of the Jersey Wildlife Preservation Trust, 32: 166-92.
Brodey, P. (1981) 'The LINKS-ZOO: a recreational/ educational facility for the future', International Zoo Yearbook, 21: 63-8.
Broom, D. M. (1998) 'Stereotypies in animals' in M. Bekoff and C. A. Meaney (eds), Encyclopedia of Animal Rights and Animal Welfare, London: Fitzroy Dearborn, p. 256.
Broom, D. M. (2005) 'The effects of land transport on animal welfare', Revue Scientifique et Technique de L'Office International des Epizooties, 24: 683-91.
Broom, D. M. and Johnson, K. G. (1993) Stress and Animal Welfare, London: Chapman & Hall.
Brooman, S. and Legge, D. (1997) Law Relating to Animals, London: Cavendish Publishing.
Brown, C. and Loskutoff, N. (1998) 'A training program for non-invasive semen collection in captive western lowland gorillas (Gorilla gorilla gorilla)', Zoo Biology, 17: 143-51.
Brown, J. L. (2000) 'Reproductive endocrine monitoring of elephants: an essential tool for assisting captive management', Zoo Biology, 19: 347-69.
Brown, J. L. and Wemmer, C. M. (1995) 'Urinary cortisol analysis for monitoring adrenal activity in elephants', Zoo Biology, 14: 533-42.
Brown, J. L., Olson, D., Keele, M., and Freeman, E. W. (2004) 'Survey of the reproductive cyclicity status of Asian and African elephants in North America', Zoo Biology, 23: 309-21.
Bubier, N. (1996) 'The behavioural priorities of laying hens: the effects of two methods of environmental enrichment on time budgets', Behavioural Processes, 374: 239-49.

Buchanan-Smith, H. M., Anderson, D. A., and Ryan, C. W. (1993) 'Responses of cotton-top tamarins (*Saguinus oedipus*) to faecal scents of predators and non-predators', Animal Welfare, 2: 17-32.
Buckanoff, H., Frederick, C., and Weston Murphy, H. (2006) 'Hand-rearing a potto Perodicticus potto at Franklin Park Zoo, Boston', International Zoo Yearbook, 40: 302-12.
Burghardt, G. M. (1995) 'Brain imaging, ethology and the non-human mind', Behavioural and Brain Sciences, 18: 339-40.
Burghardt, G. M., Ward, B., and Rosscoe, R. (1996) 'Problem of reptile play: environmental enrichment and play behavior in a captive Nile soft-shelled turtle, Trionyx triunguis', Zoo Biology, 15: 223-38.
Burke, T. and Bruford, M. W. (1987) 'DNA fingerprinting in birds', Nature, 327: 149-52.
Burkhardt, R. W. (2001) 'A man and his menagerie: management of nineteenth-century zoological park by Frédéric Cuvier', Natural History, 110: 62- 9.
Burley, N. (1985) 'Leg-band color and mortality patterns in captive breeding populations of zebra finches', The Auk, 102: 647-51.
Bush, M. (1993) 'Anaesthesia of high-risk animals: giraffe' in M. E. Fowler (ed.), Zoo and Wild Animal Medicine (3rd edn), Philadelphia, PA: W. B. Saunders.
Bush, M. (2003) 'Giraffidae' in M. E. Fowler and R. E. Miller (eds), Zoo and Wild Animal Medicine (5th edn), Philadelphia, PA: Saunders (Elsevier).
Bush, M., Montali, R. J., Brownstein, D., James, A. E., and Appel, M. J. G. (1976) 'Vaccine-induced canine distemper in a lesser panda', Journal of the American Veterinary Medical Association, 169: 959-60.
Byford, R. L., Craig, M. E., and Crosby, B. L. (1992) 'A review of ectoparasites and their effect on cattle production', Journal of Animal Science, 70: 597-602.
Caine, J. and Melfi, V. (2005) 'A long term study of Trichuris trichiura in zoo-housed colobus' in A. Nicklin (ed.), Proceedings of the Seventh Annual Symposium on Zoo Research, 7-8 July, Twycross Zoo, London: BIAZA, pp. 56-66.
Caine, N. G. and O'Boyle Jr, V. J. (1992) 'Cage design and forms of play in red-bellied tamarins, Saguinus labiatus', Zoo Biology, 11: 215-20.
Calle, P. P. (2003) 'Rabies' in M. E. Fowler and R. E. Miller (eds), Zoo and Wild Animal Medicine (5th edn), Philadelphia, PA: Saunders (Elsevier), pp. 732-6.
Canfield, P. J. and Cunningham, A. A. (1993) 'Disease and mortality in Australian marsupials held at London Zoo, 1872.1972', Journal of Zoo and Wildlife Medicine, 24: 158-67.
Capitanio, J. P. (1999) 'Personality dimensions in adult male rhesus macaques: prediction of behaviors across time and situation', American Journal of Primatology, 47: 299-320.
Cardillo, M., Mace, G. M., Jones, K. E., Bielby, J., Bininda-Emonds, O. R. P., Sechrest, W., Orme, C. D. L., and Purvis, A. (2005) 'Multiple causes of high extinction risk in large mammal species', Science, 309: 1239-41.
Carlson, N. (2007) Physiology of Behaviour, Boston: Pearson Education Inc.
Carlstead, K. (1996) 'Effects of captivity on the behavior of wild mammals' in D. G. Kleiman, M. E. Allen, K. V. Thompson, and S. Lumpkin (eds), Wild Mammals in Captivity, Chicago, IL: University of Chicago Press, pp. 317-33.
Carlstead, K. (1998) 'Determining the causes of stereotypic behaviors in zoo carnivores: towards appropriate enrichment strategies' in D. Shepherdson, J. Mellen, and M. Hutchins (eds), Second Nature: Environmental Enrichment for Captive Animals, Washington DC: Smithsonian Institute Press, pp. 172-83.
Carlstead, K. and Brown, J. L. (2005) 'Relationships between patterns of fecal corticoid excretion and behavior, reproduction, and environmental factors in captive black (*Diceros bicornis*) and white (*Ceratotherium simum*) rhinoceros', Zoo Biology, 24: 215-32.
Carlstead, K. and Seidensticker, J. (1991) 'Seasonal variation in stereotypic pacing in an American black bear *Ursus americanus*', Behavioural Processes, 25: 155-61.
Carlstead, K. and Shepherdson, D. (1994) 'Effects of environmental enrichment on reproduction', Zoo Biology, 13: 447-58.
Carlstead, K., Brown, J. L., and Seidensticker, J. (1993) 'Behavioral and adrenocortical responses to environmental changes in leopard cats (*Felis bengalensis*)', Zoo Biology, 12: 321-31.
Carlstead, K., Mellen, J., and Kleiman, D. G. (1999a) 'Black rhinoceros (*Diceros bicornis*) in US zoos: I. individual behaviour profiles and their relationship to breeding success', Zoo Biology, 18: 17-34.
Carlstead, K., Fraser, J., Bennett, C., and Kleiman, D. G. (1999b) 'Black rhinoceros (*Diceros bicornis*) in US zoos: II. behavior, breeding success, and mortality in relation to housing facilities', Zoo Biology, 18: 35-52.
Carlstead, K., Seidensticker, J., and Baldwin, R. (1991) 'Environmental enrichment for zoo bears', Zoo Biology, 10: 3-16.
Caro, T. M. (1993) 'Behavioral solutions to breeding cheetahs in captivity: insights from the wild', Zoo Biology, 12: 19-30.
Castellote, M. and Fossa, F. (2006) 'Measuring acoustic activity as a method to evaluate welfare in captive beluga whales (*Delphinapterus leucas*)', Aquatic Mammals, 32: 325-33.
Cavalieri, P. and Singer, P. (1994) (eds) The Great Ape Project: Equality Beyond Humanity, New York: St Martin's Griffin.
Cavigelli, S. A., Yee, J. R., and McClintock, M. K. (2006) 'Infant temperament predicts life span in female rats that develop spontaneous tumors', Hormones and Behavior, 50: 454-62.
Caws, C. and Aureli, F. (2003) 'Chimpanzees cope with temporary reduction of escape opportunities', International Journal of Primatology, 24: 1077-91.
Ceballos, G., Erhlich, P. R., Soberon, J., Salazar, I., and Fay, J. P. (2005) 'Global mammal conservation: what must we

manage?', Science, 309: 603-7.
Cerit, H. and Avanus, K. (2007) 'Sex identification in avian species using DNA typing methods', World's Poultry Science Journal, 63: 91-99.
Chalmers, K. (2006) Zoo Keeper Information: Auckland Zoo and its Role in Conservation and Captive Breeding Programmes, Auckland, New Zealand: Auckland Zoo.
Chamove, A. (1988) 'Assessing the welfare of captive primates: a critique' in Universities Federation for Animal Welfare (UFAW), Symposium of Laboratory Animal Welfare Research: Primates, Potters Bar: UFAW, pp. 39-49.
Chamove, A. (1989) 'Environmental enrichment: a review', Animal Technology, 40: 155-78.
Chamove, A. and Moodie, E. (1990) 'Are alarming events good for captive monkeys?', Applied Animal Behaviour Science, 276: 169-76.
Chamove, A. and Rohrhuber, B. (1989) 'Moving callitrichid monkeys from cages to outside areas', Zoo Biology, 8: 151-63.
Chamove, A., Anderson, J., Morgan-Jones, S., and Jones, S. (1982) 'Deep woodchip litter: hygiene, feeding, and behavioural enhancement in eight primate species', International Journal for the Study of Animal Problems, 3: 308-18.
Chamove, A. S., Hosey, G. R., and Schaetzel, P. (1988) 'Visitors excite primates in zoos', Zoo Biology, 7: 359-69.
Chandroo, K. P., Duncan, I. J. H., and Moccia, R. D. (2004) 'Can fish suffer? Perspectives on sentience, pain, fear and stress', Applied Animal Behaviour Science, 86: 225-50.
Chang, T. R., Forthman, D. L., and Maple, T. L. (1999) 'Comparison of confined mandrill (*Mandrillus sphinx*) behaviour in traditional and "ecologically representative" exhibits', Zoo Biology, 18: 163-76.
Chastain, B. (2005) 'The defining moment' in Innovation or replication, Proceedings of the Sixth International Symposium on Zoo Design, Whitley Wildlife Conservation Trust, Paignton, UK.
Cheek, N. J. (1976) 'Sociological perspectives on the Zoological Park Market' in N. H. Check, D. R. Field, and R. J. Burge (eds), Leisure and Recreation Places, Ann Arbor, MI: Ann Arbor Science.
Cherfas, J. (1984) Zoo 2000: A Look Beyond the Bars, London: BBC.
Cirulli, F., Berry, A., and Alleva, E. (2003) 'Early disruption of the mother.infant relationship: effects on brain plasticity and implications for psychopathology', Neuroscience and Biobehavioral Reviews, 27: 73-82.
Clarke, F. and King, A. (2008) 'A critical review of zoo-based olfactory enrichment' in J. Hurst, R. Beynon, S. Roberts, and T. Wyatt (eds), Chemical Signals in Vertebrates 11, New York, NY: Springer, pp. 391-8.
Clauss, M. and Dierenfeld, E. S. (2007) 'The nutrition of "browsers"', in M. E. Fowler and R. E. Miller, Zoo and Wild Animal Medicine: Current Therapy (6th edn), St Louis, MO: Saunders (Elsevier), pp. 444-54.
Clauss, M. and Hatt, J.-M. (2006) 'The feeding of rhinoceros in captivity', International Zoo Yearbook, 40: 197-209.
Clauss, M., Kienzle, E., and Wiesner, H. (2003) 'Feeding browse to large zoo herbivores: how much is "a lot", how much is "sufficient"?', in A. Fidgett, M. Clauss, U. Ganslosser, J. M. Hatt, and J. Nijboer (eds), Zoo Animal Nutrition: Vol. II, Fürth: Filander Verlag, pp. 17-25.
Clauss, M., Polster, C., Kienzle, E., Weisner, H., Baumgartner, K., von Houwald, F., Streich, W. J., and Dierenfeld, E. (2005) 'Energy and mineral nutrition and water intake in the captive Indian rhinoceros (*Rhinoceros unicornis*)', Zoo Biology, 24: 1-14.
Clubb, R. and Mason, G. (2002) A Review of the Welfare of Zoo Elephants in Europe: A Report Commissioned by the RSPCA, Oxford: Animal Behaviour Research Group, University of Oxford.
Clubb, R. and Mason, G. (2003) 'Captivity effects on wide-ranging carnivores', Nature, 425: 473-4.
Clubb, R. and Mason, G. (2004) 'Pacing polar bears and stoical sheep: testing ecological and evolutionary hypotheses about animal welfare', Animal Welfare, 13: 533-40.
Clubb, R. and Mason, G. (2007) 'Natural behavioural biology as a risk factor in carnivore welfare: how analysing species differences could help zoos improve enclosures', Applied Animal Behaviour Science, 102: 303-28.
Clubb, R. and Vickery, S. (2006) 'Laboratory stereotypies in carnivores: does pacing stem from hunting, ranging or frustrated escape?' in G. J. Mason (ed.), Stereotypic Animal Behaviour: Fundamentals and Applications to Welfare, Wallingford, Oxon: CABI Publishing, pp. 58-84.
Cocks, L. (2007) 'Factors influencing the well-being and longevity of captive female orang-utans', International Journal of Primatology, 28: 429-40.
Coe, J. (1985) 'Design and perception: making the zoo experience real', Zoo Biology, 4: 197-208.
Coe, J. (1987) 'What's the message? Exhibit design for education' in American Association of Zoological Parks and Aquariums, Regional Conference Proceedings, Wheeling, WV: AAZPA, pp. 19-23.
Coe, J. (1989) 'Naturalizing habitats for captive primates', Zoo Biology, 8: 117-25.
Coe, J. (1994) 'Landscape immersion: origins and concepts' in J. C. Coe (mod.), Landscape Immersion Exhibits: How are They Proving as Education Settings? American Zoo and Aquarium Association Convention Proceedings, Bethesda, MD: AZA, pp. 1-7, available online at http://www.joncoedesign.com/pub/technical.htm.
Coe, J. (1996) 'What's the message? Education through exhibit design' in D. Kleiman, M. Allen, K. Thompson, and S. Lumpkin (eds), Wild Mammals in Captivity: Principles and Techniques, Chicago, IL: University of Chicago, pp. 167-74.
Coe, J. (1997) 'Entertaining zoo visitors and zoo animals: an integrated approach' in Proceedings of the American Zoo and Aquarium Association Annual Conference, Bethesda, MD: AZA, pp. 156-62.
Coe, J. (1999) 'An integrated approach to design: how zoo staff can get the best results from new facilities', First Annual Rhino Keeper Workshop, 7-8 May, Disney's Wild Animal Kingdom, Orlando, FL.

Coe, J. (2006) 'Naturalistic enrichment' in Australasian Regional Association of Zoological Parks and Aquaria Conference Proceedings, Perth Zoo, ARAZPA, pp. 1-9, available online at http://www.joncoedesign.com/pub/ technical.htm.

Colahan, H. and Breder, C. (2003) 'Primate training at Disney's Animal Kingdom', Journal of Applied Animal Welfare Science, 6: 235-46.

Cole, C. and Townsend, C. (1977) 'Parthenogenetic reptiles: new subjects for laboratory research', Experientia, 33: 285-9.

Colman, R. J., McKiernan, S. H., Aiken, J. M., and Weindruch, R. (2005) 'Muscle mass loss in Rhesus monkeys: age of onset', Experimental Gerontology, 40: 573-81.

Conservation Breeding Specialist Group (CBSG) of the World Conservation Union (IUCN) (2004) 'Transponders', CBSG News, 15(1): 20.

Conte, E. S. (2004) 'Stress and the welfare of cultured fish', Applied Animal Behaviour Science, 86: 205-23.

Conway, W. (1986a) 'The consumption of wildlife by man', Animal Kingdom, 7: 18-23.

Conway, W. (1986b) 'The practical difficulties and financial implications of endangered species breeding programmes', International Zoo Yearbook, 24/25: 210-19.

Conway, W. (2003) 'The role of zoos in the 21st century', International Zoo Yearbook, 38: 7-13.

Conway, W. (2007) 'Entering the 21st century' in A. Zimmerman, M. Hatchwell, L. Dickie, and C. West (eds), Zoos in the 21St Century: Catalysts for Conservation?, Conservation Biology Series No. 15, Cambridge: Cambridge University Press, pp. 12-21.

Cook, S. and Hosey, G. R. (1995) 'Interaction sequences between chimpanzees and human visitors at the zoo', Zoo Biology, 14: 431-40.

Cooper, J. E. and Cooper, M. E. (2007) 'Importance and application of animal law' in J. E. Cooper and M. E. Cooper (eds), Introduction to Veterinary and Comparative Forensic Medicine, Oxford: Blackwell Publishing, pp. 42-60.

Cooper, M. E. (2003) 'Zoo legislation', International Zoo Yearbook, 38: 81-93.

Cooper, K. A., Harder, J. D., Clawson, D. H., Fredrick, D. L., Lodge, G. A., Peachey, H. C., Spellmire, T. J., and Winstel, D. P. (1990) 'Serum testosterone and musth in captive male African and Asian elephants', Zoo Biology 9: 297-306.

Cooper, M. E. and Rosser, A. M. (2002) 'International regulation of wildlife trade: relevant legislation and organisations', Revue Scientifique et Technique de L'Office International des Epizooties, 21: 103-23.

Cooper, M. R. and Johnson, A. W. (1998) Poisonous Plants and Fungi in Britain.Animal and Human Poisoning, London: HMSO.

Cooper, V. J. and Hosey, G. R. (2003) 'Sexual dichromatism and female preference in Eulemur fulvus subspecies', International Journal of Primatology, 24: 1177-88.

Coote, T. and Loeve, E. (2003) 'From 61 species to five: endemic tree snails of the Society Islands fall prey to an ill-judged biological control programme', Oryx, 37: 91-6.

Coote, T., Clarke, D., Hickman, C. S., Murray, J., and Pearce-Kelly, P. (2004) 'Experimental release of endemic Partula species, extinct in the wild, into a protected area of natural habitat on Moorea', Pacific Science, 58: 429-34.

Cork, S. C. (2000) 'Iron storage disease in birds', Avian Pathology, 29: 7-12.

Cornetto, T. and Estevez, I. (2001) 'Behavior of the domestic fowl in the presence of vertical panels', Poultry Science, 80: 1455-62.

Corson-White, E. P. (1932) Diet in Relation to Degenerative Bone Lesions and Fertility, Report of the Laboratory and Museum of Comparative Pathology, Zoological Society of Philadelphia. pp. 26-8.

Coulton, L. E., Waran, N. K., and Young, R. J. (1997) 'Effects of foraging enrichment on the behaviour of parrots', Animal Welfare, 6: 357-63.

Cousins, D. (2006) 'Review of the use of herb gardens and medicinal plants in primate exhibits in zoos', International Zoo Yearbook, 40: 341-50.

Coviello-McLaughlin, G. M. and Starr, S. J. (1997) 'Rodent enrichment devices: evaluation of preference and efficacy', Contemporary Topics in Laboratory Animal Science, 36: 66-8.

Cowie, A. (1948) Pregnancy Diagnosis: A Review, Reading: Commonwealth Agricultural Bureaux.

Crandall, K. A., Bininda-Emonds, O. R. P., Mace, G. M., and Wayne, R. K. (2000) 'Considering evolutionary processes in conservation biology', Trends in Ecology and Evolution, 15: 290-5.

Cranfield, M. R., Graczyk, T. K., and McCuthchan, T. F. (2000) 'ELISA antibody test, PCR and a DNA vaccine for use with avian malaria in African penguins' in Proceedings of the Annual Meeting of the American Association of Zoo Veterinarians, 17-21 September, New Orleans, LA, AAZV, p. 39.

Crawshaw, G. (2003) 'Anurans (Anura, Salienta): Frogs, Toads' in M. E. Fowler and R. E. Miller (eds), Zoo and Wild Animal Medicine (5th edn), Philadelphia, PA: Saunders (Elsevier).

Creel, S., Creel, N. M., Mills, M. G. L., and Monfort, S. L. (1997) 'Rank and reproduction in cooperatively breeding African wild dogs: behavioral and endocrine correlates', Behavioural Ecology, 8: 298-306.

Cresswell, W., Lind, J., Quinn, L., Minderman, J., and Whitfield, D. P. (2007) 'Ringing or colourbanding does not increase predation mortality in redshanks Tringa totanus', Journal of Avian Biology, 38: 309-16.

Crissey, S. (2005) 'The complexity of formulating diets for zoo animals: a matrix', International Zoo Yearbook, 39: 36-43.

Critser, J. K., Riley, L. K., and Prather, R. S. (2003) 'Application of nuclear transfer technology to wildlife species' in W. Holt, A. Pickard, J. Rodger, and D. Wildt (2003) Reproductive Science and Integrated Conservation, Cambridge: Cambridge University Press, pp. 195-208.

Crockett, C. and Bowden, D. (1994) 'Challenging conventional wisdom for housing monkeys', Laboratory Animal, 24: 29-33.
Crockett, C., Bowers, C., Sackett, G., and Bowden, D. (1993a) 'Urinary cortisol responses of longtailed macaques to five cage sizes, tethering, sedation and room change', American Journal of Primatology, 30: 55-73.
Crockett, C., Bowers, C., Shimoji, M., Leu, M., Bellanca, R., and Bowden, D. (1993b) 'Appetite and urinary cortisol responses to different cage sizes in female pigtailed macaques', American Journal of Primatology, 31: 305 (abstract).
Cronin, M. A. (1993) 'Mitochondrial DNA in wildlife taxonomy and conservation biology: cautionary notes', Wildlife Society Bulletin, 21: 339-48.
Csuti, B., Sargent, E. L., and Bechert, U. S. (eds) (2001) The Elephant's Foot: Prevention and Care of Foot Conditions in Captive Asian and African Elephants, Ames, IA: Iowa State University Press.
Cueto, G. R., Allekotte, R., and Kravetz, F. O. (2000) 'Scurvy in capybaras bred in captivity in Argentina', Journal of Wildlife Diseases, 36: 97-101.
Culik, B., Wilson, R., and Bannasch, R. (1993) 'Flipper-bands on penguins: what is the cost of a life-long commitment?', Marine Ecology Progress Series, 98: 209-14.
Cunningham, A. A., Frank, M. J., Croft, P., Clarke, D., and Pearce-Kelly, P. (1997) 'Mortality of captive British wartbiter crickets: implications for reintroduction programs', Journal of Wildlife Diseases, 33: 673-6.
Dalgetty, G. (2007) 'Zoo bill receives all-party support', Toronto Observer, 15 March, available online at http://www.tobserver.com/CYCLEFEB07/15-03-07-DalgettyZoo.html.
Dalley, S. (1993) 'Ancient Mesopotamian gardens and the identification of the Hanging Gardens of Babylon resolved', Garden History, 21: 1-13.
Dalton, R. and Buchanan-Smith, H. M. (2005) 'A mixed-species exhibit for Goeldi's monkeys and pygmy marmosets Callimico goeldii and Callithrix pygmaea at Edinburgh Zoo', International Zoo Yearbook, 39: 176-84.
Dantzer, R. (1994) 'Animal welfare methodology and criteria', Revue Scientifique et Technique de L'Office International des Epizooties, 13: 277-302.
D'Août, K., Aerts, P., Clercq, D. D., Schoonaert, K., Vereecke, E., and Elsacker, L. V. (2001) 'Studying bonobo (*Pan paniscus*) locomotion using an integrated setup in a zoo environment: preliminary results', Primatologie, 4: 191-206.
Da Silva, M. A. M. and da Silva, J. M. C. (2007) 'A note on the relationships between visitor interest and characteristics of the mammal exhibits in Recife Zoo, Brazil', Applied Animal Behaviour Science, 105: 223-6.
Davey, G. (2006a) 'Visitor behavior in zoos: a review', Anthrozoös, 19: 143-57.
Davey, G. (2006b) 'Relationship between exhibit naturalism, animal visibility and visitor interest in a Chinese zoo', Applied Animal Behaviour Science, 96: 93-102.
Davey, G. (2007) 'An analysis of country, socioeconomic and time factors on worldwide zoo attendance during a 40-year period', International Zoo Yearbook, 41: 217-25.
Davey, G., Henzi, P., and Higgins, L. (2005) 'The influence of environmental enrichment on Chinese visitor behaviour', Journal of Applied Animal Welfare Science, 8: 131-40.
Davies, N. B. (1992) Dunnock Behaviour and Social Evolution, Oxford: Oxford University Press.
Davis, H. (2002) 'Prediction and preparation: Pavlovian implications of research animals discriminating among humans', ILAR Journal, 43: 19-26.
Davis, N., Schaffner, C. M., and Smith, T. E. (2005) 'Evidence that zoo visitors influence HPA activity in spider monkeys (*Ateles geoffroyii rufiventris*)', Applied Animal Behaviour Science, 90: 131-41.
Davis, T. and Ovaska, K. (2001) 'Individual recognition of amphibians: effects of toe clipping and fluorescent tagging on the salamander Plethodon vehiculum', Journal of Herpetology, 35: 217-25.
Dawkins, M. S. (1983) 'Battery hens name their price: consumer demand theory and the measurement of ethological "needs"', Animal Behaviour, 31: 1195-205.
Dawkins, M. S. (1988) 'Behavioural deprivation: a central problem in animal welfare', Applied Animal Behaviour Science, 20: 209-25.
Dawkins, M. S. (1997) 'D. G. M. Wood-Gush Memorial lecture: Why has there not been more progress in animal welfare research?', Applied Animal Behaviour Science, 53: 59-73.
Dawkins, M. S. (2003) 'Behaviour as a tool in the assessment of animal welfare', Zoology, 106: 383-7.
Dawkins, M. S. (2006) 'Through animal eyes: what behaviour tells us', Applied Animal Behaviour Science, 100: 4-10.
Dayan, A. (1971) 'Comparative neuropathology of aging: studies of the brain of 47 species of vertebrates', Brain, 94: 31-42.
Dayrell, E. and Pullen, K. (2003) 'Post-occupancy evaluation of a red river hog (*Potamochoerus porcus*) enclosure' in T. Gilbert (ed.), Proceedings of the Fifth Annual Symposium on Zoo Research, 7-8 July, Maxwell Park, Winchester, pp. 226-30.
Deagle, B. and Tollit, D. (2007) 'Quantitative analysis of prey DNA in pinniped faeces: potential to estimate diet composition?', Conservation Genetics, 8: 743-7.
Deardorff, T. L. and Throm, R. (1988) 'Commercial blast-freezing of third-stage Anisakis simplex larvae encapsulated in salmon and rockfish', Journal of Parasitology, 74: 600-3.
De Azevedo, C. S. and Young, R. J. (2006a) 'Behavioural responses of captive-born greater rheas Rhea americana Linnaeus (Rheiformes: Rheidae) submitted to antipredator training', Revista Brasileira de Zoologia, 23: 186-93.
De Azevedo, C. S. and Young, R. J. (2006b) 'Do captive-born greater rheas Rhea americana Linnaeus (Rheiformes:

Rheidae) remember antipredator training?', Revista Brasileira de Zoologia, 23: 194-201.
Defra (Department for Environment, Food and Rural Affairs) (2002) Zoo Inspectors' Training Seminar, 5-7 April, Bath University, available online at http://www.defra.gov.uk/wildlife-countryside/gwd/zoo-inspectors/ bath-seminar2002.pdf.
Defra (Department for Environment, Food and Rural Affairs) (2003) Zoo Licensing Act 1981, Circular 02/2003, available online at http://www.defra.gov.uk/wildlife-countryside/gwd/govt-circular022003.pdf.
Defra (Department for Environment, Food and Rural Affairs) (2004) Secretary of State's Standards of Modern Zoo Practice (rev'd edn), available online at http://www.defra.gov.uk/wildlife-countryside/gwd/zooprac/ index.htm.
Defra (Department for Environment, Food and Rural Affairs) (2007a) Animal Welfare: Protecting Domestic or Captive Animals from Cruelty, available online at http://www.defra.gov.uk/animalh/welfare/domestic/index.htm.
Defra (Department for Environment, Food and Rural Affairs) (2007b) Zoos Forum Handbook, available online at http://www.defra.gov.uk/wildlife-countryside/gwd/zoosforum/handbook/.
Defra (Department for Environment, Food and Rural Affairs) (2008) Animal Welfare Act 2006, available online at http://www.defra.gov.uk/animalh/welfare/act/index.htm.
DfES (Department for Education and Skills) (2006) Learning Outside the Classroom Manifesto, Nottingham: DfES Publications.
Dembiec, D., Snider, R., and Zanella, A. (2004) 'The effects of transport stress on tiger physiology and behaviour', Zoo Biology, 23: 335-46.
Dempsey, J. L. (2004) 'Fruit bats: nutrition and dietary husbandry', AZA Nutrition Advisory Group Handbook, Fact Sheet 14, available online at http://www.nagonline.net.
De Passillé, A. M., Rushen, J., Ladewig, J., and Petherick, C. (1996) 'Dairy calves' discrimination of people based on previous handling', Journal of Animal Science, 74: 969-74.
De Rouck, M., Kitchener, A. C., Law, G., and Nelissen, M. (2005) 'A comparative study of the influence of social housing conditions on the behaviour of captive tigers (*Panthera tigris*)', Animal Welfare, 14: 229-38.
Desmond, T. and Laule, G. (1994) 'Use of positive reinforcement training in the management of species for reproduction', Zoo Biology, 13: 471-7.
De Vos, V. (2003) 'Anthrax' in M. E. Fowler and R. E. Miller (eds), Zoo and Wild Animal Medicine (5th edn), Philadelphia, PA: Saunders (Elsevier), pp. 696-9.
De Waal, F. B. M. (1982) Chimpanzee Politics, London: Jonathan Cape.
De Waal, F. B. M. (1989) 'The myth of a simple relation between space and aggression in captive primates', Zoo Biology (Supplement), 1: 141-8.
Dewsbury, D. A. (1992) 'Studies on rodent. human interactions in animal psychology' in H. Davis and D. Balfour (eds), The Inevitable Bond: Examining Scientist.Animal Interactions, Cambridge: Cambridge University Press, pp. 27-43.
Diamond, M. C. (2001) 'Response of the brain to enrichment', Anais da Academia Brasileira de Ciencias, 73: 211-20.
Dickie, L. A., Bonner, J. P., and West, C. (2007) 'In situ and ex situ conservation: blurring the boundaries between zoos and the wild' in A. Zimmerman, M. Hatchwell, L. A. Dickie, and C. West (eds), Zoos in the 21st Century, Cambridge: Cambridge University Press, pp. 220-35.
Dickinson, H. C. and Fa, J. E. (1997) 'Ultraviolet light and heat source selection in captive spinytailed iguanas (*Oplurus cuvieri*)', Zoo Biology, 16: 391-401.
Dierenfeld, E. S. (1997a) 'Captive wild animal nutrition: a historical perspective', Proceedings of the Nutrition Society, 56: 989-99.
Dierenfeld, E. S. (1997b) 'Orang-utan nutrition' in C. Sodaro (ed.), Orang-utan SSP Husbandry Manual, Brookfield, IL: Orang-utan SSP and Brookfield Zoo.
Dierenfeld, E. S. (2005) 'Advancing zoo animal nutrition through global synergy', International Zoo Yearbook, 39: 29-35.
Dierenfeld, E. S., Atkinson, S., Craig, A. M., Walker, K. C., Streich, W. J., and Clauss, M. (2005) 'Mineral concentrations in serum/plasma and liver tissue of captive and free-ranging Rhinoceros species', Zoo Biology, 24: 51-72.
Dingemanse, N. J., Both, C., Drent, P. J., van Oers, K., and van Noordwijk, A. J. (2002) 'Repeatability and heritability of exploratory behaviour in great tits from the wild', Animal Behaviour, 64: 929-38.
Disney, W., Green, J., Forsythe, K., Wiemers, J., and Weber, S. (2001) 'Benefit.cost analysis of animal identification for disease prevention and control', Revue Scientifique et Technique de L'Office International des Epizooties, 20: 385-405.
Dobbs, T. and Fry, A. (2008) 'The development and progression of the primate enrichment timetables at Paignton Zoo' in V. Hare (ed.), Eighth Conference on Environmental Enrichment, 5-10 August 2007, Vienna: The Shape of Enrichment, Inc. (in press).
Doerfler, R. L. and Peters, K. J. (2006) 'The relativity of ethical issues in animal agriculture related to different cultures and production conditions', Livestock Science, 103: 257-62.
Dol, M., Fentener van Vlissingen, M., Kasanmoentalib, S., Visser, T., and Zwart, H. (1999) (eds) Recognizing the Intrinsic Value of Animals Beyond Animal Welfare, Assen, the Netherlands: Van Gorcum.
Dolins, F. L. (1999) Attitudes to Animals: Views in Animal Welfare, Cambridge: Cambridge University Press.
Dollinger, P. (2007) '"Balai" Directive of the European Union: difficult veterinary legislation' in M. E. Fowler and R. E. Miller (eds), Zoo and Wild Animal Medicine (6th edn), St Louis, MO: Saunders (Elsevier), pp. 68-74.
Donahue, J. and Trump, E. (2006) The Politics of Zoos: Exotic Animals and their Protectors, DeKalb, IL: Northern Illinois University Press.

Doncaster, C. P., Dickman, C. R., and MacDonald, D. W. (1990) 'Feeding ecology of red foxes (*Vulpes vulpes*) in the City of Oxford, England', Journal of Mammalogy, 71: 188-94.

Donoghue, A. M., Blanco, J. M., Gee, G. F., Kirby, Y. K., and Wildt, D. E. (2003) 'Reproductive technologies and challenges in avian conservation and management' in: W. Holt, A. Pickard, J. Rodger, and D. Wildt (2003) Reproductive Science and Integrated Conservation, Cambridge: Cambridge University Press, pp. 321-37.

Donohue, K. C. and Dufty, A. M. (2006) 'Sex determination of red-tailed hawks (*Buteo jamaicensis calurus*) using DNA analysis and morphometrics', Journal of Field Ornithology, 77: 74-9.

Dooley, M. and Pineda, M. (2003) 'Patterns of reproduction' in M. H. Pineda and M. P. Dooley (eds), McDonald's Veterinary Endocrinology and Reproduction, Oxford: Blackwell Publishing, pp. 377-94.

Douglas-Hamilton, I., Bhalla, S., Wittemyer, G., and Vollrath, F. (2006) 'Behavioural reactions of elephants towards a dying and deceased matriarch', Applied Animal Behaviour Science, 100: 87-102.

Duckler, G. (1998) 'An unusual osteological formation in the posterior skulls of captive tigers (*Panthera tigris*)', Zoo Biology, 17: 135-42.

Dudink, S., Simonse, H., Marks, I., de Jonge, F. H., and Spruijt, B. M. (2006) 'Announcing the arrival of enrichment increases play behaviour and reduces weaning-stress-induced behaviours of piglets directly after weaning', Applied Animal Behaviour Science, 101: 86-101.

Duncan, I. J. H. (1978) 'The interpretation of preference tests in animal behaviour', Applied Animal Ethology, 4: 197-200.

Duncan, I. J. H. (1993) 'Welfare is to do with what animals feel', Journal of Agricultural and Environmental Ethics, 6: 8-14.

Duncan, I. J. H. (2005) 'Science-based assessment of animal welfare: farm animals', Revue Scientifique et Technique de L'Office International des Epizooties, 24: 483-92.

Duncan, I. J. H. (2006) 'The changing concept of animal sentience', Applied Animal Behaviour Science Sentience in Animals, 100: 11-19.

Duncan, I. J. H. and Fraser, D. (1997) 'Understanding animal welfare' in M. Appleby and B. Hughes (eds), Animal Welfare, Wallingford, Oxon: CABI Publishing, pp. 19-31.

Duncan, M. (2003) 'Fungal diseases in all taxa' in M. E. Fowler and R. E. Miller (eds), Zoo and Wild Animal Medicine (5th edn), Philadelphia, PA: Saunders (Elsevier), pp. 727-32.

Durnin, M., Palsbell, P. J., Ryder, O., and McCullough, D. (2007) 'A reliable genetic technique for sex determination of giant panda (*Ailuropoda melanoleuca*) from non-invasively collected hair samples', Conservation Genetics, 8: 715-20.

Durrell, G. (1976) The Stationary Ark, London: Collins.

Eaton, G. G., Kelley, S. T., Axthelm, M. K., Iliffsizemore, S. A., and Shiigi, S. M. (1994) 'Psychological well-being in paired adult female rhesus (*Macaca mulatta*)', American Journal of Primatology, 33: 89-99.

EAZA (European Association of Zoos and Aquaria) (2003) 'From the EAZA Office: fifteen years E(C)AZA', EAZA Newsletter, 44: 5-8.

EAZA (European Association of Zoos and Aquaria) (2008) EAZA Education Standards, Amsterdam: EAZA.

EC (European Commission) (1999) Council Directive 1999/22/EC of 29 March (1999) relating to the keeping of wild animals in zoos, Official Journal of the European Communities, L94/24 (09/04/1999).

EC (European Commission) (2006) The Convention on Biological Diversity: Implementation in the European Union, Luxembourg: Office for Official Publications of the European Communities.

Edberg, S. (2004) 'The algae: marine mammal enrichment at Kolmarden Zoo', The Shape of Enrichment, 13: 1-3.

EFSA (European Food Safety Authority) (2008) 'Avian influenza', available online at http://www.efsa.europa.eu/EFSA/KeyTopics/efsa_locale-1178620753812_AvianInfluenza.htm.

Egliston, K., McMahon, C., and Austin, M. (2007) 'Stress in pregnancy and infant HPA axis function: conceptual and methodological issues relating to the use of salivary cortisol as an outcome measure, Psychoneuroendocrinology, 32: 1-32.

Eisenberg, J. and Kleiman, D. (1977) 'The usefulness of behaviour studies in developing captive breeding programmes for mammals', International Zoo Yearbook, 17: 81-8.

Ellis, D. and Dein, F. (1996) 'Special techniques: part E flight restraint' in D. Ellis, G. Gee, and C. Mirande, Cranes: Their Biology, Husbandry and Conservation, Washington DC/Baraboo, WI: US Department of the Interior, National Biological Service/International Crane Foundation, pp. 241-44.

Elson, H. (2007) 'An investigation into the short-term effects of environmental enrichment on the behaviour of psittacines in captivity', unpublished PhD thesis, Trinity College, University of Dublin.

Elson, H. and Marples, N. (2001) 'Effects of environmental enrichment on parrots in captivity' in S. Wehnelt and C. Hudson (eds), Proceedings of the Third Annual Symposium on Zoo Research, 9-10 July, Chester, BIAZA, pp. 1-8.

Embury, A. S. (1992) 'Gorilla rainforest at Melbourne Zoo', International Zoo Yearbook, 31: 203-13.

Erickson, G. M., Lappin, A. K., and Vliet, K. A. (2003) 'Comparison of the bite-force performance between long-term captive and wild American alligators (*Alligator mississippiensis*)', Journal of Zoology, 262: 21-8.

Erman, A. (1971) Life in Ancient Egypt, Mineola, NY: Dover Publications.

Erwin, J. (1979) 'Aggression in captive macaques: interactions of social and spatial factors' in J. Erwin, T. Maple, and G. Mitchell (eds), Captivity and Behaviour of Primates in Breeding Colonies, Laboratories and Zoos, New York, NY: Van Norstrand Reinhold, pp. 139-71.

Erwin, J. and Deni, R. (1979) 'Strangers in a strange land: abnormal behaviours or abnormal environments?' in J. Erwin, T. L. Maple, and G. Mitchell (eds), Captivity and Behaviour of Primates in Breeding Colonies, Laboratories and Zoos, New York, NY: Van Norstrand Reinhold, pp. 1-28.

Essler, W. and Folkjun, G. (1961) 'Determination of physiological rhythms of unrestrained animals by radio telemetry', Nature, 190: 90-1.

Estep, D. Q. and Baker, S. C. (1991) 'The effects of temporary cover on the behavior of socially housed stumptailed macaques (Macaca arctoides)', Zoo Biology, 10: 465-72.

Estep, D. Q. and Hetts, S. (1992) 'Interactions, relationships, and bonds: the conceptual basis for scientist.animal relations' in H. Davis and D. Balfour (eds), The Inevitable Bond: Examining Scientist.Animal Interactions, Cambridge: Cambridge University Press, pp. 6-26.

Ettah, U. (1997) The Impact of Food Preparation on Feeding in Celebes macaques at Jersey Zoo, unpublished diploma thesis, Trinity, Jersey: Durrell Wildlife Preservation Trust.

Eurogroup for Animal Welfare (2006) Report on the Implementation of the EU Zoo Directive, available online at http://www.eurogroupanimalwelfare.org/policy/pdf/zooreportmar2006.pdf.

Evans, J. E., Cuthill, I. C., and Bennett, A. T. D. (2006) 'The effect of flicker from fluorescent lights on mate choice in captive birds', Animal Behaviour, 72: 393-400.

Ewbank, R. (1985) 'Behavioral responses to stress in farm animals' in G. Moberg (ed.), Animal Stress, Baltimore, MD: Waverly Press Inc., pp. 71-9.

Ewer, R. F. (1968) Ethology of Mammals, London: Elek Books.

Exner, C. and Unshelm, J. (1997) 'Climatic condition and airborne contaminants in buildings of wild cats kept in zoos', Zentralblatt fur Hygiene und Umweltmedizin, 199: 497-512.

Fa, J. E. (1989) 'Influence of people on the behaviour of display primates' in E. F. Segal (ed.), Housing, Care and Psychological Well-Being of Captive and Laboratory Primates, Park Ridge, IL: Noyes Publications, pp. 270-90.

Fábregas, M. and Guillén-Salazar, F. (2007) 'Social compatibility in a newly formed all-male group of white crowned mangabeys (Cercocebus atys lunulatus)', Zoo Biology, 26: 63-9.

Fairbanks, L. A., Newman, T. K., Bailey, J. N., Jorgensen, M. J., Breidenthal, S. E., Ophoff, R. A., Comuzzie, A. G., Martin, L. J., and Rogers, J. (2004) 'Genetic contributions to social impulsivity and aggressiveness in vervet monkeys', Biological Psychiatry, 55: 642-7.

Falk, J. H., Reinhard, E. M., Vernon, C. L., Bronnenkant, K., Heimlich, J. E., and Deans, N. L. (2007) Why Zoos and Aquariums Matter: Assessing the Impact of a Visit to a Zoo or Aquarium, Silver Springs, MD: AZA.

Farlin, M. and Baumans, V. (2003) 'Environmental enrichment for mice: a hammock in the cage', Scandinavian Journal of Laboratory Animal Science, 30: 45-6.

Farm Animal Welfare Council (1992) 'FAWC updates the five freedoms', Veterinary Record, 131: 357.

Farmer, H. and Melfi, V. (2008) 'Is it music to their ears?' in V. Hare (ed.), Eighth Conference on Environmental Enrichment, 5-10 August 2007, Vienna: The Shape of Enrichment, Inc. (in press).

Farrell, M. A., Barry, E., and Marples, N. (2000) 'Breeding behavior in a flock of Chilean flamingos (Phoenicopterus chilensis) at Dublin Zoo', Zoo Biology, 19: 227-37.

Faust L. J., Earnhardt, J. E., and Thompson, S. D. (2006) 'Is reversing the decline of Asian elephants in captivity possible? An individual-based modeling approach', Zoo Biology, 25: 201-18.

Fekete, J. M., Norcross, J. L., and Newman, J. D. (2000) 'Artificial turf foraging boards as environmental enrichment for pair-housed female squirrel monkeys', Contemporary Topics in Laboratory Animal Science, 39: 22-6.

Fenolio, D. B., Graening, G. O., Collier, B. A., and Stout, J. F. (2006) 'Coprophagy in a cave-adapted salamander: the importance of bat guano examined through nutritional and stable isotope analyses', Proceedings of the Royal Society Series B: Biological Sciences, 273: 439-43.

Ferner, J. (1979) 'A review of marking techniques for amphibians and reptiles' in Society for the Study of Amphibians and Reptiles, Herpetological Circular No. 9, Shoreview, MN: SSAR.

Festa-Bianchet, M. and Apollonio, M. (2003) Animal Behaviour and Wildlife Conservation, Washington DC: Island Press.

Fidgett, A. (2005) 'Standardizing nutrition information within husbandry guidelines: the essential ingredients', International Zoo Yearbook, 39: 132-8.

Fidgett, A. and Dierenfeld, E. S. (2007) 'Minerals and stork nutrition' in M. E. Fowler and R. E. Miller (eds), Zoo and Wild Animal Medicine (6th edn), St Louis, MO: Saunders (Elsevier), pp. 206-13.

Fidgett, A., Clauss, M., Ganslosser, U., Hatt, J. M., and Niijboer, J. (eds) (2003) Zoo Animal Nutrition: Vol. II, Fürth: Filander Verlag.

Fidgett, A., Clauss, M., Eulenberger, K., Hatt, J.-M., Hume, I., Janssens, G., and Nijboer, J. (eds) (2006) Zoo Animal Nutrition: Vol. III, Fürth: Filander Verlag.

Fiedeldey, A. (1994) 'Wild animals in a wilderness setting: an ecosystemic experience?', Anthrozoös, 7: 113-23.

Filadelfi, A. and Castrucci, A. (1996) 'Comparative aspects of the pineal/melatonin system in poikilothermic vertebrates', Journal of Pineal Research, 20: 175-86.

Finlay, T. W. and Maple, T. L. (1986) 'A survey of research in American zoos and aquariums', Zoo Biology, 5: 261-8.

Finlay, T. W., James, L. R., and Maple, T. L. (1988) 'People's perceptions of animals: the influence of zoo environment', Environment and Behavior, 20: 506-28.

Fish, K. D., Sauther, M. L., Loudon, J. E., and Couzzo, F. P. (2007) 'Coprophagy by wild ring-tailed lemurs (Lemur catta)

in human-disturbed locations adjacent to the Beza Mahafaly Special Reserve, Madagascar', American Journal of Primatology, 69: 713-18.
Fisher, J. and Hinde, R. A. (1949) 'The opening of milk bottles by birds', British Birds, 42: 347-57.
Fitch, H. and Fagan, D. A. (1982) 'Focal palatine erosion associated with dental malocclusion in captive cheetahs', Zoo Biology, 1: 295-310.
Flach, E. (2003) 'Cervidae and Tragulidae' in M. E. Fowler and R. E. Miller (eds), Zoo and Wild Animal Medicine (5th edn), Philadelphia, PA: Saunders (Elsevier), pp. 634-49.
Flach, E., Stevenson, M. F., Henderson, G. M. (1990) 'Aspergillosis in gentoo penguins (Pygoscelis papua) at Edinburgh Zoo, 1964.1988', Veterinary Record, 126: 81-5.
Flammer, K. (2003) 'Chlamydiosis' in M. E. Fowler and R. E. Miller (eds), Zoo and Wild Animal Medicine (5th edn), Philadelphia, PA: Saunders (Elsevier), pp. 718-23.
Flecknell, P. and Molony, V. (2003) 'Pain and injury' in M. C. Appleby and B. O. Hughes (eds), Animal Welfare, Wallingford, Oxon: CABI Publishing, pp. 63-73.
Flecknell, P. and Waterman-Pearson, A. (2000) Pain Management in Animals, London: W. B. Saunders.
Fleetwood, A. J. and Furley, C. W. (1990) 'Spongiform encephalopathy in an eland', Veterinary Record, 126: 408-9.
Flesness, N. R. (2003) 'International Species Information System (ISIS): over 25 years of compiling global animal data to facilitate collection and population management', International Zoo Yearbook, 38: 53-61.
Fletcher, W. J., Fielder, D. R., and Brown, I. W. (1989) 'Comparison of freeze- and heat-branding techniques to mark the coconut crab Birgus latro (Crustacea, Anomura)', Journal of Experimental Marine Biology and Ecology, 127: 245-51.
Flew, A. (ed.) (1979) A Dictionary of Philosophy, London: Pan.
Fooks, A. R., Brookes, S. M., Johnson, N., McElhinney, L. M., and Hutson, A. M. (2003) 'European bat lyssaviruses: an emerging zoonosis', Epidemiology and Infection, 131: 1029-39.
Foose, T. J. (1980) 'Demographic management of endangered species in captivity', International Zoo Yearbook, 20: 154-66.
Forthman, D. L., Elder, S. D., Bakeman, R., Kurkowski, T. W., Noble, C. C., and Winslow, S. W. (1992) 'Effects of feeding enrichment on behavior of three species of captive bears', Zoo Biology, 11: 187-95.
Forthman-Quick, D. L. (1984) 'An integrative approach to environmental engineering in zoos', Zoo Biology, 312: 65-77.
Fowler, M. E. and Miller, R. E. (eds) (1993) Zoo and Wild Animal Medicine (3rd edn), Philadelphia, PA: W. B. Saunders.
Fowler, M. E. and Miller, R. E. (eds) (1999) Zoo and Wild Animal Medicine (4th edn), Philadelphia, PA: W.B. Saunders.
Fowler, M. E. and Miller, R. E. (eds) (2003) Zoo and Wild Animal Medicine (5th edn), St Louis, MO: Saunders (Elsevier).
Fowler, M. E. and Miller, R. E. (eds) (2007) Zoo and Wild Animal Medicine (6th edn), St Louis, MO: Saunders (Elsevier).
Frankham, R., Hemmer, H., Ryder, O., Cothran, E., Soule, M., Murray, N., and Synder, M. (1986) 'Selection of captive populations', Zoo Biology, 5: 127-38.
Frankham, R., Ballou, J. D., and Briscoe, D. A. (2002) Introduction to Conservation Genetics, Cambridge: Cambridge University Press.
Frankham, R., Ballou, J. D., and Briscoe, D. A. (2004) A Primer of Conservation Genetics, Cambridge: Cambridge University Press.
Fraser, A. F. and Broom, D. M. (1990) Farm Animal Behaviour and Animal Welfare (3rd edn), London: Bailliere Tindall.
Fraser, D. (2008) Understanding Animal Welfare, Oxford: Blackwell.
Fraser, D. and Matthews, L. R. (1997) 'Preference and motivation testing' in M. Appleby and B. Hughes (eds), Animal Welfare, Wallingford, Oxon: CABI Publishing, pp. 159-72.
Fraser, D. J. and Bernatchez, L. (2001) 'Adaptive evolutionary conservation: towards a unified concept for defining conservation units', Molecular Ecology, 10: 2741-52.
Fraser, D. J., Ritchie, J., and Fraser, A. (1975) 'The term "stress" in a veterinary context', British Veterinary Journal, 131: 653-62.
Frediani, K. (2008) 'The ethical use of plants in zoos: informing selection choices, uses and management strategies', International Zoo Yearbook (in press).
Freeland, W. J. (1991) 'Plant secondary metabolites: biochemical coevolution with herbivores' in R. T. Palo and C. T. Robbins (eds), Plant Chemical Defenses Against Mammalian Herbivory, Boca Raton, FL: CRC Press, pp. 61-82.
Freeman, E., Wiess, E., and Brown, J. (2004) 'Examination of the interrelationships of behavior, dominance status, and ovarian activity in captive Asian and African elephants', Zoo Biology, 23: 431-48.
Frézard, A. and Le Pape, G. (2003) 'Contribution to the welfare of captive wolves (Canis lupus lupus): a behavioral comparison of six wolf packs', Zoo Biology, 22: 33-44.
Friend, T. H. and Parker, M. L. (1999) 'The effect of penning versus picketing on stereotypic behavior of circus elephants', Applied Animal Behaviour Science, 64: 213-25.
Fry, A. and Dobbs, T. (2005) 'From junk to enrichment: uses for a camera film canister', The Shape of Enrichment, 14: 1-3.
Frye, F. L. (1992) Biomedical and Surgical Aspects of Captive Reptile Husbandry, Melbourne, FL: Krieger Publishing.
Galis, F., Wagner, G., and Jackson, E. (2003) 'Why is limb regeneration possible in amphibians but not in reptiles, birds and mammals?', Evolution and Development, 5: 208-20.
Garcia, L. S. (1999) Practical Guide to Diagnostic Parasitology, Washington, DC: ASM Press.
Garner, R. (2002) 'First "submarium" matches success of Eden Project', The Independent, 28 December, 2002.

Garner, J. P. and Mason, G. J. (2002) 'Evidence for a relationship between cage stereotypies and behavioural disinhibition in laboratory rodents', Behavioural Brain Research, 136: 83-92.
Garner, J. P., Meehan, C. L., and Mench, J. A. (2003) 'Stereotypies in caged parrots, schizophrenia and autism: evidence for a common mechanism', Behavioural Brain Research, 145: 125-34.
Garner, J. P., Meehan, C. L., Famula, T. R., and Mench, J. A. (2006) 'Genetic, environmental, and neighbor effects on the severity of stereotypies and feather picking in orange-winged Amazon parrots (*Amazona amazonica*): an epidemiological study', Applied Animal Behaviour Science, 96: 153-68.
Gartrell, B. D., Raidal, S. R., and Jones, S. M. (2003) 'Renal disease in captive swift parrots (*Lathamus discolor*): clinical findings and disease management', Journal of Avian Medicine and Surgery, 17: 213-23.
Gascon, C., Collins, J. P., Moore, R. D., Church, D. R., McKay, J. E., and Mendelson III, J. R. (eds) (2007) Amphibian Conservation Action Plan, Gland/ Cambridge: IUCN/SSC Amphibian Specialist Group.
Gauthier-Clerc, M. and Le Maho, Y. (2001) 'Beyond bird marking with rings', Ardea (*Special issue*), 89: 221-30.
Geissmann, T. (2007) 'Status reassessment of the gibbons: results of the Asian Primate Red List Workshop 2006', Gibbon Journal, 3: 5-15.
Genty, E. and Roeder, J.-J. (2006) 'Self-control: why should sea lions, Zalophus californianus, perform better than primates?', Animal Behaviour, 72: 1241-7.
Geraci, J. R. (1986) 'Nutrition and nutritional disorders' in M. E. Fowler (ed.), Zoo and Wild Animal Medicine (2nd edn), Philadelphia, PA: W. B. Saunders, pp. 760-4.
Gerald, M., Weiss, A., and Ayala, J. (2006) 'Artifical colour treatment mediates aggression among unfamiliar vervet monkeys (*Cercopithecus aethiops*): a model for introducing primates with colourful sexual skin', Animal Welfare, 15: 363-9.
Gerhmann, W., Ferguson, G., Odom, T., Roberts, D., and Barcelone, W. (1991) 'Early growth and bone mineralization on the iguanid lizard Sceloporus occidentalis in captivity: is vitamin D supplementation or ultraviolet B irradiation necessary?', Zoo Biology, 10: 409-16.
Gesualdi, J. (2001) 'North America: licensing and accreditation' in C. E. Bell (ed.), Encyclopedia of the World's Zoos, Chicago, IL/London: Fitzroy Dearborn, pp. 883-5.
Gillespie, D., Frye, F. L., Stockham, S. L., and Fredeking, T. (2001) 'Blood values in wild and captive Komodo dragons (*Varanus komodoensis*)', Zoo Biology, 19: 495-509.
Gittleman, J. L. (1994) 'Are the pandas successful specialists or evolutionary failures?', BioScience, 44: 456-64.
Gittleman, J. L. and Thompson, S. D. (1988) 'Energy allocation in mammalian reproduction', American Zoologist, 28: 863-75.
Glander, K. E. (1994) 'Non-human primate self-medication with wild plant foods' in N. Etkin (ed.), Eating on the Wild Side: The Pharmacologic, Ecologic and Social Implications of Using Noncultigens, Tucson, AZ: University of Arizona Press, pp. 227-39.
Glatston, A. R. (1998) 'The control of zoo populations with special reference to primates', Animal Welfare, 7: 269-81.
Glatston, A. R., Geilvoet-Soeteman, E., Hora-Pecek, E., and Van Hooff, J. A. R. A. M. (1984) 'The influence of the zoo environment on social behaviour of groups of cotton-topped tamarins, Saguinus oedipus oedipus', Zoo Biology, 3: 241-53.
Glatt, S. E., Francl, K. E., and Scheels, J. L. (2008) 'A survey of current dental problems and treatments of zoo animals', International Zoo Yearbook, 42: 206-13.
Goerke, B., Fleming, L., and Creel, M. (1987) 'Behavioral changes of a juvenile gorilla after a transfer to a more naturalistic environment', Zoo Biology, 6: 283-95.
Golani, I., Kafkafi, N., and Drai, D. (1999) 'Phenotyping stereotypic behaviour: collective variables, range of variation and predictability', Applied Animal Behaviour Science, 65: 191-220.
Golub, M. S., Keen, C. L., and Hendrickx, A. G. (1990) 'Food preference of young Rhesus monkeys fed marginally zinc deficient diets', Primates, 32: 49-59.
Gomendio, M., Cassinello, J., and Roldan, E. (2000) 'A comparative study of ejaculate traits in three endangered ungulates with different levels of inbreeding: fluctuating asymmetry as an indicator of reproductive and genetic stress', Proceedings of the Royal Society of London Series B, 267: 875-82.
Gomez, J-.C. (2005) 'Species comparative studies and cognitive development', Trends in Cognitive Sciences Developmental Cognitive Neuroscience, 9: 118-25.
Goossens, E., Dorny, P., Boomker, J., Vercammen, F., and Vercruysse, J. (2005) 'A 12-month survey of the gastro-intestinal helminths of antelopes, gazelles and giraffids kept at two zoos in Belgium', Veterinary Parasitology, 127: 303-12.
Gore, M., Hutchins, M., and Ray, J. (2006) 'A review of injuries caused by elephants in captivity: an examination of predominant factors', International Zoo Yearbook, 40: 51-62.
Gosling, S. (2001) 'From mice to men: what can we learn about personality from animal research?', Psychological Bulletin, 127: 45-86.
Graczyk, T. K., Cranfield, M. R., Brossy, J. J., Cockrem, J. F., Jouventin, P., and Seddon, P. J. (1995) 'Detection of avian malaria infections in wild and captive penguins', Journal of the Helminth Society (Washington), 62: 135-41.
Graffam, W. S., Irlbeck, N. A., Grandin, T., Mallinckrodt, C., Cambre, R. C., and Phillips, M. (1995) 'Determination of vitamin E status and supplementation for Nyala (*Tragelaphus angasi*)', available online at http://www.nagonline.net/Proceedings/NAG1995/Determination%20of%20Vitamin%20E%20Status...Nyala.pdf.

Graham, S. (1996) 'Issues of surplus animals' in D. G. Kleiman, M. E. Allen, K. V. Thompson, and S. Lumpkin (eds), Wild Mammals in Captivity: Principles and Techniques, Chicago, IL: University of Chicago, pp. 290-6.
Grandin, T. (2000) 'Habituating antelope and bison to cooperate with veterinary procedures', Journal of Applied Animal Welfare Science, 3: 253-61.
Grech, K. S. (2004) 'Brief summary of the laws pertaining to zoos', Homepage of the Animal Legal and Historical Center, Michigan State University College of Law, available online at http://www.animallaw.info/articles/qvuszoos.htm.
Greenwood, A. (2003) 'Pox disease in all taxa' in M. E. Fowler and R. E. Miller (eds), Zoo and Wild Animal Medicine (5th edn), Philadelphia, PA: Saunders (Elsevier), pp. 737-41.
Gregory, N. (2004) Physiology and Behaviour of Animal Suffering, Oxford: Blackwell Science.
Griffin, A. S., Blumstein, D. T., and Evans, C. S. (2000) 'Training captive-bred or translocated animals to avoid predators', Conservation Biology, 14: 1317-26.
Griffin, A. S., Savani, R., Hausmanis, K., and Lefebvre, L. (2005) 'Mixed species aggregations in birds: zenaida doves, Zenaida aurita, respond to the alarm calls of carib grackles, Quiscalus lugubris', Animal Behaviour, 70: 507-15.
Griffin, D. R. (1992) Animal Minds, Chicago, IL: University of Chicago Press.
Grigor, P. N., Hughes, B. O., and Appleby, M. C. (1995) 'Effects of regular handling and exposure to an outside area on subsequent fearfulness and dispersal in domestic hens', Applied Animal Behaviour Science, 44: 47-55.
Grindrod, J. A. E. and Cleaver, J. A. (2001) 'Environmental enrichment reduces the performance of stereotypic circling behaviour in captive common seals (*Phoca vitulina*)', Animal Welfare, 10: 53-63.
Guilarte, T. R., Toscano, C. D., McGlothan, J. L., and Weaver, S. A. (2003) 'Environmental enrichment reverses cognitive and molecular deficits induced by developmental lead exposure', Annals of Neurology, 53: 50-6.
Gwynne, J. A. (2007) 'Inspiration for conservation: moving audiences to care' in A. Zimmerman, M. Hatchwell, L. Dickie, and C. West (eds), Zoos in the 21st Century: Catalysts for Conservation?, Conservation Biology Series No. 15, Cambridge: Cambridge University Press, pp. 51-62.
Habib, B. and Kumar, S. (2007) 'Den shifting by wolves in semi-wild landscapes in the Deccan Plateau, Maharashtra, India', Journal of Zoology, 272: 259-65.
Hadley, C., Hadley, B., Ephraim, S., Yang, M., and Lewis, M. H. (2006) 'Spontaneous stereotypy and environmental enrichment in deer mice (*Peromyscus maniculatus*): reversibility of experience', Applied Animal Behaviour Science, 97: 312-22.
Hagenbeck, C. (1909) Beasts and Men: Being Carl Hagenbeck's Experiences for Half a Century among Wild Animals (abridged), H. S. R. Elliot and A. G. Thacker (trans.), London: Longmans.
Hahn, E. (1968) Zoos, London: Secker & Warburg.
Haig, S. M. (1998) 'Molecular contributions to conservation', Ecology, 79: 413-25.
Halachmi, I., Edan, Y., Maltz, E., Peiper, U. M., Moallem, U., and Brukental, I. (1998) 'A real-time control system for individual dairy cow food intake', Computers and Electronics in Agriculture, 20: 131- 44 .
Halbrooks, R. D., Swango, L. J., Schnurennberger, P. R., Mitchell, F. E., and Hill, E. P. (1981) 'Response of gray foxes to modified live-virus canine distemper vaccines', Journal of the American Veterinary Medical Association, 179: 1170-4.
Halliday, T. (1978) Vanishing Birds: Their Natural History and Conservation, London: Sidgwick & Jackson.
Halver, J. E. and Hardy, W. (2002) Fish Nutrition, London: London Academic Press.
Hamburger, L. (1988) 'Introduction of two young orang-utans Pongo pygmaeus into an established family group', International Zoo Yearbook, 27: 273-8.
Hamilton, W. D. (1964) 'The genetical evolution of social behaviour', Journal of Theoretical Biology, 7: 1-52.
Hammerstrom, F. (1970) An Eagle in the Sky, Ames, IA: Iowa State University Press.
Hancocks, D. (1995) 'Lions and tigers and bears, oh no!' in B. G. Norton, M. Hutchins, E. Stevens, and T. L. Maple (eds), Ethics on the Ark: Zoos, Animal Welfare and Wildlife Conservation, Washington DC/London: Smithsonian Institute Press, pp. 31-7.
Hancocks, D. (2001) A Different Nature: The Paradoxical World of Zoos and Their Uncertain Future, Berkeley, CA: University of California Press.
Hanna, J. (1996) 'Ambassadors of the wild' in M. Nichols (ed.) Keepers of the Kingdom: The New American Zoo, New York: Thomasson-Grant and Lickle, pp. 75-82.
Hansen, L. T. and Berthelsen, H. (2000) 'The effect of environmental enrichment on the behaviour of caged rabbits (*Oryctolagus cuniculus*)', Applied Animal Behaviour Science, 68: 163-78.
Hansen, S. J. and Møller, S. H. (2001) 'The application of a temperament test to on-farm selection of mink', Acta Agriculturae Scandinavica, Section A.Animal Sciences, 51 (Supplement Feb 2001): 93-8.
Hanson, E. (2002) Animal Attractions: Nature on Display in American Zoos, Princeton, NJ: Princeton University Press.
Harbone, J. B. (1991) 'The chemical basis of plant defense' in R. T. Palo and C. T. Robbins (eds) Plant Defense Against Mammalian Herbivores, Boca Raton, FL: CRC Press, pp. 45-60.
Hare, V. J. (2008) 'Enrichment gone wrong!' in Hare, V. J. (ed.) Proceedings of the Eighth International Conference on Environmental Enrichment, 5-10 August 2007, Scheonbrunn Zoo, Vienna, Austria (in press).
Hare, V. J. and Sevenich, M. (1999) 'Is it training or is it enrichment?' in V. J. Hare, K. E. Worley, and K. Myers (eds), Proceedings of the Fourth Conference on Environmental Enrichment, 29 August-3 September, Edinburgh: The Shape of Enrichment, Inc., pp. 40-7.
Hare, V. J., Ripsky, D., Battershill, R., Bacon, K., Hawk, K., and Swaisgood, R. R. (2003) 'Giant panda enrichment: meeting

everyone's needs', Zoo Biology, 22: 401-16.
Harri, M., Mononen, J., Ahola, L., Plyusnina, L., and Rekliä, T. (2003) 'Behavioural and physiological differences between silver foxes selected and not selected for domestic behaviour', Animal Welfare, 12: 305-14.
Harris, L. D., Custer, L. B., Soranaka, E. T., Burge, J. R., and Ruble, G. R. (2001) 'Evaluation of objects and food for environmental enrichment of NZW rabbits', Contemporary Topics in Laboratory Animal Science, 40: 27-30.
Harrison, R., Ford, S., Young, J., Conley, A., and Freeman, A. (1990) 'Increased milk production versus reproductive and energy status of high-producing dairy cows', Journal of Dairy Science, 73: 2749-58.
Harvey, N. C., Farabaugh, S. M., and Druker, B. B. (2002) 'Effects of early rearing experience on adult behavior and nesting in captive Hawaiian crows (Corvus hawaiiensis)', Zoo Biology, 21: 59-75.
Hastings, B. E., Lowenstine, L. J., and Foster, J. W. (1991) 'Mountain gorillas and measles: ontogeny of a wildlife vaccination program' in R. E. Junge (ed.), Proceedings of the Annual Meeting of the American Association of Zoo Veterinarians, 28 September.3 October, Calgary, Alberta, Canada, pp. 198-205.
Hatchwell, M., Rubel, A., Dickie, L. A., West, C., and Zimmermann, A. (2007) 'Conclusion: the future of zoos' in A. Zimmerman, M. Hatchwell, L. Dickie, and C. West (eds), Zoos in the 21st Century: Catalysts for Conservation?, Conservation Biology Series No. 15, Cambridge: Cambridge University Press, pp. 343-60.
Hatt, J-.M. (2007) 'Raising giant tortoises' in M. E. Fowler and R. E. Miller (eds), Zoo and Wild Animal Medicine (6th edn), St Louis, MO: Saunders (Elsevier), pp. 144-53.
Hatt, J. M. and Clauss, M. (2001) 'Browse silage in zoo animal nutrition: feeding enrichment of browsers during winter', in Abstract Book Second European Zoo Nutrition Conference, 6-9 April, Winchester.
Hayward, J. and Rothenberg, M. (2004) 'Measuring success in the "Congo Gorilla Forest" conservation exhibition', Curator, 47: 261-82.
Hayward, M. W. and Kerley, G. I. H. (2005) 'Prey preferences of lions (Panthera leo)', Journal of Zoology, 267: 309-22.
Hebb, D. O. (1947) 'The effects of early experience on problem solving at maturity', American Psychology, 2: 306.
Hediger, H. (1950) Wild Animals in Captivity (trans.), London: Butterworth Scientific Publications.
Hediger, H. (1955) Psychology of Animals in Zoos and Circuses, London: Butterworth Scientific Publications.
Hediger, H. (1965) 'Man as a social partner of animals and vice versa', Symposia of the Zoological Society of London, 14: 291-300.
Hediger, H. (1970) Man and Animal in the Zoo, London: Routledge and Kegan Paul.
Heldman, D. R. (ed.) (2003) Encyclopedia of Agricultural, Food, and Biological Engineering, New York: Marcel Dekker, Inc.
Heleski, C. R. and Zanella, A. J. (2006) 'Animal science student attitudes to farm animal welfare', Anthrozoös, 19: 3-16.
Helme, A., Clayton, N., and Emery, N. (2008) 'Physical and cognitive enrichment for rooks (Corvus frugilegus)' in V. Hare (ed.) Eighth Conference on Environmental Enrichment, 5-10 August 2007, Vienna: The Shape of Enrichment, Inc. (in press).
Hemdal, J. (2006) Advanced Marine Aquarium Techniques, Neptune City, NJ: TFH Publications.
Hemsworth, P. H. (2003) 'Human.animal interactions in livestock production', Applied Animal Behaviour Science, 81: 185-98.
Henderson, J. V. and Waran, N. K. (2001) 'Reducing equine stereotypies using an Equiball™', Animal Welfare, 10: 73-80.
Herbert, P. and Bard, K. (2000) 'Orang-utan use of vertical space in an innovative habitat', Zoo Biology, 19: 239-51.
Herrnstein, R. J. (1979) 'Acquisition, generalization, and discrimination reversal of a natural concept', Journal of Experimental Psychology: Animal Behaviour Processes, 5: 116-29.
Hesterman, H., Gregory, N., and Boardman, W. (2001) 'Deflighting procedures and their welfare implications in captive birds', Animal Welfare, 10: 405-19.
Hiby, E. F., Rooney, N. J., and Bradshaw, J. W. S. (2006) 'Behavioural and physiological responses of dogs entering re-homing kennels', Physiology and Behavior, 89: 385-91.
Hildebrandt, T., Göritz, F., and Hermes, R. (2006) 'Ultrasonography: an important tool in captive breeding management in elephants and rhinoceroses', European Journal of Wildlife Research, 52: 23-7.
Hinshaw, K. C., Amand, W. B., and Tinkelman, C. L. (1996) 'Preventive medicine' in D. G. Kleiman, M. E. Allen, K. V. Thompson, and S. Lumpkin (eds), Wild Mammals In Captivity: Principles and Techniques, Chicago, IL/London: University of Chicago Press, pp. 16-24.
HMSO (2002) The Zoo Licensing Act 1981 (Amendment) (England and Wales) Regulations 2002, SI 2002/3080 (© Crown Copyright 2002), London: Her Majesty's Stationery Office.
Hoage, R. J., and Deiss, W. A. (1996) New Worlds, New Animals: From Menagerie to Zoological Park in the Nineteenth Century, Baltimore, MD/London: John Hopkins University Press.
Hoff, M. P., Powell, D. M., Lukas, K. E., and Maple, T. L. (1997) 'Individual and social behaviour of lowland gorillas in outdoor exhibits compared with indoor holding areas', Applied Animal Behaviour Science, 54: 359-70.
Hogan, E. S., Houpt, K. A., and Sweeney, K. (1988) 'The effect of enclosure size on social interactions and daily activity patterns of the captive Asiatic wild horse (Equus przewalskii)', Applied Animal Behaviour Science, 21: 147-68.
Hogan, L. A. and Tribe, A. (2007) 'Prevalence and cause of stereotypic behaviour in common wombats (Vombatus ursinus) residing in Australian zoos', Applied Animal Behaviour Science, 105: 180-91.
Höhn, M., Kronschnabel, M., and Gansloser, U. (2000) 'Similarities and differences in activities and agonistic behaviour of male Eastern grey kangaroos (Macropus giganteus) in captivity and the wild', Zoo Biology, 19: 529-39.
Holst, B., and Dickie, L. A. (2007) 'How do national and international regulations and policies influence the role of

zoos and aquariums in conservation?' in A. Zimmerman, M. Hatchwell, L. Dickie, and C. West (eds), Zoos in the 21st Century: Catalysts for Conservation?, Conservation Biology Series No. 15, Cambridge: Cambridge University Press, pp. 22-33.

Holt, W., Pickard, A., Rodger, J., and Wildt, D. (eds) (2003) Reproductive Science and Integrated Conservation, Cambridge: Cambridge University Press.

Holzer, D. and Scott, D. (1997) 'The long-lasting effects of early zoo visits', Curator, 40: 255-7.

Honess, P. E. and Marin, C. M. (2006) 'Enrichment and aggression in primates', Neuroscience and Biobehavioral Reviews, 30: 413-36.

Honess, P. E., Johnson, P. J., and Wolfensohn, S. E. (2004) 'A study of behavioural responses of nonhuman primates to air transport and re-housing', Laboratory Animals, 38: 119-32.

Hooper, K. J. and Newsome, J. T. (2004) 'Proactive compliance: the team program approach to revitalizing primate enrichment', Contemporary Topics, 43: 37-8.

Hope, K. and Deem, S. L. (2006) 'Retrospective study of morbidity and mortality of captive jaguars (*Panthera onca*) in North America: 1982-2002', Zoo Biology, 25: 501-12.

Hörnicke, H. (1981) 'Utilization of caecal digesta by caecotrophy (soft faeces ingestion) in the rabbit', Livestock Production Science, 8: 361-6.

Horwich, R. H. (1989) 'Use of surrogate parental models and age periods in a successful release of hand-reared sandhill cranes', Zoo Biology, 8: 379-90.

Hosey, G. R. (1989) 'Behavior of the Mayotte lemur, Lemur fulvus mayottensis, in captivity', Zoo Biology, 8: 27-36.

Hosey, G. R. (1997) 'Behavioural research in zoos: academic perspectives', Applied Animal Behaviour Science, 51: 199-207.

Hosey, G. R. (2000) 'Zoo animals and their human audiences: what is the visitor effect?', Animal Welfare, 9: 343-57.

Hosey, G. R. (2005) 'How does the zoo environment affect the behaviour of captive primates?', Applied Animal Behaviour Science, 90: 107-29.

Hosey, G. R. (2008) 'A preliminary model of human.animal relationships in the zoo', Applied Animal Behaviour Science, 109: 105-27.

Hosey, G. R. and Druck, P. L. (1987) 'The influence of zoo visitors on the behaviour of captive primates', Applied Animal Behaviour Science, 18: 19-29.

Hosey, G. R. and Skyner, L. J. (2007) 'Self-injurious behaviour in zoo primates', International Journal of Primatology, 28: 1431-7.

Hosey, G. R., Jacques, M., and Pitts, A. (1997) 'Drinking from tails: social learning of a novel behaviour in a group of ring-tailed lemurs (*Lemur catta*)', Primates, 38: 415-22.

Houts, L. (1999) 'Supplemental carcass feeding for zoo carnivores', The Shape of Enrichment, 8: 1-3.

Howard, B. R. (1992) 'Health risks of housing small psittacines in galvanized wire mesh cages', Journal of American Veterinary Medical Association, 235: 469-83.

Howard, J. and Allen, M. E. (2007) 'Nutritional factors affecting semen quality in felids' in M. E. Fowler and R. E. Miller (eds), Zoo and Wild Animal Medicine (6th edn), St Louis, MO: Saunders (Elsevier), pp. 272-83.

Howell, S., Matevia, M., Fritz, J., Nash, L., and Maki, S. (1993) 'Pre-feeding agonism and seasonality in captive groups of chimpanzees (*Pan troglodytes*)', Animal Welfare, 2: 153-63.

HSE (Health and Safety Executive) (2006) Managing Health and Safety in Zoos, available online at http://www.hse.gov.uk/pubns/web15.pdf.

Hu, H. and Jiang, Z. (2002) 'Trial release of Pére David's deer Elaphurus davidianus in the Dafeng Reserve, China', Oryx, 36: 196-9.

Huffman, M. A. and Hirata, S. (2004) 'An experimental study of leaf swallowing in captive chimpanzees: insights into the origin of a selfmedicative behavior and the role of social learning', Primates, 45: 113-18.

Hunt, R. D., Garcia, F. G., Hegsted, D. M., and Kaplinsky, N. (1967) 'Vitamins D_2 and D_3 in New World primates: influence on calcium absorption', Science, 157: 943-5.

Hunt, S., Cuthill, I., Swaddle, J., and Bennett, A. (1997) 'Ultraviolet vision and band-colour preferences in female zebra finches, Taeniopygia guttata', Animal Behaviour, 54: 1383-92.

Hunter Jr., M. L. (1995) Fundamentals of Conservation Biology, Oxford: Blackwell Science.

Huntingford, F. and Turner, A. (1987) Animal Conflict, London: Chapman & Hall.

Hurme, K., Gonzalez, K., Halvorsen, M., Foster, B., Moore, D., and Chepko-Sade, B. D. (2003) 'Environmental enrichment for dendrobatid frogs', Journal of Applied Animal Welfare Science, 6: 285-99.

Hutchings, K. and Mitchell, H. (2003) 'A comparison of the behaviour of captive lemurs subjected to different causes of disturbance at Marwell Zoological Park' in T. C. Gilbert (ed.), Proceedings of the Fifth Annual Symposium on Zoo Research, 7-8 July, Winchester: BIAZA, pp. 139-43.

Hutchings, M., Hancocks, D., and Calip, T. (1978) 'Behavioural engineering in the zoo: a critique', International Zoo News, 25: 18-23.

Hutchins, D. M., Willis, K., and Wiese, R. J. (1995) 'Strategic collection planning: theory and practice', Zoo Biology, 14: 5-25.

Hutchins, M. (2001) 'Research: overview' in C. E. Bell (ed.), Encyclopedia of the World's Zoos, Chicago, IL/London: Fitzroy Dearborn, pp. 1076-80.

Hutchins, M. (2006) 'Variation in nature: its implications for zoo elephant management', Zoo Biology, 25: 161-71.
Hutchins, M. and Wiese, R. (1991) 'Beyond genetic and demographic management: the future of the SSP and related AAZPA conservation efforts', Zoo Biology, 10: 285-92.
Hutchins, M., Smith, G. M., Mead, D. C., Elbin, S., and Steenberg, J. (1991) 'Social behaviour of Matschie's tree kangaroos (*Dendrolagus matschiei*) and its implications for captive management', Zoo Biology, 10: 147-64.
IATA (International Air Transport Association) (2007) Live Animal Regulations, Montreal: IATA.
ICEE (International Conference on Environmental Education) (2007) Environmental Education Towards a Sustainable Future: Partners for the Decade of Education for Sustainable Development, Fourth International Conference on Environmental Education, 24-28 November, Ahmedabad, India.
Ickes, B. R., Pham, T. M., Sanders, L. A., Albeck, D. S., Mohammed, A. H., and Granholm, A. C. (2000) 'Long-term environmental enrichment leads to regional increases in neurotrophin levels in rat brain', Experimental Neurology, 164: 45-52.
Inglis, I. R. and Ferguson, N. (1986) 'Starlings search for food rather than eat freely-available, identical food', Animal Behaviour, 34: 614-17.
Inglis, I. R., Forkman, B., and Lazarus, J. (1997) 'Free food or earned food? A review and fuzzy model of contrafreeloading', Animal Behaviour, 53: 1171-91.
Ings, R., Waran, N. K., and Young, R. J. (1997a) 'Attitude of zoo visitors to the idea of feeding live prey to zoo animals', Zoo Biology, 16: 343-7.
Ings, R., Waran, N. K., and Young, R. J. (1997b) 'Effect of wood-pile feeders on the behaviour of captive bush dogs (*Speothos venaticus*)', Animal Welfare, 6: 145-52.
Isaza, R. (2003) 'Tuberculosis in all taxa' in M. E. Fowler and M. E. Miller (eds), Zoo and Wild Animal Medicine (5th edn), Philadelphia, PA: Elsevier (Saunders), pp. 689-96.
ISIS (International Species Information System) (2004) User Manual for SPARKS: Single Population Analysis and Records Keeping System Version 1.5, Eagen, MN: ISIS.
IUCN (International Union for the Conservation of Nature and Natural Resources) (2006) Red Data List of Threatened Species, available online at http://www.iucnredlist.org (accessed June 2007).
IUCN (International Union for the Conservation of Nature and Natural Resources) (2007) Red Data List of Threatened Species, available online at http://www.iucnredlist.org (accessed 20 April 2008).
IUCN/SSC (International Union for the Conservation of Nature and Natural Resources/ Species Survival Commission) (1998) IUCN Guidelines for Re-Introductions, prepared by the IUCN/SSC Re-introduction Specialist Group, Gland/Cambridge: IUCN.
IUDZG/CBSG (International Union of Directors of Zoological Gardens/Conservation Breeding Specialist Group (The World Zoo Organisation and the Captive Breeding Specialist Group of the IUCN/SSC) (1993) The World Zoo Conservation Strategy: The Role of the Zoos and Aquaria of the World in Global Conservation, Chicago, IL: Chicago Zoological Society.
Jackson, D. (1996) 'Horticultural philosophies in zoo exhibit design' in D. Kleiman, M. Allen, K. Thompson, and S. Lumpkin (eds), Wild Mammals in Captivity: Principles and Techniques, Chicago, IL: University of Chicago, pp. 175-9.
Jackson, S. and Wilson, R. P. (2002) 'The potential costs of flipper-bands to penguins', Functional Ecology, 16: 141-8.
Jadavji, N. M., Kolb, B., and Metz, G. A. (2006) 'Enriched environment improves motor function in intact and unilateral dopamine-depleted rats', Neuroscience, 140: 1127-38.
Jago, N., Dorey, N., and Melfi, V. (2006) 'Training Goeldi's monkeys (*Callomico goeldii*) for weighting and crating' in N. Dorey (ed.) Proceedings of the Animal Behavior Management Alliance Annual Conference, 5-10 March, San Diego Zoo, San Diego Zoo's Wild Animal Park and Sea World Adventure Park, San Diego, pp. 113-15.
Jamieson, D. (1995) 'Zoos revisited' in B. G. Norton, M. Hutchins, E. Stevens, and T. L. Maple (eds), Ethics on the Ark: Zoos, Animal Welfare and Wildlife Conservation, Washington DC/London: Smithsonian Institute Press, pp. 52-66.
Jenkins, M. (2003) 'Prospects for biodiversity', Science, 302: 1175-7.
Jennison, G. (2005) Animals for Show and Pleasure in Ancient Rome, Philadelphia, PA: University of Pennsylvania Press.
Jeppesen, L. L., Heller, K. E., and Bildsoe, M. (2004) 'Stereotypies in female farm mink (*Mustela vison*) may be genetically transmitted and associated with higher fertility due to effects on body weight', Applied Animal Behaviour Science, 86: 137-43.
Johnson, A. J., Pessier, A. P., Wellehan, J. F. X., Brown, R., and Jacobson, E. R. (2005) 'Identification of a novel herpesvirus from a California desert tortoise (*Gopherus agassizii*)', Veterinary Microbiology, 111: 107-16.
Johnson, L. (2000) 'Sexing mammalian sperm for production of offspring: the state-of-the-art', Animal Reproduction Science, 60/61: 93-107.
Jones, G., Coe, J., and Paulson, D. (1976) Long-Range Plan for Woodland Park Zoological Gardens, Seattle, WA: Jones & Jones for the Seattle Department of Parks and Recreation.
Jones, M. and Pillay, N. (2004) 'Foraging in captive hamadryas baboons: implications for enrichment', Applied Animal Behaviour Science, 88: 101-10.
Jones, T. A., Hawrylak, N., Klintsova, A. Y., and Greenough, W. T. (1998) 'Brain damage, behavior, rehabilitation, recovery, and brain plasticity', Mental Retardation and Developmental Disabilities Research Reviews, 4: 231-7.
Judge, P. G. and de Waal, F. B. M. (1997) 'Rhesus monkey behaviour under diverse population densities: coping with long-term crowding', Animal Behaviour, 54: 643-62.

Kawai, M. (1965) 'Newly-acquired pre-cultural behavior of the natural troop of Japanese monkeys on Koshima Islet', Primates, 6: 1-30.

Kawakami, K., Takeuchi, T., Yamaguchi, S., Ago, A., Nomura, M., Gonda, T., and Komemushi, S. (2003) 'Preference of guinea pigs for bedding materials: wood shavings versus paper cutting sheet', Experimental Animals, 52: 11-15.

Keane, C. and Marples, N. (2003) 'The effects of zoo visitors on gorilla behaviour' in T. C. Gilbert (ed.), Proceedings of the Fifth Annual Symposium on Zoo Research, 7-8 July, Winchester: BIAZA, pp. 144-54.

Keeling, C. H. (1984) Where the Lion Trod: A Study of Forgotten Zoological Gardens, London: Clam Productions.

Kellert, S. (1979) 'Zoological parks in American society' in AAZPA Annual Proceedings, Wheeling, WV: AAZPA, pp. 88-126.

Kelley, J. L. and Magurran, A. E. (2006) 'Captive breeding promotes aggression in an endangered Mexican fish', Biological Conservation, 133: 169-77.

Kells, A., Dawkins, M. S., and Borja, M. C. (2001) 'The effect of a "freedom food" enrichment on the behaviour of broilers on commercial farms', Animal Welfare, 10: 347-56.

Kerridge, F. J. (1996) 'Behavioural enrichment of ruffed lemurs (*Varecia variegata*) based upon a wild.captive comparison of their behaviour', PhD thesis, Manchester: University of Manchester (Bolton Institute).

Kerridge, F. J. (2005) 'Environmental enrichment to address behavioral differences between wild and captive black-and-white ruffed lemurs (*Varecia variegata*)', American Journal of Primatology, 66: 71-84.

Kertesz, P. (1993) A Colour Atlas of Veterinary Dentistry and Oral Surgery, London: Wolfe.

Kesler, D., Lopes, I., and Haig, S. (2006) 'Sex determination of Pohnpei Micronesian Kingfishers using morphological and molecular genetic techniques', Journal of Field Ornithology, 77: 229-32.

Ketz-Riley, C. J. (2003) 'Salmonellosis and shigellosis' in M. E. Fowler and M. E. Miller (eds), Zoo and Wild Animal Medicine (5th edn), Philadelphia, PA: Elsevier (Saunders), pp. 686-9.

Kiley-Worthington, M. (1989) 'Ecological, ethological, and ethically sound environments for animals: towards symbiosis', Journal of Agricultural Ethics, 2: 323-47.

Kilner, R. (1998) 'Primary and secondary sex ratio manipulation by zebra finches', Animal Behaviour, 56: 155-64.

Kinkel, L. (1989) 'Lasting effects of wing tags on ring-billed gulls', The Auk, 106: 619-24.

Kirkwood, J. K. (2001a) 'United Kingdom: legislation' in C. E. Bell (ed.), Encyclopedia of the World's Zoos, Chicago, IL/London: Fitzroy Dearborn, pp. 1281-3.

Kirkwood, J. K. (2001b) 'United Kingdom: licensing' in C. E. Bell (ed.), Encyclopedia of the World's Zoos, Chicago, IL/London: Fitzroy Dearborn, pp. 1284-5.

Kirkwood, J. K. and Cunningham, A. A. (1994) 'Epidemiologic observations on spongiform encephalopathies in captive wild animals in the British Isles', Veterinary Record, 135: 296-303.

Kirkwood, J. K., Wells., G. A. H., Wilesmith, J. W., Cunningham, A. A., and Jackson, S. I. (1990) 'Spongiform encephalopathy in an Arabian oryx (*Oryx leucoryx*) and a greater kudu (*Tragelaphus strepsiceros*)', Veterinary Record, 127: 418-20.

Kirkwood, J. K., Cunningham, A. A., Flach, E. J., Thornton, S. M., and Wells, G. A. H. (1995) 'Spongiform encephalopathy in another captive cheetah (*Acinonyx jubatus*): evidence for variation in susceptibility or incubation periods between species?', Journal of Zoo and Wildlife Medicine, 26: 577-82.

Kisling, V. N. (2001) Zoo and Aquarium History: Ancient Animal Collections to Zoological Gardens, New York, NY/London: CRC Press.

Kitchener, A. C. and Macdonald, A. (2004) 'The longevity legacy: the problem of old mammals in zoos' in B. Hiddinga (ed.), Proceedings of the EAZA Conference, 21-25 September, Kolmarden, Amsterdam: EAZA Executive Office, pp. 132-7.

Klasing, K. C. (1998) Comparative Avian Nutrition, Wallingford, Oxon: CABI Publishing.

Kleiman, D. G. (1992) 'Behaviour research in zoos: past, present and future', Zoo Biology, 1110: 301-12.

Kleiman, D. G. (1994) 'Animal behaviour studies and zoo propagation programs', Zoo Biology, 1310: 411-12.

Kleiman, D. G., Beck, B. B., Dietz, J. M., Dietz, L. A., Ballou, J. D., and Coimbra-Filho, A. C. (1986) 'Conservation program for the golden lion tamarins: captive research and management, ecological studies, educational strategies and reintroduction' in K. Benirshke (ed.), Primates: The Road to Self-Sustaining Populations, New York, NY: Springer, pp. 959-79.

Kleiman, D. G., Beck, B. B., Dietz, J. M., and Dietz, L. A. (1991) 'Costs of reintroduction and criteria for success: accounting and accountability in the golden lion tamarin conservation program' in J. H. W. Gipps (ed.) 'Beyond captive breeding: re-introducing endangered animals to the wild', Symposium of the Zoological Society of London, 62: 125-42.

Kleiman, D. G., Stanley Price, M. R., and Beck, B. B. (1994) 'Criteria for reintroductions' in P. J. S. Olney, G. M. Mace, and A. T. C. Feistner (eds), Creative Conservation: Interactive Management of Wild and Captive Animals, London: Chapman & Hall, pp. 287-303.

Kleiman, D. G., Allen, M. E., Thompson, K. V.,

and Lumpkin, S. (eds) (1996) Wild Mammals in Captivity: Principles and Techniques, Chicago, IL/London: University of Chicago Press.

Knight, K., Pearson, R., and Melfi, V. (2005) 'Does the provision of carcasses compromise the health of zoo-housed carnivores?' in A. Nicklin (ed.) Proceedings of the Seventh Annual BIAZA Research Meeting, 7-8 July, Twycross Zoo, Warwickshire BIAZA, pp. 194-8.

Knowles, J. M. (1985) 'Wild and captive populations: triage, contraception and culling', International Zoo Yearbook,

24.25: 206-10.
Koene, P. and Duncan, I. J. H. (2001) 'From environmental requirement to environmental enrichment: from animal suffering to animal pleasure' in M. Hawkins (ed.), Proceedings of the Fifth Annual Conference on Environmental Enrichment, 4-9 November, Sydney, The Shape of Enrichment, Inc., p. 36.
Kohn, B. (1994) 'Zoo animal welfare', Revue Scientifique et Technique de L'Office International Des Epizooties, 13: 233-45.
Kolter, N. and Kolter, P. (1998) Museum Strategy and Marketing: Designing Missions, Building Audiences, Generating Revenue and Resources, San Francisco, CA: Jossey-Bass.
Kratochvil, H. and Schwammer, H. (1997) 'Reducing acoustic disturbances by aquarium visitors', Zoo Biology, 16: 349-53.
Krebs, J. R. and Davies, N. B. (1993) An Introduction to Behavioural Ecology (3rd edn), Oxford: Blackwell Scientific.
Kreger, M. D. and Mench, J. A. (1995) 'Visitor.animal interactions at the zoo', Anthrozoös, 8: 143-58.
Kuhar, C. W. (2006) 'In the deep end: pooling data and other statistical challenges in zoo and aquarium research', Zoo Biology, 25: 339-52.
Kuhar, C. W. (2008) 'Group differences in captive gorillas' reaction to large crowds', Applied Animal Behaviour Science, 110: 377-85.
Kuhar, C. W., Bettinger, T., and Laudenslager, M. (2005) 'Salivary cortisol and behaviour in an all-male group of western lowland gorillas (*Gorilla. g. gorilla*)', Animal Welfare, 14: 187-93.
Kuhar, C. W., Stoinski, T. S., Lukas, K. E., and Maple, T. L. (2006) 'Gorilla Behavior Index revisited: age, housing and behavior', Applied Animal Behaviour Science, 96: 315-26.
Kusuda, S., Ikoma, M., Morikaku, K., Koizumi, J., Kawaguchi, Y., Kobayashi, K., Matsui, K., Nakamura, A., Hashikawa, H., Kobayashi, K., Ueda, M., Kaneko, M., Akikawa, T., Shibagaki, S., and Doi, O. (2007) 'Estrous cycle based on blood progesterone profiles and changes in vulvar appearance in Malayan tapirs (*Tapirus indicus*)', Journal of Reproduction and Development, 53: 1283-9.
Kyle, D. G. (2001) Spectacles of Death in Ancient Rome, London: Routledge.
Ladewig, J. (1987) 'Endocrine aspects of stress: evaluation of stress reactions in farm animals' in P. Wiepkema and P. van Adrichem (eds), Biology of Stress in Farm Animals: An Integrative Approach, Dordrecht: Martinus Nijhoff, pp. 13-25.
Laikre, L. (1999) 'Conservation genetics of Nordic carnivores: lessons from zoos', Hereditas, 130: 203-16.
Laikre, L. and Ryman, N. (1991) 'Inbreeding depression in a captive wolf (*Canis lupus*) population', Conservation Biology, 5: 33-40.
Lair, S., Barker, I. K., Mehren, K. G., and Williams, E. S. (2002) 'Epidemiology of neoplasia in captive black-footed ferrets (*Mustela nigripes*) 1986.1996', Journal of Zoo and Wildlife Medicine, 33: 204-13.
Lamb, M. E. and Hwang, C. P. (1982) 'Maternal attachment and mother.neonate bonding: a critical review' in M. E. Lamb and A. L. Brown (eds), Advances in Developmental Psychology, Hillsdale, NJ: Laurence Erlbaum, pp. 1-39.
Lamberski, N. (2003) 'Psittaciformes (parrots, macaws, lories)' in M. E. Fowler and M. E. Miller (eds), Zoo and Wild Animal Medicine (5th edn), Philadelphia, PA: Elsevier (Saunders), pp. 187-210.
Lamikanra, O., Imam, S. H., and Ukuku, D. (2005) Produce Degradation, Boca Raton, FL: CRC Press.
Landgkilde, T. and Shine, R. (2006) 'How much stress do researchers inflict on their study animals? A case study using a scincid lizard, Eulamprus heatwolei', Journal of Experimental Biology, 209: 1035-43.
Landolfi, J. A., Baktiar, O. K., Poynton, S. L., and Mankowski, J. L. (2003) 'Hepatic Calodium hepaticum (Nematoda) infection in a zoo colony of black-tailed prairie dogs (*Cynomys ludovicianus*)', Journal of Zoo and Wildlife Medicine, 34: 371-4.
Lane, J. (2006) 'Can non-invasive glucocorticoid measures be used as reliable indicators of stress in animals?', Animal Welfare, 15: 331-42.
Lanza, R. P., Cibelli, J. B., Diaz, F., Morales, C. T., Farin, P. W., Farin, C. E., Hammer, C. J., West, M. D., and Damiani, P. (2000) 'Cloning of an endangered species (*Bos gaurus*) using interspecies nuclear transfer', Cloning, 2: 9-90.
Latham, N. R. and Mason, G. J. (2008) 'Maternal deprivation and the development of stereotypic behaviour', Applied Animal Behaviour Science, 110: 84-108.
Lauer, J. (1976) Saqqara: The Royal Cemetery of Memphis, Excavations and Discoveries since 1985, London: Thames & Hudson.
Laule, G. E. and Desmond, T. (1998) 'Positive reinforcement training as an enrichment strategy' in D. J. Shepherdson, J. D. Mellen, and M. Hutchins (eds), Second Nature: Environmental Enrichment for Captive Animals, Washington DC: Smithsonian Institution Press, pp. 302-13.
Laule, G. E., Bloomsmith, M. A., and Schapiro, S. J. (2003) 'The use of positive reinforcement training techniques to enhance the care, management, and welfare of primates in the laboratory', Journal of Applied Animal Welfare Science, 6: 163-73.
Laurenson, M. (1993) 'Early maternal behavior of wild cheetahs: implications for captive husbandry', Zoo Biology, 12: 31-43.
Lay Jr, D. C., Friend, T. H., Bowers, C. L., Grissom, K. K., and Jenkins, O. C. (1992) 'A comparative physiological and behavioral study of freeze and hot-iron branding using dairy cows', Journal of Animal Science, 70: 1121-5.
Leader-Williams, N., Balmford, A., Linkie, M., Mace, G. M., Smith, R. J., Stevenson, M., Walter, O., West, C., and

Zimmermann, A. (2007) 'Beyond the ark: conservation biologists' views of the achievements of zoos in conservation' in A. Zimmerman, M. Hatchwell, L. Dickie, and C. West (eds), Zoos in the 21st Century: Catalysts for Conservation?, Conservation Biology Series No. 15, Cambridge: Cambridge University Press, pp. 236-54.

Le Boeuf, B. J. (1974) 'Male.male competition and reproductive success in elephant seals', American Zoology, 14: 163-76.

Leck, C. (1980) 'Establishment of new population centers with changes in migration patterns', Journal of Field Ornithology, 51: 168-73.

Lees, C. (1993) 'Managing harems in captivity: the Sulawesi crested macaque (*Macaca nigra*)', MSc dissertation, University of Kent, UK.

Lehmann, J. and Boesch, C. (2004) 'To fission or to fusion: effects of community size on wild chimpanzee (*Pan troglodytes verus*) social organisation', Behavioral Ecology and Sociobiology, 56: 207-16.

Lehner, P. N. (1998) Handbook of Ethological Methods (2nd edn), Cambridge: Cambridge University Press.

Leipold, H. W. (1980) 'Congenital defects of zoo and wild mammals: a review' in R. J. Montali and G. Migaki (eds), The Comparative Pathology of Zoo Animals, Washington DC: Smithsonian Institute, pp. 457-70.

Lemasson, A., Gautier, J.-P., and Hausberger, M. (2005) 'A brief note on the effects of the removal of individuals on social behaviour in a captive group of Campbell's monkeys (*Cercopithecus campbelli campbelli*): a case study', Applied Animal Behaviour Science, 91: 289-96.

Lemm, J., Steward, S., and Schmidt, T. (2005) 'Reproduction of the critically endangered Anegada island iguana Cyclura pinguis at San Diego Zoo', International Zoo Yearbook, 39: 141-52.

LeNeindre, P., Boivin, X., and Boissy, A. (1996) 'Handling of extensively kept animals', Applied Animal Behaviour Science, 49: 73-81.

Leus, K. (2006) EAZA Adaptation of AZA Studbook Analysis and Population Management Handbook, Amsterdam/Antwerp: EAZA/Royal Zoological Society of Antwerp.

LeVan, N. F., Estevez, I., and Stricklin, W. R. (2000) 'Use of horizontal and angled perches by broiler chickens', Applied Animal Behaviour Science, 65: 349-65.

Lewis, J. C. M., Fitzgerald, A. J., Gulland, F. M. D., Hawkey, C. M., Kertesz, P., Kirkwood, J. K., and Kock, R. A. (1989) 'Observations on the treatment of necrobacillosis in wallabies', British Veterinary Journal, 145: 394-6.

Lewke, R. and Stroud, R. (1974) 'Freeze-branding as a method of marking snakes', Copeia, 4: 997-1000.

Lindberg, J., Björnerfeldt, S., Saetre, P., Svartberg, K., Seehuus, B., Bakken, M., Vilà, C., and Jazin, E. (2005) 'Selection for tameness has changed brain gene expression in silver foxes', Current Biology, 15: 915-16.

Lindburg, D. G. (1988) 'Improving the feeding of captive felines through application of field data', Zoo Biology, 7: 211-18.

Line, S., Morgan, K., Markowitz, H., and Strong, S. (1989a) 'Heart rate and activity of rhesus monkeys in response to routine events', Laboratory Primate Newsletter, 28: 9-12.

Line, S., Morgan, K., Markowitz, H., and Strong, S. (1989b) 'Influence of cage size on heart rate and behaviour in rhesus monkeys', American Journal of Veterinary Research, 40: 1523-6.

Line, S., Morgan, K., Markowitz, H., and Strong, S. (1990) 'Increased cage size does not alter heart rate or behaviour in female rhesus monkeys', American Journal of Primatology, 20: 107-13.

Line, S., Markowitz, H., Morgan, K., and Strong, S. (1991) 'Effect of cage size and environmental enrichment on behavioural and physiological responses of rhesus macaques to the stress of daily events' in M. Novak and A. Petto (eds), Through a Looking Glass: Issues in Psychological Well-Being in Captive Nonhuman Primates, Washington DC: American Psychology Association, pp. 160-79.

Lintzenich, B. A. and Ward, A. M. (1997) 'Hay and pellet ratios: considerations in feeding ungulates', Fact Sheet 006, AZA Nutrition Advisory Group Handbook, available online at http://www.nagonline.net.

Little, K. A. and Sommer, V. (2002) 'Change of enclosure in langur monkeys: implications for the evaluation of environmental enrichment', Zoo Biology, 21: 549-59.

Liu, J. Chen, Y., Guo, L., Gu, B., Liu, H., Hou, A., Liu, X., Sun, L., and Liu, D. (2006) 'Stereotypic behavior and fecal cortisol level in captive giant pandas in relation to environmental enrichment', Zoo Biology, 25: 445-59.

Loeske, E. B., Kruuk, L. E. B., Clutton-Brock, T. H., Albon, S. D., Pemberton, J. M., and Guinness, F. E. (1999) 'Population density affects sex ratio variation in red deer', Nature, 399: 460-61.

Lombardi, J. (1998) Comparative Vertebrate Reproduction, London: Kluwer.

Loskutoff, N. M. (2003) 'Role of embryo technologies in genetic management and conservation of wildlife' in W. Holt, A. Pickard, J. Rodger, and D. Wildt (2003) Reproductive Science and Integrated Conservation, Cambridge: Cambridge University Press, pp. 183-94.

Lovell, T. (1998) Nutrition and Feeding of Fish, London: Kluwer.

Lozano, G. A. (1998) 'Parasitic stress and self-medication in wild animals' in A. P. Moller, M. Milinski, and P. J. B. Slater (eds), Advances in the Study of Behavior, Vol. 27: Stress and Behavior, London: Academic Press, pp. 291-317.

Lucentini, L., Caporali, S., Palomba, A., Lancioni, H., and Panara, F. (2006) 'A comparison of conservative DNA extraction methods from fins and scales of freshwater fish: a useful tool for conservation genetics', Conservation Genetics, 7: 1009-12.

Ludes, E. and Anderson, J. (1996) 'Comparison of the behaviour of captive white-faced capuchin monkeys (*Cebus capucinus*) in the presence of four kinds of deep litter', Applied Animal Behaviour Science, 49: 293-303.

Ludes-Fraulob, E. and Anderson, J. R. (1999) 'Behaviour and preferences among deep litters in captive capuchin monkeys (*Cebus capucinus*)', Animal Welfare, 8: 127-34.

Lukas, K. E. (1999) 'A review of nutritional and motivational factors contributing to the performance of regurgitation and reingestion in captive lowland gorillas (*Gorilla gorilla gorilla*)', Applied Animal Behaviour Science, 63: 237-49.

Lukas, K. E., Marr, M. J., and Maple, T. L. (1998) 'Teaching operant conditioning at the zoo', Teaching of Psychology, 25: 112-16.

Lukas, K. E., Hoff, M. P., and Maple, T. L. (2003) 'Gorilla behavior in response to systematic alternation between zoo enclosures', Applied Animal Behaviour Science, 81: 367-86.

Luttrell, L., Acker, L., Urben, M., and Reinhardt, V. (1994) 'Training a large troop of rhesus macaques to co-operate during catching: analysis of the time investment', Animal Welfare, 3: 135-40.

Lutz, C. K. and Novak, M. A. (1995) 'Use of foraging racks and shavings as enrichment tools for groups of rhesus monkeys (*Macaca mulatta*)', Zoo Biology, 14: 463-74.

Lyles, A. M. and May, R. M. (1987) 'Problems in leaving the ark', Nature, 326: 245-6.

Lyons, J., Young, R. J., and Deag, J. M. (1997) 'The effects of physical characteristics of the environment and feeding regime on the behavior of captive felids', Zoo Biology, 16: 71-83.

MacDonald, D. (1996) 'Social behaviour of captive bush dogs (*Speothos venaticus*)', Journal of Zoology, 239: 525-43.

Macdonald, D. (2001) The New Encyclopedia of Mammals, Oxford: Oxford University Press.

Mace, G. M. (1986) 'Genetic management of small populations', International Zoo Yearbook, 24/25: 167-74.

Mace, G. M. (2004) 'The role of taxonomy in species conservation', Philosophical Transactions of the Royal Society B, 359: 711-19.

Mace, G. M., Balmford, A., Leader-Williams, N., Manica, A., Walter, O., West, C., and Zimmerman, A. (2007) 'Measuring conservation success: assessing zoos' contribution' in A. Zimmerman, M. Hatchwell, L. Dickie, and C. West (eds), Zoos in the 21st Century: Catalysts for Conservation?, Conservation Biology Series No. 15, Cambridge: Cambridge University Press, pp. 322-42.

Maestripieri, D. (2000) 'Measuring temperament in rhesus macaques: consistency and change in emotionality over time', Behavioural Processes, 49: 167-71.

Maestripieri, D. (2001) 'Is there mother.infant bonding in primates?', Developmental Review, 21: 93-120.

MAFF (Ministry of Agriculture, Fisheries and Food) (1986) Manual of Veterinary Parasitological Laboratory Techniques, Technical Bulletin 18, London: Her Majesty's Stationery Office.

Magin, C., Johnson, T., Groombridge, B., Jenkins, M., and Smith, H. (1994) 'Species extinction, endangerment and captive breeding' in P. J. S. Olney, G. M. Mace, and A. T. C. Feistner (eds), Creative Conservation: Interactive Management of Wild and Captive Animals, London: Chapman & Hall, pp. 3-31.

Mairéad, A., Farrell, E. B., and Marples, N. (2000) 'Breeding behavior in a flock of Chilean flamingos (*Phoenicopterus chilensis*) at Dublin Zoo', Zoo Biology, 19: 227-37.

Maki, S. and Bloomsmith, M. (1989) 'Uprooted trees facilitate the psychological well-being of captive chimpanzees', Zoo Biology, 8: 79-87.

Mallapur, A. and Chelan, R. (2002) 'Environmental influences on stereotypy and the activity budget of Indian leopards (*Panthera pardus*) in four zoos in southern India', Zoo Biology, 21: 585-95.

Mallapur, A. and Choudhury, B. C. (2003) 'Behavioural abnormalities in captive non-human primates', Journal of Applied Animal Welfare Science, 6: 275-84.

Mallapur, A., Qureshi, Q., and Chellam, R. (2002) 'Enclosure design and space utilization by Indian leopards (*Panthera pardus*) in four zoos in southern India', Journal of Applied Animal Welfare Science, 5: 111-24.

Mallapur, A., Sinha, A., and Waran, N. (2005) 'Influence of visitor presence on the behaviour of captive lion-tailed macaques (*Macaca silenus*) housed in Indian zoos', Applied Animal Behaviour Science, 94: 341-52.

Mallapur, A., Sinha, A., and Waran, N. (2007) 'A world survey of husbandry practices for lion-tailed macaques Macaca silenus in captivity', International Zoo Yearbook, 41: 166-75.

Mallet, J. (2001) 'Mimicry: an interface between psychology and evolution', Proceedings of the National Academy of Sciences USA, 98: 8928-30.

Mallinson, J. (1995) 'Zoo breeding programmes: balancing conservation and animal welfare', Dodo: Journal of the Jersey Wildlife Preservation Trust, 3110: 66-73.

Malmkvist, J. and Hansen, S. W. (2001) 'The welfare of farmed mink (*Mustela vison*) in relation to behavioural selection: a review', Animal Welfare, 10: 41-52.

Manly, B. F. J. (1998) Randomization, Bootstrap and Monte Carlo Methods in Biology (2nd edn), London: Chapman & Hall.

Mann, J. R. (1988) 'Full-term development of mouse eggs fertilized by a spermatozoan microinjected under the zona pellucida', Biology of Reproduction, 38: 1077-83.

Manning, A. and Dawkins, M. S. (1998) An Introduction to Animal Behaviour (5th edn), Cambridge: Cambridge University Press.

Maple, T. and Finlay, T. (1989) 'Applied primatology in the modern zoo', Zoo Biology (Supplement), 112: 101-16.

Marcellini, D. L and Jenssen, T. A. (1988) 'Visitor behavior in the National Zoo's reptile house', Zoo Biology, 7: 329-38.

Margulis, S. W. and Westhus, E. J. (2008) 'Evaluation of different observational sampling regimes for use in zoological parks', Applied Animal Behaviour Science, 110: 363-76.

Margulis, S. W., Hoyos, C., and Anderson, M. (2003) 'Effect of felid activity on zoo visitor interest', Zoo Biology, 22:

587-99.
Maria, G. A. (2006) 'Public perception of farm animal welfare in Spain', Livestock Science, 103: 250-6.
Marker-Kraus, L. (1997) 'History of the cheetah: Acinonyx jubatus in zoos 1829-1994', International Zoo Yearbook, 35: 27-43.
Marker-Kraus, L. and Grisham, J. (1993) 'Captive breeding of cheetahs in North American Zoos: 1987-1991', Zoo Biology, 12: 5-18.
Markowitz, H. (1982) Behavioural Enrichment in the Zoo, New York, NY: Van Nostrand Reinhold.
Markowitz, H. and Woodworth, G. (1978) 'Experimental analysis and control of group behaviour' in H. Markowitz and V. J. Stevens (eds), Behavior of Captive Wild Animals, Chicago, IL: Nelson-Hall, pp. 107-31.
Markowitz, H., Schmidt, M., and Moody, A. (1978) 'Behavioural engineering and animal health in the zoo', International Zoo Yearbook, 18: 190-5.
Markowitz, H., Aday, C., and Gavazzi, A. (1995) 'Effectiveness of acoustic prey: environmental enrichment for a captive African leopard (*Panthera pardus*)', Zoo Biology, 14: 371-9.
Maroldo, G. K. (1978) 'Zoos worldwide as settings for psychological research', American Psychologist, 33: 1000-4.
Marqués H., Navidad, G., Baucells, M., and Albanell, E. (2001) 'Animals' nutritional wisdom: pros and cons of cafeteria-style feeding', Zoo Nutrition News (EAZA), 2: 23-5.
Marriner, L. M. and Drickamer, L. C. (1994) 'Factors influencing stereotyped behaviour of primates in a zoo', Zoo Biology, 13: 267-75.
Marris, E. (2007) 'Linnaeus at 300: the species and the specious', Nature, 446: 250-3.
Martel, Y. (2002) Life of Pi, Edinburgh: Canongate.
Martin, J. E. (2002) 'Early life experiences: activity levels and abnormal behaviours in resocialised chimpanzees', Animal Welfare, 11: 419-36.
Martin, J. E. (2005) 'The effects of rearing conditions on grooming and play behaviour in captive chimpanzees', Animal Welfare, 14: 125-33.
Martin, P. and Bateson, P. (2007) Measuring Behaviour: An Introductory Guide (3rd edn), Cambridge: Cambridge University Press.
Masefield, W. (1999) 'Forage preferences and enrichment in a group of captive Livingstone's fruit bats Pteropus livingstonii', Dodo. Journal of the Jersey Wildlife Preservation Trust, 35: 48-56.
Maser, J. and Gallup, G. J. (1974) 'Tonic immobility in the chicken: catalepsy potentiation by uncontrollable shock and alleviation by imipramine', Psychosomatic Medicine, 36: 199-205.
Mason, G. J. (1991) 'Stereotypies: a critical review', Animal Behaviour, 41: 1015-37.
Mason, G. J. (2006) 'Stereotypic behaviour in captive animals: fundamentals, and implications for welfare and beyond' in G. J. Mason (ed.), Stereotypic Animal Behaviour: Fundamentals and Applications to Welfare, Wallingford, Oxon: CABI Publishing, pp. 325-56.
Mason, G. J. and Latham, N. R. (2004) 'Can't stop, won't stop: is stereotypy a reliable animal welfare indicator?', Animal Welfare, 13: 557-69.
Mason, G. J. and Littin, K. E. (2003) 'The humaneness of rodent pest control', Animal Welfare, 12: 1-37.
Mason, G. J. and Rushen, J. (eds) (2006) Stereotypic Animal Behaviour: Fundamentals and Applications to Welfare, Wallingford, Oxon: CABI Publishing.
Mason, G. J., Cooper, J., and Clarebrough, C. (2001) 'Frustrations of fur-farmed mink', Nature, 410: 35-6.
Mason, P. (2000) 'Zoo tourism: the need for more research', Journal of Sustainable Tourism, 8: 333-9.
Mather, J. (1992) 'Underestimating the octopus' in H. Davis and D. Balfour (eds), The Inevitable Bond: Examining Scientist.Animal Interactions, Cambridge: Cambridge University Press, pp. 240-9.
Mathews, F., Orrors, M., McLaren, G., Gelling, M., and Foster, R. (2005) 'Keeping fit on the ark: assessing the suitability of captive-bred animals for release', Biological Conservation, 121: 569-577.
Matthews, K. (1998) Behavioural Studies of Sulawesi Crested Black Macaques (*Macaca nigra*): Managing Males in Captivity, Trinity, Jersey: Durrell Wildlife Conservation Trust.
May, H. Y. and Mercier, A. J. (2006) 'Responses of crayfish to a reflective environment depend on dominant status', Canadian Journal of Zoology, 84: 1104-11.
May, R. M. and Lyles, A. M. (1987) 'Living Latin binomials', Nature, 326: 642-3.
Mayor, J. (1984) 'Hand-feeding an orphaned scimitar-horned oryx Oryx dammah calf after its integration with the herd', International Zoo Yearbook, 23: 243-8.
Mayr, E. (1942) Systematics and the Origin of Species, New York, NY: Columbia University Press.
Mazur, N. A. (2001) After the Ark? Environmental Policy Making and the Zoo, Melbourne: Melbourne University Press.
McCann, C., Buchanan-Smith, H. M., Jones-Engel, L., Farmer, F., Prescott, M., Fitch-Snyder, H., Taylor, S., Buchanan-Smith, H. M., Jones-Engel, L., Farmer, F., Prescott, M., Fitch-Snyder, H., and Taylor, S. (2007) IPS International Guidelines for the Acquisition, Care and Breeding of Non-Human Primates (2nd edn), available online at http://www.internationalprimatologicalsociety.org.
McCann, C. M. and Rothman, J. M. (1999) 'Changes in nearest-neighbor associations in a captive group of western lowland gorillas after the introduction of five hand-reared infants', Zoo Biology, 18: 261-78.
McCarthy, S. (2005) Becoming a Tiger: How Baby Animals Learn to Live in the Wild, New York: Harper Perennial.
McCormick, A. E. (1983) 'Canine distemper in African cape hunting dogs (*Lycaon pictus*): possibly vaccine-induced',

Journal of Zoo Animal Medicine, 14: 66-71.
McCormick, W. (2003) 'How enriching is training?' in T. C. Gilbert (ed.) Proceedings of the Fifth Annual Symposium on Zoo Research, 7-8 July, Winchester: BIAZA, pp. 9-19.
McCormick, W., Melfi, V., and Muller, C. (2006) 'Lemurs pumping iron' in T. P. Meehan and M. E. Allen (eds), Proceedings of the Fourth European Zoo Nutrition Conference, 20-23 January, Leipzig Zoo: EAZA, p. 42.
McDonald, P., Edwards, R. A., Greenhalgh, J. F. D., and Morgan, C. A. (2002) Animal Nutrition, Harlow/ London: Prentice Hall (Pearson Education).
McDougall, P. T., Reale, D., Sol, D., and Reader, S. M. (2006) 'Wildlife conservation and animal temperament: causes and consequences of evolutionary change for captive, reintroduced and wild populations', Animal Conservation, 9: 39-48.
McDowell, L. R. (1989) Vitamins in Animal Nutrition: Comparative Aspects to Human Nutrition, San Diego, CA: Academic Press.
McDowell, L. R. (1992) Minerals in Animal and Human Nutrition, San Diego, CA: Academic Press.
McDowell, L. R. (2003) Minerals in Animal and Human Nutrition (2nd edn), Amsterdam: Elsevier Science.
McFarland, D. (1999) Animal Behaviour: Psychobiology, Ethology and Evolution (3rd edn), Harlow: Longman.
McGrew, W. C., Brennan, J. A., and Russel, J. (1986) 'An artificial gum-tree for marmosets (*Callithrix jacchus*)', Zoo Biology, 5: 45-50.
McKay, S. (2003) 'Personality profiles of the cheetah in the UK and Ireland, in relation to environmental factors and performance variables' T. C. Gilbert (ed.) Proceedings of the Fifth Annual Symposium on Zoo Research, 7-8 July, Winchester: BIAZA, pp. 177-89.
McKenna, V., Travers, W., and Wray, J. (eds) (1987) Beyond the Bars: The Zoo Dilemma, Wellingborough: Thorsons Publishing Group.
McKenzie, S., Chamove, S., and Feistner, A. (1986) 'Floor-coverings and hanging screens alter arboreal monkey behaviour', Zoo Biology, 5: 339-48.
McKinley, J., Buchanan-Smith, H. M., Bassett, L., and Morris, K. (2003) 'Training common marmosets (*Callithrix jacchus*) to cooperate during routine laboratory procedures: ease of training and time investment', Journal of Applied Animal Welfare Science, 6: 209-20.
McPhee, M. (2002) 'Intact carcasses as enrichment for large felids: effects on on- and off-exhibit behaviours', Zoo Biology, 21: 37-47.
McPhee, M., Foster, J., Sevenich, M., and Saunders, C. (1998) 'Public perceptions of behavioral enrichment: assumptions gone awry', Zoo Biology, 17: 525-34.
McWilliams, D. A. (2005a) 'Nutrition research on calcium homeostasis I: lizards (with recommendations)', International Zoo Yearbook, 39: 77-84.
McWilliams, D. A. (2005b) 'Nutrition research on calcium homeostasis II: freshwater turtles (with recommendations)', International Zoo Yearbook, 39: 85-98.
Measey, G., Gower, D., Oommen, O., and Wilkinson, M. (2001) 'Permanent marking of a fossorial caecilian, Gegeneophis ramaswamii (Amphibia: Gymnophiona: Caeciliidae)', Journal of South Asian Natural History, 5: 141-7.
Meehan, C. L. and Mench, J. A. (2002) 'Environmental enrichment affects the fear and exploratory responses to novelty of young Amazon parrots', Applied Animal Behaviour Science, 79: 75-88.
Meehan, C. L. and Mench, J. A. (2007) 'The challenge of challenge: can problem solving opportunities enhance animal welfare?', Applied Animal Behaviour Science, 102: 246-61.
Meehan, C. L., Garner, J. P., and Mench, J. A. (2003) 'Isosexual pair housing improves the welfare of young Amazon parrots', Applied Animal Behaviour Science, 81: 73-88.
Meehan, C. L., Garner, J. P., and Mench, J. A. (2004) 'Environmental enrichment and development of cage stereotypy in orange-winged Amazon parrots (*Amazona amazonica*)', Developmental Psychobiology, 44: 209-16.
Melfi, V. A. (2001) 'Identification and evaluation of the captive environmental factors that affect the behaviour of Sulawesi crested black macaques (*Macaca nigra*)', unpublished PhD thesis, Department of Zoology, University of Dublin, Trinity College Dublin, Ireland.
Melfi, V. A. (2005) 'The appliance of science to zoo-housed primates', Applied Animal Behaviour Science, 90: 97-106.
Melfi, V. A. and Feistner, A. T. C. (2002) 'A comparison of the activity budgets of wild and captive Sulawesi crested black macaques (*Macaca nigra*)', Animal Welfare, 11: 213-22.
Melfi, V. and Knight, K. (2008) 'Public perceptions of carnivore feeding methods: preliminary results from an international study' in A. Hartley (ed.) Proceedings of the Annual BIAZA Research Meeting, Whipsnade Zoo (in press).
Melfi, V. and Poyser, F. (2008) 'Trichuris burdens in zoo-housed Colobus guereza', International Journal of Primatology, 28: 1449-56.
Melfi, V. A. and Thomas, S. (2005) 'Can training zoo-housed primates compromise their conservation? A case study using Abyssinian colobus monkeys (*Colobus guereza*)', Anthrozoos, 18: 304-17.
Melfi, V. A., Garcia, L., Dicks, J., Bowers, C., Hendy, M., Chapman, J., and Bemment, N. (2004, unpublished) 'Wire hay racks: simple but effective enrichment', data presented at the BIAZA Elephant TAG meeting, Chester Zoo.
Melfi, V. A., McCormick, W., and Gibbs, A. (2004a) 'A preliminary assessment of how zoo visitors evaluate animal welfare according to enclosure style and the expression of behaviour', Anthrozoös, 17: 98-108.
Melfi, V. A., Uwakaneme, C., and Rees, M. (2004b) 'Crocodile environmental enrichment: as necessary as monkey puzzles!', BIAZA Research News, 5: 2-3.

Melfi, V. A., Bowkett, A., Plowman, A. B., and Pullen, K. (2007) 'Do zoo designers know enough about animals?' in A. B. Plowman and S. Tonge (eds), Innovation or Replication: Proceedings of the Sixth International Symposium on Zoo Design, 9-14 May, Paignton, pp. 119-27.

Mellen, J. D. (1991) 'Factors influencing reproductive success in small captive exotic felids (*Felis* spp.): a multiple regression analysis', Zoo Biology, 10: 95-110.

Mellen, J. D. (1992) 'Effects of early rearing experience on subsequent adult sexual behavior using domestic cats (*Felis catus*) as a model for exotic small felids', Zoo Biology, 11: 17-32.

Mellen, J. D. (1994) 'Survey and interzoo studies used to address husbandry problems in some zoo vertebrates', Zoo Biology, 13: 459-70.

Mellen, J. D. and Ellis, S. (1996) 'Animal learning and husbandry training techniques' in D. G. Kleiman, M. E. Allen, K. V. Thompson, and S. Lumpkin (eds), Wild Mammals in Captivity, Chicago, IL/London: University of Chicago Press, pp. 88-99.

Mellen, J. D. and MacPhee, M. S. (2001) 'Philosophy of environmental enrichment: past, present, and future', Zoo Biology, 20: 211-26.

Meller, C. L., Croney, C. C., and Shepherdson, D. (2007) 'Effects of rubberized flooring on Asian elephant behavior in captivity', Zoo Biology, 26: 51-61.

Mello, I., Nordensten, L., and Amundin, M. (2005) 'Reactions of three bottlenose dolphin dams with calves to other members of the group in connection with nursing', Zoo Biology, 24: 543-55.

Melnick, D. and Pearl, M. (1987) 'Cercopithecines in multimale groups: genetic diversity and population structure' in B. Smuts, D. Cheney, R. Seyfarth, R. Wrangham, and T. Struhsaker (eds), Primate Societies, Chicago, IL: Chicago University Press, pp. 121-34.

Mench, J. A. (1998) 'Thirty years after Brambell: whither animal welfare science?', Journal of Applied Animal Welfare Science, 1: 91-102.

Mensink, M. and Shafternaar, W. (1998) 'When bad things happen to bats: the occurrence of a Lyssavirus in a closed population of Egyptian frugivorous bats (*Rousettus aegyptiacus*) at Rotterdam Zoo', Proceedings of the Annual Meeting of the European Association of Zoo and Wildlife Veterinarians, Chester, pp. 147-51.

Menzel, C. (1991) 'Cognitive aspects of foraging in Japanese monkeys', Animal Behaviour, 41: 397-402.

Meretsky, V. J., Snyder, N. F. R., Beissinger, F. R., Clendenen, D. A., and Wiley, J. W. (2000) 'Demography of the Californian condor: implications for reestablishment', Conservation Biology, 14: 957-67.

Mete, A., Hendriks, H. G., Klaren, P. H. M., Dorrestein, G. M., van Dijk, J. E., and Marx, J. J. M. (2003) 'Iron metabolism in mynah birds (*Gracula religiosa*) resembles human hereditary haemochromatosis', Avian Pathology, 32: 625-32.

Meyer-Holzapfel, M. (1968) 'Abnormal behaviour in zoo animals' in M. W. Fox (ed.), Abnormal Behavior in Animals, Philadelphia, PA: W. B. Saunders, pp. 476-503.

Midgley, M. (1983) Animals and Why They Matter, Athens, GA: The University of Georgia Press.

Mikota, S.K. (2007) 'Tuberculosis in elephants', in M. E. Fowler and R. E. Miller (eds), Zoo and Wild Animal Medicine (6th edn), St Louis, MO: Saunders (Elsevier), pp. 355-64.

Mikota, S. K., Larsen, R. S., and Montali, R. J. (2000) 'Tuberculosis in elephants in North America', Zoo Biology, 19: 393-403.

Millam, J. R., Kenton, B., Jochim, L., Brownback, T., and Brice, A. T. (1995) 'Breeding orange-winged Amazon parrots in captivity', Zoo Biology, 14: 275-84.

Millar, J. S. and Hickling, G. J. (1990) 'Fasting endurance and the evolution of mammalian body size', Functional Ecology, 4: 5-12.

Miller, B., Conway, W., Reading, R. P., Wemmer, C., Wildt, D., Kleiman, D., Monfort, S., Rabinowitz, A., Armstrong, B., and Hutchins, M. (2004) 'Evaluating the conservation mission of zoos, aquariums, botanical gardens and natural history museums', Conservation Biology, 18: 86-93.

Miller, H. (2006) 'Cloacal and buccal swabs are a reliable source of DNA for microsatellite genotyping of reptiles', Conservation Genetics, 7: 1001-3.

Millman, S. T. and Duncan, I. J. H. (2000) 'Strain differences in aggressiveness of male domestic fowl in response to a male model', Applied Animal Behaviour Science, 66: 217-33.

Millman, S. T., Duncan, I. J. H., Stauffacher, M., and Stookey, J. M. (2004) 'The impact of applied ethologists and the International Society for Applied Ethology in improving animal welfare', Applied Animal Behaviour Science, International Society for Applied Ethology Special Issue: A Selection of Papers from the 36th ISAE International Congress, 86: 299-311.

Millspaugh, J. J. and Washburn, B. E. (2003) 'Within-sample variation of fecal glucocorticoid measurements', General and Comparative Endocrinology, 132: 21-6.

Millspaugh, J. J. and Washburn, B. E. (2004) 'Use of fecal glucocorticoid metabolite measures in conservation biology research: considerations for application and interpretation', General and Comparative Endocrinology, 138: 189-99.

Misslin, R. and Cigrang, M. (1986) 'Does neophobia necessarily imply fear or anxiety?', Behavioral Proceedings, 12: 45-50.

Mistlberger, R. E. (1994) 'Circadian food-anticipatory activity: formal models and physiological mechanisms', Neuroscience and Biobehavioral Reviews, 18: 171-95.

Mitchell, G. and Gomber, J. (1976) 'Moving laboratory rhesus monkeys (*Macaca mulatta*) to unfamiliar home cages',

Primates, 17: 543-7.
Mitchell, G., Herring, F., Obradovich, S., Tromborg, C., Dowd, B., Neville, L., and Field, L. (1991a) 'Effects of visitors and cage changes on the behaviours of mangabeys', Zoo Biology, 10: 417-23.
Mitchell, G., Obradovich, S. D., Herring, F. H., Dowd, B., and Tromborg, C. (1991b) 'Threats to observers, keepers, visitors, and others by zoo mangabeys (*Cercocebus galeritus chrysogaster*)', Primates, 32: 515-22.
Mitchell, G., Herring, F., and Obradovich, S. (1992a) 'Like threaten like in mangabeys and people', Anthrozoos, 5: 106-12.
Mitchell, G., Tromborg, C. T., Kaufman, J., Bargabus, S., Simoni, R., and Geissler, V. (1992b) 'More on the "influence" of zoo visitors on the behaviour of captive primates', Applied Animal Behaviour Science, 35: 189-98.
Mitchell, H. and Hosey, G. (2005) Zoo Research Guidelines: Studies of the Effects of Human Visitors on Zoo Animal Behaviour, London: BIAZA.
Moberg, G. P. and Mench, J. A. (eds) (2000) The Biology of Animal Stress: Basic Principles and Implications for Animal Welfare, Wallingford, Oxon: CABI Publishing.
Moe, M. (1993) The Marine Aquarium Reference: Systems and Invertebrates, Plantation, FL: Green Turtle Publications.
Molloy, L. and Hart, J. A. (2002) 'Duiker food selection: palatability trials using natural foods in the Ituri Forest, Democratic Republic of Congo', Zoo Biology, 21: 149-59.
Molony, V. and Kent, J. E. (1997) 'Assessment of acute pain in farm animals using behavioral and physiological measurements', Journal of Animal Science, 75: 266-72.
Montaudouin, S. and Le Pape, G. (2004) 'Comparison of the behaviour of European brown bears (*Ursus arctos arctos*) in six different parks, with particular attention to stereotypies', Behavioural Processes, 67: 235-44.
Montaudouin, S. and Le Pape, G. (2005) Comparison between 28 zoological parks: stereotypic and social behaviours of captive brown bears (*Ursus arctos*)', Applied Animal Behaviour Science, 92: 129-41.
Moodie, E. M. and Chamove, A. S. (1990) 'Brief threatening events beneficial for captive tamarins?', Zoo Biology, 9: 275-86.
Moore, B. D., Marsh, K. J., Wallis, I. R., and Foley, W. J. (2005) 'Taught by animals: how understanding diet selection leads to better zoo diets', International Zoo Yearbook, 39: 43-61.
Moore, T. L., Killiany, R. J., Herndon, J. G., Rosene, D. L., and Moss, M. B. (2006) 'Executive system dysfunction occurs as early as middle-age in the rhesus monkey', Neurobiology of Aging, 27: 1484-93.
Moran, G. and Sorensen, L. (1984) 'The behavioural researcher and the zoological park', Applied Animal Behaviour Science, 13: 143-55.
Morgan, J. M. and Hodgkinson, M. (1999) 'The motivation and social orientation of visitors attending a contemporary zoological park', Environment and Behavior, 31: 227-39.
Morgan, K. N. and Tromborg, C. T. (2007) 'Sources of stress in captivity', Applied Animal Behaviour Science, 102: 262-302.
Moritz, C. (1994) 'Defining "evolutionarily significant units" for conservation', Trends in Ecology and Evolution, 9: 373-5.
Mormede, P., Andanson, S., Auperin, B., Beerda, B., Guemene, D., Malmkvist, J., Manteca, X., Manteuffel, G., Prunet, P., van Reenen, C. G., Richard, S., and Veissier, I. (2007) 'Exploration of the hypothalamic-pituitary-adrenal function as a tool to evaluate animal welfare', Physiology and Behavior, 92: 317-39.
Morris, D. (1964) 'The response of animals to a restricted environment', Symposium of the Zoological Society of London, 13: 99-118.
Morris, D. (1969) The Human Zoo, London: Jonathon Cape.
Morton, A. C. (1990) 'Captive breeding of butterflies and moths II: conserving genetic variation and managing biodiversity', International Zoo Yearbook, 30: 89-97.
Moyle, M. (1989) 'Vitamin D and UV radiation: guidelines for the herpetoculturist' in M. Uricheck (ed.), Proceedings of the 13th International Herpetological Symposium on Captive Propagation and Husbandry, Thurmont, MD: Zoological Consortium Inc., pp. 61-70.
Murphy, J. B. (2007) Herpetological History of the Zoo and Aquarium World, Melbourne, FL: Krieger.
Murray, J., Murray, E., Johnson, M. S., and Clarke, B. (1988) 'The extinction of Partula on Moorea', Pacific Science, 42: 150-3.
Myers, O. E., Saunders, C. D., and Birjulin, A. A. (2004) 'Emotional dimensions of watching zoo animals: an experience sampling study building on insights from psychology', Curator, 47: 299-321.
Nash, L. T. (1986) 'Dietary, behavioral, and morphological aspects of gummivory in primates', American Journal of Physical Anthropology, 29: 113-37.
Nash, L. and Chilton, S. (1986) 'Space or novelty? Effects of altered cage size on galago behaviour', American Journal of Primatology, 10: 37-50.
Nelson, R. (2000) An Introduction to Behavioral Endocrinology, Sunderland, MA: Sinauer Associates.
Neptune, D. and Walz, D. (2005) 'Thinking outside the cardboard box: taking enrichment to the next level' in N. Clum, S. Silver, and P. Thomas (eds), Seventh Conference on Environmental Enrichment, 31 July-5 August, New York, The Shape of Enrichment, Inc., pp. 90-5.
Newberry, R. (1995) 'Environmental enrichment: increasing the biological relevance of captive environments.', Applied Animal Behavioural Science, 44: 229-43.
Nicholls, N. (2003) 'Development of a method to determine behavioural need in Mediterranean tortoise Testudo

hermanni', Federation Research Newsletter, 4: 3.
Nieuwenhuijsen, K. and de Waal, F. (1982) 'Effects of spatial crowding on social behavior in a chimpanzee colony', Zoo Biology, 1: 5-28.
Nijboer, J. and Hatt, J. (2000) Zoo Animal Nutrition, Vol. I, Furth: Filander Verlag.
Nimon, A. J. and Dalziel, F. R. (1992) 'Cross-species interaction and communication: a study method applied to captive siamang (*Hylobates syndactylus*) and long-billed corella (*Cacatua tenuirostris*) contacts with humans', Applied Animal Behaviour Science, 33: 261-72.
Noë, R. and Bshary, R. (1997) 'The formation of red colobus-diana monkey associations under predation pressure from chimpanzees', Proceedings of the Royal Biological Society, 264: 253-9.
Nogge, G. (1997) 'Introduction: zoo research — the role of the EAZA Research Committee', Applied Animal Behaviour Science, 51: 195-7.
Norcup, S. (2001) European Endangered Species Programme Studbook for Sulawesi Crested Black Macaques (*Macaca nigra*) (4th edn), Trinity, Jersey: Durrell Wildlife Conservation Trust.
Norris, R. (2005) 'Transport of animals by sea', OIE Scientific and Technical Review, 24: 673-81.
Norton, B. G., Hutchins, M., Stevens, E., and Maple, T. L. (eds) (1995) Ethics on the Ark: Zoos, Animal Welfare and Wildlife Conservation, Washington DC/London: Smithsonian Institute Press.
Novak, M. A. (2003) 'Self-injurious behaviour in rhesus monkeys: new insights into its etiology, physiology, and treatment', American Journal of Primatology, 59: 3-19.
Novak, M. A., Musante, A., Munroe, H., O'Neill, P. L., Price, C., and Suomi, S. J. (1993) 'Old, socially housed rhesus monkeys manipulate objects', Zoo Biology, 12: 285-98.
NRC (National Research Council) (1982) Nutrient Requirements of Mink and Foxes, Washington DC: National Academy Press.
NRC (National Research Council) (1998) Nutrient Requirements of Swine, Washington DC: National Academy Press.
NRC (National Research Council) (2001) Nutrient Requirements of Dairy Cattle, Washington DC: National Academy Press.
NRC (National Research Council) (2006) Nutrient Requirements of Cats and Dogs, Washington DC: National Academy Press.
Oaks, J. L., Gilbert, M., Virani, M. Z., Watson, R. T., Meteyer, C. U., Rideout, B. A., Shivaprasad, H. L., Ahmed, S., Chaudhry, M. J. I., Arshad, M., Mahmood, S., Ali, A., and Khan, A. A. (2004) 'Diclofenac residues as the cause of vulture population decline in Pakistan', Nature, 427: 630-3.
Oates, J. (1989) 'Food distribution and foraging behaviour' in B. Smuts, D. Cheney, R. Seyfarth, R. Wrangham, and T. Struhsaker (eds), Primate Societies, Chicago, IL: Chicago University Press, pp. 197-209.
O'Brien, J. (2006) 'Effects of conspecific playback recordings on a pair of Toco toucans', The Shape of Enrichment, 15: 3-5.
O'Brien, S., Roelke, M., Marker, L., Newman, A., Winkler, C., Meltzer, D., Colly, L., Evermann, J., Bush, M., and Wildt, D. (1985) 'Genetic basis for species vulnerability in the cheetah', Science, 227: 1428-34.
O'Brien, T. and Kinnaird, M. (1997) 'Behaviour, diet and movement of the Sulawesi crested black macaque', International Journal of Primatology, 18: 321-51.
O'Connor, K. I. (2000) 'Mealworm dispensers as environmental enrichment for captive Rodrigues fruit bats (*Pteropus rodricensis*)', Animal Welfare, 9: 123-37.
O'Donovan, D., Hindle, J. E., McKeown, S., and O'Donovan, S. (1993) 'Effect of visitors on the behaviour of female cheetahs Acinonyx jubatus', International Zoo Yearbook, 32: 238-44.
Oftedal, O. T. and Allen, M. E. (1996) 'Nutrition and dietary evaluation in zoos' in D. Kleiman, M. E. Allen, K. V. Thompson, and S. Lumpkin (eds), Wild Mammals in Captivity: Principles and Techniques, Chicago, IL/London: University of Chicago Press, pp. 109-16.
Oftedal, O. T., Baer, D. J., and Allen, M. E. (1996) 'The feeding and nutrition of herbivores' in D. Kleiman, M. E. Allen, K. V. Thompson, and S. Lumpkin (eds), Wild Mammals in Captivity: Principles and Techniques, Chicago, IL/London: University of Chicago Press, pp. 129-38.
Ogden, J., Lindburg, D., and Maple, T. (1993) 'Preference for structural environmental features in captive lowland gorillas', Zoo Biology, 1215: 381-95.
Olney, P. (1975) 'Walk-through avaries' in A. Michelmore (ed.), Proceedings of the First International Symposium on Zoo Design and Construction, 13-15 May, Paignton, pp. 130-5.
Olney, P. (1980) 'The London Zoo and Whipsnade Zoo' in L. S. Zuckerman (ed.), Great Zoos of the World: Their Origins and Significance, London: Weidenfeld & Nicolson, pp. 37-59.
Olney, P. J. S., Mace, G. M., and Feistner, A. T. C. (eds) (1994) Creative Conservation: Interactive Management of Wild and Captive Animals, London: Chapman & Hall.
O'Regan, H. J. (2001) 'Morphological effects of captivity in big cat skulls' in S. Wehnelt and C. Hudson (eds), Proceedings of the Third Annual Symposium on Zoo Research, 9-10 July, Chester: BIAZA, pp. 18-22.
O'Regan, H. J. and Kitchener, A. C. (2005) 'The effects of captivity on the morphology of captive, domesticated and feral mammals', Mammal Review, 35: 215-30.
Ortega, J., Franco, R., Adams, B. A., Ralls, K., and Maldonado, J. E. (2004) 'A reliable, non-invasive method for sex determination in the endangered San Joaquin kit fox (*Vulpes macrotis mutica*) and other canids', Conservation Genetics, 5: 715-18.

Osawa, R., Blanchard, W. H., and O'Callaghan, P. G. (1993) 'Microbiological studies of the intestinal microflora of the koala, Phascolarctos cinereus', Australian Journal of Zoology, 41: 611-20.

Ostrowski, S., Bedin, E., Lenain, D. M., and Abuzinada, A. H. (1998) 'Ten years of Arabian oryx conservation breeding in Saudi Arabia: achievements and regional perspectives', Oryx, 32: 209-22.

Ott-Joslin, J. E. (1993) 'Zoonotic diseases of nonhuman primates' in M. E. Fowler (ed.), Zoo and Wild Animal Medicine: Current Therapy (3rd edn), Philadelphia, PA: W. B. Saunders, pp. 358-73.

Overmier, J. B., Patterson, J., and Wielkiewics, R. M. (1980) 'Environmental contingencies as sources of stress in animals' in S. Levine and H. Ursin (eds) Coping and Health, New York: Plenum Press, pp. 1-38.

Owen, M., A., Swaisgood, R., R., Czekala, N., M. and Lindburg, D. G. (2005) 'Enclosure choice and well-being in giant pandas: is it all about control?', Zoo Biology, 24: 475-81.

Owen, M. A., Swaisgood, R. R., Czekala, N. M., Steinman, K., and Lindburg, D. G. (2004) 'Monitoring stress in captive giant pandas (*Ailuropoda melanoleuca*): behavioural and hormonal responses to ambient noise', Zoo Biology, 23: 147-64.

Packard, J., Babbitt, K., Hannon, P., and Grant, W. (1990) 'Infanticide in captive collared peccaries (*Tayassu tajacu*)', Zoo Biology, 9(1): 49-53.

Pankhurst, S. J. (1998) The Social Organisation of the Mara (*Dolichotis patagonum*) at Whipsnade Wild Animal Park, unpublished PhD thesis, Cambridge: University of Cambridge.

Pankhurst, S. J. and Knight, K. (2008) Zoo Research Guidelines: Behavioural Profiling of Zoo Animals, London: BIAZA (in press).

Pankhurst, S. J., Plumb, A., and Walter, O. (2008) Zoo Research Guidelines: Getting Zoo Research Published, London: BIAZA.

Parker, M., Goodwin, D., Redhead, E., and Mitchell, H. (2006) 'The effectiveness of environmental enrichment on reducing stereotypic behaviour in two captive vicugna (*Vicugna vicugna*)', Animal Welfare, 15: 59-62.

Pearce, J. M. (1997) Animal Learning and Cognition (2nd edn), Hove: Psychology Press.

Pearce-Kelly, P., Mace, G. M., and Clarke, D. (1995) 'The release of captive-bred snails (*Partula taeniata*) into a semi-natural environment', Biodiversity and Conservation, 4: 645-63.

Pearce-Kelly, P., Jones, R., Clarke, D., Walker, C., Atkin, P., and Cunningham, A. A. (1998) 'The captive rearing of threatened Orthoptera: a comparison of the conservation potential and practical considerations of two species' breeding programmes at the Zoological Society of London', Journal of Insect Conservation, 2: 201-10.

Pearson, G. L. (1977) 'Vaccine-induced canine distemper virus in black-footed ferrets', Journal of the American Veterinary Medicine Association, 170: 103-9.

Peeters, E. and Geers, R. (2006) 'Influence of provision of toys during transport and lairage on stress responses and meat quality of pigs', Animal Science, 82: 591-5.

Pennisi, E. (2001) 'Zoo's new primate exhibit to double as research lab', Science, 293: 1247.

Perkins, L. A. (1992) 'Variables that influence the activity of captive orang-utans', Zoo Biology, 11(3): 177-86.

Peterson, R. O., Jacobs, A. K., Drummer, T. D., Mech, L. D., and Smith, D. W. (2002) 'Leadership behavior in relation to dominance and reproductive status in gray wolves, *Canis lupus*', Canadian Journal of Zoology, 80(8): 1405-12.

Pickard, A. (2003) 'Reproductive and welfare monitoring for the management of ex situ populations' in W. Holt, A. Pickard, J. Rodger, and D. Wildt (eds), Reproductive Science and Integrated Conservation, Cambridge: Cambridge University Press, pp. 132-46.

Pickering, S., Creighton, E., and Stevens-Wood, B. (1992) 'Flock size and breeding success in flamingos', Zoo Biology, 11: 229-34.

Picq, J.-L. (2007) 'Aging affects executive functions and memory in mouse lemur primates', Experimental Gerontology, 42(3): 223-32.

Pierce, J. (2005) 'A system for mass culture of upside-down jellyfish *Cassiopea* spp as a potential food item for medusivores in captivity', International Zoo Yearbook, 39: 62-9.

Pinder, N. J. and Barkham, J. P. (1978) 'An assessment of the contribution of captive breeding to the conservation of rare mammals', Biological Conservation, 13: 187-245.

Pizzi, R. (2004) 'Slap me with a dead penguin: what we can learn from 1001 penguin post-mortems at Edinburgh Zoo' in C. Macdonald (ed.), Proceedings of the Sixth Annual Symposium on Zoo Research, 8-9 July, Edinburgh: BIAZA, pp. 253-55.

Plowman, A. B. (2003) 'A note on a modification of the spread of participation index allowing for unequal zones', Applied Animal Behaviour Science, 83: 331-6.

Plowman, A. B. (ed.) (2006) Zoo Research Guidelines: Statistics for Typical Zoo Datasets, London: BIAZA.

Plowman, A. B. and Knowles, L. (2003) 'Overcoming habituation in an enrichment programme for tigers' in: V. J. Hare, K. E. Worley, and B. Hammond (eds) Proceedings of the Fifth International Conference on Environmental Enrichment, 4-9 November 2001, Taronga Zoo, Sydney, Australia. San Diego, CA: The Shape of Enrichment Inc., pp. 263-8.

Plowman, A. B. and Turner, I. (2001a) 'A survey and database of browse use for mammals in UK and Irish zoos' in S. Wehnelt and C. Hudson (eds), Proceedings of the Third Annual Symposium on Zoo Research, 9-10 July, Chester: BIAZA, pp. 50-5.

Plowman, A. B. and Turner, I. (2001b) Database of Browse Used in Federation Zoos, CD-ROM, London: BIAZA.

Plowman, A. B. and Turner, I. (2006) 'A survey and database of browse use for mammals in UK and Irish zoos' in A. Fidgett, M. Claus, K. Eulenberger, J.-M. Hatt, I. Hume, G. Janssens, and J. Nijboer (eds), Zoo Animal Nutrition, Vol. III, Fü

rth: Filander Verlag, pp. 193-7.
Plowman, A. B., Jordan, N. R., Anderson, N., Condon, E., and Fraser, O. (2005) 'Welfare implications of captive primate population management: behavioural and psycho-social effects of female-based contraception, oestrus and male removal in hamadryas baboons (*Papio hamadryas*)', Applied Animal Behaviour Science, 90: 155-65.
Plowman, A. B., Hosey, G., and Stevenson, M. (2006) Zoo Research Guidelines: Surveys and Questionnaires, London: BIAZA.
Plowman, A., Green, K., and Taylor, L. (2008) 'Should zoo food be chopped?' in A. Fidgett (ed.) Proceedings of the Fifth European Zoo Nutrition Conference, 24-27 January 2008, Chester Zoo, Chester (in press).
Pochon, V. (1998) 'Mixed species exhibit for Eastern black-and-white colobus and patas monkeys', International Zoo Yearbook, 36: 69-73.
Polakowski, W. (1987) Zoo Design: The Reality of Wild Illusions, Ann Arbour, MI: University of Michigan, School of Natural Sciences.
Pond, W. G., Church, D. C., Pond, K., and Schoknecht, P. A. (2005) Basic Animal Nutrition and Feeding (5th edn), New York: John Wiley & Sons.
Poole, T. (1999) UFAW Handbook on the Care and Management of Laboratory Animals (7th edn), Oxford: Blackwell Science.
Pope, C. E. (2000) 'Embryo technology in conservation efforts for endangered felids', Theriogenology, 53: 163-74.
Popp, J. W. (1984) 'Interspecific aggression in mixed ungulate species exhibits', Zoo Biology, 3: 211-19.
Pounds, J. A., Bustamante, A. R., Coloma, L. A., Consuegra, J. A., Fogden, M. P., Foster, P. N., La Marca, E., Masters, K. L., Merino-Viteri, A., Puschendorf, R., Ron, S. R., Sànchez-Azofeifa, G. A., Still, C. J., and Young, B. E. (2006) 'Widespread amphibian extinctions from epidemic disease driven by global warming', Nature, 439: 161-7.
Povey, K. D. and Rios, J. (2002) 'Using interpretive animals to deliver affective messages in zoos', Journal of Interpretation Research, 7: 19-28.
Powell, D. (1995) 'Preliminary evaluation of environmental enrichment techniques for African lions (*Panthera leo*)', Animal Welfare, 4: 361-71.
Powell, D. M., Carlstead, K., Tarou, L. R., Brown, J. L., and Monfort, S. L. (2006) 'Effects of construction noise on behavior and cortisol levels in a pair of captive giant pandas (*Ailuropoda melanoleuca*)', Zoo Biology, 25: 391-408.
Preston, D. J. (1983) 'Jumbo, king of elephants', Natural History, 92: 80-3.
Price, D. (2000) 'Psychological and neural mechanisms of the affective dimension of pain', Science, 288: 1769-72.
Price, E. and Caldwell, C. A. (2007) 'Artificially generated cultural variation between two groups of captive monkeys, Colobus guereza kikuyuensis', Behavioural Processes, 74: 13-20.
Price, E. C., McGivern, A.-M., and Ashmore, L. (1991) 'Vigilance in a group of free-ranging cotton-top tamarins Saguinus oedipus', Dodo: Journal of the Jersey Wildlife Preservation Trust, 27: 41-9.
Price, E. C., Ashmore, L. A., and McGivern, A.-M. (1994) 'Reactions of zoo visitors to free-ranging monkeys', Zoo Biology, 13: 355-73.
Price, E. E. and Stoinski, T. S. (2007) 'Group size: determinants in the wild and implications for the captive housing of wild mammals in zoos', Applied Animal Behaviour Science, 103: 255-64.
Price, E. O. (1984) 'Behavioural aspects of animal domestication', Quarterly Review of Biology, 59: 1-32.
Provenza, F. D., Scott, C. B., Phy, T. S., and Lynch, J. J. (1996) 'Preference of sheep for foods varying in flavors and nutrients', Journal of Animal Science, 74: 2355-61.
Prusky, G. T., Reidel, C., and Douglas, R. M. (2000) 'Environmental enrichment from birth enhances visual acuity but not place learning in mice', Behavioural Brain Research, 114: 11-15.
Pryor, K. (2002) Don't Shoot the Dog! The New Art of Teaching and Training, Dorking: Ringpress Books.
Puan, C. L. and Zakaria, M. (2007) 'Perception of visitors towards the role of zoos: a Malaysian perspective', International Zoo Yearbook, 41: 226-32.
Pullen, K. (2005) 'Preliminary comparisons of male/male interactions within bachelor and breeding groups of western lowland gorillas (*Gorilla gorilla gorilla*)', Applied Animal Behaviour Science, 90: 143-53.
Pusey, A. and Packer, C. (1987) 'Dispersal and philopatry' in B. Smuts, D. Cheney, R. Seyfarth, R. Wrangham, and T. Stuhsaker (eds), Primate Societies, Chicago, IL: University of Chicago Press, pp. 250-66.
Quinn, H. and Quinn, H. (1993) 'Estimated number of snake species that can be managed by Species Survival Plans in North America', Zoo Biology, 12: 243-56.
Rabb, G. B. (1994) 'The changing roles of zoological parks in conserving biological diversity', American Zoologist, 34: 159-64.
Rabb, G. B. and Saunders, C. D. (2005) 'The future of zoos and aquariums: conservation and caring', International Zoo Yearbook, 39: 1-26.
Rabb, G. B. and Sullivan, T. A. (1995) 'Coordinating conservation: global networking for species survival', Biodiversity and Conservation, 4: 536-43.
Rabin, L. A. (2003) 'Maintaining behavioural diversity in captivity for conservation: natural behaviour management', Animal Welfare, 12: 85-94.
Rachels, J. (1976) 'Do animals have a right to liberty?' in P. Singer and T. Regan (eds), Animal Rights and Human Obligations, Englewood Cliffs, New Jersey: Prentice Hall, pp. 205-23.
Radcliffe, R. W., Czekala, N. M., and Osofsky, S. A. (1997) 'Combined serial ultrasonography and fecal progestin analysis

for reproductive evaluation of the female white rhinoceros (*Ceratotherium simum simum*): preliminary results', Zoo Biology, 16: 445-6.

Radford, M. (2001) Animal Welfare Law in Britain: Regulation and Responsibility, Oxford: Oxford University Press.

Ralls, K., Lundrigan, B., and Kranz, K. (1987) 'Mother.young relationships in captive ungulates: spatial and temporal patterns', Zoo Biology, 6: 11-20.

Ramirez, K. (ed.) (1999) Animal Training: Successful Animal Management Through Positive Reinforcement, Chicago, IL: Shedd Aquarium Society.

Raphael, B. L. (2003) 'Chelonians (Turtles, Tortoises)' in M. E. Fowler and M. E. Miller (eds), Zoo and Wild Animal Medicine (5th edn), Philadelphia, PA: Elsevier (Saunders), pp. 48-58.

Raven, P. H. (2002) 'Science, sustainability, and the human prospect', Science, 297: 954-8.

Rawlins, C. G. C. (1985) 'Zoos and conservation: the last 20 years', Symposia of the Zoological Society of London, 54: 59-69.

Reade, L. S. and Waran, N. K. (1996) 'The modern zoo: how do people percieve zoo animals?', Applied Animal Behavioural Sciences, 4710: 109-18.

Reading, R. P. and Miller, B. J. (2007) 'Attitudes and attitude change among zoo visitors' in A. Zimmermann, M. Hatchwell, L. Dickie, and C. West (eds), Zoos in the 21st Century: Catalysts for Conservation?, Cambridge: Cambridge University Press, pp. 63-91.

Reaka-Kudka, M. L., Wilson, D. E., and Wilson, E. O. (eds) (1996) Biodiversity II: Understanding and Protecting our Biological Resources, Washington DC: Joseph Henry Press.

Réale, D. and Festa-Bianchet, M. (2003) 'Predator-induced natural selection on temperament in bighorn ewes', Animal Behaviour, 65: 463-70.

Redig, P. T. and Ackermann, J. (2000) 'Raptors' in T. N. Tully, M. P. C. Lawton, and G. M. Dorrestein (eds), Avian Medicine, Oxford: Butterworth-Heinemann, pp. 180-214.

Redshaw, M. E. and Mallinson, J. J. C. (1991) 'Learning from the wild: improving the psychological and physical well-being of captive primates', Dodo: Journal of the Jersey Wildlife Preservation Trust, 2712: 18-26.

Reed, H. J., Wilkins, L. J., Austin, S. D., and Gregory, N. G. (1993) 'The effect of environmental enrichment during rearing on fear reactions and depopulation trauma in adult caged hens', Applied Animal Behaviour Science, 36: 39-46.

Rees, P. A. (2004) 'Low environmental temperature causes an increase in stereotypic behaviour in captive Asian elephants (*Elephas maximus*)', Journal of Thermal Biology, 29: 37-43.

Rees, P. A. (2005a) 'The EC Zoos Directive: a lost opportunity to implement the Convention on Biological Diversity', Journal of International Wildlife Law and Policy, 8: 51-62.

Rees, P. A. (2005b) 'Will the EC Zoos Directive increase the conservation value of zoo research?', Oryx, 39: 128-31.

Regal, P. (1980) 'Temperature and light requirements of captive reptiles' in J. Murphy and J. Collins (eds), Reproductive Biology and Diseases in Captive Reptiles, St Louis, MO: Society for the Study of Amphibians and Reptiles, pp. 79-91.

Regan, J. (2005) The Manifesto for Zoos, Manchester: John Regan Associates Ltd.

Regan, T. (1983) The Case for Animal Rights, Berkeley, CA: University of California Press.

Regan, T. (1995) 'Are zoos morally defensible?' in B. G. Norton, M. Hutchins, E. Stevens, and T. L. Maple (eds), Ethics on the Ark: Zoos, Animal Welfare and Wildlife Conservation, Washington DC/London: Smithsonian Institute Press, pp. 38-51.

Rehling, M. (2001) 'Octopus enrichment techniques' in M. Hawkins, K. E. Worley, and B. Hammond (eds), Fifth International Conference on Environmental Enrichment, 4-9 November, Sydney, The Shape of Enrichment Inc., pp. 94-8.

Reinhardt, V. (1994a) 'Caged Rhesus macaques voluntarily work for ordinary food', Primates, 35: 95-8.

Reinhardt, V. (1994b) 'Safe pair formation technique for previously single-caged Rhesus macaques', available online at http://www.awionline.org/Lab_animals/biblio/tou-safe.htm.

Reinhardt, V. (1995) 'Arguments for single-caging of Rhesus macaques: are they justified?', Animal Welfare Information Center Newsletter, 6: 1-2.

Reinhardt, V. (2003) 'Working with rather than against macaques during blood collection', Journal of Applied Animal Welfare Science, 6: 189-97.

Reinhardt, V. and Reinhardt, A. (2000) 'Social enhancement for adult non-human primates in research laboratories: a review', Lab Animal, 29: 34-41.

Reinhardt, V. and Roberts, A. (1997) 'Effective feeding enrichment for non-human primates: a brief review', Animal Welfare, 6: 265-72.

Reinhardt, V., Liss, C., and Stevens, C. (1996) 'Space requirement stipulations for caged non-human primates in the United States: a critical review', Animal Welfare, 5: 361-72.

Reinhardt, V., Bryant, D., Kurth, B., Lynch, R., Asvestas, C., Byrum, R., Claire, M. S., and Seelig, D. (1998) 'Discussion: a plea for pair-housing of adult macaques', Laboratory Primate Newsletter, 37: 4.

Reiss, D. (2005) 'Enriching animals while enriching science: providing choice and control to dolphins' in N. Clum, S. Silver, and P. Thomas (eds), Seventh Conference on Environmental Enrichment, 31 July. 5 August, New York, The Shape of Enrichment, Inc., pp. 26-31.

Rendall, D. and Taylor, L. T. (1991) 'Female sexual behavior in the absence of male.male competition in captive Japanese macaques (*Macaca fuscata*)', Zoo Biology, 10: 319-28.

Renner, M. J. and Lussier, J. P. (2002) 'Environmental enrichment for the captive spectacled bear (*Tremarctos ornatus*)', Pharmacology Biochemistry and Behavior, 73: 279-83.
Rhoads, D. L. and Goldsworthy, R. J. (1979) 'The effects of zoo environments on public attitudes toward endangered wildlife', International Journal of Environmental Studies, 13: 283-7.
Richman, L. K. (2007) 'Elephant herpesviruses' in M. E. Fowler and R. E. Miller (eds), Zoo and Wild Animal Medicine (6th edn), St Louis, MO: Saunders (Elsevier), pp. 349-54.
Robbins, C. T. (1993) Wildlife Feeding and Nutrition (2nd edn), New York, NY: Academic Press.
Roberts, R. L., Roytburd, L. A., and Newman, J. D. (1999) 'Puzzle feeders and gum feeders as environmental enrichment for common marmosets', Contemporary Topics in Laboratory Animal Science, 38: 27-31.
Robertson, D. R. (1982) 'Fish faeces as fish food on a Pacific coral-reef', Marine Ecology Progress Series, 7: 253-65.
Robinson, M. H. (1989) 'The zoo that is not: education for conservation', Conservation Biology, 3: 213-15.
Robinson, M. H. (1996a) 'Foreword' in R. J. Hoage and W. A. Deiss (eds), New Worlds, New Animals: From Menagerie to Zoological Park in the Nineteenth Century, Baltimore, MD/London: John Hopkins University Press, pp. vii-xi.
Robinson, M. H. (1996b) 'The BioPark concept and the exhibition of mammals' in D. G. Kleiman, M. E. Allen, K. V. Thompson, and S. Lumpkin (eds), Wild Mammals in Captivity: Principles and Techniques, Chicago, IL/London: University of Chicago Press, pp. 161-6.
Roca, A. L., Georgiadis, N., Pecon-Slattery, J., and O'Brien, S. J. (2001) 'Genetic evidence for two species of elephant in Africa', Science, 293: 1473-7.
Rodda, G., Bock, B., Burghardt, G., and Rand, A. (1988) 'Techniques for identifying individual lizards at a distance reveal influences of handling', Copeia, 1988(4): 905-13.
Roeder, J.-J. (1980) 'Marking behaviour and olfactory recognition in genets (*Genetta genetta* L.; in Carnivora-Viverridae)', Behaviour, 72: 200-10.
Roeder, J.-J. (1983) 'Études des interactions sociales entre male et femelle chez la genette (*Genetta genetta* L.): relations entre marquage olfactif et agression', Zeitschrift fur Tierpsychologie, 61: 293-310.
Roeder, J.-J. (1984) 'Ontogenèse des systèmes de communication chez la genette (*Genetta genetta* L.)', Behaviour, 90: 259-301.
Rollin, B. E. (1992) Animal Rights and Human Morality, New York: Prometheus Books.
Ross, S. R. (2006) 'Issues of choice and control in the behaviour of a pair of captive polar bears (*Ursus maritimus*)', Behavioural Processes, 73: 117-20.
Ross, S. R. and Lukas, K. E. (2006) 'Use of space in a non-naturalistic environment by chimpanzees (*Pan troglodytes*) and lowland gorillas (*Gorilla gorilla gorilla*)', Applied Animal Behaviour Science, 96: 143-52.
Rothfels, N. (2002) Savages and Beasts: The Birth of the Modern Zoo, Baltimore, MD/London: John Hopkins University Press.
Rothschild, B. M., Rothschild, C., and Woods, R. J. (2001) 'Inflammatory arthritis in canids: spondyloarthropy', Journal of Zoo Wildlife Medicine, 32: 58-64.
Roush, R. S., Burkhardt, R., Converse, L., Dreyfus, T. A., Garrison, C., Porter, T. A., Snowdon, C. T., and Ziegler, T. E. (1992) 'Comment on "Are alarming events good for captive monkeys?"', Applied Animal Behaviour Science, 33: 291-3.
Rowland, D. L., Helgeson, V. S., and Cox, C. C. (1984) 'Temporal patterns of parturition in mammals in captivity', Chronobiologica, 11: 31-9.
Rushen, J. (1993) 'The "coping" hypothesis of stereotypic behaviour', Animal Behaviour, 45: 613-15.
Rushen, J. (2003) 'Changing concepts of farm animal welfare: bridging the gap between applied and basic research', Applied Animal Behaviour Science, International Society for Applied Ethology Special Issue: A Selection of Papers from the ISAE International Congresses, 1999-2001, 81: 199-214.
Rushen, J. and Depassillé, A. M. B. (1992) 'The scientific assessment of the impact of housing on animal welfare: a critical review', Canadian Journal of Animal Science, 72: 721-43.
Russel, A. (1984) 'Body condition scoring of sheep', In Practice, 6: 91-3.
Russow, L.-M. (2002) 'Ethical implications of the human.animal bond in the laboratory', ILAR Journal, 43: 33-7.
Rutherford, K. (2002) 'Assessing pain in animals', Animal Welfare, 11: 31-53.
Ryan, S., Thompson, S., Roth, A., and Gold, K. (2002) 'Effects of hand-rearing on the reproductive success of western lowland gorillas in North America', Zoo Biology, 21: 389-401.
Ryder, O. A. (1986) 'Species conservation and systematics: the dilemma of subspecies', Trends in Ecology and Evolution, 1: 9-10.
Ryder, O. A. and Feistner, A. T. C. (1995) 'Research in zoos: a growth area in conservation', Biodiversity and Conservation, 4: 671-7.
Sainsbury, D. (1998) Animal Health (2nd edn), London: Blackwell Science.
Sales, G. D., Milligan, S. R., and Khirnykh, K. (1999) 'Sources of sound in the laboratory animal environment: a survey of the sounds produced by procedures and equipment', Animal Welfare, 8: 97-115.
Sambrook, T. D. and Buchanan-Smith, H. M. (1997) 'Control and complexity in novel object enrichment', Animal Welfare, 6: 207-16.
Sanderson, S. (2007) 'Appendix A: Contraception' in V. Melfi (ed.) Proceedings of the Eighth European Endangered Species Programme (EEP) Studbook for Sulawesi Crested Black Macaque (*Macaca nigra*), Paignton Zoo Environmental Park, pp. 51-4.

Sanderson, S., Fidgett, A. L., and Fletcher, E. (2004) 'The effect of food presentation on the mortality rates and reproductive success of a colony of Rodrigues fruit bats (*Pteropus rodricensis*)' in Proceedings of the European Association of Zoo and Wildlife Veterinarians Fifth Scientific Meeting, 19-23 May, Ebeltoft: EAZWV, pp. 13-19.

Sannen, A., Van Elsacker, L., and Eens, M. (2004) 'Effect of spatial crowding on aggressive behaviour in a bonobo colony', Zoo Biology, 23: 383-95.

Saskia, J. and Schmid, H. (2002) 'Effect of feeding boxes on the behaviour of stereotyping Amur tigers (*Panthera tigris altaica*) in the Zurich Zoo, Zurich, Switzerland', Zoo Biology, 21: 573-84.

Savage, A., Rice, J. M., Brangan, J. M., Martini, D. P., Pugh, J. A., and Miller, C. D. (1994) 'Performance of African elephants (*Loxodonta africana*) and California sea lions (*Zalophus californianus*) on a two-choice object discrimination task', Zoo Biology, 13: 69-75.

Savastano, G., Hanson, A., and McCann, C. (2003) 'The development of an operant conditioning training program for New World primates at the Bronx Zoo', Journal of Applied Animal Welfare Science, 6: 247-61.

Schaaf, C. (1984) 'Animal behaviour and the captive management of wild mammals: a personal view', Zoo Biology, 310: 373-7.

Schafer, E. H. (1968) 'Hunting parks and animal enclosures in Ancient China', Journal of the Economic and Social History of the Orient, 11: 318-43.

Schaffer, N., Beehler, B., Jeyendran, R. S., and Balke, B. (1990) 'Methods of semen collection in an ambulatory greater one-horned rhinoceros (*Rhinoceros unicornis*)', Zoo Biology, 9: 211-21.

Schaffner, C. M. and Smith, T. E. (2005) 'Familiarity may buffer the adverse effects of relocation on marmosets (*Callithrix kuhlii*): preliminary evidence', Zoo Biology, 24: 93-100.

Schapiro, S. J., Bloomsmith, M. A., Suarez, S. A., and Porter, L. M. (1997) 'A comparison of the effects of simple versus complex environmental enrichment on the behaviour of group-housed, subadult rhesus macaques', Animal Welfare, 6: 17-28.

Schapiro, S. J., Perlman, J. E., and Boudreau, B. A. (2001) 'Manipulating the affiliative interactions of group-housed rhesus macaques using positive reinforcement training techniques', American Journal of Primatology, 55: 137-49.

Schapiro, S. J., Bloomsmith, M. A., and Laule, G. E. (2003) 'Positive reinforcement training as a technique to alter non-human primate behaviour: quantitative assessments of effectiveness', Journal of Applied Animal Welfare Science, 6: 175-87.

Scharmann, C. and van Hooff, J. (1986) 'Reproductive strategies of the orang-utan: new data and a reconsideration of existing sociosexual models', International Journal of Primatology, 7: 265-87.

Schiml, P. A., Mendoza, S. P., Saltzman, W., Lyons, D. M., and Mason, W. A. (1996) 'Seasonality in squirrel monkeys (*Saimiri sciureus*): social facilitation by females', Physiology and Behavior, 60: 1105-13.

Schmid, J., Heistermann, M., Gansloser, U., and Hodges, J. K. (2001) 'Introduction of foreign female Asian elephants (*Elephas maximus*) into an existing group: behavioural reactions and changes in cortisol levels', Animal Welfare, 10: 357-72.

Schmidt-Nielsen, K. (1997) Animal Physiology: Adaptation and Environment, Cambridge: Cambridge University Press.

Schmitt, D. L. (2003) 'Proboscidea (Elephants)' in M. E. Fowler and M. E. Miller (eds), Zoo and Wild Animal Medicine (5th edn), Philadelphia, PA: Elsevier (Saunders), pp. 541-50.

Schulte-Hostedde, A. I., Zinner, B., Millar, J. S., and Hickling, G. J. (2005) 'Restitution of mass-size residuals: validating body condition indices', Ecology, 86: 155-63.

Schwabe, C. W. (1984) Veterinary Medicine and Human Health (3rd edn), Baltimore, MD: Williams & Wilkins.

Schwaibold, U. and Pillay, N. (2001) 'Stereotypic behaviour is genetically transmitted in the African striped mouse Rhabdomys pumilio', Applied Animal Behaviour Science, 74: 273-80.

Schwartzkopf-Genswein, K. S., Huisma, C., and McAllister, T. A. (1999) 'Validation of a radio frequency identification system for monitoring the feeding patterns of feedlot cattle', Livestock Production Science, 60: 27-31.

Schwartzkopf-Genswein, K. S., Stookey, J. M., and Welford, R. (1997) 'Behavior of cattle during hot-iron and freeze branding and the effects on subsequent handling ease', Journal of Animal Science, 75: 2064-72.

Schwitzer, C. and Kaumanns, W. (2001) 'Body weights of ruffed lemurs (*Varecia variegata*) in European zoos, with reference to the problem of obesity', Zoo Biology, 20: 261-9.

Scott, L., Pearce, P., Fairhall, S., Muggleton, N., and Smith, J. (2003) 'Training non-human primates to cooperate with scientific procedures in applied biomedical research', Journal of Applied Animal Welfare Science, 6: 199-207.

Scruton, D. M. and Herbert, J. (1972) 'The reaction of groups of captive talapoin monkeys to the introduction of male and female strangers of the same species', Animal Behaviour, 20: 463-73.

Seal, U. S. (1991) 'Life after extinction' in J. H. W. Gipps (ed.) 'Beyond captive breeding: re-introducing endangered animals to the wild', Symposium of the Zoological Society of London, 62: 39-55.

Seebeck, J. and Booth, R. (1996) 'Eastern barred bandicoot recovery: the role of the veterinarian in the management of endangered species', Australian Veterinary Journal, 73: 81-3.

Segovia, G., Yague, A. G., Garcia-Verdugo, J. M., and Mora, F. (2006) 'Environmental enrichment promotes neurogenesis and changes the extracellular concentrations of glutamate and GABA in the hippocampus of aged rats', Brain Research Bulletin, 70: 8-14.

Seidensticker, J. and Doherty, J. (1996) 'Integrating animal behaviour and exhibit design' in D. Kleiman, M. Allen, K. Thompson, and S. Lumpkin (eds), Wild Mammals in Captivity, Chicago, IL: Chicago University Press, pp. 180-90.

Sellinger, R. L. and Ha, J. C. (2005) 'The effects of visitor density and intensity on the behaviour of two captive jaguars (*Panthera onca*)', Journal of Applied Animal Welfare Science, 8: 233-44.
Seltzer, L. J. and Ziegler, T. E. (2007) 'Non-invasive measurement of small peptides in the common marmoset (*Callithrix jacchus*): a radiolabeled clearance study and endogenous excretion under varying conditions', Hormones and Behaviour, 51: 436-42.
Selye, H. (1973) 'The evolution of the stress concept', American Scientist, 61: 692-9.
Semple, S. (2002) 'Analysis of research projects conducted in Federation collections to 2000', Federation Research Newsletter, 3: 3.
Seres, M., Aureli, F., and de Waal, F. B. M. (2001) 'Successful formation of a large chimpanzee group out of two preexisting subgroups', Zoo Biology, 20: 501-15.
Shackleton-Bailey, D. R. (ed. and trans.) (2004) Cicero, Epistulae ad Familiares Vol. 2, 47-43 BC, Cambridge Classical Texts and Commentaries No. 17, Cambridge: Cambridge University Press.
Shackley, M. (1996) Wildlife Tourism, London: Routledge.
Shannon, G. (2005) 'The effects of sexual dimorphism on the movements and foraging ecology of the African elephant', unpublished PhD thesis, School of Biological and Conservation Sciences, Durban, University of KwaZulu-Natal.
Shepherdson, D. (1991) 'A wild time at the zoo: practical enrichment for zoo animals', Annual Conference of the American Association of Zoological Parks and Aquariums, San Diego, CA: AAZPA, pp. 413-20.
Shepherdson, D. (1994) 'The role of environmental enrichment in the captive breeding and reintroduction of endangered species' in P. J. S. Olney, G. M. Mace, and A. T. C. Feistner (eds), Creative Conservation: Interactive Management of Wild and Captive Animals, London: Chapman & Hall, pp. 167-77.
Shepherdson, D. (1998) Second Nature: Environmental Enrichment for Captive Animals, Washington DC: Smithsonian Books.
Shepherdson, D. J., Carlstead, K. C., Mellen, J., and Seidensticker, J. (1993) 'The influence of food presentation on the behavior of small cats in confined environments', Zoo Biology, 12: 203-16.
Shepherdson, D., Carlstead, K. C., and Wielebnowski, N. (2004) 'Cross-institutional assessment of stress responses in zoo animals using longitudinal monitoring of faecal corticoids and behaviour', Animal Welfare, 13: 105-13.
Sheppard, C. (1995) 'Propagation of endangered birds in US institutions: how much space is there?', Zoo Biology, 14: 197-210.
Sheppard, C. and Dierenfeld, E. (2002) 'Iron storage disease in birds: speculation on etiology and implications for captive husbandry', Journal of Avian Medicine and Surgery, 16: 192-7.
Sherrill, J., Spelman, L. H., Reidel, C. L., and Montali, R. J. (2000) 'Common cuttlefish (*Sepia officinalis*) mortality at the National Zoological Park: implications for clinical management', Journal of Zoo and Wildlife Medicine, 31: 523-31.
Sherwin, C. (2001) 'Can invertebrates suffer? Or, how robust is argument-by-analogy?', Animal Welfare, 10: 103-18.
Shi, Y. and Yokoyama, S. (2003) 'Molecular analysis of the evolutionary significance of ultraviolet vision in vertebrates', Proceedings of the National Academy of Sciences USA, 100: 8308-13.
Shine, C., Shine, N., Shine, R., and Slip, D. (1988) 'Use of subcaudal scale anomalies as an aid in recognizing individual snakes', Herpetological Review, 19: 79.
Sibley, C. G. and Monroe Jr, B. L. (1990) Distribution and Taxonomy of the Birds of the World, New Haven, CT/London: Yale University Press.
Sibley, C. G. and Monroe Jr, B. L. (1993) Supplement to Distribution and Taxonomy of the Birds of the World, New Haven, CT/London: Yale University Press.
Signal, T. D. and Taylor, N. (2006) 'Attitudes to animals in the animal protection community compared to a normative community sample', Society and Animals, 14: 265-74.
Sigursdon, C. J. and Miller, M. W. (2003) 'Other animal prion diseases', British Medical Bulletin, 66: 199-212.
Silk, J. (1989) 'Social behaviour in evolutionary perspective' in B. Smuts, D. Cheney, R. Seyfarth, R. Wrangham, and T. Strusaker (eds), Primate Societies, Chicago, IL: Chicago University Press, pp. 318-29.
Silver, S. C., Ostro, L. E. T., Yeager, C. P., and Dierenfeld, E. S. (2000) 'Phytochemical and mineral components of foods consumed by black howler monkeys (*Alouatta pigra*) at two sites in Belize', Zoo Biology, 19: 95-109.
Simeone, A., Wilson, R. P., Knauf, G., Knauf, W., and Schützendübe, J. (2002) 'Effects of attached data-loggers on the activity budgets of captive Humboldt penguins', Zoo Biology, 21: 365-73.
Simmonds, M. P. (2006) 'Into the brains of whales', Applied Animal Behaviour Science, 100: 103-16.
Singer, P. (1990) Animal Liberation, Cambridge: Cambridge University Press.
Singer, P. and Regan, T. (1999) Animal Rights and Human Obligations, Upper Saddle River, NJ: Prentice Hall.
Skinner, B. (1938) The Behavior of Organisms: An Experimental Analysis, New York, NJ: Appleton-Century.
Sklan, D., Melamed, D., and Friedman, A. (1994) 'The effects of varying levels of dietary vitamin A on immune response in the chick', Poultry Science, 73: 843-7.
Slocombe, K. E. and Zuberbühler, K. (2005) 'Functionally referential communication in a chimpanzee', Current Biology, 15: 1779-84.
Smith, A., Lindburg, D. G., and Vehrencamp, S. (1989) 'Effect of food preparation on feeding behavior of lion-tailed macaques', Zoo Biology, 8: 57-65.
Smith, E. J., Partridge, J. C., Parsons, K. N., White, E. M., Cuthill, I. C., Bennett, A. T. D., and Church, S. C. (2002) 'Ultraviolet vision and mate choice in the guppy (*Poecilia reticulata*)', Behavioural Ecology, 13: 11-19.

Smith, S. (2006) 'Environmental enrichment plan for elasmobranchs at Shark Bay, Sea World, Gold Coast, Australia', Proceedings of the First Australasian Regional Environmental Enrichment Conference, The Royal Melbourne Zoological Gardens, Australia.

Smith, T. (2004) Zoo Research Guidelines: Monitoring Stress in Zoo Animals, London: BIAZA.

Sneddon, I. A., Beattie, V. E., Dunne, L., and Neil, W. (2000) 'The effect of environmental enrichment on learning in pigs', Animal Welfare, 9: 373-83.

Sneddon, L. (2003) 'The evidence for pain in fish: the use of morphine as an analgesic', Applied Animal Behaviour Science, 83: 153-62.

Sodhi, N. S., Bickford, D., Diesmos, A. C., Lee, T. M., Koh, L. P., Brook, B. W., Sekercloglu, C. H., and Bradshaw, C. J. A. (2008) 'Measuring the meltdown: drivers of global amphibian extinction and decline', Public Library of Science (PLoS) ONE, 3: e1636.

Soloman, N. G. and French, J. A. (2007) Cooperative Breeding in Mammals, Cambridge: Cambridge University Press.

Sommerfeld, R., Bauert, M., Hillmann, E., and Stauffacher, M. (2006) 'Feeding enrichment by self-operated food boxes for white-fronted lemurs (*Eulemur fulvus albifrons*) in the Masoala exhibit of the Zurich Zoo', Zoo Biology, 25: 145-54.

Soulé, M., Gilpin, M., Conway, W., and Foose, T. (1986) 'The millenium ark: how long a voyage, how many staterooms, how many passengers?', Zoo Biology, 5: 101-13.

Southwick, C. H. (1967) 'An experimental study of intragroup agonistic behaviour in rhesus monkeys (*Macaca mulatta*)', Behaviour, 28: 182-209.

Sowell, B. F., Bowman, J. G.P., Branine, M. E., and Hubbert, M. E. (1998) 'Radio frequency technology to measure feeding behavior and health of feedlot steers', Applied Animal Behaviour Science, 59: 277-84.

Spalton, J. A., Brend, S. A., and Lawrence, M. W. (1999) 'Arabian oryx reintroduction in Oman: successes and setbacks', Oryx, 33: 168-75.

Speakman, J. (2005) 'Review: body size, energy metabolism and lifespan', Journal of Experimental Biology, 218: 1717-30.

Spelman, L. H. (1999) 'Vermin control' in M. E. Fowler and M. E. Miller (eds), Zoo and Wild Animal Medicine: Current Therapy (4th edn), Philadelphia, PA: Elsevier (Saunders), pp. 114-20.

Spelman L. H., Osborn K. G., and Anderson, M. P. (1989) 'Pathogenesis of hemosiderosis in lemurs: role of dietary iron, tannin, and ascorbic acid', Zoo Biology, 8: 239-51.

Spencer, W. and Spencer, J. (2006) Management Guideline Manual for Invertebrate Live Food Species, Amsterdam, The Netherlands: EAZA Terrestrial Invertebrate TAG.

Spinelli, J. and Markowitz, H. (1985) 'Prevention of cage-associated distress', Lab Animal, 14: 19-28.

Spinka, M. (2006) 'How important is natural behaviour in animal farming systems?', Applied Animal Behaviour Science, 100: 117-28.

Spotte, S. (1992) Captive Seawater Fishes: Science and Technology, New York, NY: John Wiley & Sons.

Spraker, T. R. (2003) 'Spongiform encephalopathy' in M. E. Fowler and M. E. Miller (eds), Zoo and Wild Animal Medicine: Current Therapy (5th edn), Philadelphia, PA: Elsevier (Saunders) , pp. 741-5.

Spring, S. E., Clifford, J. O., and Tomko, D. L. (1997) 'Effect of environmental enrichment devices on behaviors of single- and group-housed squirrel monkeys (*Saimiri sciureus*)', Contemporary Topics in Laboratory Animal Science, 36: 72-5.

Springer, M. S. and de Jong, W. W. (2001) 'Phylogenetics: which mammalian supertree to bark up?', Science, 291: 1709-11.

Stacey, P. B. and Koenig, W. D. (1990) Cooperative Breeding in Birds: Long-term Studies of Ecology and Behavior, Cambridge: Cambridge University Press.

Stanley, M. E. and Aspey, W. P. (1984) 'An ethometric analysis in a zoological garden: modification of ungulate behavior by the visual presence of a predator', Zoo Biology, 3: 89-109.

Stanley Price, M. R. (1991) 'A review of mammal reintroductions, and the role of the reintroduction specialist group of IUCN/SSC' in J. H. W. Gipps (ed.), 'Beyond captive breeding: re-introducing endangered animals to the wild', Symposium of the Zoological Society of London, 62: 9-25.

Stanley Price, M. R. and Fa, J. E. (2007) 'Reintroductions from zoos: a conservation guiding light or a shooting star?' in A. Zimmerman, M. Hatchwell, L. Dickie, and C. West (eds), Zoos in the 21st Century: Catalysts for Conservation?, Conservation Biology Series No. 15, Cambridge: Cambridge University Press, pp. 155-77.

Steele, K. M., Linn, M. J., Schoepp, R. J., Komar, N., Geisbert, T. W., Manduca, R. M., Calle, P. P., Raphael, B. L., Clippinger, T. L., Larsen, T., Smith, J., Lanciotti, R. S., Panella, N. A., and McNamara, T. S. (2000) 'Pathology of fatal West Nile virus infections in native and exotic birds during the 1999 outbreak in New York City, New York', Veterinary Pathology, 37: 208-24.

Steiner, A. (2007) 'Foreword' in A. Zimmerman, M. Hatchwell, L. A. Dickie, and C. West (eds), Zoos in the 21st Century, Cambridge: Cambridge University Press, pp. xi-xii.

Sterling, E., Lee. J., and Wood, T. (2007) 'Conservation education in zoos: an emphasis on behavioral change' in A. Zimmerman, M. Hatchwell, L. Dickie, and C. West (eds), Zoos in the 21st Century: Catalysts for Conservation?, Conservation Biology Series No. 15, Cambridge: Cambridge University Press, pp. 37-50.

Sternicki, T., Szablewski, P., and Szwaczkowski, T. (2003) 'Inbreeding effects on lifetime in David's deer (*Elaphurus davidianus*, Milne Edwards 1866) population', Journal of Applied Genetics, 44: 175-83.

Stevens, C. E. and Hume, I. D. (1995) Comparative Physiology of the Vertebrate Digestive System (2nd edn), Cambridge:

Cambridge University Press.
Stevens, E. F. (1991) 'Flamingo breeding: the role of group displays', Zoo Biology, 10: 53-63.
Stevens, E. F. and Pickett, C. (1994) 'Managing the social environments of flamingos for reproductive success', Zoo Biology, 13: 501-7.
Stevenson, M. (1983) 'The captive environment: its effect on exploratory and related behavioural responses in wild animals' in J. Archer and L. Birke (eds) Exploration in Animals and Man, New York: Van Nostrand Rheinhold, pp. 176-97.
Stevenson, M. (2005) Management Guidelines for the Welfare of Zoo Animals: Elephant, Report for the Federation of Zoological Gardens of Great Britain, London: FZG.
Stevenson, M. (2008) BIAZA Questionnaire: What It Is For and What It Achieves, London: BIAZA.
Stevenson, M. and Walter, O. (2002) Management Guidelines for the Welfare of Zoo Animals: Elephants (*Loxodonta africana* and *Elephas maximus*), London: BIAZA.
St Louis, V., Barlow, J., and Sweerts, J. (1989) 'Toenail-clipping: a simple technique for marking individual nidicolous chicks', Journal of Field Ornithology, 60: 211-15.
Stoinski, T. S., Beck, B., Bowman, M., and Lehnhardt, J. (1997) 'The Gateway zoo program: a recent initiative in golden lion tamarin reintroduction' in J. Wallis (ed.), 'Primate conservation: the role of zoological parks', American Society of Primatologists, Special Topics in Primatology, 1: 29-41.
Stoinski, T. S., Lukas, K. E., and Maple, T. L. (1998) 'A survey of research in North American zoos and aquariums', Zoo Biology, 17: 167-80.
Stoinski, T. S., Daniel, E., and Maple, T. L. (2000) 'A preliminary study of the behavioral effects of feeding enrichment on African elephants', Zoo Biology, 19: 485-93.
Stoinski, T. S., Hoff, M. P., Lukas, K. E., and Maple, T. L. (2001) 'A preliminary behavioral comparison of two captive all-male gorilla groups', Zoo Biology, 20: 27-40.
Stoinski, T. S., Allen, M. T., Bloomsmith, M. A., Forthman, D. L., and Maple, T. L. (2002) 'Educating zoo visitors about complex environmental issues: should we do it and how?', Curator, 45: 129-43.
Stolba, A. and Wood-Gush, D. (1984) 'The identification of behavioural key features and their incorporation into a housing design for pigs', Annales de Recherches Veterinaires, 15: 287-98.
Stone, R. (2003) 'Foreword' in W. Holt, A. Pickard, J. Rodger, and D. Wildt (eds), Reproductive Science and Integrated Conservation, Cambridge: Cambridge University Press, pp. xiii-xv.
Storms, T. N., Clyde, V. L., Munson, L., and Ramsay, E. C. (2003) 'Blastomycosis in non-domestic felids', Journal of Zoo and Wildlife Medicine, 34: 231-8.
Straughan, R. (2003) Ethics, Morality and Crop Biotechnology, Report sponsored by the Biotechnology and Biological Sciences Research Council (BBSRC), available online at http://www.bbsrc.ac.uk/organisation/policies/position/public_interest/animal_biotechnology.pdf.
Strouhal, E. (1992) Life in Ancient Egypt, Cambridge: Cambridge University Press.
Stuart, S. N. (1991) 'Re-introductions: to what extent are they needed?' in J. H. W. Gipps, (ed.), 'Beyond captive breeding: re-introducing endangered animals to the wild', Symposium of the Zoological Society of London, 62: 27-37.
Stuart, S. N., Chanson, J. S., Cox, N. A., Young, B. E., Rodrigues, A. S. L., Fischman, D. L., and Waller, R. W. (2004) 'Status and trends of amphibian declines and extinctions worldwide', Science, 306: 1783-6.
Sunquist, F. (1995) 'End of the ark?', International Wildlife, 25: 23-9.
Sutherland, W., Newton, I., and Green, R. (2004) Bird Ecology and Conservation: A Handbook of Techniques. Oxford: Oxford University Press.
Swain, D. L., Wilson, L. A., and Dickinson, J. (2003) 'Evaluation of an active transponder system to monitor spatial and temporal location of cattle within patches of a grazed sward', Applied Animal Behaviour Science, 84: 185-95.
Swaisgood, R. R. (2007) 'Current status and future directions of applied behavioral research for animal welfare and conservation', Applied Animal Behaviour Science, 102: 139-62.
Swaisgood, R. R. and Shepherdson, D. J. (2005) 'Scientific approaches to enrichment and stereotypies in zoo animals: what's been done and where should we go next?', Zoo Biology, 24: 499-518.
Swaisgood, R. R. and Shepherdson, D. J. (2006) 'Environmental enrichment as a strategy for mitigating stereotypies in zoo animals: a literature review and meta-analysis' in G. J. Mason and J. Rushen (eds), Stereotypic Animal Behaviour: Fundamentals and Applications to Welfare, Wallingford: CABI Publishing, pp. 256-85.
Swaisgood, R. R., White, A. M., Zhou, X. P., Zhang, H. M., Zhang, G. Q., Wei, R. P., Hare, V. J., Tepper, E. M., and Lindburg, D. G. (2001) 'A quantitative assessment of the efficacy of an environmental enrichment programme for giant pandas', Animal Behaviour, 61: 447-57.
Swan, G., Naidoo, V., Cuthbert, R., Green, R. E., Pain, D. J., Swarup, D., Prakash, V., Taggart, M., Bekker, L., Das, D., Diekmann, D., Diekmann, M., Killian, E., Mehar, G., Chandra Patra, R., Saini, M., and Wolter, K. (2006) 'Removing the threat of diclofenac to critically endangered Asian vultures', Public Library of Science (PLoS) Biology, 4: e66.
Swanson, W. F., Johnson, W. E., Cambre, R. C., Citino, S. B., Quigley, K. B., Brousset, D. M., Morais, R. N., Moreira, N., O'Brien, S. J., and Wildt, D. E. (2003) 'Reproductive status of endemic felid species in Latin American zoos and implications for ex situ conservation', Zoo Biology, 22: 421-41.
Swenson, J., Wallin, K., Ericsson, G., Cederlund, G., and Sandegren, F. (1999) 'Effects of ear-tagging with radiotransmitters on survival of moose calves', Journal of Wildlife Management, 63: 354-8.

Sykes, J. B. (ed.) (1977) Concise Oxford Dictionary of Current English (6th edn), Oxford: Oxford University Press.
Taber, A. and Macdonald, D. W. (1992) 'Spatial organisation and monogamy in the mara, Dolichotis patagonum', Journal of Zoology, 227: 417-38.
Taberlet, T. and Bouvet, J. (1991) 'A single plucked feather as a source of DNA for bird genetic studies', Auk, 108: 959-60.
Tarou, L. R., Bashaw, M. J., and Maple, T. L. (2000) 'Social attachment in giraffe: response to social separation', Zoo Biology, 19: 41-51.
Tarou, L. R., Bashaw, M. J., and Maple, T. L. (2003) 'Failure of a chemical spray to significantly reduce stereotypic licking in a captive giraffe', Zoo Biology, 22: 601-7.
Tarou, L. R., Kuhar, C. W., Adcock, D., Bloomsmith, M. A., and Maple, T. L. (2004) 'Computer-assisted enrichment for zoo-housed orang-utans (Pongo pygmaeus)', Animal Welfare, 13: 445-53.
Taylor, A. C. (2003) 'Assessing the consequences of inbreeding for population fitness: past challenges and future prospects' in W. Holt, A. Pickard, J. Rodger, and D. Wildt (eds) Reproductive Science and Integrated Conservation, Cambridge: Cambridge University Press, pp. 67-81.
Taylor J. J. (1984) 'Iron accumulation in avian species in captivity', Dodo: Journal of the Jersey Wildlife Preservation Trust, 21: 126-31.
Terranova, C. J. and Coffman, B. S. (1997) 'Body weights of wild and captive lemurs', Zoo Biology, 16: 17-30.
Testa, J. W. and Rothery, P. (1992) 'Effectiveness of various cattle ear tags as markers for Weddell seals', Marine Mammal Science, 8: 344-53.
Thiermann, A. and Babcock, S. (2005) 'Animal welfare and international trade', Science and Technology Review, 24: 747-55.
Thodberg, K., Jensen, K. H., Herskin, M. S., and Jorgensen, E. (1999) 'Influence of environmental stimuli on nest building and farrowing behaviour in domestic sows', Applied Animal Behaviour Science, 63: 131-44.
Thomas, C. D., Cameron, A., Green, R. E., Bakkenes, M., Beaumont, L. J., Collingham, Y. C., Erasmus, B. F. N., Ferreira de Siqueira, M., Grainger, A., Hannah, L., Hughes, L., Huntley, B., van Jaarsveld, A. S., Midgley, G. F., Miles, L., Ortega-Huerta, M. A., Peterson, A. T., Phillips, O. L., and Williams, S. E. (2004) 'Extinction risk from climate change', Nature, 427: 145-8.
Thomas, L. W., Kline, C., Duffelmeyer, J., Maclaughlin, K., and Doherty, J. G. (1986) 'The hand-rearing and social reintegration of a Californian sealion', International Zoo Yearbook, 24: 279-85.
Thomas, P. R. and Powell, D. M. (2006) 'Birth and simultaneous rearing of two litters in a pack of captive African wild dogs (Lycaon pictus)', Zoo Biology, 25: 461-77.
Thomas, R. (2005) 'Internal drive vs external directive: the delivery of conservation through zoo-based research — a response to Rees', Oryx, 39: 134.
Thomas, R., Bartlett, L., Marples, N., Kelly, D., and Cuthill, I. (2004) 'Prey selection by wild birds can allow novel and conspicuous colobus morphs to spread in prey populations', Oikos, 106: 285-94.
Thomas, W. and Maruska, E. (1996) 'Mixed-species exhibits with mammals' in D. Kleiman, M. Allen, K. Thompson, and S. Lumpkin (eds), Wild Mammals in Captivity: Principles and Techniques, Chicago, IL: University of Chicago, pp. 204-11.
Thompson, C. B., Holter, J. B., Hayes, H. H., Silver, H., and Urban Jr, W. E. (1973) 'Nutrition of white-tailed deer I: energy requirements of fawns', The Journal of Wildlife Management, 37: 301-11.
Thompson, K., Roberts, M., and Rall, W. (1995) 'Factors affecting pair compatibility in captive kangaroo rats, Dipodomys heermanni', Zoo Biology, 14: 317-30.
Tinbergen, N. (1963) 'On aims and methods of ethology', Zeitschrift für Tierpsychologie, 20: 410-33.
Todman, J. B. and Dugard, P. (2001) Single-Case and Small-n Experimental Designs, Mahwah, NJ: Lawrence Erlbaum Associates.
Tofield, S., Coll, R. K., Vyle, B., and Bolstad, R. (2003) 'Zoos as a source of free choice learning', Research in Science and Technological Education, 21: 67-99.
Toone, W. D. and Wallace, M. P. (1994) 'The extinction in the wild and reintroduction of the California condor (Gymnogyps californianus)' in P. J. S. Olney, G. M. Mace, and A. T. C. Feistner (eds) Creative Conservation: Interactive Management of Wild and Captive Animals, London: Chapman & Hall, pp. 411-19.
Travis, D. (2007) 'West Nile virus in birds and mammals' in M. E. Fowler and R. E. Miller (eds), Zoo and Wild Animal Medicine (6th edn), St Louis, MO: Saunders (Elsevier), pp. 2-9.
Traylor-Holzer, K. and Fritz, P. (1985) 'Utilization of space by adult and juvenile groups of captive chimpanzees (Pan troglodytes)', Zoo Biology, 4: 115-27.
Tribe, A. and Booth, R. (2003) 'Assessing the role of zoos in wildlife conservation', Human Dimensions of Wildlife, 8: 65-74.
Trivers, R. L. (1971) 'The evolution of reciprocal altruism', Quarterly Review of Biology, 46: 35-57.
Trivers, R. L. (1972) 'Parental investment and sexual selection' in B. Campbell (ed.), Sexual Selection and the Descent of Man, Chicago, IL: Aldine, pp. 35-57.
Troyer, K. (1984a) 'Diet selection and digestion in Iguana iguana: the importance of age and nutrient requirements', Oecologia, 61: 201-7.
Troyer, K. (1984b) 'Behavioral acquisition of the hindgut fermentation system by hatchling Iguana iguana', Behavioral Ecology and Sociobiology, 14: 189-93.

Tudge, C. (1992) Last Animals at the Zoo: How Mass Extinction Can Be Stopped, Washington DC/London: Island Press/Hutchinson Radius.

Tunnicliffe, S. D., Lucas, A. M., and Osborne, J. (1997) 'School visits to zoos and museums: a missed educational opportunity?', International Journal of Science Education, 19: 1039-56.

Turley, S. K. (1999) 'Exploring the future of the traditional UK zoo', Journal of Vacation Marketing, 5: 340-55.

Tyler, S. (1979) 'Time sampling: a matter of convention', Animal Behaviour, 27: 801-10.

Ullrey, D. E. (2003) 'Metabolic bone diseases' in M. E. Fowler and R. E. Miller (eds), Zoo and Wild Animal Medicine (5th edn), Philadelphia, PA: Elsevier (Saunders), pp. 749-56.

UN (United Nations) (1973) Convention on International Trade in Endangered Species of Wild Fauna and Flora (CITES), Washington DC: UNEP.

UN (United Nations) (1992) 'Convention on Biodiversity (CBD)', International Environmental Laws: Multilateral Treaties, 992: 1-43.

Valutis, L. L. and Marzuluff, J. M. (1999) 'The appropriateness of puppet-rearing birds for reintroduction', Conservation Biology, 13: 584-91.

Van der Berg, L., van der Borg, J., and van der Meer, J. (1995) Urban Tourism: Performance and Strategies in Eight European Cities, Aldershot: Ashgate Publishing.

Van Gelder, R. (1991) 'A big pain', Natural History, 100: 22-7.

Van Hoek, C. S. and King, C. E. (1997) 'Causation and influence of environmental enrichment on feather picking of the crimson-bellied conure (Pyrrhura perlata perlata)', Zoo Biology, 16: 161-72.

Van Keulen-Kromhout, G. (1978) 'Zoo enclosures for bears: their influence on captive behaviour and reproduction', International Zoo Yearbook, 18: 177-86.

Van Linge, J. (1992) 'How to out-zoo the zoo', Tourism Management, 13: 114-17.

Van Oers, K., Drent, P. J., de Goede, P., and van Noordwijk, A. J. (2004) 'Realized heritability and repeatability of risk-taking behaviour in relation to avian personalities', Proceedings of the Royal Society Series B: Biological Sciences, 271: 65-73.

Van Praag, H., Kempermann, G., and Gage, F. H. (2000) 'Neural consequences of environmental enrichment', Nature Reviews Neuroscience, 1: 191-8.

Vargas-Ashby, H. and Pankhurst, S. (2007) 'Effects of feeding enrichment on the behaviour and welfare of captive Waldrapps (Northern bald ibis Geronticus eremita)', Animal Welfare, 16: 369-74.

Vasey, N. and Tattersall, I. (2002) 'Do ruffed lemurs form a hybrid zone? Distribution and discovery of Varecia, with systematic and conservation implications', American Museum Novitates, 3376: 1-26.

Veasey, J. (2006) 'Concepts in the care and welfare of captive elephants', International Zoo Yearbook, 40: 63-79.

Veasey, J. S., Waran, N. K., and Young, R. J. (1996a) 'On comparing the behaviour of zoo-housed animals with wild conspecifics as a welfare indicator', Animal Welfare, 5: 13-24.

Veasey, J. S., Waran, N. K., and Young, R. J. (1996b) 'On comparing the behaviour of zoo housed animals with wild conspecifics as a welfare indicator, using the giraffe (Giraffa camelopardalis) as a model', Animal Welfare, 5: 139-53.

Vehrs, K. L. (1996) 'Summary of United States wildlife regulations applicable to zoos' in D. G. Kleiman, M. E. Allen, K. V. Thompson, and S. Lumpkin (eds), Wild Mammals in Captivity: Principles and Techniques, Chicago/London: University of Chicago Press, pp. 593-9.

Veltman, K. and van der Zanden, R. (2000) Biological control: fighting pests with pests. De Harpij, 19: 5-7 (in Dutch with English summary).

Verderber, S., Gardner, L., Islam, D., and Nakanishi, L. (1988) 'Elderly persons' appraisal of the zoological environment', Environment and Behavior, 20: 492-507.

Vevers, G. (1976) London's Zoo, London: Bodley Head.

Vickery, S. and Mason, G. (2004) 'Stereotypic behavior in Asiatic black and Malayan sun bears', Zoo Biology, 23: 409-30.

Vickery, S. S. and Mason, G. J. (2005) 'Stereotypy and perseverative responding in caged bears: further data and analyses', Applied Animal Behaviour Science, 91: 247-60.

Vié, J. C. (1996) 'Reproductive biology of captive Arabian oryx Oryx leucoryx in Saudi Arabia', Zoo Biology, 15: 371- 81.

Vignes, S., Newman, J. D., and Roberts, R. L. (2001) 'Mealworm feeders as environmental enrichment for common marmosets', Contemporary Topics in Laboratory Animal Science, 40(3): 26-9.

Vining, J. (2003) 'The connection to other animals and caring for nature', Research in Human Ecology, 10(2): 87-99.

Visalberghi, E. and Anderson, J. (1993) 'Reasons and risks associated with manipulating captive primates' social environments', Animal Welfare, 212: 3-15.

Visalberghi, E. and Vitale, A. F. (1990) 'Coated nuts as an enrichment device to elicit tool use in tufted capuchins (Cebus apella)', Zoo Biology, 9: 65-71.

Vogelnest, L. and Ralph, H. K. (1997) 'Chemical immobilisation of giraffe to facilitate short procedures', Australian Veterinary Journal, 75: 180-2.

Voipio, H. M., Nevalainen, T., Halonen, P., Hakumaki, M., and Bjork, E. (2006) 'Role of cage material, working style and hearing sensitivity in perception of animal care noise', Laboratory Animals, 40: 400-9.

Vonk, J. and MacDonald, S. E. (2002) 'Natural concepts in a juvenile gorilla (Gorilla gorilla gorilla) at three levels of abstraction', Journal of the Experimental Analysis of Behaviour, 78: 315-32.

Waiblinger, S., Boivin, X., Pedersen, V., Tosi, M.-V., Janczak, A. M., Visser, E. K., and Jones, R. B. (2006) 'Assessing the

human.animal relationship in farmed species: a critical review', Applied Animal Behaviour Science, 101: 185-242.
Waits, L. P., Talbot, S. L., Ward, R. H., and Shields, G. F. (1998) 'Mitochondrial DNA phylogeography of the North American brown bear and implications for conservation', Conservation Biology, 12: 408-17.
Waitt, C. and Buchanan-Smith, H. M. (2001) 'What time is feeding? How delays and anticipation of feeding schedules affect stump-tailed macaque behaviour', Applied Animal Behaviour Science, 75: 75-85.
Waitt, C., Buchanan-Smith, H. M., and Morris, K. (2002) 'The effects of caretaker.primate relationships on primates in the laboratory', Journal of Applied Animal Welfare Science, 5: 309-19.
Walker, S. (2001) 'Africa: national legislation and licensing' in C. E. Bell (ed.), Encyclopedia of the World's Zoos, Chicago, IL/London: Fitzroy Dearborn, pp. 14-15.
Ward, P. I., Mosberger, N., Kistler, C., and Fischer, O. (1998) 'The relationship between popularity and body size in zoo animals', Conservation Biology, 12: 1408-11.
Ward, S. and Melfi, V. (2004) 'The influence of stockmanship on the behaviour of black rhinoceros (*Diceros bicornis*)' in C. Macdonald (ed.), Proceedings of the Sixth Annual Symposium on Zoo Research, 8-9 July, Edinburgh: BIAZA, pp. 160-9.
Wardzynski, C., Arne, P., and Millemann, Y. (2005) 'Methods of restraint for zoo mammals', Point Veterinaire, 36: 46.
Warwick, C. (1990) 'Reptilian ethology in captivity: observations of some problems and an evaluation of their aetiology', Applied Animal Behaviour Science, 26: 1-13.
Washio, K., Misawa, S., and Ueda, S. (1989) 'Individual identification of non-human primates using DNA fingerprinting', Primates, 30: 217-21.
Wasser, S. K., Hunt, K. E., Brown, J. L., Cooper, K., Crockett, C. M., Bechert, U., Millspaugh, J. J., Larson, S., and Monfort, S. L. (2000) 'A generalized fecal glucocorticoid assay for use in a diverse array of non-domestic mammalian and avian species', General and Comparative Endocrinology, 120: 260-75.
Wasserman, F. E. and Cruikshank, W. W. (1983) 'The relationship between time of feeding and aggression in a group of captive hamadryas baboons', Primates, 24: 432-5.
Waterhouse, M. and Waterhouse, H. (1971) 'Population density and stress in zoo monkeys', The Ecologist, 1: 19-21.
Wathes, C. and Charles, D. (eds) (1994) Livestock Housing, Wallingford, Oxon: CABI Publishing.
Watson, J. B. (1928) The Psychological Care of Infant and Child, London: Allen.
Watson, P. F. and Holt, W. V. (2001) 'Organizational issues concerning the establishment of a genetic resource bank', in P. F. Watson and W. Holt (eds), Cryobanking the Genetic Resource: Wildlife Conservation for the Future?, London: Taylor & Francis, pp. 113-22.
Watters, J. V. and Meehan, C. L. (2007) 'Different strokes: can managing behavioral types increase post-release success?', Applied Animal Behaviour Science, 102: 364-79.
Watts, J. M. and Stookey, J. M. (1999) 'Effects of restraint and branding on rates and acoustic parameters of vocalization in beef cattle', Applied Animal Behaviour Science, 62: 125-35.
Watts, P. C., Buley, K. R., Sanderson, S., Boardman, W., Ciofi, C., and Gibson, R. (2006) 'Parthenogenesis in Komodo dragons', Nature, 444: 1021-2.
Wayne, R. K., Bruford, M. W., Girman, D., Rebholz, W. E. R., Sunnucks, P., and Taylor, A. C. (1994) 'Molecular genetics of endangered species' in P. J. S. Olney, G. M. Mace, and A. T. C. Feistner (eds), Creative Conservation: Interactive Management of Wild and Captive Animals, London: Chapman & Hall, pp. 92-117.
WAZA (World Association of Zoos and Aquariums) (1999) Code of Ethics, Liebefeld-Berne: WAZA.
WAZA (World Association of Zoos and Aquariums) (2005) Building a Future for Wildlife: The World Zoo and Aquarium Conservation Strategy, Berne: WAZA.
WAZA (World Association of Zoos and Aquariums) (2006) Understanding Animals and Protecting Them: About the World Zoo and Aquarium Strategy, Liebefeld-Berne: WAZA.
WAZA (World Association of Zoos and Aquariums) (2008) 'About WAZA', available online at http://www.waza.org/home/index.php?main=.
Weary, D. M., Niel, L., Flower, F. C., and Fraser, D. (2006) 'Identifying and preventing pain in animals', Applied Animal Behaviour Science, 100: 64-76.
Webster, J. (1994) Animal Welfare: A Cool Eye Towards Eden, Oxford: Blackwell Science Ltd.
Webster, J. (2006) 'Animal sentience and animal welfare: what is it to them and what is it to us?', Applied Animal Behaviour Science, 100: 1-3.
Wechsler, B. (1991) 'Stereotypies in polar bears', Zoo Biology, 10: 177-88.
Wehnelt, S. and Wilkinson, R. (2005) 'Research, conservation and zoos: the EC Zoos Directive − a response to Rees', Oryx, 39: 132-3.
Wehnelt, S., Hosie, C., Plowman, A., and Feistner, A. (2003) Zoo Research Guidelines: Project Planning and Behavioural Observations, London: BIAZA.
Wehnelt, S., Bird, S., and Lenihan, A. (2006) 'Chimpanzee forest exhibit at Chester Zoo', International Zoo Yearbook, 40: 313-22.
Wei, F., Feng, Z., Wang, Z., Zhou, A. and Hu, J. (1999) 'Use of the nutrients in bamboo by the red panda (*Ailurus fulgens*)', Journal of Zoology, 248: 535-41.
Weipkema, P. and Koolhaas, J. (1993) 'Stress and animal welfare', Animal Welfare, 26: 195-218.
Weiss, E. and Wilson, S. (2003) 'The use of classical and operant conditioning in training Aldabra tortoises (*Geochelone gigantea*) for venipuncture and other husbandry issues', Journal of Applied Animal Welfare Science, 6: 33-8.

Weller, S. H. and Bennett, C. L. (2001) 'Twenty-four hour activity budgets and patterns of behavior in captive ocelots (*Leopardus pardalis*)', Applied Animal Behaviour Science, 71: 67-79.
Wells, D. L. (2005) 'A note on the influence of visitors on the behaviour and welfare of zoo-housed gorillas', Applied Animal Behaviour Science, 93: 13-17.
Wells, D. L. and Egli, J. M. (2004) 'The influence of olfactory enrichment on the behaviour of captive black-footed cats, Felis nigripes', Applied Animal Behaviour Science, 85: 107-19.
Wemelsfelder, F. (1999) 'The problem of animal subjectivity and its consequences for the scientific measurement of animal suffering' in F. Dolins (ed.), Attitudes to Animals: Views in Animal Welfare, Cambridge: Cambridge University Press, pp. 37-53.
Wemelsfelder, F. and Birke, L. (1997) 'Environmental challenge' in M. C. Appleby and B. O. Hughes (eds) Animal Welfare, Wallingford, Oxon: CABI Publishing, pp. 35-47.
Wendeln, M. C., Runkle, J. R., and Kalko, E. K. V. (2000) 'Nutritional values of 14 fig species and bat feeding preferences in Panama', Biotropica, 32: 489-501.
Westneat, D. F. and Stewart, I. R. K. (2003) 'Extra-pair paternity in birds: causes, correlates, and conflict', Annual Review of Ecology, Evolution, and Systematics, 34: 365-96.
Wharton, D. (2007) 'Research by zoos' in A. Zimmerman, M. Hatchwell, L. A. Dickie, and C. West (eds), Zoos in the 21st Century, Cambridge: Cambridge University Press, pp. 178-91.
Wheater, R. (1995) 'World Zoo Conservation Strategy: a blueprint for zoo development', Biodiversity and Conservation, 4: 544-52.
Wheler, C. L. and Fa, J. E. (1995) 'Enclosure utilization and activity of round island geckos (*Phelsuma guentheri*)', Zoo Biology, 14: 361-9.
Whitaker, B. R. (1999) 'Preventive medicine programs for fish' in M. E. Fowler and R. E. Miller (eds), Zoo and Wild Animal Medicine: Current Therapy (4th edn), Philadelphia, PA: W. B. Saunders, pp. 163-81.
White, B. C., Houser, L. A., Fuller, J. A., Taylor, S., and Elliott, J. L. L. (2003) 'Activity-based exhibition of five mammalian species: evaluation of behavioral changes', Zoo Biology, 22: 269-85.
White, P. A. (2005) 'Maternal rank is not correlated with cub survival in the spotted hyena, Crocuta crocuta', Behavioural Ecology, 16: 606-13.
Whitehead, G. K. (1972) Deer of the World, London: Constable.
Whitehead, M. (1995) 'Saying it with genes, species and habitats: biodiversity education and the role of zoos', Biodiversity and Conservation, 4: 664-70.
Whiten, A., Goodall, J., McGrew, W. C., Nishida, T., Reynolds, V., Sugiyama, Y., Tutin, C. E. G., Wrangham, R. W., and Boesch, C. B. (1999) 'Chimpanzee cultures', Nature, 399: 682-5.
Whitford, H. L. and Young, R. J. (2004) 'Trends in the captive breeding of threatened and endangered birds in British zoos, 1988.1997', Zoo Biology, 23: 85-9.
Whiting, M. J., Stuart-Fox, D. M., O'Connor, D., Firth, D., Bennett, N. C., and Blomberg, S. P. (2006) 'Ultraviolet signals ultra-aggression in a lizard', Animal Behaviour, 72: 353-63.
Whitney, R. and Wickings, E. (1987) 'Macaques and other old world simians' in T. Poole (ed.), The UFAW Handbook on the Care and Management of Laboratory Animals, New York, NY: Churchill Livingston, pp. 599-627.
Wielebnowski, N. (1996) 'Reassessing the relationship between juvenile mortality and genetic monomorphism in captive cheetahs', Zoo Biology, 15: 353-69.
Wielebnowski, N. (1998) 'Contributions of behavioral studies to captive management and breeding of rare and endangered mammals' in T. Caro (ed.), Behavioral Ecology and Conservation Biology, New York, NY/London: Oxford University Press, pp. 130-62.
Wielebnowski, N. (1999) 'Behavioral differences as predictors of breeding status in captive cheetahs', Zoo Biology, 18: 335-49.
Wielebnowski, N., Fletchall, N., Carlstead, K., Busso, J., and Brown, J. (2002) 'Non-invasive assessment of adrenal activity associated with husbandry and behavioral factors in the North American clouded leopard population', Zoo Biology, 21: 77-98.
Wiese, R., Willis, K., Lacy, R., and Ballou, J. (2003) AZA Studbook Analysis and Population Management Handbook, Bethesda, MD: AZA.
Wiesner, C. S. and Iben, C. (2003) 'Influence of environmental humidity and dietary protein on pyramidal growth of carapaces in African spurred tortoises (*Geochelone sulcata*)', Journal of Animal Physiology and Animal Nutrition, 87: 66-74.
Wiggs, R. B. and Lobprise, H. B. (1997) 'Exotic animal oral disease and dentistry' in R. B. Wiggs and H. B. Lobprise (eds), Veterinary Dentistry: Principles and Practice, Oxford: Blackwells, pp. 538-58.
Wilcken, J. and Lees, C. (1998) Managing Zoo Populations: Compiling and Analysing Studbook Data, Sydney: ARAZPA.
Wildt, D., Ellis, S., Janssens, D., and Buff, J. (2003) 'Toward more efficient reproductive science for conservation' in W. Holt, A. Pickard, J. Rodger, and D. Wildt (eds), Reproductive Science and Integrated Conservation, Cambridge: Cambridge University Press, pp. 2-20.
Wilkinson, R. (2000) 'An overview of captive-management programmes and regional collection planning for parrots', International Zoo Yearbook, 37: 36-58.
Williams, E. S. (2003) 'Plague' in M. E. Fowler (ed.), Zoo and Wild Animal Medicine (3rd edn), Philadelphia, PA: Elsevier

(Saunders), pp. 705-9.
Williams, E. S., Yuill, T., Artois, M., Fischer, J., and Haigh, J. A. (2002) 'Emerging infectious diseases in wildlife', OEI Scientific and Technical Review, 21: 139-57.
Williams, L. E. and Abee, C. R. (1988) 'Aggression with mixed age-sex groups of Bolivian squirrel monkeys following single animal introductions and new group formations', Zoo Biology, 7: 139-45.
Willmer, P., Stone, G., and Johnston, I. (2000) Environmental Physiology of Animals, Oxford: Blackwell Science.
Wilson, A. C. and Stanley Price, M. R. (1994) 'Reintroduction as a reason for captive breeding' in P. J. S. Olney, G. M. Mace, and A. T. C. Feistner (eds), Creative Conservation: Interactive Management of Wild and Captive Animals, London: Chapman & Hall, pp. 243-64.
Wilson, D. E. and Reader, D. M. (eds) (2005) Mammal Species of the World, Baltimore, MD/London: John Hopkins University Press.
Wilson, E. O. (1975) Sociobiology: The New Synthesis, Cambridge, MA: Belknap Press.
Wilson, E. O. (1984) Biophilia, Cambridge, MA: Harvard University Press.
Wilson, E. O. (ed.) (1988) BioDiversity, Washington DC: National Academy Press.
Wilson, M., Kelling, A., Poline, L., Bloomsmith, M., and Maple, T. (2003) 'Post-occupancy evaluation of Zoo Atlanta's Giant Panda Conservation Center: staff and visitor reactions', Zoo Biology, 22: 365-82.
Wilson, M. L., Bloomsmith, M. A., and Maple, T. L. (2004) 'Stereotypic swaying and serum cortisol concentrations in three captive African elephants (*Loxodonta africana*)', Animal Welfare, 13: 39-43.
Wilson, S. C., Mitlohner, F. M., Morrow-Tesch, J., Dailey, J. W., and McGlone, J. J. (2002) 'An assessment of several potential enrichment devices for feedlot cattle', Applied Animal Behaviour Science, 76: 259-65.
Wilson, S. F. (1982) 'Environmental influences on the activity of captive apes', Zoo Biology, 115: 201-9.
WIN (Wildlife Information Network) (2008) 'Gateway to WILDPRO', available online at http://www.wildlifeinformation.org.
Winne, C., Willson, J., Andrews, K., and Reed, R. (2006) 'Efficacy of marking snakes with disposable medical cautery units', Herpetological Review, 31: 52-4.
Winter, Y., Lopez, J., and von Helversen, O. (2003) 'Ultraviolet vision in a bat', Nature, 425: 612-14.
Wishart, G. J. (2001) 'The cryopreservation of germplasm in domestic and non-domestic birds' in P. F. Watson and W. V. Holt (eds) Cryobanking the Genetic Resource: Wildlife Conservation for the Future?, London: Taylor & Francis, pp. 179-200.
Wojciechowski, S. (2001) 'Is enrichment still good the next day? Overcoming the challenges of providing daily enrichment to multiple animal groups in a colony-type situation' in M. Hawkins, K. E. Worley and B. Hammond (eds), Fifth International Conference on Environmental Enrichment, 4-9 November, Sydney, The Shape of Enrichment Inc., pp. 211-20.
Wolf, R. and Tymitz, B. (1981) 'Studying visitor perceptions of zoo environments: a naturalistic view', International Zoo Yearbook, 21: 49-53.
Wolfe, B. A. (2003) 'Toxoplasmosis' in M. E. Fowler and M. E. Miller (eds), Zoo and Wild Animal Medicine (5th edn), Philadelphia, PA: Elsevier (Saunders), pp. 745-9.
Wolters, S. and Zuberbuhler, K. (2003) 'Mixedspecies associations of Diana and Campbell's monkeys: the costs and benefits of a forest phenomenon', Behaviour, 140: 371-85.
Wood, W. (1998) 'Interactions among environmental enrichment, viewing crowds and zoo chimpanzees', Zoo Biology, 17: 211-30.
Woodfine, T., Gilbert, T., and Engel, H. (2005) 'A summary of past and present initiatives for the conservation and reintroduction of addax and scimitar-horned oryx in North Africa' in B. Hiddinga (ed.), Proceedings of the EAZA Conference, 21.25 September, Kolmarden, Amsterdam: EAZA Executive Office, pp. 208-11.
Woolcock, D. (2000) 'Husbandry and management of kea Nestor notabilis at Paradise Park, Hayle', International Zoo Yearbook, 37: 146-52.
Woollard, S. (1998) 'The development of zoo education', International Zoo News, 45: 422-6.
Woollard, S. (1999) 'A review of zoo education in the United Kingdom and Ireland', International Zoo News, 46: 20-4.
Woollard, S. (2001) 'Teachers' evaluation of zoo education', International Zoo News, 48: 240-5.
Woolverton, W., Ator, N., Beardsley, P., and Carroll, M. (1989) 'Effects of environmental conditions on the psychological well-being of primates: a review of literature', Life Sciences, 4414: 901-17.
Wormell, D., Brayshaw, M., Price, E., and Herron, S. (1996) 'Pied tamarins Saguinus bicolor bicolor at the Jersey Wildlife Preservation Trust: management, behaviour and reproduction', Dodo: Journal of the Wildlife Preservation Trust, 32: 76-97.
WRI/IUCN/UNEP/FAO/UNESCO (World Resources Institute/The World Conservation Union/United Nations Environment Programme in consultation with the Food and Agriculture Organization and the United Nations Education, Scientific and Cultural Organization) (1992) Global Biodiversity Strategy: Guidelines for Action to Save, Study and Use Earth's Biotic Wealth Sustainably and Equitably, Washington DC: WRI.
Wyatt, T. D. (2003) Pheromones and Animal Behaviour, Cambridge: Cambridge University Press.
Xiao, J., Wang, K., and Wang, D. (2005) 'Diurnal changes of behavior and respiration of Yangtze finless porpoises (*Neophocaena phocaenoides asiaeorientalis*) in captivity', Zoo Biology, 24: 531-41.
Xu, Y., Fang, S., and Li, Z. (2007) 'Sustainability of the South China tiger: implications of inbreeding depression and

introgression', Conservation Genetics, 8: 1199-207.
Yalowitz, S. S. (2004) 'Evaluating visitor conservation research at the Monterey Bay Aquarium', Curator, 47: 283-98.
Yates, K. and Plowman, A. (2004) 'Hoof overgrowth in Hartmann's mountain zebra is a consequence of diet, substrate, and behaviour' in C. Macdonald (ed.), Proceedings of the Sixth Annual Symposium on Zoo Research, 8-9 July, Edinburgh: BIAZA, pp. 305-12.
Young, R. J. (1998) 'Behavioural studies of guenons Cercopithecus spp at Edinburgh Zoo', International Zoo Yearbook, 36: 49-56.
Young, R. J. (2003) Environmental Enrichment for Captive Animals, Oxford: Blackwell Science.
Young, R. J. and Cipreste, C. F. (2004) 'Applying animal learning theory: training captive animals to comply with veterinary and husbandry procedures', Animal Welfare, 13: 225-32.
Zhang, G. Q., Swaisgood, R. R., Wei, R. P., Zhang, H. M., Han, H. Y., Li, D. S., Wu, L. F., White, A. M., and Lindburg, D. G. (2000) 'A method for encouraging maternal care in the giant panda', Zoo Biology, 19: 53-63.
Ziegler, G. (1995) 'An alternative to processed meat diets: carcass feeding at Wildlife Safari', The Shape of Enrichment, 4: 1-5.
Ziegler, T. (2002) 'Selected mixed-species exhibits of primates in German zoological gardens', Primate Reports, 64: 7-71.
Zimmermann, A. and Wilkinson, R. (2007) 'The conservation mission in the wild: zoos as conservation NGOs?' in A. Zimmerman, M. Hatchwell, L. Dickie, and C. West (eds), Zoos in the 21st Century: Catalysts for Conservation?, Conservation Biology Series No. 15, Cambridge: Cambridge University Press, pp. 303-22.
Zimmerman, A., Hatchwell, M., Dickie, L., and West, C. (2007) Zoos in the 21st Century: Catalysts for Conservation?, Conservation Biology series No. 15, Cambridge: Cambridge University Press.
Zimmermann, M. (1986) 'Behavioural investigations of pain in animals' in I. J. H. Duncan and V. Molony (eds), Assessing Pain in Farm Animals, Luxembourg: Commission of the European Communities, pp. 16-27.
Zippel, K. (2005) 'Zoos play a vital role in amphibian conservation', AmphibiaWeb, available online at http://amphibiaweb.org/declines/zoo/index.html.
Zippel, K., Lacy, R., and Byers, O. (eds) (2006) CBSG/WAZA Amphibian Ex Situ Conservation Planning Workshop Final Report, Apple Valley, MN: IUCN/SSC Conservation Breeding Specialist Group.
ZSL (Zoological Society of London) Living Conservation (2005) Annual Report of the Zoological Society of London 2004-2005, London: ZSL.

日本語索引

あ

アーネム動物園　508
アイアイ　370
亜鉛中毒　472
アオウミガメ　433
アオガラ　89
アカエリマキキツネザル　327，359，462
アカオノスリ　160
アカカワイノシシ　217
アカギツネ　132，305，429
アカキノボリカンガルー　98
アカゲザル　100，101，115，171，222，272，290，410，503
アカハナグマ　164
アカハラウロコインコ　121
アカリス　542
アザラシ痘　410
アジアゾウ　56，112，191，202，314，316，341，403，439
アシカ　87，271
足のケア　401
亜種　359
足環　140
アスペルギルス　406，411，510
アダックス　368
頭振り　113
アデリーペンギン　141
アデレード動物園　494
アトランタ動物園　15，30，100，108，112，127，128，178，284，479，486
アドレナリン　235，300
アネックス　57，58
アビシニアコロブス　89，283，401，492，501，503，504
アヒル　472
アフリカケープミツバチ　299
アフリカサバンナ展示　36
アフリカゾウ　56，274，316，341，358，403，421，435
アフリカ動物園水族館協会　75，336
アフリカマイマイ　442
アペンドールン霊長類公園　200，371，413，439，482，541
アマゾンカワイルカ　279

アミン系ホルモン　300
アムールトラ　120
アムステルダム動物園　346，347
アメリカアカシカ　249
アメリカアリゲーター　243
アメリカクロクマ　265，431
アメリカシマネズミ　223
アメリカレア　374
アモイトラ　310
アラオトラジェントルキツネザル　274，370
アラゴスホウカンチョウ　346
アラビアオリックス　160，363，364，416
アリストテレス　18
アルカロイド化合物　460
アルギニンバソプレッシン　247
アルダブラゾウガメ　450，505
アルティス動物園　541
アルビノ　297
アンケート　511
安全　191
安全衛生　174，180
アンチ動物園　48
アンドロジェン　300
アントワープ王立動物学協会　516
安楽殺　338，339，420

い

イエアマガエル　419
イエネコ　432
生餌　274，445，446
イグアナ　140，150
育子行動　204
育子法　503
育子放棄　326
意識向上　482
異常行動　90，99，113〜115，490
異食症　472
痛み　229，231
イタリア　20
1次強化子　87，502
一妻多夫制　95，304，305
5つの自由　64，170，188，214，256，257，459
一夫一妻制　95，304〜306
一夫多妻制　95，304，305

遺伝　80
遺伝学　296, 512
遺伝子　80, 82, 90, 93, 296〜298
遺伝資源バンク　320
遺伝子プール　354
遺伝子流動　311
遺伝的異常　412
遺伝的疾患　404
遺伝的多様性　309, 310, 356, 360, 362
遺伝的浮動　311
遺伝的プロセス　80
遺伝的分析　132
移動　174, 207
犬ジステンパー　396
イノシシ　99, 100
イマージョン展示　36, 184, 186
イヤータグ　142, 148
イヤートランスミッター　141
囲卵腔内精子注入法　318
医療情報　156
イルカ　316
イルカ館　39
イルカショー　86
刺青　138, 142, 145, 146, 153, 154
インカアジサシ　148, 431
イングランド・ウェールズ規制　445
インタープリテーション　486
インタビュー調査　481
インディアナポリス動物園　540
インドオオカミ　203
インドガビアル　533
インドクジャク　95
インドサイ　472, 503
インドライオン　323

う

ウィーン動物園　226, 268, 282
ウィリーB　30
ウイルス性疾患　410
ウイングタグ　142
ウエストナイルウイルス　408, 415〜417
ウェットモート　193, 194
ウェブサイト　3
ウェリビーオープンレンジ動物園　185, 236, 389, 423
ウォークスルー展示　184
ウォバーンサファリパーク　458, 545
ウサギ　224, 275, 435

牛海綿状脳症　385, 414, 416
ウシバエ　411
ウズラクイナ　370, 372
ウッドランドパーク動物園　35, 36, 98
馬　272, 435
馬脳炎　397
馬脳脊髄炎　407
ウマ類　397
羽毛クリッピング　146
羽毛抜き　115
運搬車両　174
ウンピョウ　45, 250, 275, 278, 486

え

永久識別法　153
英国・アイルランド動物園水族館協会　42, 59, 67, 72, 175, 178, 179, 333, 335, 344, 373, 376, 390, 417, 438, 458, 484, 511, 513, 514, 518, 519, 528, 530〜532, 538, 540, 541
英国自然保護機構　372
英国獣医動物学会　387
英国野生動物飼育技術者協会　75
衛生管理　397
衛生動物　380, 397, 398
衛生の時代　29
栄養　427
栄養アドバイザリーグループ　447
栄養価　460
栄養学　512
栄養管理　10
栄養士　388, 390, 445
栄養疾患　404, 412, 468
栄養失調　470
栄養障害　470
栄養分析用語　453
栄養要求量　429, 435, 448, 449
エキゾチックアニマル　1, 387
エコツーリズム　176
餌　404
餌動物　458
エジプト　18
エジンバラ動物園　144, 273, 283, 411, 481, 490, 510, 517, 541
エストラジオール　300
エストロジェン　172, 300
エソグラム　82, 83, 98
エデュケーター　535

エドミガゼル　310
エネルギー　439
エネルギー収支　439，440
エネルギー要求量　438，450，451
獲物　94
エランド　416
エリマキキツネザル　124，125，210，269，273，291
エルシニア症　405，409，415
エンテベ動物園　493
エンリッチメント　8，103，107，108，111，120，125，170，202，216，217，238，239，253，259，262〜267，269，273，274，278，280，281，283〜286，289〜293，492，494，513，519
エンリッチメント計画表　287
エンリッチメント研究　518
エンリッチメント装置　283，288
エンリッチメント遊具　278，279

お

欧州共同体　56
欧州絶滅危惧種計画　74，332，334，336，387
欧州動物園栄養研究グループ　447
欧州動物園指令　58〜61，63，76，77
欧州動物園水族館協会　73，330，331，333，334，336，344，358，371，372，387，390，417，447，530，532，539，540
　　－の教育基準　537
欧州動物副産物規則　445
欧州繁殖計画　210
欧州野生動物獣医師会　387
欧州連合　53
オウム　120，121，309，331
王立鳥類保護協会　372
オオアリクイ　463
オオウミガラス　346
大型動物　177
大型類人猿　397
オオカミ　467
オオカンガルー　123
オークランド動物園　540
オーストラリアキールバックスネーク　429
オーストラリア地域動物園水族館協会　74，330，332，333，336，344，387，540
オーストラリア動物衛生局　387
オーストラリア動物園飼育学会　76
オオツノヒツジ　92

オーデュボンパーク動物園　37
オオハシ　470
オオミミアシナガマウス　370
オオヤマネコ　45，243，481
尾かじり　113
オカピ　137〜139，247，386
オキシトシン　247，300
オグロプレーリードッグ　397
オサガメ　428
オジロジカ　453，454
オストラバ動物園　106，271
オセロット　102，473
汚染規制（改正）法　69
オットセイ　543
オトメインコ　380
オニオオハシ　170，280
オペラント条件づけ　84〜86，205，264，281，501
オポッサム　397
オマキザル　450
オランウータン　56，99，143，187，203，210，277，284，285，306，327，410，473，490，528，529
オレゴン動物園　265
温度　191
音量　240

か

海岸展示（ペンギンの）　36
外国産生物　346
海生生物　539
海生哺乳類　39
疥癬　411
介添え哺育　320，322
回虫症　415
概念形成　87
外部寄生虫　399
外部徴候　313
海綿状脳症　416
海洋水族館　39
ガウル　318
カエル　418
核移植　317
学習　79，80，84，172，500
学習能力　255
学術誌　3，512，530
隔離飼育　395
隠れ家　275，276

果実食動物　428
可消化エネルギー　451
仮説　509
ガゼル　436
家畜化　373
過長蹄　402
活動時間配分　269，468，525
葛藤状態　90
活動性　267
カテコールアミンホルモン　235
カナダヅル　87，88
カナダ動物園水族館協会　75，537
カニクイザル　207
ガビアル　61
カピバラ　72
カフェテリア式給餌　462，463
過密化　100，101
過密状態　210
カメ　156，157，371，411
カモノハシ　306
ガラゴ　428
体ゆすり　113
体揺らし　117
カラフトキリギリス　392
空堀　193
刈込　138
カリスマ的大型動物　47，356
カリフォルニアアシカ　255
カリフォルニアコンドル　364，365
カルガリー動物園　104
カルシウム　444，469
加齢　171
カワウソ　178，479，508
肝炎　407，414
感覚エンリッチメント　270，271，278〜280
眼科疾患　421
カンガルー　271，394，434
カンガルーネズミ　207，305
カンガルー病　394
環境圧力　242
環境一体型展示　35，36
環境エンジニアリング　281
環境エンリッチメント　265，270，290，481
環境課題　237
環境指針　178
環境ニッチ　170
環境保護法　69
環境要因　172

カンゴ野生動物公園　380，390
観察　137
観察記録　155
観察時間　480
カンジダ　406，411
関節炎　412
感染症　392，395，404，405
カンピロバクター症　405，406，414
カンムリシロムク　370
肝毛細線虫症　397
完了行動　286

き

キーパートーク　485
記述的研究　98
寄生虫　422
寄生虫感染　411
寄生虫対策　399
寄生虫卵　400
季節的行動パターン　173
季節繁殖動物　302，304
基礎代謝率　440，451
キソデボウシインコ　292，270
キタリス　370
キツツキ　305
キツネザル　469
奇蹄目　402
キバラミズトカゲ　239，240
キビタイヒスイインコ　253
キホオテナガザル　166
逆転報酬随伴性課題　255
キャンベルモンキー　112
求愛行動　315
嗅覚エンリッチメント　279
キュウカンチョウ　469，470
給餌　102〜104，117，238，253，274，275
給餌方法　429
給餌前予測　273
キューバイグアナ　138，150
ギュンターヒルヤモリ　100，278
教育　176，482
教育活動　366，483
教育基準（欧州動物園水族館協会の）　537
教育的な影響　487
教育的メッセージ　178
教育プログラム　63
教育メディア　485
境界柵　194

強化子　85，87，502
狂犬病　396，408，410，415
狂犬病法　395
胸骨位　422
恐怖　66
居住環境　65
魚食性動物　428，460
切り込み　138，146，152
ギリシャ　18
ギリシャリクガメ　9，159
キリン　8，112，117，120，122，126，178，247，402，421，435，438，450，458，468，545
　－の麻酔　423
記録管理　7，130
記録管理システム　155，161
記録の保管　154
キンカチョウ　141
ギンギツネ　373
近交係数　312
近交弱勢　243，310
筋障害　471
近親交配　209，308～310，325，355
金属リング　147，148

く

クアッガ　346，347
グアムクイナ　346，349
空間エンリッチメント　270，271，275
クーズー　416
偶蹄目　402
グェノン　268
クシマンセ　82
薬の誤用に関する規制　69
嘴の形　431
駆虫薬　399，400
苦痛　66
首掛け　147
首輪　146，147
クビワペッカリー　209
クマ　117，265，412
クラウンフィッシュ　298
クラゲ食動物　429
クラミジア症　398，406，415
クラミドフィラ症　406
グランドシマウマ　318
グリーンイグアナ　433～435，469
クリッピング　213，215

クリプトコッカス　411
クリプトスポリジウム症　406，414
グルーミング　110
グルココルチコイド　233，235，250
くる病　450，468
グレーザー　430，455
クロアカ　303
クロアシイタチ　132，396
クロアシネコ　280
クローズドリング　148
クローニング　317
クロコダイル　191，390
クロサイ　91，170，198，223，250，312，422，468～470，498，529
クロザル　267，269，287，314，336，337，462
クロシロエリマキキツネザル　267，269，359，412，496
クロストリジウム症　405，406
クロハクチョウ　418

け

形態的変化　243
刑法　52
係留　215
芸をする動物に対する（規制）法　69
ケープタテガミヤマアラシ　291
ケープペンギン　149
血縁選択　93
結核　392，395，405，408，409，415
月経周期　300
血色素症　413
齧歯類　397
血統台帳　358
血統登録　162，334，336，337
ケヅメリクガメ　191
ゲルディモンキー　88，212，279
ケルン動物園　541
検疫　390，395
嫌悪刺激　229
研究委員会　511
研究者　180
研究スタッフ　511
研究データベース　514
研究部門　515
健康管理　65，251，380，384，386，388，391
健康状態　131
　－のスコアリング　382
健康診断　388，392

健康有害物質管理規則　69
健康リスク評価　404
減数分裂　297
建築基準法　69
原虫　392，399
顕微授精　318

こ

コアラ　428，455
高圧洗浄　397，398
交感神経系　233
口腔疾患　394
口腔内検査　393
攻撃行動　110，123
攻撃性　100，115
攻撃的ディスプレイ　101
公式学習　484
後肢長　157
公衆衛生　397
高体温症　171
後腸発酵動物　435
口蹄疫　404，416
行動　5，80，381
　　―の多様性　373
　　―の比較　123，127
　　―の保全　373
行動エンジニアリング　264，494
行動エンリッチメント　264，265，270
行動学　512
行動カテゴリー　519
行動観察　250
行動研究　79，513，518，519，522
行動制限　234，241，242
行動生態学　90，93，96
行動能力　313
行動パターン（季節的―）　173
行動発現　267
行動目録　82
行動レパートリー　84
コウノトリ　465，469，473
交尾排卵動物　302
コウモリ　148，157
功利主義　46
高齢動物　170
コード化システム　144
ゴールデンマンガベイ　490，495，498
ゴールデンライオンタマリン　358，363，374
ゴールデンライオンタマリンプロジェクト　365

コオロギ　443
ゴキブリ　397
国際エンリッチメント会議　265，537
国際カエル年　358，372
国際環境教育会議　537
国際機関　52
国際血統登録　334
国際航空運送協会　58
国際自然保護連合　54，55，59，334
国際獣疫事務局　55，59
国際種情報システム機構　74，161，533
国際動物園長連盟　72，74
国際両生類域外保全ワークショップ　537
穀物食動物　429
ゴクラクチョウ　470
国立獣医療サービス　60
国連環境計画　54，55
国連環境計画－世界自然保全モニタリングセンター　55
国連食糧農業機関　55
互恵性　93
子殺し　209
個人的コレクション　5
個性　222
子育て　320，321
個体記録管理システム　74，162
個体群　297，516，526
個体群遺伝学　311
個体群サイズ　310，325
個体差　170，222
個体識別　7，58，130，131，140，141，143〜145，147，152
個体識別法　137，138，142，146
個体識別用の切り込み　138，146，152
骨代謝性疾患　413
古典的条件づけ　84〜86
こども動物園　23
コバルトヤドクガエル　358，370
コビトカイマン　163
コビトマングース　82
コミュニケーション　97，495
ゴムマット　202
コモドオオトカゲ　56，299，469，508
コモロオオコウモリ　274
コモンマーモセット　247，275，276，285，305
固有種　346
雇用権利法　69
ゴリラ　36，56，87，99，101，104，108，110，

112, 114, 187, 203, 210, 223, 240, 249, 358, 481, 486, 490, 492, 503
コルチェスター動物園　131, 271, 291, 342, 391, 393, 438, 465
コルチコステロイド　234, 238
コルチゾール　108, 172, 233, 234, 239, 240, 249, 250, 275, 276, 278, 300, 491, 496, 503
コルマンデン野生動物公園　204
コレクション　538
　　個人的－　5
コロンバス動物園　108, 176
混合種集団　212
混合展示　107, 108, 212, 462
昆虫館　23
昆虫食動物　428
コントラフリーローディング　253, 265, 286, 288
コンドル　215

さ

サーカス　20
サーカディアン　190
サイ　138, 316, 368, 371, 402, 421, 435
細菌　414
細菌性疾患　405
採血　316, 381, 389
採餌生態　428
採食　93, 125, 272
採食エンリッチメント　262, 270～272, 274, 464, 468
採食行動　267, 467
サイチョウ　470
最適性　93, 94
再導入　59, 349, 355, 361, 362, 364
再導入専門家グループ　334, 361
再導入プロジェクト　362
細胞質内精子注入法　318, 319
在来種の保全　370
サイレージ　456, 458
サウスレイクス野生動物公園　271, 485, 519
柵　179, 192～194
柵かじり　113, 116
削痩　413
柵なめ　117
サクラメント動物園　490, 495, 498
雑誌　531
雑食動物　428

殺鼠剤　398
殺戮　19
ザ・ディープ　539
サバンナモンキー　492
サプリメント　456, 471
サル　87, 409
ザルコシスト症　408
サルコペニア　171
サル痘　415
サルモネラ　397
サルモネラ症　398, 405, 408, 415
参加型研修会　175
サンディエゴ動物園　103, 143, 180, 218, 450
サンディエゴワイルドアニマルパーク　364
サンフランシスコ動物園　110
サンプリング法　522, 523
サンプルサイズ　526

し

飼育係　87, 91, 173, 175, 201, 204, 205, 320, 388, 389, 421, 462, 496, 498, 499, 542
飼育係体験　178
飼育下管理計画　243
飼育下個体群　354
飼育下繁殖　8, 295, 341, 390, 529
　　ゾウの－　341
飼育下繁殖計画　132, 205, 213, 218, 295, 348, 354, 361, 390
飼育下繁殖個体　295, 310
飼育環境　248, 380
飼育管理　7, 131, 169, 170, 172～174, 179, 181, 201, 204, 212, 215, 218, 219
　　－の5原則　64
飼育管理ガイドライン　218
飼育管理計画　325, 327, 330, 333, 334, 336
飼育管理戦略　338
飼育技術者協会　542
飼育作業　174
飼育施設　7, 169, 174, 180, 218, 219
飼育繁殖専門家グループ　334
シェイピング　501
シェーンブルン動物園　22, 492, 493
ジェネット　81
ジェフロイクモザル　249, 491
シェルショック　372
ジェレヌク　249, 526
ジェンツーペンギン　12, 411

シカ　397, 416
紫外線　96, 189, 190, 469
歯科衛生　392
視覚エンリッチメント　280
歯科検査　393
歯科疾患　393
時間サンプリング　524
時間サンプリング法　522
識別マーカー　142
シクリッド　346
ジクロフェナク　392
刺激感受性　96
自己医療　422
嗜好性　436
自己鏡映像認知　89
死後検査　403, 404
自己指向性転位行動　210, 247, 267
自己認識　255
自己評価　537
シシオザル　103, 401, 480, 490
シジュウカラ　91
耳珠長　157
視床下部‑下垂体‑性腺軸　300, 301
視床下部‑下垂体‑副腎軸　234
自傷行動　113, 115, 505
ジステンパー　396
施設設計　183
施設のサイズ　187
施設面積　172
自然識別　138
自然史ディスカバリー・センター　539
自然選択　297, 311
自然的な展示施設　183, 184, 186
自然繁殖　309
持続可能性　179, 367, 540
死体処分　59
耳長　157
疾患の診断　419
湿地の生態展示　37
疾病の徴候　379
質問票調査　480
市販飼料　455
耳標　142, 148, 149
シフゾウ　354, 355
嘴峰長　157
死亡率　171, 336
シマウマ　137, 139, 273, 305, 381, 402, 457
ジャージー動物園　35, 96, 103, 368, 370, 374, 375, 485
ジャージー野生生物保全トラスト　35
ジャージーヤチネズミ　370
ジャイアントパンダ　87, 103, 218, 250, 258, 266, 289, 290, 318, 429, 455, 456, 496, 503
シャイアン・マウンテン動物園　177
ジャガー　403, 473
社会環境　97, 103
社会行動　97, 112
社会集団　172, 207, 209, 210
社会性　304
社会的エンリッチメント　271, 272, 280, 282
社会的学習　80, 89
社会的行動　125
社会的刺激　97
社会的相互交渉　97
社会的地位　172
ジャコウネコ科　82
シャチ　508
ジャルダン・デ・プラント　5, 20
ジャワラングール　322
ジャンボ（ゾウの）　24
種　135, 358
獣医学的記録　403
獣医師　60, 379, 385～391, 396, 399, 419, 421, 445, 542, 543
獣医診療施設　385
獣医スタッフチーム　390
獣医法　69
獣医薬規制　69
獣医療サービス　387, 388
銃器法　69
獣舎　99, 100, 113, 117, 121
獣舎移動　108
集団　209
集団統計学的分析　132
雌雄同体種　298
周年繁殖動物　302
重要文化財建築物　32
種差　223
受精卵　60
出産　321
出産間隔　325, 327
シュバシコウ　321
種保存委員会　55, 351
種保存計画　387
寿命　171, 247

シュモクドリ　148
樹葉　455，458
主要組織適合遺伝子複合体　309
馴化　84
瞬間サンプリング　522
消化　433
障害差別法　69
消化管　430〜432
消化管内発酵　434
消化管微生物　433，434
消化試験　452
条件強化子　502
条件刺激　84，87
条件反応　85
ショウジョウインコ　288
常同行動　8，99，116〜120，184，191，216，
　　223，238，250，265，267，272，273，467
消毒の時代　29
消費者圧力　224，225，227
飼養密度　189，209
食性　429
食肉目　428
食肉類　81
食品医薬品局　71
植物　179
植物性2次代謝産物　437
食糞　435
食物選択　436
食物の給与　65
食糧農業機関　54
鋤鼻器　302
趾瘤症　203
飼料
　—の味　460
　—の栄養価　460
　—の摂取量　463
　—の調達　454
　—の調理　459
　—の偏食　463
　—の保管　459
飼料栄養含量　452
飼料管理　380
飼料給与法　462
シロアシネズミ　258
シロオリックス　346，349，368
シロガオサキ　502
シロクチタマリン　278
シロサイ　198，250

シロハラダイカー　437
シロビタイキツネザル　274
人為的個体識別法　140
侵害受容　229
進化的重要単位　360，361
シンガポール動物園　72，219，273，317，381，
　　450，543
新奇性　239，285
新奇性恐怖症　223，239
真菌性疾患　411，418
真空行動　90
人工育雛　324，326
人工授精　317，318，319，341，503
人工孵卵　324，325
人工哺育　86，103，321，322，324，325，326
シンシナティ動物園　28，346
人獣共通感染症　413，414
侵襲的モニタリング法　315
腎臓疾患　412
身体計測値　156
身体測定法　157
新動物園飼育管理監督基準　64，66，76，77，
　　154，161，174，191〜193，198，201，202，
　　214，218，384，385，397，403，445
侵略的外来生物　346

す

ズアカカンムリウズラ　431
ズアカショウビン　160
巣穴　203，204
水温　198
水質　198
水族館　23，39，193，198，201，539
　—の歴史　39
垂直感染　395
水平感染　395
スウィフトギツネ　92，223，374，375
スキャン・サンプリング　522
スクレイピー　416
スコットランド高等教育資金協議会　517
スタンフォード・ラッフルズ　22
ステップヤマネコ　318
ステロイドホルモン　233，300
ストレス　170，171，232，233，246，248，
　　490，491
ストレス因子　233，234，237，241，242，258
ストレス行動　492
ストレス反応（応答）　221，233，235，249，490

スナドリネコ 267, 446, 481, 521
スプリットリング 147
スマトラオランウータン 257
スマトラサイ 360, 469
スマトラトラ 286
スミソニアン協会 134
スミソニアン国立動物園 28, 45, 104, 206, 277, 349, 363, 403, 479, 495
スミレコンゴウインコ 323
刷り込み 84, 86, 326, 365

せ

セイウチ 393
精液 60, 328
精液採取 318
性格 91, 92
生活史 155
生活史生態 380
性決定 303
性質 234
正常値 160
正常な行動 65
清浄方法 397
生殖 298
生殖能 247
性ステロイドホルモン 316
性成熟 313
性染色体 303
生息域外保全 9, 58, 351〜353
生息域内保全 58, 351〜353, 376
生息地 128
生態展示 32, 36, 179
　　湿地の− 37
生体利用効率 444
性的二形 305, 307
性転換 298
正の強化トレーニング 86, 205, 264, 421, 501
性判別技術 156
性比の操作 327
セイブセアカサラマンダー 153
生物学 508
生物学的過程 248, 250
生物多様性 345, 352
生物多様性条約 6, 53, 55, 58, 77, 352
生物多様性保全 374
性ホルモン 316
生理学 512
世界種管理計画 334

世界動物園水族館協会 74, 330, 390, 419
世界動物園水族館保全戦略 75, 334, 345, 351, 352, 509, 510, 530, 537
世界動物園保全戦略 4, 75, 334, 351
世界貿易機関 56
世界保全戦略 353
脊椎弯曲症 412
赤痢 405, 408, 415
切羽 213, 215
セックス 298
摂取量（飼料の） 463
絶滅危惧種 9, 362, 376, 539
　　−の保全 344
　　−のレッドリスト 351
絶滅のおそれのある野生動植物の種の国際取引に関する条約 53, 54, 55
絶滅の危機に瀕する種の貿易管理に関する（施行）規則 70
ゼニガタアザラシ 250, 278
ゼブラシクリッド 305
セラピー効果 177
セルロース 433, 436
セレン 471
先行経験 172
選好性試験 253, 254
潜在精巣 303
センザンコウ 543
蠕虫類 399
全長 157
前腸発酵動物 434
セントラルパーク動物園 279
セントルイス動物園 117, 390, 453
前腕長 157

そ

ゾウ 22, 87, 98, 117, 241, 249, 275, 276, 281, 316, 340, 393, 397, 402, 409, 411, 416, 421, 435, 450, 499
　　−の飼育下繁殖 341
　　−のジャンボ 24
総エネルギー 451
騒音 240, 322, 495
掃除 174
創始個体 243, 311
草食動物 428
総排泄腔 303
粗飼料 437
ソノラ砂漠博物館 38

ソルトシック　444

た

ダイアナモンキー　264, 490
体温調節　171
ダイカー　368
体外受精　317, 318
退行性疾患　404
滞在時間　478
体細胞分裂　296
ダイサギ　315
代謝　172, 439
代謝エネルギー　450, 451
代謝性骨疾患　468
代謝率　440
体重　421
　　－の変化　381
胎生　306
タイセイヨウオヒョウ　121
大腸菌症　406
体表面積　172
タイピン動物園　480
タイリクオオカミ　99, 243, 305, 412
代理母　317
タカ　465
高い視覚能力　278
タグ　146, 149, 168
ダッドレイ動物園　33
タツノオトシゴ　306
タテガミオオカミ　112, 204, 257
ダニ　397
多発情　302, 304
多夫多妻制　95, 305
ダブリン動物園　240, 280, 492
ダブルクラッチ　325
食べ直し　110, 114
ダマガゼル　310
タマリン　177, 479, 502
タロンガ動物園　42, 178
単為生殖　299, 508
単一個体群分析記録管理システム　162
探索行動　112, 275
短日繁殖動物　304
断指法　153
単身集団　211
単性飼育　327
単性集団　210, 211
炭疽　405, 406, 414, 416

タンチョウ　322
単独飼育　107
蛋白ホルモン　300
単発情　302
断翼　213, 215

ち

チアミン　460
地域動物収集計画　331
チーター　23, 91, 92, 135, 155, 203, 210,
　　223, 224, 243, 268, 309, 311, 336, 368,
　　380, 416, 467, 494
チェスター動物園　42, 89, 103, 203, 204,
　　259, 299, 368, 372, 445, 464, 478, 490～
　　492, 495, 510, 540
地球サミット　58, 352
着色　138, 146
中国　18
中国動物園協会　372
中足骨長　157
中毒　383
チューリッヒ動物園　38, 120, 177, 274, 399,
　　458
超音波　96
超音波検査　316, 342
聴覚エンリッチメント　279
聴覚感度　223
調査ガイドライン　518
調査研究　11, 366, 512
長日繁殖動物　304
チョウハシ　470
チリーフラミンゴ　107, 210, 215, 430, 528
鎮痛剤　231, 420, 421
チンパンジー　56, 89, 98～100, 102～104,
　　117, 209, 211, 267, 271, 272, 278, 280,
　　286, 290, 305, 393, 422, 491, 492, 495,
　　498, 505, 508, 521

つ

つがい外交尾　304
ツキノワグマ　118
ツボカビ　357, 416, 418, 419
ツリーボア　465

て

ディズニーアニマルキングダム　36, 200, 277,
　　284
ディズニー化　186

低体温症　171
停留睾丸　303
データ　520, 522, 524
データ解析　523
データ保護法　69
データロガー　142
適応　113, 242
適応度　80
敵対行動　123, 490
テザーリング　214, 215
テストステロン　172, 300
テタヌス　408
鉄蓄積症　170, 469, 473
テナガザル　43, 305, 331, 494
デュイスブルグ動物園　190, 279
デュレル野生生物保全トラスト　368, 370
テルアビブ動物園　422, 477
転移行動　90, 210, 247, 267
電気射精法　318
電気ショック　238
電柵　192, 193, 194, 198
テンジクバタン　494
展示施設　179, 180, 182〜184, 188, 189, 192
　　自然的な－　183, 184
　　－のデザイン　183
展示デザイン　404
展示動物　540
伝達性海綿状脳症　385

と

頭蓋骨
　　ヒョウの－　245
　　ライオンの－　245
動機　289
動機づけ　90
同居　308
同居個体　280, 282
統計学　523
統計処理　524
同種個体　103, 106
島嶼固有種　35, 346
闘争　211
逃走リスク　181
疼痛　420
道徳　44
導入　110, 205, 207
糖尿病　412

逃避距離　205
逃避反応　114
動物
　　－の痛み　46, 229
　　－の移動　205
　　－の衛生　59, 61
　　－の体　232
　　－のケア　207
　　－の権利　45, 46
　　－の幸福　258
　　－の心　228, 255
　　－の疾病　59
　　－の性質　234
　　－の福祉令　70
　　－の要求　221
動物移動　388
動物医療記録管理システム　165
動物衛生法　69, 385
動物園　4
　　－の特徴　4
　　－の役割　42
　　－の理念　38, 44
　　－の歴史　5, 15
動物園ガイドライン　67
動物園環境　99, 516, 519
動物園研究　507, 510, 515, 518, 520, 523, 524, 527, 530, 532
動物園査察官　62
動物園飼育技術者協会　75
動物園支援機構　71
動物園政策　50
動物園生物学　3
動物園デザイン　26
動物園反対　48
動物園フォーラム　66
動物園法　77
動物園保全戦略　353
動物園ライセンス法　53, 54, 61〜64, 76, 77, 352, 384, 445
動物（科学的処置）法　69〜71
動物格　91
動物学情報管理システム　165
動物看護師　421, 544
動物救護センター　63
動物研究　508
動物行動　515
動物行動学　79
動物行動管理同盟　506

動物収集　47
動物心理　228
動物の健康と福祉に関する法律　54
動物廃棄　47
動物病院　390
動物副産物規則　61，70，458
動物福祉　7，47，92，96，114，116，125，
　131，173，182，187，189，207，210，221〜
　225，227，228，232〜235，237〜239，
　242，243，246〜251，255，256，258〜
　260，267，289，398，446，480，490，497，
　512，536，538
動物福祉科学　227，544
動物福祉監査　259
動物福祉水準　228
動物福祉団体　46
動物福祉法　52，54，68〜70，77，213，224，
　385，387，447
動物福祉ユーログループ　78
動物福祉令　60
動物法　69〜71
動物命名法　133
動物輸送　47，386，390，395
動物輸送規則　58，60
動物輸送協会　59
ドゥルシラパーク　164
ドードー　346
ドール　271，382
トキソプラズマ症　411，415
トゲオイグアナ　96
屠体　465，467
　―の給与　464，465
突然変異　311
届出伝染病　385，397，413
トナカイ　417
トラ　107，108，117，207，244，281，282，
　289，371，391，393，417，465，479，480，
　516
ドライモート　193，194
トランスポンダー　138，140，142，144〜146，
　150〜152
鳥インフルエンザ　406，414，416〜418
トリニダードコオイガエル　370
トリマラリア　411，412
ドルカスガゼル　310
トレーニング　174，175，281，499，501〜
　504，506
ドレスデン動物園　271，382

トロント動物園　185，271，483

な

内視鏡検査　380
内部寄生虫　399
ナイルスッポン　290
ナベコウ　57
ナマケグマ　268，484
ナマケモノ　434
なわばり　306

に

ニーズ　170，173，175，180〜182，186，201，
　202，204
匂い付け　259
肉食動物　81，244，428，465，467
肉胞子虫属　397
ニシアフリカコビトワニ　278
2次強化子　87，502
2次性徴　306，313〜315
2次代謝産物　438
ニジマス　231
ニシローランドゴリラ　105，210，533
ニホンザル　89，104
日本モンキーセンター　483
二命名法　133
入園料収入　536
ニューロトロフィン　290
ニワカナヘビ　370，372
ニワトリ　87，258
認知　87，290，307
認知エンリッチメント　271，272，283，285
認知機能　171
認知能力　255，283
認定動物園　1，73

ぬ

ヌー　138

ね

ネコ科動物　86，99，117，397
ネズミキツネザル　171
熱帯雨林展示　38
年次報告書　131

の

ノアの箱舟　339，353，354
ノイヴィート動物園　123

濃厚飼料　455
ノースカロライナ動物園　176
ノドジロオマキザル　272
ノドブチカワウソ　67
ノボシビルスク動物園　280
ノルアドレナリン　235

は

バーガーズ動物園　36, 493
パース動物園　541
バーゼル動物園　450
パーチ　278
ハートマンヤマシマウマ　402
バーバリーマカク　200
ハーレム　339
胚移植　317, 318
ハイイロギツネ　132, 396
ハイイロティティ　502
ハイイロペリカン　148
バイオセキュリティー　388, 392, 457
バイオパーク　32, 37
バイオフィリア　176
廃棄物管理　61
廃棄物管理ライセンス規則　70
配偶子　298, 320
配偶システム　95, 304
配偶者選択　94, 309, 313
敗血症　405
配合飼料　455
排水　174, 198, 201
パイプフィッシュ　305
ハウレッツ動物園　263, 542
吐き戻し　110, 114
バク　397, 468
白癬　411, 415
白癬菌症　408
ハクチョウ　305
博物館　478
ハゲワシ　215, 391
破行　402
ハシブトインコ　288
破傷風　397
ハシリトカゲ　299
ハズバンダリートレーニング　178, 206, 281, 315, 316, 503, 504
パズル餌箱　259, 283
爬虫類館　23, 478
発酵　433

発情　302
発情周期　300, 302
ハト　87
ハヌマンラングール　110, 111
羽つつき　113
歯の障害　473
バビルサ　108, 321
パフォーマンス　503
パブロフ型条件づけ　84
パペット　326, 365
ハヤブサ　412
バライ指令　60, 386, 387, 391, 395
パラダイスパーク　327
ばらまき給餌　217, 262
ハリモグラ　257, 291, 306
バルチモア動物園　397
ハワイガラス　121, 346, 349
ハワイミツスイ　240, 496
バンガイカーディナルフィッシュ　533
繁殖　94
　－の成功　204
　－の成功度　210, 529
繁殖相手　309
繁殖計画　313
繁殖後選抜淘汰　327
繁殖集団　210
繁殖障害　473
繁殖数　325
繁殖ステージ　321
繁殖制限　340
繁殖生物学　295, 296
繁殖生理　313, 315, 316
繁殖ディスプレイ　106
繁殖補助技術　317, 319, 328
繁殖率　243, 336
繁殖力　302
反芻　434
反芻動物　434
ハンタウイルス肺症候群　414
パンダ館　180
汎適応症候群　233
バンド　146
バンドウイルカ　86, 204, 278
ハンドリング　500
ハンブルグ動物園　26

ひ

ビーズ　146, 148, 150

ビーバー　305
ヒガシシマバンディクート　390
ヒガシダイヤガラガラヘビ　432
光　189
光周期　190
ビクーナ　120
ヒグマ　118, 359
ピグミーチンパンジー　56
ピグミーマーモセット　212, 275
飛行抑制　212〜215
微小生息場所　96
非侵襲的アプローチ　250
非侵襲的モニタリング法　315
微生物発酵　433
鼻疽　407, 414
ビタミン　96, 190, 441, 461, 469〜471, 473
ビタミン欠乏　471
尾長　157
羊　432
必須アミノ酸　441
必須栄養素　448
必須脂肪酸　441
人と動物の関係　476, 497
避妊　327, 329, 330, 340, 343
ビバリウム　39
非必須アミノ酸　440
肥満　413, 472
ヒムネキキョウインコ　253
ヒメウォンバット　250
被毛クリッピング　146
ヒューストン動物園　112
ヒョウ　108, 120, 243, 279
　　－の頭蓋骨　245
病気の診断　388
標識　138
費用対効果　259, 260
ヒョウモントカゲモドキ　444
病理解剖　389
病理学　384, 390
病理検査　388, 389
ヒヨケザル　132
ヒラタトカゲ　190
ビントロング　193, 204

ふ

ファウンダー　311, 355
フィラデルフィア動物園　27, 275, 450, 484
フウキンチョウ　470

プーズー　323
フェノール系消毒薬　397
フェロモン　302
フォタ野生動物公園　494
フォッサ　271
フォッシルリム野生生物センター　112
複合学習　84
複雑さ　187
副腎皮質刺激ホルモン　234
フクロウ　215
フクロオオカミ　346, 347
フクロテナガザル　277
フサオマキザル　115, 283, 436
ふ蹠長　157
附属書　54, 57
フタイロタマリン　203
フタイロネコメガエル　9
ブタオザル　170, 276, 278
ブッシュミート　486
物理的環境　96
浮遊採食者　429
プライバシー　203
ブラウザー　430, 455
ブラウンキツネザル　103
ブラキエーション　43
フラッグシップ種　358, 362
ブラックバック　210, 424
フラミンゴ　430
プランケンデール動物園　180
フランジ　306
プリオン　405, 416
ブリストル動物園　33, 36, 62, 100, 101, 147,
　　149, 236, 244, 385, 386, 543
ブリッジ　87
ブルーダイカー　369, 437
ブルータング　404, 416
フルーツコウモリ　410
ブルガー動物園　399
ブルセラ症　414
ブルックフィールド動物園　494
ふれあい動物園　177
プレイバック実験　280
フレーメン　289, 302
フレキシブルリング　148
プレリリーストレーニングプログラム　363
フローサイトメトリー　328
プロジェスチン　300
プロジェステロン　300

ブロツラフ動物園　268
ブロンクス動物園　28，35，112，274，282，
　　368，417，483，486，502
文献情報　3
分子遺伝学　160
糞食　110
フンボルトペンギン　142，412
分類学　135
分類群　7，513
分類群専門家グループ　330，331，333，532
分類群ワーキンググループ　333

へ

ペアリング　207
平均血縁度　310
米国魚類野生生物局　71
米国動物園飼育技術者協会　76
米国動物園獣医師協会　387，531
米国動物園水族館協会　16，17，71，74，330，
　　331，333，336，344，358，372，387，390，
　　403，447，449，487，514，530〜532，540
米国農務省　71
ペイントン動物園環境公園　36，42，64，88，89，
　　92，103，139，148，151，156，159，173，
　　178，188，198，204，208，210，211，217，
　　224，246，254，257，265，274〜276，279，
　　281，286〜288，291，303，312，322〜
　　324，368，370，385，392，400，402，421，
　　438，459，465，470，492，495，498，499，
　　502，510
ペーシング　99，102，113，117，118，120
北京動物園　480
ペスト　407，415
ベストプラクティス　66，67
ベトナムキジ　370
ベニイロフラミンゴ　106，210，215，528
ベニガオザル　102，170，276，278，498
ベニコンゴウインコ　288
ヘビ　152〜154，156，157，429，465
ペプチドホルモン　300
ヘミペニス　156
ヘモクロマトーシス　413，464，469，470
ヘモジデローシス　469
ヘラジカ　468
ベルーガ　250
ベルサイユ　20
ベルヌ条約　53
ベルファスト動物園　203，279，322，490，492

ヘルペス　407，410，414
ベルベットモンキー　91，207，211
ヘルマンリクガメ　254
ベルリン動物園　325
ベロオリゾンテ動物園　374
ベンガルヤマネコ　103，104，275
ペンギン　138，147，203，244，316，412，510
　　－の海岸展示　36
ペンギンプール　31
偏食（飼料の）　463
変性疾患　412
弁別学習　84，87，88

ほ

ホイットニー野生生物保全トラスト　508
ホィップスネード野生動物公園　372
ポイントデファイアンス動物園　485
法規制　5
防護フェンス　192
包虫症　414
ホオアカトキ　56，431
ホオジロカンムリヅル　461
ポートランド動物園　494
ボーン・フリー財団　48
捕獲性筋障害　471
補強　361，363
保護管理（野生動物の）　391
ホシムクドリ　241
ポズナン動物園　532
保全　47，63，125，243，345，487，536
　　行動の－　373
　　在来種の－　370
　　生物多様性－　374
　　絶滅危惧種の－　344
　　両生類の－　357
保全活動　367
保全教育　366，486
保全計画　334
保全研究　512
保全生物学　345
保全センター　376，486
保全繁殖専門家グループ　55，144，334
保全プログラム　537
保全プロジェクト　376
保全優先順位　356
保存　345
ホッキョクオオカミ　417
ホッキョクグマ　33，118，119，259，279，325，

359, 446, 481, 484
ポックスウイルス　408, 410
保定　421
ボディーコンディションスコア　381, 383
ポト　322
ボトルネック効果　311
ボノボ　56, 100, 180
ホノルル動物園　240, 496
ホバート動物園　347
ホメオスタシス　232, 233
歩様　381
ポリオ　397
ポリネシアマイマイ　346, 348
ボリビアリスザル　439
ホルモン　299, 316
ボンゴ　7, 318, 503

ま

マーウェルコンサベーション　368
マーウェル動物園　120, 368, 372, 496, 541
マーウェル保全トラスト　368, 541
マーキング　82
マーゲイ　10
マーモセット　410, 428, 502
マーラ　82, 83, 138, 149, 305
マイクロチップ　58, 138, 141, 142, 146, 150
マカロニペンギン　306
麻疹　397, 407
麻酔　419, 421
　キリンの－　423
麻酔装置　385
マスメディア　225
マダガスカル　38
マダガスカルキャンペーン　371
マダライタチ　280
マダラハゲワシ　533
マッサージ法　318
マナヅル　131
マニフェスト　538
マヌルネコ　542
間引き　339
マラッカ動物園　480
マリンランド　39
マレーグマ　119, 533
マレーバク　108, 315, 317
慢性消耗性疾患　416
マントヒヒ　6, 102, 103, 210, 211, 219, 247, 285

マンドリル　127, 128, 184, 203, 204, 217, 307, 480, 481

み

ミーアキャット　93, 207, 279, 366, 465
ミールワーム　443
ミオパシー　471
ミコバクテリウム症　407
水　193
水堀　193
ミトコンドリア DNA　360
南アジア地域協同動物園水族館協会　75
ミナミオオガシラ　349, 429
ミナミヤマクイ　305
ミネラル　442〜444, 471, 473
ミネラル欠乏　471
ミヤマオウム　327
ミューティレーション　140, 152
ミューモシスティス　411
ミュルーズ動物園　166
ミンク　92, 223, 270
民法　52

む

ムース　141
ムカシトカゲ　303
無菌動物舎　29
無条件刺激　85
無性生殖　299
無発情　300
群れ　104, 105, 110, 304, 308

め

目隠し　276
メガネグマ　275, 484
メキシコクロホエザル　454
メキシコシティ動物園　492
メソポタミア　18
メタ個体群　331
メディア　173
メトロワシントンパーク動物園　265
メナジェリー　5, 15, 18
メラトニン　304
メルボルン動物園　36

も

モウコノウマ　99, 318, 354, 389, 436
盲腸発酵　434, 435

モート　194，196
モーリシャスチョウゲンボウ　370
モーリシャスバト　368，370，374，375
目標達成度　537
モスクワ動物園　226，257
モモイロペリカン　431
モラル　44
モルモット　272
モンセラートムクドリモドキ　370
モントレー湾水族館　487

や

焼印　138，146，153
野生　127，267，269
野生個体群　362
野生生物情報ネットワーク　388
野生生物保全協会　391
野生絶滅　363
野生動物医学　512
野生動物および田園地域に関する法律　69
野生動物公園　32
野生動物肉　486
野生動物の保護管理　391
野生動物避妊センター　343
ヤドクガエル　274
ヤブイヌ　272，273，467

ゆ

有害生物　459
有害廃棄物　70
誘起排卵動物　302
有効集団サイズ　310
有性生殖　299
有蹄類　402
ユキヒョウ　336
輸送　131，207，386
指切断法　145

よ

ヨウジウオ　257
幼獣　170
葉食動物　428
ヨーロッパカヤクグリ　304
ヨーロッパクロコオロギ　372，392
ヨーロッパコウイカ　132
ヨーロッパヤマネ　66，151，392
翼帯　141，149
翼長　157

翼膜切除　214，215
余剰動物　210，339
余剰動物問題　319，340
欲求行動　286
欲求不満　90
4つのなぜ　81
ヨハネスブルク動物園　285，464
予防医学　380，388，392，395

ら

来園者　175〜178，182，225，246，477〜481，487，488，490〜495
来園動機　176
ライオン　108，109，134，135，244，263，267，268，305，396，429，465，466，495
　　－の頭蓋骨　245
ライオン舎　25
ライプチヒ動物園　283
ライプニッツ動物園野生生物研究協会　74，530，532
ライム病　397，407，415
ラクダ　302，416
ラグナン動物園　72，493
ラジオテレメトリーシステム　151
ラッコ　249
ラット　238
ラテンアメリカ動物園水族館協会　75
ラマ　433
ラマトガン動物園　396，401，422，463，466
ラングールモンキー　434
乱婚　304，305
卵子　60
卵生　306
卵巣周期　341
ランドスケープイマージョン　35，184

り

リージェントパーク　20，22
リカオン　172，204，359，396
リクガメ　140，191
離合集散　308
リスクアセスメント　181
リスザル　315，385
リステリア症　407，414
利他行動　93
リッサウイルス感染　410
リビアヤマネコ　318
リフトバレー熱　415

両生類　357, 418, 419
　－の保全　357
両生類専門家グループ　357
利用幅指数　520
利用率評価　216, 217
リョコウバト　27, 346
リン　444, 469
リング　146, 147, 148
臨床症状　395
リントン動物園　42
リンネ　133
倫理　44, 48, 523

る

類人猿　413
ルーメン　434
ルリコンゴウインコ　115

れ

霊長類　514
冷凍箱舟計画　320, 343
レクリエーション　176, 536
レシフェ動物園　479
レッサーパンダ　61, 193, 204, 396, 429, 525
レッドデータブック　351
レッドリスト　351
レプトスピラ症　397, 407, 414
レンカク　305
連合学習　84, 85, 86
連続サンプリング法　522

ろ

老化　170

労働衛生安全法　69
ローマ人　18, 19
ローマ動物園　99, 100
ローランドゴリラ　30, 413
濾過採食者　429
ロコモーション　180
ロサンゼルス動物園　42, 364, 491
ロスチャイルドキリン　545
ロックロー動物園　196, 208
ロッテルダム動物園　68, 410, 424, 439, 490
ロドリゲスオオコウモリ　210, 274, 327, 464
ロンドン　22
ロンドン塔　20
ロンドン動物園　5, 15, 24, 31, 32, 39, 45, 110, 299, 372, 419, 485, 508, 539
ロンドン動物学協会　26, 259, 349, 373, 419

わ

ワイオミングヒキガエル　346
ワオキツネザル　89, 138, 144, 490
ワクチネーション　396
ワクチン　395, 396
ワシントン条約　132
ワタボウシタマリン　103, 108, 110, 239, 276, 280, 490
ワラビー　156, 394
ワルシャワ動物園　47, 251, 257, 292, 418, 442, 461, 536, 538, 542

外国語を含む索引

A

Abraham Bartlett　34
ACTH　234
AI　317
ALPZA　75
ARAZPA　74, 344
ARKS　74, 162
AZA　71, 74

B

BIAZA　59, 67, 72, 78, 175, 333, 335, 344

C

Carl Hagenbeck　26
CAZA　75
CBD　6, 53, 55, 58
CBSG　55, 334
CITES　53〜56
conservation　345
CP　334

E

EAZA　74, 344
EC 動物園指令　386
enriching　264
Escherichia coli　414
EU　53, 56, 57, 59, 60
euphagia　436

F

FAO　54, 55
Frédéric Cuvier　21
FSH　301

G

GAS　233
Georges Cuvier　21
Gerald Durrell　35

H

Hediger　487
hedyphagia　437

I

Immobilon　424
ISIS　161
ISO14001　367
IUCN　54, 55, 59, 75, 334, 349, 351
IUCN 種保存委員会　334, 352, 361
IZW　74

L

LH　301

M

M99　424
McMaster 浮遊法　400
MedARKS　165
MHC　309

O

OIE　55

P

PAAZAB　75, 336
preservation　345

Q

Q 熱　415

R

randomization test　527
RSG　334

S

SAZARC　75
SPARKS　162
SPIDER　284
SSC　55, 334
SSSMZP　64, 154, 384

T

Tinbergen　81
TRAFFIC　55, 78

U

UNEP　54, 55

UV　141

W

WAZA　74, 75
WCMC　55
William Conway　34
WTO　56

WWF　56
WZACS　75, 334, 352, 353
WZCS　75, 334, 354

Z

ZIMS　165
Zootrition　452

動物園学	定価（本体9,000円+税）

<検印省略>

2011年 8月 1日　第1版第1刷発行
2011年10月20日　第1版第2刷発行
2014年 2月25日　第1版第3刷発行
2018年 1月22日　第1版第4刷発行
2022年 6月 5日　第1版第5刷発行

監訳者　村田浩一，楠田哲士
発行者　福　　　毅
印刷・製本　㈱平河工業社
発　行　文永堂出版株式会社
〒113-0033　東京都文京区本郷2丁目27番18号
TEL 03-3814-3321　FAX 03-3814-9407
振替　00100-8-114601番

Ⓒ 2011　村田浩一

ISBN 978-4-8300-3234-9